U0231291

人乳成分

——存在形式、含量、功能、检测方法

荫士安　主编
Yin Shi-an

Human Milk Compositions

—Forms,Contents,Functions and Analytical Methods

第二版
Second Edition

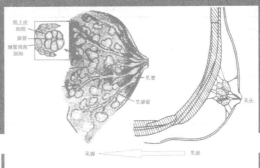

化学工业出版社
·北京·

内容简介

本书是目前第一本可利用的较全面的人乳成分中文出版物，书中系统综述了近半个世纪以来已发表的母乳成分方面的国内外相关研究，总结了母乳喂养的历史发展进程，突出了母乳成分、存在形式、功能、含量、检测方法以及相关研究的进展，综合讲述了近年来我国科学家在人乳成分研究中的科技成果和进展，书中除了涉及人们关注最多的营养成分和免疫成分的内容外，还介绍了人乳中微生物的来源与作用、环境污染物，母乳样品的收集、保存与处理，泌乳量的估计方法以及组学技术在母乳成分研究方面的应用及进展等；比较全面地反映了现代分析方法获得的可靠的可利用数据。本书适合关注或需要母乳成分数据方面的学者，包括涉及人乳和哺乳的营养学者、妇幼营养保健人员、乳品科学家以及婴幼儿配方食品研发技术人员阅读参考。

图书在版编目（CIP）数据

人乳成分：存在形式、含量、功能、检测方法 / 荫士安主编. —2 版.—北京：化学工业出版社，2021.7
ISBN 978-7-122-39017-2

Ⅰ．①人… Ⅱ．①荫… Ⅲ．①母乳-营养成分-研究
Ⅳ．①Q592.6

中国版本图书馆 CIP 数据核字（2021）第 074557 号

责任编辑：李　丽　　　　　　　　　　加工编辑：张春娥
责任校对：赵懿桐　　　　　　　　　　装帧设计：刘丽华

出版发行：化学工业出版社（北京市东城区青年湖南街 13 号　邮政编码 100011）
印　　装：中煤（北京）印务有限公司
787mm×1092mm　1/16　印张 45½　字数 916 千字　2022 年 1 月北京第 2 版第 1 次印刷

购书咨询：010-64518888　　　　　　　售后服务：010-64518899
网　　址：http://www.cip.com.cn
凡购买本书，如有缺损质量问题，本社销售中心负责调换。

定　　价：298.00 元

编写人员名单

主 编 荫士安

副 主 编 杨振宇 王 杰 董彩霞 刘 彪

编写人员（按姓氏拼音排列）

毕 烨 中国预防控制中心营养与健康所，北京

邓泽元 南昌大学，南昌

董彩霞 甘肃省疾病预防控制中心，兰州

段一凡 中国疾病预防控制中心营养与健康所，北京

冯 罡 内蒙古乳业技术研究院有限责任公司，北京

高慧宇 中国疾病预防控制中心营养与健康所，北京

韩秀明 中国预防控制中心营养与健康所，北京

姜 珊 中国疾病预防控制中心营养与健康所，北京

李 婧 内蒙古乳业技术研究院有限责任公司，北京

李 静 南昌大学，南昌

李依彤 内蒙古乳业技术研究院有限责任公司，北京

刘 彪 内蒙古伊利实业集团股份有限公司，呼和浩特

柳 桢 中国疾病预防控制中心营养与健康所，北京

潘丽莉 中国预防控制中心营养与健康所，北京

庞学红 中国疾病预防控制中心营养与健康所，北京

任向楠　中国疾病预防控制中心营养与健康所，北京

石羽杰　内蒙古乳业技术研究院有限责任公司，北京

苏红文　内蒙古乳业技术研究院有限责任公司，北京

孙忠清　青岛市疾病预防控制中心，青岛

王　晖　中国人口与发展研究中心，北京

王　杰　中国疾病预防控制中心营养与健康所，北京

王雯丹　内蒙古乳业技术研究院有限责任公司，北京

吴立方　长沙师范学院，长沙

杨浩威　内蒙古乳业技术研究院有限责任公司，北京

杨振宇　中国疾病预防控制中心营养与健康所，北京

叶文慧　内蒙古伊利实业集团股份有限公司，呼和浩特

荫士安　中国疾病预防控制中心营养与健康所，北京

张玉梅　北京大学公共卫生学院，北京

赵显峰　中国疾病预防控制中心营养与食品安全所，北京

赵学军　上海市儿科医学研究所，上海

周　鹏　江南大学食品科学与技术国家重点实验室，无锡

朱　梅　中国医学科学院药物研究所，北京

序

母乳喂养是一个极其重要的营养问题。我国每年出生数以千万计的婴儿，这是中国梦的未来筑造者、继承者与发展者。婴儿出生后的六个月内，母乳是其无可比拟的天然最佳食物。历史学者曾经证实，在地球发展中的冰河时期，地面上许多动物都灭绝了，如果人类不采取母乳喂养下一代，人类也许就没有今天的发展了。

当前，由于食品科学的迅速发展，人们研制出所谓的代乳食物给婴儿。然而，科学证实母乳仍然是婴儿最佳的食物，至少在出生六个月之内，没有任何食物可以和母乳比拟。世界卫生组织、联合国粮农组织等权威机构都一致大力推行全球性的母乳喂养。

本书从理论到实践，详尽地分析了母乳的无可比拟性，这是自 1949 年以来全面论述母乳的科学性极强的作品。我国每年约有 1500 万婴儿出生，这本书将是献给孩子们的最好礼物。孩子们是国家的未来，是中国梦的接力者，是所有人的希望所在。

2015 年 5 月 20 日
于中山大学医学院

前 言

本书第一版是 2015 年上半年出版发行的，距今已有近 6 年。而在过去的几年中，随着研究方法学的进步和检测仪器的更新以及人体宏基因组学研究取得突破性进展，人乳（母乳）成分研究取得了较大进展，如人乳代谢组学、蛋白质组学、脂质组学、糖组学以及微生物组学等研究进展相当迅速；同时，人乳中激素及类激素成分、蛋白质组分和多肽类成分、酶的种类与活性、微量生物活性成分、人乳寡糖、母乳中存在的微生物种类与数量以及喂养儿肠道免疫功能和肠道微生态环境的建立、体格生长和成年期营养相关慢性病发展轨迹等已经成为研究热点，推动了对人乳成分的研究。

本次修订是在第一版 32 章的基础上调整并增加了近年来人乳成分研究新的进展和人们普遍关注的问题，新增加了 20 个章节，同时对原有各章内容也做了相应的修订或调整，增加了近 5 年来国内外人乳成分研究的相关内容。

在本书再版过程中，尽管全体参与编写的人员尽可能地收集整理了国内外最新的研究成果与公开发表的论文并进行了分析汇总，但难免存在某些疏漏和不当之处，敬请同行专家和使用本书的读者将建议反馈给作者，以不断改进。

最后，非常感谢本书第一版出版后的许多热心读者，他们反馈给编者许多非常有价值的建设性建议。本书中介绍的主要内容仍是国家科技部高技术研究发展计划（863 计划）课题《促进生长发育的营养强化食品的研究与开发》（课题编号 2010AA023004）和国家科技支撑计划课题《中国母乳成分研究应用和产品安全性控制研究及产业化示范》（课题编号 2013BAD18B03）的延续。

荫士安

2021 年 3 月 31 日，北京

第一版前言

本书系统综述了近半个世纪以来已发表的母乳成分方面的国内外相关研究。虽然有些内容可能会含有执笔者个人的意见，但是每个章节都力争尽可能地反映现代分析方法获得的可靠的可利用数据。任何关注或需要母乳成分数据方面的学者，包括涉及人乳和哺乳的营养学者、妇幼营养保健人员、乳品科学家以及婴幼儿配方食品研发技术人员等都可能通过本书获得需要的内容。

从进化、营养学和经济学的观点来看，人乳是婴儿的最理想食品，世界卫生组织推荐婴儿出生后最初 6 个月应纯母乳喂养，6 个月后开始添加辅食并继续母乳喂养到 2 岁或更久。这一推荐也得到世界多数国家政府的认可。大多数人乳成分随哺乳进程有显著差异，而且个体的变异程度也相当大。人乳的宏量营养素和微量营养素含量与牛乳显著不同，如脂肪酸的种类及影响其吸收的因素；蛋白质的种类和不同蛋白质的相对比例以及质量和数量、非蛋白氮部分的差异；牛乳中乳糖含量比人乳要低得多，而且低聚糖组分也显著低于人乳。与牛奶和婴儿配方奶粉相比，重要的差别还在于人乳中维生素和矿物质的高吸收利用率，人乳中存在几十种细胞因子和微生态环境，除了对新生儿和婴儿的生长发育发挥重要作用，还有助于启动新生儿免疫系统以及促进功能发育完善。然而，在某些情况下，母乳喂养的婴儿容易发生维生素 D 和维生素 K 缺乏。

目前，婴儿配方食品（奶粉）的组方依据是以对人乳成分的了解作为金标准，尽可能地模仿人乳含有的成分生产婴儿配方食品（奶粉），然而，至今我们对母乳成分的了解还十分有限，还不可能生产出与人乳成分完全相同的婴儿配方食品（奶粉）。婴儿配方食品（奶粉）与人乳成分仍然存在相当大的差异，包括脂肪酸的类型与比例、低分子量蛋白组分、低聚糖含量与组分、免疫活性成分以及诸多细胞因子等。

本书总结了母乳喂养的历史发展进程，突出了母乳成分、存在形式、功能、含量、检测方法以及相关研究的进展。书中除了介绍人们关注最多的营养成分和免疫成分的内容外，还专门设章节介绍了人乳中微生物的来源与作用、环境污染物，母乳样品的收集、保存与处理，泌乳量的估计方法以及我国有关母乳成分数据方面的研究和进展等。

非常感谢书中每位作者对本书所作出的贡献。本书也是国家科技部高技术研究发展计划（863 计划）课题《促进生长发育的营养强化食品的研究与开发》（课题编号 2010AA023004）和国家科技支撑计划课题《中国母乳成分研究应用和产品安全性控制研究及产业化示范》（课题编号 2013BAD18B03）的工作内容。

荫士安

2015 年 5 月 31 日，北京

目 录

第四篇　人乳中其他生物活性成分 / 371

第三十九章　抗菌和杀菌成分

第五篇　人乳中的环境污染物　/　499

第四十章　持久性有机污染物

概论

　　母乳（人乳）是婴儿出生后最初 6 个月的唯一营养来源，尽管营养状况良好孕妇分娩的新生儿体内会储备一些营养素，但是他们出生后所需要的营养几乎全部来自母乳，因此这一时期的纯母乳喂养对婴儿生长发育至关重要。世界卫生组织（World Health Organization, WHO）推荐，母乳可满足 0～6 月龄婴儿的能量和营养素需求，对于 7～12 个月龄的婴儿，母乳喂养也能满足婴儿一半或更多的能量和多种营养成分的需求。因此，母乳的营养成分、存在形式及含量、影响因素等备受关注。

一、为什么要研究母乳成分？

　　母乳喂养不仅影响喂养儿的生长发育、免疫功能和抵抗感染性疾病的能力，而且还影响成年时期的健康状况和罹患营养相关慢性病的风险。因此，全面了解母乳成分，将有助于推动母乳喂养及提高母乳喂养率。

1. 国际上母乳成分相关研究

　　关于母乳中营养成分的研究工作，国外已有很多报告，但是多限于母乳中一种或多种营养成分、生物活性成分以及母乳营养成分与牛乳成分的比较方面，主要目的是通过对人乳成分的研究，调整牛乳营养成分后生产婴儿配方食品，并将其喂养婴儿与母乳喂养婴儿进行比较。近年来，更多的研究开始关注哺乳期妇女营养状况以及膳食成分变化（多限于单一成分，包括多不饱和脂肪酸、蛋白质摄入量、某种微量营养成分等）对乳汁成分的影响，如乳母低二十二碳六烯酸（docosahexaenoic acid, DHA）膳食对乳汁含量的影响以及 ω-6 和 ω-3 脂肪酸摄入量和食物来源、妊娠前的体质指数与哺乳期泌乳量和母乳喂养的相关性研究等，并且越来越多的研究采用组学技术，研究人乳宏量营养素代谢组学、母乳微生物与喂养儿肠道微生态环境以及与免疫功能的关系等。

随着对母乳成分研究的不断深入，母乳中已知成分的代谢和功能得到进一步阐明，发现越来越多的母乳中新成分可能与婴儿免疫系统的启动和建立、生长发育轨迹以及认知功能密切相关，如必需脂肪酸，特别是长链多不饱和脂肪酸[花生四烯酸（arachidonic acid, ARA）和二十二碳六烯酸（DHA）]会影响婴儿的视敏度和神经系统发育；母乳中的某些寡糖和一些肽类有助于肠道良好微生态环境的建立；母乳中有些蛋白质（如乳铁蛋白、钴胺素结合蛋白、叶酸结合蛋白和乳白蛋白）可促进矿物质、维生素的消化吸收和代谢；母乳中含有大量的免疫活性物质，如分泌性免疫球蛋白A、乳铁蛋白、骨桥蛋白、乳脂肪球膜蛋白、可溶性CD14、Toll样受体、细胞因子及其受体、生长因子等，可以调节免疫反应、提高婴儿免疫力、促进新生儿免疫系统建立和肠道成熟；母乳中丰富的微小核糖核酸作为母体转移到婴儿的遗传物质发挥着特定的生理和病理调节作用；母乳中还含有很多活细胞，如单核细胞、T淋巴细胞、B淋巴细胞等，这些细胞可能与食物过敏或一些自身免疫性疾病的易感性有关。

2. 国内母乳成分相关研究

国内关于母乳中主要营养成分以及它们与婴儿生长发育关系的研究始于20世纪80~90年代，我国有一些地区（包括北京、广州、上海、天津等）开展了母乳中营养成分研究，鉴于当时有限的经费和分析手段的制约，大多数研究局限在小样本调查，分析的营养成分有限，缺少不同地区、不同生活水平方面的数据比较，而涉及不同民族的研究更少。

而近年来，国内关于这方面的研究报道相对很少，相关的研究主要局限在单一营养成分或几种微量营养素等的研究，缺少对乳母的营养与健康状况、乳汁中营养成分含量以及对喂养儿的近期和远期影响的系统研究等。

3. 研究母乳成分的必要性

经过三十多年的改革开放，我国国民经济得到了高速发展，居民收入增加明显，生活水平显著提高，居民的膳食模式发生了明显西式变迁，能量和营养素摄入量的改变既影响乳母的营养状况，也影响乳汁的营养成分，会进一步影响婴儿生长发育。同时，母乳营养成分测试仪器以及方法得到全面更新，也有助于开展乳母营养状况和乳汁成分与婴儿生长发育关系的研究和建立我国母乳成分数据库技术平台。通过这样的系统研究，可针对存在的突出问题提出改进措施并建议国家开展针对性干预，为相关部门制定相关政策（如母乳喂养婴儿喂养指南、辅食添加指南等）提供建议，改善乳母和婴儿的健康水平；同时还可以为制/修订我国食品安全国家标准如《婴儿配方食品》《较大婴儿和幼儿配方食品》和《特殊医学用途婴儿配方食品》，开发适合我国婴幼儿生长发育特点的配方食品和特殊医学用途食品提供科学依据。

二、母乳中营养素的存在形式

关于母乳成分的研究，首先需要确定研究的是哪种或哪些营养成分、生物活性成分或污染成分；研究某一营养素的总含量还是不同的存在形式（结合型与游离型），如总氨基酸含量（游离或结合形式），维生素 B_2 有游离型和与不同辅酶结合的形式，维生素 B_6 存在形式有吡哆醛、吡哆胺、吡哆醇以及相应的磷酸化形式等。

1. 不同哺乳阶段营养成分的差异

通常将分娩后 1～7 天内的乳汁称为初乳（colostrum），8～14 天的乳汁称为过渡乳（transition milk），之后的乳汁则称为成熟乳（mature milk）。一般初乳分泌量少（尤其是最初 3 天内），难以获得较多的样本取样量。

（1）初乳　初乳中钠和氯的水平较低，而乳糖和其他成熟的乳成分逐渐增加，而且富含低聚糖。在最初 24～48h 内，大多数产妇分泌的初乳量较少，平均每天分泌乳汁约100ml，含有大量免疫因子，如 IgA 和乳铁蛋白，这两个成分是非常重要的免疫保护蛋白；富含脂肪与蛋白质、矿物质、维生素 A 与类胡萝卜素和很多细胞成分，使初乳呈黄色黏稠状液体，这种乳汁对新生儿是极为重要和珍贵的。

（2）过渡乳　经过产后最初 7 天的初乳分泌，之后迅速进入到过渡乳阶段（产后 8～14 天），这个阶段的乳汁分泌量明显增加，含有大多数成熟乳的成分。伴随泌乳量的进一步增加，IgA 的浓度显著降低（不到初乳的 1/10），低聚糖和乳铁蛋白的浓度也明显降低，而α-乳白蛋白、乳糖、柠檬酸、葡萄糖、游离磷酸盐、钙和 B 族维生素增加的程度与泌乳量的增加有关。过渡乳成分与初乳不同，并逐渐接近成熟乳。

（3）成熟乳　成熟乳的主要成分有蛋白质、非蛋白氮、碳水化合物（如乳糖和低聚糖）、脂类、维生素、矿物质和丰富的细胞成分。其中变异最大的成分是脂肪，其含量和种类受妊娠持续时间、哺乳阶段、胎次、泌乳量、母乳喂哺持续时间和次数、乳母的膳食以及乳母孕期体重增加等诸多因素影响。母乳中维生素含量受乳母维生素营养状况的影响，如果乳母的维生素营养状况良好，则乳汁中的维生素水平是稳定的，且不受母体摄入量影响。

2. 宏量营养素（macronutrients）

（1）蛋白质　传统凯氏定氮法测定的是总蛋白含量，进一步可将母乳蛋白质分成乳清蛋白与酪蛋白，而且每种蛋白质又有诸多不同组分。母乳中总氨基酸（total amino acids, TAAs）包括与蛋白质结合的氨基酸和属于非蛋白氮的游离氨基酸（free amino acids, FAAs）。FAAs 占非蛋白氮的 8%～22% 和总氨基酸的 5%～10%，谷氨酸是所有泌乳阶段的最丰富 FAA，谷氨酰胺可由谷氨酸合成，谷氨酸+谷氨酰胺占母乳中 FAA 的比例约为50%；而牛磺酸是含量第二高的 FAA，仅以游离形式存在于母乳中。

（2）脂类　与其他宏量营养素相比，脂肪是母乳中含量变化最大的成分。其主要存在形式有甘油三酯和中链脂肪酸，还有少量的胆固醇和酯化胆固醇、磷脂和脂溶性维生素等，母乳中的脂类以脂肪球的形式存在。

（3）碳水化合物　乳糖是母乳中的主要碳水化合物，浓度范围 $67\sim78g/L$。母乳低聚糖（human milk oligosaccharides, HMOs）是一类非营养性碳水化合物，其在人乳中的含量仅次于乳糖，其他还有少量的单糖，如葡萄糖和果糖等。

3. 脂溶性维生素（fat-soluble vitamins）

（1）维生素 A　母乳中的维生素 A 几乎全部以视黄醇棕榈酸酯和视黄醇硬脂酸酯的形式存在于乳脂中，占乳汁中类维生素 A 的 60%；其他形式还有视黄酸等。成熟母乳中至少发现 12 种视黄醇酯。母乳中还存在不同的类胡萝卜素组分，主要有β-胡萝卜素、α-胡萝卜素、β-隐黄素、番茄红素、叶黄素和玉米黄素等，它们的存在形式和含量受乳母膳食摄入量的影响。

（2）维生素 D　母乳中维生素 D 含量很低，从母体循环到母乳的维生素 D 主要形式是维生素 D_3 和维生素 D_2，这些都是来自 25-羟代谢产物、24,25-二羟基维生素 D 和 1,25-二羟基维生素 D，因此维生素 D_2、$25(OH)D_3$、$25(OH)D_2$ 也是母乳中维生素 D 的存在形式（少量）。

（3）维生素 E（生育酚）　母乳中维生素 E 的 83% 是以α-生育酚形式存在，还含有少量β-生育酚和γ-生育酚。

（4）维生素 K　母乳中维生素 K 含量较低，主要存在形式是叶绿醌（维生素 K_1），其次是甲萘醌-4（维生素 K_2 存在形式）和痕量甲萘醌 6-8，维生素 K 位于乳脂肪球膜脂质的核心位置。

4. 水溶性维生素（water-soluble vitamins）

（1）维生素 B_1　母乳中维生素 B_1 主要以单磷酸硫胺素（thiamine monophosphate, TMP）（约占 60%）、焦磷酸硫胺素和游离硫胺素（约 30%）形式存在，TMP 和游离硫胺素是母乳中维生素 B_1 的主要存在形式。

（2）维生素 B_2　母乳中维生素 B_2 的主要存在形式是黄素腺嘌呤二核苷酸（flavin adenine dinucleotide, FAD）和游离核黄素，其他形式还有 10-羟乙基黄素和痕量 10-甲酰基甲基黄素、7α-羟基核黄素、8α-羟基核黄素和黄素单核苷酸。

（3）维生素 B_6　母乳中维生素 B_6 的主要存在形式是吡哆醛，还含有少量的 5′-磷酸吡哆醛、吡哆胺和吡哆醇。

（4）维生素 B_{12}　甲基钴胺素是母乳中维生素 B_{12} 的主要存在形式，其次是 5-脱氧腺苷钴胺素及少量的羟钴胺素和氰钴胺素。

（5）叶酸　人乳中叶酸与乳清结合蛋白共价结合，主要存在形式是蝶酰基聚谷氨酸盐和 N-5-甲基四氢叶酸，还有少量还原型叶酸衍生物。

（6）泛酸　泛酸是脂质代谢的关键因素。母乳中约 85%～90% 的泛酸以游离形式存在。

（7）生物素　人乳脱脂部分中生物素含量超过 90%，小于 3% 与大分子可逆性结合，小于 5% 与大分子共价结合；在早期和过渡乳中的生物素形式包括生物素及其代谢产物双降生物素（约为 50%）和生物素亚砜（约为 10%）。

（8）胆碱　母乳中胆碱主要存在形式包括游离胆碱及其代谢产物磷酸胆碱和甘油磷酸胆碱，还含有低浓度磷脂酰胆碱和鞘磷脂。

（9）维生素 C　母乳中抗坏血酸是维生素 C 的主要存在形式，而脱氢抗坏血酸代表了母乳中维生素 C 的生物学相关形式。

5. 矿物质（minerals）

（1）铁　母乳中的铁存在于脂质和低分子量化合物中，如低分子量多肽和脂肪球，乳铁蛋白也结合少量的铁。

（2）铜　母乳的乳清和乳脂部分均含有一定比例的铜，母乳中的铜结合蛋白包括铜蓝蛋白（含有铜 20%～25%）以及酪蛋白和血清白蛋白。

（3）锌　母乳的乳清和乳脂部分均含有锌，大量的锌与柠檬酸盐、低分子量结合配体以及酪蛋白和血清白蛋白结合，以锌结合蛋白形式存在。

（4）钙　母乳中存在离子形式的钙和与蛋白质（酪蛋白）以及柠檬酸紧密结合形式的钙。

（5）磷　尽管母乳中钙和磷分泌的调节是独立的，但是早产儿和足月儿的母乳中钙磷比值中位数均为 1.7。母乳中磷的存在形式缺少数据。

（6）镁　母乳中大多数镁是与低分子量组分和蛋白质结合的。目前尚缺少母乳中镁的存在形式数据。

（7）碘　人乳中碘浓度差异很大，主要归因于土壤中的碘含量和乳母碘摄入量。母乳中碘超过 75% 以离子碘形式存在，还有结合形式碘（如 T_3）和少量 T_4。

（8）硒　母乳中硒大部分与蛋白质结合，如作为谷胱甘肽过氧化物酶（glutathione peroxidase, GSH-Px）组成成分，还有少量硒代半胱氨酸和硒代蛋氨酸的形式，少量与乳脂肪有关。

三、测定方法的选择

在研究母乳成分时，确定了需要研究的母乳中营养素及其存在形式，还要考虑采用何种测定方法。测定方法的选择要考虑方法的灵敏度、准确度和需要的样本量以及基质对测定结果的影响，优先选用微量、高通量，同时能测定多种成分的方法。目前用于母乳成分测定的方法大多数基于测定食物、血浆、尿液等的方法，通过优化样本前处理、提取过程等改良而来。微量营养成分分析最常使用的是微生物法、比色法、荧光法或气相色谱和质谱联用/液相色谱和质谱联用（GC-MS/LC-MS）法、原子吸收光谱法、电感耦合等离子体光谱-原子发射光谱法等。因此需要平衡所需的样本量、成本及时间。

1. 宏量营养素、核苷与核苷酸、总能量

（1）蛋白质及其组分

① 总蛋白质含量　目前母乳中总蛋白质含量的测定还是采用凯氏定氮法，即测定氮含量，然后乘以转换系数 6.25；也有采用比色法或商品试剂盒的。

② 氨基酸　可以采用液相色谱法和氨基酸分析仪法测定。

③ 不同蛋白质组分　如乳清蛋白或酪蛋白及其组分、溶菌酶、免疫球蛋白、多肽类等，可采用 LC-MS/MS 法、免疫扩散法、酶联免疫法、高效液相色谱/超高效液相色谱（HPLC/UPLC）法、毛细管电泳法以及商品试剂盒等。

（2）脂类

① 总脂肪　采用常规提取法。

② 饱和、不饱和脂肪酸　采用 GC 法。

③ 二维脂肪酸（OPO）　采用 GC、HPLC 法。

④ 磷脂类　采用 ^{31}P-NMR 和 HPLC-ELSD 法测定。

⑤ 神经节苷脂　采用 LC-MS/MS 测定。

（3）碳水化合物

① 总碳水化合物　可采用直接（苯酚-硫酸法）或间接法测定母乳中的总碳水化合物含量。

② 乳糖　过去采用改良的 Dahlquist 比色法，现在可使用商品试剂盒测定（检测范围 2～10mg/mL），也有采用色谱法测定的。

③ 低聚糖类　采用 HPLC、高效阴离子交换色谱-脉冲安培检测法（HPAEC-PAD）、GC 法测定。

④ 单糖　采用 LC-MS/MS 测定，如葡萄糖和果糖。

（4）核苷与核苷酸　核苷可采用 HPLC 法；单磷酸核苷酸可采用 LC-MS/MS 法；多磷酸核苷酸可采用 LC-MS/MS 法。

（5）总能量　目前大多数研究报告的母乳中总能量结果采用计算法，包括母乳成分测定仪出示的数据。使用燃烧式测热计是测量母乳总能量的金标准，然而至今应用于母乳的研究有限，这样测定需要的母乳样本量较大。

2. 脂溶性维生素

（1）维生素 A 和类胡萝卜素　早期母乳中这些成分的测定采用比色法和荧光法。近年来大多数母乳中维生素 A 和类胡萝卜素测定采用 HPLC 法（配合紫外、荧光和 MS 检测），也有采用 LC-MS/MS 法等，最近德国特尔托公司推出一款 iCheckFluoro 便携式荧光计用于母乳中维生素 A 快速检测。

（2）维生素 D 早期采用放射免疫法测定母乳中维生素 D，也有使用改良的氯化锑法测定母乳中维生素 D，但是 HPLC-UV 和 CPBA 是广泛采用的方法，可用于测定母乳中含量低的维生素 D 组分；结合同位素稀释技术的 LC-MS/MS 法可用于定量测定母乳中维生素 D 及其代谢产物。

（3）维生素 E 维生素 E 包括两类（生育酚和生育三烯酚）共 8 种同系物。早期母乳中维生素 E 的分析采用薄层色谱法（thin layer chromatography, TLC）和 GC-MS 方法，然而 HPLC 法是最普遍用于测定母乳维生素 E 的方法，采用荧光检测器（FLD）、电子俘获检测器（ECD）或 UV 检测器。

（4）维生素 K HPLC 法是最常用于测定母乳中维生素 K 含量的方法，结合采用 FLD、ECD 或 UV 检测器，具有较高的灵敏度。与使用 UV 检测器相比，FLD 和 ECD 检测器可提高 2 个数量级，因此 HPLC-FLD 是维生素 K 分析的首选方法。近来 LC-MS/MS 也用于测定母乳维生素 K。

3. 水溶性维生素

（1）维生素 B_1 母乳中维生素 B_1 测定可采用经典的硫色素反应法、微生物法（使用发酵乳杆菌、酿酒酵母、马尔默克色菌和油链球菌-ATCC 12706）和 HPLC 法（需要柱前或柱后衍生化），UPLC-MS/MS 法同时可测定包括维生素 B_1 在内的多种 B 族维生素。

（2）维生素 B_2 母乳中维生素 B_2 的定量分析方法有微生物法（使用干酪乳杆菌 ATCC 7469）、光谱（UV、FLD）法等。近来也有采用 UPLC-MS/MS 法同时测定人乳中 6 种游离形式的 B 族维生素，除了核黄素和黄素腺嘌呤二核苷酸（FAD），还有硫胺素、烟酸、维生素 B_6 和泛酸。

（3）维生素 B_6 通常采用微生物法（使用葡萄酒酵母 ATCC 9080）、HPLC 法和 LC 法定量测定母乳中维生素 B_6；采用 UPLC-MS/MS 法可同时测定人乳中所含维生素 B_6 等 6 种游离形式的 B 族维生素。

（4）维生素 B_{12} 早期大多数采用微生物法测定母乳中维生素 B_{12} 含量。放射性同位素稀释法可用于分析人乳维生素 B_{12}；近年来竞争性蛋白质结合分析法和化学发光法也被用于定量测定人乳中维生素 B_{12}。

（5）叶酸 早期母乳中叶酸分析方法使用微生物法，通常使用干酪乳杆菌 ATCC 7469（其他的有粪链球菌、啤酒球菌和干酪乳杆菌）；HPLC 法/LC-FLD 法、竞争性蛋白质结合放免法和化学发光法也被用于测定母乳叶酸含量。

（6）泛酸 微生物法（使用干酪乳杆菌、阿拉伯乳杆菌和植物乳杆菌）、放射免疫法（radioimmunoassay, RIA）、UPLC-UV 法已被用于定量分析母乳中泛酸含量。最近

MS/MS 法已用于测定人乳泛酸含量；用于人乳代谢组学研究的 ^{1}H-NMR 可定量测定泛酸含量。

（7）生物素　可以采用微生物法（使用阿拉伯乳杆菌和植物乳杆菌）、^{125}I 标记抗生物素蛋白连续固相测定法，LC-MS/MS 也可用于测定人乳生物素含量。

（8）胆碱　早期采用放射性酶法测定母乳胆碱含量，近年来多采用 ^{1}H-核磁共振法（^{1}H-NMR）和色谱技术（HPLC、GC-MS 和 LC-MS/MS）定量测定胆碱含量。

（9）维生素 C　母乳中维生素 C 定量测定包括滴定法、比色法和较新的方法如 HPLC-UV、FLD 或 ECD 法等。与比色法相比，色谱技术可提供更满意的测定结果。

4. 矿物元素

母乳中绝大多数矿物元素（包括常量元素和微量元素）采用原子吸收方法（火焰或石墨炉）、电感耦合等离子体质谱法（ICP-MS）进行定量测定，而且使用 ICP-MS 方法可同时测定数十种矿物元素，具有良好的回收率和检出限。

（1）铁　早期采用比色法（邻菲咯啉法）测定母乳铁含量；之后广泛采用原子吸收法（AAS）测定母乳铁含量，并已成为首选方法；近期 ICP-MS 也可以作为 AAS 的替代方法。

（2）锌　早期也是采用比色法测定母乳锌含量。目前 AAS 已成为母乳锌含量测定的主要方法之一，还有 ICP-MS 和 ICP-AES 也用于测定母乳锌含量。

（3）碘　早期是采用比色法测定母乳碘含量。最近有报道 ICP-MS 方法用于测定母乳碘含量，具有很好的回收率和灵敏度，被推荐为测定母乳碘含量首选方法；其他方法还有中子活化技术、MS 与色谱联用法以及碘化物特异性电极法等。

（4）硒　我国最早开发荧光法用于测定母乳硒含量，使用 2,3-二氨基萘试剂衍生化。其他可用于母乳硒含量测定的方法有 GC-ECD、AAS 和等离子体光谱法等。

四、需要深入开展的研究

尽管国内外开展了诸多母乳成分相关的研究，然而至今我们对母乳中微量营养成分、生物活性成分及其功能和作用机制、影响因素等方面了解甚少，需要开展更多的系统性研究。

1. 建立我国人乳成分数据库

通过系统分析孕产妇健康状况、乳汁中营养成分和生物活性成分含量、母乳喂养对喂养儿生长发育状况的近期影响和远期健康效应等建立我国人乳成分数据库，探讨影响我国母乳喂养的因素，为进行针对性干预提供科学依据；为估计婴儿营养素需要量、适宜摄入量，修订我国婴幼儿配方食品国家标准，为研发适合我国婴幼儿生长发育特点的配方食品和特殊医学用途配方食品提供依据。

2. 母乳喂养的近期影响与远期效应

目前绝大多数研究关注母乳喂养对喂养儿的近期影响，实际上还需要关注母乳喂养和持续时间与强度对喂养儿健康状况的远期效应，以及对乳母本身健康状况的近期影响与远期健康效应（罹患营养相关慢性病的风险）。

3. 母乳代谢组学研究

随着组学研究技术的突破和人乳成分检测技术的进步，系统分析人乳的营养素（蛋白质、脂质、碳水化合物等）代谢组学、母乳微生物组学以及核苷酸组学已成为可能，获得的结果有助于系统了解母乳营养成分以及这些成分对喂养儿的影响。

4. 母乳中痕量生物活性成分研究

已知人乳中含有相当多且种类繁多的微量生物活性成分，如多种激素或类激素成分、酶类、低分子量蛋白组分、低聚糖类、中链脂肪酸、细胞因子等，同时还含有多种微生物和细胞成分，这些成分可能在婴儿早期肠道良好微生态环境建立、免疫功能的启动和成熟以及母子之间信息交流等方面发挥重要作用。

5. 母乳中污染物

需要关注人乳中环境污染物的存在程度及来源，如持久性有机污染物、重金属、霉菌毒素等，评估这些污染物的暴露量和程度可能给喂养儿带来的健康风险，以及如何降低新生儿和婴儿暴露在这些污染物中的措施。

6. 方法学研究

目前虽有若干人乳成分的研究，但由于代表性母乳样本采集方法、样品储存和冻融过程、前处理以及测定方法不同，导致相同成分的测量值相差很大，使得不同调查的结果难以相互比较。因此，需要进一步研究探索代表性母乳样本的采集方法、转运与储存过程（包括容器使用的材料）、样本前处理和高通量微量测定方法等。

（荫士安）

母乳喂养（breastfeeding）是哺乳动物的子代赖以生存的基本生理现象，也是人类社会生存和可持续发展的重要根基，没有母乳喂养就没有人类本身，即使到了科学高度发展的今天，母乳喂养也是其他任何人工喂养方式都无法比拟的。母乳是母亲为刚出生孩子准备好的天然、理想食物，可满足孩子生后 6 个月内的全部营养需要。母乳喂养并不仅仅是为喂养儿提供优质营养的食物，更重要的是与新生儿和婴儿肠道后天免疫功能的启动和发育、母子之间的感情培养与交流、大脑认知行为发育以及成年期罹患营养相关慢性病的风险密切相关。

母乳喂养对母子双方都会产生长期、持续、有益的健康效应。在婴儿方面，母乳喂养除了提供给喂养儿全面均衡的营养成分、富含抵抗感染性疾病的微量活性成分（如抗体、免疫球蛋白、细胞因子、细胞成分等）以及降低发生过敏性疾病的风险外，还可以增进母子之间的情感交流、促进婴儿的认知能力和身心发育、降低成年时期营养相关慢性疾病的发病率等，这可能与母乳喂养可能影响婴儿早期生物学新陈代谢过程有关；对母体的好处是，用母乳喂养婴儿可加速其产后身体复原，持续母乳喂养期间可降低再次受孕风险（约 98%），消耗孕期体内储存的脂肪，预防产后肥胖，降低罹患生殖器官疾病和肿瘤的风险等。

一百多年前，人们研究开发婴儿配方奶粉，其初衷是用来解决那些不能用母乳喂养婴儿的生存问题，通过母乳代用品喂养，至少可使其体格发育达到母乳喂养相同的程度。然而，近 30 年来由于婴儿配方奶粉盛行和产品销售商的误导性宣传，全球对母乳喂养的重视不够，尤其是那些新兴的发展中国家，母乳喂养率呈持续下降趋势；我国的情况也不容乐观，近年全国性调查结果显示，完全纯母乳喂养率和基本纯母乳喂养率处于较低水平。为了降低感染性疾病发生率、预防和减少婴幼儿喂养的意外伤害，应将倡导、鼓励和推广母乳喂养作为婴幼儿喂养全球发展战略的重要内容之一；同时还应改善孕妇和乳母的营养状况，如应加强维生素 D、铁、碘、维生素 K 以及其他微量营养素的供给。

本篇以母乳喂养为中心，系统综述了人类母乳喂养的历史与发展、泌乳的生理机制、初乳在新生儿发育中的作用、母乳喂养对婴儿的益处、我国人乳营养成分研究以及婴儿摄乳量及其测量方法学等。

第一篇

母乳喂养

第一章
人类母乳喂养的历史与发展

根据人类进化和生态平衡的推理，有人类存在就应该有母乳喂养，人类的母乳喂养（breastfeeding）是从哺乳动物（mammals）延续过来的基本生理现象。人类的进化结果与其他哺乳类动物的进化一样，在出生后的一段时期，可以用单一食物——母乳，为其新生的下一代提供生长发育所需要的全部养分。妇女分娩后用自己的乳汁哺育婴儿，是人类社会赖以生存和可持续发展的重要根基之一，也是人类的天性与本能。因此，没有母乳喂养也就没有人类的今天。即使是到了科技发达的今天，母乳喂养仍然在母子间关系中发挥着重要作用[1]，这也是任何其他动物乳汁或喂养方式无可比拟的。母乳是婴儿的最优质食物，出生后最初 6 个月以纯母乳喂养完全可以满足婴儿的全部营养需求。

第一节　人类与其他哺乳动物的哺乳区别

但凡哺乳动物新生命的降临，张嘴要吃是其固有的本能，而母亲乳腺胀鼓随即分泌乳汁哺乳新生儿也是哺乳类动物的一种本能。目前在地球的许多不同环境中[2]，包括人类在内约生存有 4000 多种哺乳类动物。"哺乳类动物"的术语系来自分类学之父卡罗勒斯林奈（Carolus Linnaeus），1758 年他将具有分泌乳汁哺乳后代能力的动物分成一类，用"哺乳纲"或"哺乳动物"（mammalia）的术语表示这类动物，这里乳汁分泌并哺乳其后代是所有哺乳动物种属的代表性特征，无论是大的或小的、群居的或独居的、北极或热带地区的哺乳动物，除此之外，没有其他生物体可以产生丰富的腺体分泌物经皮肤分泌乳汁喂哺其后代[3]。进一步仔细分析，可以看到选择术语哺乳动物也是不寻常的，因为它仅适用于这类动物的一半（雌性）。其重要原因在于当时的瑞典和其他欧洲诸国，雇佣奶妈喂养婴儿很普遍，Linnaeus反对雇佣奶妈的社会现象，他选择哺乳动物术语是想强调幼小的哺乳动物应该由其母亲用自己的乳汁来喂哺[4]。

一、乳腺的进化

从啮齿类动物，到巨大的蓝鲸，尽管哺乳动物的身体形状和大小差异十分明显，但其共同特征是都具有能产生乳汁的乳腺（mammary gland），其新生幼子都是由雌性动物以乳汁喂哺。乳腺分泌乳汁是一个极其复杂的心理、精神、神经与内分泌的调节与交互影响的结果，也是经历了古老的乳腺进化（breast evolution）过程[5,6]；而其子代吸吮乳房获得乳汁是一个综合多种因素对新生命的特殊影响过程，这个过程是任何人工喂养方式不可取代的，也是不可模拟的。母乳喂哺过程包含了提供营养物质以外的内容，如母子之间情感交流、保温和安全感等；而就乳腺本身也具有双重功能，即为新生儿和婴儿提供营养和免疫保护[7]。现代人类的进化与发展已经过了几百万年，人类乳房的结构也在不断发展进化，以适应人类能直立行走并用双手制作工具、劳动以及喂哺其特别娇嫩的婴儿，而且也与体型的发展进化相匹配。

就哺乳动物的乳房而言，其形态千差万别，例如虎属于猫科，乳房与家猫相似，平坦而不突出，这样即使是在哺乳期也非常有利于捕食，但哺乳的能力却很强；奶牛的乳房则相当大，特别之处是这一类动物的乳房有很大的储存乳汁的囊状结构，尤其是经过特别育种的奶牛，但是人类这样的结构已经退化成为一个很小的乳窦；海豹能够在外表上看好似没有乳房的情况下给其幼崽喂奶，这样有利于保持其流体动力学的外形，如果海豹的外表也有个很大突起的乳房，将可能影响其作为物种在海洋中的生存能力。

通过上述对几种哺乳类动物乳房特征的比较，证明了人类的进化。哺乳期妇女现在虽然已没有乳汁储存库，但是残迹说明过去曾有过，这归因于人类长期直立行走与从事生产劳动，已不适合胸前存在一个臃肿的乳腺，但是还要具备哺乳后代的能力，故人类乳房的泌乳过程有着极强的特殊性，表现在乳房能根据婴儿需要及时合成并分泌乳汁（很强的自我调节能力），同时人类乳腺管周围的横纹肌层可在需要时收缩挤压乳腺管使其中的乳汁射出，进而使婴儿吸吮到充足乳汁。

二、不同哺乳动物的哺乳相关特征比较

由于具备为新生后代提供一种高度易消化、营养均衡和浓度可变食品（乳汁）的能

力，使哺乳动物得以发育繁殖和保留物种。熊猫、兔、猪、山羊、牛和人等哺乳动物的生育、生长、哺乳、保护作用、营养作用的比较结果见表1-1。

1. 体重变化

哺乳动物幼崽的出生体重从熊猫的约100g到牛的几十千克不等，刚出生的熊猫体重仅占母体体重的约千分之一；而出生体重增加1倍时所需要的时间，熊猫、兔和猪通常需要10天左右，而人类则需要较长时间，约4个月；断奶时体重与出生体重比以熊猫为最大（约为100倍），说明其生长速度很快，而人类则显得较慢（按1岁断奶计算约为4倍）。

2. 哺乳期

哺乳动物的哺乳期可从仅几天到持续多年。如冰上繁殖的海豹哺乳期可能少至3～4天，而人类、类人猿和大象等的哺乳期则较长[8]，农场的不同品种牲畜，例如奶牛、肉牛以及山羊的发育及维持的研究结果显示，在决定哺乳期和妊娠期时间长短以及泌乳量和脂肪与蛋白质含量方面遗传因素是重要的[9]。表1-1显示，除了兔和猪外，熊猫、山羊、牛和人等哺乳动物的哺乳期超过100天，在原始社会、农业和定居文化之前的人类，哺乳期可持续数年，现代社会已平均不到一年，而且呈持续缩短趋势，6个月内纯母乳喂养率更低[10,11]；大多数哺乳动物的泌乳量可根据哺乳幼子的需要而具有很强的自我调节能力。

3. 母乳中的保护因子

在保护作用方面，已证明在孕期人类就存在由母体经胎盘转移IgG到胎儿，这在母兔中也得到了证实。不同动物的初乳中都含有IgA、IgG和IgM三种免疫球蛋白，人类、熊猫和兔以IgA为主（人类主要是分泌型IgA），而猪、山羊和牛则以IgG为主，哺乳期间其含量范围变异较大，通常随哺乳期的延长呈降低趋势。

4. 乳汁的营养成分

对乳汁的依赖是各种哺乳动物幼仔生存的关键，哺乳期间乳腺分泌物及其每种成分的含量代表了每个物种适应环境所表现的进化发展过程[12]。通过比较乳汁提供的主要营养成分，可以看到哺乳动物乳汁中脂肪和蛋白质的含量变化范围很大；根据对不同哺乳动物乳汁蛋白质组成的研究，发现其均含有多个酪蛋白亚型，如α-酪蛋白、β-酪蛋白和κ-酪蛋白，但是人乳蛋白质中初乳以清蛋白为主，酪蛋白含量较低，而其他哺乳动物乳汁中蛋白质的60%以上是酪蛋白。乳汁中碳水化合物的存在形式主要是乳糖。人乳中低聚糖含量最高，达12.9g/L，牛奶中存在少量，山羊奶中仅48h内初乳中含有少量（0.2～0.3g/L），之后迅速降低。

□ 表 1-1 熊猫、兔、猪、山羊、牛和人哺乳特征的比较

特征	熊猫	兔	猪	山羊	牛	人
母体体重/kg	80~120	5~6	175	60	500~700	55
幼子数	1~2	6	4~13	3~4	1	1
乳头数	4	8~10	12~16	4	4	2
生长						
出生体重/g	100	70~100	1420	4800	37900	3300
出生体重占母体体重/%	0.1	1.4~1.7	0.8	8.0	5.4~7.5	6.0
体重增加 1 倍的时间/d	10	6~7	8	16	36	105~126
断奶体重/出生体重	100	4~6	4~6	10	6	4
哺乳						
哺乳期/d	<365	28~35	56	150~240	180~240	<1年至几年
每天产乳量/g	150~240	140~320	4500~5700	1200~1600	10000	450~1126
喂奶间隔/h	15~30min	24	1	3	5	1~11
保护作用						
孕期转运免疫球蛋白	①	IgG	无	①	无	IgG
初乳免疫球蛋白比例	IgA>IgG>IgM	IgA>IgG>IgM	IgG>IgA>IgM	IgG>IgA>IgM	IgG>IgA>IgM	IgA>IgM>IgG
初乳免疫球蛋白总浓度（g/L）	30	7.1	72	14~52	58	20
营养作用（中段奶）						
脂肪浓度/（g/L）	6~32	22	55	38	48	38
主要脂肪酸②	SCFA	SCFA	LCFA	MCFA	MCFA 和 LCFA	LCFA
蛋白质浓度/（g/L）	43~75	103	56	3.5	36	9
β-乳球蛋白	可能是	不	是	是	是	不
酪蛋白（g）占总蛋白质比例/%	70	①	①	60	82	17
主要碳水化合物	乳糖	乳糖	乳糖	乳糖	乳糖	乳糖
乳糖浓度/（g/L）	8~15	22	55	41	48	70
低聚糖浓度/（g/L）	①	①	①	0.2~0.3	1（48h 内初乳）	12.9

① "—"，不清楚。
② SCFA，短链脂肪酸（short-chain fatty acids）；LCFA，长链脂肪酸（long-chain fatty acids）；MCFA，中链脂肪酸（medium-chain fatty acids）。

第二节　人类不同历史时期的母乳喂养

母乳喂养经历了相当长的进化过程[13,14]，其核心反映了母乳在婴儿营养中的作用。历史文献表明，在没有母乳喂养的情况下婴儿的死亡率很高，这也说明了对乳母的选择压力[13]，而且通过母乳喂养过程，母乳可能会向婴儿传递重要的生态信息，例如产妇状况或环境中的营养状况[15~17]、病原体负荷[18,19]，以及可能的长期环境信息等[20]。

在农业和定居文化之前，人类别无选择，所有的婴儿都是用母乳喂养，如果得不到母乳喂养，则难以生存。进化过程中，母乳分泌量不足表型逐渐被淘汰。在人类历史的不同发展阶段，人们对母乳喂养的认识和态度受当时知识的限制和社会环境的影响而有所不同。

一、工业化革命之前

推算母乳及母乳喂养已经缓慢进化超过约 250 万年，以适应原始人类的进化及其环境的变化[21]。从距今约 300 万～1 万年旧石器时代起的史前文物中，我们可以从早期人类历史资料中看到人们对母乳喂养的崇敬，当时每一个人类新生命都是用母乳喂养长大。从原始社会到工业化革命（the preindustrial revolution period）之前，婴儿的喂养习惯变化不大。在当时物质生产与供给不充裕的社会环境中，新生儿存活的可能与是否能用母乳喂养或由奶妈乳汁替代喂养有关[22]。如果这两种情况都不可及，只有给予其他动物的奶（如牛奶、羊奶等）、成人预咀嚼的食物或低营养和受污染的半流质食物，这种情况常常会增加感染风险，导致较高的婴儿死亡率[23]。在那时，婴儿的存活完全或极大程度上依赖母乳喂养；身体状况较好的孩子，多与母乳充足且喂养时间较长有关；吃不到母乳或母乳不足的孩子，常常体弱多病，而且很多难以存活。

11 世纪以后，欧洲贵族家庭对雇用奶妈情有独钟。大多数贵族妇女分娩后，把新生儿交给奶妈喂哺，这样就没有哺乳期，可以让她们很快再次怀孕生育。12 世纪以后，所有法国皇室家庭的孩子一出生便远离母亲的乳房，而由奶妈喂养，这么做的部分原因是可以保证生育更多的潜在继承人。在古希腊，当时也很盛行贵族们雇佣奶妈的做法，因为很多贵族们认为初乳带有特殊腥味，不适合喂养他们高贵的后裔。古希腊文化衰落后，其他民族的母乳喂养得以保留和延续。到了中世纪，贵族们又开始了"母乳喂养可能对母亲不利"的争论，于是母乳喂养再次遭到拒绝，"奶妈"作为一种社会职业再次开始流行。

历史上，我国婴儿的喂养方式一直是以母乳喂养为主。位于我国重庆市西北大足县宝顶山的"大足石刻（Dazu grottoes）"，是最早的距今 1000 多年前以唐、宋为主的摩崖石刻，其中"父母恩重经变相"（1174—1252年）的石刻（图1-1）展示了母乳喂养孩子较长时间，2～3岁以上的孩子在母亲胸前贪婪地吸吮着妈妈的乳汁，证明母乳喂养是母爱，也是母子之间情感交流的纽带。通过这幅佛教艺术石刻，提醒人们不要急于过早地停止母乳喂养，用母乳喂养孩子不仅仅是提供营养物质，而且是一种自然和谐的母子亲情互动和情感交流过程。

图1-1 大足石刻"父母恩重经变相"（唐末宋初）

二、文艺复兴与工业化革命时期

文艺复兴（period of renaissance）是欧洲特定的历史时期，粗略地指欧洲从中世纪到近代之间所经历的四百多年的时间，没有清楚的开始或结束日期，是14世纪中叶在意大利各城市兴起，之后扩展到西欧诸国，于16世纪在欧洲盛行的一场思想文化运动。由于各种原因，上流社会妇女不愿意用自己的乳汁喂哺婴儿，因此聘用奶妈代替自己哺乳婴儿，但是在当时这种行为还是受到了社会道德的谴责，而且当时一大批启蒙学者也在积极推动母乳喂养。

工业化革命时期（period of industrial revolution）开始于17世纪或更早些时候。在17世纪，荷兰共和时期母乳喂养已经成为公民的责任，被认为是为国家作贡献。18世纪法国卢梭倡导达到社会改革目标的标志是是否进行母乳喂养。到了18世纪末，几乎所有的人都接受用母乳喂哺婴儿。

19世纪快速发展的工业化浪潮（industrialization wave），促使着越来越多已经习惯于母乳喂养婴儿的母亲开始走出家门参加工作，从而放弃了母乳喂养，迫使其寻找婴儿营养的替代品。过早地给婴儿喂食动物奶和婴儿配方食品（奶粉）以及过早地导入辅食，结果会严重影响婴幼儿的生长发育和健康状况[23]。此时的"女权运动"和避孕药的出现也降低了出生率。同时随着对母乳成分认识的进展，婴儿配方食品制造商不断研发改良婴儿配方食品，并且为了增加利润而投资于产品广告宣传。与此相对应，社会上也开始出现支持母乳喂养的宣传活动。

19 世纪后期的研究揭示，母乳喂养有助于预防婴儿腹泻[24]，而牛奶喂养则是细菌或致病微生物污染的潜在来源，更易发生感染性疾病，50%的婴儿死亡率可能与因喂食受到致病菌污染的牛奶而导致的消化系统感染有关[25]。到第一次世界大战时，英格兰和威尔士有 1000 个婴幼儿福利中心在运行。而这些诊所的经营者都支持和鼓励妇女用母乳喂哺其婴儿，同时他们也认识到这在那些"工人阶层"是很难办到的，特别是当乳母要外出工作或本身营养不良时就需要寻找母乳代用品[26]。

进入 20 世纪初，根据 1900～1919 年伦敦各区医务人员的健康报告，1 个月、3 个月和 6 个月的母乳喂养率分别为>90%、≈80%和>70%，母乳喂养率处于较高水平[27]，当时婴儿死亡率与母亲膳食和健康状况差、补充食品（辅食）或替代食品的营养质量低以及不卫生的喂养奶瓶有关。与此同时，婴儿的喂养方法开始发生变化，这反映了人们的社会价值观和态度的转变。在那些位于社会价值变革前沿的妇女，以及那些拥有资源（时间、精力或经费）允许她们适应这种变化或新的喂养方式的妇女，往往最先出现这些变化，20 世纪初的特点是婴儿配方食品（奶粉）喂养出现了前所未有的增长，部分原因是营养科学的发展恰与产品的科学性和工艺提升相一致，使足够富裕且追求当代价值的那些妇女开始选择用婴儿配方食品（奶粉）喂养其婴儿。

三、近百年来母乳喂养的变迁

人们对婴儿营养和母乳喂养的现代理解可溯源于 100 多年前的一系列科学发现[28]。随着 18 世纪晚期化学和生理学的出现，食物成分分析、机体代谢和能量平衡的研究、热量测定法、细胞理论以及生长和消化功能的测量开始整合，提供了生物体如何生长和获得营养的系列模型。临床医师和公共卫生专业人员与生物科学"新"领域的人员相互合作，使喂养婴儿和监测其生长发育的安全和有效方法得以应用，以应对当时的高婴儿死亡率和发病率[28]。

1. 早期母乳喂养率开始下降

20 世纪初，母亲开始采用婴儿配方食品（奶粉）作为母乳代用品（breast milk substitutes）喂养婴儿[26]。如 1910 年后的数据显示母乳喂养率开始呈现下降趋势，母乳喂养被更易于制备的基于蒸发或干燥的商品化牛奶配方产品所取代。根据美国生育率调查、婴儿喂养研究以及婴儿配方食品制造商罗氏实验室的市场调查数据，在 1936 年和 1940 年，出生后用母乳喂养婴儿的比例为 77%，而随后几十年这一比例显著下降，到 1970 年仅为25%。母乳喂养的持续时间也明显缩短，从 20 世纪 30 年代的 4.2 个月到 50 年代末降低到 2.2 个月。在 20 世纪 40～70 年代，随着工业现代化进程加速，妇女就业急剧增加，很多妇女希望走出家庭参加工作，而喂哺婴儿则成为累赘，全球发达国家的母乳哺养率降到有史以来的最低水平（约为 30%）。同时还伴随离婚率升高，以及其他诸多因素的相互影响，使得母乳喂养遭遇了猛烈冲击。到 20 世纪 80 年代以后，人们才开始反思及评价这种违反正常生理行为的负面影响，认识到产生的后果是深远的，在后续的许多研究中，证明母乳喂养有着其他喂养方式无法比拟的优越性，并且具有非常有益的远期健康效应，母乳喂养的好处可能持续一生（如降低成年时期患慢性病的风险）[11,29,30]，证明了物种特异性乳汁的重要性，即牛奶或其他动物乳汁不能代替人乳。

1981 年的世界卫生大会通过了"母乳代用品国际销售守则"。这个守则提倡禁止母乳代用品的广告和促销活动，以保护和促进母乳喂养。国际乳品联合会（IDF）遂与世界卫生组织（WHO）一起决定，取缔"母乳化奶粉"的名称，改为"婴儿配方奶粉"，进一步规定如果要为婴儿配方奶粉做广告，必须声明婴儿的喂养方式应首选母乳喂养，只有在母乳匮乏情况下才可选用经过审定的婴儿配方奶粉。母乳喂养率从 20 世纪 90 年代开始逐渐回升至 70% 左右，同时国际上也开始重视和加大了母乳喂养的研究与宣传。在大量科学研究基础上，WHO 与联合国儿童基金会（UNICEF）于 2001 年 5 月通过第 55 届世界卫生大会向全球联合倡议，将每年的 8 月 1 日至 7 日确定为"世界母乳喂养周"。

2. 中国的母乳喂养状况

在中国，20 世纪 80 年代之前的城乡母乳喂养率均较高，尽管没有全国性调查数据，农村母乳喂养率应超过 90%，城市也超过了 80%。即使母亲开始工作后，大多数情况下仍可以继续母乳喂养到 12 个月或更长时间，因为那个年代很多工作单位、学校或附近就有托儿所，通常骑自行车 10min 之内就可从单位到托儿所，除了中午吃饭时间可以喂奶，上、下午还各有约半小时的喂奶时间，保证了开始工作后母乳喂养的持续。那时母乳喂养持续到 1 岁及以上是很常见的。

20 世纪 80 年代以后，随着中国国民经济和城市化的快速发展以及生活模式的改变，工作压力增大，妇女通常在分娩后 2~4 个月即开始工作；大多数单位自办的托儿所或小规模的社会托幼单位陆续被撤销或合并，还有的母亲担心哺乳可能会影响其体形，不愿意用自己的乳汁喂哺婴儿，同时婴儿配方食品的快速发展和广告宣传，使一些母亲选用人工方法喂养婴儿，诸多因素导致母乳喂养率持续下降。自 90 年代后期，爱婴医院（baby friendly hospital）的建立与全面推广及政府与社会各方面的重视、鼓励与支持，再加上中国母乳代用品守则的发布与实施，在一定意义上增加了社会对母乳喂养的认识，母乳喂养率有明显提高，根据 2002 年中国居民营养与健康状况调查结果，中国 4 个月内婴儿基本纯母乳喂养率平均为 71.6%，城乡分别为 65.5% 和 74.4%。然而，这样的提高并没有一直持续下去，在 2012 年全国的调查结果显示，4 个月内婴儿基本纯母乳喂养率已经下降了 15.1%。

与此同时，随着家庭经济收入的增加和一些不良风气以及看护人的认知错位，也导致更多的人选择用婴儿配方奶粉喂养婴儿；在现代社会，年轻女性中甚至有个别人认为：

完全由自己乳汁喂哺和照顾孩子到 1 岁以上而不是由长辈喂养和照顾对自己是种耻辱，会被别人耻笑！期间也出现了一些"婴儿奶粉喂养事件"，严重危害了婴幼儿的营养与健康，有的甚至危及生命。而这些通过母乳喂养是完全可以避免的。近年的研究结果提示，与母乳喂养相比，婴儿配方食品喂养与意外喂养伤害和较差的儿童健康状况有关，如营养不良、过敏和儿童期肥胖等。因此，在我国如何保护和促进母乳喂养，仍然是一个值得深入关注的社会性问题。

3. 对人初乳的认识过程

20 世纪 80 年代之前，整体上人们还没有认识到初乳的重要性，而且在一定程度上还存在一些误解。初乳是分娩后最初 7 天内产生和分泌的乳汁，民间称为"血乳"，其质地浓厚，黏度特别高，呈橙黄带血色，味微苦，异腥，过去的观念认为初乳不适合喂予新生儿。当时在医院分娩后实行母婴分室，医生通常吩咐产妇将产后最初几天的初乳挤出（或用吸奶器吸出）弃掉，取而代之的是在新生儿室由护士喂婴儿糖水和奶粉，在家分娩通常也是如此。

随着人们对初乳营养及功效成分研究的深入，认识到初乳成分不仅与随后的过渡乳和成熟乳完全不同，并且所含有的固体物质是过渡乳和成熟乳的数倍，个别的甚至达近百倍，还含有多种免疫活性成分、生长因子、酶和激素等。自从 90 年代中后期，基于爱婴医院的推广，实行母婴同室，使大多数新生儿开始吃到初乳。根据 2002 年中国居民营养与健康状况调查结果，新生儿能吃到初乳的比例全国平均为 86.6%。在过去 20 年，最伟大的医学进步之一是获得了关于物种特异性乳汁重要性的科学证据，特别是初乳对新生儿的重要作用、母乳喂养对婴儿的近期以及长期的持续有益影响。这些"发现"的科学价值已被普遍认识和接受，婴儿在获得自己母亲乳汁的同时，也获得了最佳的身体和情感发育。基于大量基础研究、流行病学调查、临床科学评价的现代经典婴儿营养学的一个重要内容是，母乳是婴儿理想的或完美的食物，即便母亲的营养状况不是太好，或患有某些生理失调或其他疾病的情况下也是如此。

创新对于生命科学和经济发展是非常重要的，但创新对公众健康的价值取决于其对健康的促进影响。然而，母乳喂养慢慢进化超过了 2.5 亿～3 亿年，至今没有创新，而且母乳喂养的总效益并没有被婴儿喂养方式不断创新所超越。母乳是保证婴儿存活的第一个后天条件，任何食品喂养均不能代替母乳喂养。

第三节　奶瓶喂养的变迁

奶瓶喂养（bottle-feeding）的变迁，可以被认为是现代婴儿喂养的进化史。随着母乳喂养历史的发展和科学技术的进步，人类也在试图寻找最好的方式解决那些由于种种原因不能用母乳喂养婴儿的喂哺问题，使其通过母乳代用品喂养，至少在生长发育方面达到与母乳喂养相同的程度，因此而衍生了各种各样的婴儿哺喂用品。现代婴儿喂养史涉及的奶粉、奶瓶、奶嘴、安慰奶嘴则是伴随母乳喂养历史进程而出现的物品，自从它们出现就一直备受争议，它们的出现被认为是导致全球母乳喂养率降低的重要影响因素之一[26]，而且自从 20 世纪 50 年代开始就有报告显示使用奶瓶和奶嘴还会造成婴儿意外伤害，尤其是口腔伤害[31]。

一、婴儿配方食品（奶粉）

在没有婴儿配方食品（infant formula）或奶粉之前，人工喂养婴儿的死亡率相当高，这是因为给予的新鲜牛奶或其他动物乳汁不卫生，同时也缺乏清洁的稀释用水。尽管炼乳是灭菌产品，但是其脂肪含量远低于人乳。婴儿配方食品（奶粉）的生产历史非常悠久。一个多世纪以来，人们一直在探索一种与人乳相似的婴儿配方食品（奶粉），初衷是为了挽救那些不能用母乳喂养婴儿的生命。在 20 世纪初，人们首先合成了模仿人乳的合成奶粉。

1. 婴儿配方食品（奶粉）的早期认识与宣传

最初发明婴儿奶粉的目的是为了帮助像育婴堂、孤儿院等机构中的那些没有或得不到母乳喂养的孩子。但是商家很快就看到了该类产品在全球市场的巨大潜力，同时世界牛奶产量也得到持续增长，农场主们需要开拓新市场。1905 年，雀巢公司生产出了第一款用于婴儿的奶粉，随后便把这种产品销售到了全世界。自 1910 年开始，欧洲、美洲诸国母乳喂养率开始下降，母乳被易于制备的商业产品（干燥的配方牛奶粉）所取代。1932年，Pritchard 描述了美国儿科专家 McKim Marriott 教授的言论，他曾宣称"母乳没有什么神秘和神圣的，它仅仅是食品。人们完全可以制造出满足所有营养需求的人工配方食品"[26]。在 19 世纪 80 年代到 90 年代，美国儿科文献讨论的主要议题是人工喂养方法。19 世纪 90 年代，美国儿科医生 Rotch 构思了一种复杂的技术用于以奶瓶喂养婴儿，被称为百分比法（也称为人性化奶粉生产方法）。它是基于如下设想：如果将牛奶的成分改良为更接近人乳的化学成分，将会更成功地进行人工喂养婴儿。这就导致了基于新鲜牛奶改良的精心设计的婴儿配方食品的产生，婴儿配方食品的研发设计包括产品的数学计算和化学成分分析两部分内容。在两次世界大战期间，英国的配方奶粉公司并没有声称其产品优于母乳。在当时医生声称母乳是婴儿最好的食物的同时，也辩称这些婴儿配方产品同样也是好的。

2. 婴儿配方食品（奶粉）的工业化生产（industrial production）

用动物乳汁喂养婴儿的历史可追溯至公元前 2000 年，直到 19 世纪末人工喂养婴儿最常见的仍然是当时可利用的动物乳汁，包括牛奶、山羊奶、绵羊奶、驴奶、骆驼奶、猪奶或马奶，而其中最常用于人工喂养婴儿的是牛奶。1805 年，法国人帕芒蒂伦瓦尔德建立了奶粉工厂开始生产奶粉。19 世纪末，犹太商人 Joseph Nathan 在新西兰北岛的班尼索普小村庄建了牛奶加工厂。20 世纪初，Nathan 的儿子 Maurice 利用一项新技术将工厂产生的过剩脱脂奶变成了一个有价值的产品：奶粉。最初这种产品并不是专用于喂养婴儿，然而葛兰素史克公司不久意识到了商机。在第一次世界大战期间，英国粮食部开始负责为婴儿福利中心提供干燥奶粉和使用葛兰素史克公司的产品。战后，葛兰素史克公司的研究人员根据营养科学的研究成果，相应地改良了他们的产品。由英国医学研究理事会和其他研究机构如李斯特研究所进行的研究表明，脂溶性维生素（当时被称为辅助食品因素）对幼儿的生长发育是必需的，而且还作为抗佝偻病因子发挥作用。由此，葛兰素史克公司的科学顾问 Harry Jephcott 开始对葛兰素的奶粉做了细微改进，如强化了维生素 D 的奶粉被描述为"人性化"葛兰素[26]，他们将产品提供给英国婴儿福利中心。

20 世纪初母亲开始采用婴儿配方奶粉喂养其婴儿。这是件非常奇怪的事情，因为当时母乳喂养的好处已被充分证明。婴儿配方奶粉喂养率异常升高的解释归因于公共卫生发生的关键性变化，即儿科作为一种独立学科的出现、商业利益以及在细菌学和营养科学方面取得的重要进展。所有这些因素合力助推了婴儿配方奶粉喂养[26]。而且在过去的半个世纪之前，有一种强烈的信念支撑，即科学可以提供适宜的甚至优于母乳的婴儿喂养代用品。

3. 婴儿配方食品的演变

给婴儿喂养不合适的母乳代用品导致的高死亡率一直持续到 19 世纪。1865 年的一大改进是 von Liebig's 的"婴儿汤"，它是第一个基于人乳成分化学分析的母乳代用品，不久就得到商业应用。其他的早期创新包括以乳清蛋白为主的婴儿配方食品，碳水化合物的来源主要是乳糖，添加特定的碳水化合物（"益生元"）以促进双歧杆菌和活的细菌（"益生菌"）的生长，显然这些都是最新的创新[21]。当人们发现了"乳清蛋白""牛磺酸""唾液酸"等的新的生理功能后，而且由于人乳中的含量高于牛乳，就出现了添加"乳清蛋白浓缩物""牛磺酸"或"唾液酸"的"母乳化奶粉"，使得厂家很快获得了巨额利润[26]。但是后来的研究发现，婴儿在后续成长中出现的问题与所添加的乳清蛋白浓缩物带入大量的矿物质有关，如伤害了婴儿发育尚未完善的肾脏。于是厂家对产品配方作了进一步改进，强调只添加"脱盐乳清蛋白"。添加唾液酸奶粉是基于人乳中含有且高于其他动物乳汁含量，厂家认为就可以添加，但是当时这样的添加未经过严谨的临床试验，也未得到政府监管机构的许可。这样的实例也教育了人们，使之认识到了母乳成分的复杂性。

奶粉真正实现商业化生产得益于 20 世纪初滚筒干燥技术的发明。随后的几年出现了喷雾干燥技术，并且成功地应用于脱脂奶粉生产中。接着出现了许多喷雾干燥技术的改进方法。大约到 1947 年，滚筒干燥和喷雾干燥技术的应用平分秋色。在 20 世纪 50 年代，美国首次生产出溶解性明显改进的"速溶"脱脂奶粉。到 60 年代速溶脱脂奶粉得到了认可，70 年代以后才研制成功速溶全脂奶粉。之后，奶粉的生产工艺得到了不断发展和改良，出现了配方奶粉，又被称为母乳化奶粉，它是为满足婴儿营养需要而生产的，其所含的成分接近母乳，也被称为婴儿配方奶粉，系指在普通奶粉的基础上加以调配的乳制品。

我国婴儿配方食品（奶粉）的研发起步较晚。在 20 世纪 50 年代初，为了解决少数不能用母乳喂养婴儿的需要，中国医学科学院卫生研究所的周启源教授设计了以大豆蛋白质来源为主的"5410"配方，产品的婴儿喂养试验和市场销售取得了公认效果，从当时的销售情况亦可以反映仅有少数乳母不用母乳喂哺婴儿。随着 80 年代末改革开放的深入，开始有大量国外婴儿配方食品（奶粉）涌入我国市场，推动了我国婴儿配方食品（奶粉）的研究与开发，使国产品牌的产品逐渐丰富多样；与此同时，我国出台了一系列婴儿配方食品（奶粉）的标准，这些标准对规范我国婴儿配方食品（奶粉）的生产与市场监管发挥了重要作用。

4. 早期婴儿配方食品（奶粉）喂养临床试验

在 1906 年，Maurice Nathan 的弟弟 Louis 在伦敦的芬斯伯里健康中心和刘易舍姆疗养院安排了婴儿奶粉喂养临床试验（clinical feeding trial），测试婴儿和医生对该种奶粉的反应。芬斯伯里卫生官员 George Newman 博士，以及随后的英格兰和威尔斯的首席医疗官成为葛兰素史克产品的狂热支持者。由于他的影响，在 1907 年谢菲尔德市议会设立了 5 个站点在夏季腹泻多发期间为人工喂养的婴儿提供奶粉，这对其他地方也产生了同样影响。葛兰素于 1906 年获得了该产品专利，在英国找到了现成的市场，将该产品作为一种未受污染的营养丰富且易消化的婴儿食品使用。在 20 世纪初，尽管它不得不与其他乳制品制造商竞争，包括普里多公司、Allen 和 Hanbury，但是它还是迅速成为英国市场的主导者。到 1914 年，葛兰素已经拥有数千名药剂师，在 189 个市级卫生部门可以购买到它的产品。之后，诸多国际品牌的婴儿配方食品生产商或其研究机构展开了很多实验和临床喂养试验，并根据营养科学最新进展不断完善配方和生产工艺，使婴儿配方食品的质量得到改善。

尽管许多婴儿配方食品的临床喂养效果与母乳喂养不能比拟，但是早期临床喂养试验通常是厂家主导的，至今仍没有规范性临床喂养试验指南。婴儿配方食品创新预期的经济利益很可能使厂家无视科学的争议。为了避免受生产厂商的商业和市场欲望的片面影响，婴儿配方食品（奶粉）的临床喂养效果必须由独立的医疗机构通过科学的评价试验来证实。然而，婴儿配方食品的开发创新结果是复杂的、昂贵的，不能预期几年内就可以完成并达到商业化生产。

二、奶瓶

虽然奶瓶（bottles）的材质选择及式样设计一直在改变，奶瓶变得更便携，使用起来也更方便，但问题是不卫生，其中的食物易受致病微生物污染，所以早期以奶瓶喂养的 2 岁以下婴幼儿死亡率较高。根据美国 1991～2010 年之间婴幼儿电子伤害监测系统的数据，意外伤害中由于奶瓶引致的排第一，为 65.8%[31]。

奶瓶的前身被称为婴儿喂食器。早期所有婴儿喂食器的用途并不是用于喂食牛奶，而是用于喂食软质液体流质食物。在 17 世纪的欧洲，各种婴儿喂养容器都很大。这些容器是用木材、铅锡合金、玻璃、银和陶瓷制成。然而，所有这些容器最里面的区域非常容易被细菌污染，都面临清洁问题。最初以皮革或木头做成婴儿喂食器，之后逐渐发展成船形锡制喂食器。在 18～19 世纪，婴儿喂食器的材质最常见的是锡以及陶瓷，形状为船形、盘子形或杯子形等。到了 18 世纪末 19 世纪初，由于用上述材料生产的喂食器或吸瓶清洗较困难，人们发明了用玻璃吹制成的瓶子，即由瓶子中间孔倒入食物，喂食者可用大拇指压住孔的方式控制瓶中牛奶的流速，玻璃瓶上连接的奶嘴是用布或小羚羊皮革制成。

1885 年已开始可以大量制造塑料奶瓶，大多数的奶瓶外形为圆形，瓶中有一条玻璃管连接一条黑色橡皮管，最后与橡胶奶嘴连接。但是它的缺点是这类奶瓶不易清洗，广受医生指责，但是在 1920 年前该类产品销量却一直很好。1894 年，Allen 和 Hanbury 对奶瓶做了重大改进，发明了一种新式两头奶瓶，奶瓶一端接奶嘴，另一端为一个半膜，它可使瓶中的牛奶不断流入婴儿嘴中。这种奶瓶的最成功之处是易清洗，因此得以大量生产。

直到在 19 世纪中期，直立式（以前的奶瓶大多为平坦式）耐热的玻璃奶瓶面世于英国，开始出现各种不同颜色、大小及型式的奶瓶。

三、奶嘴

安抚奶嘴（pacifiers）的历史悠久，欧洲的考古发现，在意大利、塞浦路斯和希腊，安抚奶嘴至少已有 3000 年的历史了。早期的安抚奶嘴主要是由亚麻布系成，里面包裹着蜂蜜、甜牛奶、糖、鸦片酊甚至罂粟籽等。当时的安抚奶嘴基本上是系在摇篮或毯子上，而不是固定在婴儿的外套上。

1473 年，Metlinger 首次在德国医学文献中提及安抚奶嘴。在 19 世纪，关于布制安抚奶嘴的医学评论都是负面的，认为布制安抚奶嘴会导致婴儿或儿童的嘴巴变大、嘴唇变厚，而且安抚奶嘴通常事先由妈妈或护士用口水湿润，这样可能会将一些传染性疾病传染给孩子。

重大的突破是 1840 年发明了用硬质黑橡胶制成的奶嘴，但是它具有一股刺激性味道，后来经过不断的技术改良解决了这一问题，使这一产品得以批量生产。1845 年，第一个获专利保护的乳胶安抚奶嘴问世，其外形酷似现代的安抚奶嘴。到 19 世纪末，乳胶安抚奶嘴基本上代替了所有其他材质的产品，而且这些发明直到现在还得到广泛认可，它们是现代安抚奶嘴的雏形。

到 20 世纪初，家庭护士们开始极其反感安抚奶嘴，认为安抚奶嘴是邪恶的发明，它会诱导妈妈们伤害孩子。在 1930～1955 年间出版的一些婴儿喂养的书籍中，认为安抚奶嘴会危害婴幼儿健康，也是导致牙齿错位、鹅口疮和其他多种消化系统紊乱的根源，美国 1991～2010 年的婴幼儿电子伤害监测系统的数据显示，意外伤害中由奶嘴引致的排第二位，为 19.9%[31]。因此，从 1900 年到约 1975 年期间，安抚奶嘴的发展较为缓慢。而在近年来，安抚奶嘴已被越来越多的人所接受，因为它可以代替婴儿的手指满足其吸吮需求。但最近最高水平的研究证据并不支持这一观点，在观察性研究中，母乳喂养持续时间的缩短和奶嘴使用之间存在的关联可能反映了其他的一些混杂因素，因此需要一些定量和定性的研究，以便更好地了解安抚奶嘴的使用和母乳喂养之间的关系。

四、婴儿配方食品对母乳喂养率的影响

在 19 世纪，快速发展的工业化浪潮，迫使更多普通民众放弃母乳喂养。到 19 世纪后半叶，由于科学技术的发展和对人乳成分的了解，在人类历史上，分泌乳汁的乳房首次有了其竞争对手：奶瓶喂养-人工喂养，提示婴幼儿配方食品（奶粉）时代的来临，开始使母亲面临用自己乳汁喂哺婴儿还是奶瓶喂养的选择！导致出现这个局面的原因，主要是当时我们对母乳的认识非常有限，仅通过对母乳成分的有限分析就误以为了解了母乳的全部，故出现了"母乳化奶粉"的提法并被一些商家大肆炒作获益。

婴儿配方食品商业化广告对母乳喂养的影响尤为突出，在影响母乳喂养中充当了很不光彩的角色，生产厂商模仿母乳成分对产品进行的点滴改进，就被不断炒作成一个又一个创新，成为"热销卖点"。如在早期的广告宣传图片中，出现了配有美丽健壮婴儿照片的"催乳素"广告，解释说其产品的"凝乳作用"非常酷似母乳等，其产品适合于"即使是最病弱的孩子"；或其广告中标示其产品所含有催乳素水平相当于母乳[26]，可以"使婴儿生长发育达到正常母乳喂养的标准"；或"其产品在成分和生理特性两方面实际上与母乳相同"；"产品易于制备、无菌，而且婴儿配方奶粉的蛋白质非常近似母乳，酷似天然奶，是最接近母乳的产品，一个几乎完全是母乳的复制品"等。这些误导性广告宣传对全球性母乳喂养产生了较长期的负面影响。

与大多数发展中国家相似，我国自 20 世纪 90 年代初，"母乳化"或"人乳化"婴儿配方奶粉开始大量涌现，加上厂家的误导性宣传，导致母乳喂养率下降。上述对婴儿配方食品的夸大性宣传引起了国际组织和有识之士的高度重视，WHO 发出警告："母乳化奶粉纯属误导，母乳是任何人工制造物都无法比拟和替代的"。

第四节　倡导、鼓励、推广母乳喂养

现代医学研究证实，母乳是母亲给予孩子的最天然、最理想的食物。母乳喂养是新生儿接受的"第一次免疫"，是保护婴幼儿生命和保持其健康成长的最经济有效方法。出生后立即母乳喂养，可显著降低新生儿死亡风险；促进母体产后更快恢复到产前体重。因此应大力倡导、鼓励和推广母乳喂养。

一、政府主导推动母乳喂养

全球性母乳喂养率下降，除了与婴儿配方食品销售商的夸大宣传有关外，也反映了全球性对母乳喂养的重视不够、宣传不够。相对于儿童生命的重要性，母乳喂养的重要性仍被低估。依据对孩子及母亲的影响结果判断，没有任何一种其他公共卫生干预措施的改善效果大于推广母乳喂养，而且政府推广母乳喂养所需的成本很低。全世界需要将倡导、宣传、促进母乳喂养放到更高的优先级别并做出相应承诺，制定相关的政策并形成更广泛的共识，以推广这一挽救儿童生命的至关重要的母乳喂养。国际上一些成熟经验证明，在国家支持性政策和能够覆盖全部社区综合性干预的帮助下，可以显著提高母乳喂养率，降低婴幼儿死亡率。

二、重视世界母乳喂养宣传周的宣传工作

每年 8 月 1～7 日是"世界母乳喂养周"（World Breastfeeding Week），它是由国际母乳喂养行动联盟发起创立，旨在促进社会和公众对母乳喂养重要性的正确认识和支持母乳喂养，让全社会了解母乳喂养的好处，并得到世界卫生组织和联合国儿童基金会（United Nations International Children's Emergency Fund, UNICEF）以及超过 170 个国家卫生部门的支持，将母乳喂养作为保护儿童健康的一项措施。1992 年 8 月份第一周是世界第一个母乳喂养周。

三、全社会营造母乳喂养的氛围

尽管母乳喂养是一种自然且看似本能的行为，但为母乳喂养营造一个全社会支持的环境仍是将其变成习俗的重要条件。母亲们从技术娴熟的医务人员和社区工作者对她们进行母乳喂养提供的帮助中受益，同时也受益于基于文化的沟通以及保护性的法律和政策，尤其是针对母乳替代品市场等方面的法规。

中华人民共和国国务院于 2012 年 4 月 18 日发布第 619 号令《女职工劳动保护特别

规定》，自公布之日起施行。其中，在每日劳动时间内应为哺乳期间的女职工安排不少于1小时的"哺乳假"并根据需要设置"哺乳室"等内容，成为新规的"亮点"。UNICEF和中国疾病预防控制中心妇幼保健中心也启动了一项"母爱10平方"的宣传活动，旨在发现、登记、审核和公布推广母乳喂养室，以提高人们对母乳喂养的认识，并为母乳喂养提供支持。然而，由于缺乏明确的监管和处罚措施，根据目前的城市交通状况，使哺乳的假期、哺乳室这类新规还没有落到实处，上班后的工作条件、交通状况如何能保证继续母乳喂养仍然是不少乳母开始工作后所面临的难题。

四、加强人乳成分研究，尤其是初乳，建立我国人乳成分数据库

直到今天，我们对母乳成分和泌乳机制了解得依然很少，最典型的是对"初乳"的了解也就是在最近30年才引起人们的广泛关注。人乳成分受诸多因素影响；即使是相同个体，在不同哺乳时期以及同次哺乳的前、中、后段乳汁中的营养成分差异也很大。我们不仅要关注营养成分、功效成分、人乳中微生物，还要高度关注乳汁中的环境污染物。建立人乳成分数据库可用于制定婴幼儿营养素适宜摄入量、婴幼儿辅食喂养指南、婴儿配方食品标准等。

五、加强对婴儿配方食品生产企业的监管

应加强对婴幼儿配方食品（奶粉）生产企业的监管，加大对违法案件查处力度，促进我国婴幼儿配方食品的品质提升；加强对婴儿配方食品（奶粉）产品广告宣传全过程的管理，规范产品广告宣传，避免夸大产品效果或影响母乳喂养的广告宣传，禁止在医院内推销婴儿配方食品（奶粉）等。

（荫士安，杨振宇）

参考文献

[1] Hartge R. The history of breast feeding. Fortschritte der Medizin，1976，94（27）：1435-8.

[2] Pond C. Physiological and ecological importance of energy storage in the evolution of lactation：evidence for a common pattern of anatomical organization of adipose tissue in mammals. London：Academic Press：Peaker，M.，Vernon，RG. and Knight，CH.；1984.

[3] McClellan HL，Miller SJ，Hartmann PE. Evolution of lactation：nutrition vs. protection with special reference to five mammalian species. Nutr Res Rev，2008，21（2）：97-116.

[4] Schiebinger L. Why mammals are called mammals：gender politics in eighteenth-century natural history. Am Hist Rev，1993，98（2）：382-411.

[5] Lefevre CM，Sharp JA，Nicholas KR. Evolution of lactation：ancient origin and extreme adaptations of the

lactation system. Annu Rev Genomics Hum Genet, 2010, 11: 219-238.

[6] Oftedal OT. The mammary gland and its origin during synapsid evolution. J Mammary Gland Biol Neoplasia, 2002, 7 (3): 225-252.

[7] Vorbach C, Capecchi MR, Penninger JM. Evolution of the mammary gland from the innate immune system? Bioessays, 2006, 28 (6): 606-616.

[8] Oftedal OT. The evolution of milk secretion and its ancient origins. Animal, 2012, 6 (3): 355-368.

[9] Cuthbertson WF. Evolution of infant nutrition. Br J Nutr, 1999, 81 (5): 359-371.

[10] Duan Y, Yang Z, Lai J, et al. Exclusive breastfeeding rate and complementary feeding indicators in China: A national representative survey in 2013. Nutrients, 2018, 10 (2). doi: 10.3390/nu10020249.

[11] Victora CG, Bahl R, Barros AJ, et al. Breastfeeding in the 21st century: epidemiology, mechanisms, and lifelong effect. Lancet, 2016, 387 (10017): 475-490.

[12] Lemay DG, Lynn DJ, Martin WF, et al. The bovine lactation genome: insights into the evolution of mammalian milk. Genome Biol, 2009, 10 (4): R43.

[13] Hinde K, Milligan LA. Primate milk: proximate mechanisms and ultimate perspectives. Evol Anthropol, 2011, 20 (1): 9-23.

[14] Martin RD. Relative brain size and basal metabolic rate in terrestrial vertebrates. Nature, 1981, 293 (5827): 57-60.

[15] Fujita M, Shell-Duncan B, Ndemwa P, et al. Vitamin A dynamics in breastmilk and liver stores: a life history perspective. Am J Hum Biol, 2011, 23 (5): 664-673.

[16] Hinde K, Capitanio JP. Lactational programming? Mother's milk energy predicts infant behavior and temperament in rhesus macaques (Macaca mulatta). Am J Primatol, 2010, 72 (6): 522-529.

[17] Hinde K. Lactational programming of infant behavioral phenotype. New York: Springer, 2013.

[18] Miller EM, McConnell DS. The stability of immunoglobulin a in human milk and saliva stored on filter paper at ambient temperature. Am J Hum Biol, 2011, 23 (6): 823-825.

[19] Prentice A, Prentice AM, Cole TJ, et al. Determinants of variations in breast milk protective factor concentrations of rural Gambian mothers. Arch Dis Child, 1983, 58 (7): 518-522.

[20] Quinn EA. Life course influences on maternal milk composition in a sample of Filipinos followed longitudinally since gestation. Evanston: Northwestern University, 2011.

[21] Koletzko B. Innovations in infant milk feeding: from the past to the future. Nestle Nutr Workshop Ser Pediatr Program, 2010, 66: 1-17.

[22] Ben-Nun L. Breast-feeding. The roots. Minerva Pediatr, 2006, 58 (6): 551-556.

[23] Castilho SD, Barros Filho AA. The history of infant nutrition. J Pediatr (Rio J), 2010, 86 (3): 179-188.

[24] Marks LV. Metropolitan maternity: maternal and infant welfare services in early twentieth century London. Clio Med, 1996, 36: x-xxii, 1-344.

[25] Melosi MV. Cleaning up our act: germ consciousness in America. [Review of: Tomes, N. The gospel of germs: men, women, and the microbe in American life. Harvard University Press, 1998].Rev Am Hist, 1999, 27 (2): 259-266.

[26] Bryder L. From breast to bottle: a history of modern infant feeding. Endeavour, 2009, 33 (2): 54-59.

[27] Fildes V. Breast-feeding in London, 1905-19. J Biosoc Sci, 1992, 24 (1): 53-70.

[28] Weaver L. A short history of infant feeding and growth. Early Hum Dev, 2012, 88 Suppl 1: S57-59.

[29] Horta BL, Loret de Mola C, Victora CG. Long-term consequences of breastfeeding on cholesterol, obesity,

systolic blood pressure and type 2 diabetes: a systematic review and meta-analysis. Acta Paediatr, 2015, 104
（467）: 30-37.

[30] Horta BL, Loret de Mola C, Victora CG. Breastfeeding and intelligence: a systematic review and meta-analysis. Acta Paediatr, 2015, 104（467）: 14-19.

[31] Keim SA, Fletcher EN, TePoel MR, et al. Injuries associated with bottles, pacifiers, and sippy cups in the United States, 1991-2010. Pediatr, 2012, 129（6）: 1104-1110.

第二章

泌乳的生理机制

妇女分娩后，随着新生儿开始吸吮乳房，启动了母体的乳汁合成与分泌过程，使营养成分由母体转运给新生儿，而且吸吮过程还涉及母子之间的亲密接触和温暖与安全的转移以及母体信息的转移。此时对于母体而言，一方面要恢复其自身的健康，同时又要开始担负泌乳与哺育婴儿的重任。泌乳过程受机体内分泌系统严格调控。然而，如何启动乳汁分泌（galactopoiesis）并成功进行母乳喂养，这是一个涉及极为复杂的神经/生理反射的过程，受诸多因素影响。

第一节　乳房的进化、发育与结构

乳房（breast）是哺乳动物和人类特有的腺体，也是人体最大的高度特殊化的汗腺。乳房的生长发育及其功能受严格的神经内分泌系统的调控，尤其是受垂体前叶及卵巢激素的影响。代谢激素、生长因子和催乳素对乳腺的正常发育都是必需的。在整个妊娠期，乳腺上皮细胞的增殖依赖于雌激素和孕激素。

一、乳房与哺乳的进化过程

由于人类需要直立行走与从事生产劳动，经过漫长的进化到今天，分娩新生儿后，在整个哺乳期间乳母的乳房没有明显的乳汁储存库，仅有一个个小小的乳窦。然而与人类不同的是，奶牛和山羊的外表可以看到有很大的乳房，其乳房特别的地方是有很大的储存乳汁的囊状结构。进化过程说明，人类乳房的泌乳过程有极强的特殊性，最显著的特点是人的乳腺能及时制造乳汁，又能在婴儿需要时及时分泌乳汁。人类的泌乳过程很大程度上受很强的精神、神经与内分泌的直接调节，人类乳腺管四周的横纹肌层，在需要的时候可以进行强有力的收缩，帮助挤压乳腺管内的乳汁，使其喷出。由于乳母体内没有专门储存乳汁的储存库（store milk cisterns），因此乳汁分泌的过程是婴儿强力的吸吮刺激与母体内的神经传导、内分泌的密切配合以及精神上的愉悦等一系列过程协同作用的结果。

在泌乳过程中，还存在很多方面的协同作用，如乳房的血流量增加、淋巴系统的活跃性增强、各种合成酶活性增高与内分泌系统活动加强；催乳素水平明显升高，这直接与神经的传递有关，淋巴系统通过协调作用，为乳汁提供免疫活性物质与免疫细胞。乳房拥有密集的神经分支集中在乳头，这也是泌乳过程的重要原动力之一，婴儿吸吮敏感乳头的过程中，直接传递最重要信息到达乳母的大脑及下丘脑；在喂哺之前，乳头已经勃起为原来体积的一倍以上。乳头周围有一个稍为隆起的乳晕，开始时与乳头一样呈粉红色，内含可见的腺体出口，此腺称为蒙哥马利腺（mongomary gland）。根据目前的了解，此腺体分泌的黏液起到为婴儿的吸吮润滑的作用，可保护乳头；孕后期这一部分发生色素沉着而变为深色；同时该腺体特有的气味，对刚出生的新生儿是可以嗅到的一个传导信号，这两种作用的结合可以把婴儿吸引向乳头，因为新生儿的视力仅有 30~40cm 的距离，容易看到变黑的乳晕，这种吸引及引导婴儿的反射被称为"根反射"或"觅食反射"（rooting reflex），而在其他哺乳类动物，还缺少相似报道。

在正常妊娠期间，孕妇的体脂含量增加 1~4kg，其中也包括增加的乳房中沉积的脂肪，使乳房稍向下垂；随着正常的喂哺，母体将消耗掉妊娠期间储存的体脂，身材与乳房可以恢复至原来状态。那些认为因哺乳而影响乳房形态和人体形态的说法缺乏根据。当然，在孕期前后及喂哺过程中需要注意对乳房的保护、承托以及乳母要保持膳食均衡、合理营养。

二、乳房发育阶段（stages of breast development）

所有哺乳动物，乳腺发育开始于胎儿时期[1]。通常认为乳房的发育经历如下 5 个阶段[2]，即胚胎发育期（embryogenesis 或 breast development during embryo）、青春期发育（pubertal development）、妊娠期发育（development during pregnancy）、哺乳期发育（development during lactation）和消退期（involution after lactation）。乳腺组织的生长、分化和功能严格受激素调节，而且每个发育阶段对应基因表达的变化[3,4]。

1. 胚胎发育期

乳腺的形态发育在宫内就已经开始[5]，即为乳房胚胎期发育。自胚胎发育的第 4 周末，从腋窝延伸到腹股沟区域的双边增厚，被称为"乳嵴"（mammary ridges）或"乳腺"（milk lines）[6]。乳腺的发育一直持续到第 6 周，在第 7～8 周乳腺实质开始侵入到形成原始乳腺盘的底层基质。乳腺实质的进一步增殖开始于第 9 周；第 10～12 周，来自上皮的乳腺萌芽开始增生、分支，并延伸到上皮-间质的边界；13～20 周，这些萌芽分支进一步增殖，形成 15～20 个坚固的上皮索；乳腺萌芽的明显发育开始于第 18～19 周。胚胎时期的乳腺是表皮组织延伸到表皮下的间质组织，由皮下延伸形成的脂肪垫前体间质组织完成。脂肪垫前体是导管的侵入，导管分支形成不成熟的乳腺导管系统，即婴儿期的乳腺仅有乳导管。在胚胎发育的后期，受胎盘产生激素的影响，偶尔也发育成腺泡状[7]。出生时在乳头后的结缔组织中就存在这样的基础乳房。

分娩后，受母体雌激素水平的影响，新生儿的乳房腺体和腺管处于增生状态，输乳管上皮细胞增生肥大，间质也增生。因此有些婴儿的乳房可触及花生米或蚕豆大小的硬结。分娩一周左右，无论男女，新生儿的乳房均可有初级分泌物（并不是乳汁），但是持续时间不到一周。之后，由于血中雌激素水平迅速消退，上述现象很快消失，使幼年期的乳房发育暂时处于静止状态。男孩从此停止发育，而女孩在幼年时期，乳房处于缓慢发育状态，一直到青春期才进入快速发育期。

2. 青春期发育

乳腺的全面发育成熟主要发生在青春期[5]。在乳房青春期发育期间，下丘脑分泌促性腺激素释放激素，反过来刺激卵巢分泌雌激素和黄体生成素（LH）及垂体前叶促卵泡素（follicle stimulating hormone, FSH）的释放。而 LH 和 FSH 刺激卵巢产生雄激素（androgens）、孕激素（progesterone）、雌激素（estrogen）。雌激素刺激乳腺管生长成乳腺脂肪垫，孕激素则促进腺泡发育，乳导管开始伸展分支并形成腺泡，逐步发育至乳房结构基本完备，包括腺泡增加、腺管分支增多并形成更多的腺叶等。

此期由于女孩的卵巢逐渐发育，开始产生雌激素、孕激素，使乳房发育加快，乳房逐渐丰满、隆起，乳头及乳晕增大、开始着色。由于乳房受雌激素、孕激素的影响，乳腺的部分小叶相应地随月经周期而发生周期性变化，月经前期主要为乳腺的增生与扩张性改变，乳房胀大，有轻微痛感或触痛；月经停止后即缓解、消失而复原。动物实验研究表明，肝细胞生长因子样蛋白作为早期乳腺乳导管发育形态的正向调节因子，青春发育期如果缺乏，可导致乳腺发育缺陷[8]。

3. 妊娠期发育

在妊娠期间，胎盘产生分泌的大量激素（雌激素）对乳腺增生发挥着重要作用，使乳腺小叶高度增生、腺管延长和腺泡形成，刺激乳房组织全面发育，使之具有分泌乳汁的能力。由于孕酮的刺激，乳腺腺泡增生、肥大，腺体明显增厚，导管局限扩张；乳房内形成许多硬结，乳晕（areola）区域扩大，乳头着色加深，乳晕部位的皮脂腺突起更为明显；乳房中腺体组织与脂肪组织的比值明显增加，腺体组织集中于远端乳房的乳头。这些变化与妊娠早期孕妇感觉到的乳腺生长和不适有关。由于乳房增大，皮下可见浅静脉扩张。妊娠5~6周后，输乳管远侧端呈芽状突出，上皮增生形成腺体；妊娠中期，末端输乳管增生明显，并集合成较大的乳腺小叶，管腔扩张渐成腺泡；妊娠末期，在雌激素、孕激素及胰岛素的协同作用下，乳腺导管上皮增生，乳导管延长并分支，腺小叶及腺泡发育成熟，腺小叶终末导管发展成为小叶腺泡，腺腔内充满了分泌物，为乳汁分泌做好了准备。由于此时孕妇血中雌激素、孕激素含量较高，抑制了乳腺分泌乳汁。

孕激素、催乳素和胎盘催乳素在腺体组织（特别是腺泡）发育和分化中发挥了核心作用。有一项研究测量了妊娠期间乳腺组织的生长，发现乳腺生长与胎盘催乳素水平相关，妊娠期间乳房生长了12~227ml[9]。雌激素刺激乳导管系统的精细化发育。

4. 哺乳期发育

乳汁生成（lactogenesis）定义为乳汁的产生和分泌，此期乳房的腺体明显增厚，乳导管和周围的小导管扩张，乳汁的分泌和存储主要是在乳腺小叶和乳导管中，管腔内可充满乳汁。通常将乳房的哺乳期发育分为两个阶段：

阶段Ⅰ——哺乳的准备：乳汁生成的第一阶段发生在妊娠中期，来自垂体前叶的催乳素刺激乳腺细胞进一步发育和产生初乳。由于存在高水平的循环孕酮，可防止孕期乳汁的产生和分泌。

阶段Ⅱ——哺乳的启动：新生儿出生和胎盘剥离后，母体的孕激素水平迅速下降，在高浓度催乳素的影响下，乳汁合成增加，随着新生儿强力的吸吮刺激与哺乳后乳房的排空刺激，促使腺体分泌乳汁，启动母乳喂养。在哺乳期，乳腺小叶进一步扩大，上皮细胞的数量增加，在催乳素作用下，腺泡继续增生、增大，细胞呈柱状，分泌活动增加。

5. 消退期

停止哺乳后，合成乳汁的腺泡则显得多余，随着催乳素水平的下降，乳腺组织逐渐萎缩，大量死亡的细胞被清除，乳汁分泌活动逐渐停止，结缔组织和脂肪组织增多，乳腺转入静止期[10]。数月后乳房基本复原，但仍可偶尔有残余乳汁分泌，这个现象可持续数年。

三、乳房发育的调节

乳房并不是一个静态系统，而应该被看作一个动态复杂的年龄和激素环境依存的系统。在不同的发育阶段，女性的乳房发育受体内激素水平的调控（regulation of breast development），雌激素和孕激素、糖皮质激素、生长激素和直接作用于乳腺局部的细胞因子（如生长因子）等对乳房的发育都是不可缺少的[10,11]。在月经期间，这些成分的主要作用是调节乳导管的延长和分支，以及侧支和腺泡芽的发育。在妊娠期间，雌激素、孕激素、胎盘生乳素和/或催乳素调控乳腺小叶和腺泡的发育，而泌乳素和催产素则对保证哺乳期分泌充分的乳汁至关重要。已证明，乳腺的发育过程涉及了许多基因的表达，而且不同动物的表达可能不同[3]。

类固醇性激素和生长因子在调节乳腺增殖、分化和消退中发挥重要作用[12]。类固醇性激素的作用并不局限于调节乳腺发育（mammogenesis），而且还调控乳腺消退。生长因子则是乳腺发育的另一个重要调节因子，它调节上皮生长因子、双向调节蛋白（amphiregulin）、转移生长因子α、胰岛素样生长因子和肿瘤坏死因子α的存活或乳腺细胞的凋亡。近年来，环境相关的内分泌干扰物对乳腺发育的影响引起人们的关注，胚胎发育和哺乳期间，暴露环境污染物（雌激素和抗雄性激素化合物）将会影响后代的乳腺发育[13]。

四、乳房的一般结构

成年女性乳房为一对称性半球形性器官，附着于胸大肌及肋间肌的上面，位于胸廓前第 2、第 3 至第 6、第 7 肋间的腋前线内侧，左右对称。乳头（nipple）位于顶部，乳头周围有直径为 3～4cm 的环形色素沉着，称为乳晕（areola）。少女的乳晕颜色为淡红色，孕妇和经产妇的乳晕为暗红色。乳晕表面散在许多粗大隆起的皮脂腺，称为乳晕腺，该腺体分泌的黏液具有保护皮肤、湿润乳头及婴儿口唇的作用。

乳房主要由皮肤、乳腺小叶、乳腺管（输乳管）、脂肪组织和结缔组织等构成。人类女性的乳房实际上是一个大的内分泌腺，是汗腺组织的一种类型，内达胸骨旁，外至腋前线。如果是从未孕育过孩子的妇女，其乳腺很难成为活性形式的乳房，因为孕期使乳房发生了明显发育，而在产后喂哺新生儿和婴儿的过程中进一步增大了乳腺的分泌能力。

每个乳房内有被结缔组织和脂肪组织所分隔的 15～20 个呈轮辐状排列的乳腺叶（lobi glandulate mammariae），每一个腺叶又分成若干个（通常含有 10～15 个）腺小叶（lobi mammae），而每一个乳腺小叶由 10～100 个腺泡+小乳导管或称输乳管（ductus lactiferi）组成，输乳管以乳头为中心呈放射状排列，它开口于乳头，开口前稍有扩张，形成输乳窦（sinus lactikeme）。输乳管周围有环形和纵形排列的平滑肌，这些肌肉的收缩和血管的充盈引起乳头勃起。

每个小叶由众多腺泡组成；腺叶之间、腺叶与腺泡之间有脂肪组织与结缔组织包裹和保护（图 2-1）。乳房的每一叶内含有成千个囊状的分泌腺泡，由肌上皮细胞所包围，腺泡的分泌物流入小管，进而流入乳腺管与乳窦。在人类仅有少量的乳汁存在于乳窦中，泌乳时需要婴儿的强力吸吮和泌乳反射，这样可刺激乳腺不断地制造和分泌乳汁。因此，在乳腺管腔的内壁，实际上是一层分泌乳汁的腺细胞，直接包裹住它的还有一层肌上皮细胞，这一层有收缩能力的细胞对乳汁的射出发挥重要作用。

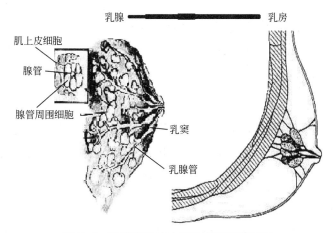

图 2-1　乳腺在乳房中的位置及解剖示意

乳房中部有 15～20 个乳腺，由周围脂肪组织与韧带所承托，乳腺管外周有肌肉上皮细胞，
其收缩可使乳汁射出

孕前期的乳房多为半圆形，孕后期及哺乳期一些乳母的乳房可形成盅形。平时，在月经周期的不同阶段，乳腺的生理状态也在各种激素的影响下呈周期性变化。绝经期后，由于体内雌激素和孕激素水平下降，乳腺组织萎缩退化，脂肪减少。不同民族或同民族中不同发育水平女性的乳房结构未发现明显差异，只是形状有若干差异，乳腺的受体数目与对雌激素、皮质酮等的敏感程度也有所不同，但是乳房的大小与泌乳能力无关，而与乳腺是否正常发育呈正相关。

第二节　母乳分泌的调节

对人类成年女性，可以将泌乳周期分成连续的几个阶段，即乳腺发育（mammogenesis）、乳汁生成（lactogenesis）、乳汁分泌（galactopoiesis）和泌乳退化（involution）。每个阶段都严格地受多种激素调控。生殖激素，如雌激素（estrogen）、孕激素（progesterone）、胎盘催乳素（placental lactogen）、催乳素（prolactin）和催产素（oxytocin），均直接作用于乳腺。代谢激素，如生长激素（growth hormone, GH）、糖皮质激素（corticosteroids）、甲状腺激素（thyroid hormones）、胰岛素（insulin）和胃肠激素（gastrointestinal hormones）尽管在体内具多种功能，也常常直接影响乳腺发育。

一、母乳分泌的开始

在妊娠期，血中催产素的浓度升高，到孕 35 周时达高峰，并一直维持到分娩，此时的乳汁分泌并未开始，这是由于大量雌激素的作用，使催乳素的受体减少。分娩后，血中雌激素浓度迅速降低，对催产素的抑制作用解除，乳汁开始分泌。分娩后第2～3天乳腺开始分泌乳汁，包括泌乳和排乳两个过程。

1. 细胞分泌乳汁的过程

婴儿强力吸吮刺激乳头神经末梢，将神经冲动沿胸部脊神经传入中枢至下丘脑，激发垂体前叶释放催乳素。催乳素经血液循环到达乳腺腺泡，乳腺上皮细胞有催乳素的受体，经催乳素作用后，乳腺细胞合成乳汁并向腺腔内分泌，这就是狭义的细胞分泌乳汁的过程。

2. 经乳腺管由乳头排出乳汁的过程

乳汁的排出除了与婴儿的强力吸吮刺激有关外，还与乳腺小叶及小乳腺管的肌上皮细胞反射性收缩作用有关。吸吮刺激冲动通过感觉神经经脊髓传导到达下丘脑，激发垂体后叶释放催产素，后者直接作用于乳腺管肌上皮细胞，使之收缩而增加乳腺管内压力，促使乳汁排出。吸吮刺激还使下丘脑催乳素抑制因子的分泌减少，导致垂体催乳素的分泌增加，与此同时，促肾上腺皮质激素的分泌也增加。乳汁排出过程还受各种条件反射的影响，如听见婴儿的啼哭声，乳母的乳房即可有乳汁溢出。

二、乳汁分泌的维持与调节

1. 乳汁分泌的维持

产褥期间，催乳素的基础分泌量在产后3～4个月内呈缓慢下降趋势。由于婴儿的吸吮刺激，催乳素水平可在2h内呈现一时性升高，最高时可升至原有水平的10倍。乳汁的分泌和排出两个过程密切配合、共同依存。排空乳房本身可作为一种机械性刺激到达下丘脑-垂体轴，促使分泌催乳素。因此不断排空乳房是维持乳汁持续分泌的一个重要条件。每日哺乳7～8次，可使催乳素水平保持处于分泌巅峰状态，促使分泌更多的乳汁。产后如不授乳，催乳素的分泌量也呈现无反应性增高，基础分泌量在3～4周减少，乳汁分泌也趋于停止。

2. 泌乳过程的调节（modulation of milk excretion）

在妊娠和哺乳期，受胎盘分泌大量雌激素和脑垂体分泌催乳素的影响，乳腺明显增生，腺管延长，腺泡分泌乳汁。在产褥期内，随着胎盘的娩出，这也同时又是产生和分泌激素的器官已不存在，雌激素的水平急剧下降，催乳素分泌量急剧上升，婴儿的气味、母子的接触、孩子的啼哭声以及新生儿对乳头的吸吮动作的反复进行，使得催乳素的分泌量和作用得到进一步加强，促使乳汁的分泌逐渐增加。泌乳过程是逐步的、连续的，是母子间相互协同作用促成的。

从乳腺的发育到泌乳，体内多种激素发挥着重要调节作用。非妊娠时，乳腺发育主要受雌激素调节，使乳腺管、乳头及乳晕发育，并与黄体酮协同作用刺激腺泡发育。整个乳腺的发育还受催乳素、生长激素及胰岛素的影响。当乳腺发育成熟时，乳汁的生成受催乳素分泌量的影响，肾上腺皮质激素和胰岛素也有一定的作用，这些激素在怀孕后期血液中的浓度很高。而且神经系统对乳汁的分泌也发挥着极其重要的调节作用。在哺乳期间，乳腺是人体内代谢率最高的器官之一，它比肝脏的代谢还要高，因为乳腺的分泌活动是由全身多系统、多因素共同参与完成的。

三、泌乳过程的不同阶段和神经反射

泌乳是个连续过程，大体上可人为分成乳汁生成的起始、乳汁排出、乳汁射出和婴儿吞咽乳汁几个阶段。泌乳过程的神经反射（nerve reflexes），实际上是指以神经反射为轴心的泌乳活动的重要环节，涉及多种婴儿反射和乳母反射，并不单指神经系统。

1. 泌乳过程的不同阶段

（1）乳汁生成起始阶段（initial stage of milk production）　胎盘娩出后，垂体继续发挥作用，随后腺腔细胞分泌乳汁增加并进入腺管，同时催乳素刺激合成蛋白质与乳糖的酶活性升高，也抑制卵巢及胎盘的固醇水平，尤其是黄体酮的水平。婴儿对乳头反复吸吮的影响刺激催乳素的分泌增加。

（2）乳汁排出阶段（stage of milk secretion）　这一阶段受多种激素的调控，尤以催乳素和乳母营养状况的影响最为明显，此时分泌细胞进行一系列的营养素合成，在细胞的亚显微结构上也可以看到游离的核糖体、内质网、线粒体、高尔基体、脂肪小粒与蛋白质颗粒等的改变。在分泌过程的后段，这些细胞也由柱状变为扁平状。

（3）乳汁射出阶段（stage of milk ejection）　人类与其他动物不同，从乳腺的腺胞分泌乳汁到进入婴儿的口腔，是乳腺的一个主动活动过程，受泌乳反射的影响。

（4）婴儿吞咽乳汁（baby sucking and swallowing milk）　哺乳过程的最后阶段为婴儿吸吮和吞咽乳汁，这是一个需要母子双方协同互动的过程。

2. 新生儿反射

新生儿反射（neonatal reflection）实际上是一组反射群，包括三个主要的反射，即根基反射或觅食反射、吸吮反射、吞咽反射。首先在根基反射中，婴儿依靠朦胧视觉以及面颊及口腔周围的触觉和鼻的嗅觉去寻找乳头和做张口动作；其次为吸吮反射，是口腔接触乳头与乳晕以及婴儿舌头与软腭的协同作用产生的动作；最后为吞咽反射。

胎儿生长的第7周就已开始出现吸吮反射，在第32～36周就可以测出，健康足月新生儿的根基反射在出生之后就已达最高点，强烈地刺激乳头，可引起母体的其他反射，相反，早产儿的这些反射减弱甚至还未出现。新生儿患病时也是如此。口腔或其他有关部位的先天性缺陷也可导致新生儿的反射不正常。

3. 母体的主要反射

（1）催乳反射（prolactin reflex，乳汁分泌反射）　最近的研究结果表明，催乳素的分泌在早上 1 时到 5 时最高，这可能与晚间喂奶有关。这种激素受下丘脑的控制，对乳汁分泌的促进可能也是受下丘脑调控，对乳母的焦虑与神经过度紧张也发挥作用。催乳素是影响泌乳的最重要激素，它主要通过婴儿对乳头的吸吮反射引起乳汁分泌。如果乳母患严重的营养不良，或受环境、心理、社会应激因素的影响，会干扰乳汁的分泌。这可以通过对乳母内分泌的分析以及观察得到证明。

分娩后，如果能让新生儿尽早吸吮和增加吸吮乳头的次数，就会使其较快地恢复到出生时的体重。放射免疫方法的研究结果显示，用手刺激不是喂奶妇女的乳房，15min之后也可升高血浆的催乳素水平，尤其是用手同时刺激乳房和乳头时最为明显。这也说明为什么双胞胎同时吸吮两侧乳房可以使母亲的乳汁在早期能够同时满足两个孩子的需要。

（2）乳头勃起反射（nipple erection reflex）　婴儿的口部刺激母亲乳头可引起乳头勃起，这一反射对于母体还会产生一种愉快的感觉并使乳头突出，以利于喂哺。

（3）母乳反射（let-down reflex，射奶反射）　这是一种神经内分泌的反射，与其他反射不完全相同。这种反射的组成过程是婴儿吸吮以及刺激乳头和乳晕部分，使神经冲动到达下丘脑的旁室核，并进入垂体后叶，促使分泌催乳素。这些激素进入血流，既进入子宫使其收缩，又作用于乳房，使乳房的血流加大、温度升高。催乳素最重要的影响是使肌上皮蓝状细胞收缩，挤出乳汁，引起泌乳或射乳现象。通过这一过程，乳房中90%的乳汁可以在 7min 左右输出给喂哺中的婴儿。也可以通过注射催乳素引起母乳反射，但这种方法只有在具备特定医疗条件时才可考虑。

（4）影响泌乳反射的主要因素　心理因素可以明显促进或激发人类的泌乳反射，例如一些乳母可以通过听到孩子的声音（如啼哭），或见到孩子，或嗅到孩子的气味而引起这种反射。同时，情绪也可以抑制这种反射，心理压力将使肾上腺分泌而使乳房的血管收缩，尤其是乳囊泡周围的血管收缩而妨碍催乳素进入。乳母的惶恐和不安，包括害怕乳汁分泌不足等因素也可抑制泌乳反射。一些乳母泌乳反射不正常，有的是由于缺乏这方面的知识和没有取得社会和家庭对哺乳的支持而发生，了解这一点对保证能用母乳喂养婴儿是很重要的。乳母本身对喂哺的态度也具有决定性影响。

当泌乳反射被抑制时，婴儿的不满足、哭闹，母亲的焦虑，乳汁未完全排空而引起的乳房肿胀等，会进一步影响乳汁分泌。因为乳汁的排空是一个重要的产乳刺激，长时间不能排空也会影响到哺乳甚至还会引起乳头感染。在泌乳反射过程中，不适当地给予婴儿母乳以外的食物（如过早导入辅食），不但会影响婴儿的胃口，减少对乳头的吸吮和刺激，也能造成上述不利刺激的循环。因此，了解泌乳的机制和指导乳母采取正确的授乳姿势是非常重要的。

4. 参与乳汁生成调节的激素

乳腺分泌乳汁的功能受多种激素调节。首先是在雌激素、孕激素的刺激下，腺管增生，在生长激素和催乳素的参与下，促使腺泡发育成熟，而乳汁的生成需要孕激素水平降低和催乳素水平持续升高。产后胎盘的剥离使孕激素水平降低，泌乳量逐渐增加，新生儿的吸吮（及时吸出生成的乳汁）对于维持乳汁的持续生成是重要的。

（1）参与乳腺生理活动的激素　乳腺的生理活动受垂体激素、肾上腺激素和性激素的调节。垂体前叶产生的促乳房激素，直接作用于乳房，同时又通过卵巢和肾上腺皮质产生的激素，间接地影响乳房发育。在卵巢卵泡刺激激素和促肾上腺皮质激素的作用下，卵巢产生雌激素，促使乳房生长发育。在促肾上腺皮质激素的影响下，肾上腺皮质也产生激素，刺激乳房发育。

（2）雌激素、孕激素与乳汁分泌

① 雌激素（estrogen）　在青春期，由于卵巢分泌大量雌激素，加速了乳腺的发育与成熟，促进乳腺导管系统上皮增生，乳腺及小叶周围组织发育，使乳腺管延长并分支，脂肪沉积于乳腺。而后者是青春期乳房发育增大的主要原因。妊娠后，胎盘分泌大量的雌激素、孕激素和人胎盘生乳素，在垂体前叶分泌的生乳素及生长激素的协同作用下，乳腺管及腺泡增生。但是妊娠期高水平的雌激素抑制了生乳素，使乳腺腺泡的泌乳作用受到抑制。分娩后，这种抑制作用被解除，生乳素促使乳腺分泌乳汁。

② 孕激素（progesterone）　孕激素是许多类固醇激素生物合成中的重要中间体，在卵巢内其主要是由黄体产生。天然孕激素叫孕酮。由于它是许多类固醇激素的中间体，具有以上几种激素的作用。孕激素促进腺小叶及腺泡发育，在雌激素刺激乳腺导管发育作用的基础上，促使乳腺充分发育，并在分娩后为泌乳准备条件。孕激素的生理功能在细胞水平受孕激素受体的调节[3]。

（3）催产素、催乳素与乳汁分泌

① 催产素（oxytocin）催产素是由垂体后叶分泌的，具有刺激乳腺和子宫的双重作用，以刺激乳腺为主，通过与乳腺上皮细胞膜受体结合，刺激环绕腺泡和乳腺导管的肌上皮细胞收缩，刺激乳汁的合成（乳汁射出或"下奶"），肌上皮细胞的收缩使乳汁从乳房转运和射出。哺乳期乳腺不断分泌乳汁，储存于腺泡中。新生儿和婴儿吸吮乳头的刺激，除了可引起催乳素的分泌外，同时还可导致射乳反射，即典型的神经内分泌反射。一些刺激启动催产素波动性释放，伴随神经内分泌反射，包括乳头的触觉刺激、视觉、声音或想到婴儿。接受一种刺激或紧张的感觉，乳母常常会感觉到"下奶"。在一次母乳喂养期间，可发生数次"下奶"。心理应激、饮酒（剂量依赖方式）以及阿片样药物的使用可抑制催产素释放。尽管催乳素水平的升高对于初期哺乳的乳汁的产生是必需的，然而泌乳量与催乳素的水平无关[2]。

② 催乳素（prolactin）因其能刺激哺乳动物的乳腺发育和乳汁生成而得名[14]。催乳素的分泌受下丘脑产生多巴胺（dopamine）的抑制性调控。分泌的多巴胺受下丘脑儿茶酚胺（catecholamine）水平的影响，可以降低儿茶酚胺水平的药物和事件也会降低多巴胺的水平，因此会增加催乳素的水平。催乳素作为生长激素及其衍生物家族的成员，是一种对生殖功能重要的多效性激素，其最重要的作用是促进乳腺发育与分化以及维持泌乳[3,15]，对所有的哺乳动物都是必需的。妊娠期，由于血中雌激素与孕激素浓度显著升高，与催乳素竞争乳腺细胞的受体，使催乳素失去效能。分娩后，血中雌激素与孕激素的浓度显著降低，此时催乳素发挥启动和维持泌乳的作用。而且婴儿吸吮乳头产生的射乳反射，使乳汁流出，同时催乳素的分泌也显著增加。随哺乳进程催乳素水平逐渐降低，但是此时仍可持续成功哺乳。约在产后 6 个月，泌乳量开始更多地依赖于婴儿对乳汁的需要量，此时的催乳素水平仍然超过基线水平，直到断奶为止[2]。

（4）与乳腺发育或乳汁分泌有关的其他激素

① 人胎盘促乳素（human placental prolactin）　胎盘分泌雌激素、孕酮和一种高效的促乳样激素，胎盘促乳样激素可能具有促进母体乳腺发育的作用。

② 肾上腺皮质激素（adrenocorticotropic hormone）　肾上腺皮质分泌的多种激素中，黄体酮和雌素酮是调节女性特征的激素。

③ 甲状腺素（thyroxine）　幼儿甲状腺功能低下，全身发育不良，乳腺也不发育。甲状腺对乳腺的作用是间接的，垂体前叶分泌的促甲状腺素减少时，甲状腺素分泌也减少，可影响乳腺的发育。

④ 垂体激素（pituitary hormone）　垂体前叶激素（生长激素、糖皮质激素和催乳素）共同参与了乳房发育，而且是不可缺少的。垂体前叶腺体分泌的催乳素以及垂体腺体的分泌物部分受哺乳初期乳头刺激程度的影响，产后缺少乳头吸吮刺激，到第 7 天催乳素的水平就可降低到孕前水平。

四、泌乳量充足与否的评价

生后 6 个月内完全母乳喂养的婴儿，生长发育良好、大小便正常，并且评价营养状况的生化指标都在适宜水平时，可以认为泌乳量充足，母乳喂养是成功的。实践证明，哺乳期的母亲有充足的睡眠和休息，注意平衡膳食和合理营养，同时多吃些汤汁类食物（如猪蹄汤、鸡汤、鱼汤等）有助于增加乳汁分泌；掌握正确的喂奶姿势，经常让婴儿吸吮乳房，几乎所有的母亲均可产生和分泌充足的乳汁。

如果泌乳量不足，应设法尽早增加母乳分泌量，通常的方法是增加婴儿吮吸乳房的次数，乳母要保持心情舒畅、充足的营养和睡眠，同时丈夫要多注意妻子的情绪波动，及时做好安慰工作。

五、延迟哺乳（下奶）的原因

产后 36～120h，泌乳量迅速增加，可以认为"下奶了"。经产妇女比初产妇可较早地增加泌乳量。然而，已经证明许多因素与延迟泌乳（delay in lactation）有关，例如剖宫产[16]、胎盘滞留[17]、孕期肥胖[16,18,19]、第二产程延长[16]、初产妇[16]、乳头扁平或内陷[16]、使用安抚奶嘴[16]、吸吮/泵奶或挤奶的频率不适当[2,20]、分娩时过度紧张[21]和糖尿病[22]、使用抑制催乳素和催产素的药物等。经历延迟泌乳的妇女，可能到产后约 6～10 天泌乳量才迅速开始增加。

第三节　影响乳汁分泌的因素

在分娩后最初几周，乳母的心理状况、乳房的护理和科学的喂奶姿势对建立充足奶量供应和保证母乳喂养成功至关重要。是否能成功哺乳取决于诸多因素，首先是乳母的内分泌因素、哺乳期妇女的营养状况和情绪以及喂养婴儿的方式是否正确（如婴儿吸吮乳头的姿势）、喂奶的频率和持续时间等。

一、内分泌因素对乳汁分泌量的影响

人类哺乳的开始以及维持受复杂的神经内分泌机制调控。为了分泌乳汁，乳房必须要发育到适当的程度，这一过程从青春期就开始到妊娠期完成。青春期乳房的发育主要受雌激素和黄体酮的作用，促使乳腺腺泡和导管的发育。乳汁的分泌是在乳腺的腺泡细胞，而腺泡又连接许多导管，导管、腺泡的周围是脂肪组织、结缔组织和血管。妊娠期间乳房较正常增大 2～3 倍，同时乳腺腺泡、导管处于分泌乳汁的准备状态。分娩后，雌酮和孕酮即刻消退，而催乳素的水平持续升高，导致乳汁开始分泌。

1. 乳汁分泌反射的调控（milk excretion reflex）

乳汁分泌受两个反射所调控，即产奶反射与下奶反射。

① 产奶反射（ejection reflex）　当婴儿开始吸吮乳头时，刺激垂体产生催乳素引起乳腺腺泡分泌乳汁，并存于乳腺导管内；虽然婴儿的吸吮对启动生乳不是必要的，但是如果婴儿不吸吮乳头，泌乳作用在 3～4 天后就不能维持了。

② 下奶反射（milk production reflex）　婴儿吸吮乳头的同时还刺激垂体产生催产素，引起腺泡周围肌肉收缩，促使乳汁沿乳腺导管流向乳头。下奶反射易受疲劳、紧张、乳头破裂引起疼痛等的影响。催产素同时还作用于子宫，引起子宫肌肉收缩，可帮助停止

产后出血（止血作用），促进子宫尽快复原。

2. 内分泌系统的影响

孕末期临近分娩时，乳房已可分泌少量乳汁。一旦开始哺乳后，主要依靠催乳素维持泌乳。针对吸吮反应，垂体前叶的催乳素细胞释放催乳素到血液循环中。吸吮作用引起催乳素的释放是由下丘脑分泌多巴胺量的短暂减少进行调节。正常情况下，多巴胺抑制催乳素的分泌。只要婴儿每天能吸吮乳房超过一次以上，乳腺就可持续生成乳汁。大多数乳母的泌乳能力通常比其喂养的一个婴儿所需要乳量要大得多，但是个体间差异很大，即使是在营养状况良好的人群也是如此。

泌乳是一个持续过程，产生的乳量主要由婴儿需要量来调节。在哺乳的最初 6 个月，如果母亲完全用母乳喂养婴儿，并继续闭经，由于受高催乳素血症的影响，通过抑制 LH 的释放和干扰促性腺激素释放激素的分泌，持续哺乳过程具有抑制排卵的功能，防止再次怀孕的概率为 98%。当停止吸吮或没有乳汁排出时，在 24～48h 内即可停止乳汁的生成。

二、乳母营养状况对泌乳量的影响

影响泌乳量的因素很多，如乳母的健康状况、心理因素，婴儿吸吮乳房程度和频率等都影响泌乳量；乳母的膳食、营养状况也是影响乳汁分泌量的重要因素，患营养不良的乳母将会影响到乳汁的分泌量和泌乳期的持续时间。

1. 泌乳量

泌乳量主要受婴儿需要量的调节。产后随着婴儿开始吸吮乳头，乳汁的分泌量很快增加。在正常情况下，产后第一天约分泌 50ml 乳汁，第二天约分泌 100ml，至第二周时增加到约 500ml，通常在产后 10～14 天就可达到有效和持久的正常泌乳量，之后逐渐增加，到一个月时每日泌乳量约为 650ml，3 个月后营养状况良好的乳母每日泌乳量为 750～1000ml。在哺乳的最初 6 个月，平均每天泌乳量约为 750ml，其后的 6 个月约为 600ml。在生后 6 个月内母乳喂养期间，不要给予婴儿其他液体或食物，因为过早地导入其他液体或食物，会增加接触感染源的风险，降低营养素摄入量，可能导致过早地中止母乳喂养。

2. 乳母营养状况和能量摄入量对泌乳量的影响

营养和健康状况良好的乳母，其膳食状况通常并不会明显影响乳汁中所含有的营养素的量，乳汁中的蛋白质含量比较恒定，也不受膳食蛋白质偶尔降低的影响。如果孕期和哺乳期蛋白质与能量摄入量均不足或长期处于边缘性缺乏状态时，就可能会影响到其所分泌乳汁中的营养素水平。乳母膳食维生素摄入量可不同程度地影响乳汁中脂溶性维生素和水溶性维生素的含量，尤其是当乳母体内这些维生素处于缺乏状况时对乳汁含量的影响更为明显。即使是营养状况良好的乳母，如果哺乳期采取节制饮食，也可使泌乳量迅速降低。

（1）哺乳期间限制或补充能量对泌乳量的影响　限制能量对泌乳量影响的研究结果主要来自动物模型的研究，最常用的模型是大鼠，限制动物摄取饲料可降低乳汁产量，哺乳前和哺乳期间限制饲料量的影响显著高于仅哺乳期间限制的大鼠。人类哺乳期的相对能量消耗远低于大多数其他哺乳动物，比实验动物或家养的动物低 4～15 倍[23]。

通过母体能量摄入和乳汁产量间相关性的研究，尽管与工业化国家的乳母相比，发展中国家乳母的能量摄入量要低得多，但是产后 3 个月时两者的泌乳量相似，说明乳母的能量摄入量与婴儿的摄乳量无关。但是乳母严重营养不良将会降低乳汁的产量，而短期给乳母补充能量对泌乳量的影响也十分有限。

（2）乳母体脂储备或能量不足和泌乳量间的关系　理论上讲，妊娠期间能量以脂肪的形式被储存起来，用于支持产后乳汁合成与分泌，然而这方面开展的研究甚少。对营养状况相对良好妇女的研究结果显示，产后最初 5 个月婴儿母乳摄入量与母亲妊娠前的体重或妊娠体重无关，而印度尼西亚的研究结果发现，妊娠前母体体质指数与产后 18～22 周母乳喂养婴儿乳汁摄入量呈正相关，这可能与发展中国家营养不良乳母的比例较高有关。

泌乳量少是母亲营养状况不良的一个指征。当乳母能量摄入量很低时，可使泌乳量降低到正常的 40%～50%；营养状况较差的乳母，产后最初 6 个月每日泌乳量为 500～700ml，后 6 个月每日为 400～600ml；严重营养不良乳母的泌乳量可降低到每天 100～200ml；饥荒时营养不良的乳母甚至可能完全停止乳汁分泌。在母亲营养状况极差的地区，以母乳为唯一来源的婴儿于产后 6 个月内出现早期干瘦型蛋白质-能量营养不良的患病率显著增加，而在发展中国家一般的营养状况下，单独母乳喂养的婴儿在生后最初 4～6 个月仍可以正常生长。但是，由于婴儿需要量和母亲泌乳量的个体间差异很大，很难根据泌乳量判断能否满足婴儿的需要，通常较好的指标可根据婴儿体重的增长率来判断泌乳量是否足够。

（3）乳母蛋白质摄入量对泌乳量的影响　动物实验结果发现，增加蛋白质摄入量可能增加泌乳量，这种影响与摄入的总能量无关。早期印度和尼日利亚的研究结果提示，当乳母的蛋白质摄入量从 50～60g/d 增加到 100g/d 时，可增加泌乳量，但是当摄入量超过 100g/d 则不会使泌乳量进一步增加，但是这个研究的样本量很小。对于营养状况较差的乳母，补充营养，特别是增加能量和蛋白质的摄入量，可增加泌乳量。

三、乳母其他因素和婴儿因素对泌乳量的影响

除了前面提到的乳母营养状况对泌乳量的影响外，乳母方面的其他多种因素和婴儿因素也会影响泌乳量，详情可参见本书第六章婴儿摄乳量及其测量方法学。

简述而言，乳母方面的其他多种因素包括乳母年龄（在 21～37 岁的妇女中，母亲年龄和婴儿乳汁摄入量无关）、胎次（生育过多的孩子，泌乳量降低）、产后应激和急性感

染性疾病（产后焦虑和紧张，如同时存在哺乳期护理较差可影响泌乳量；已经成功建立哺乳的乳母，患有发热性感染性疾病不会影响乳汁产量）、吸烟和饮酒（母亲吸烟和饮酒行为，除了可对婴儿的健康状况产生潜在不良影响外，两者可能还会影响到泌乳量和乳汁成分）[24,25]等。乳母哺乳期间出现的持续性乳头疼痛也与泌乳量的降低或过早终止母乳喂养有关[26]。口服避孕药对泌乳能力的影响一直是备受关注的问题，大多数研究观察到，使用组合的雌激素和孕激素药片与泌乳量和母乳喂养持续时间的降低有关[27]，对于希望使用口服避孕药和维持泌乳量的妇女，WHO推荐乳母首选纯孕激素药物用于避孕。

影响乳母泌乳量除了上面提到的因素外，泌乳量的多少还与婴儿方面的诸多因素有关，除了婴儿摄入母乳量有很强的自我调节能力外，还有出生体重（出生体重与母乳摄入量有关，较重的婴儿有更大的吸吮强度），吸吮方式、力度（强度）、频率与持续时间，胎儿成熟程度（早产儿或足月儿，分娩胎龄和出生体重两者对乳汁摄入量的影响大于两者中任何一个单独的影响），过早导入液体和固体食物（过早给婴儿导入固体食物，显著降低婴儿的母乳摄入量），以及疾病（婴儿患病会降低食欲或导致厌食，因此也常常会降低乳汁摄入量）等。

（潘丽莉，荫士安）

参考文献

[1] Castrogiovanni P，Musumeci G，Trovato FM，et al. Effects of high-tryptophan diet on pre- and postnatal development in rats：a morphological study. Eur J Nutr，2014，53（1）：297-308.

[2] Neville MC，Morton J，Umemura S. Lactogenesis. The transition from pregnancy to lactation. Pediatr Clin North Am，2001，48（1）：35-52.

[3] Ollivier-Bousquet M，Devinoy E. Physiology of lactation：Old questions，new approaches. Livestock Production Sci，2005，98：163-173.

[4] Musumeci G，Castrogiovanni P，Szychlinska MA，et al. Mammary gland：From embryogenesis to adult life. Acta Histochem，2015. doi：10.1016/j.acthis.2015.02.013.

[5] Sternlicht MD，Kouros-Mehr H，Lu P，et al. Hormonal and local control of mammary branching morphogenesis. Differentiation，2006，74（7）：365-381.

[6] Macias H，Hinck L. Mammary gland development. Wiley Interdiscip Rev Dev Biol，2012，1（4）：533-557.

[7] Cowin P，Wysolmerski J. Molecular mechanisms guiding embryonic mammary gland development. Cold Spring Harb Perspect Biol，2010，2（6）：a003251.

[8] Gurusamy D，Ruiz-Torres SJ，Johnson AL，et al. Hepatocyte growth factor-like protein is a positive regulator of early mammary gland ductal morphogenesis. Mech Dev，2014，133：11-22.

[9] Cox DB，Kent JC，Casey TM，et al. Breast growth and the urinary excretion of lactose during human pregnancy and early lactation：endocrine relationships. Exp Physiol，1999，84（2）：421-434.

[10] Watson CJ，Oliver CH，Khaled WT. Cytokine signalling in mammary gland development. J Reprod

Immunol，2011，88（2）：124-129.

[11] Khaled WT，Read EK，Nicholson SE，et al. The IL-4/IL-13/Stat6 signalling pathway promotes luminal mammary epithelial cell development. Development，2007，134（15）：2739-2750.

[12] Lamote I，Meyer E，Massart-Leen AM，et al. Sex steroids and growth factors in the regulation of mammary gland proliferation，differentiation，and involution. Steroids，2004，69（3）：145-159.

[13] Mandrup KR，Johansson HK，Boberg J，et al. Mixtures of environmentally relevant endocrine disrupting chemicals affect mammary gland development in female and male rats. Reprod Toxicol，2014. doi：10.1016/j.reprotox.2014.09.016.

[14] Trott JF，Vonderhaar BK，Hovey RC. Historical perspectives of prolactin and growth hormone as mammogens, lactogens and galactagogues—agog for the future！J Mammary Gland Biol Neoplasia，2008，13（1）：3-11.

[15] Freeman ME，Kanyicska B，Lerant A，et al. Prolactin：structure，function，and regulation of secretion. Physiol Rev，2000，80（4）：1523-1631.

[16] Dewey KG，Nommsen-Rivers LA，Heinig MJ，et al. Risk factors for suboptimal infant breastfeeding behavior，delayed onset of lactation，and excess neonatal weight loss. Pediatr，2003，112（3 Pt 1）：607-619.

[17] Neifert MR，McDonough SL，Neville MC. Failure of lactogenesis associated with placental retention. Am J Obstet Gynecol，1981，140（4）：477-478.

[18] Rasmussen KM，Kjolhede CL. Prepregnant overweight and obesity diminish the prolactin response to suckling in the first week postpartum. Pediatr，2004，113（5）：e465-471.

[19] Lovelady CA. Is maternal obesity a cause of poor lactation performance. Nutr Rev，2005，63（10）：352-355.

[20] Chen DC，Nommsen-Rivers L，Dewey KG，et al. Stress during labor and delivery and early lactation performance. Am J Clin Nutr，1998，68（2）：335-344.

[21] Grajeda R，Perez-Escamilla R. Stress during labor and delivery is associated with delayed onset of lactation among urban Guatemalan women. J Nutr，2002，132（10）：3055-3060.

[22] Neubauer SH，Ferris AM，Chase CG，et al. Delayed lactogenesis in women with insulin-dependent diabetes mellitus. Am J Clin Nutr，1993，58（1）：54-60.

[23] Prentice AM，Prentice A. Energy costs of lactation. Annu Rev Nutr，1988，8：63-79.

[24] Zuppa AA，Tornesello A，Papacci P，et al. Relationship between maternal parity，basal prolactin levels and neonatal breast milk intake. Biol Neonate，1988，53（3）：144-147.

[25] Aryeetey RN，Marquis GS，Brakohiapa L，et al. Subclinical mastitis may not reduce breastmilk intake during established lactation. Breastfeed Med，2009，4（3）：161-166.

[26] McClellan HL，Hepworth AR，Kent JC，et al. Breastfeeding frequency，milk volume，and duration in mother-infant dyads with persistent nipple pain. Breastfeed Med，2012，7：275-281.

[27] Koetsawang S. The effects of contraceptive methods on the quality and quantity of breast milk. Int J Gynaecol Obstet，1987，25 Suppl：115-127.

第三章
初乳在新生儿发育中的作用

初乳（colostrum）是指分娩后 7 天之内由母体乳腺分泌的乳汁，初乳较黏稠，颜色发黄，虽然分泌量很少（尤其是最初 1～2 天），但大量科学研究证明，初乳中含有丰富的蛋白质、免疫球蛋白（主要是 sIgA）、非蛋白氮、脂肪、维生素和矿物质以及很多细胞成分等，是纯母乳喂养新生儿（neonates）营养成分和免疫成分的唯一来源。初乳是新生儿体内天然免疫的最有效助推剂和预防感染性疾病的保护剂。

第一节　人与其他动物的初乳中主要营养成分比较

人初乳中主要营养成分与其他动物初乳的比较结果见表 3-1。人初乳中总固形物含量（11.4%）显著低于其他动物（如牛、羊、猪等）[1～3]；人初乳中总蛋白、乳清蛋白、酪蛋白、脂肪和灰分的含量也显著低于表 3-1 中所列的其他动物的初乳，总蛋白含量约相当于表 3-1 中列出其他动物的 1/10；然而人初乳中乳糖含量要比其他动物的初乳高得多。人初乳中磷含量显著低于牛初乳，钙磷比值约为 1.50，而牛初乳中磷的含量很高，钙磷比值严重倒置。

人初乳中免疫球蛋白含量与其他动物初乳中含量的比较结果见表 3-2（产后 24h 之内）。人初乳中免疫球蛋白主要是 IgA（以分泌型为主，即 sIgA），IgA 含量显著高于其他动物初乳中的含量；人初乳中 IgG 和 IgM 含量均显著低于其他动物初乳中含量。经产动物的初乳中各种免疫球蛋白的含量显著高于初产的动物（如山羊），提示产次或胎次影响动物初乳中免疫球蛋白的含量。人乳中溶菌酶的含量是其他哺乳动物乳汁的 1500～3000 倍；人乳中补体 C3 和 C4 的含量也显著高于牛奶。

表 3-1　人与其他动物的初乳中主要成分比较　　　　　　　　　　　　　　　　　　　　　　%

成分	人（0~7天）	牛（1~5天）	山羊（0~7天）	猪（<3天）
总固形物	11.4	26.1→11.8	40.2→17.0	22.0→33.1
总蛋白	2.0	16.1→4.23	20.4→4.8	9.9→22.6
乳清蛋白	0.28	5.77	ND	ND
酪蛋白	0.32	3.31	ND	ND
脂肪	2.54	3.6→4.5	12.3→6.2	2.7→7.7
乳糖	5.93	2.7→4.2	2.8→4.93	2.0→7.5
灰分	0.15	1.18→0.87	1.5→0.92	0.59→0.99
钙	0.22	0.16→0.29[①]	2.98→1.79	0.50→0.80
磷	0.15	1.70→1.05[①]	ND	0.08→0.11
钙磷比值	1.50	0.10→0.27	ND	6.25→1.23

① 基于物质的量浓度换算。

注：ND 表示没有数据；"→"表示从产后 0 天或 1 天开始变化的趋势。

表 3-2　人与其他动物的初乳中免疫球蛋白含量比较　　　　　　　　　　　　　单位：g/L[①]

免疫球蛋白	人	牛	山羊		猪
			初产	经产	
IgG	0.7~2.0	92.8	11.8±6.3	59.9±14.2	95.6
IgM	1.0~2.7	4.5	2.0±1.3	6.1±1.7	9.1
IgA	13.4~39.6	1.6	1.1±0.6	2.0±0.3	21.2
sIgA	28.4±9.6	ND	ND	ND	ND

① 结果系范围、平均值或平均值±SD。

注：ND 表示没有数据。

王洋等[4]比较了人初乳、牛初乳、牛常乳、牛血中神经生长因子（NGF）和胰岛素样生长因子-1（IGF-1）的含量，人初乳和牛初乳中均富含 NGF 和 IGF-1。分娩后 3 天内牛初乳中 NGF 含量显著低于人初乳，第 1 天、第 2 天和第 3 天的含量分别相当于人初乳的 31.1%、29.6% 和 13.3%；而 IGF-1 的含量两者间差异不明显。NGF 是具有营养神经元和促进突起生长双重生物学功能的一种神经细胞生长调节因子，可维持感觉、交感神经元的存活，促进受损神经纤维修复以及淋巴细胞、单核细胞和中性粒细胞增殖、分化和伤口愈合等，在中枢及周围神经元的发育、分化、生长、再生和功能特性的表达中发挥着重要的调控作用[5]。IGF-1 对于胎儿和婴儿的生长发育都发挥着重要作用，如调节机体蛋白质代谢、脂代谢，促进细胞生长分化（有丝分裂原），刺激 RNA、DNA 的合成和细胞增殖，抑制细胞凋亡等；IGF-1 在肌肉、心血管系统、脑、生殖系统、脂肪组织、免疫系统、肝、肾、肾上腺以及消化系统的生长发育中发挥着重要作用[6]。

第二节　人初乳营养成分丰富

与过渡乳（产后 8～14 天的乳）和成熟乳（产后 15 天之后的乳）相比，初乳是新生儿营养素的丰富来源，人初乳营养成分（nutrition compositions of human colostrum）中蛋白质含量最高，脂肪和碳水化合物的总量较低，而低聚糖类含量最高。由于宫内生长期间有些维生素不能通过胎盘屏障，出生后初乳也是母乳喂养儿这些营养素的主要来源[7]。

一、蛋白质及含氮化合物

初乳中蛋白质含量显著高于过渡乳和成熟乳；乳铁蛋白也是人乳中主要蛋白质，占总蛋白含量的 15%～20%，其次是骨桥蛋白，占总蛋白含量的 10%以上；初乳中各种游离氨基酸和总氨基酸中必需氨基酸浓度均显著高于过渡乳和成熟乳。初乳中的乳白蛋白含量及其与酪蛋白的比值都高于过渡乳和成熟乳。α-乳白蛋白是人类乳汁中存在的主要蛋白质；初乳中不含有酪蛋白或含量非常低，而牛奶中含有α-酪蛋白的两种不同形式α_{s1}和α_{s2}，α_{s1}-酪蛋白是牛乳酪蛋白的主要成分。人初乳的含氮化合物总量显著高于成熟乳，其中超过 90%存在于乳清中，主要存在于蛋白质中（参见第七章蛋白质）。

二、脂肪与脂肪酸

尽管初乳中总脂肪和中链脂肪酸的含量均低于过渡乳和成熟乳，但是富含多不饱和脂肪酸，特别是 DHA（二十二碳六烯酸，中位数总脂肪比为 1.11%），到成熟乳降低到 0.75%（占总脂肪比）[8]；初乳中总磷脂含量也显著高于成熟乳；母乳中胆固醇含量高于婴儿配方食品（参见第十六章脂类和第十七章中链脂肪酸）。

三、碳水化合物和低聚糖

人乳中约含有 7%的碳水化合物，其中 90%为乳糖，其他部分主要是低聚糖，含量范围在 5～15g/L；与其他哺乳动物相比较，人初乳中低聚糖含量最高，达 12.9g/L，牛奶中存在少量低聚糖，山羊奶中仅 48h 内的初乳中含有极少量低聚糖，之后迅速降低（参见第十八章碳水化合物和第十九章低聚糖）。

四、富含维生素 A、类胡萝卜素和维生素 E

根据哺乳期间乳汁中视黄醇含量的动态变化分析，初乳中视黄醇水平最高，可迅速升高新生儿血中维生素 A 水平；之后视黄醇含量降低的速度非常迅速。初乳呈现明显的黄色可能与乳汁脂肪球富含类胡萝卜素有关；随泌乳量的增加，过渡乳和成熟乳中类胡萝卜素（如β-胡萝卜素、叶黄素、α-胡萝卜素、玉米黄质、番茄红素和隐黄素等）的含量逐渐降低（参见第二十二章维生素 A 与类胡萝卜素）。初乳中生育酚的浓度最高，成熟乳降低并维持在稳定水平（参见第二十四章维生素 E）。

五、富含多种生物活性成分

初乳中 sIgA 的含量显著高于过渡乳和成熟乳，sIgA 占初乳中免疫球蛋白总量的 89.8%（参见第十五章免疫球蛋白）。初乳中乳铁蛋白的浓度显著高于过渡乳和成熟乳（参见第十四章乳铁蛋白）；分娩后最初 2 天内初乳的溶菌酶含量最高，过渡乳中溶菌酶含量呈现逐渐降低趋势（参见第三十一章溶菌酶）；初乳中补体成分 C3 和 C4 的含量较高，之后迅速下降（参见第三十二章补体成分）。初乳中 IL-1β、IL-2、IL-4、IL-5、IL-6、IL-8、IL-10 和 TNF-α、TNF-β以及可溶性 TNF 受体等细胞因子浓度高于过渡乳（参见第三十三章细胞因子）。

六、生长发育相关的激素

初乳中脂联素、IGF-1、瘦素和 EGF 的含量高于成熟乳。例如，初乳（分娩后第 3 天）中瘦素含量显著高于成熟乳（分娩后第 28 天），含量分别为 0.65μg/L ±0.67μg/L 和 0.50μg/L ±0.50μg/L（$P < 0.05$）[9]。已知瘦素参与食物摄入量和能量消耗的调节，因此影响体重增长；在发育方面，瘦素在血管生成、骨骼代谢、血细胞生成、脑发育以及生长发育中发挥重要作用[10]；瘦素与胰岛素抵抗的发生有关；母乳中的瘦素可能对于产后新生儿的生长和不同器官的发育是重要的（参见第三十四章激素与类激素成分）。

第三节 初乳含有丰富的免疫活性成分

尽早给予新生儿初乳和持续纯母乳喂养婴儿到 6 个月，不仅仅可以满足新生儿和婴儿的全面营养需求，更重要的是可以启动新生儿的肠道免疫系统功能，帮助婴儿免疫系统发育与成熟，降低感染性疾病的发病率和死亡率。

一、启动新生儿自身的免疫系统功能

人初乳中含有丰富的抗体、多种免疫球蛋白、多种生长因子以及维生素 A 等，可增强新生儿的免疫功能，促进生长发育。近年研究结果显示，初乳对启动新生儿自身的免疫系统发挥重要作用。人初乳中含有丰富的微生物，种类可高达数百种，婴儿每天吸吮乳汁的同时摄入约 $1\times10^5\sim1\times10^7$ 的共生菌，因此母乳是母乳喂养婴儿肠道中潜在共生菌的持续来源。这些微生物参与了刺激与启动新生儿自身免疫系统功能，有助于增强新生儿的抗感染能力。人乳（尤其是初乳）中富含的低聚糖类可刺激特定的肠道微生物（如益生菌）的定植与生长，阻止病原体在肠道的吸附定位，或者作为可溶性病原体的受体类似物（参见第三十七章人乳中微生物的来源与作用）。

二、初乳具有广谱抗菌和抗病毒作用

学者们很早就知道初乳含有的免疫刺激成分具有广谱抗菌、抗病毒作用，母乳喂养可增强婴儿对某些感染性疾病的抵抗力，尤其是对肠道功能紊乱的抵抗力[11]。母体通过乳汁，特别是初乳，为其喂养的新生儿和婴儿提供特异性和非特异性被动免疫所必需的保护因子。

1. 初乳中富含很多天然抗微生物成分

人初乳中含有很多天然抗微生物成分，如细胞成分，按总细胞数表示，主要是巨噬细胞（49%），其次是多形核白细胞（37%）和淋巴细胞（12%），而上皮细胞的数量相对较少（2%）；巨噬细胞能产生溶菌酶、补体成分（C3 和 C4）和干扰素，这些成分显示抗微生物的活性。人乳中还存在多种其他的抗微生物因子，包括 IFN、免疫球蛋白和乳铁蛋白等；人乳中存在大量的 sIgA，它也是人初乳中免疫成分的主要代表。母乳中 sIgA 可以改变粪便致病菌（如大肠杆菌）的培养特征，母乳喂养的婴儿血中 sIgA 的水平显著高于人工喂养的婴儿。在 Jatsyk 等[11]的研究中，测定了哺乳开始时母乳和婴儿粪便中 IgA、IgM 和 IgG 的含量，在哺乳的第一周，母乳中 IgA 含量非常高；而且母乳中 sIgA 的水平比较稳定，可以抵抗胃肠液和酶的作用。

2. 初乳的抗菌、抗病毒作用

初乳中的多种天然抗微生物成分可为新生儿消化道提供被动免疫保护，降低新生儿发生腹泻风险[12]，而且可为防止新生儿致命性坏死性小肠结肠炎提供部分保护作用。母乳或初乳中 sIgA 可与难辨梭菌毒素 A 结合，以受体类似物形式发挥功能，防止婴儿感染梭状菌相关性疾病[13]。sIgA 可作为防止致病菌穿透黏膜的第一道防线。例如以纯母乳喂养可降低婴儿腹泻、耳部和呼吸道感染的发病率[14]。在产后的最初 3 天，母体通过初乳将 IgA 优先转移到新生儿[5]。在这期间，第一天喂奶时，就可使新生儿摄入 IgA 约 4g，这个数量的 IgA 相当于正常成人一天黏膜产生 IgA 的总量[15]，这凸显了人乳免疫保护对脆弱未成熟婴儿的重要性。根据 Xanthou 等[5]的研究，婴儿摄入的 500mg 多聚 IgA 中有 150mg 在小肠中以完整的形式存在。这个数量的抗菌蛋白对黏膜宿主防御是重要的贡献。多聚 IgA 的主要功能是阻止微生物病原体附着到肠上皮表面。Cravioto[16]的研究证明，从初乳和乳汁纯化的 sIgA 可以抑制肠致病性大肠杆菌的局部附着。初乳中可能含有成熟乳中不存在的生长因子或初乳中含量非常高[17]。如初乳比成熟乳含有显著高浓度的 EGF（一种多肽）就是一个例子，该因子可增加 DNA 的合成和有丝分裂，提高刷状缘膜酶的活性[18]。母乳或初乳中还含有显著高的天然抗菌剂补体 C3。母乳中含有为新生儿和婴儿提供特异性和非特异性被动免疫所需要的保护因子。

初乳富含的乳铁蛋白具有抗菌和抗病毒特性。人乳中含有大量的乳铁蛋白和转铁蛋白，两者都是有效的铁结合剂。它们通过使铁不能用于细菌繁殖而达到抑菌效果。乳铁蛋白的这种独特能力可保护新生儿和婴儿防止各种有害微生物的感染。其他的研究已经证明，乳铁蛋白与 sIgA 和溶菌酶联合发挥作用。初乳中发现高浓度乳铁蛋白，这些蛋白在婴儿体内的免疫防御系统中发挥重要作用。

3. 初乳具有抗炎作用

早期母乳喂养，特别是初乳，一个重要的功能是为不成熟的、过度炎症反应的新生儿提供抗炎作用（anti-inflammatory effect）。由于新生儿的肠道免疫功能远未发育成熟，易患肠道及全身性感染。母乳中，尤其是初乳，含有的数种成分可以刺激新生儿胃肠道启动免疫反应、促进免疫系统发育，降低炎症反应，这些成分包括 TGF-β、白细胞介素-10、促红细胞生成素和乳铁蛋白等，它们可以单独发挥作用或发挥协同作用[19]。初乳和母乳中含有可溶性受体和细胞因子拮抗剂，这些也有助于其发挥抗炎特性[20]。体外试验结果显示，初乳抑制金黄色葡萄球菌和大肠杆菌的活性约相当于庆大霉素活性的二分之一[21]。

三、初乳富含细胞因子

已知初乳或母乳中含有多种细胞因子（cytokines）或趋化因子[22,23]，可增进宿主防御，预防自身免疫和促进肠道系统发育[19]。有些细胞因子/趋化因子仅存在于初乳（分娩后 2 天）中，且含量极高，其作用是调节新生儿免疫系统和造血功能[24~26]，而分娩 4~5 天之后的乳汁中则不存在或含量极低，例如分娩后 2 天的初乳中 IL-1α、IL-2 受体α、IL-3、IL-12p40 亚单位、IL-16、IL-18、皮肤 T 细胞吸引趋化因子、人生长因子、单核细胞趋化蛋白 3、IFN 诱导的单核因子、干细胞因子生长因子β等均显著高于分娩 4~5 天之后的乳汁[27]。

第四节　初乳的其他功能

母体转移给新生儿的初乳除含有满足新生儿生长发育所需要的营养成分外，它也是抗体和生长因子的丰富来源，初乳中富含有助于新生儿尽快适应外界环境和抵抗疾病所必需的生物活性成分[5,6]。动物实验结果显示，生后24h内没有给予初乳的新生小牛犊，可导致免疫球蛋白G、β-胡萝卜素和维生素A的含量降低，并持续数周，还会影响血浆脂肪酸、必需氨基酸和谷氨酰胺/谷氨酸的比值等[28]。

一、预防过敏性疾病和食物不耐受

根据Meta分析、流行病学调查结果，儿童过敏性疾病和食物不耐受（food intolerance）的患病率或发生率呈现逐年上升趋势，包括湿疹、哮喘、食物过敏（food allergy）、呼吸道过敏等疾病，严重威胁着儿童的身心健康。尽早给予初乳喂养，可显著降低新生儿生后最初几周发生过敏性疾病的风险（包括有家族过敏史婴儿的过敏性湿疹和哮喘的复发），这与较低水平的血清IgE和较少的循环嗜酸性粒细胞有关；生后早期的喂养方式以及持续时间与儿童对过敏性疾病的易感性密切相关，初乳有助于预防变态反应疾病和降低某些食物不耐受性或过敏的风险。母乳喂养（尤其是初乳喂养）是婴儿接受的"第一次免疫"，有助于免疫器官（如胸腺）的早期发育（参见第四章母乳喂养对婴儿的益处）。

二、减轻新生儿黄疸

给予新生儿初乳有助于降低胆红素的含量，减轻新生儿黄疸（neonatal jaundice）发生的严重程度；由于初乳具有轻微通便功能，利于胎便排出。尽早开奶有助于新生儿尽快排净胎便，减少胎便中的胆红素通过肠道黏膜的毛细血管被重吸收进入血液，可避免加重新生儿黄疸。

三、初乳和眼部感染

沙眼衣原体是新生儿眼炎的一种常见致病菌，人初乳对这种致病菌具有抗菌能力，局部应用人初乳也可有效预防新生儿眼部感染（eye infection），缓解严重眼干涩和眼部病变[29,30]。

四、初乳和T细胞活化

1993年，人们从初乳中发现了一种被称为富含脯氨酸的免疫调节多肽或PRP。PRP刺激不成熟的胸腺细胞转化成功能性活化的T细胞[31]。PRP作为免疫调节因子，通过改变细胞表面标记和功能发挥作用，而且免疫调节因子在体内动态平衡和防止感染的免疫反应的活化以及自身免疫或疾病（如多发性硬化和类风湿关节炎）的预防中发挥重要作用。

五、生长和组织修复因子

母乳中富含多种生长因子，除了为新生儿和婴儿提供重要的免疫支持外，还参与了生长发育和组织的修复过程。

1. 修复功能

初乳除了为新生儿提供重要的免疫支持外，还具有显著的肌肉、骨骼修复功能。初乳是主要生长因子的唯一天然来源[32]，即 TGF-α 和 TGF-β 及 IGF-1 和 IGF-2，它们可促进伤口愈合。TGF-α 和 TGF-β 都参与正常的细胞活动，如胚胎发育、细胞增殖和组织修复。IGF-1 是唯一能刺激肌肉生长和自身修复的生长因子，其在细胞分化、组织修复和合成过程中与其他必需生长因子相互作用，几乎影响所有身体组织细胞的再生效果[33]。

2. TGF-β2 相关的 TGF-β 样的活性

初乳中非细胞成分对单核细胞的细胞毒性有抑制作用，TGF-β 相关的生长因子可能是抑制成分之一[34]。虽然初乳的单核细胞和 T 淋巴细胞的细胞毒活性降低，然而初乳和常乳被认为有助于新生儿的防御。初乳的这种保护作用主要是非炎症性因子产生的，而且 TGF-β 相关的生长因子可能是非炎症性因子之一。TGF-β 相关的生长因子的另一个作用可能是乳腺产生 IgA 的正向调节剂。

3. 其他生长因子

人乳中存在肝细胞生长因子（HGF），而且可调节新生儿的生长发育。人乳尤其是初乳中含有大量的由巨噬细胞产生的 HGF，这种来源的 HGF 可诱导肠细胞生长，证明出生后 HGF 是调节新生儿肠细胞生长的重要因子之一。

人初乳除了营养丰富，还含有很多对新生儿和婴儿特定生理功能必不可少的生物活性因子。初乳中富含的多种生物活性成分与微生物环境是新生儿体内天然免疫的最有效助推剂，它们帮助新生儿重建免疫系统和启动免疫功能，提高细胞生长和组织修复的潜力，降低胃肠道和呼吸道感染性疾病的发生率和死亡率。

（韩秀明，荫士安）

参考文献

[1] 陈树兴，赵胜娟，石宝霞，等. 山羊初乳成分及其免疫球蛋白构成变化的研究. 食品科学，2008，29：41-44.

[2] Sánchez-Macías D，Moreno-Indias I，Castro N，et al. From goat colostrum to milk：physical，chemical，and immune evolution from partum to 90 days postpartum. J Dairy Sci，2014，97（1）：10-16.

[3] Tsioulpas A，Grandison AS，Lewis MJ. Changes in physical properties of bovine milk from the colostrum

period to early lactation. J Dairy Sci，2007，90（11）：5012-5017.

[4] 王洋，生庆海，张玉梅，等. 中国北方人初乳、牛初乳、牛常乳、牛血中胰岛素样生长因子-1 和神经生长因子含量的比较. 中国食品卫生杂志，2011，23：365-368.

[5] Xanthou M，Bines J，Walker WA. Human milk and intestinal host defense in newborns：an update. Advances in pediatrics，1995，42：171-208.

[6] Xu RJ. Development of the newborn GI tract and its relation to colostrum/milk intake：a review. Reprod Fertil Dev，1996，8（1）：35-48.

[7] Quigley JD，Drewry JJ. Nutrient and immunity transfer from cow to calf pre- and postcalving. J Dairy Sci，1998，81（10）：2779-2790.

[8] Kuipers RS，Luxwolda MF，Dijck-Brouwer DA，et al. Fatty acid compositions of preterm and term colostrum，transitional and mature milks in a sub-Saharan population with high fish intakes. Prostaglandins Leukot Essent Fatty Acids，2012，86（4-5）：201-207.

[9] Eilers E，Ziska T，Harder T，et al. Leptin determination in colostrum and early human milk from mothers of preterm and term infants. Early Hum Dev，2011，87（6）：415-419.

[10] Locke R. Preventing obesity：the breast milk-leptin connection. Acta Paediatr，2002，91（9）：891-894.

[11] Jatsyk GV，Kuvaeva IB，Gribakin SG. Immunological protection of the neonatal gastrointestinal tract：the importance of breast feeding. Acta Paediatr Scand，1985，74（2）：246-249.

[12] Ziyane IS. The relationship between infant feeding practices and diarrhoeal infections. J Adv Nurs，1999，29（3）：721-726.

[13] Dallas SD，Rolfe RD. Binding of *Clostridium* difficile toxin A to human milk secretory component. J Med Microbiol，1998，47（10）：879-888.

[14] Chandra RK. Prospective studies of the effect of breast feeding on incidence of infection and allergy. Acta Paediatr Scand，1979，68（5）：691-694.

[15] Mestecky J，McGhee JR. Immunoglobulin A（IgA）：molecular and cellular interactions involved in IgA biosynthesis and immune response. Adv Immunol，1987，40：153-245.

[16] Cravioto A，Tello A，Villafan H，et al. Inhibition of localized adhesion of enteropathogenic *Escherichia coli* to HEp-2 cells by immunoglobulin and oligosaccharide fractions of human colostrum and breast milk. J Infect Dis，1991，163（6）：1247-1255.

[17] Heird WC，Schwarz SM，Hansen IH. Colostrum-induced enteric mucosal growth in beagle puppies. Pediatr Res，1984，18（6）：512-515.

[18] Berseth CL，Lichtenberger LM，Morriss FH. Comparison of the gastrointestinal growth- promoting effects of rat colostrum and mature milk in newborn rats *in vivo*. Am J Clin Nutr，1983，37（1）：52-60.

[19] Walker A. Breast milk as the gold standard for protective nutrients. J Pediatr，2010，156（2 Suppl）：S3-7.

[20] Buescher ES，Malinowska I. Soluble receptors and cytokine antagonists in human milk. Pediatr Res，1996，40（6）：839-844.

[21] Ibhanesebhor SE，Otobo ES. *In vitro* activity of human milk against the causative organisms of ophthalmia neonatorum in Benin City，Nigeria. J Trop Pediatr，1996，42（6）：327-329.

[22] Garofalo R. Cytokines in human milk. J Pediatr，2010，156（2 Suppl）：S36-40.

[23] Lepage P，Van de Perre P. The immune system of breast milk：antimicrobial and anti-inflammatory properties.Adv Exp Med Biol，2012，743：121-137.

[24] Davanzo R，Zauli G，Monasta L，et al. Human colostrum and breast milk contain high levels of TNF-related

apoptosis-inducing ligand（TRAIL）. J Hum Lact，2013，29（1）：23-25.

[25] Melendi GA，Coviello S，Bhat N，et al. Breastfeeding is associated with the production of type I interferon in infants infected with influenza virus. Acta Paediatr，2010，99（10）：1517-1521.

[26] Secchiero P，Zauli G. Tumor-necrosis-factor-related apoptosis-inducing ligand and the regulation of hematopoiesis. Curr Opin Hematol，2008，15（1）：42-48.

[27] Radillo O，Norcio A，Addobbati R，et al. Presence of CTAK/CCL27，MCP-3/CCL7 and LIF in human colostrum and breast milk. Cytokine，2013，61（1）：26-28.

[28] Blum JW，Baumrucker CR. Colostral and milk insulin-like growth factors and related substances：mammary gland and neonatal（intestinal and systemic）targets. Domest Anim Endocrinol，2002，23（1-2）：101-110.

[29] Chaumeil C，Liotet S，Kogbe O. Treatment of severe eye dryness and problematic eye lesions with enriched bovine colostrum lactoserum. Adv Exp Med Biol，1994，350：595-599.

[30] Ramsey KH，Poulsen CE，Motiu PP. The *in vitro* antimicrobial capacity of human colostrum against Chlamydia trachomatis. J Reprod Immunol，1998，38（2）：155-167.

[31] Janusz M，Lisowski J. Proline-rich polypeptide（PRP）——an immunomodulatory peptide from ovine colostrum. Arch Immunol Ther Exp（Warsz），1993，41（5-6）：275-279.

[32] Ginjala V，Pakkanen R. Determination of transforming growth factor-beta 1（TGF-beta 1）and insulin-like growth factor（IGF-1）in bovine colostrum samples. J Immunoassay，1998，19（2-3）：195-207.

[33] Tollefsen SE，Lajara R，McCusker RH，et al. Insulin-like growth factors（IGF）in muscle development. Expression of IGF-I，the IGF-I receptor，and an IGF binding protein during myoblast differentiation. J Biol Chem，1989，264（23）：13810-13817.

[34] Kohl S，Pickering LK，Cleary TG，et al. Human colostral cytotoxicity. Ⅱ. Relative defects in colostral leukocyte cytotoxicity and inhibition of peripheral blood leukocyte cytotoxicity by colostrum. J Infect Dis，1980，142（6）：884-891.

第四章
母乳喂养对婴儿的益处

母乳喂养（breastfeeding）对母子双方都有非常大的健康效应，特别是在婴儿（infants）方面，由于母乳含有丰富的营养物质、抗感染因子和其他的生物活性成分以及喂哺时母子之间密切的情感交流，对儿童的身心健康与发育均是非常有益的；而对于母体，喂哺过程可促进生殖器官的复原和加速产后康复、降低患乳腺炎的风险、消耗母体孕期储存的脂肪预防产后肥胖等；而且母乳喂哺与否还与乳母后期的健康状况密切相关，如可以降低患生殖器官疾病、癌症等疾病的风险。本文总结了母乳喂养在婴儿营养与健康中的重要作用。

第一节　母乳营养丰富，易于婴儿消化吸收

通过对人乳成分的分析，已发现其中含有多种生长因子，包括表皮生长因子（EGF）、神经生长因子（NGF）、成纤维细胞生长因子（FGF）、胰岛素样生长因子（IGF）等。人乳中含量最高的是 EGF，各种生长因子的功能高度专一化。现代营养学研究证明，来自乳汁的生长因子（属多肽类蛋白）的受体（靶细胞），广泛存在于婴儿的胃肠道及其他组织细胞中；生长因子对细胞的生长、分化、功能等产生显著影响，因为离开母体时新生儿的身体组织和神经系统还未发育成熟，胃肠道还未曾"工作"过，因此，初乳除了为新生儿提供食粮外，还有帮助新生儿实现机体组织功能开始"启动"的一套"指令"，可以形象地比喻为像对新安装的计算机完成"初始化设置"一样。

母乳可为生后 6 月龄之内的婴儿提供其生长发育所需的全部营养成分；对于 6～12 月龄的婴儿，母乳仍能满足其一半或多于一半的营养需要；而对于 12～24 月龄的婴儿，

母乳仍可满足其三分之一的营养需求。虽然母乳的蛋白质含量低于牛乳，但其利用率高，母乳中的蛋白质以乳清蛋白为主，乳清蛋白在胃酸作用下形成的乳凝块细小而柔软，容易被婴儿消化吸收。母乳中必需氨基酸比例适当，牛磺酸含量高，是牛乳的 10 倍，牛磺酸与胆汁酸的结合可促进婴儿的消化吸收功能；母乳含有的脂肪颗粒小，含有乳脂酶，比牛乳脂肪更易被消化吸收，且含丰富的必需脂肪酸、长链多不饱和脂肪酸，如 ARA 和 DHA 及卵磷脂和鞘磷脂等，有利于中枢神经系统发育；母乳富含乳糖，对婴儿脑发育有促进作用，可促进乳酸杆菌的生长与定植，有效抑制大肠杆菌等致病菌的生长，有助于铁、钙、锌等矿物质的吸收利用。母乳中的矿物质含量明显低于牛乳，可保护婴儿尚未发育成熟完善的肾功能，适宜的钙磷比例有利于钙吸收，母乳中钙、铁、锌的生物利用率均显著高于牛乳，其中铁的吸收率高达 50%～70%，而牛乳仅为 10%。母乳含有的这些成分有助于婴儿胃肠道发育成熟。

第二节　我国婴儿母乳喂养状况

母乳喂养被认为是为婴儿提供健康生长发育所需营养的理想方式，被 WHO 和 UNICEF 列为抢救儿童生存的四大战略技术之一。所有的母亲都可以用母乳喂哺其婴儿。WHO 建议在婴儿出生后 6 个月内用纯母乳喂养，然后及时合理添加辅食的同时继续母乳喂养至 2 岁或更长的时间。母乳喂养对婴儿营养和健康的益处可以延续到成人期。然而，根据 WHO 的统计，全球只有 37% 的婴儿在生后最初 6 个月内以纯母乳喂养。

一、我国母乳喂养的总体趋势

根据 1989 年 UNICEF 推荐的母乳喂养定义，母乳喂养包括完全母乳喂养及部分母乳喂养。完全母乳喂养包括纯母乳喂养及几乎纯母乳喂养。我国不同地区不同时间 6 月龄内完全母乳喂养、混合喂养、人工喂养婴儿的比例列于表 4-1。整体看，我国婴儿 6 月龄内的喂养方式（patterns of infant feeding）以完全母乳喂养和混合喂养为主。

我国不同地区婴儿母乳喂养率差异很大。根据 2010～2013 年中国居民营养与健康状况监测[1]，2013 年 6 个月内婴儿纯母乳喂养率为 20.8%，城市和农村分别为 19.6% 和 22.3%；6 月龄内完全母乳喂养率为 48.3%，城市和农村分别为 43.0% 和 54.1%；4 月龄内婴儿完全母乳喂养率为 56.5%，城市和农村分别为 51.9% 和 61.1%，与 2002 年的调查结果相比，4 月龄内婴儿完全母乳喂养率降低了 15.1%[2]。2005 年西部 45 个县 14077 名 3 岁以下的儿童，母乳喂养≥1 年的比例为 64.9%，而持续≥2 年的比例仅为 9.7%；断奶平均月龄为15.8±5.6，主要分布在12个月、18个月和24个月；而6月龄内纯母乳喂养率仅有11.4%，完全母乳喂养率为33.4%[3]。2005年北京市7岁以下儿童6月龄内母乳喂养状况调查结果显示，4777名儿童4月龄内母乳喂养率为87.6%、纯母乳喂养率为57.4%、部分母乳喂养率为30.3%、人工喂养率为12.3%，4~6月龄分别为76.4%、13.5%、62.9%和23.6%，纯母乳喂养率较10年前下降明显[4]。2008年安徽、陕西、重庆共104个乡3673名育龄妇女婴儿喂养情况调查结果显示，中西部地区农村4月龄纯母乳喂养率为42.7%、6月龄纯母乳喂养率为16.4%；母乳喂养平均时间为3.1个月[5]。2007~2009年贫困地区2岁以下儿童营养与健康监测数据显示，8673名6个月龄内婴儿母乳喂养率低于50%（48.3%）[6]。在2010年，中西部甘肃、青海、江西、新疆、重庆、四川、贵州、广西、陕西、内蒙古、山西、西藏12个省（自治区、直辖市）40个县3708名2岁以下儿童看护人喂养情况调查中，6月龄内婴儿纯母乳喂养率为18.9%，到婴儿1岁时仍坚持母乳喂养的占41.8%，2岁时这一比例下降到11.5%[7]。2009~2010年对湖北省8个县1197名农村2岁以下婴幼儿调查结果显示，6月龄内婴儿纯母乳喂养率为72.1%[8]。2010年新疆、山西、甘肃和青海四省（自治区）1272名农村婴幼儿母乳喂养情况的调查结果显示，6个月龄内婴儿纯母乳喂养率为70%[9]。

▫ 表4-1　我国不同地区婴儿喂养方式

调查时间	地点	n	年龄/月	6月龄内喂养方式占比/%			作者
				完全母乳	混合喂养	人工喂养	
2019	九市城市①	44897	0~23	48.8	38.2	12.9	武华红等[10]
	九市郊区	44109	0~23	48.4	36.4	15.2	
2009	贫困地区	9019	<60	51.8	40.6	7.6	钱霞等[11]
2007~2009	贫困地区	8673	<23	48.3	44.6	7.0	钱霞等[11]
2006	城市抽样调查	2501	<23	51.9	38.8	9.3	刘爱东等[12]
	农村	4703	<23	48.5	45.3	6.2	
	全国	7204	<23	49.2	44.0	6.8	
2006	甘肃农村	2691	0~12	71.2②	24.3②	4.4②	薛红丽等[13]
2004	济南城区	3490	<60	62.0	34.5③	3.5	赵冬梅等[14]
	济南郊区	5728	<60	82.6	16.2	1.2	

① 九城市分别为哈尔滨、北京、西安、上海、南京、武汉、广州、福州、昆明。
② 为4月龄内喂养方式。
③ 引用文献原文为23.12，疑有误，编者改为34.5。

二、城乡差别

不同时间的调查结果显示，母乳喂养率存在明显城乡差别（urban-rural disparity），农村和郊区高于城市[4]。2011年云贵川三省城乡6~24月龄婴幼儿喂养情况调查结果显示，母乳喂养率的城乡差异非常明显，4个月龄基本纯母乳喂养率为35.5%（城市27.4%与农村43.6%），母乳喂养率为76.2%（城市68.5%与农村84.3%）；6个月婴儿基本纯母乳喂养率为11.3%（城市7.9%与农村14.4%），母乳喂养率为65.0%（城市54.0%与农村76.3%）。并且平均母乳喂养持续时间为8.0个月，其中城市7.0个月、农村9.0个月[15]。2011年成都地区母乳喂养持续时间的调查结果显示，1178名6～24月龄婴幼儿，母乳喂养持续时间分别为城市6.0个月（P_{25}～P_{75}：3～8.5个月）和农村8.0个月（P_{25}～P_{75}：5～11个月），城乡差异显著（$P<0.05$）[16]。2017年山西运城某调查中，城区妇女文化水平、家庭收入和产假时间均高于外来务工妇女，但城区妇女母乳喂养持续时间（7.1个月±1.3个月）低于农村外来务工妇女（9.2个月±2.1个月）[17]。近年来城区的完全母乳喂养率逐渐提升，城乡差距缩小，如九市调查结果显示，2005～2015年城区6个月内完全母乳喂养率由32.8%提高到48.8%，而郊区2015年6个月内完全母乳喂养率为48.4%[10]。

三、地域与种族差异

母乳喂养通常存在明显的地域和种族差异。2002年北京、山东、浙江、湖北、广东10个社区2001名儿童母亲的问卷调查结果显示，儿童停止以母乳喂养的时间平均为（8.7±4.2）个月，北京、广东低于其他地区。根据2006～2008年中国5个省份中5城市（内蒙古通辽市、江苏常州市、甘肃临夏市、贵州毕节地区和黑龙江哈尔滨市）17094名婴幼儿的抽样调查结果，纯母乳喂养率为62.6%，其中汉族为60.2%、少数民族为70.9%；城市纯母乳喂养率为53.9%、农村为70.7%，汉族婴儿的纯母乳喂养率显著低于少数民族，城市显著低于农村[18]。"2006年中国十省农村7岁以下儿童体格发育调查"中2岁以下儿童的数据显示，农村47843名儿童母乳喂养持续时间中位数为12个月，东部、中部和西部儿童分别为10个月、12个月和12个月，区域差异明显[19]。

四、乳母的年龄

根据2013年1277例浙江省内城镇刚入托儿童的喂养状况调查，婴儿6个月内完全母乳喂养率的高低与母亲的年龄有关，以≤28岁组最高，为60.7%，28～30岁组为43.1%，而≥31岁组最低，为37.3%[20]。

第三节　喂养方式与婴幼儿生长发育的关系

婴儿期科学合理喂养不仅是其生长发育（growth and development）和身体健康的基石，也影响其成年期对慢性病的易感性，所以母乳喂养对婴儿既有近期影响也有远期的有益影响。

一、与婴幼儿生长发育的关系

诸多研究结果显示，6 个月龄内的婴儿以纯母乳喂养，可使其达到最佳生长发育状态，以纯母乳喂养的婴儿的身心发育也优于混合喂养的婴儿，母乳喂养的这些好处具有远期持续效应。婴儿期不同喂养方式与儿童身长和体重的关系汇总于表4-2。整体看，相同月龄的婴儿比较，母乳喂养组的身长和体重显著优于人工喂养组。南宁市 6～10 月龄婴儿生长发育的随访结果显示，母乳喂养婴儿（125 例）的独坐、爬行、站立、扶走、独站、独走时间均显著早于人工喂养的婴儿（200 例）[21]。应用超声显像技术研究不同喂养方式婴儿胸腺发育的结果显示，两组婴儿胸腺指数出生时无显著差异，4 个月龄时单纯母乳喂养组婴儿的胸腺指数显著大于单纯婴儿配方奶粉喂养的婴儿，提示母乳对婴儿早期胸腺的发育有重要影响[22]。深圳调查结果显示，母乳喂养组 6 月龄婴儿的体重以及女婴身长均明显大于混合喂养组和人工喂养组，母乳喂养婴儿能开始独坐的时间显著早于人工喂养组，母乳喂养和混合喂养的婴儿，营养不良发生率显著低于人工喂养的婴儿[23]。对于早产儿纠正月龄 12 个月时，非母乳喂养是影响其生长发育的危险因素[24]。

⊡ 表 4-2　婴儿期不同喂养方式与儿童身长和体重的关系

时间	地点	年龄/月	母乳喂养			人工喂养			P 值	作者
			n	身长/cm	体重/kg	n	身长/cm	体重/kg		
2013～2014	杭州	3	237	61.8±1.9	5.5±0.3	216	60.5±1.4	5.7±0.2	>0.05	卢琴红等[25]
		6		68.0±1.9	7.6±0.3		67.2±1.8	7.7±0.3	>0.05	
		12		75.3±2.0	9.8±0.4		74.9±1.8	9.8±0.3	>0.05	
2013	大连市	6	50	69.3±2.3	8.4±1.0	50	68.6±2.1	8.4±1.1	>0.05	汪晓霞等[26]
		9		73.7±2.3	9.6±1.1		72.3±2.2	9.4±0.8	<0.05	
		12		78.1±2.6	10.4±1.1		77.0±2.2	9.9±0.9	<0.05	
2012	浙江三门	3	42	62.3±1.3	6.4±0.7	38	56.7±2.6	5.7±1.0	<0.05	叶明伟[27]
		6		67.4±1.8	7.9±0.9		66.0±3.4	7.7±1.2	>0.05	
2011～2012	重庆市	3	195	61.7±2.4	6.7±0.8	79	61.4±2.0	6.6±2.0	>0.05	刘婷婷等[28]
		6	144	67.6±2.1	8.2±0.9	104	67.4±2.2	8.0±0.9	>0.05	
		9	100	71.8±2.4	9.1±1.0	171	71.2±2.4	9.1±0.9	>0.05	
2008～2009	广州市	4	112	63.1±5.7	7.0±0.8	103	63.2±2.4	6.8±0.8	>0.05	林穗方等[29]
2007	南宁市	6	125	67.1±1.9	7.5±0.8	200	67.4±2.4	7.6±0.9	>0.05	宁珂等[21]
		12		74.7±2.1	9.1±0.9		75.2±2.5	9.2±1.0	>0.05	
2003～2008	西安市	6	123	68.4±2.3	8.3±1.0	129	68.1±2.4	8.1±1.0	>0.05	许静等[30]
		12		76.3±2.3	10.3±1.4		76.2±2.4	10.4±1.4	>0.05	
2000	深圳市	6M	224	ND	8.1±1.1	125	ND	7.8±1.1	<0.05	刘一心等[23]
		6F	183	66.3±3.8	7.5±1.3	93	65.0±2.8	7.0±0.8	<0.05	

注：1.ND 表示没有数据。2.M 表示男童。3.F 表示女童。

二、与儿童超重和肥胖的关系

近年来流行病学调查数据显示，无论是在发达国家还是在发展中国家，儿童肥胖率均呈快速上升趋势，这对儿童及其成年以后的健康状况都会产生不良影响，现已成为严重的公共卫生问题。尽管母乳喂养是否可降低儿童发生肥胖的风险仍存在争议，但是已有越来越多的流行病学证据支持充分的母乳喂养和延长母乳喂养时间，可延缓儿童体质指数增长速度、降低发生肥胖的风险[31]，而且对其成年期发生超重（overweight）和肥胖（obesity）也具有一定的预防作用，可使成年后发生肥胖的风险降低 18.4%[32]。有研究报道，10221 名北京市 6～8 岁学生出生后母乳喂养组肥胖发生率为 14.8%，而从没有喂予母乳的儿童肥胖发生率为 18.1%，两者间差异显著。武汉市 2014～2016 年的"同济母婴队列"研究结果显示，3 月龄纯母乳喂养组 6 月龄和 12 月龄高体重率分别为 27.5%和 26.1%，3 月龄非纯母乳喂养组 6 月龄和 12 月龄高体重率分别为 33.5%和 32.1%，提示早期坚持母乳喂养有利于预防婴儿晚期发生超重[33]。McCrory 和 Layte[34]的回顾性调查结果显示，在所调查的 7798 例 9 岁儿童中，生后母乳喂养至 13～25 周的儿童患肥胖风险降低 51%，表明母乳喂养对降低儿童期肥胖具有一定的保护作用。母乳喂养有助于降低成年时发生肥胖症和其他慢性病的风险。Owen 等[35]的研究结果提示，与婴儿配方食品喂养的婴儿相比，婴儿期母乳喂养的婴儿到青少年期和成年期肥胖症发生率降低 15%～30%，而且母乳喂养持续时间与超重发生风险呈反比关系。Meta 分析结果显示，母乳喂养持续时间与儿童肥胖发生率呈明显负相关；母乳喂养每增加 1 个月，肥胖率可下降 4%[36]，母乳喂养在预防儿童肥胖方面发挥关键作用[37]。1800 名婴儿期母乳喂养状况与学龄前肥胖症关系的病例对照研究结果显示，4 月龄内喂予婴儿配方奶粉的量越多，肥胖的发生率越高；而母乳喂养持续时间越长，肥胖的发生率越低[38]。

母乳喂养预防儿童肥胖的保护作用被认为与母乳中含有的激素（如瘦素等）成分有关。瘦素是脂肪组织分泌的一种激素，作用于下丘脑，调节食物摄入量与能量消耗。通过母乳喂养，使婴儿获得一定量瘦素，帮助婴儿调节食物摄取和能量代谢的平衡，母乳喂养持续时间越长，婴儿获得的瘦素越多[27]，因此生后以纯母乳喂养持续 6 个月可以预防儿童期过度的体重增加。同时还要关注母乳喂养行为对预防儿童以后发生肥胖可能发挥的重要作用，即母乳喂养的婴儿可能具有自我控制调节母乳和食物摄入量的能力。

三、与认知、行为、气质及运动发育的关系

尽管儿童的认知与行为发育（behavioral development）相当复杂，且受多因素影响，但是母乳喂养以及持续较长时间的喂哺过程可能在婴幼儿的大脑发育中发挥重要作用[39]。哺乳时，通过母亲对婴儿的爱抚、目光交流、语言交流等，增进母子间情感交流，促进婴儿大脑和智力发育，使乳母和婴儿的情绪稳定；母乳中富含的长链多不饱和脂肪酸，如

DHA 和 AA 有利于婴幼儿的大脑发育[40]。诸多比较性研究结果提示，母乳喂养婴儿的认知、行为、气质与运动发育（motor development）优于人工喂养的婴儿。因此，母乳喂养是否有利于儿童的认知发育已成为研究的热点。

四、婴儿期母乳喂养与儿童认知和行为发育的关系

国内外已有诸多调查评价了婴儿期喂养方式与学龄期儿童认知、学习成绩和行为发育的关系[41]。婴儿期母乳喂养对儿童远期认知发育和行为能力的影响，除了母乳中所富含的某些营养成分（如牛磺酸、AA 和 DHA 等）有利于神经系统发育外，母乳喂养行为和过程的影响也发挥了重要作用，因为母乳喂养方式可使母子之间有更多和持久的情感互动交流。在母乳喂养与4～5岁儿童行为问题方面，周晓彬等[42]评价了青岛市600名4～5岁儿童的行为问题与早期不同喂养方式的关系。校正了家庭年收入、父母受教育水平后，婴儿期母乳喂养量少（婴儿配方奶粉组）和母乳喂养持续时间短是4～5岁儿童发生行为问题的危险因素。王敬彩等[43]评价了581名7～11岁儿童婴儿期母乳喂养时间和数量与其认知和行为发育的关系，4个月龄内仅喂母乳的男童知觉辨认、类同比较和抽象推理的正确率显著高于人工喂养组（$P<0.05$）；而4个月龄内仅喂母乳的女童类同比较、比较推理、系列关系的正确率显著高于人工喂养组（$P<0.05$）；而且婴儿期母乳喂养量越多、持续时间越长，学龄期智商数值越高，行为问题也越少。也有的调查观察到，生后母乳喂养6个月的婴儿开始叫爸妈的平均时间或语言发育商优于人工喂养儿，说明母乳喂养有助于婴儿的语言发育[23]。刘燕等[44]评价了6个月龄内纯母乳喂养与婴儿神经行为发育的关系，274例6～12月龄婴儿中，生后纯母乳喂养6个月（占67.9%）的婴儿发育商高于人工喂养组和部分母乳喂养组，调整多种混杂因素后，与人工喂养的婴儿相比，纯母乳喂养和母乳喂养持续时间达到5～6个月可使婴幼儿获得更高的总发育商；多元逐步回归分析显示，纯母乳喂养时间是婴儿发育商的主要影响因素，人工喂养或母乳喂养持续时间小于1个月是4～5岁儿童出现行为障碍问题的危险因素[45]。研究结果表明，母乳喂养可提高孤独症患儿及有孤独症倾向儿童的认知能力，对儿童孤独症的发生有保护作用，而且4个月龄内母乳喂养比例越高，母乳喂养持续时间越长，儿童孤独症的发生率越低，这可能与母乳喂养过程中母亲与儿童接触亲近和交流沟通的机会较多，以及母亲在哺乳时很自然地增加了对婴儿的抚爱有关。

五、婴儿期母乳喂养与儿童气质发展的关系

气质是儿童早期发展中的一项重要心理学指标，气质与儿童期的心理障碍和行为问题的发生率密切相关，婴幼儿的早期气质特征将对其身心健康和以后良好个性的养成产生重要影响。许多横断面观察性调查结果提示，母乳喂养的儿童比人工喂养的儿童在认知表现、行为气质和运动能力方面更为优秀，焦虑、烦躁、睡眠障碍等问题的发生率也

明显降低[23,46]。近年来，人们开始关注婴儿期不同喂养方式与儿童气质发展的关系。南宁市 1356 例 6 月龄婴儿的研究结果显示，母乳喂养儿的适应行为、大运动、精细运动、语言和个人社交能力的得分均显著高于人工喂养儿（$P<0.05$）[47]，长沙和大连市的调查也获得相似结果[26]。3～7 岁儿童气质量表通常包括表达气质的不同维度，如适应度、规律性、活动水平、坚持度、情绪本质、趋避性、反应强度、注意分散、反应阈，共 72 个项目。如刘芳等[48]评价了淄博市 8 所幼儿园 737 名 4～5 岁儿童早期喂养方式与气质的关系，婴儿生后 4 个月内喂养类型和母乳喂养持续时间（7～9 个月）与 4～5 岁儿童的气质维度发展有关，早期母乳喂养有利于儿童优良气质的养成。

第四节　母乳喂养与儿童疾病易感性的关系

生后早期喂养方式以及持续时间除了直接影响婴幼儿的营养与健康状况外，还与儿童对感染性疾病以及过敏性疾病的易感性（susceptibility to diseases）密切相关[49,50]。近年来很多研究证明，婴儿期喂养方式与成年时期罹患营养相关慢性病的风险有关。母乳喂养（尤其是初乳喂养）是婴儿接受的"第一次免疫"，有助于免疫器官的发育（如胸腺）[22]，也是保护儿童生命和降低死亡率的最经济有效方法之一。

一、与呼吸系统和消化系统感染性疾病的关系

肺炎和腹泻是婴儿呼吸系统和消化系统最常见的两类疾病。母乳喂养预防呼吸道感染（respiratory system infections）（如肺炎、哮喘、支气管炎）的 Meta 分析结果表明，6 个月龄婴儿母乳喂养组呼吸道感染率显著低于混合喂养组或人工喂养（artificial feeding）组，母乳喂养对婴儿呼吸道感染有显著保护作用，$Z=5.91$，$P<0.001$（OR=0.58，95% CI=0.49～0.70）[51,52]。在低收入和中等收入国家，母乳喂养可以减少约一半的腹泻和 1/3 的呼吸道感染，可减少72%的腹泻住院病例和57%的呼吸道感染住院病例[53]。与非纯母乳喂养的婴儿相比，4 个月龄内用纯母乳喂养可减少婴儿感染性疾病（infectious diseases）的发生率，尤其是腹泻、肺炎；母乳喂养还可以降低新生儿感染呼吸道合胞病毒（性肺炎）的风险。Meta 分析结果显示，与人工喂养的婴儿相比，5 个月内完全母乳喂养可显著降低 24 个月龄幼儿的肺炎发病率和死亡率[54]。不同喂养方式下儿童感染性疾病的比较结果见表 4-3。上述结果证明，母乳喂养对婴儿抵御呼吸系统和消化系统感染性疾病（digestive system infectious diseases）的保护作用是明显的。因此倡导生后 6 个月内以纯母乳喂养婴儿，可以降低生后最初 2 年肺炎（pneumonia）和腹泻（diarrhea）等感染性疾病的发病率和死亡率，尤其是在那些卫生条件较差的农村地区，母乳喂养对保护婴儿的健康和生存尤为重要。

⊡ 表4-3　不同喂养方式与儿童感染性疾病的关系

时间	疾病	母乳喂养			人工喂养			P 值	作者
		n	病例数	%	n	病例数	%		
1994～2003	腹泻[①]	9123	788	8.6	4334	1170	26.9[④]	<0.001	陈晓芳[51]
	肺炎[①]		569	6.2		947	21.8[④]	<0.001	
2003～2006	上呼吸道感染[②]	206	87	42.2	126	61	48.4	<0.05	王余震[52]
	肺炎[②]		16	7.8		24	19.0	<0.05	
	腹泻[②]		108	52.4		75	59.5	>0.05	
2002[③]	腹泻	280	15	5.4	213	20	9.4	<0.001	黄永真[55]
	肺炎		24	8.6		35	16.4	<0.01	
2006[③]	腹泻	270	14	5.2	202	19	9.4	<0.001	罗任奎[54]
	肺炎		23	8.5		33	16.3	<0.01	

①为预防保健门诊儿童。②门诊就诊或体检儿童，母乳喂养，生后4个月内除母乳外，不给婴儿添加任何食物和母乳代用品。③为文章发表时间，文章中无调查时间。④引用原文分别为16.93和22.42，疑计算有误。

二、与过敏性疾病的关系

过敏性疾病（allergic diseases）包括湿疹、食物过敏、呼吸道过敏（如哮喘）等，严重威胁儿童的身心健康。Meta分析、流行病学调查和不同喂养方式婴儿过敏性疾病患病率的群体比较结果提示，母乳喂养可以降低婴儿发生过敏性疾病的风险。其中湿疹和哮喘是婴幼儿皮肤病和呼吸系统中最常见的变态反应性疾病之一，其病因仍不完全明确，但被认为与生命早期的喂养方式有关。母乳中含有大量的生物活性成分和免疫活性物质以及多种抗感染和调节生理功能的因子，这些成分具有抗过敏的作用，还有助于预防或降低发生变态反应性疾病的风险。

1. 荟萃分析结果

婴幼儿哮喘（asthma）和湿疹（eczema）以及食物过敏性疾病的发病率和患病率呈逐年增高趋势。Meta分析结果显示，生后最初6个月母乳喂养显著降低儿童哮喘和湿疹发生风险[56,57]。不同喂养方式与儿童时期发生支气管哮喘关系的 Meta 分析（meta-analysis）结果显示，与非母乳喂养儿相比，母乳喂养显著降低了儿童时期发生哮喘的风险，总体效应检验 $Z=2.71$，$P<0.01$（OR=0.78，95% CI=0.65～0.93）；中国的研究结果显示，母乳喂养降低支气管哮喘的风险更明显，总体效应检验 $Z=3.03$，$P<0.01$（OR=0.64，95%CI=0.48～0.85）[58]。伽俊风[56]的 Meta 分析结果也显示母乳喂养≥6个月可降低儿童哮喘的发生。也有 Meta 分析结果表明，严格控制混杂因素后，母乳喂养对哮喘的效果减弱甚至没有意义，但母乳喂养对5岁以下儿童发生过敏性鼻炎有预防作用[59]。另一项母乳喂养与婴幼儿湿疹关系的 Meta 分析中，累计纯母乳喂养组5903例、非纯母乳喂养组6213例，纯母乳喂养显著降低了湿疹发生率，总体效应检验 $Z=3.46$，

$P<0.05$（OR=0.62，95% CI=0.47～0.81），说明母乳喂养对婴幼儿湿疹有明确保护作用，显著降低了婴幼儿湿疹的发生风险[57]。

2. 流行病学调查结果

流行病学证据支持母乳喂养对降低婴儿过敏性疾病的保护作用。根据北京市 1990 年、2000 年、2008 年和 2011 年儿童健康状况调查分析，在 1990～2011 年 22 年间，北京市儿童哮喘患病率从 0.78%上升至 6.30%，尤其最近 3 年间增长显著，6 岁儿童哮喘患病率从 1.26%增至 7.44%[60]。生后最初 6 个月纯母乳喂养，无论家庭有无过敏史，母乳喂养对预防哮喘均有显著保护作用（$P<0.05$）；以无哮喘和过敏性疾病家庭史的女孩为例，纯母乳喂养 6 个月以上对其健康效应有显著保护作用：哮鸣（$P<0.01$，OR=0.48，95% CI=0.29～0.80）、干咳（$P<0.01$，OR=0.47，95% CI=0.27～0.79）、哮喘（$P<0.01$，OR=0.14，95% CI=0.04～0.49）和鼻炎（$P<0.05$，OR=0.67，95% CI=0.45～0.99），而纯母乳喂养 6 个月以上对儿童湿疹则未显示保护或危害作用。另一项研究则观察到，纯母乳喂养婴儿 6 个月以上，有助于预防儿童哮喘和过敏性疾病的发病，尤其是对于有家庭过敏史的男孩，对无家庭过敏史的女孩也呈现显著的保护作用[60,61]。有研究表明，3 个月时混合喂养的婴儿在儿童期发生食物过敏的概率是纯母乳喂养儿的 1.54 倍[62]。综上所述，纯母乳喂养 6 个月以上对儿童哮喘和哮喘样症状以及其他过敏性疾病具有保护作用，母乳喂养可降低儿童哮喘、过敏性鼻炎、持续咳嗽和持续咳痰的发生风险。人工喂养或出生后母乳喂养少于 4 个月是哮喘发生的危险因素[63,64]。

3. 不同喂养方式婴儿过敏性疾病患病率的群体比较

尽管遗传因素（家族史）仍被认为是影响婴儿期过敏性疾病（allergic diseases）的最重要因素，但是婴儿生存环境，尤其是喂养方式的影响也是非常重要的因素。诸多小样本研究比较了母乳喂养和人工喂养与婴儿过敏性疾病的关系，结果汇总于表 4-4。例如，母乳喂养婴儿的呼吸道过敏性疾病（如哮喘、持续性咳痰、过敏性鼻炎等）、消化道过敏性疾病的发病率显著低于其他喂养方式的婴儿[61,65]。有较充足的证据表明，早期母乳喂养和较长的持续时间（≥6 个月）对哮喘有预防作用，婴儿过敏性疾病的队列研究也证明母乳喂养（0～6 个月）对婴儿喘息具有保护作用[66]，但是无证据表明对其他特应性疾病（如特应性皮炎和过敏性鼻炎、过敏性结膜炎）有类似的效果[65]。但是在方睿等的研究中，观察到母乳喂养能降低儿童哮喘发病率，尤其是对于特应性体质和有过敏家族史的婴儿，建议应将至少生后 4 个月内母乳喂养婴儿作为一级预防措施[67,68]；中西医结合治疗哮喘反应方面，母乳喂养组患儿的疗效显著优于人工喂养的对照组（$P<0.05$）[68]。田玉双等[69]的 6 个月到 4 岁 164 例哮喘儿和 1763 名非哮喘儿的问卷调查结果显示，母乳喂养≥4 个月组儿童哮喘发生率显著低于母乳喂养≤4 个月组（$X^2=6.456$，$P=0.011$），同时 3 岁以下儿童婴儿期母乳喂养少于 4 个月发生哮喘的风险显著增加（$P=0.043$，

OR=1.51，95% CI=1.01～2.53），推测其机制可能是通过减少感染和特应性变态反应而降低儿童哮喘发生率。研究发现，与 3 个月内纯母乳喂养的婴儿相比，混合喂养的婴儿儿童期发生食物过敏的风险增加（OR=1.54，95% CI=1.02～2.29）[62]。早期母乳喂养，特别是生后最初 6 个月母乳喂养可预防或推迟高危儿童的特应性皮炎、牛奶过敏和喘息发生风险。

⊡ 表 4-4　不同喂养方式与儿童过敏性疾病的关系

调查时间	疾病	母乳喂养			人工喂养			P 值	作者
		n	病例数	%	n	病例数	%		
2012～2015	鼻炎	925 1055	535 652	57.9① 61.8②	725	493	68.0	<0.01	赵海侠和胥巧平[70]
	湿疹	925 1055	235 304	25.4① 28.8②	725	242	33.4	<0.01	
2012	湿疹	55	18	32.7	55	36	65.4	<0.001	王美英等[71]
2008	湿疹 过敏性皮炎 喘息	204	52 34 2	25.0 16.7 1.0	465③	135 94 25	29.0 20.2 5.4	<0.05	黄惠等[66]
2007	哮喘④ 持续咳痰④ 过敏性鼻炎④	6830	418 271 285	6.12 3.97 4.17	1903	141 115 112	7.41 6.04 5.89	<0.05 <0.05 <0.05	刘玉芹等[61]
2008	哮喘⑤	615	92	15.0	489	148	30.3	<0.05	邝朝锋等[65]
2008	哮喘⑥ 哮喘（特应性体质）⑥	106 45	42 22	39.6 48.9	87 74	56 57	64.4 77.0	<0.01 <0.005	方睿等[68]
2013④	哮喘	250	72	28.8	250	138	55.2	<0.05	潘啟锐[67]
2010	湿疹 食物过敏	85	9 11	10.6 12.9	85	47 41	55.3 48.2	<0.05 <0.05	吕晖[72]
2009～2011	过敏性疾病⑦	45	12	26.7	35	28	80.0	—	薛绍兵[73]
2003～2006	湿疹⑧ 食物过敏⑧	115	21 16	18.3 13.9	115	49 48	42.6 41.7	—	陈继红等[74]
2000	哮喘⑨	2205	102	4.6	1033	219	21.2	—	李敏和李兰[75]

　　①4 月龄内完全母乳喂养。②4 月龄内混合喂养。③对照组为人工喂养与混合喂养婴儿，分娩后随访到 2 岁。④沈阳市内小学和幼儿园儿童父母问卷调查。⑤ 门诊就诊儿童，年龄 16～161 天。⑥专家门诊就诊儿童，年龄范围 8 个月至 6 岁。⑦ 门诊病例，年龄 8 个月至 13 岁，过敏性疾病包括过敏性结膜炎、过敏性鼻炎、支气管哮喘和食物过敏等。⑧累计到 12 月龄时发生例数，母乳喂养组为全母乳喂养 4 个月以上，4 个月龄内不添加任何固体辅食。⑨发病年龄为 1.66 岁±1.07 岁。

4. 母乳喂养有助于婴儿肠道益生菌群的生长与定植

母乳中存在的某些成分和微生态环境影响婴儿肠道内细菌菌群的定植，尤其是人初乳中含有丰富的低聚糖类有利于益生菌（如双歧杆菌、乳酸杆菌）的生长。生后最初 6 个月，肠道菌群处于动态定植过程中，不同的喂养方式对这一时期肠道菌群的影响以及与过敏易感性的关系受到普遍关注。

在不同喂养方式下健康婴儿肠道菌群定植过程及其与食物过敏关系研究中，婴儿粪便的分析结果显示，母乳喂养及其持续时间在肠道菌群形成和食物过敏易感性方面发挥重要作用。如母乳喂养儿中双歧杆菌增长迅速，生后第 6 天成为优势菌，并且大肠杆菌数量较低，而人工喂养儿中生后第 6 天双歧杆菌仍不是优势菌；生后 6 个月母乳喂养婴儿的肠道益生菌数量显著高于人工喂养儿，而大肠杆菌数量则显著低于人工喂养儿；食物过敏婴幼儿的肠道中乳酸杆菌、双歧杆菌的数量显著低于健康婴幼儿，而大肠杆菌数量则显著高于健康婴幼儿，提示益生菌群对过敏性疾病有预防作用[76]。给予益生菌的人群干预试验结果显示，孕期及哺乳期口服双歧杆菌可降低母乳中抗炎症细胞因子 TGF-β1、TGF-β2 的水平，母乳中这两个成分的含量与母乳喂养婴儿对过敏的低敏感性有关，而且这种细胞因子的降低与母乳喂养婴儿低 IgE 相关性湿疹发病率和机体的敏感性降低有关[74,77]。

根据上述研究结果，早期母乳喂养在降低儿童患过敏性疾病风险方面发挥重要作用，这是因为母乳含有多种抗感染因子和有利于婴儿肠道发育的微生态环境，有抗过敏作用，可预防变态反应疾病的发生，因此应大力倡导母乳喂养。

三、与儿童牙齿健康和发育的关系

诸多流行病学调查结果显示，生后最初 6 个月纯母乳喂养有助于改善婴幼儿的牙齿发育，降低龋齿发生率。其作用机制与母乳喂养能够为婴儿牙齿发育提供所需的均衡全面营养成分、增加机体抵抗力和降低致病菌感染有关。

1. 母乳喂养对婴儿牙齿发育的影响

母乳喂养能为婴儿提供生长发育所需的营养成分，增加婴儿抵抗致病菌感染的能力，对婴儿牙齿发育（tooth development）也会产生重要影响。纯母乳喂养婴儿到 6 个月，随后在继续母乳喂养的同时及时合理添加辅食有利于婴幼儿牙齿正常发育与萌出[78]。纯母乳喂养的婴儿由于不需要奶瓶、奶具，可避免婴儿养成不良的咬合习惯，很少造成乳前牙的畸形，而非纯母乳喂养的婴儿发生畸形的相对危险是纯母乳喂养婴儿的 2.67 倍，这可能与母乳喂养的方式不会对上颌骨造成压迫有关；Meta 分析结果表明，母乳喂养可有效减少儿童乳牙错颌畸形（OR=0.32，95% CI=0.25～0.40）[79]。也有的研究结果提示，纯母乳喂养对预防乳牙龋齿及乳前牙畸形的发生有重要影响。如果婴幼儿期牙齿生长发育不良也易患龋齿，而乳牙龋对儿童生长发育会产生很多不良影响。

2. 母乳喂养与龋齿以及牙周疾病的关系

龋病（caries）是儿童口腔最常见的一种疾病，是由多因素复合作用导致的牙齿细菌感染性疾病，生命早期的喂养方式被认为是乳牙龋病发生的重要条件之一。多项研究结果显示，婴幼儿龋齿以及牙周疾病（periodontal diseases）的患病率和严重程度与早期喂养方式有关[80,81]，与人工喂养或混合喂养的方式相比，母乳喂养儿的患龋率最低[81,82]。婴幼儿龋是婴幼儿和学龄前儿童发生的乳牙龋病，其发生和发展是由于早期不适当的喂养方式造成的。婴幼儿6个月以内用纯母乳喂养，能够有效降低儿童患乳牙龋的风险。幼儿猖獗龋是一种幼儿常见病，WHO规定，幼儿口腔中两个以上上颌切牙患龋，称为猖獗龋，而奶瓶（人工）喂养与幼儿猖獗龋的发生密切相关[80]；与婴儿期人工喂养的方式相比，母乳喂养可使儿童发生龋齿的风险降低2.87倍[83]，采用母乳喂养能有效预防学龄前儿童牙龋齿的发生。也有Meta分析结果显示，母乳喂养12个月以上和夜间哺乳与乳牙龋齿增加相关，增加幅度为2～3倍，原因可能是母乳喂养后没有充分清洁口腔。

3. 母乳喂养对儿童口腔内变形链球菌定植的影响

口腔变形链球菌（Steptococcus mutans）被认为是导致龋齿的重要原因之一，细菌在牙齿菌斑内定植是最终导致龋病的重要前提条件之一。婴儿期6个月以上的母乳喂养对幼儿期乳前牙菌斑内变形链球菌的定植有明显影响。这一现象可能与母乳和牛奶在牙齿发育过程中发挥的不同作用有关。母乳喂养6个月后开始添加辅食，幼儿龋齿患病率低。目前的研究结果提示，倡导生后最初6个月内给予纯母乳喂养可有效预防乳牙龋齿或降低乳牙龋齿发生率[84]。

四、与贫血和佝偻病的关系

缺铁性贫血（iron-deficiency anemia）和佝偻病（rickets）是儿童，尤其是发展中国家儿童的常见病和多发病。婴幼儿贫血率与生后早期的喂养方式及持续时间有关，结果见表4-5。总体上讲，在不同喂养方式对7～12个月龄婴儿生长发育影响的研究中，生后母乳喂养6个月，母乳喂养组婴儿的血红蛋白含量显著高于人工喂养组，且贫血比例也显著低于人工喂养组（$P<0.05$）[26]，母乳喂养显著降低婴儿的贫血和佝偻病发病率[51,52,85]。

▣ 表4-5 不同喂养方式与儿童贫血和佝偻病的关系

时间	疾病	母乳喂养			人工喂养			P值	作者
		n	病例数	%	n	病例数	%		
2003～2006	贫血①	206	4	1.9	126	23	18.2	<0.01	王余震[52]
	佝偻病①		3	1.5		25	19.8	<0.01	
1994～2003	贫血②	9123	552	6.0	4344	248	5.7	>0.05	陈晓芳[51]
	佝偻病②		359	3.9		301	6.9	<0.05	
1993～1999	贫血	5237	276	5.3	2267	122	5.4	>0.05	吴日勉等[85]
	佝偻病		244	4.7		137	6.0	>0.05	

①门诊就诊或体检儿童。②预防保健门诊儿童。

五、对婴幼儿死亡率的影响

　　喂养不当是婴儿营养不良的主要原因。每年全球 5 岁以下死亡的儿童中，有 60% 与营养不良有关。2015 年一项 Meta 分析结果显示，母乳喂养有强大的保护作用，在低收入和中等收入国家，纯母乳喂养婴儿的死亡率（infant mortality）只有从未母乳喂养儿童的 12%[86]。2000 年，WHO 对 6 个发展中国家母乳喂养预防婴儿死亡的 Meta 分析结果显示：生后 6 个月内，非母乳喂养婴儿由于腹泻、呼吸系统感染导致死亡的风险分别是母乳喂养儿的 6.1 倍和 2.4 倍，随婴儿年龄增长，母乳喂养的保护作用逐渐降低，但是母乳的保护作用在婴儿出生后第 2 年仍然存在；其他的 Meta 分析结果显示，生后 23 个月内人工喂养或母乳喂养不足增加各年龄组肺炎和腹泻发病率和死亡率的风险，特别是人工喂养的婴儿肺炎和腹泻死亡率显著高于 0～5 个月母乳喂养的婴儿，23 个月内母乳喂养可作为降低肺炎和腹泻发病率和死亡率的关键干预措施[87,88]。6 个高质量研究的 Meta 分析结果显示，母乳喂养与婴儿猝死下降相关，约降低 36%（95%CI=19%～49%）[89]。母乳喂养还与坏死性小肠结肠炎（一种高致死性疾病）减少相关，约降低 58%（95%CI=4%～82%）。据统计，出生后立即进行母乳喂养，能够将新生儿死亡风险降低 45%，纯母乳喂养婴儿的存活率是非母乳喂养婴儿的 14 倍。

　　母乳喂养可保护新生儿免受病原体感染。母乳的主要保护作用是通过人乳的乳糖复合物（如 HMOs）作为可溶性受体模拟物发挥功能，抑制病原体结合到黏膜细胞表面，发挥有利于有益微生物肠道定植的益生元刺激作用，免疫调节，以及作为肠道细菌发酵产物的底物。为保证婴儿健康成长、智力发育健全，每个母亲应该用自己最珍贵的乳汁喂哺婴儿。UNICEF 强调母乳喂养是保护儿童生命最经济有效的方式之一，因此，全面大力推广纯母乳喂养势在必行。

（庞学红，荫士安）

参考文献

[1] 常继乐，王宇. 中国居民营养与健康状况监测 2010—2013 年综合报告. 北京：北京大学医学出版社，2016.

[2] 荫士安，赖建强. 中国 0～6 岁儿童营养与健康状况——2002 年中国居民营养与健康状况调查. 北京：人民卫生出版社，2008.

[3] 康铁君，颜虹，王全丽，等. 中国西部 45 县农村 2005 年 3 岁以下儿童母乳喂养现状调查. 中华流行病学杂志，2007，28：109-114.

[4] 何辉，陈欣欣，王燕. 北京市 6 月内婴儿母乳喂养状况及其对体格发育的影响. 中国儿童保健杂志，2010，（18）：686-689.

[5] 花静，吴擢春，邓伟，等. 我国中西部地区农村纯母乳喂养影响因素研究. 中国儿童保健杂志，2010，

18：189-191.

[6] 钱霞,刘爱东,于冬梅,等.2007—2009 年中国贫困地区 2 岁以下儿童母乳喂养状况及影响因素分析. 卫生研究, 2012, 41：56-59.

[7] 冯瑶,周虹,王晓莉,等.中国部分地区婴幼儿喂养状况及国际比较研究.中国儿童保健杂志,2012, 20：689-692.

[8] 刘爽,李骏,龚晨睿,等.湖北省农村地区 2 岁以下婴幼儿喂养状况.中华预防医学杂志,2014,48（8）：705-709.

[9] 蒋燕,郭利娜,张荔,等.我国中西部 4 省（自治区）农村婴幼儿喂养情况及其影响因素研究.中国健康教育, 2013, 29：394-397.

[10] 武华红,张亚钦,宗心南,等.中国九市城郊 2 岁以下婴幼儿母乳喂养现状及 1985 年至 2015 年的变化趋势.中华围产医学杂志,2019,22（7）：445-450.

[11] 钱霞,罗家有.2009 年中国贫困地区 6 岁以下儿童母乳喂养行为分析.心理医生杂志,2012,216：418.

[12] 刘爱东,赵丽云,于冬梅,等.中国 2 岁以下婴幼儿喂养状况研究.卫生研究,2009,38：555-557.

[13] 薛红丽,李芝兰,苏国明,等.甘肃省农村地区婴儿母乳喂养及其影响因素的调查研究.中国妇幼保健, 2010, 25：4878-4880.

[14] 赵冬梅,杨良政,李玲,等.济南市 5 岁以下儿童母亲喂养行为研究.中国妇幼保健,2007,22：398-400.

[15] 黄璐娇,李铭,芮溧,等.我国西南地区 6-24 月龄婴幼儿母乳喂养行为及城乡差异.中华围产医学杂志, 2013, 16：410-5.

[16] 黄璐娇,曾果,李鸣,等.成都地区城乡母乳喂养持续时间及其影响因素研究.卫生研究,2012,41：760.

[17] 赵泽燕,李晓琴,马萍,等.运城市城区及农村外来务工妇女分娩后早期纯母乳喂养状况调查及改善措施分析.中国妇幼保健,2017,32（13）：3016-3018.

[18] 黄会堂,梁辉,胡健伟,等.中国 5 个地区母乳喂养现状及影响因素研究.苏州大学学报（医学版）, 2012, 32：454-458.

[19] 王建敏,李能,谢胜男,等.中国 10 省农村 2 岁以下儿童母乳喂养持续时间现状及影响因素分析.中华流行病学杂志, 2013, 34：682-685.

[20] 邱丽倩,马袁英,吴巍巍,等.浙江省城镇婴儿喂养方式和幼儿健康情况.中国妇幼保健,2014,29：1353-1356.

[21] 宁珂,韦金露,曾理,等.南宁市母乳喂养对生长发育及疾病影响的随访研究.中国妇幼保健,2013, 28：2908-2910.

[22] 白霞,李晓君,史淼,等.母乳喂养与人工喂养对婴儿早期胸腺发育的影响.中国妇幼保健,2010, 25：3703-3704.

[23] 刘一心,黄荣彬,姜海萍,等.深圳市母乳喂养现状及对儿童生长发育的影响.中国儿童保健杂志, 2006, 14：574-576.

[24] 张淑慧.早产儿生后体格生长的相关影响因素研究.长春:吉林大学,2019.

[25] 卢琴红,何婷婷,季钗.杭州市母乳喂养现状调查及对婴儿生长发育的影响.中国妇幼保健,2016, 31（10）：2165-2167.

[26] 汪晓霞,肖续武.不同喂养方式对 7-12 个月婴儿生长发育影响.中国医学创新,2014,11：69-70.

[27] 叶明伟.不同喂养方式对婴儿血浆 Ghrelin、Leptin 水平及生长发育的影响.中国妇幼健康研究,2013, 24：846-849.

[28] 刘婷婷,增坪,钟俊,等.不同喂养方式对婴儿体格发育及营养状况的影响研究.中国全科医学,2013, 16：3428-3430.

[29] 林穗方，刘慧燕，胡艳，等. 母乳喂养婴儿体格发育及铁营养状况纵向观察结果分析. 中国儿童保健杂志，2010，18：678-680.

[30] 许静，石俊岭，亢秋芳. 婴儿早期喂养对 1 岁前疾病与生长发育的影响. 中国妇幼健康研究，2010，21：652-654.

[31] Crume TL，Ogden LG，Mayer-Davis EJ，et al. The impact of neonatal breast-feeding on growth trajectories of youth exposed and unexposed to diabetes in utero：the EPOCH Study. Int J Obes（Lond），2012，36（4）：529-534.

[32] 王小雪，刘丽，王骁，等. 母乳喂养与成人肥胖及超重关系. 中国公共卫生，2008，24：864-865.

[33] 黄俊美. 婴儿早期喂养方式对 12 月龄内婴儿生长发育的影响. 武汉：华中科技大学，2017.

[34] McCrory C，Layte R. Breastfeeding and risk of overweight and obesity at nine-years of age. Soc Sci Med，2012，75（2）：323-330.

[35] Owen CG，Martin RM，Whincup PH，et al. Effect of infant feeding on the risk of obesity across the life course：a quantitative review of published evidence. Pediatr，2005，115（5）：1367-1377.

[36] Harder T，Bergmann R，Kallischnigg G，et al. Duration of breastfeeding and risk of overweight：a meta-analysis. Am J Epidemiol，2005，162（5）：397-403.

[37] Ramos DE. Breastfeeding：a bridge to addressing disparities in obesity and health. Breastfeed Med，2012，7（5）：354-357.

[38] 依明纪，孙殿凤，周晓彬. 婴儿母乳喂养与学龄前肥胖症关系的病例对照研究. 青岛大学医学院学报，2002，38：206-208.

[39] Horwood LJ，Fergusson DM. Breastfeeding and later cognitive and academic outcomes. Pediatr，1998，101（1）：E9.

[40] Grummer-Strawn LM. The effect of changes in population characteristics on breastfeeding trends in fifteen developing countries. Int J Epidemiol，1996，25（1）：94-102.

[41] Huang J，Peters KE，Vaughn MG，et al. Breastfeeding and trajectories of children's cognitive development. Dev Sci，2014，17（3）：452-461.

[42] 周晓彬，衣明纪，张健. 母乳喂养对4～5岁儿童行为问题的影响. 中国实用儿科杂志，2005，20：559-560.

[43] 王敬彩，姚国，衣明纪. 婴儿期母乳喂养与学龄期儿童认知和行为发育的关系. 实用儿科临床杂志，2007，22：619-621.

[44] 刘燕，林茜，匡晓妮，等. 母乳喂养与神经行为发育的相关研究. 中国儿童保健杂志，2012，12：1143-1145.

[45] Yi M，Zhou X，Zhang P，et al. Correlation of behavioral problems with gender and infant breastfeeding in preschool children. Chin J Clin Rehabilitation，2005，9：243-245.

[46] Lauzon-Guillain B，Wijndaele K，Clark M，et al. Breastfeeding and infant temperament at age three months. PloS one，2012，7（1）：e29326.

[47] 陈柳玉，马梁红，骆桂秀，等. 1356 例 6 月婴幼儿行为发育的影响因素调查. 现代护理，2007，13：1809-1810.

[48] 刘芳，周建芹，衣明纪. 母乳喂养与4-5岁儿童气质发育的关系. 中国行为医学科学，2006，15：739-741.

[49] Boccolini CS，Boccolini Pde M，de Carvalho ML，et al. Exclusive breastfeeding and diarrhea hospitalization patterns between 1999 and 2008 in Brazilian State Capitals. Cien Saude Colet，2012，17（7）：1857-1863.

[50] Boccolini CS，Carvalho ML，Oliveira MI，et al. Breastfeeding can prevent hospitalization for pneumonia among children under 1 year old. J Pediatr（Rio J），2011，87（5）：399-404.

[51] 陈晓芳. 喂养方式与婴儿"四病"发病情况分析. 中国初级卫生保健，2004，18：72.

[52] 王余震. 婴幼儿常见疾病与不同喂养方式的调查分析. 医学创新研究，2008，5：20-21.

[53] Horta BL，Victora CG. Short-term effects of breastfeeding：a systematic review of the benefits of breastfeeding on diarhoea and pneumonia mortality. Geneva：World Health Organization，2013.

[54] 罗任奎. 婴儿患感染性疾病与喂养方式的关系分析. 现代医院，2006，6：121-122.

[55] 黄永真. 母乳喂养对婴儿患感染性疾病的影响. 中国初级卫生保健，2002，16：38-39.

[56] 伽俊风. 母乳喂养与儿童支气管哮喘发生关系的 Meta 分析. 实用儿科临床杂志，2011，26：1215-1217.

[57] 梅英姿，张敏婕，周勤. 母乳喂养与婴幼儿湿疹发生关系的 meta 分析. 中国实验诊断，2013，17：1686-1688.

[58] 张蕴芳，汪丽萍，陈光福. 婴儿喂养方式与儿童支气管哮喘关联性的 Meta 分析. 临床儿科杂志，2013，31：186-189.

[59] Lodge CJ，Tan DJ，Lau M，et al. Breastfeeding and asthma and allergies：a systematic review and meta-analysis. Acta Paediatr，2015，104（467）：38-53.

[60] 屈芳，Weschler LB，Sundell J，等. 纯母乳喂养对北京学龄前儿童哮喘和过敏性疾病患病率的影响. 科学通报，2013，58：2513-2526.

[61] 刘玉芹，赵洋，刘苗苗，等. 母乳喂养与儿童哮喘及哮喘样症状相关性研究. 中华预防医学杂志，2012，46：718-721.

[62] Mathias JG，Zhang H，Nelis SR，et al. The association of infant feeding patterns with food allergy symptoms and food allergy in early childhood. Int Breastfeed J，2019：14.

[63] Pellegrini-Belinchon J，Miguel-Miguel G，de Dios-Martin B，et al. Study of wheezing and its risk factors in the first year of life in the Province of Salamanca，Spain. The EISL Study. Allergol Immunopathol（Madr），2012，40（3）：164-171.

[64] Sonnenschein-van der Voort AM，Jaddoe VW，van der Valk RJ，et al. Duration and exclusiveness of breastfeeding and childhood asthma-related symptoms. Eur Respir J，2012，39（1）：81-89.

[65] 邝朝锋，欧少阳，邹春山，等. 婴儿喂养方式与儿童哮喘相关性的前瞻性研究. 中国医药导报，2012，9：163-164.

[66] 黄慧，张峰英，杭晶卿，等.684 对母婴过敏性疾病队列研究. 中华儿科杂志，2013，51：168-171.

[67] 潘启锐，潘巧红，叶丽娟，等. 母乳喂养改善儿童哮喘的临床研究. 现代诊断与治疗，2013，24：111-112.

[68] 方睿，韩萍，蒋思琼. 喂养方式对特应性体质婴幼儿哮喘发病的影响. 护理学报，2010，17：46-48.

[69] 田玉双，金哲英，王玉凤，等. 母乳喂养与儿童哮喘的关系. 临床肺科杂志，2011，16：877-879.

[70] 赵海侠，胥巧平. 喂养方式对婴幼儿发育行为、过敏性疾病及肥胖的影响. 中国临床医生杂志，2019，47（10）：1237-1240.

[71] 王美英，王仲安，王海莲，等. 脐带血 IgE 及喂养方式与婴儿过敏的相关性研究. 中国现代医生，2014，52：33-36.

[72] 吕晖. 婴儿喂养方式对婴儿湿疹的影响分析. 中外健康文摘，2011，8：132-133.

[73] 薛绍兵. 母乳喂养预防儿童过敏性疾病的临床探索. 中国保健营养，2013，7：3678-3679.

[74] 陈继红，张小兰，王世媛. 不同喂养方式对婴儿湿疹的影响. 中国妇幼保健，2008，23：1660-1661.

[75] 李敏，李兰. 儿童哮喘发病的相关因素调查. 现代预防，2005，32（3）：271～272.

[76] 王小卉，杨毅，王莹. 婴儿肠道菌群的形成与喂哺方式及食物过敏的关系. 临床儿科杂志，2004，22：594-597.

[77] 吴福玲，冯学斌，刘秀香，等. 双歧杆菌对母乳成分的影响及其与婴儿过敏性疾病的关系. 临床儿科

杂志，2010，28：260-262.

[78] 黄程，腾云. 影响乳牙生长发育有关因素的调查分析. 中外妇儿健康，2011，19：15-16.

[79] Peres KG，Cascaes AM，Nascimento GG，et al. Effect of breastfeeding on malocclusions: a systematic review and meta-analysis. Acta Paediatr，2015，104（467）：54-61.

[80] 邹晓璇，苗江霞，李文珺，等. 母乳喂养对3岁儿童乳牙患龋病的影响. 中国预防医学杂志，2012，13：451-453.

[81] 郭纹君. 婴儿期喂养方式与乳牙龋齿及乳前牙反合关系的研究. 中外健康文摘，2012，9：167-168.

[82] 张晓旭，杨太全，张永. 少儿龋齿发病的影响因素分析. 中国妇幼保健，2008，23：3697-3698.

[83] 辛蔚妮，凌均棨. 婴儿期喂养方式与中国学龄前儿童乳牙龋病关系的Meta分析. 牙体牙髓牙周病学杂志，2005，15：492-495.

[84] 卢川，陈绛媛，彭莉丽，等. 幼儿龋齿与母乳喂养辅食添加的关系. 广东医学，2013，34：2489-2491.

[85] 吴日勉，杨金英. 婴儿不同喂养方式与"四病"情况调查分析. 中国儿童保健杂志，2001，9：79.

[86] Sankar MJ，Sinha B，Chowdhury R，et al. Optimal breastfeeding practices and infant and child mortality: a systematic review and meta-analysis. Acta Paediatr，2015，104（467）.

[87] Lamberti LM，Zakarija-Grkovic I，Fischer Walker CL，et al. Breastfeeding for reducing the risk of pneumonia morbidity and mortality in children under two: a systematic literature review and meta-analysis. BMC Public Health，2013，13 Suppl 3：S18.

[88] Lamberti LM，Fischer Walker CL，Noiman A，et al. Breastfeeding and the risk for diarrhea morbidity and mortality. BMC Public Health，2011，11 Suppl 3：S15.

[89] Ip S，Chung M，Raman G，et al. Breastfeeding and maternal and infant health outcomes in developed countries. Evidence report/technology assessment，2007，（153）：1-186.

第五章

我国人乳营养成分的研究

———

乳汁中含有大量的营养、免疫、化学和细胞成分等生物活性物质，这些对改善新生儿免疫力和降低感染易感性疾病风险具有巨大潜能；而母乳成分的个体差异又产生了额外的复杂性，这可归因于胎儿的成熟程度、哺乳阶段、乳房的成熟程度、母乳喂养的程度/频率、母乳喂养儿的健康状况等因素。因此全面了解我国城乡不同地区人乳成分，将有助于评估婴儿营养素需要量，制定适宜摄入量，为修订我国婴儿配方食品标准提供依据；同时还可针对乳母营养存在的突出问题，制定相应的干预措施。我国至今尚无全国代表性的人乳成分研究数据。

第一节　乳母营养状况对乳汁营养成分影响的早期研究

由于人乳宏量营养素含量测定方法的应用研究开展得相对较早，一般实验室条件下比较容易测定蛋白质和总脂肪以及灰分含量，然后采用减差法估计碳水化合物含量，在此基础上计算总能量，采用原子吸收方法同时测定多种矿物质含量，我国 20 世纪末在这方面开展了较多的研究工作。

一、乳母膳食与乳汁营养状况

1982 年赵文鼎和庞文贞[1]研究了天津市 33 例乳母和 40 例农村乳母的营养状况（maternal nutritional status）对乳汁成分的影响。膳食调查结果表明，城市与农村乳母的大多数营养素摄入量（除硫胺素和铁外）均低于我国当时的膳食营养素推荐摄入量；城市母乳中蛋白质、脂肪、锌含量显著高于农村，而乳糖含量显著低于农村；城乡母乳中蛋氨酸、赖氨酸和苯丙氨酸含量均低于国外营养状况良好乳母的乳汁含量；逐步回归分析数据显示，乳母膳食中动物性蛋白质摄入量与乳汁锌含量呈显著正相关。

1987年周韫珍等[2]分析了武汉市和天门县哺乳8个月内乳母的膳食与哺乳情况，观察到城乡乳母的膳食虽有一定差异，但是对乳汁的质量影响并不明显；城市乳母的泌乳量和乳糖含量高于农村，3个月龄前婴儿体重的城乡差异不明显，但是4个月后农村婴儿的生长速度明显低于城市。

二、营养状况、乳成分、泌乳量与婴儿生长发育

1983~1984年，在一项针对北京市城乡189名乳母的营养状况、乳成分、泌乳量与婴儿生长发育关系的研究中[3~7]，观察到城区、近郊区和远郊区乳母的能量和蛋白质摄入量整体上是适宜的，泌乳量、乳中蛋白质和乳糖含量无明显城乡差别[3]，但是城区2~5个月龄婴儿的蛋白质摄入量低于郊区[4]；乳脂含量与胆固醇含量呈显著正相关，乳母膳食脂肪摄入量与母乳中的含量也呈显著正相关[5]；婴儿出生3个月后，每日从母乳中获得的必需氨基酸，除组氨酸与色氨酸外，其余必需氨基酸均达不到我国暂用的推荐婴儿氨基酸需要量[6]；与当时的膳食营养素推荐摄入量相比，婴儿平均每日从母乳所获得的营养素，除核黄素和维生素C外，其余均显不足，硫胺素、烟酸、铁和锌严重不足[7]。根据刘冬生等[8]对北京市城乡50名产后6个月乳母营养素摄入量与乳汁分泌以及乳成分的跟踪观察，产后1个月内，除了钙之外，其他乳母营养素摄入量均超过我国居民膳食营养素推荐摄入量，但是到第3个月和第6个月时均显著下降，以钙、维生素A和维生素B_2的降低尤为明显；到第6个月时母乳的分泌量也显著降低，城市下降更明显，城乡婴儿母乳摄入量分别为（547±204）g/d[范围值为（142~1089）g/d]和（758±209）g/d[范围值为（337~1151）g/d]；城区母乳中能量、蛋白质、脂肪和乳糖的含量均高于农村，这与城乡乳母的膳食质量有关。与上述类似的研究中，观察到农村婴儿的母乳摄入量显著高于城区，但是从第3~6个月开始农村婴儿的能量和蛋白质摄入量远低于我国当时的膳食营养素推荐摄入量[9]。

三、母乳中的无机盐和维生素含量

1986年王德恺等[10]报告了上海市8名乳母母乳中几种无机盐（铁、铜、锌、钾、钠、钙、镁）和维生素（维生素A、维生素B_1、维生素B_2）的含量，1988年何志谦和林静本[11]评价了广东地区42名健康乳母的膳食构成并测定了乳汁中的氨基酸含量。1983~1984年北京市一项城乡乳母母乳成分研究中，测定了母乳中多种矿物质（钙、磷、镁、

锌、铜和铁）和维生素（维生素 A、硫胺素、核黄素、烟酸和维生素 C）的含量[7]。

第二节　我国已开展的人乳营养成分研究

从 20 世纪 80 年代起，我国陆续报道了关于人乳成分的相关研究，包括母乳营养成分的区域性研究、母乳中脂肪和脂肪酸含量、母乳中抗氧化和抗感染因子、乳母泌乳量与婴儿摄乳量的追踪研究等，大多数研究为局部小样本数据。

一、我国母乳营养成分的区域性研究

根据目前已发表的文献，报告的研究数据基本上来自小样本或区域性调查结果，例如《北京市城乡乳母的营养状况、乳成分、乳量及婴儿生长发育关系的研究》，分别以北京市城区的宣武区（80 例乳母）、近郊区的西红门（58 例乳母）和远郊区的大皮营（64 例乳母）为调查点，共调查了 189 名乳母的营养状况、乳成分、泌乳量，并分析了这些指标与 0~6 个月龄婴儿生长发育的关系[3~6,8,9,12]。该项研究中测定了乳汁中营养成分包括能量（计算值）、总蛋白质和 18 种氨基酸、脂肪（总脂肪、胆固醇、14 种脂肪酸，未测定二十二碳六烯酸）、乳糖、矿物质（灰分、钙、磷、镁、锌、铜、铁）、维生素（维生素 A、硫胺素、核黄素、烟酸、维生素 C）；追踪了产后 6 个月内乳母营养素摄入量和泌乳量。结果显示，城区、近郊区和远郊区乳母产后 6 个月每日的泌乳量（g，平均值±SD）分别为 689±149、784±156 和 778±163[8]；三个地区的乳母泌乳量、乳中蛋白质和乳糖含量无明显差异，但是城区母乳脂肪含量显著高于远郊区的乳母，三个地区的脂肪含量（g/100g，平均值±SD）分别为 3.8±0.1、3.3±0.2 和 3.1±0.2。该项研究是迄今为止我国关于母乳营养成分的较完整和系统的工作。近年钱继红等[13]也分析了上海地区三区一县 120 例母乳中三大营养素的含量。

二、我国已经开展的母乳营养成分相关的其他研究

周韫珍等[2]分析了湖北省武汉市和天门县 240 例乳母（哺乳 8 个月以内）膳食与哺乳情况，测定城市乳样 113 份和农村乳样 109 份，分析了蛋白质、脂肪和乳糖含量。何志谦和林静本[11]测定了 30 例广州市区乳母和 12 例乡镇乳母（哺乳 2~3 个月）的乳汁氨基酸含量（包括 18 种氨基酸），结果显示，初乳比成熟乳的氨基酸含量高 1.9 倍。之后刘家浩等[14]、张兰威等[15]、翁梅倩等[16]也先后研究了南京、哈尔滨和上海的小样本人乳中氨基酸含量。张建周和李凤翔[17]采用中子活化分析法测定人乳中十四种常量和微量

元素含量，该研究主要介绍了方法学，但缺乏对母乳状况的具体描述，且仅有 3 个母乳样品。1982 年，赵文鼎和庞文贞[1]分析了天津市 33 例乳母和 40 例农村乳母产后 2～6 个月的乳汁中蛋白质、脂肪、乳糖、能量、钙和锌含量，同时测定了脂肪酸和氨基酸含量。江蕙芸等[18]分析了南宁市 120 名产后 6 个月内的母乳中蛋白质、脂肪、碳水化合物、维生素 A 和几种元素的含量。唐向辉等[19]比较了 30 例正常产妇初乳和成熟乳汁中碘的含量，观察到初乳中碘含量显著高于成熟乳。朱长林等[20]比较了不同泌乳阶段母乳中α-生育酚的含量，初乳中的含量最高。

1986 年，李同等[21]测定了北京城区 31 例初乳和 43 例成熟乳中维生素 A 含量。结果显示，初乳中维生素 A 含量高于成熟乳。霍建勋等[22]于 1989 年测定了包头市 193 份不同泌乳期母乳和 87 份乳母血浆中铜、铁、锌的含量，结果显示初乳含有丰富的微量元素。庞文贞等[23]研究了强化食品对乳母乳汁中主要成分的影响，10 例产后 4.5～8 个月乳母每日补充一袋强化食品持续 35 天，评价了补充前后乳汁成分的变化。强化食品的主要原料为大豆粉、鸡蛋和砂糖，同时添加了磷酸氢钙、维生素 D、核黄素和抗坏血酸。

三、母乳中脂肪和脂肪酸含量的研究

金桂贞等[5]分析了 1983～1984 年北京城乡 207 份母乳的脂肪含量，城区、近郊区和远郊区脂肪含量平均值分别为 3.78g/100g、3.31g/100g 和 3.08g/100g；母乳脂肪酸主要为油酸（29%～37%）、棕榈酸（17%～25%）和亚油酸（12%～25%），远郊区母乳中所含的必需脂肪酸（EFA）较高。1995 年 1 月，戚秋芬等[24]选择中上生活水平、身体健康、住院足月顺产分娩、产后膳食变动不大、无特殊偏食习惯、喂哺母乳的产妇 24 人，这些乳母平均 27 岁，均为怀孕 38～41 周的城市居民，分别收集了产后 1～5 天的初乳、6～14 天的过渡乳和 15～21 天的成熟乳，在不同泌乳期采集喂奶前、中、后段的乳汁，测定了不同泌乳期的脂肪酸含量。张利伟等[25]和戚秋芬等[26]于 2000 年 2～6 月份分别在上海新华医院、上海第一妇婴保健院和上海市崇明县以及浙江舟山妇婴保健院测定了 109 例足月分娩的健康产妇分娩后 1～3 个月内的初乳、成熟乳中亚油酸、α-亚麻酸、花生四烯酸和二十二碳六烯酸的含量。该项研究的调查点均属于沿海地区，仅分析了几种脂肪酸的含量。庄满利和黄烈平[27]测定了舟山地区母乳中 DHA 和 AA 的含量。

四、母乳中抗氧化和抗感染因子的研究

母乳中含有大量的抗感染因子，特别是在初乳中含量最高。1983～1984 年，吴建民等[28]采集了武汉地区 301 份健康产妇的乳汁（分娩后第 1 天到产后第 6 个月），分析了 7 种抗感染因子，包括 sIgA、IgM、IgG、补体 C3 和 C4、乳铁蛋白和溶菌酶，结果表明母乳中含有 sIgA、IgM、IgG 三种主要的免疫球蛋白，以 sIgA 含量最高，占初乳中免疫

球蛋白总量的 89.8%；母乳中也含有补体 C3 和 C4、乳铁蛋白、溶菌酶，产后第一天的含量最高，随泌乳量的增加和哺乳期延长，含量迅速下降。许乐维和钱倩[29]采用火箭电泳法和酶联免疫吸附法分别测定了母乳和不同喂养方式新生儿粪便中的乳铁蛋白含量，证明母乳中高浓度乳铁蛋白对母乳喂养儿肠道乳铁蛋白含量有明显影响。1992 年郭锡熔等[30]随机测定了 300 例南京医学院第二附属医院健康产妇，分别于产后 3～4 天和 42～45 天采集初乳和成熟乳，测定了母乳抗氧化活性与抗氧化剂超氧化物歧化酶的活性以及维生素 E 和维生素 C 的含量，结果提示母乳在作为新生儿的重要营养物质来源的同时，还为婴儿提供了丰富的抗氧化物质。郭锡熔和程荣华[31]测定了 30 例产后 3～4 天的初乳和 42～45 天的成熟乳的抗氧化活性，包括维生素 C、维生素 E 含量和超氧化物歧化酶的活性，证明人乳的抗氧化效能显著高于市售牛奶。

上述母乳营养成分研究关注的主要是宏量营养素、常见的矿物元素和少数几种维生素。然而很少有研究涉及母乳中维生素 D 和维生素 K 及其组分的含量，主要由于受方法学制约，灵敏度低且需要用大量母乳样品；即使是研究宏量营养素也缺少对这些营养素不同组分的分析，关于母乳中生物活性成分的研究开展得更少。

第三节　国内开展的相关母乳成分研究

近年国内已有多项母乳成分相关研究，既有研究单位主导的国家科技支撑项目，也有国内婴幼儿配方食品生产企业的立项课题。由中国疾病预防控制中心营养与食品安全所承担，并与全国十几家单位合作共同完成的"中国母乳成分数据库研究"是国家高技术研究发展计划（863 计划）"促进生长发育的营养强化食品与特殊食品"课题的子课题。除上述国家科技部 863 课题之外，我国其他研究机构特别是乳制品行业内的企业，近年来也投入了大量资源建设人乳成分数据库。例如，伊利公司从 2003 年开启了中国企业研究母乳的历程，经过长期的积累和发展，目前采集了 12 个典型省、直辖市、自治区共 43 个市/县 6700 份母乳样品，包含初乳、过渡乳和成熟乳，建成了由 155 项指标、1700余种成分的母乳数据所组成的母乳成分数据库，涵盖了母乳中蛋白质、脂肪、碳水化合物、矿物质、维生素、核酸等主要成分的含量。同时，对乳脂肪球膜、HMOs、蛋白质组学等母乳成分前沿领域开展了研究，发表了多篇论文[32~35]。

近几年来，还有多项母乳成分相关研究，例如北京大学、雀巢研发中心和雀巢营养科学院联合完成的母乳"明"研究，采集了三城市（北京、广州、苏州）健康乳母产后0～8 个月的乳汁，分析了母乳中宏量营养素（蛋白质与氨基酸、脂肪与脂肪酸、乳糖与低聚糖）以及多种微量营养素和生物活性成分等。还有多家国内婴幼儿配方乳粉公司开展母乳成分研究，如蒙牛、三元食品、贝因美、飞鹤等多家婴幼儿配方乳粉生产企业，也从不同地方收集母乳样品，数量从几百份到数千份不等，分析的成分主要与其开发婴幼儿配方乳粉产品或品质提升有关。然而，这些研究数据是否能够发布或者即使发布后相互间数据是否能够进行比较还存在较多疑问。

第四节　人乳成分研究展望

母乳中含有很多痕量的生物活性成分，近年越来越多的研究开始关注这些微量营养成分和生物活性物质可能具有的生理功能或生物学潜能。

一、组学研究

以往很多母乳成分相关的研究通常测定一种或几种营养成分，获得的结果难以解释母体（乳母）、母乳和喂养婴儿之间的关系。母乳组学的研究使之成为可能，已经成为今后研究的方向。例如，通过宏量营养素代谢组学研究，可以揭示母乳中宏量营养成分及其组分的代谢途径，以及对喂养儿的影响及其作用机制；微生物组学研究将揭示母乳微生态环境对新生儿和婴儿肠道免疫功能启动和肠道功能建立以及免疫系统发育的影响。

二、免疫活性成分研究

人乳中含有很多种复杂的免疫活性成分，尤其是初乳，它们可帮助新生儿建立特异和非特异性免疫屏障，防御细菌和病毒等致病微生物的感染。这些成分包括具有免疫活性的免疫细胞、免疫球蛋白、抗体、抗炎症细胞因子、乳铁蛋白以及多种酶类等，还有近年来关注的促炎性细胞因子，以及参与新生儿免疫发育的 EGF、TGF-β1 和 TGF-β2。生物活性成分还包括 IL-1、IL-3、IL-4、IL-5、IL-12、IFN-γ 和 TNF 受体 I。这些均与母乳喂养儿抵抗感染性疾病的能力有关，也与免疫系统发育有关。因此需要系统研究这些成分在整个哺乳期间的变化规律以及对婴儿机体免疫功能的影响。

三、生长发育相关的生长因子研究

人乳中含有激素和类激素成分、酶类、生长因子和神经内分泌肽、EGF、IGF-1 和 TGF-β1 等，这些成分与婴儿获得最佳的生长发育速度有关，而且母乳具有的促进婴儿生长发育的作用被认为与其所含有的上述成分有关。随着检测设备与分析方法学的进步，已经可以检测人乳中存在的这些痕量成分，因此有必要系统研究人乳中这些生长发育相关因子对婴儿正常生长发育的影响。

四、人乳低聚糖类调节肠道功能的研究

人乳低聚糖结构复杂，据报道约有 200 种。低聚糖可抵抗婴儿的胃消化，大多数低聚糖能到达肠道，发挥益生作用，通过刺激益生菌的生长和作为受体类似物抑制多种致病菌和毒素与上皮细胞的结合，维持健康的肠道生态系统功能。然而对于低聚糖的结构和功能仍缺乏全面了解。目前允许添加到婴幼儿配方食品中的几种低聚糖均与母乳中存在形式不同，因此如何开发出母乳低聚糖并可安全应用于婴幼儿配方食品也是研究的重点。

五、人乳样品储存时间和条件研究

由于人乳中存在多种微量成分、免疫活性物质、生长因子、抗氧化活性成分等，这些成分的含量很低且多受储存条件的影响，因此关于这方面的研究开展得甚少。为保证研究数据的可靠性和可比性，需要研究储存乳样材料、温度和持续时间对这些成分的影响，如冷藏（4℃）和冷冻（-20℃和-80℃）储存人初乳对生物活性因子稳定性的影响等。

六、母乳喂养儿营养素适宜摄入量的研究

对于母乳喂养儿的大多数的营养素适宜摄入量的估算，通常是通过测定具有人群代表性正常人乳中这些营养素的含量再乘以婴儿摄乳量进行估计。国外已经开展了很多相关研究，而我国可利用的资料十分有限。

1. 缺少系统性研究

虽然 20 世纪 80 年代我国一些地区开展了母乳营养成分研究，但所分析的营养成分有限，且缺少不同经济发展地区、不同民族、不同生活水平方面的数据比较。经过四十多年的改革开放，居民膳食模式发生了巨大变化，因此有必要进一步研究社会转型期母乳营养状况对乳汁营养成分的影响，以及这些成分对母乳喂养儿生长发育和认知功能的近期影响与远期健康效应。

2. 人乳成分方法学的研究更少

由于获得人乳样品较为困难，大多数成分的测定需要采用微量分析方法。近年来，国内外关于母乳营养成分的分析测试手段得到全面更新，有关母乳中长链多不饱和脂肪酸、核苷酸、α-乳清蛋白、牛磺酸、肉碱、生长因子等与婴儿生长发育和智力发展的关系已引起广泛关注，需加大人乳成分方法学研究，尤其是微量成分（如生物活性成分和污染物）高通量检测方法的研究。

七、关注人乳中环境污染物

随着我国经济快速发展且伴随着城市化和工业化进程的加速，局部地区越来越严重的环境污染也会通过母乳影响到新生儿和婴儿，包括持久性有机污染物、有毒重金属、药物等通过母乳转移到婴儿。然而，这些污染物或有毒物质通过何种机制进入乳腺或乳汁以及是否对乳腺组织本身造成损伤和对婴儿的影响研究甚少。尚需进一步评估环境污染物通过乳汁途径对婴儿的暴露量以及存在的健康风险，探讨降低婴儿暴露于这些有毒有害污染物的有效方法等。

（董彩霞，冯罡，荫士安）

参考文献

[1] 赵文鼎，庞文珍. 乳母营养对乳汁质量的影响. 营养学报，1984，6：47-57.

[2] 周韫珍，苏宜香，林敏，等. 乳母营养与乳汁成分分析. 营养学报，1987，9：227-233.

[3] 王文广，殷泰安，李丽祥，等. 北京市城乡乳母的营养状况、乳成分、乳量及婴儿生长发育关系的研究 I. 乳母营养状况、乳量及乳中营养素含量的调查. 营养学报，1987，9：338-341.

[4] 常莹，王文广，白继国，等. 北京市城乡乳母的营养状况、乳成分、乳量及婴儿生长发育关系的研究 II. 1-6 月龄母乳喂养儿摄入的乳量、能量和蛋白质及其生长发育. 营养学报，1988，10：8-14.

[5] 金桂贞，王春荣，龚俊贤，等. 北京市城乡乳母的营养状况、乳成分、乳量及婴儿生长发育关系的研究 III. 母乳的脂质分析. 营养学报，1988，10：134-143.

[6] 赵熙和，徐志云，王燕芳，等. 北京市城乡乳母的营养状况、乳成分、乳量及婴儿生长发育关系的研究 IV. 1-6 月龄中蛋白质及氨基酸含量. 营养学报，1989，11：227-232.

[7] 殷泰安，刘冬生，李丽祥，等. 北京市城乡乳母的营养状况、乳成分、乳量及婴儿生长发育关系的研究 V. 母乳中维生素及无机元素的含量. 营养学报，1989，11：233-239.

[8] 刘冬生，付爱忠，靳雅笙，等. 产后 6 个月内乳母营养摄入与哺乳的跟踪观察. 营养学报，1988，10：297-303.

[9] 付爱忠，刘冬生，靳雅笙，等. 0-6 个月婴儿的母乳、热能和蛋白质摄入量及体格生长的跟踪观察. 营养学报，1989，11：1-12.

[10] 王德恺，汪振林，刘广青，等. 上海市母乳中几种无机盐和维生素含量测定. 营养学报，1986，8：81-84.

[11] 何志谦，林静本. 广东地区母乳的氨基酸含量. 营养学报，1988，10：145-149.

[12] 吕建利，范煜桢，张健，等. 2018 年北京市区 52 名乳母膳食评价及其与母乳成分的关系. 卫生研究，2020，49（3）：392-396.

[13] 钱继红，吴圣楣，张伟利. 上海地区母乳中三大营养素含量分析. 实用儿科临床杂志，2002，23：241-243.

[14] 刘家浩，李玉珍，叶永军，等. 人乳游离氨基酸的含量及动态变化. 营养学报，1992，14：171-175.

[15] 张兰威，郭明若，张莹，等. 人乳蛋白质与氨基酸含量及其变化规律. 东北农业大学学报，1997，28：389-395.

[16] 翁梅倩，田小琳，吴圣楣，等. 足月儿和早产儿母乳中游离和构成蛋白质的氨基酸含量动态变化. 上海医学，1999，22：217-222.

[17] 张建周，李凤翔. 仪器中子活化分析法测定人乳、牛奶盒奶粉中的十四种常量和微量元素. 营养学报，1988，10：180-183.

[18] 江蕙芸，陈红惠，王艳华. 南宁市母乳乳汁中营养素含量分析. 广西医科大学学报，2005，22：690-692.

[19] 唐向辉，和协超，张衍丽，等. 正常产妇成熟乳碘和初乳碘含量的比较. 营养学报，1999，21：333-335.

[20] 朱长林，佟晓波，张小华，等. 不同阶段母乳中α-生育酚浓度的研究. 中国实用儿科杂志，2002，17：624-625.

[21] 李同，王万梅，郭雪香，等. 北京市婴幼儿血清维生素 A 及母乳与鲜牛奶维生素 A 含量的调查. 卫生研究，1990，19：34-36.

[22] 霍建勋，杨翠英，刘素英，等. 不同泌乳期母乳中铜铁锌含量变化与乳母血浆微量元素含量的关系. 卫生研究，1991，20：41-43.

[23] 庞文贞，嵇兆武，车淑萍，等. 强化食品对乳汁主要成份的影响. 营养学报，1983，5：11-17.

[24] 戚秋芬，吴圣楣，张利伟. 母乳中脂肪酸含量的动态变化. 营养学报，1997，19：325-332.

[25] 张利伟，吴圣楣，钱继红，等. 母乳中二十二碳六烯酸及花生四烯酸含量的观察. 中华围产医学杂志，2002，5：52-55.

[26] 戚秋芬，吴圣楣，张利伟. 早产儿和足月儿母乳中脂肪酸组成比较研究. 中华儿科杂志，1997，35：580-583.

[27] 庄满利，黄烈平. 舟山地区母乳中 DHA 及 AA 含量分析. 中国儿童保健杂志，2006，14：514-515.

[28] 吴建民，管慧英，代勤韵. 0-6 月母乳中的抗感染因子. 营养学报，1987，9：14-19.

[29] 许乐维，钱倩. 母乳与新生儿粪便中乳铁蛋白含量测定及相关关系的探讨. 营养学报，1989，11：256-261.

[30] 郭锡熔，陈荣华，邓静云，等. 母乳抗氧化活性与抗氧化剂 SOD、VE、VC 的测定及其意义的探讨. 中华儿童保健杂志，1994，2：13-15.

[31] 郭锡熔，程荣华. 牛乳与母乳抗氧化效能的比较. 营养学报，1998，20：215-217.

[32] Elwakiel M，Boeren S，Hageman JA，et al. Variability of serum proteins in Chinese and Dutch human milk during lactation. Nutrients，2019，11（3）. doi：10.3390/nu11030499.

[33] Yang M，Cong M，Peng X，et al. Quantitative proteomic analysis of milk fat globule membrane（MFGM）proteins in human and bovine colostrum and mature milk samples through iTRAQ labeling. Food Funct，2016，7（5）：2438-2450.

[34] Deng L，Zou Q，Liu B，et al. Fatty acid positional distribution in colostrum and mature milk of women living in Inner Mongolia，North Jiangsu and Guangxi of China. Food Funct，2018，9（8）：4234-4245.

[35] Elwakiel M，Hageman JA，Wang W，et al. Human milk oligosaccharides in colostrum and mature milk of Chinese mothers：lewis positive secretor subgroups. J Agric Food Chem，2018，66（27）：7036-7043.

第六章

婴儿摄乳量及其测量方法学

婴儿摄乳量指的是由母体转移到婴儿的母乳量，这个量的多少将会直接影响婴儿的营养素摄入量和乳母的营养素需要量，已知母乳中很多营养成分的含量受乳母营养状况或膳食摄入量的影响[1]。目前0～6月龄婴儿营养素适宜摄入量的制定通常以营养状况良好、健康母亲分娩的足月产、纯母乳喂养儿的平均每日摄乳量为依据[2]，但是实际上乳母乳汁产量超过婴儿的摄乳量。在制定婴儿和乳母的营养素需要量以及0～6月龄婴儿营养素适宜摄入量过程中，婴儿平均摄乳量的评估具有重要意义。本文系统评价了测量婴儿母乳摄入量的方法，健康、纯母乳喂养儿平均摄乳量以及影响乳汁产量和婴儿乳汁摄入量的因素。

第一节　婴儿摄乳量测量方法

在实际研究中需要区分乳汁产量（乳母的产乳能力）和摄入量（转移到婴儿的乳汁量）。最常用的是婴儿摄乳量，即由母体转移到婴儿的乳汁量。目前用于测定婴儿摄乳量或乳母乳汁产量的方法有：①直接称重法（test weighing），即测定喂奶前后婴儿或乳母体重变化的差值，它也是最简单的方法，获得的结果为婴儿摄乳量；②同位素稀释法（isotope dilution），可获得婴儿摄乳量；③抽吸（extraction of milk）法，用电动吸奶泵或人工方法吸出或挤出乳汁的量，可用于评价乳母的产乳能力；④多普勒超声母乳流量计（doppler ultrasound human milk flowmeter），该方法利用超声原理测定婴儿吸吮时乳汁从母体到婴儿的流速（milk velocity）。此方法的可靠性和可重复性还有待验证；⑤乳房形态计算机成像（topographical computer imaging）技术，用于母乳产量的短期测量。该项技术还有待进行全面系统的评价。

最常用于测量婴儿摄乳量的方法是称重法和稳定同位素氘标水法（^2H_2O），采用这两种方法获得的婴儿摄乳量结果之间没有显著统计学差别[3]。

一、称重法

称重法是最早使用的被广为接受的用于估计婴儿摄乳量的测量方法，是指用婴儿吃奶前后的体重差作为婴儿的乳汁摄入量，24h内数次称量结果之和为一日摄乳量，最好使用精度到±1g的电子体重秤，该方法获得的数据代表婴儿24h摄入乳汁的总量，但是不代表乳母的实际产乳能力，因为一次喂哺婴儿后，乳房通常不能被完全排空，还有一定量的残留乳汁，用良好的电动吸奶泵将残留乳汁吸出，将这部分加上婴儿摄乳量代表乳母的产乳能力（产量）。WHO认为该方法可用于评价母乳喂养婴儿的乳汁摄入量，推荐使用该方法。目前大多数国家利用该方法计算婴儿母乳摄乳量。建议最好是直接称量婴儿吃奶前后的体重变化，如果婴儿哭闹不配合，也可以称量乳母喂奶前后的体重变化。

据报道，使用直接称量法通常低估婴儿摄乳量约1%～5%，这是因为在两次测量之间婴儿机体水分蒸发所导致的误差[4]，但是从现场人群调查实际应用方面，这样的误差还是可接受的。同时该方法可能会潜在干扰母亲和婴儿的护理或喂奶模式，特别是如果夜晚婴儿频繁需要喂奶时这种测量的干扰更明显。比较性研究结果提示，由于婴儿秤不能测量出喂奶后婴儿体重的微小变化（感量低，通常大于20g），称重法的误差较大，用于评价婴儿乳汁摄入量不可靠[5]。随着近年来婴儿体重秤感量明显提高（如最大称量5kg，感量≤1g）、价格降低和稳定性的改善，提高了称量法的灵敏度和准确性，降低了测量误差。

二、稳定同位素氘标水法

基于稳定同位素稀释技术（stable isotope dilution technique）的氘和 ^{18}O 标水法（stable isotope ^2H_2O method）已经被用于测量婴儿的摄乳量，但是迄今已发表的相关数据有限。同位素技术最常使用非放射性示踪剂氘标水（^2H_2O 或 $H_2^{18}O$）测定水分从母体到婴儿的流动率以及来自前者水分对后者的影响。稳定同位素氘标水法是指事先口服已知量的氘标水（给乳母或婴儿），然后采集不同时间点的乳汁、乳母和/或婴儿的尿样或婴儿唾液，测定其中示踪（^2H）的丰度，根据检测到的不同时间点的乳母和婴儿体内示踪剂的转化程度，计算婴儿乳汁摄入量。

该法最初由Coward等[6]于20世纪70年代末始创，通过不断完善，国际原子能组织已经将其推荐为测量婴儿摄乳量的常用方法之一。由于可利用的同位素有限以及测定费用高制约了稳定同位素双标水方法的应用，也难用于大样本的研究。已发表的采用稳定同位素标记测定婴儿母乳摄入量的方法汇总于表6-1。

⊡ 表 6-1　稳定同位素标记法在婴儿母乳摄入量测定中的应用

作者	发表时间（年份）	给予对象	例数	给予剂量	收集样本	样本收集持续时间
Butte	1983	婴儿	22	20mg/kg BW[①]	婴儿唾液	0h、1h、1.5h、48h 和 120h
Butte	1988	乳母	9	约 0.1g/kg BW[①]	乳汁	0 天、0.04 天、0.08 天、0.12 天、0.17 天、0.21 天、0.25 天、0.38 天、0.50 天、1.0 天、6.0 天、10.0 天、13.0 天和 14 天
Fjeld	1988	婴儿	11	约 0.1g/kg BW[①]	婴儿尿液	给予剂量前 2.5h 和给予剂量后 3.5～7h，5～10 天
Butte	1991	婴儿	20	200mg/kg BW[①]	婴儿尿液	0 天，给予剂量后每天收集持续 14 天
Butte	1992	乳母	30	100mg ^{2}H/kg BW[①]	乳汁和婴儿尿液	乳样 1 天、2 天、4 天、7 天、9 天、12 天和 14 天；尿样，0～14 天，12 和 14 天
Butte	1992	乳母	30	100mg/kg BW[①]	乳汁和婴儿尿液	乳样，0 天、1 天、4 天、7 天、9 天、12 天和 14 天；婴儿尿样，0 天、1～10 天、12 天和 14 天
Wells	2012	乳母	100	约 10mg	尿液	乳母，0 天、1 天、4 天和 14 天；婴儿，0 天、1 天、3 天、4 天、13 天和 14 天
Nielsen	2014	婴儿	60	2.6g/kg BW[①]	婴儿尿液	-1 天、0 天、1 天、2 天、6 天和 7 天
David	2017	乳母	57	（30 ±0.01）g	唾液	乳母和婴儿，1 天、2 天、3 天、4 天、13 天和 14 天
Veronica	2017	乳母	56	约 30g	唾液	乳母，1 天、2 天、3 天、4 天、13 天和 14 天
Lisa	2019	乳母	110	未说明	唾液	乳母，0 天、1 天、2 天、3 天、5 天、6 天、13 天和 14 天；婴儿，6 天

①kg BW，表示每千克体重给予 $H_2^{18}O$ 的剂量。

三、抽吸法

抽吸法指的是在乳母完全放松的状态下，使用吸奶泵、挤奶器或手动挤奶方式使乳房几乎完全排空，用于测定乳母的产奶能力。Neville 等[7]使用改良的 Linzell 技术测量乳母每小时的乳汁产量。简单地说，用一个带有双头的电动吸奶泵通过双侧乳头抽吸乳汁；抽吸 10min 后，通过鼻内给予一滴合成催产素，然后再继续抽吸 5min。第 1 小时和第 2 小时获得的奶量高于吸取残留乳汁的平均乳汁产量（平均总量超过 200ml±25ml）。在第三次抽吸后，5 名受试者平均每小时抽吸的乳汁量与 24h 内称重法测量的结果相比没有显著差异。该方法可用于乳汁产量的短期基础评价。

也有的研究使用乳汁抽吸法测定 24h 的乳汁产量。Brown 等[4]用吸奶泵抽吸了 24h 的乳汁，并且与 6 天称重法获得的婴儿乳汁摄入量进行比较。吸奶泵抽吸法获得的奶量大于称重法约 50g/d 或约 7%，这反映了婴儿吸吮后乳房中残留的奶量。在 Dewey 等[8]的研究中，24h 内每次婴儿吸吮后使用吸奶泵交替抽吸，发现残留乳汁量仍有约 110ml/d。因此，所有的研究者都发现，采用抽吸技术测量乳汁量，会过高地估计乳汁转移量。高估的量从 50～200ml/d 不等，这取决于所使用的人群和乳汁抽吸技术。

第二节　婴儿摄乳量的计算

婴儿每日摄入母乳的量（infant's milk intakes）取决于母体的产乳能力和婴儿的摄乳或吸吮能力以及婴儿喂哺的次数，其中决定泌乳性能的一个关键因素是产生的母乳总量。本文纳入估计婴儿平均摄乳量的资料需满足如下条件：乳母健康、营养状况良好；婴儿健康、足月产、纯母乳喂养；采用称重法或稳定同位素双标水法。健康、营养状况良好的乳母是指身体健康、调查时未患疾病、能用自己乳汁喂养婴儿。健康、足月产婴儿是指身体健康、调查时未患疾病、出生体重≥2500g 和＜4000g、孕周≥37 周的婴儿。纯母乳喂养是指婴儿出生后只吃母乳，可以服用某些营养素补充剂，如维生素 D 或多种矿物质维生素补充剂。由于健康、纯母乳喂养儿的摄乳量属于连续性数值变量，所以对婴儿平均摄乳量的计算采用了加权平均法。乳汁密度为 1.036g/ml±0.017g/ml[7,9]，在评估婴儿摄乳量的过程中，以 ml 为单位的容积数据直接被转换为以 g 为单位的质量数据。

根据所能收集的国内外资料分析，全球 1～6 月龄健康、纯母乳喂养儿平均摄乳量为 519～999g/d[3,10~23]，经加权平均后，其平均摄乳量为 777.8g/d±133.8g/d。其中，我国健康纯母乳喂养儿平均摄乳量为 656.4～832g/d[9,23]，经加权平均后，其平均摄乳量为 726.3g/d±165.5g/d，国外报道的 1～6 月龄健康、纯母乳喂养儿平均摄乳量为 519～999g/d[10~13,15~22,24,25]，经加权平均后，其平均摄乳量为 780.9g/d±131.9g/d。采用称重法和 ^2H_2O 法获得的婴儿摄乳量数据见表 6-2 和表 6-3。

最近 da Costa 等[26]汇总分析了来自 12 个国家 1115 个母乳摄入量的测量数据，使用稳定同位素稀释技术（给乳母服用 ^2H_2O），获得总体平均乳汁摄入量为 0.778kg/d（95% CI=0.717～0.839），生后第一个月为 0.60kg/d（95% CI = 0.51～0.70），到 3～4 个月时，升高到 0.82kg/d（95% CI=0.74～0.91）。

⊡ 表 6-2 1～6 月龄婴儿平均每日摄乳量（称重法）

作者［发表时间（年份）］	国家	母亲年龄/岁	婴儿年龄/d	摄乳量/(g/d)（n）
Butte（1988）	美国	27±3	101±42	636.1±84（9）
Butte（1991）	美国	未知	90～179	740±140（174）
Butte（1992）	美国	30±3	27±3	752±169（20）
Louise（1991）	美国	20～35	30	721±230（15）
			90	640±130（15）
			180	519±159（15）
Greer（1991）	美国	31.1±3.6	42	670±126（23）
			84	691±130（23）
			182	665±165（23）
Dewey（1992）	美国	未知	90～179	812±133（19）
Köhler（1984）	瑞典	未知	42～154	733.5±120.2（60）
Michaelsen（1994）	丹麦	未知	60	754±167（60）
			120	827±139（36）
Salmenperä（1985）	芬兰	未知	60～179	790±40（12）
van Raaij（1991）	荷兰	未知	60～179	746±175（16）
王文广（1987）	中国	21～38	近 30 天	656.4±142.7（13）
			30～59	731.1±123.0（12）
			60～89	711.0±153.1（12）
			90～119	689.0±172.1（15）
			120～149	668.0±146.0（13）
			150～179	686.0±168.0（15）
黄果（1987）	中国	未知	40～60	832.0±197.0（13）
Melanie（2019）	丹麦	33.7±3.2	177±9	852（17）

⊡ 表 6-3 1～6 月龄儿平均每日摄乳量（^2H_2O 法）

作者［发表时间（年份）］	国家	母亲年龄/岁	婴儿年龄/d	摄乳量/(g/d)（n）
Butte（1988）	美国	27±3	101±42	648±63（9）
Butte（1992）	美国	30±3	114±10	858±172（20）
Butte（1992）	墨西哥	18～35	120	885±146（15）
			180	869±150（15）

作者［发表 时间（年份）］	国家	母亲年龄/岁	婴儿年龄/d	摄乳量 /(g/d)（n）
Salazar（2000）	智利	未知	34±4	728±101（32）
Haisma（2003）	巴西	30±5	105-120	806（35）
Moore（2007）	孟加拉国	27.4±5.4	99.8±10.0	884±163（73）
Nielsen（2011）	苏格兰	33.7±4.3	107.8±9.1	923±122（36）
			171.5±9.1	999±146（33）
Wells（2012）	冰岛	30.7±5.1	123.0±3.2	901±158（50）
David（2017）	加纳	27.5	180	700（57）
Veronica（2017）	墨西哥	25±7	180±60	785±185（56）
Lisa（2019）	印度尼西亚	25.8 ± 6.1	99±24	815± 153（113）

第三节　目前国际普遍使用的婴儿摄乳量

在 2001 年 WHO 膳食营养素适宜摄入量的计算中，认为 0～6 月龄健康、纯母乳喂养婴儿的平均摄乳量为 750ml/d。美国对 0～6 月龄婴儿营养素膳食推荐摄入量（RNIs）的计算是以 2～6 月龄健康、纯母乳喂养婴儿平均摄乳量 780ml/d 为依据。根据国内外报道的 0～6 月龄婴儿摄入量数据（国内 726.3g/d±165.5g/d 和国际 780.9g/d±131.9g/d）计算得出的婴儿平均每天摄乳量为 771.4g（即相当于 745ml/d，取整数为 750ml/d）。因此建议我们制定 0～6 月龄婴儿膳食营养素参考摄入量时，可采用 750ml/d（按重量计算采用 780g/d）作为 0～6 月龄纯母乳喂养婴儿平均每天母乳摄入量[27]。关于中国和 WHO 与美国在评估 0～6 月龄纯母乳喂养儿摄乳量间的差异，可能与所选择对象的哺乳月龄范围不同有关，因为我们和 WHO 引用的资料为 0/1～6 月龄婴儿、美国引用的资料是 2～6 月龄婴儿。

第四节　影响乳汁产量和转移的因素

在分娩后最初几周，乳房的护理和科学的喂奶姿势对建立充足奶量供应至关重要。是否能成功用母乳喂哺婴儿取决于诸多因素，如婴儿吸吮的姿势正确与否、避免乳头受伤、喂奶的频率、避免给予婴儿配方食品（奶粉）以及喂奶时间是否与婴儿渴望吸吮相一致等。同时还受如下婴儿和母亲两方面因素的影响。

一、婴儿因素

影响摄乳量的婴儿因素包括出生体重、吸吮力度（强度）、分娩的月份（是否早产或足月小样儿）以及疾病等。

1. 出生体重

已有研究证明，婴儿出生体重与其母乳摄入量有关，表现在第 2 天和第 1 个月时的婴儿体重与吸吮的强度密切相关，较重的婴儿有更大的吸吮强度、频率或喂哺持续时间长——所有这些都可以增加母乳摄入量[28]。在母乳喂养的婴儿中，已观察到婴儿出生体重与产后最初 14 天的喂奶频率和持续时间呈正相关。当奶量充足时，婴儿摄乳量与婴儿体重呈正相关。由于相同月龄男孩的平均体重大于女孩，摄乳量与婴儿的性别也有关（男孩摄乳量比女孩多 5%）[26]，这也证明婴儿出生体重与乳汁摄入量有关。

2. 喂奶频率

产后初期成功建立泌乳过程时，喂奶频率（nursing frequency）和泌乳量呈正相关[29~31]；动物实验结果证明，产后哺乳初期吸吮间隔时间由 44.9s 缩短至 34.9s，增加泌乳量 14%[32]。在一项包括 32 名早产儿母亲参与的研究中，产后第一个月每天用吸奶泵抽吸 5 次或以上，可获得适宜泌乳量[29]。在母乳喂养足月儿的妇女中，产后最初 2 周平均每天喂奶频率（10 次±3 次）与适宜泌乳量有关。尽管婴儿吸吮能力方面的个体差异很大，但是推荐按需喂奶（nursing on demand），产后初期每天至少喂奶 8 次。横断面研究结果表明，一旦哺乳机制建立，营养状况良好的乳母，采用纯母乳喂养婴儿每天 4~16 次，喂奶频率与婴儿乳汁摄入量或基础血清催乳素水平与泌乳量几乎无关[28]。然而，这并不意味着喂奶频率的变化不能改变个体母亲的泌乳量。至少有项研究证明，限制喂奶次数会降低泌乳量，在断奶期间，乳母通过减少喂奶次数，可降低其婴儿母乳摄入量。因此建议那些关心其泌乳量是否适宜的母亲要更频繁地喂哺婴儿。

3. 分娩胎龄

分娩胎龄（gestational age at delivery）和出生体重两者对乳汁摄入量的影响大于两者中任何一个单独的影响，因为早产儿（特别是胎龄小于 34 周的早产儿）太弱或吸吮能力还没有发育成熟，不能进行有效的吸吮。早产婴儿母亲产乳量的研究结果显示，在早产婴儿能直接吸吮乳房之前几天或几周，许多母亲必须用吸奶泵抽吸乳汁喂予婴儿。

4. 自我调节能力

婴儿摄入母乳量有很强的自我调节能力。根据 18 例纯母乳喂养婴儿的试验，让母亲连续两周每天抽吸婴儿吸吮后残留乳汁，可增加乳汁量[28]。平均而言，在随后 2 周，这些婴儿会摄入更多的乳汁，但是在随后 1～2 周，约一半的婴儿乳汁摄入量又恢复到接近基线水平；研究结束时，乳汁摄入量的净变化表现为较重的婴儿摄乳量较多，而且与基线乳汁量无关。随后的研究证明，残留乳汁量（婴儿吃奶后，通过吸奶泵抽吸出来的乳汁）平均为 100g/d。Woolridge 等[33]的研究证明，当 29 名母亲最初随机选择用第一个乳房喂哺其婴儿时，从第二个乳房摄入的乳汁量仅相当于第一个乳房的 60%。这些结果说明，母乳喂养的婴儿通常不会吸空乳房中的乳汁，在相当大的程度上婴儿可控制其摄入量，这与人工喂养的方式完全不同。

5. 液体和固体食物的导入

已知过早地给婴儿导入固体食物，显著降低婴儿的母乳摄入量。Stuff 和 Nichols[34]通过 45 例母乳喂养婴儿的研究证明，在母乳喂养期间，导入固体食物后，婴儿摄乳量减少。同样，6 月龄的婴儿即使是还在继续按需喂予母乳，导入固体食物也会取代母乳来源的能量，表现为母乳摄入量降低。da Costa 等[26]汇总的来自 12 个国家的婴儿母乳摄入量结果显示，非母乳水分摄入量与摄乳量呈显著负相关（$r=-0.448$，$P<0.001$），100g/d 非母乳水分导致婴儿摄乳量降低 45g/d。

6. 疾病状态

婴儿患病可能会降低食欲或导致厌食，因此摄乳量常常会降低。从冈比亚的喂养试验中观察到，婴儿摄乳量的降低与胃肠道或呼吸道感染性疾病有关[35]。相反也有研究发现，婴儿患病期间，母乳喂养婴儿的摄乳量仍维持不变，但是减少了其他食物的摄入量。

二、乳母因素

影响泌乳量或乳汁产量的母亲因素包括：乳母年龄、胎次、精神压力、吸烟和饮酒以及营养状况等多种因素。哺乳期间乳母出现持续性乳头疼痛与乳汁产量降低有关[36]。母亲自主用其乳汁喂养婴儿的动机可能在是否成功启动母乳喂养方面发挥很大的作用。

1. 年龄和胎次

根据大多数人群的调查，通过直接测量婴儿的摄乳量，观察到母亲因素如年龄和胎次对乳汁产量几乎或没有影响。而关于未成年乳母的乳汁产量方面的研究很少。Lipsman 等[37]的关于未成年乳母的研究发现，基于 25 例中 22 例营养状况良好婴儿的生长发育测量结果，摄乳量似乎是适宜的。在 21～37 岁的妇女中，母亲年龄和婴儿摄乳量无关。有些证据表明，经产妇分娩后第四天的乳汁产量大于初产妇，然而一旦建立了成功哺乳，在营养状况良好的人群，分娩胎次与婴儿摄乳量无关。在冈比亚，生育 10 个或以上孩子的母亲，泌乳量降低，但是这样的胎次在我国和工业化国家已很少见。

2. 应激和急性疾病

分娩后，产妇容易出现焦虑和紧张以及发生应激和急性疾病，如果同时存在哺乳期护理较差等因素可能会使这些症状加重，进而通过抑制射乳反射而影响乳汁产量。对于精神状态放松的妇女和自信有能力用母乳喂养婴儿的母亲，射乳反射通常建立得很好。然而，对于精神状态紧张的妇女，射乳反射可能被削弱。关于应激或放松状态对下奶影响的文献十分有限。需要进一步探索不同类型的应激或母亲应激，特别是长期焦虑和紧张对乳汁产量的影响。

常见的短期母亲患病对母乳喂养的潜在影响方面的数据非常少。秘鲁利马研究提示，已经成功建立哺乳的乳母，患有发热性感染疾病不会影响乳汁产量[38]。乳母患有亚临床乳腺炎时，仍可以继续用母乳喂哺婴儿，不会影响婴儿的摄乳量。

3. 吸烟和饮酒

母亲的吸烟和饮酒行为，除了可对婴儿的健康状况产生潜在不良影响外，两者可能还会影响到乳汁产量和乳汁成分。

（1）吸烟　乳母吸烟（smoking cigarette）可能通过对催乳素或催产素的抑制作用而降低乳汁产量，而且吸烟可能与过早断奶有关，在相同社会经济阶层，与未吸烟妇女相比，吸烟妇女产后以母乳喂养婴儿6~12周的比例较低[39]。与不吸烟的乳母相比，每天吸烟15支以上的乳母产后第1天和第21天的催乳素比基础水平低30%~50%，但是通过吸吮诱导可升高催乳素水平，两组间没有差异，而催产素水平不受吸烟影响。吸烟者分娩的婴儿平均体重比未吸烟的对照组婴儿低约200g，较低的体重会降低婴儿对乳汁的需要量以及催乳素水平和乳汁产量，所以还很难区分这些研究的因果关系。但是来自动物和人体研究的证据表明，吸烟对乳汁产量确实存在明显不良影响。

（2）饮酒　饮酒（drinking alcohol）对泌乳量的影响并不像吸烟那样简单。长期以来，人们一直认为，少量酒精饮料可以帮助乳母放松，促进射乳反射的有效运作。动物实验和人体试验结果显示，饮酒可降低乳汁产量[40]。两项研究表明，母亲饮酒至少部分阻止射乳反射，而且这种影响存在剂量效应。Cobo[41]通过记录乳腺导管内的压力测量射乳反射，观察到酒精摄入量低于 0.5g/kg 时对射乳反射没有影响；而当剂量为 0.5~0.99g/kg、1.0~1.49g/kg 和 1.5~1.99g/kg 时，射乳反射分别被抑制18.2%、63.2%和80.4%。尽管 1.0~1.49g/kg 剂量的影响无统计学差异，但是 1.0~1.49g/kg 的剂量可使 14 例受试者中有 6 例泌乳反射完全被阻断。注射催产素可显著降低酒精对这种反射的影响，提示酒精的这种影响涉及释放过程而不是催产素的活性。对于平均体重 60kg 的妇女，每千克体重摄入 0.5g 乙醇相当于 56.7~70.1g（2~2.5oz）烈性酒（白酒）、226.8g（8oz）葡萄酒，或 2 罐啤酒。尽管这些研究提示，饮酒对射乳反射的明显不良影响仅见于摄入较高的酒精量，但是乳母少量饮酒（如一杯啤酒或红酒）可能存在的不良影响尚待进一步研究。

4. 口服避孕药

口服避孕药（oral contraceptive agents）对泌乳能力的影响一直是许多研究的主题。在美国，参加 1982 年全国家庭成长调查的乳母中有 12.6% 的比例报告她们曾使用过口服避孕药；这一比例黑人（26.9%）远高于白人（11.7%）[42]。在为妇女提供使用口服避孕药的指导方面，重要的是要考虑药物的成分和剂量以及计划纯母乳喂养婴儿多长时间。关于这一问题的大多数研究观察到，使用组合的雌激素和孕激素药片与泌乳量和母乳喂养持续时间降低有关。匈牙利和泰国进行的多中心、随机双盲试验证明，即使低剂量组合口服避孕药（150 μg 左炔诺孕酮和 30 μg 炔雌醇）也具有这种影响，在产后 6～24 周，服用这种药剂的乳母泌乳量显著低于未服用的对照组，而且乳汁中氮含量也降低，但是对乳糖或脂肪含量的影响不一致。与此相反，使用只有孕激素的药物对泌乳量和乳汁成分则没有影响。虽然已知孕激素抑制乳汁生成，一旦哺乳建立，它对乳汁的生产就没有已知的抑制作用，可能是因为在乳腺组织中已没有孕激素结合的位点。而且天然的孕激素和合成的孕激素之间也存在实质性化学差异。

对于希望使用口服避孕药和维护乳汁产量的妇女，WHO 推荐首选纯孕激素药物。最近的一项激素避孕药对婴儿摄乳量影响的研究中，观察到使用复方口服避孕药、两种纯孕激素避孕药或宫内放置铜制节育器均不会影响婴儿的摄乳量[43]。

5. 乳母营养状况和能量摄入

这方面包括哺乳期间限制或补充能量是否影响泌乳量，母体脂肪储备或能量不足和泌乳量之间的关系，以及哺乳期间能量利用的机制与泌乳量的关系等。

能量限制对乳汁产量的影响，主要是基于动物模型获得的结果，最常用的是大鼠。限制动物饲料进食量可降低乳汁产量，哺乳前和哺乳期间限制饲料量的影响显著高于仅哺乳期间限制的影响，用狒狒的研究也获得了类似结果。在人类哺乳期相对能量消耗远远低于大多数其他哺乳动物，人类比实验动物或家养动物低 4～15 倍。通过母体能量摄入和乳汁产量间相关性的研究，尽管与工业化国家的乳母相比，发展中国家乳母的能量摄入要低得多，但是产后 3 个月时两者的乳汁产量相似，说明母体能量摄入量与婴儿摄乳量无关，但是严重营养不良将降低乳汁产量，而短期给乳母进行能量补充对乳汁产量的影响十分有限。

理论上讲，妊娠期间能量以脂肪形式储存起来，用于支持产后乳汁生产，但是相关的研究甚少。营养状况相对良好妇女的研究结果显示，产后最初 5 个月婴儿摄乳量与母亲妊娠前的体重或妊娠体重无关，而印度尼西亚的研究发现，妊娠前母体体质指数与产后 18～22 周母乳喂养婴儿摄乳量呈正相关，这可能与发展中国家营养不良乳母的比例较高有关。动物试验结果发现，蛋白质摄入量可能增加泌乳量，这种影响与摄入的总能量无关。早期在印度和尼日利亚的研究结果提示，当乳母蛋白质摄入量从 50～60g/d 增加到 100g/d 时，可增加泌乳量，但是当摄入量超过 100g/d 则不会进一步增加泌乳量，但是这个研究的样本量很小。

6. 乳母的精神压力

许多女性在产后阶段，尤其是初产妇在产后的头三个月，都有一定的精神压力。这种精神压力的升高会导致乳母体内皮质醇水平升高，影响催产素和催乳素的调节，进而影响了泌乳量。

一篇关于乳母精神压力与其泌乳量关系的综述显示[44]，接受放松疗法后，精神压力较高的乳母泌乳量明显增加。这些放松治疗的方法包括渐进式肌肉放松、冥想放松、听舒缓明快的音乐、鼓励母乳喂养等。但目前关于乳母精神压力与其泌乳量关系的研究较少，而且大部分都是描述性研究，还需要大量的研究证实这种精神因素与泌乳量的关系。

结语： 根据文献报告的健康、营养状况良好乳母的纯母乳喂养儿 1～6 月龄摄乳量，计算的平均值为 771.4g/d±142.6g/d（根据密度计算取整相当于 750ml/d），其中我国调查的数据平均为 726.3g/d±165.5g/d，国外报告的数据平均为 778.1g/d±138.9g/d。在估计我国 1～6 月龄婴儿营养素适宜摄入量时，推荐该年龄段婴儿的摄乳量为 750ml/d 或 780g/d，而且这一数值与 2001 年 WHO 计算 0～6 月龄健康、纯母乳喂养儿膳食营养素适宜摄入量采用的摄乳量是一致的。

（孙忠清，荫士安，杨振宇）

参考文献

[1] Hambracus L. Maternal diet and human milk composition. Switzerland：Hans Huber Publishers，1980.

[2] 中国营养学会. 中国居民膳食营养素参考摄入量（2013 版）. 北京：科学出版社，2014.

[3] Butte NF，Wong WW，Patterson BW，et al. Human-milk intake measured by administration of deuterium oxide to the mother：a comparison with the test-weighing technique. Am J Clin Nutr，1988，47（5）：815-821.

[4] Brown KH，Black RE，Robertson AD，et al. Clinical and field studies of human lactation：methodological considerations. Am J Clin Nutr，1982，35（4）：745-756.

[5] Savenije OE，Brand PLP. Accuracy and precision of test weighing to assess milk intake in newborn infants. Arch Dis Child Fetal Neonatal Ed，2006，91（5）：F330-332.

[6] Coward WA，Cole TJ，Sawyer MB，et al. Breast-milk intake measurement in mixed-fed infants by administration of deuterium oxide to their mothers. Hum Nutr Clin Nutr，1982，36（2）：141-148.

[7] Neville MC，Keller R，Seacat J，et al. Studies in human lactation：milk volumes in lactating women during the onset of lactation and full lactation. Am J Clin Nutr，1988，48（6）：1375-1386.

[8] Dewey KG，Heinig MJ，Nommsen LA，et al. Maternal versus infant factors related to breast milk intake and residual milk volume：the DARLING study. Pediatr，1991，87（6）：829-837.

[9] 黄果，郑德元，钱幼琼. 乳母泌乳量及婴儿摄乳量的观察. 中国新生儿科杂志，1987，2：116-119.

[10] Butte NF，Wong WW，Garza C，et al. Energy requirements of breast-fed infants. J Am Coll Nutr，1991，10（3）：190-195.

[11] Butte NF，Villalpando S，Wong WW，et al. Human milk intake and growth faltering of rural Mesoamerindian infants. Am J Clin Nutr，1992，55（6）：1109-1116.

[12] Canfield LM，Hopkinson JM，Lima AF，et al. Vitamin K in colostrum and mature human milk over the lactation period--a cross-sectional study. Am J Clin Nutr，1991，53（3）：730-735.

[13] Greer FR，Marshall SP，Foley AL，et al. Improving the vitamin K status of breastfeeding infants with maternal vitamin K supplements. Pediatr，1997，99（1）：88-92.

[14] Dewey KG，Peerson JM，Heinig MJ，et al. Growth patterns of breast-fed infants in affluent（United States）and poor（Peru）communities：implications for timing of complementary feeding. Am J Clin Nutr，1992，56（6）：1012-1018.

[15] Salazar G，Vio F，Garcia C，et al. Energy requirements in Chilean infants. Arch Dis Child Fetal Neonatal Ed，2000，83（2）：F120-123.

[16] Haisma H，Coward WA，Albernaz E，et al. Breast milk and energy intake in exclusively，predominantly，and partially breast-fed infants. Eur J Clin Nutr，2003，57（12）：1633-1642.

[17] Moore SE，Prentice AM，Coward WA，et al. Use of stable-isotope techniques to validate infant feeding practices reported by Bangladeshi women receiving breastfeeding counseling. Am J Clin Nutr. 2007, 85（4）：1075-1082.

[18] Köhler L，Meeuwisse G，Mortensson W. Food intake and growth of infants between six and twenty-six weeks of age on breast milk，cow's milk formula，or soy formula. Acta Paediatr Scand，1984，73（1）：40-48.

[19] Michaelsen KF，Samuelson G，Graham TW，et al. Zinc intake, zinc status and growth in a longitudinal study of healthy Danish infants. Acta Paediatr，1994，83（11）：1115-1121.

[20] Salmenperä L，Perheentupa J，Siimes MA. Exclusively breast-fed healthy infants grow slower than reference infants. Pediatr Res，1985，19（3）：307-312.

[21] van Raaij JM，Schonk CM，Vermaat-Miedema SH，et al. Energy cost of lactation，and energy balances of well-nourished Dutch lactating women：reappraisal of the extra energy requirements of lactation. Am J Clin Nutr，1991，53（3）：612-619.

[22] Nielsen SB，Reilly JJ，Fewtrell MS，et al. Adequacy of milk intake during exclusive breastfeeding：a longitudinal study. Pediatr，2011，128（4）：e907-914.

[23] 王文广，殷泰安，李丽祥，等. 北京市城乡乳母的营养状况、乳成分、乳量及婴儿生长发育关系的研究 I：乳母营养状况、乳量及乳中营养素含量的调查. 营养学报，1987；9：338-341.

[24] Butte NF，Garza C，Smith EO. Variability of macronutrient concentrations in human milk. Eur J Clin Nutr，1988，42（4）：345-349.

[25] Dewey KG，Heinig MJ，Nommsen LA，et al. Growth of breast-fed and formula-fed infants from 0 to 18 months：the DARLING Study. Pediatr，1992，89（6 Pt 1）：1035-1041.

[26] da Costa TH，Haisma H，Wells JC，et al. How much human milk do infants consume？ Data from 12 countries using a standardized stable isotope methodology. J Nutr，2010，140：2227-2232.

[27] 孙忠清，杨振宇. 0-6 月龄纯母乳喂养儿每日母乳摄入量评估. 营养学报，2013，35：134-141.

[28] Dewey KG，Lönnerdal B. Infant self-regulation of breast milk intake. Acta Paediatr Scand，1986，75（6）：893-898.

[29] Hopkinson JM，Schanler RJ，Garza C. Milk production by mothers of premature infants. Pediatr，1988，81（6）：815-820.

[30] de Carvalho M，Anderson DM，Giangreco A，et al. Frequency of milk expression and milk production by mothers of nonnursing premature neonates. Am J Dis Child，1985，139（5）：483-485.

[31] Klaus MH. The frequency of suckling. A neglected but essential ingredient of breast-feeding. Obstet Gynecol Clin North Am，1987，14（3）：623-633.

[32] Auldist DE，Carlson D，Morrish L，et al. The influence of suckling interval on milk production of sows. J Anim Sci，2000，78（8）：2026-2031.

[33] Woolridge MW，Butte KG，Dewey AM，et al. Methods for the measuremet of milk volume intake of the breast-fed infant. New York：Plenum Press，1985.

[34] Stuff JE，Nichols BL. Nutrient intake and growth performance of older infants fed human milk. J Pediatr，1989，115（6）：959-968.

[35] Prentice AA，Pau A，Prence A，et al. Cross-cultural differences in lactational performance. New York：Plenum Press，1986.

[36] McClellan HL，Hepworth AR，Kent JC，et al. Breastfeeding frequency，milk volume，and duration in mother-infant dyads with persistent nipple pain. Breastfeed Med，2012，7：275-281.

[37] Lipsman S，Dewey KG，Lönnerdal B. Breast-feeding among teenage mothers：milk composition，infant growth，and maternal dietary intake. J Pediatr Gastroenterol Nutr，1985，4（3）：426-434.

[38] Zavaleta N，Lanata C，Butron B，et al. Effect of acute maternal infection on quantity and composition of breast milk. Am J Clin Nutr，1995，62（3）：559-563.

[39] Matheson I，Rivrud GN. The effect of smoking on lactation and infantile colic. JAMA，1989，261（1）：42-43.

[40] de Araujo Burgos MG，Bion FM，Campos F. Lactation and alcohol：clinical and nutritional effects. Arch Latinoam Nutr，2004，54（1）：25-35.

[41] Cobo E. Effect of different doses of ethanol on the milk-ejecting reflex in lactating women. Am J Obstet Gynecol，1973，115（6）：817-821.

[42] Ford K，Labbok M. Contraceptive usage during lactation in the United States：an update. Am J Public Health，1987，77（1）：79-81.

[43] Bahamondes L，Bahamondes MV，Modesto W，et al. Effect of hormonal contraceptives during breastfeeding on infant's milk ingestion and growth. Fertil Steril，2013，100（2）：445-450.

[44] Shukri NHM，Wells JCK，Fewtrell M. The effectiveness of interventions using relaxation therapy to improve breastfeeding outcomes：A systematic review. Matern Child Nutr，2018，14（2）：e12563.

母乳中的主要成分是水（含量为 87%~88%），约有 124g/L 的固体成分为宏量营养素（macronutrients），其中碳水化合物约占 7%（60~70g/L）、脂肪占 3.8%（35~40 g/L）、蛋白质占 1%（8~10g/L）。由此可以看出，人乳中宏量营养素含量最多的是碳水化合物（其中约 90%是乳糖），其次是脂类和蛋白质。典型的成熟母乳每 100 毫升含有 65~70 kcal（1cal=4.1840J）的能量，主要来自脂肪和碳水化合物（脂肪和碳水化合物分别占 50%和 40%）。

一、蛋白质

蛋白质是组成人体一切细胞和组织的主要成分，充足的蛋白质供给对喂养儿的生长、发育及其生理功能均非常重要。因此母乳中的蛋白质成分也是目前人们关注和研究最多的。

人乳蛋白质是由乳清蛋白和酪蛋白以及各种肽类组成的混合物。母乳中的乳清蛋白为液态，易于消化；而酪蛋白为胶束，进入喂养儿的胃内以乳凝块或凝乳形式存在，不易溶解；乳清蛋白/酪蛋白的比值随哺乳期延长而变化，初乳中最高，约为 90:10，到成熟乳时降到约为 60:40。已知人乳中含有 2000 多种成分，其中 1000 多种是蛋白质、多肽和游离氨基酸，已证明，人乳中的乳铁蛋白、骨桥蛋白、免疫球蛋白、多种酶类、激素和类激素成分、α-乳清蛋白以及乳清蛋白与酪蛋白的比值具有明确的生理功能。

二、脂肪

人乳中脂肪是第二高的宏量营养素，在婴儿营养素供给（提供总能量的近 50%）和中枢神经系统发育以及视网膜功能维持中发挥着重要作用。初乳中脂肪含量为 15~20g/L，然后逐渐升高，成熟乳中含量为 40g/L；通常每次哺乳中后乳中的脂肪含量比前乳中的高 2~3 倍。

人乳脂肪酸的主要成分是甘油三酯，还含有喂养儿所必需的两种脂肪酸——亚油酸和 α-亚麻酸，而这两种脂肪酸分别是花生四烯酸和二十碳五烯酸（EPA）的前体，后者进一步转化为二十二碳六烯酸（DHA）。人乳中的脂类是以乳脂肪球的形式存在，主要有甘油三酯、胆固醇、磷脂等，长链多不饱和脂肪酸（如 AA 和 DHA）和中链脂肪酸（MCFA）与婴儿营养以及生长发育的关系是人们关注的热点。

第二篇 宏量营养素

三、碳水化合物

碳水化合物是人乳中最丰富的成分之一，从出生开始，母乳中碳水化合物就对婴儿的营养发挥重要作用，如整个胃肠道生理功能的发育以及肠道菌群组成的维持等。乳糖是母乳中的主要碳水化合物，除了可调节肠道益生菌菌群和发挥免疫调节作用外，还可以促进二价矿物质（如钙、铁、锌等）的吸收利用。

其中低聚糖类（HMOs）是人乳中的一类重要的碳水化合物，也是人乳中第三丰富的成分，其在初乳中含量最高，具有调节肠道菌群、刺激益生菌生长、提高机体免疫力和促进婴儿大脑发育等重要生理功能。

在本篇中，重点介绍了蛋白质，包括人乳中蛋白质的组成和含氮化合物、酪蛋白和乳清蛋白、乳脂肪球膜蛋白以及多种不同蛋白质组分的含量和生物学功能等；人乳中氨基酸的含量与测定方法；人乳中脂类分子和 MCFA 的含量与测定方法；人乳中碳水化合物和低聚糖类的含量和测定方法等；同时还分析了影响母乳中宏量营养素含量的因素等。

第七章

蛋白质

在生命初期，母乳喂养对婴儿生存与达到最佳生长发育状况发挥重要作用。其中乳蛋白是乳汁中最重要的营养成分之一，其含量与组成是决定母乳质量的重要指标，也是迄今人们关注和研究最多的母乳成分之一。了解人乳独特的蛋白质组成及其生理功能和营养学作用，将有助于估计婴儿蛋白质需要量、制定推荐摄入量。

第一节　人乳蛋白质组成及含氮化合物

人乳中的蛋白质含量丰富且种类多样，还含有许多具有生物活性的蛋白质，它们是由乳腺上皮细胞合成并分泌的。这些生物活性蛋白质具有多样化的功能，包括酶活性、增加营养素吸收利用、刺激生长、免疫调节和防御致病菌（抗菌作用）等[1]，有助于新生儿的早期发育[2,3]。由于遗传变异和翻译后修饰对乳蛋白的影响，使人乳中的蛋白质组成更为复杂和多样化。

一、种类

不同研究报道的不同哺乳期乳汁中粗蛋白含量，结果见表 7-1。初乳中含有较高的蛋白质，随后呈降低趋势，到成熟乳阶段（15 天之后）蛋白质含量下降速度减缓并且趋于稳定。初乳中较高的蛋白质含量主要与含非常高的乳铁蛋白和 sIgA 有关；在哺乳初期，人乳中检测不出β-酪蛋白或其含量极低。

指标	初乳		过渡乳		成熟乳		时间	文献来源
	含量	时间/d	含量	时间/d	含量	时间/d		
MA[①]	28±11	1～3	19±4	7～14	16±4	21～28	2014	Gidrewicz 等[8]
MA[①]	21±5	4～7	—[②]		14±3	35～42	2014	Gidrewicz 等[8]
德国	22±2	1～7	19±3	7～14	17～15	15～35	2011[③]	Bauer 等[9]
西班牙	18.1±3	1～5	15.9±3	6～15	16.6±3	≥15	2008	Sánchez López 等[10]
中国	29.2±8.5	<7	—[②]		14.0～12.5	30～60	1997～[③]	张兰威 等[11]
美国	27.0±3.1	1～3	16.8±1.7	7～12	10.6±1.5	22～166	1987	Lönnerdal 等[12]
泰国	15.6	0～7	11.3	8～14	9.9～9.4	15～28	1981	Chavalittamrong 等[13]

①荟萃分析，包括 41 个试验（26 个早产儿研究，843 例乳母；30 个足月儿研究，2299 例乳母）。②没有数据。③发表时间。

已知人乳中含有 2000 多种成分，其中 1000 多种是蛋白质、肽和游离氨基酸，主要的蛋白质有乳清蛋白 [包括α-乳白蛋白（α-lactalbumin）、β-乳球蛋白（β-lactoglobulin）（免疫球蛋白）、血清白蛋白（serum albumin）、乳铁蛋白（lactoferrin）、骨桥蛋白（osteopontin）等，占总蛋白质的 70%]、酪蛋白 [包括β-酪蛋白（β-casein）和κ-酪蛋白（κ-casein），占总蛋白质的 30%]。例如，Beck 等[4]通过比较人乳和猕猴乳中的蛋白质组，分别识别了 1606 个和 518 个蛋白质，在所分析检测到的蛋白质同源物中识别出 88 个差异丰富的蛋白质；相对于猕猴，人乳中 93%的蛋白质丰度增加，包括乳铁蛋白、高分子免疫球蛋白受体、α1-抗胰凝乳蛋白酶、维生素 D 结合蛋白和结合咕啉，而且母乳中更丰富的蛋白质与胃肠道、免疫系统和大脑的发育有关。

人乳蛋白质也可以分为黏蛋白（mucins）、酪蛋白（caseins）和乳清蛋白（whey protein）三类。酪蛋白是牛乳的主要蛋白质，而人乳的蛋白质主要是乳清蛋白；黏蛋白，也被称为乳脂肪球膜（milk fat globule membrane, MFGM）蛋白，在乳汁中包裹着脂质球，该种蛋白质占人乳蛋白质总量的百分比很小[5]，很少受到关注。人乳中还含有多种功能性多肽，如乳铁蛋白降解或衍生的多肽和κ-酪蛋白短链多肽等[6]。

二、乳清蛋白与酪蛋白比值

人乳中乳清蛋白与酪蛋白的比值（the ratio of whey to casein）常被用作为设计婴儿配方食品的金标准，然而人乳中的这个比值并不是"固定"不变的，而是在整个哺乳期处于动态变化过程中，通常人们提及的 60:40 的比值是正常哺乳期的近似值，变化范围从哺乳初期（初乳）的 90:10、过渡乳的 65:35 到成熟乳（产后 1 个月）的 60:40 以及哺乳晚期的 50:50，说明酪蛋白和乳清蛋白的合成或/和分泌受不同的机制调控[5,7]。由于酪蛋白和乳清蛋白的氨基酸组成成分不同，因此哺乳期间母乳的氨基酸含量也不同。

三、含氮化合物

人乳中含氮化合物可分为蛋白质和非蛋白质含氮（non-protein-nitrogen, NPN）化合物。人乳中的总氮水平也与蛋白质含量的变化相似，含氮化合物的总量与哺乳阶段有关，初乳和过渡乳中含量很高，成熟乳中含量最低（表 7-2）。根据 Lönnerdal 等[12]的分析结果，乳汁中的总氮含量超过 90% 存在于乳清中，而且主要是存在于蛋白质中，初乳、过渡乳和成熟乳所占的比例分别为 83.8%、77.7% 和 60.6%。总氮中 NPN 化合物所占的比例也与哺乳阶段有关，呈现逐渐升高趋势，初乳、过渡乳和成熟乳分别为 9.7%、15.6% 和 20.6%。

▣ 表 7-2　人乳中含氮化合物含量　　　　　　　　　　　　　　　　　　　　单位：g/L

指标		初乳		过渡乳		成熟乳		时间	文献来源
		含量	时间/d	含量	时间/d	含量	时间/d		
总氮	西班牙	2.9±0.5	1～5	2.5±0.4	6～15	2.0±0.4	≥15	2008	Sánchez López 等[10]
	美国	4.32±0.50	1～3	2.69±0.28	7～12	1.70±0.24	22～166	1987	Lönnerdal 等[12]
	泰国	3.05	0～7	2.57	8～14	2.39～2.38	15～28	1981	Chavalittamrong 等[13]
	瑞典	—		3.05±0.59	0～15	1.93±0.24	15～45	1976	Lönnerdal 等[14]
	埃塞俄比亚	—		3.14±0.83	0～15	2.89±0.59	15～45	1976	Lönnerdal 等[14]
乳清氮	美国	4.04±0.63	1～3	2.51±0.15	7～12	1.70±0.24	22～166	1987	Lönnerdal 等[12]
乳清蛋白氮	美国	3.62±0.59	1～3	2.09±0.04	7～12	1.03±0.33	22～166	1987	Lönnerdal 等[12]
非蛋白氮	美国	0.42±0.04	1～3	0.42±0.11	7～12	0.35±0.08	22～166	1987	Lönnerdal 等[12]
	瑞典	—		0.53±0.09	0～15	0.46±0.03	15～45	1976	Lönnerdal 等[14]
	埃塞俄比亚	—		0.46±0.06	0～15	0.46±0.08	15～45	1976	Lönnerdal 等[14]
乳清非蛋白氮/总氮/%	美国	9.7		15.6		20.6		1987	Lönnerdal 等[12]

四、营养与生理作用

人乳蛋白质除了作为氨基酸来源外，还发挥一系列的功能，包括作为其他微量营养素吸收和转运的载体参与和促进乳汁中营养素的吸收利用、提高微量营养素的生物利用率、有助于婴儿生长发育（如乳清蛋白和酪蛋白）、刺激肠道的生长和成熟等；还有很多人乳蛋白及其降解的片段支持免疫防御和改善肠道微生态环境，具有抗菌、抗病毒、增强免疫力等生物学功能（如乳铁蛋白和免疫球蛋白等）[15]；有些蛋白质也可以增强学习能力和记忆力以及具有保护牙釉质的作用等（酪蛋白、乳清蛋白）[16,17]。人乳蛋白相关的生物学功能汇总于表 7-3。

⊡ 表 7-3　人乳蛋白相关的生物学功能

生物学功能	蛋白质种类
营养	α-乳清蛋白，α-酪蛋白，β-酪蛋白，κ-酪蛋白
营养素消化与吸收	
酶	α-抗胰蛋白酶（α- antitrypsin），淀粉酶（amylase），胆盐刺激脂酶（bile-sale-stimulated lipase）
营养素载体	α-乳清蛋白（钙，锌）[α-lactalbumin（calcium, zinc）] β-酪蛋白（钙，磷）[β-casein（calcium,phosphous）] 叶酸结合蛋白（叶酸）[folate-binding protein（folate）] 结合咕啉（维生素 B_{12}）[haptocorrin（vitamin B_{12}）] 乳铁蛋白（铁）[lactoferrin（iron）]
肠道发育	生长因子（即胰岛素样生长因子-1，表皮生长因子），乳铁蛋白
宿主防御	α-乳清蛋白（α-lactalbumin），细胞因子（cytokines），结合咕啉（haptocorrin），κ-酪蛋白（κ-casein），乳黏附素（lactadherin），乳铁蛋白（lactoferrin），乳过氧化物酶（lactoperoxidase），溶菌酶（lysozyme），骨桥蛋白（osteopontin），分泌型 IgA（secretory IgA）
益生作用	α-乳清蛋白（α-lactalbumin），乳铁蛋白（lactoferrin），乳聚糖（milk glycans），乳脂肪球膜（MFGM）
认知	乳铁蛋白（lactoferrin），乳脂肪球膜（MFGM）

注：改编和引自 Donovan 等[17~22]；MFGM，即 milk fat globule membrane，乳脂肪球膜。

1. 营养作用

对于处在迅速生长发育阶段的母乳喂养婴儿，母乳中蛋白质是氨基酸的重要来源[15]。人乳中还含有很多蛋白质或其组分具有明确的重要生物学功能，支持或有益于新生儿的早期发育，如乳铁蛋白、多种酶类（如溶菌酶）和激素（如瘦素、IGF-1）、免疫球蛋白（如 sIgA）、诸多细胞因子和细胞成分等。乳铁蛋白和 sIgA 在成熟乳（哺乳 30 天以上）中的总浓度约为 2g/L，估计有 6%~10%的未被消化，这些没有被消化且具有生物活性的小分子量蛋白质对母乳喂养的婴儿可能有重要生理意义，还有几种人乳蛋白质消化过程中产生的多肽，如酪蛋白磷酸肽（casein phosphopeptides, CPPs）被证明在新生儿的肠道中具有生物活性。

2. 营养素吸收利用及功能

母乳中的营养素能被新生儿和婴儿充分消化、吸收、利用。有诸多因素与母乳中营养素的高吸收利用率有关，其中许多人乳蛋白质在促进母乳中其他营养素的消化和摄取中发挥作用。如这些蛋白质与其他必需营养素结合，帮助其溶解在溶液中，促进肠黏膜摄取这些营养素，而其他蛋白质（如蛋白酶抑制剂）通过限制蛋白水解酶的活性促进这一过程，从而保留一些相对稳定结合蛋白的生理功能。人乳中存在某些酶类可能影响宏量营养素的消化、吸收和利用。

（1）与消化功能有关的蛋白质　人乳中与消化功能有关的活性蛋白质有：①胆盐刺激脂酶（bile salt-stimulated lipase）和淀粉酶帮助脂类和淀粉消化，对早产儿尤为重要；②人乳中存在蛋白酶抑制剂，如α_1-抗胰蛋白酶（α_1-antitrypsin）和抗胰凝乳蛋白酶（antichymotrypsin）的生理意义在于限制母乳喂养儿的胰酶活性。

（2）与营养素载体和吸收有关的蛋白质　人乳中与载体和吸收活性有关的蛋白质有：①β-酪蛋白，消化过程中形成的磷酸肽有助于Ca^{2+}处于溶解状态，促进母乳中钙以及其他二价阳离子的吸收（如锌）[23]；②乳铁蛋白，人乳中的铁大部分与乳铁蛋白结合，乳铁蛋白可促进肠细胞摄取铁，帮助铁吸收；③结合咕啉（haptocorrin），又被称为维生素 B_{12} 结合蛋白，人乳中几乎所有的维生素 B_{12} 都是与结合咕啉结合，促进维生素 B_{12} 吸收；④叶酸结合蛋白（folate-binding protein, FBP），促进小肠摄取叶酸和组织利用；⑤α-乳清蛋白，已知人α-乳清蛋白结合钙，可能还有锌，促进矿物质的吸收；⑥IGF结合蛋白，人乳中存在的 IGF-1 和 IGF-2 主要与 IGF 结合蛋白有关，这些结合蛋白可以保护 IGF-1 和 IGF-2 不被消化，延长其半衰期和调节与肠受体的相互作用[24]。

（3）具有抗菌活性或与改善肠道功能相关的活性成分

① 增强免疫功能和抗菌活性及促进益生菌生长定植　人乳中很多蛋白质具有增强免疫功能以及防御致病微生物包括病毒和霉菌的活性，有些蛋白质可能是独立发挥作用，有些可能是协同发挥作用；母乳中活性蛋白的抗菌作用是多样的，范围从刺激有益微生物的生长定植、杀死或抑制致病菌的生长，到防止有害微生物的吸附或侵袭[1,15]。

目前已知人乳中具有抗菌活性的蛋白质有免疫球蛋白（尤其是 sIgA）、乳铁蛋白、溶菌酶、β-酪蛋白和κ-酪蛋白、乳过氧化物酶、结合咕啉、α-乳清蛋白、胆盐刺激脂酶、TNF 等[1]。参与母乳喂养婴儿免疫功能的人乳蛋白有 sIgA、多种细胞因子（白介素、TNF-α 和 TGF 等）、乳铁蛋白等。人乳中某些蛋白质可刺激益生菌生长定植，如双歧杆菌多肽，已经有两种这样的多肽被分离，其中一个是来源于乳铁蛋白，另一个是来源于 sIgA 的分泌成分[25]。

② 肠道发育和功能方面的作用　人乳中含有的某些蛋白质，如生长因子、乳铁蛋白和来源于酪蛋白的肽类等，具有促进肠道发育和功能完善的作用[26,27]。人乳中已经发现的 IGF-1 和 IGF-2 通过刺激 DNA 的合成和促进细胞生长，从而促进新生儿肠道的发育成熟；EGF（epidermal growth factor，表皮细胞生长因子）可能通过与小肠 EGF 受体相

互作用,影响新生儿肠道功能的成熟。乳铁蛋白可促进母乳喂养新生儿肠黏膜快速发育成熟;几种具有生理活性的多肽来自人乳酪蛋白,尤其是β-酪蛋白,其中阿片肽(opioid peptides)可能具有局部影响(对小肠液体流动的影响)和全身影响(对睡眠行为的影响)。

五、影响因素

在整个哺乳期,母乳中蛋白质含量及其组分构成变化较大,受诸多因素影响,包括不同哺乳阶段、昼夜节律、乳母的膳食蛋白质摄入量(数量与质量)、胎儿的成熟程度以及分娩方式等。

1. 哺乳阶段

产后最初 1 个月,母乳蛋白质含量迅速下降,之后的降低速度逐渐趋缓[14];乳清蛋白与酪蛋白的比值也逐渐下降;整个哺乳期间不同的β-酪蛋白和κ-酪蛋白亚基的相对比例也不同[7]。哺乳初期酪蛋白和乳清蛋白含量的变化非常明显,乳清蛋白的浓度非常高,而产后最初几天母乳中基本上检测不出酪蛋白,之后随着乳腺酪蛋白合成增加使乳汁中酪蛋白含量逐渐升高,而总乳清蛋白水平则相应降低,部分原因是产乳总量增加。因为整个哺乳期脂肪含量变化不大,母乳中黏蛋白的水平较稳定。

2. 昼夜节律变化

已有的研究观察到在 24h 母乳喂养期间,乳汁成分存在明显的昼夜节律性变化(diurnal variation),如 Sánchez López 等[10]评价了西班牙乳母产后 2 个月内不同哺乳阶段的乳汁中氮和蛋白质含量的昼夜节律性变化,初乳和过渡乳的氮和蛋白质含量昼夜节律变化不明显,而夜间(20:00~8:00)成熟乳中氮和蛋白质含量显著高于白天(8:00~20:00),结果见表 7-4。然而 Khan 等[28]的研究结果则是 24h 内的母乳蛋白质含量没有显示明显差异。

▢ 表7-4　母乳中氮和蛋白质含量的昼夜节律变化①

组别	样本数	产后时间/d	总氮/(g/dl)		蛋白质/(g/dl)	
			20:00~8:00	8:00~20:00	20:00~8:00	8:00~20:00
初乳	11	3±1(1~5)	0.30±0.06	0.29±0.05	1.88±0.4	1.81±0.3
过渡乳	27	8±2(6~15)	0.26±0.04	0.25±0.04	1.62±0.3	1.59±0.3
成熟乳	31	29±20(>15)	0.22±0.05	0.20±0.04②	1.35±0.3	1.26±0.3②

①改编自 Sánchez López 等[10],2011。②与夜间比,差异显著,$P<0.05$。

3. 乳母膳食蛋白质摄入量

关于乳母膳食蛋白质摄入量或乳母体成分对乳汁蛋白质浓度的影响,目前仍缺乏令人信服的证据,即使是在那些营养不良的乳母也是这样。然而,对于使用总氮作为 TAA 含量的标识性指标或通过短期人体代谢研究，获得有关研究结果的解释仍受到人们的质疑。

在营养状况良好的瑞典妇女的研究中，Forsum 和 Lönnerdal[29]证明，增加乳母蛋白质摄入量由占总能量的 8%增加到 20%，可增加成熟乳汁中总氮、蛋白质和 NPN 含量和 24h 乳蛋白产量。然而，来自印度、巴基斯坦和危地马拉等发展中国家的研究结果显示，在那些食物供给受限的地区，母乳中蛋白质含量降低以及游离和 TAA 组成发生改变。在美国，一项限制蛋白质摄入量 7～10 天的研究中，与给予高蛋白质膳食组（1.5g/kg 体重）相比，限制膳食蛋白质摄入量组（1.0g/kg 体重）的乳母乳汁中蛋白氮、蛋白质结合的氨基酸和乳铁蛋白的含量并没有受到明显影响[30]；意大利的研究结果表明，当乳母的蛋白质需要量得到满足，即摄入量和需要量没有显著差异时，母乳的氮组分没有显著差异[31]。

4. 胎儿的成熟程度

已经有多项研究提示，分娩初期，特别是最初 2 周，早产儿的母乳中总蛋白质水平和个别蛋白质水平都显著升高[9,32,33]，初乳中蛋白质比足月儿母乳高 35%（0.7g/dl），之后这样的差异显著降低[8]。因此，给早产儿喂予母乳而不是婴儿配方食品（奶粉），可以为早产儿在胃肠道成熟、神经系统发育、宿主免疫防御和营养方面提供诸多益处，特别是能提供免疫保护和帮助生长发育的生长因子。并且临床研究发现，总蛋白质含量、蛋白质与能量比和提供给每个婴儿像乳铁蛋白这样个别蛋白质的量，都对生长发育有影响。Zachariassen 等[34]研究观察到，母乳蛋白质含量与分娩新生儿的成熟程度有关，孕周小于 28 周的母亲乳汁中蛋白质含量趋势高于孕周 28～32 周的母亲乳汁蛋白质含量，产后 2 周的蛋白质含量分别为（1.84±0.47）g/dl 和（1.75±0.34）g/dl。

5. 其他因素

与剖宫产的乳母相比，自然分娩新生儿的母亲乳汁中含有较高的蛋白质，分别为30g/L（5～63）和 24g/L（3～64），$P=0.036$，分娩过程中的疼痛和子宫收缩诱导的激素活性可以解释人乳蛋白质成分的改变，使之促进新生儿生理功能达到最佳的发育状态[35]。

第二节　酪蛋白

19 世纪 90 年代，人们根据等电点的不同，从人乳粗蛋白中分离出了酪蛋白（caseins）和乳清蛋白，又进一步将酪蛋白亚基分成α-酪蛋白、β-酪蛋白和κ-酪蛋白。虽然也有人提出还有γ-酪蛋白，但是这个组分后来被认为不是真正的酪蛋白亚基，而是β-酪蛋白降解产生的片段。大多数动物的乳汁中都含有酪蛋白并且将其作为主要的蛋白质类别，然而在人乳中则不是这种情况。人初乳和"早产"乳母的乳汁中不含酪蛋白或含量非常低；

随哺乳时间延长，酪蛋白将构成较大部分的人乳蛋白[7]。人乳仅含有β-酪蛋白和κ-酪蛋白，α_{s1}-酪蛋白和乳球蛋白的含量很低，而牛奶含有α-酪蛋白的两种不同形式α_{s1}和α_{s2}，α_{s1}-酪蛋白是牛奶酪蛋白的主要成分。哺乳最初一年人乳中总酪蛋白及其亚单位含量见表7-5。

▷ 表7-5　哺乳最初一年人乳中总酪蛋白及其亚单位含量　　　　　　　　　　单位：g/L①

蛋白质	初期（0～10天）	过渡（11～30天）	成熟（31～365天）
总酪蛋白	2.49±0.41	2.59±0.59	1.92±0.72
α-酪蛋白	0.34±0.09	0.33±0.07	0.33±0.18
β-酪蛋白	1.29±0.28	1.46±0.46	1.03±0.53
κ-酪蛋白	0.86±0.09	0.80±0.10	0.55±0.05

①数据系平均值±SD。
注：引自 Liao 等[36]，2017。

一、胶束

β-酪蛋白需要磷酸化并形成微胶团（胶束，micelles）才能发挥生物学功能。胶束是由酪蛋白亚基、钙、磷酸盐和其他离子（如镁和柠檬酸等）成分构成的不溶性聚集体，通常被称为胶体磷酸钙（colloidal calcium phosphate, CCP），以亚胶束形式使乳汁呈白色外观。人乳中仅有 6%的钙是与酪蛋白结合，而牛奶中 65%的钙是与 CCP 结合的形式[37]。人乳胶束比牛奶的胶束小很多，直径为 30～75nm，而牛奶胶束大到 600nm。

2011 年，Liao 等[2]研究发现，用酸沉淀法和液相色谱串联质谱法，从人乳酪蛋白微胶团中分离出 82 种小分子量蛋白质，其中有 18 种仅存在于酪蛋白中，而乳清蛋白中则没有；特别是与酪蛋白胶束有关的 32 种蛋白质以前在人初乳或成熟乳中均未检出。在这些小分子量蛋白质中，28%参与免疫功能，而其他的重要部分（22%）可能参与新陈代谢/能量产生过程。这些蛋白质大多数源于细胞外或细胞质（分别为50%和29%）[38]。许多可溶性蛋白质是作为酪蛋白区室的组成部分。

采用无标记 LC-MS/MS 法联合动态磷酸肽富集技术，可揭示泌乳过程中的磷酸化变化，人乳中的α-酪蛋白和β-酪蛋白在泌乳过程中的磷酸化是处于不断变化过程中[2]。2005 年，Sood 等[39]用分光光度法阐明了酪蛋白的磷酸化形式和影响其微团形成的因素。该实验发现，β-酪蛋白在 Ca^{2+}和无机磷酸盐存在的环境下，更易形成微团，β-酪蛋白可以被 1～5 个磷酸基磷酸化。2007 年，瑞典学者 Kjeldsen 等[40]用 bottom-up LC-MS/MS法研究了人乳α（S1）-酪蛋白的磷酸化形式，发现酪蛋白磷酸化主要发生部位是在 S70和 S76 亚基，颠覆了以往人们认为酪蛋白的磷酸化主要发生部位是在 S18 和 S26 亚基的认识。2008 年，澳大利亚学者 Poth 等[41]用二维聚丙烯酰胺凝胶电泳＋MALDI-TOF/TOF-MS 法对人乳中酪蛋白的磷酸化形式的检测发现，α（S1）-酪蛋白有 9 种亚型、β-酪蛋白有 6 种亚型，这也是第一个描述酪蛋白不同磷酸化形式的实验。

2007 年，西班牙学者 Manso 等[42]用毛细电泳法分析了母乳中的酪蛋白，描述了母乳中酪蛋白磷酸化在整个泌乳期的动态变化，指出母乳中酪蛋白不同磷酸化形式的比例为：0P：1P：2P：3P：4P：5P=3：6：9：4：10：2。

二、β-酪蛋白

β-酪蛋白（β-casein）是人乳酪蛋白的主要组成成分，有关其更多的介绍见本书第十章β-酪蛋白。

三、κ-酪蛋白

κ-酪蛋白（κ-casein）是人乳中的一种糖基化蛋白质，含量很低，而且对蛋白水解酶敏感。人乳κ-酪蛋白分子量约为 37kDa，其中 19kDa 是碳水化合物，经典的氨基酸序列分析显示含有 158 个氨基酸残基。由于人乳κ-酪蛋白高度糖基化，与其他动物乳汁的κ-酪蛋白相比，人乳的κ-酪蛋白具有其独特性。已经证实人乳酪蛋白比牛乳酪蛋白含有相当高的碳水化合物（4%与 0.8%），例如人乳κ-酪蛋白含有 40%～60%的碳水化合物，而牛乳κ-酪蛋白仅含有 10%的碳水化合物，人乳酪蛋白除了含有唾液酸外，己糖和己糖胺的含量也特别高。虽然人乳κ-酪蛋白含有的碳水化合物种类少，即半乳糖、N-乙酰半乳糖胺、N-乙酰葡糖胺、神经氨酸和岩藻糖，然而多个糖基化位点和聚糖的复杂分支结构为κ-酪蛋白的结构变异提供了许多可能。

1990 年，Kunz 等[38]用液相色谱法分离研究了人乳酪蛋白，发现随哺乳期延长出现的酪蛋白含量增加是源于κ-酪蛋白的增加，哺乳期酪蛋白亚基磷酸化、糖基化的不同表明β-酪蛋白和κ-酪蛋白的合成和翻译后修饰受不同的机制调节。人乳中酪蛋白首先由类溶血纤维酶作用其氨基末端的赖氨酸残基，将其水解为寡肽，然后被肽段内切酶和外切酶进一步水解为短肽，这些短肽有特异的生物学功能，如产生一些阿片样物质参与调节内分泌、神经活动等。

四、人乳酪蛋白的生理意义

人乳酪蛋白通常被认为是容易被新生儿和婴儿充分消化吸收的蛋白质，含有婴儿必需的所有氨基酸，由于其磷酸化位点可以与钙离子结合，从而可促进钙吸收，为新生儿提供优质的钙和磷，还可以促进像锌等其他二价阳离子的吸收。然而与提供的总量相比，人乳酪蛋白对氨基酸、钙和磷的贡献相对较小，人乳酪蛋白的亚单位可能还具有其他的生理功能。如人乳κ-酪蛋白可以促进婴儿肠道对营养素的吸收。

人乳β-酪蛋白经胃蛋白酶及胰液水解后，可产生具有抗氧化作用的活性肽段，如含有磷酸化氨基酸残基的 N-末端片段，即所谓的 CPPs，已被证明可保持乳汁中的钙以可溶形式存在，还可以促进钙被肠细胞摄取，保证新生儿获得适量的钙，CPPs 可能还具有其他的生理功能，如促进乳汁中微量元素（铁、锌、铜和锰）的吸收，这些微量元素与酪蛋白结合。β-酪蛋白的水解产物β-酪啡肽具有阿片样活性（opioid activity），这些多肽显示对阿片受体的亲和性，并表现出类阿片剂样的效果；人乳β-酪蛋白经胰蛋白酶水解后还可以产生具有免疫刺激作用的肽段，刺激巨噬细胞吞噬作用和增强抵抗疾病的能力。除了上述功能，β-酪蛋白及其水解产物（活性多肽）还可以提高新生儿的抗过敏能力，影响新生儿的睡眠状况；也有研究提出β-酪蛋白具有抗高血压特性、抗致病菌特性和防止细菌定植与生长等。然而，进入婴儿体内的母乳能产生多少这样的多肽以及这些多肽如何发挥生理功能仍是今后有待探索的重要领域。

第三节　乳清蛋白

人乳清中的蛋白质，即经过沉淀酪蛋白后残留的可溶性蛋白质，是多样化的。人乳清蛋白（lactalbumin），也称为乳白蛋白，主要蛋白质组分有α-乳清蛋白、乳球蛋白（β-乳球蛋白、免疫球蛋白、乳铁蛋白）、骨桥蛋白（osteopontin, OPN）、血清白蛋白等。哺乳最初一年人乳中总蛋白和主要乳清蛋白含量见表 7-6。人乳中含量最多的乳清蛋白是α-乳清蛋白、乳铁蛋白、sIgA，其次是溶菌酶和 OPN[20,43]。通常由初乳过渡到成熟乳，母乳中这些蛋白质浓度迅速降低，例外的是溶菌酶水平一直保持相对稳定[43]。

表 7-6　哺乳第一年人乳中总蛋白和主要乳清蛋白含量　　　　　　　　　　　　　单位：g/L①

蛋白质	初乳（0～5 天）	早期（6～15 天）	过渡（16～30 天）	成熟（31～360 天）
总蛋白质	20.6	15.7	14.8	11.1
α-乳清蛋白	4.45±0.41	4.3±0.41	3.52±0.27	2.85±0.24
乳铁蛋白	6.15±0.89	3.65±1.19	2.46±0.27	1.76±0.28
溶菌酶	0.32±0.01	0.30±0.01	0.28±0.11	0.38±0.15
分泌型 IgA	5.45±1.7	1.5±0.22	1.10±0.32	1.14±0.21
骨桥蛋白	0.180±0.10			0.138±0.09

① 数据系平均值±SD。
注：引自 Donovan 等[18,21,24]。

人乳乳清蛋白组学分析识别了 115 种独特蛋白质，其中与免疫反应有关的蛋白质占 35%[44]，其他的关键功能包括参与细胞通信（17%）、代谢/能量产生（16%）以及一般运输（12%）。与乳清蛋白相比，MFGM 的蛋白组学分析识别了 191 种蛋白质，参与的功能多样，包括新陈代谢/能量产生（21%）、细胞通信（19%）和一般运输（16%）功能，以及较小程度的免疫应答（20%）[44,45]。

一、α-乳清蛋白

α-乳清蛋白是人类乳汁中存在的主要蛋白质,更多内容详见本书第九章α-乳清蛋白。

二、乳球蛋白

乳清中的乳球蛋白(lactoglobulin)包括多种组分,其中已知的有β-乳球蛋白、免疫球蛋白和乳铁蛋白等。

1. β-乳球蛋白

β-乳球蛋白(β-lactoglobulin)是反刍动物乳汁中的主要乳清蛋白,也存在于许多动物的乳汁中。β-乳球蛋白是脂质运载蛋白,能与多种物质结合(如脂类、视黄醇等),是乳清蛋白中的重要组分;根据该种蛋白质的结构和物理化学分析,其配位体结构的中央位置有结合长链脂肪酸、类视黄醇和类固醇的位点。β-乳球蛋白也是糖基化糖蛋白[46]。人乳中β-乳球蛋白的生物学功能还在研究中,其氨基酸序列和三维结构表明,它是一个广泛多样的家族,其中大部分与疏水性配体结合,从而可以作为特异性的转运体,参与疏水性配体的运输和摄取,如血清视黄醇结合蛋白。已知β-乳球蛋白的功能是携带脂肪酸通过婴儿肠道,可能还参与酶活性的调节以及新生儿被动免疫的获得。

在不同动物种属之间,β-乳球蛋白的这些功能似乎并不完全相同。通过比较脂质运载蛋白家族的序列,妊娠早期人子宫内膜发现的胎盘蛋白与β-乳球蛋白密切相关。虽然胎盘蛋白的功能仍不清楚,它似乎影响免疫系统和/或参与分化过程;哺乳期间出现的乳腺β-乳球蛋白过度表达,可能为其母乳喂养儿提供重要的氨基酸来源。

2. 免疫球蛋白

乳母产后最初分泌的乳汁中含有丰富的免疫球蛋白(immunoglobulin,Ig),IgA、IgG、IgM的平均水平分别为17g/L、0.4g/L、1.6g/L,随后迅速降低,至产后第4天即分别降为1g/L、0.04g/L、0.1g/L[47]。

2007年,Sadeharju等[48]观察了人乳肠病毒抗体水平,泌乳初期的中位数为47.8EIUs,3个月时的中位数为11.8EIUs,呈逐渐降低的趋势,出生后纯母乳喂养超过2周的婴儿肠炎发病率低于不足2周者;在纯母乳喂养超过2周的婴儿群体中,母乳中IgA水平与婴儿肠炎患病率呈反比,说明纯母乳喂养超过2周以后,母乳肠病毒抗体可降低婴儿1岁内肠炎发病率。

sIgA是母乳中的主要免疫球蛋白,不但对婴儿的健康发挥重要保护作用,而且还可以保护乳母的乳腺。2003年,瑞典学者Böttcher等[49]用ELISA法检测了母乳中sIgA水平,提出其水平与婴儿遗传性过敏症无关;而母乳中的IgE与母乳的致敏性有关,约有2.5%的婴儿过敏与母乳中IgE有关[50]。关于人乳中免疫球蛋白的存在形式、功能、含量、检测方法以及影响因素，详见第十五章免疫球蛋白部分。

3. 乳铁蛋白

乳铁蛋白是转铁蛋白家族中与铁结合的糖蛋白，也是人乳中存在的主要蛋白质，占人乳蛋白质总量的 15%～20%。已知母乳中的乳铁蛋白能够抵抗蛋白水解酶进入肠道，发挥多样重要生理功能，如参与机体的固有免疫，具有抗细菌、抗病毒、抗真菌和抗寄生虫、抗炎、抗肿瘤的作用[51]；它是母乳中的主要抗氧化剂；促进乳汁中营养素的吸收利用。关于人乳中乳铁蛋白的存在形式、功能、含量、检测方法以及影响因素，详见第十四章乳铁蛋白部分。

三、骨桥蛋白

骨桥蛋白（OPN）是一种具有与钙有结合活性的分泌型磷酸化糖蛋白，占人乳中总蛋白质含量的 10%以上，更多内容见本书第十一章骨桥蛋白。

四、乳脂肪球膜蛋白

乳脂肪球膜蛋白是人乳中含量较少的一类残留在脂类中的蛋白质，约占乳汁总蛋白质含量的 1%～4%，更多内容见本书第十二章乳脂肪球膜。

五、其他蛋白质

近年的研究结果显示，母乳中还存在很多低丰度（微量）蛋白质，采用液相色谱串联质谱法分析人乳清中低丰度蛋白质，已经识别了 115 种蛋白质，其中 38 种以前没有报道过[3]。人乳清中有些低丰度蛋白质可能具有不同的生理功能。

1. 胆盐刺激脂酶

母乳喂养婴儿的脂类消化吸收非常高效，这可能与人乳中存在高浓度的脂肪酶有关，人乳中胆盐刺激脂酶分子量为 90kDa，这个酶有助于可吸收性单酸甘油酯的形成以及长链多不饱和脂肪酸的利用。

2. 溶菌酶

人乳中溶菌酶（lysozyme）由乳腺合成，分子量为 15kDa，浓度比其他动物种属高很多，其主要功能是启动大多数革兰阳性菌和某些革兰阴性菌的裂解过程。更多内容见本书第三十一章溶菌酶。

3. 血清白蛋白

人乳中已检测出血清白蛋白，含量为 0.2～0.6g/L，显著低于乳母的血清浓度 30～

50g/L；这个蛋白质可能与许多配体结合，如脂肪酸、微量元素、激素和药物等。

4. 营养素结合蛋白

营养素结合蛋白包括叶酸结合蛋白（FBP）、维生素 B_{12} 结合蛋白 [也称为结合咕啉（haptocorrin）]、维生素 D 结合蛋白。FBP 是人乳中存在的可特异性结合叶酸盐的蛋白质，乳清中存在形式的分子量为 25~27kDa，可促进肠道摄取叶酸；维生素 B_{12} 结合蛋白是人乳中存在的特异性结合蛋白质，分子量为 102kDa，可促进新生儿肠道钴胺素的吸收；维生素 D 结合蛋白由一个多肽链组成，分子量为 59kDa，可识别维生素 D_2 和维生素 D_3 以及其羟基类似物。

5. 激素结合蛋白

激素结合蛋白包括甲状腺素结合蛋白和皮质类固醇结合蛋白。人乳中甲状腺素结合蛋白的浓度约为 0.3mg/L，这个蛋白质的作用与甲状腺素的转运有关；皮质类固醇结合蛋白分子量约为 93kDa，初乳中浓度高于成熟乳，在调节乳腺中游离和结合型孕激素及皮质醇中发挥作用。

第四节　人乳中其他蛋白质以及非蛋白氮

人乳中除了含量较高的乳清蛋白、酪蛋白，还含有相当多的具有重要生物学功能的其他蛋白质，如多种酶类、激素、诸多细胞因子及其他 NPN 等。

一、人乳中酶类

人乳中含有多种酶类，据报道约有 30 多种，然而关于这些酶类的生理意义的研究甚少。人乳中大多数酶的含量和活性都优于牛乳来源的，人乳中的酶类来源于乳母的血液、分泌上皮细胞或乳腺本身合成。有些研究提示人乳中的酶类可能在支持婴儿生长和营养中发挥作用，而且这些酶类可能释放的生物活性肽有利于婴儿生长发育。

1. 分类

可以人为地将人乳中存在的酶分成三类，即在乳腺中发挥作用的酶类、在婴儿体内发挥作用的酶类以及乳汁中存在的目前功能尚不清楚的酶类。

（1）乳腺中存在的主要活性酶类　已证明乳腺中具有功能的酶类有：葡萄糖磷酸变位酶，参与半乳糖合成；半乳糖转移酶，参与乳糖合成；脂蛋白脂肪酶，调节甘油三酯、胆固醇和磷脂从血液转移到乳汁；抗蛋白酶，保护乳腺防止蛋白酶水解

（白细胞、溶酶体）；谷氨酰转移酶，参与蛋白质的胞内外分泌；黄嘌呤氧化酶，参与乳汁脂肪滴的分泌；脂肪酸合成酶，参与脂质合成；硫酯酶，参与脂质合成。近年发现人乳中有几种酶在乳腺内参与人乳蛋白质的消化，包括纤维蛋白溶酶和/或胰蛋白酶、弹性蛋白酶、组织蛋白酶D、胃蛋白酶1、胰凝乳蛋白酶、谷氨酰内肽酶和脯氨酸内肽酶等[52]。

（2）对新生儿生长发育重要的酶类　目前已知乳汁中含有的酶类包括两类不同的脂酶（存在于脱脂乳中需要胆汁酸盐激活的脂酶，与存在于稀奶油中的脂酶，胆汁酸盐可抑制其活性）、淀粉酶（作为抗菌因子）、溶菌酶（抑菌作用）、蛋白酶（促进消化吸收）与蛋白酶抑制物（保护乳腺免遭蛋白酶水解）、乳糖合成酶、碱性磷酸酶、乳过氧化物酶（可能对母乳喂养婴儿有抗感染作用）、β-葡糖苷酸酶（使结合态胆红素转化成更易被肠道吸收的形式，促进胆红素的肠肝循环）等。也可以将人乳中的这些酶类区分为：①蛋白水解酶和抗蛋白酶类（酪蛋白水解活性酶、胰蛋白酶、弹性蛋白酶、抗蛋白酶）；②消化碳水化合物的酶类（淀粉酶）；③消化脂肪的酶类（乳脂肪消化酶）；④具有多样化功能的酶类，包括巯基氧化酶、β-葡糖醛酸酶、溶菌酶、过氧化物酶、碱性磷酸酶、血小板活化因子乙酰水解酶等。

（3）功能还不明确的酶类　至今仍有些人乳中发现的酶类在乳腺、人乳或婴儿体内的功能不十分清楚，如母乳中存在的乳糖脱氢酶的活性在初乳中最高，然后逐渐降低。母乳中还含有纤溶酶原激活剂、DNA酶Ⅱ、核糖核酸酶、RNA酶Ⅱ、生物素酶、*N*-乙酰转移酶等，它们的功能也有待研究。

2. 功能

关于人乳中的酶类对乳腺和婴儿的功能作用，主要在摄入食物营养素消化吸收、胃肠道功能和营养素有效地从母体转运给婴儿过程中发挥作用，以及在保护婴儿防止感染性疾病中的保护作用。人乳中酶类的一般功能包括：

① 抵抗原生动物细菌和病毒的酶类，如溶菌酶、过氧化物酶、脂肪酶等；

② 消化酶类，如淀粉酶、脂肪酶等；

③ 转运酶类，作为金属载体，如谷胱甘肽过氧化物酶、碱性磷酸酶、黄嘌呤氧化酶等；

④ 修复酶类，如巯基氧化酶；

⑤ 乳成分生物合成酶类，如葡糖磷酸变位酶、乳糖合成酶、脂肪酸合成酶、硫酯酶等。

3. 影响因素

泌乳阶段影响乳汁中酶的活性或酶的含量。分娩不久的初乳中酶活性较高，随后逐渐下降；乳母的营养状况、乳汁样品的采集方式与转运和保存方式等也会影响乳汁中所含酶的活性。

二、人乳中的激素

母乳不仅含有婴儿生长发育所需要的营养成分，也含有很多种生物活性成分，如激素或类激素成分。更多内容见本书第三十四章激素及类激素成分。

三、人乳中非蛋白氮化合物

人乳中含有很多含氮成分，非蛋白氮（non-protein-nitrogen，NPN）化合物是指除了蛋白质以外的所有含氮物质的总称，而这些化合物中所含有的氮量则被称为NPN。乳汁中大多数非蛋白氮化合物可能来源于血清，或来源于乳汁合成所必需的乳腺代谢池的一部分。

1. 种类

人乳中 NPN 的含量显著高于牛乳。人乳中的 NPN 主要包括 FAA（游离氨基酸，如谷氨酸与谷氨酰胺、牛磺酸等）、肽类、尿素、尿酸、肌酸与肌酸酐、核酸与核苷酸、氨基糖（如 N-乙酰氨基葡萄糖、N-乙酰氨基半乳糖、N-乙酰神经氨酸等）、胆碱、胆胺、氨、聚氨、生物蝶呤、四氢生物蝶呤、异黄蝶呤、乳清酸和激素等。

2. 功能

人乳中某些 NPN 对婴儿的生长发育具有重要意义。提供 FAA，如谷氨酸和谷氨酰胺参与氨基酸代谢，牛磺酸与胆盐结合参与脂肪吸收；提供肉毒碱，参与脂肪氧化；尿素调节肠道菌群，为婴儿肠道中微生物菌群的增殖提供氮源，用于合成蛋白质和核苷酸，进一步还可以转化为体蛋白质补充人乳蛋白质或某些氨基酸；提供核苷酸和核酸，在婴儿肠道和肝脏发挥代谢调节作用，参与蛋白质合成；N-乙酰氨基葡萄糖和 N-乙酰神经氨酸促进婴儿肠道中双歧杆菌生长，对婴儿早期神经系统生长也是必需的；有部分肽类则是以激素形式存在，如生长激素、降钙素等。

3. 影响因素

人乳中 NPN 含量受很多因素影响，除了前面提到的不同哺乳阶段的影响，乳母年龄、种族、营养状况等都会影响乳汁中 NPN 含量。乳母蛋白质摄入量高，可增加乳汁中 NPN 含量，尤其是尿素和 FAA 的水平。

第五节　人乳蛋白质测定方法

目前国内对人乳蛋白质含量的定量分析研究大多数还停留在总蛋白质含量的测定方

面，即利用凯氏定氮法测定蛋白氮与 NPN；测定酪蛋白与乳清蛋白的含量。关于单一人乳中蛋白质的分离定量的研究则相当有限，主要采用的方法有反相色谱法、电泳法、离子交换色谱法和免疫化学法等。传统蛋白质测定方法主要采用凯氏定氮、凝胶电泳、等电聚焦、二维聚丙烯酰胺凝胶电泳、亲和色谱、HPLC 分离等方法。但是此类方法存在操作程序复杂、成本高、耗时长等缺点。

一、总蛋白质含量

通常用凯氏定氮法测定样品的氮含量，然后乘以转换系数计算蛋白质含量。由于其他动物乳汁中 NPN 所占比例较低（<5%），通过测定总氮含量可准确估计真实的蛋白质含量。然而，人乳中含有较高比例的 NPN，凯氏定氮法测定的结果常常会高估蛋白质含量[53]，例如 NPN 占总氮含量的 20%～25%，使用氮含量乘以转换系数的结果明显高估了人乳蛋白质含量。更准确的方法是测定总氮和 NPN 的含量，从总氮中减去 NPN 的含量，然后再乘以凯氏定氮的转换系数 6.25。然而，这样将会稍微低估总氨基酸（TAA）的含量，因为在 NPN 组分中还包括小的肽类和 FAA，但是这部分仅占总量的很少部分。可能的方式是用氨基酸分析仪测定氨基酸含量和纯蛋白质（true protein）含量（α-氨基氮）。有人推荐使用"校正的凯氏定氮法"获得的纯蛋白质含量与氨基酸分析仪的结果非常接近[14]。

二、不同蛋白质组分的测定

虽然母乳中含有的蛋白质总量很重要，但是母乳中的蛋白质种类很多，而且个体间的变异很大，不同的蛋白质参与了多种复杂的生理功能。由于母乳中含有大量的蛋白质，完全基线分离的问题还有待解决，因此目前还很难对母乳中的不同蛋白质组分进行准确的分离定量。

1. 含量低且种类多

目前关于人乳蛋白质及其存在形式的研究仍处于初级阶段，大多数研究还是停留在总蛋白质层面。由于人乳中很多功能性蛋白质的含量很低，提取纯化的难度高，缺乏相应的标准品，严重制约了对这些单一蛋白质及其亚单位和功能的研究，使人乳中很多低丰度蛋白质的定量检测仍处于停滞状态。

2. 缺乏高纯度标准品和特异性检测方法

人乳中不同蛋白质组分检测方法的建立取决于诸多条件，目前尚无标准化公认的方法。其中一个重要制约条件是需要获得高纯度标准品用于定性和定量分析，如免疫学方法需要纯净的人乳单一蛋白质用于制备抗体。检测方法内容可参见本书第九章 α-乳清蛋白和第十章 β-酪蛋白。

3. 方法学研究进展

最近，陈启等[54]根据上述原理，筛选出合适的人乳α-乳清蛋白特异肽并用化学合成特异性多肽，利用 UPLC-MS 定性定量测定了人乳α-乳清蛋白含量，由于该方法使用了同位素标记的氨基酸合成内标，排除了酶解、分离和质谱离子化、样品基质等因素的干扰。近年来，具有高分辨率的傅里叶变换离子回旋共振质谱（FT-ICR-MS）与肽库配合使用，已经成为应用工具之一。FT-ICR-MS 具有独特的裂解技术，电子捕获解离不仅可优先断裂 S—S 和 N—C α键，还可以进行蛋白质修饰后的定位。在蛋白质与多肽的质谱分析中，质谱的准确性对测定结果有很大影响。FT-ICR-MS 以高分辨率、高质量检测上限、高扫描速度、宽的动态范围、最佳的质量准确度等技术优势，广泛被应用于蛋白质的研究中；采用 HPLC/傅里叶变换离子回旋共振质谱（FT-ICR MS）检测 MFGM 和乳清蛋白中各组分，可以克服电泳法的局限性。

第六节　展　　望

近年来，（定量）蛋白质组学研究日渐成熟和蛋白质分离鉴定技术得到不断发展，检测仪器灵敏度和分辨率得到明显提高（如 UPLC-MS 和 FT-ICR-MS），稳定同位素稀释串联质谱法用于测定乳品中α-乳清蛋白、β-酪蛋白和乳铁蛋白等蛋白质组分。随着这些技术与方法的不断完善，更多应用于人乳蛋白质组分的分析研究，将会更全面地了解人乳蛋白质的表达模式和不同蛋白质的功能以及相互作用，期待能够在蛋白质水平揭示生命现象的本质及规律以及人乳与新生儿和婴儿营养与健康状况的关系。

母乳中的蛋白质主要是糖基化的，包括黏蛋白、分泌型免疫球蛋白 A、胆盐刺激脂酶、乳铁蛋白、嗜乳脂蛋白、乳凝集素、瘦素和脂联素等，分子量从 14kDa 到 2000kDa。人乳糖基化蛋白（HMGPs）被证明具有某些重要的生物学功能，如抑制病原体结合到黏膜细胞表面、发挥益生元作用促进益生菌肠道定植、免疫调节以及作为肠道细菌发酵产物的底物。因此需要深入研究母乳中这些 HMGPs 的功能以及这些成分在婴儿肠道抵抗致病菌和免疫保护中的作用。

随机对照试验结果表明，牛奶中分离出的生物活性蛋白 LF、OPN 和 MFGM 短期内对健康足月婴儿的免疫和认知结局具有有益作用。进一步研究应评价生物活性成分的组合作用，例如人乳寡糖或脂质。此外，还需要通过跟踪这些队列中研究的婴儿进入幼儿期，调查对这些儿童免疫系统和认知功能的潜在长期程序化影响。

（孙忠清，杨振宇，荫士安）

参考文献

[1] Lönnerdal B. Bioactive proteins in breast milk. J Paediatr Child Health，2013，49 Suppl 1：1-7.

[2] Liao Y，Alvarado R，Phinney B，et al. Proteomic characterization of specific minor proteins in the human milk casein fraction. J Proteome Res，2011，10（12）：5409-5415.

[3] Liao Y，Alvarado R，Phinney B，et al. Proteomic characterization of human milk whey proteins during a twelve-month lactation period. J Proteome Res，2011，10（4）：1746-1754.

[4] Beck KL，Weber D，Phinney BS，et al. Comparative proteomics of human and macaque milk reveals species-specific nutrition during postnatal development. J Proteome Res，2015，14（5）：2143-2157.

[5] Lönnerdal B，Erdmann P，Thakkar SK，et al. Longitudinal evolution of true protein，amino acids and bioactive proteins in breast milk：a developmental perspective. J Nutr Biochem，2017，41：1-11.

[6] Mandal SM，Bharti R，Porto WF，et al. Identification of multifunctional peptides from human milk. Peptides，2014，56：84-93.

[7] Kunz C，Lönnerdal B. Re-evaluation of the whey protein/casein ratio of human milk. Acta Paediatr，1992，81（2）：107-112.

[8] Gidrewicz DA，Fenton TR. A systematic review and meta-analysis of the nutrient content of preterm and term breast milk. BMC Pediatr，2014，14：216.

[9] Bauer J，Gerss J. Longitudinal analysis of macronutrients and minerals in human milk produced by mothers of preterm infants. Clin Nutr，2011，30（2）：215-220.

[10] Sánchez López CL，Hernández A，Rodríguez AB，et al. Nitrogen and protein content analysis of human milk，diurnality vs nocturnality. Nutr Hosp，2011，26（3）：511-514.

[11] 张兰威，周晓红. 人乳早期乳汁中蛋白质，氨基酸组成与牛乳的对比分析. 中国乳品工业，1997，25：39-41.

[12] Lönnerdal B，Woodhouse LR，Glazier C. Compartmentalization and quantitation of protein in human milk. J Nutr，1987，117（8）：1385-1395.

[13] Chavalittamrong B，Suanpan S，Boonvisut S，et al. Protein and amino acids of breast milk from Thai mothers. Am J Clin Nutr，1981，34（6）：1126-1130.

[14] Lönnerdal B，Forsum E，Hambraeus L. A longitudinal study of the protein，nitrogen，and lactose contents of human milk from Swedish well-nourished mothers. Am J Clin Nutr，1976，29（10）：1127-1133.

[15] Lönnerdal B. Human milk proteins：key components for the biological activity of human milk. Adv Exp Med Biol，2004，554：11-25.

[16] Shetty V，Hegde AM，Nandan S，et al. Caries protective agents in human milk and bovine milk：an *in vitro* study. J Clin Pediatr Dent，2011，35（4）：389-392.

[17] Demmelmair H，Prell C，Timby N，et al. Benefits of lactoferrin，osteopontin and milk fat globule membranes for infants. Nutrients，2017，9（8）.

[18] Donovan SM. Human milk proteins：composition and physiological significance. Nestle Nutr Inst Workshop Ser，2019，90：93-101.

[19] Ballard O，Morrow AL. Human milk composition：nutrients and bioactive factors. Pediatr Clin North Am，2013，7：3154-3162.

[20] Haschke F，Haiden N，Thakkar SK. Nutritive and bioactive proteins in breastmilk. Ann Nutr Metab，2016，69 Suppl 2：17-26.

[21] Donovan SM. The Role of lactoferrin in gastrointestinal and immune development and function: A preclinical perspective. J Pediatr, 2016, 173 Suppl: S16-28.

[22] Karav S, Le Parc A, Leite Nobrega de Moura Bell JM, et al. Oligosaccharides released from milk glycoproteins are selective growth substrates for infant-associated bifidobacteria. Appl Environ Microbiol, 2016, 82 (12): 3622-3630.

[23] Hansen M, Sandstrom B, Lönnerdal B. The effect of casein phosphopeptides on zinc and calcium absorption from high phytate infant diets assessed in rat pups and Caco-2 cells. Pediatr Res, 1996, 40 (4): 547-552.

[24] Donovan SM, Hintz RL, Rosenfeld RG. Insulin-like growth factors I and II and their binding proteins in human milk: effect of heat treatment on IGF and IGF binding protein stability. J Pediatr Gastroenterol Nutr, 1991, 13 (3): 242-253.

[25] Liepke C, Adermann K, Raida M, et al. Human milk provides peptides highly stimulating the growth of bifidobacteria. Eur J Biochem, 2002, 269 (2): 712-718.

[26] Nichols BL, McKee KS, Henry JF, et al. Human lactoferrin stimulates thymidine incorporation into DNA of rat crypt cells. Pediatr Res, 1987, 21 (6): 563-567.

[27] Brantl V. Novel opioid peptides derived from human beta-casein: human beta-casomorphins. Eur J Pharmacol, 1984, 106 (1): 213-214.

[28] Khan S, Hepworth AR, Prime DK, et al. Variation in fat, lactose, and protein composition in breast milk over 24 hours: associations with infant feeding patterns. J Hum Lact, 2013, 29 (1): 81-89.

[29] Forsum E, Lönnerdal B. Effect of protein intake on protein and nitrogen composition of breast milk. Am J Clin Nutr, 1980, 33 (8): 1809-1813.

[30] Motil KJ, Thotathuchery M, Bahar A, et al. Marginal dietary protein restriction reduced nonprotein nitrogen, but not protein nitrogen, components of human milk. J Am Coll Nutr, 1995, 14 (2): 184-191.

[31] Boniglia C, Carratu B, Chiarotti F, et al. Influence of maternal protein intake on nitrogen fractions of human milk. Int J Vitam Nutr Res, 2003, 73 (6): 447-452.

[32] Hsu YC, Chen CH, Lin MC, et al. Changes in preterm breast milk nutrient content in the first month. Pediatr Neonatol, 2014, 55 (6): 449-454.

[33] Broadhurst M, Beddis K, Black J, et al. Effect of gestation length on the levels of five innate defence proteins in human milk. Early Hum Dev, 2015, 91 (1): 7-11.

[34] Zachariassen G, Fenger-Gron J, Hviid MV, et al. The content of macronutrients in milk from mothers of very preterm infants is highly variable. Dan Med J, 2013, 60 (6): A4631.

[35] Dizdar EA, Sari FN, Degirmencioglu H, et al. Effect of mode of delivery on macronutrient content of breast milk. J Matern Fetal Neonatal Med, 2014, 27 (11): 1099-1102.

[36] Liao Y, Weber D, Xu W, et al. Absolute quantification of human milk caseins and the whey/casein ratio during the first year of lactation. J Proteome Res, 2017, 16 (11): 4113-4121.

[37] Fransson GB, Lönnerdal B. Distribution of trace elements and minerals in human and cow's milk. Pediatr Res, 1983, 17 (11): 912-915.

[38] Kunz C, Lönnerdal B. Casein and casein subunits in preterm milk, colostrum, and mature human milk. J Pediatr Gastroenterol Nutr, 1990, 10 (4): 454-461.

[39] Sood SM, Erickson G, Slattery CW. The formation of casein micelles reconstituted with Ca+2 and added inorganic phosphate is influenced by the non-phosphorylated form of human beta-casein. Protein J, 2005, 24 (4): 227-232.

[40] Kjeldsen F, Savitski MM, Nielsen ML, et al. On studying protein phosphorylation patterns using bottom-up

LC-MS/MS：the case of human alpha-casein. The Analyst，2007，132（8）：768-776.

[41]　Poth AG，Deeth HC，Alewood PF，et al. Analysis of the human casein phosphoproteome by 2-D electrophoresis and MALDI-TOF/TOF MS reveals new phosphoforms. J Proteome Res，2008，7（11）：5017-5027.

[42]　Manso MA，Miguel M，Lopez-Fandino R. Application of capillary zone electrophoresis to the characterisation of the human milk protein profile and its evolution throughout lactation. J Chromatogr A，2007，1146（1）：110-117.

[43]　Lönnerdal B. Bioactive proteins in human milk：health，nutrition，and implications for infant formulas. J Pediatr，2016，173（1）：S4-S9.

[44]　Liao Y，Alvarado R，Phinney B，et al. Proteomic characterization of human milk whey proteins during a twelve-month lactation period. J Proteome Res，2011，10：1746-1754.

[45]　Liao Y，Alvarado R，Phinney B，et al. Proteomic characterization of human milk fat globule membrane proteins during a 12 month lactation period. J Proteome Res，2011，10（8）：3530-3541.

[46]　Froehlich JW，Dodds ED，Barboza M，et al. Glycoprotein expression in human milk during lactation. J Agric Food Chem，2010，58（10）：6440-6448.

[47]　Mata LJ，Wyatt RG. The uniqueness of human milk. Host resistance to infection. Am J Clin Nutr，1971，24（8）：976-986.

[48]　Sadeharju K，Knip M，Virtanen SM，et al. Maternal antibodies in breast milk protect the child from enterovirus infections. Pediatr，2007，119（5）：941-946.

[49]　Böttcher MF，Jenmalm MC，Bjorksten B. Cytokine，chemokine and secretory IgA levels in human milk in relation to atopic disease and IgA production in infants. Pediatr Allergy Immunol，2003，14（1）：35-41.

[50]　Schulmeister U，Swoboda I，Quirce S，et al. Sensitization to human milk. Clin Exp Allergy，2008，38（1）：60-68.

[51]　Legrand D，Pierce A，Elass E，et al. Lactoferrin structure and functions. Adv Exp Med Biol，2008，606：163-194.

[52]　Khaldi N，Vijayakumar V，Dallas DC，et al. Predicting the important enzymes in human breast milk digestion. J Agric Food Chem，2014，62（29）：7225-7232.

[53]　Donovan SM，Lönnerdal B. Isolation of the nonprotein nitrogen fraction from human milk by gel-filtration chromatography and its separation by fast protein liquid chromatography. Am J Clin Nutr，1989，50（1）：53-57.

[54]　陈启，赖世云，张京顺，等. 利用超高效液相色谱串联三重四级杆质谱定量检测人乳中的α-乳白蛋白. 食品安全质量检验学报，2014，5：2095-2100.

第八章

氨基酸含量及分析方法

————

蛋白质的质量与数量在婴儿喂养方面是一个非常重要的关键营养因素，而蛋白质的质量与其氨基酸模式有关。婴儿膳食的蛋白质成分可以用基于人乳氨基酸组成的氨基酸分进行评价[1]。人乳含有丰富的氨基酸，所含必需氨基酸构成比例合理，是婴儿体内合成蛋白质及其生物活性物质的重要来源。人乳中氨基酸含量随地域、民族、膳食和哺乳时间的不同而有差别[2~7]。本文综述了人乳中游离氨基酸和 TAA 的测定方法及其含量，分析了影响人乳中氨基酸含量的因素，以期为建立我国人乳氨基酸成分数据库和估计婴儿需要量及适宜摄入量、修订我国婴儿配方食品标准提供科学依据。

第一节　人乳中氨基酸分析的常用方法

目前有多种方法可用于测定人乳中氨基酸含量，包括色谱法和各种检测系统的不同技术组合，如离子交换色谱氨基酸分析仪（ion exchange chromatography amino acid analyzer）、毛细管电泳-荧光（capillary electrophoresis-fluorescence）、液相色谱-紫外（liquid chromatography-ultraviolet, LC-UV）、液相色谱-荧光、气相色谱-质谱联用仪（GC-MS）和液相色谱-质谱联用仪（LC-MS）等。目前常用的分析方法主要有氨基酸自动分析法、HPLC 法、气相色谱法等（表 8-1），这三种方法均可以检测人乳中常见氨基酸，最低检测限分别为 3.8 μmol/L[4]、2.5 μmol/L[7]和 1.4 μmol/L[8]。近年来，新开发的超高效液相色谱电喷雾电离串联质谱技术（ultra-high performance liquid chromatography electrospray ionization tandem mass spectrometry, UPLC-ESI-MS/MS）用于测定乳汁中 FAA，使用 50μl

微量样品，可以测定大多数 FAA，最低检出限达 0.05pmol/μl[9]。

⊡ 表 8-1　不同方法测定人乳中氨基酸含量的比较

检测方法	检测氨基酸的种类	检测最低值	检测时间	作者
氨基酸自动分析	赖氨酸、苏氨酸、亮氨酸、缬氨酸、异亮氨酸、组氨酸、甲硫氨酸、苯丙氨酸、牛磺酸、谷氨酸、精氨酸、丙氨酸、丝氨酸、天冬氨酸、脯氨酸、甘氨酸、酪氨酸、半胱氨酸、胱氨酸、色氨酸	3.8 μmol/L	1999 1984 1980 1997 2000 2010	翁梅倩等[3] Harzer 等[4] Atkinson 等[6] 张兰威等[13] 郭建军[21] Ding 等[22]
高效液相色谱	赖氨酸、苏氨酸、亮氨酸、缬氨酸、异亮氨酸、组氨酸、甲硫氨酸、苯丙氨酸、牛磺酸、谷氨酸、精氨酸、丙氨酸、丝氨酸、天冬氨酸、脯氨酸、甘氨酸、酪氨酸、半胱氨酸、胱氨酸、色氨酸	2.5 μmol/L	1989 1994 1988 1998 2000 2008	翁梅倩等[3] Davis 等[7] 何志谦，林敬本[16] Darragh 和 Moughan[8] Agostoni 等[10] 徐丽等[11]
气相色谱	苏氨酸、亮氨酸、缬氨酸、异亮氨酸、组氨酸、苯丙氨酸、牛磺酸、谷氨酸、精氨酸、丙氨酸、丝氨酸、天冬氨酸、脯氨酸、甘氨酸、色氨酸、半胱氨酸	1.4 μmol/L	1992	刘家浩[2]

一、氨基酸自动分析法

氨基酸自动分析法（automatic amino acid analyzer method）是指高效阳离子交换色谱（HPCEC）柱后茚三酮衍生化法。其原理为：氨基酸在酸性条件下形成阳离子，在阳离子交换树脂中被保留，从而达到分离目的，分离后的氨基酸用茚三酮衍生化为紫色的衍生物，通过紫外检测器对紫色衍生物进行检测。

从 20 世纪 80 年代开始，不同学者先后报道了采用氨基酸自动分析仪测定不同哺乳期人乳的氨基酸含量[4,6,10~13]，可以检测出 20 种氨基酸成分，但是其检测灵敏度不如 HPLC 法和气相色谱法（表 8-1）；采用氨基酸自动分析仪法，样品制备简单、自动化程度高、离子交换分离对本底的耐受性较好、重现性好、结果可靠，适用于大量常规样品的检测，但硬件配置复杂，灵活性差，购买及维护成本相对较高，而且分析时间长，会破坏氨基酸的固有结构。

二、高效液相色谱法

与氨基酸自动分析仪的柱后衍生法相比较，HPLC 柱前衍生法具有分离效果好、分析时间短、各氨基酸无杂质干扰的优点，已广泛应用于测定氨基酸和牛磺酸含量[14]。在实际工作中，牛磺酸和许多氨基酸一样，其分子式中没有共轭结构，紫外吸收和荧光发射都比较弱，通常需要进行衍生反应，在其结构中加入紫外吸收基团，以满足液相色谱仪检测器的灵敏度要求。衍生方式有柱前衍生法和柱后衍生法两种。

例如我国食品安全国家标准 GB 5009.169—2016《食品安全国家标准 食品中牛磺酸的测定》中规定，婴幼儿食品和乳品中牛磺酸的测定第一法是 OPA 柱后衍生法，用荧光检测器进行检测；第二法则是单磺酰氯柱前衍生法，用紫外检测器或荧光检测器检测[15]。从 20 世纪 80 年代开始，HPLC 法已广泛应用于人乳中氨基酸含量的检测，如 1988 年何志谦和林敬本[16]、1989 年 Pamblanco 等[5]、1994 年 Davis 等[7]、1998 年 Darragh 等[8]、2000 年 Agostoni 等[10]、2008 年徐丽等[11]、2008 年 Elmastas 等[17]和 2013 年 Klein 等[18]先后报道采用 HPLC 法测定人乳或不同哺乳期人乳中氨基酸的含量，Sánchez 等[19]用 HPLC 串联二级质谱测定了人乳中氨基酸含量，发现初乳中必需氨基酸与非必需氨基酸的比例高于成熟乳，但成熟乳中 TAA 含量与初乳相比翻倍。目前的研究结果显示，此法可检测出 20 种氨基酸，检测灵敏度高于氨基酸自动分析法。

柱前衍生技术常与反相 HPLC 法相结合，可提高灵敏度和准确性，较为常用。此方法的优点是：对复杂本底样品的检测灵敏度较高；分离条件较易改进，适用于特殊氨基酸如含磷氨基酸或氨基糖等的成分分析；通用性强，也可用于分析样品中低分子量多肽；分析速度快，一般不会破坏氨基酸的固有结构。常用的柱后衍生试剂主要是邻苯二甲醛，但由于其具有分析柱容易被样品组分污染、分析时间长且灵敏度较低、需要专用仪器、试剂必须变为中性才能检测等特点，实际工作中已较少使用。

三、气相色谱法

在气相色谱法中，由于氨基酸含有的羟基、羧基和氨基等极性基团不易挥发，为了便于分离，需要将其衍生为易挥发的非极性化合物。常用的衍生试剂有三氟乙酰（TFA）、五氟丙酰（PFP）、正丙醇、七氟丁酰（HFB）和异丙醇等。刘家浩[2]曾采用气相色谱法测定了不同哺乳期人乳的氨基酸含量，发现初乳中 FAA 含量最高，随泌乳时间延长而下降。该方法优点是分离时间短、柱效高、灵敏度高及易与质谱联用，缺点是衍生反应干扰多、专一性差，只能检测出 16 种氨基酸。目前气相色谱法作为测定氨基酸及牛磺酸含量的方法得到广泛应用[12,20]。

第二节 人乳中氨基酸含量

人乳中氨基酸的存在形式包括游离氨基酸（free amino acids, FAA）和与蛋白质结合的氨基酸。总氨基酸（total amino acid, TAA）包括了来自组成蛋白质的氨基酸（结合型氨基酸）和非蛋白氮（non-protein nitrogen, NPN）。人乳所含的总氮中有较大比例是 NPN，约占 20%～25%，而来自 FAA 的氮分别占 NPN 和总氮的 8%～22% 和 5%～10%[23,24]。

一、人乳中游离氨基酸和总氨基酸含量

目前文献中报道的人乳中氨基酸含量包括 FAA 和 TAA 两种。尽管 FAA 占乳汁中总氮的比例可能很少，但是人乳中的含量比大多数婴儿配方食品（奶粉）要高得多，并且这些 FAA 进入体内除了完成其特异的生理功能外，也很容易作为氨基酸来源用于合成蛋白质。谷氨酸和谷氨酰胺、牛磺酸、丝氨酸是人乳中的主要 FAA，其中谷氨酸和谷氨酰胺总量（1430±489）μmol/L 占 FAA 总量的 49%[25]。人乳中氨基酸测定采用的方法包括氨基酸自动分析法、柱前衍生-反向 HPLC 法和气相色谱法等，综合已发表的研究结果，人乳中 FAA 和 TAA 含量分别列于表 8-2～表 8-5。在整个泌乳时期，人乳 FAA 中必需氨基酸含量范围是 5.0～155.0μmol/L（表 8-2）、条件必需氨基酸和非必需氨基酸的范围分别为 11.7～946.9μmol/L 和 10.5～168.3μmol/L[4,8,10~12,16,20]（表 8-3）。FAA 是机体可利用氮的主要来源，随着进餐，血浆 FAA 首先发生变化，因为 FAA 比与蛋白质结合的氨基酸更容易被婴儿机体吸收利用[5]。越来越多的证据显示，母乳中 FAA 在出生后早期新生儿和婴儿的发育中发挥重要作用，但是其生物学意义仍然有待深入研究[26]。

目前已有研究使用氨基酸自动分析法和 HPLC 法测定了人乳中 TAA 含量（表 8-4 和表 8-5）。综合已经发表的测定结果，在整个泌乳时期，人乳 TAA 中必需氨基酸的含量范围为 700.3～20067.1 μmol/L（表 8-4）、条件必需氨基酸和非必需氨基酸的含量范围分别为 1905.9～25687.5 μmol/L 和 445.3～15777.6 μmol/L[4,7,22,24]（表 8-5）。

上述分析中使用的检测方法有氨基酸自动分析法、HPLC 法、气相色谱法，最常用的是氨基酸自动分析法和 HPLC 法，报道的结果非常近似。也有使用氨基酸自动分析仪检测结果偏高或偏低，例如郭建军[21]采用氨基酸自动分析仪测定的人乳中主要 FAA 含量，测定范围在 670～1700μmol/L；翁梅倩等[3]采用氨基酸自动分析仪测定的蛋白质水解氨基酸含量范围在 7.3～166.3μmol/L，可能是检测方法学问题以及所检测母乳中含量的差异、蛋白质水解程度不同等原因。

二、人乳中必需氨基酸的含量

必需氨基酸（essential amino acids）指的是那些人体内不能合成或合成速度不能满足机体需要而必须通过母乳或其他食物供给的氨基酸，包括色氨酸、亮氨酸、异亮氨酸、缬氨酸、苯丙氨酸、蛋氨酸（甲硫氨酸）、赖氨酸、苏氨酸、组氨酸。初乳的平均游离必需氨基酸含量显著高于过渡乳和成熟乳，并呈逐渐降低趋势（表 8-2）。人乳中 TAA 含量也呈现相似趋势，即初乳的 TAA 水平最高（表 8-4）。

氨基酸	初乳	过渡乳	成熟乳
赖氨酸	155.0±48.6[①]，91.0±35.0[②]	30.7±14.6[①]	19.4±10.6[①]，28.0±11.0[②]
苏氨酸	80.8±52.2[①]，21.0±8.0[②]，53.2±4.4[③]	61.8±16.1[①]，40.0±3.7[③]	52.0±16.3[①]，51.0±18.0[②]，34.7±2.2[③]
亮氨酸	106.1±21.7[①]，49.0±11.0[②]，70.5±7.1[③]	24.5±8.0[①]，22.0±3.0[③]	24.2±8.2[①]，16.0±4.0[②]，11.2±0.8[③]
缬氨酸	99.1±47.6[①]，28.0±11.0[②]，76.2±7.6[③]	37.9±12.0[①]，34.5±3.5[③]	39.9±11.1[①]，18.0±6.0[②]，26.7±1.4[③]
异亮氨酸	53.2±0[①]，21.0±4.0[②]，45.3±3.8[③]	10.5±4.0[①]，15.8±1.6[③]	7.5±4.3[①]，5.0±1.0[②]，6.5±0.5[③]
组氨酸	22.8±7.5[①]，8.0±2.0[②]，27.8±3.0[③]	20.2±5.4[①]，20.8±2.0[③]	21.1±6.7[①]，20.0±5.0[②]，13.5±2.3[③]
甲硫氨酸	36.3±19.9[①]	9.9±5.8[①]	6.6±4.3[①]
苯丙氨酸	31.6±6.0[①]，12.0±2.0[②]，18.5±2.0[③]	10.4±5.0[①]，9.6±0.9[③]	11.0±2.1[①]，9.0±2.0[②]，6.7±0.4[③]
色氨酸	19.3±1.4[③]	13.3±1.0[③]	11.1±1.3[③]

①氨基酸自动分析法。②柱前衍生，反向 HPLC 法。③气相色谱法。

注：除苯丙氨酸[2~5,10,13]和色氨酸[2]，其他必需氨基酸的文献来源于[3～6,8,10,13]。

三、人乳中条件必需氨基酸和非必需氨基酸的含量

1. 条件必需氨基酸

条件必需氨基酸（conditionally essential amino acids）有两个特点：其一，合成氨基酸时需要用其他氨基酸作为碳的前体，且仅限于某些特定器官，机体合成的能力受适宜氨基酸前体的可利用性限制；其二，条件必需氨基酸的合成最高速度可能有限，并受生理和病理因素制约。条件性必需氨基酸包括谷氨酰胺、谷氨酸、酪氨酸、精氨酸、脯氨酸、甘氨酸、半胱氨酸等。在大多数研究中，牛磺酸也通常被列入条件性必需氨基酸之内。牛磺酸、谷氨酸和谷氨酰胺是人乳中含量最丰富的 FAA，随哺乳时间的延长，牛磺酸含量呈逐渐降低趋势，而谷氨酸则逐渐升高（表 8-3）。人乳 TAA 中谷氨酸含量也是最高的，初乳含量最高，随哺乳进程逐渐降低，这与游离形式正好相反（表8-5）。据报道，人乳中谷氨酸和谷氨酰胺几乎占总 FAA 的 50%[10,27,28]。

2. 非必需氨基酸

能在体内合成的氨基酸被称为非必需氨基酸（non-essential amino acids）。除必需氨基酸和条件必需氨基酸外，其余的氨基酸均为非必需氨基酸。人乳中非必需氨基酸含量如表 8-3（游离形式）和表 8-5（总含量）所示。

▣ 表8-3　人乳中游离氨基酸的含量（μmol/L）及检测方法——条件性必需氨基酸和非必需氨基酸

氨基酸	初乳	过渡乳	成熟乳
牛磺酸	694.2±114.3[①]，192±54[②]，412.8±15.5[③]	421.5±97.2[①]，377.3±15.6[③]	364.7±139.8[①]，192±54[②]，318.0±20.3[③]
谷氨酸	396.9±130.8[①]，161±42[②]，441.7±21.5[③]	793.3±197.7[①]，570.9±38.4[③]	946.9±340.1[①]，609±152[②]，805.8±33.4[③]
谷氨酰胺	—	263.3±29.0[①]	—
谷氨酸+谷氨酰胺	298.5±166.2[①]	611.1±214.2[①]	625.4±245.9[①]
精氨酸	85.2±38.2[②]，59.1±6.1[③]	19.8±7.6[①]，24.6±2.9[③]	11.7±6.3[①]，15.4±3.3[③]
丙氨酸	109.9±68.6[①]，29±12[②]，77.6±6.2[③]	157.1±48.3[①]，106.4±9.9[③]	168.3±55.0[①]，27.0±11.0[②]，99.3±7.4[③]
丝氨酸	101.4±34.5[①]，34±11[②]，88.5±6.0[③]	93.4±58.9[①]，64.0±3.7[③]	93.2±46.8[①]，42.0±13.0[②]，60.9±5.5[③]
天冬氨酸	99.7±21.0[①]，20.0±8.0[②]，62.8±6.3[③]	27.9±7.5[①]，53.6±4.7[③]	22.9±8.9[①]，20.0±8.0[②]，32.3±3.1[③]
脯氨酸	101.4±34.5[①]，110.9±6.2[③]	93.4±58.9[①]，85.5±5.3[③]	93.2±46.8[①]，38.9±2.6[③]
甘氨酸	59.3±23.9[①]，21.0±8.0[②]，49.1±5.0[③]	61.6±16.9[①]，24.1±3.6[③]	88.7±37.5[①]，21.0±8.0[②]，25.4±3.1[③]
酪氨酸	37.4±6.3[①]，18.0±6.0[②]	16.2±3.6[①]	12.4±0.8[①]，11.0±4.0[②]
半胱氨酸	10.5±4.9[①]，19.4±1.8[③]	14.9±5.5[①]，15.8±1.8[③]	19.8±9.7[①]，14.5±2.0[③]
胱氨酸	12.1±0.4[①]	27.0±2.0[①]	23.7±1.2[①]

①氨基酸自动分析法。②柱前衍生，反向 HPLC 法。③气相色谱法。

注：牛磺酸、谷氨酸、丙氨酸、丝氨酸、甘氨酸来源于文献[2～6,10,13]，谷氨酰胺来源于文献[5,10]，谷氨酸+谷氨酰胺来源于文献[3,4]，精氨酸来源于文献[2～5]，天冬氨酸来源于文献[2,3,5,6,13]，脯氨酸来源于文献[2～4,6,10,13]，酪氨酸来源于文献[3～5,10,13]，半胱氨酸来源于文献[2～4,6]，胱氨酸来源于文献[13]；"—"表示没有数据。

▣ 表8-4　人乳中总氨基酸（含蛋白质氨基酸）的含量（μmol/L）及检测方法——必需氨基酸

氨基酸	初乳	成熟乳	人乳[③]
赖氨酸	9144.3±844.1[①]，7545.0[②]	5307.5±603.3[①]，4330.0[②]	5711.7±1894.8[①]，4925.1±109.4[②]
苏氨酸	9612.2±1772.2[①]，7379.1[②]	4799.4±536.4[①]，3240.4[②]	5423.1±1796.5[①]，4701.1±142.7[②]
亮氨酸	20067.1±3150.6[①]，8842.8[②]	9332.2±882.0[①]，5145.6[②]	10138.7±3095.0[①]，8004.3±144.8[②]
缬氨酸	10075.1±1566.4[①]，7673.9[②]	6355.1±362.8[①]，3841.2[②]	6299.6±2014.5[①]，4950.9±119.5[②]
异亮氨酸	14295.2±953.7[①]，4276.9[②]	5440.3±713.6[①]，2782.6[②]	5550.0±1372.3[①]，4498.0±76.2[②]
组氨酸	3146.9±645.0[①]，4020.6[②]	1971.6±70.9[①]，1733.2[②]	2338.9±1030.9[①]，1739.7±38.7[②]
甲硫氨酸	1682.9±158.8[①]，1213.1[②]	940.3±66.7[①]，1213.1[②]	1829.6±587.1[①]，1072.3±26.8[②]
苯丙氨酸	5318.4±535.1[①]，2300.2[②]	3133.2±204.6[①]，2300.2[②]	—
色氨酸	—	—	700.3±338.4[①]

①氨基酸自动分析法。②高效液相色谱法。③文献中未注明哺乳阶段。

注：除苯丙氨酸[13,16]、色氨酸[7]，其他氨基酸的文献来源于[8,13,16,22]；"—"表示没有数据。

人乳中总氨基酸（与蛋白质结合氨基酸）含量（μmol/L）及检测方法——条件性必需氨基酸和非必需氨基酸

氨基酸	初乳	成熟乳	人乳③
谷氨酸	25687.5±2370.7[①]，16726.7[②]	15035.0±689.2[①]，10331.0[②]	16584.0±4254.7[①]，12913.7±217.5[②]
谷氨酸+谷氨酰胺	1663.2±275.4[①]	1358.6±338.5[①]	1568.6±9991.3[①]
精氨酸	5989.7±663.0[①]，4701.5[②]	2533.9±350.7[①]，1905.9[②]	6429.4±2698.0[①]，2009.2±68.9[②]
丙氨酸	10416.6±1146.4[①]，8095.7[②]	4857.4±530.9[①]，3660.5[②]	12688.1±5333.5[①]，4266.8±101.1[②]
丝氨酸	11472.1±1958.3[①]，8478.4[②]	6031.0±843.1[①]，3739.7[②]	6204.0±2417.4[①]，4472.4±104.7[②]
天冬氨酸	15777.6±1450.0[①]，11983.5[②]	8373.4±977.5[①]，5672.4[②]	9767.1±3163.0[①]，7738.5±180.3[②]
脯氨酸	13681.1±1139.6[①]，10718.3[②]	8453.9±1123.9[①]，6401.5[②]	13289.3±2866.3[①]，8251.5±199.8[②]
甘氨酸	8574.7±784.6[①]，6780.3[②]	4016.3±867.2[①]，2717.5[②]	4236.0±1678.4[①]，3197.0±80.0[②]
酪氨酸	5184.9±1048.0[①]，3195.4[②]	2353.8±301.3[①]，1639.1[②]	2373.1±49.7[②]
半胱氨酸	—	—	4003.0±1914.8[①]，2558.6±74.3[②]
胱氨酸	1568.0±131.1[①]，1352.5[②]	445.3±82.4[①]，732.4[②]	—

①氨基酸自动分析法。②高效液相色谱法。③文献中未注明哺乳阶段。

注：除酪氨酸[8,13,16]、半胱氨酸[8,22]、胱氨酸[13,16]，其他氨基酸的文献来源于[8,13,16,22]；"—"表示没有数据。

第三节　影响人乳中氨基酸含量的因素

人乳中氨基酸含量受诸多因素影响，包括新生儿月龄（早产与足月产）、不同的哺乳阶段（初乳、过渡乳、成熟乳）以及地区差异等，但是最初4个月内的人乳中FAA含量与乳母的年龄无关[29]；患妊娠期糖尿病的乳母乳汁中FAA总量与正常妊娠妇女相比也无显著差异，而且FAA总量与乳母年龄、体质指数（BMI）以及婴儿出生体重等因素无关[18]。

一、早产与足月的差异

一些氨基酸，如赖氨酸、缬氨酸、甘氨酸、亮氨酸、丙氨酸、异亮氨酸的含量，早产儿与足月儿的母乳间差异显著。翁梅倩等[3]比较了足月儿和早产儿的母乳中氨基酸含量，发现二者有差别；Pamblanco等[5]比较了早产儿和足月儿母乳中氨基酸含量，发现一些氨基酸（谷氨酸、赖氨酸、缬氨酸、丝氨酸、亮氨酸、丙氨酸、天冬氨酸、异亮氨酸等）均有明显差异；早产儿的母乳中TAA和总氮含量通常高于足月儿的母乳，但是谷氨酸盐的含量显著低于足月儿的母乳。正常婴儿和足月小样儿的母乳中氨基酸含量也有差异。

二、哺乳阶段的影响

初乳中各种 FAA 和 TAA 中的必需氨基酸浓度均显著高于过渡乳和成熟乳，但是成熟乳中 TAA 含量比初乳高 1 倍。初乳中有些 FAA 和 TAA 如各种必需氨基酸（表 8-2）以及条件性必需氨基酸如牛磺酸和甘氨酸均显著高于成熟乳（表 8-5）。多项研究均发现人乳中氨基酸含量随泌乳期延长而发生变化，初乳、过渡乳、成熟乳中氨基酸的含量差异显著[2~8]；总氮和多种氨基酸的含量随哺乳期延长逐渐降低，而谷氨酸盐和谷氨酰胺的含量在哺乳开始 3 周后稳定增加，是成熟乳中含量最高的氨基酸[30]。Baldeón 等[29]研究了纯母乳喂养婴儿的母乳中非蛋白质结合氨基酸的含量，4 个月内大多数氨基酸的含量随哺乳期延长呈升高趋势，但是赖氨酸、精氨酸、牛磺酸和脯氨酸的含量则呈降低趋势，而色氨酸和天冬氨酸未检出。

三、地区差异

不同地区人乳中氨基酸含量有一定差异，这可能与乳母的膳食和生活习惯、民族、文化等因素有关。何志谦和林敬本[16]的调查发现，城市和农村的人乳中氨基酸含量存在差别；赵熙和等[31]比较了北京城区、近郊、远郊及江西某农村人乳中氨基酸含量，发现江西地区人乳中酪氨酸、赖氨酸、异亮氨酸、天冬氨酸、组氨酸、苏氨酸、脯氨酸、缬氨酸、苯丙氨酸、色氨酸含量均低于北京地区的乳母。

第四节　展　　望

人乳中氨基酸含量随不同地区、不同种族有差异，人乳中氨基酸的种类和含量与婴儿的营养状况密切相关。研究不同地区、不同民族的人乳中氨基酸种类与含量的变化趋势对于指导哺乳期妇女膳食、改善婴儿健康状况、指导婴儿配方食品标准的制定等方面有一定的意义。

目前 HPLC 法在人乳中氨基酸含量检测方面应用最多。随着样本量的增加，需要更为快速、准确、高效，且能同时检测多种氨基酸的方法。液相色谱与质谱联用技术分析氨基酸，无须衍生化处理，速度快、灵敏度高、定性和定量准确，操作简单，节省了样品制备时间和分析时间，适合测定各种样品中的 FAA，这是人乳中氨基酸分析的新趋势。同时还需要指出，许多关于人乳中氨基酸成分的研究虽然提供了总蛋白质或总氮含量的数值，但是没有考虑由总氮含量得出的粗蛋白含量与来自蛋白质氮的纯蛋白含量的差异。

（任向楠，杨振宇，荫士安）

参考文献

[1] Raiten DJ, Talbot JM, Waters JH, et al. Assessment of nutrient requirements for infant formulas. J Nutr, 1998, 128（11 Suppl）: i-iv, 2059S-2293S.

[2] 刘家浩, 李玉珍, 叶永军, 等. 人乳游离氨基酸的含量及动态变化. 营养学报, 1992, 14: 171-175.

[3] 翁梅倩, 田小琳, 吴圣楣. 足月儿和早产儿母乳中游离和构成蛋白质的氨基酸含量动态比较. 上海医学, 1999, 22: 217-222.

[4] Harzer G, Franzke V, Bindels JG. Human milk nonprotein nitrogen components: changing patterns of free amino acids and urea in the course of early lactation. Am J Clin Nutr, 1984, 40（2）: 303-309.

[5] Pamblanco M, Portoles M, Paredes C, et al. Free amino acids in preterm and term milk from mothers delivering appropriate- or small-for-gestational-age infants. Am J Clin Nutr, 1989, 50（4）: 778-781.

[6] Atkinson SA, Anderson GH, Bryan MH. Human milk: comparison of the nitrogen composition in milk from mothers of premature and full-term infants. Am J Clin Nutr, 1980, 33（4）: 811-815.

[7] Davis TA, Nguyen HV, Garcia-Bravo R, et al. Amino acid composition of human milk is not unique. J Nutr, 1994, 124（7）: 1126-1132.

[8] Darragh AJ, Moughan PJ. The amino acid composition of human milk corrected for amino acid digestibility. Br J Nutr, 1998, 80（1）: 25-34.

[9] Roucher VF, Desnots E, Nael C, et al. Use of UPLC-ESI-MS/MS to quantitate free amino acid concentrations in micro-samples of mammalian milk. SpringerPlus, 2013, 2: 622.

[10] Agostoni C, Carratu B, Boniglia C, et al. Free amino acid content in standard infant formulas: comparison with human milk. J Am Coll Nutr, 2000, 19（4）: 434-438.

[11] 徐丽, 杜彦山, 马健, 等. 河北省某地区母乳氨基酸与脂肪酸含量调查. 食品科技, 2008, 33: 231-233.

[12] 丁永胜, 牟世芬. 氨基酸的分析方法及其应用进展. 色谱, 2004, 22: 210-215.

[13] 张兰威, 周晓红. 人乳早期乳汁中蛋白质, 氨基酸组成与牛乳的对比分析. 中国乳品工业, 1997, 25: 39-41.

[14] 李爽, 陈启, 蔡明明, 等. 液相色谱法与氨基酸分析仪法测定人乳中水解氨基酸的比较研究. 食品安全质量学报, 2014, 5: 2073-2079.

[15] GB 5009.169—2016《食品安全国家标准 食品中牛磺酸的测定》.

[16] 何志谦, 林敬本. 广东地区母乳的氨基酸含量. 营养学报, 1988, 25: 39-41.

[17] Elmastas M, Kehaee EE, Keles MS, et al. Analysis of free amino acids and protein contents of mature human milk from Turkish mothers. Anal Lett, 2008, 41: 725-735.

[18] Klein K, Bancher-Todesca D, Graf T, et al. Concentration of free amino acids in human milk of women with gestational diabetes mellitus and healthy women. Breastfeed Med, 2013, 8（1）: 111-115.

[19] Sánchez CL, Cubero J, Sánchez J, et al. Screening for Human Milk Amino Acids by HPLC-ESI-MS/MS. Food Analytical Methods, 2011, 5: 312-318.

[20] 井然, 冯雷, 徐丽梅. 茶叶中游离氨基酸分析方法的研究进展. 安徽农业科学, 2010, 38: 9186-9187.

[21] 郭建军. 鲜人乳和鲜牛乳中主要游离氨基酸成分的分析比较. 福建轻纺, 2000: 7-9.

[22] Ding M, Li W, Zhang Y, et al. Amino acid composition of lactating mothers' milk and confinement diet in rural North China. Asia Pac J Clin Nutr, 2010, 19（3）: 344-349.

[23] Agostoni C, Carratu B, Boniglia C, et al. Free glutamine and glutamic acid increase in human milk through a three-month lactation period. J Pediatr Gastroenterol Nutr, 2000, 31（5）: 508-512.

[24] Svanberg U, Gebre-Medhin M, Ljungqvist B, et al. Breast milk composition in Ethiopian and Swedish mothers. Ⅲ. Amino acids and other nitrogenous substances. Am J Clin Nutr, 1977, 30 (4): 499-507.

[25] Carratu B, Boniglia C, Scalise F, et al. Nitrogenous components of human milk: non-protein nitrogen, true protein and free amino acids. Food Chem, 2003, 81: 357-362.

[26] Ferreira IM. Quantification of non-protein nitrogen components of infant formulae and follow-up milks: comparison with cows' and human milk. Br J Nutr, 2003, 90 (1): 127-133.

[27] Sarwar G. Comparative free amino acid profiles of human milk and some infant formulas sold in Europe. J Am Coll Nutr, 2001, 20 (1): 92-93.

[28] Chuang CK, Lin SP, Lee HC, et al. Free amino acids in full-term and pre-term human milk and infant formula. J Pediatr Gastroenterol Nutr, 2005, 40 (4): 496-500.

[29] Baldeón ME, Mennella JA, Flores N, et al. Free amino acid content in breast milk of adolescent and adult mothers in Ecuador. Springerplus, 2014, 3: 104.

[30] Zhang Z, Adelman AS, Rai D, et al. Amino acid profiles in term and preterm human milk through lactation: a systematic review. Nutrients, 2013, 5 (12): 4800-4821.

[31] 赵熙和, 徐志云, 王燕芳. 北京市城乡乳母营养状况、乳成分、乳量及婴儿生长发育关系的研究.Ⅳ. 母乳中蛋白质及氨基酸含量. 营养学报, 1989, 11: 227-232.

第九章

α-乳清蛋白

乳清蛋白是人乳中的主要蛋白质，包括α-乳清蛋白、乳球蛋白（β-乳球蛋白、免疫球蛋白、乳铁蛋白）、骨桥蛋白（OPN）、血清白蛋白等，其中α-乳清蛋白为主要的乳清蛋白，对婴儿具有多种重要的营养学作用。本文总结了人乳α-乳清蛋白的一般特征、含量与测定方法以及其营养学作用等。

第一节　一般特征

人乳α-乳清蛋白（α-lactalbumin）由 123 个氨基酸的单链多肽组成,分子量为14.1kDa,是人乳汁中存在的重要蛋白质。人乳的α-乳清蛋白不是糖基化蛋白，也不含有磷酸基团，然而却可以 1:1 的物质质量比结合钙。

一、富含人体必需氨基酸

人乳α-乳清蛋白富含婴幼儿生长所必需的多种氨基酸，其中色氨酸、赖氨酸、亮氨酸和异亮氨酸、半胱氨酸的含量较为丰富（表 9-1）[1]，而且α-乳清蛋白的很多功能与其氨基酸的组成相关。

▣ 表9-1　不同种属乳汁中α-乳清蛋白的氨基酸含量比较　　　　　　　　　　　　：%

来源	组氨酸	异亮氨酸	亮氨酸	赖氨酸	蛋氨酸	半胱氨酸	苯丙氨酸	苏氨酸	色氨酸	缬氨酸
人乳	2.0	9.7	11.3	10.9	1.9	5.8	4.2	5.0	4.0	1.4
牛乳	2.9	6.4	10.4	10.9	0.9	5.8	4.2	5.0	5.3	4.2
羊乳	2.5	5.1	10.0	9.6	2.7	0.9	5.0	4.3	1.0	6.4

注：改编自 Renner[1]，1983。

二、色氨酸

色氨酸（tryptophan）是中枢神经递质 5-羟色胺的前体物质，参与神经调节，与睡眠、记忆等功能相关[2]。色氨酸的重要性还体现在被认为是食物蛋白质中限制性最强的氨基酸之一，有研究结果显示血浆色氨酸水平可以作为婴儿配方食品蛋白质充足的重要标志[3]。婴儿的睡眠对于大脑的正常发育至关重要，血浆中的色氨酸浓度也会影响睡眠方式。随机分配 20 名健康新生儿（生后 2~3 天）接受婴儿配方奶粉及含有色氨酸或缬氨酸的葡萄糖溶液。用色氨酸溶液喂养的婴儿比用婴儿配方奶粉喂养的婴儿更早进入主动睡眠状态，而用缬氨酸溶液喂养的婴儿则进入睡眠时间延迟。来自色氨酸和缬氨酸组的个别婴儿数据表明，与服用缬氨酸溶液的婴儿相比，服用色氨酸的婴儿进入安静睡眠和活跃睡眠的时间更快，并且活跃睡眠阶段的时间更长[4]。α-乳清蛋白中富含色氨酸，有试验证实摄入α-乳清蛋白有助于新生儿获得更好的睡眠状态。研究人员使用强化α-乳清蛋白的婴儿配方奶粉喂养足月新生儿，与喂哺不含α-乳清蛋白的普通婴儿配方食品婴儿组对照，连续记录 3 周婴儿睡眠情况，结果显示强化α-乳清蛋白的婴儿配方食品组不睡觉及烦躁的发生率均低于对照组（$P<0.05$），表现出更好的睡眠状态[5]。

三、半胱氨酸

半胱氨酸（cysteine）是合成谷胱甘肽的重要氨基酸，谷胱甘肽由半胱氨酸、谷氨酸和甘氨酸合成，其代谢物可以和维生素 C、维生素 E 偶联，增强这两种维生素的氧化效果，参与机体抗氧化反应[6]。谷胱甘肽是新生儿机体抗氧化系统的重要部分[7]，作为合成谷胱甘肽的重要氨基酸，α-乳清蛋白是半胱氨酸的丰富来源，增加半胱氨酸可以增加谷胱甘肽的合成，对新生儿的氧化应激性疾病（新生儿缺血缺氧性脑病、新生儿缺血缺氧性心肌损伤、新生儿窒息）的治疗产生积极影响[8,9]。

作为谷胱甘肽的前体，半胱氨酸也参与机体免疫调节，实验证实半胱氨酸缺乏会减少 CD4 细胞数量，损害免疫系统[10]。在对感染后进行体液免疫反应的动物实验证明，喂饲α-乳清蛋白可以增加寄生虫感染的实验小鼠白细胞总数和淋巴细胞计数，从而对免疫产生积极影响[11]。

第二节 含量与测定方法

一、含量

所有调查的动物乳汁中均普遍含有α-乳清蛋白。人乳α-乳清蛋白占人乳含量的 0.25%左右，占总蛋白质含量的 22%，占总乳清蛋白的 36%[12]。2004 年，Jackson 等[13] 用 HPLC 法检测了全球 9 个国家人乳α-乳清蛋白含量，分析了变化趋势。来自澳大利亚、加拿大、智利、中国、日本、墨西哥、菲律宾、英国和美国的成熟人乳样品总共 444 份，α-乳清蛋白含量（平均值±SD）为（2.44±0.64）g/L，美国乳母含量最高 [（3.23±1.00）g/L]，墨西哥乳母含量最低 [（2.05±0.51）g/L]；α-乳清蛋白的浓度和哺乳持续时间呈负相关。2014 年，陈启等[14]采用超高效液相色谱串联三重四级杆质谱，测定了 149 例母乳中α-乳清蛋白含量，产后 1 周、2 周和 6 周的母乳含量分别为 3.59g/L、3.4g/L 和 2.8g/L，大部分样品含量集中在 3.0～4.5g/L，在整个哺乳期α-乳清蛋白含量呈现逐渐降低趋势。

二、测定方法

由于人乳是组成成分非常复杂的液体，使乳清蛋白不同组分的分离与测定比较困难。目前常用的分离技术和定量方法均难以满足母乳中微量蛋白质组分的测定。液相色谱法通常使用紫外检测器，含有芳香族氨基酸的蛋白质在 280nm 处显示特有的吸收波长，而其他大多数不含芳香族氨基酸的蛋白质检测波长则选择 200nm，然而这两个波长的特异性均不高，尚无法通过检测器区分不同种类蛋白质的不同组分，而且紫外检测器的灵敏度也相对较低[15]。

目前用于α-乳清蛋白含量测定的常用方法有 HPLC 法、免疫学方法或利用二者联合发展的方法，以及反相色谱法、离子交换色谱法、电泳法、UPLC-MS 定性定量的方法等[15~17]。HPLC 法已被证明是分析人乳中乳清蛋白的一种非常准确且结果可重复的方法[18]，适用于自动化测定，可在相对较短的时间内分析大量样品；也有的学者认为 HPLC 方法较理想，而其他如免疫学方法等比 HPLC 法既费时又麻烦。UPLC-MS 可用于人乳α-乳白蛋白的定性定量测定，陈启等[14]根据上述原理，筛选出合适的人乳α-乳清蛋白特异肽并化学合成这种特异性多肽，利用 UPLC-MS 定性定量测定了人乳α-乳清蛋白含量，由于该方法使用了同位素标记的氨基酸合成内标，可以排除酶解、分离和质谱离子化、样品基质等因素的干扰。

由于缺乏相关的标准品/抗体，使α-乳清蛋白含量及其组分检测方法的建立相对滞后。采用电泳、色谱法或其他检测方法等均需要高纯度标准品用于定性和定量；免疫学方法则需要纯净人乳单一蛋白质用于制备抗体。目前仍缺乏商品化的、单一人乳蛋白质标准品，严重制约了上述检测方法的建立。

三、影响因素

母乳中α-乳清蛋白水平的变化遵循母乳中总蛋白质含量的变化趋势，受多因素影响。已有研究结果显示，主要影响因素包括哺乳阶段、胎儿成熟程度、地区差异（与社会发展状况有关）、人口社会经济学等。

随哺乳期延长，α-乳清蛋白含量呈下降趋势[19,20]，而且α-乳清蛋白与酪蛋白的比值也逐渐下降。例如，2016 年中国一项研究报告了母乳α-乳清蛋白的含量变化[19]，5～11天（初乳—过渡乳）、12～30 天（过渡乳—成熟乳）及 1～2 个月（成熟乳早期）中含量较高，分别为 3.27g/L、3.16g/L、2.84g/L；到 4～6 月降到 2.28g/L。

2004 年 Jackson 等[21]对五大洲 9 个不同国家的 50 份母乳中α-乳清蛋白含量分析结果显示，其均值水平为（2.44±0.64）g/L；平均值最高的是美国母乳，而墨西哥显著低于加拿大和中国除外的国家（图 9-1）。西班牙的学者发现，在那些社会经济状况处于较低水平的乳母，其乳汁中α-乳清蛋白浓度处于较低水平[22]；而 Lönnerdal 等[23]在埃塞俄比亚的研究结果显示，较高的与较低的经济社会水平对母乳中的水平没有影响。早产儿的母乳中含有较高的α-乳清蛋白（尤其是初乳）[20]，而且蛋白质含量也高，α-乳清蛋白与母乳含氮量呈现一致性趋势。

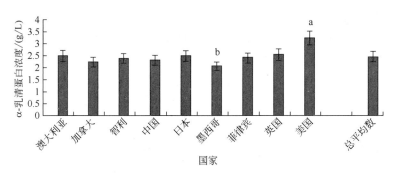

图 9-1　按国家分α-乳清蛋白的浓度（均值±SD）

a—美国高于所有其他国家；　b—墨西哥显著低于加拿大和中国除外的国家；a，b 的 $P < 0.05$。

引自 Sánchez-Pozo 等[22]，1997

第三节　营养学作用

已有越来越多的研究结果显示，α-乳清蛋白对婴儿具有非常高的营养价值，其氨基酸组成非常类似于估计的新生儿氨基酸需要量及氨基酸模式。α-乳清蛋白还对婴儿具有重要的营养学作用（nutrition roles），包括参与乳腺细胞中乳糖合成以及其分解产生的多种生物活性多肽具有抗菌、增进肠道健康和促进矿物质吸收等功能。

一、参与乳腺细胞中乳糖合成

α-乳清蛋白是乳糖合成酶的一部分，在乳腺细胞参与催化乳糖合成的最后一步[24]。而乳糖是母乳中的主要碳水化合物，是非常重要的功能性成分，在婴儿出生的第一年几乎一半的能量来源于乳糖。研究显示，乳糖水解过程中形成的低聚半乳糖作为功能性低聚糖，可促进有机酸生成使肠道 pH 值下降抑制外源菌生长，是双歧杆菌的增殖因子，有助于增进肠道健康[25]。而乳糖在乳腺中的分泌需要两个关键要素，即半乳糖基转移酶（galactosyltransferase，GT）和 UDP-半乳糖，α-乳清蛋白参与 GT 的特异性调节，使其更易与 UDP-半乳糖结合，生成乳糖[24]。

二、抗菌、免疫调节和促进肠道健康作用

由于新生婴儿肠道结构和功能尚未发育成熟，母乳喂养可为这些婴儿提供生长发育所需的各种营养成分及生物活性物质，促进肠道健康和免疫调节。人乳α-乳清蛋白作为重要的蛋白质成分，经消化道水解后释放出的多种生物活性肽，对喂养儿发挥抗菌、免疫调节和促进肠道健康的作用；α-乳白蛋白多聚体也具有抗感染、促进细胞凋亡的作用，这些功能对保护婴儿肠道健康具有重要意义[26]。

α-乳清蛋白经胃蛋白酶、胰蛋白酶和糜蛋白酶水解后产生由甘氨酸、亮氨酸及苯丙氨酸（甘-亮-苯丙，Gly-Leu-Phe）组成的三肽，即 GLP 肽。人和牛α-乳清蛋白中均存在这种肽[27]。Pellegrini 等[28]对牛α-乳清蛋白的研究结果显示，其水解产物具有抗菌作用，水解产生的三肽可以激活中性粒细胞，促进巨噬细胞的吞噬功能，对大肠杆菌、肺炎克雷伯菌、金黄色葡萄球菌、表皮葡萄球菌、链球菌和念珠菌具有抗菌作用。2010 年，加拿大的研究学者 Spencer 等[29]的动物实验结果显示，人乳中α-乳清蛋白具有抑制可溶性细胞抗原（sCD14）降解的功能，提示该种蛋白质可提高母乳喂养婴儿的免疫力和抗菌功能。

母乳喂养婴儿肠道菌群组成以双歧杆菌为主，可以保护婴儿免受多种肠道病原体对胃肠道的侵害，α-乳清蛋白水解产生的多肽可以促进肠道双歧杆菌的生长，保护新生儿和婴儿的肠道健康[30]。Brück 等[31]用添加α-乳清蛋白的配方奶粉喂养 5 月龄恒河猴，每周收集直肠拭子，并口服大肠杆菌观察感染后的反应，结果显示添加α-乳清蛋白的配方奶粉喂养的恒河猴无腹泻发生，与母乳喂养组无差异。提示α-乳清蛋白有助于提高婴幼儿抗大肠杆菌急性感染的能力。

三、促进矿物质吸收

矿物质的吸收和利用对于处在快速生长发育期的婴儿至关重要。α-乳白蛋白除了为

婴儿的生长发育提供必需氨基酸[26]外，通常还作为可与钙、镁、锰、钠、钾以及锌等结合的载体形式存在于人乳中，以促进这些金属离子的吸收[32,33]。当它与 Ca^{2+} 结合存在时，可以促进乳腺细胞合成乳糖，通过形成的渗透压差促进乳汁分泌；当它与 Ca^{2+} 解离并与油酸同时存在时，则表现出另外一种完全不同的生物学功能（抗癌细胞的细胞毒性）[34]。

天然α-乳清蛋白结构中有 4 个二硫键使其呈现稳定状态，结构中存在 2 个强大的 Ca^{2+} 结合位点[24]，在体内 Fe^{2+} 和 Zn^{2+} 可以竞争性地与其中一个位点结合。动物实验结果显示，强化α-乳清蛋白可增加恒河猴血浆 Zn^{2+} 浓度[35]。瑞典的婴儿喂养试验结果显示：与给予普通婴儿配方奶粉的婴儿相比，添加牛乳α-乳清蛋白的婴儿配方奶粉组的婴儿体内铁元素浓度升高[36]。

第四节　展　　望

α-乳清蛋白独特的结构功能域使其可以促进机体对钙、铁、锌等矿物质的吸收；同时富含色氨酸和半胱氨酸，对调节睡眠、免疫、应对新生儿氧化应激性疾病均有积极影响；经过部分消化产生的免疫调节肽可发挥抗菌作用，而且还能促进乳糖合成酶的合成。

随着蛋白质组学研究的日渐成熟，伴随蛋白质分离鉴定技术不断发展与推广应用、检测仪器灵敏度和分辨率的提高（如 UPLC-MS 和 FT-ICR-MS）、稳定同位素稀释串联质谱法等日渐普遍应用，使得母乳和婴儿配方奶粉中α-乳白蛋白、β-酪蛋白和乳铁蛋白等蛋白质组分的定量测定成为可能。然而，还需要深入开展人乳蛋白质组分的研究，以更全面了解人乳蛋白质的表达模式、不同蛋白质组分及其代谢过程中分解产生多肽的功能及其与营养素间的相互作用，揭示生命现象的本质及规律，以及人乳蛋白质与新生儿和婴儿营养与健康状况的关系。

迄今为止，α-乳清蛋白的大多数研究更多地关注其独特的氨基酸组成，特别是必需氨基酸（如色氨酸）。伴随检测方法的进步，更多具有生物活性的功能肽陆续被发现，然而这些活性功能肽所发挥的生理功能及其对喂养儿的健康益处还有待证实。

（张玉梅，李婧）

参考文献

[1]　Renner E. Milk and dariy product in human nutrition. Munchen：W-GmbH.volkswirtschaftlicher Verlag，1983.

[2]　Cubero J，Valero V，Sánchez J，et al. The circadian rhythm of tryptophan in breast milk affects the rhythms of 6-sulfatoxymelatonin and sleep in newborn. Neuro Endocrinol Lett，2005，26（6）：657-661.

[3] Lönnerdal B. Nutritional and physiologic significance of alphalactalbumin in infants. Am J Clin Nutr, 2003, 61: 295-305.

[4] Yogman MW, Zeisel SH. Diet and sleep patterns in newborn infants. N Engl J Med, 1984, 310(14): 928-929.

[5] 徐秀, 郭志平, 罗先琼. 富含 α-乳清蛋白及 AA / DHA 配方奶粉对足月婴儿体格生长及耐受性的影响. 中国儿童保健杂志, 2006, 14（3）: 223-225.

[6] Wu G, Fang Y, Yang SW. Glutathione metabolism and its mplications for health. Nutrition, 2004, 134（4）: 489-492.

[7] Muller DP. Free radical problems of the newborn. Proc Nutr Soc, 1987, 46（1）: 69-75.

[8] 夏世文, 王惠, 张漪. 还原型谷胱甘肽治疗新生儿缺氧缺血性心肌损害的疗效观察. 中国当代儿科杂志, 2006, 8（4）: 341-342.

[9] 赵庭鉴, 张佩林, 韦定敏. 神经节苷脂联合还原型谷胱甘肽治疗新生儿缺氧缺血性脑病疗效观察. 儿科药学杂志, 2016, 22（1）: 17-19.

[10] Obled C, Papet Ⅰ, Breuille D. Sulfur-containing amino acids and glutathione in diseases. In Metabolic & Therapeutic Aspects of Amino Acids in Clin Nutr.FL: CRC Press, 2004.

[11] Ford JT, Wong CW, Colditz IG. Effects of dietary protein types on immune responses and levels of infection with *Eimeria vermiformis* in mice. Immunol Cell Biol, 2001, 79（1）: 23-28.

[12] Layman DK, Lönnerdal B, Fernstrom JD. Applications for alpha-lactalbumin in human nutrition. Nutr Rev, 2018, 76（6）: 444-460.

[13] Jackson JG, Janszen DB, Lönnerdal B, et al. A multinational study of alpha-lactalbumin concentrations in human milk. J Nutr Biochem, 2004, 15（9）: 517-521.

[14] 陈启, 赖世云, 张京顺, 等. 利用超高效液相色谱串联三重四级杆质谱定量检测人乳中的α-乳白蛋白. 食品安全质量检验学报, 2014, 5: 2095-2100.

[15] Kunz C, Lönnerdal B. Human-milk proteins: analysis of casein and casein subunits by anion-exchange chromatography, gel electrophoresis, and specific staining methods. Am J Clin Nutr, 1990, 51（1）: 37-46.

[16] Ng-Kwai-Hang K, Kroeker E. Rapid separation and quantification of major caseins and whey proteins of bovine milk by polyacrylamide gel electrophoresis. J Dairy Sci, 1984, 67（12）: 3052-3056.

[17] Gridneva Z, Tie WJ, Rea A, et al. Human milk casein and whey protein and infant body composition over the first 12 months of lactation. Nutrients, 2018, 10（9）.

[18] Santos LH, Ferreira IM. Quantification of alpha-lactalbumin in human milk: method validation and application. Anal Biochem, 2007, 362（2）: 293-295.

[19] Affolter M, Garcia-Rodenas CL, Vinyes-Pares G, et al. Temporal changes of protein composition in breast milk of Chinese urban mothers and impact of caesarean section delivery. Nutrients, 2016, 8（8）.

[20] Garcia-Rodenas CL, De Castro CA, Jenni R, et al. Temporal changes of major protein concentrations in preterm and term human milk. A prospective cohort study. Clin Nutr, 2019, 38（4）: 1844-1852.

[21] Jackson JG, Janszen DB, Lönnerdal B, et al. A multinational study of alpha-lactalbumin concentrations in human milk. J Nutr Biochem, 2004, 15（9）: 517-521.

[22] Sánchez-Pozo A, Morales J, Izquierdo A, et al. Protein composition of human milk in relation to mothers' weight and socioeconomic status. Human Nutr Clin Nutr, 1997, 41C: 115-125.

[23] Lönnerdal B, Forsum E, Gebre-Medhin M, et al. Breast milk composition in Ethiopian and Swedish mothers. Ⅱ. Lactose, nitrogen, and protein contents. Am J Clin Nutr, 1976, 29（10）: 1134-1141.

[24] Permyakova EA, Berliner LJ. α-Lactalbumin: structure and function. FEBS Letters, 2000, 473（3）: 269-274.

[25] He T，Venema K，Priebe MG，et al. The role of colonic metabolism in lactose intolerance. Eur J Clin Invest，2008，38：541-547.

[26] Lönnerdal B. Nutritional and physiologic significance of human milk proteins. Am J Clin Nutr，2003，77（6）：1537S-1543S.

[27] Berthou J，Migliore-Samour D，Lifchitz A，et al. Immunostimulating properties and three-dimensional structure of two tripeptides from human and cow caseins. FEBS Lett，1987，218（1）：55-58.

[28] Pellegrini A，Thomas U，Bramaz N，et al. Isolation and identification of three bactericidal domains in the bovine alpha-lactalbumin molecule. Biochim Biophys Acta，1999，1426（3）：439-448.

[29] Spencer WJ，Binette A，Ward TL，et al. Alpha-lactalbumin in human milk alters the proteolytic degradation of soluble CD14 by forming a complex. Pediatr Res，2010，68（6）：490-493.

[30] Kee H，Hong YH，Kim ER，et al. Effect of enzymatically hydralyzed alpha-LA frac tions with pepsin on growth-promoting of *Bifidobacgterium longum* ATCC15707. Korean J Dairy Sai，1998，20：61-68.

[31] Brück WM，Kelleher SL，Gibson GR，et al. rRNA probes used to quantify the effects of glycomacropeptide and alpha-lactalbumin supplementation on the predominant groups of intestinal bacteria of infant rhesus monkeys challenged with enteropathogenic *Escherichia coli*. J Pediatr Gastroenterol Nutr，2003，37（3）：273-280.

[32] Ren J，Stuart DI，Acharya K. Alpha-lactalbumin possesses a distinct zinc binding site. J Bio Chem，1993，268（26）：19292-19298.

[33] Lönnerdal B，Glazier C. Calcium binding by alpha-lactalbumin in human milk and bovine milk. J Nutr，1985，115（9）：1209-1216.

[34] Brinkmann CR，Thiel S，Larsen MK，et al. Preparation and comparison of cytotoxic complexes formed between oleic acid and either bovine or human alpha-lactalbumin. J Dairy Sci，2011，94（5）：2159-2170.

[35] Kelleher SL，Chatterton D，Nielsen K，et al. Glycomacropeptide and alpha-lactalbumin supplementation of infant formula affects growth and nutritional status in infant rhesus monkeys. Am J Clin Nutr，2003，77（5）：1261-1268.

[36] Olof Sandström O，Lönnerdal B，Graverholt G. Effects of α-lactalbumin-enriched formula containing different concentrations of glycomacropeptide on infant nutrition. Am J Clin Nutr，2008，87：921-928.

第十章

β-酪蛋白

酪蛋白与乳清蛋白构成了人乳的总蛋白。大多数动物乳汁中均含有酪蛋白作为主要的蛋白质类别，然而人初乳和早产乳母乳汁中酪蛋白含量非常低；随哺乳时间延长，酪蛋白含量逐渐增加[1]。人乳酪蛋白可进一步分成α-酪蛋白、β-酪蛋白和κ-酪蛋白。虽然也有人提出还有γ-酪蛋白，但是这个组分后来被认为并不是真正的酪蛋白，可能是β-酪蛋白降解产生的片段[2]。人乳中α$_{s1}$-酪蛋白的含量很低，而牛奶中含有α-酪蛋白的两种不同形式α$_{s2}$和α$_{s1}$，α$_{s1}$-酪蛋白是牛奶酪蛋白的主要成分。本文总结了人乳β-酪蛋白的一般特征、含量与测定方法、营养学作用等。

第一节 β-酪蛋白的一般特征

在人与一些主要哺乳动物中，β-酪蛋白是几种酪蛋白中疏水性最强的，但其钙敏性则小于α$_{s1}$-酪蛋白（α$_{s1}$-casein）和α$_{s2}$-酪蛋白（α$_{s2}$-casein）[3]。从β-酪蛋白的氨基酸数目和磷酸化程度来看，不同物种的β-酪蛋白之间存在不同程度的差异。人乳β-酪蛋白的磷酸化水平呈多分布模式，有6种磷酸化水平，并且以含2个和4个磷酸基团的形式为主，而其他物种主要是单一水平的磷酸化[4]。

一、人乳β-酪蛋白

β-酪蛋白（β-casein）是一种磷酸化蛋白，来源于人乳腺腺泡的上皮细胞，人乳的很多特性都与β-酪蛋白及其水解产生的肽段有关[5]。人乳β-酪蛋白分子量约为24kDa。采用化学法确定其氨基酸序列约由212个氨基酸组成。

应用圆二色光谱、扫描电子显微镜等多种技术手段分析，人乳β-酪蛋白结构呈展开状态，内部二级结构很少，蛋白质内部超过50%的部分以无规则卷曲的形式存在[6,7]。这些特性与β-酪蛋白容易被婴儿消化以及保留和释放某些免疫活性物质有关[6]。

二、人乳与牛乳β-酪蛋白的比较

人乳β-酪蛋白溶解度呈现U形变化，在pH2~4和pH6~10之间的溶解度高于牛乳β-酪蛋白。在等电点附近，人乳和牛乳β-酪蛋白的乳化活性指数较低；远离等电点时，两类β-酪蛋白的乳化活性指数均比等电点时的数值有大幅增加，而且人乳β-酪蛋白的乳化活性指数高于牛乳β-酪蛋白[7]。

近年来，β-酪蛋白基因变异体分型引起热议，母乳中β-酪蛋白主要以A_2形式存在。然而在生物进化过程中，以A_2β-酪蛋白为主的牛乳逐渐形成A_1基因变体，其原因是A_2基因中第67位脯氨酸中的核苷酸CCT变成CAT，进而被组氨酸取代[8]。通过分析奶牛群体中β-酪蛋白变体的占比，A_1和A_2基本上都在37%~55%[9,10]。国内外研究均显示，在大部分奶牛群体中，A_2携带型奶牛大于70%。国内研究数据显示，即使是声称为A_2型的产品，其中仍有接近10%的A_1型β-酪蛋白[11]。

第二节　β-酪蛋白含量和测定方法

β-酪蛋白占母乳总蛋白质含量的27%，占母乳总酪蛋白含量的68%[12]。婴儿出生第一年，母乳中β-酪蛋白含量变化范围为0.04~4.42g/L，平均值为1.25g/L，中位数为1.09g/L，约占总酪蛋白含量的50%~85%，随泌乳期的延长呈下降趋势[13]。2016年Chen等[14]报告使用超高效液相色谱-串联质谱技术测定147个母乳样品中α-乳白蛋白和β-酪蛋白的含量，不同泌乳阶段含量范围分别为2.06~5.78g/kg和1.16~4.67g/kg。

通过比较常见哺乳动物乳汁中酪蛋白亚组分构成[3]，人乳和马乳的酪蛋白组成较接近，它们都不含有α_{s2}-酪蛋白。基于酪蛋白四个亚型组分的相对含量，母乳中β-酪蛋白含量相对较高，与马乳、驼乳、羊乳相似（图10-1）。

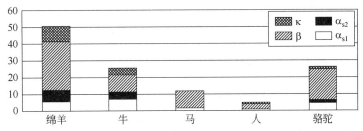

图10-1　五个常见哺乳动物乳汁中酪蛋白四个亚组分的相对含量[3]

虽然母乳中β-酪蛋白组分及其体内水解产物的种类和含量对喂养婴儿的生长发育很重要，但由于种类多、大多数水解产物的含量低且个体间变异很大、不同组分参与的生理功能不同以及测定方法学的限制，目前开展的研究十分有限，还很难对母乳中不同β-酪蛋白的组分进行准确分离定量。早期采用 ELISA 方法测定牛乳β-酪蛋白含量，后来刘微等[7]采用色谱分离与 SDS-PAGE 电泳方法鉴定人乳和牛乳中的β-酪蛋白。最近，Enjapoori 等[15]采用液相色谱-串联质谱技术，测定母乳中天然存在的β-酪蛋白及其衍生的β-酪蛋白吗啡肽（beta-casomorphin，BCM）。Chen 等[14]使用超高效液相色谱-串联质谱技术，同时定量测定人乳中α-乳白蛋白和β-酪蛋白，α-乳白蛋白和β-酪蛋白的检测限分别为 8.0mg/100g 和 1.2mg/100g。随着蛋白质组学和肽组学的快速发展以及检测仪器设备的进步，必将促进人乳中β-酪蛋白组分和水解产物以及其功能作用的研究。

第三节　β-酪蛋白的营养学作用

β-酪蛋白作为母乳中含量最高的酪蛋白（包括其体内的水解产物），为母乳喂养儿提供抗菌活性、防御感染的能力、类激素功能和免疫调节功能，而且还可以促进多种矿物质的吸收利用。

一、促进钙、锌、铁等矿物质的吸收

β-酪蛋白是钙敏蛋白，含有多个磷酸修饰基团。已经证明人乳β-酪蛋白经胃蛋白酶及胰液水解后，产生具有抗氧化功能的活性肽段，如人乳β-酪蛋白的降解可形成含有磷酸化氨基酸残基的 N-末端片段，即磷酸化多肽（CPPs），可保持乳钙以可溶形式存在，维持钙稳定性，还可促进钙被肠细胞摄取，保证新生儿获得适量钙。多项试验结果显示，CPPs 还可与母乳中其他微量元素如锌、铁、镁、铜等二价阳离子结合[3]，促进这些微量元素的吸收[16]。

二、生物活性肽的来源

母乳的很多功能如免疫调节、神经调节、抗菌、抗氧化等都与蛋白质水解后产生的多种生物活性肽密切相关[17]，如抗菌肽、免疫调节肽等。完整母乳中活性肽59%来自β-酪蛋白。婴儿喂哺后2h的胃消化液中有52%的活性肽来自β-酪蛋白（图10-2），说明β-酪蛋白是母乳中生物活性肽的主要来源[18]。

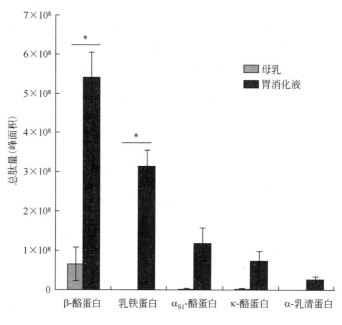

图10-2　母乳及婴儿胃消化液中总肽的量[21]

1. 抗菌肽

β-酪蛋白经水解分离后可以生成抗菌肽（antibacterial peptides）f184-211，通过琼脂扩散法发现其具有广泛抗菌谱，包括抗革兰阳性菌和抗革兰阴性菌。对临床常见潜在致病菌，如屎肠球菌、巨型芽孢杆菌、大肠杆菌K-12、李斯特菌、沙门菌、小肠结肠炎耶尔森菌和金黄色葡萄球菌具有抑制作用[19]。一项中国学者的研究进一步证实，来自母乳β-酪蛋白的内源性抗菌肽（endogenous antimicrobial peptides，命名为β-casein 197）对大肠杆菌、金黄色葡萄球菌和小肠结肠炎耶尔森菌等新生儿常见的病原菌具有抗菌活性[20]。图10-3显示了透射电镜下观察到以β-酪蛋白水解肽处理样品中的大肠杆菌、金黄色葡萄球菌和小肠结肠炎耶尔森菌。

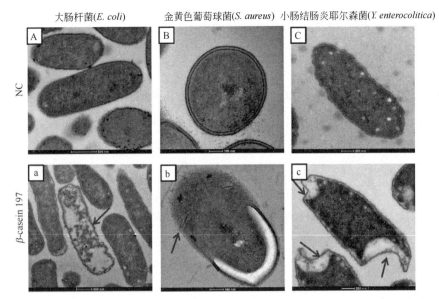

大肠杆菌(*E. coli*) 金黄色葡萄球菌(*S. aureus*) 小肠结肠炎耶尔森菌(*Y. enterocolitica*)

图10-3   透射电镜观察到的大肠杆菌、金黄色葡萄球菌和小肠结肠炎耶尔森菌

菌的形态，A～C表示正常大肠杆菌、金黄色葡萄球菌和小肠结肠炎耶尔森菌；
a～c表示以β-酪蛋白水解肽处理的样品。箭头表示破坏位点[20]

通过比较早产儿母乳和足月儿母乳中的β-酪蛋白抗菌肽，观察到早产儿母乳中β-酪蛋白抗菌肽含量明显高于足月儿的母乳，提示其无论在早产儿还是足月新生儿的抗感染中都发挥着重要作用[21]。

2. 免疫调节肽

人乳β-酪蛋白经胰蛋白酶水解后可产生具有免疫刺激作用的肽段，即免疫调节肽（immunomodulatory peptide），其可刺激巨噬细胞吞噬作用和增强抗病能力。在免疫调节功能方面，β-酪蛋白还表现在从其分离出的六肽，结构为Val-Glu-Pro-Ile-Pro-Tyr，证实其可刺激巨噬细胞活性，发挥免疫调节作用[22]。母乳中β-酪蛋白被特异性水解的产物参与有益于婴儿肠道健康的免疫反应[23]。人乳β-酪蛋白容易被婴儿肠道消化吸收；而且人乳β-酪蛋白胶束内部疏松空洞，使其具有释放和保留某些免疫活性物质的能力[6]。

3. 类阿片功能肽

β-酪蛋白酪啡肽（β-casomorphins，β-CMs）是具有阿片样受体激动剂活性的内源性乳肽（类阿片样活性），参与调节神经功能，最早发现于1979年，从牛乳β-酪蛋白分离出来[24]。β-CMs存在多种亚型，人乳中的亚型为β-CM-4、β-CM-5、β-CM-6、β-CM-7和β-CM-8[25]。β-CMs可以穿透血脑屏障，进入中枢神经系统发挥作用[26]。通过建立多种伤害性试验模型，在试验小鼠脑室内注射β-CMs，评估其镇痛作用，证实除了β-CM-3，其他β-CMs 均具有减轻疼痛的效果[25]，其中以β-CM-5 的镇痛效果最强[27]。另有研究结果显示，β-CMs 使实验小鼠安静睡眠状态的时间维持更长，提示β-酪蛋白会对睡眠产生积极影响[28]。

4. 与β-酪蛋白相关的其他功能性多肽

从人乳β-酪蛋白分离鉴定出两个氨基酸残基片段 48—52 和 122—129，此区域提供血管紧张素抑制肽[29]，具有抗高血压作用[30]。另一氨基酸残基片段 121—131，提供的活性肽是抑制脯氨酸内肽酶，可能与抗癌作用有关[29]。

还有些研究结果显示，新生儿和早产儿的许多疾病是与氧化应激作用相关，例如早产儿坏死性小肠结肠炎、慢性肺部疾病和早产儿视网膜病变等[31,32]。β-酪蛋白及其水解产物（活性多肽）还可以提高新生儿抗过敏的能力。研究显示，人乳β-酪蛋白水解后的几个氨基酸残基片段均是具有抗氧化功能的活性肽[33,34]，可能对保护新生儿免受氧化应激介导的疾病有积极作用，也有研究提出β-酪蛋白具有抗高血压特性，但是相关研究还有待深入。

第四节　展　　望

关于人乳中酪蛋白及其组分测定还没有公认的方法，而且其含量和比例对母乳喂养儿营养作用的研究也有待深入。需要深入研究人乳中β-酪蛋白及其体内水解产物的理化特征、消化吸收利用率以及营养功能，这将有助于研发更适合于婴幼儿生长发育特点的配方食品。

基于母乳蛋白质组分的特异性，以及牛乳蛋白质在蛋白质组分上与人乳的差异，在研发乳基婴幼儿配方食品中不同蛋白质的比例时，既要考虑乳清蛋白和酪蛋白的比例，还需要进一步精细调整蛋白质亚组分的含量和比例，使其各蛋白质亚组分含量、比例和结构接近母乳蛋白质的组成。

随着人乳蛋白质组学及其研究的深入，还需要探索母乳含有的多肽以及蛋白质进入婴儿体内分解产生的多种肽类可能具有的生理功能和/或营养作用。β-酪蛋白不同基因型对于婴幼儿的影响以及β-酪蛋白在体内分解产生的多肽如何发挥生理功能等相关问题仍是今后有待探索的重要领域。

（周鹏，张玉梅，李婧，刘彪）

参考文献

[1] Kunz C，Lönnerdal B. Re-evaluation of the whey protein/casein ratio of human milk. Acta Paediatr，1992，81（2）：107-112.

[2] Lönnerdal B，Atkinson S. Chapter 5 Nitrogeneous components A. Human milk proteins. Jensen RG. Handbood of milk compostion. London： Academic Press，1995：351-368.

[3] McSweeney PLH，Fox PF. Chemistry of the casein. New York：Springer Science Business Media，2013.

[4] Perinelli DR，Bonacucina G，Cespi M，et al. A comparison among β-caseins purified from milk of different species：Self-assembling behaviour and immunogenicity potential. Colloids Surf B Biointerfaces，2019，173：210-216.

[5] Ferranti P，Traisci MV，Picariello G，et al. Casein proteolysis in human milk：tracing the pattern of casein breakdown and the formation of potential bioactive peptides. J Dairy Res，2004，71（1）：74-87.

[6] 刘微，王振元，张婉舒，等. 人乳β-酪蛋白单体二级结构及胶束微观结构的研究. 中国乳品工业，2014，42：4-7.

[7] 刘微，李萌，任皓威，等. 荧光、紫外和红外光谱分析人乳和牛乳β-酪蛋白的功能和构象差异. 光谱学与光谱分析，2014，34（12）：3281-3287.

[8] Truswell A. The A2 milk case：a critical review. Eur J Clin Nutr，2005，59（5）：623-631.

[9] Massella E，Piva S，Giacometti F，et al. Evaluation of bovine beta casein polymorphism in two dairy farms located in northern Italy. Ital J Food Saf，2017，6（3）：131-133.

[10] Dai R，Fang Y，Zhao W，et al. Identification of alleles and genotypes of beta-casein with DNA sequencing analysis in Chinese Holstein cow. J Dairy Res，2016，83（3）：312-316.

[11] 常硕. 牛奶中 A1 和 A2β-酪蛋白的检测与分析. 中国奶牛，2018，3：48-50.

[12] Layman DK，Lönnerdal B，Fernstrom JD. Applications for alpha-lactalbumin in human nutrition. Nutr Rev，2018，76（6）：444-460.

[13] Liao Y，Weber D，Xu W，et al. Absolute quantification of human milk caseins and the whey/casein ratio during the first year of lactation. Proteome Res，2017，16（11）：4113-4141.

[14] Chen Q，Zhang J，Ke X，et al. Simultaneous quantification of alpha-lactalbumin and beta-casein in human milk using ultra-performance liquid chromatography with tandem mass spectrometry based on their signature peptides and winged isotope internal standards. Biochim Biophys Acta，2016，1864（9）：1122-1127.

[15] Enjapoori AK，Kukuljan S，Dwyer KM，et al. *In vivo* endogenous proteolysis yielding beta-casein derived bioactive beta-casomorphin peptides in human breast milk for infant nutrition Nutrition，2019，57：259-267.

[16] Kibangou IB，Bouhallab SD，Henry G，et al. Milk proteins and iron absorption：contrasting effects of different caseinophosphopeptides. Pediatr Res，2005，58（4）：731-734.

[17] Lönnerdal B. Human milk proteins： key components for the biological activity of human milk. Adv Exp Med Biol，2004，554：11-25.

[18] Dallas DC，Guerrero A，Khaldi N，et al. A peptidomic analysis of human milk digestion in the infant stomach reveals protein-specific degradation patterns. J Nutr，2014，144：815-820.

[19] Minervini F，Algaron F，Rizzello CG，et al. Angiotensin I-converting-enzyme-inhibitory and antibacterial peptides from *Lactobacillus helveticus* PR4 proteinase-hydrolyzed caseins of milk from six species. Appl Environ Microbiol，2003，69（9）：5297-5305.

[20] Fu Y，Ji C，Chen X，et al. Investigation into the antimicrobial action and mechanism of a novel endogenous peptide β-casein 197 from human milk. AMB Express，2017，7（1）：119.

[21] 周亚慧，王星云，王兴. β-Casein-15 肽在抗新生儿常见致病菌中的作用. 中国儿童保健杂志，2017，25（1）：3-6.

[22] Gattegno L，Migliore-Samour D，Saffar L，et al. Enhancement of phagocytic activity of human monocytic-macrophagic cells by immunostimulating peptides from human casein. Immunol Lett，1988，18（1）：27-31.

[23] Odintsova ES，Buneva VN，Nevinsky GA. Casein-hydrolyzing activity of sIgA antibodies from human milk. J Mol Recognit，2005，18（5）：413-421.

[24] Brantl V，Teschemacher H，Henschen A，et al. Novel opioid peptides derived from casein（beta-casomorphins）. I. Isolation from bovine casein peptone. Hoppe Seylers Z Physiol Chem，1979，360（9）：1211-1216.

[25] Liu Z，Udenigwe CC. Role of food-derived opioid peptides in the central nervous and gastrointestinal systems. Food Biochem，2019，43：e12629.

[26] Kostyra E，Sienkiewicz-Szłapka E，Jarmołowska B，et al. Opioid peptides derived from milk proteins. Food Nutr Sci，2004，54（Special issue 1s）：25-35.

[27] Lister J，Fletcher PJ，Nobrega JN，et al. Behavioral effects of food-derived opioid-like peptides in rodents：Implications for schizophrenia？ Pharmacol Biochem Behav，2015，134：70-78.

[28] Taira T，Hilakivi LA，Aalto J，et al. Effect of β-casomorphin on neonatal sleep in rats. Peptides，1990，11：1-4.

[29] Yasuaki W，Lönnerdal B. Bioactive peptides derived from human milk proteins-mechanisms of action. J Nutr Biochem，2014，25（5）：503-514.

[30] Kohmura M，Nio N，Ariyoshi Y. Inhibition of angiotensin-converting enzyme by synthetic peptide fragments of human κ-casein. Agric Biol Chem，1990，53（8）：2107-2114.

[31] Georgeson GD，Szony BJ，Streitman K，et al. Antioxidant enzyme activities are decreased in preterm infants and in neonates born via caesarean section. Eur J Obstet Gynecol Reprod Biol，2002，103（2）：136-139.

[32] Baydas G，Karatas F，Gursu MF，et al. Antioxidant vitamin levels in term and preterm infants and their relation to maternal vitamin status. Arch Med Res，2002，33：276-280.

[33] Hernández-Ledesma B，Quirós A，Amigo L，et al. Identification of bioactive peptides after digestion of human milk and infant formula with pepsin and pancreatin. Int Dairy J，2007，17：42-49.

[34] Tsopmo A，Romanowski A，Banda L，et al. Novel anti-oxidative peptides from enzymatic digestion of human milk. Food Chem，2011，126（3）：1138-1143.

第十一章

骨桥蛋白

人乳中含有大量的活性蛋白质及其具有活性的降解产物（如乳肽），包括α-乳清蛋白、β-酪蛋白、乳铁蛋白（LF）、骨桥蛋白（osteopontin, OPN）、免疫球蛋白和其他蛋白质，这些蛋白质在婴儿生长发育和免疫系统的启动与成熟中发挥重要作用。其中 OPN 是一种鲜为人知的生物活性蛋白，OPN 可能在新生儿和婴儿的免疫和发育中发挥作用，还可能参与机体的多种重要生理过程，如抑制异位钙化、骨重塑、肿瘤转移等[1,2]。本文重点总结了 OPN 的一般特性、人乳中含量、影响因素、功能、在婴儿配方食品中的应用以及测定方法等。

第一节　骨桥蛋白的一般特性

人乳骨桥蛋白（OPN）由 298 个氨基酸组成，是一种可与钙结合的活性分泌型磷酸化糖蛋白（phosphoglycoprotein），而牛乳 OPN 则是由 262 个氨基酸组成[1]。人乳 OPN 中含有高达 34 种磷酸丝氨酸和 2 种磷酸苏氨酸[3]。已证明人乳和牛乳 OPN 在 37℃的 pH 3.0 新生儿胃液中可以抵抗蛋白酶水解 1h，提示 OPN 可耐受新生儿胃液的体外消化，推测这样可以保证母乳来源的 OPN 抵达下消化道发挥其生物活性作用。

OPN 含有一个保守的 Arg-Gly-Asp（RGD）序列可以结合整合素（integrin）。通过 OPN 与整合素结合，可以激活细胞信号通路（如 PI3K/Akt 和 MARK 信号转导级联）发挥其多种功能[4]。

乳铁蛋白（lactoferrin, LF）和 OPN 由于带的电荷相反（LF 是碱性糖蛋白，而 OPN

是酸性磷酸化糖蛋白），因此彼此之间有很高的亲和力[5]。LF 和 OPN 结合形成复合物被发现已有几十年，然而其潜在的功能仍然有待研究阐明。体外模拟消化实验的结果显示，与单独使用 LF 或 OPN 相比，人乳来源的 LF-OPN 复合物在消化液中的稳定性更强，并且能更有效地被人肠道细胞结合和摄取；而且 LF-OPN 复合物比单个蛋白质能更有效地促进肠道细胞的增殖和分化，以及抗菌功能和免疫刺激活性的效果。上述结果提示，人乳中 LF 和 OPN 通过形成复合物，可以彼此保护免受胃肠道蛋白酶水解并增强其各自的生物活性[6]。

已知 OPN 在许多细胞、组织和器官中均可表达，包括前成骨细胞、成骨细胞、树突状细胞、巨噬细胞和 T 细胞、肝细胞、骨骼肌细胞、内皮细胞、脑和乳腺。20 世纪 90 年代，先后有多家实验室报道从哺乳动物的骨矿化基质中分离得到了一种新的蛋白质[7,8]，后来统一命名为 OPN。OPN 的分子量约为 41500Da，富含天冬氨酸、谷氨酸和丝氨酸，并有多种糖基化修饰[9]。哺乳动物的 OPN 分子呈酸性，在正常生理条件下带负电。OPN 结构中的保守序列 RGD（精氨酸-甘氨酸-天冬氨酸）是整合素的配体之一，可介导细胞与基质之间的相互作用以及细胞内的信号转导[10]。

由于母乳 OPN 带许多负电荷的氨基酸和磷酸化修饰，呈现一种非常酸性的高度磷酸化蛋白质状态[11]。这种内在特性使 OPN 可以与钙离子结合并形成可溶性复合物，尤其是与酪蛋白一起还可以抑制乳汁中无定形磷酸钙的沉淀[12,13]。使用 OPN 缺陷小鼠模型的体内试验支持该种蛋白质对异位钙化的抑制功能[14]。

第二节　骨桥蛋白的含量及影响因素

虽然 OPN 最初在骨骼中被发现，但后来的研究发现 OPN 在多种组织和体液中也都可以表达，而且在乳腺中表达量最高，使得母乳中含有较高浓度的 OPN[15]，并且其在国家间和个体间也存在较大差异。

Nagatomo 等[16]在日本的调查结果显示，初乳（3～7 天，$n=20$）、产后 1 个月（$n=20$）、4～7 个月（$n=21$）和 11～14 个月（$n=16$）母乳中 OPN 含量中位数分别为 1493.4mg/L、896.3mg/L、550.8mg/L 和 412.7mg/L，3～7 天的初乳中含有较高的 OPN，然而最初 3 天的初乳（$n=20$）OPN 含量很低（中位数为 2.7mg/L），之后 3～7 天的初乳中含量迅速升高，进入过渡乳和成熟乳后的 OPN 含量逐渐降低，但是母乳中 OPN 含量仍相当于最高峰时的 50%，并可维持超过一年。即使是成熟乳 OPN 含量也比同期乳母血浆含量（中位数 339.0μg/L）高得多，母乳 OPN 含量与血浆含量呈正相关（$r=0.627$，$P=0.047$）。Schack 等[15]来自丹麦的研究结果显示，29 例过渡乳和成熟乳的 OPN 含量分别为（127.7±84.8）mg/L（产后 6～15 天）和（148.5±74.5）mg/L（产后 17～58 天），分别占总蛋白质含量的（1.8±1.4）%和（2.4±1.3）%，平均为2.1%；人乳OPN含量显著高于牛乳（约18mg/L）。Bruun等[17]对丹麦、日本、韩国和中国的调查结果显示，OPN浓度中位数分别为99.7mg/L、185.0 mg/L、216.2 mg/L 和 266.2 mg/L，分别占到总蛋白质含量的1.3%、2.4%、1.8%和2.7%，不同国家人乳的OPN浓度有显著差异，亚洲母乳中的OPN含量较高。

第三节　骨桥蛋白的功能

人乳中OPN的生物学作用还不十分清楚，推测OPN主要作为一种分泌型蛋白质，参与一系列生理和病理过程，在婴儿生长发育过程中发挥多种生理功能。OPN与细胞表面整合素（cell surface integrins）和CD44受体相互作用，参与乳腺发育、神经组织（大脑）发育和免疫功能发育与免疫调节（提供重要的免疫信号）、生物矿化过程以及组织重塑等[10,15]。人乳和脐带血含高浓度OPN，表明OPN在泌乳和婴儿发育程序化中的重要性[11,15]。

一、参与乳腺的发育和分化

已有报道OPN参与了乳腺的发育和分化[18]。尽管OPN在多个器官中可以表达，但是怀孕和哺乳期间乳腺上皮细胞能特异性地过度表达该种蛋白质，并且在乳汁中大量存在，在小鼠体内干预抑制OPN的表达，OPN的表达量降低，孕鼠表现出缺乏乳腺腺泡的结构、β-酪蛋白合成明显减少、乳清酸性乳蛋白减少和乳汁分泌不足[19,20]。

二、与乳铁蛋白等协同参与免疫功能发育

已有研究结果显示，OPN在免疫应答的发育和维持中发挥关键作用，母乳OPN还可能诱导新生儿肠道免疫细胞产生细胞因子[15]，因为OPN影响免疫细胞的功能，如巨噬细胞、树突状细胞和T细胞[2]。与乳铁蛋白类似，曾有人提出母乳OPN通过诱导Th1免疫反应保护婴儿免受感染的假设，OPN通过诱导巨噬细胞中白介素-12的表达激活Th1（T辅助细胞1）免疫[20]，推测与婴儿免疫系统发育有关，因为Th1应答对清除细胞内病原体是必不可少的。OPN缺陷型小鼠比野生型小鼠更易受病毒和细菌的感染。这种情况与接种麻疹、腮腺炎和风疹疫苗后，母乳喂养婴儿中观察到的诱导Th1样反应差异是一致的，而在婴儿配方食品喂养的婴儿中则没有观察到[21]。OPN可诱导Th1细胞因子白介素-12的表达，并抑制Th2细胞因子白介素-10的产生。因此OPN是调节Th1/Th2平衡免疫反应的关键细胞因子，而且OPN的磷酸化对诱导白介素-12的表达也是必需的。此外，OPN可以诱导肠单核细胞白介素-12的表达。

体外研究发现，OPN 可能通过静电和亲和力与乳蛋白中的乳铁蛋白、乳过氧化物酶和 IgM 相互作用。Azuma 等[22]的研究中观察到，纯化的牛乳乳铁蛋白可与牛乳 OPN 结合。Liu 等[6]的研究结果显示，与单用 LF 或 OPN 相比，人乳 LF-OPN 复合物耐受体外消化的稳定性更强，能被人肠细胞更有效地结合和吸收；而且 LF-OPN 复合物对肠细胞增殖和分化的促进作用明显强于两个单一蛋白质，对 LF 和 OPN 之间的抗菌功能和免疫刺激活性有一定影响。基于这些结果，推测 LF 和 OPN 可能在乳汁中以复合物形式存在，相互保护，防止蛋白质被降解，并能增强它们各自的生物活性。在上述研究中，从人乳中分离 OPN 时，很难避免 LF 的干扰，说明在自然状态下二者很可能以复合物形式存在，但人乳样本中是否存在二者的复合物还有待阐明。

三、其他功能

人乳 OPN 参与喂养儿的大脑发育、行为与学习认知能力等相关的神经组织发育。Jiang 等[23]的基因敲除小鼠实验结果显示，OPN 可以通过促进髓鞘形成在婴儿期的大脑发育中发挥重要作用。OPN 可能将免疫调节蛋白和抗菌蛋白（如乳铁蛋白、乳过氧化物酶和 IgM）转运到其作用部位；并且该种蛋白质的高度阴离子性质可使 OPN 与钙离子形成可溶性复合物，从而抑制乳汁中钙的结晶和沉淀[24]。为了验证 OPN 抑制异位钙化的功能，使用 OPN 缺陷型小鼠的体内模型结果显示，补充外源性 OPN 可降低钙化程度，而且 OPN 可抑制一水草酸钙晶体的生长和聚集，从而有助于预防肾结石的形成[25]。

第四节　骨桥蛋白在婴儿配方食品中的应用效果

尽管 OPN 仅占人乳蛋白质总量的 2%，但直到最近才被认为有可能添加到婴儿配方食品（infant formula）中；与乳铁蛋白类似，牛乳中 OPN 浓度（约为 18mg/L）比人乳的含量要低得多，而且乳基婴儿配方奶粉中 OPN 浓度甚至更低（约为 9mg/L）[15]。尽管通过离子交换色谱法可以从牛乳中分离 OPN，但是从数量和质量上还难以应用于临床测试[26]和满足工业化需求。

一、动物实验

牛乳来源的 OPN 序列与人乳很相似，但是牛乳中 OPN 含量远低于母乳中的。Donovan 等[27]的研究用婴儿期的恒河猴为模型，评估补充 OPN 的效果。经过从出生到生后 3 月龄的喂养，与母乳喂养组比较了普通配方食品组和 OPN 强化配方食品组（OPN

浓度 125mg/L，基于人乳平均水平）的肠道组织表达谱，普通配方食品组与母乳喂养组的差异化表达基因有 1017 个，而 OPN 强化配方食品组与母乳喂养组的差异仅有 217 个，说明 OPN 强化配方食品组的喂养效果更接近母乳喂养组[20]；这可能涉及骨桥蛋白影响与细胞增殖、迁移、通信和存活相关的基因，以及整合素和 CD44 受体下游通路中的基因。

Ren 等[28]利用早产小猪模型，评估了富含 OPN 或酪蛋白糖聚肽或牛初乳配方粉对于新生儿坏死性小肠结肠炎（NEC）的预防效果。结果显示，与常规配方相比，富含 OPN 的配方有减少腹泻和促进肠上皮细胞（intestinal epithetial cells，IECs）增殖的作用。

二、喂养试验

在一项随机对照试验中，对比了母乳喂养或婴儿配方奶粉喂养 1～6 个月龄的婴儿。其中婴儿配方奶粉喂养的婴儿进一步分为接受标准婴儿配方奶粉、含牛乳来源 OPN 65mg/L 或 130mg/L 的 OPN 婴儿配方奶粉（双盲）[29]。结果显示，用添加 OPN 的婴儿配方奶粉喂养的婴儿血浆中氨基酸和细胞因子的水平接近母乳喂养婴儿。婴儿配方奶粉中添加 OPN 可显著降低促炎细胞因子 TNF-α水平，显著升高口服耐受性中起关键作用的白介素-2 水平，但是不同婴儿组在食欲、生长、体重或身高方面没有显著差异；而且干预期间接受含 OPN 的婴儿配方奶粉两组发热天数（4.0%±7.8%，5.5%±10.1%）也明显低于接受标准婴儿配方奶粉喂养组（8.2%±11.7%），而与母乳喂养组没有显著差异（3.2%±7.3%）。婴儿配方奶粉中添加 65mg/L OPN 的结果显示有助于改善婴儿的免疫发育，因为显著改变外周血中单核细胞的基因表达，使其更类似于母乳喂养的婴儿[30,31]；血液检查的结果显示，与标准婴儿配方奶粉组相比，添加 OPN 的婴儿配方粉喂养组在 4 个月时 TNF-α水平较低，而 IL-2 水平和 CD3$^+$CD45$^+$T 细胞的比例均较高。Jiang 等[32]的临床研究结果显示，婴儿配方奶粉中添加 OPN 可能通过增加血浆中内源性 OPN 发挥其有益作用。母乳 OPN 浓度的动态变化可能反映了婴儿在不同发育阶段对不同功能所需的不同量的母乳 OPN。

已有越来越多的证据显示，OPN 是人乳中的一种重要的生物活性成分，动物模型研究和婴儿临床喂养试验的结果均提示，给人工喂养婴儿补充 OPN 可使这些婴儿在生长发育、免疫发育和肠道功能等方面获益。

第五节　骨桥蛋白检测方法

关于母乳中 OPN 含量的测定方法学研究仍十分有限。目前测定乳汁中 OPN 含量的方法主要是采用商品化 ELISA 试剂盒，该方法可用于测定人乳、牛乳和婴儿配方食品中的 OPN 含量[17,23,32]，也可采用蛋白免疫印迹法[18,23]。

Bissonnette 等[33]通过蛋白质组学技术与免疫印迹技术，研究发现牛乳 OPN 有 2 种分子，其中分子量 60kDa 的 OPN 不是选择性剪接的产物，40kDa 蛋白似乎是全长 60kDa 的截短的次磷酸化变体，高度磷酸化。在牛乳 OPN 的分离纯化研究中，孙婕等[34]采用离子交换色谱、疏水色谱、透析等技术分离纯化，然后用 SDS-PAGE 电泳、免疫印迹技术鉴定 OPN。

第六节　展　　望

OPN 是人乳乳清蛋白的重要组分之一， OPN 可能对乳母及其母乳喂养儿具有重要的营养作用。随着（定量）蛋白质组学研究日渐成熟和蛋白质分离鉴定技术的不断改进，将会推动人乳蛋白质组学的研究。

① 人乳中 OPN 含量的测定方法仍制约着开展相关的研究，需要加强母乳中 OPN 的鉴定与定量方法学研究（包括标准品的制备），尤其需要建立高效分离 LF-OPN 混合物、灵敏快速的微量分析方法。

② 关于影响母乳 OPN 含量因素方面的研究甚少，需要研究有哪些因素可能影响母乳中 OPN 的含量和存在形式（母体和喂养儿，如遗传、孕前和/或孕期肥胖、膳食、胎儿成熟度、分娩方式等）。

③ 探索人乳中 OPN 与同时存在的其他营养成分和生物活性成分之间的作用关系（如已知与乳铁蛋白间存在明显协同作用），这样的作用可能对母乳喂养儿免疫功能和生长发育以及肠道微生态环境产生影响。

④ 初步研究结果显示，与传统婴儿配方食品相比，添加 OPN 的婴儿配方食品有助于改善喂养儿的免疫学指标和降低某些疾病发生率，因此有必要设计更严谨的双盲随机对照临床试验，比较人乳来源或牛乳来源 OPN 的补充效果，评价添加或富含牛乳 OPN 的婴儿配方食品的安全性和有效性。

（石羽杰、刘彪、苏红文）

参考文献

[1] Sodek J，Ganss B，McKee MD. Osteopontin. Crit Rev Oral Biol Med，2000，11（3）：279-303.

[2] Wang KX, Denhardt DT. Osteopontin: role in immune regulation and stress responses. Cytokine Growth Factor Rev, 2008, 19（5-6）: 333-345.

[3] Christensen B, Nielsen MS, Haselmann KF, et al. Posttranslationally modified residues of native human osteopontin are located in clusters. Identification of thirty-six phosphorylation and five O-glycosylation sites and their biological implications. Biochem J, 2005, 390: 285-292.

[4] Sun Y, Liu WZ, Liu T, et al. Signaling pathway of MAPK/ERK in cell proliferation, differentiation, migration, senescence and apoptosis. J Recept Signal Transduct Res, 2015, 35: 600-604.

[5] Yamniuk AP, Burling H, Vogel HJ. Thermodynamic characterization of the interactions between the immunoregulatory proteins osteopontin and lactoferrin. Mol Immunol, 2009, 46（11-12）: 2395-2402.

[6] Liu L, Jiang R, Lönnerdal B. Assessment of bioactivities of the human milk lactoferrin-osteopontin complex in vitro. J Nutr Biochem, 2019, 69: 10-18.

[7] Franzen A, Heinegard D. Isolation and characterization of two sialoproteins present only in bone calcified matrix. Biochem J, 1985, 232（3）: 715-724.

[8] Fisher LW, Hawkins GR, Tuross N, et al. Purification and partial characterization of small proteoglycans I and II, bone sialoproteins I and II, and osteonectin from the mineral compartment of developing human bone. J Biol Chem, 1987, 262（20）: 9702-9708.

[9] Butler WT. The nature and significance of osteopontin. Connect Tissue Res, 1989, 23（2-3）: 123-136.

[10] Demmelmair H, Prell C, Timby N, et al. Benefits of lactoferrin, osteopontin and milk fat globule membranes for infants. Nutrients, 2017, 9（8）.

[11] Jiang R, Lönnerdal B. Biological roles of milk osteopontin. Curr Opin Clin Nutr Metab Care, 2016, 19（3）: 214-219.

[12] Klaning E, Christensen B, Sorensen ES, et al. Osteopontin binds multiple calcium ions with high affinity and independently of phosphorylation status. Bone, 2014, 66: 90-95.

[13] Holt C, Sorensen ES, Clegg RA. Role of calcium phosphate nanoclusters in the control of calcification. FEBS J, 2009, 276（8）: 2308-2323.

[14] Ohri R, Tung E, Rajachar R, et al. Mitigation of ectopic calcification in osteopontin-deficient mice by exogenous osteopontin. Calcif Tissue Int, 2005, 76（4）: 307-315.

[15] Schack L, Lange A, Kelsen J, et al. Considerable variation in the concentration of osteopontin in human milk, bovine milk, and infant formulas. J Dairy Sci, 2009, 92（11）: 5378-5385.

[16] Nagatomo T, Ohga S, Takada H, et al. Microarray analysis of human milk cells: persistent high expression of osteopontin during the lactation period. Clin Exp Immunol, 2004, 138（1）: 47-53.

[17] Bruun S, Jacobsen LN, Ze X, et al. Osteopontin levels in human milk vary across countries and within lactation period: data from a multicenter study. J Pediatr Gastroenterol Nutr, 2018, 67（2）: 250-256.

[18] Nemir M, Bhattacharyya D, Li X, et al. Targeted inhibition of osteopontin expression in the mammary gland causes abnormal morphogenesis and lactation deficiency. J Biol Chem, 2000, 275（2）: 969-976.

[19] Rittling SR, Novick KE. Osteopontin expression in mammary gland development and tumorigenesis. Cell Growth Differ, 1997, 8: 1061-1069.

[20] Ashkar S, Weber GF, Panoutsakopoulou V, et al. Eta-1（osteopontin）: an early component of type-1（cell-mediated）immunity. Science, 2000, 287（5454）: 860-864.

[21] Pabst HF, Spady DW, Pilarski LM, et al. Differential modulation of the immune response by breast- or formula-feeding of infants. Acta Paediatr, 1997, 86（12）: 1291-1297.

[22] Azuma N，Maeta A，Fukuchi K，et al.A rapid method for purifying osteopontin from bovine milk and interaction between osteopontin and other milk proteins. Int Dairy J，2006，16：370-378.

[23] Jiang R，Prell C，Lönnerdal B. Milk osteopontin promotes brain development by up-regulating osteopontin in the brain in early life. FASEB J，2019，33（2）：1681-1694.

[24] Gericke A，Qin C，Spevak L，et al. Importance of phosphorylation for osteopontin regulation of biomineralization. Calcif Tissue Int，2005，77（1）：45-54.

[25] Asplin JR，Arsenault D，Parks JH，et al. Contribution of human uropontin to inhibition of calcium oxalate crystallization. Kidney Int，1998；53（1）：194-199.

[26] Christensen B，Sorensen ES. Structure，function and nutritional potential of milk osteopontin. Int Dairy J，2016，57：1.

[27] Donovan SM，Monaco MH，Drnevich J，et al. Bovine osteopontin modifies the intestinal transcriptome of formula-fed infant rhesus monkeys to be more similar to those that were breastfed. J Nutr，2014，144（12）：1910-1919.

[28] Ren S，Hui Y，Goericke-Pesch S，et al. Gut and immune effects of bioactive milk factors in preterm pigs exposed to prenatal inflammation. Am J Physiol Gastrointest Liver Physiol，2019，317（1）：G67-G77.

[29] Lönnerdal B，Kvistgaard AS，Peerson JM，et al. Growth，nutrition，and cytokine response of breast-fed infants and infants fed formula with added bovine osteopontin. J Pediatr Gastroenterol Nutr，2016，62（4）：650-657.

[30] West CE，Kvistgaard AS，Peerson JM，et al. Effects of osteopontin-enriched formula on lymphocyte subsets in the first 6 months of life：a randomized controlled trial. Pediatr Res，2017，82（1）：63-71.

[31] Donovan S，Monaco M，Drnevich J，et al. Osteopontin supplementation of formula shifts the peripheral blood mononuclear cell transcriptome to be more similar to breastfed infants. J Nutr，2014，144：1910-1919.

[32] Jiang R，Lönnerdal B. Osteopontin in human milk and infant formula affects infant plasma osteopontin concentrations. Pediatr Res，2019，85（4）：502-505.

[33] Bissonnette N，Dudemaine PL，Thibault C，et al. Proteomic analysis and immunodetection of the bovine milk osteopontin isoforms. J Dairy Sci，2012，95（2）：567-579.

[34] 孙婕，尹国友. 牛乳骨桥蛋白的分离纯化及初步鉴定. 食品工业科技，2008，29（10）：130-132.

第十二章

乳脂肪球膜

———

人乳的脂肪主要是甘油三酯（98%），并以脂肪球的形式存在，包裹着脂肪球的三层膜结构，由此被称之为乳脂肪球膜（milk fat globule membrane, MFGM），来自人乳的则称为人乳脂肪球膜（human milk fat globule membrane, HMFGM）。MFGM 包含复杂的蛋白质混合物、酶、中性脂和极性脂等，其中神经鞘磷脂占乳 MFGM 总极性脂的 1/3[1]。近年来，MFGM 作为乳蛋白的一个特异性亚类的营养学作用受到人们的关注，特别是在婴幼儿营养与生理功能中的作用[2]。目前关于 MFGM 的研究主要集中在 MFGM 的结构、组分、组成成分的分离纯化和功能与营养特性方面。本文总结了 MFGM 的结构、主要成分以及生理功能等。

第一节　乳脂肪球及膜结构

乳脂肪球膜（MFGM）的主要作用是防止乳中脂肪球的聚集，使之在乳汁中呈乳化分散状[3]。人乳脂肪球膜被认为是稳定的且具有生物活性的膜[4]。乳脂肪球膜主要由脂质和蛋白质组成，起源于乳腺上皮细胞的三层膜结构。人乳中的主要脂类甘油三酯在乳腺上皮细胞的粗面内质网合成，并以胞内脂滴形式积累在细胞质中。由于甘油三酯为非极性脂质，这些胞内脂滴首先被由磷脂、鞘糖脂等极性脂质和蛋白质所组成的单层生物膜覆盖。随着脂滴体积不断增大，它们彼此融合形成不同大小的细胞质脂滴，并被运输到细胞顶端，由乳腺上皮细胞分泌。分泌过程中，细胞质脂滴被双层细胞质膜包裹着，从细胞中萌发出来，形成一共被三层膜有序包裹的乳脂肪球（milk fat globule, MFG），均匀分散在乳汁中，如图 12-1 所示。成熟人乳脂肪球平均直径为 4～5μm，表面积约 2m²/g 脂肪[5]。脂肪球周围膜的组成与乳腺上皮细胞顶端质膜的组成相似，包括内侧的单层膜和外侧的双层生物膜，这个膜通常被称为 MFGM[2]。

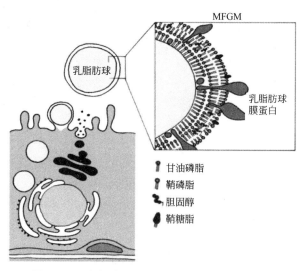

图 12-1　乳脂肪球膜的形成过程示意（彩图）

引自 Hernell 等[6]，2016

MFGM 的厚度为 10～20nm[7]，约占乳脂球质量的 2%～6%[2]，主要成分为磷脂和膜特异蛋白质（蛋白质与脂质的比例约为 60%∶40%；按重量计，蛋白质占 MFGM 的 25%～70%）[8]，占脂肪球膜干重的 90%以上，乳脂肪球膜还含有胆固醇、酶和其他微量成分[2]，如图 12-2 所示。

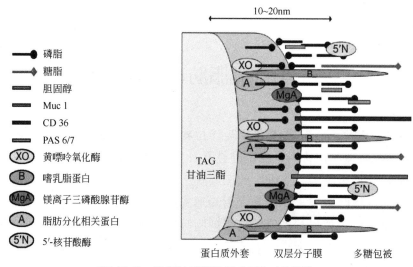

图 12-2　乳脂肪球膜的组成示意（彩图）

引自 Caroline 等[7],2010

MFGM 上的脂序结构被称为脂筏域（lipid raft），如图 12-3 所示，磷脂双分子层上的鞘磷脂聚集在一起，与胆固醇相互作用，在双分子层的外层形成了环状刚性结构。脂筏域可帮助微量 MFGM 的生物活性成分免被消化，使它们能够完整地进入结肠[8]。这些结果可在一定程度上证明乳脂肪球膜可能有助于肠道结构和免疫系统的发育，以及新生儿肠道菌群的建立。

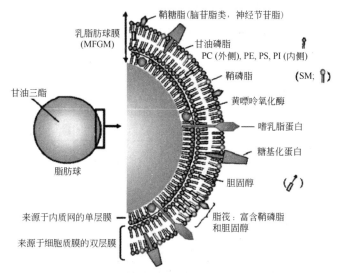

图 12-3　乳脂肪球膜组成（脂筏域）示意（彩图）

引自 Lopez 等[9]，2008

鞘磷脂（sphingomyelin,SM）；磷脂酰胆碱（phosphatidylcholine,PC）；磷脂酰乙醇胺（phosphatidylethanolamine,PE）；
磷脂酰肌醇（phosphatidylinositol,PI）；磷脂酰丝氨酸（phosphatidylserine,PS）

第二节　乳脂肪球膜的主要成分

MFGM 的结构复杂，除了含有许多细胞成分外，还含有胆固醇、甘油磷脂、鞘磷脂和蛋白质。MFGM 的数量和组成可能因脂肪含量和脂肪球大小不同而有很大差异[4,10]。由于乳脂肪球膜具有在组成和结构上的复杂多变性的特点，目前主要通过测定磷脂浓度及膜蛋白的存在监测其含量[2,11]。

一、磷脂种类和含量

MFGM 中脂质含量仅占乳汁中总脂质的 0.5%～1%[8]，其中大多为磷脂。MFGM 中主要存在五种极性磷脂：鞘磷脂、磷脂酰胆碱、磷脂酰乙醇胺、磷脂酰肌醇和磷脂酰丝氨酸。MFGM 中磷脂占人乳中总磷脂的 60%[12]。随着婴儿消化系统的成熟，母乳中磷脂含量下降，并使母乳中乳脂肪球周围膜的厚度下降[13]。人乳中的磷脂构成与其他哺乳动物不同，即存在明显的种属差异。MFGM还含有神经节苷脂、唾液酸和胆固醇等，这些成分参与脑髓鞘形成和大脑功能发育[14,15]。

很多方法被用于测定人乳中的极性脂类。传统的定量方法可使用高效薄层色谱（HPTLC）和比色法[13]。HPLC结合蒸发光散射检测器（HPLC-ELSD）法也可用于定量分析人乳磷脂含量[16]。近年，具有更高选择性和灵敏度的HPLC-MS或核磁共振的方法已被成功用于测定人乳磷脂含量[17~19]。不同文献报道的人乳磷脂组成存在明显差异[12]，结果见表12-1。

⊡ 表12-1　不同作者报告的成熟母乳中磷脂组成　　　　　　　　　　　　　　　　　　　　:%

作者	鞘磷脂 （SM）	磷脂酰胆碱 （PC）	磷脂酰丝氨酸 （PE）	磷脂酰乙醇胺 （PS）	磷脂酰肌醇 （PI）
Bitman 等，1984[13]	38	28	20	8.6	6
Wang 等，2000[20]	30.7	23.1	36.1	6.7	3.5
Sala-Vila 等，2005[21]	41.03	31.26	12.76	10.35	5.89
Lopez 和 Ménard，2011[5]	36~45	19~23	10~15	12~18	9~12
Garcia 等，2012[17]	29.7	24.5	18.3	8.1	3.8
Yao 等，2016[22]	29.28	24.39	25.33	13.12	7.85

注：SM, sphingomyelin；PC, phosphatidylcholine；PS, phosphatidylserine；PE, phosphatidylethanolamine；PI, phosphatidylinositol。

乳脂肪球膜中的另一类鞘脂是含有糖基的鞘糖脂，以神经节苷脂为代表。人乳中的神经节苷脂具有高度复杂的极性头，是由除母乳低聚糖之外的一个或多个唾液酸单元组成[23]。因此过去常用测定脂质结合唾液酸浓度的方法定量测定神经节苷脂。人乳中的神经节苷脂含量随泌乳期变化。有研究结果显示，母乳中神经节苷脂的浓度与乳母膳食摄入的脂肪含量相关[18]。McJarrow 等[24]使用HPLC-MS方法测定成熟母乳中神经节苷脂含量约为20mg/L。人乳中神经节苷脂主要为单唾液酸神经节苷脂（GM3）和双唾液酸神经节苷脂（GD3）两种形式，GM3含量随泌乳期延长而增加，而GD3含量随泌乳期延长下降。神经节苷脂在大脑的生物学活性主要体现在其对突触可塑性的调节，突触的可塑性是学习和记忆等高级的神经活动的重要机制，这一功能很大程度上与唾液酸结构有关。研究发现，经膳食摄入的神经节苷脂可增加血清神经节苷脂的浓度[25]，婴儿早期从膳食中获得的神经节苷脂可以调整其肠道菌群并预防感染。MFGM是神经节苷脂进入新生儿肠道的唯一载体[26]。富含神经节苷脂的膳食被证明可显著增加总神经节苷脂和GD3含量，同时降低GM3含量，降低幼鼠肠细胞膜上胆固醇与神经节苷脂的比例[27]。这些发现表明神经节苷脂可以被吸收进入肠黏膜中，从而改变膜的流动性和肠细胞功能。神经节苷脂是细胞膜中不可或缺的组成部分，从细胞表面延伸出来的寡糖残基是细胞间通信的表面标记物[28]。神经节苷脂也可以修饰胃肠道的刷状边界膜。体外研究中，婴儿肠组织预先暴露于神经节苷脂可减少大肠杆菌内毒素引起的肠坏死和促炎信号，提示神经节苷脂在体内具有促进肠细胞结构重组的功能[29]。

二、乳脂肪球膜蛋白组学测定

MFGM 蛋白是人乳中含量较少的一类残留在脂类中的蛋白质（约占乳汁总蛋白质含量的 1%~4%），作为包裹乳脂肪球（甘油三酯）膜整体组成部分[30]。MFGM 蛋白由不同的蛋白质组成，包括黏蛋白-1（mucin）、乳黏素（lactadherin）、嗜酪蛋白（butyrophilin）和乳铁蛋白等，其中蛋白质含量约为 60%（其中含有 1%~2%低分子量蛋白质）。Yang 等[31]采用 iTRAQ 蛋白质组学方法从 MFGM 中鉴别和定量了 520 种蛋白质；另一项研究采用了相同的组学方法，从人乳及牛乳的 MFGM 蛋白中识别出 411 种蛋白质[32]。MFGM 中有些蛋白质被证明具有生物活性，主要功能为抗菌、抗病毒，参与营养素的吸收，并在新生儿的许多细胞反应过程和防御机制中发挥重要作用[33]。

第三节　乳脂肪球膜生理功能

近年研究结果显示，人乳汁中富含的 MFGM 对生命早期发育发挥重要作用。乳脂肪球在组成和大小上的不均一性，说明其在新生儿早期发育中可能发挥多重作用。某些 MFGM 上的蛋白质可以更好地抵抗胃蛋白酶水解。同时，MFGM 独特的结构，如脂筏域所形成的刚性结构，也能使其生物活性成分免被消化。MFGM 上主要和次要蛋白质的广泛糖基化也能帮助它抵抗消化，使它们能够结构完整地到达结肠。

一、抗菌/抗病毒/抑菌作用

Schroten 等[34]证明，HMFGM 不仅可作为乳脂肪的容器，它还具有某些保护功能，通过与碳水化合物和细菌凝集素的相互作用，病原微生物被 HMFGM 固定，防止病原微生物黏附到黏膜上皮细胞；随后的研究发现，人乳中 sIgA 不仅存在于水相中，而且紧密地与 HMFGM 结合作为其组成部分[35]，即使膜分离后仍可检测出来[36]。已证明 HMFGM 中含有几种可抑制多种病原体活性的蛋白质，HMFGM 中的一种乳清蛋白浓缩物有助于防止细菌和病毒引起的腹泻[37]；鞘磷脂，特别是神经节苷脂的体内外实验证明可以抑制肠毒素活性[38]。动物实验和越来越多的临床研究结果显示，MFGM 碎片的抗消化作用、脂质核中脂肪酸的独特分布，以及一些与 MFGM 成分有关的抗菌作用，使乳脂肪球和它的组成成分通过多种机制转变了肠道的核心微生物种群[8]。在一项观察性研究中，生后最初六个月婴儿的轮状病毒感染与所摄入母乳中乳黏附素的摄入量呈负相关,而与乳汁中的黏蛋白和 sIgA 的摄入量则无关[39]。

二、调节免疫和促进肠道发育成熟

尽管关于 MFGM 蛋白质的成分和种类间的复杂性还尚未完全阐明,仍有些研究结果提示,一些与 MFGM 相关的蛋白质能调节免疫成分(如 T 细胞)的产生和活性,为 MFGM 在免疫系统发育中的作用提供了证据。同时 MFGM 除了作为能量密集的营养来源外,也有助于肠道结构及免疫系统的发育,同时也会帮助新生儿建立肠道菌群。补充 MFGM 可促进喂养儿的肠道发育,改善肠道完整性和血管张力。

三、与学习认知功能的关系

在生命早期,MFGM 通过参与大脑功能相关基因的调节,对学习认知发育产生远期影响。动物实验结果显示,补充 MFGM 可增加大鼠大脑功能相关的 mRNA 表达,脑源性神经营养因子(BDNF)和 St8-N-乙酰神经氨酸-2,8-唾液酸转移酶(ST8Sia Ⅳ)为两个与大脑功能相关的蛋白质,测定这些蛋白质的 mRNA 表达是研究大脑发育的常用手段[40]。Brink 等[41]进一步利用大鼠模型比较了 MFGM 与其单体成分的效果,观察到补充牛乳来源 MFGM 与牛乳来源磷脂或唾液酸成分的效果,补充 MFGM 组大鼠的 T-迷宫行为学测试获得了较高分数,表明 MFGM 与其组成单体相比,对神经发育有更强的支持作用。这一结果可能是通过上调神经发育相关的基因表达来实现的。

四、补充 MFGM 的临床喂养试验

在已报告的婴幼儿临床喂养试验中,婴儿对富含 MFGM 的婴幼儿配方奶粉一般耐受良好。在父母报告的呕吐、烦躁、哭泣和结肠炎发病率指标方面,MFGM 补充组与普通婴儿配方组间相比无显著差异。另一项临床研究中,MFGM 补充组与对照组的婴儿在体重增长及对奶粉的耐受性方面无显著性差异,但补充富含蛋白质的 MFGM 的婴儿有更高的湿疹发生率(与对照组及补充富含脂肪的 MFGM 组相比),提示 MFGM 中蛋白质及脂肪组分的比例可能与过敏风险有关[42]。给 6~12 月龄婴儿补充富含 MFGM 的蛋白质,可降低腹泻持续时间和血性腹泻的发生率近 50%[43]。在最近的一项随机对照试验(RCT)中,将 2 个月龄前的足月婴儿随机分成补充富含蛋白质的 MFGM 制品(占总蛋白质的 4%)组或标准婴儿配方奶粉组,评价 MFGM 的安全性和有效性。婴儿配方食品喂养到 6 月龄,随访到 12 月龄,并且与母乳喂养组进行比较。结果显示,MFGM 可降低婴儿腹泻、中耳炎、发热、退烧药物的使用率;而且补充 MFGM 组的认知贝利评分(105.8±9.2)显著高于给予标准婴儿配方食品组(101.8±8.0),而且与母乳喂养组(106.8±9.5)没有显著差异[44]。

使用富含 MFGM 磷脂的牛奶补充剂，对欧洲 2.5～6 岁的学龄前儿童进行为期 4 个月的膳食干预， MFGM 磷脂组受试儿童的发热天数减少[45]。在大脑发育方面，MFGM 补充婴儿配方与普通婴儿配方相比，MFGM 补充组的婴儿有更高的认知评分[46]。这一结果与一项印度尼西亚的临床研究相似，即在婴幼儿配方奶粉中补充含有神经节苷脂的牛乳脂质复合物，可促进 0～6 个月婴儿的认知功能发育，这可能与增高的血清神经节苷脂浓度有关。

综合以上信息，来自模型研究和临床试验的现有证据表明，MFGM 复合成分或其中特定的单体成分，可能有助于提升婴儿配方奶粉的营养价值，对婴儿的大脑、免疫及肠道发育产生积极影响。这不但与婴儿期的健康状况相关，还可能有助于其免疫系统和认知功能发育。

第四节 展　　望

虽然越来越多的研究观察到，MFGM 在生命早期的大脑发育、肠道成熟及提高免疫力方面的作用，但是其作用机制还有待阐明。目前还不能区分发挥以上生理功能的是 MFGM 结构还是其组成的某个或某些单体成分，因此还需要加强相关机制方面的研究。虽然婴幼儿配方食品中添加 MFGM 的结果显示对神经发育和预防感染方面有良好效果，但这些结果主要基于已知的 MFGM 单体成分对神经发育的作用和抗感染作用，而且这些作用主要还是基于体外和/或动物实验的研究。针对婴儿或儿童的 MFGM 临床干预的研究较少，而且干预方法不统一，即不同研究中，针对不同的时间长度、不同的年龄、不同的生长阶段对受试者给予了不同剂量的 MFGM 受试物质等。因此，还需要通过更多高质量的双盲随机对照试验，评价喂养牛乳来源乳 MFGM 对婴幼儿健康的益处[6]。另一方面，依托于扫描电镜等先进检测技术手段的发展，还需要对 MFGM 结构和组成进行更精细的研究，为进一步了解其生理功能提供思路。

（李依彤，董彩霞，荫士安）

参考文献

[1] Fong BY，Norris CS，MacGibbon AKH. Protein and lipid composition of bovine milk-fat-globule membrane. Int Dairy J，2006，17（4）：275-288.

[2] Singh H. The milk fat globule membrane-A biophysical system for food applications. Cur Opin Coloid Interface Sci，2006，11（2-3）：154-163.

[3] Keenan TW, Morre DJ, Olson DE, et al. Biochemical and morphological comparison of plasma membrane and milk fat globule membrane from bovine mammary gland. J Cell Biol, 1970, 44（1）: 80-93.

[4] Keenan TW, Dylewski DP. Intracellular origin of milk lipid globules and the nature of structure of milk fat globule membrane. London' Chapman & Hall: Fox PF, 1995.

[5] Lopez C, Ménard O. Human milk fat globules: polar lipid composition and in situ structural investigations revealing the heterogeneous distribution of proteins and the lateral segregation of sphingomyelin in the biological membrane. Colloids Surf B Biointerfaces, 2011, 83（1）: 29-41.

[6] Hernell O, Timby N, Domellof M, et al. Clinical benefits of milk fat globule membranes for infants and children. J Pediatr, 2016, 173 Suppl: S60-65.

[7] Caroline V, Pascal B, Sabine D. Milk fat globule membrane and buttermilks: from composition to valorization. Biotechnology, Agronomy, Society and Environment, 2010, 14（3）: 485-500.

[8] Lee H, Padhi E, Hasegawa Y. Compositional dynamics of the milk fat globule and its role in infant development. Front Pediatr, 2018. doi: 10.3389/fped.2018.00313.

[9] Lopez C, Briard-Bion V, Menard O, et al. Phospholipid, sphingolipid, and fatty acid compositions of the milk fat globule membrane are modified by diet. J Agric Food Chem, 2008, 56（13）: 5226-5236.

[10] Keenan TW. Milk lipid globules and their surrounding membrane: a brief history and perspectives for future research. J Mammary Gland Biol Neoplasia, 2001, 6: 365 -371.

[11] Ortega-Anaya J, Jimenez-Flores R. Symposium review: The relevance of bovine milk phospholipids in human nutrition-Evidence of the effect on infant gut and brain development. J Dairy Sci, 2019, 102（3）: 2738-2748.

[12] Ingvordsen Lindahl I, Artegoitia V, Downey EO, et al. Quantification of human milk phospholipids: the effect of gestational and lactational age on phospholipid composition. Nutrients, 2019, 11（2）: 222.

[13] Bitman J, Wood DL, Mehta NR, et al. Comparison of the phospholipid composition of breast milk from mothers of term and preterm infants during lactation. Am J Clin Nutr, 1984, 40（5）: 1103-1119.

[14] McJarrow P, Schnell N, Jumpsen J, et al. Influence of dietary gangliosides on neonatal brain development. Nutr Rev, 2009, 67（8）: 451-463.

[15] Tanaka K, Hosozawa M, Kudo N, et al. The pilot study: sphingomyelin-fortified milk has a positive association with the neurobehavioural development of very low birth weight infants during infancy, randomized control trial. Brain Dev, 2013, 35（1）: 45-52.

[16] Sala Vila A, Castellote-Bargallo AI, Rodriguez-Palmero-Seuma M, et al. High-performance liquid chromatography with evaporative light-scattering detection for the determination of phospholipid classes in human milk, infant formulas and phospholipid sources of long-chain polyunsaturated fatty acids. J Chromatogr A, 2003, 1008（1）: 73-80.

[17] Garcia C, Lutz NW, Counfort-Gouny S, et al. Phospholipid fingerprints of milk from different mammalians determined by 31PNMR: towards specific interest in human health. Food Chem, 2012, 135（3）: 1777-1783.

[18] Ma L, Mac Gibbon AKH, Jan Mohamed HJB, et al. Determination of ganglioside concentrations in breast milk and serum from Malaysian mothers using a high performance liquid chromatography-mass spectrometry-multiple reaction monitoring method. Int Dairy, J. 2015, 49: 62-71.

[19] Ma L, MacGibbon AKH, Jan Mohamed HJB, et al. Determination of phospholipid concentrations in breast milk and serum using a high performance liquid chromatography–mass spectrometry - multiple reaction monitoring method. Int Dairy J, 2017, 71: 50-59.

[20] Wang L, Shimizu Y, Kaneko S, et al. Comparison of the fatty acid composition of total lipids and phospholipids in breast milk from Japanese women. Pediatr Int, 2000, 42（1）：14-20.

[21] Sala-Vila A, Castellote AI, Rodriguez-Palmero M, et al. Lipid composition in human breast milk from Granada（Spain）：changes during lactation. Nutrition, 2005, 21（4）：467-473.

[22] Yao Y, Zhao G, Xiang J, et al. Lipid composition and structural characteristics of bovine, caprine and human milk fat globules. Int Dairy J, 2016, 56：64-73.

[23] Ma L, Liu X, MacGibbon AK, et al. Lactational changes in concentration and distribution of ganglioside molecular species in human breast milk from Chinese mothers. Lipids, 2015, 50（11）：1145-1154.

[24] McJarrow P, Radwan H, Ma L, et al. Human milk oligosaccharide, phospholipid, and ganglioside concentrations in breast milk from United Arab Emirates mothers：results from the MISC cohort. Nutrients, 2019, 11（10）.

[25] Kolter T. Ganglioside biochemistry. ISRN Biochem, 2012：506160.

[26] Nilsson A. Role of sphingolipids in infant gut health and immunity. J Pediatr, 2016, 173（Suppl）：S53-59.

[27] Park EJ, Suh M, Ramanujam K, et al. Diet-induced changes in membrane gangliosides in rat intestinal mucosa, plasma and brain. J Pediatr Gastroenterol Nutr, 2005, 40：487-495.

[28] Yu RK, Tsai YT, Ariga T, et al. Structures, biosynthesis, and functions of gangliosides--an overview. J Oleo Sci, 2011, 60（10）：537-544.

[29] Schnabl KL, Larsen B, Van Aerde JE, et al. Gangliosides protect bowel in an infant model of necrotizing enterocolitis by suppressing proinflammatory signals. J Pediatr Gastroenterol Nutr, 2009, 49（4）：382-392.

[30] Lönnerdal B, Woodhouse LR, Glazier C. Compartmentalization and quantitation of protein in human milk. J Nutr, 1987, 117：1385-1395.

[31] Yang Y, Zheng N, Zhao X, et al. Proteomic characterization and comparison of mammalian milk fat globule proteomes by iTRAQ analysis. J Proteomics, 2015, 116：34-43.

[32] Yang M, Cong M, Peng X, et al. Quantitative proteomic analysis of milk fat globule membrane（MFGM）proteins in human and bovine colostrum and mature milk samples through iTRAQ labeling. Food Funct, 2016, 7（5）：2438-2450.

[33] Cavaletto M, Giuffrida MG, Conti A. The proteomic approach to analysis of human milk fat globule membrane. Clin Chim Acta, 2004, 347：41-48.

[34] Schroten H. The benefits of human milk fat globule against infection. Nutrition, 1998, 14（1）：52-53.

[35] Schroten H, Bosch M, Nobis-Bosch R, et al. Anti-infectious properties of the human milk fat globule membrane. Adv Exp Med Biol, 2001, 501：189-192.

[36] Schroten H, Bosch M, Nobis-Bosch R, et al. Secretory immunoglobulin A is a component of the human milk fat globule membrane. Pediatr Res, 1999, 45（1）：82-86.

[37] Spitsberg VL. Invited review：Bovine milk fat globule membrane as a potential nutraceutical. J Dairy Sci, 2005, 88（7）：2289-2294.

[38] Laegreid A, Otnaess AB, Fuglesang J. Human and bovine milk：comparison of ganglioside composition and enterotoxin-inhibitory activity. Pediatr Res, 1986, 20（5）：416-421.

[39] Newburg DS, Pererson JA, Ruiz-Palacios GM, et al. Role of human-milk lactadherin in prectection against symptomatic rotavirus infection. Lancet, 1998, 351：1160-1164.

[40] Brink LR, Lönnerdal B. The role of milk fat globule membranes in behavior and cognitive function using a suckling rat pup supplementation model. J Nutr Biochem, 2018, 58：131-137.

[41] Brink LR，Gueniot JP，Lönnerdal B. Effects of milk fat globule membrane and its various components on neurologic development in a postnatal growth restriction rat model. J Nutr Biochem，2019，69：163-171.

[42] Billeaud C，Puccio G，Saliba E，et al. Safety and tolerance evaluation of milk fat globule membrane-enriched infant formulas：a randomized controlled multicenter non-inferiority trial in healthy term infants. Clin Med Insights Pediatr，2014，8：51-60.

[43] Zavaleta N，Kvistgaard AS，Graverholt G，et al. Efficacy of an MFGM-enriched complementary food in diarrhea，anemia，and micronutrient status in infants. J Pediatr Gastroenterol Nutr，2011，53（5）：561-568.

[44] Timby N，Domellöf M，Lönnerdal B，et al. Supplementation of infant formula with bovine milk fat globule membranes. Adv Nutr，2017，8：351-355.

[45] Veereman-Wauters G，Staelens S，Rombaut R，et al. Milk fat globule membrane（INPULSE）enriched formula milk decreases febrile episodes and may improve behavioral regulation in young children. Nutrition，2012，28（7-8）：749-752.

[46] Timby N，Domellof E，Hernell O，et al. Neurodevelopment，nutrition，and growth until 12 mo of age in infants fed a low-energy，low-protein formula supplemented with bovine milk fat globule membranes：a randomized controlled trial. Am J Clin Nutr，2014，99（4）：860-868.

第十三章

乳肽

人乳成分非常复杂，从母乳分泌阶段开始到乳汁经口进入婴儿胃肠道被消化吸收，在不同阶段均可能显示不同的生理功能，而且人乳还是一个动态的蛋白质-蛋白酶系统，为婴儿提供具有多功能的生物活性肽，在新生儿/婴儿宿主防御中发挥重要作用[1~3]。在这一过程中，乳蛋白直接在乳腺内被酶（如纤溶酶和弹性蛋白酶）水解后生成的乳内源性肽，可能发挥着重要的生物活性作用。随分析技术的进步和蛋白质组学及肽组学研究的快速发展，除了关注乳内源性肽的研究，乳汁中蛋白质在婴儿胃肠道消化后生成肽类成分的生物活性这一方面也取得一些进展。以上相关研究结果有助于了解乳肽在婴幼儿生长发育和机体代谢调节中的作用。

第一节　乳肽的组成

乳肽作为人乳来源的小分子蛋白质，人们对其来源、酶作用及氨基酸序列等有了越来越多的了解[2,4~6]。乳肽主要包括内源肽、生物活性肽以及肽类激素等。

一、母乳肽种类

1. 内源肽

人乳中的内源肽（endogenous peptides）由乳腺分泌并直接通过母乳喂养进入婴儿的消化系统，大部分的内源肽可顺利到达小肠，并在小肠发挥相应的生理功能和生物活性作用。

2. 生物活性肽

生物活性肽（bioactive peptides）由母乳中的酪蛋白、α-乳白蛋白和乳铁蛋白等乳蛋白在婴幼儿的胃肠道消化分解后产生，具有增强矿物质吸收利用、免疫调节、阿片样作用、抗高血压以及抗微生物活性的生理功能[7,8]。

3. 肽类激素

除以上两种乳肽之外，人乳中还含有多种肽类激素（peptides hormones），例如瘦素、生长素释放肽、脂联素和胰岛素样生长因子-1 等，它们参与婴幼儿的能量平衡、食欲调节、细胞分化以及生长发育过程，还可能影响母乳喂养儿的未来长期（成年期）健康与生命结局[5]。

二、内源肽来源

乳源内源性肽大多来源于人乳中的五种蛋白质，分别为β-酪蛋白（占总内源肽丰度的 32%）、骨桥蛋白（22%）、α_{s1}-酪蛋白（10%）、嗜乳脂蛋白（9%）和聚合免疫球蛋白受体（7%）[9]。研究结果显示，人乳中的蛋白质在乳腺内被蛋白酶（如纤溶酶等）水解生成肽，该过程对人乳蛋白质具有高度选择性，说明乳汁中的内源肽的产生应来自特定的蛋白质。在此基础上另有研究发现，内源肽还来自特定蛋白质的特定区域[10]，其中亮氨酸为已鉴定内源肽肽段最常见 N 端切割位点以及 N 端预切割位点[11]。在天然存在于人乳中的纤溶酶、胰蛋白酶、弹性蛋白酶、组织蛋白酶 D、凝血酶和脯氨酸内肽酶等通过在蛋白质水解位点进行定点水解产生人乳内源肽的过程中[10,12,13]，不同酶的裂解蛋白和裂解位点也随着研究的深入不断被挖掘，例如，组织蛋白酶 D 特异性裂解骨桥蛋白的亮氨酸和精氨酸的连接位点[14]，而聚合免疫球蛋白受体的主要裂解位点是丝氨酸和赖氨酸[15]。同时，也存在大量相同氨基酸残基被切割的同源肽，说明人乳中也可能存在其他的水解蛋白酶，如氨肽酶和羧肽酶[16]。

除按照蛋白质丰度评价内源肽的蛋白质来源外，还可以按照肽计数的方法追溯肽来源的蛋白质，其分布为β-酪蛋白［（174±13）个序列］、骨桥蛋白［（115±48）个序列］、α_{s1}-酪蛋白［（59±12）个序列］、丁酸［（50±6）个序列］、聚合免疫球蛋白受体［（43±5）个序列］。虽然κ-酪蛋白和乳铁蛋白也是人乳中主要存在的蛋白质，但是其在乳腺内的水解程度非常低，由二者衍生出的内源肽丰度不超过总内源肽丰度的0.01%。按照肽计数的方法，每一个样本κ-酪蛋白来源的肽不超过 4 种、乳铁蛋白来源的肽不超过 1 种。

虽然对内源肽来源的检测方法和检测环境不同，可能导致不同研究结果显示出的人乳中可水解生成内源肽的蛋白质数量有所差异，但总的来说，β-酪蛋白、骨桥蛋白、α_{s1}-酪蛋白和聚合免疫球蛋白受体仍是人乳内源肽的主要来源[17]。

三、内源肽含量

人乳中可检测到的乳肽，其分子量和等电点分布的范围通常比较宽，但大多数肽的分子量集中在 14~22kDa 之间。在不同情况下，内源肽在人乳中的含量有一定差异。Cui 等[11]通过液相色谱/质谱法对产巨大儿和非巨大儿的乳母乳汁中内源肽的分析发现，所鉴定出的 400 多种来自至少 34 种蛋白质前体的内源肽中，有 29 种内源肽存在表达上的差异。此外，分娩早产儿乳母乳汁内源肽的离子丰度、浓度也显著高于分娩足月儿乳母的乳汁，随后 Sun 等[18]的研究也显示相同结果。这可能与纤溶酶活性在分娩早产儿的乳母乳汁中高于足月产乳母的乳汁有关。由于与足月儿相比，早产儿的消化系统发育尚不成熟，其母亲乳腺分泌的乳汁中，有更多的蛋白酶将母乳蛋白质降解生成人乳内源肽，这可能会减轻早产儿喂养过程中营养素消化和吸收的负担[8]。除早产儿、巨大儿等因素外，在一般足月儿乳母分泌的乳汁中，存在部分相同序列内源肽的同时，还有一部分内源肽的序列表现出明显的个体差异，可能与乳汁中存在的不同种类蛋白酶的量、活性以及个体间乳汁蛋白质含量的差异有关。Nielsen 等[19]研究发现，虽然单独个体的足月儿乳母分泌的前乳和后乳中，内源肽的含量和种类差异没有统计意义，但是进一步分析，观察到组间比较的前乳和后乳中，后乳的肽含量高于前乳，该差异有统计学意义。从前乳和后乳中鉴定出来自 10 种不同蛋白质的 135 种共有肽在二者中的总内源肽丰度没有明显差异，但研究鉴定出在后乳中有 36 种内源肽，丰度较前乳更丰富，其主要来源为天然存在于人乳中的β-酪蛋白被水解后产生的肽，而骨桥蛋白来源的后乳中的肽含量也高于前乳。

2016 年，Cui 等[11]从人乳中鉴定出了 400 种不同的内源肽，在 2017 年，Nielsen[19]等和 Dingess 等[17]的研究结果均证明，人乳中含有的可识别肽段（内源性）超过 1000种。随着检测技术的优化，截止到 2019 年已经可以在相对较短的时间内从人乳中定性且定量检测超过 5000 种内源肽[1,20]。目前来看，内源肽的种类在不同个体间以及不同的样本分组前提下存在较大差异，而且在不同的实验条件和实验环境下，所检测出的种类也有不同。

第二节　乳肽生理功能

人乳中存在的大多数乳肽都具有一定的生物活性，在人体内参与多种不同的生理功能（physiological function of lactopeptides），如血管紧张素转化酶抑制作用、免疫调节、抗氧化、生长刺激和抗菌活性[2,21]。这些生物活性成分对婴幼儿的近期生长发育发挥重要作用，还可能对婴幼儿远期生存质量以及体重变化有深远影响[22]。

一、生物活性肽及肽类激素

生物活性肽来自人乳蛋白质，通过婴幼儿胃肠道内的消化酶（如胃蛋白酶、胰蛋白酶和胰凝乳蛋白酶等）水解之后，从人乳蛋白质中释放出生物活性肽，主要包括胃肠道内具有促进矿物质吸收的酪蛋白磷酸肽（CPPs）[5]、具有免疫调节功能的乳源酪蛋白糖巨肽[23]、对革兰阳性菌及革兰阴性菌均有杀菌作用的乳铁蛋白水解后的乳铁蛋白活性多肽 H（Lfcin H）和乳铁蛋白活性多肽 B（Lfcin B）以及来自 κ-酪蛋白的肽，同时 Lfcin H 和 Lfcin B 还有促进短双歧杆菌和长双歧杆菌生长的活性[2,4]。

人乳中的肽类激素主要包括瘦素、生长素释放肽和脂联素以及胰岛素样生长因子-1（IGF-1）。其生理功能分别为增加脂肪酸氧化；促进生长激素释放，增加食欲，调节胰岛素分泌和胃肠蠕动；促进新生儿小肠发育并增加肠消化酶的活性[22,23]。

二、内源肽

人乳中的内源肽在婴儿体内发挥多种生物学作用，例如免疫调节[24]、抗菌[25]和阿片类激动剂[26]等，其中具有代表性的生理功能为内源肽的抗菌性。应用 PCR 技术对人乳成分检测的过程中发现了抗菌肽 LL-37 mRNA，人乳蛋白印迹分析结果也表明 LL-37 以成熟肽的形式分泌并存在于乳汁中[18]。使用合成的 LL-37 肽进行体外实验的结果显示，LL-37 在人乳环境中对金黄色葡萄球菌、A 组链球菌和侵袭性大肠杆菌 O29 具有抗微生物活性。上述结果在一定程度上说明，来自人乳中的内源肽对革兰阳性以及革兰阴性细菌均有抗菌活性。而且在了解和判断内源肽的生理功能过程中，常用的方法为确认人乳内源肽结构后，将内源肽结构与已知的肽数据库中确认的有生理活性功能的肽段进行序列比较和匹配，从而推测内源肽的生理功能。

有研究显示另一种来自人乳β-酪蛋白的内源肽（PDC213）同样具有抗菌活性，且早产儿的母乳中水平高于足月儿的母乳；抑制浓度曲线和圆盘扩散试验结果表明，PDC213 对新生儿重症监护病房常见的医院病原体金黄色葡萄球菌和小肠结肠炎耶尔森菌有明显的抗菌作用。荧光染料方法、电子显微镜检测和 DNA 结合活性测定进一步表明，PDC213 可以渗透细菌的细胞壁和细胞膜杀死细菌，而不是与细胞内的 DNA

结合[18]。抗菌活性测定结果表明，酪蛋白201可抑制葡萄球菌和小肠结肠炎耶尔森菌的生长。超微结构分析显示，酪蛋白201的抗菌活性是通过细胞质结构降解和细菌细胞包膜改变实现的[27]。

一般来说，人乳内源肽与已知功能肽的同源性表现在 50%～80%之间不等[8,9,11]。例如，Cui 等[11]的研究结果显示，人乳中有41种内源肽与已知的功能肽具有超过50%的同源性，也就是说内源肽在人体内可能与已知功能肽具有相似的生物学作用。这41个肽段中有12个肽段可以匹配已知的免疫调节序列、18个肽段匹配抗菌序列、4个肽段匹配阿片受体激动剂序列、4个肽段匹配抗氧化序列、3个肽段匹配抗高血压序列，而这41个肽段均来自β-酪蛋白（见表13-1）。Dallas 等[8]的研究结果显示，早产儿的母乳中肽计数、离子丰度和浓度均显著高于足月儿的母乳，提示由于早产儿的消化系统不成熟，母乳中内源性蛋白酶对蛋白质的高度降解有助于缓解这个问题。

▣ 表 13-1　人乳来源的推测有一定功能的多肽

已识别肽段	前体蛋白	片段	功能肽段	已知活性
FDPQIPKLTDLEN	β-酪蛋白	125—137	QPTIPFFDPQIPK	免疫调节
FDPQIPKLTDLENL	β-酪蛋白	125—138		
GRVMPVLKSPTIPFFDPQIP	β-酪蛋白	111—130		
GRVMPVLKSPTIPFFDPQIPK	β-酪蛋白	111—131		
IPFFDPQIPKLTDLEN	β-酪蛋白	122—137		
MPVLKSPTIPFFDPQIP	β-酪蛋白	114—130		
MPVLKSPTIPFFDPQIPK	β-酪蛋白	114—131		
SPTIPFFDPQIPK	β-酪蛋白	119—131		
SPTIPFFDPQIPKLT	β-酪蛋白	119—133		
SPTIPFFDPQIPKLTDLEN	β-酪蛋白	119—137		
VLKSPTIPFFDPQIPK	β-酪蛋白	116—131		
VMPVLKSPTIPFFDPQIPK	β-酪蛋白	113—131		
ELLLNPTHQIYPVTQPLAPV	β-酪蛋白	41—60	QELLLNPTHQYPVTQPL APVHNPISV	抗菌
ELLLNPTHQIYPVTQPLAPVHNPIS	β-酪蛋白	41—65		
LLLNPTHQIYPVTQPLAPVHNPIS	β-酪蛋白	42—65		
LLLNPTHQIYPVTQPLAPVHNPISV	β-酪蛋白	42—66		
LLLNQELLLNPTHQIYPVTQPLAP	β-酪蛋白	36—59		
LLLNQELLLNPTHQIYPVTQPLAPV	β-酪蛋白	36—60		
LLNPTHQIYPVTQPLAPVHNPIS	β-酪蛋白	43—65		
LLNPTHQIYPVTQPLAPVHNPISV	β-酪蛋白	43—66		

已识别肽段	前体蛋白	片段	功能肽段	已知活性
LLNQELLLNPTHQIYP	β-酪蛋白	22—37		
LLNQELLLNPTHQIYPV	β-酪蛋白	22—38		
LNPTHQIYPVTQPLAPVHNPIS	β-酪蛋白	44—65		
NPTHQIYPVTQPLAPVHNPIS	β-酪蛋白	45—65		
NPTHQIYPVTQPLAPVHNPISV	β-酪蛋白	44—66		
NQELLLNPTHQIYPV	β-酪蛋白	24—38		
QIYPVTQPLAPVHNPISV	β-酪蛋白	49—66		
VTQPLAPVHNPISV	β-酪蛋白	53—66		
YPVTQPLAPVHNPIS	β-酪蛋白	51—65		
YPVTQPLAPVHNPISV	β-酪蛋白	51—66		
LWSVPQPK	β-酪蛋白	8—15	WSVPQPK	抗氧化剂
LWSVPQPKVLPIP	β-酪蛋白	8—20		
LWSVPQPKVLPIPQQ	β-酪蛋白	8—22		
LWSVPQPKVLPIPQQV	β-酪蛋白	8—23		
IYPFVEPIPYGFLPQN	β-酪蛋白	64—79	YPFVEPI/YPFVE	阿片类激动剂
QPQPLIYPFVEPIP	β-酪蛋白	59—72		
YPFVEPIPYGFL	β-酪蛋白	65—76		
YPFVEPIPYGFLP	β-酪蛋白	65—77		
DLENLHLPL	β-酪蛋白	46—54	HLPLP	抗高血压
DLENLHLPLP	β-酪蛋白	46—55		
DLENLHLPLPLL	β-酪蛋白	46—57		

注：引自 Cui 等[11]，2016。

2017 年，Nielsen 等[9]的研究则进一步鉴定到，人乳内源肽中有 306 个肽与已知活性肽序列有 80%相似，意味着在不同实验条件下，越来越多的人乳活性肽被发现可能具有更多的生理功能。而不同来源的母乳内源肽（如早产儿和足月儿的母乳内源肽），虽然含量上有一定差异，但在生理功能上与功能肽比较发现均具有高度同源性，二者对应的功能肽的主要生理功能包括抗高血压、抗微生物以及免疫调节功能，其中 45 种来自早产儿母乳及足月儿母乳的具有相同生理功能的内源肽肽段，其含量差异具有统计学意义（见表 13-2）[5]。

在母乳喂养过程中，婴幼儿所摄入的人乳内源肽虽然经过胃肠道内消化酶作用，但是大部分仍保持其完整结构，从而使人乳内源肽的活性得以在胃肠道内保留，以持续发挥内源肽的生理功能。

表 13-2 来自 32 份足月儿母乳及 28 份早产儿母乳中检测出的包含与已知功能肽有 80%同源序列的人乳肽

人乳内源肽（早产儿及足月儿共有）	功能匹配肽段	功能	平均早产丰度（离子数）	平均足月丰度（离子数）	P值[①]
ALPPQPLWSVPQPKVLPIPQQVVPYPQRAVPVQA	AVPYPQR	抗高血压	6.32×10^3	2.54×10^3	0.159
IPQQVVPYPQRAVPVQ	AVPYPQR	抗高血压	6.63×10^3	5.92×10^3	0.821
IPQQVVPYPQRAVPVQA	AVPYPQR	抗高血压	6.12×10^4	2.84×10^4	0.034
LPIPQQVVPYPQRA	AVPYPQR	抗高血压	1.26×10^4	1.68×10^3	0.059
LPIPQQVVPYPQRAVP	AVPYPQR	抗高血压	2.63×10^4	5.76×10^3	0.047
LPIPQQVVPYPQRAVPV	AVPYPQR	抗高血压	4.04×10^3	3.06×10^3	0.623
LPIPQQVVPYPQRAVPVQ	AVPYPQR	抗高血压	3.08×10^4	1.63×10^4	0.095
LPIPQQVVPYPQRAVPVQA	AVPYPQR	抗高血压	1.43×10^5	9.29×10^4	0.305
LPIPQQVVPYPQRAVPVQAL	AVPYPQR	抗高血压	0.00	2.15×10^3	0.128
PIPQQVVPYPQRAVPVQALL	AVPYPQR	抗高血压	1.11×10^4	0.00	0.000
SVPQPKVLPIPQQVVPYPQRAVPVQA	AVPYPQR	抗高血压	1.98×10^4	5.05×10^4	0.052
VLPIPQQVVPYPQR	AVPYPQR	抗高血压	8.99×10^4	3.81×10^4	0.045
VLPIPQQVVPYPQRAVPVQ	AVPYPQR	抗高血压	2.60×10^4	1.37×10^4	0.105
VLPIPQQVVPYPQRAVPVQA	AVPYPQR	抗高血压	1.25×10^5	8.37×10^4	0.226
VLPIPQQVVPYPQRAVPVQAL	AVPYPQR	抗高血压	4.29×10^4	1.06×10^4	0.000
VLPIPQQVVPYPQRAVPVQALLLNQELLLNPTHQIYPVTQPLAPVHNPIS	AVPYPQR	抗高血压	2.01×10^5	2.55×10^4	0.004
VLPIPQQVVPYPQRAVPVQALLLNQELLLNPTHQIYPVTQPLAPVHNPISV	AVPYPQR	抗高血压	1.68×10^6	2.16×10^5	0.000
VLPIPQQVVPYPQRAVPVQALLLNQELLLNPTHQIYPVTQPLAPVHNPISV	AVPYPQR	抗高血压	2.52×10^6	3.37×10^5	0.000
VLPIPQQVVPYPQRAVPVQALLLNQELLLNPTHQIYPVTQPLAPVHNPISV	AVPYPQR	抗高血压	4.20×10^5	3.08×10^4	0.048
VLPIPQQVVPYPQRAVPVQALLLNQELLLNPTHQIYPVTQPLAPVHNPISV	AVPYPQR	抗高血压	1.40×10^6	1.49×10^5	0.002
QKVEKVKHEDQQQGEDEHQDKIYPSFQPQPLIYPFVEPIPY	VYQHQKAMKPWIQPKTKVIPYVRYL	抗菌	4.88×10^4	7.22×10^3	0.001

人乳内源肽（早产儿及足月儿共有）	功能匹配肽段	功能	平均早产丰度（离子数）	平均足月丰度（离子数）	P值①
AVPVQALLLNQELLLNPTHQIYPVTQPLAPVHNPIS	QELLLNPTHQYPVTQPLAPVHNPISV	抗菌	1.44×10^5	1.11×10^4	0.005
AVPVQALLLNQELLLNPTHQIYPVTQPLAPVHNPISV	QELLLNPTHQYPVTQPLAPVHNPISV	抗菌	8.37×10^5	9.99×10^4	0.000
ELLLNPTHQIYPVTQPLAPVHNPIS	QELLLNPTHQYPVTQPLAPVHNPISV	抗菌	4.00×10^4	1.24×10^4	0.019
ELLLNPTHQIYPVTQPLAPVHNPISV	QELLLNPTHQYPVTQPLAPVHNPISV	抗菌	2.08×10^5	5.12×10^4	0.000
LLLNPTHQIYPVTQPLAPVHNPISV	QELLLNPTHQYPVTQPLAPVHNPISV	抗菌	4.56×10^5	1.47×10^5	0.027
LLLNQELLLNPTHQIYPVTQPLAPVHNPISV	QELLLNPTHQYPVTQPLAPVHNPISV	抗菌	1.65×10^5	6.68×10^4	0.043
LLLNQELLLNPTHQIYPVTQPLAPVHNPISV	QELLLNPTHQYPVTQPLAPVHNPISV	抗菌	5.23×10^4	2.57×10^4	0.048
LLNPTHQIYPVTQPLAPVHNPIS	QELLLNPTHQYPVTQPLAPVHNPISV	抗菌	5.35×10^4	8.30×10^3	0.024
LLNPTHQIYPVTQPLAPVHNPISV	QELLLNPTHQYPVTQPLAPVHNPISV	抗菌	9.12×10^5	1.46×10^5	0.004
LLNQELLLNPTHQIYPVTQPLAPVHNPIS	QELLLNPTHQYPVTQPLAPVHNPISV	抗菌	8.16×10^4	2.06×10^4	0.012
LLNQELLLNPTHQIYPVTQPLAPVHNPISV	QELLLNPTHQYPVTQPLAPVHNPISV	抗菌	4.32×10^5	1.52×10^5	0.005
LNPTHQIYPVTQPLAPVHNPIS	QELLLNPTHQYPVTQPLAPVHNPISV	抗菌	1.46×10^4	5.45×10^3	0.118
LNPTHQIYPVTQPLAPVHNPISV	QELLLNPTHQYPVTQPLAPVHNPISV	抗菌	1.77×10^5	6.38×10^4	0.005
LNQELLLNPTHQIYPVTQPLAPVHNPIS	QELLLNPTHQYPVTQPLAPVHNPISV	抗菌	1.57×10^5	3.96×10^4	0.009

人乳内源肽（早产儿及足月儿共有）	功能匹配肽段	功能	平均早产丰度（离子数）	平均足月丰度（离子数）	P值①
LNQELLLNPTHQIYPVTQPLAPVHNPISV	QELLLNPTHQYPVTQPLAPVHNPISV	抗菌	3.54×10^5	1.52×10^5	0.047
NPTHQIYPVTQPLAPVHNPISV	QELLLNPTHQYPVTQPLAPVHNPISV	抗菌	3.80×10^5	3.30×10^5	0.638
NQELLLNPTHQIYPVTQPLAPVH	QELLLNPTHQYPVTQPLAPVHNPISV	抗菌	2.06×10^4	8.88×10^3	0.050
NQELLLNPTHQIYPVTQPLAPVHNP	QELLLNPTHQYPVTQPLAPVHNPISV	抗菌	2.44×10^4	1.49×10^4	0.328
NQELLLNPTHQIYPVTQPLAPVHNPI	QELLLNPTHQYPVTQPLAPVHNPISV	抗菌	1.40×10^4	5.39×10^3	0.097
NQELLLNPTHQIYPVTQPLAPVHNPIS	QELLLNPTHQYPVTQPLAPVHNPISV	抗菌	5.13×10^4	2.06×10^4	0.020
NQELLLNPTHQIYPVTQPLAPVHNPIS	QELLLNPTHQYPVTQPLAPVHNPISV	抗菌	3.34×10^5	1.86×10^5	0.235
NQELLLNPTHQIYPVTQPLAPVHNPISV	QELLLNPTHQYPVTQPLAPVHNPISV	抗菌	1.41×10^5	5.96×10^4	0.071
NQELLLNPTHQIYPVTQPLAPVHNPISV	QELLLNPTHQYPVTQPLAPVHNPISV	抗菌	1.10×10^6	3.30×10^5	0.010
QELLLNPTHQIYPVTQPLAPVHNPIS	QELLLNPTHQYPVTQPLAPVHNPISV	抗菌	5.30×10^4	1.15×10^4	0.054
QELLLNPTHQIYPVTQPLAPVHNPISV	QELLLNPTHQYPVTQPLAPVHNPISV	抗菌	9.02×10^4	4.99×10^4	0.065
QELLLNPTHQIYPVTQPLAPVHNPISV	QELLLNPTHQYPVTQPLAPVHNPISV	抗菌	1.25×10^5	4.01×10^4	0.001
QRAVPVQALLLNQELLLNPTHQIYPVTQPLAPVHNPISV	QELLLNPTHQYPVTQPLAPVHNPISV	抗菌	1.58×10^5	6.16×10^3	0.000
VLPIPQQVVPYPQRAVPVQALLLNQELLLNPTHQIYPVTQPLAPVHNPIS	QELLLNPTHQYPVTQPLAPVHNPISV	抗菌	2.01×10^5	2.55×10^4	0.004

人乳内源肽（早产儿及足月儿共有）	功能匹配肽段	功能	平均早产丰度（离子数）	平均足月丰度（离子数）	P值[①]
VLPIPQQVVPYPQRAVPVQALLLNQELLLNPTHQIYPVTQPLAPVHNPISV	QELLLNPTHQYPVTQPLAPVHNPISV	抗菌	1.68×10^6	2.16×10^5	0.000
VLPIPQQVVPYPQRAVPVQALLLNQELLLNPTHQIYPVTQPLAPVHNPISV	QELLLNPTHQYPVTQPLAPVHNPISV	抗菌	2.52×10^6	3.37×10^5	0.000
VLPIPQQVVPYPQRAVPVQALLLNQELLLNPTHQIYPVTQPLAPVHNPISV	QELLLNPTHQYPVTQPLAPVHNPISV	抗菌	4.20×10^5	3.08×10^4	0.048
VLPIPQQVVPYPQRAVPVQALLLNQELLLNPTHQIYPVTQPLAPVHNPISV	QELLLNPTHQYPVTQPLAPVHNPISV	抗菌	1.40×10^6	1.49×10^5	0.002
VPVQALLLNQELLLNPTHQIYPVTQPLAPVHNPISV	QELLLNPTHQYPVTQPLAPVHNPISV	抗菌	2.33×10^5	1.29×10^4	0.000
VQALLLNQELLLNPTHQIYPVTQPLAPVHNPISV	QELLLNPTHQYPVTQPLAPVHNPISV	抗菌	1.27×10^5	8.63×10^3	0.001
AKDTVYTKGRVMPVLKSPTIPFFDPQIPK	QPTIPFFDPQIPK	免疫调节	1.44×10^4	2.44×10^4	0.501
GRVMPVLKSPTIPFFDPQIP	QPTIPFFDPQIPK	免疫调节	6.46×10^4	2.08×10^4	0.005
GRVMPVLKSPTIPFFDPQIPK	QPTIPFFDPQIPK	免疫调节	5.51×10^5	9.43×10^4	0.000
GRVMPVLKSPTIPFFDPQIPK	QPTIPFFDPQIPK	免疫调节	2.08×10^5	9.65×10^4	0.200
GRVMPVLKSPTIPFFDPQIPKLTD	QPTIPFFDPQIPK	免疫调节	3.26×10^4	1.14×10^4	0.005
GRVMPVLKSPTIPFFDPQIPKLTD	QPTIPFFDPQIPK	免疫调节	1.22×10^4	1.55×10^4	0.658
MPVLKSPTIPFFDPQIP	QPTIPFFDPQIPK	免疫调节	1.50×10^5	2.82×10^4	0.000
MPVLKSPTIPFFDPQIPK	QPTIPFFDPQIPK	免疫调节	7.31×10^4	4.73×10^3	0.000
MPVLKSPTIPFFDPQIPK	QPTIPFFDPQIPK	免疫调节	1.60×10^4	1.07×10^4	0.437
PVLKSPTIPFFDPQIPKLTD	QPTIPFFDPQIPK	免疫调节	1.77×10^4	5.93×10^3	0.054
SPTIPFFDPQIP	QPTIPFFDPQIPK	免疫调节	1.17×10^5	1.44×10^4	0.000
SPTIPFFDPQIPK	QPTIPFFDPQIPK	免疫调节	4.84×10^4	1.59×10^4	0.013
VMPVLKSPTIPFFDPQIPK	QPTIPFFDPQIPK	免疫调节	4.00×10^4	2.58×10^3	0.000
VMPVLKSPTIPFFDPQIPK	QPTIPFFDPQIPK	免疫调节	7.29×10^3	2.07×10^3	0.047

① P 值计算为双尾非配对等方差的 t 检验，P 值 <0.05 有统计学意义。

注：引自 Nielsen 等[9]，2017。

第三节　乳肽检测方法

检测内源肽的方法为肽组学。肽组学最初由 Schulz-Knappe 提出，是指在明确的时间点对生物样品中蛋白质的低分子量部分进行系统、全面、定量和定性分析[28]，其中该低分子量部分主要包括具有生物活性的肽序列、蛋白质降解产物和小分子蛋白质[16]。近年来随着对肽组学认识的不断发展，对人乳内源肽的检测方法也随之变化。常见的进行多肽检测的方法主要采用 LC-MS/MS，即液相色谱串联质谱法，该方法的使用目的为在复杂的混合物中检测出其中某些组分并确定该组分的结构。LC-MS/MS 应用于成分较为复杂的样本分析，通常选用胰蛋白酶对蛋白质进行酶解，然后用尿素将三级结构变性再用碘乙酰胺处理半胱氨酸。最后，用 LC-MS 肽质谱指纹区或 LC-MS/MS 串联质谱去推导各个多肽的序列[20,21]。但是在某些更为复杂的情况下（如人乳内源肽的分析），即使用高分辨率质谱仪，其质量也可能发生重叠。所以在使用 LC-MS/MS 进行人乳内源肽测定过程中，可以先用 SDS-PAGE 凝胶电泳或 HPLC-SCX 对样品进行分离，之后使用 LC-MS/MS 方法进行高水平蛋白质鉴定。

随着检测方法的不断更新，如何在更少的总分析时间内定性定量完成人乳内源肽的分析，可为人乳内源肽的研究提供更为高效的认知过程。人乳内源肽的成分较为复杂，从复杂的人乳样本中分离这样的内源肽，需要特异且高效的样本提取方案。虽然人乳中的内源肽浓度较高[8]，但仍然需要与人乳中的其他含量丰富的成分加以分离。在分析乳中内源肽时，通常用浓度20%的三氯乙酸（TCA）沉淀强酸性蛋白质；接下来对样品进行碎片化处理过程中，经过碰撞诱导裂解（CID）方法处理样品，最终检测出总肽含量并识别出最多的独特肽段。在不断探索肽组学方法研究内源肽的过程中，目前相比较能够在较短合理时间范围内对内源肽进行更多定性、定量研究的工作流程是利用20%三氯乙酸沉淀蛋白质并提取，通过 CID 片段化进行液相色谱串联色谱法分析[10,12,15]。这个方法结合较为简单的工作流程，可以在较短时间内鉴定出较大数量的独特肽段。同时该方法对于肽的提取和技术复制，以及针对不同泌乳阶段（即不同蛋白质浓度）样品的检测结果的再现性很高。该方法可以在 18h 总分析时间内，定性、定量检测 4000 种人乳内源肽。同时在绘制肽图谱的过程中，应用 PepEx 计算程序可以将肽谱强度映射到覆盖图，提高了高丰度多肽的可检测性[10]。

上述结果提示，随着检测技术的不断发展，从用凯氏定氮法测定蛋白质中氮含量，到用 UPLC-MS 法定性定量测定人乳中α-乳清蛋白，再到采用高分辨质谱仪（如傅里叶变换离子回旋共振质谱，FT-ICR-MS），使蛋白质组学的研究进一步进展到肽组学研究，在结合高效且准确的工作流程分析方法的基础上，人乳内源肽的种类和数量，在人乳成分的研究过程中得以不断地被发现。简化且高效的工作流程，可以实现在较短的时间内对大量人乳样品进行分析，这将有助于更清楚地了解人乳内源肽的变化以及其与生理功能或营养学作用的关系。

第四节　展　望

肽组学的研究刚刚开始应用于人乳内源肽，更高效和准确的人乳肽的检测方法可以提供更快速的了解人乳内源肽种类和含量的途径，从而提升研究和分析如个体差异、乳母膳食以及泌乳期等可能影响人乳内源肽因素的效率，进而对母乳喂养以及婴幼儿免疫系统之间的关系有更多的了解。在对大部分人乳内源肽的来源相对比较了解的前提下，其在乳腺内经过怎样的酶解过程最终形成对应的具有明确生理功能的内源肽，还有待深入研究。例如，κ-酪蛋白被认为不是主要的在乳腺内被水解生成内源肽的来源，但是κ-酪蛋白的89—109AA衍生肽则在前脂肪细胞增殖中发挥调节剂作用，这对于婴幼儿的生长有一定影响。

随着越来越多的乳肽得以被定性定量，在确定新的乳肽生物活性过程中，将新发现的乳肽与先前发现的乳肽进行比较已经成为最基础而迫切的工作。除了人乳中的肽类，哺乳动物的乳汁以及其他乳制品中同样含有不同生物功能的生物活性肽。为了更全面地认识乳肽的生物活性与功能，对不同肽条目进行全面的评估并将数据纳入数据库中，同时增加高级搜索的功能，可以更方便地进行分析比较肽类数据；而且在所研究的乳蛋白中，了解哪些位点具有最多以及最有效的生物活性肽，将有助于指导后续生物活性肽的研究与开发。

已知人乳肽与牛乳肽来源的蛋白质是有差异的，也存在蛋白质中产生显性蛋白质区域的差异；并且观察到相似肽围绕高序列识别区域的聚集性和生物活性[16]，识别人乳中存在的新的具有生物活性（乳抗菌）的肽及对喂养儿的意义也将是亟待解决的问题。汇总这些数据可以解释人乳和婴儿配方食品之间的某些功能差异。深入研究母乳内源肽的种类和含量，将会推动更适合于婴儿生长发育特点的配方食品研发。

（杨浩威，董彩霞，荫士安）

参考文献

[1] Gan J, Robinson RC, Wang J, et al. Peptidomic profiling of human milk with LC–MS/MS reveals pH-specific proteolysis of milk proteins. Food Chem, 2019, 274: 766-774.

[2] Mandal SM, Bharti R, Porto WF, et al. Identification of multifunctional peptides from human milk. Peptides,

2014, 56: 84-93.

[3] Liepke C, Zucht HD, Forssmann WG, et al. Purification of novel peptide antibiotics from human milk. J Chromatogr B Biomed Sci Appl, 2001, 752 (2): 369-377.

[4] Liepke C, Adermann K, Raida M, et al. Human milk provides peptides highly stimulating the growth of bifidobacteria. Eur J Biochem, 2002, 292 (2): 712-718.

[5] Yasuaki W, Lönnerdal B. Bioactive peptides derived from human milk proteins-mechanisms of action. J Nutr Biochem, 2014, 25 (5): 503-514.

[6] Nongonierma AB, FitzGerald RJ. The scientific evidence for the role of milk protein-derived bioactive peptides in humans: A Review. J Funct Foods, 2015, 17: 640-656.

[7] Savino F, Liguori SA, Lupica MM. Adipokines in breast milk and preterm infants. Early Hum Dev, 2010, 86 Suppl 1: 77-80.

[8] Dallas DC, Smink CJ, Robinson RC, et al. Endogenous human milk peptide release is greater after preterm birth than term birth. J Nutr, 2015, 145 (3): 425-433.

[9] Nielsen SB, Beverly RL, Dallas DC. Milk proteins are predigested within the human mammary gland. J Mammary Gland Biol Neoplasia, 2017, 22 (4): 251-261.

[10] Guerrero A, Dallas DC, Contreras S, et al. Mechanistic peptidomics: factors that dictate specificity in the formation of endogenous peptides in human milk. Mol Cell Proteomics, 2014, 13 (12): 3343-3351.

[11] Cui X, Li Y, Yang L, et al. Peptidome analysis of human milk from women delivering macrosomic fetuses reveals multiple means of protection for infants. Oncotarget, 2016, 7 (39): 63514.

[12] Ferranti P, Traisci MV, Picariello G, et al. Casein proteolysis in human milk: tracing the pattern of casein breakdown and the formation of potential bioactive peptides. J Dairy Res, 2004, 71 (1): 74-87.

[13] Khaldi N, Vijayakumar V, Dallas DC, et al. Predicting the important enzymes in human breast milk digestion. J Agric Food Chem, 2014, 62 (69): 7225-7232.

[14] Christensen B, Schack L, Klaning E, et al. Osteopontin is cleaved at multiple sites close to its Integrin-binding motifs in milk and is a novel substrate for plasmin and cathepsin D. J Biol Chem, 2010, 285 (11): 7929-7937.

[15] David Charles Dallas DC, Guerrero A, Khaldi N, et al. Extensive *in vivo* human milk peptidomics reveals specific proteolysis yielding protective antimicrobial peptides. J Proteome Res, 2013, 12 (5): 2295-2304.

[16] Su M, Broadhurst M, Liu CP, et al. Comparative analysis of human milk and infant formula derived peptides following *in vitro* digestion. Food Chem, 2017, 221: 1895-1903.

[17] Dingess KA, de Waard M, Boeren S, et al. Human milk peptides differentiate between the preterm and term infant and across varying lactational stages. Food Funct, 2017, 8 (10): 3769-3782.

[18] Sun Y, Zhou Y, Liu X, et al. Antimicrobial activity and mechanism of PDC213, an endogenous peptide from human milk. Biochem Biophys Res Commun, 2017, 484 (1): 132-137.

[19] Nielsen SD, Beverly RL, Dallas DC, et al. Peptides released from foremilk and hindmilk proteins by breast milk proteases are highly similar. Front Nutr, 2017, 4: 54.

[20] Wysocki VH, Katheryn AR, Zhang Q, et al. Mass spectrometry of peptides and proteins. Methods, 2005, 35 (3): 211-222.

[21] Tsopmo A, Romanowski A, Banda L, et al. Novel anti-oxidative peptides from enzymatic digestion of human milk. Food Chem, 2011, 126 (3): 1138-1143.

[22] Savino F, Benetti S, Liguori SA, et al. Advances on human milk hormones and protection against obesity.

Cell Mol Biol，2013，59（1）：89-98.

[23] 朱晨晨，陈庆森. 乳源酪蛋白糖巨肽改善炎症性肠病的研究进展. 食品科学，2012，33（1）：262-266.

[24] Azuma N，Nagaune S，Ishino Y，et al. DNA-synthesis stimulating peptides from human β-casein. Agric Biol Chem，1989，53（10）：2631-2634.

[25] Hayes M，Stanton C，Fitzgerald GF，et al. Putting microbes to work：dairy fermentation，cell factories and bioactive peptides. Part Ⅱ：bioactive peptide functions. Biotechnol，2007，2（4）：435-449.

[26] Hernández-Ledesma B，Ana Quirós A，Amigo L，et al. Identification of bioactive peptides after digestion of human milk and infant formula with pepsin and pancreatin. Int Dairy J，2007，17（1）：42-49.

[27] Zhang F，Cui X，Fu Y，et al. Antimicrobial activity and mechanism of the human milk-sourced peptide Casein201. Biochem Biophys Res Commun，2017，485（3）：698-704.

[28] Schulz-Knappe P，Schrader M，Zucht HD. The peptidomics concept. Comb Chem High Throughput Screen，2005，8（8）：697-704.

第十四章

乳铁蛋白

母乳和母乳喂养在保护和预防足月新生儿及防止早产儿感染中发挥重要作用。这是由于母乳中含有多种生物活性蛋白、生长因子、细胞因子和其他成分，这些成分可有效调节免疫系统的启动和新生儿的生长发育。人乳中存在的生物活性因子中，乳铁蛋白（lactoferrin, LF）本身被认为在直接和间接保护新生儿免受感染的过程中发挥关键作用，它也是研究较多的母乳蛋白质之一[1]。

第一节　乳铁蛋白的一般特征

1939 年最先从牛乳中鉴别出乳铁蛋白（bovine milk lactoferrin, BLF），1960 年分别从人乳和牛乳中分离出乳铁蛋白[2,3]，人和牛乳中的乳铁蛋白具有很高的序列同源性（77%），且具有相同的抗菌肽。乳铁蛋白或乳铁转运蛋白（lactotransferrin, Lf）是一种来自转铁蛋白家族的糖蛋白，与母乳喂养儿的许多潜在重要健康益处有关[4]。每个乳铁蛋白分子的主体结构是由约 700 个氨基酸残基构成的多肽链，分子量约为 80kDa，并由上皮细胞在许多外分泌物中表达和分泌，包括唾液、眼泪和乳汁[5]。

乳铁蛋白二级结构以α-螺旋和β-折叠为主，两者沿蛋白质的氨基酸顺序交替排列，α-螺旋远多于β-折叠。乳铁蛋白多肽链上结合有 2 条糖链，含量约为 7%，糖的组成有半乳糖、甘露糖、N-乙酰半乳糖胺和岩藻糖等。乳铁蛋白多肽链末端折叠成两个球状叶，一端是氨基末端（amino）叶，另一端是乙酰基末端（acetyl）叶，每一叶状结构都含有一个 Fe^{3+} 或 Fe^{2+} 和一个碳酸氢根或碳酸根阴离子（HCO_3^- 或 CO_3^{2-}）结构部位，每一叶都能高亲和地、可逆地与铁结合，但是也能结合其他离子如 Cu^{2+}、Zn^{2+}、Mn^{2+}等[6,7]。其中，Fe^{3+}结构位于一个很深的裂缝中，当铁离子缺乏时，每一片叶片可以曲折，使裂缝打开或关闭，但当多肽链同铁离子结合则裂缝处于闭锁状态，将使乳铁蛋白的分子结构更趋紧凑。初乳中乳铁蛋白含量最高，提示乳铁蛋白可以保护新生儿的消化系统，防止病原体的致病作用[8]，而且乳铁蛋白在整个泌乳期都发挥着重要的生理功能。

第二节　乳铁蛋白的功能

人乳铁蛋白（human milk LF, HLF）是乳清中含量最高的蛋白质，其浓度在 1～7mg/ml（初乳中）之间。由于 HLF 浓度很高和其显现的重要生理功能，特别是在胃肠道抗微生物、抗炎和免疫调节功能方面，自 20 世纪 50 年代人们开始重视和研究其科学意义和应用价值[6]。

乳铁蛋白是一种多效蛋白，参与了机体多种重要的生物反应过程。在胃肠道中乳铁蛋白可部分抵抗蛋白酶水解作用，在婴儿期肠道和肝脏发育中发挥重要作用。乳铁蛋白的生物功能范围从广谱抗微生物，包括细菌、病毒、真菌和一些寄生虫，到调节细胞的增殖与分化、增强机体免疫能力和抗炎功能以及促进早期的神经和认知发育等。

一、乳铁蛋白的抗菌、抗病毒和抗寄生虫作用

虽然乳铁蛋白具有许多生物学功能，但是抗致病微生物，包括细菌、真菌和病毒的宿主保护作用被认为是其最重要的功能。母乳乳铁蛋白被证明是一种具有抗感染活性的重要蛋白质，在防御疾病中占据重要位置，特别是在新生儿和婴儿的胃肠道保护防御中发挥了重要作用[1,9]。已经证明人乳铁蛋白在新生儿和婴儿体内具有抗菌（antibacterial）、抗病毒（antiviral）和抗寄生虫（antiparasitic）的作用。乳铁蛋白通过多种直接和间接机制发挥其抗菌活性，例如螯合铁（病原体的底物）以及抑制病原体的生长、黏附、易位和降低病毒毒力等[10]。

1. 抗菌作用

人乳中存在的诸多免疫活性因子中，乳铁蛋白被证明具有抗微生物的特性，即抗菌作用（antimicrobial effect）。这主要与其可从生物体液中螯合铁的能力有关，通过破坏微生物的细胞膜发挥抗菌、抗病毒作用，使婴儿的机体得到防御[11]。乳铁蛋白 N 端的

由 14～31 个氨基酸残基组成的α-螺旋结构域是它的主要抗菌活性区[12]。已经有诸多研究通过动物实验和人体试验，证明了口服给予乳铁蛋白和相关化合物对细菌菌落和感染的预防效果。

（1）动物研究　动物实验和体外实验结果显示，人乳铁蛋白具有广谱抗菌特性，包括大肠杆菌、鼠伤寒沙门菌、志贺痢疾杆菌、李斯特菌、链球菌属、霍乱弧菌、军团菌、嗜热脂肪芽孢杆菌、枯草芽孢杆菌等。

大肠杆菌是正常肠道内最常见的需氧革兰阴性杆菌。它能引起大部分腹内感染。体外实验结果提示，在抑制大肠杆菌 O157:H7 生长方面乳铁蛋白和乳链菌素有协同作用[13]；用 15 个临床分离的大肠杆菌菌株与不同乳铁蛋白结合能力的研究结果显示，生长培养基中乳铁蛋白的浓度是抗菌效果的关键因素[14]。体外和体内实验结果均显示，乳铁蛋白可能是一种治疗和预防大肠杆菌或耐药性菌株感染的新型天然蛋白[11]。

志贺菌属是志贺菌痢疾的常见病原，在发展中国家，每年导致数百万儿童死于该种疾病[15]。在一项使用类似于人初乳浓度乳铁蛋白的体内研究中，证明乳铁蛋白可阻断兔的小肠中志贺菌诱发炎症过程的发展[16]。采用经典的 HeLa 细胞侵袭模型，免疫印迹，通过透射电子显微镜、免疫荧光法等设备和方法，证明乳铁蛋白和重组人乳铁蛋白（recombinant human lactoferrin）通过破坏细菌外膜的完整性，降低志贺菌 5M90T 的吸附和侵袭，因此母乳喂养有助于预防婴儿的志贺菌痢疾。

乳铁蛋白可抑制李斯特菌生长，而且与乳链菌素一起具有协同作用[13]。口服乳铁蛋白也能抑制胃幽门螺杆菌感染[17]。小鼠试验结果显示，乳铁蛋白对链球菌、梭状芽孢杆菌、弓形虫引起的口腔系统感染有显著抑制作用或降低感染率。根据体内研究，给小鼠注射脂多糖前 1 小时给予人乳铁蛋白可显著增加动物存活率，使那些事先给予乳铁蛋白处理的动物死亡率从 83.3%降低到 16.7%。肠组织病理学结果显示，事先经乳铁蛋白预处理的动物对脂多糖引起的损害有很强的抵抗力；没有用乳铁蛋白处理的动物，除了肠黏膜上皮发生细胞空泡化，还观察到肠黏膜严重萎缩和水肿[18]。然而，乳铁蛋白不会抑制肠内双歧杆菌的活性，还有的研究结果显示口服给予乳铁蛋白可增加肠道双歧杆菌的数量[19]。

（2）人体临床干预研究　已经在婴儿和成人中完成了多项乳铁蛋白的抗菌随机对照临床试验（RCTs），主要使用的是牛乳铁蛋白（BLF）。在婴儿，给予补充牛乳铁蛋白（1mg/ml）的婴儿配方食品，可增加粪便菌群中双歧杆菌的数量和提高血清铁蛋白的水平[20]。给予添加了牛乳铁蛋白的婴儿配方食品 2 周后，低出生体重婴儿粪便菌群中双歧杆菌的比值增加，而肠杆菌、链球菌和梭状芽孢杆菌的比值降低，提示给予牛乳铁蛋白有助于婴儿肠道双歧杆菌优势菌群的建立。在一项因腹泻住院的 5～35 月龄秘鲁婴幼儿的研究中，给予添加重组人乳铁蛋白（1.0 g/L）和溶菌酶（0.2 g/L）的口服补液，可降低急性腹泻患儿的腹泻持续时间[21]。在 Pammi 等[22]的综述中，基于中等至低质量文献的证据，存在或不存在益生菌的情况下，口服给予预防剂量乳铁蛋白可降低早产儿迟发性败血症和坏死性小肠结肠炎Ⅱ级或更高的发生率，且无不良影响，提示膳食中添加乳铁蛋白可能具有预防和治疗感染性疾病的功效。

（3）作用机制　口服乳铁蛋白通过对病原体的直接作用以及影响胃肠道免疫功能，在肠道内发挥抗菌和抗病毒活性[1,23]。乳铁蛋白的杀菌作用归因于两个不同的保护机制。

① 竞争性结合细菌生长需要的铁离子　乳铁蛋白具有与铁亲和力相关的杀菌作用，抑制需铁细菌的生长，包括革兰阳性和革兰阴性细菌[24]。乳铁蛋白通过结合细菌生长所需要的铁离子达到抑制细菌生长或破坏细菌细胞膜达到杀菌作用。乳铁蛋白对铁的结合能力很强，因它能与大部分需氧菌竞争生长所必需的铁而达到抑菌作用。乳铁蛋白的抑菌效果取决于其对铁的饱和度：铁的饱和度越低，螯合铁的能力越大[25]，乳铁蛋白一旦被铁离子所饱和，就会失去竞争抑菌作用，有种观点也认为母乳喂养儿不要过早地给予铁剂补充。如阪崎肠杆菌是一种依靠食物传播的病原菌，铁离子不饱和乳铁蛋白可以抑制阪崎肠杆菌生长，而铁离子饱和的乳铁蛋白却没有这种抑菌功能[26]，这说明吸附铁离子的特性是乳铁蛋白抑制微生物生长的关键。母乳中约90%的乳铁蛋白是以不饱和铁离子的形式存在，其饱和范围在5%~8%，因此，与牛乳铁蛋白相比有更强的抑菌作用[11]，牛奶的饱和度范围在15%~20%[7]。低于5%铁饱和度的乳铁蛋白被称为脱辅基（脱铁）乳铁蛋白（apolactoferrin，APO），具有较高铁饱和度的称为饱和乳铁蛋白（hololactoferrin）。人乳铁蛋白主要是以脱辅基乳铁蛋白的形式存在（90%）[27]。

② 乳铁蛋白的直接杀菌作用　乳铁蛋白直接作用于细菌表面发挥杀菌作用。近期有研究发现，乳铁蛋白在预防新生儿感染中发挥着重要作用[28]。乳铁蛋白具有其固有的抗菌、抗病毒、抗真菌和抗原虫的活性，可能是不依赖于其螯合铁的作用[29]，例如，乳铁蛋白通过破坏细菌的细胞膜或阻断细胞病毒的相互作用发挥作用[30]。近年来研究发现，乳铁蛋白降解生成的乳铁蛋白活性多肽（lactoferricin）也具有抑制细菌、抗病毒等乳铁蛋白所具有的生物学功能[31]。关于乳铁蛋白分子结构的研究已经证明，乳铁蛋白的N末端直接作用于脂多糖组成部分的阴离子脂质A，这个成分是构成革兰阴性细菌细胞壁的组成成分[18,32]。这样的作用可破坏细菌的细胞膜，影响其渗透性和促进脂多糖的释放[33]。这些变化有利于乳过氧化物酶和抵御细菌的其他蛋白质发挥作用。乳铁蛋白与脂多糖的相互作用还具有潜在的其他天然抗菌因子的作用，如像溶菌酶的作用。乳铁蛋白抗革兰阳性菌的作用机理类似于对革兰阴性菌所描述的，但是作用于脂磷壁酸，它是革兰阳性菌细胞壁的组成成分；根据Leitch和Willcox[33]的研究，乳铁蛋白和溶菌酶发挥了抗革兰阳性菌的联合效果。杀菌过程需要乳铁蛋白直接作用于革兰阴性细菌脂多糖或革兰阳性细菌的脂磷壁酸。乳铁蛋白还可以抑制IL-1β、IL-6、TNF-α等促炎因子[34,35]，提高机体免疫力，抑制各种病原体所引起的感染。

研究已经证明，不仅仅乳铁蛋白的活性形式具有生物活性，乳铁蛋白消化/分解的产物，即衍生自乳铁蛋白N末端的一种多肽也具有抗革兰阳性和革兰阴性致病菌的活性[36]。因此，无论是乳铁蛋白，还是其消化的产物均显示出抗微生物的活性。

2. 抗病毒作用

许多体外研究结果证明，乳铁蛋白可防御病毒引起的常见感染，如普通感冒、流感、胃肠炎、夏季感冒和疱疹等，被认为具有抗病毒作用（antiviral effect）。乳铁蛋白的主要作用是抑制病毒附着至靶细胞。尽管有的研究提示乳铁蛋白的脱辅基形式更为有效，但其作用机制尚不清楚。据推测，大多数酶需要金属离子的参与才能发挥作用，并且与饱和形式的乳铁蛋白相比，脱辅基的乳铁蛋白能更有效地从环境中捕捉金属离子，牛乳铁蛋白更多的是以饱和形式存在。但是在大多数研究中，脱辅基形式和金属饱和形式的乳铁蛋白抗病毒的效果没有显著差异。在病毒感染的初期，两种形式的乳铁蛋白通过阻断细胞受体或直接与病毒颗粒结合防止病毒进入宿主细胞[28]。

乳铁蛋白能抑制多种病毒的复制，降低婴儿腹泻发生率。乳铁蛋白的抗病毒作用机制尚未阐明。一种被普遍接受的理论是，乳铁蛋白通过阻断病毒受体或直接与病毒结合防止病毒侵入宿主细胞，从而避免感染。

（1）轮状病毒　婴儿腹泻通常是由细菌、病毒或寄生虫引起的感染，它在儿童死亡原因中位列第二。世界范围，五岁以下儿童严重腹泻的主要原因是由轮状病毒感染所引起[37]，这种感染也是儿童患胃肠炎的最常见原因。乳铁蛋白能有效地抑制轮状病毒引起的感染。

（2）人类免疫缺陷病毒　许多体外研究分析了天然的或改良的牛奶或人乳蛋白对 1型和 2 型人类免疫缺陷病毒（human immunodeficiency virus, HIV-1 和 HIV-2）的抑制作用，包括乳铁蛋白、α-乳白蛋白、β-乳球蛋白 A 和β-乳球蛋白 B。只有来自牛奶或人乳（特别是初乳）或血清的天然且构象不变的乳铁蛋白可以抑制 HIV-1 诱导的细胞病变效应，而且牛乳铁蛋白抑制 HIV-1 传播效果优于人乳铁蛋白[38]。乳铁蛋白的作用机制可能在病毒吸附或渗透（或两者）水平发挥作用[39]。流行病学调查结果显示，与混合喂养的婴儿相比，纯母乳喂养可显著降低 HIV-1 传播风险[40]。

（3）腺病毒　腺病毒（adenovirus）是导致人类呼吸道和胃肠道感染的双链 DNA 无包膜二十面体病毒。在婴幼儿，腺病毒是一个重要的病原体，部分急性呼吸系统感染是由这种病毒引起的，也可引起流行性结膜炎；而且与多种临床综合征有关，如婴儿肠胃炎。体外实验结果表明，乳铁蛋白能够防止病毒复制，尤其是在病毒复制的早期阶段作用更为明显，乳铁蛋白通过竞争共同的糖胺聚糖受体抑制腺病毒的感染[41]。

（4）单纯疱疹病毒　单纯疱疹病毒（herpes simplex virus）可引起多种轻度到严重的疾病，包括急性原发性和复发性皮肤黏膜疾病。对于免疫功能低下者和新生儿，该种疾病常常导致疼痛，严重时可致死亡。乳铁蛋白在调节口腔以及生殖器黏膜（感染的主要部位）的 1 型单纯疱疹病毒感染中发挥重要作用[42]，可抵抗临床分离的几种 1 型和 2型单纯疱疹病毒[43]。乳铁蛋白抗单纯疱疹病毒的模式被假定为，部分涉及乳铁蛋白与细胞表面糖胺聚糖肝素硫酸盐的相互作用，从而阻断病毒进入细胞。

（5）其他病毒　目前已经证明乳铁蛋白还具有抗其他多种病毒的作用，包括乙型和丙型肝炎病毒[44]、人乳头状瘤病毒[45]、甲病毒[46]、巨细胞病毒[47]以及流感病毒、呼吸道合胞病毒和副流感病毒、日本脑炎病毒等。尽管乳铁蛋白不能抑制鼻病毒，而人乳却能够降低某些鼻病毒的增生[48]。

最近 Wakabayashi 等[49]综述了乳铁蛋白预防常见病毒感染的作用，提出乳铁蛋白可以通过抑制病毒吸附到细胞、病毒在细胞内的复制以及增强全身免疫力保护宿主防止病毒感染。

3. 抗寄生虫病作用

乳铁蛋白抗寄生虫病作用（antiparasite effect）机制目前还不清楚。已有的研究结果将乳铁蛋白的作用归于影响原生动物膜的完整性[50]。体外研究证明，脱辅基乳铁蛋白是具有较强抗阿米巴活性的乳蛋白，该种蛋白质通过与滋养体细胞膜的结合而导致细胞破裂，从而破坏原虫[51]。秘鲁的一项 12～36 个月婴儿试验结果显示，每天喂 1.0g 牛乳铁蛋白，持续 9 个月，可以减少贾第鞭毛虫的定植和生长[52]。

二、刺激肠道健康菌群生长定植

母乳喂养儿肠道菌群的发育与人工喂养儿完全不同。以纯母乳喂养婴儿的肠道菌群中乳酸菌，特别是双歧杆菌占的比例很高；而以牛奶或婴儿配方奶粉喂养的婴儿，其肠道菌群则类似于成人。人乳中含有益生菌和刺激有益菌生长的成分。在这些成分中，最初被命名为双歧因子（如低聚糖类）的可促进双歧杆菌和乳杆菌的生长，通过降低肠道 pH 值限制几种不同病原体的繁殖而保护肠道[53]。

人乳中寡糖可促进双歧杆菌的生长，与蛋白质、肽和核苷酸一起在儿童胃肠道乳酸杆菌和双歧杆菌的生长定植中发挥重要作用。乳铁蛋白的抗微生物活性对肠道微生物行使有益影响，因为它的抑菌作用不会损害产生乳酸细菌的生长，因为该类细菌对铁的需要量较低[54]。许多体外研究已证明乳铁蛋白可促进双歧杆菌生长，如经胃蛋白酶消化后的人乳中存在多种肽类，其中两个来自乳铁蛋白和分泌型 IgA。这些肽类促双歧杆菌生长的效果优于众所周知的双歧因子 N-乙酰葡糖胺[55]。

三、促进细胞增殖

婴儿胃肠道上皮细胞的成熟，有助于抵御外来致病微生物的侵袭，降低感染发生率。Hagiwara 等[56]的实验证明，乳铁蛋白可以促进消化道细胞的增殖和肠道发育成熟，防止肠道细菌迁移进入新生儿的循环系统，保护肠道和其他组织防止抗氧化应激；乳铁蛋白与上皮生长因子对细胞增殖发挥协同作用。上皮生长因子是在人初乳（200μg/L）和成熟乳（30～50μg/L）中发现的一种多肽；而在牛乳中该种成分要低得多[57]。动物实验结果显示，给予乳铁蛋白可以促进实验动物小肠细胞的增殖并影响滤泡细胞的发育。目前认为乳铁蛋白促进有丝分裂的活性是其促进哺乳期婴儿小肠黏膜快速发育的原因之一。

四、抗炎活性

乳铁蛋白是炎症和免疫反应的关键调节剂。乳铁蛋白具有很强的穿透白细胞和阻断 NF-κB 转录的能力，反过来可诱导促炎性细胞因子白细胞介素-1β（IL-1β）、肿瘤坏死因子-α（TNF-α）、白细胞介素-6（IL-6）和白细胞介素-8（IL-8）的释放[58]。乳铁蛋白是降低分子氧化应激和控制过度炎症反应的免疫系统动态平衡的一部分。当产生的潜在破坏性氧反应性产物超过机体天然抗氧化剂防御能力时，氧化应激的发展将会导致细胞损伤。

Haversen 等[59]的体内实验结果证实乳铁蛋白的抗炎活性（anti-inflammatory activity）。在硫酸葡聚糖诱导的结肠炎和用人乳铁蛋白治疗的实验小鼠研究中，显示粪便潜血降低和直肠黏膜损伤较小，结肠缩短不明显，血浆 IL-1β 水平降低和产生 TNF-α 细胞的量较少。

最近的研究表明，在人乳铁蛋白存在情况下，脂多糖对核因子 Kappa B（NF-κB）的活化作用影响不明显。NF-κB 在免疫系统调节和炎症反应中起重要作用。在相同实验中，还观察到人乳铁蛋白能诱导 NF-κB 活化的浓度比人乳中的浓度低得多。在母乳喂养婴儿的肠道，可能人乳铁蛋白作为工具样受体 4（TLR4）的触发器。TLR4 可以发现脂多糖，并且对婴幼儿先天免疫系统的活化是非常重要的。

五、促进早期的神经和认知发育

乳铁蛋白可促进认知发展。与喂食未补充乳铁蛋白配方奶粉的仔猪相比，产后 3～38 天的仔猪补充牛乳铁蛋白（0.6g/L）可改善八臂迷宫试验的学习和记忆能力；而且摄入的乳铁蛋白与海马中脑源性神经营养因子（brain-derived neurotrophin factor, BDNF）信号通路中涉及的 10 个基因差异表达有关，上调了神经唾液酸的表达，该成分是神经可塑性、细胞迁移、祖细胞分化、轴突的生长，以及靶向性和环单磷酸腺苷反应元件结合蛋白（cyclic adenosine monophosphate response element-binding protein, CREB）磷酸化增加的标志物；CREB 是 BDNF 信号通路的下游靶标和神经发育与认知功能中的重要蛋白质。添加人乳水平的乳铁蛋白显示出有生物活性，没有不良反应。

第三节 乳铁蛋白的检测

目前乳铁蛋白的测定方法主要有吸附色谱法、离子交换色谱法、亲和色谱法、固定化单系抗体法和超滤法等，大致可归纳为如下几类：一是需要借助于抗体的方法，如酶联免疫吸附法（ELISA）、放射免疫扩散法（RID）及免疫扩散法（ID）；二是根据不同分子结构的物质对电磁辐射选择性吸收的方法，如分光光度法；三是测定离子迁移速度的方法，如毛细管电泳技术（HPCE）；四是根据分子量差异分离物质的方法，如高效液相色谱法（HPLC）、超高效液相色谱-质谱联用等。

一、分光光度法

分光光度法是基于不同分子结构的物质对电磁辐射选择性吸收而建立的方法。该方法与 ELISA 法间有一定相关性，但准确性不是十分理想，然而可利用这种方法快速估算样品中乳铁蛋白的含量，便于工厂分离纯化过程中的在线检测，即快速简便，但准确性稍差，适用于测定分离纯化后的乳铁蛋白含量[60]。

二、酶联免疫吸附法

ELISA 是将抗原、抗体特异性反应和酶的高效催化作用有机结合起来的一种新颖、快速、适用的免疫学分析方法，也是目前测定人乳乳铁蛋白含量的常用方法之一[61]。

三、HPLC 和 UPLC-MS

HPLC/UPLC-MS 法是依据被测组分在固定相与流动相之间的吸附能力、分配系数、离子交换作用或分子大小的差异进行分离，是一种非免疫学方法。该方法操作简便，精密度好，结果准确可靠，最低检测限为 0.1mg/L，可用于测定不同哺乳阶段母乳中的乳铁蛋白含量[62,63]。

四、高效毛细管电泳法

高效毛细管电泳法（high performance capillary electrophoresis，HPCE）的基本原理是根据在电场作用下离子迁移速度不同的原理，对组分进行分离和分析。HPCE 是近年来发展起来的一种分离、分析技术，它是凝胶电泳技术的发展，是高效液相色谱分析的补充[64]。

五、放射免疫扩散法

放射免疫扩散法（radial immunodiffusion, RID）是利用放射性核素灵敏度高和抗原抗体免疫反应特异性强的特点而建立起来的一种超微量分析方法。放射免疫扩散法的检测范围有限，准确度不高且存在一定的放射危害，故应用不是很广泛。

六、免疫扩散法

免疫扩散法（immunodiffusion assay）系基于抗原-抗体反应，通过与标准曲线比较，测定样品中的乳铁蛋白含量。免疫扩散法的检测范围有限，仅能实现在一定乳铁蛋白含量范围内的定性检测，定量检测准确度不高，操作烦琐。

第四节　人乳中乳铁蛋白含量及影响因素

乳铁蛋白主要存在于哺乳动物乳清的球蛋白中[8]。其浓度随动物种属而不同，约占普通母乳蛋白质的 10%。与牛奶相比，人类和其他灵长类动物乳汁中的乳铁蛋白浓度最高[6]。

一、人乳中乳铁蛋白含量

乳铁蛋白广泛分布于体液，特别是在人乳中[1]。乳铁蛋白是人初乳的主要蛋白质之一[6]，是含量位于第二高的主要蛋白质[9]。乳铁蛋白的浓度变化很大[31]，以初乳中的浓度最高，产后第 1 天的初乳中其含量达 12.3g/L±3.5g/L，然后逐渐下降，平均初乳浓度范围为 5～8g/L，在过渡乳中的浓度降低到 2～4g/L 或更低[65,66]。半个月后降低更为明显，1 个月后到 2 年的乳汁中乳铁蛋白含量相对稳定[66]，如第 50 天为 2.1g/L，第 210 天仍可维持 1.6g/L 的水平。根据文献综述，产后 28 天内乳汁中乳铁蛋白平均含量为 4.91g/L±0.31g/L（平均值±标准误），范围 0.34～17.94g/L，中位数 4.03g/L；成熟乳平均值 2.10g/L±0.87g/L，范围 0.44～4.0g/L，中位数 1.91g/L[67]。不同研究报告的人乳中乳铁蛋白含量见表 14-1。

人乳中乳铁蛋白含量显著高于婴儿配方食品中使用的其他动物乳汁，例如人初乳中乳铁蛋白浓度为 6～8g/L，牛初乳为 1g/L；人成熟乳中乳铁蛋白浓度为 2～4g/L，而牛和山羊的成熟乳中乳铁蛋白浓度更低，牛乳中乳铁蛋白浓度仅为 0.02～0.35g/L。

二、影响因素

人初乳、过渡乳和成熟乳中均存在较高浓度的乳铁蛋白，尽管成熟乳中的含量低于初乳和过渡乳，但是与其他动物乳汁和婴儿配方食品相比仍然在相当高的水平[63]，其在保护新生儿和婴儿、防止病原体在肠道定植中发挥重要作用[8]。单炯等[61]用 ELISA 法追踪观察了 36 名产妇在产后不同哺乳时期母乳中的乳铁蛋白含量，初乳中乳铁蛋白含量最高，过渡乳和成熟乳依次降低，三组间差异非常显著（$P < 0.01$）；在另一项报告中也显示相同趋势[68]，从初乳到成熟乳的乳铁蛋白含量下降迅速（分别为 6.0g/L、3.7g/L、1.5g/L），而且在所有哺乳动物的乳汁中乳铁蛋白含量均呈现这种下降趋势。相反，牛奶

中的乳铁蛋白浓度较低，初乳和成熟乳的含量分别为 0.83g/L 和 0.09g/L。

关于早产儿的母乳中乳铁蛋白含量的结果并不完全相同，Mehta 和 Petrova[69]的研究结果显示，早产儿的母乳中乳铁蛋白含量低于足月儿的母乳；Yang 等[63]的最近分析结果，显示，初乳和成熟乳两者并无显著差异，而且早产儿母乳的过渡乳中乳铁蛋白含量显著高于足月儿的母乳（3.29g/L 与 1.73g/L）（表 14-1）。

⊡ **表 14-1　人乳中乳铁蛋白含量**　　　　　　　　　　　　　　　　　　　单位：g/L

文献来源	初乳		过渡乳		成熟乳		时间
	含量	时间/天	含量	时间/天	含量	时间/天	
Hirai 等[66]	6.7±0.7[①]	1～3	3.7±0.1[①]	4～7	2.6±0.4[①]	20～60	1990
单炯等[61]	2.6±1.1	2～3	2.0±1.0	6～7	1.4±1.0	42	2011[②]
Montagne 等[72]	5.8	1～5	3.1	6～14	2.0	15～28	2001
	—		—		2.2	29～56	
	—		—		3.3	57～84	
窦桂林等[73]	2.3±1.5	2～3	1.75±0.59	8～14	1.2±0.6	14～28	1986
	2.2±0.8	4～7	—		0.6±0.4	84～168	
Yang 等[63]	3.16[③]	0～7	1.73[③]	8～13	0.90[③]	>30	2011～2013
足月早产	3.16[③]	0～7	3.29[③]	8～13	1.03[③]	>30	

①平均值±标准误。②发表时间。③中位数。

除了上述泌乳期和胎儿成熟程度影响母乳中乳铁蛋白含量，乳母血清铁蛋白含量与乳汁中乳铁蛋白呈负相关（beta=−0.19/100g, n=206, P=0.047），这可能与乳母的铁营养状态有关；母乳中乳铁蛋白含量还与泌乳量呈负相关，泌乳量每增加 50g，乳铁蛋白含量降低 0.15g/L（P=0.04）[63]。

结束语：基于动物实验、临床 RCTs 试验，大多数研究结果支持婴幼儿配方食品中添加牛乳来源乳铁蛋白有助于提高喂养儿抵抗感染性疾病的能力，可能具有抗致病微生物的宿主保护和免疫调节作用，目前大多数国家允许将乳铁蛋白作为营养补充剂添加到婴幼儿配方食品，但是乳铁蛋白尚还有未开发的潜力或功能需要深入研究，即使是上述功能也需要更多设计良好的随机双盲试验（包括干预/补充临床试验的判定终点）进一步证实（包括足月儿与早产儿），乳铁蛋白引起的直接和间接的免疫调节作用程度及其机制仍有待回答，而且需要关注多种母乳营养成分对喂养儿的协同作用，如乳铁蛋白、骨桥蛋白和乳脂肪球膜蛋白以及其他生物活性成分在某些有益方面的协同作用，这种有益影响可能在分离成分独立添加到婴儿配方食品中显现不出来[70,71]，通过这些研究尝试解决目前母乳喂养和婴儿配方食品喂养婴儿之间存在的免疫、健康与感染性疾病易感性和认知能力的差异。

（荫士安）

参考文献

[1] Lönnerdal B. Nutritional roles of lactoferrin. Curr Opin Clin Nutr Metab Care，2009，12（3）：293-297.

[2] Blanc B，Isliker H. Isolation and characterization of the red siderophilic protein from maternal milk：lactotransferrin. Bull Soc Chim Biol（Paris），1961，43：929-943.

[3] Montreuil J，Tonnelat J，Mullet S. Preparation and properties of lactosiderophilin（lactotransferrin）of human milk. Biochim Biophys Acta，1960，45：413-421.

[4] Kanwar JR，Roy K，Patel Y，et al. Multifunctional iron bound lactoferrin and nanomedicinal approaches to enhance its bioactive functions. Molecules，2015，20（6）：9703-9731.

[5] Rosa L，Cutone A，Lepanto MS，et al. Lactoferrin：A natural glycoprotein involved in iron and inflammatory homeostasis. Int J Mol Sci，2017，18（9）.

[6] Lönnerdal B，Iyer S. Lactoferrin：molecular structure and biological function. Annu Rev Nutr，1995，15：93-110.

[7] Steijns JM，van Hooijdonk AC. Occurrence，structure，biochemical properties and technological characteristics of lactoferrin. Br J Nutr，2000，84 Suppl 1：S11-17.

[8] Severin S，Wenshui X. Milk biologically active components as nutraceuticals：review. Crit Rev Food Sci Nutr，2005，45（7-8）：645-656.

[9] Chierici R，Vigi V. Lactoferrin in infant formulae. Acta Paediatr Suppl，1994，402：83-88.

[10] Reznikov EA，Comstock SS，Hoeflinger JL，et al. Dietary bovine lactoferrin reduces *Staphylococcus aureus* in the tissues and modulates the immune response in piglets systemically infected with S. aureus. Curr Dev Nutr，2018，2（4）：nzy001.

[11] Yen CC，Shen CJ，Hsu WH，et al. Lactoferrin：an iron-binding antimicrobial protein against *Escherichia coli* infection. Biometals，2011，24（4）：585-594.

[12] Haversen L，Kondori N，Baltzer L，et al. Structure-microbicidal activity relationship of synthetic fragments derived from the antibacterial alpha-helix of human lactoferrin. Antimicrob Agents Chemother，2010，54（1）：418-425.

[13] Murdock CA，Cleveland J，Matthews KR，et al. The synergistic effect of nisin and lactoferrin on the inhibition of *Listeria monocytogenes* and *Escherichia coli* O157：H7. Lett Appl Microbiol，2007，44（3）：255-261.

[14] Naidu SS，Svensson U，Kishore AR，et al. Relationship between antibacterial activity and porin binding of lactoferrin in *Escherichia coli* and *Salmonella typhimurium*. Antimicrob Agents Chemother，1993，37（2）：240-245.

[15] Sansonetti PJ. Molecular basis of invasion of eucaryotic cells by *Shigella*. Antonie van Leeuwenhoek，1988，54（5）：389-393.

[16] Gomez HF，Ochoa TJ，Herrera-Insua I，et al. Lactoferrin protects rabbits from *Shigella flexneri*-induced inflammatory enteritis. Infect Immun，2002，70（12）：7050-7053.

[17] Wada T，Aiba Y，Shimizu K，et al. The therapeutic effect of bovine lactoferrin in the host infected with *Helicobacter pylori*. Scand J Gastroenterol，1999，34（3）：238-243.

[18] Kruzel ML，Harari Y，Chen CY，et al. Lactoferrin protects gut mucosal integrity during endotoxemia induced by lipopolysaccharide in mice. Inflammation，2000，24（1）：33-44.

[19] Hentges DJ, Marsh WW, Petschow BW, et al. Influence of infant diets on the ecology of the intestinal tract of human flora-associated mice. J Pediatr Gastroenterol Nutr, 1992, 14 (2): 146-152.

[20] Roberts AK, Chierici R, Sawatzki G, et al. Supplementation of an adapted formula with bovine lactoferrin: 1. Effect on the infant faecal flora. Acta Paediatr, 1992, 81 (2): 119-124.

[21] Zavaleta N, Figueroa D, Rivera J, et al. Efficacy of rice-based oral rehydration solution containing recombinant human lactoferrin and lysozyme in Peruvian children with acute diarrhea. J Pediatr Gastroenterol Nutr, 2007, 44 (2): 258-264.

[22] Pammi M, Abrams SA. Oral lactoferrin for the prevention of sepsis and necrotizing enterocolitis in preterm infants. Cochrane Database Syst Rev, 2015, (2): CD007137.

[23] Donovan SM. The role of lactoferrin in gastrointestinal and immune development and function: A preclinical perspective. J Pediatr, 2016, 173 Suppl: S16-28.

[24] Levy O. Antibiotic proteins of polymorphonuclear leukocytes. Eur J Haematol, 1996, 56 (5): 263-277.

[25] Conneely OM. Antiinflammatory activities of lactoferrin. J Am Coll Nutr, 2001, 20 (5 Suppl): 389S-395S.

[26] Wakabayashi H, Yamauchi K, Takase M. Inhibitory effects of bovine lactoferrin and lactoferricin B on *Enterobacter sakazakii*. Biocontrol Sci, 2008, 13 (1): 29-32.

[27] Lönnerdal B. Bioactive proteins in human milk: mechanisms of action. J Pediatr, 2010, 156 (2 Suppl): S26-30.

[28] Valenti P, Antonini G. Lactoferrin: an important host defence against microbial and viral attack. Cell Mol Life Sci, 2005, 62 (22): 2576-2587.

[29] Arnold RR, Cole MF, McGhee JR. A bactericidal effect for human lactoferrin. Science, 1977, 197 (4300): 263-265.

[30] Ward PP, Conneely OM. Lactoferrin: role in iron homeostasis and host defense against microbial infection. Biometals, 2004, 17 (3): 203-208.

[31] Gifford JL, Hunter HN, Vogel HJ. Lactoferricin: a lactoferrin-derived peptide with antimicrobial, antiviral, antitumor and immunological properties. Cell Mol Life Sci, 2005, 62 (22): 2588-2598.

[32] Brandenburg K, Jurgens G, Muller M, et al. Biophysical characterization of lipopolysaccharide and lipid A inactivation by lactoferrin. Biol Chem, 2001, 382 (8): 1215-1225.

[33] Leitch EC, Willcox MD. Elucidation of the antistaphylococcal action of lactoferrin and lysozyme. J Med Microbiol, 1999, 48 (9): 867-871.

[34] Machnicki M, Zimecki M, Zagulski T. Lactoferrin regulates the release of tumour necrosis factor alpha and interleukin 6 *in vivo*. Int J Exp Pathol, 1993, 74 (5): 433-439.

[35] Legrand D, Mazurier J. A critical review of the roles of host lactoferrin in immunity. Biometals, 2010, 23 (3): 365-376.

[36] Newburg DS, Walker WA. Protection of the neonate by the innate immune system of developing gut and of human milk. Pediatr Res, 2007, 61 (1): 2-8.

[37] Parashar UD, Gibson CJ, Bresee JS, et al. Rotavirus and severe childhood diarrhea. Emerg Infect Dis, 2006, 12 (2): 304-306.

[38] Groot F, Geijtenbeek TB, Sanders RW, et al. Lactoferrin prevents dendritic cell-mediated human immunodeficiency virus type 1 transmission by blocking the DC-SIGN--gp120 interaction. J Virol, 2005, 79 (5): 3009-3015.

[39] Harmsen MC, Swart PJ, de Bethune MP, et al. Antiviral effects of plasma and milk proteins: lactoferrin

shows potent activity against both human immunodeficiency virus and human cytomegalovirus replication *in vitro*. J Infect Dis，1995，172（2）：380-388.

[40] Coutsoudis A，Pillay K，Spooner E，et al. Influence of infant-feeding patterns on early mother-to-child transmission of HIV-1 in Durban，South Africa：a prospective cohort study. South African Vitamin A Study Group. Lancet，1999，354（9177）：471-476.

[41] Pietrantoni A，Di Biase AM，Tinari A，et al. Bovine lactoferrin inhibits adenovirus infection by interacting with viral structural polypeptides. Antimicrob Agents Chemother，2003，47（8）：2688-2691.

[42] Valimaa H，Tenovuo J，Waris M，et al. Human lactoferrin but not lysozyme neutralizes HSV-1 and inhibits HSV-1 replication and cell-to-cell spread. Virol J，2009，6：53.

[43] Andersen JH，Jenssen H，Gutteberg TJ. Lactoferrin and lactoferricin inhibit Herpes simplex 1 and 2 infection and exhibit synergy when combined with acyclovir. Antiviral Res，2003，58（3）：209-215.

[44] Ikeda M，Sugiyama K，Tanaka T，et al. Lactoferrin markedly inhibits hepatitis C virus infection in cultured human hepatocytes. Biochem Biophys Res Commun，1998，245（2）：549-553.

[45] Mistry N，Drobni P，Naslund J，et al. The anti-papillomavirus activity of human and bovine lactoferricin. Antiviral Res，2007，75（3）：258-265.

[46] Waarts BL，Aneke OJ，Smit JM，et al. Antiviral activity of human lactoferrin：inhibition of alphavirus interaction with heparan sulfate. Virology，2005，333（2）：284-292.

[47] Beljaars L，van der Strate BW，Bakker HI，et al. Inhibition of cytomegalovirus infection by lactoferrin in vitro and *in vivo*. Antiviral Res，2004，63（3）：197-208.

[48] Clarke NM，May JT. Effect of antimicrobial factors in human milk on rhinoviruses and milk-borne cytomegalovirus *in vitro*. J Med Microbiol，2000，49（8）：719-723.

[49] Wakabayashi H，Oda H，Yamauchi K，et al. Lactoferrin for prevention of common viral infections. J Infect Chemother，2014. doi：10.1016/j.jiac.2014.08.003.

[50] Farnaud S，Evans RW. Lactoferrin——a multifunctional protein with antimicrobial properties. Mol Immunol，2003，0（7）：395-405.

[51] Leon-Sicairos N，Lopez-Soto F，Reyes-Lopez M，et al. Amoebicidal activity of milk，apo-lactoferrin，sIgA and lysozyme. Clin Med Res，2006，4（2）：106-113.

[52] Ochoa TJ，Chea-Woo E，Campos M，et al. Impact of lactoferrin supplementation on growth and prevalence of Giardia colonization in children. Clin Infect Dis，2008，46（12）：1881-1883.

[53] Lönnerdal B. Nutritional and physiologic significance of human milk proteins. Am J Clin Nutr，2003，77（6）：1537S-1543S.

[54] Petschow BW，Talbott RD，Batema RP. Ability of lactoferrin to promote the growth of *Bifidobacterium* spp. *in vitro* is independent of receptor binding capacity and iron saturation level. J Med Microbiol，1999，48（6）：541-549.

[55] Liepke C，Adermann K，Raida M，et al. Human milk provides peptides highly stimulating the growth of *Bifidobacteria*. Eur J Biochem，2002，269（2）：712-718.

[56] Hagiwara T，Shinoda I，Fukuwatari Y，et al. Effects of lactoferrin and its peptides on proliferation of rat intestinal epithelial cell line，IEC-18，in the presence of epidermal growth factor. Biosci Biotechnol Biochem，1995，59（10）：1875-1881.

[57] Read LC，Francis GL，Wallace JC，et al. Growth factor concentrations and growth-promoting activity in human milk following premature birth. J Dev Physiol，1985，7（2）：135-145.

[58] Hanson LA. Session 1：Feeding and infant development breast-feeding and immune function. The Proc Nutr Soc，2007，66（3）：384-396.

[59] Haversen LA，Baltzer L，Dolphin G，et al. Anti-inflammatory activities of human lactoferrin in acute dextran sulphate-induced colitis in mice. Scand J Immunol，2003，57（1）：2-10.

[60] 露蓉蓉，许时赢，王璋. 乳铁蛋白测定方法比较. 中国乳品工业，2002，30：123-125.

[61] 单炯，王晓丽，陈夏芳，等. 人乳中乳铁蛋白含量的初步检测分析. 临床儿科杂志，2011，29：549-551.

[62] 许宁，李士敏，吴筱丹，等. 牛乳铁蛋白的反相高效液相色谱法含量测定. 药物分析杂志，2004，24：49-51.

[63] Yang Z，Jiang R，Chen Q，et al. Concentration of Lactoferrin in Human Milk and Its Variation during Lactation in Different Chinese Populations. Nutrients，2018，10（9）.

[64] 许宁. 高效毛细管电泳法测定牛乳铁蛋白的含量. 中国医院药学杂志，2005，25：296-297.

[65] Hennart PF，Brasseur DJ，Delogne-Desnoeck JB，et al. Lysozyme, lactoferrin, and secretory immunoglobulin A content in breast milk：influence of duration of lactation，nutrition status，prolactin status，and parity of mother. Am J Clin Nutr，1991，53（1）：32-39.

[66] Hirai Y，Kawakata N，Satoh K，et al. Concentrations of lactoferrin and iron in human milk at different stages of lactation. J Nutr Sci Vitaminol（Tokyo），1990，36（6）：531-544.

[67] Rai D，Adelman AS，Zhuang W，et al. Longitudinal changes in lactoferrin concentrations in human milk：a global systematic review. Crit Rev Food Sci Nutr，2014，54（12）：1539-1547.

[68] Manzoni P. Clinical studies of lactoferrin in neonates and infants：An update. Breastfeed Med，2019，14（S1）：S25-S27.

[69] Mehta R，Petrova A. Biologically active breast milk proteins in association with very preterm delivery and stage of lactation. J Perinatol，2011，31（1）：58-62.

[70] Demmelmair H，Prell C，Timby N，et al. Benefits of Lactoferrin, Osteopontin and Milk Fat Globule Membranes for Infants. Nutrients，2017，9（8）.

[71] Telang S. Lactoferrin：A critical player in neonatal host defense. Nutrients，2018，10（9）.

[72] Montagne P，Cuilliere ML，Mole C，et al. Changes in lactoferrin and lysozyme levels in human milk during the first twelve weeks of lactation. Adv Exp Med Biol，2001，501：241-247.

[73] 窦桂林，陈明钰，代文庆，等. 不同泌乳期人乳中乳铁蛋白、溶菌酶、C3 及免疫球蛋白的动态观察. 上海免疫学杂志，1986，6：98-100.

第十五章

免疫球蛋白

————

免疫球蛋白（immunoglobulin, Ig）是脊椎动物在对抗原刺激的免疫应答中，由淋巴细胞产生的一类抗体类物质，能与相应的抗原发生特异性结合，或化学结构与抗体相似的一类球蛋白。免疫球蛋白普遍存在于哺乳动物的血液、组织液、淋巴液和体外分泌液中，是主要的体液免疫物质。母乳中免疫球蛋白是研究最多的免疫因子之一。

人乳中免疫球蛋白具有抗体活性，是从母体经母乳转运到新生儿的被动免疫成分。婴儿吸吮行为诱发的射乳反射，通过乳腺上皮细胞转运和受体调节，将免疫球蛋白由乳腺源源不断地通过乳汁输送给新生儿。进入新生儿胃肠道的免疫球蛋白，通过血管系统被吸收或直接在胃肠道发挥免疫功能，为新生儿提供免疫保护作用[1,2]。人乳中主要的免疫球蛋白类型与血中和细胞间液中的类型完全不同。人乳中免疫球蛋白主要是 IgA，IgG 则是成人血液和细胞间液中主要的免疫球蛋白之一，人乳中也存在适宜量的 IgM 和 IgG[3]。

第一节　免疫球蛋白的功能

免疫球蛋白存在于血清、初乳和常乳中，是一类重要的体液免疫分子，具有多种生物学功能，最主要的功能是与侵入人体的细菌、病毒等抗原物质特异性结合而凝集，固定细菌和中和病毒，介导补体活化、免疫调理等免疫反应，预防像轮状病毒、大肠杆菌、沙门菌等微生物的致病作用，在增强机体免疫力、防止细菌和病毒入侵等方面发挥重要作用。母乳中含有 sIgA、IgM、IgG 三种主要的免疫球蛋白，其中以分泌型免疫球蛋白（secretory immunoglobulin A, sIgA）的含量最高，sIgA 常以二聚体形式存在，两个 IgA

通过分泌小体以及连接键连接在一起[4]，可保护新生儿和母体泌乳期的乳腺，预防感染。

一、IgA 与 sIgA

sIgA 是人乳中发现的主要免疫球蛋白，可弥补婴儿 IgA 的不足，预防新生儿和婴儿呼吸道疾病和胃肠道传染病[5]。新生儿出生后通过母乳可获得以 sIgA 为主的主动免疫。母乳中的 sIgA 在保护新生儿和婴儿黏膜（包括呼吸道、肠道和泌尿生殖道黏膜等）防御系统中发挥重要作用，维持长期稳定的肠道内环境[6]，抵抗肠道和呼吸道致病微生物的感染[7]，预防特应性皮炎[8]以及降低新生儿感染和败血症发生率[9]。sIgA 是由母亲呼吸道或肠道淋巴组织受病原体抗原刺激后分泌产生的，随血液循环转运到乳腺，具有保护乳腺的作用，并通过乳腺分泌经乳汁传递给喂养儿。IgA 包括 7S、11S 和 18S 三种，其中sIgA（11s）在母乳中占比最大，达到 60%～80%，它也是最重要的免疫物质。乳汁中 IgA 与血中 IgA 的主要分子构成不同，与 IgA 的单体相反，人乳中 IgA 95%以上是聚合形式即分泌型 IgA。

IgA 含有针对多种肠道和呼吸道致病微生物的特异性抗体，已经在人初乳中检出了抗轮状病毒、柯萨奇病毒、埃可病毒、腺病毒、呼吸道合胞病毒、幽门螺旋杆菌、空肠弯曲菌、致病性大肠埃希菌（大肠杆菌）和沙门菌等的特异性 sIgA[10]，提示人乳中 IgA 能中和这些病毒和抵抗这些细菌的致病作用。如 Downham[11]曾报道，母乳喂养儿呼吸道合胞病毒感染的发病率明显低于对照组。

由于人乳中 sIgA 对酸、碱和蛋白酶的水解作用有较强抵抗力，因此能在消化道中保持其抗体活性，从而能附着在新生儿和婴儿尚未充分发育完善的胃肠道和呼吸道黏膜表面，产生局部免疫力，中和相应的病原体，阻止病原体黏附到宿主细胞，还能减轻与其他类型抗体相伴随的炎症反应，发挥抗病毒和抗毒素的功能。

二、IgM

由于受外来病原体的刺激，新生儿免疫系统能够产生 IgM，因此正常情况下初乳样品中 IgM 的浓度较低，据报道仅有约 20%的人乳样品可检测出 IgM[12]。IgM 被认为是高效的抗体。由于 IgM 是具有细胞毒性的抗体，在补体系统的参与下促进细胞吞噬作用，激活经典补体途径，发生酶促连锁反应，引起一系列生物学效应，如增强 NK 细胞对靶细胞的杀伤破坏作用、对细菌等颗粒抗原发挥调理作用。IgM 的应答反应期较短暂，仅有 24～48h，是机体对发生感染的最初应答反应所产生的抗体。

三、IgG

由于 IgG 比其他的免疫球蛋白更容易透过毛细血管壁而弥散到组织间隙，所以具有抗感染、中和毒素及免疫调理作用，在防止菌血症和败血症方面发挥特殊功能。由于 IgG 是唯一能够从母体通过胎盘转移到胎儿体内的免疫球蛋白，因此也是胎儿和新生儿抗感染作用的主要成分。乳腺中 IgG 经历了从血液到乳汁中的自然转运过程，新生儿通过获得完整的 IgG 而取得被动免疫。IgG 是机体抗感染免疫的主力抗体，母乳来源的特异性 IgG 抗体能帮助新生儿有效抵抗肺炎球菌的感染[13]。近年通常将体液中 IgG 含量的高低作为慢性感染、慢性肝病、免疫性疾病等疾病的参考值。

四、协同作用

当细菌侵袭乳腺组织时，乳腺中的 IgG、IgM 发挥吞噬细菌的作用，IgA 则可凝集细菌，有利于排除细菌、抑制其繁殖，从而起到保护乳腺的作用。人乳中存在的其他免疫因子，包括细胞因子、趋化因子和生长因子[如 IL-6、IL-7、IL-10、表皮生长因子（EGF）、TGF-β]，有助于 IgA 产生细胞的分化，在免疫细胞中发挥关键作用。

人乳中 IgA 和 IgM 均对多种病毒、细菌、原生动物、酵母菌和霉菌具有抑菌活性，可抑制病原体的入侵和定植[9,14]。抗原的免疫排斥主要是由 sIgA 与先天防御配合完成，但是 sIgA 与新生儿健康状况密切相关，是使某些革兰阴性病原体失活所必需的[15,16]，而且 IgA 似乎在调节对膳食抗原的免疫反应中发挥作用，因为一些研究已经描述了乳汁 IgA 水平与变态反应之间呈负相关[17,18]。

第二节　免疫球蛋白的检测方法

报告的免疫球蛋白含量的测定方法很多，包括免疫扩散法、免疫比浊法、紫外-可见光分光光度法、ELISA 法、火箭免疫电泳法、颗粒荧光检测技术、表面等离子共振免疫分析法、定量放免测定法等。

一、免疫扩散法

免疫扩散法是将待检抗原滴于含有相应抗体的琼脂板小孔中，经一定时间扩散后，形成乳白色沉淀环，在一定浓度范围内，抗原含量与沉淀环的直径成正比。该方法可分为单向免疫扩散法（SRID）和琼脂糖双向免疫扩散法（AGP）。

1. 单向免疫扩散法

该方法是早期用于检测人 IgG 含量的常用方法，现在可用于测定 IgA 和 IgM。其原理为：在一定条件下，人 IgG、IgA 和 IgM 与相应抗体血清在凝胶中产生沉淀环的大小与相应的抗原含量成正比。该方法操作简便，无须特殊仪器，成本较低，选择性强，灵敏度较高，检出量为 10～20mg/L。

2. 琼脂糖双向免疫扩散法

琼脂糖双向免疫扩散法（AGP）是将可溶性抗原与已知可溶性抗体分别加入相邻的琼脂糖凝胶板上的小孔内，在电解质存在情况下让它们相互向对方扩散。当两者在最适当比例处相遇时，即可形成一条清晰的沉淀线，根据检品 IgG 最大稀释度与已知标准 IgG 最大稀释度之比，计算出待测乳样的 IgG 含量。该方法特异性强，具有准确、简便、费用低等优点。但是免疫扩散法的准确度受扩散环或沉淀线清晰度及测量误差的影响较大，准确度和灵敏度较低，劳动强度大，耗时较长（24h 以上），影响测定结果的因素较多。

二、免疫比浊法

免疫比浊法于 20 世纪 70 年代由 Ritcltic 首次提出，发展至今已成为临床检测免疫球蛋白的主要方法。其原理是抗原、抗体在特殊缓冲液中快速形成抗原抗体复合物，使反应液出现浑浊。当反应液中保持抗体过量时，形成的复合物随抗原量的增加而增加，反应液的浊度亦随之增加，与一系列的标准品相比较，可计算出样品中待检物质的含量。免疫比浊法可分为透射比浊法和散射比浊法，可用于测定 IgG、IgA 和 IgM 的含量。李多孚等[19]利用这两种方法检测不同 IgG 浓度的人血清，发现当 IgG 浓度高于 35g/L 时，相对误差达 10%以上。散射比浊法灵敏度和准确度均优于透射比浊法，但散射比浊法因其所需仪器及试剂价格较高，实验成本也较高；而免疫乳胶比浊法由于使用乳胶颗粒作为载体，增大了浊度粒子体积，具有较高的检测灵敏度，可用于检测 IgG 含量较低的样品。免疫比浊法的优点是操作简单、快速、准确，重复性好，标本用量少等。

三、酶联免疫吸附法

酶联免疫吸附法（ELISA）是免疫反应和酶催化显色反应相结合的一种免疫诊断技术。基于此技术制成的 ELISA 试剂盒已广泛应用于各类临床免疫学检测中。ELISA 试剂盒是将有免疫活性的抗原或抗体结合在固体载体上（一般为塑胶孔盘），使待测物与之发生免疫反应，配合酶催化的显色反应显示是否存在目标物，在一定条件下显色深浅与待测物中抗原或抗体的含量成正比。该方法是基于可用于测定抗体，也可用于检测抗原的原理，有以下三种类型的常用方法。

1. 双抗体夹心法

双抗体夹心法常用于测定抗原，即将已知抗原吸附于固相载体中，加入待检样本（或相应抗原）与之结合，温育后洗涤，加入酶标。由于夹心法分别以两种抗体对样品中的抗原进行两次特异性识别，因此选择性较高，一般应用于定量检测各种蛋白质等大分子抗原。

2. 间接法

该法是测定抗体最常用的方法之一，将已知抗原吸附于固相载体中，加入待检样本（含相应抗体）与之结合。经洗涤后，加入酶标抗原球蛋白抗体（酶标抗体）和底物后进行测定。由于该方法用于检测抗体，需要用高纯度抗原提高选择性。

3. 竞争法

竞争法可用于抗原和半抗原的定量测定，也可用于测定抗体。如以测定抗原为例，将特异性抗体吸附于固相载体，加入待测抗原和一定量酶标已知抗原，使二者竞争与固相抗体结合；经洗涤分离后，结合于固相的酶标抗原与待测抗原含量呈负相关。竞争法是一种较少用到的 ELISA 检测方法，一般用于检测小分子抗原。

ELISA 试剂盒的灵敏度高，选择性好，使用方便快速，适用于临床大批量样本的检测。该方法目前多应用于特异性 IgG 的检测。该方法的缺点是操作复杂、耗时长、费用高。

四、火箭免疫电泳法

火箭免疫电泳法是抗原在电场力作用下向前移动，当抗原通过含有一定量单一抗体的琼脂凝胶时，形成抗原抗体复合物，达到合适比例时即沉淀下来。因抗体迁移率低，而抗原随电泳向前移动，因而使抗原、抗体形成圆锥形的沉淀峰。在一定浓度范围内，峰高度和抗原浓度成正比。该法操作简单、快速，特异性强；缺点是存在一次实验能检测的样品数量少，劳动强度大，耗时长。

五、颗粒荧光检测技术

颗粒荧光检测技术是利用捕捉性抗体或抗原与亚微粒紧密结合，而这种结合抗体（或抗原）的微粒应是抗原（或抗体）的特异性吸附剂。由于颗粒的布朗运动和大的表面积，如果样本中含有这种待测成分（抗原或抗体），就会快速与颗粒表面的抗体（或抗原）结合。预先确定好孵化时间，将特异性荧光分子标记的抗体加入平板孔内，在避光下平板孵育。反应完成后，真空抽滤和洗涤平板孔，反应颗粒被浓缩到抽滤膜上，复杂的荧光颗粒物质与抗原的浓度成正相关，可采用荧光光度法测定。该法操作简单，灵敏度高（可检出 IgG 浓度为 5g/L），准确度高，再现性好，分析时间短于 ELISA 法。

六、表面等离子共振免疫法

表面等离子共振免疫法（SPR-immunoassay）检测原理是利用光学生物传感器或电

化学信号传导器使抗原和抗体发生反应，然后用 SPR 的光学生物传感技术检测抗原和抗体的吸附反应，由此进行定量。该方法检测灵敏度为 0.08g/L，准确性高，不仅可用于检测初乳中的免疫球蛋白，还可以检测常乳及婴幼儿配方乳粉中免疫球蛋白的含量。

七、其他测定方法

除以上几种方法外，还有紫外-可见光分光光度法、色谱法、低分辨核磁共振法、定量放免测定法等多种测定蛋白质变性的方法。核磁共振法只能用于纯品检测；色谱法较费时，操作复杂、费用较高，而 20 世纪 80 年代出现的化学发光技术避免了其他技术的缺点，不仅灵敏度高，而且其检测试剂无放射性和致癌性，具有广泛的应用前景。也可以使用商品试剂盒（Bio-Rad）测定母乳中 IgA、IgG 和 IgM 的含量[20]。

第三节　人乳中免疫球蛋白的含量及影响因素

不同作者报告的初乳、过渡乳和成熟乳中免疫球蛋白 IgA（sIgA）、IgM 和 IgG 的含量汇总于表 15-1。

▢ 表 15-1　人乳中免疫球蛋白含量　　　　　　　　　　　　　　　　单位：g/L

指标	初乳		过渡乳		成熟乳		时间	文献来源
	含量	时间/天	含量	时间/天	含量	时间/天		
IgA	31.6±7.6	1	0.6±0.2	7~14	0.2±0.1	30~60	1982~1985	管慧英等[31]
	13.4±5.9	1	2.3±2.0	7	4.0±2.3	21	2007	Ovono Abessolo[28]
	39.6±17.8	1	0.92±0.75	7	0.27±0.23	30	1983~1984	代琴韵等[32]
	18.8±14.8	2	0.50±0.50	15	0.17±0.07	60		
	7.2±11.4	3	—		0.23±0.13	90		
	2.18±2.99	4	—		0.21±0.08	120		
sIgA	28.4±9.6	1	0.88±0.16	10	0.88±0.16	15	2005	Araujo 等[30]
	4.37±4.06	2~3	0.62±0.38	8~14	0.73±0.72	15~28	1986	窦桂林等[33]
	1.91±2.67	4~7	—		0.52±0.57	29~56		
IgG	0.7±0.3	1	0.06±0.02	7~14	0.08±0.02	30~60	1982~1985	管慧英等[31]
	2.0±1.0	1	1.4±0.6	7	0.7±0.3	21	2007	Ovono Abessolo[28]
	0.89±0.38	1	0.07±0.02	7	0.06±0.02	30	2003~2004	代琴韵[32]
	0.45±0.28	2	0.08±0.03	15	0.06±0.02	60		

指标	初乳		过渡乳		成熟乳		时间	文献来源
	含量	时间/天	含量	时间/天	含量	时间/天		
IgG	0.18±0.17	3	—		0.06±0.03	90	2003～2004	代琴韵[32]
	0.09±0.04	4	—		0.06±0.02	120		
	0.12±0.13	2～3	0.03±0.03	8～14	0.06±0.04	15～28	1986	窦桂林等[33]
	0.04±0.05	4～7	—		0.02±0.02	29～56		
IgM	2.6±1.4	1	0.04～0.06	7～14	0.02±0.03	120	1982～1985	管慧英等[31]
	2.74±2.2	1	0.09±0.04	7	0.02±0.04	30	1983～1984	代琴韵[32]
	1.29±1.26	2	0.05±0.05	15	<0.01±0.02	60		
	0.51±0.79	3	—		0.01±0.03	90		
	0.94±1.28	2～3	0.15±0.12	8～14	0.13±0.11	15～28	1986	窦桂林等[33]
	0.59±1.05	4～7	—		0.04±0.04	29～56		
	1.0±1.6	1	1.3±0.8	7	1.5±1.7	21	2007	Ovono Abessolo[28]

一、IgA 和 sIgA

sIgA 是母乳中含量最高的免疫球蛋白，尤以初乳中 sIgA 含量较高。sIgA 占初乳中免疫球蛋白总量的 89.8%。产后 1 天、2 天的乳汁中 sIgA 含量分别为正常成人血液中血清型 IgA 含量的 13.5 倍和 5.4 倍。

二、IgM

母乳中含有 IgM，产后头 2 天的初乳中 IgM 的含量相对较高，通常超过正常人血清中 IgM 的水平，但是随哺乳期的延长其含量迅速下降，分娩第 7 天后的母乳中 IgM 水平已很微量[12,21]。

三、IgG

母乳中 IgG 的含量较低，不到血浓度的 1%，但是在所观察的整个哺乳期间 IgG 持续存在，成熟人乳中 IgG 的浓度为 70mg/L 左右。

四、影响因素

人乳中 sIgA 含量受环境、营养状况等因素影响，在不同人群中有较大的差异。已有调查结果显示，乳母营养状况显著影响乳汁中 IgA 和 IgG 的浓度，营养不良可导致初乳中 IgA 和 IgG 浓度显著降低[22]，其中 IgA 平均浓度仅相当于营养状况良好乳母乳汁含量的一半[23]；然而一项来自北京（2015～2016 年）的调查结果显示，服用营养素补充剂对母乳中四种免疫球蛋白（sIgA、IgA、IgM 和 IgG）的含量没有显著影响[24]，这可能与乳母营养缺乏的程度有关。

母乳中免疫球蛋白组分的含量与哺乳阶段有关，产后第一天的母乳中免疫球蛋白含量最高，之后几天逐渐下降[25]。总的趋势是初乳中免疫球蛋白含量最高，在最初的 1～4 个月哺乳期内 sIgA 的浓度基本维持稳定，如有研究提示分娩后 1 天、2 天、3 天、4 天的人乳中 sIgA 的浓度（g/L）分别为 0.93±0.07、0.88±0.21、0.88±0.07、0.81±0.08[26]。整体上，初乳中免疫球蛋白的浓度为 13.4g/L±5.9g/L，第 7 天和第 21 天时均为 2.3g/L，跌幅为 82.8%，$P<0.001$。初乳中 IgG 抗体为 2.0g/L±1g/L，成熟乳为 0.7g/L±0.3g/L；IgM 抗体浓度平均为 1.0g/L±1.6g/L，成熟乳为 1.5g/L±1.7g/L。随哺乳时间的延长，母乳中 sIgA 含量逐渐降低，但是相伴随的是婴儿自身产生 sIgA 的能力逐渐增强[27]。在初乳中免疫球蛋白组分与母亲年龄和体型关系的研究中，IgA 与年龄之间显示了相关趋势（$r=0.407$），但是没有显著差异（$P=0.067$）[28]。

有研究结果提示，早产婴儿的母乳中 IgA 水平显著低于足月婴儿的母乳[29]；也有的研究报道分娩早产儿（<32 周）的乳母初乳中含有较高的 sIgA 和 IgG[12,27,29,30]。李贞等[24]在北京的调查结果显示，分娩后剖宫产组 0～5 天、12～14 天和 1 月龄母乳中 IgA 和 IgM 含量均高于顺产组，至 4 月龄时，两组母乳中 IgA 和 IgM 含量基本相同。

（高慧宇，荫士安）

参考文献

[1] Wheeler TT，Hodgkinson AJ，Prosser CG，et al. Immune components of colostrum and milk——a historical perspective. J Mammary Gland Biol Neoplasia，2007，12（4）：237-247.

[2] Brandtzaeg P. The mucosal immune system and its integration with the mammary glands. J Pediatr, 2010, 156（2 Suppl）：S8-15.

[3] Jatsyk GV，Kuvaeva IB，Gribakin SG. Immunological protection of the neonatal gastrointestinal tract：the importance of breast feeding. Acta Paediatr Scand，1985，74（2）：246-249.

[4] Lepage P，Perre PVD. The immune system of breast milk：antimicrobial and anti-inflammatory properties. Adv Exp Med Biol，2012，743：121-137.

[5] Brandtzaeg P. Mucosal immunity：integration between mother and the breast-fed infant. Vaccine，2003，21（24）：3382-3388.

[6] Rogier EW，Frantz AL，Bruno ME，et al. Secretory antibodies in breast milk promote long-term intestinal homeostasis by regulating the gut microbiota and host gene expression. Proc Natl Acad Sci USA，2014，111（8）：3074-3079.

[7] Hanson LA，Korotkova M. The role of breastfeeding in prevention of neonatal infection. Semin Neonatol，

2002，7（4）：275-281.

[8]　Orivuori L，Loss G，Roduit C，et al. Soluble immunoglobulin A in breast milk is inversely associated with atopic dermatitis at early age：the PASTURE cohort study. Clin Exp Allergy，2014，44（1）：102-112.

[9]　Mantis NJ，Rol N，Corthesy B. Secretory IgA's complex roles in immunity and mucosal homeostasis in the gut. Mucosal Immunol，2011，4（6）：603-611.

[10]　陈瀑，谢建渝，杨致邦，等. 人乳中分泌型免疫球蛋白 A 的抗体特异性分析. 中国微生物学杂志，2009，21：235-238.

[11]　Downham MA，Scott R，Sims DG，et al. Breast-feeding protects against respiratory syncytial virus infections. Br Med J，1976，2（6030）：274-276.

[12]　Koenig A，de Albuquerque Diniz EM，Barbosa SF，et al. Immunologic factors in human milk：the effects of gestational age and pasteurization. J Hum Lact，2005，21（4）：439-443.

[13]　Gasparoni A，Avanzini A，Ravagni Probizer F，et al. IgG subclasses compared in maternal and cord serum and breast milk. Arch Dis Child，1992，67（1 Spec No）：41-43.

[14]　Goldman AS. The immune system of human milk：antimicrobial，antiinflammatory and immunomodulating properties. Pediatr Infect Dis J，1993，12（8）：664-671.

[15]　Lawrence RM，Pane CA. Human breast milk：current concepts of immunology and infectious diseases. Curr Probl Pediatr Adolesc Health Care，2007，37（1）：7-36.

[16]　Brandtzaeg P，Johansen FE. IgA and intestinal homeostasis. New York：Springer Science + Business Media LLC：Kaetzel，C.S.，2007.

[17]　Jarvinen KM，Laine ST，Jarvenpaa AL，et al. Does low IgA in human milk predispose the infant to development of cow's milk allergy？Pediatr Res，2000，48（4）：457-462.

[18]　Savilahti E，Siltanen M，Kajosaari M，et al. IgA antibodies，TGF-beta1 and -beta2，and soluble CD14 in the colostrum and development of atopy by age 4. Pediatr Res，2005，58（6）：1300-1305.

[19]　李多孚，谭树民，成渝. 两种免疫比浊法测定血清免疫球蛋白的对比研究. 检验医学与临床，2006，3：241-243.

[20]　Ruiz L，Espinosa-Martos I，Garcia-Carral C，et al. What's Normal？Immune Profiling of Human Milk from Healthy Women Living in Different Geographical and Socioeconomic Settings. Front Immunol，2017，8：696.

[21]　Gregory KE，Walker WA. Immunologic Factors in Human Milk and Disease Prevention in the Preterm Infant. Curr Pediatr Rep，2013，1（4）.

[22]　Miranda R，Saravia NG，Ackerman R，et al. Effect of maternal nutritional status on immunological substances in human colostrum and milk. Am J Clin Nutr，1983，37（4）：632-640.

[23]　Chang SJ. Antimicrobial proteins of maternal and cord sera and human milk in relation to maternal nutritional status. Am J Clin Nutr，1990，51（2）：183-187.

[24]　李贞，姜铁民，赵军英，等. 母乳免疫球蛋白含量与相关影响因素的分析. 中国食品添加剂，2018，（8）：207-212.

[25]　刘敏，张红. 母乳中免疫球蛋白的测定及临床意义. 中国实用妇科与产科杂志，2005，21：324.

[26]　王凤英，史常旭. 早期母乳及婴儿粪便中分泌型免疫球蛋白 A 含量测定. 中华妇产科杂志，1995，30：588-590.

[27]　Ballabio C，Bertino E，Coscia A，et al. Immunoglobulin-A profile in breast milk from mothers delivering full term and preterm infants. Int J Immunopathol Pharmacol，2007，20（1）：119-128.

[28] Ovono Abessolo F，Essomo Owono Megne-Mbo M，Ategbo S，et al. Profile of immunoglobulins A，G，and M during breast milk maturation in a tropical area（Gabon）. Sante，2011，21（1）：15-19.

[29] Castellote C，Casillas R，Ramirez-Santana C，et al. Premature delivery influences the immunological composition of colostrum and transitional and mature human milk. J Nutr，2011；141（6）：1181-1187.

[30] Araujo ED，Goncalves AK，Cornetta Mda C，et al. Evaluation of the secretory immunoglobulin A levels in the colostrum and milk of mothers of term and pre-term newborns. Braz J Infect Dis，2005，9（5）：357-362.

[31] 管慧英，代琴韵，吴建民，等. 母乳中抗感染因子和微量元素的研究. 新生儿科杂志，1986，1：250-252.

[32] 代琴韵，管惠英，吴建民. 50 例母乳及产妇血清免疫功能动态观察. 同济医科大学学报，1985，5：349-352.

[33] 窦桂林，陈明钰，代文庆，等. 不同泌乳期人乳中乳铁蛋白、溶菌酶、C3 及免疫球蛋白的动态观察. 上海免疫学杂志，1986，6：98-100.

第十六章

脂类

母乳中脂类（lipids）主要包括甘油三酯（triglycerides, TAG、TG）、胆固醇、磷脂和脂溶性维生素。母乳中脂类是以脂肪球的形式存在，直径为 4～5μm，由 TG 和胆固醇酯等非极性核心和极性的磷脂、胆固醇、酶、蛋白质和糖蛋白等组成[1]。母乳中脂类不仅仅是婴幼儿膳食能量的重要来源，还可以延缓婴幼儿胃肠的排空时间，提供必需脂肪酸（EFA）并有助于脂溶性维生素的吸收。因此，母乳中脂类对婴儿的生长发育、神经-心理发育和远期的健康效应十分重要。目前对母乳中脂类的信号传递等功能的认识还有待深入研究。

第一节　甘油三酯

母乳中含有的脂肪可为纯母乳喂养婴儿提供约 50% 的能量。母乳中的脂类约 98% 是以甘油三酯（TG）的形式存在。TG 是由 1 分子甘油和 3 分子脂肪酸以酯键形式形成的化合物，其结构如图 16-1 所示[2]。按照甘油的碳原子的序数将各位置分别命名为 *sn*-1、*sn*-2 和 *sn*-3。

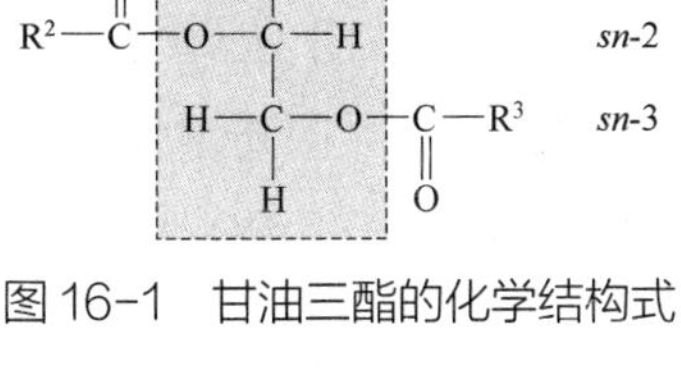

图 16-1　甘油三酯的化学结构式

一、脂肪酸的种类

母乳中脂肪酸的种类（profiles of fatty acids）很多，依据脂肪酸的饱和度，可将其分为饱和脂肪酸（saturated fatty acids, SFA）、单不饱和脂肪酸（mono-unsaturated fatty acids, MUFA）及多不饱和脂肪酸（poly-unsaturated fatty acids, PUFA）。母乳中富含饱和脂肪酸，C16:0（棕榈酸）可为母乳喂养的婴儿提供约 10%～12% 的能量。母乳中单不饱和脂肪酸主要包括 C14:1、C16:1、C18:1（n-9）（油酸）等不饱和脂肪酸。根据双键位置，可将不饱和脂肪酸分为 n-3、n-6 和 n-9 系列；依据双键的方向又可分为顺式和反式脂肪酸。多不饱和脂肪酸主要包括 n-6 系: C18:2（n-6）（亚油酸）、C18:3（n-6）、C20:2（n-6）、C20:3（n-6）、C20:4（n-6）（AA）、C22:4（n-6）、C22:5（n-6）等; n-3 系: C18:3（n-3）（α-亚麻酸）、C18:4（n-3）、C20:4（n-3）、C20:5（n-3）（EPA）、C22:5（n-3）、C22:6（n-3）（DHA）等。

依据碳原子数目可将脂肪酸分为短链脂肪酸（short-chain fatty acids, SCFA）、中链脂肪酸（medium-chain fatty acids, MCFA）和长链脂肪酸（long-chain fatty acid, LCFA）。母乳中脂肪酸碳原子数多介于 8～22，并且多为偶数碳原子脂肪酸。碳链长度 8～12 的脂肪酸通常被称为 MCFA。MCFA 多是由乳腺细胞内源性合成。乳腺细胞利用血液循环中的脂肪酸和乳腺自身合成的脂肪酸来合成 TG。母乳中主要的反式脂肪酸是反式油酸 C18:1。然而母乳中 C16:0 的含量受膳食的影响较小，占母乳中总脂肪酸的 20%～25%[2]。

母乳中脂肪酸具有位置特异性[3,4]，饱和脂肪酸多位于 sn-2 位，超过 50% 母乳中 sn-2 位脂肪酸为 C16:0，约占母乳中总 C16:0 的 70%[2]。临床研究发现位于 sn-1 位和 sn-3 位的 C16：0 更容易与矿物质结合成为不易吸收的皂化脂肪酸，皂化 C16：0 与粪便硬度呈正相关，含量越高粪便的硬度越大[5]。不饱和脂肪酸多位于 sn-1 位和 sn-3 位。C18:1 和 C18:2 多位于 sn-1 位和 sn-3 位。MCFA 和 C18:3（n-3）位于 sn-3 位较 sn-1 位多。C22:6（n-3）、C22:5（n-3）和 C22:4（n-6）优先位于 sn-2 位。C22:4（n-6）均衡地分布在 sn-2 位和 sn-3 位。近年来一些研究分析了母乳中的甘油三酯分子，发现其中最主要的包括：C18:1（n-9）-C16:0-C18:2（n-6）[1-油酸-2-棕榈酸-3-亚油酸甘油三酯（OPL）]、C18:1（n-9）-C16:0-C18:1（n-9）[1,3-二油酸-2-棕榈酸甘油三酯（OPO）]、C18:1（n-9）-C16:0-MCFA（1-油酸-2-棕榈酸-3-中链脂肪酸甘油三酯）等[2]。对比芬兰母乳和中国母乳的甘油三酯分子结构，芬兰母乳中含量最高的是 OPO（9.4%）和 OPL（5.4%），OPO 含量高于 OPL；而中国母乳中含量最高的甘油三酯分子为 OPL（10.3%）和 OPO（7.1%），OPL 含量高于 OPO[6]。

二、功能

母乳中的脂肪酸在维持婴儿的营养与健康中发挥着重要作用，包括作为重要的能量来源、提供机体需要的必需脂肪酸以及用于神经系统发育和视网膜发育等多种功能。

1. 提供能量

MCFA 不依赖于胆汁酸，可直接被小肠吸收，并迅速被转运至肝脏。人乳中的 MCFA 是完全用来供能的脂肪酸。

2. 必需脂肪酸的来源

由于机体不能合成亚油酸和 α-亚麻酸，所以母乳为纯母乳喂养婴儿的唯一必需脂肪酸（essential fatty acids, EFA）来源。膳食中缺乏亚油酸可引起婴儿皮肤损伤和生长迟缓，缺乏 α-亚麻酸除引起皮肤损伤外，还可能影响婴儿的视觉功能和外周神经系统发育。EFA 缺乏可能引起红细胞膜的脆性和通透性增加、血小板聚集功能不良以及肺表面活性物质成分异常等[7]。也有些研究观察到 EFA 能够促进益生菌的生物学功能，它可以促进益生菌在黏膜表面黏附[8]。

3. 提供长链多不饱和脂肪酸

虽然婴儿体内可以利用必需脂肪酸（亚油酸和亚麻酸）为前体合成花生四烯酸（arachidonic acid, AA）和二十二碳六烯酸（docosahexaenoic acid, DHA）等长链多不饱和脂肪酸（long-chain poly-unsaturated fatty acids, LCPUFA），但转化效率较低，仅有约 3%～5% 的前体物质可以被转化为 LCPUFA。婴儿早期可能不能利用亚麻酸合成充足的 DHA（早产儿尤为突出），从而影响其生理功能，一些单核苷酸基因多态性对由亚麻酸合成 DHA 的影响较为显著[9~11]。

4. 促进婴儿生长发育

相比牛乳，母乳脂肪酸中富含多不饱和脂肪酸（PUFA），特别是 LCPUFA。它们对婴儿的正常发育至关重要，如 LCPUFA 是婴儿脑部发育和视网膜发育所必需的重要营养素，尤其是 DHA 和 AA，已经有大量研究证明这两种 LCPUFA 的重要作用[12,13]。多国的母乳研究都发现 AA 的浓度相对稳定[14]，而 DHA 含量变异范围相当大[15]，从低于标准检出最低限到超过 1%（占总脂肪酸的百分比）。例如，按照占总脂肪酸的百分比表示，一项九国的母乳脂肪酸研究报道 DHA 含量范围为 0.17%～0.99%[15]。母乳中 DHA 含量与乳母长期膳食习惯是否经常摄入鱼油有关，而不是短期补充与否[16]。一些临床研究支持补充 DHA/AA 对婴幼儿视力和认知发育有改善作用[17]；也有临床试验观察到，给婴幼儿补充 EFA 后能促进婴幼儿的生长发育[18]。

5. 其他功能

母乳中脂肪酸的组成与婴儿过敏风险有一定相关性，在患有湿疹的乳母群体中，如果母乳中含有较多的饱和脂肪酸，同时 n-3LCPUFA 含量较低，则可能增加婴儿患过敏性皮炎的风险[18]。产前孕妇补充 n-3 系列 LCPUFA 不能降低 6 岁时 IgE 相关过敏性疾病发生风险，但是对于螨虫致敏有一定保护作用[19]。C16:0 可以作为信号分子刺激肝脏合成和装配极低密度脂蛋白。C16:1（n-7）可促进肝脏和脂肪细胞合成脂肪酸[20]。

三、测定方法

母乳中脂肪的含量，通常采用脂溶剂萃取后称重的方法进行测定。近来随着快速检测方法的开发与应用，母乳中的脂肪含量也可以用中红外线光谱法进行测定。母乳中脂肪含量变化较大，一般为 20～60g/L[21]。通过脂溶剂萃取母乳获得的脂肪，经分离和酯化后，可采用气相色谱、气相-液相联用、液相色谱等分析技术测定其中的脂肪酸含量[22]。

四、脂肪酸含量

母乳中脂肪酸的构成存在明显的地区差异，不同泌乳阶段母乳中 n-3 和 n-6 多不饱和脂肪酸含量（contents of fatty acids）可能存在明显差异。中国部分地区母乳中脂肪酸含量的比较见表 16-1。例如，根据高颐雄等[23]对江苏句容（内陆江湖地区）、山东日照（北部沿海地区）和河北徐水（内陆地区）成熟母乳中脂肪酸含量的比较研究得出，成熟乳中脂肪酸含量及构成存在显著的地区差异，内陆地区母乳中 DHA 含量显著低于沿海地区和江湖地区的母乳。Deng 等[14]观察到内蒙古、江苏和广西的母乳脂肪的组成与膳食有关，并与 10 年前的母乳脂肪组成数据有所不同。国外报道的母乳中脂肪酸含量结果汇总于表 16-2。

母亲膳食单不饱和脂肪酸（MUFA）和多不饱和脂肪酸（PUFA）的摄入量是影响母乳脂肪酸构成和水平的重要因素[24]。给乳母补充含鱼的膳食或鱼油（2～8g），可显著增加乳汁中 C22:6（n-3）的含量（占脂肪酸百分比），基线水平为 0.41%±0.15%，补充后增加到 0.63%±0.31%，$P=0.018$，同时还可以增加 EPA 含量[25]。乳母膳食高碳水化合物摄入量增加乳汁 MCFA 水平，而母乳中血循环来源的 18 碳不饱和脂肪酸水平降低。乳母膳食不饱和脂肪酸 C18:1（n-9）、C18:2（n-6）、C18:3（n-3）、C22:5（n-3）、C22:6（n-3）和反式脂肪酸的摄入量直接影响乳汁中这些脂肪酸的水平。

□ 表 16-1 我国不同地区母乳中脂肪酸的含量比较（占总脂肪酸的百分比/%）

脂肪酸	上海城市[26]	上海郊区[26]	舟山[26]	上海[27]	舟山2[28]	江苏句容[23]	山东日照[23]	河北徐水[23]	内蒙古[14]	江苏[14]	广西[14]
C8:0	—	—	—	0.187	—	0.15	0.06	0.19	—	0.004	0.001
C10:0	—	—	—	1.384	—	1.53	1.01	1.93	0.573	0.424	0.221
C12:0	—	—	—	5.365	—	5.3	5.62	7.14	5.082	3.604	2.752
C14:0	—	—	—	4.563	—	3.54	4.60	4.48	5.279	3.982	3.431
C16:0	—	—	—	17.62	—	19.62	20.61	20.95	18.517	19.933	22.451
C18:0	—	—	—	4.105	—	5.16	5.25	4.95	5.917	5.919	6.218
C20:0	—	—	—	0.241	—	0.14	0.17	0.14	0.623	0.487	0.390
C14:1	—	—	—	0.14	—	0.05	0.04	0.06	0.064	0.035	0.062
C16:1	—	—	—	2.037	—	2.00	1.67	2.04	1.812	1.566	2.566
C18:$(n-9)$	—	—	—	34.35	—	34.07	29.31	26.32	27.741	29.743	34.532
C18:$(n-6)$	27.3	20.18	19.75	26.21	20.0	16.34	20.80	20.82	19.810	23.00	16.822
C18:$(n-6)$	2.55	2.6	2.49	—	2.5	0.12	0.07	0.14	0.118	0.147	0.099
C20:$(n-6)$	—	—	—	—	—	0.54	0.64	0.57	0.424	0.433	0.448
C20:$(n-6)$	—	—	—	—	—	0.39	0.46	0.54	0.508	0.540	0.395
C20:$(n-6)$	0.6	0.61	0.57	0.71	0.56	0.72	0.63	0.63	0.722	0.509	0.570
C18:$(n-3)$	—	—	—	2.70	—	1.48	1.12	0.90	4.663	2.264	1.144
C22:$(n-3)$	0.42	0.42	0.68	0.41	0.67	0.41	0.47	0.24	0.299	0.394	0.261

注："—"表示没有报告数据。

□ 表 16-2 国外报道的母乳中脂肪酸含量（占总脂肪酸的百分比/%）

脂肪酸	荷兰[29]				世界[30]	美国[31]	巴西[32,33]	
	膳食 1①	膳食 2②	膳食 3③	膳食 4④			26 岁	16.6 岁
C8:0	—	—	—	—	—	0.16	0.24	0.21
C10:0	—	—	—	—	—	1.1	1.76	1.82
C12:0	4.56	4.95	4.69	4.61	—	5.56	6.74	8.22
C14:0	5.63	6.65	6.42	6.20	—	8.01	6.79	7.70
C16:0	22.62	22.79	22.63	23.21	—	23.28	19.7	15.9
C18:0	7.02	6.60	6.87	6.95	—	8.06	6.28	5.32
C20:0	—	—	—	—	—	—	0.17	0.15
C14:1	0.23	0.29	0.29	0.29	—	—	0.23	0.16
C16:1	—	—	—	—	—	3.02	2.78	1.82
C18:1 (n-9)	13.73	13.81	14.90	13.06	—	31.72	32.4	24.6
C18:2 (n-6)	0.46	0.48	0.53	0.47	—	16.49	16.6	17.3
C18:3 (n-6)	—	—	—	—	—	—	0.17	0.13
C20:2 (n-6)	—	—	—	—	—	0.38	0.35	0.37
C20:3 (n-6)	—	—	—	—	—	0.28	0.43	0.31
C20:4 (n-6)	0.53	0.48	0.48	0.50	0.47	0.29	0.47	0.40
C18:3 (n-3)	1.05	0.89	0.82	0.93	—	1.56	1.16	1.08
C22:6 (n-3)	0.42	0.41	0.42	0.44	0.32	0.06	0.22	0.20

①膳食 1 为传统膳食，<50%的肉和乳类是有机食品，或不吃肉和<50%的肉和乳类是有机食品；②膳食 2>50%的肉和乳类是有机食品；③膳食 3，>90%的肉和乳类是有机食品；④膳食 4 为报告数据。

注："—"表示没有报告数据。

第二节 磷 脂

母乳脂肪球中主要存在的磷脂（phospholipids）形式包括鞘磷脂（sphingomyelin）、卵磷脂（又称为磷脂酰胆碱，phosphatidyl choline）、磷脂酰丝氨酸（phoshpatidyl serine）、磷脂酰乙醇胺（phosphatidyl ethanolamine）和磷脂酰肌醇（phosphatidyl inositol）[1]。

一、功能

磷脂可以促进脂肪消化产物在消化道内的吸收和转运，同时磷脂还参与机体免疫调节和神经信号传导等功能。

二、测定方法

由于磷脂具有亲水性和疏水性的双重特点，对其进行定量测定存在一定的难度。常用的定量方法有：薄层色谱法、^{31}P 核磁共振法（^{31}P-NMR）和高效液相色谱法（HPLC法，配蒸发光散射检测器）（HPLC-ELSD）等[1]。

三、含量

成熟母乳中总磷脂含量低于初乳和过渡乳[34~37]。不同国家的母乳中磷脂含量以及主要的磷脂分子浓度见表 16-3。Sala-Vila 等[34]报道了西班牙不同哺乳期（产后 1~5 天、6~15 天和 15~30 天）母乳中磷脂含量，磷脂酰丝氨酸和磷脂酰乙醇胺显示增加趋势，而磷脂酰胆碱则呈降低趋势，其他形式的则变化不明显。然而，需要指出，该项研究的采样方式仅取哺乳开始的前段乳。

▫ 表 16-3 不同国家母乳中磷脂含量比较 ：%

磷脂	美国[38]	新加坡[1]	马来西亚[36]			阿联酋[35]		中国[37]			西班牙①[34]		
			初乳	过渡乳	成熟乳	过渡乳	成熟乳	初乳	过渡乳	成熟乳	初乳	过渡乳	成熟乳
鞘磷脂	38.5	35.7	12	9	38	34	38	28	26	30	40.5±3.6	39.2±3.6	41.0±3.4
磷脂酰胆碱	26.4	25.2	21	19	15	25	14	36	35	34	38.4±3.1	37.7±4.9	31.3±4.5
磷脂酰丝氨酸	8.8	5.9	36	37	10	11	7	5	4	4	7.9±1.1	8.2±1.0	10.4±1.3

磷脂	美国[38]	新加坡[1]	马来西亚[36]			阿联酋[35]		中国[37]			西班牙①[34]		
			初乳	过渡乳	成熟乳	过渡乳	成熟乳	初乳	过渡乳	成熟乳	初乳	过渡乳	成熟乳
磷脂酰乙醇胺	19.8	28.6	26	31	27	25	36	26	29	26	5.9±0.6	8.6±1.2	12.8±1.2
磷脂酰肌醇	6.5	4.6	5	4	4	4	3	5	6	6	6.0±0.6	5.2±0.5	5.9±0.5

①结果系平均值±SD。

第三节　胆　固　醇

母乳中总胆固醇（total cholesterol, TC）含量明显高于婴儿配方奶粉，母乳喂养婴儿的血清胆固醇浓度也高于混合喂养的婴儿[39]。母乳中胆固醇可能与膳食 TG 相互作用进而影响血脂和血中脂肪酸的水平。

一、功能

最近的证据显示，外源性胆固醇对脑发育也同样重要。给大鼠喂饲含胆固醇的饲料可显著增加其大脑胆固醇含量[40]。Framingham 心血管疾病研究发现成年期血清胆固醇水平越高，其 4 年后的认知功能越好。

二、方法

乳汁中胆固醇含量的测定可采用光谱法、气相色谱法、傅里叶变换红外光谱法（FTIR）和衰减全反射傅里叶变换红外光谱技术等方法[41]。

三、含量

人乳中主要固醇是胆固醇。我国早在 1988 年就有研究报告了北京市城乡 194 例乳母的乳汁胆固醇含量，初乳中含量最高（均值为 23.4mg/100g，最高可达到 37.2mg/100g），之后逐渐下降，到产后第 3 个月后稳定在 10mg/100g 左右（最低值为 2.6mg/100g），而且母乳胆固醇含量与乳汁中脂肪含量呈显著正相关（$P<0.01$），同时存在明显的地区差异[42]。

第四节　影响人乳中总脂类的因素

人乳中的脂肪来自如下三个途径：①孕期摄取过多能量时，合成并储存在体内的；②孕期和哺乳期能量摄入不足，动员母体内源储存的脂肪；③日常膳食，如一餐中富含某种特定脂肪可显著影响1~3天内的母乳脂肪酸谱，最大的影响出现在摄取的最初24h内[43~46]。因此，影响上述三个途径的因素，将会影响人乳的脂肪含量。

影响分泌乳汁中总脂类含量的因素包括喂奶期间（增加）、哺乳阶段（增加）、昼夜节律变化（diurnal variation）、两个乳房间、出生时胎龄（早产的母乳中脂肪含量显著高于足月儿的母乳）、乳母膳食、感染、代谢紊乱（通常降低）、用药、乳母月经周期或妊娠周期、胎次、季节（与膳食有关）、乳母年龄等[24~46]。超重也影响母乳脂肪酸含量，如 Mäkelä 等[47]研究结果显示，与正常体重的乳母相比，超重乳母的乳汁中含有较多的饱和脂肪酸（46.3%与43.6%，$P=0.012$）、较低的 n-3 脂肪酸（2.2%与2.7%，$P=0.010$）、较低的不饱和脂肪酸与饱和脂肪酸比值（1.1%与1.3%，$P=0.008$），以及较高的 n-6 与 n-3 脂肪酸比值（5.7%与4.9%，$P=0.031$）。泌乳阶段（初乳、过渡乳、成熟乳）、母亲膳食和年龄、季节/居住地（地域）等都可能影响母乳胆固醇含量。初乳胆固醇含量高于成熟乳。成熟乳胆固醇含量约为65~184mg/L。我国乳母初乳胆固醇含量可高达234mg/kg，成熟乳胆固醇水平维持在106~117mg/kg之间[42]。

总之，母乳中脂类种类繁多、结构复杂，除了可提供能量外，对脂类的其他功能仍然有待深入研究。母乳中脂肪酸含量受膳食的影响较为明显。母乳中含量最为丰富的脂肪酸包括 C18:1（n-9）、C18:2（n-6）和 C16:0。C20:4（n-6）和 C22:6（n-3）为母乳中常见的 LCPUFA。母乳中富含磷脂，包括鞘磷脂、磷脂酰胆碱和磷脂酰乙醇胺。母乳中还含有丰富的胆固醇，该成分对婴儿大脑和神经系统发育的影响开始受到广泛关注，然而相关的研究有限。

（杨振宇，石羽杰，刘彪，苏红文）

参考文献

[1] Giuffrida F，Cruz-Hernandez C，Fluck B，et al. Quantification of phospholipids classes in human milk. Lipids，2013，48（10）：1051-1058.

[2] Innis SM. Dietary triacylglycerol structure and its role in infant nutrition. Adv Nutr，2011，2（3）：275-283.

[3] Breckenridge WC，Marai L，Kuksis A. Triglyceride structure of human milk fat. Can J Biochem，1969，47（8）：761-769.

[4] Freeman CP, Jack EL, Smith LM. Intramolecular fatty acid distribution in the milk fat triglycerides of several species. J Dairy Sci, 1965, 48: 853-858.

[5] Quinlan PT, Lockton S, Irwin J, et al. The relationship between stool hardness and stool composition in breast- and formula-fed infants. J Pediatr Gastroenterol Nutr, 1995, 20 (1): 81-90.

[6] Kallio H, Nylund M, Bostrom P, et al. Triacylglycerol regioisomers in human milk resolved with an algorithmic novel electrospray ionization tandem mass spectrometry method. Food Chem, 2017, 233: 351-360.

[7] 杨慧明. 多不饱和脂肪酸与婴幼儿的健康和疾病. 国外医学（儿科学分册）, 2002, 29: 153-155.

[8] Das UN. Essential fatty acids as possible enhancers of the beneficial actions of probiotics. Nutrition, 2002, 18 (9): 786.

[9] Wan ZX, Wang XL, Xu L, et al. Lipid content and fatty acids composition of mature human milk in rural North China. Br J Nutr, 2010, 103 (6): 913-916.

[10] Peng YM, Zhang TY, Wang Q, et al. Fatty acid composition in breast milk and serum phospholipids of healthy term Chinese infants during first 6 weeks of life. Acta Paediatr, 2007, 96 (11): 1640-1645.

[11] Chen ZY, Kwan KY, Tong KK, et al. Breast milk fatty acid composition: a comparative study between Hong Kong and Chongqing Chinese. Lipids, 1997, 32 (10): 1061-1067.

[12] Innis SM. Dietary (n-3) fatty acids and brain development. J Nutr, 2007, 137 (4): 855-859.

[13] El-khayat H, Shaaban S, Emam EK, et al. Cognitive functions in protein-energy malnutrition: in relation to long chain-polyunsaturated fatty acids. Pak J Biol Sci, 2007, 10 (11): 1773-1781.

[14] Deng L, Zou Q, Liu B, et al. Fatty acid positional distribution in colostrum and mature milk of women living in Inner Mongolia, North Jiangsu and Guangxi of China. Food Funct, 2018, 9 (8): 4234-4245.

[15] Yuhas R, Pramuk K, Lien EL. Human milk fatty acid composition from nine countries varies most in DHA. Lipids, 2006, 41 (9): 851-858.

[16] Bzikowska-Jura A, Czerwonogrodzka-Senczyna A, Jasinska-Melon E, et al. The Concentration of omega-3 fatty acids in human milk is related to their habitual but not current intake. Nutrients, 2019, 11 (7).

[17] Hoffman DR, Boettcher JA, Diersen-Schade DA. Toward optimizing vision and cognition in term infants by dietary docosahexaenoic and arachidonic acid supplementation: a review of randomized controlled trials. Prostaglandins Leukot Essent Fatty Acids, 2009, 81 (2-3): 151-158.

[18] Adu-Afarwuah S, Lartey A, Brown KH, et al. Randomized comparison of 3 types of micronutrient supplements for home fortification of complementary foods in Ghana: effects on growth and motor development. Am J Clin Nutr, 2007, 86 (2): 412-420.

[19] Best KP, Sullivan T, Palmer D, et al. Prenatal fish oil supplementation and allergy: 6-year follow-up of a randomized controlled trial. Pediatr, 2016, 137 (6).

[20] German JB. Dietary lipids from an evolutionary perspective: sources, structures and functions. Matern Child Nutr, 2011, 7 Suppl 2: 2-16.

[21] Innis SM. Impact of maternal diet on human milk composition and neurological development of infants. Am J Clin Nutr, 2014, 99 (3): 734S-741S.

[22] Bligh EG, Dyer WJ. A rapid method of total lipid extraction and purification. Can J Biochem Physiol, 1959, 37 (8): 911-917.

[23] 高颐雄, 张坚, 王春荣, 等. 中国三地区人成熟母乳脂肪酸含量的研究. 卫生研究, 2011, 40: 731-734.

[24] Antonakou A, Skenderi KP, Chiou A, et al. Breast milk fat concentration and fatty acid pattern during the

first six months in exclusively breastfeeding Greek women. Eur J Nutr，2013，52（3）：963-973.

[25] Lauritzen L，Jorgensen MH，Hansen HS，et al. Fluctuations in human milk long-chain PUFA levels in relation to dietary fish intake. Lipids，2002，37（3）：237-244.

[26] Zhang WI，Wu SM，Qian JH，et al. Comparison of contents of polyunsaturated fatty acids of breast milk among different regions of China and between colostrums and mature milk. Chin J Rehabil，2004，8：2389-2390.

[27] 戚秋芬，吴圣楣，张伟利. 母乳中脂肪酸含量的动态变化. 营养学报，1997，19：325-332.

[28] 庄满利，黄烈平. 舟山地区母乳中 DHA 及 AA 含量分析. 中国儿童保健杂志，2006，14：731-734.

[29] Rist L，Mueller A，Barthel C，et al. Influence of organic diet on the amount of conjugated linoleic acids in breast milk of lactating women in the Netherlands. Br J Nutr，2007，97（4）：735-743.

[30] Brenna JT，Varamini B，Jensen RG，et al. Docosahexaenoic and arachidonic acid concentrations in human breast milk worldwide. Am J Clin Nutr，2007，85（6）：1457-1464.

[31] Finley DA，Lönnerdal B，Dewey KG，et al. Breast milk composition：fat content and fatty acid composition in vegetarians and non-vegetarians. Am J Clin Nutr，1985，41（4）：787-800.

[32] Torres AG，Ney JG，Meneses F，et al. Polyunsaturated fatty acids and conjugated linoleic acid isomers in breast milk are associated with plasma non-esterified and erythrocyte membrane fatty acid composition in lactating women. Br J Nutr，2006，95（3）：517-524.

[33] Meneses F，Torres AG，Trugo NM. Essential and long-chain polyunsaturated fatty acid status and fatty acid composition of breast milk of lactating adolescents. Br J Nutr，2008，100（5）：1029-1037.

[34] Sala-Vila A，Castellote AI，Rodriguez-Palmero M，et al. Lipid composition in human breast milk from Granada（Spain）：changes during lactation. Nutrition，2005，21（4）：467-473.

[35] McJarrow P，Radwan H，Ma L，et al. Human milk oligosaccharide，phospholipid，and ganglioside concentrations in breast milk from United Arab Emirates mothers：Results from the MISC cohort. Nutrients，2019，11（10）．

[36] Ma L，MacGibbon AKH，Jan Mohamed HJB，et al. Determination of phospholipid concentrations in breast milk and serum using a high performance liquid chromatography–mass spectrometry - multiple reaction monitoring method. Int Dairy J，2017，71：50-59.

[37] Giuffrida F，Cruz-Hernandez C，Bertschy E，et al. Temporal changes of human breast milk lipids of chinese mothers. Nutrients，2016，8（11）．

[38] Bitman J，Wood DL，Mehta NR，et al. Comparison of the phospholipid composition of breast milk from mothers of term and preterm infants during lactation. Am J Clin Nutr，1984，40（5）：1103-1119.

[39] Harit D，Faridi MM，Aggarwal A，et al. Lipid profile of term infants on exclusive breastfeeding and mixed feeding：a comparative study. Eur J Clin Nutr，2008，62（2）：203-209.

[40] Scholtz SA，Gottipati BS，Gajewski BJ，et al. Dietary sialic acid and cholesterol influence cortical composition in developing rats. J Nutr，2013，143（2）：132-135.

[41] Kamelska AM，Pietrzak-Fiecko R，Bryl K. Variation of the cholesterol content in breast milk during 10 days collection at early stages of lactation. Acta Biochim Pol，2012，59（2）：243-247.

[42] 金桂贞，王春荣，龚俊贤，等. 北京市城乡乳母得营养状况、乳成分和婴儿摄入母乳量及生长发育得关系．Ⅲ. 母乳脂质的分析. 营养学报，1988，10：134-143.

[43] Sauerwald TU，Demmelmair H，Koletzko B. Polyunsaturated fatty acid supply with human milk. Lipids，2001，36（9）：991-996.

[44] Jensen RG. Lipids in human milk. Lipids，1999，34（12）：1243-1271.

[45] Jensen RG. The lipids in human milk. Prog Lipid Res，1996，35（1）：53-92.

[46] Jagodic M，Potocnik D，Tratnik J，et al. Selected elements and fatty acid composition in human milk as indicators of seafood dietary babits. Environ Res，2020，180：108820.

[47] Mäkelä J，Linderborg K，Niinikoski H，et al. Breast milk fatty acid composition differs between overweight and normal weight women：the STEPS Study. Eur J Nutr，2013，52（2）：727-735.

第十七章

中链脂肪酸

人乳中含有的脂肪酸按照碳链长短可分为短链脂肪酸（short-chain fatty acid, SCFA）、中链脂肪酸（medium-chain fatty acid, MCFA）及长链脂肪酸（long-chain fatty acid, LCFA），其中 SCFA 和 MCFA 全部为饱和脂肪酸。本文综述了人乳中的中链脂肪酸的组成、含量、作用、测定方法及影响因素。

第一节　人乳中脂肪组成

人乳中脂肪含量范围在 3%～5%，其中 98%以上以甘油三酯（TG）形式存在，脂肪酸占 90%，还有 0.8%的磷脂（phospholipids，PL）、0.5%的胆固醇（cholesterol）以及种类繁多的其他脂类（表 17-1）[1]。人乳中脂肪是以乳化脂肪球状态分布于水相，约占总脂肪的 87%；非极性酯如 TG、胆甾醇酯、视黄酯等被包裹在脂肪球内[2,3]。脂肪球外包以极性物质如磷脂、蛋白质、黏多糖、胆固醇以及一些酶类组成的松散状膜，称为脂肪球膜（MFGM）[3]。MFGM 起乳化稳定剂作用，可防止脂肪球聚集；MFGM 也是分泌性乳腺细胞膜的体现。成熟乳中脂肪球的直径为 0.1～20μm，平均粒径为 3.5～4.41μm[4]。脂肪球为脂解酶以及其他黏附成分提供巨大的（500cm²/ml）比表面积[5]。

成分	含量/%②	备注
甘油酯	3.0～4.5g/dl	
甘油三酯	98.7	乳脂肪球内部的主要成分
甘油二酯	0.01	
单甘酯	0	
游离脂肪酸	0.08	
胆固醇	10～15mg/dl	MFGM 的主要成分
磷脂类	15～25mg/dl	
鞘磷脂	37	
卵磷脂	28	
磷脂酰丝氨酸	9	
磷脂酰肌醇	6	
磷脂酰乙醇胺	19	

①为成熟乳，来自新生儿的母亲。②占脂类百分比。

第二节　人乳中中链脂肪酸的组成和作用

近年来，MCFA 的来源、性质及其在新生儿和婴儿喂养中的营养与免疫作用，尤其是在婴儿配方食品中的应用以及对人工喂养儿营养与健康状况的影响受到广泛关注。

一、中链脂肪酸的定义

关于 SCFA、MCFA 及 LCFA 的界定，不同文献报道的界定标准不完全一致，据脂肪酸所含碳原子数，通常有如下两种界定：定义 1，SCFA、MCFA 和 LCFA 分别为<6、6～12 和>12[6~12]；定义 2，SCFA、MCFA 和 LCFA 分别为≤6，8～10 和≥12[8,13]。

1. 文献检索

根据已发表的文献，大多认为 MCFA 为含有 6～12 个碳原子的饱和脂肪酸，而在认为含有 8～10 个碳原子的文献中，也认为 C6:0 及 C12:0 也应属于 MCFA，只不过 C8:0 与 C10:0 含量通常占绝大多数，认为 C6:0 和 C12:0 可以忽略不计。

2. 营养学特点

根据营养学及脂肪消化吸收的特点，可以认为 MCFA 应该是包含 6～12 个碳原子的饱和脂肪酸，即 MCFA 包括己酸（C6:0，caproic acid）、辛酸（C8:0，caprylic acid）、癸酸（C10:0，capric acid）以及月桂酸（C12:0，lauric acid）。根据英文术语，$C_{6～10}$ 三种脂肪酸均与山羊奶有关，因为山羊奶中仅辛酸含量就占总脂肪的 2.7%。

二、中链脂肪（酸）的性质及作用

中链脂肪酸的物理化学性质与其易消化吸收的特点以及对婴儿营养的作用有关。

1. 中链脂肪酸的物理化学性质

人乳中 MCFA 主要以中链甘油三酯（medium-chain triglycerides，MCTs）的形式存在（见表 17-1），由于其分子量较小，常温下呈液态。MCFA 的熔点较低，如 C8:0 及 C10:0 的熔点分别为 16.7℃ 和 31.3℃，而 C16:0 的熔点则为 63.1℃；MCFA 较易溶于水，20℃ 下，C8:0 的溶解度为 680mg/L，而 C16:0 仅为 7.2mg/L。MCFA 与各种溶剂、油脂类、叔丁基甲氧氯苯酚、二丁基甲苯等抗氧化剂、维生素 A、维生素 E 等有很好的相溶性，黏度是一般植物油的一半。每克 MCFA 可提供能量 8.3kcal（1kcal=4.1840kJ）。

MCFA 是弱电解质，在中性 pH 溶液中即可高度电离，这更增加了其在生物体液内的溶解度。由于较小的分子以及较高水溶性的特点，使 MCFA 在所有层级的新陈代谢中发挥重要作用[7]。

2. 中链脂肪（酸）与长链脂肪（酸）的消化吸收对比

中链脂肪（酸）与长链脂肪（酸）的消化吸收过程示意见图 17-1。中链脂肪可以被多种脂酶水解，包括胃脂酶、胆汁盐依赖性脂酶及胰脂酶，而且被水解的速度比长链脂肪要快得多。由于中链脂肪（酸）不需要进入胶束，因此也不需要胆汁盐乳化即可溶于水。因为中链脂肪（酸）的水溶性良好，即使是在缺乏胆汁盐的情况下，MCFA 也会比 LCFA 能更快地进入肠黏膜上皮细胞。多达 30% 的中链脂肪可以不被酶解而完整地直接进入肠黏膜细胞。进入肠黏膜细胞的 MCFA 不用被再酯化成甘油三酯，因此也不参与组成乳糜微粒，相反可以直接进入门静脉循环（可能会与白蛋白松散结合），并在肝脏及其他组织中被利用产生能量。通过门静脉进入肝脏细胞再酯化后的中链脂肪的氧化速度更快[1,14]。

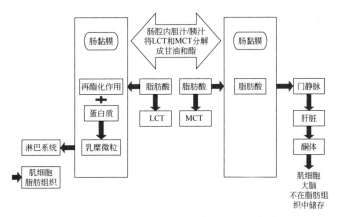

图 17-1 中链脂肪（酸）与长链脂肪（酸）的消化吸收过程

LCT 为长链甘油三酸酯；MCT 为中链甘油三酸酯

3. 中链脂肪（酸）的营养作用

由于中链脂肪（酸）不需要进入胶束，因此不需要胆汁盐乳化即可溶于水，可以更高效地透过病态的黏膜细胞，不需要经过乳糜微粒-门静脉运输通道。由于中链脂肪（酸）具有这些特性，因此在早产儿、低出生体重儿和临床营养方面具有重要意义和应用前景。

（1）对早产儿和低出生体重儿的影响　由于早产儿和低出生体重儿体内储备的肉毒碱不足，不能有效携带 LCFA 进入线粒体氧化提供机体所需能量[15]，因此补充适量的MCFA 可能是有益的。例如，有研究报道在分娩足月儿成熟的母乳中，MCFA 占总脂肪酸的 10%左右；而早产儿的母乳中 MCFA 可达到 17%[16]。最近的一项研究表明，早产儿补充 MCT 可能是一种减少念珠菌定植的有效方法[17]。然而，在另一项综述中，未观察到 MCTs 和 LCTs 对早产儿脂质吸收的不同[18]。

（2）临床营养方面的应用　中链脂肪已被广泛用于治疗乳糜泻、脂肪痢、慢性胰腺功能不全及胆管阻塞等；临床上用于治疗吸收不良综合征，如腹泻、胃切除、淋巴代谢异常及肠切除等，MCT 还可用于控制肥胖症、降低血清胆固醇、抑制或限制组织中胆固醇沉淀物、治疗幼儿的癫痫病症等，但是对于控制肥胖的作用目前仍有争议[7]。目前，中链脂肪被认为是唯一可用于有效治疗如下三种疾病的物质，它们是：α-脂蛋白血症（α-betalipoproteinaemia）、小肠淋巴管扩张症（intestinal lymphangiectasia）和乳糜性瘘管（chyle fistulae）[14]。

（3）其他营养相关的作用

① 很强的酮体生成作用　酮体是在饥饿、低血糖时人体重要的能量来源，除了肝细胞及红细胞外，人体其他所有细胞都可以直接利用酮体产生能量。MCFA 具有很强的酮体生成作用。

② 免疫调节作用　网状内皮系统除了具有免疫调节功能外，还负责清除外来的脂肪微粒，被吞噬的长链脂肪分子被证实会破坏网状内皮系统的吞噬细胞，进而阻碍免疫功能，中链脂肪（酸）由于氧化彻底不会形成脂肪微粒，因此有利于网状内皮系统发挥免疫功能。长链脂肪可降低辅助性 T 细胞、嗜中性粒细胞以及对抗癌细胞的杀伤细胞的数量和功能，而中链脂肪不但不会对这些细胞产生明显的抑制作用，甚至可促进杀伤细胞的活力。

③ 抗菌及抗病毒活性　已有研究结果表明，己酸、辛酸及癸酸均具有一定的抗菌生物活性。动物实验结果显示，辛酸能够帮助鸡降低沙门菌感染[19]，辛癸酸和癸酸还具有抗病毒活性；通过动物体内实验证明，癸酸单甘油酯通过抵抗反转录病毒感染，具有抗病毒活性[20]；月桂酸也被证明具有抗病毒及抗菌活性[21,22]，月桂酸或含月桂酸的 TG 经舌脂肪酶水解生成的月桂酸单甘酯均可在胃部直接抑制幽门螺旋杆菌[23,24]，月桂酸的这些抗菌活性被证实可以预防龋齿及牙菌斑[25]。所有这些中链饱和脂肪酸以及它们的衍生物单酰甘油酯对各种微生物包括细菌、酵母菌、真菌以及已经有包膜的病毒的抗菌及抗病毒作用，都是通过作用于这些有机体的脂肪膜发挥作用[26~28]。一个著名的试验证明，

把月桂酸单甘酯广泛作用于灵长类动物的再生组织，可以有效防御艾滋病病毒[29]。

④ 对脂肪合成及代谢的影响　中链脂肪尤其是辛酸酯及癸酸酯，具有调节泌乳过程中脂肪合成的作用。体内外试验证明，在泌乳过程中随着 MCFA 的累积可抑制葡萄糖转化为脂肪，发挥节约碳水化合物的作用。Roman 等[30]研究了强化 MCT 的婴儿配方奶粉的脂肪消化吸收情况，补充 MCT 的婴儿配方奶粉对胃内脂解作用没有定量或定性影响，且早产儿的胃内脂解水平不高于成人。

三、人乳中中链脂肪酸的来源

母乳中 MCFA 的来源主要有两个方面：①直接来源于母体血液中的脂肪酸，即乳母膳食摄入的中碳链脂肪酸经门静脉等途径被吸收（图 17-1），最终进入乳汁；②来源于乳腺细胞合成分泌。有资料显示[14]，人类乳腺合成的脂肪酸主要是碳原子数在 10～14 的饱和脂肪酸，乳腺细胞不能合成碳原子数大于 16 的脂肪酸，故必须来源于乳母膳食摄入或体内储存的脂肪。

与其他脂肪酸的产生不同[15]，母乳中的 MCFA 更多的是由乳腺细胞合成。通过 31 名健康妇女乳汁及血液中脂肪酸含量的分析得到，虽然血液中 C10:0 和 C12:0 脂肪酸的含量比较低，但是其乳汁中这两种脂肪酸的含量较高，这两种脂肪酸在乳汁中的含量与血液中含量的比值分别为 16.2 和 17.1，而大多数其他种类脂肪酸在乳汁和血液中含量的比值为 0.7～2.4，这些研究结果与其他文献中的观点是一致的。

关于乳腺上皮细胞合成 MCFA 的相关性研究[16]，由放射性标记的醋酸盐最终形成碳原子数小于 16 的脂肪酸，在中碳链脂肪酸生物合成途径中关键的酶是脂肪酸合成酶和硫酯酶Ⅱ，与鼠、兔等啮齿类动物相同，人乳腺分泌的乳汁中含有 MCFA，但是 MCFA 生物合成途径的有效性低于其他种类的动物。

第三节　人乳中中链脂肪酸的含量及分析方法

随着对人乳中的脂肪酸含量与结构对婴儿新陈代谢影响相关研究的深入、MCFA 测定方法的改进和分析仪器的进步，使得深入研究人乳中 MCFA 的含量和方法学成为可能。

一、中链脂肪酸含量

在自然界，MCFA 的含量较低，其主要来源于人乳、牛奶及其制品、棕榈仁油及椰子油等。婴儿摄取 MCFA 主要是通过母乳，其在人乳中的含量约占总脂肪的 1%～3%。我国不同地区人乳中 MCFA 的含量见表 17-2 和表 17-3[31]。

⊡ 表17-2　我国不同地区不同哺乳期母乳中MCFAs含量①（占总脂肪酸的百分比）　　　:%

地域	泌乳期	C6:0	C8:0	C10:0	C11:0	C12:0	文献
呼和浩特	C	—	0.07±0.05	1.20±0.15	—	4.33±2.08	[32]
	T	—	0.11±0.04	1.25±0.27	—	4.38±2.13	
	M	—	0.10±0.05	1.51±0.60	—	4.19±2.32	
洛阳	C	0.02±0.01	0.14±0.10	0.89±0.32	0.03±0.01	4.09±2.50	[33]
	T	0.06±0.02	0.40±0.12	1.95±0.73	0.03±0.01	6.61±2.02	
	M	0.10±0.14	0.47±0.17	1.80±0.59	0.03±0.02	5.82±1.80	
杭州	C	—	—	0.45±0.17	—	2.44±0.22	[34]
	T	—	—	0.94±0.27	—	4.42±0.59	
	M	—	—	0.85±0.02	—	3.75±0.32	
北京	C	—	—	0.30±0.27	—	1.88±0.58	[34]
	T	—	—	0.46±0.16	—	2.90±0.13	
	M	—	—	0.52±0.05	—	2.97±0.98	
兰州	C	—	—	0.55±0.37	—	3.06±0.90	[34]
	T	—	—	1.27±0.41	—	5.21±0.12	
	M	—	—	0.96±0.08	—	4.24±0.70	
无锡	C	0.03±0.02	0.55±0.01	0.56±0.35	0.12±0.12	2.84±1.40	[35]
	T	0.04±0.01	0.57±0.04	1.57±0.64	0.14±0.10	6.26±2.61	
	M	0.03±0.01	1.52±0.03	1.56±0.66	0.11±0.07	6.54±2.52	
北京	C	0.262±0.14	0.550±0.35	0.838±0.6	—	2.966±1.68	[36]
	M	0.173±0.07	0.279±0.14	1.458±0.29	—	4.857±1.51	
无锡	C	0.04±0.02	0.15±0.11	0.60±0.33	0.13±0.10	3.01±1.44	[37]
	T	0.04±0.02	0.19±0.05	1.47±0.29	0.13±0.05	6.09±1.11	
	M	0.06±0.00	0.20±0.05	1.35±0.50	0.14±0.06	5.49±1.32	
北方农村	M	0.07±0.02	0.21±0.07	1.39±0.46	—	4.71±1.06	[38]
无锡	M	0.05±0.01	0.16±0.03	1.20±0.07	未检出	5.59±0.05	[39]
台湾	0~7d	—	0.08±0.02	0.63±0.18	—	3.45±0.72	[40]
	22~45d	—	0.12±0.05	1.08±0.19	—	3.27±0.68	
	46~65d	—	0.12±0.05	1.02±0.17	—	3.71±0.70	
	66~297d	—	0.13±0.04	1.00±0.18	—	4.03±0.91	
涞水	4~17d	0.03±0.02	0.12±0.07	0.84±0.56	—	3.55±1.95	[41]
	21~55d	0.06±0.02	0.19±0.07	1.19±0..59	—	3.27±1.63	
	62~119d	0.08±0.03	0.20±0.08	1.29±0.49	—	4.44±1.79	
	121~159d	0.09±0.03	0.17±0.07	1.11±0.52	—	3.64±1.89	

①表中数据为M±SD。

注："—"为未检测，含量<0.01 %总脂肪酸为"未检出"；C，初乳（colostrum）；T，过渡乳（transitional）；M，成熟乳（mature）。

⊡ 表17-3 内蒙古、江苏和广西人乳中MCFAs含量（占总脂肪酸百分比，M±SD）　　　　:%

地域	泌乳期	C10:0	C12:0	文献
内蒙古	C	0.147±0.161	2.612±1.646	[42]
	M	0.573±0.194	5.082±1.796	
江苏	C	0.115±0.081	2.229±1.188	
	M	0.424±0.177	3.604±1.061	
广西	C	0.269±0.194	3.522±1.921	
	M	0.221±0.215	2.752±0.877	

注：C，初乳（colostrum）；M，成熟乳（mature）。

Wang 等[43]测定了广州地区乳母的初乳和成熟乳的脂肪酸含量，结果以占总脂肪酸百分比（%）的形式表示[M（IQR），中位数（四分位数）]：初乳中 C10:0 含量 0.24（0.22）、C12:0 含量 1.59 （1.29），成熟乳中 C10:0 含量 0.91 （0.38）、C12:0 含量 3.61 （2.16）。近年国外报道的母乳中 MCFA 含量如表 17-4 和表 17-5 所示。

⊡ 表17-4 国外报道的人乳中中链脂肪酸含量（占总脂肪酸百分比，M±SD）　　　　:%

地域	泌乳期 （样品描述）	C6:0	C8:0	C10:0	C11:0	C12:0	文献
西班牙加利西亚	M（1个月）	—	—	—	0.02±0.01	6.56±1.65	[44]
	M（2个月）	—	—	—	0.01±0.01	6.24±1.91	
	M（3个月）	—	—	—	0.02±0.01	6.69±1.69	
	M（4个月）	—	—	—	0.02±0.01	6.7±1.88	
	M（5个月）	—	—	—	0.01±0.01	6.72±0.65	
西班牙加利西亚	M	0.41±0.17	0.24±0.04	1.47±0.30	0.04±0.01	7.32±1.28	[45]
	M	0.36±0.30	0.21±0.03	1.30±0.19	0.04±0.03	8.33±0.95	
	M	0.31±0.15	0.26±0.04	1.56±0.19	0.02±0.01	9.81±0.81	
德国	M			1.39±0.53		2.50±0.51	[46]
	M			1.16±0.63		2.41±0.11	
爱尔兰	C		0.24±0.07	1.18±0.51		5.13±2.08	[47]
	T		0.23±0.06	1.22±0.36		4.32±0.96	
	M（<26周）	—	0.17±0.04	1.17±0.18		5.07±0.98	
	M（>26周）	—	0.17±0.11	1.07±0.12		5.02±0.86	
塞尔维亚	M	0.11±0.02	3.06±0.02	1.98±0.02	1.12±0.00	6.98±0.02	[48]
	M	0.20±0.01	3.10±0.02	2.20±0.01	1.23±0.01	7.40±0.00	
新加坡	M	—	—	1.57±0.50	—	6.21±2.56	[49]
印度	M（低收入）	—	0.3±0.06	0.8±0.18	—	1.39±0.23	[50]
	M（中收入）	—	0.61±0.07	1.24±0.15	—	3.11±0.22	
	M（高收入）	—	0.60±0.08	1.47±0.19	—	4.33±0.31	

地域	泌乳期 （样品描述）	C6:0	C8:0	C10:0	C11:0	C12:0	文献
以色列	M （犹太人）	—	—	—	—	5.2±2.1	[51]
	M （贝都因人）	—	—	—	—	6.8±2.0	
巴西内陆	M	0.09±0.0	0.29±0.1	1.95±0.5	0.012±0.0	7.46±2.6	[52]
波兰	M（吸烟≥5支/d）	0.03±0.01	0.13±0.05	1.04±0.34	0.04±0.05	3.87±1.25	[53]
	M （不吸烟）	0.03±0.02	0.14±0.07	1.15±0.45	0.04±0.03	4.42±1.45	
以色列	M（2~6个月）	0.79±1.73	3.84±6.2	2.88±4.2	—	3.1±2.0	[54]
	M（>1年）	1.73±4.99	3.94±6.9	5.14±6.0	—	3.8±2.1	
意大利	C	—	0.52±0.12	3.19±1.18	—	7.36±0.30	[55]
	T	—	0.12±0.14	1.91±0.57	—	8.58±0.73	
	M	—	0.59±0.05	3.82±0.76	—	8.29±2.14	
西班牙	C （极早产儿）	—	0.03±0.01	0.39±0.18	—	3.38±1.61	[56]
	T （极早产儿）	—	0.08±0.02	0.98±0.25	—	6.00±2.04	
	M （极早产儿）	—	0.08±0.02	0.86±0.25	—	4.41±1.56	
	C （早产儿）	—	0.02±0.01	0.16±0.07	—	1.81±0.59	
	T （早产儿）	—	0.07±0.03	0.91±0.19	—	5.95±1.84	
	M （早产儿）	—	0.09±0.03	0.88±0.22	—	4.74±1.19	
	C （足月儿）	—	0.02±0.02	0.13±0.08	—	1.33±0.46	
	T （足月儿）	—	0.08±0.02	0.80±0.25	—	4.28±1.58	
	M （足月儿）	—	0.09±0.04	0.83±0.20	—	4.15±1.10	
加拿大	M （低脂饮食）	—	—	0.87±0.04	—	5..38±1.16	[57]
	M （高脂饮食）	—	—	0.68±0.03	—	3.98±0.37	

注："—"为未检测；C，初乳（colostrum）；T，过渡乳（transitional）；M，成熟乳（mature）。

地域	泌乳期 （样品描述）	C10:0	C11:0	C12:0	文献
土耳其	C （3d，足月）	0.26（0.36）	0.02（0.02）	1.58（5.31）	[58]
	C （7d，足月）	0.04（0.18）	未检出	4.97（3.81）	
	M （28d，足月）	0.13（0.39）	未检出	6.91（2.59）	
	C （3d，早产）	0.03（0.15）	未检出	3.5（4.38）	
	C （7d，早产）	0.06（0.85）	0.02（0.02）	4.93（3.95）	
	M （28d，早产）	0.23（0.41）	未检出	5.37（6.06）	
匈牙利	C	0.25（0.26）	—	1.77（2.34）	[59]
	M	0.19（0.24）	—	3.85（1.97）	
	M	0.14（0.15）	—	4.59（2.64）	
德国	M	2.12（1.32）	—	6.13（3.08）	[60]
	M	1.83（1.16）	—	6.62（2.68）	

注："—"为未检测，含量<0.01%总脂肪酸为"未检出"；C，初乳（colostrum）；M，成熟乳（mature）。
①M，中位数；IQR，四分位数间距。

　　Wei 等[61]系统性综述了人乳中的脂质类物质，并汇总了其他国家人乳中中链脂肪酸（MCFAs）的含量，见表 17-6。中链脂肪酸（含有 6～12 个碳原子）占总脂肪酸含量的 8%～10%。

▣ 表 17-6　国外报道的人乳中中链脂肪酸含量（占总脂肪酸的百分比）　　　　　　　　　：%

地域	国家	C8:0	C10:0	C12:0
非洲	尼日利亚	—	0.28	9.10
	苏丹	0.04	1.48	10.25
亚洲	日本	0.22	2.00	5.86
	菲律宾	0.28	2.35	13.28
欧洲	丹麦	0.14	1.71	6.74
	德国	—	1.83	6.62
	英国	0.16	1.50	4.40
	西班牙	0.11	1.63	6.28
北美洲	加拿大	0.17	1.66	5.25
	古巴	0.17	1.57	7.81
	美国	0.16	1.50	4.40

地域	国家	C8:0	C10:0	C12:0
大洋洲，南美洲	墨西哥	0.19	1.46	4.97
	澳大利亚	0.20	1.62	5.49
	阿根廷	—	0.91	4.67
	巴西	1.68	—	6.88
	智利	0.20	1.87	6.15

注：引自 Wei 等[61]，2019。"—"为未检测。

二、中链脂肪酸测定方法

中碳链脂肪酸测定方法主要有气相色谱法、气相色谱-质谱联用和薄层色谱法，其中以气相色谱法最为常用。

1. 气相色谱法

气相色谱以气体作为流动相，用固体吸附剂或液体作为固定相，通过脂肪酸之间的碳链长度不同以及饱和度不同，根据气相和固定液的分配系数不同进行分离。由于脂肪酸类成分多是以甘油脂肪酸酯的形式存在，因此样品需经过甲酯化处理以提高挥发性，还可以改善色谱峰形状。固定相是影响气相色谱分离效果的重要因素之一，由于固定相对各脂肪酸组分的吸附或溶解能力不同，因此各种脂肪酸在色谱柱中的运行速度也不同，经过一定的柱长后，不同碳链长度、不同饱和度的脂肪酸达到完全分离，经检测器的信号转换后得到脂肪酸含量。

提高气相色谱法中不同脂肪酸分离度的方法有：程序升温的优化、固定相的选择、色谱柱柱长选择等。对于 MCFA 的检测可以采用国标气相色谱法 GB5009.168—2016《食品安全国家标准食品中脂肪酸的测定》，该方法可以检测 37 种脂肪酸，包括各种 MCFA。

2. 气相色谱-质谱联用

气相色谱-质谱联用方法可用于检测脂肪酸的组成，其原理为不同脂肪酸经气相色谱分离为单一组分，各组分依次进入质谱检测器，经过电离产生不同质荷比的离子，通过质量分析器进行分离，经过检测器的检测形成质谱图。气质联用的优点是检测灵敏度高、可对未知组分进行检测。例如，2007 年，吴慧勤等[62]研究了脂肪酸的色谱保留时间规律与质谱特征，不同链长脂肪酸的同系物及异构体的气相色谱出峰顺序，可得到其保留时间规律；研究了不同脂肪酸的质谱断裂规律，完成 39 种不同结构的脂肪酸定性、定量分析，用于 MCFA 的检测。

Sokol 等[63]开发了一种气相色谱与鸟枪脂质组学联用分析脂肪酸组成、脂分子结构以及脂肪酸含量的方法。基于质谱的鸟枪脂质组学（shotgun lipidomics routine termed MS/MS）

是一种定量单个分子脂质种类并确定其脂肪酸组成的替代策略[64,65]。鸟枪脂质组学意味着脂质提取物稀释后直接注入质谱仪，无须预先进行色谱分离，而脂质种类的鉴定依靠精确测定的质量和/或结构特异性离子片段的检测。这种定向高通量检测技术[63,66]，提供了高达4个数量级的广泛动态量化范围，具有很高的分析灵敏度和特异性[67,68]。

3. 薄层色谱法

薄层色谱法是一种吸附薄层色谱分离法，利用各成分对同一吸附剂吸附能力不同，使在移动相（溶剂）流过固定相（吸附剂）的过程中，连续地产生吸附、解吸附、再吸附、再解吸附，从而达到各成分互相分离的目的。薄层色谱法主要用于游离脂肪酸、单甘酯、甘二酯以及甘三酯的分离，对于不同结构的脂肪酸分离效果较差甚至不能分离。对于中链脂肪酸的检测，可根据其在 TG 上的分布位置进行。传统测定脂肪酸在 TG 位置分布的方法为：经胰脂酶水解后的 2 位脂肪酸单甘酯、游离脂肪酸通过薄层色谱法进行分离，再将分离出来的 2 位脂肪酸单甘酯及游离脂肪酸分别进行甲酯化并用气相色谱检测，可检测出 1 位、3 位脂肪酸的种类和含量以及 2 位脂肪酸的组成及含量，得到中链脂肪酸在 TG 上的位置分布。

第四节　影响人乳中中链脂肪酸含量的因素

人乳中 MCFA 含量受很多因素影响，结果汇总于表 17-7[5]，明显影响因素包括乳母的营养状况与膳食摄入量、昼夜节律变化（diurnal variation）、两侧乳房的差异等，其中乳母膳食脂肪摄入量对乳汁中 MCFA 含量的影响非常明显；明显增加的因素包括哺乳持续时间、分娩时年龄、早产、哺乳阶段等；降低因素包括严重营养不良、胎次、乳母的高碳水化合物和低脂肪膳食、疾病状态（传染病或代谢紊乱）等[2]。

▣ 表 17-7　人乳中中链脂肪酸含量的影响因素

因素	结果
哺乳或喂养的持续时间	增加
哺乳期所处的阶段	随哺乳期延长增加
昼夜节律	动态变化中，与采样时间和产妇膳食有关
两侧乳房	存在差异
出生时胎龄，早产与足月	通常早产儿母乳含量高于足月儿
区域性饮食习惯	影响明显
乳母营养状况	营养不良的产妇，疾病
高碳水化合物，低脂肪膳食	可能降低
传染病，代谢紊乱	常常降低

因素	结果
胎次	降低
季节	影响结果与区域膳食有关
个体特征	肥胖可增加

第五节　展　　望

　　尽管中链脂肪酸营养支持临床应用近年来逐渐增加，特别是针对早产儿，但对健康婴幼儿的营养支持研究仍十分有限，期待更多高质量的大样本临床研究提供更多证据，这将有助于更好地理解中链脂肪酸对婴幼儿的营养与健康促进作用及其生理学作用。

　　随着检测仪器的进步和分析水平的提高，对人乳中生物活性脂类的探究也越来越广泛深入，对中链脂肪酸的研究仍有许多工作需要深入（如适宜的摄入量等），这可能是将来婴幼儿配方食品创新的发展方向，对婴幼儿食品行业准确模拟人乳脂肪具有重要意义，同时可对母亲饮食及早产儿个性化营养护理提供科学指导。

（刘彪，叶文慧）

参考文献

[1] Hamosh M，Bitman J，Wood L，et al. Lipids in milk and the first steps in their digestion. Pediatr, 1985, 75 （1 Pt 2）：146-150.

[2] Jensen RG，Bitman J，Carlson SE，et al. Milk lipids A// Jensen RG. Human milk lipids, in *Handbood of Milk Composition* London，San Diego：Academic Press，1995：495-542.

[3] Keenab TW，Patton S. The milk lipid globule membrane// Jensen RG.in *The Handbood of Milk Composition.* London，San Diego：Academic Press，1995：5-50.

[4] Michalski MC，Briard V，Juaneda P. CLA profile in native fat globules of different sizes selected from raw milk. Int Dairy J, 2005, 15（11）：1089-1094.

[5] Jensen RG. Lipids in human milk. Lipids, 1999, 34（12）：1243-1271.

[6] Fidler N，Koletzko B. The fatty acid composition of human colostrum. Eur J Nutr, 2000, 39（1）：31-37.

[7] Bach AC，Babayan VK. Medium-chain triglycerides：an update. Am J Clin Nutr, 1982, 36（5）：950-962.

[8] Mascioli EA，Bistrian BR，Babayan VK，et al. Medium chain triglycerides and structured lipids as unique nonglucose energy sources in hyperalimentation. Lipids, 1987, 22（6）：421-423.

[9] Labarthe F，Gelinas R，Des Rosiers C. Medium-chain fatty acids as metabolic therapy in cardiac disease. Cardiovasc Drugs Ther, 2008, 22（2）：97-106.

[10] Babayan VK. Medium-chain triglycerides--their composition，preparation，and application. J Am Oil Chem Soc，1968，45（1）：23-25.

[11] 薛长勇，张坚. 生物活性脂类：中链脂肪酸及其与脂代谢和糖代谢. 临床药物治疗杂志，2011，9：4-6.

[12] 王建军，王恬. 中链脂肪酸的生物学特性及其在动物生产中的应用. 动物营养学，2011，23：1073-1078.

[13] 吴坚，薛长勇. 中链脂肪酸与脂代谢. 中华预防医学杂志，2009，43：814-816.

[14] Ruppin DC，Middleton WR. Clinical use of medium chain triglycerides. Drugs，1980，20（3）：216-224.

[15] Borum PR. Human milk carnitine in Human Lactation. New York：Plenum Press，1986.

[16] Bitman J，Wood L，Hamosh M，et al. Comparison of the lipid composition of breast milk from mothers of term and preterm infants. Am J Clin Nutr，1983，38（2）：300-312.

[17] Arsenault AB，Gunsalus KTW，Laforce-Nesbitt SS，et al. Dietary supplementation with medium-chain triglycerides reduces candida gastrointestinal colonization in preterm infants. Pediatr Infect Dis J，2019，38（2）：164-168.

[18] Spencer AA，McKenna S，Stammers J，et al. Two different low birth weight formulae compared. Early Hum Dev，1992，30（1）：21-31.

[19] Johny AK，Baskaran SA，Charles AS，et al. Prophylactic supplementation of caprylic acid in feed reduces *Salmonella enteritidis* colonization in commercial broiler chicks. J Food Prot，2009，72（4）：722-727.

[20] Neyts J，Kristmundsdottir T，De Clercq E，et al. Hydrogels containing monocaprin prevent intravaginal and intracutaneous infections with HSV-2 in mice：impact on the search for vaginal microbicides. J Med Virol，2000，61（1）：107-110.

[21] Hornung B，Amtmann E，Sauer G. Lauric acid inhibits the maturation of vesicular stomatitis virus. J Gen Virol，1994，75（Pt 2）：353-361.

[22] Batovska DI，Todorova IT，Tsvetkova Ⅳ，et al. Antibacterial study of the medium chain fatty acids and their 1-monoglycerides：individual effects and synergistic relationships. Pol J Microbiol，2009，58（1）：43-47.

[23] Sun CQ，O'Connor CJ，Roberton AM. Antibacterial actions of fatty acids and monoglycerides against *Helicobacter pylori*. FEMS Immunol Med Microbiol，2003，36（1-2）：9-17.

[24] Sun CQ，O'Connor CJ，Roberton AM. The antimicrobial properties of milkfat after partial hydrolysis by calf pregastric lipase. Chem Biol Interact，2002，140（2）：185-198.

[25] Schuster GS，Dirksen TR，Ciarlone AE，et al. Anticaries and antiplaque potential of free-fatty acids *in vitro* and *in vivo*. Pharmacol Ther Dent，1980，5（1-2）：25-33.

[26] Thormar H，Isaacs CE，Brown HR，et al. Inactivation of enveloped viruses and killing of cells by fatty acids and monoglycerides. Antimicrob Agents Chemother，1987，31（1）：27-31.

[27] Isaacs CE，Litov RE，Thormar H. Antimicrobial activity of lipids added to human milk，infant formula，and bovine milk. J Nutr Biochem，1995，6（7）：362-366.

[28] Reiner DS，Wang CS，Gillin FD. Human milk kills Giardia lamblia by generating toxic lipolytic products. J Infect Dis，1986，154（5）：825-832.

[29] Li Q，Estes JD，Schlievert PM，et al. Glycerol monolaurate prevents mucosal SIV transmission. Nature，2009，458（7241）：1034-1038.

[30] Roman C，Carriere F，Villeneuve P，et al. Quantitative and qualitative study of gastric lipolysis in premature infants：Do MCT-enriched infant formulas improve fat digestion？ Pediatr Res，2007，61（1）：83-88.

[31] Li J，Fan Y，Zhang Z，et al. Evaluating the trans fatty acid，CLA，PUFA and erucic acid diversity in human milk from five regions in China. Lipids，2009，44（3）：257-271.

[32] 郭奇慧. 刘张. 呼和浩特市母乳中蛋白质与脂肪酸含量的研究. 食品研究与开发, 2016, 37 (17): 39-42.

[33] 仲玉备, 陈历俊, 赵军英, 等. 泌乳期母乳脂肪酸变化及其多不饱和脂肪酸影响因素. 食品科学, 2019, 40 (4): 237-243.

[34] Jiang J, Wu K, Yu Z, et al. Changes in fatty acid composition of human milk over lactation stages and relationship with dietary intake in Chinese women. Food Funct, 2016, 7 (7): 3154-3162.

[35] 夏袁, 项静英, 曹晓辉, 等. 无锡地区人乳脂肪脂肪酸组成及 sn-2 位脂肪酸分布. 中国油脂, 2015, 40 (11): 44-47.

[36] Zhao P, Zhang S, Liu L, et al. Differences in the triacylglycerol and fatty acid compositions of human colostrum and mature milk. J Agric Food Chem, 2018, 66 (17): 4571-4579.

[37] Qi C, Sun J, Xia Y, et al. Fatty acid profile and the sn-2 position distribution in triacylglycerols of breast milk during different lactation stages. J Agric Food Chem, 2018, 66 (12): 3118-3126.

[38] Wan ZX, Wang XL, Xu L, et al. Lipid content and fatty acids composition of mature human milk in rural North China. Br J Nutr, 2010, 103 (06): 913.

[39] Yao Y, Zhao G, Xiang J, et al. Lipid composition and structural characteristics of bovine, caprine and human milk fat globules. Int Dairy J, 2016, 56: 64-73.

[40] Wu TC, Lau BH, Chen PH, et al. Fatty acid composition of Taiwanese human milk. J Chin Med Assoc, 2010, 73 (11): 581-588.

[41] 徐丽, 杜彦山, 马健, 等. 河北省某地区母乳氨基酸与脂肪酸含量调查. 食品科技, 2008, 33: 231-233.

[42] Deng L, Zou Q, Liu B, et al. Fatty acid positional distribution in colostrum and mature milk of women living in Inner Mongolia, North Jiangsu and Guangxi of China. Food Funct, 2018, 9 (8): 4234-4245.

[43] Wang YH, Mai QY, Qin XL, et al. Establishment of an evaluation model for human milk fat substitutes. J Agric Food Chem, 2010, 58 (1): 642-649.

[44] Barreiro R, Díaz-Bao M, Cepeda A, et al. Fatty acid composition of breast milk in Galicia (NW Spain): a cross-country comparison. Prostaglandins Leukot Essent Fatty Acids, 2018, 135: 102-114.

[45] Barreiro R, Regal P, López-Racamonde O, et al. Comparison of the fatty acid profile of Spanish infant formulas and Galician women breast milk. J Physiol Biochem, 2018, 74 (1): 127-138.

[46] Logan CA, Brandt S, Wabitsch M, et al. New approach shows no association between maternal milk fatty acid composition and childhood wheeze or asthma. Allergy, 2017, 72 (9): 1374-1383.

[47] Guerra E, Downey E, O'Mahony JA, et al. Influence of duration of gestation on fatty acid profiles of human milk. Eur J Lipid Sci Technol, 2016, 188 (11): 1775-1787.

[48] Gubić J. Comparison of the protein and fatty acid fraction of Balkan donkey and human milk. Mljekarstvo, 2015, 65 (3): 168-176.

[49] Cruz-Hernandez C, Goeuriot S, Giuffrida F, et al. Direct quantification of fatty acids in human milk by gas chromatography. J Chromatogr A, 2013, 1284: 174-179.

[50] Roy S, Ghosh S, Dhar P, et al. Studies on the fluidity of milk lipids of mothers from three socioeconomic groups of West Bengal, India. J Trop Pediatr, 2013, 59 (5): 407-412.

[51] Silberstein T, Burg A, Blumenfeld J, et al. Saturated fatty acid composition of human milk in Israel: A comparison between Jewish and Bedouin women. Isr Med Assoc J, 2013, 15 (4): 156-159.

[52] Nishimura RY, Castro GS, Jordao AA, Jr., et al. Breast milk fatty acid composition of women living far from the coastal area in Brazil. J Pediatr (Rio J), 2013, 89 (3): 263-268.

[53] Szlagatys-Sidorkiewicz A, Martysiak-Urowska D, Krzykowski G, et al. Maternal smoking modulates fatty

acid profile of breast milk. Acta Paediatr, 2013, 102 (8): 353-359.

[54] Ronit Lubetzky R, Zaidenberg-Israeli G, Mimouni FB, et al. Human milk fatty acids profile changes during prolonged lactation: A cross-sectional study. Isr Med Assoc J, 2012, 14 (1): 7-10.

[55] Haddad I, Mozzon M, Frega NG. Trends in fatty acids positional distribution in human colostrum, transitional, and mature milk. Eur Food Res Technol, 2012, 235 (2): 325-332.

[56] Molto-Puigmarti C, Castellote AI, Carbonell-Estrany X, et al. Differences in fat content and fatty acid proportions among colostrum, transitional, and mature milk from women delivering very preterm, preterm, and term infants. Clin Nutr, 2011, 30 (1): 116-123.

[57] Nasser R, Stephen AM, Goh YK, et al. The effect of a controlled manipulation of maternal dietary fat intake on medium and long chain fatty acids in human breast milk in Saskatoon, Canada. Int Breastfeed J, 2010, 5 (3): 1-6.

[58] Aydin I, Turan Ö, Aydin FN, et al. Comparing the fatty acid levels of preterm and term breast milk in Turkish women. Turk J Med Sci, 2014, 44 (2): 305-310.

[59] Mihályi K, Györei E, Szabó É, et al. Contribution of n-3 long-chain polyunsaturated fatty acids to human milk is still low in Hungarian mothers. Eur J Pediatr, 2014, 174 (3): 393-398.

[60] Eva S, Günther B, Beermann C, et al. Fatty acid profile comparisons in human milk sampled from the same mothers at the sixth week and the sixth month of lactation. J Pediatr Gastroenterol Nutr, 2010, 50 (3): 316-320.

[61] Wei W, Jin Q, Wang X. Human milk fat substitues: Past achievements and current tredns. Prog Lipid Res, 2019, 74: 69-86.

[62] 吴慧勤, 黄晓兰, 林晓珊, 等. 脂肪酸的色谱保留时间规律与质谱特征研究及其在食品分析中的应用. 分析化学, 2007, 5: 998-1003.

[63] Sokol E, Ulven T, Færgeman NJ, et al. Comprehensive and quantitative profiling of lipid species in human milk, cow milk and phosphlipid-enriched milk formuta by GC and MS/MS. Eur J Lipid Sci Technol, 2015, 117: 751-759.

[64] Han X, Gross RW. Shotgun lipidomics: electrospray ionization mass spectrometric analysis and quantitation of cellular lipidomes directly from crude extracts of biological samples. Mass Spectrom Rev, 2005, 24 (3): 367-412.

[65] Shevchenko A, Simons K. Lipidomics: coming to grips with lipid diversity. Nat Rev Mol Cell Biol, 2010, 11 (8): 593-598.

[66] Heiskanen LA, Suoniemi M, Ta HX, et al. Long-term performance and stability of molecular shotgun lipidomic analysis of human plasma samples. Anal Chem, 2013, 85 (18): 8757-8763.

[67] Ejsing CS, Sampaio JL, Surendranath V, et al. Global analysis of the yeast lipidome by quantitative shotgun mass spectrometry. Proc Natl Acad Sci U S A, 2009, 106 (7): 2136-2141.

[68] StaHlman M, Ejsing CS, Tarasov K, et al. High-throughput shotgun lipidomics by quadrupole time-of-flight mass spectrometry. J Chromatogr B Analyt Technol Biomed Life Sci, 2009, 877 (26): 2664-2672.

第十八章

碳水化合物

人乳中重要的碳水化合物是乳糖，由于人乳中其他碳水化合物以糖复合物（如低聚糖、糖脂、糖蛋白、黏蛋白等）的形式存在，难以分离和定量，一直被忽略。随着分析方法学与检测设备的进步，已经能够准确分离和定量测定母乳中的大部分糖复合物，这些糖复合物的生物学功能已经引起人们的关注并成为研究的热点。本章综述了人乳中主要碳水化合物的作用、含量和分析方法的研究进展。母乳低聚糖的相关内容在本书中另有论述，详情参见第十九章低聚糖。

第一节　人乳中碳水化合物的组成和作用

碳水化合物是母乳中含量最丰富的成分。在婴儿早期阶段（如生后 6 月龄之内），基于其生长发育状况，母乳可提供稳定的碳水化合物，从而给以婴儿相对不成熟的生理系统适宜的营养来维持身体发育与成熟。而且碳水化合物的分泌量与喂养儿胃肠道消化吸收功能的成熟度相适应。

一、组成

人乳中碳水化合物的含量约为 7%，其中 90%为乳糖，还含有人乳寡糖/母乳低聚糖（human milk oligosaccharides, HMOs）和少量单糖（如葡萄糖、半乳糖、果糖等）以及核糖、糖脂和糖蛋白等。人乳中碳水化合物可能对婴儿生长和体成分的发育有剂量依赖关系。

乳糖系双糖，由 2 个单糖即葡萄糖和半乳糖在乳腺泡细胞中合成。除极个别寡糖外，目前得到的人乳寡糖的还原端都含有一个乳糖基[1]。已鉴定出近 200 种独特的低聚糖结构，含 2～22 个单糖不等[2]，而且在哺乳过程中乳母之间 HMOs 的组成和比例也有所不同，受胎次、遗传、居住地以及纯母乳喂养程度和持续时间的影响，并且 HMOs 不同组分可能在婴儿肠道中发挥不同的作用[3~5]。

1. 乳糖

乳糖（lactose）是人乳中的主要碳水化合物，被认为是人乳中宏量营养素的最主要成分，是人们研究最早的乳成分，也是影响人乳恒定渗透压的主要成分[6]。因此，乳糖合成速度是乳腺产生乳量的主要决定因素。乳糖除了是机体组织和细胞能量的主要来源外，还可以调节肠道益生菌菌群；在小肠中没有被吸收的乳糖在结肠被乳酸杆菌等有益菌发酵，生成乳酸和醋酸，使粪便呈酸性，抑制肠道腐败菌的生长，发挥益生元作用；乳糖参与新生儿先天性免疫调节和保护肠道防止致病菌感染[7]。肠道内的乳糖还可促进钙、铁、锌等二价元素的吸收。由于乳糖分解产生的半乳糖参与脑组织及神经系统的构成，因此母乳中的乳糖对处于神经系统发育期的婴儿是非常重要的。

2. 低聚糖类

HMOs 是人乳中的一类重要的碳水化合物，报告的含量范围在 5～15g/L，组成人乳中低聚糖的五种单体是 D-葡萄糖、D-半乳糖、N-乙酰葡萄糖胺、L-岩藻糖和 N-乙酰神经氨酸（唾液酸）。这些单体按不同比例结合形成的低聚糖多达 1000 多种。详细内容参见本书第十九章低聚糖。

3. 单糖

由于人乳中的碳水化合物 90%以上是乳糖，单糖（monosaccharides）的浓度很低，因此一直很少受到人们的关注。人乳中含有少量的葡萄糖和半乳糖，这两种单糖是体内生物合成乳糖的前体原料。乳汁中葡萄糖占碳水化合物的比例很小，其水平与婴儿脂肪量、体重和瘦体重呈正相关[8]。成熟乳中的葡萄糖含量为 1.5mmol/L±0.4mmol/L，两次采样乳房分泌的乳汁中葡萄糖含量没有显著差异[9,10]。人乳中半乳糖浓度测量数据更少，分娩 7～12 天的混合人乳样品中半乳糖浓度为 15mmol/L±2mmol/L（2.7g/L）[10]，并且加热到 86℃也不受影响[11]，患乳腺炎乳母的乳汁中半乳糖浓度可能升高[12]。

二、对喂养儿体重的影响

婴儿生长速度与摄入母乳量有关[13]，并且在 3 个月和 6 个月时，母乳喂养儿的碳水化合物（主要是乳糖）摄入量低于婴儿配方食品（奶粉）喂养儿，并且与体重和无脂肪体质呈正相关，而与脂肪体质的相关性不显著[14]。相反，曾有人报告乳糖浓度与 12 个月时的婴儿肥胖呈正相关[15]，而与 6 个月时婴儿的体成分无正相关[16]。尽管有的研究未分析总浓度，但是不同的 HMOs（调查了 16 个 HMOs）与婴儿体成分存在不同程度的关联；葡萄糖浓度与母乳喂养儿的相对体重以及脂肪和瘦体重呈正相关[17]。目前该领域的研究非常有限，所以需要加强对人乳中碳水化合物及其组分、浓度和摄入量可能通过什么机制影响婴儿的体成分发育以及对将来体成分发展轨迹的影响方面的研究，以便采取针对性干预措施，以降低以后发生超重和肥胖的风险。

第二节　人乳中碳水化合物的含量及分析方法

人乳中碳水化合物包括总碳水化合物、乳糖和低聚糖类三大部分；虽然母乳中也含有少量的单糖（如葡萄糖、半乳糖和果糖等），但是关于含量的研究很少。

一、碳水化合物含量

关于人乳中总碳水化合物测定的方法研究很少，以往报告的大多数母乳中总碳水化合物含量（carbohydrate contents）通常采用减重法估算[18~20]。例如，目前很多母乳成分分析仪提供的碳水化合物含量数据是计算的；钱继红等[18]计算上海地区乳母的过渡乳中总碳水化合物浓度为 77.70g/kg ±9.48g/kg，Maas 等[19]和江惠芸等[20]计算的过渡乳和成熟乳的总碳水化合物含量分别为 71.71g/kg±5.45g/kg 和 77.15g/kg ±6.33g/kg。人乳中乳糖含量见表 18-1。

▫ 表 18-1　人乳中乳糖、葡萄糖和果糖含量变化[①]

碳水化合物	单位	1 个月	6 个月	平均含量
乳糖	g/L	78±8	75±7	76±6
葡萄糖	g/L	0.264±0.088	0.247±0.077	0.255±0.075
果糖	mg/L	7.2±0.8	7.5±0.7	7.6±0.6

①改编自 Goran 等[16]，2017；结果系平均值±标准差。

由于天然人乳不含有果糖[21]，以往很少有关于母乳中果糖含量的报道。初乳中葡萄糖含量较低（哺乳第 1 天、2 天和第 3 天的含量分别为 0.03g/L、0.06g/L、0.16g/L），过渡乳逐渐升高（哺乳的 4~14 天平均为 0.22g/L），到成熟乳及之后的含量相对较稳定（哺乳第 15 天及以后平均为 0.26g/L）。Goran 等[16]的涵盖 25 例乳母的不同泌乳阶段乳汁中乳糖、葡萄糖和果糖的含量，结果见表 18-1（LC-MS/MS 法）。整体上看，产后 6 个月母乳中葡萄糖和果糖的浓度变化不明显；尽管母乳中的果糖水平极低（7μg/ml），约是葡萄糖的 1/30，但是仍观察到母乳中果糖含量与 6 个月龄婴儿的体成分呈正相关；每增加 1μg/ml 果糖，就会在 6 个月龄时增加 257g 体重、170g 瘦体重、131g 脂肪和 5g 骨矿物质。母乳中检出果糖可能与孕妇和/乳母摄入含果糖的产品有关（如含糖饮料），因为以前的研究结果表明在子宫内果糖可通过胎盘转运，按照每天摄入 800ml 母乳计算，母乳喂养儿每天摄入约 5mg 果糖，对于 1 个月龄婴儿约等于每千克体重 1mg 果糖。尽管这个果糖摄入量非常低，远低于目前已知果糖具有生理效应范围，然而这种浓度可能对处于快速发育中的婴儿会产生有意义影响，如低浓度果糖对喂养儿的可能致肥胖作用，因为婴儿对环境中的化学物质污染物（包括由母体转运的化学物质）的敏感性很高[22,23]。

二、测定方法

1. 总碳水化合物

人乳中主要的碳水化合物是乳糖，其他的碳水化合物以糖复合物形式存在。自 20 世纪 70 年代，开始用 HPLC 分析糖，由于分辨率低、柱平衡时间长且易受污染、试剂消耗多等因素，制约了该方法的应用。进入 80 年代，高效阴离子交换色谱-脉冲安培检测法（HPAEC-PAD）成功用于糖的分析。近年来，由于毛细管电泳技术具有快速、灵敏、高分辨率和需要样品少等特点，它已经被广泛用于母乳碳水化合物的定量分析中。整体上，目前国内外对母乳中总碳水化合物（total carbohydrates）的方法学研究较少，很多研究主要是关注母乳中乳糖和 HMOs 的含量。

报告的用于人乳碳水化合物测定的方法主要有化学法、HPLC 法、高效阴离子交换色谱法（或与质谱联用）、气相色谱法等。已发表文献中母乳总碳水化合物含量测定采用如下几种方法：①计算法，应用较为普遍，得出大致含量，得不出不同碳水化合物组分含量，如 Miris 等母乳成分分析仪。②采用直接法（苯酚-硫酸法测定）或间接法测定，同样不能分析不同的碳水化合物组分。③采用 LC-MS/MS 测定母乳中乳糖和其他单糖成分，采用 HPLC、HPAEC-PAD、GC 法测定低聚糖组分，该方法可以测定碳水化合物的不同组分。

2. 乳糖

过去采用改良的 Dahlquist 比色法，现在也可使用商品试剂盒测定（检测范围 2～10mg/mL），也有采用色谱法测定的。目前人乳中乳糖（lactose）的检测常用方法有红外人乳成分快速分析法、化学法、HPLC 法、薄层色谱法等。其中人乳成分快速分析法是近年来新发展的方法，而其他方法为经典实验室方法，应用较为广泛。采用化学法、色谱法（如 HPLC 法、离子色谱法）等不同方法获得的不同泌乳期人乳中乳糖含量的比较结果见表 18-2。

◨ 表 18-2　人乳中乳糖含量及测定方法　　　　　　　　　　　　　　　　　　　　　　单位：g/L

作者	测定方法	初乳	过渡乳	成熟乳
Lauber[25], Mitoulas[13], Nommsen[26]	化学法	—①	—①	70.68±4.47
Lönnerdal 等[27]，张兰威等[28]	自动分析仪	68.42±2.66	71.30±2.39	76.60±3.73
Maas 等[19]	酶法	—①	55.42±6.33	59.11±4.56
Gopal 等[29]	HPLC 法	55	—①	68
Thurl 等[30]	比色法	—①	56.90	—①
范丽等[31]	酶法和 HPLC 法	—①	66.47±3.91	—①
侯艳梅[32]	乳成分分析仪	—①	52.95±3.28	—①
蔡明明[33]	离子色谱法	—①	—①	66.1（54.0～73.7）

① "—"表示没有数据。

3. 单糖

最近，Goran 等[16]应用 LC-MS/MS 分析母乳中乳糖和果糖成分，不需要对果糖和乳糖进行衍生化，而用 GC-MS 定量果糖有时会由于衍生化不完全而高估测定结果[24]；使用葡萄糖氧化酶方法测定母乳中葡萄糖含量。

4. 低聚糖/寡糖

由于母乳中具有生物活性的寡糖种类相当多，且大多数的含量较低，还没有成熟的检测方法来分析母乳中的寡糖组分。目前使用的主要方法包括：①化学法；②高效液相色谱法；③薄层色谱法；④离子色谱法等。详情见本书第十九章低聚糖。

第三节　影响人乳中碳水化合物含量的因素

对于大多数乳母，其乳汁中宏量营养素成分很大程度上不受地理和遗传因素[34]、孕产妇（母体）营养状况和脂肪（肥胖）的影响[35]，这使得母乳中宏量营养素成分得以维持相对稳定。由于人乳中主要碳水化合物是乳糖，其浓度代表了婴儿较高的营养需要量与乳汁中碳水化合物浓度受渗透压制约之间的一种平衡。因此，在研究影响人乳碳水化合物浓度的因素方面，大多数研究还是关注对母乳乳糖含量的影响。

尽管乳母之间的乳汁中乳糖浓度存在差异，但是母体肥胖不可能显著影响母乳中乳糖浓度，据估计整个哺乳期乳糖的浓度约为 60～78g/L[13]。由于乳糖的合成导致水被吸收到乳汁中，因此乳糖的合成速度是乳汁产量的主要控制因素，在确定的哺乳期，较高的乳糖浓度与较高的 24h 泌乳量、较高的母乳喂养频率有关，也与 24h 较高的乳量相关[36,37]。也有若干调查结果显示，人乳中碳水化合物含量可能随地域、哺乳阶段、婴儿状况的不同而有明显差异[13,32,38]。

一、胎儿成熟程度与出生体重

早产儿和足月儿的母乳中所含碳水化合物和乳糖含量有差异，也有的研究发现足月儿的母乳中乳糖含量高于早产儿的[39]，而碳水化合物含量显著低于早产儿的（62g/L±9g/L 与 75g/L±5g/L）[40]。不同出生体重婴儿的母乳中乳糖含量不同。侯艳梅等[32]对比了正常婴儿和巨大婴儿的母乳营养成分，正常儿组的母乳中乳糖含量显著低于巨大儿组（$P<0.01$）。

二、不同哺乳期的影响

不同的哺乳期人乳中乳糖的含量不同。哺乳期开始到 6 个月，乳糖含量逐渐升高，约到 6 个月时达到最大值，随后乳糖含量逐渐降低[20,25,27]。

三、地区差异

根据文献报道的人乳碳水化合物成分，不同地区人乳中碳水化合物含量有一定差异，这可能和乳母的生活习惯、经济和文化状况有关，而膳食对人乳中碳水化合物含量的影响小于对氨基酸含量的影响。钱继红等[18]曾分析比较了上海地区人乳中的三大营养素含量，市区人乳碳水化合物含量略低于郊区，无显著差异（$P>0.05$），上海市三个不同地区人乳碳水化合物含量接近（$P>0.05$）。

四、个体差异与昼夜节律性变化

人乳中葡萄糖的浓度很低，且个体间变异很大，有些研究发现存在昼夜节律变化（diurnal variation）[41]，而有些则报道无这样的变化[42]。喂奶过程中葡萄糖的浓度逐渐降低，这与乳汁中水相的逐渐降低和脂类的增加是一致的。

五、疾病状况

患有胰岛素依赖型糖尿病乳母的乳汁中葡萄糖浓度通常高于未患这种糖尿病乳母的乳汁[43]，如果能得到有效控制则多数情况下没有差异。也有研究发现乳腺炎可引起人乳葡萄糖含量显著降低[12]。

第四节　展　　望

目前人乳碳水化合物的研究大多数限于测定人乳中典型低聚糖组分的含量，而人乳中含有多达 1000 种低聚糖，有些低聚糖的分子量很大，其标准样品难于获取，现有的方法很难对其进行分离定量。人乳中还存在多种未知的低聚糖，它们可能具有某种特殊的生理功能，尚需要深入研究[44]。

人乳中碳水化合物含量随不同地区、不同人种有差异，目前的研究还没有系统对比不同人种/种族的差异，研究不同地区人乳中碳水化合物含量的差异及其影响因素，将对指导哺乳期妇女膳食、改善婴儿健康状况有一定意义。

已有多种方法可用于测定人乳中碳水化合物含量，每种方法都有其不同的特点，报告的检测结果也因方法不同而有差异，有时难以相互之间进行比较。根据已发表的文献分析，高效阴离子色谱法的准确度、操作性、灵敏度等方面均优于其他方法，它与质谱联合应用将是低聚糖分析的发展趋势。

（任向楠，杨振宇，荫士安）

参考文献

[1] 孙建华，谢恩萍. 母乳喂养与新生儿免疫. 临床儿科杂志，2012，30：204-207.

[2] Ninonuevo MR, Park Y, Yin H, et al. A strategy for annotating the human milk glycome. J Agric Food Chem, 2006, 54（20）: 7471-7480.

[3] Bode L. The functional biology of human milk oligosaccharides. Early Hum Dev, 2015, 91（11）: 619-622.

[4] Alderete TL, Autran C, Brekke BE, et al. Associations between human milk oligosaccharides and infant body composition in the first 6 mo of life. Am J Clin Nutr, 2015, 102（6）: 1381-1388.

[5] Azad MB, Robertson B, Atakora F, et al. Human milk oligosaccharide concentrations are associated with multiple fixed and modifiable maternal characteristics, environmental factors, and feeding practices. J Nutr, 2018, 148（11）: 1733-1742.

[6] Martin CR, Ling PR, Blackburn GL. Review of infant feeding: Key features of breast milk and infant formula. Nutrients, 2016, 8（5）. doi: 10.3390/nu8050279.

[7] Cederlund A, Kai-Larsen Y, Printz G, et al. Lactose in human breast milk an inducer of innate immunity with implications for a role in intestinal homeostasis. PloS one, 2013, 8（1）: e53876.

[8] Emmett PM, Rogers IS. Properties of human milk and their relationship with maternal nutrition. Early Hum Dev, 1997, 49 Suppl: S7-28.

[9] Arthur PG, Smith M, Hartmann PE. Milk lactose, citrate, and glucose as markers of lactogenesis in normal and diabetic women. J Pediatr Gastroenterol Nutr, 1989, 9（4）: 488-496.

[10] Newburg DS, Heubauer SH. Carbohydrates in milk: analysis, quatities, and significance. In the Handbook of Milk Composition London, San Diego: Academic Press, 1995, 273-349.

[11] Legge M, Richards KC. Biochemical alterations in human breast milk after heating. Aust Paediatr J, 1978, 14（2）: 87-90.

[12] Conner AE. Elevated levels of sodium and chloride in milk from mastitic breast. Pediatr, 1979, 63（6）: 910-911.

[13] Mitoulas LR，Kent JC，Cox DB，et al，Hartmann PE. Variation in fat，lactose and protein in human milk over 24 h and throughout the first year of lactation. Br J Nutr，2002，88（1）：29-37.

[14] Butte NF，Wong WW，Hopkinson JM，et al. Infant feeding mode affects early growth and body composition. Pediatr，2000，106（6）：1355-1366.

[15] Prentice P，Ong KK，Schoemaker MH，et al. Breast milk nutrient content and infancy growth. Acta Paediatr，2016，105（6）：641-647.

[16] Goran MI，Martin AA，Alderete TL，et al. Fructose in breast milk is positively associated with infant body composition at 6 months of age. Nutrients，2017，9（2）. doi：10.3390/nu9020146.

[17] Fields DA，Demerath EW. Relationship of insulin，glucose，leptin，IL-6 and TNF-α in human breast milk with infant growth and body composition. Pediatric Obes，2012，7：304-312.

[18] 钱继红，吴圣楣，张伟利. 上海地区母乳中三大营养素含量分析. 实用儿科临床杂志，2002，23：241-243.

[19] Maas YG，Gerritsen J，Hart AA，et al. Development of macronutrient composition of very preterm human milk. Br J Nutr，1998，80（1）：35-40.

[20] 江蕙芸，陈红惠，王艳华. 南宁市母乳乳汁中营养素含量分析. 广西医科大学学报，2005，22：690-692.

[21] Jenness R. The composition of human milk. Semin Perinatol，1979，3（3）：225-239.

[22] Bailey KA，Smith AH，Tokar EJ，et al. Mechanisms underlying latent disease risk associated with early-Life arsenic exposure：current research trends and scientific gaps. Environ Health Perspect，2016，124（2）：170-175.

[23] Rauh VA，Perera FP，Horton MK，et al. Brain anomalies in children exposed prenatally to a common organophosphate pesticide. Proc Natl Acad Sci U S A，2012，109（20）：7871-7876.

[24] Scano P，Murgia A，Demuru M，et al. Metabolite profiles of formula milk compared to breast milk. Food Res Int，2016，87：76-82.

[25] Lauber E，Reinhardt M. Studies on the quality of breast milk during 23 months of lactation in a rural community of the Ivory Coast. Am J Clin Nutr，1979，32（5）：1159-1173.

[26] Nommsen LA，Lovelady CA，Heinig MJ，et al. Determinants of energy，protein，lipid，and lactose concentrations in human milk during the first 12 mo of lactation：the DARLING Study. Am J Clin Nutr，1991，53（2）：457-465.

[27] Lönnerdal B，Forsum E，Gebre-Medhin M，et al. Breast milk composition in Ethiopian and Swedish mothers. Ⅱ. Lactose，nitrogen，and protein contents. Am J Clin Nutr，1976，29（10）：1134-1141.

[28] 张兰威，周晓红，肖玲，等. 人乳营养成分及其变化. 营养学报，1997，19：366-369.

[29] Gopal PK，Gill HS. Oligosaccharides and glycoconjugates in bovine milk and colostrum. Br J Nutr，2000，84 Suppl 1：S69-74.

[30] Thurl S，Munzert M，Henker J，et al. Variation of human milk oligosaccharides in relation to milk groups and lactational periods. Br J Nutr，2010，104（9）：1261-1271.

[31] 范丽，徐勇，连之娜，等. 高效阴离子交换色谱-脉冲安培检测法定量测定低聚木糖样品中的低聚木糖. 色谱，2011，29：75-78.

[32] 侯艳梅，于珊，郑晓霞. 济南市 240 例乳母乳汁成分分析. 中国妇幼保健杂志，2008，23：241-243.

[33] 蔡明明，陈启，李爽，等. 离子色谱法测定人乳中乳糖. 食品安全质量学报，2014，5：2054-2058.

[34] Butts CA，Hedderley DI，Herath TD，et al. Human milk composition and dietary intakes of breastfeeding women of different ethnicity from the manawatu-wanganui region of new zealand. Nutrients，2018，10（9）. doi：10.3390/nu10091231.

[35] Kugananthan S，Gridneva Z，Lai CT，et al. Associations between maternal body composition and appetite

hormones and macronutrients in human milk. Nutrients，2017，9（3）. doi：10.3390/nu9030252.

[36] Gridneva Z，Rea A，Hepworth AR，et al. Relationships between breastfeeding patterns and maternal and infant body composition over the first 12 months of lactation. Nutrients，2018，10（1）. doi：10.3390/nu10010045.

[37] Khan S，Hepworth AR，Prime DK，et al. Variation in fat，lactose，and protein composition in breast milk over 24 hours：associations with infant feeding patterns. J Hum Lact，2013，29（1）：81-89.

[38] Lönnerdal B，Forsum E，Hambraeus L. A longitudinal study of the protein，nitrogen，and lactose contents of human milk from Swedish well-nourished mothers. Am J Clin Nutr，1976，29（10）：1127-1133.

[39] Nakhla T，Fu D，Zopf D，et al. Neutral oligosaccharide content of preterm human milk. Br J Nutr，1999，82（5）：361-367.

[40] Bauer J，Gerss J. Longitudinal analysis of macronutrients and minerals in human milk produced by mothers of preterm infants. Clin Nutr，2011，30（2）：215-220.

[41] Arthur PG，Kent JC，Hartmann PE. Metabolites of lactose synthesis in milk from women during established lactation. J Pediatr Gastroenterol Nutr，1991，13（3）：260-266.

[42] Viverge D，Grimmonprez L，Cassanas G，et al. Diurnal variations and within the feed in lactose and oligosaccharides of human milk. Ann Nutr Metab，1986，30（3）：196-209.

[43] Jovanovic-Peterson L，Fuhrmann K，Hedden K，et al. Maternal milk and plasma glucose and insulin levels：studies in normal and diabetic subjects. J Am Coll Nutr，1989，8（2）：125-131.

[44] 任向楠，杨晓光，杨振宇，等. 人乳中低聚糖的含量及其常用分析方法的研究进展. 中国食品卫生杂志，2015，27：200-204.

第十九章

低聚糖

母乳低聚糖（也称"人乳寡糖"，human milk oligosaccharides, HMOs）的发现归功于儿科学、微生物学及化学家的不断探索。虽然自上一个千年，就有科学文献记载，未用母乳喂养的婴儿有较高的患病率和死亡率。但是直到19世纪末期，儿科医生和微生物学家才开始研究人乳的健康功效；同时化学家也开始研究人乳中含量较高碳水化合物的结构。儿科学和微生物学家Escherich等于1886年发现肠道细菌影响婴儿肠道的消化过程以及消化相关生理功能，化学家Eschbach和Deniges等在1888年发现人乳和牛乳的碳水化合物组成不同；此后儿科学和微生物学家Tissier及Moro等在1900年发现母乳与奶粉喂养婴儿的肠道菌群组成不同，Schönfeld等于1926年报道了人乳中存在"双歧因子"；1930年Lespagnol和Polonowski等将人乳中含有的其他碳水化合物组分命名为gynolactose（人乳糖）。到1954年，György和Kuhn等发现双歧因子就是Gynolactose也就是低聚糖，并分离制备了人乳中100多种低聚糖，HMOs的营养和生物活性也逐渐被阐明，包括益生元作用和抗菌黏附作用等[1]。

第一节　HMOs 的一般特征

HMOs是人乳中第三丰富的成分[2]，是一组婴儿肠道无法消化的复合糖。HMOs含有一个乳糖核心，与一个或多个葡萄糖、半乳糖、N-乙酰葡萄糖胺、岩藻糖或唾液酸残基相结合[3]。HMOs进入肠道后，首先发挥的作用是在胃、小肠、大肠等部位防止致病菌附着肠道细胞表面；HMOs还可作用于肠道表皮细胞，促进小肠成熟和表面糖基化；

部分 HMOs 能通过肠道细胞进入体内分布于身体各组织器官，如大脑。进入体内后，HMOs 也可发挥抗炎、抗感染和促进大脑发育等多种功能。在大肠部位，HMOs 与丰富的肠道菌群发挥作用和影响菌群组成。在体内代谢过程中，部分 HMOs 能完整地通过消化道，随粪便排出体外，有部分 HMOs 的降解产物能通过大肠细胞被吸收并经尿排出[4]。HMOs 代谢途径如图 19-1 所示。

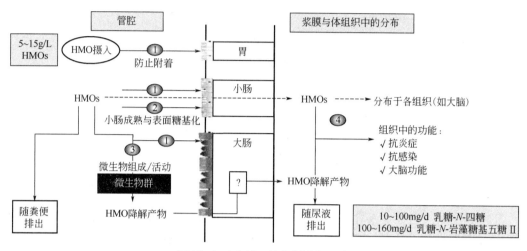

图 19-1　HMOs 的代谢途径示意

数字代表不同的生理活性：1—防止致病菌附着；2—直接作用在表皮细胞；

3—影响肠道微生物菌群；4—系统性的影响

HMOs 通常由 3～20（32）个单糖组成[5]，不能被小肠内酶消化[6]，人乳中含量丰富。HMOs 主要由以下五种单糖组成：D-葡萄糖（Glc）、D-半乳糖（Gal）、N-乙酰葡萄糖胺（GlcNAc）、L-岩藻糖（Fuc）和唾液酸。而 N-乙酰神经氨酸（Neu5Ac）是唾液酸的主要组成部分。这些不同结构的低聚糖在母体乳腺合成，由 β-半乳糖苷转移酶催化，在 α-乳白蛋白存在情况下，由半乳糖和葡萄糖生成乳糖的基础结构。几乎所有 HMOs 的结构均在还原端具有乳糖结构[7]，并可被两种不同的二糖以 1→3 键或 1→6 键的形式延长。两个二糖之间以 1→6 键形式连接形成支链，支链通常被表示为支链 HMO，而直链则表示为直链-HMO[8]。

通常可将 HMOs 分为以下几类：①基础结构类低聚糖，由葡萄糖、半乳糖和葡萄糖胺组成，是形成更复杂分子的基础结构；②岩藻糖基类低聚糖，由基础结构加上岩藻糖基组成；③唾液酸基类低聚糖，在基础结构类或岩藻糖基类低聚糖的糖链加上乙酰神经氨酸组成[5]。

第二节　检测方法

由于 HMOs 分子结构的复杂多样性，而且大多带有分支结构，所以对于 HMOs 的检测需要高灵敏度、可重现性、高通量，要求的分析技术能在复杂的生物体系中鉴别出特定结构的同分异构体。目前主要的检测方法包括：核磁共振波谱（NMR）法、高效液相色谱（HPLC）法、荧光标记后用 HPLC 进行分离的方法[9]、高效阴离子交换色谱（HPAEC）法、毛细管电泳（CE）法等[8]。

一、色谱分析技术

在初期，作为一种常见、操作简单且适用性广的方法，高效液相色谱-紫外检测法（HPLC-UV）常用于测定 HMOs，但该方法需要被测物质有发光或产生荧光的原子或基团，而 HMOs 常常缺乏这样的发光或荧光原子或基团。这导致了只有特定结构和带有一定基团的 HMOs 可在一定条件下被检测到，如酸性的或带有唾液酸基团的 HMOs。并且 HMOs 带有的基团数量及其结构都可能影响测定结果。与毛细管电泳法类似，通常在上柱测试前需要对 HMOs 进行衍生化，带上发光或荧光的基团再进行检测。通过低聚糖衍生化法引入额外的电荷，可改善分辨的精度，这对分析中性 HMOs 是很重要的。对未经衍生化低聚糖的分析和几种同分异构体的分离，常用方法是 HPAEC-PAD，但该方法首先需对样品进行前处理，去除蛋白质、脂肪、维生素等，其次还需要对系统进行校准和用外部标准调试，所以非常耗时，而且无法得到确定性结果，通常要与 NMR 和/或质谱联用进行结构分析。此外，亲水相互作用色谱（HILIC）和气相色谱等也被用于 HMOs 的检测[8]。

二、电泳技术

毛细管电泳在分离极性分子方面具备一定优势，这种方法采用的电泳柱成本较低，对检测样本与实验试剂缓冲液的需要量较小，可以实现快速和辨识程度较高的分离；其操作简单，可对复杂体系中的单一物质进行准确定量。在一定电场作用下，该方法通过一个狭窄的充有导电缓冲液的毛细管柱进行分离。待分离物质在电场中的运动取决于其电荷、电荷与分子量的比值、缓冲系统（pH 与离子强度）、电压、温度、毛细管的长度与直径以及毛细管壁的材质等。毛细管区带电泳常被用作未衍生化或标记了的酸性或中性 HMOs 的分析检测[8]。

三、多种检测技术联合

在 HMOs 检测的几种主流方法中，色谱与电泳法主要用于 HMOs 组分分析和定量，核磁共振法主要用于结构分析。目前这些方法在敏感度、精度方面有所欠缺。而衍生化法可通过添加负电荷提高分离的精度，并通过与质谱在"在线状态"联用提高分析灵敏度。German 等[10]报道，通过 HPLC-Chip TOF/MS 技术，可常规描绘 HMOs 分布轮廓；通过利用整合微流控芯片技术，与高准确性的飞行时间质谱结合，可以使不同人乳样本中低聚糖的常规分布轮廓得以呈现。HPAEC、HPLC 与衍生化技术结合可用于鉴别检测 HMOs；而使用液相色谱与高分辨率质谱联合的方法，已发现了约 200 种带有 3～22 个单糖的独特 HMOs 结构。

四、可检测的低聚糖

不同研究报道的 HMOs 的检测方法和可检测低聚糖种类汇总于表 19-1。目前发表的可检测 HMOs 种类从几种到 22 种不等。迄今对于 HMOs 的分析尚无标准检测方法，表 19-1 中列出的 HMOs 含量可供参考，但互相之间数据的可比性仍需探讨。

表 19-1　不同研究报道的母乳中可检测 HMOs

乳母（或样本）数	地域	采乳阶段	检测方法	HMO 种类	文献来源
18	意大利安科纳	产后第 4、10、30、60 和 90 天	HPLC-PAD（HPAEC）	10 种岩藻糖基类、4 种核心类、7 种酸性 HMO	Coppa 等[11]，1999
24	日本北海道	产后第 4、10、30、100 天	HPLC	3′-GL[②]、4′-GL、6′-GL	Sumiyoshi 等[12]，2004
13	美国麻省	产后第 2、3、4 天，第 12、18、21、49、67 天	毛细管电泳（CE）	12 种唾液酸化低聚糖	Bao 等[13]，2007
51	中国上海	产后第 2、4 和 13 周	HPLC	9 种中性 HMO	姚文等[14]，2009
39	意大利	产后第 25～35 天	HPAEC	8 种 HMO	Coppa 等[15]，2011
12	西班牙	产后一个月	CE-LIF	9 种 HMO	Olivares 等[16]，2014
450	中国北京、苏州、广州	产后 5 天到 8 个月	带荧光检测的 UHPLC	10 种 HMO	Austin 等[17]，2016
410	来自 8 个国家[①]	产后 2 周到 5 个月	HPLC	19 种 HMO	McGuire 等[18]，2017
32	西班牙巴伦西亚	初乳（1～7 天）、过渡乳（8～15 天）、成熟乳（16～30 天）	HPAEC-PAD	9 种中性 HMO 和 6 种酸性 HMO	Kunz 等[19]，2017
22	中国广东江门	产后第 3～343 天	HPAEC-IPAD	22 种 HMO	魏远安等[20]，2017
102 份样品	中国江苏南京和黑龙江齐齐哈尔	初乳（0～7 天）、过渡乳（8～15 天）、成熟乳（16～180 天）	超高效液相色谱-荧光检测法	10 种 HMO	朱婧等[21]，2017
9	美国	人乳库中任意选取样本	UHPLC/MRM-MS	5 种 HMO	Meredith-Dennis 等[2]，2018
50	新加坡	产后第 30、60、120 天	HPAEC	5 种 HMO	Sprenger 等[22]，2017
10	美国加州	初乳（第 3 天）、成熟乳（第 42 天）	HPAEC-PAD	9 种 HMO	Nijman 等[23]，2018
61	中国北京	成熟乳（2～6 个月）	LC-MS	12 种 HMO	Zhang 等[24]，2019

① 八个国家包括埃塞俄比亚、冈比亚、加纳、肯尼亚、秘鲁、西班牙、瑞典、美国。

② GL，半乳糖基乳糖

第三节 生理功能

多项临床横断面调查、添加 HMOs 的婴幼儿配方食品干预试验等研究结果显示，HMOs 的重要作用在于调节肠道菌群、降低新生儿坏死性小肠结肠炎发生率，同时还参与机体的免疫功能和大脑认知功能发育等。

一、调节肠道菌群

HMOs 虽然不能给婴儿提供能量，但是能促进和指导婴儿肠道建立健康的微生态环境，使有益的肠道微生物成为肠道优势菌种。新一代分析手段对于 HMOs 的分析以及对微生物群落的下一代测序方法，有助于深入了解 HMOs 对肠道微生态的影响及从基因和分子层面了解双歧杆菌和乳酸杆菌等如何利用这些寡糖[25]。

1. 抑菌实验

Lin 等[26]发现用多维色谱分离的不同 HMOs 组分，包括乳糖-*N*-四糖（LNT）、乳糖-*N*-新四糖（LNnT）、乳糖-*N*-新六糖（LNnH）、乳糖-*N*-岩藻糖基五糖 I（LNFP I）、乳糖-*N*-二岩藻糖基六糖 II（LNDFH II）、乳糖-*N*-新八糖（LnNO）、乳糖-*N*-新二岩藻糖基六糖（LNnDFH）、乳糖-*N*-新岩藻糖基五糖 V（LNnFP V）、乳糖-*N*-岩藻糖基五糖 V（LNFP V）等，能抑制 B 族链球菌的生长。其抑菌能力限定在特定的非唾液酸化的 HMOs。

Hoeflinger 等[27]将 2'-岩藻糖基乳糖（2'-FL）、6'-唾液酸基乳糖（6'-SL）、LNnT 与单株肠杆菌及从小猪粪便富集得到的肠杆菌混合物共培养，所有受试的肠杆菌均无法在 2'-FL、6'-SL 和 LNnT 上生长。而 LNnT 仅能有限地促进粪便富集菌的生长。

2. 益生菌利用 HMOs 实验

Thongaram 等[28]测试了 12 种乳酸菌和 12 种双歧杆菌发酵 HMOs 和 HMOs 组成单元的能力。在 24 株菌中，只有长双歧杆菌婴儿亚种 ATCC15697 和双歧杆菌婴儿亚种 M-63 能发酵 3'-SL、6'-SL、2'-FL 和 3-FL。在双歧杆菌中，只有婴儿双歧菌株和短双歧杆菌 ATCC15700 能发酵乳糖-*N*-四糖；在乳酸杆菌中，只有嗜酸性乳酸杆菌 NCFM 能最有效地利用 LNnT。

Wang 等[29]用两株代表性的肠道菌群共生菌，包括长双歧杆菌 ATCC15697 和嗜酸乳杆菌 NRRL B-4495 以及两株非共生菌（空肠弯曲杆菌 S107 以及大肠杆菌 K12）与 HMOs 混合物或 2'-FL 共培养。结果显示，HMOs 能促进长双歧杆菌和嗜酸乳杆菌的生长，而不能支持非共生菌的生长。

James 等[30]发现短双歧杆菌 UCC2003 拥有能利用 LNT 和 LNnT 的代谢通路，包括代谢它们的酶。在短双歧杆菌、双歧杆菌和长双歧杆菌婴儿亚种以及长双歧杆菌长亚种中也发现了利用 HMOs 的基因，而且还在相关菌株中发现了转录调控因子和相应的操纵子及启动子参与 LN（n）T（LNnT 的同分异构体）和乳糖-N-三糖（LNB）的代谢利用[31]。

3. 婴儿粪便益生菌利用 HMOs 的效果

有多项研究报告了婴儿粪便中益生菌利用 HMOs 的效果。Bunesova 等[32]从 6 个月龄肯尼亚婴儿粪便中获取了双歧杆菌，包括不经常能从婴儿粪便里分离的 *Bifidobacterium kashiwanohense* 和假长双歧杆菌球形亚种（*Bifidobacterium pseudolongum*），并将 2′-FL、3-岩藻糖基乳糖（3-FL）、3′-SL、6′-SL 以及 LNnT 与其共培养。发现有几种受试双歧杆菌能利用岩藻糖基化乳糖，如长双歧杆菌亚种 *B.longum* subsp.*suis* 及 *Bifidobacterium kashiwanohense*，而假长双歧杆菌球形亚种则不能代谢任何受试的 HMOs。

Vester 等[33]采集了母乳喂养和婴儿配方奶粉喂养婴儿的粪便与受试低聚糖和 HMOs 共培养。GOS、2′-FL、LNnT 等比 6′-SL、菊粉和阿拉伯胶产生更多的乳酸。GOS、2′-FL、LNnT 能较快地被婴儿粪便发酵，而 6′-SL、菊粉能被粪便菌群发酵的程度则属中等。

多项体外实验结果证实，HMOs 可调控喂养儿的肠道菌群生长。如 Ruiz-Moyano 等[34]从母乳喂养婴儿的粪便中分离的短双歧杆菌与 HMOs 共培养，发现所有试验的短双歧杆菌在含有乳糖-N-四糖（LNT）和乳糖-N-新四糖（LNnT）的培养基培养下都能生长良好。在岩藻糖基类低聚糖培养时的生长状况是菌株特异的，多数在菌株含有一定糖基水解酶的情况下生长较好。多数短双歧杆菌都可一定程度地利用唾液酸化低聚糖，尤其是唾液酸基-乳糖-N-四糖。

在同一婴儿体内双歧杆菌的不同菌株中，Lawson 等[35]发现其利用 HMOs（如 2′-FL 和 LNnT）的能力不同。对于能利用 HMOs 的菌株和不能利用 HMOs 的菌株进行了交叉培养试验，发现某些不能利用 HMOs 的肠道细菌能通过"食用"那些可利用 HMOs 的肠道细菌所产生的代谢物，如岩藻糖、半乳糖、乙酸、N-乙酰葡萄糖胺等，促进生长，表明婴儿肠道系统各细菌之间能最大化地利用养料 HMOs 所提供的营养，形成一个有效的微生态系统，使 HMOs 在婴儿肠道物尽其用。

4. 动物实验

动物试验结果显示，HMOs 可调节肠道菌群组成。Weiss 等[36]给新生的小鼠喂饲 2′-FL 和 3-FL，能增加肠道中紫单孢菌科细菌，用 16S 检测后发现具体的是巴恩斯菌。而在培养细菌时，肠道巴恩斯菌和内脏巴恩斯菌无法在单独的岩藻糖培养时生长，但在与 2′-FL 和 3-FL 培养时，它们可分泌特定的岩藻糖苷酶从而利用这些 HMOs。在葡聚糖硫酸钠导致的小鼠肠炎模型中，用岩藻糖基乳糖的干预可增强小鼠抵御肠炎的能力。

二、降低新生儿坏死性小肠结肠炎发生率

新生儿坏死性小肠结肠炎（necrotizing enterocolitis，NEC）是5%～10%极低出生体重儿中最常见的致命性肠道病症。早产儿的临床试验观察到，母乳喂养组发生NEC的发病率比婴儿配方奶粉喂养组低6～10倍；体外实验、动物实验及母婴试验结果均支持HMOs对降低NEC发病率的积极作用。近20年的科学研究，包括近年来的体内功效验证与结构阐释，也证实了特定HMOs的上述作用，以二唾液酸基乳糖-N-四糖（DSLNT）为代表，可降低NEC的发病风险，说明DSLNT有望用于NEC的临床治疗；而且通过检测母乳中DSLNT水平，也有望作为非侵入式的生物标记来鉴别有发生NEC风险的婴儿。而DSLNT也可作为捐赠人乳和基于人乳的母乳补充剂的质控指标，以避免给NEC高危婴儿喂养低DSLNT的产品[37]。在动物试验中，HMOs也多次被验证可缓解新生儿NEC。各研究总结如表19-2所示。

▢ 表19-2　汇总的不同作者报告的HMOs调控NEC的试验

作者	研究方法	使用低聚糖	结果
Jantscher-Krenn 等[38]	新生大鼠NEC模型，两相色谱法测定HMO，外切糖苷酶消化和连接键分析结构	分离的HMO混合物	分离的HMO混合物能有效改善大鼠存活率，并降低回肠部分的病理评分；二唾液酸基-N-四糖（DSLNT）具有一定的保护作用；低聚半乳糖未呈现保护作用
Autran 等[39]	新生大鼠NEC模型	HMO混合物，2′-FL，低聚半乳糖	以肠道病理评分判定，HMO混合物的缓解作用最显著，其次是2′-FL和人工合成唾液酸基化的低聚半乳糖
Cilieborg 等[40]	早产小猪NEC模型，荧光原位杂交和454焦磷酸测序肠道菌群	2′-FL	干预组粪便厌氧菌数量更少。各组肠道菌群、α-1,2-岩藻糖无差异。2′-FL未显著改变小肠结构，推断在早产儿肠道定植和小肠免疫不成熟的情况下，2′-FL可能不发挥显著作用
Good 等[41]	新生野生小鼠NEC模型，16S测定肠道菌群，体外培养上皮细胞	2′-FL	2′-FL对NEC有保护作用，通过上调血管内皮型一氧化氮合酶（eNOS）重塑小肠透过性。2′-FL影响新生小鼠的肠道菌群，且在体外能引入血管内皮型一氧化氮合酶

三、参与免疫功能

多项研究证明HMOs具有调控免疫的作用，对于感染、过敏、自身免疫性疾病和炎症等均有显著效果。它们可通过与婴儿肠道及其他部位的免疫系统和表皮细胞表达的表面受体相结合，调控新生儿的免疫力；而且它们作为可溶性的诱饵受体，能阻止不同的

微生物致病菌吸附到细胞[42]。HMOs 不仅可作为一系列细菌和病毒的抗黏附因子，还能通过维持炎症反应的平衡，为新生儿生理系统的正常运转发挥作用。动物试验观察到的 HMOs 调控免疫的功能汇总于表 19-3。

▷ 表 19-3　汇总的不同作者报告的 HMOs 调控免疫功能的试验

作者	研究方法	使用低聚糖	结果
Simon 等[43]	分离的胃幽门螺旋杆菌对胃上皮细胞附着作用	3-SL 或 6-SL	3-SL 有效减少胃幽门螺旋杆菌附着上皮细胞，6-SL 虽也有一定的抑制作用，但效果不及 3-SL
Weichert 等[44]	细菌培养	合成的 2'-FL 和 3-FL	2'-FL 抑制空肠弯曲杆菌、致病性大肠杆菌、肠炎沙门菌和铜绿假单胞菌对人体小肠细胞 Caco-2 的吸附，3-FL 抑制肠致病性大肠杆菌和铜绿假单胞菌的吸附。这两种 HMO 能有效抑制铜绿假单胞菌对于人体呼吸道上皮细胞的吸附
Hester 等[45]	小猪感染轮状病毒 OSU 病毒株	2'-FL，LNnT，3-SL，6-SL	唾液酸化 HMO 能抑制 OSU 病毒株感染，抑制碘标记轮状病毒的细胞附着和感染性及增殖。HMO 通过调控 NSP-4 蛋白的 mRNA 表达抑制轮状病毒的增殖
He 等[46]	体外试验，用 T84 细胞模拟成熟小肠上皮，并用 H4 细胞模拟未成熟小肠上皮	HMO 混合物与 2'-FL	HMO 混合物与 2'-FL 通过调控 CD14 直接抑制大肠杆菌 ETEC 侵入时脂多糖引起的炎症
Newburg 等[47]	体外试验，调控人血分离血小板的作用	HMO 混合物和纯 HMO 单体	HMO 混合物和纯 HMO 单体暴露于凝血酶、ADP 和胶原蛋白，只有 LDFT 显著降低了凝血酶诱导的促炎症蛋白；LDFT 抑制血小板黏附到胶原蛋白覆盖的表面、ADP 和胶原蛋白引起的血小板凝集
Newburg 等[48]	动物实验，人乳中分离 HMO 对热稳定大肠杆菌肠毒素（ST）导致腹泻的调控作用	人乳中分离的 HMO	中性而非酸性低聚糖对 ST 导致的腹泻有较好的保护作用；岩藻糖基类低聚糖含有对 ST 具保护作用的因子
Manthey 等[49]	细胞培养，小鼠试验	人乳中分离的 HMO	显著降低大肠杆菌 EPEC 附着到培养的上皮细胞；HMO 显著降低致病菌 EPEC 在未断奶新生小鼠肠道定植
Li 等[50]	轮状病毒感染新生小猪	HMO 或 GOS、FOS 组合干预	受试组合不能防止感染，但能通过调节结肠肠道菌群和对轮状病毒感染的免疫反应，缩短轮状病毒感染小猪腹泻周期；增加了血清轮状病毒特定抗体应答和小肠轮状病毒 NSP-4 蛋白和细胞因子 mRNA 表达
Comstock 等[51]	轮状病毒感染刚出生小猪	HMO 或 GOS、FOS 饲喂	HMO 显著增加了外周血单核细胞中 NK 细胞及嗜碱细胞数量，显著增加产干扰素-γ（IFN-γ）的细胞数量；HMO 比 GOS、FOS 更能有效地调节小猪机体系统中的免疫细胞以及肠道的免疫细胞
Yu 等[52]	人上皮细胞 HEp-2 和 HT-29	2'-FL 干预	减轻空肠弯曲菌 80% 的侵入，抑制黏膜炎症因子的释放，抑制 IL-8 释放达 60%~70%，抑制 IL-1β 释放 80%~90%，降低 50% 嗜中性粒细胞趋化的 MIP-2

作者	研究方法	使用低聚糖	结果
Yu 等[52]	小鼠试验	2′-FL 喂饲干预	可降低 80%空肠弯曲菌的肠道定植，并降低 50%～70%的肠道发炎组织学特征指标
Pandey 等[53]	在体外细胞培养和感染了禽流感的鸡模型	3′-SL 和 6′-SL	两种 HMO 在体外有较好的抗病毒能力，以 3′-SL 更佳；在禽流感鸡模型，3′-SL 可改善受感染动物临床症状
Xiao 等[54]	小鼠模型，疫苗特定 DTH	2′-FL	显著增加疫苗特定的 DTH 响应，伴随血清疫苗特定免疫球蛋白 G1 和 G2a 增加；直接影响 BMDCs 的成熟与抗原呈现能力。推定 2′-FL 直接影响免疫细胞分化，进而影响小鼠接受疫苗后的体液与细胞免疫应答反应

注：MIP-2，巨噬细胞炎症蛋白-2（macrophage inflammatory protein-2）；DTH，延迟型超敏反应（delayed-type hypersensitivity）；BMDCs，骨髓来源树突状细胞（bone marrow-derived dendritic cells）。IL，白介素。

四、参与大脑认知功能发育

HMOs 还具有调控认知和促进智力发育的功能。其中唾液酸类低聚糖可能被胃肠道微生物利用产生唾液酸，进入大脑影响神经系统，而另一种 HMOs2′-FL 也被认为可影响小鼠的认知与学习能力。

Vazquez 等[55]用 2′-FL 喂饲 SD 雄性成年大鼠和 C57BL/6 雄性成年小鼠，剂量为每千克体重 350mg/d，喂养大鼠五周，喂养小鼠 12 周，并进行运动与认知、空间学习、巡游、对一定比率条件刺激的应答等智能测试试验和操作条件反射等行为学测试，如按压操作杆获取食物试验。结果显示，饲喂 2′-FL 的动物在多项行为学测试中表现更优，且在长期摄入 2′-FL 的大鼠中，与新获得记忆相关的分子表达更高，说明 2′-FL 影响大鼠认知域并改善其学习和记忆能力。

Vazquez 等[56]用 2′-FL、岩藻糖等饲喂 SD 雄性成年大鼠，剂量为每千克体重 350mg/d（喂养 5 周），进行了操作条件反射等行为学测试。发现 2′-FL 影响大鼠的认知域，增加了长时程增强，可改善其学习与记忆能力，而 2′-FL 的组成单位岩藻糖并没有这些功能。

Oliveros 等[57]用 2′-FL 喂饲 Lister Hooded 雄性子鼠，剂量为每千克体重 1g 2′-FL/d（长期试验从 4～6 周龄饲喂到 1 岁，短期试验从泌乳期到第 6 周），进行了 Morris 水迷宫、新物品识别、Y 迷宫等行为学测试。结果显示，在 4～6 周龄时，受试组与处理组的行为学测试无显著差别，但是到 1 岁时，受试组在新物品识别和 Y 迷宫等测试中表现更优；在 4～6 周龄和 1 岁时，受试组在长时程的增强表现更为突出。

Tarr 等[58]用 3′-SL 和 6′-SL 喂饲雄性 C57/BL6 小鼠，含量占饲料的 5%，从出生后第 1 天喂饲到第 20 天，进行了旷场测试与光暗偏好试验等测试焦虑行为。发现压力刺激在光暗偏好试验和旷场测试中可使对照组焦虑且肠道菌群改变。3′-SL 和 6′-SL 使动物在焦虑试验中维持正常，且压力刺激未改变其肠道菌群。

此外，Jacobi 等[59]发现在小猪饲料中加入 3-唾液酸乳糖和 6-唾液酸乳糖可增加胼胝体（corpus callosum）和小脑中神经节苷脂附着唾液酸的量。两种 HMOs 也调控肠道菌群。Mudd 等[60]报道，喂饲唾液酸乳糖影响新生仔猪前额皮质附着的唾液酸与海马回中游离和附着唾液酸比例。弥散张量成像（diffusion tensor imaging）显示，处理组的胼胝体渗透率受到影响。

五、其他功能

近年来，对于 HMOs 的研究发现，它们不仅参与肠道免疫与大脑认知功能，而且也影响代谢和骨骼健康。Cowardin 等[61]在悉生小鼠（gnotobiotic mouse，指限定了菌株的小鼠）模型中，将发育迟缓的 6 个月婴儿粪便移植到无菌鼠中，并用 HMOs 进行干预，发现唾液酸类低聚糖能影响骨生理的各项指标，证明 HMOs 在发育迟缓的婴幼儿喂养中可能具有一定的应用前景。Xiao 等[62]报道，在生命早期给非肥胖但有糖尿病小鼠喂饲 HMOs，能延缓并抑制后期 1 型糖尿病的发展，并减轻严重胰腺胰岛炎的病症进程。

近年来，越来越多的研究结果支持 HMOs 具有增强母乳喂养儿免疫功能与促进肠道健康等重要作用，HMOs 已可以化学合成或采用基因改造微生物发酵的方法进行制备并实现产业化，出现了 HMOs 的商业化原料，其中以 2′-FL 为代表，使得 HMOs 的应用前景备受关注。Reverri 等[63]总结了使用 2′-FL 强化婴幼儿配方奶粉的临床试验结果，发现大部分用的是以未被水解的牛乳蛋白为基础的标准婴幼儿配方奶粉，只有一个用了部分以水解乳清蛋白为基础的婴儿配方奶粉。这些研究都验证了 2′-FL 加到婴幼儿配方奶粉中是安全的，喂养儿的耐受良好，其吸收和排泄与人乳中的 2′-FL 有相似效力，而且用含有 2′-FL 的婴幼儿配方奶粉喂养婴幼儿还可获得免疫方面的益处，如父母报告的喂养儿呼吸道感染发生频次降低、不耐受症状明显改善等。这些研究将有助于推动后续婴儿配方食品的研发。

第四节　母乳中的 HMOs 含量与影响因素

Thurl 等[64]在 2017 年发表的系统综述中已总结发表至 2016 年 12 月底所有 HMOs 检测文献报道的含量，因此表 19-4 中采纳此综述数据及之后（2017 年至 2019 年 10 月）发表的文献中各 HMOs 含量。新生儿每天经母乳摄入约 5～15g/L 的 HMOs。

表 19-4　不同作者报道的人乳中 HMOs 含量

人乳寡糖	含量/(g/L)	文献来源	人乳寡糖	含量/(g/L)	文献来源
2'-FL	2.74	Thurl 等, 2017[64]	6~SL	0.35	Thurl 等, 2017[64]
	0.58~0.79	姚文等, 2009[14]		0.13~0.56	McGuire 等, 2017[18]
	0.70~3.44	McGuire 等, 2017[18]		0.56~0.67	Kunz 等, 2017[19]
	0~3.99	Kunz 等, 2017[19]		0.028~0.96	魏远安等, 2017[20]
	0.22~2.27	魏远安等, 2017[20]		0.43 μg/g	朱婧等, 2017[21]
	2.26 μg/g	朱婧等, 2017[21]		0.12~0.56	Sprenger 等, 2017[22]
	0.011~2.1	Sprenger 等, 2017[22]		0.25~0.34	Nijman 等, 2018[23]
	2.48~3.75	Nijman 等, 2018[23]		0.74	Zhang 等, 2019[24]
	0.41	Zhang 等, 2019[24]	DFL	0.42	Thurl 等, 2017[64]
3-FL	0.44	Thurl 等, 2017[64]		0.11~0.30	McGuire 等, 2017[18]
	0.08~0.49	姚文等, 2009[14]	LNFP Ⅰ	1.31	Thurl 等, 2017[64]
	0.05~0.23	McGuire 等, 2017[18]		0.30~0.60	姚文等, 2009[14]
	0.078~1.94	魏远安等, 2017[20]		0.73~1.19	McGuire 等, 2017[18]
	0.42 μg/g	朱婧等, 2017[21]		0~1.30	Kunz 等, 2017[19]
	0.59	Zhang 等, 2019[24]		0.027~2.84	魏远安等, 2017[20]
LNnT	0.74	Thurl 等, 2017[64]		0.81 μg/g	朱婧等, 2017[21]
	0.39~1.01	McGuire 等, 2017[18]		0.58~1.81	Nijman 等, 2018[23]
	0.17~0.29	Kunz 等, 2017[19]		0.16	Zhang 等, 2019[24]
	0.058~0.75	魏远安等, 2017[20]	LNFP Ⅱ	0.28	Thurl 等, 2017[64]
	0.22 μg/g	朱婧等, 2017[21]		0.23~0.29	姚文等, 2009[14]
	0.066~0.26	Sprenger 等, 2017[22]		0.95~1.81	McGuire 等, 2017[18]
LNT	0.79	Thurl 等, 2017[64]		0.0005~1.26	Kunz 等, 2017[19]
	0.67~1.60	McGuire 等, 2017[18]		0~0.54	魏远安等, 2017[20]
	0.76~2.92	Kunz 等, 2017[19]	LNFP Ⅲ	0.33	Thurl 等, 2017[64]
	0.27~1.58	魏远安等, 2017[20]		0.11~0.24	姚文等, 2009[14]
	0.84 μg/g	朱婧等, 2017[21]		0.02~0.23	McGuire 等, 2017[18]
	0.41~0.47	Sprenger 等, 2017[22]		0.25~0.44	Kunz 等, 2017[19]
	0.48~0.51	Nijman 等, 2018[23]		0.22	Zhang 等, 2019[24]
3-SL	0.16	Thurl 等, 2017[64]	LNFP Ⅳ	—	Thurl 等, 2017[64]
	0.26~0.39	McGuire 等, 2017[18]		0.01~0.02	姚文等, 2009[14]
	0.18~0.28	Kunz 等, 2017[19]	LNFP Ⅴ	0.06	Thurl 等, 2017[64]
	0.041~0.71	魏远安等, 2017[20]		0.01~0.02	姚文等, 2009[14]
	0.14 μg/g	朱婧等, 2017[21]		0~0.20	魏远安等, 2017[20]
	0.20~0.26	Sprenger 等, 2017[22]		0.032 μg/g	朱婧等, 2017[21]
	0.11~0.12	Nijman 等, 2018[23]	LNFP Ⅵ	0.01	Thurl 等, 2017[64]
	0.2	Zhang 等, 2019[24]			

人乳寡糖	含量/(g/L)	文献来源	人乳寡糖	含量/(g/L)	文献来源
LNDFH Ⅰ	0.8	Thurl 等, 2017[64]	DSLNT	0.54	Thurl 等, 2017[64]
	0.35~0.40	姚文等, 2009[14]		0.28~1.12	McGuire 等, 2017[18]
	0.034~1.79	魏远安等, 2017[20]		0.33~0.45	Kunz 等, 2017[19]
	1.93~2.10	Nijman, 2018[23]		0.035~0.36	魏远安等, 2017[20]
LNDFH Ⅱ	0.14	Thurl 等, 2017[64]		4.44	Zhang 等, 2019[24]
	0.008~0.02	姚文等, 2009[14]	LDFT	0.22~0.35	Kunz 等, 2017[19]
	0.02~0.23	Kunz 等, 2017[19]		0.037~0.74	魏远安等, 2017[20]
	0.019~0.36	魏远安等, 2017[20]		0.24~0.36	Nijman, 2018[23]
	0.5	Zhang 等, 2019[24]	MFLNH Ⅰ	0.11	Kunz 等, 2017[19]
LNH	0.09	Thurl 等, 2017[64]	FLNH	0.01~0.10	McGuire 等, 2017[18]
	0.04~0.12	McGuire 等, 2017[18]	DFLNH	0.09~0.39	McGuire 等, 2017[18]
	0.08~0.16	Nijman, 2018[23]		0~0.21	魏远安等, 2017[20]
LNnH	0.16	Thurl 等, 2017[64]	DSLNH	0.05~0.23	McGuire 等, 2017[18]
	0~0.18	魏远安等, 2017[20]	LNnO	0.009~0.34	魏远安等, 2017[20]
LST a	0.34	Thurl 等, 2017[64]	A-tetra	0.12~0.56	魏远安等, 2017[20]
	0.12~0.26	Kunz 等, 2017[19]	LNnDFH	0.01~0.12	魏远安等, 2017[20]
	0~1.37	魏远安等, 2017[20]	LNnFP-Ⅴ	0.049 μg/g	朱婧等, 2017[21]
	0.98	Zhang 等, 2019[24]	F-LNH Ⅰ	0.2	Thurl 等, 2017[64]
LST b	0.14	Thurl 等, 2017[64]	F-LNH Ⅱ	0.27	Thurl 等, 2017[64]
	0.04~0.14	McGuire 等, 2017[18]	DF-LNH Ⅰ	0.31	Thurl 等, 2017[64]
	0.03~0.05	Kunz 等, 2017[19]	DF-LNH Ⅱ	2.31	Thurl 等, 2017[64]
	0.01~0.29	魏远安等, 2017[20]	DF-LNnH	0.54	Thurl 等, 2017[64]
	0.16	Zhang 等, 2019[24]	TF-LNH	2.84	Thurl 等, 2017[64]
LST c	0.65	Thurl 等, 2017[64]	F-LSTa	0.02	Thurl 等, 2017[64]
	0.07~0.25	McGuire 等, 2017[18]	F-LST b	0.08	Thurl 等, 2017[64]
	0.22~0.39	Kunz 等, 2017[19]	FS-LNH	0.12	Thurl 等, 2017[64]
	0.008~1.18	魏远安等, 2017[20]	FS-LNnH Ⅰ	0.29	Thurl 等, 2017[64]
	0.14	Zhang 等, 2019[24]	FDS-LNH Ⅱ	0.12	Thurl 等, 2017[64]

母乳中 HMOs 含量随泌乳期变化。Elwakiel 等[65]用毛细管电泳的方法检测了泌乳期第 1 周到第 20 周的母乳中 HMOs 含量，初乳中 HMO 总含量可达约 20g/L，随泌乳期的延长，HMOs 含量下降。在整个泌乳期中，中国母乳的 HMOs 含量约为 8~23g/L。

然而，并非每个乳母都能合成相同的寡糖。母乳中 HMOs 含量还受母亲基因型的影响，这取决于某些糖基转移酶的表达[1]。Lewis（Le）血型和分泌型基因型（secretor, Se）能直接影响乳母是否分泌特定的岩藻糖基转移酶：Se 基因型决定乳母是否分泌α1-2 岩藻糖基转移酶（FUT2），而路易斯基因型 Le 则决定其是否分泌α-3/4 岩藻糖基转移酶

（FUT3），从而决定其乳汁中是否含有相应糖苷键结构的寡糖。路易斯和分泌型都是阳性的母亲，乳汁中 HMOs 种类相对更丰富，而路易斯和分泌型都是阴性的母亲，乳汁中 HMOs 的种类相对不多。

基于母亲路易斯（Le）/分泌型基因型（Se）以及人乳中发现的相关岩藻糖基类 HMOs 的结构，可将人乳类型大致分为如下四种[66]：

① 分泌型基因型为 Se/-（即分泌型 Se+），而路易斯基因型为 Le/-（即路易斯阳性 Le+），在法国和欧洲人群中出现频率约为 69%，这种类型母乳中主要含有的 HMOs 包括 2'-FL、3-FL、DFL、LNT、LNnT、LNFP Ⅰ、LNFP Ⅱ、LNFP Ⅲ、LNDFH Ⅰ、LNDFH Ⅱ、3'-SL、6'-SL。

② 分泌型基因型为 se/se（即非分泌型 Se-），而路易斯基因型为 Le/-（即路易斯阳性 Le+），在法国和欧洲人群中出现频率约为 20%，这种类型母乳中主要含有的 HMOs 包括：3-FL、LNT、LNnT、LNFP Ⅱ、LNFP Ⅲ、LNDFH Ⅱ、3'-SL、6'-SL；而这种类型的母乳中不含有 2'-FL、DFL、LNFP Ⅰ、LNDFH Ⅰ。

③ 分泌型基因型为 Se/-（即分泌型 Se+），而路易斯基因型为 le/le（即路易斯阴性 Le-），在法国和欧洲人群中出现频率约为 9%，这种类型母乳中主要含有的 HMOs 包括：2'-FL、3-FL、DFL、LNT、LNnT、LNFP Ⅰ、LNFP Ⅲ、3'-SL、6'-SL；而这种类型的母乳中不含有 LNFP Ⅱ、LNDFH Ⅰ、LNDFH Ⅱ。

④ 分泌型基因型为 se/se（即非分泌型 Se-），而路易斯基因型为 le/le（即路易斯阴性 Le-），在法国和欧洲人群中出现频率约为 1%，这种类型母乳中主要含有的 HMOs 包括：3-FL、LNT、LNnT、LNFP Ⅲ、3'-SL、6'-SL；而这种类型的母乳中不含有 2'-FL、DFL、LNFP Ⅰ、LNFP Ⅱ、LNDFH Ⅰ、LNDFH Ⅱ。

根据上述分型，通过适合的生物学手段检测特定岩藻糖基类低聚糖，如 2'-FL、DFL、LNFP Ⅰ、LNFP Ⅱ、LNDFH Ⅰ、LNDFH Ⅱ的存在，可用来鉴定人乳的类型[67]。

母乳中 HMOs 含量和种类还与婴儿是否足月等因素有关，早产儿母乳中 HMOs 的种类与含量更高[5]。母乳 HMOs 的组成也受到地域和环境因素的影响，McGuire 等[18]报道同一个国家的农村和城市母乳中 HMOs 组成也不同，该研究的含量差异可能是由于收集乳样时的泌乳阶段不同。

第五节　展　　望

尽管大多数动物实验和临床喂养试验的结果均支持 HMOs 对婴幼儿的营养与健康以及免疫功能发挥重要作用，但仍需要开展更多的研究，以获得更多的科学证据。

1. 建立和完善检测方法

由于人乳中存在数百种不同结构的 HMOs 糖，目前尚没有一个标准或公认的检测方法可用来分析 HMOs 的存在形式和含量，因此建立精度更高、辨识程度更好的检测方法仍是研究的重点之一。

2. 影响因素

已知人乳 HMOs 受乳母路易斯分泌型基因型、泌乳期等诸多因素影响，导致测得 HMOs 的数据往往也有一定程度的差异，这限制了对母乳中各个低聚糖含量与变化趋势的认知。因此，还需要研究和分析哪些因素影响 HMOs 的组分和含量，以及母乳中 HMOs 组成是否有可能个性化地匹配了母婴的基因与环境因素及其意义[42]。

3. HMOs 功效组分

已有些文献数据支持 HMOs 具有的各种功能，但受限于 HMOs 的合成制备技术，目前的功效研究往往用的是从人乳中分离得到的母乳寡糖混合物，对其具体组成成分以及哪些组分发挥功效并不了解。如能在 HMOs 合成制备技术上获得突破，会帮助人们更全面地认知 HMOs 的结构与生理功能的关系。

4. 生物工程菌生产的 HMOs

Bode 等[68]比较了酶法化学合成技术、微生物代谢工程技术和从人乳或牛乳乳清中分离等技术，虽然从人乳中能分离出"真正"的 HMOs，但是不可能商业化生产；从牛乳乳清中能分离出几种与 HMOs 相同结构的低聚糖，然而牛乳中低聚糖的量比人乳中的含量低得多，并非含有人乳中发现的所有乳寡糖；而且牛乳中还含有几种人乳中不含有的低聚糖，故其安全性和人类婴儿的必需性也有待证实。用酶法化学合成能确保产生特定结构的 HMOs，然而难以工业化生产。目前用生物工程菌大规模生产某些 HMOs 已取得突破，能达到商业化量产规模，然而一次只能产生有限的人乳寡糖混合物，且还要用到转基因微生物，因此这种原料的安全性评价和合规性问题亟待解决。

5. 需要更多临床喂养试验数据

目前关于 HMOs 的研究，在体外和动物实验方面获得很多数据积累，但临床试验受原料和法规限制，开展的还很少。在通过相关安全评价基础上，需要设计完善的随机双盲安慰剂对照临床试验，以证明婴儿配方食品添加 HMOs 的必要性。

最后，期待未来会有更多、更深入的研究全方位探索 HMOs 的结构与生理功能，以揭示人乳中这类特有物质的"神秘面纱"，解码其在生命早期对于婴幼儿生长发育和健康以及免疫功能的重要意义。

（王雯丹，董彩霞，荫士安）

参考文献

[1] Bode L. Human milk oligosaccharides: every baby needs a sugar mama. Glycobiology, 2012, 22 (9): 1147-1162.

[2] Meredith-Dennis L, Xu G, Goonatilleke E, et al. Composition and variation of macronutrients, immune proteins, and human milk oligosaccharides in human milk from nonprofit and commercial milk banks. J Hum Lact, 2018, 34 (1): 120-129.

[3] Davis JC, Lewis ZT, Krishnan S, et al. Growth and morbidity of gambian infants are influenced by maternal milk oligosaccharides and infant gut microbiota. Sci Rep, 2017, 7: 40466.

[4] Kunz C, Rudloff S. Compositional analysis and metabolism of human milk oligosaccharides in infants. Nestle Nutr Inst Workshop Ser, 2017, 88: 137-147.

[5] Gabrielli O, Zampini L, Galeazzi T, et al. Preterm milk oligosaccharides during the first month of lactation. Pediatr, 2011, 128 (6): e1520-1531.

[6] Warren CD, Chaturvedi P, Newburg AR, et al. Comparison of oligosaccharides in milk specimens from humans and twelve other species. Adv Exp Med Biol, 2001, 501: 325-332.

[7] Kunz C, Rudloff S, Baier W, et al. Oligosaccharides in human milk: structural, functional, and metabolic aspects. Annu Rev Nutr, 2000, 20: 699-722.

[8] Mantovani V, Galeotti F, Maccari F, et al. Recent advances on separation and characterization of human milk oligosaccharides. Electrophoresis, 2016, 37 (11): 1514-1524.

[9] Kunz C, Kuntz S, Rudloff S. Bioactivity of Human Milk Oligosaccharides.//Moreno FJ, Sanz ML. Food Oligosaccharides: Production, Analysis and Bioactivity. John Wiley & Sons, Ltd, 2014: 1-20.

[10] German JB, Freeman SL, Lebrilla CB, et al. Human milk oligosaccharides: evolution, structures and bioselectivity as substrates for intestinal bacteria. Nestle Nutr Workshop Ser Pediatr Program, 2008, 62: 205-218; discussion 18-22.

[11] Coppa GV, Pierani P, Zampini L, et al. Oligosaccharides in human milk during different phases of lactation. Acta Paediatr Suppl, 1999, 88 (430): 89-94.

[12] Sumiyoshi W, Urashima T, Nakamura T, et al. Galactosyllactoses in the milk of Japanese women: changes in concentration during the course of lactation. Journal of Applied Glycoscience, 2004, 51 (4): 341-344.

[13] Bao Y, Zhu L, Newburg DS. Simultaneous quantification of sialyloligosaccharides from human milk by capillary electrophoresis. Anal Biochem, 2007, 370 (2): 206-214.

[14] 姚文，张卓君，周婷婷，等. 中国母亲母乳中中性寡糖的浓度变化.中国儿童保健杂志, 2009, 17 (3): 251-253.

[15] Coppa GV, Gabrielli O, Zampini L, et al. Oligosaccharides in 4 different milk groups, *Bifidobacteria*, and *Ruminococcus obeum*. J Pediatr Gastroenterol Nutr, 2011, 53 (1): 80-87.

[16] Olivares M, Albrecht S, De Palma G, et al. Human milk composition differs in healthy mothers and mothers with celiac disease. Eur J Nutr, 2015, 54 (1): 119-128.

[17] Austin S, De Castro CA, Benet T, et al. Temporal change of the content of 10 oligosaccharides in the milk of chinese urban mothers. Nutrients, 2016, 8 (6). Epub 2016/06/25.

[18] McGuire MK, Meehan CL, McGuire MA, et al. What's normal? Oligosaccharide concentrations and profiles in milk produced by healthy women vary geographically. Am J Clin Nutr, 2017, 105(5): 1086-1100.

[19] Kunz C, Meyer C, Collado MC, et al. Influence of gestational age, secretor, and Lewis blood group status on the oligosaccharide content of human milk. J Pediatr Gastroenterol Nutr, 2017, 64 (5): 789-798.

[20] 魏远安, 郑惠玲, 吴少辉, 等. 中国母乳中低聚糖组分及含量变化——以中国广东江门地区为例. 食品科学, 2017, 38 (18): 180-186.

[21] 朱婧, 石羽杰, 吴立芳, 等. 不同阶段母乳中 10 种游离低聚糖的检测及含量分析. 中国食品卫生杂志, 2017, 29 (4): 417-422.

[22] Sprenger N, Lee LY, De Castro CA, et al. Longitudinal change of selected human milk oligosaccharides and association to infants' growth, an observatory, single center, longitudinal cohort study. PLoS One, 2017, 12 (2): e0171814.

[23] Nijman RM, Liu Y, Bunyatratchata A, et al. Characterization and quantification of oligosaccharides in human milk and infant formula. J Agric Food Chem, 2018, 66 (26): 6851-6859.

[24] Zhang W, Wang T, Chen X, et al. Absolute quantification of twelve oligosaccharides in human milk using a targeted mass spectrometry-based approach. Carbohydr Polym, 2019, 219: 328-333.

[25] Thomson P, Medina DA, Garrido D. Human milk oligosaccharides and infant gut *Bifidobacteria*: Molecular strategies for their utilization. Food Microbiol, 2018, 75: 37-46.

[26] Lin AE, Autran CA, Szyszka A, et al. Human milk oligosaccharides inhibit growth of group B *Streptococcus*. J Biol Chem, 2017, 292 (27): 11243-11249.

[27] Hoeflinger JL, Davis SR, Chow J, et al. *In vitro* impact of human milk oligosaccharides on Enterobacteriaceae growth. J Agric Food Chem, 2015, 63 (12): 3295-3302.

[28] Thongaram T, Hoeflinger JL, Chow J, et al. Human milk oligosaccharide consumption by probiotic and human-associated *Bifidobacteria* and lactobacilli. J Dairy Sci, 2017, 100 (10): 7825-7833.

[29] Wang J, Chen C, Yu Z, et al. Relative fermentation of oligosaccharides from human milk and plants by gut microbes. Eur Food Res Technol, 2017, 243 (1): 133-146.

[30] James K, Motherway MO, Bottacini F, et al. *Bifidobacterium breve* UCC2003 metabolises the human milk oligosaccharides lacto-*N*-tetraose and lacto-*N*-neo-tetraose through overlapping, yet distinct pathways. Sci Rep, 2016, 6: 38560.

[31] James K, O'Connell Motherway M, Penno C, et al. *Bifidobacterium breve* UCC2003 Employs Multiple Transcriptional Regulators To Control Metabolism of Particular Human Milk Oligosaccharides. Appl Environ Microbiol, 2018, 84 (9). Epub 2018/03/04.

[32] Bunesova V, Lacroix C, Schwab C. Fucosyllactose and L-fucose utilization of infant *Bifidobacterium longum* and *Bifidobacterium kashiwanohense*. BMC Microbiol, 2016, 16 (1): 248.

[33] Vester Boler BM, Rossoni Serao MC, Faber TA, et al. *In vitro* fermentation characteristics of select nondigestible oligosaccharides by infant fecal inocula. J Agric Food Chem, 2013, 61 (9): 2109-2119.

[34] Ruiz-Moyano S, Totten SM, Garrido DA, et al. Variation in consumption of human milk oligosaccharides by infant gut-associated strains of *Bifidobacterium breve*. Appl Environ Microbiol, 2013, 79 (19): 6040-6049.

[35] Lawson MAE, O'Neill IJ, Kujawska M, et al. Breast milk-derived human milk oligosaccharides promote *Bifidobacterium* interactions within a single ecosystem. ISME J, 2019. Epub 2019/11/20.

[36] Weiss GA, Chassard C, Hennet T. Selective proliferation of intestinal *Barnesiella* under fucosyllactose supplementation in mice. Br J Nutr, 2014, 111 (9): 1602-1610.

[37] Bode L. Human milk oligosaccharides in the prevention of necrotizing enterocolitis: A journey from *in vitro* and *in vivo* models to mother-infant cohort studies. Front Pediatr, 2018, 6: 385.

[38] Jantscher-Krenn E, Zherebtsov M, Nissan C, et al. The human milk oligosaccharide disialyllacto-*N*-tetraose prevents necrotising enterocolitis in neonatal rats. Gut, 2012, 61 (10): 1417-1425.

[39] Autran CA, Schoterman MH, Jantscher-Krenn E, et al. Sialylated galacto-oligosaccharides and 2′-fucosyllactose reduce necrotising enterocolitis in neonatal rats. Br J Nutr, 2016, 116 (2): 294-299.

[40] Cilieborg MS, Bering SB, Ostergaard MV, et al. Minimal short-term effect of dietary 2′-fucosyllactose on bacterial colonisation, intestinal function and necrotising enterocolitis in preterm pigs. Br J Nutr, 2016, 116 (5): 834-841.

[41] Good M, Sodhi CP, Yamaguchi Y, et al. The human milk oligosaccharide 2′-fucosyllactose attenuates the severity of experimental necrotising enterocolitis by enhancing mesenteric perfusion in the neonatal intestine. Br J Nutr, 2016, 116 (7): 1175-1187.

[42] Triantis V, Bode L, van Neerven RJJ. Immunological effects of human milk oligosaccharides. Front Pediatr, 2018, 6: 190.

[43] Simon PM, Goode PL, Mobasseri A, et al. Inhibition of helicobacter pylori binding to gastrointestinal epithelial cells by sialic acid-containing oligosaccharides. Infect Immun, 1997, 65 (2): 750-757.

[44] Weichert S, Jennewein S, Hufner E, et al. Bioengineered 2′-fucosyllactose and 3-fucosyllactose inhibit the adhesion of *Pseudomonas aeruginosa* and enteric pathogens to human intestinal and respiratory cell lines. Nutr Res, 2013, 33 (10): 831-838.

[45] Hester SN, Chen X, Li M, et al. Human milk oligosaccharides inhibit rotavirus infectivity *in vitro* and in acutely infected piglets. Br J Nutr, 2013, 110 (7): 1233-1242.

[46] He Y, Liu S, Kling DE, et al. The human milk oligosaccharide 2′-fucosyllactose modulates CD14 expression in human enterocytes, thereby attenuating LPS-induced inflammation. Gut, 2016, 65 (1): 33-46.

[47] Newburg DS, Tanritanir AC, Chakrabarti S. Lactodifucotetraose, a human milk oligosaccharide, attenuates platelet function and inflammatory cytokine release. J Thromb Thrombolysis, 2016, 42 (1): 46-55.

[48] Newburg DS, Pickering LK, McCluer RH, et al. Fucosylated oligosaccharides of human milk protect suckling mice from heat-stabile enterotoxin of *Escherichia coli*. J Infect Dis, 1990, 162 (5): 1075-1080.

[49] Manthey CF, Autran CA, Eckmann L, et al. Human milk oligosaccharides protect against enteropathogenic *Escherichia coli* attachment *in vitro* and EPEC colonization in suckling mice. J Pediatr Gastroenterol Nutr, 2014, 58 (2): 165-168.

[50] Li M, Monaco MH, Wang M, et al. Human milk oligosaccharides shorten rotavirus-induced diarrhea and modulate piglet mucosal immunity and colonic microbiota. ISME J, 2014, 8 (8): 1609-1620.

[51] Comstock SS, Li M, Wang M, et al. Dietary human milk oligosaccharides but not prebiotic oligosaccharides increase circulating natural killer cell and mesenteric lymph node memory T cell populations in noninfected and rotavirus-infected neonatal piglets. J Nutr, 2017, 147 (6): 1041-1047.

[52] Yu ZT, Nanthakumar NN, Newburg DS. The human milk oligosaccharide 2′-fucosyllactose quenches campylobacter jejuni-induced inflammation in human epithelial Cells HEp-2 and HT-29 and in mouse intestinal mucosa. J Nutr, 2016, 146 (10): 1980-1990.

[53] Pandey RP, Kim DH, Woo J, et al. Broad-spectrum neutralization of avian influenza viruses by sialylated human milk oligosaccharides: *in vivo* assessment of 3′-sialyllactose against H9N2 in chickens. Sci Rep, 2018, 8 (1): 2563.

[54] Xiao L, Leusink-Muis T, Kettelarij N, et al. Human milk oligosaccharide 2′-fucosyllactose improves innate and adaptive immunity in an influenza-specific murine vaccination model. Front Immunol, 2018, 9: 452.

[55] Vazquez E, Barranco A, Ramirez M, et al. Effects of a human milk oligosaccharide, 2'-fucosyllactose, on hippocampal long-term potentiation and learning capabilities in rodents. J Nutr Biochem, 2015, 26 (5): 455-465.

[56] Vazquez E, Barranco A, Ramirez M, et al. Dietary 2'-fucosyllactose enhances operant conditioning and long-Term potentiation via gut-brain communication through the vagus nerve in rodents. PLoS One, 2016, 11 (11): e0166070.

[57] Oliveros E, Ramirez M, Vazquez E, et al. Oral supplementation of 2'-fucosyllactose during lactation improves memory and learning in rats. J Nutr Biochem, 2016, 31: 20-27.

[58] Tarr AJ, Galley JD, Fisher SE, et al. The prebiotics 3'-sialyllactose and 6'-sialyllactose diminish stressor-induced anxiety-like behavior and colonic microbiota alterations: Evidence for effects on the gut-brain axis. Brain Behav Immun, 2015, 50: 166-177.

[59] Jacobi SK, Yatsunenko T, Li D, et al. Dietary isomers of sialyllactose increase ganglioside sialic acid concentrations in the corpus callosum and cerebellum and modulate the colonic microbiota of formula-fed piglets. J Nutr, 2016, 146 (2): 200-208.

[60] Mudd AT, Fleming SA, Labhart B, et al. Dietary sialyllactose influences sialic acid concentrations in the prefrontal cortex and magnetic resonance imaging measures in corpus callosum of young pigs. Nutrients, 2017, 9 (12). Epub 2017/11/29.

[61] Cowardin CA, Ahern PP, Kung VL, et al. Mechanisms by which sialylated milk oligosaccharides impact bone biology in a gnotobiotic mouse model of infant undernutrition. Proc Natl Acad Sci USA, 2019, 116 (24): 11988-11996.

[62] Xiao L, Van't Land B, Engen PA, et al. Human milk oligosaccharides protect against the development of autoimmune diabetes in NOD-mice. Sci Rep, 2018, 8 (1): 3829.

[63] Reverri EJ, Devitt AA, Kajzer JA, et al. Review of the clinical experiences of feeding infants formula containing the human milk oligosaccharide 2'-fucosyllactose. Nutrients, 2018, 10 (10) .doi: 10.3390/nu10101346.

[64] Thurl S, Munzert M, Boehm G, et al. Systematic review of the concentrations of oligosaccharides in human milk. Nutr Rev, 2017, 75 (11): 920-933.

[65] Elwakiel M, Hageman JA, Wang W, et al. Human milk oligosaccharides in colostrum and mature milk of chinese mothers: Lewis positive secretor subgroups. J Agric Food Chem, 2018, 66 (27): 7036-7043.

[66] Thurl S, Henker J, Siegel M, et al. Detection of four human milk groups with respect to Lewis blood group dependent oligosaccharides. Glycoconj J, 1997, 14 (7): 795-799.

[67] Ayechu-Muruzabal V, van Stigt AH, Mank M, et al. Diversity of human milk oligosaccharides and effects on early life immune development. Front Pediatr, 2018, 6: 239.

[68] Bode L, Contractor N, Barile D, et al. Overcoming the limited availability of human milk oligosaccharides: challenges and opportunities for research and application. Nutr Rev, 2016, 74 (10): 635-644.

除了前面提及的宏量营养素（蛋白质、脂类和碳水化合物）外，其余对人体必需的营养成分统称为微量营养素（micronutrients），包括矿物质和维生素以及其他微量营养成分。

营养学上将人体必需的矿物元素分成常量元素与微量元素两大类。常量元素包括钙、磷、钾、钠、镁、氯、硫等；微量元素包括碘、铁、锌、硒、铜、钼、铬、钴；对人体可能必需的微量元素有锰、硅、镍、硼、钒等。

维生素可进一步被分成脂溶性维生素（fat-soluble vitamins）和水溶性维生素（water-soluble vitamins）。脂溶性维生素包括维生素 A 和类胡萝卜素、维生素 D、维生素 E 和维生素 K。脂溶性维生素的共同特点是其化学组成主要由碳、氢、氧构成，溶于脂肪及脂溶剂，而不溶于水，需要随脂肪经淋巴系统被吸收；脂溶性维生素不提供能量，一般不能在体内合成（例外的是维生素 D 和维生素 K），必须由食物提供。通常随哺乳进程，乳汁中总脂肪含量逐渐增加，而脂溶性维生素（视黄醇和类胡萝卜素与 α-生育酚）迅速下降；母乳喂养儿需要常规补充维生素 D 和维生素 K。大多数脂溶性维生素若长期大剂量摄入易发生中毒；如果存在脂类吸收不良，容易出现缺乏症。

水溶性维生素包括维生素 B_1（硫胺素）、维生素 B_2（核黄素）、维生素 B_6（吡哆醇、吡哆胺、吡哆醛）、维生素 B_{12}（钴胺素）、叶酸、烟酸、生物素、胆碱、肉碱、维生素 C 等。以往对于乳母膳食水溶性维生素摄入量（质量）以及对乳汁含量的影响关注很少。近年来由于分析方法学的改进，越来越多的证据表明，如果乳母的营养状况差和/或摄入量低，最有可能降低乳汁中水溶性维生素分泌量。

本篇分若干章节介绍了人乳中矿物质、脂溶性维生素与水溶性维生素、核苷与核苷酸的种类、生理功能、含量、测定方法学以及影响人乳含量的因素等。

第三篇

微量营养素

第二十章

矿物质

除了碳、氢、氧和氮元素组成了宏量营养素（如碳水化合物、脂质、蛋白质）和维生素等有机化合物之外，其余的元素均被称为矿物质（minerals），也称为无机盐或灰分。按照化学元素在体内的含量，可将矿物质分为常量元素（含量大于体重的 0.01%）和微量元素（含量小于体重的 0.01%）。本章分别总结了人乳中常量元素和微量元素的生理功能、含量和影响因素以及测定方法等。

第一节　常量元素

人乳中常量元素（macro mineral elements）包括钙、磷、钠、钾、氯、镁和硫等元素。常量元素对维持婴儿的正常生理功能和生长发育发挥重要作用，参与了机体多种重要生理功能，例如维持机体正常渗透压和酸碱平衡、调节细胞膜通透性、维持神经肌肉兴奋性以及调控信号转导；构成重要组织成分，如钙和磷是骨骼和牙齿的主要成分等。

一、生理功能

1. 钠、钾、镁

钠（sodium）、钾（potassium）参与调节细胞膜的通透性，保持细胞内、外液酸碱性无机离子的浓度，维持细胞正常的渗透压和酸碱平衡，参与糖和蛋白质的代谢；镁

（magnesium）、钾参与调节肌肉的收缩和舒张，维持心肌的正常功能。钠的重要生理功能是通过调节细胞外液容量和渗透压，维持酸碱平衡和正常血压以及维持神经肌肉的应激性/兴奋性等。镁是婴儿骨骼的重要组成成分，促进和维持骨骼和牙齿的生长；镁是体内多种酶的激活剂，作为辅助因子参与体内多种酶促反应[1]；镁可直接调节某些激素的分泌，如甲状旁腺激素；镁还在神经传导、心脏兴奋性、肌肉收缩、血压及血管紧张性的调控方面发挥重要作用。

2. 钙与磷

钙（calcium）是参与构成婴儿骨骼和牙齿的主要成分，可参与体内多种酶的激活以及维持神经和肌肉的兴奋性、参与神经冲动的传递，还参与血液凝固、激素分泌、维持体液酸碱平衡、调节细胞正常生理功能、调节生物膜的完整性和通透性等。钙与磷（包括镁）一起是构成婴儿骨骼和牙齿的重要组成部分；磷（phosphorous）参与能量、糖和脂质代谢及调节酸碱平衡，是构成细胞膜及酶的重要组成成分，还是构成遗传物质的重要成分。

二、人乳中常量元素水平及其影响因素

近年来，人乳中矿物质含量及其影响因素是国内外研究的热点，常量元素的研究主要集中在镁、磷、钠、钙、钾等。

1. 常量元素含量

不同研究报道的人乳中常量元素（macro-elements）含量有较大差异。2014 年 Zhao 等[2]报告的我国不同泌乳阶段母乳中常量元素含量见表 20-1。1998～1999 年日本测定的不同泌乳阶段母乳中常量元素含量见表 20-2[3]。1989 年 WHO 和 2011 年德国报告的母乳中常量元素含量范围见表 20-3[4,5]。在中国母乳成分数据库研究中，采用 ICP-MS 获得成熟人乳常量元素含量中位数和范围见表 20-4[6]。

▷ 表 20-1　中国不同泌乳时间母乳中常量元素含量[均值±标准差（*n*）][2]　　　　单位：mg/kg

常量元素	5～11 天	12～30 天	31～60 天	61～120 天	121～240 天
镁	36.1±6.0（90）	33.1±5.6（87）	32.8±5.1（89）	35.8±3.9（89）	35.9±6.6（88）
磷	143.8±33.6（90）	148.0±25.0（87）	136.4±19.3（89）	118.0±11.4（90）	113.4±19.3（88）
钠	375±254（90）	259±262（87）	143±68（89）	133±69（90）	121±93（88）
钙	303.3±52.4（90）	293.6±46.7（87）	309.6±43.1（89）	287.4±40.0（90）	267.4±43.8（88）
钾	665.8±111.0（90）	601.3±79.6（87）	537.6±63.5（89）	489.1±61.4（90）	459.1±48.3（88）

表 20-2　日本不同泌乳时间母乳中常量元素含量[均值±标准差（*n*）][3]　　　　　单位：mg/kg

常量元素	1～5 天	6～10 天	11～20 天	21～89 天	90～180 天	181～365 天
镁	32±5（21）	30±9（38）	29±6（40）	25±7（550）	27±11（481）	33±7（39）
磷	159±40（21）	190±61（38）	176±30（40）	156±34（550）	138±37（481）	130±25（39）
钠	327±170（21）	241±111（38）	242±101（39）	139±72（541）	107±69（481）	116±61（39）
钙	293±72（21）	310±97（38）	304±41（40）	257±63（550）	230±74（481）	260±54（39）
钾	723±127（21）	709±228（38）	639±104（40）	466±83（550）	434±103（478）	432±70（39）

表 20-3　WHO 和德国报道的成熟人乳中常量元素水平比较　　　　　单位：mg/kg

元素	德国[4],2011①	WHO,1989[5]①
镁	31.6±4.9	23.5～37.8
磷	58.8±9.3	136～184
钠	—	71～190
钙	216.4±32.1	221～303
钾	449.6±74.3	326～554

①发表时间。
注："—"表示没有数据。

表 20-4　成熟人乳中常量元素水平的百分位分布[6]　　　　　单位：mg/kg

元素	样本数	P25	P50	P75
镁	42	24.5	27.3	29.7
磷	42	119.7	151.8	173.7
钠	42	78.9	109.2	126.8
钙	42	214.3	253.3	286.5
钾	42	416.6	471.2	513.8

2. 影响母乳中常量元素含量的因素

泌乳阶段、遗传背景（如维生素 D 受体基因型）、早产均可能影响母乳中部分常量元素的水平。

（1）哺乳阶段　人乳中钠、钾、镁的水平与泌乳阶段有关，初乳较高，成熟乳较低[7,8]；也有研究发现，母乳中镁的含量不受哺乳阶段的影响[2]，初乳中钙水平最低，11天至 4 个月的乳汁中钙含量达到最高，5～12 个月的乳汁中钙含量介于两者之间[9]。产后第二年母乳中钙含量显著低于第一年的母乳钙含量[10]。

（2）乳母营养状况与膳食摄入量　研究发现，人乳中常量元素水平与乳母营养状况、膳食摄入量没有关系[2]。乳母服用钙补充剂对其乳汁中的钙水平也没有影响[11]。

（3）其他影响因素　早产儿母乳中钾水平稍高于足月产儿的母乳[12]；人乳钙水平与

乳母维生素 D 受体的基因型有关，bb 型的乳母乳汁中钙水平高于 aa 型和 tt 型的[13]。

第二节　微量元素

人乳中的微量元素（trace elements）包括铁、锌、铜、硒、钴、铬、氟、碘、锰、钼、硅、镍、硼、钒、铅、镉、汞、砷、铝、锡、锂等；其中铁、锌、铜、硒、钴、碘、铬、锰、氟和钼被认为是维持正常人体生命活动不可缺少的必需微量元素；硅、镍、硼和钒则可能属于必需的微量元素；而铅、砷、镉、汞、铝、锡和锂虽有潜在毒性，但是低剂量时可能具有某些功能作用。近期还发现母乳中含有铈等元素[14]，这可能与环境污染等因素有关。

一、生理功能

微量元素参与了机体多种复杂的重要生理功能，例如作为多种酶（如含锌酶、含硒酶）和某些重要成分的必需组成成分，如铁、碘和铜分别是血红蛋白/肌红蛋白、甲状腺素和铜蓝蛋白的必需成分；以及多种酶的激活剂等。

1. 铁

铁（iron）是细胞必需的微量营养素，而过量时对细胞又存在潜在毒性作用。铁主要参与体内氧的运送和组织呼吸链传递过程；铁参与构成血红蛋白、肌红蛋白、细胞色素的组成成分，可维持婴儿正常的造血功能；处于快速生长发育期婴儿的铁需要量相对较高；然而，人乳中铁含量较低，但是吸收利用率明显高于牛乳。

2. 锌

锌（zinc）参与多种激素、维生素、蛋白质和酶的组成，参与了体内的催化功能、结构功能和调节功能。锌是体内酶的激活剂；可增进婴儿机体的免疫功能；维持细胞膜结构的完整；与味觉功能有关，并对皮肤和视力具有保护作用。锌是胎儿宫内发育的一个重要元素，缺锌可能会导致胎儿宫内生长发育迟缓和神经发育缺陷[15]。

3. 碘

碘（iodine）是合成甲状腺素的必需成分。甲状腺素调节多种生理功能，促进生长发育，如促进婴儿体内蛋白质的合成和神经系统发育，特别是对婴儿的智力发育尤为重要（碘参与婴儿的脑发育）；碘参与体内新陈代谢过程，包括糖和脂肪的代谢及激活许多重要的酶；参与组织中水、盐的代谢调节以及促进维生素的吸收[16]。

4. 铜

铜（copper）参与维持婴儿体内正常造血功能，维护中枢神经系统的完整性。铜还具有促进骨骼、血管和皮肤健康及抗氧化作用，并具有调节血管张力的作用。铜也参与胆固醇代谢、免疫、激素分泌等过程，在婴儿生长发育中发挥重要作用。

5. 硒

硒（selenium）是谷胱甘肽过氧化物酶的必需组成部分，同时还参与体内多种酶的组成，据估计是体内 25 种蛋白质的组成成分[17]；硒具有调节甲状腺素水平、促进生长、保护视觉和神经系统的功能[18]，具有抗氧化和免疫调节功能，并具有抗肿瘤和保护心肌健康的作用。

6. 镉、铅

镉（cadmium）对婴儿大脑和神经发育、骨骼形成有重要影响，可导致婴儿贫血和佝偻病，并且是明确的致癌物[19~21]。铅（lead）对于儿童运动能力、认知功能和智力发育等有潜在危害[22]；镉和铅与儿童孤独症有一定的剂量反应关系[23]。

7. 其他微量元素

铬是葡萄糖耐量因子的重要组成成分，能增强胰岛素的作用[24]；铬可提高高密度脂蛋白和载脂蛋白 A 的浓度及降低血清胆固醇。硼影响大脑的功能和成分，还影响维生素 D 的利用以及具有增强雌激素的作用，对维持健康的骨骼和关节是必需的，而且硼通过竞争性抑制某种关键酶的活性发挥代谢调节作用，控制许多代谢途径[25]。锰可影响碳水化合物的代谢过程[26]，调节胰岛素的代谢和活性；锰是体内酶的组成成分，线粒体内的锰超氧化物歧化酶（SOD-2）是主要的抗氧化剂，负责清除自由基，具有抗氧化作用[27]。钴是维生素 B_{12} 的组成部分；而钼是合成含有一个蝶呤核的钼酶辅助因子必需的元素，钼缺乏可导致摄食量降低和生长受抑制[28]。

二、人乳中微量元素含量及其影响因素

人乳中微量元素含量及其影响因素的研究主要集中在铁、铜、锌、硒、锰、钼、碘等元素。

1. 微量元素含量

不同研究报道的人乳中微量元素含量有较大的变异范围。2014 年 Zhao 等[2]报告的我国不同泌乳阶段母乳中的微量元素含量见表 20-5。1998～1999 年日本测定的不同泌乳阶段母乳中微量元素含量见表 20-6。WHO 报告的母乳中微量元素含量中位数范围见表 20-7。在中国母乳成分数据库研究中，ICP-MS 获得成熟人乳中微量元素含量中位数和范围见表 20-8[6]。已发表的人乳碘含量的差异很大，文献报道的人乳中碘含量范围为 5.4～

2170μg/L。母乳碘主要以无机碘和有机碘两种形式存在,无机碘约占母乳总碘量的44%～80%,有机碘主要是甲状腺激素 T_4、T_3 结合的碘及其代谢物[29]。南京一项 170 份母乳铅和镉测定结果显示,分别有 96.5%和 31.8%的样品含量超过 WHO 铅和镉的推荐限量[30]。

▣ 表 20-5　中国不同泌乳时间乳汁中微量元素含量［均值±标准差（n）］[2]

元素	5～11 天	12～30 天	31～60 天	61～120 天	121～240 天
铁/(mg/kg)	0.90±0.3（89）	1.0±0.7（87）	1.0±1.0（87）	0.9±0.9（89）	1.1±1.1（86）
锌/(mg/kg)	3.9±1.5（90）	2.8±1.2（87）	2.0±0.7（89）	1.5±0.6（89）	1.3±0.5（84）
硒/(μg/kg)	21.0±9.1（89）	17.8±7.5（85）	19.5±8.3（88）	15.1±7.5（77）	14.3±7.2（80）
铜/(mg/kg)	0.56±0.15（90）	0.50±0.16（87）	0.35±0.09（89）	0.31±0.07（90）	0.29±0.16（85）
碘/(μg/kg)	292.4±159.1（89）	226.7±122.0（86）	230.6±297.5（86）	222.0±331.0（90）	184.3±95.7（88）

▣ 表 20-6　日本不同泌乳时间乳汁中微量元素含量［均值±标准差（n）］[3]

元素	1～5 天	6～10 天	11～20 天	21～89 天	90～180 天	181～365 天
铁/(mg/kg)	110±54（20）	96±70（38）	136±83（39）	180±327（542）	52±143（476）	85±66（39）
锌/(mg/kg)	475±248（20）	384±139（38）	337±89（40）	177±108（551）	67±80（476）	65±43（39）
硒/(μg/kg)	2.5±0.7（10）	2.4±0.6（10）	2.7±0.8（10）	1.8±0.4（129）	1.5±0.6（134）	1.3±0.4（10）
铜/(mg/kg)	37±15（20）	48±10（38）	46±10（40）	34±19（555）	36±25（476）	16±5（39）
铬/(μg/kg)	1.7±1（20）	3.5±5.4（38）	4.5±5.3（40）	5±3.3（553）	7.6±5.4（475）	2.5±1.7（39）
锰/(μg/kg)	1.2±0.8（18）	1.8±5.3（38）	2.5±6.6（40）	0.8±2.2（555）	1.2±1.1（476）	0.9±1.1（39）

▣ 表 20-7　WHO 报道的成熟人乳中微量元素水平[5]

元素	WHO,1989①（中位数）	元素	WHO,1989①（中位数）
锌/(mg/kg)	0.7～2.61	碘/(μg/kg)	15～64
铁/(μg/kg)	180～720	铅/(μg/kg)	2.9～22.5
铜/(μg/kg)	201～310	汞/(μg/kg)	1.43～2.66
锰/(μg/kg)	4～39.55	镍/(μg/kg)	4.9～16.1
钼/(μg/kg)	0～16.36	硒/(μg/kg)	13.9～33.2
钴/(μg/kg)	0.12～1.43	锡/(μg/kg)	1.26～2.34
铬/(μg/kg)	0.78～4.35	钒/(μg/kg)	0.11～0.69

①发表时间。

▣ 表 20-8　成熟人乳中矿物质水平的百分位分布[6]　　　　　　　　　　　单位：μg/kg

元素	n	P25	P50	P75	元素	n	P25	P50	P75
铝	67	108.2	153.8	222.0	钴	67	0.14	0.20	0.42
钒	67	10.4	11.9	13.7	镍	58	1.58	3.02	13.61
铬	67	1.69	2.54	4.64	铜	67	207.1	312.3	444.5
锰	67	4.81	6.11	11.57	锌	67	1198.6	1721.0	2905.5
铁	67	227.6	343.6	506.2	镓	68	0.06	0.09	0.13

元素	n	P25	P50	P75	元素	n	P25	P50	P75
砷	67	1.09	1.39	1.75	镉	68	0.08	0.12	0.19
硒	68	9.14	11.20	14.40	铯	68	1.70	2.02	2.74
钼	66	0.68	1.53	4.79	钡	67	3.0	7.6	19.2
锶	67	63.2	77.8	109.2	铅	67	4.4	16.6	91.1
银	67	0.07	0.11	0.27					

2. 影响因素

我国关于人乳中微量元素水平影响因素的研究较少。已有研究结果显示，泌乳阶段、乳母膳食摄入量、营养状况、遗传背景（如维生素 D 受体基因型）、早产、乳母血清矿物质水平可能与乳汁中某些微量元素的水平有关。

（1）哺乳阶段　产后 1～2 天的初乳中铁、锌和锰（14.2nmol/L±7.3nmol/L、183nmol/L±70nmol/L 和 218nmol/L±102nmol/L）的水平显著高于第 5 天的水平（5.6nmol/L±3.1nmol/L、77nmol/L±22nmol/L 和 62nmol/L±29nmol/L）[31]。Krachler 等[32]的研究结果提示，随哺乳期的延长，人乳中锌、硒、铜、锰、钼含量显著降低，而钴含量显著增加。产后第二年母乳中铁、锌的含量显著低于产后第一年的母乳[10]。也有研究发现，母乳中铁含量不受哺乳阶段的影响[2]。在断奶期间，母乳中铁含量下降、锌含量有所增加[33]。

（2）乳母营养状况与膳食摄入量　人乳中微量元素水平与乳母营养状况、膳食摄入量的关系，研究结果不尽相同。有研究认为人乳中的铁、锌、铜含量与乳母自身矿物质水平[38]和膳食状况无关[34~39]。有研究结果发现人乳中锌水平与乳母膳食中动物蛋白质摄入量有关，动物蛋白摄入量低的乳母，乳汁锌水平也低[40]。人乳中铅水平与乳母血清铅水平呈显著正相关[41]。人乳中硒水平与乳母膳食硒营养状况有关，硒营养状况不良的乳母，其乳汁硒的水平较低[34,37]。意大利的研究发现，哺乳期鱼摄入量与母乳中硒含量呈弱相关（$r=0.21$，$P=0.04$）[34]。人乳中碘、硒、汞的水平与乳母膳食中相应元素的摄入量呈正相关，给乳母补充有机硒或无机硒均可增加其乳汁硒含量[34,42~44]。服用铁补充剂，不会改变乳母乳汁铁水平[45]。

（3）其他影响因素　早产儿的母乳中铜、铁、锌的水平稍高于足月儿的母乳[4,12]；土耳其的研究发现[46]，早产儿的母乳与足月儿的母乳锌含量的差异一直持续到产后 2 个月；早产儿的母乳铜含量仅在产后 0～7 天低于足月儿的母乳，其余阶段的母乳未发现有差异。有研究观察到，剖宫产母亲产后 5～11 天乳汁中碘含量（349.9μg/kg）显著高于自然分娩母亲 5～11 天乳汁碘含量（237.5μg/kg，$P<0.001$）[2]。母乳铜含量与胎次和乳母的 BMI 呈正相关（$r=0.317$，$P<0.001$ 和 $r=0.324$，$P<0.001$）[31]。母亲吸烟或被动吸烟者，母乳中镉含量显著增加[30]。母乳中镉、铅等污染物含量受环境污染、吸烟和母亲膳食的影响[47,48]。在低收入地区，母亲年龄与乳汁中的铁、锌、铜含量成反比[49]。

第三节　人乳中矿物质含量测定方法

最近二十年，伴随检测仪器的迅速发展，推动了人乳矿物质含量的研究，例如电感耦合等离子体质谱（ICP-MS）用于人乳矿物质含量的检测，可同时快速检测人乳中的数十种矿物质含量。

一、分析方法学的进展

人乳中矿物质水平的研究始于人们对人乳渗透压的关注。1938 年，英国学者 Dingle 和 Sheldon 开创了用光谱法研究人乳中矿物质含量的先河。1965 年，英国学者 Gunther 等最先用火焰原子发射光谱法分析了人乳中钾、钠含量。随后，火焰原子发射光谱法被广泛用于测定母乳中的钾、钠含量；1982 年，Iyengar 等[50]用火焰原子吸收光谱法测定了人乳中钴、铜、铁、汞、锰、锑、硒、锌水平；1984 年，Neville 等[51]用火焰原子吸收光谱法测定人乳中钾、钠水平；1990 年，Bitman 等[52]用离子选择电极法测定人乳中的钾、钠水平，同年，Li 等[53]用 ICP-MS 测定人乳中钠、镁、磷、硫、钾、钙、铁、铜、锌、锶的水平。2008 年，Yoshida 等[54]用 ICP-MS 法测定了人乳中钼和铬的含量。

二、我国开展的相关研究

我国自 20 世纪 70 年代开始，陆续开展了人乳中矿物质含量的研究。例如，20 世纪 70～80 年代，我国建立了 2,3-二氨基萘荧光法测定人乳硒含量；自 80 年代开始，原子吸收光谱法越来越多地被用于测定人乳中锌等矿物质含量[55]，随后原子吸收光谱法成为我国检测人乳中铁、铜、锌、锰、铬、镉、镁等元素的主要方法[12,56~65]。1995 年，邱立敏和武斌[63]、贺知敏等[64]用同位素激发 X 射线荧光分析法检测了人乳中部分矿物质含量（如锌、铜、铁、钙）。1997 年，王蕊萍和孔蓉[65]用元素检测试剂盒测定了人乳中钙含量，随后还有些研究使用元素检测试剂盒测定人乳钙含量[66,67]。1997 年，王紫霞和程丽萍[68]用邻苯甲酚酞络合酮法测定人乳钙含量；也有的研究采用 EDTA 滴定法测定人乳钙含量[69]。自 1992 年之后越来越多的研究使用 ICP-MS 测定人乳中多种矿物质含量[6,70~76]。1991 年，钼蓝比色法用于检测人乳磷；2002 年，等离子色谱法用于检测了人乳磷含量；2007 年，分光光度法用于检测了人乳磷。

三、人乳矿物质含量测定方法的比较

目前应用于人乳矿物质含量的测定方法主要有原子荧光光谱法或原子吸收光谱法、

元素检测试剂盒、气相色谱法、气相色谱-质谱串联法、自动比色微量测定法、离子选择性电极检测法、电感耦合原子发射光谱法、ICP-MS 法等。

1. 原子荧光光谱法或原子吸收光谱法

利用火焰原子发射光谱法[61]、火焰原子吸收光谱法[51]可测定人乳中钙、钾、钠等元素。刘汝河等[41]用等离子体直读光谱法测定人乳钙含量，徐志强[60]利用 5 通道原子吸收光谱仪测定钙含量。在 GB 5009.92—2016 国标方法中，推荐采用原子吸收光谱法测定了人乳钙含量[59]。原子吸收光谱法可用于测定人乳中痕量元素含量[50,55,56,58~60,62,77]。

2. 电感耦合等离子体质谱法

目前人乳中痕量元素含量的检测更多的是采用 ICP-MS。由于（微波消解）ICP-MS 方法具有样品处理简单快捷、需要样品量少、样品完全消解过程中不易被污染、分析速度快、准确度和灵敏度高、检测限低、线性范围宽等优点，可同时用于人乳中多种矿物质元素含量的检测，已经得到广泛应用[6,54,72~76]。如电感耦合等离子体原子发射光谱法[53,71,73]测定人乳中痕量元素；电感耦合等离子体质谱法同时检测人乳中 24 种矿物质含量[6,70]；电感耦合等离子体原子发射光谱法（ICP-AES）也常用于测定人乳钙含量[53,71,73,75,78]。目前 ICP-AOAC 是已经得到国际公认的检测方法，我国也将该方法列入国标检测方法。ICP-MS 用于人乳中元素测定的检出限和线性范围见表 20-9[6]。

▷ **表 20-9 ICP-MS 用于人乳中矿物质测定的检出限和线性范围**[①]   单位：μg/L

元素	检出限	线性范围	元素	检出限	线性范围
钠	1.10	96.68~243.48	铜	0.59	19.84~102.32
镁	0.01	24.79~98.88	锌	1.01	19.84~102.32
磷	2.40	79.14~241.19	硒	0.09	0.05~5.10
钾	0.13	242.19~393.77	铬	0.31	0.05~5.10
钙	0.22	148.74~294.15	钼	0.17	0.25~1.94
铝	2.60	0.05~5.10	银	0.01	0.05~5.10
砷	0.01	0.05~5.10	锶	0.09	0.05~5.10
钒	0.01	0.05~5.10	镓	0.02	0.05~5.10
锰	0.42	0.05~5.10	铯	0.01	0.05~5.10
铁	0.83	19.84~102.32	钡	0.65	0.05~5.10
钴	0.02	0.05~5.10	镉	0.01	0.05~5.10
镍	0.67	0.05~5.10	铅	0.23	0.05~5.10

①引自孙忠清等[6]，卫生研究，2013,42：504-509。

3. 商品试剂盒

母乳钙含量检测试剂盒可用于母乳中钙含量的快速定性检测，临床上常用于评估母乳钙含量。用于定性测定人乳中钙含量的方法还有母乳钙目测试剂条法[79]，用邻苯甲酚酞络合酮法检测了人乳钙含量[68]。这些方法通常用于临床快速检测，不适合研究目的的检测。

4. 其他方法

磷含量测定的经典方法有钼蓝比色法、分光光度法、等离子色谱法[61]。人乳中硒含量测定采用经典的传统荧光法。EDTA-Na$_2$滴定法[65,67]常用于母乳中钙含量的定性检测。同位素激发 X 射线荧光分析法可用于测定人乳钙含量[63]；火焰发射光谱法测定钙含量[61]；同位素激发 X 射线荧光分析法[63]、离子选择电极法[52]测定人乳矿物质含量。至今关于人乳中碘含量的研究相对较少。目前用于人乳中碘含量测定的方法主要有：采用催化-还原比色法测定乳中总碘含量[80]，以及离子色谱-质谱联用法和 Sandell-Kolthoff 反应法等[81]。

第四节　展　　望

目前关于人乳中矿物质的研究，主要集中在研究人乳中矿物质的水平，而且这些元素水平的研究也多集中在研究单一元素或一类含量水平相近的元素，缺少系统全面分析人乳中矿物质水平、存在功能性形式以及影响人乳中矿物质水平因素的研究。因此需要深入开展这方面的研究，发现导致部分乳母的乳汁矿物质水平较低的原因，将有助于制定改善我国乳母营养状况和乳汁矿物质水平较低现状的应对措施，为制定我国婴儿膳食矿物质推荐适宜摄入量提供依据，也有助于为婴儿配方食品、特殊医学用途配方食品的配方制定提供基础依据。

（庞学红，朱梅，杨振宇，荫士安）

参考文献

[1] Elin RJ. Magnesium：the fifth but forgotten electrolyte. Am J Clin Pathol，1994，102（5）：616-622.

[2] Zhao A，Ning Y，Zhang Y，et al. Mineral compositions in breast milk of healthy Chinese lactating women in urban areas and its associated factors. Chin Med J（Engl），2014，127（14）：2643-2648.

[3] Yamawaki N，Yamada M，Kan-No T，et al. Macronutrient，mineral and trace element composition of breast milk from Japanese women. J Trace Elem Med Biol，2005，19（2-3）：171-181.

[4] Bauer J，Gerss J. Longitudinal analysis of macronutrients and minerals in human milk produced by mothers of preterm infants. Clin Nutr，2011，30（2）：215-220.

[5] Geneva Switzerland WHO，Vienna Austria IAEA. Minor and trace elements in breast milk. Minor & Trace Elements in Breast Milk，1989，1：251-256.

[6] 孙忠清，岳兵，杨振宇，等. 微波消解-电感耦合等离子体质谱法测定人乳中 24 种矿物质含量. 卫生研究，2013，42：504-509.

[7] Hibberd CM，Brooke OG，Carter ND，et al. Variation in the composition of breast milk during the first 5 weeks of lactation：implications for the feeding of preterm infants. Arch Dis Child，1982，57（9）：658-662.

[8] Hartmann PE，Rattigan S，Saint L，et al. Variation in the yield and composition of human milk. Oxf Rev Reprod Biol，1985，7：118-167.

[9] 王文广，阎怀成，靳雅笙，等. 北京市城区乳母膳食调查及其 1-6 月乳儿食乳量和母乳营养成分的研究. 卫生研究，1984，4：76-78.

[10] Perrin MT，Fogleman AD，Newburg DS，et al. A longitudinal study of human milk composition in the second year postpartum：implications for human milk banking. Matern Child Nutr，2016，13（1）：e12239.

[11] Jarjou LM，Prentice A，Sawo Y，et al. Randomized，placebo-controlled，calcium supplementation study in pregnant Gambian women：effects on breast-milk calcium concentrations and infant birth weight，growth，and bone mineral accretion in the first year of life. Am J Clin Nutr，2006，83（3）：657-666.

[12] 戴定威，唐泽媛. 早产儿母乳主要成分和矿物质动态分析. 华西医大学报，1991，22：332-336.

[13] Kantol M，Vartiainen T. Changes in selenium，zinc，copper and cadmium contents in human milk during the time when selenium has been supplemented to fertilizers in Finland. J Trace Elem Med Biol，2001，15（1）：11-17.

[14] Hollriegl V，Gonzalez-Estecha M，Trasobares EM，et al. Measurement of cerium in human breast milk and blood samples. J Trace Elem Med Biol，2010，24（3）：193-199.

[15] Hambidge M. Human zinc deficiency. J Nutr，2000，130：1344-1349.

[16] Morreale de Escobar G，Obregon MJ，Escobar del Rey F. Role of thyroid hormone during early brain development. Eur J Endocrinol，2004，151 Suppl 3：U25-37.

[17] Kryukov GV，Castellano S，Novoselov SV，et al. Characterization of mammalian selenoproteomes. Science，2003，300（5624）：1439-1443.

[18] Vanderpas JB，Contempre B，Duale NL，et al. Selenium deficiency mitigates hypothyroxinemia in iodine-deficient subjects. Am J Clin Nutr，1993，57（2 Suppl）：271S-275S.

[19] Silbergeld EK，Waalkes M，Rice JM. Lead as a carcinogen：experimental evidence and mechanisms of action. Am J Ind Med，2000，38：316-323.

[20] Järup L. Hazards of heavy metal contamination. Br Med Bull，2003，68：167-182.

[21] Sughis M，Penders J，Haufroid V，et al. Bone resorption and environmental exposure to cadmium in children：a cross-sectional study. Environ Health，2011，10：104-109.

[22] Koller K，Brown T，Spurgeon A，et al. Recent developments in low-level lead exposure and intellectual impairment in children. Environ Health Perspect，2004，112：987-994.

[23] Bradstreet J，Geier DA，Kartzinel JJ，et al. A case-control study of mercury burden in children with autistic spectrum disorders. J Am Phys Surg，2003，3：76-79.

[24] Mertz W. Chromium occurrence and function in biological systems. Physiol Revs，1969，49（2）：163-239.

[25] Nielsen FH. Update on human health effects of boron. J Trace Elem Med Bio，2014，28（4）：383-387.

[26] Keen CL，Ensunsa JL，Watson MH，et al. Nutritional aspects of manganese from experimental studies. Neurotoxicology，1999，20（2-3）：213-223.

[27] Aschner JL，Aschner M. Nutritional aspects of manganese homeostasis. Mol Aspects Med，2005，26（4-5）：353-362.

[28] Trumbo P，Yates AA，Schlicker S，et al. Dietary reference intakes：vitamin A，vitamin K，arsenic，boron，

chromium, copper, iodine, iron, manganese, molybdenum, nickel, silicon, vanadium, and zinc. J Am Diet Assoc, 2001, 101（3）: 294-301.

[29] 贝斐, 张伟利. 母乳碘的研究. 中国妇幼健康研究, 2006, 17: 422-424.

[30] Liu KS, Hao JH, Xu YQ, et al. Breast milk lead and cadmium levels in suburban areas of nanjing, China. Chin Med Sci J, 2013, 28（1）: 7-15.

[31] Arnaud J, Favier A. Copper, iron, manganese and zinc contents in human colostrum and transitory milk of French women. Sci Total Environ, 1995, 159（1）: 9-15.

[32] Krachler M, Li FS, Rossipal E, et al. Changes in the concentrations of trace elements in human milk during lactation. J Trace Elem Med Bio, 1998, 12（3）: 159-176.

[33] Domellöf M, Lönnerdal B, Dewey KG, et al. Iron, zinc, and copper concentrations in breast milk are independent of maternal mineral status. Am J Clin Nutr, 2004, 79（1）: 111-115.

[34] Valent F, Horvat M, Mazej D, et al. Maternal diet and selenium concentration in human milk from an Italian population. J Epidemiol, 2011, 21（4）: 285-292.

[35] Yalcin SS, Yurdakok K, Yalcin S, et al. Maternal and environmental determinants of breast-milk mercury concentrations.Turk J Pediatr, 2010, 52（1）: 1-9.

[36] Hannan MA, Faraji B, Tanguma J, et al. Maternal milk concentration of zinc, iron, selenium, and iodine and its relationship to dietary intakes. Biol Trace Elem Res, 2009, 127（1）: 6-15.

[37] Bratter P, Bratter VE, Recknagel S, et al. Maternal selenium status influences the concentration and binding pattern of zinc in human milk. J Trace Elem Med Biol, 1997, 11: 203-209.

[38] Domellof M, Hemell O, Dewey KG, et al. Factors influencing concentrations of iron, zinc, and copper in human milk. Adv Exp Med Biol, 2004, 554: 355-358.

[39] Domellof M, Hernell O, Abrams SA, et al. Iron supplementation does not affect copper and zinc absorption in breastfed infants. Am J Clin Nutr, 2009, 89: 185-190.

[40] 赵文鼎, 庞文贞. 乳母营养对乳汁质量的影响. 营养学报, 1984, 1: 27-28.

[41] 刘汝河, 黄宇戈, 肖红, 等. 母血、脐血、母乳铅、钙水平配对分析. 中国儿童保健杂志, 2004, 12: 201-203.

[42] de Pee S, Hautvast JG. Variation in mineral concentrations in breast milk of Guatemalan mothers and a tribute to Professor Clive E. West. J Pediatr Gastroenterol Nutr, 2005, 40（2）: 120-121.

[43] Kumpulainen J, Salmenperä L, Siimes MA, et al. Selenium status of exclusively breast-fed infants as influenced by maternal organic or inorganic selenium supplementation. Am J Clin Nutr, 1985, 42（5）: 829-835.

[44] Trafikowska U, Sobkowiak E, Butler JA, et al. Organic and inorganic selenium supplementation to lactating mothers increase the blood and milk Se concentrations and Se intake by breast-fed infants. J Trace Elem Med Biol, 1998, 12（2）: 77-85.

[45] Arnaud J, Prual A, Preziosi P, et al. Effect of iron supplementation during pregnancy on trace element（Cu, Se, Zn）concentrations in serum and breast milk from Nigerian women. Ann Nutr Metab, 1993, 37（5）: 262-271.

[46] Ustundag B, Yilmaz E, Dogan Y, et al. Levels of cytokines（IL-1β, IL-2, IL-6, IL-8, TNF-α）and trace elements（Zn, Cu）in breast milk From mothers of preterm and term infants. Mediators Inflamm, 2005, 2005（6）: 331-336.

[47] Gundacker C, Pietschnig B, Wittmann JK, et al. Lead and mercury in breast milk. Pediatr, 2002, 110:

873-878.

[48] Nishijo M，Nakagawa H，Honda R，et al. Effects of maternal exposure to cadmium on pregnancy and breast milk. Occup Environ Med，2002，59：394-397.

[49] Nikniaz L，Mahdavi R，Gargari BP，et al. Maternal body mass index，dietary intake and socioeconomic status：differential effects on breast milk zinc，copper and iron Content. Health Promot Perspect，2011：140-146.

[50] Iyengar GV，Kasperek K，Feinendegen LE，et al. Determination of Co，Cu，Fe，Hg，Mn，Sb，Se and Zn in milk samples. Sci Total Environ，1982，24（3）：267-274.

[51] Neville MC，Keller RP，Seacat J，et al. Studies on human lactation. I. Within-feed and between-breast variation in selected components of human milk. Am J Clin Nutr，1984，40（3）：635-646.

[52] Bitman J，Hamosh M，Hamosh P，et al. Milk composition and volume during the onset of lactation in a diabetic mother. Am J Clin Nutr，1989，50（6）：1364-1369.

[53] Li JZ，Yoshinaga J，Suzuki T，et al. Mineral and trace element content of human transitory milk indentified with inductively coupled plasma atomic emission spectrometry. J Nutr Sci Vitaminol（Tokyo），1990，36（1）：65-74.

[54] Yoshida M，Takada A，Hirose J，et al. Molybdenum and chromium concentrations in breast milk from Japanese women. Biosci Biotechnol Biochem，2008，72（8）：2247-2250.

[55] 周劲波，洪昭毅，周建德. 人乳含锌量与婴儿血锌的观察. 上海医学，1984，7：323-325.

[56] 廖端平，管惠英. 母乳和牛乳中铜、铁、锌、锰、铬含量的比较. 营养学报，1986，8：360-365.

[57] 丁祥娥，何聿忠，林文业，等. 母乳中10种元素的测定分析与临床应用. 微量元素与健康研究，1994，11：49-51.

[58] 刘汝河，王媚，石丽琼，等. 母发、子发及母乳微量元素配对分析. 广东医学院学报，1994，12：119-120.

[59] GB 5009.92—2016. 食品中钙的测定.

[60] 徐志强. 钙、铁、锌、铜镁在母乳与婴儿血中相关性探讨. 中国妇幼保健，2010，25：2820-2821.

[61] 钱继红，吴圣楣，张伟利，等. 上海地区母乳成分调查. 上海医学，2002，25：396-398.

[62] 王建政，江蕙芸，陈红慧，等. 广西三县侗族乳母乳汁中钙、锌、铜、铁、锰元素含量的调查分析. 广西医学，2010，32：769-771.

[63] 邱立敏，武斌. 636例母乳的必须营养素测定分析. 武汉医学杂志，1995，19：151-152.

[64] 贺知敏，孙大泽，杨华，等. 健康乳母初乳中锌、铜、铁、钙的分析. 现代妇产科进展，1995，4：36-37.

[65] 王蕊萍，孔蓉. 母乳钙及新生儿尿钙检测结果分析. 中国妇幼保健，1997，12：169-170.

[66] 李秋霞，叶寿东，王彬，等. 电白县母乳钙水平的调查. 中国卫生检验杂志，2004，14：486-487.

[67] 张桂玲，李树丽，李树军，等. 225例母乳钙含量检测分析. 中国妇幼保健，2009，24：141-142.

[68] 王紫霞，程丽萍. 母乳钙与新生儿尿钙检测结果分析. 中国误诊学杂志，2008，8：7584-7585.

[69] 萧月生，秦冰，张炳均，等. 568例母乳钙与新生儿尿钙的检测与分析. 邯郸医学高等专科学校学报，2005，18：321.

[70] 刘维强，白春祥，倪景宝. 初乳、成熟乳与牛奶中五种微量元素的分析及营养评价. 微量元素与健康研究，1992，4：32-33.

[71] 赵永魁，张玉新，吴敦虎，等. 大连市母乳与牛乳某些元素含量的评价. 微量元素与健康研究，1994，11：49-50.

[72] 胡娅莉，罗月娥，戴鲁琴，等. 不同哺乳期母乳铁、锌、铜、钙、镁含量分析. 中国实用妇科与产科杂志，1998，14：303-304.

[73] 吴建之，苏吉梅，朱燕. 母乳与牛乳中微量元素的比较. 环境污染与防治，2000，22：40-41.

[74] 张杰，李艳红，刘晓军，等. 保定市母乳中微量元素及有毒元素含量的研究. 河北医科大学学报，2010，31：1326-1328.

[75] 邓波，张慧敏，颜春荣，等. 深圳市母乳中矿物质含量及重金属负荷水平研究. 卫生研究，2009，38：293-295.

[76] 张丹，陈桂霞，徐健，等. 母乳中微量元素间及母血中微量元素的相关性研究. 中国儿童保健杂志，2010，18：199-201.

[77] 刘强，武仙果，薛慧，等. 0-10月龄儿母亲乳汁锌的测定及其意义. 中国妇幼健康研究，2008，19：10-11.

[78] Bezerra FF, Cabello GM, Mendonca LM, et al. Bone mass and breast milk calcium concentration are associated with vitamin D receptor gene polymorphisms in adolescent mothers. J Nutr, 2008, 138（2）：277-281.

[79] 张艳军. 1018例母乳钙测试结果分析. 中国医疗前沿，2008，3：64.

[80] 陆源，唐向辉，张衍丽，等. 30例正常产妇初乳与成熟乳碘含量的分析. 微量元素与健康研究，1999，16：21-22.

[81] Chung HR, Shin CH, Yang SW, et al. Subclinical hypothyroidism in Korean preterm infants associated with high levels of iodine in breast milk. J Clin Endocrinol Metab, 2009, 94（11）：4444-4447.

第二十一章

碘和硒

碘（iodine）和硒（selenium）是两个受生存地理环境影响最明显的人体必需微量元素，而且不同地区人乳中它们的含量差异很大[1~4]。甲状腺轴的功能很大程度上依赖碘及硒。碘是合成甲状腺素的必需成分，碘缺乏、碘过量均会增加患甲状腺疾病的风险。多种组织器官中均含有硒，甲状腺中硒含量最高[5]，硒蛋白在甲状腺抗氧化系统及甲状腺激素的合成、活化、代谢过程中发挥重要作用，而且碘甲腺原氨酸脱碘酶（iodothyronine deiodinase）和谷胱甘肽过氧化物酶（glutathione peroxidase, GSH-Px）与甲状腺的关系最为密切。硒作为谷胱甘肽过氧化物酶的必需成分，参与了机体抗氧化反应，防止过氧化物对组织的过氧化损伤。已知人体内这两种微量元素以及母乳中含量依赖于生存环境中的含量。本章总结了母乳中的碘和硒含量以及影响因素等。

第一节　碘

碘对于婴儿的成长、大多数器官（特别是脑）的发育[6]、智力发育和生存均是必不可少的[7]；对于生命头两年处于快速生长发育期的婴幼儿，缺碘将会阻碍身体和大脑的正常发育，导致生长发育迟缓以及不可逆的脑损伤和智力低下[8]。已有研究结果显示，产后初期（如分娩 2 周）较高的乳汁碘浓度与 2 周至 1 岁时年龄别体重和身长别体重 Z 评分的明显增加有关[9]。WHO 建议生命最初 6 个月内应完全纯母乳喂养婴儿，提示通过母乳喂养获取充足的碘对母乳喂养儿的重要性[10]。这个时期母乳喂养婴儿碘摄入量完全依靠母乳，因此从孕期开始到哺乳期结束应维持母体最佳的碘营养状况。

一、母乳中碘含量

近年来不同研究报告的母乳中碘含量汇总于表 21-1。根据表中列出的母乳碘含量即使是在认为碘充足的人群中，母乳中碘含量的平均浓度或中位数的差异也很大（2.7～1968μg/L）[11]；另一项来自巴西的小样本（n=33）调查结果也反映了母乳中碘含量的较大个体差异，平均含量为 206μg/L±112μg/L（平均值±SD），范围在 51～560μg/L[12]。Jorgensen 等[13]在西澳大利亚的调查结果显示食用碘盐或/和补充含碘补充剂可明显升高母乳碘含量。

杜聪等[14]于 2015～2017 年在天津调查的结果显示，母乳（采集任意大于 1ml 乳样）碘含量与乳母尿碘和喂养儿的尿碘含量有关，产后不同时间母乳以及乳母和婴儿的尿碘含量见表 21-2。

▣ 表 21-1　不同研究报告的母乳中碘含量

国家	调查时间	样本数	碘含量/(μg/L)	作者
美国密西根	2016～2018 年	产后 2 周，n=20 产后 2 个月，n=12	160.7[3] 86.0[3]	Ellsworth 等[9]
中国天津	2016～2017 年	产后 1 周，n=365 产后 4 周，n=229 产后 8 周，n=147	225[3]（141～361）[3] 181[3]（121～261）[3] 153[3]（105～198）[3]	Chen 等[15]
荷兰格罗宁格[1]	2014～2015 年	产后 4 周，33 例	1.2μmol/L（0.5～3.0μmol/L）[4] ≈152（63.4～380.7）[5]	Stoutjesdijk 等[16]
南非西北省	2016 年[2]	产后 2～4 个月，100 例	179[2]（126～269）[3]	Osei 等[17]
西澳大利亚	2014～2015 年	15 例补充剂+碘盐 16 例补充剂/无碘盐 12 例无补充剂+碘盐 11 例无补充剂/无碘盐 产后 4～6 周，54 例	272[3] 151[3] 156[3] 98[3]	Jorgensen 等[13]
美国波士顿地区	2002～2006 年	57 例，产后 10～250 天	155[3]（2.7～1968） 205±271[6]	Pearce 等[11]

　①42 例参与者从妊娠第 20 周开始每天补充 2 片多种维生素补充剂（含 150μg 碘），直到产后 4 周，第 4 周时受试者本人手挤或泵吸采集乳样，其中 9 例中途终止试验和没有采集到乳样。②论文发表时间。③中位数（四分位数范围，P25～P75）。④中位数（范围）。⑤根据碘质量计算。⑥平均值±SD。

　注：除 Pearce 等[11]在美国波士顿地区对母乳碘含量用分光光度法测定，其他均使用 ICP-MS 法。

▣ 表 21-2　产后不同时间母乳以及乳母和婴儿尿碘含量　　　　　　　　　　单位：μg/L

产后时间/周	母乳碘		乳母尿碘		婴儿尿碘	
	n	M（P25～P75）	n	M（P25～P75）	n	M（P25～P75）
1	301	219.2（141.7～358.0）	438	201（102～467）	282	272（165～428）
4	142	168.0（118.0～255.6）	159	87（52～159）	144	200（136～301）
12	85	151.5（104.1～195.5）	88	110（65～165）	83	191（130～302）
24	60	123.5（83.1～177.6）	81	113（72～200）	79	203（147～349）

　注：引自杜聪等[14]，2018，结果系以中位数（第 25～第 75 百分位数）表示。

Nazeri 等[18]的系统文献综述和 Meta 分析（涵盖 57 项研究）结果显示，碘适宜国家的初乳中碘含量显著高于碘缺乏国家，尽管成熟乳也呈相同趋势，但是两者之间的差异并不显著（表 21-3）。

▣ 表 21-3　基于系统综述和 Meta 分析的初乳和成熟乳碘含量　　　　　　　　　　单位：μg/L

碘状态	初乳	成熟乳
碘适宜国家	152.0（106.2～198.7）	71.5（51.0～92.0）
碘缺乏国家	57.8（41.4～74.1）	28.0（-13.8～69.9）

注：改编自 Nazeri 等[18]，2018。

二、母乳碘存在形式

母乳中的碘超过 75%是以离子碘的形式存在[19]，其他为结合形式碘，如 T_3，还有少量 T_4。由于哺乳期间主要碘转运载体的表达增加，乳房浓缩碘分泌到乳汁的能力增加。同期乳母碘摄入量也会影响乳汁碘含量[20]。

三、影响母乳碘含量的因素

就个体而言，在未受到环境因素和/或疾病状态影响情况下，母乳碘含量通常无显著变化；每次哺乳的前乳与后乳、左右乳房、单胎和多胎的母乳碘含量均无显著差异；而且不同年龄的乳母、不同胎龄的婴儿，其母乳中碘含量也无明显差异。

1. 哺乳阶段

母乳中碘含量初乳中最高，过渡乳高于成熟乳，然后接下来几周内逐渐降低[9,15,21]。例如，Chen 等[15]测定的 2016～2017 年不同哺乳阶段乳汁碘含量显示逐渐降低趋势，产后 1 周、4 周、8 周、12 周、16 周和 24 周的母乳碘含量（μg/L）中位数（第 25～第 75 百分位数）分别为 225（141～361）、181（121～261）、153（105～198）、152（108～200）、120（91～168）、121（85～174）。通常成熟乳中碘含量比较稳定，如美国的调查结果显示，产后第 30～45 天与第 75～90 天的母乳碘含量（μg/L，平均值±SD）分别为 47.8±17.1（n=30）与 42.3±8.7（n=16）[22]。

2. 乳母碘营养状况

尽管特定地理区域的乳母碘摄入量和营养状况密切相关，但是母乳碘浓度与调查时点的乳母碘摄入量有关，而与营养状况无关[3]。天然食物中碘含量差异很大，在那些经常食用藻类、紫菜、海产鱼和海盐等富含碘食物的地区，显著增加乳母碘摄入量，可使母乳中碘浓度比其他地区高出 10 倍[23,24]；通常沿海乳母的乳汁碘含量明显高于内陆地区和山区的。给孕期和哺乳期妇女补充碘（如碘盐、含碘补充剂、富含碘食物）可有效提高母乳碘含量[13,17,21,25]，而且母乳中碘含量通常不受一天中采样时间的影响，前乳和后乳的碘含量无明显差异。

3. 生存周围环境

众所周知，地域对人群碘营养状况的影响非常明显。人乳碘浓度差异很大，主要受生存环境土壤中碘含量、碘化食盐或碘化油以及乳母膳食碘摄入量的影响[2,3]。在全面推广食盐碘强化的国家或地区[26]以及奶牛养殖场使用碘伏消毒的地区[27,28]、非地方性甲状腺肿地区母乳中碘浓度高于地方性甲状腺肿地区[29~31]和没有推广碘盐的地区[13,16]。补充碘（补充碘制剂或使用碘盐）的乳母其成熟母乳碘含量稳定在 100～150μg/L 之间[10]，而且在没有碘缺乏的乳母中，大多数研究中没有观察到产后 1 个月母乳碘浓度与哺乳阶段的相关性[2]。国际上比较性研究结果提供的证据显示，在 "碘适宜地区"和"缺碘地区"的区域之间，母乳中碘浓度的差异相当大（表 21-3）[2,10,32]。

4. 乳母药物的使用

孕期和哺乳期妇女服用抗甲状腺药物（如丙基硫氧嘧啶、甲巯咪唑和卡比马唑）通常对母乳喂养儿的甲状腺功能影响不大。哺乳期服用含碘的治疗心理疾病的药物可能会干扰甲状腺功能，抑制甲状腺激素释放；孕期和哺乳期服用含碘的药物，可增加母乳中碘含量；含碘的消毒液也很容易经乳母的皮肤被吸收转运至乳汁，可能增加母乳喂养儿发生暂时性甲状腺功能不全的风险。

5. 其他

孕期和哺乳期吸烟也会对婴儿碘营养状况造成不良影响，包括乳母吸烟和吸二手烟。Laurberg 等[33]的调查结果显示，乳母吸烟与母乳碘含量呈负相关，乳母吸烟会损害母乳喂养婴儿的碘营养状况。

在 Ellsworth 等[9]的队列研究中，观察到母乳碘浓度与乳母的孕前体重状况无关；而泰国的一项调查结果显示母乳碘浓度与乳母的体重相关，但是与乳母的年龄或哺乳期无关[34]。因此关于母乳碘含量的研究还应包括乳母孕期体重状况分析，以进一步了解母体健康状况对乳汁微量营养成分的影响。

四、测定方法

已开发了多种方法用于测定母乳中碘含量，包括传统的比色法、ICP-MS 法、碘化物特异性电极和高效液相色谱法等。

1. 比色法

传统比色法测定母乳中碘含量，原理是利用碘对砷铈还原反应的催化作用，酸性条件下 Ce^{4+}（黄色）被还原成 Ce^{3+}（无色），碘含量越高，反应速度越快，剩余 Ce^{4+}越少。

在分析前需要对样品进行灰化处理，可使用自动分析仪进行测量[21,33,35~39]。这个方法被推荐作为碘监测的常规方法和标准方法。然而，这个方法也有其局限性，包括样品制备过程中涉及高温、长时间消化过程和有毒/有害气体的释放[40]。

2.ICP-MS 法

ICP-MS 测定的结果与比色法具有明显的可比性，而且两种方法之间没有分析偏差[41~43]。但是，最近的一项研究结果显示，与 Sandell-Kolthoff 比色法相比，ICP-MS 有其更高的回收率和灵敏度，因此该方法应该是测定母乳碘含量的首选方法。由于 ICP-MS 方法具有更高的准确性、精密度和更低的检测限，目前被认为是可同时定量生物体液中多种元素的最佳方法，也被认为是测定含有复杂基质（如母乳）样本中低碘浓度的金标准[44~46]。

3. 其他方法

也有使用碘化物特异性电极和高效液相色谱法测定游离碘含量[19,47]，但是这些方法通常很复杂且存在碘萃取不完全，可能导致结果回收率低。碘分析的其他方法还包括中子活化（可同时测定多种微量元素）[22,24]、离子色谱-MS 联用[48,49]等。后两种方法通常仅提供碘化物的结果，而不是母乳中总碘含量。

第二节　硒

硒（selenium）是许多含硒蛋白的重要组成部分，如 GSH-Px 和脱碘酶，对生命早期发育至关重要[50]。我国最早在 20 世纪 60 年代初杨光圻教授发现湖北恩施地区不明原因脱发脱甲症系人体硒中毒[51]；70~80 年代，给缺硒地区易感人群补充亚硒酸钠可显著降低克山病和大骨节病的发病率。之后开始了我国人群硒需要量和安全摄入量范围的研究，在该项研究中开始分析不同地区人乳中硒含量。近年研究结果显示，婴儿缺硒将会导致生长发育迟缓和增加对某些疾病的易感性。

一、含量

我国具有独特的土壤中含有不同硒水平的地区，即硒缺乏地区、正常（适宜）硒地区、高硒地区和硒中毒地区，这些地区之间土壤中硒水平分别相差十倍甚至更高，直接影响当地农作物生长和饮水以及当地饲养牲畜组织中的硒含量[52]，进一步影响人体硒摄入量和机体营养状态。来自我国不同硒水平地区母乳硒含量和计算的 1 岁以内婴儿硒摄入量见表 21-4，由缺硒地区到硒中毒地区，母乳中硒含量相差约 100 倍（0.0026mg/L 与 0.283mg/L），因此我国是世界上自然环境中硒含量涵盖范围最广的地区之一[53]。Valent

等[54]汇总了不同地理区域成熟人乳硒水平，结果见表21-5。婴儿出生时虽然体内有些硒储备，但主要还是依赖于母乳提供的硒。

⊡ 表21-4 来自不同硒水平地区母乳硒含量和计算的1岁以内婴儿硒摄入量

地点	硒状态	母乳硒含量/(mg/L)	计算的硒摄入量/(μg/d)
四川西昌黄连	缺硒区①	0.0026（5）	2.0
四川西昌黄水	缺硒区健康岛②	0.0038（5）	2.9
北京市城区	正常硒地区	0.020（15）	15.7
湖北恩施	高硒/硒中毒区	0.283（3）	220.0

①为严重硒缺乏克山病地区。②位于严重硒缺乏克山病地区的健康岛，历史上没有发生过克山病（与硒缺乏有关）。

注：引自 Yang 等[53]，1984。括弧中数字为测定的样本例数。

⊡ 表21-5 不同地理区域成熟人乳硒水平　　　　　　　　　　　　　单位：ng/ml

国家	硒含量	结果表示	样本数	文献来源，发表时间
意大利	12.1，3.0	平均值±SD	100	Valent 等[54]，2011
	11.3	中位数	100	
芬兰	11.8±1.7（1个月）①	平均值±SD	13	Kumpulainen 等[55]，1984
	10.9±1.9（2个月）①		18	
	10.0±1.9（3个月）①		15	
芬兰	16.4±3.2②	平均值±SD	81	Kantol 等[56]，2001
	15.3±1.2③		8	
芬兰	18.9±3.0	平均值±SD	81	Kantola 等[56]，2001
希腊	18±3	平均值±SD	8	Bratakos 等[57]，1991
危地马拉	19.2	中位数	84	WHO[58]，1989
匈牙利	13.9	中位数	71	WHO[58]，1989
日本	17～18	中位数	10	Higashi 等[59]，1983
日本	17±6	平均值±SD	134	Yamawaki 等[60]，2005
尼泊尔	10.0±1.0	平均值±SEM	26	Moser 等[61]，1988
菲律宾	33.2	中位数	65	WHO[58]，1989
波兰	10.51±2.76	平均值±SD	362	Zachara 等[62]，2001
西班牙	16.3±4.7	平均值±SD	31	Navarro-Blasco 等[63]，2004
瑞典	13.1	中位数	32	WHO[58]，1989
美国	16.3±4.9	平均值±SD	8	Smith 等[64]，1982
美国	15	平均值±SD	10	Levander 等[65]，1987
美国	15.1±5.8	平均值±SD	10	Hannan 等[22]，2009
扎伊尔	19.3	中位数	69	WHO[58]，1989
印度尼西亚	10.2（8.7～12.9）	中位数（P25～P75）	111	Daniels 等[66]，2019
新西兰	11.3（10.0～13.3）	中位数（P25～P75）	68	Jin 等[67]，2019
巴西	8.4（2.5～38.1）	中位数（置信区间）	49	Alves Peixoto 等[68]，2019

①产后月。②在所有农业肥料中添加硒酸钠之前。③在所有农业肥料中添加硒酸钠之后。

注：改编自 Valent 等[54]，2011。

二、存在形式

在一般土壤硒或自然环境硒状态下，基于食物链中无机硒和有机硒的分布趋势判断，越接近食物链的顶端，无机硒占比越低，有机硒的占比越高，据此推断人体内无机硒的含量很低或痕量，食物中硒的主要存在形式也是有机硒，进一步直接影响母乳中硒的存在形式。

1991 年从人乳中检出 GSH-Px，证明母乳中存在蛋白结合形式的硒代半胱氨酸（SeCys）；后来陆续有报道人乳中可检出游离形式硒代蛋氨酸（SeMet）、SeCys、硒代胱氨酸（SeCys2）、二甲基硒（DMSe）、硒代胱胺（SeCysA）和硒代谷胱甘肽（GSSeSG）以及可能还有痕量的 Se（Ⅳ）和 Se（Ⅵ），提示母乳中存在游离形式的硒代氨基酸等小分子硒化合物。

通常人乳中游离形式硒占总硒比例很少（2%～3%），母乳中硒大部分是与蛋白质结合，如作为抗氧化酶 GSH-Px 的必需组成成分，有少量硒代半胱氨酸和硒代蛋氨酸的形式[69]，还有少量硒与乳脂肪有关[70,71]。乳汁中天然或酶解后可稳定存在的主要硒形态是 SeCys2 和 SeMet；SeCys2 可能来源于 SeCys 的氧化产物，而且其含量比 SeMet 要高很多。

三、影响因素

有诸多因素影响母乳中硒含量，其中最为重要的是生存环境本底的硒水平，如土壤、饮水以及食物中硒含量，人为干预可以改善乳母及其乳汁中硒含量（如补充含硒补充剂、农业肥料中添加硒酸钠等）。其他影响因素还有乳母的营养状况、哺乳阶段等。

1. 地理区域硒含量

食物中硒含量反映了植物性食物生长土壤中硒含量或动物饲料中硒含量[4]，这些是决定所生存区域乳母膳食硒摄入量的重要因素[52]，也是影响母乳硒浓度的关键因素[1,3]。海产食品的硒含量相对较高，通常居住在沿海地区的乳母乳汁中硒含量（ng/ml）显著高于内陆或农业地区乳母的乳汁（11.09±2.58 与 9.02±1.75）[62]。

2. 乳母营养状况

母乳中总硒含量与乳母日常膳食硒摄入量和整体硒营养状况呈正相关。在多项研究中观察到，乳母的血清或血浆硒浓度与母乳硒浓度显著相关（尽管微弱）[65,72~74]，然而也有的调查中没有观察到明显相关[59,75]。通过土壤处理或乳母补充硒蛋氨酸或硒酸钠的预防措施可有效提高母乳中硒浓度[76,77]。冈比亚农村妇女（n=55）的母乳样品硒含量与食物供给丰富程度有关，如食物供给相对丰富季节（旱季）的母乳硒含量显著高于食物短缺时期（雨季）[256nmol/L（20.2ng/L）与 208nmol/L（16.4ng/L），P＜0.01][78]。

3. 哺乳阶段

初乳中硒浓度很高，随哺乳期的延长而降低[59,79~81]，这与硒掺入蛋白质的趋势是一致的[1]。如 Bratakos 等[57]对希腊的分析结果显示，随哺乳期延长，母乳硒含量逐渐降低，初乳（1~3 天）、过渡乳（4~10 天）和成熟乳（20~180 天）硒含量（ng/ml，平均值±SD）分别为 41±16（20~79）、23±6（16~36）、17±3（11~23），至产后 20 天之后的母乳硒含量则相对稳定；Torres 等[81]报告的西班牙母乳硒含量（ng/ml，平均值±SD）变化趋势分别为 11.4±4.6（初乳）、10.7±4.6（过渡乳）、8.4±3.4（产后 1 个月）、5.3±1.9（产后 2 个月）；Higashi 等[59]对日本的调查获得相似结果，初乳硒含量最高（中位数 80ng/ml），随后在哺乳第一个月内，硒含量下降明显，然后达到稳定水平（中位数 17~18ng/ml），说明成熟乳硒含量相对稳定[78]。美国的一项调查结果显示，产后第 30~45 天与第 75~90 天的母乳硒含量（μg/L，平均值±SD）分别为 15.9±4.1（$n=20$）与 15.7±5.3（$n=10$）[22]。

4. 其他

有调查结果显示前乳与后乳硒含量有差异，前乳显著低于后乳（$P<0.05$）[64]；而有的调查结果则没有这样的差异，因为母乳中硒小于 5%是存在于脂肪中，这可能与后乳有较高的脂肪有关[1]。

有个别调查结果提示，产妇的胎次与哺乳后期的母乳硒之间呈负相关[78]。乳母年龄、BMI、铁补充和吸烟不影响母乳硒含量[82,83]。Alves Peixoto 等[68]的结果显示，巴西早产儿的母乳硒含量（μg/L，置信区间）显著高于足月儿的母乳［12.6（3.0~70.6）与 8.4（2.5~38.1）］。

四、测定方法

已有多种方法可用于测定母乳硒含量，包括 GC 与 ECD（GC-ECD）耦合、荧光法、AAS、NNA、LC-UV-HG-AFS 和 ICP-MS 法。

1. 荧光法

荧光法是较早用于食物（包括母乳）硒含量分析的非常成熟的方法，包括使用硝酸和高氯酸混合酸的湿法消化（盐酸还原）、用 2,3-二氨基萘衍生化等过程，然后用环己烷萃取。

2.GC-ECD

GC-ECD 分析需要消化样品，并将硒的各种氧化态转化为 Se（IV），然后用 4-硝基-邻苯二甲胺衍生化，用硫酸羟胺/EDTA 和尿素去除干扰物。分析前，用甲苯提取硒衍生物[71,72,84,85]。

3. 与 MS 联用的检测方法

目前有越来越多的研究采用 ICP-MS 法，可同时测定多种微量元素。毛细管区带电泳是较早用于母乳硒形态分析的常用分离技术，常与 ICP-MS 联用测定硒形态，但是采用该方法测定的硒化合物含量接近检测下限，提示该方法灵敏度和检测限还需要改进。

对于有机硒化合物，如硒代蛋氨酸（SeMet）、硒代胱氨酸（SeCys2）、硒代半胱氨酸（SeCys）、硒代胱胺（SeCysA）等有机硒化合物以及 Se（Ⅳ）和 Se（Ⅵ），通常采用 HPLC-MS/MS、UPLC-MS/MS、高效液相色谱电感耦合等离子体质谱法（HPLC-ICP-MS）、毛细管电泳-电化学发光法、LC-MS/MS、LC-UV-HG-AFS 等方法进行测定[86~88]。

4. 其他方法

其他方法包括氢化物生成[如 HPLC-氢化物发生-原子荧光光谱（HPLC-HG- AFS）]、流动注射氢化物和电热原子吸收光谱法、中子活化法[22]、ICP-AES 和同位素稀释质谱法等。应用高效液相色谱-氢化物生成、化学气相生成-原子荧光光谱法也可以同时测定包括硒在内的多种元素[89]。

5. 分离技术

对于小分子硒形态的分析，需要沉淀蛋白质；而对于大分子硒形态的分析（如与蛋白质结合形式），则需要用酶先将大分子蛋白质水解成小分子化合物，再采用水提取法进行处理。常用的分离技术有毛细管区带电泳、LC、UPLC 和 GC 等。测定方法主要是采用 ICP-MS[67,68,90]、原子荧光法[91]、串联质谱法等[86]。

GC 需要待测物具有易挥发性，可用于测定挥发性有机化合物，而其他硒化合物则需要进行较麻烦的衍生化处理；HPLC-ICP-MS 是最常用于食物（包括母乳）中硒形态分析的方法，但是需要通过液相分离各种硒化合物再测定 Se 元素，因此对液相分离的要求很高，由于各种硒化合物的性质很相似[91]，保留时间也相近，要成功分离每个硒化合物，需要对液相条件不断进行优化；液质联用技术由于其低定量下限[86,92]和可根据母离子、子离子进一步分离检测，从而可避开保留时间相近的硒化合物无法分离检测的问题。

由于 SeCys、SeCysA 的化学性质不稳定，需要进行烷基化处理[93,94]，使其分别转化为稳定的 CAM-SeCys 和 CAM-SeCysA，可实现 SeCys 和 SeCysA 的检测。

（董彩霞，王晖，荫士安）

参考文献

[1] Dorea JG. Selenium and breast-feeding. Br J Nutr，2002，88（5）：443-461.

[2] Dorea JG. Iodine nutrition and breast feeding. J Trace Elem Med Biol，2002，16（4）：207-220.

[3] Parr RM, DeMaeyer EM, Iyengar VG, et al. Minor and trace elements in human milk from Guatemala, Hungary, Nigeria, Philippines, Sweden, and Zaire. Results from a WHO/IAEA joint project. Biol Trace Elem Res, 1991, 29（1）: 51-75.

[4] Terry N, Zayed AM, De Souza MP, et al. Selenium in higher plants. Annu Rev Plant Physiol Plant Mol Biol, 2000, 51: 401-432.

[5] Kohrle J, Jakob F, Contempre B, et al. Selenium, the thyroid, and the endocrine system. Endocr Rev, 2005, 26（7）: 944-984.

[6] Zimmermann MB. The role of iodine in human growth and development. Semin Cell Dev Biol, 2011, 22（6）: 645-652.

[7] Semba RD, Delange F. Iodine in human milk: perspectives for infant health. Nutr Rev, 2001, 59（8 Pt 1）: 269-278.

[8] Zimmermann MB. The adverse effects of mild-to-moderate iodine deficiency during pregnancy and childhood: a review. Thyroid, 2007, 17（9）: 829-835.

[9] Ellsworth L, McCaffery H, Harman E, et al. Breast milk iodine concentration is associated with infant growth, independent of maternal weight. Nutrients, 2020, 12: 358.

[10] Azizi F, Smyth P. Breastfeeding and maternal and infant iodine nutrition. Clin Endocrinol（Oxf）, 2009, 70（5）: 803-809.

[11] Pearce EN, Leung AM, Blount BC, et al. Breast milk iodine and perchlorate concentrations in lactating Boston-area women. J Clin Endocrinol Metab, 2007, 92（5）: 1673-1677.

[12] de Lima LF, Barbosa F, Navarro AM. Excess iodinuria in infants and its relation to the iodine in maternal milk. J Trace Elem Med Biol, 2013, 27（3）: 221-225.

[13] Jorgensen A, O'Leary P, James I, et al. Assessment of breast milk iodine concentrations in lactating women in western Australia. Nutrients, 2016, 8（11）. doi: 10.3390/nu8110699.

[14] 杜聪, 王崇丹, 张艺馨, 等. 天津市乳母及其子代碘营养状况的调查分析. 卫生研究, 2018, 47（4）: 543-547.

[15] Chen Y, Gao M, Bai Y, et al. Variation of iodine concentration in breast milk and urine in exclusively breastfeeding women and their infants during the first 24 wk after childbirth. Nutrition, 2020, 71: 1-7.

[16] Stoutjesdijk E, Schaafsma A, Dijck-Brouwer DAJ, et al. Iodine status during pregnancy and lactation: a pilot study in the Netherlands. Neth J Med, 2018, 76（5）: 210-217.

[17] Osei J, Andersson M, Reijden OV, et al. Breast-milk iodine concentrations, iodine status, and thyroid function of breastfed infants aged 2-4 months and their mothers residing in a South African township. J Clin Res Pediatr Endocrinol, 2016, 8（4）: 381-391.

[18] Nazeri P, Kabir A, Dalili H, et al. Breast-milk iodine concentrations and iodine levels of infants according to the iodine status of the country of residence: A systematic review and meta-analysis. Thyroid, 2018, 28（1）: 124-138.

[19] Bates CJ, Prentice A. Breast milk as a source of vitamins, essential minerals and trace elements. Pharmacol Ther, 1994, 62（1-2）: 193-220.

[20] Bazrafshan HR, Mohammadian S, Ordookhani A, et al. An assessment of urinary and breast milk iodine concentrations in lactating mothers from Gorgan, Iran, 2003. Thyroid, 2005, 15（10）: 1165-1168.

[21] Mulrine HM, Skeaff SA, Ferguson EL, et al. Breast-milk iodine concentration declines over the first 6 mo postpartum in iodine-deficient women. Am J Clin Nutr, 2010, 92（4）: 849-856.

[22] Hannan MA，Faraji B，Tanguma J，et al. Maternal milk concentration of zinc，iron，selenium，and iodine and its relationship to dietary intakes. Biol Trace Elem Res，2009，127（1）：6-15.

[23] Muramatsu Y，Sumiya M，Ohmomo Y，et al. Stable iodine contents in human milk related to dietary algae consumption. Jap J Health Phy，1983，18：113-117.

[24] Moon S，Kim J. Iodine content of human milk and dietary iodine intake of Korean lactating mothers. Int J Food Sci Nutr，1999，50（3）：165-171.

[25] Seibold-Weiger K，Wollmann H，Rendl J，et al. Iodine concentration in the breast milk of mothers of premature infants. Z Geburtshilfe Neonatol，1999，203（2）：81-85.

[26] Nohr SB，Laurberg P，Borlum KG，et al. Iodine status in neonates in Denmark：regional variations and dependency on maternal iodine supplementation. Acta Paediatr，1994，83（6）：578-582.

[27] Phillips DI. Iodine，milk，and the elimination of endemic goitre in Britain：the story of an accidental public health triumph. J Epidemiol Community Health，1997，51（4）：391-393.

[28] Savino F，Sardo A，Rossi L，et al. Mother and infant body mass index，breast milk leptin and their serum leptin values. Nutrients，2016，8（6）. doi：10.3390/nu8060383.

[29] Pongpaew P，Supawan V，Tungtrongchitr R，et al. Urinary iodine excretion as a predictor of the iodine content of breast milk. J Med Assoc Thai，1999，82（3）：284-289.

[30] Vermiglio F，Lo Presti VP，Finocchiaro MD，et al. Enhanced iodine concentrating capacity by the mammary gland in iodine deficient lactating women of an endemic goiter region in Sicily. J Endocrinol Invest，1992，15（2）：137-142.

[31] Heidemann PH，Stubbe P，von Reuss K，et al. Iodine excretion and dietary iodine supply in newborn infants in iodine-deficient regions of West Germany. Dtsch Med Wochenschr，1984，109（20）：773-778.

[32] Delange F. Iodine requirements during pregnancy，lactation and the neonatal period and indicators of optimal iodine nutrition. Public Health Nutr，2007，10（12A）：1571-1580.

[33] Laurberg P，Nohr SB，Pedersen KM，et al. Iodine nutrition in breast-fed infants is impaired by maternal smoking. J Clin Endocrinol Metab，2004，89（1）：181-187.

[34] Dumrongwongsiri O，Chatvutinun S，Phoonlabdacha P，et al. High urinary iodine concentration among breastfed infants and the factors associated with iodine content in breast milk. Biol Trace Elem Res，2018，186（1）：106-113.

[35] Chung HR，Shin CH，Yang SW，et al. Subclinical hypothyroidism in Korean preterm infants associated with high levels of iodine in breast milk. J Clin Endocrinol Metab，2009，94（11）：4444-4447.

[36] Ordookhani A，Pearce EN，Hedayati M，et al. Assessment of thyroid function and urinary and breast milk iodine concentrations in healthy newborns and their mothers in Tehran. Clin Endocrinol（Oxf），2007，67（2）：175-179.

[37] Skeaff SA，Ferguson EL，McKenzie JE，et al. Are breast-fed infants and toddlers in New Zealand at risk of iodine deficiency？Nutrition，2005，21（3）：325-331.

[38] Yan YQ，Chen ZP，Yang XM，et al. Attention to the hiding iodine deficiency in pregnant and lactating women after universal salt iodization：A multi-community study in China. J Endocrinol Invest，2005，28（6）：547-553.

[39] Wang Y，Zhang Z，Ge P，et al. Iodine status and thyroid function of pregnant，lactating women and infants（0-1 yr）residing in areas with an effective Universal Salt Iodization program. Asia Pac J Clin Nutr，2009，18（1）：34-40.

[40] Pacquette LH, Levenson AM, Thompson JJ. Determination of total iodine in infant formula and nutritional products by inductively coupled plasma/mass spectrometry: single-laboratory validation. J AOAC Int, 2012, 95 (1): 169-176.

[41] Bader N, Moller U, Leiterer M, et al. Pilot study: tendency of increasing iodine content in human milk and cow's milk. Exp Clin Endocrinol Diabetes, 2005, 113 (1): 8-12.

[42] Bouhouch RR, Bouhouch S, Cherkaoui M, et al. Direct iodine supplementation of infants versus supplementation of their breastfeeding mothers: a double-blind, randomised, placebo-controlled trial. Lancet Diabetes Endocrinol, 2014, 2 (3): 197-209.

[43] Sánchez LF, Szpunar J. Speciation analysis for iodine in milk by size-exclusion chromatography with inductively coupled plasma mass spectrometric detection (SEC-ICP MS). J Ana At Spectrom, 1999, 14: 1697-1702.

[44] Dold S, Baumgartner J, Zeder C, et al. Optimization of a New Mass spectrometry method for measurement of breast milk iodine concentrations and an assessment of the effect of analytic method and timing of within-Feed sample collection on breast milk iodine concentrations. Thyroid, 2016, 26 (2): 287-295.

[45] Huynh D, Zhou SJ, Gibson R, et al. Validation of an optimized method for the determination of iodine in human breast milk by inductively coupled plasma mass spectrometry (ICPMS) after tetramethylammonium hydroxide extraction. J Trace Elem Med Biol, 2015, 29: 75-82.

[46] Zou Y, Wang D, Yu S, et al. Rapid inductively coupled plasma mass spectrometry method to determine iodine in amniotic fluid, breast milk and cerebrospinal fluid. Clin Biochem, 2020, 19.S0009-9120 (19) 31354-2.

[47] Harada S, Ichihara N, Arai J, et al. Influence of iodine excess due to iodine-containing antiseptics on neonatal screening for congenital hypothyroidism in Hokkaido prefecture, Japan. Screening, 1994, 3 (3): 115-123.

[48] Dasgupta PK, Kirk AB, Dyke JV, et al. Intake of iodine and perchlorate and excretion in human milk. Environ Sci Technol, 2008, 42 (21): 8115-8121.

[49] Kirk AB, Martinelango PK, Tian K, et al. Perchlorate and iodide in dairy and breast milk. Environ Sci Technol, 2005, 39 (7): 2011-2017.

[50] Skroder HM, Hamadani JD, Tofail F, et al. Selenium status in pregnancy influences children's cognitive function at 1.5 years of age. Clin Nutr, 2015, 34 (5): 923-930.

[51] 杨光圻, 王淑真, 周瑞华, 等. 湖北恩施地区原因不明脱发脱甲症病因的研究. 中国医学科学院学报, 1981, 3 (S2): 1-6.

[52] Dinh QT, Cui Z, Huang J, et al. Selenium distribution in the Chinese environment and its relationship with human health: A review. Environ Int, 2018, 112: 294-309.

[53] Yang GQ, Qian PC, Zhu LZ, et al. Human selenium requirements in China. New York: An AVI Bood Publishedd by Van Nostrand Reinhold Company, 1984: 589-607.

[54] Valent F, Horvat M, Mazej D, et al. Maternal diet and selenium concentration in human milk from an Italian population. J Epidemiol, 2011, 21 (4): 285-292.

[55] Kumpulainen J, Vuori E, Siimes MA. Effect of maternal dietary selenium intake on selenium levels in breast milk. Int J Vitam Nutr Res, 1984, 54 (2-3): 251-255.

[56] Kantol M, Vartiainen T. Changes in selenium, zinc, copper and cadmium contents in human milk during the time when selenium has been supplemented to fertilizers in Finland. J Trace Elem Med Biol, 2001, 15 (1): 11-17.

[57] Bratakos MS, Ioannou PV. Selenium in human milk and dietary selenium intake by Greeks. Sci Total Environ, 1991, 105: 101-107.

[58] World Health Organization. Minor and trace elements in breast milk.Geneva: WHO, 1989.

[59] Higashi A, Tamari H, Kuroki Y, et al. Longitudinal changes in selenium content of breast milk. Acta Paediatr Scand, 1983, 72 (3): 433-436.

[60] Yamawaki N, Yamada M, Kanno T, et al. Macronutrient, mineral and trace element composition of breast milk from Japanese women. J Trace Elem Med Biol, 2005, 19 (2-3): 171-181.

[61] Moser PB, Reynolds RD, Acharya S, et al. Copper, iron, zinc, and selenium dietary intake and status of Nepalese lactating women and their breast-fed infants. Am J Clin Nutr, 1988, 47 (4): 729-734.

[62] Zachara BA, Pilecki A. Daily selenium intake by breast-fed infants and the selenium concentration in the milk of lactating women in western Poland. Med Sci Monit, 2001, 7 (5): 1002-1004.

[63] Navarro-Blasco I, Alvarez-Galindo JI. Selenium content of Spanish infant formulae and human milk: influence of protein matrix, interactions with other trace elements and estimation of dietary intake by infants. J Trace Elem Med Biol, 2004, 17 (4): 277-289.

[64] Smith AM, Picciano MF, Milner JA. Selenium intakes and status of human milk and formula fed infants. Am J Clin Nutr, 1982, 35 (3): 521-526.

[65] Levander OA, Moser PB, Morris VC. Dietary selenium intake and selenium concentrations of plasma, erythrocytes, and breast milk in pregnant and postpartum lactating and nonlactating women. Am J Clin Nutr, 1987, 46 (4): 694-698.

[66] Daniels L, Gibson RS, Diana A, et al. Micronutrient intakes of lactating mothers and their association with breast milk concentrations and micronutrient adequacy of exclusively breastfed Indonesian infants. Am J Clin Nutr, 2019, 110 (2): 391-400.

[67] Jin Y, Coad J, Weber JL, et al. Selenium intake in iodine-deficient pregnant and breastfeeding women in New Zealand. Nutrients, 2019, 11 (1). doi: 10.3390/nu11010069.

[68] Alves Peixoto RR, Bianchi Codo CR, Lacerda Sanches V, et al. Trace mineral composition of human breast milk from Brazilian mothers. J Trace Elem Med Biol, 2019, 54: 199-205.

[69] Michalke B, Schramel P. Selenium speciation in human milk with special respect to quality control. Biol Trace Elem Res, 1997, 59 (1-3): 45-56.

[70] Debski B, Picciano MF, Milner JA. Selenium content and distribution of human, cow and goat milk. J Nutr, 1987, 117 (6): 1091-1097.

[71] Milner JA, Sherman L, Picciano MF. Distribution of selenium in human milk. Am J Clin Nutr, 1987, 45 (3): 617-624.

[72] Mannan S, Picciano MF. Influence of maternal selenium status on human milk selenium concentration and glutathione peroxidase activity. Am J Clin Nutr, 1987, 46 (1): 95-100.

[73] Schramel P, Lill G, Hasse S, et al. Mineral- and trace element concentrations in human breast milk, placenta, maternal blood, and the blood of the newborn. Biol Trace Elem Res, 1988, 16 (1): 67-75.

[74] Flax VL, Adair LS, Allen LH, et al. Plasma Micronutrient concentrations are altered by antiretroviral therapy and lipid-based nutrient supplements in lactating HIV-infected malawian women. J Nutr, 2015, 145 (8): 1950-1957.

[75] Micetic-Turk D, Rossipal E, Krachler M, et al. Maternal selenium status in Slovenia and its impact on the selenium concentration of umbilical cord serum and colostrum. Eur J Clin Nutr, 2000, 54 (6): 522-524.

[76] Flax VL，Bentley ME，Combs GF，et al. Plasma and breast-milk selenium in HIV-infected Malawian mothers are positively associated with infant selenium status but are not associated with maternal supplementation：results of the Breastfeeding，Antiretrovirals，and Nutrition study. Am J Clin Nutr，2014，99（4）：950-956.

[77] Dylewski ML，Picciano MF. Milk selenium content is enhanced by modest selenium supplementation in extended lactation. J Trace Elem Exp Med，2002，15（4）：191-199.

[78] Funk MA，Hamlin L，Picciano MF，et al. Milk selenium of rural African women：influence of maternal nutrition，parity，and length of lactation. Am J Clin Nutr，1990，51（2）：220-224.

[79] Tamari Y，Chayama K，Tsuji H. Longitudinal study on selenium content in human milk particularly during early lactation compared to that in infant formulas and cow's milk in Japan. J Trace Elem Med Biol，1995，9（1）：34-39.

[80] Tamari Y，Kim ES. Longitudinal study of the dietary selenium intake of exclusively breast-fed infants during early lactation in Korea and Japan. J Trace Elem Med Biol，1999，13（3）：129-133.

[81] Torres MA，Verdoy J，Alegria A，et al. Selenium contents of human milk and infant formulas in Spain. Sci Total Environ，1999，228（2-3）：185-192.

[82] Mandic Z，Mandic ML，Grgic J，et al. Selenium content of breast milk. Z Lebensm Unters Forsch，1995，201（3）：209-212.

[83] Arnaud J，Prual A，Preziosi P，et al. Effect of iron supplementation during pregnancy on trace element（Cu，Se，Zn）concentrations in serum and breast milk from Nigerian women. Ann Nutr Metab，1993，37（5）：262-271.

[84] Debski B，Finley DA，Picciano MF，et al. Selenium content and glutathione peroxidase activity of milk from vegetarian and nonvegetarian women. J Nutr，1989，119（2）：215-220.

[85] Ellis L，Picciano MF，Smith AM，et al. The impact of gestational length on human milk selenium concentration and glutathione peroxidase activity. Pediatr Res，1990，27（1）：32-35.

[86] 何梦洁，张双庆，梁敏慧，等. 超高效液相色谱-串联质谱法测定牛奶中游离蛋氨酸. 卫生研究，2016，45（1）：65-67.

[87] Matsukawa T，Hasegawa H，Shinohara Y，et al. Simultaneous determination of selenomethionine enantiomers in biological fluids by stable isotope dilution gas chromatography-mass spectrometry. J Chromatogr B Analyt Technol Biomed Life Sci，2011，879（29）：3253-3258.

[88] Bierla K，Szpunar J，Lobinski R. Specific determination of selenoaminoacids in whole milk by 2D size-exclusion-ion-paring reversed phase high-performance liquid chromatography-inductively coupled plasma mass spectrometry（HPLC-ICP MS）. Anal Chim Acta，2008，624（2）：195-202.

[89] Chen YW，Belzile N. High performance liquid chromatography coupled to atomic fluorescence spectrometry for the speciation of the hydride and chemical vapour-forming elements As，Se，Sb and Hg：a critical review. Anal Chim Acta，2010，671（1-2）：9-26.

[90] Han F，Liu L，Lu J，et al. Calculation of an adequate intake（AI）value and safe range of selenium（Se）for chinese infants 0-3 months old based on Se concentration in the milk of lactating Chinese women with optimal Se intake. Biol Trace Elem Res，2019，188（2）：363-372.

[91] Ghasemi E，Sillanpaa M，Najafi NM. Headspace hollow fiber protected liquid-phase microextraction combined with gas chromatography-mass spectroscopy for speciation and determination of volatile organic compounds of selenium in environmental and biological samples. J Chromatogr A，2011，1218（3）：380-386.

[92] 铁梅，李宝瑞，邢志强，等. 富硒大豆中蛋白提取工艺优化及 HPLC-MS 联用测定硒代蛋氨酸. 食品科

学，2015，36：6-11.

[93] Jagtap R，Maher W，Krikowa F，et al. Measurement of selenomethionine and selenocysteine in fish tissues using HPLC-ICP-MS. Microchem J，2016，128：248-257.

[94] Dernovics M，Lobinski R. Characterization of the selenocysteine-containing metabolome in selenium-rich yeast：Part II . On the reliability of the quantitative determination of selenocysteine. J Anal At Spectrom，2008，23（1）：72-83.

第二十二章
维生素 A 与类胡萝卜素

类维生素 A（retinoids）是多种物质的总称，包括维生素 A 前体和类胡萝卜素，其中维生素 A 前体主要包括视黄醇（retinol）、视黄酸（retinoic acid）、视黄醇酯（retinyl esters）和维生素 A 原（provitamin A）类胡萝卜素（carotenoids），类胡萝卜素主要包括 β-胡萝卜素、叶黄素和番茄红素。视黄醇及其衍生物仅存在于动物组织中，而类胡萝卜素主要存在于植物中。因为体内不能合成维生素 A，必须摄入视黄醇形式维生素 A（预先形成）或维生素 A 原类胡萝卜素满足机体的需要。

第一节　维生素 A

维生素 A（vitamin A）是一种必需微量营养素，对于纯母乳喂养的婴儿，母乳是其维生素 A 的唯一营养来源。

一、存在形式

人乳中维生素 A 的主要存在形式是视黄醇酯，其他的形式还有视黄酸等。在成熟乳中，至少发现有 12 种视黄醇酯，结合脂肪酸链的长度从辛酸盐（C_8）到硬脂酸盐（C_{16}）。人乳中存在的主要酯类形式是视黄醇棕榈酸酯和视黄醇硬脂酸酯，尽管这两种酯类是主要的存在形式，但是也仅占乳汁类维生素 A 的 60%。营养状况良好的乳母成熟乳中游离视黄醇占类维生素 A 的比例很小，超过 95%的视黄醇是以视黄醇酯的形式存在。

二、功能

维生素 A 在身体诸多生命过程中发挥至关重要的作用，具有广泛的生理功能，包括参与视觉过程、细胞增殖与分化、细胞间信息交流、器官与组织的生长、生殖以及免疫系统功能，可影响婴幼儿的生长发育、生殖功能、免疫功能、造血功能和皮肤黏膜的完整性。即使是无明显症状的边缘性维生素 A 缺乏，也会影响/损伤儿童的免疫功能和增加贫血发生率以及感染性疾病的严重程度，而且与感染性疾病（如腹泻、肺炎、麻疹和疟疾）的严重程度以及死亡风险升高有关。维生素 A 缺乏仍然是许多发展中国家所面临的一项重要公共卫生问题，维生素 A 缺乏病是严重威胁 5 岁以下儿童健康的主要疾病之一，与死亡率密切相关。

在妊娠和整个哺乳期，维生素 A 在成功妊娠、胎儿和新生儿达到适宜发育中发挥重要作用，而且对肺的发育成熟特别重要。严重维生素 A 缺乏可导致胎儿吸收、死胎及畸形；婴幼儿严重缺乏维生素 A，可导致干眼症（xerophthalmia）和夜盲症（night blindness），严重的可致角膜穿孔（失明）等。虽然可以采用生物化学、功能学评价和组织学的方法以及眼结膜印记细胞学检查（conjunctival impression cytology）和暗适应仪（dark adaptometry）评价乳母的维生素 A 营养状况，然而，母乳中维生素 A 的浓度被认为是评价哺乳期妇女维生素 A 营养状况的非常有用的指标，补充维生素 A 显著增加母乳中维生素 A 的量，母乳中视黄醇浓度比血浆或血清浓度能更好地反映乳母的维生素 A 营养状况[1,2]，然而与血浆视黄醇结合蛋白相比可能会低估幼儿维生素 A 缺乏的发生率[3]。

三、含量

不同研究报道的母乳中视黄醇含量汇总于表 22-1。初乳中视黄醇酯的水平较高，可以使母乳喂养的新生儿迅速获得和升高血中维生素 A 水平。正常的乳母和早产儿的乳母在整个哺乳期间，初乳中视黄醇水平最高[4]，随哺乳进程，乳汁视黄醇含量迅速下降，产后第一个月视黄醇和视黄醇酯的浓度降低非常迅速，到末期成熟乳中的含量最低[5~7]。Ribeiro 等[8]分析了 24 例乳母产后 0h、24h 和 24h 之后乳汁中视黄醇水平变化趋势，分别为 949μg/L±589μg/L、1290μg/L±786μg/L 和 1119μg/L±604μg/L。Canfield 等[9]比较了不同国家的母乳视黄醇含量，存在约 2 倍的差异。在成熟乳阶段，维生素 A 的含量相对比较稳定，如 de Pee 等[10]研究了不同哺乳期印度尼西亚乳母的乳汁维生素 A 浓度，3~6 个月、7~9 个月、10~12 个月和 13~18 个月的平均含量（μmol/L，±SD）分别为 0.74±0.41、1.03±0.72、0.88±0.67 和 1.05±0.98。通常发展中国家没有补充维生素 A 的乳母乳汁中维生素 A 含量低于发达国家乳母乳汁中维生素 A 的含量[10~13]。

补充维生素 A 对乳汁含量的影响取决于孕期和哺乳期妇女本身维生素 A 的营养状况或肝脏维生素 A 的储备。对维生素 A 耗空的母亲，几项临床补充试验发现补充可显著增加乳汁维生素 A 浓度[14~16]，而有些试验则没有观察到这样的影响[17]。Khan 等[14]在越南的一项以食物为基础的干预试验结果显示，给产后 5~14 个月乳母补充富含维生素 A 的食物（提供视黄醇 610μg/d）、水果（黄色或橙色水果，如芒果和木瓜，提供全反式β-胡萝卜素 3443μg/d）、蔬菜（叶菜类，提供全反式β-胡萝卜素 5037μg/d），每周 6 天，持续 10 周，均可显著升高母乳中视黄醇含量，与对照组乳汁视黄醇的几何均数（0.63μmol/L，0.59~0.80μmol/L）相比，补充富含维生素 A 食物组、水果组和蔬菜组的几何均数分别为 1.23μmol/L（1.12~1.35μmol/L）、0.90μmol/L（0.81~0.99μmol/L）和 0.86μmol/L（0.76~0.97μmol/L），富含维生素 A 食物的干预效果最佳。

Chappell 等[18]注意到在营养状况良好的加拿大妇女，乳母的维生素 A 和胡萝卜素摄入量与乳汁的浓度没有相关性；相反 Gebre-Mdhein 及其同事[19]曾报告，与来自经济状况较好的瑞典妇女的乳汁相比，来自经济状况较差的埃塞俄比亚乳母的视黄醇酯浓度要低得多，同样也低于本国经济状况较好的乳母。

⊡ 表 22-1　母乳中视黄醇含量（平均值±SE）　　　　　　　　　　　　　　　　单位：μmol/L

文献来源	初乳		过渡乳		成熟乳		发表时间
	含量	时间/天	含量	时间/天	含量	时间/天	
方芳等[7]	4.45±1.75	3~4	2.79±1.40	7	1.75±2.44	16~30	2014
	4.19±2.44	5					
	3.49±1.40	6					
Webb 等[20]	4.32±0.30	初乳	—①		2.25±0.12	90	2009
					2.24±0.12	180	
					0.63±0.06	≥60	2013
Macias 等[6]	3.56±1.95	—①	1.15±0.49	?	—①		2001
Szlagatys-Sidorkiewicz 等[5]	0.44（0.28~0.55）	3	—①		0.30（0.18~0.47）	30~32	2012
Muslimatun 等[21]	2.29（1.80~2.79）②	4~7	—①		1.06（0.89~1.22）②	90	2001
	3.37（2.47~4.26）③	4~7	—①		1.24（1.03~1.45）③	90	2001

① "—"表示没有数据。②在妊娠 16~20 周，每周补充 4800μgRE（同时含有 120mg 硫酸亚铁形式铁和 500μg 叶酸）。③在妊娠 16~20 周，每周补充 120mg 硫酸亚铁形式铁和 500μg 叶酸。

注：SE 指标准误。

四、影响因素

有许多因素调节分泌进入乳汁中维生素 A 的量，如不同哺乳阶段、乳母肝脏维生素 A 储备量[22]、乳母的食物摄入量或营养状态（富含维生素 A 和/或类胡萝卜素食物摄入量）[23]、母亲年龄[12]、胎次[11,22,24]和胎儿成熟程度[25~27]、居住地区和受教育程度等[3,12,23,25~27]，以及其他微量营养素与维生素 A 的相互作用也会影响乳母的维生素 A 营养状态[28~30]。

1. 哺乳阶段

母乳中视黄醇水平与哺乳阶段有关，初乳中最高，之后迅速降低，成熟乳（尤其是4~12个月哺乳期间）降低非常明显[5,26,27]。

2. 乳母膳食与营养状况

母乳维生素A含量直接受乳母维生素A营养状况的影响，母乳维生素A含量与乳母膳食摄入量密切相关[31]。如果孕妇维生素A营养状况差或膳食维生素A摄入量低，将不能为胎儿提供适宜的维生素A，这将导致分娩后其乳汁中维生素A含量的降低，而且这样供给不足导致的不良结局通过产后补充也不能得到补偿。已证明乳汁中维生素A水平与乳母膳食维生素A摄入量和肝脏储备量密切相关[32~35]。维生素A缺乏乳母分泌的乳汁中维生素A不足以维持其喂养婴儿迅速生长发育和体内储备的需要[36]。妊娠末期的维生素A摄入量和营养状态影响乳汁中视黄醇浓度[37]。母乳中维生素A几乎都存在于脂肪中，于是影响乳汁脂肪浓度的因素也影响维生素A的含量；母乳维生素A含量与乳脂呈正相关，而个体乳脂浓度在24h内的波动很大，与乳母本身的营养状况、进食时间及采样时间间隔有关。其他微量营养素与维生素A的相互作用也会影响维生素A的营养状况，如乳汁维生素A水平与铁含量（$P<0.001$）和血清视黄醇（$P=0.03$）呈正相关[38]。然而乳汁视黄醇含量与乳母全身炎症指标（如C反应蛋白、α_1-酸性糖蛋白）无关[39]。

3. 社会经济状况

有研究提出乳母的社会经济状况影响乳汁视黄醇浓度[38]，也有研究结果显示乳母社会经济状况（如受教育程度、家庭收入和卫生状况）和营养知识与乳汁中维生素A水平无关[40]。来自巴西的研究结果提示，母乳维生素A浓度与乳母工作（$P=0.02$）、乳母年龄（$P=0.02$）和口服避孕药（$P=0.01$）呈正相关；而与体脂呈负相关（$P=0.01$）[38]。来自泰国的研究结果显示，乳母年龄、产次和BMI与其乳汁视黄醇的浓度无关，而乳汁中视黄醇浓度与乳母的血清水平显著相关[26]。

4. 分娩胎次与胎儿成熟程度

经产妇比初产妇有较高的肝脏视黄醇储备[22]，其分泌乳汁中视黄醇含量显著高于初产妇[24]。相似研究还有，初产妇的初乳中视黄醇浓度显著低于经产妇的初乳浓度（0.825μmol/L±0.088μmol/L 与 1.169μmol/L±0.124μmol/L，$P<0.001$），而足月儿的初乳中视黄醇浓度显著高于早产儿的初乳，如 Dimenstein 等[41]报告的结果为1.113μmol/L±0.088μmol/L 与 0.792μmol/L±0.106μmol/L（$P<0.001$），Souza 等[42]报告相似结果为 1.87μmol/L±0.81μmol/L 与 1.38μmol/L±0.67μmol/L。

5. 补充效果

发展中国家低收入乳母的乳汁维生素A浓度低于发达国家的母乳，有研究给发展中

国家乳母补充维生素 A 或β-胡萝卜素，可显著升高乳汁维生素 A 浓度[15]，如产后补充 1
次大剂量维生素 A 棕榈酸酯 200000IU 或 2 次 200000IU（24h 间隔），4 周后乳汁中视黄
醇浓度显著升高，而两个补充剂量组之间无显著差异[16]。孟加拉国的补充试验证明，给
产后 2 个月的乳母每天补充小剂量维生素 A 补充剂（0.25mg 视黄醇醋酸酯），每周 6 天，
持续 3 周，显著升高乳汁视黄醇含量（基线 0.76μmol/L±0.05μmol/L 与干预后
1.04μmol/L±0.07μmol/L）[43]。另一项产后立即给予一次剂量维生素 A 棕榈酸酯 200000IU
的研究中，24h 内即可显著升高乳汁视黄醇浓度（中位数），如禁食基线水平 468μg/L
（297～1589μg/L）、餐后水平 673μg/L（311～1487μg/L）；补充维生素 A 后，禁食状态
乳汁含量为 895μg/L（329～2642μg/L）、进餐后含量为 1027μg/L（373～3783μg/L），产
后给乳母补充大剂量维生素 A 显著增加初乳视黄醇浓度[44]。在 Muslimatun 等[21]的研究
中，给妊娠 16～20 周妇女每周补充 4800μgRE（同时含有 120mg 硫酸亚铁形式铁和 500μg
叶酸），显著增加初乳中视黄醇含量（表 22-1），而对乳汁铁含量没有影响。

第二节　类胡萝卜素

在发展中国家，含有维生素 A 原类胡萝卜素的蔬菜和水果等仍然是维生素 A 的重要
来源，据估计占视黄醇当量摄入量的三分之二以上。在我国，维生素 A 原类胡萝卜素（β-
胡萝卜素）也是维生素 A 的重要来源。维生素 A 原的主要来源是橙色和深色蔬菜。

一、存在形式

类胡萝卜素可分成两大类：胡萝卜素（carotenes）和叶黄素（xanthophylls）。胡萝卜
素是非极性分子，仅由碳原子和氢原子组成；而叶黄素是具有极性的类胡萝卜素，至少
含有一个氧原子，而且叶黄素可以进一步细分为羟基类胡萝卜素（含有一个或两个羟基）
和酮基类胡萝卜素（含有酮基）。母乳中含有的维生素 A 原类胡萝卜素（β-胡萝卜素、
β-隐黄质和α-胡萝卜素），可能是母乳喂养儿潜在的维生素 A 来源，它们被称为维生素 A
原类胡萝卜素[45]；人群补充试验结果显示，β-胡萝卜素转化为维生素 A 的效率为 1/12，
其他类胡萝卜素为 1/24，而且转化效率受食物基质、脂肪含量、机体维生素营养状态和
维生素 A 需要量等因素影响[46]。β-胡萝卜素（β-carotene）、α-胡萝卜素（α-carotene）、
β-隐黄素（β-cryptoxanthin）、番茄红素（lycopene）、叶黄素（lutein）和玉米黄素（zeaxanthin）
是母乳中主要的类胡萝卜素[9]，也是目前研究较多的母乳中类胡萝卜素成分。乳汁中β-
胡萝卜素的存在形式有全反式β-胡萝卜素和 9-顺式β-胡萝卜素，以全反式β-胡萝卜素为
主，9-顺式β-胡萝卜素含量仅相当于全反式β-胡萝卜素的 3%[47]。

二、功能

尽管有些类胡萝卜素（维生素 A 原）可以为母乳提供一定量的视黄醇活性，但是它们在维持母乳视黄醇活性方面远不如视黄醇丰富和有效。有些类胡萝卜素已被证明还可以提供免疫保护和其他有益健康的作用[46,48]。如β-胡萝卜素、α-胡萝卜素、β-隐黄质被统称为维生素 A 原，作为维生素 A 的前体物，在体内可部分转化成维生素 A。母乳中维生素 A 原的含量约占类胡萝卜素总量的 50%以上；维生素 A 原和不具有维生素 A 原活性的类胡萝卜素，如番茄红素和叶黄素等，还具有其他重要的生物学功效，包括作为抗氧化剂和增强免疫功能、叶黄素保护视网膜防止光导致的氧化损伤等。仅有两种类胡萝卜素，即叶黄素和玉米黄素，可选择性蓄积在人眼睛视网膜，相比较血浆中有超过 20 多种其他形式的类胡萝卜素，人眼睛视网膜中发现的第三种类胡萝卜素是内消旋玉米黄素（*meso*-zeaxanthin），是在视网膜内直接由叶黄素形成，这些类胡萝卜素对眼睛保健发挥了重要作用[49]。

三、含量

妊娠期间β-胡萝卜素储存在乳腺，哺乳的最初几天迅速分泌进入乳汁。有研究提出人初乳呈现明显的黄色是由于乳汁脂肪球富含类胡萝卜素的缘故，产后一周内随泌乳量的增加这种色素的浓度逐渐降低[50]。报告的人乳中维生素 A 原类胡萝卜素的浓度范围相当宽（表 22-2），除了说明母乳中的含量变异范围大，还反映了抽样误差或母乳采集方法以及分析方法的差异等。目前已经发现人乳中类胡萝卜素有β-胡萝卜素、叶黄素、α-胡萝卜素、玉米黄素、番茄红素等，初乳中类胡萝卜素的含量最高[4]，显著高于过渡乳和成熟乳，所有研究结果均显示产后一个月的母乳中类胡萝卜素含量迅速下降（由初乳 4944μmol/L±539μmol/L 降低到成熟乳 2079μmol/L±207μmol/L）[51]。Macias 和 Schweigert[6]分析了古巴 21 例母乳样品的总类胡萝卜素含量，也观察到相同趋势，初乳中总类胡萝卜素含量为 236.7μg/L±121.9μg/L，而过渡乳中含量降低到 63.2μg/L±23.3μg/L。

▫ 表 22-2　母乳中主要类胡萝卜素的含量（平均值±SE）　　　　　　　　　　　单位：μmol/L

文献来源	产后天数	β-C[①]	α-C[②]	Lut+Zea[③]	番茄红素	发表时间
Turner 等[43]	≥60	0.031±0.004	0.002±0.001	0.031±0.005	—[⑤]	2013
Webb 等[20]	初乳	0.223±0.033	0.045±0.005	—[⑤]	—[⑤]	2009
	90	0.049±0.009	0.010±0.002	—[⑤]	—[⑤]	
	180	0.046±0.005	0.010±0.002	—[⑤]	—[⑤]	
de Azeredo 等[12]	30～120	0.016±0.002	0.004±0.000	0.025±0.003	0.016±0.003	2008
Khan 等[④][14]	150～425	0.028（0.022～0.033）	—[⑤]	0.126（0.108～0.149）	—[⑤]	2007

文献来源	产后天数	β-C①	α-C②	Lut+Zea③	番茄红素	发表时间
Meneses 等[24]	30~120	0.018±0.002	—⑤	0.006±0.001	—⑤	2005
Liu 等[13]	30~120	0.077±0.007	0.018±0.002	0.021±0.002	0.031±0.002	1998
Jackson 等[53]	≥42	0.049	0.011	0.091	0.065	1998
Canfield 等[54]	≥180	0.036±0.006	0.010±0.002	0.020±0.002	0.019±0.003	1997
Canfield 等[55]	>30	0.066±0.019	0.013±0.004	0.022±0.003	0.048±0.006	1998

①β-C，β-胡萝卜素。②α-C，α-胡萝卜素。③Lut+Zea，叶黄素+玉米黄素。④为几何均数（95%CI）。
⑤ "—"表示没有数据。

在个体中，成熟乳中的类胡萝卜素的种类与初乳相似，β-胡萝卜素的量占乳汁总类胡萝卜素的1/4。检测到的乳汁中主要类胡萝卜素有番茄红素、隐黄素和β-胡萝卜素，在不同个体间这些类胡萝卜素与总乳汁类胡萝卜素的比值差异非常显著。母乳中类胡萝卜素含量的个体差异也很大，可高达20倍；相同个体不同日期测定的结果也可相差2~5倍；即使同一个体一天内的差异也可高达4倍，而且与乳汁中脂类浓度的相关性很强[52]。

四、影响因素

母乳中类胡萝卜素含量与乳母的维生素A和/或类胡萝卜素营养状况或膳食摄入量有关，存在明显地域差异，也受乳母服用含类胡萝卜素营养补充剂的影响。

1. 不同哺乳阶段与胎次

初乳中类胡萝卜素的含量最高，显著高于过渡乳和成熟乳；即使在一次哺乳的前、中、后段乳汁中类胡萝卜素含量也有明显差异。如Jackson等[53]分析了一次哺乳期间前、中、后段乳中总类胡萝卜素的含量分别为100~378μmol/L、120~357μmol/L和193~642μmol/L，平均类胡萝卜素的含量差异显著，后段乳汁含量比前、中段高25%；母乳中主要总胡萝卜素含量存在昼夜节律性变化（diurnal variation）趋势，白天含量最高（52~419μmol/L），早上和晚上分别为33~493μmol/L和42~438μmol/L；从第6周到16周的随访结果显示没有显著差异，6~8周、10~12周和14~16周分别为85~366μmol/L、73~420μmol/L和62~362μmol/L。Patton等[56]观察到经产妇的乳汁中类胡萝卜素浓度高于初产妇（2180μg/L±1940μg/L和1140μg/L±1320μg/L），这与维生素A的变化是一致的。

2. 乳母营养状况与膳食摄入量

摄取足量β-胡萝卜素有助于改善和维持适宜的维生素A营养状况和预防维生素A缺乏[57]。然而对于维生素A营养状况良好的乳母，与没有补充的对照组相比，补充大剂量β-胡萝卜素（30mg/d），持续4周，不能显著升高乳汁视黄醇水平，也不能阻止成熟乳中视黄醇含量的下降[51]，一个月后，乳汁类胡萝卜素含量接近稳定状态。

母乳类胡萝卜素含量受乳母膳食摄入量的影响，如黄色或橙色水果（芒果和木瓜）可增加乳汁中隐黄素含量，而叶菜类可增加乳汁中叶黄素含量[14]。乳汁中隐黄素含量受乳母橘子类食物摄入量的影响，如孟加拉国的一项补充橘子对乳汁视黄醇和β-胡萝卜素含量影响的试验，给产后 2 个月的乳母补充富含隐黄素的罐装橘子 127g/d，每周 6 天，持续 3 周，显著升高乳汁隐黄素含量（基线 0.013μmol/L±0.001μmol/L，干预后 0.064μmol/L±0.010μmol/L），视黄醇含量也有所升高（基线 0.69μmol/L±0.07μmol/L，干预后 0.76μmol/L±0.05μmol/L），而对其他类胡萝卜素的含量没有影响[43]。给产后 4～6 周的乳母补充 6mg/d 或 12mg/d 叶黄素，持续 6 周，显著升高乳汁中叶黄素+玉米黄素的浓度，分别相当于没有补充对照组的 140%和 250%，$P<0.001$，而对乳脂中其他类胡萝卜素含量没有影响[58]。

3. 地域差异

有报道母乳中类胡萝卜素含量存在明显的地域差异，这可能与不同地区乳母的膳食构成有关。母乳中胡萝卜素的模式在每个国家都有其独特性，不同国家间的母乳含量可能显著不同，最大差别可高达 9 倍（β-隐黄素），差异最小的是α-胡萝卜素和番茄红素（约 3 倍）。造成这样大的差异反映了乳母膳食中类胡萝卜素供应的差异[9]。初乳中类胡萝卜素的水平最高，随后降低，然而各种类胡萝卜素的降低程度并不完全相同[4]。

4. 营养干预

Webb 等[20]的干预试验结果表明，从孕中期（12～27 周）每天口服补充维生素 A 和β-胡萝卜素（1500μg 视黄醇活性当量和 30mg β-胡萝卜素）持续到分娩，显著增加初乳中视黄醇、β-胡萝卜素和α-胡萝卜素的含量，而且这样的补充效果持续整个观察期（12 个月）；给乳母 1 次大剂量补充β-胡萝卜素（60mg）显著升高乳汁β-胡萝卜素水平，并持续超过 1 周，而不影响乳汁视黄醇和其他类胡萝卜素的含量[54]。给乳母补充生理剂量的β-胡萝卜素对乳汁含量的影响，取决于乳母的整体营养状况和类胡萝卜素摄入量，如果乳母营养不良或边缘性营养不良和β-胡萝卜素的营养状况较差时，补充可显著增加乳汁含量[54,55]。Turner 等[43]在孟加拉国进行的补充β-胡萝卜素试验，给产后 2 个月的乳母每天补充β-胡萝卜素（约 6mg/每份），每周 6 天，持续 3 周，可升高乳汁视黄醇（基线 0.67μmol/L±0.05μmol/L 与干预后 0.70μmol/L±0.05μmol/L）和β-胡萝卜素（基线 0.029μmol/L±0.004μmol/L 与干预后 0.040μmol/L±0.006μmol/L）的含量；而整体营养状况较好时（如在美国的研究），从产后 4～32 天每天补充 30mg β-胡萝卜素不能显著升高初乳和过渡乳中视黄醇和β-胡萝卜素的含量[51]。

第三节　方法学考虑

在实际工作中，准确测定人乳中脂溶性维生素含量受很多因素影响，包括乳样的抽样方法、乳样采集过程、样品分装处理、储存材料以及分析前处理和采用的测定方法等。全面优化样品制备过程和优选测定方法可降低基质干扰以及提高检测的灵敏度和准确性。

一、乳样采集

人乳中脂溶性维生素的含量与泌乳量有关,脂溶性维生素的浓度,特别是维生素 A（包括类胡萝卜素）在初乳中的含量最高,在哺乳的最初几周迅速下降。产后最初一个月泌乳量迅速增加（10～20 倍）,使婴儿可利用的视黄醇和胡萝卜素总量达到峰值,到一个月时降低到最大值的一半。因此乳样的采集过程需要考虑不同哺乳阶段、同一次哺乳的前中后段乳汁的含量可能有差异,以及乳汁成分存在的昼夜节律变化等因素。在选择或设计抽样方案时,还要考虑人乳脂溶性维生素的个体内和个体间存在的较大差异。

二、可能存在的干扰因素

在使用收集或保存乳样的材料（如塑料管材）中可能存在增塑剂,其含有的邻苯二甲酸盐和其他化学物质常常会干扰脂溶性维生素的紫外分析结果,导致回收率明显降低。采样过程、样品前处理或分析过程中,直接暴露阳光可导致样品中被测成分被分解和吸附到塑料储存瓶壁、注射器和试管壁等均可能导致被测试成分显著丢失。低温冷冻储存样品的冻融和均质化过程也影响脂溶性维生素的测定结果,如均质化不完全可导致含量被明显低估或分析结果的重复性差。

三、方法的选择

当测定母乳中脂溶性维生素时,要仔细全面评价不同方法学的误差。采用 HPLC 方法测定人乳中维生素 A 和类胡萝卜素的含量,可以快速、灵敏、准确分离异构体和进行定量分析。

1. 维生素 A

Heudi 等[59]采用液相色谱-大气压化学离子化-质谱法可同时定量测定强化婴儿配方食品中维生素 A、维生素 D_3 和维生素 E 含量,维生素 A 线性范围为 0.15～12mg/L。随后 Kamao 等[60]采用液相色谱-串联质谱法在正离子模式,使用相关的稳定同位素标记化合物为内标,同时测定人乳中脂溶性维生素 A、维生素 D、维生素 E 和维生素 K,检测限为 1～250pg/50μl（约为 20～5000 μg/L）,每个维生素的内标变异系数为 1.9%～11.9%,其中视黄醇的含量为 0.088μg/L,该方法可用于大规模研究的样品分析。

2. 类胡萝卜素

已有多种萃取方法和分析技术用于测定人乳中类胡萝卜素含量,最近分析仪器的进步和未知类胡萝卜素代谢物的发现，为深入研究类胡萝卜素与人体健康的关系开辟了新领域。采用 HPLC 或相应的改良方法可以分离定量测定母乳中较常见的类胡萝卜素，如β-胡萝卜素、α-胡萝卜素、叶黄素+玉米黄素、番茄红素、隐黄素等。随着分析测定技术的改进，尤其是代谢组学的应用，将会识别人乳中越来越多的类胡萝卜素及其代谢产物。

第四节 展 望

随着母乳代谢组学研究逐渐深入，需要系统研究母乳中类维生素 A 含量、分布、影响因素以及与母乳喂养儿生长发育的关系，尽快完善人乳中维生素 A 及类胡萝卜素组分数据库。

已知对于纯母乳喂养的婴儿，母乳是其维生素 A 的唯一营养来源，因此还需要研究如何改善乳母（和孕妇）的维生素 A 营养状况，以提高母乳维生素 A 水平和改善喂养儿的营养状况。

有很多因素影响维生素 A 原类胡萝卜素转换成维生素 A 活性当量，而且以往的研究体系是基于混合膳食，并不一定适合于母乳中存在的维生素 A 原和婴幼儿，需要设计周密的研究方案估计母乳中类胡萝卜素在婴幼儿体内转化成维生素 A 的效率，以确定母乳中类胡萝卜素组分对维生素 A 活性当量的贡献，同时还需要探讨类胡萝卜素的其他功能以及对喂养儿的营养作用。

人乳中类胡萝卜素含量的分析仍面临较大的技术挑战，主要问题是种类多、含量低和缺乏相应的标准品、类胡萝卜素的不易溶性和不稳定性以及显著的个体间和个体内的变异等。分析仪器的进步和未知类胡萝卜素代谢物的发现，将会推动方法学研究的进一步深入。

（段一凡，荫士安）

参考文献

[1] Semba RD，Kumwenda N，Taha TE，et al. Plasma and breast milk vitamin A as indicators of vitamin A status in pregnant women. Int J Vitam Nutr Res，2000，70（6）：271-277.

[2] Tanumihardjo SA. Assessing vitamin A status：past，present and future. J Nutr，2004，134（1）：290S-293S.

[3] Engle-Stone R，Haskell MJ，Nankap M，et al. Breast milk retinol and plasma retinol-binding protein concentrations provide similar estimates of vitamin A deficiency prevalence and identify similar risk groups among women in Cameroon but breast milk retinol underestimates the prevalence of deficiency among young children. J Nutr，2014，144（2）：209-217.

[4] Schweigert FJ，Bathe K，Chen F，et al. Effect of the stage of lactation in humans on carotenoid levels in milk，blood plasma and plasma lipoprotein fractions. Eur J Nutr，2004，43（1）：39-44.

[5] Szlagatys-Sidorkiewicz A，Zagierski M，Jankowska A，et al. Longitudinal study of vitamins A，E and lipid oxidative damage in human milk throughout lactation. Early Hum Dev，2012，88（6）：421-424.

[6] Macias C，Schweigert FJ. Changes in the concentration of carotenoids，vitamin A，alpha-tocopherol and total lipids in human milk throughout early lactation. Ann Nutr Metab，2001，45（2）：82-85.

[7] 方芳，李婷，李艳杰，等. 呼和浩特地区母乳中脂溶性 VA、VD、VE 含量. 乳业科学与技术，2014，37：5-7.

[8] Ribeiro KD，Araujo KF，Pereira MC，et al. Evaluation of retinol levels in human colostrum in two samples collected at an interval of 24 hours. J Pediatr（Rio J），2007，83（4）：377-380.

[9] Canfield LM，Clandinin MT，Davies DP，et al. Multinational study of major breast milk carotenoids of healthy mothers. Eur J Nutr，2003，42（3）：133-141.

[10] de Pee S，Yuniar Y，West CE，et al. Evaluation of biochemical indicators of vitamin A status in breast-feeding and non-breast-feeding Indonesian women. Am J Clin Nutr，1997，66（1）：160-167.

[11] Liyanage C，Hettiarachchi M，Mangalajeewa P，et al. Adequacy of vitamin A and fat in the breast milk of lactating women in south Sri Lanka. Public Health Nutr，2008，11（7）：747-750.

[12] de Azeredo VB，Trugo NM. Retinol，carotenoids，and tocopherols in the milk of lactating adolescents and relationships with plasma concentrations. Nutrition，2008，24（2）：133-139.

[13] Liu Y，Xu MJ，Canfield LM. Enzymatic hydrolysis，extraction，and quantitation of retinol and major carotenoids in mature human milk. J Nutr Biochem，1998，9：178-183.

[14] Khan NC，West CE，de Pee S，et al. The contribution of plant foods to the vitamin A supply of lactating women in Vietnam：a randomized controlled trial. Am J Clin Nutr，2007，85（4）：1112-1120.

[15] Haskell MJ，Brown KH. Maternal vitamin A nutriture and the vitamin A content of human milk. J Mammary Gland Biol Neoplasia，1999，4（3）：243-257.

[16] Bezerra DS，de Araujo KF，Azevedo GM，et al. A randomized trial evaluating the effect of 2 regimens of maternal vitamin a supplementation on breast milk retinol levels. J Hum Lact，2010，26（2）：148-156.

[17] Villard L，Bates CJ. Effect of vitamin A supplementation on plasma and breast milk vitamin A levels in poorly nourished Gambian women. Hum Nutr Clin Nutr，1987，41（1）：47-58.

[18] Chappell JE，Francis T，Clandinin MT. Vitamin A and E content of human milk at early stages of lactation. Early Hum Dev，1985，11（2）：157-167.

[19] Gebre-Medhin M，Vahlquist A，Hofvander Y，et al. Breast milk composition in Ethiopian and Swedish mothers. Ⅰ. Vitamin A and beta-carotene. Am J Clin Nutr，1976，29（4）：441-451.

[20] Webb AL，Aboud S，Furtado J，et al. Effect of vitamin supplementation on breast milk concentrations of retinol，carotenoids and tocopherols in HIV-infected Tanzanian women. Eur J Clin Nutr，2009，63（3）：332-339.

[21] Muslimatun S，Schmidt MK，West CE，et al. Weekly vitamin A and iron supplementation during pregnancy increases vitamin A concentration of breast milk but not iron status in Indonesian lactating women. J Nutr，2001，131（10）：2664-2669.

[22] Fujita M，Shell-Duncan B，Ndemwa P，et al. Vitamin A dynamics in breastmilk and liver stores：a life history perspective. Am J Hum Biol，2011，23（5）：664-673.

[23] Ettyang GA，van Marken Lichtenbelt WD，Esamai F，et al. Assessment of body composition and breast milk

volume in lactating mothers in pastoral communities in Pokot, Kenya, using deuterium oxide. Ann Nutr Metab, 2005, 49 (2): 110-117.

[24] Meneses FT, Trugo NMF. Retinol, β-carotene, and luten+zeaxanthin in the milk of Brazilian nursing women: associations with plasma concentrations and influences of maternal characteristics. Nutr Res, 2005, 25: 443-451.

[25] Campos JM, Paixao JA, Ferraz C. Fat-soluble vitamins in human lactation. Int J Vitam Nutr Res, 2007, 77 (5): 303-310.

[26] Panpanich R, Vitsupakorn K, Harper G, et al. Serum and breast-milk vitamin A in women during lactation in rural Chiang Mai, Thailand. Ann Trop Paediatr, 2002, 22 (4): 321-324.

[27] 侯成, 冉霓, 衣明纪. 母乳中的维生素A水平及其影响因素. 中华围产医学杂志, 2018, 21(11): 783-787.

[28] Oliveira JM, Michelazzo FB, Stefanello J, et al. Influence of iron on vitamin A nutritional status. Nutr Rev, 2008, 66 (3): 141-147.

[29] Dijkhuizen MA, Wieringa FT, West CE, et al. Concurrent micronutrient deficiencies in lactating mothers and their infants in Indonesia. Am J Clin Nutr, 2001, 73 (4): 786-791.

[30] 邓晶, 李廷玉. 母乳中维生素A的研究进展. 中国儿童保健杂志, 2019, 27 (11): 1204-1207.

[31] Olafsdottir AS, Wagner KH, Thorsdottir I, et al. Fat-soluble vitamins in the maternal diet, influence of cod liver oil supplementation and impact of the maternal diet on human milk composition. Ann Nutr Metab, 2001, 45 (6): 265-272.

[32] Brown KH, Akhtar NA, Robertson AD, et al. Lactational capacity of marginally nourished mothers: relationships between maternal nutritional status and quantity and proximate composition of milk. Pediatr, 1986, 78 (5): 909-919.

[33] Rice AL, Stoltzfus RJ, de Francisco A, et al. Low breast milk vitamin A concentration reflects an increased risk of low liver vitamin A stores in women. Adv Exp Med Biol, 2000, 478: 375-376.

[34] Rice AL, Stoltzfus RJ, de Francisco A, et al. Evaluation of serum retinol, the modified-relative-dose-response ratio, and breast-milk vitamin A as indicators of response to postpartum maternal vitamin A supplementation. Am J Clin Nutr, 2000, 71 (3): 799-806.

[35] Stoltzfus RJ, Underwood BA. Breast-milk vitamin A as an indicator of the vitamin A status of women and infants. Bull World Health Organ, 1995, 73 (5): 703-711.

[36] Underwood BA. Maternal vitamin A status and its importance in infancy and early childhood. Am J Clin Nutr, 1994, 59 (2 Suppl): 517S-522S.discussion 22S-24S.

[37] Ortega RM, Andres P, Martinez RM, et al. Vitamin A status during the third trimester of pregnancy in Spanish women: influence on concentrations of vitamin A in breast milk. Am J Clin Nutr, 1997, 66 (3): 564-568.

[38] Mello-Neto J, Rondo PH, Oshiiwa M, et al. The influence of maternal factors on the concentration of vitamin A in mature breast milk. Clin Nutr, 2009, 28 (2): 178-181.

[39] Dancheck B, Nussenblatt V, Ricks MO, et al. Breast milk retinol concentrations are not associated with systemic inflammation among breast-feeding women in Malawi. J Nutr, 2005, 135 (2): 223-226.

[40] Souza G, Saunders C, Dolinsky M, et al. Vitamin A concentration in mature human milk. J Pediatr (Rio J), 2012, 88 (6): 496-502.

[41] Dimenstein R, Dantas JC, Medeiros AC, et al. Influence of gestational age and parity on the concentration of retinol in human colostrums. Arch Latinoam Nutr, 2010, 60 (3): 235-239.

[42] Souza G，Dolinsky M，Matos A，et al. Vitamin A concentration in human milk and its relationship with liver reserve formation and compliance with the recommended daily intake of vitamin A in pre-term and term infants in exclusive breastfeeding. Arch Gynecol Obstet，2015，291（2）：319-325.

[43] Turner T，Burri BJ，Jamil KM，et al. The effects of daily consumption of beta-cryptoxanthin-rich tangerines and beta-carotene-rich sweet potatoes on vitamin A and carotenoid concentrations in plasma and breast milk of Bangladeshi women with low vitamin A status in a randomized controlled trial. Am J Clin Nutr，2013，98（5）：1200-1208.

[44] Grilo EC，Lima MS，Cunha LR，et al. Effect of maternal vitamin A supplementation on retinol concentration in colostrum. J Pediatr（Rio J），2015，91（1）：81-86.

[45] Lipkie TE，Morrow AL，Jouni ZE，et al. Longitudinal Survey of Carotenoids in Human Milk from Urban Cohorts in China，Mexico，and the USA. PLoS One，2015，10（6）：e0127729.

[46] 中国营养学会. 中国居民膳食营养素参考摄入量（2013 版）. 北京：科学出版社，2014.

[47] Johnson EJ，Qin J，Krinsky NI，et al. Beta-carotene isomers in human serum，breast milk and buccal mucosa cells after continuous oral doses of all-*trans* and 9-*cis* beta-carotene. J Nutr，1997，127（10）：1993-1999.

[48] 吴轲，孙涵潇，蔡美琴. 类胡萝卜素对母婴健康影响的研究进展. 上海交通大学学报（医学版），2019，39（8）：929-932.

[49] Widomska J，Subczynski WK. Why has nature chosen lutein and zeaxanthin to protect the retina？ J Clin Exp Ophthalmol，2014，5（1）：326.

[50] Pappa HM，Mitchell PD，Jiang H，et al. Maintenance of optimal vitamin D status in children and adolescents with inflammatory bowel disease：a randomized clinical trial comparing two regimens. J Clin Endocrinol Metab，2014，99（9）：3408-3417.

[51] Gossage CP，Deyhim M，Yamini S，et al. Carotenoid composition of human milk during the first month postpartum and the response to beta-carotene supplementation. Am J Clin Nutr，2002，76（1）：193-197.

[52] Giuliano AR，Neilson EM，Yap HH，et al. Quantitation of and inter/intra-individual variability in major carotenoids of mature human milk. J Nutr Biochem，1994，5：551-556.

[53] Jackson JG，Lien EL，White SJ，et al. Major carotenoids in mature human milk：Longitudinal and diurnal patterns. J Nutr Biochem，1998，9：2-7.

[54] Canfield LM，Giuliano AR，Neilson EM，et al. beta-Carotene in breast milk and serum is increased after a single beta-carotene dose. Am J Clin Nutr，1997，66（1）：52-61.

[55] Canfield LM，Giuliano AR，Neilson EM，et al. Kinetics of the response of milk and serum beta-carotene to daily beta-carotene supplementation in healthy，lactating women. Am J Clin Nutr，1998，67（2）：276-283.

[56] Patton S，Canfield LM，Huston GE，et al. Carotenoids of human colostrum. Lipids，1990，25（3）：159-165.

[57] Strobel M，Tinz J，Biesalski HK. The importance of beta-carotene as a source of vitamin A with special regard to pregnant and breastfeeding women. Eur J Nutr，2007，46 Suppl 1：I1-20.

[58] Sherry CL，Oliver JS，Renzi LM，et al. Lutein supplementation increases breast milk and plasma lutein concentrations in lactating women and infant plasma concentrations but does not affect other carotenoids. J Nutr，2014，144（8）：1256-1263.

[59] Heudi O，Trisconi MJ，Blake CJ. Simultaneous quantification of vitamins A，D_3 and E in fortified infant formulae by liquid chromatography-mass spectrometry. J Chromatogr A，2004，1022（1-2）：115-123.

[60] Kamao M，Tsugawa N，Suhara Y，et al. Quantification of fat-soluble vitamins in human breast milk by liquid chromatography-tandem mass spectrometry. J Chromatogr B，2007，859（2）：192-200.

第二十三章

维生素 D

　　婴幼儿佝偻病是维生素 D（vitamin D）缺乏的常见病。17 世纪中期英国研究人员首次描述了佝偻病[1,2]，19 世纪末和 20 世纪初德国的医生提出每天服用 1~3 茶匙鱼肝油可使佝偻病的症状好转[1]。随着维生素 D 作为常规补充措施用于婴儿（包括孕妇），显著改善了母婴维生素 D 营养状况、降低了佝偻病发生率[3]。在体内，维生素 D 发挥的作用已远超过其作为营养素的范畴，通常被认为是一种激素或类激素成分，不但发挥调节钙磷代谢、维持骨骼健康，而且对骨骼外诸多系统发挥重要的生物学作用[4~6]。

第一节　存在形式、功能及含量

　　维生素 D 是一组具有抗佝偻病活性的脂溶性化合物，是一种具有类固醇结构的激素前体，主要以两种不同形式存在，即存在于植物中的维生素 D_2（ergocalciferol，麦角钙化醇）或动物组织中的维生素 D_3（cholecalciferol，胆钙化醇）。

一、存在形式

　　在人体内，维生素 D_2 和维生素 D_3 都是无活性形式，在转运至靶细胞发挥作用之前，必须进行一系列的代谢转化，即经钙化甾醇转运蛋白或维生素 D 结合蛋白转运至肝脏，被羟化成 25-OH-D，这种代谢物也是无活性形式，需要进一步转化（主要在肾脏）成活性形式［如 1,25-$(OH)_2$-D、24,25-$(OH)_2$-D 等］。然而，在血循环中和体内储存的维生素 D，25-OH-D 是主要的存在形式。维生素 D 的最常见来源是植物类固醇、麦角固醇。皮肤中的 7-脱氢胆固醇（7-dehydrogenation cholesterol）经紫外线照射合成维生素 D。血浆中维生素 D 的代谢物包括 25-OH-D_2、25-OH-D_3、1,25-$(OH)_2$-D_2 和 1,25-$(OH)_2$-D_3 等。

人乳中存在多种维生素 D 的化合物或代谢物，最丰富的是维生素 D_3，其次是维生素 D_2、25-OH-D_3 和 25-OH-D_2。母乳中各种维生素 D 的代谢物与乳母血浆水平显著相关；乳汁与血浓度比值最大的是维生素 D_2，其次是维生素 D_3、25-OH-D_2 和 25-OH-D_3。

二、功能

维生素 D 促进肠道对钙、磷的吸收和肾脏重吸收钙和磷，参与了血钙和磷水平稳定的维持，而钙和磷参与了骨骼正常矿化过程、肌肉收缩、神经传导以及细胞基本生理功能。尽管母乳是婴儿独一无二的理想食品，然而典型的母乳中维生素 D 含量通常很低，比乳母血中的含量要低得多，因此单纯依靠母乳来源提供的维生素 D 通常不足以预防婴儿佝偻病[7,8]，例如 Dawodu 等[9]调查的上海、辛辛那提和墨西哥城 26 周龄婴儿维生素 D 严重缺乏、缺乏和低下率分别为 12.5%、21.0%和 66.4%。由于维生素 D 从母体血循环进入乳汁的能力非常有限，因此母乳喂养婴儿发生维生素 D 缺乏的风险很高，主要表现为佝偻病[10]。

三、含量

竞争性蛋白质结合放免法可用于测定人乳中非结合型 25-OH-D、24,25-$(OH)_2$-D 和 1,25-$(OH)_2$-D，报道的人乳中平均浓度 (±SE) 25-OH-D 为 0.37μg/L±0.03μg/L、24,25-$(OH)_2$-D 为 24.8ng/L±1.9ng/L 和 1,25-$(OH)_2$-D 为 2.2ng/L±0.1ng/L，而且乳汁中维生素 D 代谢物的浓度与乳母血清 25-OH-D 水平无关[11]，不同研究报道的人乳中维生素 D 及其代谢物的含量汇总于表 23-1。

▫ **表 23-1　母乳中维生素 D 含量（平均值±SE）**　　　　　　　　　　单位：ng/L

文献来源	产后天数	维生素 D			25-OH-D			发表时间
		维生素 D_3	维生素 D_2	总计	25-OH-D_3	25-OH-D_2	总计	
Atkinson 等[15]	14±1	160±30④	110±20④	260±50④	210±30④	110±10④	320±30④	1987
	31±1	180±80④	100±50④	270±80④	140±30④	170±30④	310±40④	
Takeuchi 等[16]	7	117±9④	11±5④	—③	309±28④	ND④	—③	1989
	35	122±13⑤	125±14⑤	—③	263±33⑤	32±8⑤	—③	
	35	99±26⑥	ND⑥	—③	348±174⑥	ND⑥	—③	
Specker 等[17]	?	268（127~567）①	290（164~512）①	—③	124（97~159）①	82（64~105）①	—③	1985
	?	36（22~58）②	54（22~134）②	—③	87（75~101）②	66（52~85）②	—③	

①白人平均值（95%CI）。②黑人平均值（95%CI）。③"—"表示没有数据。④为产后 1 周基线值，结果系平均值±SE。⑤为产后 1 周开始补充维生素 D_2 1200IU/d，到产后第 5 周。⑥为 Takeuchi 等研究的安慰剂对照组。

注：ND 表示未检出。"？"表示引用文献中没有产后天数数据。

正常情况下，人乳中维生素 D 含量范围为 0.5～1.5μg（20～60IU）/L，维生素 D 的活性直接与母亲维生素 D 营养状态有关。已有研究结果提示，单纯依靠母乳喂养作为维生素 D 的唯一来源不能满足婴儿维生素 D 适宜摄入量[12]，如果乳母维生素 D 缺乏，乳汁维生素 D 含量迅速降低到检测限以下，随着补充和暴露紫外线时间延长可迅速升高乳汁维生素 D 含量。每天给乳母补充药理剂量维生素 D_2（2300μg 或 100000IU）可能导致乳汁维生素 D 浓度达到潜在中毒量（175μg/L 或＞7000IU/L）。人乳中维生素 D 的活性形式占主导的是维生素 D 代谢产物，但是也有维生素 D_2（麦角钙化醇）和维生素 D_3（胆钙化醇）。Okano 等[13]的研究结果提示，人乳中维生素 D_3 含量低于牛乳（0.125μg/L 和 0.420μg/L），而 25-OH-D_3 含量高于牛乳（0.350μg/L 和 0.270μg/L），完全母乳喂养的婴儿发生维生素 D 缺乏风险可能高于婴儿配方食品（奶粉）喂养的婴儿[14]。尽管母乳不能为母乳喂养儿提供满足推荐摄入量的维生素 D，然而大多数母乳喂养儿不会发生维生素 D 缺乏性佝偻病。在哺乳期间，通过直接给婴儿服用维生素 D 补充剂可满足婴儿维生素 D 需要量，预防维生素 D 缺乏性佝偻病。

vieth Streym 等[20]根据母乳中维生素 D 和 25-OH-D 的含量，估计母乳喂养的婴幼儿每日经母乳可摄取维生素 D 和 25-OH-D 平均分别为 0.01μg 和 0.34μg，提示婴儿经母乳摄入的维生素 D 与推荐适宜摄入量相距较大。

第二节　影响母乳中维生素 D 含量的因素

母乳中维生素 D 的浓度非常低，其含量受许多因素影响，包括哺乳阶段、胎儿成熟程度（早产与足月产）、种族（皮肤颜色）与服饰、乳母维生素 D 营养状况与膳食维生素 D 摄入量、乳母年龄、季节与紫外线暴露时间等诸多因素均可显著影响乳汁中维生素 D 含量[18,19]。

一、不同哺乳阶段

与初乳中含有非常高的维生素 A、类胡萝卜素和维生素 E 不同，乳汁中维生素 D 的含量较低，尤其是初乳中的含量低于成熟乳[20]，这可能与孕期，尤其是孕晚期母体维生素 D 缺乏有关，孕妇或乳母维生素 D 缺乏预示胎儿和/或婴儿发生缺乏的风险增加[21]；通常后乳中维生素 D 和 25-OH-D 的含量高于前乳；而且补充组也显示相同的差异[20]。

二、季节与紫外线暴露时间

季节明显影响母乳中维生素 D 和 25-OH-D 的含量，夏秋季高于冬春季[20]。特别是在阳光暴露时间少的季节（如北方冬季和南方梅雨季节），可导致乳汁维生素 D 含量显著降低。有人报道，前乳中维生素 D 含量范围在 3.5～31μg/L，取决于季节。增加乳母暴露阳光的时间可升高乳汁维生素 D 浓度超过通常所报道的水平。母乳维生素 D_3 浓度与乳母血清浓度正相关（$r=0.87$）[22]，然而婴儿的血清中 25-OH-D 水平与母乳中维生素 D 和 25-OH-D 含量无关，推测与日光暴露的贡献相比，来自母乳的维生素 D 对其喂养婴儿的影响可能是很小的[17]。

三、补充的影响

母乳中维生素 D 含量比母体血中维生素 D 浓度低约 3 倍，比 25-OH-D 低 100 倍。这是因为母体血循环中维生素 D 和 25-OH-D 难以通过乳腺进入乳汁的缘故[10,14]。给乳母补充维生素 D 25μg/d 仅可使后段母乳中 25-OH-D 水平略微升高，整体上母乳的维生素 D 水平不受影响；然而，当增加上述补充量到 50μg/d，对乳汁中 25-OH-D 水平有明显影响，可使维生素 D 代谢物从 0.157μg/L 升高到 0.40μg/L（9.4～24IU/d）。给乳母补充维生素 D 的影响对后段乳要比前段乳明显，而且个体对维生素 D 补充反应的变异也很大。理论上，冬天补充 50μg/d 维生素 D 可以增加冬季乳汁维生素 D 水平，其含量相当于 9 月份没有补充维生素 D 妇女的水平。但是有报道补充低剂量维生素 D（10μg/d）也可增加乳汁 25-OH-D 的水平；也有的研究补充 2400IU/d（60μg/d）超过 2 周，也不会显著增加乳汁中维生素 D 水平。Wall 等[23]的研究结果显示，孕期补充维生素 D_3 2000IU（50μg）/d 组的母乳中维生素 D 活性显著高于补充 1000IU（25μg）/d 组和安慰剂组。有研究结果提示，乳母维生素 D 补充、肥胖、季节和地理位置与乳汁维生素 D 水平有关。给乳母补充大剂量维生素 D 6400IU/d（160μg/d）显著增加乳汁的抗佝偻病活性，然而补充 400IU/d（10μg/d）增加乳汁抗佝偻病的活性不明显[24]。Oberhelman 等[22]给产后 1～6 个月的乳母分别补充维生素 D 5000IU/d 持续 28 天或给予一次大剂量维生素 D 150 000IU，大剂量组母乳维生素 D_3 含量迅速升高，显著高于每天补充组，大剂量组的变化趋势由基线<7μg/L，1 天后升高到 39.7μg/L±16.2μg/L，第 3 天为 24.6μg/L±8.9μg/L，第 7 天降到 11.2μg/L±4.7μg/L，而第 14 天之后的含量<7.0μg/L；而每天补充组第一天乳汁的水平仍低于 7μg/L，之后略有升高，第 3 天、7 天、14 天和 28 天分别为 8.0μg/L±3.7μg/L、7.2μg/L±4.8μg/L、8.6μg/L±5.4μg/L 和 7.7μg/L±3.7μg/L。

四、种族

种族（白人与黑人）影响其乳汁中维生素 D 含量，皮肤色素的增加（如黑人）与乳汁中维生素 D 含量的降低有关。如在 Specker 等[17]的研究中，黑人乳汁中维生素 D 及其代谢物的含量均非显著低于白人，其中维生素 D_3 为 36ng/L 和 268ng/L、维生素 D_2 为 54ng/L 和 290 ng/L 和 25-OH-D_3 为 87 ng/L 和 124 ng/L。

五、其他影响因素

乳母的膳食维生素 D 摄入量和胎儿成熟程度也与母乳维生素 D 水平有关。乳母膳食维生素 D 摄入量可能是增加哺乳期 25-OH-D 的重要因素[17]。胎儿成熟程度的影响：已有研究结果显示，早产儿的母乳维生素 D_3 含量显著低于足月儿的母乳（0.14μg/L±0.02μg/L 和 0.23μg/L±0.03μg/L，$P<0.05$），相应的乳母血浆维生素 D_3 的水平也有显著差异（0.7μg/L±0.1μg/L 和 2.7μg/L±0.5μg/L，$P<0.05$）[15]。

第三节　方法学考虑

一、乳样采集

人乳中脂溶性维生素的含量与泌乳量有关,通常前乳的脂肪含量比后乳中的低很多；初乳中的维生素 D 含量低于成熟乳。因此乳样的采集过程需要考虑不同哺乳阶段、同一次哺乳的前中后段乳汁可能存在差异，以及乳汁成分存在的昼夜节律变化等影响因素。在选择或设计抽样方案时，还要考虑个体内和个体间存在的较大差异。

二、可能存在的干扰因素

母乳样品的收集，分装材料、储存时间与温度、冻融次数、分析前处理等过程，对于脂溶性维生素的测定中涉及的干扰因素基本相同，可参见本书第二十二章维生素 A 与类胡萝卜素。

三、方法的选择

由于人乳中维生素 D 含量极低（通常范围在μg/L 至 ng/L），而且有多种不同的存在形式，因此需要选择样品前处理过程、制备方法和敏感的检测技术。维生素 D 测定的技术可以分成免疫学技术（竞争性蛋白结合测定法）、酶免法、放免法，以及非免疫学技术（如 HPLC 和液相色谱-质谱法等）。目前用于人乳中维生素 D 检测的最常用方法是 LC-MS、LC-UV 和免疫学方法。LC 被认为是用于分离维生素 D 的主要方法，MS-MS、MS 和 UV、LC-MS 和 LC-MS-MS 都是可以选择的方法，这些方法都具有灵敏、准确和特异性的特点[20,25,26]。

1. 传统方法

传统上维生素 D 及其代谢产物是采用免疫学技术测定，费用低，可用于常规分析。然而这些方法面临的问题是对多反应抗体的交叉反应，通常不能区分 25-OH-D_2 与 25-OH-D_3，一次只能分析一种成分，无法对分析物的结构进行验证，灵敏度低等，获得的信息量不如色谱分析法。历史上看，免疫分析技术主要用于维生素 D 及其代谢物的常规定量。

2. 色谱法

更准确、更灵敏的色谱技术是维生素 D 分析中最重要的方法之一，采用 LC-MS 测定维生素 D 及其代谢物被认为是金标准。LC-MS 由于具有高灵敏性和特异性，用于人乳中维生素 D 测定和定量具有其独特优势[25]。如目前研究使用最多的是液相色谱-串联质谱法和免疫分析法，能够测量四种类型的维生素 D 衍生物，包括维生素 D 和 25-OH-D、25-OH-D_2、25-OH-D_3[27]，也可采用电化学方法测定 25-OH-D 的试剂盒[3]。

最近 Gomes 等[28]报告母乳经蛋白质沉淀提取，用 4-苯基-1,2,4-三唑啉-3,5-二酮（4-phenyl-1,2,4-triazoline-3,5-dione，PTAD）柱前衍生化，采用液相色谱-串联质谱（LC–MS/MS）法可准确定量分析牛乳和人乳中 8 种维生素 D 类似物，包括维生素 D_2 和维生素 D_3、25-OH-D_2 和 25-OH-D_3、24,25-OH_2-D_2 和 24,25-OH_2-D_3 以及 1,25-OH_2-D_2 和 1,25-OH_2-D_3，且不受基质干扰。Heudi 等[26]采用液相色谱-质谱法可同时定量测定强化婴儿配方食品中维生素 D_3 以及维生素 A 和维生素 E 的含量，维生素 D_3 的线性范围为 5～400μg/L。随后 Kamao 等[29]采用液相色谱-串联质谱法在正离子模式，使用相关的稳定同位素标记化合物为内标，同时测定人乳中脂溶性维生素 D 以及维生素 A、维生素 E 和维生素 K 的含量，检测限为 1～250pg/50μl（约为 20～5000 μg/L），其中维生素 D 内标的变异系数为 1.9%～11.9%，维生素 D_3 和 25-OH-D_3 的含量分别为 0.088μg/L、0.081μg/L，该方法还可用于大规模的样品分析。

最常用于母乳成分分析的方法是基于液相色谱与质谱偶联和/或具有紫外检测器，可区分开 25-OH-D_2 与 25-OH-D_3。色谱方法的优点是灵敏、灵活性和特异性，使用同位素内标和质谱检测可以获得很好的结果。采用选择性反应监测（SRM）质谱法可同时测定不同食品基质中胆钙化醇和谷钙化醇的含量，维生素 D_3 和维生素 D_2 的检测限分别为 0.5ng/g（1.3pmol/g）和 1.75ng/g（4.4pmol/g），定量限分别为 1.25ng/g

（3.24pmol/g）和 3.75ng/g（9.45pmol/g）[30]。

第四节 展　望

已知人体维生素 D 的主要来源有两个途径，即户外日光中紫外线（B 波段）照射皮肤，使 7-脱氢胆固醇转变成维生素 D_3（主要来源），和膳食（婴幼儿通过母乳）和/或维生素 D 补充剂。然而，目前还很难区分这两个途径来源的维生素 D 对婴幼儿维生素 D 营养状况的影响程度，也影响婴幼儿维生素 D 需要量的确定。因此还需要研究孕期和哺乳期妇女维生素 D 的营养状况对乳汁中维生素 D 水平的影响，包括户外暴露日光时间和膳食和/或膳食补充剂摄入量。

已知膳食来源的维生素 D_2 或维生素 D_3 是无活性形式，需要在肝脏和肾脏经过羟化后到靶器官发挥生物学作用，关于母乳中维生素 D 含量、存在形式以及对喂养儿维生素 D 营养状况影响的研究较少，故还需要全面分析母乳中维生素 D 的存在形式、影响因素以及与喂养儿维生素 D 营养状况的关系，探讨针对性改善措施。

通常母乳中维生素 D 含量很低，难以满足喂养儿的需要。是否能提高母乳中维生素 D 的含量？通过每天给乳母补充推荐摄入量的维生素 D 对乳汁中含量的影响甚微。一项随机对照试验结果显示，给乳母补充 6400IU/d（160μg/d）可以使其乳汁中维生素 D 达到适宜量，然而这个剂量超过推荐摄入量 10 余倍。

由于母乳中维生素 D 的含量较低，而且多种代谢形式的含量更低，需要提高母乳维生素 D 及其类似物分析方法的检出限量，开发微量准确的测定方法。例如，有方法学结果显示，目前采用液相色谱-串联质谱法同时可测定维生素 A、维生素 D 和维生素 E 需要 10ml 母乳，测定维生素 K 需要 3ml 母乳[25]，需要的母乳样量还是相对较多。

已有越来越多的科学证据支持，维生素 D 的作用已经超出了营养学范畴，更像一种激素或类激素，因此需要研究婴幼儿早期母乳维生素 D 营养状况和补充情况对喂养儿的物质代谢、某些疾病易感性（如过敏、感染性疾病）的影响，研究这些影响对于生命最初 1000 天更显重要。

（段一凡，董彩霞，荫士安）

参考文献

[1] LeBlanc ES, Chou R. Vitamin D and falls-fitting new data with current guidelines. JAMA Intern Med, 2015, 175（5）：712-713.

[2] Holick MF. Environmental factors that influence the cutaneous production of vitamin D. Am J Clin Nutr, 1995, 61 (3 Suppl): 638S-645S.

[3] 刘影，宋晓红，潘建平，等. 纯母乳喂养小婴儿及其母亲维生素D水平相关性研究. 中国儿童保健杂志，2019, 27 (3): 292-295.

[4] 戴耀华，周建烈，荫士安，等. 维生素D临床应用指南. 北京：清华同方光盘电子出版社，2020.

[5] Chang SW, Lee HC. Vitamin D and health - The missing vitamin in humans. Pediatr Neonatol, 2019, 60 (3): 237-244.

[6] Bae YJ, Kratzsch J. Vitamin D and calcium in the human breast milk. Best Pract Res Clin Endocrinol Metab, 2018, 32 (1): 39-45.

[7] Nakao H. Nutritional significance of human milk vitamin D in neonatal period. Kobe J Med Sci, 1988, 34 (3): 121-128.

[8] Hollis BW, Roos BA, Draper HH, et al. Vitamin D and its metabolites in human and bovine milk. J Nutr, 1981, 111 (7): 1240-1248.

[9] Dawodu A, Davidson B, Woo JG, et al. Sun exposure and vitamin D supplementation in relation to vitamin D status of breastfeeding mothers and infants in the global exploration of human milk study. Nutrients, 2015, 7 (2): 1081-1093.

[10] Haggerty LL. Maternal supplementation for prevention and treatment of vitamin D deficiency in exclusively breastfed infants. Breastfeed Med, 2011, 6 (3): 137-144.

[11] Weisman Y, Bawnik JC, Eisenberg Z, et al. Vitamin D metabolites in human milk. J Pediatr, 1982, 100 (5): 745-748.

[12] Balasubramanian S, Ganesh R. Vitamin D deficiency in exclusively breast-fed infants. Indian J Med Res, 2008, 127 (3): 250-255.

[13] Okano T, Kuroda E, Nakao H, et al. Lack of evidence for existence of vitamin D and 25-hydroxyvitamin D sulfates in human breast and cow's milk. J Nutr Sci Vitaminol (Tokyo), 1986, 32 (5): 449-462.

[14] Kovacs CS. Vitamin D in pregnancy and lactation: maternal, fetal, and neonatal outcomes from human and animal studies. Am J Clin Nutr, 2008, 88 (2): 520S-528S.

[15] Atkinson SA, Reinhardt TA, Hollis BW. Vitamin D activity in maternal plasma and milk in relation to gestational stage at delivery. Nutr Res, 1987, 7: 1005-1011.

[16] Takeuchi A, Okano T, Tsugawa N, et al. Effects of ergocalciferol supplementation on the concentration of vitamin D and its metabolites in human milk. J Nutr, 1989, 119 (11): 1639-1646.

[17] Specker BL, Tsang RC, Hollis BW. Effect of race and diet on human-milk vitamin D and 25-hydroxyvitamin D. Am J Dis Child, 1985, 139 (11): 1134-1137.

[18] Kasparova M, Plisek J, Solichova D, et al. Rapid sample preparation procedure for determination of retinol and alpha-tocopherol in human breast milk. Talanta, 2012, 93: 147-152.

[19] Hollis BW, Pittard WB, Reinhardt TA. Relationships among vitamin D, 25-hydroxyvitamin D, and vitamin D-binding protein concentrations in the plasma and milk of human subjects. J Clin Endocrinol Metab, 1986, 62 (1): 41-44.

[20] vieth Streym S, Hojskov CS, Moller UK, et al. Vitamin D content in human breast milk: a 9-mo follow-up study. Am J Clin Nutr, 2016, 103 (1): 107-114.

[21] Wagner CL, Taylor SN, Johnson DD, et al. The role of vitamin D in pregnancy and lactation: emerging concepts. Women's health, 2012, 8 (3): 323-340.

[22] Oberhelman SS, Meekins ME, Fischer PR, et al. Maternal vitamin D supplementation to improve the vitamin D status of breast-fed infants: a randomized controlled trial. Mayo Clin Proc, 2013, 88 (12): 1378-1387.

[23] Wall CR, Stewart AW, Camargo CA, et al. Vitamin D activity of breast milk in women randomly assigned to vitamin D_3 supplementation during pregnancy. Am J Clin Nutr, 2016, 103 (2): 382-388.

[24] Wagner CL, Hulsey TC, Fanning D, et al. High-dose vitamin D_3 supplementation in a cohort of breastfeeding mothers and their infants: a 6-month follow-up pilot study. Breastfeed Med, 2006, 1 (2): 59-70.

[25] Kasalova E, Aufartova J, Krcmova LK, et al. Recent trends in the analysis of vitamin D and its metabolites in milk--a review. Food Chem, 2015, 171: 177-190.

[26] Heudi O, Trisconi MJ, Blake CJ. Simultaneous quantification of vitamins A, D_3 and E in fortified infant formulae by liquid chromatography-mass spectrometry. J Chromatogr A, 2004, 1022 (1-2): 115-123.

[27] 方芳, 李婷, 李艳杰, 等. 呼和浩特地区母乳中脂溶性 VA、VD、VE 含量. 乳业科学与技术, 2014, 37 (3): 5-7.

[28] Gomes FP, Shaw PN, Whitfield K, et al. Simultaneous quantitative analysis of eight vitamin D analogues in milk using liquid chromatography-tandem mass spectrometry. Anal Chim Acta, 2015, 891: 211-220.

[29] Kamao M, Tsugawa N, Suhara Y, et al. Quantification of fat-soluble vitamins in human breast milk by liquid chromatography-tandem mass spectrometry. J Chromatogr B Analyt Technol Biomed Life Sci, 2007, 859 (2): 192-200.

[30] Dimartino G. Simultaneous determination of cholecalciferol (vitamin D_3) and ergocalciferol (vitamin D_2) in foods by selected reaction monitoring. J AOAC Int, 2009, 92 (2): 511-517.

第二十四章

维生素 E

———

维生素 E（vitamin E）又名生育酚（tocopherol），是 6-羟基苯并二氢吡喃环的异戊二烯衍生物，它通过清除自由基和阻断自由基的链式反应发挥抗氧化作用，从而稳定和保护生物膜结构完整，在婴幼儿生长发育过程中参与很多重要的生理功能。

第一节 化学形式

在自然界，维生素 E 包括两组，即生育酚（tocopherols）和生育三烯酚（tocotrienols），共 8 种化合物，即α、β、γ、δ生育酚和α、β、γ、δ生育三烯酚，但是从生物活性的观点看，α-生育酚是自然界中分布最广泛、含量最丰富、活性最高的，也是最重要的维生素 E 化合物，其他形式的生育酚和生育三烯酚的活性都不超过α-生育酚的 50%。

α-生育酚的侧链上有 2′,4′,8′三个手性位点，根据 2′位点结构可分为 4 种 2R 异构体：RRR，RRS，RSR，RSS 和 4 种 2S 异构体：SSS，SRS，SRR，SSR（图 24-1）[1~3]。人工合成的全反式 α-生育酚（all-racemic α-tocopherol， all-rac）含有 8 种立体异构体（各12.5%）。α-生育酚的天然存在形式是 RRR 异构体，即 RRR-α-生育酚或 d-α-生育酚，是最重要的活性形式。人体α-生育酚转运蛋白可优先识别和转运 2R 异构体，尤其是天然RRR，RRR 的活性是全反式 α-生育酚的 1.36~2 倍[2~5]，而且婴儿大脑高度富集 RRR[6]。说明α-生育酚的含量和构型均会影响机体维生素 E 营养状况[5]。

维生素 E 在有胆酸、胰液和脂肪存在时，在脂酶作用下，以混合微粒的形式在小肠上部通过非饱和的被动弥散方式被肠上皮细胞吸收，维生素 E 被肠上皮细胞吸收的程度取决于肠道内形成的胶束。各种形式的维生素 E 被吸收后大多由乳糜微粒携带经淋巴系统转运至肝脏，在肝脏合成脂蛋白的过程中，被整合组装到极低密度脂蛋白中并分泌进入血液循环。

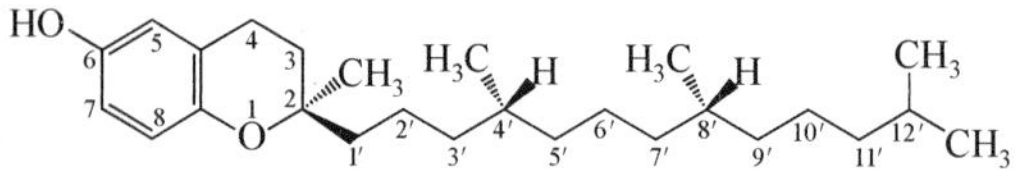

(a) 生育酚

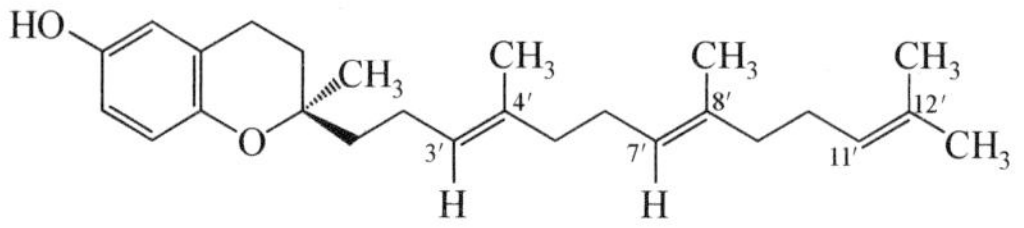

(b) 生育三烯酚

图 24-1　生育酚和生育三烯酚的立体结构

第二节　功能及母乳中存在形式

α-生育酚是一组被称为维生素 E 化合物的主要成分，主要功能是作为一种强抗氧化剂，保护细胞膜免受过氧化损伤。维生素 E 作为一种亲脂性化合物储存在循环脂蛋白、细胞膜以及脂肪组织中，与自由基和分子氧反应，保护多不饱和脂肪酸和脂蛋白防止过氧化。维生素 E 维持生育的功能，在生命早期阶段非常重要，参与了从受孕开始到出生后的发育过程。由于怀孕期间，维生素 E 经胎盘转移到胎儿的量有限，这就使母乳成为生后纯母乳喂养婴儿维生素 E 的唯一来源，母乳喂养也是为新生儿提供重要的抗氧化保护和刺激免疫系统发育的重要途径。

新生儿由于产后宫内和宫外环境剧烈变化更容易受到氧化应激的影响，因此作为强抗氧化剂的维生素 E 缺乏对于婴儿的影响更加显著。在新生儿阶段[7]，尤其是生后 6～8 周，维生素 E 摄入不足会影响免疫系统和呼吸系统的发育。美国医学研究院[8]推荐婴儿出生前 6 个月维生素 E 的摄入量为 4mg/d。根据 Alcd 等[9]的研究，初乳和过渡乳中的α-生育酚含量基本可以满足婴儿需要，成熟乳α-生育酚含量相对较少不能满足婴儿需要量。

人乳中总维生素 E 的 83%以α-生育酚形式存在，少量以β-生育酚、γ-生育酚和δ-生育酚形式存在（表 24-1）。Lacomba 等[10]和 Tijerina-Sáenz 等[11]分析了产后不同时间（30～120 天）成熟母乳中不同形式生育酚含量，α-生育酚约 70%，其次为β-生育酚、γ-生育酚和δ-生育酚。de Azeredo 等[12]分析了 72 例青少年（14～19 岁）产后 30～120 天乳汁中α-生育酚和γ-生育酚含量（平均值±SE），分别为 2.7μmol/L±1.8μmol/L 和 0.37μmol/L±0.15μmol/L，主要存在形式是α-生育酚。

表 24-1　人乳中生育酚的存在形式和含量（平均值±SE）[①]　　　　　　　单位：mg/L

文献来源	产后天数	α-生育酚	β-生育酚	γ-生育酚	δ-生育酚	发表时间
Xue 等[13]	0～4	6.45（3.88～11.76）	—[②]	0.68（0.48～1.21）	—[②]	2017
	5～11	3.82（2.36～5.51）	—[②]	0.63（0.43～1.03）	—[②]	
	12～30	2.39（1.45～3.96）	—[②]	0.70（0.39～1.04）	—[②]	
	31～60	2.06（1.26～3.45）	—[②]	0.73（0.41～1.20）	—[②]	
	61～120	2.12（1.12～3.00）	—[②]	0.68（0.39～1.12）	—[②]	
	121～240	2.11（1.35～3.26）	—[②]	0.88（0.56～1.37）	—[②]	
Lacomba 等[10]	30～120	3.48（1.04～5.40）	0.62（0.19～1.29）	0.76（0.21～1.39）	0.13（0.06～0.24）	2012
Tijerina-Sáenz 等[11]	30	2.32±0.11 (0.66～5.02)	—[②] —[②]	0.46±0.03 (0.11～1.27)	0.11±0.01 (0.00～0.56)	2009

①括号中数字为范围值。②"—"表示没有数据。

第三节　含　　量

　　不同研究报告的人乳中维生素 E（α-生育酚）的存在形式和含量分别汇总于表 24-1 和表 24-2。初乳中生育酚的浓度最高（＞4.7mg/L），随哺乳期的进展母乳维生素 E 含量逐渐降低，成熟乳中维生素 E 含量稳定在 1～3mg/L，如 Macias 和 Schweigert[14]关于古巴乳母中 α-生育酚的结果显示，初乳含量为 11.8mg/L±6.3mg/L，过渡乳降低到 2.7mg/L±1.1mg/L。与正常乳母的血浆浓度（2～5mg/L）相比，乳母较高的维生素 E 摄入量（每天约 27mg 维生素 E）显著升高血浆α-生育酚当量的含量（38mg/L），而且乳汁含量也显著升高（11mg/L）。根据 Martysiak-Zurowska 等[15]的研究，不同泌乳阶段，母乳α-生育酚含量范围为 2.07～9.99mg/L、γ-生育酚含量范围为 0.22～0.60mg/L。母乳中α-生育酚含量随哺乳时间的延长逐渐降低。

　　Sámano 等[16]的研究结果显示，具有高危因素的孕妇（如孕前肥胖或早产）产后母乳中α-生育酚含量显著低于正常孕妇，母乳α-生育酚含量分别为 2.76mg/L（1.03～4.50mg/L）和 6.73mg/L（4.54～8.66mg/L）。Xue 等[13]对不同地区母乳中维生素 E 含量的研究结果显示，不同地区母乳中维生素 E 含量有明显差别，苏州、广州的母乳α-生育酚含量显著高于北京地区［2.96mg/L（2.08～4.78mg/L）、2.85mg/L（1.48～4.79mg/L）、2.15mg/L（1.17～3.33mg/L）］，而北京和苏州的母乳 γ-生育酚显著高于广州地区［0.71mg/L（0.48～1.07mg/L）、0.94mg/L（0.59～1.48mg/L）、0.53mg/L（0.31～0.88mg/L）］。

最近吴轲等[17]报告了母乳α-生育酚中天然 RRR 及合成构型的分布，在上海募集健康产妇 89 例（年龄 20～35 岁），采集母乳并测定α-生育酚异构体，以初乳（1～5 天）α-生育酚浓度最高（9.20mg/L），之后显著降低（过渡乳 4.30mg/L 和成熟乳 4.10mg/L，$P<0.001$）。RRR 和合成构型α-生育酚的浓度均在初乳期后显著降低（$P<0.001$）；与初乳浓度相比，成熟乳中 non-RRR 下降 25%、RRR 下降 54%；天然 RRR 构型是α-生育酚的优势构型（约 85%），合成构型中 RRS 比例（5.10%～6.02%）高于其他构型（2.32%～3.58%）；不同哺乳阶段 RRR 与合成 2R 构型的平均比值稳定在 5.95～7.50，存在明显个体差异。

⊡ 表 24-2　人乳中维生素 E（α-生育酚）含量（平均值±SD）　　　　　　　　　　单位：mg/L

文献来源	初乳		过渡乳		成熟乳		发表时间
	含量	时间/d	含量	时间/d	含量	时间/d	
吴轲等[17]	9.2（2.2～32.9）	1～5	4.3（0.9～9.7）	10～15	4.1（1.2～9.4）	40～45	2019
Alcd[9]	17.4±6.4	<3h	6.0±2.2	7～15	3.4±1.6	30～40	2017
Sámano 等[16]	4.7（2.7～6.5）	<48h	4.5（1.6～6.8）	8	3.3（0.6～4.4）	30～60	2017
Xue Y 等[13]	6.45（3.88～11.76）	0～4	3.82（2.36～5.51）	5～11	2.39（1.45～3.96）	12～30	2017
					2.06（1.26～3.45）	31～60	
					2.12（1.12～3.00）	61～120	
					2.11（1.35～3.26）	121～240	
Melo[18]	15.09±7.94	0～24h					2017
方芳等[19]	13.1±6.2	3～4	7.0±3.5	7	2.9±1.5	16～30	2014
	8.5±4.8	5					
	7.0±3.5	6					
Martysiak-Zurowska 等[15]	9.990±1.510	2	0.445±0.095	14	0.292±0.084	30	2013
Szlagatys-Sidorkiewicz 等[20]	8.9（5.2～12.0）	3	—③		1.1（0.7～3.9）	30～32	2012
Antonakou[7]					0.193±0.079	30	2011
					0.188±0.097	120	
					0.197±0.011	180	

文献来源	初乳		过渡乳		成熟乳		发表时间
	含量	时间/d	含量	时间/d	含量	时间/d	
Dimenstein[21]	13.1±3.44						2010
Sziklai-László 等[22]	—③		4.14±2.17	?	3.30±1.13	?	2009
					0.21±0.07	90	
Garcia 等[23]	12.36±2.02	12h	3.36±0.43	10～15	—③		2009
Tokuşoğlu 等[24]					9.84	60～90	2008
Schweigert 等[25]	22.01±13.40	3	—③		5.70±2.20	19	2004
Ortega 等[26]	—③		3.80±1.32①	13～14	2.20±0.72①	40	1999
	—③		5.01±1.81②	13～14	2.27±0.77②	40	

①为维生素 E 营养状况较差的乳母，膳食摄入量低于推荐摄入量的 75%。②为维生素 E 营养状况较好的乳母，膳食摄入量大于或等于推荐摄入量的 75%。③ "—"表示没有数据。

第四节　影响因素

人乳维生素 E 含量受诸多因素影响，包括哺乳阶段、乳母的年龄和社会经济状况、胎次和新生儿的胎龄、乳母膳食维生素 E 摄入量和含维生素 E 膳食补充剂的使用等。

一、哺乳阶段

随哺乳进程，乳汁中生育酚含量显著降低（成熟乳显著低于初乳）。如 Martysiak-Zurowska 等[15]的研究结果显示，母乳α-生育酚含量随哺乳进程显著降低，γ-生育酚含量降低的程度更显著；Gossage 等[27]观察到产后乳汁α-生育酚浓度迅速降低，由初乳（产后 4 天）含量为 31μmol/L±4.6μmol/L，到成熟乳（产后 32 天）降低到 9.4μmol/L±1.2μmol/L，在不同哺乳阶段，β-生育酚和γ-生育酚的水平没有差异，并且不同哺乳阶段对乳汁γ-生育酚的水平也没有影响。

二、乳母的年龄和社会经济状况

处在青少年期的乳母，其成熟乳中维生素 E 浓度趋势低于成年乳母的乳汁[12]。这可能由于青少年对不良的膳食习惯特别敏感，她们更喜欢消费低微量营养素的高能食品，而且，妊娠青少年除了妊娠导致营养素需要量增加，其本身生长发育对营养素的需要也相对较高。de Azeredo 和 Trugo[12]的研究结果显示，巴西东南部青春期妇女成熟乳中α-生育酚水平还不到成年乳母成熟乳含量的一半，而家庭收入和母亲教育程度对乳汁α-生育酚的含量没有影响[12,28]。Tokuşoğlu 等[24]在土耳其的研究也没有发现母乳维生素 E 的含量与不同收入水平和受教育程度有关，而且与乳母 BMI 也没有相关性。

三、胎次和胎龄（胎儿成熟度）

有研究提示怀孕次数可能影响乳汁维生素 E 水平，因为之前的哺乳过程和乳汁生产使体内维生素 E 的储存发生了高度动员，与初产妇相比，分娩足月儿的经产妇的成熟乳中含有较高的维生素 E。分娩早产儿的妇女初乳中维生素 E 含量高于足月儿，如与早产儿第 3 天和第 36 天的母乳中维生素 E 水平（中位数 1.45mg α-TE/dl，范围 0.64～6.4mg α-TE/dl，和中位数 0.29mg α-TE/dl，范围 0.17～0.48mg α-TE/dl）相比，足月儿母乳中维生素 E 含量中位数为 1.14mg α-TE/dl，范围 0.63～4.21mg α-TE/dl，和中位数 0.28mg α-TE/dl，范围 0.19～0.86mg α-TE/dl。

四、乳母膳食摄入量或补充维生素 E 的影响

母乳维生素 E 含量与乳母膳食摄入量密切相关。在膳食维生素 E 摄入量低于推荐摄入量 75%的乳母，其过渡乳维生素 E 含量显著低于膳食摄入量大于或等于推荐摄入量 75%的乳母（3.80μmol/L±1.32μmol/L 和 5.01μmol/L±1.81μmol/L，$P<0.05$），而相比较成熟乳中维生素 E 水平则没有显著差异（2.20μmol/L±0.72μmol/L 和 2.27μmol/L±0.77μmol/L，$P>0.05$）[26]。Szlagatys-Sidorkiewicz 等[29]在波兰的研究发现，孕妇和乳母补充推荐摄入量的维生素 E 不能显著影响母乳维生素 E 含量。另一项来自波兰的研究也显示膳食摄入和服用维生素 E 补充剂的母亲，母乳维生素 E 含量没有显著差异[30]。给乳母补充 60mg/d 维生素 E 并不会显著升高初乳维生素 E 水平（1.55mg/L ± 0.81mg/L 和 1.40mg/L ± 0.86mg/L，$P>0.05$）[31]，并且发现补充合成形式维生素 E 的效果并不理想。然而补充相对较高剂量的维生素 E 则可增加乳汁维生素 E 水平，给营养状况良好的乳母补充维生素 E 可以使更多的维生素 E 进入初乳。Melo 等[18]在巴西的研究也证实，补充 400IU/d 可以显著增加初乳中α-生育酚含量。同样 Garcia 等[32]在巴西的研究观察到，补充维生素 E 24h 后显著增加初乳α-生育酚含量。Tijerina-Saenz 等[33]在加拿大的研究发现，自报服用多种维生素补充剂的受试者，母乳维生素 E 含量与是否服用补充剂呈正相关。Antonakou 等[7]关于希腊母亲的研究则发现，尽管母亲膳食摄入的维生素 E 低于推荐量，但是母乳维生素 E 含量还是能够满足婴儿需要，并且发现母乳维生素 E 含量仅与母亲的总脂肪和膳食中饱和脂肪酸的摄入量相关。

五、其他影响因素

在血清视黄醇≥1.05 μmol/L 的哺乳期妇女中，其血清视黄醇与初乳中α-生育酚浓度呈显著负相关（$r=-0.28$，$P=0.008$）[34]。人乳α-生育酚还与其含有的乳脂成分及其含量有关，还有的研究证明维生素 E 仅与成熟乳的胆固醇相关，而与甘油三酯（TAG、TG）和磷脂无关；也有的观察到维生素 E 与 TAG 和胆固醇相关，而与磷脂无关。也有少数研究了乳母吸烟对乳汁维生素 E 含量的影响，Orhon 等[35]观察到吸烟可降低初乳（产后 7 天）中维生素 E 含量，而 Ortega 等[36]的结果显示吸烟可降低成熟乳（产后 40 天）中维生素 E 含量，而对过渡乳（产后 13～14 天）的含量没有影响；Szlagatys-Sidorkiewicz 等[37]研究提示乳母吸烟并不会影响成熟乳（产后 30～32 天）中维生素 E 的含量。还有研究发现孕期的一些高危因素，如孕前超重、肥胖或早产会影响产后母乳α-生育酚含量，如 Sámano 等[16]对具有这些高危因素孕妇的研究显示，具有高危因素的孕妇产后母乳α-生育酚含量显著低于正常孕妇。

第五节　测定方法

目前人乳含量测定最常用 HPLC 方法，也有液相色谱-质谱法联用的方法。多种情况下采用 HPLC 方法，同时测定人乳中维生素 A 和维生素 E 的含量，可以快速、灵敏、准确分离异构体和进行定量[11]。人乳维生素 E 含量的个体间变异很大，对于个体用 HPLC 测定的人乳α-生育酚浓度范围从低于1mg α-TE/L 到 8.6mg α-TE/L。Heudi 等[38]采用液相色谱-质谱法可同时定量测定强化婴儿配方食品中维生素 A、维生素 D_3 和维生素 E 含量，其中维生素 E 的线性范围为 0.25～20mg/L。随后 Kamao 等[39]采用正离子模式液相色谱-串联质谱法，使用相关的稳定同位素标记化合物为内标，同时测定人乳中脂溶性维生素 A、维生素 D、维生素 E 和维生素 K，检测限为 1～250pg/50μl（约为 20～5000 μg/L），每个维生素的内标变异系数为 1.9%～11.9%，　而α-生育酚含量为 5.087mg/L。

第六节　展　　望

随着我国全面放开三胎，需要高度关注高龄妊娠妇女增加，这些妇女维生素 E 的营养状况以及可能对妊娠结局和哺乳期乳汁中维生素 E 水平的影响，如胚胎生长发育状况、胎儿维生素 E 储备情况、乳汁维生素 E 水平变化趋势等。同时由于高龄妇女妊娠比例的增加，早产儿和低出生体重儿的发生率呈现升高趋势，需要研究分娩早产儿的乳母乳汁维生素 E 水平及其对喂养儿营养状态的影响以及该群体的维生素 E 需要量和推荐摄入量。

以往的研究结果表明，泌乳期间母乳中维生素 E 的含量随哺乳期延长而显著降低，需要研究这样下降趋势（尤其是晚期成熟乳）的影响因素，以及母乳中维生素 E 水平的降低对母乳喂养儿维生素 E 需要量的影响；而且还需要了解乳母维生素 E 的体内储备、动员和利用能力，并评估可能对母乳中含量的影响，以便及时采取有效的干预措施降低该群体发生营养缺乏的风险。

关于母乳中维生素 E 相关研究多是小样本的横断面调查，需要设计较完善、代表性好的纵向追踪研究，确定哺乳不同时期母乳中α-生育酚及其组分的浓度以及对喂养儿生长发育和营养状态的影响，为估计婴儿维生素 E 的推荐摄入量或适宜摄入量提供科学依据。

需要设计良好的前瞻性临床试验，评价孕期和哺乳期妇女补充维生素 E 的适宜量和持续时间以及对胎儿维生素 E 储存和母乳中维生素 E 水平的影响，为那些可能存在维生素 E 摄入不足的哺乳期妇女提供营养改善建议。

考虑到充足的维生素 E 营养供给在新生儿疾病预防和健康促进中的重要性，应通过设计良好的纵向试验，分析母乳中维生素 E 的变化趋势，以及对喂养儿营养与健康状况的影响，以估计其维生素 E 的需要量，修订和完善维生素 E 的推荐摄入量或适宜摄入量以及我国婴幼儿配方食品标准。

（姜珊，董彩霞，荫士安）

参考文献

[1] Ball GFM. Vitamins：Their role in the human body. Hoboken，NJ，USA：Blackwell Science Ltd，2004.

[2] Jensen SK，Lauridsen C. Alpha-tocopherol stereoisomers. Vitam Horm，2007，76：281-308.

[3] Traber MG. Vitamin E regulatory mechanisms. Annu Rev Nutr，2007，27：347-362.

[4] Ranard KM，Erdman JW. Effects of dietary RRR alpha-tocopherol vs all-racemic alpha-tocopherol on health outcomes. Nutr Rev，2018，76（3）：141-153.

[5] Gaur S，Kuchan MJ，Lai CS，et al. Supplementation with RRR- or all-rac-alpha-tocopherol differentially affects the alpha-tocopherol stereoisomer profile in the milk and plasma of lactating women. J Nutr, 2017, 147（7）：1301-1307.

[6] Kuchan MJ，Jensen SK，Johnson EJ，et al. The naturally occurring alpha-tocopherol stereoisomer RRR-alpha-tocopherol is predominant in the human infant brain. Br J Nutr，2016，116（1）：126-131.

[7] Antonakou A，Chiou A，Andrikopoulos NK，et al. Breast milk tocopherol content during the first six months in exclusively breastfeeding Greek women. Eur J Nutr，2011，50（3）：195-202.

[8] Institute of Medicine. Dietary reference intakes for vitamin C，vitamin E，selenium，and carotenoids. Washington（DC），2003.

[9] Alcd S，Kdds R，Melo Lrm M，et al. Vitamin E in human milk and its relation to the nutritional requirement of the term newborn. Rev Paul Pediatr，2017，35（2）：158-164.

[10] Lacomba R，Cilla A，Alegría A，et al. Stability of fatty acids and tocoperols during cold storage of human milk. Int Dairy J，2012，27：22-26.

[11] Tijerina-Sáenz A，Innis SM，Kitts DD. Antioxidant capacity of human milk and its association with vitamins A and E and fatty acid composition. Acta Paediatr，2009，98（11）：1793-1798.

[12] de Azeredo VB，Trugo NM. Retinol，carotenoids，and tocopherols in the milk of lactating adolescents and relationships with plasma concentrations. Nutrition，2008，24（2）：133-139.

[13] Xue Y，Campos-Gimenez E，Redeuil KM，et al. Concentrations of carotenoids and tocopherols in breast milk from urban chinese mothers and their associations with maternal characteristics：A cross-sectional study. Nutrients，2017，9（11）. doi：10.3390/nu9111229.

[14] Macias C，Schweigert FJ. Changes in the concentration of carotenoids，vitamin A，alpha-tocopherol and total lipids in human milk throughout early lactation. Ann Nutr Metab，2001，45（2）：82-85.

[15] Martysiak-Zurowska D，Szlagatys-Sidorkiewicz A，Zagierski M. Concentrations of alpha- and gamma-tocopherols in human breast milk during the first months of lactation and in infant formulas. Matern Child Nutr，2013，9（4）：473-482.

[16] Sámano R，Martínez-Rojano H，Hernández RM，et al. Retinol and α-tocopherol in the breast milk of women after a high-risk pregnancy. Nutrients，2017，9（1）. doi：10.3390/nu9010014.

[17] 吴轲，孙涵潇，毛颖异，等. 母乳α-生育酚中天然 RRR 及合成构型分布. 营养学报，2019，41（6）：539-543.

[18] Melo LR，Clemente HA，Bezerra DF，et al. Effect of maternal supplementation with vitamin E on the concentration of α-tocopherol in colostrum. J Pediatr（Rio J），2017，93（1）：40-46.

[19] 方芳，李婷，李艳杰，等. 呼和浩特地区母乳中脂溶性 VA、VD、VE 含量. 乳业科学与技术，2014，37：5-7.

[20] Szlagatys-Sidorkiewicz A，Zagierski M，Jankowska A，et al. Longitudinal study of vitamins A，E and lipid oxidative damage in human milk throughout lactation. Early Hum Dev，2012，88（6）：421-424.

[21] Dimenstein R，Pires JF，Garcia LR，et al. Levels of alpha-tocopherol in maternal serum and colostrum of adolescents and adults. Rev Bras Ginecol Obstet，2010，32（6）：267-272.

[22] Sziklai-László I，Majchrzak D，Elmadfa I，et al. Selenium and vitamin E concentrations in human milk and formula milk from Hungary. J Radioanalytical Nucl Chem，2009，279：585-590.

[23] Garcia LRS，Ribeiro KDS，Araújo KF，et al. Levels of alpha-tocopherol in the serum and breast-milk of child-bearing women attending a public maternity hospital in the city of Natal，in the Brazilian State of Rio Grande do Norte. Rev Bras Saude Matern Infant，2009，9：423-428.

[24] Tokuşoğlu O，Tansuğ N，Akşit S，et al. Retinol and alpha-tocopherol concentrations in breast milk of Turkish lactating mothers under different socio-economic status. Int J Food Sci Nutr，2008，59（2）：166-174.

[25] Schweigert FJ，Bathe K，Chen F，et al. Effect of the stage of lactation in humans on carotenoid levels in milk，blood plasma and plasma lipoprotein fractions. Eur J Nutr，2004，43：39-44.

[26] Ortega RM，López-Sobaler AM，Andres P，et al. Maternal vitamin E status during the third trimester of pregnancy in spanish women：influence on breast milk vitamin E concentration. Nutr Res，1999，19：25-36.

[27] Gossage CP，Deyhim M，Yamini S，et al. Carotenoid composition of human milk during the first month postpartum and the response to beta-carotene supplementation. Am J Clin Nutr，2002，76（1）：193-197.

[28] Ahmed L，Nazrul Islam S，Khan MN，et al. Antioxidant micronutrient profile（vitamin E，C，A，copper，zinc，iron）of colostrum：association with maternal characteristics. J Trop Pediatr，2004，50（6）：357-358.

[29] Szlagatys-Sidorkiewicz A，Zagierski M，Luczak G，et al. Maternal smoking does not influence vitamin A and E concentrations in mature breastmilk. Breastfeed Med，2012，7：285-289.

[30] Martysiak-Zurowska D，Szlagatys-Sidorkiewicz A，Zagierski M. Concentrations of alpha- and gamma-tocopherols in human breast milk during the first months of lactation and in infant formulas. Matern Child Nutr，2013，9：473-482.

[31] Dimenstein R，Lira L，Medeiros AC，et al. Effect of vitamin E supplementation on alpha-tocopherol levels in human colostrum. Rev Panam Salud Publica，2011，29（6）：399-403.

[32] Garcia LRS，Ribeiro KDS，Araújo KF，et al. Levels of alpha-tocopherol in the serum and breast-milk of child-bearing women attending a public maternity hospital in the city of Natal，in the Brazilian State of Rio Grande do Norte. Rev Bras Saude Matern Infant，2009，9：423-428.

[33] Tijerina-Saenz A，Lnnis SM，Kitts DD. Antioxidant capacity of human milk and its association with vitamins A and E and fatty acid composition. Acta Paediatr，2009，98：1793-1798.

[34] de Lira LQ，Lima MS，de Medeiros JM，et al. Correlation of vitamin A nutritional status on alpha-tocopherol in the colostrum of lactating women. Matern Child Nutr，2013，9（1）：31-40.

[35] Orhon FS，Ulukol B，Kahya D，et al. The influence of maternal smoking on maternal and newborn oxidant and antioxidant status. Eur J Pediatr，2009，168（8）：975-981.

[36] Ortega RM，Lopez-Sobaler AM，Martinez RM，et al. Influence of smoking on vitamin E status during the third trimester of pregnancy and on breast-milk tocopherol concentrations in Spanish women. Am J Clin Nutr，1998，68（3）：662-667.

[37] Szlagatys-Sidorkiewicz A，Zagierski M，Luczak G，et al. Maternal smoking does not influence vitamin A and E concentrations in mature breastmilk. Breastfeed Med，2012，7：285-289.

[38] Heudi O，Trisconi MJ，Blake CJ. Simultaneous quantification of vitamins A，D_3 and E in fortified infant formulae by liquid chromatography-mass spectrometry. J Chromatogr A，2004，1022（1-2）：115-123.

[39] Kamao M，Tsugawa N，Suhara Y，et al. Quantification of fat-soluble vitamins in human breast milk by liquid chromatography-tandem mass spectrometry. J Chromatogr B Analyt Technol Biomed Life Sci，2007，859（2）：192-200.

第二十五章

维生素 K

在过去几十年，母乳喂养婴儿的维生素 K（vitamin K）缺乏的发病率已经引起了人们的关注。新生儿对维生素 K 的营养需求存在一定的特殊性，由于胎盘转运脂质相对不足，肝脏对凝血酶原的合成尚未成熟、肠道菌群尚未建立，加之母乳维生素 K 含量较低，因此新生儿和婴儿容易发生维生素 K 缺乏症，这是婴儿早期发生的一种罕见潜在危及生命的出血性疾病[1]。机体对维生素 K 的储存很少，更新很快，肝脏储存机体 10%的维生素 K_1 和 90%的维生素 K_2。

第一节　存在形式与功能及含量

一、存在形式

通常人乳中维生素 K 主要存在形式是叶绿醌（维生素 K_1），主要来源于乳母日常膳食中的植物性食物，其次是维生素 K_2，主要以甲萘醌-4（MK-4）形式存在，含量约为维生素 K_1 的一半，另外还有痕量甲萘醌 6-8[2,3]，人乳中甲萘醌-4 含量相当于叶绿醌的一半[3]，而 MK-4 既不是一个常见的细菌来源形式也不是主要的膳食形式，有证据提示母乳中的 MK-4 是来自于体内合成，即来源于膳食叶绿醌在体内或在乳腺内合成。

天然存在的具有维生素 K 活性的化合物有一个共同的 2-甲基-1,4-萘醌核和 3 位可变烷基取代基。根据侧链结构的不同，天然维生素 K 可分为维生素 K_1 和维生素 K_2 两类。

植物界发现的维生素 K 是叶绿醌（phylloquinone，维生素 K_1），在母环 C-3 位置上有一个植烷取代基；而由细菌合成的多种形式维生素 K 是甲萘醌（menaquinones，维生素 K_2），是系列化合物，根据母环 C-3 位置上异戊二烯单元个数的不同，可分为 14 种，即甲萘醌-n（缩写成 MK-n），n 系指异戊二烯单元的个数。维生素 K_2 在肠道内由细菌合成，能供应和满足维生素 K 的部分需要。在制药和药理文献中，叶绿醌的同义词是"phytomenadione（维生素 K_1）"（欧洲）和"植物甲萘醌"（美国）。在日本，用于婴儿维生素 K 缺乏预防的主要产品是口服制剂甲萘醌-4（MK-4），商品名四烯甲萘醌（menatetrenone）。

二、功能

维生素 K 活性化合物对形成凝血酶原等凝血有关的蛋白质是必需的，参与血液凝集过程、骨骼代谢（如骨骼矿化调节），而且与心血管的健康状况有关，作为辅酶具有多种功能，如抗炎作用、类固醇配体、外源化合物受体等[4]。维生素 K 缺乏将会导致凝血延迟和维生素 K 缺乏性出血。例如，出生时没有补充维生素 K 的婴儿维生素 K 缺乏症发生率为 1/400～1/200[5,6]，没有补充维生素 K 的婴儿维生素 K 依赖凝血因子水平显著降低[7]；在维生素 K 缺乏导致出血性疾病的发病率方面，没有补充维生素 K 的纯母乳喂养婴儿比婴儿配方食品喂养的婴儿高 15～20 倍[8]。

三、含量及影响因素

典型人乳维生素 K 含量约为 2μg/L（1～4μg/L），初乳浓度约高出 1 倍（2.2～20.0nmol/L），后乳浓度约比前乳高 1 μg/L。不同研究报告的人乳中维生素 K 含量汇总于表 25-1。Greer 等[9]报告的不同哺乳阶段母乳维生素 K_1 含量均低于 2μg/L，产后 1 周、6 周、12 周和 26 周母乳维生素 K 含量（μg/L）分别为 0.64±0.43、0.86±0.52、1.14±0.72 和 0.87±0.50；后来的研究结果显示，成熟乳中维生素 K 含量低于过渡乳，分别为产后 2 周 1.18μg/L±0.99μg/L、4 周 0.50μg/L ±0.70μg/L、6 周 0.16μg/L ±0.07μg/L、8 周 0.20μg/L ±0.20μg/L、12 周 0.25μg/L±0.34μg/L 和 26 周 0.24μg/L±0.23μg/L[10]；而 von Kries 等[11]的早期研究提示，初乳维生素 K 含量显著高于成熟乳（1.8μg/L 和 1.2μg/L，$P<0.001$），以第一天的初乳最高（2.7μg/L）。然而，即使乳母的膳食维生素 K 摄入量相当高或经常服用含维生素 K 的补充剂，生后最初几天母乳喂养新生儿获得的这种维生素的量可能仍不足以满足新生儿需要。人乳中叶绿醌的浓度最高，其次是甲萘醌-4（MK-4），有痕量甲萘醌 6-8[2,3]。在日本的一项研究中，Kojima 等[12]将 834 名乳母分为两组，A 组（40 岁以下，不吸烟，不补充维生素补充剂，没有特应性症状，婴儿出生体重＞2.5kg）和所有调查对象组，这两组乳母乳汁中维生素 K（K_1+K_2）含量（mg/dl）分别为 0.434 ± 0.293 和 0.517± 1.521，主要为维生

素 K_1 和 MK-4, 同时观察到日本东部地区乳母的乳汁 MK-7 含量明显高于日本西部地区的乳母, 这种差异应该与乳母的膳食有关。

通常人乳中维生素 K 含量仅相当于牛乳的四分之一 (15μg/L 与 60μg/L), 对于纯母乳喂养的婴儿, 仅通过母乳很难满足婴儿的维生素 K 需要量, 例如母乳喂养儿最初 6 个月内血浆维生素 K_1 浓度非常低 (平均值低于 0.25μg/L), 而相比较用婴儿配方食品喂养的婴儿血浆维生素 K 浓度为 4.39～5.99μg/L[9]。Canfield 等[13]报告的人乳维生素 K 含量为 4～7nmol/L (2～3 μg/L), 其中初乳 (产后 30～81h)、1 个月成熟乳和 1～6 个月成熟乳中维生素 K 含量分别为 7.52nmol/L±5.90nmol/L (0.75～20.1nmol/L)、6.98nmol/L±6.36nmol/L (0.58～24.26nmol/L) 和 6.36nmol/L±5.32nmol/L (0.58～24.26nmol/L), 尽管成熟乳有降低趋势, 但是差异不显著; 而 Fournier 等[14]的研究结果显示, 母乳维生素 K_1 浓度随哺乳期的延长呈现显著升高趋势。

⊡ 表25-1　人乳中维生素 K 含量　　　　　　　　　　　　　　　　　　　　单位:μg/L

文献来源	初乳		过渡乳		成熟乳		发表时间
	含量	时间/d	含量	时间/d	含量	时间/d	
von Kries 等[11]	1.8	1～5	—		1.2	8～36	1987
Greer 等[9]	0.64±0.43	<7	—		0.86±0.52	42	1991
Greer[10]	—		1.18±0.99	2 周	0.50±0.70	28	2001
Canfield 等[13]	3.4±2.6	30～81h	—		3.2±2.9	30	1991
					6.4±5.3	31～180	
Fournier 等[14]	5.2 (3.1～10.8)	3	8.9 (6.4～15.7)	8	9.2 (4.8～12.8)	21	1987
Haroon 等[15]	2.3 (0.7～4.2)	1～5	—		2.5 (1.1～6.5)	未注明	1982

注:"—"表示没有数据。

第二节　影响因素

母乳维生素 K 水平受孕期 (尤其是孕末期) 和乳母维生素 K 营养状况的影响, 此外还受采样方法、哺乳阶段等因素影响。

一、补充效果

分娩前和产后给乳母补充大剂量维生素 K 可显著增加母乳维生素 K 含量。增加乳母维生素 K 摄入量 [＞1μg/(kg·d)], 可使母乳喂养的婴儿获益。

1. 短期大剂量补充

Greer 等[9]给乳母口服补充 20mg 维生素 K_1，12h 就可使乳汁维生素 K_1 水平从 1.11μg/L±0.82μg/L 升高到 130μg/L±188μg/L；也有的干预试验结果显示，当给低维生素 K 的乳母补充 20mg 维生素 K_1（phylloquinone，叶绿醌）时，48h 内至少可使乳汁维生素 K_1 含量增加一倍，一周后恢复到基础水平[15]。在 von Kries 等[16]的研究中，分别给 4 位乳母补充 0.1mg、0.5mg、1mg、3mg 单一剂量维生素 K_1，补充前母乳中维生素 K_1 基础含量是 2~3 μg/L，补充后 12~24h 可达到峰值，补充 3mg 维生素 K_1 的乳母在 18h 后达到峰值含量接近 150 μg/L。也有干预试验结果提示，孕期补充维生素 K 有助于改善哺乳期维生素 K 营养状况，增加乳汁中维生素 K 含量[17]。

2. 长期补充

在妊娠和哺乳期间，给乳母 5mg 维生素 K 补充剂可使乳汁维生素 K 浓度升高到 80.0μg/L±37.7μg/L，显著改善婴儿维生素 K 营养状况[10]；Thijssen 等[18]的研究将 31 名乳母分为四组，产后第 4 天每天分别口服补充 0mg、0.8mg、2mg、4mg 维生素 K_1 直到产后第 16 天。在补充后第 8 天补充组的母乳维生素 K_1 和 MK-4 显著升高，并且乳汁中维生素 K_1 和 MK-4 的浓度可维持到补充后第 16 天，至补充后第 19 天仅 4mg 剂量组维生素 K_1 和 MK-4 的浓度仍高于对照组，并且发现母乳中维生素 K_1 和 MK-4 的水平呈现显著相关。Bolisetty 等[19]对 6 名早产乳母的研究中，从产后开始每日补充 2.5mg 维生素 K_1 持续 2 周，每日采集 6 次母乳计算每日母乳维生素 K_1 平均基础含量为 3μg/L，在补充后第 2 天维生素 K_1 含量升高至 22.6μg/L，第 6 天升高至 64.2μg/L 后浓度保持稳定再没有显著变化。一项单独安慰剂对照试验表明，给哺乳期母亲补充大剂量维生素 K（5mg/d）可提高母乳中维生素 K 的水平，并可使蛋白质羧化特性相关指标得到改善[20,21]。

二、检测方法

人乳维生素 K 含量接近 HPLC 方法学的最低检测限，因此需要开发大于 HPLC 检测精度的方法。由于维生素 K 位于乳脂肪球中，因此采样技术影响采集乳样中维生素 K 含量。有报道表明后段乳中维生素 K 含量比采集的全部泌乳量混合样品约高出 2 倍。

三、哺乳阶段

与视黄醇和类胡萝卜素的浓度随哺乳期降低 5~10 倍相比，整体上看，初乳维生素 K 浓度仅略高于成熟乳。也有报告初乳浓度比成熟乳中高 1.5~2 倍或没有变化。在产后最初 30 天内，伴随泌乳量的显著增加，对新生儿来说可利用的维生素 K 总量也增加。

四、乳脂肪含量

初乳中维生素 K 含量与脂类含量显著相关（$r=0.78$，$P<0.001$），而在 1 个月、3 个月和 6 个月的成熟乳则没有观察到这样的相关性[13]；Fournier 等[14]的研究没有观察到维生素 K_1 与脂类的相关性，但是过渡乳和成熟乳维生素 K_1 与胆固醇浓度呈显著负相关（$r=-0.61$ 和 -0.65，$P<0.05$）；在 von Kries 等[11]的研究中，初乳维生素 K_1 浓度显著高于成熟乳，初乳维生素 K_1 与胆固醇显著相关（$r=0.62$），而与总脂类和磷脂无关，在一次哺乳过程中，后段乳维生素 K 含量显著高于前段乳，可能与哺乳过程中脂类水平的变化有关。

第三节　方法学考虑

在实际工作中，准确测定人乳中脂溶性维生素含量受很多因素影响，包括乳样的抽样方法、采集过程、样品分装处理、储存条件以及分析前处理和采用的测定方法等。

一、乳样采集

有分析结果显示，初乳维生素 K 浓度高于成熟乳，而且初乳维生素 K 含量与脂类含量相关。因此，乳样的采集过程需要考虑不同哺乳阶段、同一次哺乳的前中后段乳汁可能存在的含量差异，以及乳汁成分存在的昼夜节律变化等影响因素。在选择或设计人乳抽样方案时，还要考虑人乳脂溶性维生素的个体内和个体间存在的较大差异。

二、可能存在的干扰因素

在使用收集或保存乳样的材料中可能存在增塑剂，其含有的邻苯二甲酸盐和其他化学物质常常会干扰脂溶性维生素的紫外分析结果。采样过程、样品前处理或分析过程中，直接暴露阳光可导致样品中被测成分被分解和吸附到塑料储存瓶、注射器和试管壁，这些均可能导致被测试成分显著丢失；细菌污染可能导致维生素 K 的浓度被显著高估。低温冷冻储存样品的冻融和均质化过程影响测定结果，如均质化不完全可导致含量被明显低估或分析结果的重复性差。

三、方法的选择

Zhang 等[22]综述了过去二十年中维生素 K 的测定方法，包括样品预处理和定量等。HPLC

方法通常被用作分离维生素 K 的标准方法，并结合不同的检测方法，包括分光法、光谱测定、荧光法和质谱法。当测定母乳中脂溶性维生素时，要仔细全面评价不同方法学的误差。

Kamao 等[23]采用液相色谱-串联质谱法在正离子模式，使用相关稳定同位素标记化合物为内标，同时测定人乳中脂溶性维生素 A、维生素 D、维生素 E 和维生素 K，检测限为 1～250pg/50μl（约为 20～5000 μg/L），每个维生素的内标变异系数为 1.9%～11.9%，其中叶绿醌和甲萘醌-4 的含量分别为 3.771μg/L 和 1.795μg/L。虽然可以用 HPLC 方法测定人乳维生素 K 含量，由于人乳维生素 K 含量非常低[浓度为纳克（ng）水平或更低]，需要消耗较多人乳样本和较长的前处理过程，因此有必要开发更灵敏的母乳维生素 K 及其不同组分或代谢物的测定方法。

Gentili 等[24]使用 HPLC-MS/MS 方法，通过简单有效的分离步骤，同时测定母乳中维生素 K 同系物，包括叶绿醌、甲萘醌-4（MK-4）和甲萘醌-7（MK-7），检出限低于 0.8ng/ml。最近，Zhang 等[25]开发了一种快速灵敏的液相色谱-串联质谱法，可同时定量测定人体血浆中维生素 K_1 和维生素 K_2（MK-4）浓度，维生素 K_1 和 MK-4 的定量下限均为 0.01ng/ ml。所有分析物浓度范围在 0.01～50ng/ ml 时呈线性关系。相比较，目前用于测定婴儿配方乳粉的高效液相色谱法，最低检出限为 1μg/100g[26]；用于乳类的高效液相色谱-荧光检测法（ HPLC-FLD），MK-4 检出限为 0.01μg/100g，定量限为 0.04μg/100g；MK-7 检出限为 0.06μg/100g，定量限为 0.2μg/100g[27,28]。上述方法还难以用于母乳维生素 K 及其同系物的分离测定。

第四节　展　　望

对于纯母乳喂养婴儿，体内维生素 K 来源有两个途径，即母乳来源和其自己肠道微生物合成。目前还不能区分这两个途径来源的维生素 K 及其对婴幼儿维生素 K 营养状况的影响程度，也影响这一人群维生素 K 需要量的确定。因此还需要研究孕期和哺乳期妇女维生素 K 的营养状况对乳汁中维生素 K 水平的影响。

受测定方法限制，缺少母乳中维生素 K 含量和存在形式方面的研究。已知体内维生素 K 不同的存在形式（如维生素 K_1 和维生素 K_2）可能发挥的功能作用也不同，需要研究母乳中维生素 K 的存在形式以及对喂养儿的营养作用和相关功能的影响。

母乳中维生素 K 检测方法严重制约相关的研究，因此需要提高母乳中维生素 K 检测方法的检出限量，开发微量准确的测定方法。例如，有方法学研究结果显示，目前采用液相色谱-串联质谱法同时测定母乳中维生素 K，需要 3ml 母乳[29]，需要的母乳样量仍然较多。

（姜珊，董彩霞，荫士安）

参考文献

[1] Shearer MJ. Vitamin K deficiency bleeding（VKDB）in early infancy. Blood reviews，2009，23（2）：49-59.

[2] Indyk HE，Woollard DC. Vitamin K in milk and infant formulas：determination and distribution of phylloquinone and menaquinone-4. The Analyst，1997，122（5）：465-469.

[3] Thijssen HH，Drittij MJ，Vermeer C，et al. Menaquinone-4 in breast milk is derived from dietary phylloquinone. Br J Nutr，2002，87（3）：219-226.

[4] Harshman SG，Shea MK. The role of vitamin K in chronic aging diseases：inflammation，cardiovascular disease，and osteoarthritis. Curr Nutr Rep，2016，5：90-98.

[5] Gleason WA，Kerr GR. Questions about quinones in infant nutrition. J Pediatr Gastroenterol Nutr，1989，8（3）：285-287.

[6] de Oliveira RB，Stinghen AEM，Massy ZA. Vitamin K role in mineral and bone disorder of chronic kidney disease. Clin Chim Acta，2020，502：66-72.

[7] von Kries R，Shearer MJ，Gobel U. Vitamin K in infancy. Eur J Pediatr，1988，147（2）：106-112.

[8] Sutherland JM，Glueck HI，Gleser G. Hemorrhagic disease of the newborn. Breast feeding as a necessary factor in the pathogenesis. Am J Dis Child，1967，113（5）：524-533.

[9] Greer FR，Marshall S，Cherry J，et al. Vitamin K status of lactating mothers, human milk, and breast-feeding infants. Pediatr，1991，88（4）：751-756.

[10] Greer FR. Are breast-fed infants vitamin K deficient？ Adv Exp Med Biol，2001，501：391-395.

[11] von Kries R，Shearer M，McCarthy PT，et al. Vitamin K_1 content of maternal milk：influence of the stage of lactation，lipid composition，and vitamin K_1 supplements given to the mother. Pediatr Res，1987，22（5）：513-517.

[12] Kojima T，Asoh M，Yamawaki N，et al. Vitamin K concentrations in the maternal milk of Japanese women. Acta Paediatr，2004，93（4）：457-463.

[13] Canfield LM，Hopkinson JM，Lima AF，et al. Vitamin K in colostrum and mature human milk over the lactation period--a cross-sectional study. Am J Clin Nutr，1991，53（3）：730-735.

[14] Fournier B，Sann L，Guillaumont M，et al. Variations of phylloquinone concentration in human milk at various stages of lactation and in cow's milk at various seasons. Am J Clin Nutr，1987，45（3）：551-558.

[15] Haroon Y，Shearer MJ，Rahim S，et al. The content of phylloquinone（vitamin K_1）in human milk，cows' milk and infant formula foods determined by high-performance liquid chromatography. J Nutr，1982，112：1105-1117.

[16] von Kries R，Shearer M，McCarthy PT，et al. Vitamin K status of lactating mothers，human milk，and breast-feeding. Pediatr Res，1987，22：513-517.

[17] Shahrook S，Ota E，Hanada N，et al.Vitamin K supplementation during pregnancy for improving outcomes：a systematic review and meta-analysis. Science Reports，2018，8：11459.

[18] Thijssen HH，Drittij MJ，Vermeer C，et al. Menaquinone-4 in breast milk is derived from dietary phylloquinone. Br J Nutr，2002，87：219-226.

[19] Bolisetty S，Gupta JM，Graham GG，et al. Vitamin K in preterm breastmilk with maternal supplementation. Acta Paediatr，1998，87：960-962.

[20] Van Winckel M，De Bruyne R，Van De Velde S，et al. Vitamin K，an update for the paediatrician. Eur J

Pediatr，2009，168（2）：127-134.

[21] Greer FR，Marshall SP，Foley AL，et al. Improving the vitamin K status of breastfeeding infants with maternal vitamin K supplements. Pediatr，1997，99（1）：88-92.

[22] Zhang Y，Bala V，Mao Z，et al. A concise review of quantification methods for determination of vitamin K in various biological matrices. J Pharm Biomed Anal，2019，169：133-141.

[23] Kamao M，Tsugawa N，Suhara Y，et al. Quantification of fat-soluble vitamins in human breast milk by liquid chromatography-tandem mass spectrometry. J Chromatogr B Analyt Technol Biomed Life Sci，2007，859（2）：192-200.

[24] Gentili A，Miccheli A，Tomai P，et al. Liquid chromatography–tandem mass spectrometry method for the determination of vitamin K homologues in human milk after overnight cold saponification. J Food Compost Anal，2016，47：21-30.

[25] Zhang Y，Chhonker YS，Bala V，et al. Reversed phase UPLC/APCI-MS determination of Vitamin K_1 and menaquinone-4 in human plasma：Application to a clinical study. J Pharm Biomed Anal，2020，183：113147.

[26] 尹丽丽，薛霞，周禹君，等. 婴幼儿配方乳粉中维生素 K_1 的检测. 食品工业科技，2018，39（12）：238-241.

[27] 邓梦雅，彭祖茂，朱丽. 高效液相色谱-荧光检测法 测定食品中维生素 K_2 的含量. 食品工业科技，2019，40（19）：240-250.

[28] 刘光兰，郑良，吴银，等. 高效液相色谱法同时测定维生素 D_3 和维生素 K_2 的含量. 食品安全质量检测学报，2019，10（5）：1226-1229.

[29] Kasalova E，Aufartova J，Krcmova LK，et al. Recent trends in the analysis of vitamin D and its metabolites in milk——a review. Food Chem，2015，171：177-190.

第二十六章

水溶性维生素

————

　　水溶性维生素是人体必需的微量营养素，代表了一组在中间代谢中发挥重要功能的多样化低分子量有机化合物。将它们分在一组，不仅仅是因为它们在结构或功能方面的相似性，而且还因为它们在水中可溶解的物理特性。水溶性维生素是最后一组被人们发现的必需微量营养素，因为它们在植物和动物组织中微量存在，而且在人类营养中发挥作用仅需要微量（毫克级或更低）。一般情况下，人乳中发现的水溶性维生素的量通常是母体血浆数量的几倍，但是造成这种差异的机制仍然有待研究。

第一节　水溶性维生素的生物学作用

　　人乳中水溶性维生素（water-soluble vitamins）是婴儿生长发育所必需的微量营养素，它们大多以辅酶的形式参与体内诸多生命攸关的新陈代谢过程[1]，其生理功能及缺乏症研究已经非常深入。婴儿缺乏水溶性维生素或乳母长期膳食摄入不足可导致乳汁中的含量显著降低，长期影响将会导致一系列临床缺乏症状，影响婴儿的营养与健康状况，甚至增加死亡率。

一、维生素 B_1

　　人乳中维生素 B_1（vitamin B_1），又称硫胺素（thiamine），主要以硫胺素盐酸盐的形式存在（约 60%），另外还有约 30% 的游离硫胺素和少量的硫胺三磷酸盐。维生素 B_1 在体内能量代谢中发挥重要作用。如果乳母严重维生素 B_1 缺乏，可使母乳喂养儿易发生婴儿脚气病，新生儿缺乏或边缘性缺乏维生素 B_1 还可能影响数年后的神经系统功能与认知发育和行为能力等[2~4]。

二、维生素 B_2

人乳中维生素 B_2（vitamin B_2），又称核黄素（riboflavin）的主要存在形式是黄素腺嘌呤二核苷酸（FAD）（60%）、游离核黄素（30%）以及其他黄素衍生物[5]。作为 FAD 辅酶的一部分，维生素 B_2 参与体内生物氧化和能量产生、脂肪酸和氨基酸合成、DNA 修复、色氨酸转变成烟酸的过程、谷胱甘肽的产生、游离基清除以及作为甲基四氢叶酸还原酶的辅酶参与同型半胱氨酸的代谢等。维生素 B_2 缺乏会影响婴儿的生长发育和生殖功能等[6]。

三、叶酸

母乳中叶酸（folic acid）的主要存在形式是 N-5-甲基四氢叶酸。叶酸以辅酶的形式作为一碳单位（CHO、CH_3、CH—NH）的载体，参与氨基酸代谢以及核酸形成中嘌呤和嘧啶的合成。孕期缺乏叶酸可引起胎儿发生神经管畸形，导致出生缺陷；婴儿长期严重缺乏叶酸还可以发生巨幼红细胞性贫血、智力或认知能力发育迟缓，而且这种不良影响可持续到成年[7~10]。

四、维生素 B_6

人乳中维生素 B_6（vitamin B_6）以吡哆醇（pyridoxin）、吡哆醛（pyridoxal）、吡哆胺（pyridoxamine）、吡哆醇-5′-磷酸盐（pyridoxine-5′phosphate）、吡哆醛-5′-磷酸盐（pyridoxal-5′phosphate）、吡哆胺-5′-磷酸盐（pyridoxamine-5′phosphate）六种形式存在，主要存在形式是吡哆醛（75%）和少量的吡哆醛磷酸盐、吡哆胺和吡哆醇。维生素 B_6 是氨基酸代谢、葡萄糖合成、糖原分解和类固醇激素调节等所涉及的大于 100 种酶的辅助因子。维生素 B_6 缺乏对婴幼儿的不良影响大于对成人的，可出现烦躁、肌肉抽搐、神经异常等现象[11]。

五、烟酸

烟酸（niacin）是可相互转换的烟酸和烟酰胺的总称，烟酰胺以辅酶 I ——烟酰胺腺嘌呤二核苷酸（NAD）和辅酶 II ——烟酰胺腺嘌呤二核苷酸磷酸（NADP）的形式存在。人乳中烟酸存在形式包括烟酰胺、NAD、NADP、烟酰胺核糖和烟酰胺单核苷酸[12]。在体内，烟酸以辅酶形式参与能量代谢、蛋白质等物质的转化和调节葡萄糖代谢过程，长期烟酸缺乏可引起全身性疾病，被称为癞皮病（pellagra）。

六、维生素 B_{12}

人乳中维生素 B_{12}（vitamin B_{12}）主要以甲基钴胺素（methylcobalamin）和 5′-脱氧腺苷钴胺素（5′-deoxyadenosylcobalamin）的形式存在，还有少量羟基钴胺素和氰钴胺素（cyanocobalamin）。在体内，维生素 B_{12} 作为甲基转移酶的辅因子参与蛋氨酸、胸腺嘧啶的合成，进一步促进蛋白质和核酸合成。缺乏维生素 B_{12} 可引起婴儿神经系统损害、生长发育迟缓以及营养性贫血[13]。

七、生物素

人乳中生物素（biotin）的存在形式包括生物素及其代谢产物双降生物素（bisnorbiotin）和生物素亚砜（biotin sulfoxide）。生物素作为生物素依赖羧化酶的辅酶，参与脂类（脂肪酸生物合成和奇数链脂肪酸分解代谢）、碳水化合物、氨基酸和能量的代谢，缺乏可使婴儿出现皮肤病及食欲不振，并可引起婴儿猝死等[10,14]。但由于日常膳食中含生物素的食物相当丰富，到目前为止还没有因母体缺乏生物素而导致乳汁中低生物素含量的报道。

八、胆碱

人乳中胆碱主要存在形式是磷酸胆碱（phosphocholine）和甘油磷酸胆碱（glycerophosphocholine），其次是水溶性游离胆碱，以及少量的脂溶性磷脂酰胆碱（卵磷脂，lecithin）、鞘磷脂（sphingomyelin）（约 10%）和溶血磷脂酰胆碱。胆碱是神经递质乙酰胆碱和甜菜碱的前体。胆碱作为一种辅酶，对于细胞膜结构完整性、甲基代谢、胆碱能神经传递、跨膜信号传递以及脂质和胆固醇的运输与代谢均至关重要。基于在生后最初一年中会排出大量的氧化产物（甜菜碱），并且婴幼儿胆碱营养状况较差与生长迟缓有关的事实[15]，因此母乳胆碱的适宜含量对婴儿正常发育至关重要。

九、维生素 C

维生素 C（vitamin C，又称为抗坏血酸）作为抗氧化剂电子供体，参与了体内重要的羟化反应和胶原蛋白的合成；具有较强的还原性，是一种很强的水溶性抗氧化剂；支持免疫系统、刺激白细胞、增加抗体的产生以及刺激干扰素的产生。缺乏维生素 C 会导致婴儿出现生长发育迟缓、烦躁等症状，长期严重缺乏可导致坏血病。母乳中维生素 C 的主要存在形式是抗坏血酸（ascorbic acid）和脱氢抗坏血酸（dehydroascorbic acid），估计母乳中总含量达到 1.8mg/L[16]。

人乳中水溶性维生素含量主要与乳母营养状况、膳食习惯以及食物烹调方式等因素有关，受多种复杂因素相互作用的影响。在体内，烟酸（尼克酸）可部分由色氨酸合成，肠道菌群可合成部分生物素，但合成的量远远低于身体需要。婴儿所需的水溶性维生素几乎全部来自母乳。大多水溶性维生素经尿排出。

第二节　人乳中水溶性维生素的含量

由于人乳样本的特殊性，再加上其中的水溶性维生素具有含量低、变异大和营养素的存在形式多样等特点，国际上关于人乳中水溶性维生素的研究并不是很多。更多的研究关注点在于婴儿配方食品（奶粉）中的含量和检测方法学。人乳中水溶性维生素的测定方法、需要样品量以及含量范围见表 26-1。

▣ 表 26-1　人乳中水溶性维生素的含量

种类	分析方法	需要样品体积	含量范围	参考文献
维生素 B$_1$（硫胺素）	荧光法	3ml	0.012～47.4mg/L	[18～21]
	微生物法	1ml	0.007～0.36mg/L	[23]
	HPLC	4ml	0.066～0.134mg/L	[28]
	UPLC/MS-MS	50μl	0.002～0.221mg/L	[29]
			0.027mg/L	[26]
维生素 B$_2$（核黄素）	荧光法	5ml	0.070～175mg/L	[18～21]
	微生物法	1ml	0.12～0.73mg/L	[23]
	HPLC	4ml	0.34～0.397mg/L	[28]
	UPLC/MS-MS	50μl	0～0.845mg/L	[29]
			0.057mg/L	[26]
FAD	HPLC	4ml	0.668～0.747mg/L	[28]
	UPLC/MS-MS	50μl	0.029～0.818mg/L	[29]
烟酰胺	微生物法	1～10ml	0.21～16.8mg/L	[18～21, 23]
	HPLC	6ml	0.292～0.53mg/L	[28]
	UPLC/MS-MS	50μl	0.002～3.179mg/L	[29]
维生素 C	2,4-二硝基苯肼法	20ml	13～73.3mg/L	[19～21, 23]
	HPLC	1ml	6.26～69mg/L	[20, 27, 28]
	HPLC	1ml	0.11～64mg/L	[20, 21]

种类	分析方法	需要样品体积	含量范围	参考文献
维生素 B_6	微生物法	1ml	0.014～0.18mg/L	[23]
	RPLC	—①	0.46mg/L	[25]
	HPLC	4ml	0.019～0.119mg/L	[28]
	UPLC/MS-MS	50μl	0.006～0.692mg/L	[29]
叶酸	微生物法	50μl	0.05～56mg/L	[21]
	微生物法	1ml	0.001～0.098mg/L	[23, 37～40]
	HPLC	8ml	0.052～0.15mg/L	[28, 41]
维生素 B_{12}	微生物法	1ml	0.00019～0.002629mg/L	[31]
			0.00002～0.0034mg/L	[23]
	TLC	4～30ml	0.00033～0.0032mg/L	[24]
	HPLC	4ml	0.0004～0.0007mg/L	[28]
	放射分析法	—①	0.00024～0.0033mg/L	[33, 34, 38, 39]
	免疫分析法	280μl	0.000033～0.00176mg/L	[32, 35]
生物素	微生物法	1ml	0.00002～0.012mg/L	[23]
	HPLC	4ml	0.0028～0.0059mg/L	[28]
泛酸	微生物法	1ml	0.36～6.4mg/L	[23]
	HPLC	4ml	2.0～2.9mg/L	[28]

① 方法中未介绍取样量。

一、国内开展的相关工作

国内也开展了一些维生素生理功能方面的研究，然而更多的是针对婴儿配方奶粉中水溶性维生素的稳定性及其含量的分析。1986 年，王德恺等[17]分析了上海市区人乳中维生素 B_1 和维生素 B_2 的含量；1989 年殷泰安等[18]分析了北京市城乡乳母乳汁的几种水溶性维生素；2007 年开赛尔·买买提明·特肯[19]对比了人和几种动物乳汁的成分；2009 年王曙阳等[20]用 HPLC 法对比分析了骆驼、牛、羊、人乳中维生素 C 含量；2010 年史玉东等[21]分析了人乳的几种水溶性维生素；2014 年陶保华等[22]分析了 100 例成熟人乳样品，其中硫胺素、核黄素、烟酰胺、泛酸和吡哆醛的含量分别为 36μg/kg、42μg/kg、263μg/kg、2500μg/kg 和 440μg/kg。

二、国际上开展的相关工作

1983 年 Ford 等[23]对比了早产儿与足月儿的母乳中 B 族维生素的含量；1981 年 Sandberg 等[24]研究了人乳中维生素 B_{12} 含量；1985 年 Hamaker 等[25]分析了人乳中维生素

B_6 含量；1997 年 Bohm 等[26]研究了过渡乳中维生素 B_1 和维生素 B_2 的含量；2005 年 Daneel-Otterbech 等[27]研究了人乳中维生素 C 含量；2005 年 Sakurai 等[28]研究了 700 份人乳中维生素 B_1、维生素 B_2、维生素 B_6、维生素 C、生物素、叶酸、尼克酰胺和泛酸的含量；2012 年 Hampel 等[29]对比了 5 个国家人乳中维生素 B_1、维生素 B_2、FAD、尼克酰胺、吡哆醛的含量；2013 年 Yagi 等[30]分析了日本妇女成熟乳中维生素 B_6 的存在形式；2013 年 Greibe 等[31]分析了人乳中维生素 B_{12} 的含量；2014 年 Hampel 等[32]采用免疫分析法分析了人乳中维生素 B_{12} 的含量。

第三节　人乳中水溶性维生素含量测定方法

　　人乳成分非常复杂，其中含有多种水溶性维生素，而且有些以不同的形式存在或是与蛋白质结合的形式存在，实际测定中需要考虑游离形式与结合形式的维生素。

一、测定方法

　　目前用于人乳中水溶性维生素（water-soluble vitamins）含量测定的方法包括微生物法[23]、化学法[18~21,27]、放免法[33,34]、免疫分析法[35]、HPLC 法[28]。2005 年 Churchwell 等[36]提出 UPLC-MS 法具有分辨率高、灵敏度高、特异性好和分析时间短的特点，可以快速地同时用于多种成分的检测。2012 年 Hampel 等[29]将 UPLC/MS-MS 方法应用于人乳中多种水溶性维生素的分析中。2014 年陶保华等[22]利用超高压液相色谱-串联质谱法同时测定人乳中硫胺素、核黄素、烟酰胺、泛酸和吡哆醛，该方法前处理简单、快速，检测用样品量少，能满足高通量测定需求。

二、样品检测中需要注意的问题

　　在设计测定人乳中水溶性维生素含量时，需要特别关注乳样的收集过程、转运、储存和测量方法的选择等。因为许多水溶性维生素对光不稳定（如核黄素和叶酸）；在-20℃储存期间，某些维生素会发生降解（如维生素 C、吡哆醇和叶酸）；目前有些测定方法常常是非特异性的，最明显的是微生物测定法。因此水溶性维生素的测定，在样品收集以及以冰冻状态转运到试验室的全过程中要避光，如果不能立即测定，应储存在-70℃或更低温度。

　　人乳中有些水溶性维生素是以结合形式存在，如硫胺素以辅羧酶的形式作为许多重要酶的辅酶，维生素 B_2 在人乳中的主要存在形式有核黄素和 FAD，维生素 B_6 的主要存在形式是吡哆醛，其他形式还有吡哆醇和吡哆胺；烟酸有烟酸和烟酰胺的形式等。因此在具体分析中，需要考虑结合形式与游离形式。如果需要测定总含量，萃取时需要打开维生素与载体蛋白质结合的键释放出维生素；而且在选择测定方法时，还要考虑人乳中有些维生素是以多种形式存在的。

近年，Ren 等[42]采用 UPLC/MS-MS 方法，测定了 1778 份中国不同哺乳阶段的母乳中多种游离 B 族维生素的含量，结果见表 26-2。不同哺乳阶段母乳中游离 B 族维生素水平的变化趋势均是逐渐升高，初乳中含量最低，成熟乳中含量最高，而且日本的研究也获得相似结果[28]，这样的变化趋势对母乳喂养儿的影响还有待研究。

⊡ 表 26-2　不同哺乳阶段的母乳中游离 B 族维生素的含量① 　　　　　　　　　单位：µg/L

维生素	0～7 天 （n=486）	8～14 天 （n=416）	15～180 天 （n=611）	181～330 天 （n=232）
硫胺素	5.0（2.4～8.8） 9.7±26.0	6.7（3.3～12.6） 11.7±17.9	21.1（12.7～32.9） 26.1±21.3	40.7（28.5～60.7） 49.1±30.6
核黄素	29.3（15.7～47.2） 46.3±73.2	40.6（26.7～65.8） 60.5	33.6（20.5～59.0） 51.3±63.2	29.6（16.1～57.0） 45.4±49.7
烟酸②	470.7（281.6～776.0） 639.3±590.3	661.3（407.2～1105.7） 860.5±689.6	687.0（424.7～1065.7） 887.9±782.3	571.3（376.3～862.1） 667.5±440.8
维生素 B$_6$③	4.6（2.1～11.3） 16.1±69.8	16.1（8.5～32.4） 26.4±31.8	62.7（40.9～93.9） 72.7±53.0	80.7（60.3～115.6） 91.3±45.3
FAD④	808.7（336.0～1499.4） 1125.0±1122.9	1162.8（581.2～2009.6） 1475.3±1229.1	1023.9（548.2～1637.8） 1317.0±1196.1	1057.2（563.0～1620.7） 1228.5±894.5
泛酸	1770.9（780.9～2873.1） 2199.1±2023.5	2626.8（1805.4～3762.7） 2880.6±1605.1	2213.0（1586.9～3348.1） 2672.0±1555.5	1895.5（1408.5～2740.2） 2203.6±1145.9

①结果系以中位数（P25～P75）和平均值±SD 表示。②烟酸：包括烟酰胺和烟酸。③维生素 B$_6$：包括吡哆醇、吡哆醛和吡哆胺。④FAD：黄素腺嘌呤二核苷酸。
注：改编自 Ren 等[42]，2015。

第四节　影响因素

人体储存水溶性维生素的能力有限，需要每天通过母乳或膳食获得。并且人乳中水溶性维生素的含量受诸多因素影响，包括哺乳阶段、昼夜节律变化、乳母的营养状况和膳食摄入量以及早产等。

一、哺乳阶段

已知母乳中大多数水溶性维生素的含量与哺乳阶段密切相关[28]。在产后最初几周，硫胺素、维生素 B_6 和叶酸盐的浓度较低，而维生素 B_{12} 的浓度较高[42,43]；在哺乳最初几个月中，母乳中硫胺素、烟酸和泛酸浓度升高；而营养状况良好母亲在哺乳期至少最初三个月内，核黄素浓度相当稳定。由于乳腺缺乏合成水溶性维生素的能力，乳汁中这些营养素的水平取决于母体血中可提供的量，而乳母血中的水平最终来源于其膳食摄入量，已证明给乳母补充维生素可增加乳汁中相应维生素的水平。与乳母血浆含量相比以及乳汁分泌组分与相应血浆维生素组分的明显不同，证明乳腺确实可以主动转运和代谢这些维生素[44]。对于大多数水溶性维生素，与成熟乳汁相比较（>1 个月），早期乳汁（产后 1～5 天）中的浓度较低，之后稳定升高[45]，可能例外的是维生素 B_{12}。

使用有效方法分析维生素 B_{12} 的系统综述表明，初乳中维生素 B_{12} 的浓度很高，产后几周下降，直到约产后 2～4 个月才维持稳定[46]。与大多数 B 族维生素不同，初乳中叶酸含量较低，在接下来的几周内升高，2～3 个月达峰值，接着 3～6 个月之间下降，之后稳定直至哺乳后期[47]。总胆碱含量在分娩后 7～22 天也增加，然后在成熟母乳中保持不变。在产后 12～180 天游离胆碱含量降低[48]。维生素 C 的浓度在初乳中最高，随哺乳期延长下降[47]。

乳母营养状况对乳汁中水溶性维生素含量的影响也取决于哺乳阶段。哺乳初期（<20 天），即使给乳母补充 5mg 和 100mg 维生素 B_6（分别相当于推荐摄入量的 2.3 倍和 4.7 倍），也不能改变乳汁中低浓度的维生素 B_6，但是在产后 20～22 天后，这样的补充可显著增加母乳中该种维生素的含量。因此在设计评价乳母摄入量和其相应乳汁中水溶性维生素含量关系的研究时，需要控制哺乳阶段可能产生的影响。

二、昼夜节律变化

关于人乳中水溶性维生素水平昼夜节律变化（diurnal variation）的研究和相关文献很少。在进行母乳成分分析时，需要考虑人乳中水溶性维生素组成与含量的昼夜节律性变化，设计大规模纵向研究时，为了获得准确的测量结果，可能需要收集每次喂哺的乳样。实用的和理想的方法是获得能够代表 24h 期间给母乳喂养婴儿提供的营养素的单一样品，并且使对婴儿喂哺和受试者日常生活的干扰降到最低。例如，Udipi[49] 研究中观察到，下午和晚上采集的母乳样品中叶酸含量高于上午（$P<0.05$），随哺乳期的延长这种影响减小（>8 个月），而且与每天喂哺次数的减少有关。Kirksey 和 West[50] 观察到给予补充剂后母乳中维生素 B_6 水平出现的节律变化；Smith 等[51]曾报道，在哺乳的第 6 周和 12 周，下午和晚上采集到的母乳中游离和总叶酸水平高于早上采集的乳样。Hampel 等[52]曾观察到反映日均浓度的最佳采集时间是下午采集的母乳，但是乳母补充会影响这种自然波动趋势。

三、乳母营养状况与膳食摄入量

乳母硫胺素（维生素 B_1）、核黄素（维生素 B_2）、烟酸、维生素 B_6、维生素 B_{12}、叶酸和维生素 C 的营养状况/膳食摄入量影响分泌乳汁中这些水溶性维生素的含量[42,53~55]。

例如，乳母硫胺素缺乏可导致乳汁中该种维生素浓度迅速降到很低的水平，通过补充可使这种状况得到改善[43]。印度的研究结果显示，给予补充剂 0.2~20mg/d，持续 8 个月，乳汁中硫胺素水平从 0.11mg/L 升高到 0.27mg/L；冈比亚的另一项研究结果证明，给乳母硫胺素补充剂 2mg/d，3 周内可改善乳母的营养状态，随之 1~9 天内可改善婴儿的营养状态，乳汁维生素含量增加到 0.22mg/L；如果乳母缺乏某种维生素，婴儿较先出现缺乏症状[56]。母乳中硫胺素的浓度和婴儿的状态强烈地取决于乳母的摄入量和营养状态，母亲怀孕期间的缺乏可能进一步增加婴儿缺乏的风险和降低婴儿生长发育速度，而母体补充可迅速改善乳汁和婴儿的营养状态。

乳母核黄素缺乏可导致乳汁中该种维生素浓度迅速降低。如 1964~1982 年冈比亚和印度进行的 5 项研究揭示，乳汁浓度为 0.16~0.22mg/L[53]，在冈比亚，给产后乳母补充 2mg/d 可增加乳汁浓度到 0.22~0.28mg/L，而相比较的对照组为 0.12mg/L[53]。

给乳母补充维生素 B_6 可迅速升高其乳汁含量。如 Moser-Veillon 和 Reynolds[57]在美国的研究，自分娩后开始，每日给乳母补充 4.0mg 吡哆醇（烟酸吡哆醇）持续 9 个月，可显著升高乳汁中总维生素 B_6 水平。

新生儿期被认为是易发生维生素 B_{12} 缺乏的特殊时期。怀孕之前和孕期母体的营养状态与脐带血维生素 B_{12}、总同型半胱氨酸的浓度以及出生时婴儿体内储存状态呈强相关[58~60]。

母乳中水溶性维生素的种类与含量存在调控机制。只有当乳母体内储备耗尽或缺失，给乳母补充可以呈直线方式影响乳汁中水溶性维生素含量。有证据支持乳母耗空期间乳汁中水溶性维生素分泌模式的维持。对判断为营养充足的乳母，给乳母补充超过生理剂量的补充剂，对乳汁中的含量没有影响（如维生素 C、叶酸、核黄素等）或影响不明显，即使有明显的影响也常常是短暂的。

四、早产

早产儿和低出生体重儿对一些水溶性维生素的需要量可能高于健康足月儿[61]，而且母乳中水溶性维生素含量可能受胎儿成熟程度的影响，因此早产可能影响母乳中多种水溶性维生素含量。例如，与足月儿的母乳相比，早产儿的母乳中抗坏血酸、泛酸和维生素 B_{12} 的含量较高[23,62]，而硫胺素和维生素 B_6 的浓度则较低[23,62]。对于其他水溶性维生素，哺乳的过早启动不会影响乳汁含量。导致这些差异的机制尚未确定，但是可能反映了乳腺上皮细胞的不完全分化、上皮细胞之间连接处的泄漏、流经乳腺血流量的减少和/或早产导致的泌乳量的降低。

五、其他因素

还有许多其他因素可能影响母乳中水溶性维生素的含量，包括胎次、吸烟和疾病等。对这些影响因素还没有进行系统研究，而且可利用信息也有限[45]。例如，关于这些因素如何影响母乳中硫胺素水平几乎没有任何相关信息；吸烟会降低母乳中维生素 C 含量；母乳中维生素 C 的浓度受到季节性影响，因为该种维生素含量随季节性水果和蔬菜的供应量出现波动[63]；而母乳中胆碱含量与乳母炎症、催乳素（正相关）和皮质醇（负相关）的水平有关。

第五节　展　　望

由于人乳样品的难获取、储存条件对水溶性维生素含量的影响以及分析方法的局限性，目前关于人乳中水溶性维生素的研究较少，而且样本量小，数据也比较老，数据代表性差。传统的水溶性维生素含量的常规测定方法耗时长、消耗样品量大、容易造成损失，给研究带来一定的困难。随着分析仪器灵敏度和分析技术的提高，将会推动研发高效/高通量、快速、准确的方法应用于测定人乳中水溶性维生素含量，这将对了解人乳中水溶性维生素的水平及其影响因素具有重要意义，可以用于指导乳母膳食，改善婴儿的营养与健康状况[42,64]。

目前缺乏分娩早产儿的母乳中水溶性维生素含量的数据。这可能源于以下事实，即目前设计的早产儿喂养方案是为了取得生长发育追赶和营养素的储备率，这些都是单独用其母亲乳汁喂养或足月儿母亲的乳汁喂养不能取得的。早产儿的营养管理常常包括给予肠内营养之前的全胃肠外营养，包括了专门为早产儿准备的婴儿配方食品或母乳与营养素强化剂。在这三种情况下，都提供了高水平的水溶性维生素，而来自母乳对这些维生素贡献的假设没有临床意义。然而，通过进一步研究可获得水溶性维生素分泌物乳腺调节的有价值机制。

（任向楠，杨振宇，荫士安）

参考文献

[1] Elmadfa I，Meyer AL. Vitamins for the first 1000 days：preparing for life. Int J Vitam Nutr Res，2012，82（5）：342-347.

[2] Ornoy A，Tekuzener E，Braun T，et al. Lack of severe long-term outcomes of acute，subclinical B$_1$ deficiency in 216 children in Israel exposed in early infancy. Pediatr Res，2013，73（1）：111-119.

[3] Oguz SS，Ergenekon E，Tumer L，et al. A rare case of severe lactic acidosis in a preterm infant：lack of thiamine during total parenteral nutrition. J Pediatr Endocrinol Metab，2011，24（9-10）：843-845.

[4] Mimouni-Bloch A，Goldberg-Stern H，Strausberg R，et al. Thiamine deficiency in infancy：long-term follow-up. Pediatr Neurol，2014，51（3）：311-316.

[5] Roughead ZK，McCormick DB. Flavin composition of human milk. Am J Clin Nutr，1990，52（5）：854-857.

[6] Powers HJ. Riboflavin（vitamin B-2）and health. Am J Clin Nutr，2003，77（6）：1352-1360.

[7] Barber RC，Shaw GM，Lammer EJ，et al. Lack of association between mutations in the folate receptor-alpha gene and spina bifida. Am J Med Genet，1998，76（4）：310-317.

[8] Guerra-Shinohara EM，Paiva AA，Rondo PH，et al. Relationship between total homocysteine and folate levels in pregnant women and their newborn babies according to maternal serum levels of vitamin B$_{12}$. BJOG，2002，109（7）：784-791.

[9] Kim YI. Folate and colorectal cancer：an evidence-based critical review. Mol Nutr Food Res，2007，51（3）：267-292.

[10] Obeid R，Herrmann W. Homocysteine，folic acid and vitamin B$_{12}$ in relation to pre- and postnatal health aspects. Clin Chem Lab Med，2005，43（10）：1052-1057.

[11] Ooylan LM，Hart S，Porter KB，et al. Vitamin B-6 content of breast milk and neonatal behavioral functioning. J Am Diet Assoc，2002，102（10）：1433-1438.

[12] Lu B，Ren Y，Huang B，et al. Simultaneous determination of four water-soluble vitamins in fortified infant foods by ultra-performance liquid chromatography coupled with triple quadrupole mass spectrometry. J Chromatogr Sci，2008，46（3）：225-232.

[13] Dror DK，Allen LH. Effect of vitamin B$_{12}$ deficiency on neurodevelopment in infants：current knowledge and possible mechanisms. Nutr Rev，2008，66（5）：250-255.

[14] Rosenblatt DS，Whitehead VM. Cobalamin and folate deficiency：acquired and hereditary disorders in children. Semin Hematol，1999，36（1）：19-34.

[15] Semba RD，Shardell M，Sakr Ashour FA，et al. Child stunting is associated with low circulating essential amino acids. EBioMedicine，2016，6：246-252.

[16] Allen LH，Hampel D. Water-soluble vitamins in human milk factors affecting their concentration and their physiological significance. Nestle Nutr Inst Workshop Ser，2019，90：69-81.

[17] 王德恺，汪德林，刘广青，等. 上海市母乳中几种无机盐和维生素含量测定. 营养学报，1986，8（1）：81-84.

[18] 殷泰安，刘冬生，李丽祥，等. 北京市城乡乳母的营养状况、乳成分、乳量及婴儿生长发育关系的研究 V. 母乳中维生素及无机元素的含量. 营养学报，1989，11：233-239.

[19] 开赛尔·买买提明·特肯. 人和几种动物乳汁的成分比较及作用. 首都师范大学学报，2007，28：52-57.

[20] 王曙阳，梁剑平，魏恒，等. 骆驼、牛、羊、人乳中维生素 C 含量测定与比较. 中国兽医药杂

志，2009：35-37.

[21] 史玉东，康小红，生庆海. 人常乳的营养成分. 中国乳业，2010，5：62-64.

[22] 陶保华，黄焘，赖世云，等. 超高压液相色谱-串联之谱法同时测定人乳中的硫胺素、核黄素、烟酰胺、泛酸和吡哆醛. 食品安全质量检测学报，2014，5：2087-2094.

[23] Ford JE，Zechalko A，Murphy J，et al. Comparison of the B vitamin composition of milk from mothers of preterm and term babies. Arch Dis Child，1983，58（5）：367-372.

[24] Sandberg DP，Begley JA，Hall CA. The content, binding, and forms of vitamin B_{12} in milk. Am J Clin Nutr，1981，34（9）：1717-1724.

[25] Hamaker B，Kirksey A，Ekanayake A，et al. Analysis of B-6 vitamers in human milk by reverse-phase liquid chromatography. Am J Clin Nutr，1985，42（4）：650-655.

[26] Bohm V，Peiker G，Starker A，et al. Vitamin B_1, B_2, A and E and beta-carotene content in transitional breast milk and comparative studies in maternal and umbilical cord blood. Z Ernahrungswiss，1997，36（3）：214-219.

[27] Daneel-Otterbech S，Davidsson L，Hurrell R. Ascorbic acid supplementation and regular consumption of fresh orange juice increase the ascorbic acid content of human milk：studies in European and African lactating women. Am J Clin Nutr，2005，81（5）：1088-1093.

[28] Sakurai T，Furukawa M，Asoh M，et al. Fat-soluble and water-soluble vitamin contents of breast milk from Japanese women. J Nutr Sci Vitaminol（Tokyo），2005，51（4）：239-247.

[29] Hampel D，York ER，Allen LH. Ultra-performance liquid chromatography tandem mass-spectrometry （UPLC-MS/MS）for the rapid, simultaneous analysis of thiamin, riboflavin, flavin adenine dinucleotide, nicotinamide and pyridoxal in human milk. J Chromatogr B Analyt Technol Biomed Life Sci，2012，903：7-13.

[30] Yagi T，Iwamoto S，Mizuseki R，et al. Contents of all forms of vitamin B_6, pyridoxine-beta-glucoside and 4-pyridoxic acid in mature milk of Japanese women according to 4-pyridoxolactone-conversion high performance liquid chromatography. J Nutr Sci Vitaminol（Tokyo），2013，59（1）：9-15.

[31] Greibe E，Lildballe DL，Streym S，et al. Cobalamin and haptocorrin in human milk and cobalamin-related variables in mother and child：a 9-mo longitudinal study. Am J Clin Nutr，2013，98（2）：389-395.

[32] Hampel D，Shahab-Ferdows S，Domek JM，et al. Competitive chemiluminescent enzyme immunoassay for vitamin B_{12} analysis in human milk. Food Chem，2014，153：60-65.

[33] Allen LH. Folate and vitamin B_{12} status in the Americas. Nutr Rev，2004，62（6 Pt 2）：S29-33.

[34] Leung SS，Lee RH，Sung RY，et al. Growth and nutrition of Chinese vegetarian children in Hong Kong. J Paediatr Child Health，2001，37（3）：247-253.

[35] Deegan KL，Jones KM，Zuleta C，et al. Breast milk vitamin B-12 concentrations in Guatemalan women are correlated with maternal but not infant vitamin B-12 status at 12 months postpartum. J Nutr，2012，142（1）：112-116.

[36] Churchwell MI，Twaddle NC，Meeker LR，et al. Improving LC-MS sensitivity through increases in chromatographic performance：comparisons of UPLC-ES/MS/MS to HPLC-ES/MS/MS. J Chromatogr B Analyt Technol Biomed Life Sci，2005，825（2）：134-143.

[37] Tamura T，Picciano MF. Folate and human reproduction. Am J Clin Nutr，2006，83（5）：993-1016.

[38] 柳桢，杨振宇，荫士安. 母乳中叶酸与维生素 B_{12} 研究进展. 卫生研究，2013，42：219-223.

[39] Thomas MR，Sneed SM，Wei C，et al. The effects of vitamin C，vitamin B_6，vitamin B_{12}，folic acid,

riboflavin, and thiamin on the breast milk and maternal status of well-nourished women at 6 months postpartum. Am J Clin Nutr, 1980, 33 (10): 2151-2156.

[40] Khambalia A, Latulippe ME, Campos C, et al. Milk folate secretion is not impaired during iron deficiency in humans. J Nutr, 2006, 136 (10): 2617-2624.

[41] Houghton LA, Yang J, O'Connor DL. Unmetabolized folic acid and total folate concentrations in breast milk are unaffected by low-dose folate supplements. Am J Clin Nutr, 2009, 89 (1): 216-220.

[42] Ren X, Yang Z, Shao B, et al. B-Vitamin Levels in Human Milk among Different Lactation Stages and Areas in China. PLoS One, 2015, 10 (7): e0133285.

[43] Allen LH. B vitamins in breast milk: relative importance of maternal status and intake, and effects on infant status and function. Adv Nutr, 2012, 3 (3): 362-369.

[44] Brown CM, Smith AM, Picciano MF. Forms of human milk folacin and variation patterns. J Pediatr Gastroenterol Nutr, 1986, 5 (2): 278-282.

[45] Dror DK, Allen LH. Overview of Nutrients in Human Milk. Adv Nutr, 2018, 9 (suppl_1): 278S-294S.

[46] Dror DK, Allen LH. Vitamin B-12 in human milk: A systematic review. Adv Nutr, 2018, 9 (suppl_1): 358S-366S.

[47] Karra MV, Udipi SA, Kirksey A, et al. Changes in specific nutrients in breast milk during extended lactation. Am J Clin Nutr, 1986, 43 (4): 495-503.

[48] Ilcol YO, Ozbek R, Hamurtekin E, et al. Choline status in newborns, infants, children, breast-feeding women, breast-fed infants and human breast milk. J Nutr Biochem, 2005, 16 (8): 489-499.

[49] Udipi SA, Kirksey A, Roepke JL. Diurnal variations in folacin levels of human milk: use of a single sample to represent folacin concentration in milk during a 24-h period. Am J Clin Nutr, 1987, 45 (4): 770-779.

[50] Kirksey A, West KD. Relationship between vitamin B-6 intake and the content of the vitamin in human milk. Human vitamin B-6 requirements. Washington, DC: National Research Council, National Academy of Sciences, 1978: 238-251.

[51] Smith AM, Picciano MF, Deering RH. Folate supplementation during lactation: maternal folate status, human milk folate content, and their relationship to infant folate status. J Pediatr Gastroenterol Nutr, 1983, 2 (4): 622-628.

[52] Hampel D, Shahab-Ferdows S, Islam MM, et al. Vitamin Concentrations in Human Milk Vary with Time within Feed, Circadian Rhythm, and Single-Dose Supplementation. J Nutr, 2017, 147 (4): 603-611.

[53] Bates CJ, Prentice AM, Watkinson M, et al. Riboflavin requirements of lactating Gambian women: a controlled supplementation trial. Am J Clin Nutr, 1982, 35 (4): 701-709.

[54] Whitfield KC, Karakochuk CD, Liu Y, et al. Poor thiamin and riboflavin status is common among women of childbearing age in rural and urban Cambodia. J Nutr, 2015, 145 (3): 628-633.

[55] Chang SJ, Kirksey A. Pyridoxine supplementation of lactating mothers: relation to maternal nutrition status and vitamin B-6 concentrations in milk. Am J Clin Nutr, 1990, 51 (5): 826-831.

[56] Prentice AM, Roberts SB, Prentice A, et al. Dietary supplementation of lactating Gambian women. I. Effect on breast-milk volume and quality. Hum Nutr Clin Nutr, 1983, 37 (1): 53-64.

[57] Moser-Veillon PB, Reynolds RD. A longitudinal study of pyridoxine and zinc supplementation of lactating women. Am J Clin Nutr, 1990, 52 (1): 135-141.

[58] Molloy AM, Kirke PN, Brody LC, et al. Effects of folate and vitamin B_{12} deficiencies during pregnancy on fetal, infant, and child development. Food Nutr Bull, 2008, 29 (2 Suppl): S101-111; discussion S12-15.

[59] Murphy MM, Scott JM, Arija V, et al. Maternal homocysteine before conception and throughout pregnancy predicts fetal homocysteine and birth weight. Clin Chem, 2004, 50 (8): 1406-1412.

[60] Casterline JE, Allen LH, Ruel MT. Vitamin B-12 deficiency is very prevalent in lactating Guatemalan women and their infants at three months postpartum. J Nutr, 1997, 127 (10): 1966-1972.

[61] Orzalesi M. Vitamins and the premature. Biol Neonate, 1987, 52 Suppl 1: 97-112.

[62] Udipi SA, Kirksey A, West K, et al. Vitamin B$_6$, vitamin C and folacin levels in milk from mothers of term and preterm infants during the neonatal period. Am J Clin Nutr, 1985, 42 (3): 522-530.

[63] Bates CJ, Prentice AM, Prentice A, et al. Seasonal variations in ascorbic acid status and breast milk ascorbic acid levels in rural Gambian women in relation to dietary intake. Trans R Soc Trop Med Hyg, 1982, 76 (3): 341-347.

[64] Ren XN, Yin SA, Yang ZY, et al. Application of UPLC-MS/MS method for analyzing B-vitamins in human milk. Biomed Environ Sci, 2015, 28 (10): 738-750.

第二十七章

叶酸与维生素 B₁₂

作为合成 DNA、RNA 重要辅酶的叶酸和维生素 B₁₂，也是同型半胱氨酸代谢过程中的重要辅酶，对生命早期的生长发育非常重要，它们的缺乏是引起巨幼红细胞贫血的主要因素，孕期母体叶酸缺乏可导致胎儿发生神经管畸形，通过孕早期补充叶酸或强化叶酸的食品可有效预防神经管畸形[1,2]。虽然文献检索关于母乳中营养成分及其功能的研究较多，但是有关母乳中叶酸和维生素 B₁₂ 方面的研究并不多。

第一节　叶酸、维生素 B₁₂ 的结构及其母乳中存在形式

叶酸（folic acid）由一个喋啶环、对氨基苯甲酸和谷氨酸组成，见图 27-1。多数叶酸是以 γ-端连接谷氨酸链的多谷酰基叶酸的形式存在[3]。维生素 B₁₂（vitamin B₁₂），又称钴胺素（cobalamine），是带有含咕啉环分子的复合体之一，见图 27-2，只能通过微生物合成[4]。

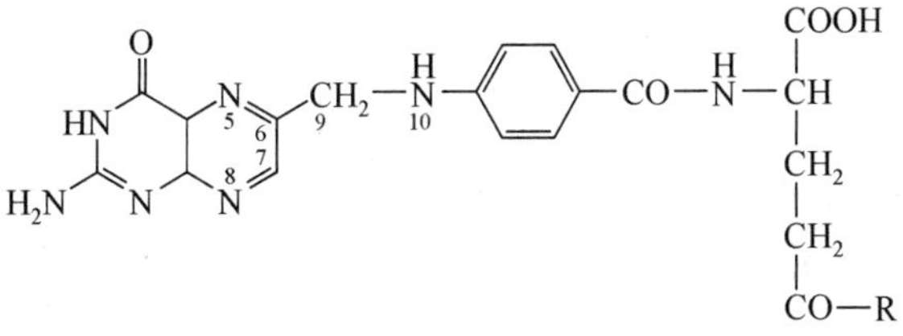

图 27-1　叶酸的结构[3]

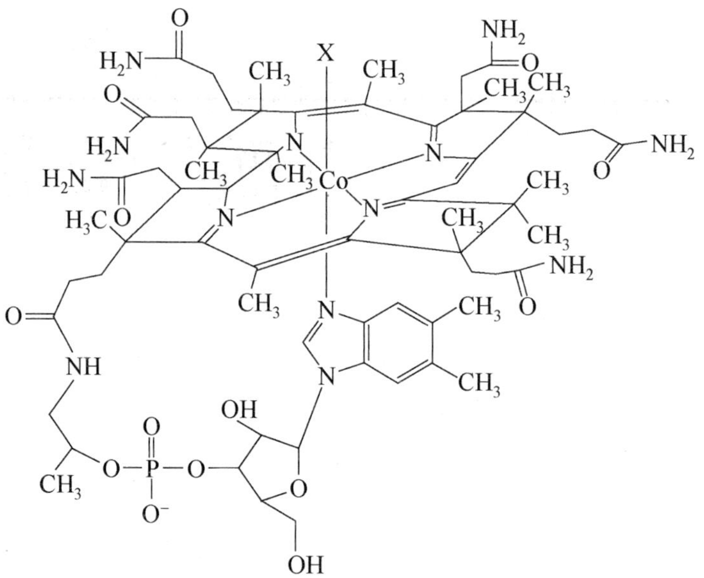

图 27-2　维生素 B₁₂ 的结构

引自 Brody T.Nutritional biochemisty(2nd),1999,Academic Press,516 页

人乳中叶酸主要以多谷氨酸盐（≥4 个谷酰基残基）的形式存在，包括还原型叶酸的多聚谷氨酸盐，特别是 5-亚甲基四氢叶酸[5,6]。微生物学检测和 HPLC 检测显示人乳中叶酸主要是以还原形式存在，20%～40%是 5-亚甲基四氢叶酸，另外一些成分是甲基四氢叶酸[5~7]。大部分血浆叶酸是单谷酰基 5-亚甲基四氢叶酸形式，而母乳中则以多谷酰基叶酸形式存在，主要是因为人类乳汁中叶酸结合酶活性仅相当于血浆的 5%，不足以水解内源性多谷氨酸叶酸变成单谷氨酸叶酸[6]，而且乳腺上皮细胞可以转换叶酸并合成多谷氨酸盐。关于乳腺叶酸的代谢，在摄入[14C]5-亚甲基四氢叶酸后，监测到乳汁中出现[14C]叶酸[8]。然而这个研究是基于乳房发生脓肿的妇女，不能代表健康哺乳妇女的叶酸代谢情况。乳汁叶酸与叶酸结合蛋白（folate binding protein, FBP）（如：FR-α）结合，可能与调节叶酸分泌有关[3]。母乳中含有大量可溶型和结晶型 FBP，FBP 作为叶酸的受体对叶酸转运发挥重要作用，可增加叶酸生物利用率[9~11]。Antony 等[11]报道可溶型和结晶型 FBP 的分子量分别约为 40kDa 和 160kDa，人乳叶酸含量与 FBP 浓度呈正相关[3]。

关于人乳中维生素 B₁₂ 存在形式的研究很少，主要以甲基钴胺素（methylcobalamin）和 5'-脱氧腺苷钴胺素（5'-deoxyadenosylcobalamin）的形式存在，还有少量羟基钴胺素和氰钴胺素（cyanocobalamin）。最近的研究表明，乳汁中存在高浓度的钴胺传递蛋白，这种物质和维生素 B₁₂ 的结合能力很强，由于它的存在很难准确测定母乳中维生素 B₁₂ 的含量[12]。

第二节　叶酸和维生素 B_{12} 的功能及其在母乳中的作用

天然存在的叶酸通常在 5, 6, 7, 8 位置加氢变为四氢叶酸,它们在 N-5 或 N-10 位置都有一个一碳单位(甲基、亚甲基、甲酰基或者亚氨甲基)。叶酸与多种一碳单位发生多样化反应,包括嘌呤、嘧啶的生物合成以及氨基酸代谢和甲酸氧化[3]。叶酸参与的主要功能包括:①脱氧核糖核酸(DNA)的合成;②嘌呤合成;③甲酸盐的生成和利用;④氨基酸的互换,包括组氨酸分解代谢为谷氨酸、丝氨酸和甘氨酸的相互转化、半胱氨酸和蛋氨酸的相互转化。叶酸为来源于丝氨酸的一碳单位转移提供一碳单位的代谢底物。

维生素 B_{12} 作为辅酶参与重要的甲基转移反应,将半胱氨酸转变为蛋氨酸;并参与裂解反应,将 L-甲基丙二酰辅酶 A 转变为琥珀酰辅酶 A。甲基钴胺素作为辅因子将甲基四氢叶酸提供的甲基转移给同型半胱氨酸形成蛋氨酸和四氢叶酸。蛋氨酸合成 S-腺苷甲硫氨酸后,L-甲基丙二酰辅酶 A 变位酶在腺苷甲硫氨酸参与下发生异构化反应,使 L-甲基丙二酰辅酶 A 转变成琥珀酰辅酶 A。维生素 B_{12} 缺乏时,过多的叶酸可能蓄积在血清中影响维生素 B_{12} 依赖的甲基转移酶活性。供给充足的维生素 B_{12} 对于正常血液形成和维持神经系统功能发挥重要作用。维生素 B_{12} 缺乏与恶性贫血、神经退化性疾病、心血管疾病和胃肠疾病密切相关[13]。

营养状况良好的妇女,乳汁叶酸浓度维持在较高水平,而当母体发生严重叶酸缺乏时,如发生巨幼红细胞性贫血,可导致母乳中叶酸浓度陡然下降,母乳中低叶酸状态可能还是幼儿罹患呼吸道感染性疾病的独立危险因素,而母乳中维生素 B_{12} 缺乏造成的新生儿钴胺素缺乏,会导致生长发育迟缓、血液系统异常和神经系统发生不可逆损伤[14]。

第三节　叶酸和维生素 B_{12} 的检测方法

最早使用微生物法测定叶酸和维生素 B_{12} 含量,测定步骤烦琐。近年来开始使用 HPLC 法测定叶酸含量,使用全自动化学发光免疫分析法或放免法测定维生素 B_{12} 含量。

一、叶酸测定方法

人乳中叶酸含量可用改良的方法测定,目前主要采用三种酶抽提的微生物法和 HPLC 法。在 20 世纪 80 年代,采用传统抽提的有机体检测方法测定叶酸含量,通常低估了人乳叶酸含量,因为这种方法并不能反映乳汁中存在的所有叶酸的量。虽然叶酸的一些形式在碱性 pH 环境下很稳定，但是如果在储存和检测时不使用还原剂（如抗坏血酸）保护不稳定的叶酸，叶酸的碱性提取法就不适合含有还原形式叶酸生物样本的提取；采用高锰酸盐氧化剂在 C9-N10 处裂解的方法适合于检测天然叶酸（可能有二氢叶酸和四氢叶酸），然而当样本中含有其他叶酸形式，如 5-亚甲基四氢叶酸和 10-甲酰四氢叶酸时，这种分裂并不完全；测定前如果没有采用加热或叶酸结合酶，就不能将叶酸充分提取出来。三种酶抽提法是最新改良的方法，采用这种方法可以避免以上方法的不足，较之前的方法更为可靠[15]。三种酶抽提法的原理是采用α-淀粉酶、蛋白酶和血清叶酸结合酶三种酶，采用α-淀粉酶和蛋白酶处理，使游离叶酸从碳水化合物和蛋白基质中充分释放出来，以鼠血清叶酸结合酶处理短链（≤3 个谷氨酸盐）和长链（≥4 个谷氨酸盐）喋酰多聚谷氨酸盐，这种方法可广泛应用于测定母乳和食物中的叶酸含量[16]。经过三种酶处理后可检测出的人乳叶酸水平增加了 85%[17]。采用三种酶抽提法得到的人乳叶酸含量为 109～224nmol/L[17,18]。

微生物检测法中选择的微生物也会直接影响检测结果，通常采用 *S. faecalis* R.和 *L. casei* 两种微生物。人乳中活性叶酸量很少，使用 *S. faecalis* R.的结果仅相当于 *L. casei* 检测活性的三分之一，用 *L. casei* 检测可更好地反映总叶酸活性[19]，而且 *L. casei* 的微生物检测反映了氧化和还原的谷氨酸盐残基[20]。

HPLC 法测定母乳中叶酸含量：采用附着牛乳 FBP 的亲和色谱纯化处理后的母乳样本，使叶酸从冻干的乳清粉末中分离出来[20]。采用含氚标记的叶酸检测结果表明，亲和柱的回收率为 85.5%±0.7%。总叶酸固相结合能力超过 500μmol/L。从纯化乳汁样品中分离出的叶酸，采用带有电化学探测器的离子耦合 HPLC 进行检测。用混合人乳对照样品检测，批间变异为 1.4%[21]。以不同方法检测母乳叶酸的浓度范围见表 27-1。

▣ 表 27-1　以不同测定方法获得的母乳叶酸含量　　　　　　　　　　　　　单位:nmol/L

泌乳时段	微生物学法[①]		泌乳时段	高效液相色谱法[21]	
	均值[3]	范围		均值	范围
≤1 个月	109	102～109	1 个月	189	—[②]
3 个月	224	154～224	2 个月	175	—[②]
6 个月	186	144～187	4 个月	182	—[②]

①三种酶抽提的 *L. casei* 微生物学法。② "—"表示没有数据[3,17,180,22,23]。

二、维生素 B_{12} 测定方法

关于人乳中维生素 B_{12} 浓度的报道很少，由于分析方法不同，不同膳食模式和孕期、哺乳期不同的维生素 B_{12} 补充量，所报道的人乳中维生素 B_{12} 浓度差异很大[24~26]。FAO/WHO 专家认为正常母乳中维生素 B_{12} 含量约为 400 ng/L[27]，有些研究认为人乳中维生素 B_{12} 浓度为 400～800ng/L。

早期母乳中维生素 B_{12} 含量测定采用微生物法，使用的微生物是 *Euglena gracilis*。目前测定乳汁中维生素 B_{12} 含量多采用放免法。先用木瓜蛋白酶水解乳汁，使维生素 B_{12} 从钴胺传递蛋白（R-蛋白）结合体中释放出来[28]，然后用放免法测定维生素 B_{12}[29]。最近研究发现，人乳中还含有高浓度的不饱和钴胺素转移蛋白（apo-HC），当 apo-HC > 10nmol/L 时，用以往商品化的检测板测定人乳维生素 B_{12} 含量时，会显著影响测定结果[30]。最新报道的母乳样品维生素 B_{12} 分析方法[12]，是将乳汁用包被钴胺素醇酰胺、环氧树脂活化的亲水性琼脂糖预处理。钴胺素醇酰胺包被的琼脂糖可吸附去除大部分的不饱和钴胺素转移蛋白（apo-HC），避免影响分析结果[30]。用 Advia Centaur 全自动化学发光免疫分析仪测定维生素 B_{12} 浓度，其最低检出限为 50pmol/L[31]，40%的乳汁样本含有 > 800pmol/L 的维生素 B_{12}，乳汁维生素 B_{12} 平均值为565pmol/L。以不同方法检测的母乳维生素 B_{12} 含量见表27-2。

Deegan 等[31]采用竞争性蛋白结合放免法测定了危地马拉产后 12 个月 183 份母乳维生素 B_{12} 含量，中位数（pmol/L）为 69（P25 < 50～P75 1300），其中 ≤ 50pmol/L 的比例为 44%；Williams 等[32]采用固相竞争化学发光酶免法测定肯尼亚 286 份产后 1～6 个月的母乳维生素 B_{12} 含量，中位数（pmol/L）为 113（P25 61～P75 199）；最近 Lweno 等[33]报告了坦桑尼亚的干预试验，基于孕期（12～27 周开始）补充含有维生素 B_{12}（50μg/L）的复合维生素安慰剂对照试验，采用固相竞争化学发光酶免法，收集产后 6 周母乳。补充组和安慰剂对照组维生素 B_{12} 含量中位数（pmol/L）分别为 229（P25 171～P75 379）和 198（P25 172～P75 314.5）。Chebaya 等[34]比较了加拿大（$n=124$）和柬埔寨（$n=59$）母乳中维生素 B_{12} 含量，其中加拿大受试者孕期和哺乳期平均每天补充含维生素 B_{12} 的多种微量营养素补充剂。结果显示，加拿大母乳（产后 2 个月）中维生素 B_{12} 含量（pmol/L）显著高于柬埔寨的母乳[产后（15±7）周]，分别为 452（P25 400～P75 504）和 317（P25 256～P75 378）。

□ 表 27-2　以不同检测方法获得的母乳中维生素 B_{12} 含量　　　　　　　　　　　　单位：pmol/L

泌乳时段	放射分析法①		全自动化学发光免疫分析法②	
	均值	范围	均值	范围
3 个月	690[31]	177～2466	—③	—③
6 个月	418[30]	≤362～505	—③	—③
12 个月	—③	—③	565	50～1300

①文献来源于[26,28,29,35,36]。②去除 apo-HC 的全自动化学发光免疫法[31]。③"—"表示没有数据。

第四节　影响母乳中叶酸、维生素 B_{12} 含量的因素

除非母体发生严重的叶酸缺乏，人乳叶酸的浓度通常保持相对稳定而与乳母膳食叶

酸摄入量无关。蛋白结合形式的维生素 B_{12} 比晶体状的易于吸收。人乳维生素 B_{12} 水平与母体血浆或喂养儿血清浓度的相关性很强[34,37]，当母体维生素 B_{12} 营养状况处于临界状态时，这种相关性更明显。人乳中低维生素 B_{12} 浓度通常发生于如下两种摄入量不足的情况，即母体是严格素食主义者和发展中国家动物性食物摄入量较少时[31,32]，对于缺乏的人群从孕中期开始补充含有维生素 B_{12} 的复合维生素补充剂，可显著增加乳汁中维生素 B_{12} 含量[33]。当母亲是严格素食主义者或发生恶性贫血、吸收障碍综合征时，可使母乳维生素 B_{12} 含量显著降低[4]。母乳维生素 B_{12} 浓度在一天之内早晚哺乳期间无明显变化[38]；初乳浓度最高，之后逐渐下降，到哺乳第一个月后的浓度变化不明显[39]。

（柳桢，杨振宇，荫士安）

参考文献

[1] Dunlap B，Shelke K，Salem SA，et al. Folic acid and human reproduction-ten important issues for clinicians. J Exp Clin Assist Reprod，2011，8：2.

[2] Bates CJ，Prentice AM，Prentice A，et al. Seasonal variations in ascorbic acid status and breast milk ascorbic acid levels in rural Gambian women in relation to dietary intake. Trans R Soc Trop Med Hyg，1982，76（3）：341-347.

[3] Tamura T，Picciano MF. Folate and human reproduction. Am J Clin Nutr，2006，83（5）：993-1016.

[4] Stabler SP，Allen RH. Vitamin B_{12} deficiency as a worldwide problem. Annu Rev Nutr，2004，24：299-326.

[5] Selhub J. Determination of tissue folate composition by affinity chromatography followed by high-pressure ion pair liquid chromatography. Anal Biochem，1989，182（1）：84-93.

[6] O'Connor DL，Tamura T，Picciano MF. Pteroylpolyglutamates in human milk. Am J Clin Nutr，1991，53（4）：930-934.

[7] Brown CM，Smith AM，Picciano MF. Forms of human milk folacin and variation patterns. J Pediatr Gastroenterol Nutr，1986，5（2）：278-282.

[8] Retief FP，Heyns AD，Oosthuizen M，et al. Aspects of folate metabolism in lactating women studied after ingestion of ^{14}C-methylfolate. Am J Med Sci，1979，277（3）：281-288.

[9] Smith AM，Picciano MF，Deering RH. Folate intake and blood concentrations of term infants. Am J Clin Nutr，1985，41（3）：590-598.

[10] Picciano MF，West SG，Ruch AL，et al. Effect of cow milk on food folate bioavailability in young women. Am J Clin Nutr，2004，80（6）：1565-1569.

[11] Antony AC，Utley CS，Marcell PD，et al. Isolation，characterization，and comparison of the solubilized particulate and soluble folate binding proteins from human milk. J Biol Chem，1982，257（17）：10081-10089.

[12] Lildballe DL，Hardlei TF，Allen LH，et al. High concentrations of haptocorrin interfere with routine measurement of cobalamins in human serum and milk. A problem and its solution. Clin Chem Lab Med，2009，47（2）：182-187.

[13] Lin X，Lu D，Gao Y，et al. Genome-wide association study identifies novel loci associated with serum level

of vitamin B_{12} in Chinese men. Hum Mol Genet, 2012, 21（11）: 2610-2617.

[14] Hay G, Johnston C, Whitelaw A, et al. Folate and cobalamin status in relation to breastfeeding and weaning in healthy infants. Am J Clin Nutr, 2008, 88（1）: 105-114.

[15] Hyun TH, Tamura T. Trienzyme extraction in combination with microbiologic assay in food folate analysis: an updated review. Exp Biol Med（Maywood）, 2005, 230（7）: 444-454.

[16] Tamura T, Picciano MF. Folate determination in human milk. J Nutr Sci Vitaminol（Tokyo）, 2006, 52（2）: 161.

[17] Mackey AD, Picciano MF. Maternal folate status during extended lactation and the effect of supplemental folic acid. Am J Clin Nutr, 1999, 69（2）: 285-292.

[18] Villalpando S, Latulippe ME, Rosas G, et al. Milk folate but not milk iron concentrations may be inadequate for some infants in a rural farming community in San Mateo, Capulhuac, Mexico. Am J Clin Nutr, 2003, 78（4）: 782-789.

[19] Jathar VS, Kamath SA, Parikh MN, et al. Maternal milk and serum vitamin B_{12}, folic acid, and protein levels in Indian subjects. Arch Dis Child, 1970, 45（240）: 236-241.

[20] Kim TH, Yang J, Darling PB, et al. A large pool of available folate exists in the large intestine of human infants and piglets. J Nutr, 2004, 134（6）: 1389-1394.

[21] Houghton LA, Yang J, O'Connor DL. Unmetabolized folic acid and total folate concentrations in breast milk are unaffected by low-dose folate supplements. Am J Clin Nutr, 2009, 89（1）: 216-220.

[22] Tamura T, Yoshimura Y, Arakawa T. Human milk folate and folate status in lactating mothers and their infants. Am J Clin Nutr, 1980, 33（2）: 193-197.

[23] Khambalia A, Latulippe ME, Campos C, et al. Milk folate secretion is not impaired during iron deficiency in humans. J Nutr, 2006, 136（10）: 2617-2624.

[24] Trugo NM. Micronutrient regulation in pregnant and lactating women from Rio de Janeiro. Arch Latinoam Nutr, 1997, 47（2 Suppl 1）: 30-34.

[25] Sakurai T, Furukawa M, Asoh M, et al. Fat-soluble and water-soluble vitamin contents of breast milk from Japanese women. J Nutr Sci Vitaminol（Tokyo）, 2005, 51（4）: 239-247.

[26] Specker BL, Black A, Allen L, et al. Vitamin B-12: low milk concentrations are related to low serum concentrations in vegetarian women and to methylmalonic aciduria in their infants. Am J Clin Nutr, 1990, 52（6）: 1073-1076.

[27] Allen LH. Impact of vitamin B-12 deficiency during lactation on maternal and infant health. Adv Exp Med Biol, 2002, 503: 57-67.

[28] Black AK, Allen LH, Pelto GH, et al. Iron, vitamin B-12 and folate status in Mexico: associated factors in men and women and during pregnancy and lactation. J Nutr, 1994, 124（8）: 1179-1188.

[29] Casterline JE, Allen LH, Ruel MT. Vitamin B-12 deficiency is very prevalent in lactating Guatemalan women and their infants at three months postpartum. J Nutr, 1997, 127（10）: 1966-1972.

[30] Hay G, Trygg K, Whitelaw A, et al. Folate and cobalamin status in relation to diet in healthy 2-y-old children. Am J Clin Nutr, 2011, 93（4）: 727-735.

[31] Deegan KL, Jones KM, Zuleta C, et al. Breast milk vitamin B-12 concentrations in Guatemalan women are correlated with maternal but not infant vitamin B-12 status at 12 months postpartum. J Nutr, 2012, 142（1）: 112-116.

[32] Williams AM, Chantry CJ, Young SL, et al. Vitamin B-12 concentrations in breast milk are low and are not

associated with reported household hunger, recent animal-source food, or vitamin B-12 intake in women in rural Kenya. J Nutr, 2016, 146 (5): 1125-1131.

[33] Lweno ON, Sudfeld CR, Hertzmark E, et al. Vitamin B_{12} is low in milk of early postpartum women in urban Tanzania, and was not significantly increased by high dose supplementation. Nutrients, 2020, 12 (4). doi: 10.3390/nu12040963.

[34] Chebaya P, Karakochuk CD, March KM, et al. Correlations between maternal, breast milk, and infant vitamin B_{12} concentrations among mother-infant dyads in Vancouver, Canada and Prey Veng, Cambodia: An Exploratory Analysis. Nutrients, 2017, 9 (3). doi: 10.3390/nu9030270.

[35] Allen LH. Folate and vitamin B_{12} status in the Americas. Nutr Rev, 2004, 62 (6 Pt 2): S29-33.

[36] Leung SS, Lee RH, Sung RY, et al. Growth and nutrition of Chinese vegetarian children in Hong Kong. J Paediatr Child Health, 2001, 37 (3): 247-253.

[37] Williams AM, Stewart CP, Shahab-Ferdows S, et al. Infant serum and maternal milk vitamin B-12 are positively correlated in Kenyan infant-mother dyads at 1-6 months postpartum, irrespective of infant feeding practice. J Nutr, 2018, 148 (1): 86-93.

[38] Trugo NM, Donangelo CM, Koury JC, et al. Concentration and distribution pattern of selected micronutrients in preterm and term milk from urban Brazilian mothers during early lactation. Eur J Clin Nutr, 1988, 42 (6): 497-507.

[39] Dror DK, Allen LH. Vitamin B-12 in human milk: A Systematic review. Adv Nutr, 2018, 9 (suppl_1): 358S-366S.

第二十八章

维生素C、胆碱、肉碱

维生素C（vitamin C）是人体重要的水溶性维生素之一；L-肉碱（L-carnitine）是一种具有生物活性的低分子量氨基酸[1]；胆碱（choline）是磷脂酰胆碱和神经鞘磷脂的关键组成成分，是维持细胞膜结构完整和信号功能所必需的物质[2]。本文系统综述了有关母乳中维生素C、胆碱、肉碱三种营养素的研究进展。

第一节　维生素C

维生素C又名抗坏血酸（ascorbic acid）。1747年3月，James Lind首次用鲜橘汁及柠檬汁治疗坏血病，人们开始关注其中能发挥治疗作用的活性物质。1907年挪威化学家霍尔斯特在柠檬汁中发现了此活性物质——抗坏血酸。1933年，人工合成了纯品维生素C[3]。

一、理化性质及其在母乳中的存在形式

维生素C化学式为$C_6H_8O_6$，是含有6个碳原子的多羟基化合物，结构式见图28-1。因维生素C能治疗坏血病故又称"抗坏血酸"。维生素C在组织中以两种形式存在，即还原型抗坏血酸与氧化型（脱氢）抗坏血酸，它们通过体内的氧化还原体系可相互转变。维生素C的这两种形式在母乳中都存在，其中还原型L-抗坏血酸占95%、氧化型L-脱氢抗坏血酸占5%。

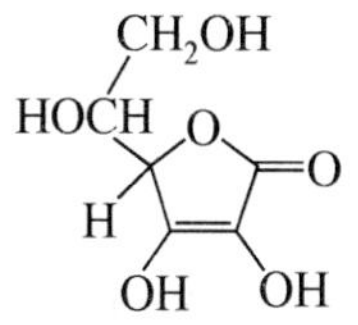

图28-1　维生素C结构式

二、功能与缺乏病

维生素C作为强还原剂，参与体内的氧化还原反应；作为羟化过程底物和酶的辅因子，参与胶原蛋白合成；促进肠道三价铁还原为二价铁，促进非血红素铁的吸收。母乳维生素C是婴儿维生素C的主要来源，对增进婴儿的营养与健康状况发挥重要作用，如保护血管壁细胞、增强机体抵抗力、降低感染性疾病（如肺炎和腹泻等）的发生风险、增进骨骼健康；作为抗氧化剂保护脑发育免受自由基的氧化损伤；还可以降低植酸对铁吸收的抑制作用，促进机体吸收铁。母乳喂养以及母乳富含的维生素C可降低婴儿发生过敏性疾病的风险。

由于人体内不能合成维生素C，需要从食物中摄取。如果长期缺乏维生素C，可导致细胞间质生成障碍而容易发生出血、牙齿松动、伤口不易愈合、易骨折等症状，严重的可发展为坏血病。

三、测定方法

维生素C含量测定方法有2,6-二氯酚靛酚滴定法、微量（碘）滴定法、2,4-二硝基苯肼比色法、钼蓝比色法、HPLC法、毛细管电泳法等。2,4-二硝基苯肼比色法与2,6-二氯酚靛酚滴定法测定结果见表28-1。测定母乳中维生素C含量常用的方法是2,6-二氯酚靛酚滴定法和HPLC法。其中，2,6-二氯酚靛酚滴定法只能测定还原型维生素C（95%含量），不是全部维生素C（未包括氧化型维生素C，含量约为5%）。如无其他杂质或基质的干扰，样品提取液中所含有还原的标准染料量与样品中所含还原型抗坏血酸量成正比。近年HPLC法测定母乳中维生素C含量已得到普遍应用。通过抗坏血酸标准液的峰位定性分析维生素C，而抗坏血酸标准液的峰面积可以定量分析维生素C含量。据报道[4]，比较2,6-二氯酚靛酚滴定法与HPLC法的测定结果，前者测定值明显高于后者。2,6-二氯酚靛酚滴定法测定的维生素C含量约比HPLC法测定的含量高6mg/kg（3~11mg/kg）。

▣ 表28-1　不同测定方法获得的母乳维生素C含量　　　　　　　　　　　单位：mg/kg

泌乳时段	2,4-二硝基苯肼比色法[5]		2,6-二氯酚靛酚滴定法[6]	
	均值	范围	均值	范围
成熟乳	46.8	27.7~65.9	33[①]	7~79
			62[②]	33~95

①非洲乳母数据。②欧洲乳母数据。

四、含量

据WHO报告，全球平均母乳中维生素C含量为52mg/kg。1989年殷泰安等[5]报告，北京市城郊乳母乳汁维生素C平均含量为46.8mg/kg±19.1mg/kg。2003年有人报告非洲乳母的母乳中维生素C平均含量为33mg/kg（7~79mg/kg），欧洲乳母的乳汁维生素C平均含量为 62mg/kg（33~95mg/kg）[4]。孟加拉国乳母的初乳中维生素 C 平均含量为 35.2mg/L±5.6mg/L，成熟乳中维生素C平均含量为30.3mg/L±6.7mg/L，是血清维生素C含量的 8 倍[6]。巴格达的研究结果显示，夏天母乳中维生素C含量（39mg/L±10.5mg/L）显著高于冬天（30.2mg/L±20.1mg/L），说明母乳维生素C含量与膳食维生素C摄入量有关[7]。牛乳维生素 C 含量仅相当于人乳含量的四分之一。

五、影响因素

乳母血清中维生素C含量与乳汁中维生素C含量呈正相关[6]。母乳中维生素C含量受乳母膳食维生素C摄入量的影响，而且乳汁维生素C水平显示出明显的季节性波动[6]；城市乳母的乳汁中维生素C含量高于农村乳母[5]。生活环境及乳母是否吸烟也影响母乳维生素C含量[4,8]。母乳样品的存放时间与储存环境（冷冻、冷藏温度，存放时间）均影响母乳中维生素C含量的测定结果。

第二节　胆　　碱

胆碱是一种有机碱，是多种生物活性分子的合成前体，是膳食甲基基团的主要来源，直接影响胆碱能神经的传递，在细胞膜结构完整性和正常脑发育中发挥重要作用。目前将胆碱归类为水溶性维生素。

一、理化性质及其在母乳中的存在形式

胆碱（$C_5H_{15}NO_2$）是 Streker 最先从猪胆汁中分离出来的化合物，1862 年将此胆汁分离物命名为"胆碱"，Baeyer 和 Wurtz 确定了胆碱的化学结构并首次合成胆碱。1932年，Best 和 Huntsman 发现胆碱缺乏可导致啮齿目动物出现脂肪肝。

胆碱为β-羟乙基三甲基胺的羟化物（结构式见图 28-2），是一种含氮的有机碱性化合物，其碱性与氢氧化钠相似。胆碱耐热，加工和烹调过程中其损失很少。人乳中胆碱 85%是由水溶性形式的胆碱组成，包括游离胆碱、磷酸胆碱和甘油磷酸胆碱，以及 15%的脂溶性磷脂酰胆碱（卵磷脂）和鞘磷脂[9~11]；其中母乳中磷酸胆碱（675μmol/L±220μmol/L）与甘油磷酸胆碱（442μmol/L±181μmol/L）含量高于游离态胆碱（124μmol/L±60μmol/L）[12]。1996 年前的研究中未将磷酸

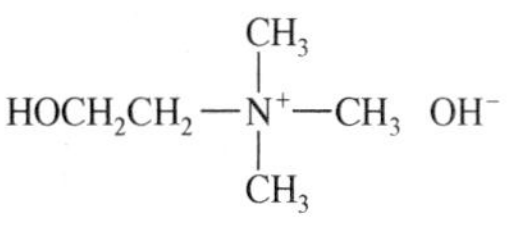

图 28-2　胆碱结构式

胆碱与甘油磷酸胆碱的含量计入母乳胆碱总量[13]，如 1986 年 Zeisel 等[14]测定母乳胆碱总量仅包括游离胆碱、卵磷脂和鞘磷脂。

二、功能

胆碱是卵磷脂的组成成分，是构成生物膜的重要物质；也是乙酰胆碱前体，存在于神经鞘磷脂中；是机体甲基供体，在脑、神经细胞的生长和分化中发挥重要作用[15~17]。胆碱是婴儿脑功能、神经系统发育、肝脏发育和生长所必需的关键营养成分[18,19]。动物实验发现，给孕鼠喂饲缺乏胆碱的饲料，其所产仔鼠大脑海马组织细胞增殖和迁移减少、凋亡增加，仔鼠成年后出现长时程增强反应（学习记忆的潜能）迟钝、视觉空间和听觉记忆力衰退。动物实验中剥夺母乳喂养而给予无胆碱饲料喂养的幼仔出现记忆功能损伤，而同时补充胆碱饲料喂养的幼仔则显著提高了记忆能力。

虽然人体内能合成部分胆碱，但婴儿期的胆碱全部来源于膳食（如母乳、婴儿配方食品、牛奶或辅食）。胎儿和新生儿血液中胆碱浓度为成年后的 6~7 倍，羊水中胆碱浓度为母血的 10 倍；胆碱通过胎盘向胎儿转运，这个过程是逆浓度梯度进行；胎儿通过胎盘从母体获得胆碱；出生后婴儿通过母乳继续从母体获得胆碱，因此哺乳过程导致母体内胆碱储备进一步耗竭。

三、测定方法

胆碱是极性、不挥发分子，分子量很小，分子内没有发色团，不能采用免疫法测定，化学发光分析仪可进行半自动检测，已呈现较好应用前景[20]。Holmes 等[21]使用质子核磁共振法测定胆碱含量。Zeisel 等[14]采用放射性酶学法测定游离态胆碱，用薄层色谱分析仪测定磷含量的方法测定磷脂酰胆碱（卵磷脂）和鞘磷脂含量。Fischer 等[10]先分离出母乳中胆碱，再用液相色谱法或电喷雾电离质谱法测定母乳胆碱含量。近年来普遍用于测定母乳胆碱含量的方法有分光光度法、酶法、化学发光法、HPLC 法、离子色谱法、UPLC-MS、气相色谱-质谱联用法等[13,22]。采用 HPLC 及气相色谱-质谱法和 HPLC 或电喷雾电离质谱法测定的母乳胆碱含量见表 28-2。

▷ 表 28-2　以不同测定方法测定的母乳胆碱含量　　　　　　　　　　　单位：μmol/L

泌乳时段	HPLC 及气相色谱-质谱法测定[13]		HPLC 或电喷雾电离质谱法[10]	
	均值	范围	均值	范围
成熟乳	1254	1011~1497	1205①	1133.5~1276.5
			1446.3②	1363.9~1528.7

①未补充胆碱的乳母组（安慰剂组）。②补充了胆碱的乳母组。

四、含量

由于母乳中存在胆碱的多种复合物，故母乳胆碱含量应是多种胆碱复合物的总和。成熟母乳总胆碱含量约为 155mg/L，而没有添加胆碱的婴儿配方奶中，胆碱含量一般在 45～98mg/L，明显低于母乳。Holmes 等[21]1999 年研究了英美国家 7 种婴儿配方奶、牛奶及母乳中胆碱含量，婴儿配方奶胆碱含量在 0.37～0.81mmol/L，牛奶胆碱含量为 0.92mmol/L，人初乳（产后 6 天内）含量为 0.60mmol/L，而成熟乳（产后 7～22 天）中的含量为 1.28mmol/L，相比人的成熟乳，婴儿配方奶胆碱含量偏低。母乳胆碱含量的这种变化与足月儿生长发育速度相适应[21]。1986 年 Zeisel 等[14]测定母乳中游离胆碱含量为 75.7～89.7μmol/L、卵磷脂 136.2～153.8μmol/L、鞘磷脂 169.0～189.4μmol/L，但此时的研究尚未计入母乳中胆碱复合物磷酸胆碱与甘油磷酸胆碱。1996 年同样是 Zeisel 等[14]报告母乳中胆碱复合物总量约为 1350μmol/L，而牛奶胆碱含量约为 1200μmol/L。2005 年 Ilcol 等[11]报道的土耳其乳母的胆碱水平，游离胆碱、磷酸胆碱和甘油磷酸胆碱是主要存在形式；成熟乳（12～180 天）中总胆碱、游离胆碱、甘油磷酸胆碱和磷酸胆碱含量（μmol/L）比初乳（0～2 天）中高得多（1476±48、228±10、499±16 和 551±33 与 676±35、132±21、176±13 和 93±26）；而磷脂酰胆碱和鞘磷脂含量（μmol/L），初乳高于成熟乳（146±18 和 129±13 与 104±11 和 94±9）。

Davenport 等[9]研究给分娩后 5 周的乳母分别补充 480mg/d 或 930mg/d 胆碱，持续 10 周，观察对母乳胆碱及其代谢物含量的影响，结果汇总于表 28-3。结果显示，泌乳诱导了乳母体内胆碱代谢发生适应性变化，增加了胆碱供给乳腺上皮；当额外给乳母补充胆碱超过目前推荐量时，机体通过增加磷脂酰乙醇胺 *N*-甲基转移酶衍生胆碱代谢物的供应改善母乳胆碱供应，提高母乳中胆碱及其代谢物含量。

⊡ 表 28-3　母乳中胆碱含量及补充的影响　　　　　　　　　　　　　　　　单位：μmol/L

指标	基线（产后 5 周）			补充 10 周		
	480mg/d (n=15)	930mg/d (n=13)	合计 (n=28)	480mg/d (n=15)	930mg/d (n=13)	干预效果 P 值
胆碱	85±40	84±45	84±42	158±12	148±13	0.6
GPC[①]	438±86	365±97	403±97	346±33	471±36	0.031
PCHo[②]	551±204	441±102	550±171	285±24	392±26	0.008
PC[③]	64±16	61±31	63±24	41±5	41±5	0.9
SM[④]	172±38	177±51	175±44	169±13	171±14	0.9
总胆碱	1310±250	1124±219	1224±250	1000±50	1200±60	0.041
甜菜碱	4.4±4.5	3.1±2.0	3.8±3.5	5.6±1.4	4.0±1.5	0.5
TMAD[⑤]	1.9±0.9	2.5±2.6	2.2±1.9	1.7±0.2	3.4±0.3	<0.001
蛋氨酸	3.7±1.7	4.3±2.2	3.9±1.9	6.2±0.5	6.8±0.6	0.5
半胱氨酸	1.0±0.5	1.8±1.5	1.5±1.0	1.0±0.2	1.3±0.2	0.1
胱氨酸	1.0±0.3	1.1±0.5	1.0±0.4	1.0±0.1	1.3±0.1	0.008
丝氨酸	1.0±0.9	0.9±0.4	0.9±0.4	1.0±0.1	1.1±0.1	0.4

①GPC，甘油磷酸胆碱（glycerophosphocholine）。②PCHo，磷酸胆碱（phosphocholine）。③PC，磷脂酰胆碱（phosphoatidylcholine）。④SM，鞘磷脂（sphingomyelin）。⑤TMAD，三甲胺氧化物（trimethylamine oxide）。

注：改编自 Davenport 等[9]，2015；结果系平均值±SD。

五、影响因素

可能导致母乳胆碱含量降低的因素有罹患脑外伤、外科手术、脂泻病、肝硬化等或患营养不良的孕产妇，或孕产妇长期患病需要胃肠外营养及患其他罕见病（如高蛋氨酸病）；而服用二磷酸果糖磷酸酶、胞嘧啶类药物等可升高母乳胆碱含量[20]。但母乳胆碱含量主要受乳母膳食和补充剂胆碱摄入量的影响[9]，胆碱含量因摄入量的差别可相差 4 倍左右。单核苷酸多态性也影响乳母的胆碱状态，进而影响所分泌乳汁中的胆碱含量[10]。母乳总胆碱含量与哺乳阶段有关，总胆碱含量随哺乳进程呈增加趋势；从产后 5 周开始给予乳母补充 550mg 胆碱（总摄入量达 930mg/d），持续 10 周，乳汁中总胆碱、甘油磷酸胆碱和磷酸胆碱含量显著增加，超过了对照组（低剂量组乳母胆碱摄入量为 480mg/d，其中 100mg/d 来自补充）[9]。

第三节　肉　　碱

1905 年，俄国科学家 Krimberg 和 Gulewitsch 首次从肌肉中提取出 L-肉碱；1958 年，Fritz 发现左旋肉碱能加速脂肪代谢速率，确立了其对人体脂肪酸氧化的重要作用，提示它是人体必需营养成分之一，母乳肉碱含量存在显著的种属差异。正常情况下，人体不需要膳食来源的肉碱。然而，在某些特殊情况下，如早产、患遗传性疾病或长期服用某些药物时，肉碱则成为必需营养成分，即条件性必需营养素[23]。

一、理化性质及其在母乳中的存在形式

肉碱（$C_7H_{15}NO_3$）是一种类氨基酸，可以由赖氨酸及蛋氨酸合成。肉碱有两个立体异构体，即具有生物活性的 L-肉碱（左旋肉碱）与不具有生物活性的 D-肉碱（右旋肉碱）[24]，结构式见图 28-3。

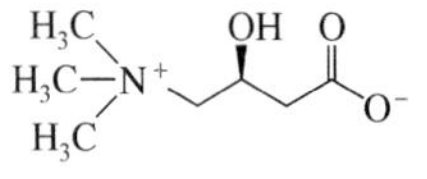

图 28-3　L-肉碱结构式

人体内肉碱以游离肉碱和酰基肉碱两种形式存在，约 98% 存在于心肌、骨骼肌等肌肉组织中，2% 存在于肝脏、大脑、肾脏及细胞外液（如血浆、尿液、乳汁）中，母乳中肉碱含量占乳母体内肉碱总量的很少一部分。母乳中肉碱存在形式有游离肉碱（约占母乳中总肉碱量的 80%）、短链酰基肉碱（约占 13%）及长链酰基肉碱（约占 7%）[25]。

二、功能

肉碱可促进线粒体内 LCFA 的氧化，也与免疫系统的功能有关，可能参与支链氨基酸的新陈代谢。婴儿出生后快速适应新的代谢能量原料的改变，即从胎儿期以葡萄糖、

氨基酸代谢产生能量为主转化为以脂肪产能为主，此过程中 L-肉碱发挥重要作用[26]。婴幼儿期肉碱缺乏可导致全身性肉碱缺乏症，临床表现为肌无力、喂养困难、智力低下，血清肌酸激酶升高，部分患儿合并肝功能损害、代谢性酸中毒、二羧基酸尿症、高氨血症等。极少数患儿早期仅表现为非酮症性低血糖、无肌病或脑病症状。患者血清、组织肉碱浓度下降，肝脏、心肌、骨骼肌常有明显脂肪沉积[27]。补充左旋肉碱能够刺激生酮作用。由于酮体的生成和利用是新生儿能量代谢的重要部分，因此，左旋肉碱缺乏造成的生酮作用障碍可对新生儿的代谢造成严重后果，如 Schimenti 等[28]曾报道婴儿体内 L-肉碱缺乏可使其发生代谢性紊乱甚至猝死。

新生儿体内合成左旋肉碱的效率低于成人，合成能力约相当于成人的 10%～30%，难以满足自身对左旋肉碱的需求，因此比成人更容易发生肉碱缺乏症[27]。对于婴儿，在其能够摄取肉类食物之前，母乳是婴儿左旋肉碱的主要来源。

三、测定方法

我国早期肉碱含量测定方法学研究侧重于特殊食品中肉碱含量检测，如保健食品（HPLC、脉冲安培检测-高效阴离子色谱法）、婴儿配方食品（分光光度法或 LC-MS）等。目前，测定人乳肉碱含量的常用方法是放射性同位素法，如 Mitchell 等[25]报告的成熟母乳的肉碱含量均值为 44.91μmol/L±3μmol/L，范围为 28.01～72.18μmol/L，其他方法还有酶显色法-分光光度法、酶-荧光法、离子色谱法、UPLC-MS 等[22]。

四、含量

产后第一周母乳中左旋肉碱的浓度最高（80～100μmol/L），此后逐渐下降至 60μmol/L 左右；在总肉碱含量中，酰基肉碱占 13%～47%，而长链酰基肉碱含量不到 1%[29]。由于分娩后母乳中左旋肉碱含量高于乳母的血液中含量（约 1 倍），说明乳腺分泌大量左旋肉碱到乳汁中[30]。1982 年，Sandor 等[31]报告产后 21 天内母乳中肉碱平均含量为 62.9（56.0～69.8）μmol/L，产后 40～50 天后肉碱含量下降到 35.2μmol/L±1.26μmol/L，肉碱含量不受泌乳量的影响；而相比较的鲜牛奶与巴氏灭菌牛奶肉碱含量分别为 206.2（192～269）μmol/L 与 160（158～200）μmol/L。分娩后乳母血清肉碱含量降低，产后第一天为 27.2μmol/L±1.19μmol/L，产后 21 天时恢复到正常水平 38.8μmol/L±2.97μmol/L[32]。1986 年 Cederblad 等[33]报告母乳肉碱含量的差异较大（17～148μmol/L），而 1991 年 Mitchell 等[25]报告母乳中总肉碱含量为 45μmol/L±3μmol/L。

五、影响因素

有研究表明，母乳中左旋肉碱分泌量与产妇和乳母的膳食习惯有关，素食者乳汁中的左旋肉碱含量明显低于杂食乳母的乳汁含量。

（吴立芳，杨振宇，荫士安）

参考文献

[1] Zhang R，Zhang H，Zhang Z，et al. Neuroprotective effects of pre-treament with l-carnitine and acetyl-l-carnitine on ischemic injury *in vivo* and *in vitro*. Int J Mol Sci，2012，13（2）：2078-2090.

[2] Hollenbeck CB. The importance of being choline. J Am Diet Assoc，2010，110（8）：1162-1165.

[3] Jukes TH. The identification of vitamin C，an historical summary. J Nutr，1988，118（11）：1290-1293.

[4] daneel-Otterbech S. The ascorbic acid content of human milk in relation to iron nutrition. e-collection，library，ethzch，2003：1-272.

[5] 殷泰安，刘冬生，李丽祥，等. 北京市城乡乳母的营养状况、乳成分、乳量及婴儿生长发育关系的研究 V. 母乳中维生素及无机元素的含量. 营养学报，1989，11：233-239.

[6] Ahmed L，Jr.，Islam S，Khan N，et al. Vitamin C content in human milk（colostrum，transitional and mature）and serum of a sample of bangladeshi mothers. Malays J Nutr，2004，10（1）：1-4.

[7] Tawfeek HI，Muhyaddin OM，al-Sanwi HI，et al. Effect of maternal dietary vitamin C intake on the level of vitamin C in breastmilk among nursing mothers in Baghdad，Iraq. Food Nutr Bull，2002，23（3）：244-247.

[8] Ortega RM，Lopez-Sobaler AM，Quintas ME，et al. The influence of smoking on vitamin C status during the third trimester of pregnancy and on vitamin C levels in maternal milk. J Am Coll Nutr，1998，17（4）：379-384.

[9] Davenport C，Yan J，Taesuwan S，et al. Choline intakes exceeding recommendations during human lactation improve breast milk choline content by increasing PEMT pathway metabolites. J Nutr Biochem，2015，26（9）：903-911.

[10] Fischer LM，da Costa KA，Galanko J，et al. Choline intake and genetic polymorphisms influence choline metabolite concentrations in human breast milk and plasma. Am J Clin Nutr，2010，92（2）：336-346.

[11] Ilcol YO，Ozbek R，Hamurtekin E，et al. Choline status in newborns，infants，children，breast-feeding women，breast-fed infants and human breast milk. J Nutr Biochem，2005，16（8）：489-499.

[12] Moukarzel S，Wiedeman AM，Soberanes LS，et al. Variability of water-soluble forms of choline concentrations in human milk during storage，after pasteurization，and among women. Nutrients，2019，11（12）doi：10.3390/nu11123024.

[13] Holmes-McNary MQ，Cheng WL，Mar MH，et al. Choline and choline esters in human and rat milk and in infant formulas. Am J Clin Nutr，1996，64（4）：572-576.

[14] Zeisel SH，Char D，Sheard NF. Choline，phosphatidylcholine and sphingomyelin in human and bovine milk and infant formulas. J Nutr，1986，116（1）：50-58.

[15] Jiang X，West AA，Caudill MA. Maternal choline supplementation：a nutritional approach for improving offspring health？ Trends Endocrinol Metab，2014，25（5）：263-273.

[16] Zeisel SH. Choline：critical role during fetal development and dietary requirements in adults. Annu Rev Nutr. 2006；26：229-250.

[17] Zeisel SH，Blusztajn JK. Choline and human nutrition. Annu Rev Nutr，1994，14：269-296.

[18] Zeisel SH. Nutritional importance of choline for brain development. J Am Coll Nutr，2004，23（6 Suppl）：

621S-626S.

[19] Zeisel SH，Niculescu MD. Perinatal choline influences brain structure and function. Nutr Rev, 2006, 64（4）：197-203.

[20] Danne O，Mockel M. Choline in acute coronary syndrome：an emerging biomarker with implications for the integrated assessment of plaque vulnerability. Expert Rev Mol Diagn，2010，10（2）：159-171.

[21] Holmes HC，Snodgrass GJ，Iles RA. Changes in the choline content of human breast milk in the first 3 weeks after birth. Eur J Pediatr，2000，159（3）：198-204.

[22] 詹越城，何斌，刘梦婷，等. 高效液相色谱-串联质谱法同时测定婴幼儿配方食品中胆碱 L- 肉碱含量方法研究. 农产品加工，2019，（6）：68-73.

[23] Borum PR. Carnitine in neonatal nutrition. J Child Neurol，1995，10 Suppl 2：S25-31.

[24] Steiber A，Kerner J，Hoppel CL. Carnitine：a nutritional，biosynthetic，and functional perspective. Mol Aspects Med，2004，25（5-6）：455-473.

[25] Mitchell ME，Snyder EA. Dietary carnitine effects on carnitine concentrations in urine and milk in lactating women. Am J Clin Nutr，1991，54（5）：814-820.

[26] 张钟元，王强，田金强，等. L-肉碱的生理功能及其应用研究进展. 现代生物医学进展，2008，8（6）：1181-1183.

[27] 钱宁，侯新琳，杨艳玲. 肉碱缺乏症与儿童疾病. 中国当代儿科杂志，2004，6（4）：349-352.

[28] Schimmenti LA，Crombez EA，Schwahn BC，et al. Expanded newborn screening identifies maternal primary carnitine deficiency. Mol Genet Metab，2007，90（4）：441-445.

[29] Penn D，Dolderer M，Schmidt-Sommerfeld E. Carnitine concentrations in the milk of different species and infant formulas. Biol Neonate，1987，52（2）：70-79.

[30] Hromadova M，Parrak V，Huttova M，et al. Carnitine level and several lipid parameters in venous blood of newborns，cord blood and maternal blood and milk. Endocr Regul，1994，28（1）：47-52.

[31] Sandor A，Pecsuvac K，Kerner J，et al. On carnitine content of the human breast milk. Pediatr Res，1982，16（2）：89-91.

[32] Mitchell ME，Snyder EA. Dietary carnitine effects on carnitine concentrations in urine and milk in lactating women. Am J Clin Nutr，1991，54：814-820.

[33] Cederblad G，Svenningsen N. Plasma carnitine and breast milk carnitine intake in premature infants. J Pediatr Gastroenterol Nutr，1986，5（4）：616-621.

第二十九章

核苷与核苷酸

核苷酸和核苷是核糖核酸（ribonucleic acid, RNA）和脱氧核糖核酸（deoxyribonucleic, DNA）结构的骨架。人乳中的核酸碱基（nucleobases）、核苷（nucleosides）和核苷酸（nucleotides）都属于非蛋白氮（NPN）部分。核苷酸总量占非蛋白氮的 2%～5%[1]，其中人乳中游离核苷酸含量占非蛋白氮的 0.4%～0.6%（早期也有报告为 0.1%～1.5%[2]），人乳中总游离核苷酸浓度为 114～464μmol/L，总核苷浓度为 0.65～3.05μmol/L[3]。母乳是其喂养儿核苷酸和核苷的重要来源。在生命早期，人乳中这些微量成分的特殊生理功能和营养学作用已经引起人们的普遍关注。

第一节　化学组成

核苷是由碱基与核糖（戊糖）通过糖苷键连接而成。根据核苷中所含戊糖的不同，可以将核苷分为两大类：核糖核苷和脱氧核糖核苷。核糖核苷包括腺嘌呤核苷（adenosine）、鸟嘌呤核苷（guanosine）、胞嘧啶核苷（cytidine）、尿嘧啶核苷（urindine）；脱氧核糖核苷有腺嘌呤脱氧核苷（doexyadenosine）、鸟嘌呤脱氧核苷（doexyguanosine）、胞嘧啶脱氧核苷（doexycytidine）、胸腺嘧啶脱氧核苷（doexythymidine）。

一、核苷酸种类

核苷中的核糖羟基被磷酸酯化，就形成核苷酸（nucleotides）。核苷酸由三部分组成：

①来自嘌呤或嘧啶的含氮杂环碱基；②核糖或脱氧核糖；③磷酸基团。

常见的核苷酸有：腺嘌呤核苷酸或腺苷酸（adenylate, adenosine monophosphate, AMP），鸟嘌呤核苷酸或鸟苷酸（gunylate, guanosine monophosphate, GMP），胞嘧啶核苷酸或胞苷酸（cytidylate, cytidine monophoshpate, CMP），胸腺嘧啶核苷酸或胸苷酸（thymidylate, thymidine monophosphate, TMP），尿嘧啶核苷酸或尿苷酸（uridylate, uridine monophosphate, UMP）。常见的核苷酸除以上 5 种外，还有一些核苷酸的衍生物，如 5′-二磷酸核苷酸（5′-NDP）、5′-三磷酸核苷酸（5′-NTP）以及腺苷三磷酸（ATP）等。

核苷酸是体内核酸合成的前体物。由几个或十几个核苷酸相连接起来的分子称为寡核苷酸（oligonucleotide）；上百个至数以万计以上核苷酸的聚合物就是核酸，也称为多聚核苷酸，视其碱基及核酸的组成而分为 RNA 或 DNA。

二、人乳中可检出的核苷和核苷酸

目前人乳已检出核苷和核苷酸种类约 14 种，包括核苷（胞苷、腺苷、尿苷、鸟苷、肌苷）、核苷酸（胞苷酸、尿苷酸、腺苷酸、鸟苷酸、肌苷酸）、二磷酸腺苷（胞苷-5′-二磷酸、尿苷-5′-二磷酸、腺苷-5′-二磷酸、鸟苷-5′-二磷酸）等[2,3]。人乳中聚核苷酸的核苷主要成分是胞苷、鸟苷和腺苷[4]。

人乳中含有多种丰富的核苷和核苷酸，是婴儿体内合成 RNA 和 DNA 的原料，用于储存和传递遗传信息；这些核苷酸还是合成 ATP 的原料，在细胞能量代谢中发挥重要作用，ATP 还可将高能磷酸键转移给 UDP、CDP 及 GDP 生成 UTP、CTP 及 GTP，它们在某些合成代谢中也是能量的直接来源，而且在某些合成反应中，有些核苷酸的衍生物还是活化的中间代谢物。

第二节　核苷酸的生物合成与代谢

人体内可从头合成核苷酸，利用磷酸核糖、谷氨酰胺、甘氨酸、天冬氨酸、氨甲酰磷酸等为原料，经一系列复杂酶促反应生成核苷酸，并消耗大量的 ATP。

一、核苷酸的生物合成

嘌呤核苷酸与嘧啶核苷酸的合成途径略有不同。嘌呤核苷酸生物合成不是先合成嘌呤碱，再与核糖和磷酸合成核苷酸，而是由 5-磷酸核糖与 ATP 作用产生 5-磷酸核糖焦磷酸，再经过一系列酶促反应，生成次黄嘌呤核苷酸，次黄嘌呤核苷酸氨基化生成腺嘌呤核苷酸，次黄嘌呤核苷酸经氧化生成黄嘌呤核苷酸，再经氨基化即生成鸟嘌呤核苷酸，也就是说腺嘌呤核苷酸和鸟嘌呤核苷酸都是由次黄嘌呤核苷酸转变的；但在合成嘧啶核苷酸时则首先形成嘧啶环，再与磷酸核糖结合，脱羧后生成尿嘧啶核苷酸。其他嘧啶核苷酸则由尿嘧啶核苷酸转变而成。脱氧核糖核苷酸可以由相应的核糖核苷酸还原生成，也就是说鸟嘌呤、腺嘌呤和胞嘧啶这三种核糖核苷酸经还原生成相应的脱氧核糖核苷酸。胸腺嘧啶脱氧核苷酸则是由尿嘧啶脱氧核糖核苷酸经甲基化而生成。

人体内除了能以简单的物质从头合成核苷酸外，还能利用已有的核苷和碱基合成核苷酸，一般称这种为"回收"或"补救"合成途径，以便更经济地利用已有成分。当人体处于快速生长发育期（如婴儿期）或处于非正常情况下（如饥饿、免疫应激、疾病、严重创伤等），内源核苷酸不能满足人体需求时，补充外源核苷酸是有必要的。两种合成途径间存在一种反馈调节机制，使细胞处于一个耗费最少的代谢过程中[5]。

二、核苷酸的代谢

嘌呤/嘧啶核苷酸在体内分解代谢过程中，核苷酸经磷酸单酯酶或核苷酸酶水解成核苷和磷酸，核苷经核苷酶作用分解为嘌呤碱或嘧啶碱和戊糖。人体内嘌呤碱代谢最终产物为尿酸，尿酸可随尿排出体外；嘧啶碱最终产物是氨基酸等小分子物质，如 CO_2、β-丙氨酸及 β-氨基异丁酸等。

第三节　生物学功能或营养作用

越来越多的研究表明，人乳核苷酸及其代谢产物参与了许多重要生理功能和生物化学反应过程，对婴儿的生长发育发挥了重要作用[6,7]。早在 1963 年，Nagai 等[8]就提出膳食核苷酸影响婴儿生长发育。膳食核苷和核苷酸可能成为条件性必需营养素（conditionally essential nutrients）[9]，尤其对于主要依赖婴儿配方食品作为唯一营养来源的婴儿[10~13]。因为整个婴儿期处于迅速生长发育阶段，人工喂养婴儿的核苷酸摄入量难以满足这些组织生理功能达到最佳状态的需要量[10,14]，因此对生长发育迅速的组织，核苷酸的外源性补充对于维持最佳的生理功能是重要的[10,13~16]。特别是对于那些早产儿和宫内生长发育迟缓的足月小样儿，目前证据支持给这些婴儿补充核苷酸是有益的，可为新生儿提供充足的嘌呤和嘧啶用于核酸合成，促进婴儿胃肠道和免疫系统的成熟[11,15,17~19]。

一、对婴幼儿免疫功能的影响

大量的动物实验及人体临床干预试验结果显示，补充外源性核苷酸对婴幼儿免疫功能可产生良好效应，如有助于增加免疫球蛋白浓度、提高抗体应答能力，而且在免疫方面的改善效果更接近于母乳喂养的婴儿。

例如，Che 等[20]通过在小猪饲料中添加核苷酸，使宫内生长受限小猪和正常出生体重小猪的血浆 IgA、IL-1β 浓度和白细胞数量均升高。1999 年 Navarro 等[21]曾发现，受试婴儿食用添加核苷酸的早产儿配方粉 3 个月后，早产儿的血浆 IgA、IgG 水平高于未添加组。Yau 等[22]也完成了相似研究，约 160 名健康足月婴儿从出生后 8 天内开始食用添加核苷酸的配方奶粉至 12 月龄（核苷酸添加量 72mg/L），受试婴儿血清中 IgA 水平明显高于未添加组。Schaller 等[10,23]的研究还观察到，食用添加核苷酸婴儿配方奶粉的婴儿，接受口服脊髓灰质炎病毒疫苗接种后，6 月龄和 12 月龄时产生的脊髓灰质炎病毒Ⅰ型中和抗体水平显著高于未添加核苷酸组。Meta 分析结果显示，与母乳或对照配方组相比，补充了核苷酸的婴儿接种流感疫苗、白喉类毒素或口服脊髓灰质炎疫苗后出现较好的抗体反应[13]。Buck 等[24]的研究发现，补充核苷酸婴儿配方食品喂养的婴儿组，其 NK 细胞活力与母乳喂养的婴儿相似，显著高于没有补充核苷酸组的婴儿，表明补充核苷酸可促进 T 细胞的成熟并影响具有免疫调节作用的 NK 细胞亚群活性。

核苷酸增强免疫功能的机制可能是通过增强婴儿的抗体反应发挥调节免疫作用[2,24]。动物实验结果显示，外源性核苷酸对细胞免疫的影响可能主要与核苷酸能够促进 T 淋巴细胞的增殖有关[25]。

二、对肠道的影响

膳食补充核苷酸对婴儿的肠道健康有积极影响，特别是可以改善肠道菌群。例如，Singhal 等[26]报告，用补充核苷酸的婴儿配方奶粉喂养的婴儿，其粪便菌群组成更接近于母乳喂养的婴儿，提示补充核苷酸可以改善婴儿配方奶粉喂养婴儿肠道微生物菌群组成。Doo 等[27]利用 PolyFermS 模型测试了核苷和含有不同核苷酸的酵母提取物对婴儿肠道的影响，结果显示补充核苷和含有不同核苷酸的酵母提取物可以提高短链脂肪酸的产量（主要是乙酸和丁酸盐），同时还提示核苷和核苷酸对婴儿肠道菌群组成和新陈代谢活动的调节作用，并有很强的剂量效应关系。Che[20]等通过小猪模型试验证实，饲料中补充核苷酸可促进猪小肠绒毛变长、促进肠黏膜细胞成熟。

三、对生长发育的影响

马奕等[28]通过繁殖试验观察外源核苷酸对大鼠生长发育的影响，实验结果显示，外源核苷酸能够促进亲代与子代大鼠的生长发育。多项研究结果显示，补充核苷酸可促进婴儿头围的增长。如 Cosgrove 等[29]所报告的，补充核苷酸可使早产儿的身长和头周径等均高于对照组；Singhal 等[16]报告，用添加核苷酸婴儿配方奶粉喂养的婴儿，可使生后 8

周、16 周、20 周的头周增长优于未补充组。另一项 Meta 分析结果显示，在婴儿配方奶粉中补充核苷酸可使婴儿体重、头围增加率显著高于未补充组[30]。头围的增加可一定程度地反映婴儿脑体积的增加，可能对婴儿后期认知能力发育有潜在影响。

四、对脂质和糖代谢的影响

腺苷酸是几种重要辅酶的组成成分，如辅酶 I（烟酰胺腺嘌呤二核苷酸，NAD）、辅酶 II（磷酸烟酰胺腺嘌呤二核苷酸，NADP）、黄素腺嘌呤二核苷酸（FAD）及辅酶 A（CoA）的组成成分，它们是脂类、碳水化合物和蛋白质合成中的重要辅酶。NAD 及 FAD 是生物氧化体系中的重要辅酶，在传递氢原子或电子中发挥重要作用。辅酶 A 作为有些酶的辅酶成分，参与糖的有氧氧化及脂肪酸氧化过程。

部分核苷酸及其衍生物也是某些重要辅酶的组成成分，参与人体脂质合成和脂肪酸氧化过程。例如，食用添加核苷酸配方奶粉的婴儿体内二十二碳六烯酸（DHA）与花生四烯酸（AA）含量高于食用未添加核苷酸婴儿配方奶粉的婴儿，而且更接近于母乳喂养的婴儿[31]。

五、参与其他生理功能

核苷酸参与许多基本的生命过程和生物体内几乎所有的生物化学反应过程，包括生长发育、繁殖和遗传等，许多单核苷酸还具有多种重要的生物学功能。核苷酸的可能生物学效应包括增加铁的生物利用率和促进肠道吸收铁，调节血脂、影响脂蛋白和长链多不饱和脂肪酸的代谢（如影响脂肪酸合成过程中脱饱和和碳链延长速度，特别是参与生命早期长链多不饱和脂肪酸的代谢过程）、影响肠道细胞因子的水平、促进肠道的生长和成熟[9,19,23,24,32,33]，可能还参与诱导母乳喂养婴儿的催眠作用或睡眠周期的调节等[34~36]。

第四节　含　　量

人乳是 RNA、游离核苷酸和核苷的丰富来源，而牛乳或没有添加核苷酸组分的乳基婴儿配方食品（乳粉）几乎检不出任何形式的核苷，而且核苷酸的含量也比人乳要低得多[6,37]。

一、核苷和核苷酸总量

Liao 等[3]分析了我国台湾地区 24 例产后第 1 周至 9 个月的母乳，总游离核苷和核苷酸（the total free nucleosides and nucleotides）含量（平均值±SD）为 213.15μmol/L±73.26μmol/L（114.00～464.10μmol/L），初乳（产后第一周）以及产后第 1 个月、第 2 个月和 3～9

个月的平均含量分别为291.86μmol/L、205.17μmol/L、200.39μmol/L和198.79μmol/L，初乳中总游离核苷酸含量高于成熟乳。总游离核苷含量为16.38μmol/L±7.11μmol/L，其中初乳（产后第一周）以及产后第 1 个月、第 2 个月和 3～9 个月的平均含量分别为20.55μmol/L、16.36μmol/L、13.61μmol/L 和 19.62μmol/L，不同哺乳阶段的含量差异不明显。Xiao 等[38]采用高效液相色谱-串联质谱法测定了中国成熟乳中 5 种单磷酸核苷酸含量，总量为 5.8mg/kg±3.9mg/kg。人乳中游离核苷酸和核苷的含量见表 29-1 和表 29-2。

▣ 表 29-1　人乳中游离核苷酸含量[①]　　　　　　　　　　　　　　　　　　　　　　单位：μmol/L

发表时间	哺乳阶段	产后时间	CMP	UMP	GMP	AMP	文献来源
1982	过渡乳[②]	2 周	18.38±1.17	5.52±1.29	3.35±0.47	7.03±0.88	Janas 和 Picciano[2]
	成熟乳[②]	4 周	16.40±1.28	7.99±1.81	4.33±0.49	4.92±1.00	
	成熟乳[②]	8 周	12.93±1.14	4.29±0.59	3.47±0.43	4.44±0.37	
	成熟乳[②]	12 周	9.93±0.86	4.35±0.84	4.71±0.50	4.12±0.53	
1999	初乳	2～4 天	23.0 (6.0～76.5)	6.8 (5.5～11.6)	1.0 (0.0～2.1)	1.4 (0.0～5.0)	Duchen 和 Thorell[39]
1999	成熟乳	3 个月后	61.5 (35.8～101.7)	6.4 (3.4～11.0)	1.0 (0.0～2.3)	1.9 (0.6～5.6)	
1996	成熟乳	3～24 周	66±19 (41～106)	11±5.3 (4.8～21)	1.5±1.6 (0～5.9)	5.7±4.9 (1.7～19)	Thorell 等[40]
2011	成熟乳	1～9 个月	49.10±30.75	5.60±5.75	0.82±0.75	2.96±2.30	Liao 等[3]

①结果系平均值（范围）或平均值±SD。②根据报告的μg/100ml 换算的参考值，平均值±SE。

▣ 表 29-2　人乳中游离核苷含量[①]　　　　　　　　　　　　　　　　　　　　　　单位：μmol/L

发表时间	哺乳阶段	产后时间	胞苷	尿苷	肌苷	鸟苷	腺苷	文献来源
1999	初乳	2～4 天	8.4 (2.3～18.6)	8.3 (3.5～16.7)	—[②]	—[②]	—[②]	Duchen 和 Thorell[39]
1999	成熟乳	3 个月后	7.8 (5.7～12.0)	6.9 (4.6～11.1)	—[②]	—[②]	—[②]	
1996	成熟乳	3～24 周	5.4±1.6	4.9±1.3	—[②]	0.76±1.3	—[②]	Thorell 等[40]
2011	成熟乳	1～9 个月	9.25±5.26	6.33±3.74	0.23±0.23	0.36±0.24	0.81±0.28	Liao 等[3]

①结果系平均值（范围）或平均值±SD。② "—" 表示未报告数值或未检出。

二、潜在可利用核苷总量

1995 年 Leach 等[4]提出了人乳中总的潜在可利用核苷（total potentially available nucleosides, TPAN）的概念，也就是将核苷、核苷酸、寡聚和多聚核糖核酸及其衍生物的总量称之为潜在可利用核苷总量。该研究收集和制备了欧洲 100 例乳母产后 1～4 个月混合乳样，测量天然存在的游离核苷和经核酸酶、焦磷酸酶和碱性磷酸酶处理水解产生的核苷，得出 TPAN 的含量。不同哺乳阶段分别为初乳（82～164μmol/L）、过渡乳（144～210μmol/L）、初期成熟乳（72～402μmol/L）和晚期成熟乳（156～259μmol/L）；平均 TPAN 含量初乳最低（137μmol/L），之后逐渐升高，如过渡乳为 177μmol/L，初期成熟乳和晚期成熟乳分别为 240μmol/L 和 202μmol/L，整个哺乳期含量（平均值±SD）为 189μmol/L±70μmol/L（范围为 82～402μmol/L）。Leach 等[4]和 Tressler 等[41]以及步军等[44]报告的母乳中 TPAN 含量见表 29-3。

◻ 表 29-3 　人乳中总的潜在可利用核苷含量[①]　　　　　　　　　　　　　　　　单位：μmol/L

发表时间	哺乳阶段	产后时间	胞苷	尿苷	鸟苷	腺苷	文献来源
1995	初乳	2 天内	71 (33～84)	26 (21～30)	21 (15～26)	21 (13～26)	Leach 等[4]
	过渡乳	3～10 天	86 (76～100)	32 (23～37)	30 (19～43)	29 (17～42)	
	早期成熟乳	1 个月	102 (79～146)	48 (30～67)	45 (23～91)	46 (21～97)	
	后期成熟乳	3 个月	96 (73～124)	47 (36～58)	28 (20～40)	31 (25～49)	
2003	平均值	1～100 天	90.3	46.8	33.4	32.6	Tressler 等[41]
2015	初乳	3～7 天	106.67	54.26	21.24	21.14	步军等[42]
	成熟乳	1～2 个月	98.52	38.22	13.10	24.18	

① 结果系平均值（范围）或平均值±SD。

Tressler 等[41]报告了包括菲律宾、中国香港、新加坡等在内的亚洲母乳中核酸类物质含量平均为 69.4mg/L，随泌乳期延长核酸类物质含量略有升高。Leach 等[4]报告，美国和欧洲人乳中 TPAN 含量分别为 72mg/L 和 68mg/L。Thorell 等[40]测定了瑞士母乳中除了核苷酸加合物的 TPAN，其含量为 54mg/L，若按照核苷酸加合物占 9%～10%，TPAN约为 60mg/L。方芳等[43]测定了中国母乳中核酸类物质的含量，初乳核酸类物质为 0.441mg/g 粉、成熟乳为 0.494mg/g 粉，均值为 0.468mg/g 粉，经单位换算后母乳中核酸类物质的总量为 55～62mg/L。综合所述，人乳中总核苷酸浓度为 55～72mg/L。

初乳中约 17% 的 TPAN 存在于细胞部分，而在其他各哺乳阶段，人乳中 TPAN 至少91% 存在于非细胞成分[41]。

三、单体核苷酸及组分占比

在 TPAN 中，聚核苷酸（RNA）形式占 48%±8%，单核苷酸形式占 36%±10%，少量以核苷（8%±6%）和核苷酸加合物（9%±4%）的形式存在；在每个组分中均存在尿苷，而且主要是以游离核苷酸（36%±12%）和加合物（27%±12%）形式存在[4]。亚洲妇女的乳汁中 TPAN 平均水平与欧洲和美国的乳母相似，母乳中游离核苷酸的比例不到 TPAN的一半[41]。人乳中各种核苷酸的比例见表 29-4。

发表时间	哺乳阶段	产后时间	CMP	UMP	GMP	AMP	IMP	文献来源
1995	初乳[①]	2 天内	51.08	18.71	15.11	15.11	0	Leach 等[4]
	过渡乳[①]	3～10 天	48.59	18.08	16.95	16.38	0	
	早期成熟乳[①]	1 个月	42.32	19.92	18.67	19.09	0	
	后期成熟乳[①]	3 个月	47.52	23.27	13.86	15.35	0	
2003	平均值[①]	1～100 天	44.5	23.1	16.5	16.1	0	Tressler 等[41]
2015	初乳[①]	3～7 天	52.47	26.69	10.45	10.40	0	步军等[42]
	成熟乳[①]	1～2 个月	56.61	21.96	7.53	13.89	0	
2014	成熟乳[②]	2～4 个月	53.5	38.2	4.16	3.87	0.31	Xiao 等[38]
2017	初乳	1～7 天	60.56	16.20	14.79	8.45	0	方芳等[43]
	成熟乳	16～60 天	64.54	13.81	11.96	9.69	0	

①根据报告的 μmol/L 换算的参考值。②根据报告的 mg/kg 换算的参考值。

1. 单核苷酸

方芳等[43]的研究结果显示，我国人乳中单核苷酸的主要存在形式是 CMP、UMP、AMP 和 GMP 这四种，其中 CMP 含量最高，初乳中 CMP 占总核苷酸（总核苷酸等于 CMP、UMP、AMP、GMP 合计量）的 60.56%，UMP 占 16.20%，GMP 占 14.79%，AMP 占 8.45%；成熟乳中 CMP 占 64.54%，UMP 占 13.81%，GMP 占 11.96%，AMP 占 9.69%。Xiao 等[38]报告的我国人乳 CMP 占总核苷酸的 53.5%，UMP 占 38.2%，GMP 占 4.16%，AMP 占 3.87%，IMP 占 0.31%。Tressler 等[41]报告的亚洲国家和地区（新加坡、菲律宾和中国香港）人乳中 CMP 占总核酸类物质的 44.5%，UMP 占 23.1%，GMP 占 16.5%，AMP 占 16.1%。Leach 等[4]报告美国人乳中 CMP 占 TPAN 的 43.48%，UMP 占 22.98%，GMP 占 18.63%，AMP 占 14.9%；西方国家（法国、意大利、德国）人乳中 CMP 占 TPAN 的 46.6%，UMP 占 20.1%，GMP 占 16.4%，AMP 占 16.9%。从以上数据可以看出，尽管中国人乳核苷酸各组分占比与其他国家相比略有不同，但都是以 CMP 含量为最高。

2. 肌苷酸（IMP）

多数研究中没有报告肌苷酸（IMP）的含量或未检出。在 Liao 等[3]报告的中国台湾地区成熟母乳中 IMP 含量（平均值±SD）为 25.25μmol/L±6.87μmol/L；Janas 和 Picciano[2]报告的不同哺乳期 IMP 含量分别为 4.54μmol/L±0.90μmol/L（分娩后 2 周）、6.40μmol/L±0.78μmol/L（分娩后 4 周）、6.6μmol/L±0.61μmol/L（分娩后 8 周）和 8.33μmol/L±0.85μmol/L（分娩后 12 周），平均含量为 5.81μmol/L±0.37μmol/L（1.35～16.37μmol/L）。

3. 单核苷酸和核苷的存在形式

人乳中单核苷酸的主要形式是 CMP、UMP、AMP 和 GMP；核苷的主要形式是胞苷和尿苷以及少量鸟苷；主要的核苷二磷酸是 CDP，其他形式核苷二磷酸（UDP、ADP、

GDP）和糖基化代谢物的水平相对较低[2,4,39]。对于游离的核苷，胞苷和尿苷是各个哺乳阶段乳汁中的主要核苷，还有腺苷、鸟苷、肌苷。核苷酸的聚合形式（DNA 和 RNA）通常是核苷酸的主要膳食来源，聚核苷酸被磷酸二酯酶（核糖核酸酶和脱氧核糖核酸酶）消化成核苷酸，进一步核苷酸被磷酸酶降解成核苷，核苷是小肠吸收的最佳形式[17,44]。

四、其他形式核苷酸

人乳中除了上面提到的多种核苷和单核苷酸，还检测到多种二磷酸核苷酸。Thorell 等[40]分析了 14 例瑞典乳母产后 3～24 周的乳汁核苷酸，核酸和核酸当量（平均值±SE）分别为 23mg/L±19mg/L（8.6～71mg/L）和 68mg/L±55mg/L（25～209mg/L）；5′-CMP 和 5′-UMP 水平高于 5′-AMP 和 5′-GMP，而 5′-IMP 未检出；核苷类中仅检出了胞苷和尿苷，而鸟苷水平很低；平均 TPAN 水平为 91μmol/L；核糖核苷酸和核糖核苷的水平（平均值±SE）分别为 84μmol/L±25μmol/L 和 10μmol/L±2μmol/L。人乳中还含有二磷酸核苷酸，如二磷酸尿苷酸（UDP）、二磷酸胞苷酸（CDP）、二磷酸腺苷酸（ADP）和二磷酸鸟苷酸（GDP），平均含量（平均值±SE）分别为 UDP 174μg/dl±12.8μg/dl（痕量至 586μg/dl）、CDP 474μg/dl±41.5μg/dl（未检出至 1488μg/dl）、ADP 69μg/dl±17.9μg/dl（未检出至 487μg/dl）、GDP 96μg/dl±8.9μg/dl（未检出至 536μg/dl）[2]。

第五节　测定方法

准确测定人乳中核酸、核苷酸和核苷的浓度以及存在形式，对评价其在婴儿营养中的作用是必不可少的。早期测量的结果是非特异性的，或仅仅测量总核酸组分中一部分或游离核苷和核苷酸。迄今，准确测量人乳中全部聚核糖核苷酸含量以及存在形式的研究甚少。

一、母乳核苷和核苷酸的测定方法

早期人乳中核苷酸的定量分析，通常需要消耗大量母乳（100～1000ml），且耗时，分析过程中暴露阳光和空气还可能导致某些化合物被分解。人乳中存在的核苷酸是非常不稳定的化合物。由于人乳中含有将嘌呤核苷酸转化成尿酸所必需的完整酶系列，已证明采样后保存过程中 5′-CMP 和 5′-UMP 可部分转化成胞苷和鸟苷，5′-GMP 和 5′-AMP 可部分被转化成鸟嘌呤和尿酸[40]。

在测定方法学研究方面，虽然纸色谱和薄层色谱法可以实现快速分析，然而不能获得相关化合物的高分辨率，定量操作（程序）不可能对浓度微小变化进行可靠测定，这种方法不适合大样品分析。随着快速和灵敏测量技术的出现，如 HPLC 法用于定量测定生物样品中这些化合物，可以同时测定人乳核苷和核苷酸的组分[45]。除了采用 HPLC 法测定人乳中核苷酸和核苷的含量，还可采用酶法、毛细管电泳、毛细管电泳-电感耦合等离子体质谱和毛细管电色谱等方法[46,47]。反相离子对色谱法是目前最常用于核苷酸和核苷分离的技术，可获得非常好的分辨率，适用于大多数核苷酸的最佳分离。

二、游离核苷和核苷酸的测定

早期发表的数据大多数是测定人乳中游离核苷和核苷酸的含量。首先是制备去蛋白质乳汁萃取物，用三氯乙酸或高氯酸或其他酸沉淀蛋白质，离心后取上清液可用不同方法进行定量分析，如离子交换色谱、纸色谱、酶法、HPLC 法等。最近 Mateos-Vivas 等[48]提出一种测定人乳中游离单核苷酸的简单、有效和绿色的分析法，使用毛细管电泳-电喷雾质谱分离和同时定量测定，没有观察到基质的干扰，检测限量为 0.08～0.13μg/ml，定量限为 0.26～0.43μg/ml，实验室间的重复性和再现性均很好。

三、总的潜在可利用核苷含量的测定

测定人乳中游离核苷酸和核苷的量并不能说明聚核苷酸、核蛋白或核苷酸/核苷的衍生物。例如，Leach 等[4]通过测定人乳中 TPAN，证实人乳中可被婴儿利用的总核苷酸量被低估超过 50%，因此提出了测定人乳中 TPAN 的方法，即乳样经核酸酶、焦磷酸酶和细菌来源的碱性磷酸酶酶解，包括：

① 天然游离核苷和其他来源核苷，乳样中的 RNA、加合物、游离核苷酸和游离核苷经上述 3 种酶作用产生的游离核苷；

② 来自含核苷加合物的核苷，乳样经核酸酶和磷酸酶水解产生的核苷；

③ 核苷酸衍生的核苷，乳样仅用磷酸酶水解；

④ 核苷酸衍生的核苷，无酶水解过程。

采用该方法可测量人乳中所有主要来源的核糖核苷酸，即那些潜在可被吸收利用和代谢的核糖核苷，包括游离核苷以及衍生于核苷酸和核苷酸聚合物的核苷。

第六节　影响因素

一、哺乳阶段的影响

母乳中核苷和核苷酸的含量与哺乳阶段有关，不同哺乳阶段核苷酸的含量不同[41]，而且不同研究获得的结果可能也截然不同。如 Thorell 等[40]的研究结果显示，初乳中核苷酸含量高于成熟乳；而 Duchen 和 Thorell[39]的数据则是过渡乳中核苷酸含量通常低于成熟乳；初乳中主要核苷酸的含量高于成熟乳[6]。

二、地区差异

Sugawara 等[45]的来自日本乳母的研究结果显示，母乳中游离核苷和核苷酸成分不仅与哺乳阶段有关，而且存在明显的地域差异和季节差异，冬季母乳中游离核苷酸和核苷的总量高于夏季。

三、膳食影响

由于人类膳食的变化相当大，不同程度影响乳汁中核苷酸和核苷的表达。如在中国以及大多数亚洲国家或地区，产后妇女的日常膳食安排，为了促进乳汁分泌，通常推荐应多食用较多汤汁，如鸡汤、鱼汤、豆腐汤，这些汤汁富含核苷酸和核苷，如嘌呤等，这样独特的产后膳食在影响乳汁核苷酸和核苷含量方面发挥重要作用[3]。也有报告素膳乳母的乳汁中总游离核苷酸含量高于非素膳的乳母（P=0.037），而总游离核苷浓度则无显著差异（P=0.076）[3]。

第七节　展　　望

虽然有相当多的文献支持母乳中核苷及核苷酸参与了母乳喂养儿的生长发育和免疫功能等，但是围绕母乳核苷酸组分及不同比例与婴幼儿营养与健康的关系、核苷酸的代谢途径和作用机制方面的研究仍十分有限，这也是困惑这类产品更广泛应用的制约因素。

鉴于已经在母乳中检测出多种核苷和核苷酸，动物实验证明核苷和核苷酸具有多样的生物学功能，人工喂养婴儿的临床喂养试验证明补充核苷和核苷酸对婴儿有益，因此婴幼儿配方食品补充适量核苷酸已得到大多数国家的许可，越来越多的婴幼儿配方食品补充了多种单核苷酸。然而，如何根据母乳中核苷酸的组分及含量，设计改进婴幼儿配方食品的组方和评价临床喂养效果，仍可能是婴幼儿配方食品创新的发展方向。

同时，还需要推进相关标准的制修订工作。例如，欧盟规定婴儿配方粉中核苷酸总量为 5mg/100kcal，同时规定了每种核苷酸的最大添加量；尽管我国已允许将核苷酸作为营养强化剂添加到婴儿配方食品中，添加量为 0.12～0.58g/kg（以核苷酸总量计），但是没有规定每种核苷酸的添加量。

总之，对母乳中核苷和核苷酸的研究仍还有许多工作需要深入，不仅要关注母乳中核苷酸的组成成分，更要关注各种核苷酸对婴幼儿产生的健康益处（近期影响与远期效应）。

（叶文慧，赵显峰，刘彪，荫士安）

参考文献

[1] Lerner A，Shamir R. Nucleotides in infant nutrition：a must or an option. Isr Med Assoc J，2000，2（10）：772-774.

[2] Janas LM，Picciano MF. The nucleotide profile of human milk. Pediatr Res，1982，16（8）：659-662.

[3] Liao KY，Wu TC，Huang CF，et al. Profile of nucleotides and nucleosides in Taiwanese human milk. Pediatr Neonatol，2011，52（2）：93-97.

[4] Leach JL，Baxter JH，Molitor BE，et al. Total potentially available nucleosides of human milk by stage of lactation. Am J Clin Nutr，1995，61（6）：1224-1230.

[5] 方芳、李婷、安颖. 乳中核苷酸的分析及其对婴幼儿营养功能的研究. 食品研究与开发,2015,4：135-139.

[6] Michaelidou AM. Factors influencing nutritional and health profile of milk and milk products. Small Ruminant Res，2008，79：42-50.

[7] Schlimme E，Martin D，Meisel H. Nucleosides and nucleotides：natural bioactive substances in milk and colostrum. Br J Nutr，2000，84 Suppl 1：S59-68.

[8] Nagai H，Usui T，Akaishi K，et al. The effect of supplementation of nucleotides to commercial milk on the weight gain of premature and healthy infants. Shonika Kiyo，1963，9：169-175.

[9] Hess JR，Greenberg NA. The role of nucleotides in the immune and gastrointestinal systems：potential clinical applications. Nutr Clin Pract，2012，27（2）：281-294.

[10] Schaller JP，Buck RH，Rueda R. Ribonucleotides：conditionally essential nutrients shown to enhance immune function and reduce diarrheal disease in infants. Semin Fetal Neonatal Med，2007，12（1）：35-44.

[11] Aggett P，Leach JL，Rueda R，et al. Innovation in infant formula development：a reassessment of ribonucleotides in 2002. Nutrition，2003，19（4）：375-384.

[12] Van Buren CT，Rudolph F. Dietary nucleotides：a conditional requirement. Nutrition，1997，13（5）：470-472.

[13] Gutierrez-Castrellon P，Mora-Magana I，Diaz-Garcia L，et al. Immune response to nucleotide-supplemented infant formulae：systematic review and meta-analysis. Br J Nutr，2007，98 Suppl 1：S64-67.

[14] Carver JD. Advances in nutritional modifications of infant formulas. Am J Clin Nutr，2003，77（6）：1550S-1554S.

[15] Yu VY. Scientific rationale and benefits of nucleotide supplementation of infant formula. J Paediatr Child Health，2002，38（6）：543-549.

[16] Singhal A，Kennedy K，Lanigan J，et al. Dietary nucleotides and early growth in formula-fed infants：a randomized controlled trial. Pediatr，2010，126（4）：e946-953.

[17] Carver JD，Stromquist CI. Dietary nucleotides and preterm infant nutrition. J Perinatol，2006，26（7）：443-444.

[18] Grimble GK，Westwood OM. Nucleotides as immunomodulators in clinical nutrition. Curr Opin Clin Nutr Metab Care，2001，4（1）：57-64.

[19] Cosgrove M. Perinatal and infant nutrition. Nucleotides. Nutrition，1998，14（10）：748-751.

[20] Che L，Hu L，Liu Y，et al. Dietary nucleotides supplementation improves the intestinal development and immune function of neonates with intra-uterine growth restriction in a pig model. PLoS One，2016，11（6）：e0157314.

[21] Navarro J，Maldonado J，Narbona E，et al. Influence of dietary nucleotides on plasma immunoglobulin levels and lymphocyte subsets of preterm infants. Biofactors，1999，10（1）：67-76.

[22] Yau KI，Huang CB，Chen W，et al. Effect of nucleotides on diarrhea and immune responses in healthy term infants in Taiwan. J Pediatr Gastroenterol Nutr，2003，36（1）：37-43.

[23] Schaller JP，Kuchan MJ，Thomas DL，et al. Effect of dietary ribonucleotides on infant immune status. Part 1：Humoral responses. Pediatr Res，2004，56（6）：883-890.

[24] Buck RH，Thomas DL，Winship TR，et al. Effect of dietary ribonucleotides on infant immune status. Part 2：Immune cell development. Pediatr Res，2004，56（6）：891-900.

[25] 王楠，蔡夏夏，李勇. 外源核苷酸与免疫功能研究进展. 食品科学，2016，37（05）：278-281.

[26] Singhal A，Macfarlane G，Macfarlane S，et al. Dietary nucleotides and fecal microbiota in formula-fed infants：a randomized controlled trial. Am J Clin Nutr，2008，87（6）：1785-1792.

[27] Doo EH，Chassard C，Schwab C，et al. Effect of dietary nucleosides and yeast extracts on composition and metabolic activity of infant gut microbiota in PolyFermS colonic fermentation models. FEMS Microbiol Ecol，2017，93（8）. doi：10.1093/femsec/fix088.

[28] 马奕. 外源核苷酸对两代大鼠生长发育的影响. 科技导报，2010，28（2）：25-29.

[29] Cosgrove M，Davies DP，Jenkins HR. Nucleotide supplementation and the growth of term small for gestational age infants. Arch Dis Child Fetal Neonatal Ed，1996，74（2）：F122-125.

[30] Wang L，Mu S，Xu X，et al. Effects of dietary nucleotide supplementation on growth in infants：a meta-analysis of randomized controlled trials. Eur J Nutr，2019，58（3）：1213-1221.

[31] Wang L，Liu J，Lv H，et al. Effects of nucleotides supplementation of infant formulas on plasma and erythrocyte fatty acid composition：a meta-analysis. PLoS One，2015，10（6）：e0127758.

[32] Quan R，Barness LA. Do infants need nucleotide supplemented formula for optimal nutrition？ J Pediatr Gastroenterol Nutr，1990，11（4）：429-434.

[33] Gil A. Modulation of the immune response mediated by dietary nucleotides. Eur J Clin Nutr，2002，56 Suppl 3：S1-4.

[34] Cubero J，Narciso D，Aparicio S，et al. Improved circadian sleep-wake cycle in infants fed a day/night dissociated formula milk. Neuro Endocrinol Lett，2006，27（3）：373-380.

[35] Cubero J，Narciso D，Terron P，et al. Chrononutrition applied to formula milks to consolidate infants' sleep/wake cycle. Neuro Endocrinol Lett，2007，28（4）：360-366.

[36] Sánchez CL，Cubero J，Sánchez J，et al. The possible role of human milk nucleotides as sleep inducers. Nutr Neurosci，2009，12（1）：2-8.

[37] Carver JD. Dietary nucleotides：effects on the immune and gastrointestinal systems. Acta Paediatr，1999，88（430）：83-88.

[38] Xiao G，Xiao H，Zhu Y，et al. Determination of nucleotides in Chinese human milk by high-performance liquid chromatography - tandem mass spectrometry. Dairy Science & Technology，2014，94（6）：591-602.

[39] Duchen K, Thorell L. Nucleotide and polyamine levels in colostrum and mature milk in relation to maternal atopy and atopic development in the children. Acta Paediatr, 1999, 88 (12): 1338-1343.

[40] Thorell L, Sjoberg LB, Hernell O. Nucleotides in human milk: sources and metabolism by the newborn infant. Pediatr Res, 1996, 40 (6): 845-852.

[41] Tressler RL, Ramstack MB, White NR, et al. Determination of total potentially available nucleosides in human milk from Asian women. Nutrition, 2003, 19 (1): 16-20.

[42] 步军, 孙建华, 吴圣楣. 上海部分地区母乳核苷特征的初步研究. 中国妇幼健康研究, 2015, 3: 409-411.

[43] 方芳, 李婷, 司徒文佑. 母乳中核酸类物质的质量分数研究. 中国乳品工业, 2017, 45 (4): 11-13.

[44] Yu VY. The role of dietary nucleotides in neonatal and infant nutrition. Singapore Med J, 1998, 39 (4): 145-150.

[45] Sugawara M, Sato N, Nakano T, et al. Profile of nucleotides and nucleosides of human milk. J Nutr Sci Vitaminol (Tokyo), 1995, 41 (4): 409-418.

[46] Yeh CF, Jiang SJ. Determination of monophosphate nucleotides by capillary electrophoresis inductively coupled plasma mass spectrometry. The Analyst, 2002, 127 (10): 1324-1327.

[47] Ohyama K, Fujimoto E, Wada M, et al. Investigation of a novel mixed-mode stationary phase for capillary electrochromatography. Part III: Separation of nucleosides and nucleic acid bases on sulfonated naphthalimido-modified silyl silica gel. J Sep Sci, 2005, 28 (8): 767-773.

[48] Mateos-Vivas M, Rodriguez-Gonzalo E, Dominguez-Alvarez J, et al. Analysis of free nucleotide monophosphates in human milk and effect of pasteurisation or high-pressure processing on their contents by capillary electrophoresis coupled to mass spectrometry. Food Chem, 2015, 174: 348-355.

母乳喂养特别是初乳对增进新生儿和婴儿的营养与健康状况、感染性疾病的预防以及降低过敏性疾病的风险十分重要，因为人乳中含有多种具有免疫活性的细胞和可溶性免疫活性成分（active components），可保护新生儿和婴儿防止感染，母乳中不同的蛋白质和活性细胞成分在新生儿和婴儿的肠道发育、营养与免疫功能以及抗致病微生物中发挥各自作用。因此母乳喂养可降低新生儿肠道、呼吸道感染性疾病的患病率，预防婴儿泌尿道感染，降低患过敏性疾病的风险。

1. 在免疫系统发育中的作用

新生儿免疫系统的发育成熟程度受经胎盘（胎儿期）和母乳转运母体免疫力的影响。在过去 30 多年进行的有关人乳具有的保护功能的大量流行病学调查研究结果证明，支持、鼓励和促进母乳喂养可有效预防婴儿感染。刚出生的新生儿免疫系统还没有发育成熟，胃还没有清除病原体的能力，而且肠道也缺乏肠道微生物菌落，尤其是益生菌的定植。人们普遍相信，人乳不仅含有对新生儿生长发育所需要的营养成分，而且还含有诸多有益于免疫系统发育成熟的免疫活性成分或调节因子。

最近的临床和实验观察结果证明，以母乳喂养婴儿可以降低过敏性疾病和其他自身免疫或免疫失调的发生率，如克罗恩病和溃疡性结肠炎、胰岛素依赖型糖尿病和某些淋巴瘤等。在母乳喂养婴儿发生活动性感染期间，其母乳中白细胞总数，特别是巨噬细胞数量和 TNF-α 含量显著增加。这些结果支持母乳喂养为患病婴儿提供的免疫防御的动态学特性。腹泻是婴儿期的常见病，影响婴儿营养状况和威胁婴儿健康。预防婴儿腹泻的公认措施是采用母乳喂养。

2. 帮助婴儿抵抗疾病的免疫活性成分

母乳喂养可预防新生儿和婴儿感染性疾病的作用除了与其含有的一些生物活性物质如 sIgA、溶菌酶及乳铁蛋白等具有抗感染的作用有关外，还与母乳中存在丰富的免疫活性细胞及细胞因子密切相关。如母乳中含有的自然杀伤细胞（NK 细胞）能溶解病毒感染的细胞和细菌，对新生儿的保护尤为重要。

母乳中免疫活性成分的种类和含量受诸多因素影响，包括动物的种属、遗传、环境、哺乳阶段、营养与健康状态和膳食摄入量等。就人类新生儿而言，其细胞免疫系统在生后顺利适应外界环境，尤其是在抵抗细菌和病毒等病原体侵袭方面发挥决定性作用。虽然足月新生儿脐带血的 B 细胞百分比与成人相同，但是新生儿淋巴细胞尤其是 T

第四篇　人乳中其他生物活性成分

细胞的功能尚处于不断完善阶段，产生免疫球蛋白的能力低于成人；单核细胞和 T、B 淋巴细胞还不成熟，T 抑制细胞活性增强，辅助性 T 细胞功能缺乏。所以新生儿更易患扩散性和严重的细胞内病原菌感染。

而新鲜的人乳中含有丰富组分，为母乳喂养婴儿提供针对感染性病原体和环境抗原的特异性和非特异性的防御性保护。至今已经确定的人乳中存在的许多生物活性物质，包括抗菌剂、抗炎因子、细胞成分、免疫调节成分（如细胞因子等）在宿主防御中的作用，结果汇总于下表。

▣ 人乳中宿主防御因子

成分	功能
抗菌剂（antimicrobial agents）	
乳铁蛋白（lactoferrin）	促进肠道益生菌生长，螯合 Fe^{3+}（包括 Fe^{2+}），抑制致病菌生长
溶菌酶（lysozyme）	降解肽聚糖，具有广谱抗菌、调节免疫反应和炎症作用
纤连蛋白（fibronectin）	调理素；噬菌素
黏蛋白（mucin）	抗轮状病毒
分泌型 IgA（secretory IgA）	抗菌剂
补体 C3（complement C3）	调理素；噬菌素
抗炎因子（antiinflammatory factors）	
α-生育酚，β-胡萝卜素，抗坏血酸盐（α-tocopheriol, β-carotene, ascorbate）	抗氧化剂
前列腺素 E_2，F_2-α（prostaglandins E_2, F_2-α）	保护细胞
血小板活化因子，乙酰水解酶（PAF, acetylhydrolase）	降解调节因子的酶
细胞成分（cell components）	
巨噬细胞（macrophages）	抗氧化剂，吞噬作用
T 细胞（T-cells）	淋巴因子
免疫调节成分（immunomodulating substances）	
白介素（interleukins）	IL-1β 活化 T 细胞；IL-6 增加 IgA 产量；IL-8 使中性粒细胞集聚感染部位、吞噬、脱颗粒释放溶菌酶杀菌
肿瘤坏死因子（tumor necrosis factor-α，TNF-α）	诱导 IL-1、IL-6、IL-8、IFN-γ的产生，促进 IL-2 受体表达
干扰素（interferons,IFN）	抗病毒，免疫调节
集落刺激因子（colony-stimulaing factors）	增加巨噬细胞增殖、分化和存活，使粒细胞发挥有益作用，增加机体抗菌防御功能
生长因子（growth factors）	保护新生儿胃肠道，促进其发育成熟

注：PAF, platelet-activating factor。

3. 活性细胞因子

人乳中的免疫系统不仅仅是由直接作用的抗菌剂和抗炎因子所组成，而且还包括许多免疫调节因子。经母乳转运给新生儿和婴儿的许多细胞因子和生长因子可能增加主动刺激婴儿的免疫系统发育。基于这些考虑的合理假设是生后最初 1～2 岁的婴幼儿依赖于来源于母乳的外源性保护。人乳代表了具有免疫功能、营养作用和消化成分的理想食物，有利于新生儿和婴儿胃肠道黏膜的成熟，是对生后最初 2 年机体感染性疾病防御的最大贡献。人乳提供的保护作用是由于存在多种功能性蛋白质或称为活性细胞因子，包括免疫球蛋白 A、溶菌酶、补体系统、乳铁蛋白、生长因子和诸多其他细胞因子等。然而，研究清楚人乳中这一重要防御系统是很困难的，因为这些成分的生物化学的复杂性、某些生物活性组分的浓度很低、某些功能相近成分紧密结合难以分离、某些成分存在多种不同组分，而且哺乳期间乳汁中这些成分处在动态变化中，以及缺乏定量这些成分的特异性试剂与标准品等，均限制了对这些细胞因子的功能以及作用机制的深入研究。

4. 参与机体的主动免疫，调节被动免疫

最近的临床调查和实验观察结果还表明，人乳不仅为新生儿和婴儿提供了被动的免疫保护作用，还可以直接调节婴儿免疫系统的发育与成熟。在人乳提供被动保护和主动调节婴儿黏膜发育以及系统免疫应答的能力方面，还与其含有的抗菌、抗炎和免疫调节活性物质的复杂混合物的相互协同作用有关。

在新生儿和婴儿期，母乳喂养提供的免疫活性成分可以保护其不成熟的免疫系统，例如通过像妊娠期间免疫球蛋白 G（IgG）的胎盘（从母体到胎儿）转运通道和通过母乳摄入的免疫活性成分（如乳铁蛋白、具有免疫功能的细胞成分、溶菌酶、细胞因子等），为其提供防御感染的保护作用；母乳中含有的 TGF-β 对启动新生儿 IgA 的产生发挥重要作用。母乳喂养使母体对胎儿的保护作用在出生后得以持续，使有利于调节免疫系统的母体因子持续不断地向新生儿转移，而且母乳对这个时期儿童自身免疫能力的发育完善也是非常重要的。

母乳喂养除了可避免来自其他食物或饮水的污染，母乳还可以为婴儿提供多种抗炎、抗感染和免疫调节因子，有效预防婴儿腹泻发生，改善婴儿的营养状况和保护婴儿健康成长。在本篇中，分若干章节系统总结了母乳中含有的免疫活性成分的种类、测定方法、含量及其影响因素等。

（荫士安）

第三十章

微小核糖核酸

微小核糖核酸（microRNA，miRNA，miR）是 1993 年 Lee 等[1]在秀丽新小杆线虫中发现的第一个可调控胚胎后期发育的基因 *lin*-4；2009 年，Reinhart 等[2]又在该线虫中发现了第二个 miRNA-let-7，同样可以调节线虫的生长发育。以后又陆续从线虫、果蝇和人体内找到了几十个类似的 miRNA 基因，并将其命名为 miRNA[3]。miRNA 是一类内源性非编码小分子 RNA，大约由 20~25 个核苷酸组成，广泛存在于植物、哺乳动物和病毒中[4,5]。已在动植物以及病毒中发现有 28645 个 miRNA 分子（Release 21: June 2014），其中大部分在动物体内发挥关键性的调控作用，这些 miRNA 通常靶向一个或多个 mRNA，通过翻译水平的抑制或断裂靶标 mRNA 而调节基因的表达[6~8]。人乳富含 miRNA，对母乳喂养儿可能具有特定的重要生理和病理调节作用，被认为是一种新型免疫调节因子[9~11]。

第一节　功能作用

miRNA 参与了生命过程中的一系列重要进程，主要功能是调控基因表达，通过与靶 mRNA 的 3' 端非翻译区互补配对，在转录后水平抑制靶 mRNA 的翻译或使其降解，调控蛋白质合成，最终作为核心免疫调节因子参与调节生物体内多种生理病理过程，如细胞分化和细胞凋亡、造血过程、组织器官生长发育程序化、病毒防御、免疫调节、脂质代谢及某些疾病如糖尿病、肿瘤等的发生过程和其他功能（如抗过敏）等，也有建议将 miRNA 作为某些疾病的诊断或干预治疗的标志物[5,12~17]。

一、免疫功能发育

新生儿免疫系统发育尚不成熟，易感染病原菌而发生新生儿坏死性小肠炎及结肠炎、新生儿败血症等各种感染性疾病。母乳是多种生物活性物质的混合物，除含有大量抗菌成分外，还含有多种免疫细胞和免疫调节因子，可促进母乳喂养儿免疫系统成熟，调节免疫耐受性和炎症反应。人乳是 RNA 和 miRNA 含量丰富的体液，通过母乳传递的 miRNA 在婴儿免疫系统等相关组织器官发育中发挥重要作用[9,18,19]。

1. 免疫调节有关的 miRNA

人类多种体液中均含有 miRNA，近年发现人乳含有大量的 miRNA，且种类丰富，其中大部分 miRNA 组分与婴儿免疫器官发育和免疫功能调节有关。母乳中具有免疫保护作用的 miRNA 的发现，为预防和治疗新生儿感染性疾病提供了可能。

Alsaweed 等[20]报告母乳中富含与免疫调节相关的 miRNA 包括 miR（miRNA）-148a-3p、miR-30b-5p、miR-182-5p、miR-200a-3p 和 miRNA-146-5p，这些 miRNA 对婴儿健康成长及免疫系统发育成熟有重要意义。Kosaka 等[9]分析了人乳中 miRNA 表达，在哺乳期前 6 个月人乳中检测到免疫器官发育/功能相关 miRNA 表达水平较高。母乳中 miRNA-146a、miRNA-223、miRNA-150、miRNA-574-5p 含量较高，通过母乳喂养可增加婴儿体内这些 miRNA 含量从而发挥抗感染作用。Zhou 等[10]鉴定了人乳外泌体（exosomes）中源自 452 个 miRNA 前体 602 个独特的 miRNA，在 87 个特征明确的免疫相关 pre-miRNA 中，有 59 个（67.82%）存在且富含母乳外泌体。

由于婴儿胃肠道 pH 和渗透性均高于成年人，因此这些外泌体 miRNA 很容易通过消化道从母乳被转移到婴儿体内，且母乳来源的 miRNA 成分在婴儿肠道很容易被吸收，经血流到达各组织细胞调节基因表达[10]，在那里发挥其多种生物学功能，如促进免疫系统发育，因此倡导母乳喂养可为喂养儿持续不断地提供 miRNA[9,10]。然而，存在去污剂或细菌发酵时可分解母乳中的 miRNA[10,18]。与外源合成的 miRNA 相比，人乳中这些内源性免疫相关 miRNA 相对稳定且可以抵抗恶劣条件，如长时间室温孵育、酸性环境（pH1）、核糖核酸酶处理、多次冻融甚至煮沸等，可证明母乳为喂养儿持续不断地提供 miRNA，从而影响免疫系统的发育与成熟[9,10]。

2. miRNA 作用机制

母乳中多种 miRNA 参与了喂养儿的免疫调节和促进免疫系统发育。其机制包括调节 T 细胞和 B 细胞分化增殖，促进中性粒细胞和单核细胞增殖及树突状细胞和巨噬细胞分化[21]，以及免疫细胞释放炎症调节因子等[4]。Stittrich 等[22]研究证实，miR-182-5p 可促进 T 细胞介导的免疫反应，miR-181 和 miR-155 可调节 B 细胞分化[9]，miR-146b-5p 调节 NF-κB 信号通路，从而增强固有免疫[23]。由于 miRNA 还与免疫抑制相关，因此这些成分可能在自身免疫性疾病的发生和预后中发挥重要作用。miRNA-146a 可能通过负反馈机制调节 Toll 样受体 4（TLR4）的表达，用脂多糖刺激后出生 24h 内新生儿单核细胞中 miRNA-146a 含量显著升高，提示 miRNA 对被感染的新生儿具有保护作用，可降低新生儿感染性休克及慢性感染性疾病发生风险[24]。miR-30b-5p 还可抑制靶基因氨基半乳糖胺转移酶 GALNT7 的表达，miR-30b-5p 的上调可使细胞因子 IL-10 合成增加、免疫细胞激活和再生减少[25]。

miR-17、miR-92a 是 miR-17-92 基因簇的两个因子，与细胞免疫密切相关。Xiao 等[26]构建淋巴细胞过表达 miR-17-92 的小鼠，使小鼠出现了淋巴细胞过度增生，致自体免疫性疾病后死亡[21]；敲除 miR-17-92 基因簇的小鼠出现免疫功能损害而死亡，进一步研究发现基因 PTEN（P3K 途径的抑制剂）、BIM（Bcl 家族中仅含 BH3 的促凋亡成员）是 miR-17-92 的靶基因，它们在 T 细胞的发育过程中发挥重要作用。因此，miR-17、miR-92a 可能通过靶基因 PTEN、BIM 发挥免疫效应。miR-150 通过抑制 c-Myb（控制淋巴细胞生长多个步骤的转录因子）影响 B 细胞活化，调控体液免疫应答[27,28]。

二、脂质代谢

乳脂肪是能量的主要来源，一定程度上决定了乳汁的质和量。而脂肪和脂肪酸摄入量直接影响婴幼儿生长发育状态，不饱和脂肪酸（尤其是长链多不饱和脂肪酸）摄入量对婴幼儿神经系统发育也至关重要。

1. miRNA 的作用机制

miRNA 可调控基因表达，研究发现 miRNA 参与了脂质代谢的调控过程。利用双荧光素酶研究河豚细胞的结果证实，miR-17 可直接结合 Δ4 黄素腺嘌呤二核苷酸 mRNA 3′端非翻译区而抑制其表达，调节多不饱和脂肪酸的合成[29]。Lin 等[30]的研究结果显示，乳 miRNA 参与调节乳腺组织的脂质合成过程；山羊乳富含 miR-103，而 miR-103 过表达可增加乳腺脂肪的合成，增加乳汁中脂肪球、不饱和脂肪酸和甘油三酯的积累。在加拿大，Li 等[31]通过向乳牛饲料中添加富含不饱和脂肪酸的亚麻籽油和红花油，可降低乳汁中脂肪和饱和脂肪酸的含量，显著增加不饱和脂肪酸含量；同时乳腺组织 miRNA 表达水平与对照组有显著差异，这种对 miRNA 的表达差异与脂质合成代谢相关。人乳细胞 miRNA 的生物学信息分析数据显示，母乳中富含与脂肪酸合成代谢相关的 miRNA，包括 miRNA-375-3p、miRNA-30a-5p、miRNA-182-5p、miRNA-181-5p、miRNA-141-3p、miRNA-let-7f-5p[20]。

2. 人群调查结果

Zamanillo 等[32]报告了西班牙乳母超重或肥胖对乳汁中 miRNA 种类的影响以及与瘦素和脂联素的关系。哺乳期最初三个月，正常乳母组乳汁中 miRNA 水平呈平缓下降（除

miR-30a 升高），而超重/肥胖的乳母 miRNA 水平最初 1 个月处于较高水平，随后几个月迅速下降（miR-222、miR-103、miR-17、miR-146b）。超重/肥胖乳母组，发现 6 个人乳 miRNA（miR-let7a、miR-103、miR-333、miR-17、miR-146b、miR-30a）靶向的基因随时间推移而发生了变化，这些成分参与了一系列与发育过程相关的通路。在正常体重乳母中，乳汁中 miRNA 表达量与瘦素或脂联素的浓度呈负相关，而超重/肥胖的情况下则无相关性；正常体重乳母乳汁中 miRNA（miR-103、miR-17、miR-181a、miR-222、miR-let7c 和 miR-146b）与婴儿 BMI 呈负相关，提示母乳中 miRNA 的组分可能受乳母体重或营养状态和膳食调节，乳母超重/肥胖可能改变其母乳中 miRNA 和/或其不同组分的供应，甚至影响后代的表型[32~34]。

脂肪生成 miRNA 在初乳和成熟乳中都有表达，并且与孕妇体重和婴儿性别有关。初乳中 miRNA-30b、miR-let7a 和 miRNA-378 的水平与孕前 BMI 呈负相关（$P<0.01$），而成熟母乳中 miR-let7a 水平与孕晚期的体重呈负相关[35]。与正常体重的乳母相比，超重/肥胖的乳母的特征是通过瘦素（miR-146b、miR-27a、miR-27b、miR-17、miR-30a）、脂联素（miR-181a、miR-27a、miR-27b）及其受体（miR-let7a、miR-let7b、miR-let7c、miR-222、miR-30a）或与脂肪形成和肥胖有关（miR-103、miR-17）的假定靶标 miRNA 基因进行哺乳期的表达和调控[32]。

母乳 miRNA 影响新生儿的生长发育（包括体成分），而乳母超重/肥胖可能会导致其喂养儿发生与体重正常母亲的不同结局。

三、与婴儿疾病的关系

母乳富含的 miRNA 可能参与调控新生儿某些疾病的发生发展与预后，因此研究母乳中 miRNA 的生物学功效及机制是非常有意义的，miRNA 有望成为新生儿和婴儿某些疾病的治疗靶点或作为生物学标志物使用。

1. 对胚胎心脏发育的影响

已有研究结果表明，有些 miRNA 组分对心脏的发育是必需的，主要包括 miR-1 和 miR-133，目前已证实孕鼠缺乏 miR-1 及 miR-133 可导致小鼠不同程度的心脏发育缺陷，甚至导致小鼠胚胎早期死亡[36]。

2. 与新生儿高胆红素血症的关系

Chen 等[37]利用小鼠模型的研究观察到，miR-137 可抑制结构性雄烷受体基因表达，进而影响胆红素的清除，因此，miRNA 有望成为治疗新生儿高胆红素血症的另一个靶点。

3. 与过敏性疾病的关系

人乳富含调节 T 细胞的 miRNA[38,39]，人乳中的 miRNA 可诱导 B 细胞分化，母乳富含 miR-181 和 miR-155，两者可诱导 B 细胞分化[40,41]，但抑制 B 细胞分化的 miR-150 的含量不高[27,28]。与免疫相关的 miRNA 研究比较多，尤其是在过敏性疾病（如特应性和哮喘）等免疫学疾病中的作用[42,43]。

4. 与结肠炎的关系

炎症性肠病是一种胃肠道慢性复发性炎性疾病。Reif 等[44]利用硫酸葡聚糖钠诱导的小鼠模型，研究牛乳、人乳来源外泌体（富含 miRNA 等生物活性成分）缓解结肠炎的效果，与对照组相比，补充乳源外泌体可减轻结肠炎的严重程度，降低组织病理学改变和结肠缩短，用硫酸葡聚糖钠处理的小鼠结肠乳源 miRNA（如 miR-320、miR-375 和 miR-let7）有大量表达。

四、作为生物标志物

miRNA 不仅存在于实体组织中，也存在于体液中，已在人体 12 种体液中检测出 miRNA[19]，如外周血（血清和血浆）、尿、脑脊液、胸膜液、眼泪、初乳和常乳、精液、羊水、唾液、支气管液、腹膜液等，且不同体液中的 miRNA 组成不同。这些 miRNA 是人体生理病理状态的真实反映，不同生理病理状况的个体其尿液样本中含有独特的 miRNA 模式[19]。分泌性 miRNA 作为一种多功能的通信工具，近年来被推荐作为疾病的诊断标志物和治疗的干预靶标[45]。

1. 人乳 miRNA 组分的专一性

人乳是哺乳期特异 miRNA 的丰富来源，而其他组织特异性 miRNA 则不能检出，说明母体可经乳腺将专一性 miRNA 传递给新生儿，因此母乳 miRNA 可以作为哺乳期乳腺和母乳喂养婴儿的特征物和健康状况生物标记物[32,46,47]。尽管在其他动物乳汁中也发现了高浓度的 miRNA，但是婴儿配方食品中几乎没有人类母乳中成熟的 miRNA，而且其表达水平比人乳要低很多[48,49]。

2. 疾病的诊断、治疗和预后的标志物

由于在血清、血浆和其他等 12 种人体体液中均发现了 miRNA[19]，有研究提出某些细胞外液（如血清、尿液、母乳）的 miRNA 可作为诊断、治疗和疾病预后的理想生物标志物[17]。

（1）败血症的生物标志物　Wang 等[50]的研究结果显示，败血症患者血液中 miR-146a 和 miR-223 的含量显著降低，miR-150 和 miR-574-5p 的下降程度与败血症的严重程度相关，可用来评估败血症的预后[51,52]，提示这些指标可作为诊断败血症和预后的生物标志物。败血症病人体内这些 miRNA（miR-146a、miR-223、miR-150 和 miR-574-5p）明显降低，而母乳中这四种 miRNA 的含量均较高，通过母乳喂养可增加患儿摄入这些 miRNA

而起到抗感染作用。

（2）其他疾病的生物标志物　目前已知有成千上万种这样的 miRNA，许多研究正在试图通过 miRNA 了解各种疾病（包括癌症）的病理生理学以及 miRNA 或其不同组分可能发挥的生物学作用。

虽然有些体液 miRNA 的生理作用尚不清楚，但血清 miRNA 可作为检测各种癌症和其他疾病的潜在生物标志物[53~55]，由于在健康人体外周血中，miRNA 循环在血浆微泡中，而正常个体的大多数血浆微泡来自血细胞[56]。也有研究发现，发生缺氧缺血性脑病的新生儿脐带血中 miR-374a 显著下调，该指标可作为新标志物来评估新生儿缺氧缺血性脑病的严重程度[57]。

五、从母体到婴儿的可转移遗传物质

目前认为发挥生物学作用的主要是包裹在外泌体、脂肪球等细胞微泡状结构中以及存在于细胞中的 miRNA，这些 miRNA 可在不同的细胞间进行转运，实现信息交流[58]。miRNA 在细胞之间的这种转移不仅意味着 miRNA 是细胞内的调节子，也是细胞间通信的调节子。因此 miRNA 也被认为是从母体到婴儿的可转移遗传物质。据估计，母乳喂养的婴儿每天可收到约 1.3×10^7 拷贝/(L·d)的 miR-181a。

第二节　母乳中 miRNA 的种类、含量及影响因素

人乳中 miRNA 在乳腺中合成，以游离分子形式包在囊泡中而存在于乳汁中，如乳外泌体和乳脂肪球[10,46]。Modepalli 等[59]通过比较母乳中 miRNA 以及其在乳母和婴儿血中的含量，认为 miRNA 是通过母乳喂养而转运到婴儿肠道，这些 miRNA 分子在婴儿胃肠系统的降解条件下仍能保持完整，被肠上皮细胞吸收后通过血流被转运到各组织器官，而发挥其多种多样的生物学功能[18]。

一、miRNA 的种类

据报道，母乳中有近 1400 种不同的成熟 miRNA，也有研究报道母乳中最丰富的 miRNA 及其主要组分的差异很大，这可能与所选择的商品测定试剂盒和定量技术等有关，也说明方法学对测定结果可能产生影响。

1. 母乳中最丰富的 miRNA

Kosaka 等[9]分析了日本 8 名产后 4 天至 11 个月乳母的乳样 miRNA 组分，母乳中最

丰富的 miRNA 是 miR-92a-3p、miR-155-5p、miR-181a-5p、miR-181b-5p、let-7i-5p、miR-146b-5p、miR-233-3p、miR-17-5p。根据 miRNA 的微阵列分析，显示母乳中存在 miRNA，采用微阵列分析方法，目前已知的 723 种人类 miRNA 中可检测到 281 种。母乳中富含的几种免疫相关 miRNA：miR-155，T 细胞和 B 细胞成熟以及先天免疫应答调节剂；miR-181a 和 miR-181b，B 细胞分化和 CD4$^+$T 细胞选择的调节剂；miR-17 和 miR-92 簇，B 细胞、T 细胞和单核细胞发育的普遍调节物；miR-125b，肿瘤坏死因子-α的产生、活化和敏感性的负调节剂；miR-146b，先天免疫反应的负调节剂；miR-223，中性粒细胞增殖和活化的调节剂；let-7i 是人胆管细胞中 Toll 样受体 4 表达的调节剂。然而未检测到 T 细胞和 B 细胞调节性 miR-150，同样还有几种组织特异性的 miRNA 几乎不能检测出，如 miR-122（肝脏），miR-216、miR-217（胰腺），miR-142-5p 和 miR-142-3p（造血细胞）；同一母体不同乳样品间 miRNA 的表达模式没有显著差异，而不同个体之间的差异很大。值得注意的是，前 6 个月（婴儿开始接受辅食之前）的人乳中检测到几种与免疫系统相关的 miRNA 均有较高的表达量。

挪威 Simpson 等[60]测定了 53 例产后 3 个月乳母的乳汁 miRNA，结果显示，母乳样品中含有相对稳定的高表达 miRNA 核心组，包括 miR-148a-3p、miR-22-3p、miR-30d-5p、let-7b-5p 和 miR-200a-3p，而其他 miRNA 则变异很大，这可能与遗传、年龄、产次、膳食或其他环境因素等有关。功能分析结果表明，这些 miRNA 富集在广泛的生物学过程和分子功能中。Leiferman 等[49]从新鲜母乳中分离出的三个外泌体样品中鉴定了 221 个成熟的 miRNA，样品中常见的 miRNA 是 84 个，其中 10 个最丰富的 miRNA 占总测序读数的 70%以上，包括 miR-30d-5p、miR-let-7b-5p、miR-let-7a-5p、miR-125a-5p、miR-21-5p、miR-423-5p、miR-let-7g-5p、miR-let-7bf-5p、miR-30a-5p、miR-146b-5p。最近，Zamanillo 等[32]报告了西班牙 59 例产后 30 天、60 天和 90 天母乳中 miRNA 的种类，与上述的报告结果差异很大，26 种母乳 miRNA 中检出了 13 种，且活性范围变化很大，其中 miR-30a、miR-146b、miR-let7b 和 miR-148a 最丰富，miR-27a 和 miR-27b 的表达量最低；6 种 miRNA（miR-222、miR-103、miR-200b、miR-17、miR-let7c 和 miR-146b）的表达量随哺乳时间的延长而降低。

Weber 等[19]采用人 miRNA 检测芯片筛选人乳中 miRNA，母乳中检测到 429 种 miRNA，其中含量最丰富的 10 种 miRNA 为 miR-335、miR-26a-2、miR-181d、miR-509-5p、miR-524-5p、miR-137、miR-26a-1、miR-595、miR-580 及 miR-130a，而且 miR-139b、miR-10a、miR-28-5p、miR-924、miR-150、miR-518c 及 miR-217 是母乳中特有的 miRNA，且 miR-518c 特异高表达于胎盘中[61]，深入研究这些 miRNA 的功能，将有助于揭示它们在母乳中的生物学作用。

2. 不同种属的比较

Na 等[11]使用定量 RT-PCR 法比较了黑山羊乳、人乳和牛乳中五个免疫相关 miRNA

的表达水平。大足黑山羊乳中均检测到 miR-146、miR-155、miR-181a、miR-223 和 miR-150，除 miR-150 外，初乳中的表达量显著高于成熟乳（$P<0.01$）。所有 5 种 miRNA 在人初乳中均有表达，但模式与山羊不同，miR-146 和 miR-155 在人初乳中呈现高表达量（$P<0.01$），而 miR-223 在山羊初乳中表达丰富（$P<0.01$）。牛成熟乳中 5 种 miRNA 表达量显著高于山羊乳（$P<0.01$）。这些结果证实，乳汁中富含免疫相关的 miRNA，然而表达水平取决于泌乳期和动物种属。

人乳与牛乳中 miRNA 的种类和含量比较结果显示，与人乳中 miRNA 的种类及含量相比，不同泌乳期的牛乳中含有 245 种 miRNA，三种与婴儿免疫器官发育和免疫功能调节有关的 miRNA（miR-146a、miR-142-5p、miR-155）的含量与人乳相当，而牛乳中缺乏部分母乳中存在的与婴儿免疫器官发育和免疫功能调节有关的 miRNA（miR-181b、miR-17、miR-125b、miR-146b）；而且牛乳中肌肉特异性的 miR-1、miR-206 和肝脏特异性的 miR-122 含量低于人乳；人乳中胰腺特异性 miR-216 和 miR-217 的含量较高，而在牛乳中则缺乏[9,62]。最近有人报道从哺乳第 2 个月、4 个月和 6 个月的牛乳和人乳中分别鉴别出 146 种和 129 种 miRNA[63]。

在婴儿配方食品及其外泌体大小的囊泡中均检不出 miRNA，这些囊泡似乎是酪蛋白胶束[49]。目前，人乳和牛乳的外泌体和乳脂肪球中发现最丰富的 miRNA 是 miRNA-148a，其作用可减弱 DNA 甲基转移酶 1 的表达，而该酶在表观遗传的调控中发挥关键作用。乳中另一个重要的 miRNA 是 miRNA-125b（靶向 p53）——基因组的守护者和多样化的转录网络[18]。

二、miRNA 的功能分类

在对母乳 miRNA 功能（functions of miRNA）深入研究的过程中，Kosaka 等[9]采用 miRNA 芯片筛选人乳中 miRNA，检测到人乳中 miRNA 共有 281 个，发现 11 种 miRNA 与婴儿免疫器官发育和免疫功能调节有关。其中 miR-181a、miR-181b、miR-155、miR-17、miR-92a、miR-150 与 T 细胞和 B 细胞介导的细胞免疫应答有关；miRNA-125b、miR-146a、miR-146b 与固有免疫反应有关；miR-223 与粒细胞分化、非特异性免疫反应有关；let-7i 与胆管细胞免疫反应有关。

通过对母乳中这些 miRNA 作用的靶基因与婴儿免疫器官发育和免疫功能调节关系的分析发现，miR-181a 通过调节 T 细胞受体（T cell receptor, TCR）的强度和阈值，进而影响 T 细胞对抗原的敏感性。miR-181a 过表达可使成熟 T 细胞对抗原敏感性增加，弱抗原就可有效诱导 TCR 信号；而沉默 miR-181a 则降低 TCR 信号强度；miR-181a 还可调节淋巴细胞的多个磷酸酶，如胞质蛋白酪氨酸磷酸酶、蛋白酪氨酸磷酸酶非受体 22、双特异性磷酸酶 5，增强 TCR 信号分子 lck 和 erk 的活性，从而影响 T 细胞和 B 细胞的发育[38]。

Zhou 等[10]采用测序技术筛选人乳中 miRNA，检出 miRNA 共 602 个，59 个 miRNA 与婴儿免疫器官发育和免疫功能的调节有关,含量最丰富的 10 种 miRNA 是 miR-148a-3p、miR-30b-5p、miR-let-7f-1-5p、miR-146b-5p、miR-29a-3p、miR-let-7a-2-5p、miR-141-3p、miR-182-5p、miR-200-3p、miR-378-3p，占 602 个 miRNA 总量的 62.3%，其中 4 个含量最丰富的 miRNA（miR-30b-5p、miR-146b-5p、miR-29a-3p、miR-182-5p）与婴儿免疫器官发育和免疫功能调节有关。通过分析这些 miRNA 的靶基因，发现 miR-30b-5p 的靶基因为氨基半乳糖转移酶，与细胞的侵袭和免疫抑制有关[25]；miR-146b-5p 的靶基因为核转录因子 κB；参与固有免疫反应[23]；miR-29a-3p 的靶基因为干扰素-γ，能抑制细胞内病原体的免疫反应[64]；miR-182-5p 可诱导 IL-2 的生成，参与 T 细胞介导的细胞免疫应答[22]。

通过生物信息学分析可知，TNF-α是 miR-125b 的靶基因，过表达 miR-125b 可降低 TNF-α转录，下调 TNF-α诱导的免疫细胞活性[65]。炎性细胞因子肿瘤坏死因子受体相关因子 6（TRAF6）与白介素 1 受体相关激酶 1（IRAK1）为 miR-146a 与 miR-146b 的靶基因，是 Toll 样受体通路的下游基因。miR-146a 与 miR-146b 可抑制 TRAF6 与 IRAK1 表达，负反馈调控 Toll 样受体参与炎症反应[23]。miR-223 可调控脂多糖（LPS），LPS 诱导脾细胞产生干扰素-γ而发挥抗感染效应，敲除 miR-223 的小鼠更容易发生肺损伤和多器官组织损伤[66]。在培养的人胆管细胞中，let-7i 通过介导转录后途径调节 Toll 样受体 4（TLR4）的表达，参与上皮细胞免疫反应，拮抗短棒杆菌[67]。

采用芯片和测序技术筛选均发现组织特异性 miRNA 在母乳中的含量较高[9,10]，如肌肉特异性的 miR-1 和 miR-206、肝脏特异性的 miR-122、胰腺特异性的 miR-216 和 miR-217 等，这些 miRNA 在心脏、肝脏和胰腺的发育中发挥重要作用。然而，母乳中含有的这些 miRNA 是否与婴儿的器官发育和功能保护有关，还有待研究。Zhou 等[10]还发现脂肪组织特异性的 miR-642a 在母乳中含量较高，而 miR-642a 在脂肪生成过程中发挥重要作用[68]，母乳喂养可增加婴儿 miR-642a 的摄入量，有可能对婴儿脂肪的生成和体重的增加有一定的促进作用。

三、含量

人乳 miRNA 富集在乳脂部分，存在于乳脂肪球中[69,70]。Alsaweed 等[20]分别对母乳三部分的 miRNA 进行测序，细胞层含 miRNA 最丰富，而脂质层次之，去脂层最少。母乳细胞主要为乳腺上皮细胞、免疫细胞及少量干细胞。该研究检测到母乳细胞中含有 1000 余种 miRNA，其中 miR-let-7f-5p、miR-181-5p、miR-148-3p、miR-22-3p、miR-182-5p、miR-375、miR-141-3p、miR-101-3p、miR-30a-5p 等含量较高[20]。该研究同时使用 NanoDrop 和 Bioanalyzer 分析了喂奶前后的母乳细胞中 miRNA 的含量，结果见表 30-1。

Kosaka 等[9]提取了日本 8 名哺乳期 4 天至 11 个月妇女的乳样总 RNA，每个个体乳样检测到 miRNA 的浓度范围为 9.7～228.2ng/ml。乳样中含有大量 RNA，不含或仅含极微量核糖体 RNA（18S 和 28S），但母乳中检测到大量 miRNA（<300 个核苷酸）。Xi 等[35]测定了 33 个配对样品（2～5 天初乳和约 3 个月成熟乳）中 miRNA 含量，初乳乳清部分总 miRNA 浓度（87.78ng/μl±67.69ng/μl）高于成熟乳乳清部分（33.15ng/μl±32.77ng/μl）。let-7a、miRNA-30b 和 miRNA-378 在初乳（分别为 2.58ng/μl±0.67ng/μl、4.05ng/μl±0.61ng/μl 和 4.64ng/μl±0.69ng/μl）和成熟乳（分别为 2.39ng/μl±0.62ng/μl、4.92ng/μl±0.57ng/μl 和 3.62ng/μl±0.77ng/μl）中大量表达。let-7a 和 miRNA-378 的水平随泌乳期延长下降，而与初乳相比成熟乳中 miRNA-30b 的表达水平则升高。

▫ 表 30-1　喂奶前后母乳总乳细胞计数和 miRNA 含量（平均值±标准差）

取样时间	样本数	总乳细胞数/mL（细胞变异/%）	总 miRNA 含量/(ng/10^6 细胞)	miRNA 质量（$OD_{260/280}$）& RIN
全部	20	1222860±767091（92.7）	1414±519[①] 1000±438[②]	2.05±0.05[①] 8.76±1.22[②]
喂奶前	10	1146364±843594（91.3）	1391±571[①] 996±481[②]	2.04±0.06[①] 8.57±1.69[②]
喂奶后	10	1299356±719432（93.3）	1438±490[①] 1004±417[②]	2.05±0.04[①] 8.77±0.52[②]

[①]为使用方法 1，NanoDrop。[②]为使用方法 2，Bioanalyzer。
注：引自 Alsaweed 等[20]，2016。

母乳外泌体含有丰富的 miRNA，各种 miRNA 含量存在差异，而外泌体是直径为 30～100nm 的膜状囊泡结构，存在于体细胞和包括母乳在内的各种体液中[71,72]。母乳外泌体可保护母乳中的 miRNA 免受 RNA 酶的消化。2012 年的一项研究检测到 639 种母乳外泌体 miRNA，其中 miR-148a-3p、miR-30b-5p、miR-146b-5p、let-7f-1-5p&-2-5p、let-7a-2-5p&-3-5p、miR-141-3p、miR-182-5 的含量较高[10]。

尽管个体间 miRNA 组分及含量的差异很大，但是来自同一位母亲乳汁中的 miRNA 表达模式与生产后时间变化关系不大，说明母乳反映了母亲的体质及其生活的环境，例如食物摄入量和气候等[9]。

四、影响因素

母乳中存在的 miRNA 种类与研究选择的检测方法、哺乳阶段（初乳、过渡乳、成熟乳）、不同乳成分（乳细胞、乳脂和乳外泌体）等[10,46,48]，以及产后时间、个体特征（如遗传、年龄、产次）、乳母民族和膳食或其他环境因素[9,10,19,60,69]密切相关。Kosaka 等[9]的研究结果显示，母乳 miRNA 存在明显的个体差异，受乳母膳食和饮食习惯影响很大。相关研究结果表明，母乳 miRNA 含量随泌乳期而变化，趋势是初乳中 miRNA 含量较成熟乳丰富，而且与婴儿吸吮程度有关，这可能与婴儿吸吮后乳汁细胞反应性增加有关[20]。如 Wu 等[73]对 14 例初乳（1～7 天）与成熟乳（14 天）的分析结果显示，与成熟乳 miRNA 表达组分相比，初乳有 49 种 miRNA 组分的表达水平有显著差异，67 种 miRNA 组分是初乳中特有的表达。

哺乳动物可以从外界食物中获取 miRNA，生物体内调节基因表达的结果也支持母乳中 miRNA 的含量和组分受膳食来源影响[58,74]。外源性 miRNA 主要来源于摄入的植物成分和动物乳汁。曾有报道，人和其他哺乳动物血浆中可检测到植物来源的 miRNA-168a（一种大米特异性 miRNA），体外研究发现该 miRNA 可结合低密度脂蛋白结合蛋白- 1 基因，从而增加肝脏低密度脂蛋白合成[74]，表明 miRNA 在胃肠道环境不会被消化，可以经肠道吸收至血循环[75]。研究发现，不同物种间的 miRNA 可以通过膳食途径相互转化[58,76]，并验证了牛乳外泌体中富含 miRNA[76]。

近年来不同作者报告的母乳中含量最丰富的 miRNA 见表 30-2，不同研究获得的母乳中最丰富的 miRNA 种类差异明显，而且个体之间的变异很大[9,32,35]。母乳中含有细胞和大量脂质成分，以一定转速离心处理可分三层，即上层的脂质层（富含脂肪球）、下层的细胞层和中间的去脂层，这三部分中 miRNA 表达存在差异，表现在种类、含量及稳定性方面[77]。

▣ 表 30-2　母乳中存在的 miRNA 种类

作者（年）	国别	产后时间	例数	最丰富 miRNA 种类	测定方法
Leiferman 等[49]（2019）	美国	2～10 个月	5	miR-30d-5p, let-7b-5p, let-7a-5p, miR-125a- 5p, miR-21-5p, miR-423-5p, miR-let- 7g- 5p, miR-let-7f-5p, miR-30a-5p, miR-146b- 5p	Qaigen 生产的 miRNeasy Micro Kit
Alsaweed 等[20]（2016）	澳大利亚	2 个月	16	miR-30d-5p, miR-22-3p, miR-181a-5p, miR-148a-3p, miR-30a-5p, miR-182-5p, miR-375, miR-141-3p, miR-let-7f- 5p, miR-let-7a-5p	Illumina HiSeq 2000（Illumina, San Diego, CA, USA）
Simpson 等[60]（2015）	挪威	3 个月	54	miR-148a-3p, miR-22-3p, miR-30d-5p, miR-let-7b-5p, miR-200a-3p, miR-let-7a-5p, miR-let-7f-5p, miR-146b-5p, miR-24-3p, miR-21-5p	Illumina RNA seq, 50bp, single-end reads
Munch 等[69]（2013）	美国	6～12 周	3	miR-148a-3p, miR-let-7a-5p, miR-200c-3p, miR-146b-5p, miR-let-7f-5 p, miR-30d-5p, miR-103a-3p, miR- let-7b-5p, miR-let-7g-5p, miR- 21-5p	Illumina RNA seq, 36bp, single-end reads
Zhou 等[10]（2012）	中国四川	60 天	4	miR-148a-3p, miR-30b-5p, miR-let-7f-5p, miR-146b-5p, miR-29a-3p, miR-let-7a-5p, miR-141-3p, miR-182-5p, miR-200a- 3p, miR- 378-3p	Illumina RNA seq, 36bp, single-end reads

作者（年）	国别	产后时间	例数	最丰富 miRNA 种类	测定方法
Weber 等[19]（2010）	未明确	未知	5	miR-335-3p, miR-26a-2-3p, miR-181d-5p, miR-509-5p, miR-524-5p, miR-137, miR-26a-1-3p, miR-595, miR-580-3p, miR-130a-3p	Qaigen 生产的 miScript Assay（incl.714miRNA）
Kosaka 等[9]（2010）	日本	4 天至11 个月	8	miR-92a-3p, miR-155-5p, miR-181a-5p, miR-181b-5p, miR-let-7i-5p, miR-146b-5p, miR-233-3p, miR-17-5p	MicroRNA microarray（Agilent）

第三节　母乳 miRNA 测定方法

人乳中 miRNA 及其组分的定量方法包括 Illumina RNA seq, 50bp, single-end reads；Illumina RNA seq, 36bp, single-end reads；MicroRNA microarray；Qaigen 生产的 miScript Assay（incl.714miRNA）等（见表 30-2）。上述方法使用的母乳组分不同，例如 Illumina RNA seq，使用 exoquick 富集细胞外囊泡或脂类部分[10,60,69]；MicroRNA microarray 使用脱脂、无细胞和无碎片乳[9,19]。

Alsaweed 等[70]使用 8 种市售试剂盒的三种不同方法，测试人乳脂质、去脂部分和细胞部分中提取总 RNA 和 miRNA 的效率。每个部分产生不同浓度的 RNA 和 miRNA，其中细胞和脂质部分含量较高，去脂层中含量最低。基于色谱柱的无酚方法是所有三种乳样部分中最有效的提取方法。使用三个推荐的提取试剂盒通过 qPCR（定量 PCR）在三个部分中表达并验证了两个 miRNA。在脂质乳部分，针对这些 miRNA 鉴定出高表达水平。这些结果提示，在着手进行这一领域研究前，应仔细考虑如何进行人乳样品的制备和选择哪种前处理方法等。Reif 等[44]使用 qRT-PCR（定量反转录 PCR）研究了牛乳和人乳来源外泌体缓解动物模型结肠炎的效果。

第四节　展　　望

虽然目前母乳中可检测到的 miRNA 种类很多，然而绝大多数的功能作用还不清楚。母乳中 miRNA 含量非常丰富[5]，这可能与其多种生物学功能密切相关，如对喂养儿健康状况或发展轨迹产生长期影响，因此深入开展母乳 miRNA 及其组分的研究将具有广泛的科学价值和巨大的应用前景。

一、母乳 miRNA 与免疫器官发育和免疫功能调节

目前关于母乳 miRNA 及其组分的筛选和其功能的研究仍处于初始阶段，研究的重点应主要集中于母乳 miRNA 及其组分与婴儿免疫器官发育、免疫功能调节以及肠道良好微生态环境建立的关系。系统研究母乳中这些具有免疫保护作用的 miRNA 或其相关的组分，无疑将会给婴幼儿感染性疾病的预防提供新的思路。

二、母乳 miRNA 的其他生物学功能

母乳中已发现的很多 miRNA 有待深入研究其具有的潜在生物学功能。例如，Do 等[78]和 Alsaweed 等[4]分别用奶牛和人受试者证实泌乳期间 miRNA 可能参与了乳腺信号转导；母乳 miRNA 与婴儿生长发育相关或可作为喂养儿发育与疾病状况评价的生物标志物；以及组织特异性 miRNA 的作用等。

三、影响母乳中 miRNA 含量的因素

关于影响母乳中 miRNA 水平的因素研究甚少，尤其缺少乳母膳食摄入量/营养状况对其乳汁中 miRNA 及其组分和含量的影响的研究，需要系统研究这些因素对母乳中 miRNA 及其组分和含量的影响，这些成分与母乳喂养儿营养状况和感染性疾病易感性的关系，以及对儿童健康状况的近期影响与远期效应。

四、婴儿配方食品应用的潜能

母乳成分被认为是婴儿配方食品（奶粉）配方的金标准。迄今尚没有动物模型实验结果证明，炎症感染时添加这些母乳来源的 miRNA 具有抗感染的效果。婴幼儿配方食品组方的创新以及临床应用等方面均需要开展与此相关的研究。可以预期，母乳中这些具有抗感染作用的 miRNA 将为我们预防和治疗感染提供新的干预靶标，研究结果可为研制婴儿配方食品组方提供科学依据。

总之，母乳中新型免疫调节因子 miRNA 可能是母亲转运到婴儿的可转移遗传物质，这一发现给儿童营养研究提出了新挑战，需要深入研究母乳中这些 miRA 充当母婴之间分子交流工具的作用机制以及在遗传信息转移中发挥的重要作用，期待获得的研究结果可推动我国婴幼儿配方食品标准的修订工作和我国婴儿配方食品的研发与产品品质的提升。

（董彩霞，荫士安）

参考文献

[1] Lee R C，Feinbaum R L，Ambros V. The *C. elegans* heterochronic gene lin-4 encodes small RNAs with antisense complementarity to lin-14. Cell，1993，75：843-854.

[2] Reinhart B J，Slack F J，Basson M，et al. The 21-nucleotide let-7 RNA regulates developmental timing in Caenorhabditis elegans. Nature，2000，403：901-906.

[3] Ruvkun G. Molecular biology. Glimpses of a tiny RNA world. Science，2001，294：797-799.

[4] Alsaweed M，Hartmann P E，Geddes D T，et al. MicroRNAs in breastmilk and the lactating breast：potential immunoprotectors and developmental regulators for the infant and the mother. int j environ Res Public Health，2015，12：13981-14020.

[5] Djuranovic S，Nahvi A，Green R. miRNA-mediated gene silencing by translational repression followed by mRNA deadenylation and decay. Science，2012，336：237-240.

[6] Kim VN，Han J，Siomi MC. Biogenesis of small RNAs in animals. Nat Rev Mol Cell Biol，2009，10：126-139.

[7] Xiao C，Rajewsky K. MicroRNA control in the immune system：basic principles. Cell，2009，136：26-36.

[8] Tili E，Michaille J J，Calin G A. Expression and function of micro-RNAs in immune cells during normal or disease state. Int J Med Sci，2008，5：73-79.

[9] Kosaka N，Izumi H，Sekine K，et al. microRNA as a new immune-regulatory agent in breast milk. Silence，2010，1：7.

[10] Zhou Q，Li M，Wang X，et al. Immune-related microRNAs are abundant in breast milk exosomes. Int J Biol Sci，2012，8：118-123.

[11] Na RS，E GX，Sun W，et al. Expressional analysis of immune-related miRNAs in breast milk. Genet Mol Res，2015，14：11371-11376.

[12] Thai TH，Calado DP，Casola S，et al. Regulation of the germinal center response by microRNA-155. Science，2007，316：604-608.

[13] Rodriguez A，Vigorito E，Clare S，et al. Requirement of bic/microRNA-155 for normal immune function. Science，2007，316：608-611.

[14] Johnnidis JB，Harris MH，Wheeler RT，et al. Regulation of progenitor cell proliferation and granulocyte function by microRNA-223. Nature，2008，451：1125-1129.

[15] Sandhu S，Garzon R. Potential applications of microRNAs in cancer diagnosis，prognosis，and treatment. Semin Oncol，2011，38：781-787.

[16] Krol J，Loedige I，Filipowicz W. The widespread regulation of microRNA biogenesis，function and decay. Nat Rev Genet，2010，11：597-610.

[17] He L，Hannon G J. MicroRNAs：small RNAs with a big role in gene regulation. Nat Rev Genet，2004，5：522-531.

[18] Melnik BC，Schmitz G. MicroRNAs：Milk's epigenetic regulators. Best Pract Res Clin Endocrinol Metab，2017，31：427-442.

[19] Weber JA，Baxter DH，Zhang S，et al. The microRNA spectrum in 12 body fluids. Clin Chem，2010，56：1733-1741.

[20] Alsaweed M，Lai CT，Hartmann PE，et al. Human milk cells contain numerous miRNAs that may change

with milk removal and regulate multiple physiological processes. Int J Mol Sci，2016，17.

[21] Ventura A，Young AG，Winslow MM，et al. Targeted deletion reveals essential and overlapping functions of the miR-17 through 92 family of miRNA clusters. Cell，2008，132：875-886.

[22] Stittrich AB，Haftmann C，Sgouroudis E，et al. The microRNA miR-182 is induced by IL-2 and promotes clonal expansion of activated helper T lymphocytes. Nat Immunol，2010，11：1057-1062.

[23] Taganov KD，Boldin MP，Chang KJ，et al. NF-kappaB-dependent induction of microRNA miR-146，an inhibitor targeted to signaling proteins of innate immune responses. Proc Natl Acad Sci USA，2006，103：12481-12486.

[24] Lederhuber H，Baer K，Altiok I，et al. MicroRNA-146：tiny player in neonatal innate immunity? Neonatology，2011，99：51-56.

[25] Gaziel-Sovran A，Segura MF，Di Micco R，et al. miR-30b/30d regulation of GalNAc transferases enhances invasion and immunosuppression during metastasis. Cancer Cell，2011，20：104-118.

[26] Xiao C，Srinivasan L，Calado DP，et al. Lymphoproliferative disease and autoimmunity in mice with increased miR-17-92 expression in lymphocytes. Nat Immunol，2008，9：405-414.

[27] Xiao C，Calado DP，Galler G，et al. MiR-150 controls B cell differentiation by targeting the transcription factor c-Myb. Cell，2007，131：146-159.

[28] Zhou B，Wang S，Mayr C，et al. miR-150，a microRNA expressed in mature B and T cells，blocks early B cell development when expressed prematurely. Proc Natl Acad Sci USA，2007，104：7080-7085.

[29] Zhang Q，Xie D，Wang S，et al. miR-17 is involved in the regulation of LC-PUFA biosynthesis in vertebrates：effects on liver expression of a fatty acyl desaturase in the marine teleost Siganus canaliculatus. Biochim Biophys Acta，2014，1841：934-943.

[30] Lin X，Luo J，Zhang L，et al. MiR-103 controls milk fat accumulation in goat（Capra hircus）mammary gland during lactation. PLoS One，2013，8：e79258.

[31] Li R，Beaudoin F，Ammah AA，et al. Deep sequencing shows microRNA involvement in bovine mammary gland adaptation to diets supplemented with linseed oil or safflower oil. BMC Genomics，2015，16：884.

[32] Zamanillo R，Sanchez J，Serra F，et al. Breast milk supply of microRNA associated with leptin and adiponectin is affected by maternal overweight/obesity and influences infancy BMI. Nutrients，2019，11.

[33] Pomar CA，Castro H，Pico C，et al. Cafeteria diet consumption during lactation in rats，rather than obesity per Se，alters miR-222，miR-200a，and miR-26a levels in milk. Mol Nutr Food Res，2019，63：e1800928.

[34] Zempleni J，Aguilar-Lozano A，Sadri M，et al. Biological activities of extracellular vesicles and their cargos from bovine and human milk in humans and implications for infants. J Nutr，2017，147：3-10.

[35] Xi Y，Jiang X，Li R，et al. The levels of human milk microRNAs and their association with maternal weight characteristics. Eur J Clin Nutr，2016，70：445-449.

[36] 魏聪，胡兵，申锷. MicroRNAs 在心脏发育和疾病中的作用. 中国病理生理杂志，2011，27：611-615.

[37] Chen S，He N，Yu J，et al. Post-transcriptional regulation by miR-137 underlies the low abundance of CAR and low rate of bilirubin clearance in neonatal mice. Life Sci，2014，107：8-13.

[38] Li QJ，Chau J，Ebert P J，et al. miR-181a is an intrinsic modulator of T cell sensitivity and selection. Cell，2007，129：147-161.

[39] Papapetrou EP，Kovalovsky D，Beloeil L，et al. Harnessing endogenous miR-181a to segregate transgenic antigen receptor expression in developing versus post-thymic T cells in murine hematopoietic chimeras. J

Clin Invest，2009，119：157-168.

[40] Chen CZ，Li L，Lodish HF，et al. MicroRNAs modulate hematopoietic lineage differentiation. Science，2004，303：83-86.

[41] Vigorito E，Perks KL，Abreu-Goodger C，et al. microRNA-155 regulates the generation of immunoglobulin class-switched plasma cells. Immunity，2007，27：847-859.

[42] Lu TX，Munitz A，Rothenberg ME. MicroRNA-21 is up-regulated in allergic airway inflammation and regulates IL-12p35 expression. J Immunol，2009，182：4994-5002.

[43] Oddy W H. The long-term effects of breastfeeding on asthma and atopic disease. Adv Exp Med Biol，2009，639：237-251.

[44] Reif S，Elbaum-Shiff Y，Koroukhov N，et al. Cow and Human Milk-Derived Exosomes Ameliorate Colitis in DSS Murine Model. Nutrients，2020，12.

[45] Iguchi H，Kosaka N，Ochiya T. Secretory microRNAs as a versatile communication tool. Commun Integr Biol，2010，3：478-481.

[46] Alsaweed M，Lai CT，Hartmann PE，et al. Human milk miRNAs primarily originate from the mammary gland resulting in unique miRNA profiles of fractionated milk. Sci Rep，2016，6：20680.

[47] Pico C，Serra F，Rodriguez AM，et al. Biomarkers of nutrition and health：new tools for new approaches. Nutrients，2019，11.

[48] Alsaweed M，Hartmann PE，Geddes DT，et al. MicroRNAs in breastmilk and the lactating breast：potential immunoprotectors and developmental regulators for the infant and the mother. International journal of environmental research and public health，2015，12：13981-14020.

[49] Leiferman A，Shu J，Upadhyaya B，et al. Storage of extracellular vesicles in human milk，and microRNA profiles in human milk exosomes and infant formulas. J Pediatr Gastroenterol Nutr，2019，69：235-238.

[50] Wang J F，Yu M L，Yu G，et al. Serum miR-146a and miR-223 as potential new biomarkers for sepsis. Biochem Biophys Res Commun，2010，394：184-188.

[51] Vasilescu C，Rossi S，Shimizu M，et al. MicroRNA fingerprints identify miR-150 as a plasma prognostic marker in patients with sepsis. PLoS One，2009，4：e7405.

[52] Wang H，Meng K，Chen W，et al. Serum miR-574-5p：a prognostic predictor of sepsis patients. Shock，2012，37：263-267.

[53] Lawrie CH，Gal S，Dunlop HM，et al. Detection of elevated levels of tumour-associated microRNAs in serum of patients with diffuse large B-cell lymphoma. Br J Haematol，2008，141：672-675.

[54] Mitchell PS，Parkin RK，Kroh EM，et al. Circulating microRNAs as stable blood-based markers for cancer detection. Proc Natl Acad Sci USA，2008，105：10513-10518.

[55] Chen X，Ba Y，Ma L，et al. Characterization of microRNAs in serum：a novel class of biomarkers for diagnosis of cancer and other diseases. Cell Res，2008，18：997-1006.

[56] Hunter MP，Ismail N，Zhang X，et al. Detection of microRNA expression in human peripheral blood microvesicles. PLoS One，2008，3：e3694.

[57] Looney AM，Ahearne CE，Hallberg B，et al. Downstream mRNA target analysis in neonatal hypoxic-ischaemic encephalopathy identifies novel marker of severe injury：a proof of concept paper. Mol Neurobiol，2017，54：8420-8428.

[58] Baier SR，Nguyen C，Xie F，et al. MicroRNAs are absorbed in biologically meaningful amounts from nutritionally relevant doses of cow milk and affect gene expression in peripheral blood mononuclear cells，

HEK-293 kidney cell cultures, and mouse livers. J Nutr, 2014, 144: 1495-1500.

[59] Modepalli V, Kumar A, Hinds LA, et al. Differential temporal expression of milk miRNA during the lactation cycle of the marsupial tammar wallaby (Macropus eugenii). BMC Genomics, 2014, 15: 1012.

[60] Simpson MR, Brede G, Johansen J, et al. Human breast milk miRNA, maternal probiotic supplementation and atopic dermatitis in offspring. PLoS One, 2015, 10: e0143496.

[61] Liang Y, Ridzon D, Wong L, et al. Characterization of microRNA expression profiles in normal human tissues. BMC Genomics, 2007, 8: 166.

[62] Chen X, Gao C, Li H, et al. Identification and characterization of microRNAs in raw milk during different periods of lactation, commercial fluid, and powdered milk products. Cell Res, 2010, 20: 1128-1137.

[63] Chokeshaiusaha K, Sananmuang T, Puthier D, et al. An innovative approach to predict immune-associated genes mutually targeted by cow and human milk microRNAs expression profiles. Vet World, 2018, 11: 1203-1209.

[64] Ma F, Xu S, Liu X, et al. The microRNA miR-29 controls innate and adaptive immune responses to intracellular bacterial infection by targeting interferon-gamma. Nat Immunol, 2011, 12: 861-869.

[65] Tili E, Michaille JJ, Cimino A, et al. Modulation of miR-155 and miR-125b levels following lipopolysaccharide/TNF-alpha stimulation and their possible roles in regulating the response to endotoxin shock. J Immunol, 2007, 179: 5082-5089.

[66] Dai R, Phillips RA, Zhang Y, et al. Suppression of LPS-induced Interferon-gamma and nitric oxide in splenic lymphocytes by select estrogen-regulated microRNAs: a novel mechanism of immune modulation. Blood, 2008, 112: 4591-4597.

[67] Chen XM, Splinter PL, O'Hara SP, et al. A cellular micro-RNA, let-7i, regulates Toll-like receptor 4 expression and contributes to cholangiocyte immune responses against Cryptosporidium parvum infection. J Biol Chem, 2007, 282: 28929-28938.

[68] Zaragosi LE, Wdziekonski B, Brigand KL, et al. Small RNA sequencing reveals miR-642a-3p as a novel adipocyte-specific microRNA and miR-30 as a key regulator of human adipogenesis. Genome Biol, 2011, 12: R64.

[69] Munch EM, Harris RA, Mohammad M, et al. Transcriptome profiling of microRNA by Next-Gen deep sequencing reveals known and novel miRNA species in the lipid fraction of human breast milk. PLoS One, 2013, 8: e50564.

[70] Alsaweed M, Hepworth AR, Lefevre C, et al. Human milk microRNA and total RNA differ depending on milk fractionation. J Cell Biochem, 2015, 116: 2397-2407.

[71] Mathivanan S, Ji H, Simpson RJ. Exosomes: extracellular organelles important in intercellular communication. J Proteomics, 2010, 73: 1907-1920.

[72] Thery C, Ostrowski M, Segura E. Membrane vesicles as conveyors of immune responses. Nat Rev Immunol, 2009, 9: 581-593.

[73] Wu F, Zhi X, Xu R, et al. Exploration of microRNA profiles in human colostrum. Ann Transl Med, 2020, 8: 1170.

[74] Zhang L, Hou D, Chen X, et al. Exogenous plant MIR168a specifically targets mammalian LDLRAP1: evidence of cross-kingdom regulation by microRNA. Cell Res, 2012, 22: 107-126.

[75] Title AC, Denzler R, Stoffel M. Uptake and function studies of maternal milk-derived microRNAs. J Biol Chem, 2015, 290: 23680-23691.

[76] Wolf T, Baier SR, Zempleni J. The Intestinal transport of bovine milk exosomes is mediated by endocytosis in human colon carcinoma caco-2 cells and rat small intestinal IEC-6 cells. J Nutr, 2015, 145: 2201-2206.

[77] Floris I, Billard H, Boquien CY, et al. MiRNA analysis by quantitative PCR in preterm human breast milk reveals daily fluctuations of hsa-miR-16-5p. PLoS One, 2015, 10: e0140488.

[78] Do DN, Li R, Dudemaine PL, et al. MicroRNA roles in signalling during lactation: an insight from differential expression, time course and pathway analyses of deep sequence data. Sci Rep, 2017, 7: 44605.

第三十一章

溶菌酶

溶菌酶（lysozyme）又称细胞壁质酶（muramidase）或 N-乙酰胞壁质聚糖水解酶（N-acetylmuramide glycano-hydralase），因其在人的唾液、眼泪中存在且能够溶解细胞壁并杀死细菌的酶，故被命名为溶菌酶。溶菌酶是人乳中含量相对较高的单链蛋白质，分子量为14.4kDa，是含有约 123 个氨基酸序列的糖蛋白[1]。人乳溶菌酶和α-乳铁蛋白进化密切相关，均保留有四个二硫键和 40%氨基酸残基的位置[2]，故人乳溶菌酶的免疫测定不应使用与α-乳铁蛋白有交叉反应的抗体。

第一节 溶菌酶的功能

已经证明溶菌酶是人体先天免疫系统的重要组成部分，体内外研究结果显示，溶菌酶具有广谱抗菌活性，通过防止致病菌的定植和侵袭，调节机体的免疫反应和炎症。溶菌酶在酸性环境中相对能耐受胰蛋白酶的消化或变性。

一、溶菌酶的抗菌活性

所有溶菌酶的共同特征是能够水解肽聚糖（一种独特的细菌细胞壁聚合物）的N-乙酰胞壁酸（N-acetylmuramic acid, NAM）和 N-乙酰氨基-2-脱氧-D-葡萄糖（N-acetylglucosamine）残基之间的β-1,4-糖苷键[3]，导致细菌的细胞壁破裂和内容物逸出，而使细菌溶解。溶菌酶能够启动大多数革兰阳性细菌以及一些革兰阴性细菌的裂解，因此人乳中溶菌酶具有抗菌活性。已经识别了三种主要的不同类型溶菌酶，通常被指定为 c 型（鸡型）或传统的 g 型（鹅型）以及最近确定的 i 型（无脊椎动物型）。不同类型溶菌酶的差异在于氨基酸序列、生化和酶学性质的不同。c 型溶菌酶是由大多数脊椎动物（包括哺乳动物）产生的主要溶菌酶。

肽聚糖是细菌细胞壁的独特成分，决定了细胞的形状，使细胞能抗膨胀压力。因此，肽聚糖完整性的丧失导致低渗环境中的细胞迅速裂解。尽管革兰阴性菌的肽聚糖由含有脂多糖的外膜所包裹[4]，溶菌酶不能直接作用于肽聚糖，但是通过动物的先天免疫系统的成分，如乳铁蛋白、防御素、杀菌多肽和补体系统等能透过外膜，突破这个屏障，使溶菌酶与肽聚糖结合[5,6]。例如，体外研究发现溶菌酶与乳铁蛋白协同作用杀死革兰阴性菌的过程中，乳铁蛋白首先结合在细菌壁的脂多糖上并将其移离细菌外壁，溶菌酶便可以进入细胞内降解细胞内壁蛋白多糖复合物从而杀死病原微生物。

人乳溶菌酶通过水解原核生物细胞壁的肽聚糖，具有溶菌作用，并且与分泌型 IgA 和乳铁蛋白一起在母乳喂养新生儿的被动保护中发挥保护作用[7,8]。溶菌酶可通过破坏细菌细胞外壁来杀死革兰阳性菌。研究发现，将稻米来源的重组溶菌酶加到鸡饲料后可以发挥天然的抗菌作用，说明它具有取代现在使用的抗菌药的潜能。溶菌酶还表现出抑制 HIV 病毒的活性[9]，但是在母乳中一般只作用于游离的病毒，而不能作用于依赖细胞生长的病毒。溶菌酶抗病毒的机制还不清楚。sIgA 需要在溶菌酶的作用下才能起到激活补体的作用。人乳中的溶菌酶破坏和溶解细菌的能力是牛乳中的 300 倍。

Lu 等[10]采用体细胞核转移技术，将重组人溶菌酶（recombinant human lysozyme, rhLZ）添加到母猪乳汁中，研究重组人溶菌酶是否影响乳猪的肠道菌群。结果证明重组人溶菌酶强化奶可抑制十二指肠中大肠杆菌的生长。最近的研究结果表明，喂饲含有重组人溶菌酶的转基因山羊奶可能有利于肠内益生菌的富集，降低有害微生物的数量[11]；给予含有重组人溶菌酶的山羊奶还可以加速细菌引起的仔猪腹泻的恢复，改善其胃肠道健康状况[12,13]。断奶仔猪的研究结果表明，口服给予大肠杆菌菌株 K88 感染的反应表明，补充溶菌酶的仔猪肠道生长发育良好，肠黏膜产肠毒素大肠杆菌计数和血清炎性细胞因子均降低[14]。

二、先天免疫系统的组成部分

诸多研究结果明确指出，溶菌酶是哺乳动物先天免疫系统（the innate immune system）的一部分。在防御不同类型病原体重要性方面，体内研究提供了溶菌酶特别强有力的直接实验证据。Akinbi 等[15]使用转基因小鼠，通过呼吸道上皮细胞溶菌酶的表达，评价了溶菌酶在肺宿主防御中的作用。这些小鼠表现出显著增强的杀死肺部乙型链球菌和大肠杆菌以及铜绿假单胞菌（原称绿脓杆菌）的能力。而且，转基因小鼠的乙型链球菌全身扩散降低，铜绿假单胞菌菌株感染后的动物存活率增加。Maga 等[16]和 Brundige 等[13]使用转基因山羊表达人乳腺中的溶菌酶，研究了人乳溶菌酶对胃肠道细菌菌群的影响。喂饲转基因山羊的巴氏灭菌奶的小猪，其肠道微生物菌群中总大肠菌群和大肠杆菌的数量低于喂饲非转基因奶的对照组，证明乳汁中的溶菌酶可调节这些小猪的肠道菌群[16]。Brundige 等[13]的研究结果显示，喂饲转基因山羊奶的小猪回肠中总大肠菌群和肠致病性大肠杆菌（EPEC）的数量显著低于喂饲非转基因奶的对照动物，提示来自转基因动物的奶抗肠致病性大肠杆菌感染的保护作用。该研究证明口服给予溶菌酶可抑制胃肠道致病菌，而且影响整个肠道微生物生态系统。

三、调节免疫反应和炎症

溶菌酶除了有直接的溶菌活性外，调节免疫反应和炎症可能是溶菌酶发挥抗菌防御作用的另一个重要功能。哺乳动物的先天免疫系统能通过不同类型的识别受体识别微生物，如肽聚糖识别蛋白（peptidoglycan recognition proteins, PGRPs）、细胞质核苷酸结合的寡聚化结构域（nucleotide-binding oligomerization domain, NOD）蛋白质和跨膜 Toll 样受体（transmembrane toll-like receptor, TLR）蛋白质[17,18]。然而，肽聚糖受体对病原体的识别依赖于肽聚糖的存在形式。因此，溶菌酶对肽聚糖的水解可调节免疫应答的激活和这些受体诱导的炎症途径[19]。Ganz 等[20]观察到溶菌酶缺乏小鼠感染藤黄微球菌后发生组织损伤显著重于野生型小鼠。而且 Lee 等[21]最近调查了补充鸡蛋白溶菌酶对葡聚糖硫酸钠诱导的小猪结肠炎的影响。用鸡蛋白溶菌酶治疗，除了减轻结肠炎的症状，还可以显著降低潜在促炎细胞因子的表达，说明鸡蛋白溶菌酶具有潜在的抗炎活性，推测其功能是作为免疫调节剂[21]。

母乳中含有丰富的溶菌酶。溶菌酶属于能够溶解细菌的酶，在酸性环境中稳定，不易被胃酸破坏。溶菌酶通过水解作用，能切断细菌细胞壁上肽聚糖中连接 N-乙酰葡糖胺和 N-乙酰胞壁酸的 β-1,4-糖苷键，使细菌的细胞壁溶解，水解大多数革兰阳性菌和少数革兰阴性菌，达到杀菌效果。

第二节　溶菌酶的检测方法

已报告的乳汁中溶菌酶定量分析方法有如下几种，即快速蛋白液相色谱法[22]、聚丙烯酰胺凝胶电泳法[23]、酶活性测定法[24]以及免疫测定法[25,26]等。目前报道的人体液中溶菌酶含量的免疫化学定量分析常用方法有免疫电泳、琼脂扩散法、琼脂糖火箭电泳、比色法、放射免疫法、酶联免疫吸附法、经典免疫比浊法和共振散射等，这些方法各有其优缺点。然而，大多数这些方法缺乏灵敏度且需要进行样品的前处理，有的方法孵化时间过长等。

目前最常用于测定溶菌酶的方法存在一些局限性和缺点：检测下限通常为免疫电泳 50mg/L、酶法 1～5mg/L、传统的免疫比浊法 1mg/L，而且样品需要进行预处理；生物体液中可能存在影响溶菌酶活性的因素；孵化时间过长，有的方法需要 18h；由于洗涤和相分离或用放射性同位素的限制；基于非竞争性抗原-抗体反应的免疫测定法中可能遇到抗原过量引起的低估风险。

第三节　人乳中含量及影响因素

溶菌酶广泛地存在于高等动物组织及分泌物（泪液、唾液、乳汁等）、植物及各种微生物中，在不同动物的分泌物中的含量相差很大，其中在新鲜鸡蛋清中含量最高（约 0.3%）[27,28]。在人类，c 型溶菌酶存在于全身各个部位的体液中，是由呼吸道、肠道、嗜中性粒细胞和巨噬细胞的溶酶体颗粒产生[29~31]。根据免疫化学研究和 N 末端分析结果判断，人乳溶菌酶形式与来自唾液、胰液和白细胞的溶菌酶相同[32]。

在人乳中溶菌酶含量约为 400mg/L，是其他哺乳动物（如牛和山羊）乳汁含量的 1500～3000 倍，而且这也是人乳和牛乳的最大差别之一，即使随泌乳期的延长，人乳含量也数倍高于牛乳[33]；而且与其他哺乳动物相比，人乳溶菌酶的活性最高，比鸡蛋溶菌酶活性高 2～3 倍[34]。人乳溶菌酶的含量也呈动态变化，分娩后头 2 天的初乳中溶菌酶含量最高 [（0.944±0.335）g/L]，是正常成人血清中溶菌酶含量的 11～19 倍，半个月时降至最低点[27,35]，成熟乳（一个月后）中溶菌酶浓度又逐渐升高[36]，见表 31-1。

▫ 表 31-1　人乳中溶菌酶的含量
　　　　　　　　　　　　　　　　　　　　　　　　　　　　　　　　　　　单位：g/L

文献来源	初乳		过渡乳		成熟乳		时间
	含量	时间/d	含量	时间/d	含量	时间/d	
Montagne 等[37]	0.36±0.27	1～5	0.30±0.19	6～14	0.30±0.12	15～28	2001①
					0.30±0.14	29～42	
					0.35±0.07	43～56	
					0.83±0.24	57～84	
王毓华等[39]	0.14±0.04	4②	0.08±0.03	15②	0.08±0.03	30②	1995～1996
	0.28±0.02	4③	0.16±0.04	15③	0.19±0.02	30③	
管慧英等[36]	0.94±0.34	1	0.16±0.03	6	0.14±0.05	30～60	1985
	0.56±0.20	2	0.13±0.02	7	0.20±0.07	61～90	
	0.23±0.06	3	0.12±0.03	15	0.30±0.09	91～120	
窦桂林等[40]	0.14±1.11	2～3	0.04±0.04	8～14	0.06±0.04	15～28	1986①
	0.07±0.06	4～7	—		0.08±0.05	29～56	

① 发表时间。②为没有发生持续性腹泻的对照组。③发生持续性腹泻组。

采用免疫电泳扩散测定的初乳中溶菌酶平均浓度约为 70mg/L，哺乳期到 1 个月时，浓度下降到约 20mg/L，然后到 6 个月时上升至平均值为 250mg/L。在 1 个月龄时，健康足月婴儿经母乳摄入溶菌酶平均每千克体重约为 3mg/d 或 4mg/d，4 个月龄时为 6mg/d。

Montagne 等[37]从 64 例乳母志愿者收集的 360 份人乳样品的分析结果显示，溶菌酶浓度从初乳的 0.37g/L 下降到过渡乳的 0.27g/L（15 天），到 28 天时为 0.24g/L，然后从 29～56 天呈升高趋势（0.33g/L），57～84 天达到最高（0.89g/L）。人乳中溶菌酶浓度与年龄、胎次、胚胎的成熟度和母亲膳食有关[24~26]。营养不良乳母的初乳中溶菌酶含量显著低于营养状况良好的乳母[38]。对于捐赠母乳的巴氏杀菌过程，有可能会导致溶菌酶的活性显著降低。

（潘丽莉，荫士安）

参考文献

[1] Fleming A. Remarkable bacteriolytic element found in tissues and secretions. Proc R Soc Lond B Biol，1922，93（653）：306-317.

[2] Nitta K，Sugai S. The evolution of lysozyme and alpha-lactalbumin. Eur J Biochem，1989，182（1）：111-118.

[3] Chipman DM，Sharon N. Mechanism of lysozyme action. Science，1969，165（3892）：454-465.

[4] Masschalck B，Michiels CW. Antimicrobial properties of lysozyme in relation to foodborne vegetative bacteria. Crit Rev Microbiol，2003，29（3）：191-214.

[5] Bals R，Wang X，Wu Z，et al. Human beta-defensin 2 is a salt-sensitive peptide antibiotic expressed in human lung. J Clin Invest，1998，102（5）：874-880.

[6] Ellison RT, 3rd，Giehl TJ. Killing of gram-negative bacteria by lactoferrin and lysozyme. J Clin Invest，1991，88（4）：1080-1091.

[7] Ebrahim GJ. Breastmilk immunology. J Trop Pediatr，1995，41（1）：2-4.

[8] Newman J. How breast milk protects newborns. Sci Am，1995，273（6）：76-79.

[9] Lee-Huang S，Huang PL，Sun Y，et al. Lysozyme and RNases as anti-HIV components in beta-core preparations of human chorionic gonadotropin. Proc Natl Acad Sci USA，1999，96（6）：2678-2681.

[10] Lu D，Li Q，Wu Z，et al. High-level recombinant human lysozyme expressed in milk of transgenic pigs can inhibit the growth of *Escherichia coli* in the duodenum and influence intestinal morphology of sucking pigs. PLoS One，2014，9（2）：e89130.

[11] Maga EA，Desai PT，Weimer BC，et al. Consumption of lysozyme-rich milk can alter microbial fecal populations. Appl Environ Microbiol，2012，78（17）：6153-6160.

[12] Cooper CA，Garas Klobas LC，Maga EA，et al. Consuming transgenic goats' milk containing the antimicrobial protein lysozyme helps resolve diarrhea in young pigs. PLoS One，2013，8（3）：e58409.

[13] Brundige DR，Maga EA，Klasing KC，et al. Lysozyme transgenic goats' milk influences gastrointestinal morphology in young pigs. J Nutr，2008，138（5）：921-926.

[14] Nyachoti CM，Kiarie E，Bhandari SK，et al. Weaned pig responses to Escherichia coli K88 oral challenge

when receiving a lysozyme supplement. J Anim Sci，2012，90（1）：252-260.

[15] Akinbi HT，Epaud R，Bhatt H，et al. Bacterial killing is enhanced by expression of lysozyme in the lungs of transgenic mice. J Immunol，2000，165（10）：5760-5766.

[16] Maga EA，Walker RL，Anderson GB，et al. Consumption of milk from transgenic goats expressing human lysozyme in the mammary gland results in the modulation of intestinal microflora. Transgenic Res，2006，15（4）：515-519.

[17] Dziarski R，Gupta D. Peptidoglycan recognition in innate immunity. J Endotoxin Res，2005，11（5）：304-310.

[18] Royet J，Dziarski R. Peptidoglycan recognition proteins：pleiotropic sensors and effectors of antimicrobial defences. Nat Rev Microbiol，2007，5（4）：264-277.

[19] Chaput C，Boneca IG. Peptidoglycan detection by mammals and flies. Microbes Infect，2007，9（5）：637-647.

[20] Ganz T，Gabayan V，Liao HI，et al. Increased inflammation in lysozyme M-deficient mice in response to Micrococcus luteus and its peptidoglycan. Blood，2003，101（6）：2388-2392.

[21] Lee M，Kovacs-Nolan J，Yang C，et al. Hen egg lysozyme attenuates inflammation and modulates local gene expression in a porcine model of dextran sodium sulfate（DSS）-induced colitis. J Agric Food Chem，2009，57（6）：2233-2240.

[22] Ekstrand B，Bjorck L. Fast protein liquid chromatography of antibacterial components in milk. Lactoperoxidase，lactoferrin and lysozyme. J Chromatogr，1986，358（2）：429-433.

[23] Sanchez-Pozo A，Lopez J，Pita ML，et al. Changes in the protein fractions of human milk during lactation. Ann Nutr Metab，1986，30（1）：15-20.

[24] Miranda R，Saravia NG，Ackerman R，et al. Effect of maternal nutritional status on immunological substances in human colostrum and milk. Am J Clin Nutr，1983，37（4）：632-640.

[25] Goldman AS，Garza C，Nichols BL，et al. Immunologic factors in human milk during the first year of lactation. J Pediatr，1982，100（4）：563-567.

[26] Hennart PF，Brasseur DJ，Delogne-Desnoeck JB，et al. Lysozyme，lactoferrin，and secretory immunoglobulin A content in breast milk：influence of duration of lactation，nutrition status，prolactin status，and parity of mother. Am J Clin Nutr，1991，53（1）：32-39.

[27] Chandan RC，Shahani KM，Holly RG. Lysozyme content of human milk. Nature，1964，204：76-77.

[28] Johnson LN. The early history of lysozyme. Nat Struct Biol，1998，5（11）：942-944.

[29] Hein M，Valore EV，Helmig RB，et al. Antimicrobial factors in the cervical mucus plug. Am J Obstet Gynecol，2002，187（1）：137-144.

[30] Dommett R，Zilbauer M，George JT，et al. Innate immune defence in the human gastrointestinal tract. Mol Immunol，2005，42（8）：903-912.

[31] Rogan MP，Geraghty P，Greene CM，et al. Antimicrobial proteins and polypeptides in pulmonary innate defence，Respir Res，2006，7：29.

[32] Parry RM，Chandan RC，Shahani KM. Isolation and characterization of human milk lysozyme. Arch Biochem Biophys，1969，130（1）：59-65.

[33] Hamosh M. Bioactive factors in human milk. Pediatr Clin North Am，2001，48（1）：69-86.

[34] Yang B，Wang J，Tang B，et al. Characterization of bioactive recombinant human lysozyme expressed in milk of cloned transgenic cattle. PLoS One，2011，6（3）：e17593.

[35] 杨花梅，王周. 母乳中溶菌酶含量的初步测定. 中国妇幼保健，2011，26（22）：3481-3483.

[36] 管慧英，代琴韵，吴建民，等. 母乳中抗感染因子和微量元素的研究. 新生儿科杂志，1986，1：250-252.

[37] Montagne P，Cuilliere ML，Mole C，et al. Changes in lactoferrin and lysozyme levels in human milk during the first twelve weeks of lactation. Adv Exp Med Biol，2001，501：241-247.

[38] Chang SJ. Antimicrobial proteins of maternal and cord sera and human milk in relation to maternal nutritional status. Am J Clin Nutr，1990，51（2）：183-187.

[39] 王毓华，朱珊，何燕，等. 母乳溶菌酶含量与婴儿生理性腹泻. 中国微生态学杂志，1997，9（5）：32-35.

[40] 窦桂林，陈明钰，代文庆，等. 不同泌乳期人乳中乳铁蛋白、溶菌酶、C3 及免疫球蛋白的动态观察. 上海免疫学杂志，1986，6：98-100.

第三十二章

补体成分

———

补体（Complement）是存在于人体液中的一组具有酶原活性的糖蛋白，作为一种热不稳定因子通过特异性抗体促进杀细菌作用。补体系统在宿主防御机制中发挥重要作用，被激活的补体具有复杂的生物学效应，如参与免疫调控与机体防御等正常的免疫反应，具有免疫溶菌、免疫吸附、免疫共凝集（作用）和增强吞噬能力等功能。新生儿期补体系统是黏膜组织内需要全面建立的最早免疫防御系统[1]。至今已发现人乳中含有补体C1～C9。人乳中含有的补体可有效支持婴儿的免疫系统，帮助新生儿和婴儿抵御致病微生物在胃肠道和呼吸道黏膜的定植和生长，降低感染风险[2,3]。

第一节　补体功能

补体可以被理解为是先天性和适应性免疫反应之间的功能性桥梁，构成完整的宿主防御体系抵抗致病病原体的侵袭[4]。补体系统包含有 30 多种分子成分，大部分是以非活性状态存在。机体免疫反应发生的前提首先要通过经典途径或替代途径激活补体系统，通常是被抗原抗体复合物或其他因子激活。尽管人乳中存在的补体成分可以通过经典和旁路途径被激活，发挥杀菌作用，但是除 C3 以外其他补体组分的浓度均非常低[5,6]。由于补体经典激活途径的起始成分中 C1 的含量较低，所以母乳补体大多数是以旁路途径被激活，以产生调理、趋化、溶菌等抗感染作用。也有的试验结果提示，母乳中的补体成分不能经婴儿肠道被吸收进入循环，认为母乳提供的补体主要在肠道参与局部免疫反应。根据体内外的研究结果，补体的作用与功能涉及细菌的调理作用、杀菌活性、抗病毒感染细胞的细胞毒性以及黏膜表面的炎症反应等。

一、调理作用

体外研究结果提示，已经用牛乳和人乳证明，补体系统的激活和随后 C3 调理素片段沉积在被杀死的细菌上[7,8]。以前的研究证明，抗体存在的情况下，被 C3 片段标识的细菌可以被吞噬细胞摄取，即使细胞处于静止状态也是这样[9]。因此关于调理作用和吞噬病原体方面，补体系统可能是构成黏膜免疫的重要组成部分。

已知 C3 片段能明显增强 IgG 抗体的调理作用超过 100 倍。吞噬和杀灭细菌的最佳条件依赖补体和抗体通过各自的受体对吞噬细胞膜的协同作用[9]。在存在 C5a 的介质中，炎症或补体激活的程度将会上调参加外来抗原吞噬作用的补体受体[10]。

二、杀菌活性

血清补体的杀菌活性（bactericidal activities）已得到充分证明[11]。已知不同的细菌菌株对补体溶解效果的敏感性不同。通过补体活化四种机制的任何一种均可能杀死细菌，即直接和抗体依赖的经典途径、直接和抗体依赖的替代通路（旁路）的激活。在人初乳以及牛初乳和患乳腺炎乳房分泌的乳汁中，已经检测到补体诱导的直接杀菌活性[8,12]。这些研究结果表明，黏膜补体构成了防止乳腺局部受外来病原体感染的重要防御系统。

通过观察体外 4℃冷藏的人乳，出现细菌计数降低的结果提示储藏期间母乳杀灭微生物的功能被激活[13]。除了诱发脂肪分解的细胞溶解作用外，其他的补体依赖性机制也可能参与。在这个温度条件下，污染微生物的存在和丰富的 IgA 可能激活了补体系统的替代（旁路）途径[14]。已经证明某些链球菌的菌株能够直接激活血清和牛乳的补体[7]。

人乳和其他黏膜分泌物中存在针对细菌毒性因子的特异性 IgG[15]。因此当婴儿的胃肠道暴露于这些细菌时，导致补体经典途径被活化，可以帮助清除这些微生物，从而防止这些微生物的定植或感染。提示牛初乳和特异性抗体的杀菌效果支持母乳喂养对肠道有益微生物定植的有利影响[16]。

已证明奶牛患乳腺炎乳房分泌的乳汁补体的溶血活性较高，这种溶血活性的增加与溶菌的水平提高有关[16]。在乳母患乳腺炎的情况下，也观察到乳汁中 C3 和 C4 水平升高，但是这种升高的功能作用还有待确定[17]。人初乳中的补体成分具有很好的抑制大肠杆菌（E.coli 0111）生长的作用，全初乳和去脂初乳均具有较强的杀菌作用，抑制大肠杆菌的效果分别达到 92% 和 82.3%[18]。

三、抗病毒感染细胞的细胞毒性

已证明补体具有抗病毒感染细胞的细胞毒性作用（cytotoxicity against virus-infected cells）。母乳喂养婴儿防止母婴病毒性疾病（包括艾滋病毒）传播的保护作用可能涉及母乳中的补体活性。当感染病毒的细胞存在时，IgA 和 IgM 都可以活化补体介导的细胞裂解，但是已发现两者持久性的缺乏与传播 HIV-1 给婴儿的感染风险增加有很强的关联[19]。

黏膜表面的病毒性感染与补体活化有关，即通过复杂的经典免疫调节途径和由被感染的细胞直接替代（旁路）通路激活[20]。已经证明补体活化增强嗜中性粒细胞介导的病毒感染细胞的细胞毒作用[21]。

病毒感染的细胞引起的补体激活也可能导致这种病毒被非裂解性中和，即通过用抗体和补体来源的蛋白质包裹感染的细胞，从而遮蔽病毒颗粒吸附到可能被感染细胞所需要的糖蛋白和其他结构表面[22]。补体系统也能诱导对某些感染病毒的细胞产生一个直接的溶解效果[23]。可能的结论是，如果没有补体系统的显著贡献，宿主防御黏膜表面病毒感染的保护作用不可能实现。

四、黏膜表面的炎症反应

补体可抑制黏膜表面炎症反应。人乳中过敏毒素肽（anaphylatoxin peptides）除了增加白细胞迁移外，还可能增加血管通透性以及由此增加的血清抗体和补体泄漏，有助于胃肠道中的炎性反应以有效抵抗感染病原体[24,25]，但是也有研究证明过敏毒素肽通过调节细胞因子（如 IL-6）的产生，调节炎症反应[26]。在缺乏免疫复合物的结膜炎患者的眼泪中，发现随着进入眼泪分泌物的炎性介质的释放，过敏毒素肽的水平可导致肥大细胞和嗜碱性粒细胞的活化[27]。

动物实验研究结果证明，局部滴注过敏毒素肽的毒性比循环中产生的高几倍[28]，提示即使局部黏膜分泌物中存在的相对低浓度的过敏毒素肽也将发挥显著的生理学作用。

黏膜分泌物中的组织细胞和白细胞的 C5b-9 也能够发挥抗炎作用，包括释放炎症介质，如血栓素 B_2、其他前列腺素类激素、白介素-1（IL-1）和白三烯以及毒性的氧自由基[29]。

在实验性牛乳腺炎发作期间，已经证明白细胞增多和细菌清除的初期表现先于任何可检测到的 IL-1 和 IL-6 活性的增加，提示来源于过敏毒素肽（特别是 C5a）补体的可能作用[30]。这与其他的实验证据均提示补体来源的炎性介质对黏膜表面的生理学作用。

第二节　测定方法

补体测定方法（methods for determining complement content）有总补体活性溶血试验和补体成分的含量（如 C3、C4、C1q 等）测定。补体活性测定用免疫溶血法，含量测定用单向扩散法。检测补体的方法可分为功能测定（通常以溶血功能为代表）和免疫原性测定两类，后者多使用琼脂扩散法或免疫浊度法定量。

一、总补体活性测定

总补体溶血活性（CH_{50}）的测定，用于测定补体传统活化途径 Cp 的溶血活性，可分为两类，即经典的 Mayer CH_{50} 溶血法和用标准血清的溶血活性法。C1～C9 任何一个成分缺陷均可导致 CH_{50} 降低。多项研究对其进行改良，有基于 Mayer 法改良的试管法和微量快速法。补体旁路活化途径的溶血活性（$AP\text{-}H_{50}$）测定，获得结果可以反映参与旁路的成分，包括补体 C3、C5～C9 和 D、B、P、H、I 因子的活性，以及 β_{1H}、C3 灭活剂、备解素等组分的活性。CH_{50} 和 $AP\text{-}H_{50}$ 是应用悬液或琼脂胶体中的抗体致敏羊红细胞（CH_{50}）或不致敏的兔红细胞（AP_{50}）与实验样品孵育后，经补体介导红细胞溶解，释放血红蛋白，采用分光光度计测定血红蛋白量。20 世纪 80 年代后期，发现 C1q 样分子甘露聚糖结合凝集素（mannan-binding lectin, MBL）通过 C1r、C1s 可激活经典途径，被称为补体激活的第三途径"凝集素途径"[31,32]。Mayer CH_{50} 法操作烦琐，条件要求较苛刻，且受反应介质中离子强度、pH、抗体（溶血素）量、致敏作用、反应时间、温度及反应物总量的影响。半自动和自动化分析方法的实现和逐步完善，使测定方法简便、易于操作。

二、补体成分测定

检测补体成分的方法包括放射免疫扩散法、火箭免疫电泳法、交叉免疫电泳法、比浊法、放射免疫测定（RIA）法以及酶联免疫吸附（ELISA）法等。后三种方法操作较简单，可以批量分析样本。相比较，火箭免疫电泳法的分析效果则较差。

1. B 因子

可采用单向琼脂免疫扩散法、速率散射比浊法或火箭免疫电泳法测定，可用溶血试验测定 B 因子活性。C1q 测定，C1q 是补体 C1 的重要成分，可用单向琼脂扩散法测定补体 C1q 含量。

2. 补体 C3 与 C5

常用溶血法和免疫化学法测定；用单向（环状）免疫扩散法（RID）、火箭免疫电泳法（RIE）或免疫比浊法测定补体 C3 含量，方法需要抗 C3 血清；补体 C3 裂解产物（C3SP）的测定，采用 RID 及 RIE 法可精确测定 C3d 的含量，但是需要抗 C3d 血清；双向免疫电泳法操作较烦琐，敏感性不高，对流免疫电泳（CIE）法操作简便、快速、敏感，不需要抗 C3d 血清。可采用单向免疫扩散法、双层火箭免疫电泳法、对流免疫电泳法、交叉免疫电泳法、免疫固相电泳法等测定补体 C3 裂解产物（C3SP）。用火箭免疫电泳法测定 C5。

3. 补体 C4

用溶血法测定溶血活性，以单向琼脂扩散法测定含量。测定方法同补体 C3，但是需要抗 C4 血清。补体 C4 的测定方法有单向免疫扩散法、免疫比浊法；可以采用火箭免疫电泳法、交叉免疫电泳法、免疫固相电泳法测定补体 C4 裂解产物（C4SP）。

三、透射比浊法和散射比浊法

透射比浊法和散射比浊法是检测补体的经典方法，同时测定 C3、C4 的结果显示两个方法的相关性良好[33]，说明两种检测方法获得的结果具有可比性。散射比浊法是一种微量、快速、自动化检测体液中特定蛋白质成分的免疫化学技术，是将免疫测定与散射比浊法的原理相结合而设计的一种快速免疫测定法，主要用于测定体液中特定蛋白质成分；而透射比浊法在最近的 10 年间更受欢迎，逐渐替代了散射比浊法，适用于用常规临床化学分析仪进行测定，因为该方法在以下几点做了改进：①应用乳胶增强颗粒技术。将抗体通过吸附或化学连接方式结合在颗粒上，大颗粒乳胶包被高反应性抗体，提高分析灵敏度，如 C 反应蛋白；小颗粒乳胶包被低反应性抗体，通过扩展其检测范围提高灵敏度，如 IgA、IgM。②做多点校准并用非线性拟合。用多点已知浓度并且呈微小间隔的校准品，将标准曲线拟合成接近真实的反应曲线。③由于免疫复合物、免疫球蛋白聚集、脂蛋白以及胆红素或游离血红蛋白等都可对光散射或光透射分析结果产生干扰，而免疫透射比浊法所采用的全自动生化分析仪可联合应用双波长检测，自动稀释样本，与样本空白对照检测，最小化这些因素对检测结果的影响。因此，免疫透射比浊法的抗干扰能力较强。

第三节　补体含量以及影响因素

至今已发现的经典补体 C1～C9 在人初乳中均可检出，范围相当于正常人血清含量的 0.03%～7%[6,34]，其中 C4、C7 和 C9 的活性相对较高[6]，而 C1 含量极低。可定量检测和识别的母乳中补体成分包括 C2、C3、C4A、C4B、C5、C9 和因子 B[35,36]；母乳中 C4、C2、C7、C9 溶血性较高，含量分别相当于血清相同成分的 5%、2%、7% 和 6%，C1 的活性最低为 0.03%。

最初进行母乳补体溶血活性的研究是将乳样储存在 0℃ 24h，没有检测到补体 C3 或 C4 的溶血活性。然而，通过凝胶电泳免疫黏附测定获得了补体 C3 和 C4 活化片段存在的证据[5]。目前研究最多的人乳补体是 C3 和 C4，见表 32-1。Tregoat 等[37]的分析结果显示，人乳中 C3 和 C4 含量高于牛乳。通常成熟乳中大多数补体组分的含量相对较低，但是初乳中补体 C3 和 C4 的含量最高（0.997g/L±0.400g/L 和 0.659g/L±0.235g/L），尤其是分娩后第一天和第二天，例如，分娩后第一天母乳中补体 C3 含量（1314mg/L±545mg/L）接近乳母的血清 C3 含量（1337mg/L±238mg/L），随后母乳 C3 含量迅速下降[38]。初乳和过渡乳中含有较高的补体成分，这可能对新生儿和婴儿的肠道免疫功能发挥重要作用[38~40]。

⊡ 表 32-1　人乳中补体的含量（平均值±标准差）　　　　　　　　　　　　　单位：mg/L

文献来源	初乳		过渡乳		成熟乳		时间
	含量	时间/d	含量	时间/d	含量	时间/d	
补体 C3							
王晓宁等[39]	43±13	3～5	40±7	7～13	27±110	14～16	1997～1999
代琴韵等[38]	1314±545	1	75±40	7	22±20	30	1983～1984
	586±409	2	34±16	15	17±15	60	
	292±416	3	—③		18±17	90	
	99±60	4	—③		—③		
Trégoat 等[44]	199±16②	1～5	58±5②	6～14	30±2②	15～84	1999①
窦桂林等[40]	274±201	2～3	68±29	7～14	60±39	14～28	1986①
	160±176	4～7			41±30	28～56	
					34±24	56～84	
					24±31	84～148	
补体 C4							
王晓宁等[39]	14±36	3～5	10±4	7～13	10±2	14～16	1997～1999
Trégoat 等[44]	113±11②	1～5	72±5②	6～14	53±4②	15～84	1999①
Chang[42]	140±160	3	100±130	7	60±30	21	1990①
	110±110	4	80±110	14	40±20	28	
	100±80	5			40±20	42	
Miranda 等[45]	210±160	2～3	30±80	14	80±70	56	1983①

　　①发表时间。②平均值±标准误。③表示未报告数值。

贫血和患乳腺炎的母亲乳汁中补体 C3 含量（152mg/L±115mg/L 和 113mg/L±76mg/L）显著高于正常乳母的乳汁（68mg/L±29mg/L）[40]。高血糖的母亲初乳中 C3 含量（1425mg/L±

115mg/L）低于正常血糖乳母的初乳（1642mg/L±110mg/L），而两者血清中 C3 含量无明显差异（1357mg/L±146mg/L 与 1345mg/L±65mg/L），两组母乳中补体 C4 含量无显著差异（1273mg/L±109mg/L 与 1216mg/L±119mg/L）[35]。

与正常足月分娩的婴儿相比，早产儿（38～42 周）体内的补体系统很不完善，缺乏某些成分或有些补体成分的含量很低，这可能也是早产儿为什么很容易发生微生物感染的缘故。例如，李彩荣等[41]的调查结果显示，早产儿的初乳 C3（269.8mg/L±67.7mg/L）和 C4（191.2mg/L±68.0mg/L）含量显著低于足月儿的母乳（388.6mg/L±146.4mg/L 和 213.0mg/L±6.9mg/L）。

营养不良乳母的初乳中补体 C3 和 C4 浓度相当于营养状况良好乳母的 1/3～1/2，哺乳最初 4 周内营养状况良好乳母的乳汁中 C4 浓度逐渐降低，而营养不良乳母的乳汁 C4 含量到 2 周时降低到稳定的水平[42]。

剖宫产的乳母初乳中 C3 和 C4 水平显著高于顺产乳母的初乳[43]。与足月儿的母乳相比，早产儿（孕 33 周以下）母乳或初产妇的乳汁中含有较高的 C3 和 C4，随哺乳阶段延长降低的幅度较慢；人乳 C3 和 C4 水平似乎受胎次和早产的影响[37]。

（韩秀明，董彩霞，荫士安）

参考文献

[1] Chernyshov VP，Slukvin II. Characteristics of local immunity in newborn infants. Pediatriia，1989，（6）：20-24.

[2] Lam EY，Kecskes Z，Abdel-Latif ME. Breast milk banking：current opinion and practice in Australian neonatal intensive care units. J Paediatr Child Health，2012，48（9）：833-839.

[3] Jegier BJ，Meier P，Engstrom JL，et al. The initial maternal cost of providing 100mL of human milk for very low birth weight infants in the neonatal intensive care unit. Breastfeed Med，2010，5（2）：71-77.

[4] Dunkelberger JR，Song WC. Complement and its role in innate and adaptive immune responses. Cell Research，2010，20（1）：34-50.

[5] Ballow M，Fang F，Good RA，et al. Developmental aspects of complement components in the newborn. The presence of complement components and C3 proactivator（properdin factor B）in human colostrum. Clin Exp Immunol，1974，18（2）：257-266.

[6] Nakajima S，Baba AS，Tamura N. Complement system in human colostrum：presence of nine complement components and factors of alternative pathway in human colostrum. Int Arch Allergy Appl Immunol，1977，54（5）：428-433.

[7] Rainard P，Poutrel B. Deposition of complement components on *Streptococcus agalactiae* in bovine milk in the absence of inflammation. Infect Immun，1995，63（9）：3422-3427.

[8] Ogundele MO. Complement-mediated bactericidal activity of human milk to a serum-susceptible strain of *E. coli* 0111. J Appl Microbiol，1999，87（5）：689-696.

[9] Frank MM, Fries LF. The role of complement in inflammation and phagocytosis. Immunol Today, 1991, 12 (9): 322-326.

[10] Werfel T, Sonntag G, Weber MH, et al. Rapid increases in the membrane expression of neutral endopeptidase (CD10), aminopeptidase N (CD13), tyrosine phosphatase (CD45), and Fc gamma-RIII (CD16) upon stimulation of human peripheral leukocytes with human C5a. J Immunol, 1991, 147 (11): 3909-3914.

[11] Wardlaw AC. The complement-dependent bacteriolytic activity of normal human serum. I. The effect of pH and ionic strength and the role of lysozyme. J Exp Med, 1962, 115: 1231-1249.

[12] Rainard P, Poutrel B, Caffin JP. Assessment of hemolytic and bactericidal complement activities in normal and mastitic bovine milk. J Dairy Sci, 1984, 67 (3): 614-619.

[13] Knoop U, Schutt-Gerowitt H, Matheis G. Bacterial growth in breast milk under various storage conditions. Monatsschrift Kinderheilkunde, 1985, 133 (7): 483-486.

[14] Gotze O, Muller-Eberhard HJ. The alternative pathway of complement activation. Adv Immunol, 1976, 24: 1-35.

[15] Lodinova R, Jouja V. Antibody production by the mammary gland in mothers after artificial oral colonisation of their infants with a non-pathogenic strain E. coli 083. Acta Paediatr Scand, 1977, 66 (6): 705-708.

[16] Yoshioka H, Iseki K, Fujita K. Development and differences of intestinal flora in the neonatal period in breast-fed and bottle-fed infants. Pediatrics, 1983, 72 (3): 317-321.

[17] Prentice A, Prentice AM, Lamb WH. Mastitis in rural Gambian mothers and the protection of the breast by milk antimicrobial factors. Trans R Soc Trop Med Hyg, 1985, 79 (1): 90-95.

[18] 唐宗青, 王晓芹, 游琨. 初乳中补体介导的杀菌作用研究. 医学创新研究, 2006, 3: 5-6.

[19] Van de Perre P, Simonon A, Hitimana DG, et al. Infective and anti-infective properties of breastmilk from HIV-1-infected women. Lancet, 1993, 341 (8850): 914-918.

[20] Kaul TN, Welliver RC, Ogra PL. Appearance of complement components and immunoglobulins on nasopharyngeal epithelial cells following naturally acquired infection with respiratory syncytial virus. J Med Virol, 1982, 9 (2): 149-158.

[21] Kaul TN, Faden H, Baker R, et al. Virus-induced complement activation and neutrophil-mediated cytotoxicity against respiratory syncytial virus (RSV). Clin Exp Immunol, 1984, 56 (3): 501-508.

[22] Cooper NR, Nemerow GR. Complement, viruses, and virus-infected cells. Springer Semin Immunopathol, 1983, 6 (4): 327-347.

[23] Bartholomew RM, Esser AF, Muller-Eberhard HJ. Lysis of oncornaviruses by human serum. Isolation of the viral complement (C1) receptor and identification as p15E. J Exp Med, 1978, 147 (3): 844-853.

[24] Jose PJ, Forrest MJ, Williams TJ. Human C5a des Arg increases vascular permeability. J Immunol, 1981, 127 (6): 2376-2380.

[25] Luo HY, Wead WB, Yang S, et al. Nitric oxide mediates C5a-induced vasodilation in the small intestine. Microcirculation, 1995, 2 (1): 53-61.

[26] Hopken U, Mohr M, Struber A, et al. Inhibition of interleukin-6 synthesis in an animal model of septic shock by anti-C5a monoclonal antibodies. Eur J Immunol, 1996, 26 (5): 1103-1109.

[27] Ballow M, Donshik PC, Mendelson L. Complement proteins and C3 anaphylatoxin in the tears of patients with conjunctivitis. J Allergy Clin Immunol, 1985, 76 (3): 473-476.

[28] Stimler NP, Hugli TE, Bloor CM. Pulmonary injury induced by C3a and C5a anaphylatoxins. Am J Pathol, 1980, 100 (2): 327-348.

[29] Hansch GM，Seitz M，Betz M. Effect of the late complement components C5b-9 on human monocytes：release of prostanoids，oxygen radicals and of a factor inducing cell proliferation. Int Arch Allergy Appl Immunol，1987，82（3-4）：317-320.

[30] Shuster DE，Kehrli ME Jr.，Stevens MG. Cytokine production during endotoxin-induced mastitis in lactating dairy cows. Am J Vet Res，1993，54（1）：80-85.

[31] Ikeda K，Sannoh T，Kawasaki N，et al. Serum lectin with known structure activates complement through the classical pathway. J Biol Chem，1987，262（16）：7451-7454.

[32] Schweinle JE，Ezekowitz RA，Tenner AJ，et al. Human mannose-binding protein activates the alternative complement pathway and enhances serum bactericidal activity on a mannose-rich isolate of *Salmonella*. J Clin Invest，1989，84（6）：1821-1829.

[33] 曾华，罗玲，何桂儿，等. 透射比浊法和散射比浊法测定免疫球蛋白和补体的评价. 国际检验医学杂志，2013，34：2733-2734.

[34] Yonemasu K，Kitajima H，Tanabe S，et al. Effect of age on C1q and C3 levels in human serum and their presence in colostrum. Immunology，1978，35（3）：523-530.

[35] Lis J，Orczyk-Pawilowicz M，Katnik-Prastowska I. Proteins of human milk involved in immunological processes. Postepy Hig Med Dosw（Online），2013，67：529-547.

[36] Morceli G，Franca EL，Magalhaes VB，et al. Diabetes induced immunological and biochemical changes in human colostrum. Acta Paediatr，2011，100（4）：550-556.

[37] Tregoat V，Montagne P，Cuilliere ML，et al. Sequential C3 and C4 levels in human milk in relation to prematurity and parity. Clin Chem Lab Med，2000，38（7）：609-613.

[38] 代琴韵，管惠英，吴建民. 50 例母乳及产妇血清免疫功能动态观察. 同济医科大学学报，1985，5：349-352.

[39] 王晓宁，罗新，冷顺堂，等. 母乳中元素及免疫物质含量测定与孕产妇健康教育的研究. 解放军护理杂志，2001，18：5-52.

[40] 窦桂林，陈明钰，代文庆，等. 不同泌乳期人乳中乳铁蛋白、溶菌酶、C3 及免疫球蛋白的动态观察. 上海免疫学杂志，1986，6：98-100.

[41] 李彩荣，金宇婷，华春珍. 早期母乳中免疫球蛋白和补体含量动态观察. 浙江预防医学，2015，27（3）：308-309.

[42] Chang SJ. Antimicrobial proteins of maternal and cord sera and human milk in relation to maternal nutritional status. Am J Clin Nutr，1990，51（2）：183-187.

[43] 蒋建伟，傅凤鸣，詹美意，等. 剖宫产对母乳抗体、补体水平的影响. 中国病理生理学杂志，1998，14：496.

[44] Trégoat V，Montagne P，Cuilliere ML，et al. C3/C4 concentration ratio reverses between colostrum and mature milk in human lactation. J Clin Immunol，1999，19（5）：300-304.

[45] Miranda R，Saravia NG，Ackerman R，et al. Effect of maternal nutritional status on immunological substances in human colostrum and milk. Am J Clin Nutr，1983，37（4）：632-640.

第三十三章

细胞因子

随着对新生儿和婴儿胃肠道、呼吸道黏膜部位感染和环境抗原的有效反应机制了解的深入，更多的研究开始关注胎儿和新生儿免疫能力的发育。细胞因子是一类多功能性多肽，通过与特异性细胞受体结合，以自分泌/旁分泌方式发挥作用，通过操控机体的网络系统，协调免疫系统的发育。母乳中含有的多种细胞因子，可显著降低母乳喂养儿胃肠道和呼吸道感染的发生率。

第一节　细胞因子的分类

在过去 30 年，已经纯化的细胞因子（cytokines）超过 30 多种（表 33-1），包括趋化因子、集落刺激因子、细胞毒性因子、生长因子、干扰素、白介素和 microRNA（或称为 miRNA）等。机体对外来抗原（细菌、内毒素）免疫应答的成功启动取决于几种细胞类型，包括 T 细胞和巨噬细胞。不同细胞之间的通信是通过可溶性因子介导，即细胞因子介导。细胞因子可能对宿主产生有益作用或有害作用，这取决于产生的量；微量的细胞因子调节生理功能，但是当细胞因子产生的量异常时（过量或过低），可能在不同疾病的发病机理中发挥某些作用。人乳中已经发现多种不同的细胞因子和趋化因子，包括 IL-1β、IL-2、IL-6、IL-8、IL-10、TNF-α,β、可溶性 TNF 受体 I（sTNF-R I）、TGF、生长因子等，而且新名单的增长非常迅速[1~3]。

人乳中某些细胞因子进入到婴儿肠道中段或下段仍具有生物活性。例如，像 IL-1 和 IL-8 这样的细胞因子相对可抵抗某些消化过程，其他的人乳中免疫调节因子是被隔离着的，因此也能够抵抗胃肠道消化酶的消化，母乳中含有干扰蛋白质水解的抗蛋白酶，因为新生儿期有些消化因子还没有完全发育成熟。新生儿期像细胞因子这类生物活性因子的生物学功能的发展迟缓，可以通过喂予母乳中含有的相应细胞因子得到部分代偿。

⊡ 表 33-1　人乳中细胞因子的分类

分类	成分
趋化因子（chemokines）	MCP-1，MIP-1，β
集落刺激因子（colony stimulating factors, CSFs）	M-CSF、 G-CSF、GM-CSF、EPO
细胞毒性因子（cytotoxic factors）	TNF-α,β,γ
生长因子（growth factors）	TGF-β1,2,3、PDGF、VEGF、HGF、EGF
干扰素（interferons）	IFN-α,β
白介素（interleukins）	IL-1α,β、IL-1ra、IL-2～IL-16
小分子核糖核酸（micro-ribonucleic acid, microRNA 或 miRNA）	

注：MCP-1, monocyte-chemoattractant protein-1, 单核细胞趋化蛋白-1；MIP-1,β, macrophage inflammatory protein-1 beta, 巨噬细胞炎性蛋白-1,β；M-CSF, macrophage colony stimulating factor, 巨噬细胞集落刺激因子；G-CSF, granulocyte colony stimulating factor, 粒细胞集落刺激因子；GM-CSF, granulocyte macrophage colony stimulating factor, 粒细胞-巨噬细胞集落刺激因子；EPO, erythropoietin, 促红细胞生成素；TNF-α,β, tumor necrosis factor-alpha, beta, 肿瘤坏死因子-α,β；TGF-β1,2,3, transforming growth factor-beta1,2,3, 转化生长因子-β1,2,3；PDGF, platelet-derived growth factor, 血小板衍生生长因子；VEGF, vascular endothelial growth factor, 血管内皮生长因子；HGF, hepatic growth factor, 肝细胞生长因子；EGF, epidermal growth factor, 表皮生长因子；IFN-α,β, interferon-alpha, beta, 干扰素-α,β；IL-1α,β, interleukin-alpha, beta, 白介素-1α,β；IL-1ra, interleukin receptor antagonist, 白介素受体拮抗剂。

第二节　细胞因子的功能

细胞因子的生物学作用是多功能多样性，每种都显示出了多样的生物活性，而每个活性或功能是由多种细胞因子所介导的。众所周知，细胞因子是高度相互依存的，可以是以相加、协同、抑制或级联的方式作用于靶细胞。取决于靶细胞的类型和发展状态，单个细胞因子的作用既可能是作为一个正的也可能是负的信号。这些细胞因子以调节因子的方式作用于内分泌、旁分泌或自分泌的不同器官、组织和细胞，显示出对系统的或局部的生物学效应。例如，IL-1、TNF 和 IL-6 激活下丘脑-垂体-肾上腺轴的诱导激素，如促肾上腺皮质激素释放因子、促肾上腺皮质激素和糖皮质激素，细胞因子影响乳腺和新生儿的发育和免疫功能。以下总结了目前研究比较多的细胞因子的生理功能或生物学活性。

一、趋化因子

趋化因子是一类新的小分子量具有离散性靶细胞选择性的趋化细胞因子，能够活化白细胞，因此作为炎症的有效调节介质发挥潜在作用[4]。趋化因子有两个亚单位，即 CXC 趋化因子（4 个保守的半胱氨酸残基的前两个被 1 个氨基酸分隔）和 CC 趋化因子（4 个保守的半胱氨酸残基的前 2 个相邻）[5]。IL-8 和生长相关的肽-α属于 CXC 家族，而且也是中性粒细胞的主要趋化因子。然而，CC 趋化因子，包括 MCP-1、最有特征的"组胺释放因子"、巨噬细胞炎性蛋白（MIP）-1α和 RANTES［调节活化、正常 T 细胞表达和分泌（regulated on activation, normal T expressed and secreted）］是单核细胞、嗜碱性粒细胞和嗜酸性粒细胞的趋化因子，而对嗜中性粒细胞几乎没有活性[6]。近来人乳中发现了其他的CXC 趋化因子、生长相关的肽-α（具有两个 CC 趋化因子的 MCP-1 和 RANTES）[7]。

二、细胞集落刺激因子

细胞集落刺激因子是人乳中发现的高度特异性蛋白因子，调节造血过程中细胞的增殖与分化。最早是由 Sinha 和 Yunis（1983）[8]发现的人乳中存在分子量在 240000～250000之间的多肽。随后识别了人乳中粒细胞集落刺激因子（G-CSF）、巨噬细胞集落刺激因子（M-CSF）和粒细胞-巨噬细胞集落刺激因子（GM-CSF）[9~11]。特别是 M-CSF 的浓度比血清中高 10～100 倍，并且是在雌性激素调节下由乳腺导管和腺泡的上皮细胞产生[10]。

细胞集落刺激因子，例如 M-CSF 和 GM-CSF，可能在乳巨噬细胞的增殖、分化和存活中发挥重要作用。与起源于巨噬细胞的 GM-CSF 相比较，起源自巨噬细胞的 M-CSF相对能够抵抗病毒感染[12]。而且 M-CSF 可诱导巨噬细胞产生 IL-1 受体拮抗剂[13]，它也是近年来发现的人乳中存在的一种抗炎分子。

三、肿瘤坏死因子

肿瘤坏死因子（TNF-α，TNF-β）是存在于人乳大分子组分中的重要免疫调节因子，也是近年来细胞因子研究的热点，它们不仅对肿瘤细胞具有细胞毒性和生长抑制作用，还能诱导 IL-1、IL-6、IL-8、IFN-γ产生，促进 IL-2 受体（IL-2R）表达。Rudloff[14]应用放射免疫法证实母乳中有足量的具有生物活性的 TNF-α，母乳中的 TNF-γ浓度与乳中白细胞的总数相关。

早期人乳汁分泌物中含有高浓度的 TNF-α，分子量在 80～195kDa 之间[14]。由于在生物体液中 TNF-α以三聚体形式存在，人乳中细胞因子似乎与其他分子或可溶性受体结合。乳汁中的 TNF-α可能是由乳腺的巨噬细胞和乳腺上皮细胞所分泌[14,15]。母乳中的TNF-α通过刺激 IFN-β1、IFN-β2 的产生和分泌的成分发挥抗病毒和免疫调节作用，帮助循环中的巨噬细胞进入到母乳喂养婴儿的消化道[16]。

四、生长因子

生长因子包括转化生长因子 TGF-β1,2,3、血小板衍生生长因子（PDGF）、血管内皮生长因子（VEGF）、HGF 以及 EGF 等，推测这些生长因子来源于母体乳腺的上皮细胞和基质细胞以及巨噬细胞。人乳中含有多种不同的生长因子，可能参与新生儿和婴儿的许多生物学功能，在乳腺发育和泌乳中发挥重要作用。

近年来由于生长因子对新生儿胃肠道生长、成熟和维持行使生长促进和保护作用，母乳中生长因子的营养学和生理学作用受到极大关注[17,18]。其中，VEGF、HGF 和 EGF是最重要的。VEGF 调节血管生成[19]。HGF 刺激上皮细胞和其他不同类型细胞的生长、移动和形态发生[20]，也具有血管生成特性。EGF 是由具有 3 个二硫键的 53 个氨基酸组成的酸性多肽，被认为是人乳中刺激细胞分裂的主要有丝分裂原，通过结合于 EGF 受体触发细胞内酪氨酸激酶途径[21]。这些生长因子对新生儿胃肠道的影响可能是协同、互补或代偿作用[22]。

已经证明，TGF-α通过上调前列腺素的产生和协同增强的 IL-1β 及 TNF-α的效果促进炎症[23,24]。TGF-β是众所周知的影响细胞生长和分化的细胞因子，取决于乳腺发育阶段，TGF-β调节乳导管生长和腺泡发育与功能分化[25]，初乳中的 TGF-β可以预防纯母乳喂养期间婴儿过敏性疾病的发生[16]；体外试验和动物研究的结果已经证明，TGF-β对启动新生儿 IgA 的产生发挥了重要作用[26,27]。已知 TGF-β有三种哺乳动物亚型，即 TGF-β1、TGF-β2 和 TGF-β3[28]，人乳含有 TGF-β1 和 TGF-β2，其中 TGF-β2 是主要的亚型[7,29]。

五、干扰素

干扰素（IFN）为多功能淋巴因子，除具有抗病毒活性外，还有较强烈或独特的免疫调节活性。母乳中没有游离的 IFN，但经丝裂原或受某种病毒刺激后，乳中淋巴细胞可产生 IFN-γ[30]。不同泌乳期产生 IFN 的能力有差别，初乳细胞产生 IFN 的能力较强，成熟乳细胞产生 IFN 的能力相应下降。在人乳中[15,31]，局部、单细胞水平、受刺激的乳淋巴细胞，已发现 IFN-γ的浓度相当高，但是其生物活性以及与乳汁 T 细胞特异性亚群的关系仍有待确定。然而，人体的其他体液中发现的 IFN-α和 IFN-β含量低于母乳[15]。

McDonald[32]通过极低体重儿、足月儿和成人 NK 细胞活性、NK 细胞表型，对 IL-2和 IFN-γ生成和反应能力的研究，发现极低体重儿 NK 细胞活性低于足月儿，足月儿 NK细胞活性低于成人，新生儿体内 NK 细胞活性低下与 IFN-γ的低值有关。有研究表明，母亲通过母乳喂养可向婴儿传递细胞免疫，因而推测母乳中免疫活性细胞进入新生儿肠道而被激活，释放 IFN-γ和其他细胞因子，同时通过影响 B 淋巴细胞和巨噬细胞的分化和激活等，发挥抗感染等各种免疫调节作用，为新生儿提供免疫保护。

六、白介素

白介素（IL）是由活化的单核细胞、巨噬细胞或淋巴细胞产生的免疫因子，作用于淋巴细胞、巨噬细胞及其他细胞，在机体免疫识别、应答和调节中，尤其在免疫活性细胞的活化、增殖、成熟、分化及发挥免疫应答与功能等方面发挥重要作用。体外实验证实大肠杆菌壁上的脂多糖（lipopolysaccharide，LPS）可诱导母乳单个核细胞产生 IL-1、IL-6、IL-8、IL-10、TNF-α和粒细胞-巨噬细胞集落刺激因子；而佛波醇乙酯与伊屋诺霉素可刺激诱导 IL-2、IL-3、IL-4、IL-10、IFN-γ、TNF-α的产生，从细胞水平决定母乳中细胞因子分泌细胞的功能。

IL-1 被认为是人乳中定量测定的第一个细胞因子[2]，包括 IL-1α和 IL-1β。在健康乳母的初乳和早期乳样（7 天）中发现的是 IL-1β，而不是 IL-1α。发现初乳的白细胞能自然产生 IL-1，提示母乳中这些细胞已被激活。IL-6 似存在于人乳中的大分子组分，乳清中的 IL-6 部分是来自单核细胞[3]。在这些研究中，中和抗体与 IL-6 同时添加导致初乳单核细胞刺激的免疫球蛋白 A 的产生受到抑制，表明 IL-6 与乳腺中免疫球蛋白 A 的产生密切相关。随后用免疫测定法证明了人乳中存在 IL-6[31]。人乳细胞和乳腺上皮细胞以及 LPS 刺激的乳细胞中 IL-6 信使 RNA（mRNA）的事实[7]，提示乳汁中单核细胞和乳腺可能是这种细胞因子的主要来源。IL-6 与 IL-1、TNF-α共同参与感染和炎症刺激的免疫系统急性期反应，激活 T、B 淋巴细胞和 NK 细胞，诱导免疫球蛋白的合成，因此在促进机体抗细菌感染中也起到核心作用。母乳中 IL-6 的浓度高于新生儿脐血中的浓度，母乳中 IL-6 与乳中 IgA 的产生有关，因而在新生儿单核细胞成熟之前，母乳向新生儿提供了具有生物活性的 IL-6，为新生儿提供了免疫保护[3]。

IL-8 也显示有多形核白细胞（PMN）的趋化活性，使中性粒细胞趋化集聚在感染部位进行吞噬、脱颗粒释放溶菌酶杀菌。最初是 Basolo 等[15]测定了小样本人乳中 IL-8 的浓度，随后是 Palkowetz 等[33]。两组均确定了乳腺上皮细胞 IL-8 的表达和分泌，乳腺细胞似乎也是这种趋化因子的良好生产者[7]。Djeu[34]通过分析 PMN 抑制白色念珠菌生长的活性，证实了 IL-8 对人 PMN 的作用，IL-8 能有效增强 PMN 介导的抗念珠菌活性，而且 IL-8 对 T 淋巴细胞、嗜碱性粒细胞也有趋化作用，并通过此途径调节免疫和炎症反应[35]。在免疫反应中，IL-8 通过对淋巴细胞趋化作用而调节淋巴细胞的再循环，影响抗原的甄别和杀伤。就炎症反应而言，IL-8 通过对中性粒细胞的趋化和诱导脱颗粒作用，有助于对病原微生物的杀伤效应。但是母乳中这些细胞所产生的 IL-8 对新生儿的作用不十分清楚，推测母乳中这些细胞进入新生儿肠道后，可被肠道中革兰阴性菌脂多糖激活，产生 IL-8 而增强新生儿的抗感染能力。

最近，在泌乳最初 80h 期间收集的乳样中，已证明 IL-10 作为一个关键的免疫调节和抗炎细胞因子的浓度很高[36]。IL-10 不仅存在于乳汁的水相，而且也存在于脂质层。通过人乳样品抑制血淋巴细胞增殖以及用抗 IL-10 抗体处理显著降低该特性的研究结果，证实了 IL-10 的生物活性特征。在培养的人乳腺上皮细胞中发现了 IL-10 的 mRNA，而不是蛋白质的产物。

七、miRNA

miRNA 发现至今已近 30 年，母乳中富含 miRNA 及其组分，而且这些成分对新生儿和婴儿的免疫器官成熟和功能调节均非常重要[37~43]，详情可参见本书第三十章微小核糖核酸。

第三节　细胞因子在新生儿和婴儿免疫功能中的作用

新生儿和婴儿的胃肠道和呼吸道黏膜抵御外来微生物，如病毒或细菌的感染，是由先天的和特异性获得性免疫所介导的，而天然和特异性免疫的效应阶段主要由被称为细胞因子的蛋白质激素所介导[44]。母乳尤其是初乳中含有大量的免疫活性细胞（参见本书第三十六章 人乳中细胞成分），经抗原或丝裂原刺激可产生多种细胞因子，在免疫应答中发挥重要作用。母乳喂养提供的细胞因子能够影响新生儿的抗菌、抗病毒的能力以及加速免疫系统发育成熟。这些细胞因子具有许多共同特性，包括它们的自分泌/旁分泌、由多个不同细胞产生以及多效能力（即作用于许多不同类型细胞的能力）。有明确证据表明，与成人 T 细胞和其他细胞来源相比，新生儿细胞中有几种细胞因子的产生或其同源 mRNAs 的表达程度表现为稍高（TNF-α）[45]、适量（GM-CSF）[46,47]或显著降低（IL-3、IL-4、IL-5、IL-8、IL-10、IFN-γ）[48~50]。Oddy 和 Rosales[51]的系统文献综述结果显示，母乳中 TGF-β对婴儿适宜免疫系统的发育和维持似乎是必需的，并且可能提供预防不良免疫结局的保护作用。

一、抗菌作用

在防御局部微生物感染中，通过大量趋化因子的作用，使多形核白细胞（PMN）、单核细胞和巨噬细胞移向感染区，在细胞因子的调节下发挥吞噬、杀菌和抗体依赖细胞介导的细胞毒性等活性。IL-1 和 TNF 是很好的趋化和调节因子，它们促进 PMN 黏附血管内皮细胞和游出血管外，刺激 PMN 脱颗粒与氧化代谢，分泌髓过氧化酶，产生毒性氧化产物（超氧阴离子 O_2^- 与 H_2O_2），通过加强对病原微生物的消化、吞噬和杀伤，增强机体抵抗感染的能力[52]。母乳中巨噬细胞的运动能力远超过外周血的白细胞，而母乳中巨噬细胞运动能力的增强与 TNF-α 有关。当将外周血单个核细胞与初乳或乳清一起孵育后，外周血单个核细胞的运动能力增强，并接近于母乳中巨噬细胞，重组人 TNF-α 抗体可显著降低这种增进作用，因此母乳中 TNF-α 被认为可增强外周血单个核细胞的运动能力[53]。也有人认为，新生儿肠道近端缺乏内源性蛋白水解酶，同时母乳中含有丰富的抗蛋白酶、α₁-抗糜蛋白酶和 α₁-抗胰蛋白酶，它们均可阻止这些蛋白质在肠道中被水解，故母乳中的 TNF-α 可进入新生儿肠道，并保留足够时间发挥其抗菌作用[14]。

二、抗病毒感染作用

抗病毒免疫的细胞群包括杀伤性 T 淋巴细胞、NK 细胞、细胞毒性 T 细胞、淋巴因子活化的杀伤细胞和巨噬细胞。能使这些效应细胞活化的因子有多种细胞因子，尤其是 IFN 发挥了重要作用。有人认为，母乳中含有的这些细胞进入新生儿肠道后产生的 IFN-γ 可保护肠道抵御病毒侵袭。

TNF 本身也具有抗病毒活性。研究证实，呼吸道合胞病毒（RSV）感染后肺泡巨噬细胞分泌的 TNF-α 可阻止 RSV 感染单核细胞[54]；体外培养乳细胞暴露于 RSV 可导致 IL-1β、IL-6 和 TNF-α 的 mRNA 表达量增加 2～10 倍[55]。IFN-γ 与 TNF 在抗病毒方面有协同作用，TNF 诱导产生 IFN-γ，IFN-γ 增强 TNF 选择性杀伤病毒感染细胞的作用。新生儿从母乳获得一定量 TNF-α 有助于降低新生儿病毒感染的风险。

三、调节新生儿免疫应答和促进免疫系统功能成熟

体外的实验结果显示，IL-1 可刺激新生儿 T 淋巴细胞发生有丝分裂反应，促进 T 淋巴细胞膜结构改变，使该细胞功能成熟，直接或间接通过 T 细胞分泌 IL-2 等淋巴因子刺激 B 细胞增殖和分泌抗体。动物实验结果显示，母乳可增强鼠脾细胞的增殖及抗体的分泌，推测此作用可能与母乳中巨噬细胞产生的类似 IL-1 的物质有关，提示通过母乳喂养可弥补新生儿 B 细胞功能的不足。

IL-6 可刺激 T、B 淋巴细胞的增殖发育，诱导抗体产生。母乳中 TNF-α 可能通过诱导 IL-1、IL-6 等间接作用，调节免疫细胞的活性，诱导细胞表面 Ⅰ 类、Ⅱ 类抗原的表达，增强 T、B 淋巴细胞对抗原的处理能力；IL-6 和 TNF-α 可影响新生儿的造血功能，IL-6 促进细胞集落的形成、增殖，促进血细胞的分化[56]。TNF-α 促进新生儿上皮细胞形成造血生长因子，发挥调节多种血细胞的效能，人乳中存在的 IL-10 可能在母乳喂养儿肠道屏障动态平衡以及异常免疫反应的调节中发挥关键作用[57]。但是母乳中 IL-6 和 TNF-α 对新生儿有无这样的促进作用仍有待阐明。

某些细胞因子（如 IL-6 和 TNF-α）参与了乳腺发育和功能调节[58]，而其他的细胞因

子（IL-1 和 IFN-γ）可能影响乳腺防御因子、sIgA 或其他细胞因子的产生。存在于人乳中的嗜中性粒细胞强力活化剂 CXC 趋化因子[59]，对肠上皮内淋巴细胞有趋化活性[60]，而且在宿主防御细菌感染中发挥重要作用。最近发现的 CC 趋化因子 RANTES、MIP-1α 和 MIP-1β 是由 CD8+T 淋巴细胞释放的主要的人类免疫缺陷病毒抑制因子[61]，提出了人免疫缺陷病毒经母乳喂养传播方面这些因子可能的保护作用是令人感兴趣的问题。

人乳中的趋化因子可能在母体的中性粒细胞、单核细胞和淋巴细胞移动进入乳汁以及随后穿透过新生儿肠壁发挥重要作用。这样的作用有助于新生儿免疫系统的防御和发育[62]。总之，母乳中含有大量免疫活性细胞，能够产生多种细胞因子，这些因子可能通过多种途径参与母乳喂养儿机体的免疫调节，增强新生儿非特异性免疫力，增强抗感染能力，促进新生儿特异性免疫反应。

四、与过敏的关系

过敏婴儿与非过敏婴儿组相比，分娩后 30 天乳母中 IL-8 的水平有非常显著差异（平均值±SE，515.6ng/L±81.4ng/L 与 200.3ng/L±25.0ng/L）[1]。对于那些易发生牛乳过敏的婴儿，初乳中 TGF-β1 可促进 IgG-IgA 抗体产生和抑制 IgE 介导的对牛乳的反应，提示母亲初乳中 TGF-β1 可能在决定易于对牛乳过敏婴儿特异性免疫反应的强度和类型中发挥重要作用[63]，尤其是初乳中存在的 TGF-β 可预防纯母乳喂养期间过敏性疾病的发生，促进人体内特异性 IgA 的产生[16]。

综上所述，母乳中生物活性因子对婴儿健康和发育的保护作用可能是通过免疫调节过程介导完成的，如细胞因子（TNF-α、TGF-β2、IL-6、IL-10 等）可在增强新生儿白细胞产生 sIgA 中发挥作用[36,64]、促进婴儿肠道发育成熟和屏障功能完善（如 EGF、TGF-β2 等）[51,65~67]、增强对病原菌定植的抵抗力[68]以及减轻炎症反应（如 IL-2、IL-10、TGF-β2）[36,65,69,70]。

第四节　测定方法

由于人乳中细胞因子种类多、含量低、变异范围大，目前关于细胞因子测定的系统方法学比较研究和已发表的论文甚少。已开发了许多商品化试剂盒用于测定母乳细胞因子。例如，商品化 ELISA 试剂盒可用于测定 VEGF、HGF 和 EGF，典型产品最低检测量分别为<5ng/L、<40ng/L 和<1ng/L[22,71]。采用 Millipore 含有 20 种细胞因子、趋化因子和生长因子抗体的商品多重试剂盒，用 Luminex 仪器测定细胞因子，使用样品量仅 50μl，可检测的细胞因子包括 IL-1α、IL-1β、IL-2、IL-4、IL-5、IL-6、IL-7、IL-8、IL-10、

IL-12p70、IL-13、IL-15、IL-17、TNF-α、IFN-γ、MCP-1、GM-CSF 等[72]。

免疫测定如 ELISA 和放射免疫法或定量生物测定，已广泛用于测定去除细胞乳样部分的细胞因子。应用特异性单克隆抗体及免疫荧光标记方法，染色分泌细胞胞浆内的细胞因子，可从细胞水平研究母乳中细胞因子分泌细胞的分泌能力。采用竞争性放射免疫测定法和柱色谱法测定 IL-6。

关于人乳中 microRNA 的测定，目前多采用人 microRNA 检测芯片，筛选人乳中 microRNA 含量，也有商品试剂盒用于人乳 microRNA 的微量检测[38]。今后的研究方向是采用测序技术筛选人乳中 microRNA 以及分析其功能[42]。

其他方法包括，根据化学发光酶免疫测定的原理，使用 IMMULITE 免疫分析仪可测定 IL-1β、IL-6、IL-8、IL-10 和 TNF-α，最低检测限分别为 1.5ng/L、2ng/L、2ng/L、2ng/L 和 1.7ng/L[73,74]；使用双抗体夹心法，测定人乳水相中 IL-6 和 TNF-α以及细胞培养悬浮液（细胞内和分泌的细胞因子）中总的 IL-1β、IL-6 和 TNF-α含量[75]，使用商品化夹心 ELISA 法可测定 TGF-β1 和 TGF-β2[16]。使用多维光栅和集群分析技术，研究高通量多通道检测人乳样品中细胞因子水平，使用 Luminex 多通道技术可测定 20 种细胞因子、趋化因子和生长因子，已经鉴别了几个集群细胞因子，应用这种方法可能提供探索独立集群的起源和功能的相互关系，以及了解乳汁细胞因子生理学的新线索[76]。RayBio 人细胞因子抗体阵列 5（80）可用于测定人乳乳清部分 80 种细胞因子的表达[77]。需要指出的是，目前不同研究使用的测定方法获得的结果本身变异相当大，通常难以与其他研究结果相互进行比较。

第五节　细胞因子的含量及影响因素

关于人乳中细胞因子的研究，大多数关注初乳中的细胞因子水平，而关于不同哺乳期间细胞因子水平变化及其影响因素的研究甚少。

一、含量趋势

在不同哺乳期间的所有乳样中均检测到 IL-10、IL-6、IL-8、TNF-α和可溶性 TNF 受体Ⅰ（sTNF-RⅠ）等细胞因子；初乳中这些细胞因子的水平显著高于过渡乳；成熟乳中 IL-6 和 IL-8 的水平显著降低，而 IL-10 和 TNF-α显著高于过渡乳；在哺乳的最初 6 个月，IL-6、IL-8、TNF-α和 sTNF-RⅠ水平相互间呈正相关[1,3]。除外 IL-12，初乳中细胞因子 IL-1β、IL-2、IL-4、IL-5、IL-6、IL-8、IL-10、IFN-γ、TNF-α和 TNF-β的浓度均较高[78]。文献报告的人乳中细胞因子的含量汇总于表 33-2。

文献来源	初乳		过渡乳		成熟乳		时间
	含量	时间/d	含量	时间/d	含量	时间/d	
IL-1α/(ng/L)							
Zanardo 等[90]	38.4±7.4①	3	21.7±12.5①	10			2002
IL-1β/(ng/L)							
Erbagci 等[74]	5.0～266.0②	<48h	—		5.0	30	2005③
Hawkes 等[75]	17±4①	2～6	23±10①	8～14	10±2①	22～28	1999③
sIL-2R/(U/ml)							
Erbagci 等[74]	50.0～256.0②	<48h	—		50.0②	30	2005③
IL-6/(ng/L)							
Meki 等[1]	978.8±86.8①	1～10	162.9±29.7①	10～30	86.9±2.5①	30～180	2001
Erbagci 等[74]	31.8～528.0②	1～10			5.0～9.0②	30	2005③
Hawkes 等[75]	51±17①	2～6	75±31①	8～14	13±4①	22～28	1999③
Young 等[95]			12.1±25.3①	14	3.4±7.4①	120	2002～2005
IL-8/(ng/L)							
Meki 等[1]	585.7±30.7①	1～10	308.1±35.5①	10～30	200.3±25.0①	30～180	2001
Erbagci 等[74]	1079～14300②	<48h	—		65～236②	30	2005③
Young 等[95]			111.5±190.8	14	74.2±112.9	120	2002～2005
IL-10/(ng/L)							
Meki 等[1]	44.0±5.3①	1～10	28.6±1.8①	10～30	35.8±3.0①	30～180	2001
sTNF-R I /(μg/L)							
Meki 等[1]	17.7±1.6①	1～10	8.1±0.8①	10～30	9.5±1.3①	30～180	2001
TNF-α/(ng/L)							
Meki 等[1]	402.8±29.6①	1～10	135.5±8.3①	10～30	178.3±14.4①	30～180	2001
Erbagci 等[74]	14.0～253.0②	<48h	—		4.0～13.3②	30	2005③
Hawkes 等[75]	151±65①	2～6	47±16①	8～14	42±18①	22～28	1999③
Young 等[95]			4.3±3.1①	14	2.9±2.5①	120	2002～2005
TGF-β1/(ng/L)							
Kalliomaki 等[16]	67～186②	开始哺乳	—		17～114②	90	
Hawkes 等[75]	391±54①	2～6	297±18①	8～14	272±20①	22～28	1999③
TGF-β2/(ng/L)							
Kalliomaki 等[16]	1376～5394②	开始哺乳	—		592～2697②	90	1999③
Hawkes 等[75]	3048±339①	2～6	3141±444①	8～14	1902±238①	22～28	1999③
VEGF/(μg/L)							
Ozgurtas 等[80]	616～893②	3	352～508②	7	250～358②	28	2010③
	778～944②④	3	501～748②④	7	346～518②④	28	2010③
PDGF/(ng/L)							
Ozgurtas 等[80]	5.37～37.4②	3	0.0～38.4②	7	0.0～34.2②	28	2010③
	0.0～34.9②④	3	0.0～0.2②④	7	0.0～20.7②④	28	2010③

①平均值±标准误。②为最低至最高的范围值。③发表时间。④早产儿。

注："—"表示未检测。

有些细胞因子，如 TGF-β水平存在季节性变化和上下午波动[79]。Chollet-Hinton 等[77] 观察到乳汁中 9 种细胞因子的表达随哺乳期的延长显著降低，包括 MCP-1、上皮衍生的中性粒细胞活化蛋白-78、HGF、IGFBP-1（胰岛素样生长因子结合蛋白-1）、IL-16、IL-8、巨噬细胞集落刺激因子、骨保护素和金属肽-2 组织抑制剂。根据已发表的有限文献，不同哺乳阶段分泌的乳汁中所有 microRNA 的量存在差异，通常初乳中含有较高的浓度。

Munoz[2]用放射免疫法检测到母乳中 IL-l 平均水平为 1130ng/L+478ng/L。Saito[3]采用生物活性法检测结果显示，母乳中 IL-6 浓度与母乳中单个核细胞数量呈正相关，而且乳汁中 IgA 的分泌也与 IL-6 有一定关系，应用抗 IL-6 抗体可降低乳中 IgA 的分泌。Rudloff[4]应用放射免疫法同样证实母乳中存在 IL-6。

在哺乳的最初 6 个月，IL-6、IL-8、TNF-α和 sTNF-RⅠ的水平彼此之间呈正相关。初乳中 TNF-α与成熟乳中 TNF-α呈负相关。初乳和过渡乳中 VEGF、HGF 和 EGF 的浓度为μg/L 水平，比成熟乳、乳母或健康成人血中的浓度要高得多[22,80]。

人乳中大多数细胞因子的水平比较稳定，储存人乳样品的分析结果显示，巴氏灭菌过程也不会破坏细胞因子[81]。人乳中的 microRNA 即使在极酸性条件下（pH1）也非常稳定，提示这些成分能够耐受新生儿和婴儿的胃肠道环境，能够进入肠道影响免疫系统功能[38]。

二、影响因素

人乳中含有诸多细胞因子，其含量受多种复杂因素影响，有许多因素可能会促进或抑制细胞因子的活性或水平，包括前面含量部分所论述的不同哺乳阶段、胎儿成熟程度、乳母的心理状态与运动程度、膳食与饮食习惯、不良生活习惯（如吸烟）以及疾病状况等。

1. 早产的影响

早产儿，尤其是极低出生体重儿的母乳中的很多细胞因子含量与足月儿明显不同[82]。早产婴儿的母乳 IL-10 和 IL-18 比足月婴儿的母乳高 11 倍；而初乳、过渡乳和成熟乳（1 个月之内）中 IL-1β、IL-2、IL-6、IL-8、IL-10 和 TNF-α的水平显著低于足月婴儿的母乳[83]。在 Frost[84]的 100 例配对前瞻性试验中，观察到分娩后早产儿（体重＜1500g 和胎龄＜32 周）的母乳中 TGF-β水平出现短暂性下降，初乳 TGF-β1 水平与出生体重和胎龄呈显著负相关。Dvorak 等[85]观察到极度早产儿（23～27 周）的母乳 EGF 和 TGF-α水平显著高于早产儿（32～36 周）和足月儿（38～42 周），而且这种趋势在哺乳最初一个月仍持续。然而，早产儿的早期和晚期母乳中 HGF 和 EGF 浓度均显著高于足月儿的母乳[85~87]。

2. 乳母心理状态的影响

Kondo 等[79]关于乳母行为和心理社会特征对乳汁 TGF-β 水平影响的研究结果显示，患抑郁症或自测健康较差的乳母乳汁中 TGF-β2 水平高于正常的对照乳母或自测健康较好的乳母，提示抑郁症，由于心理社会应激的后果，可能是影响乳汁中 TGF-β 水平的重要决定因素。

3. 运动的影响

有研究结果显示，随着能量消耗的增加，母乳中促炎细胞因子显著增加[72]，表明产后初期（4～6周）中度到剧烈的运动与乳汁促炎细胞因子的变化有关，如能量消耗与细胞因子的相关系数分别为 $r=0.33$，$P<0.019$（IL-17）、$r=0.34$，$P<0.017$（IFN-γ）、$r=0.43$，$P<0.006$（IL-1β）、$r=0.31$，$P<0.03$（IL-2）。

4. 吸烟的影响

吸烟可能对免疫系统产生不利影响，改变重要细胞因子的浓度。例如，吸烟乳母的初乳中 IL-1β 和 IL-8 水平显著降低，成熟乳中 IL-6 也显著降低。Etem Piskin 等[78]的研究结果显示，乳母吸烟对乳汁中 IL-2、IL-4、IL-5、IL-10、IFN-γ、TNF-α 和 TNF-β 没有显著影响；Ermis 等[88]的研究提示吸烟乳母的乳汁中 TNF-α 显著低于正常对照组（$P=0.002$）；在 Szlagatys-Sidorkiewicz 等[89]的研究中，与不吸烟的对照组相比，每天吸烟烟龄大于 5 年乳母的乳汁中 IL-1α 的浓度显著升高，其他细胞因子（IL-1β、IL-6、IL-8、IL-10 和 TNF-α）的浓度则无显著差异，而 Zanardo 等[90]则证明吸烟烟龄大于 5 年乳母的乳汁中 IL-1α 的浓度显著低于未吸烟的对照组（初乳为 17.2ng/L±4.0ng/L 和 38.4ng/L±7.4ng/L，过渡乳为 14.4ng/L±5.2ng/L 和 21.7ng/L±12.5ng/L）。说明乳母吸烟会改变初乳和成熟乳中某些细胞因子的水平，降低母乳喂养抗感染的保护作用，可能会导致新生儿和婴儿对感染的易感性增加[78,88]。

5. 疾病状态的影响

与非过敏组的母乳相比，过敏组成熟乳汁中趋化细胞因子（IL-8）水平显著升高，而 IL-10 和 sTNF-R I 水平无显著差异[1]。在患母乳性黄疸的婴儿，其母亲初乳中 IL-1β 和 EGF 浓度显著高于没有黄疸的对照组（102.5pg/L±42.3pg/L 与 37.5pg/L±20.7pg/L 和 2.32ng/L±0.51ng/L 与 1.29ng/L±0.36ng/L），并且母乳中 IL-1β 和 EGF 的水平与血清总胆红素浓度呈显著正相关[73,91,92]，而 Apaydin 等[93]观察到 IL-6、IL-8、IL-10 和肿瘤坏死因子-α 没有显著差异。子痫前期可能会影响人乳中细胞因子的平衡，如子痫前期组成熟乳中 IL-8 和 TNF-α 为 3223ng/L（73～14500ng/L）和 17.1ng/L（7.2～69.0ng/L）的水平高于对照组 106ng/L（65～236ng/L）和 5.0ng/L（4.0～13.3ng/L），在高风险新生儿为宿主防御提供一种免疫信号[74]。在 Freitas 等[94]的前瞻性观察性研究结果显示，与血压正常的健康对照组相比，孕期被诊断患有先兆子痫的乳母初乳中 IL-1 和 IL-6 水平升高，IL-12

水平降低，而成熟乳中 IL-6 和 IL-8 水平则低于对照组，提示患有先兆子痫与初乳中炎性细胞因子水平升高和成熟乳水平降低有关。

（荫士安）

参考文献

[1] Meki AMA，Saleem TH，Al-Ghazali MH，et al. Interleukins -6，-8 and -10 and tumor necrosis factor-alpha and its soluble receptor I in human milk at different periods of lactation. Nutr Res，2003，23：845-855.

[2] Munoz C，Endres S，van der Meer J，et al. Interleukin-1 beta in human colostrum. Res Immunol，1990，141（6）：505-513.

[3] Saito S，Maruyama M，Kato Y，et al. Detection of IL-6 in human milk and its involvement in IgA production. J Reprod Immunol，1991，20（3）：267-276.

[4] Rudloff HE，Schmalstieg FC，Palkowetz KH，et al. Interleukin-6 in human milk.Journal of Reproductive Immunology，1993，23：13-20.

[5] Baggiolini M，Loetscher P，Moser B. Interleukin-8 and the chemokine family. Int J Immunopharmacol，1995，17（2）：103-108.

[6] Baggiolini M，Dewald B，Moser B. Interleukin-8 and related chemotactic cytokines--CXC and CC chemokines. Adv Immunol，1994，55：97-179.

[7] Srivastava MD，Srivastava A，Brouhard B，et al. Cytokines in human milk. Res Commun Mol Pathol Pharmacol，1996，93（3）：263-287.

[8] Sinha SK，Yunis AA. Isolation of colony stimulating factor from human milk. Biochem Biophys Res Commun，1983，114（2）：797-803.

[9] Gilmore WS, McKelvey-Martin VJ, Rutherford S，et al. Human milk contains granulocyte colony stimulating factor. Eur J Clin Nutr，1994，48（3）：222-224.

[10] Hara T，Irie K，Saito S，et al. Identification of macrophage colony-stimulating factor in human milk and mammary gland epithelial cells. Pediatr Res，1995，37（4 Pt 1）：437-443.

[11] Gasparoni A，Chirico G，De Amici M，et al. Granulocyte-marophage colony-stimulating factor in human milk. Eur J Pediatr，1996，155（1）：69.

[12] Falk LA，Vogel SN. Differential production of IFN-alpha/beta by CSF-1- and GM-CSF-derived macrophages. J Leukoc Biol，1990，48（1）：43-49.

[13] Arend WP，Joslin FG，Massoni RJ. Effects of immune complexes on production by human monocytes of interleukin 1 or an interleukin 1 inhibitor. J Immunol，1985，134（6）：3868-3875.

[14] Rudloff HE，Schmalstieg FC，Jr.，Mushtaha AA，et al. Tumor necrosis factor-alpha in human milk. Pediatr Res，1992，31（1）：29-33.

[15] Basolo F，Conaldi PG，Fiore L，et al. Normal breast epithelial cells produce interleukins 6 and 8 together with tumor-necrosis factor：defective IL6 expression in mammary carcinoma. Int J Cancer，1993，55（6）：926-930.

[16] Kalliomaki M，Ouwehand A，Arvilommi H，et al. Transforming growth factor-beta in breast milk：a potential regulator of atopic disease at an early age. J Allergy Clin Immunol，1999，104（6）：1251-1257.

[17] Minekawa R, Takeda T, Sakata M, et al. Human breast milk suppresses the transcriptional regulation of IL-1beta-induced NF-kappaB signaling in human intestinal cells. Am J Physiol Cell Physiol, 2004, 287 (5): C1404-1411.

[18] Takeda T, Sakata M, Minekawa R, et al. Human milk induces fetal small intestinal cell proliferation - involvement of a different tyrosine kinase signaling pathway from epidermal growth factor receptor. J Endocrinol, 2004, 181 (3): 449-457.

[19] Zachary I. VEGF signalling: integration and multi-tasking in endothelial cell biology. Biochem Soc Trans, 2003, 31 (Pt 6): 1171-1177.

[20] Funakoshi H, Nakamura T. Hepatocyte growth factor: from diagnosis to clinical applications. Clin Chim Acta, 2003, 327 (1-2): 1-23.

[21] Jost M, Kari C, Rodeck U. The EGF receptor - an essential regulator of multiple epidermal functions. Eur J Dermatol, 2000, 10 (7): 505-510.

[22] Kobata R, Tsukahara H, Ohshima Y, et al. High levels of growth factors in human breast milk. Early Hum Dev, 2008, 84 (1): 67-69.

[23] Subauste MC, Proud D. Effects of tumor necrosis factor-alpha, epidermal growth factor and transforming growth factor-alpha on interleukin-8 production by, and human rhinovirus replication in, bronchial epithelial cells. Int Immunopharmacol, 2001, 1 (7): 1229-1234.

[24] Bry K. Epidermal growth factor and transforming growth factor-alpha enhance the interleukin-1- and tumor necrosis factor-stimulated prostaglandin E2 production and the interleukin-1 specific binding on amnion cells. Prostaglandins Leukot Essent Fatty Acids, 1993, 49 (6): 923-928.

[25] Daniel CW, Robinson S, Silberstein GB. The transforming growth factors beta in development and functional differentiation of the mouse mammary gland. Adv Exp Med Biol, 2001, 501: 61-70.

[26] Petitprez K, Khalife J, Cetre C, et al. Cytokine mRNA expression in lymphoid organs associated with the expression of IgA response in the rat. Scand J Immunol, 1999, 49 (1): 14-20.

[27] Ogawa J, Sasahara A, Yoshida T, et al. Role of transforming growth factor-beta in breast milk for initiation of IgA production in newborn infants. Early Hum Dev, 2004, 77 (1-2): 67-75.

[28] McCartney-Francis NL, Frazier-Jessen M, Wahl SM. TGF-beta: a balancing act. Int Rev Immunol, 1998, 16 (5-6): 553-580.

[29] Saito S, Yoshida M, Ichijo M, et al. Transforming growth factor-beta (TGF-beta) in human milk. Clin Exp Immunol, 1993, 94 (1): 220-224.

[30] Bertotto A, Gerli R, Fabietti G, et al. Human breast milk T lymphocytes display the phenotype and functional characteristics of memory T cells. Eur J Immunol, 1990, 20 (8): 1877-1880

[31] Bocci V, von Bremen K, Corradeschi F, et al. Presence of interferon-gamma and interleukin-6 in colostrum of normal women. Lymphokine Cytokine Res, 1993, 12 (1): 21-24.

[32] McDonald T, Sneed J, Valenski WR, et al. Natural killer cell activity in very low birth weight infants. Pediatr Res, 1992, 31 (4 Pt 1): 376-380.

[33] Palkowetz KH, Royer CL, Garofalo R, et al. Production of interleukin-6 and interleukin-8 by human mammary gland epithelial cells. J Reprod Immunol, 1994, 26 (1): 57-64.

[34] Djeu JY, Matsushima K, Oppenheim JJ, et al. Functional activation of human neutrophils by recombinant monocyte-derived neutrophil chemotactic factor/IL-8. J Immunol, 1990, 144 (6): 2205-2210.

[35] Mukaida N, Harada A, Yasumoto K, et al. Properties of pro-inflammatory cell type-specific leukocyte

chemotactic cytokines, interleukin 8（IL-8）and monocyte chemotactic and activating factor（MCAF）. Microbiol Immunol, 1992, 36（8）: 773-789.

[36] Garofalo R, Chheda S, Mei F, et al. Interleukin-10 in human milk. Pediatr Res, 1995, 37（4 Pt 1）: 444-449.

[37] Lee RC, Feinbaum RL, Ambros V. The C. elegans heterochronic gene lin-4 encodes small RNAs with antisense complementarity to lin-14. Cell, 1993, 75（5）: 843-854.

[38] Kosaka N, Izumi H, Sekine K, et al. microRNA as a new immune-regulatory agent in breast milk. Silence, 2010, 1（1）: 7.

[39] Gigli I, Maizon DO. microRNAs and the mammary gland: A new understanding of gene expression. Genet Mol Biol, 2013, 36（4）: 465-474.

[40] Munch EM, Harris RA, Mohammad M, et al. Transcriptome profiling of microRNA by Next-Gen deep sequencing reveals known and novel miRNA species in the lipid fraction of human breast milk. PLoS One, 2013, 8（2）: e50564.

[41] Weber JA, Baxter DH, Zhang S, et al. The microRNA spectrum in 12 body fluids. Clin Chem, 2010, 56（11）: 1733-1741.

[42] Zhou Q, Li M, Wang X, et al. Immune-related microRNAs are abundant in breast milk exosomes. Int J Biol Sci, 2012, 8（1）: 118-123.

[43] Gu Y, Li M, Wang T, et al. Lactation-related microRNA expression profiles of porcine breast milk exosomes. PLoS One, 2012, 7（8）: e43691.

[44] Arai KI, Lee F, Miyajima A, et al. Cytokines: coordinators of immune and inflammatory responses. Annu Rev Biochem, 1990, 59: 783-836.

[45] English BK, Burchett SK, English JD, et al. Production of lymphotoxin and tumor necrosis factor by human neonatal mononuclear cells. Pediatr Res, 1988, 24（6）: 717-722.

[46] Cairo MS, Suen Y, Knoppel E, et al. Decreased stimulated GM-CSF production and GM-CSF gene expression but normal numbers of GM-CSF receptors in human term newborns compared with adults. Pediatr Res, 1991, 30（4）: 362-367.

[47] English BK, Hammond WP, Lewis DB, et al. Decreased granulocyte-macrophage colony-stimulating factor production by human neonatal blood mononuclear cells and T cells. Pediatr Res, 1992, 31（3）: 211-216.

[48] Cairo MS, Suen Y, Knoppel E, et al. Decreased G-CSF and IL-3 production and gene expression from mononuclear cells of newborn of infants, Pediatr Res, 1992, 31（6）: 574-578.

[49] Chang M, Suen Y, Lee SM, et al. Transforming growth factor-beta 1, macrophage inflammatory protein-1 alpha, and interleukin-8 gene expression is lower in stimulated human neonatal compared with adult mononuclear cells. Blood, 1994, 84（1）: 118-124.

[50] Chheda S, Palkowetz KH, Garofalo R, et al. Decreased interleukin-10 production by neonatal monocytes and T cells: relationship to decreased production and expression of tumor necrosis factor-alpha and its receptors. Pediatr Res, 1996, 40（3）: 475-483.

[51] Oddy WH, Rosales F. A systematic review of the importance of milk TGF-beta on immunological outcomes in the infant and young child. Pediatr Allergy Immunol, 2010, 21（1 Pt 1）: 47-59.

[52] Salyer JL, Bohnsack JF, Knape WA, et al. Mechanisms of tumor necrosis factor-alpha alteration of PMN adhesion and migration. Am J Pathol, 1990, 136（4）: 831-841.

[53] Mushtaha AA, Schmalstieg FC, Hughes TK, Jr., et al. Chemokinetic agents for monocytes in human milk: possible role of tumor necrosis factor-alpha. Pediatr Res, 1989, 25（6）: 629-633.

[54] Franke G, Freihorst J, Steinmuller C, et al. Interaction of alveolar macrophages and respiratory syncytial virus. J Immunol Methods, 1994, 174 (1-2): 173-184.

[55] Sone S, Tsutsumi H, Takeuchi R, et al. Enhanced cytokine production by milk macrophages following infection with respiratory syncytial virus. J Leukoc Biol, 1997, 61 (5): 630-636.

[56] Gardner JD, Liechty KW, Christensen RD. Effects of interleukin-6 on fetal hematopoietic progenitors. Blood, 1990, 75 (11): 2150-2155.

[57] Berg DJ, Davidson N, Kuhn R, et al. Enterocolitis and colon cancer in interleukin-10-deficient mice are associated with aberrant cytokine production and CD4 (+) TH1-like responses. J Clin Invest, 1996, 98 (4): 1010-1020.

[58] Basolo F, Fiore L, Fontanini G, et al. Expression of and response to interleukin 6 (IL6) in human mammary tumors. Cancer Res, 1996, 56 (13): 3118-3122.

[59] Keeney SE, Schmalstieg FC, Palkowetz KH, et al. Activated neutrophils and neutrophil activators in human milk: increased expression of CD11b and decreased expression of L-selectin. J Leukoc Biol, 1993, 54 (2): 97-104.

[60] Ebert EC. Human intestinal intraepithelial lymphocytes have potent chemotactic activity. Gastroenterology, 1995, 109 (4): 1154-1159.

[61] Cocchi F, DeVico AL, Garzino-Demo A, et al. Identification of RANTES, MIP-1 alpha, and MIP-1 beta as the major HIV-suppressive factors produced by CD8+ T cells. Science, 1995, 270 (5243): 1811-1815.

[62] Michie CA, Tantscher E, Schall T, et al. Physiological secretion of chemokines in human breast milk. Eur Cytokine Netw, 1998, 9 (2): 123-129.

[63] Saarinen KM, Vaarala O, Klemetti P, et al. Transforming growth factor-beta1 in mothers' colostrum and immune responses to cows' milk proteins in infants with cows' milk allergy. J Allergy Clin Immunol, 1999, 104 (5): 1093-1098.

[64] Hawkes JS, Bryan DL, Gibson RA. Cytokine production by human milk cells and peripheral blood mononuclear cells from the same mothers. J Clin Immunol, 2002, 22 (6): 338-344.

[65] Penttila IA. Milk-derived transforming growth factor-beta and the infant immune response. J Pediatr, 2010, 156 (2 Suppl): S21-25.

[66] Donnet-Hughes A, Duc N, Serrant P, et al. Bioactive molecules in milk and their role in health and disease: the role of transforming growth factor-beta. Immunol Cell Biol, 2000, 78 (1): 74-79.

[67] Brenmoehl J, Ohde D, Wirthgen E, et al. Cytokines in milk and the role of TGF-beta. Best Pract Res Clin Endocrinol Metab, 2018, 32 (1): 47-56.

[68] Le Doare K, Bellis K, Faal A, et al. SIgA, TGF-beta1, IL-10, and TNFalpha in colostrum are associated with infant group B *Streptococcus* colonization. Front Immunol, 2017, 8: 1269.

[69] Palmeira P, Carneiro-Sampaio M. Immunology of breast milk. Rev Assoc Med Bras (1992), 2016, 62 (6): 584-593.

[70] Goldman AS. The immune system of human milk: antimicrobial, antiinflammatory and immunomodulating properties. Pediatr Infect Dis J, 1993, 12 (8): 664-671.

[71] Chang CJ, Chao JC. Effect of human milk and epidermal growth factor on growth of human intestinal Caco-2 cells. J Pediatr Gastroenterol Nutr, 2002, 34 (4): 394-401.

[72] Groer MW, Shelton MM. Exercise is associated with elevated proinflammatory cytokines in human milk. J Obstet Gynecol Neonatal Nurs, 2009, 38 (1): 35-41.

[73] Zanardo V, Golin R, Amato M, et al. Cytokines in human colostrum and neonatal jaundice. Pediatr Res, 2007, 62 (2): 191-194.

[74] Erbagci AB, Cekmen MB, Balat O, et al. Persistency of high proinflammatory cytokine levels from colostrum to mature milk in preeclampsia. Clin Biochem, 2005, 38 (8): 712-716

[75] Hawkes JS, Bryan DL, James MJ, et al. Cytokines(IL-1beta, IL-6, TNF-alpha, TGF-beta1, and TGF-beta2) and prostaglandin E2 in human milk during the first three months postpartum. Pediatr Res, 1999, 46 (2): 194-199.

[76] Groer MW, Beckstead JW. Multidimensional scaling of multiplex data: human milk cytokines. Biol Res Nurs, 2011, 13 (3): 289-296.

[77] Chollet-Hinton LS, Stuebe AM, Casbas-Hernandez P, et al. Temporal trends in the inflammatory cytokine profile of human breastmilk. Breastfeed Med, 2014. doi: 10.1089/bfm.2014.0043.

[78] Etem Piskin I, Nur Karavar H, Arasli M, et al. Effect of maternal smoking on colostrum and breast milk cytokines. Eur Cytokine Netw, 2012, 23 (4): 187-190.

[79] Kondo N, Suda Y, Nakao A, et al. Maternal psychosocial factors determining the concentrations of transforming growth factor-beta in breast milk. Pediatr Allergy Immunol, 2011, 22 (8): 853-861.

[80] Ozgurtas T, Aydin I, Turan O, et al. Vascular endothelial growth factor, basic fibroblast growth factor, insulin-like growth factor-I and platelet-derived growth factor levels in human milk of mothers with term and preterm neonates. Cytokine, 2010, 50 (2): 192-194.

[81] Groer M, Duffy A, Morse S, et al. Cytokines, chemokines, and growth factors in banked human donor milk for preterm infants. J Hum Lact, 2014, 30 (3): 317-323.

[82] Zambruni M, Villalobos A, Somasunderam A, et al. Maternal and pregnancy-related factors affecting human milk cytokines among Peruvian mothers bearing low-birth-weight neonates. J Reprod Immunol, 2017, 120: 20-26.

[83] Ustundag B, Yilmaz E, Dogan Y, et al. Levels of cytokines (IL-1beta, IL-2, IL-6, IL-8, TNF-alpha) and trace elements (Zn, Cu) in breast milk from mothers of preterm and term infants. Mediators Inflamm, 2005, (6): 331-336.

[84] Frost BL, Jilling T, Lapin B, et al. Maternal breast milk transforming growth factor-beta and feeding intolerance in preterm infants. Pediatr Res, 2014, 76 (4): 386-393.

[85] Dvorak B, Fituch CC, Williams CS, et al. Increased epidermal growth factor levels in human milk of mothers with extremely premature infants. Pediatr Res, 2003, 54 (1): 15-19.

[86] Xiao X, Xiong A, Chen X, et al. Epidermal growth factor concentrations in human milk, cow's milk and cow's milk-based infant formulas. Chin Med J (Engl), 2002, 115 (3): 451-454.

[87] Itoh H, Itakura A, Kurauchi O, et al. Hepatocyte growth factor in human breast milk acts as a trophic factor. Horm Metab Res, 2002, 34 (1): 16-20.

[88] Ermis B, Yildirim A, Tastekin A, et al. Influence of smoking on human milk tumor necrosis factor-alpha, interleukin-1beta, and soluble vascular cell adhesion molecule-1 levels at postpartum seventh day. Pediatr Int, 2009, 51 (6): 821-824.

[89] Szlagatys-Sidorkiewicz A, Wos E, Aleksandrowicz E, et al. Cytokine profile of mature milk from smoking and nonsmoking mothers. J Pediatr Gastroenterol Nutr, 2013, 56 (4): 382-384.

[90] Zanardo V, Nicolussi S, Cavallin S, et al. Effect of maternal smoking on breast milk interleukin-1alpha, beta-endorphin, and leptin concentrations and leptin concentrations. Environ Health Perspect, 2005, 113

（10）：1410-1413.

[91] Mohamed NG，Abdel Hakeem GL，Ali MS，et al. Interleukin 1beta level in human colostrum in relation to neonatal hyperbilirubinemia. Egypt J Immunol，2012，19（2）：1-7.

[92] Kumral A，Ozkan H，Duman N，et al. Breast milk jaundice correlates with high levels of epidermal growth factor. Pediatr Res，2009，66（2）：218-221.

[93] Apaydin K，Ermis B，Arasli M，et al. Cytokines in human milk and late-onset breast milk jaundice. Pediatr Int，2012，54（6）：801-805.

[94] Freitas NA，Santiago LTC，Kurokawa CS，et al. Effect of preeclampsia on human milk cytokine levels. J Matern Fetal Neonatal Med，2019，32（13）：2209-2213.

[95] Young BE，Patinkin ZW，Pyle L，et al. Markers of oxidative stress in human milk do not differ by maternal bmi but are related to infant growth trajectories. Matern Child Health J，2017，21（6）：1367-1376.

第三十四章

激素与类激素成分

———

大约九十年前，Yaida（1929 年）和 Heim（1931 年）就提出了人乳中存在激素和激素样物质，而且这些成分是婴儿配方食品（奶粉）中不存在的。已证明母乳中这些成分可能对新生儿和婴幼儿的早期生长发育、信息传递以及免疫功能的建立与成熟发挥重要作用[1~3]。由于人乳中这些成分种类复杂且含量很低，对它们的研究甚少。

第一节　激素的种类与特性

像其他动物的乳汁一样，人乳不仅含有婴儿生长发育所必需的营养成分，而且也含有很多种生物活性成分，如激素（hormones）或类激素成分[4]。这些激素或类激素成分参与婴儿体内能量代谢等重要生理功能的调控。

一、种类

近年来随着激素检测方法学的进展和仪器检测灵敏度的提高，人乳中可检出很多种激素或类激素成分，包括：

① 生长相关激素，如胰岛素样生长因子-Ⅰ（IGF-Ⅰ）、脂肪因子（瘦素和脂联素）、生长激素释放肽、抵抗素和肥胖抑制素、表皮生长因子、脑肠肽、甲状腺素等；

② 性激素，如黄体激素、雌激素和孕酮、睾酮等；

③ 其他激素，如皮质醇以及一些具有生物活性的肽类激素，如促红细胞生成素、多

种生长因子、胃肠道调节多肽等[5~7]。

Savino 等汇总的母乳中存在的与生长发育相关激素的发现时间、受体、主要功能等见表 34-1[8]。

☐ 表 34-1　母乳中存在的与生长发育相关的激素

激素	发现时间	受体	肠中受体检测	主要功能	母乳中发现时间	母乳中的含量检测方法
瘦素	1994	瘦素受体（ob-R）	人体	厌食作用	1997	RIA、ELISA
脂联素	1995	脂联素受体 1（Adipo-R₁）脂联素受体 2（Adipo-R₂）	人体	改善胰岛素敏感性，增加脂肪酸代谢，抗炎和抗动脉粥样硬化	2006	RIA、ELISA
胃饥饿素	1999	生长激素促分泌素受体-1a	人体	促进食欲的作用；刺激生长激素（GH）分泌；刺激胃酸分泌和胃运动	2006	RIA
胰岛素样生长因子-Ⅰ（IGF-Ⅰ）	1950	胰岛素受体（IR）、胰岛素样生长因子-Ⅰ受体（IGF-ⅠR）、胰岛素样生长因子-Ⅱ受体（IGF-ⅡR）、胰岛素受体-胰岛素样生长因子Ⅰ-受体相关的杂合受体（IR-IGF-ⅠR）	人体	生长激素作用的主要介质；从婴儿后期开始调节分娩后生长作用	1984	RIA
抵抗素	2001	未知	未知	调节胰岛素敏感性	2008	ELISA
肥胖抑制素	2005	GPR39	小鼠	厌食作用？	2008	RIA

注：改编自 Savino 等[8]，2009。RIA 即放射免疫分析法；ELISA 即酶联免疫吸附测定。

二、生长发育相关激素

人乳中含有一般食物中没有的多种与生长发育相关的激素类（growth and development related hormones）成分，包括胰岛素样生长因子[9]、脂肪因子（瘦素[10]和脂联素[11]）、表皮生长因子[12]等，近年来还发现人乳中存在一些与肥胖和生长发育相关的激素类成分，包括胃饥饿素[13]、抵抗素[14]、肥胖抑制素[15]等。

1. 脂联素

脂联素（adiponectin）于 1995 年被发现，是脂肪细胞分泌的具有生物活性的一类蛋白质因子，可归为"脂肪细胞因子"或"脂肪因子"。脂联素含有 244 个氨基酸，分子量为 30kDa[16]。最初发现脂联素存在于人体皮下脂肪组织、血浆和鼠科动物的脂肪细胞中，2006 年 Martin 等[11]首次发现人乳中也含有脂联素。脂联素可能不是通过简单的扩散方式由血清直接转运到乳汁，而是由乳腺上皮细胞转运来自母乳血液中的脂联素进入乳汁或直接由乳腺上皮细胞合成脂联素分泌到乳汁中[17]。

2. 胰岛素样生长因子-Ⅰ

胰岛素样生长因子-Ⅰ（insulin-like growth factor-Ⅰ, IGF-Ⅰ）主要是由肝脏产生的促有丝分裂多肽，分子量为 7.6kDa，作为细胞增殖的强力分裂素，通过特异性结合细胞表面受体发挥作用[18]。循环中的 IGF-Ⅰ与结合蛋白结合（IGFBP），IGFBP 通过调控 IGF-Ⅰ和 IGF-Ⅰ受体的相互作用，调节 IGF-Ⅰ的生理功能。血液中大部分 IGF-Ⅰ与大分子量的 IGFBP3 结合[19]，少量 IGF-Ⅰ与其他形式的 IGFBP 结合进入循环，不到 5%的 IGF-Ⅰ处于非结合态或游离态[20]。1984 年 Baxter[9]首次发现人乳中含有胰岛素样生长因子（IGF-Ⅰ和 IGF-Ⅱ）和 4 种 IGF 结合蛋白（IGFBP）。

3. 瘦素

瘦素（leptin）是新发现的肥胖基因产物，由 *ob* 基因产生，分子量为 16kDa，含有 167 个氨基酸。最初人们认为只有成熟的脂肪细胞才能产生瘦素，近来的研究发现瘦素 mRNA 也存在于人乳、胎盘和胎儿体内，而且脐带血中瘦素水平与胎儿体重、体质指数和脂肪量有关[21]，提示了瘦素作为生长发育候选因子的重要性。

乳汁来源的瘦素具有生物活性[10]，通过电量、大小、免疫识别和 SDS-PAGE 迁移度鉴定为完整的人类瘦素[22]。Smith-Kirwin 等[23]观察到瘦素基因在哺乳妇女乳腺组织中的表达，并且瘦素由乳腺上皮细胞产生。采用 RT-PCR 技术对动物瘦素 mRNA 水平进行定量研究结果显示，乳腺瘦素基因表达发生在孕期和哺乳期；免疫组织化学检测瘦素蛋白的细胞定位结果显示，瘦素蛋白的表达取决于怀孕或哺乳阶段，即可在怀孕早期的乳腺脂肪细胞中检测到瘦素蛋白，分娩时主要存在于乳腺上皮细胞中，而哺乳期则下行至乳腺肌上皮细胞。

4. 表皮生长因子

表皮生长因子（epidermal growth factor, EGF）是由 53 个氨基酸组成的酸性多肽，分子量为 6201kDa，含有三个二硫键形成的内环结构，组成生物活性所必需的受体结合区域。EGF 可抵抗胰蛋白酶，广泛存在于体液和多种腺体中，乳汁中的含量特异性增高，但在血清中的浓度则较低。EGF 和结合肝素的表皮生长因子（HB-EGF）是 EGF 相关的多肽家族成员，人乳中都能被检测到这些成分，但是 EGF 的浓度比 HB-EGF 高 2~3 倍[12]，这些生长因子的生物学作用可通过与 EGF 受体的相互作用被介导。

此外，母乳中还含有甲状腺激素，T_3 是主要的存在形式，也含有微量 T_4，母乳中的 T_3 可能由 T_4 在乳腺中脱碘产生。

三、雌激素

母乳中存在的雌激素主要包括雌二醇（estradiol，E2）、雌三醇（estriol，E3）和雌酮（estrone，E1）3 种，有游离型和结合型两种形式，结合型一般无生理活性，游离型占的比较少，而且只有与相应的受体结合才能发挥生理功能。雌二醇有无生物活性形式的 17α-E2 和有生物活性形式的 17β-E2。人乳中雌酮游离态仅占总量的 4.35%，葡萄糖醛酸结合物为其主要的代谢产物，占总量的 33%~55%，其余以硫酸酯的形式存在；人乳内雌二醇游离态占总量约 20%，以葡糖酸苷酯和硫酸酯形式存在的各占 40%；人乳内雌三醇游离态仅占总量约 3.1%，以葡糖酸苷酯和硫酸酯形式存在的分别为 50% 和 47%。总之，在人乳和血浆中结合态雌激素占总量的 90% 以上，人初乳中非结合态雌激素仅占总量约 4.8%[24]。

四、其他激素

母乳中还含有其他激素，如糖皮质激素，主要形式是可的松（cortisol），还有皮质醇（cortisone）。母乳中还有一些活性肽类激素，如促红细胞生成素、多种生长因子、胃肠道调节多肽等；Vass 等[25]的研究结果显示，母乳中还存在促卵泡激素、促黄体激素和促甲状腺激素。

第二节　功　　能

母乳中含有很多种生物活性成分，其中对喂养儿生长发育非常重要的是不同种类的激素，例如生长激素[26]和饱腹感因子[27]以及雌激素[1,28,29]等。尽管母乳中这些激素类成分的含量极少，然而对喂养儿的生理和代谢介导的能量摄入、细胞生长和体格生长发育以及功能建立等发挥重要作用，也是母婴之间激素信号的唯一来源。动物模型的大量实验证据表明，母乳中这些成分可能是有生物活性的，一旦进入婴儿体内便会发挥一系列的生理功能或生物学效应[30]。下面重点介绍母乳中与生长发育相关的激素和雌激素的功能作用。

一、生长发育相关激素

母乳中存在的调节代谢功能和生长的激素对喂养儿特别重要，这些激素可能通过复杂的机制控制下丘脑弓状核从而调节脂肪组织、胃肠道和大脑的相互作用，调节食物摄入量和能量平衡，因此与婴儿体内物质代谢和取得正常生长发育速度密切相关，包括参与物质代谢（如脂肪酸氧化和糖代谢等）、促进肠道黏膜的生长和胃肠道功能的成熟，这些将对婴儿生长发育结局产生一系列影响，甚至还可能影响到儿童期和成人期的能量代谢程序以及对慢性病的易感性[31,32]。这也可以解释母乳喂养与改善婴幼儿生长发育以及预防成年期肥胖之间关联的原因。

1. 胰岛素样生长因子-Ⅰ

胰岛素样生长因子-Ⅰ（IGF-Ⅰ）因其结构与胰岛素类似而得名，IGF-Ⅰ是生长激素发挥生理作用过程中所必需的一种活性蛋白多肽，也是对婴儿生长发育最重要的生长因子之一[33]。IGF-Ⅰ作为乳汁中的多肽生长因子，主要有两个生理作用：一是公认的对新生儿生长发育的作用，特别是新生儿胃肠道的生长发育；另一个是对血管生成过程的影响。母乳中IGF-Ⅰ可以直接促进新生儿的小肠生长，包括影响绒毛的高度和小肠的长度、增加肠道各种消化酶活性，或间接促进新生儿胃肠道分泌IGF-Ⅰ。

基于动物试验的[125]I标记IGF-Ⅰ示踪研究和IGF-Ⅰ浓度测定结果显示，口服药理剂量的IGF-Ⅰ可增加新生动物小肠黏膜的生长，口服生理剂量范围的IGF-Ⅰ可促进肠道乳糖酶分泌[34]。通过哺乳口服摄入IGF-Ⅰ可改变细胞的迁移速率和凋亡，从而影响上皮细胞的半衰期和乳糖酶的表达，促进肠道细胞的成熟和肠道黏膜的生长[35]。新生儿的胃肠道胃酸浓度相对较低且蛋白质水解消化功能较弱，可以保证乳汁来源IGF-Ⅰ的完整，以整个分子形式被婴儿肠道吸收。但是采用[125]I标记的IGF-Ⅰ示踪动物试验结果显示，虽然新生子代肠道对口服IGF-Ⅰ的吸收率较高（30%～40%），但是最终进入循环的IGF-Ⅰ比例却非常低[34]，因此对于母乳来源的IGF-Ⅰ吸收入血后的生理功能尚不清楚。直接灌流山羊乳腺的试验结果表明，乳腺上皮细胞分泌IGF，而IGF-Ⅰ和较低浓度的IGF-Ⅱ也可刺激乳汁分泌和乳腺的血流，说明IGF可能同时对支持哺乳的建立也很重要[36]。

2. 瘦素和脂联素

这两种成分是由脂肪细胞产生的因子（瘦素和脂联素），瘦素通过对食物摄取产生强大的抑制作用，调节能量平衡，增加胰岛素的敏感性；而脂联素是决定儿童胰岛素敏感性和高密度脂蛋白水平的重要因素，因此与胰岛素抵抗、肥胖和代谢综合征的发生密切相关。

（1）瘦素　瘦素作为循环中的饱腹感因子，调节脂肪组织的比例、食物摄入量和体重，还可以调节能量消耗并作为胰岛素的调节激素，说明瘦素参与了母乳喂养儿的食欲和能量平衡的调节[37]。

① 动物实验　Casabiell等[22]通过动物试验证实，瘦素可通过循环被转运到母乳中，然后通过哺乳进入新生幼崽体内被吸收进入血液，提示母乳瘦素可通过乳汁对婴儿发挥生物学作用。已确定胃上皮细胞、小鼠和人类小肠吸收细胞存在瘦素受体[38]。给新生大鼠口服瘦素可直接被未发育完全的胃吸收，并可以调节食量。新生大鼠口服接近生理剂量的瘦素可以减低其饲料摄入量，并引发内源性瘦素产物的下调，表明口服来源于母乳的瘦素也可以作为饱腹感信号对新生幼子食物摄入量的调控发挥作用，因此可能对防止婴儿体重过重和成年时肥胖的发生具有保护作用[39]。

② 现场调查　调查结果显示，母乳和婴儿血清瘦素含量与出生后早期婴儿体重增长呈正相关[40~42]。母乳喂养婴儿的血清瘦素水平显著高于婴儿配方奶粉喂养的婴儿[43]，可能与婴儿从母乳中获得的瘦素有关。也有研究发现，早期母乳瘦素水平和产后1～6个月婴儿体重增重以及婴儿18个月和24个月的BMI呈负相关[32,44]。近来的研究提示，母乳中瘦素水平与6个月龄时婴儿肥胖和躯干脂肪呈负相关[45]；而且瘦素含量较高的母乳与婴儿较低的身长别体重Z评分和体质指数Z评分有关[33,46]。推测哺乳早期母乳瘦素浓度

至少影响孩子 2 岁前的体重。

（2）脂联素　与生长激素释放肽一样，脂联素是一种具有激素功能的肽，可刺激饥饿并作用于下丘脑。脂联素的亲和配基可以特异性结合骨骼肌或肝细胞膜上的 G 蛋白偶联受体、1 型或 2 型脂联素受体，调节脂肪酸氧化和糖代谢[47]，从而作为一种胰岛素超敏化激素增强胰岛素促进肝糖原合成和抑制糖异生作用，对机体的脂质代谢和血糖稳态的调控发挥重要作用。

① 体外实验　最近关于脂联素对骨骼代谢影响的研究表明，脂联素可激活成骨细胞，从而直接影响胎儿的骨骼生长，对胎儿的生长发育发挥重要作用，这个作用也可以解释脂联素和线性生长发育间的关联[48]。研究发现胎儿（小鼠胚胎）小肠可表达脂联素受体 1，推测人乳脂联素可能直接作用于婴儿肠道，通过激素机制预防婴儿肥胖；而且人乳脂联素可以通过增加胰岛素的敏感性调节脂质和糖代谢，对于子代成年期的肥胖预防也有重要意义。

② 动物实验　研究结果表明，脂联素 1 型和 2 型受体都与能量代谢有关，但是作用相反[49]。脂联素受体 1 基因敲除的小鼠发生肥胖倾向增加，糖耐受、自主活动力和能量消耗降低；而脂联素受体 2 基因敲除的小鼠则较瘦，对于高脂肪膳食导致的肥胖有抵抗力，具有很高的自主活动力和能量消耗，可以降低血浆胆固醇水平。

③ 现场调查　Kotani 等[50]报道新生儿血清脂联素的浓度与出生体重、肥胖和出生BMI 呈正相关。Mantzoros 等[51]确认新生儿血清脂联素水平是成人的 2～3 倍，横断面研究结果也表明脂联素和出生身长呈正相关，这种关联与母体和围生期因素无关。脂联素和出生身长的关系可能是由于脂联素的直接效应或介导的间接作用，增加了组织对胰岛素和 IGF 系统成分的敏感性。然而，也有报道人乳中脂联素和生长发育的关系在婴儿和成人中呈负相关[50]，但是也有研究对这种负相关提出质疑。例如，Weyermann 等[52]发现2 岁时超重与母乳中高水平脂联素有关，提出中高水平的脂联素可能是儿童超重的危险因素。这个结果对于婴儿是否能消化吸收母乳脂联素提出了疑问。

婴儿期的脂联素保留水平可能决定了以后的体重发展，但是需要进一步研究弄清楚母乳-循环-子代超重（肥胖）的关系，以及婴儿血清脂联素水平的决定因素。但是考虑到脂联素在炎性反应、胰岛素敏感性和脂肪代谢等方面的重要性，研究人乳脂联素对婴儿发育的影响以及作用机制具有重要意义，脂联素被认为有希望成为影响婴儿生长发育的候选激素。

3. 表皮生长因子

表皮生长因子（epidermal growth factor，EGF）是最早发现的一种多功能生长因子，对多种组织细胞具有强烈的促分裂作用，它在调节细胞生长、增殖和分化中发挥重要作用。EGF 的主要功能表现在促进新生儿（特别是早产儿）肠道成熟，同时对新生儿的肠道具有营养作用。

（1）促进新生儿特别是早产儿的肠道发育 众多实验结果表明，EGF 可刺激多种细胞的增殖，主要是表皮细胞和内皮细胞。病理状态时，EGF 对防止黏膜受损和损伤后黏膜的修复发挥重要作用。在坏死性小肠结肠炎（NEC）试验模型中，给予生理剂量的 EGF 可显著降低 NEC 的发生率和严重性。产后早期，母乳是新生儿发育中肠黏膜 EGF 的主要来源，可能对预防早产婴儿发生 NEC 发挥重要作用[12]。人乳中的 EGF 是刺激细胞分裂的主要分裂素，认为其有促使细胞生长的有丝分裂作用，可促进胎儿、新生儿肠道细胞的生长增殖。研究表明，母乳喂养的幼鼠体内免疫反应性 EGF 显著增加，而具有免疫反应性的所有 EGF 形式都能够刺激肠道黏膜纤维母细胞 DNA 合成[53]。Chang 等[54]通过研究人乳 EGF 对人肠道 Caco-2 细胞的作用，发现人乳 EGF 刺激体外肠道生长的剂量效应是通过增加细胞周期 G1 相的 DNA 含量和 *c-jun* mRNA 的表达来实现的。

（2）对新生儿肠道的营养作用 母乳中的 EGF 可完整通过胃进入肠道，有抑制胃酸分泌的作用，可保护胃部细胞；调节肠道刷状缘二糖酶的活性，增加水、葡萄糖和钠的吸收；增加胞内钙浓度；促进铁转运；调节前列腺素的合成和分泌[55]。人乳 EGF 是维持母乳喂养婴儿血清 EGF 水平的重要因素。

4. 其他激素类成分

脑肠肽又称为胃饥饿素（ghrelin），是促生长激素分泌素受体的内源性配体，通过与促生长激素分泌素受体结合，促进生长激素分泌、增加食欲、减少脂肪利用、调节能量代谢等。

关于抵抗素与肥胖抑制素的关系，抵抗素是脂肪细胞分泌的一种细胞因子，可能参与调控婴儿的食欲和代谢过程；肥胖抑制素是与胃饥饿素来源于同一前体基因，与瘦素、胃饥饿素共同参与食欲调节。母乳中还含有一定量的甲状腺激素（T_3），目前认为母乳中的甲状腺素对早产儿的脑发育、生后早期生长发育及免疫系统等都有一定的影响。

近年一项儿童的队列研究结果显示，人乳中含有的脂肪因子和代谢激素，包括脂联素、瘦素和胰岛素等可能在母乳喂养降低婴幼儿发生哮喘风险中发挥一定的保护作用[56]。Sadr 等[57]研究观察到，孕中和孕后期妇女的 BMI 与母乳瘦素（$P < 0.001$）和胰岛素（$P=0.03$）呈正相关，与母乳脂联素（$P=0.02$）呈负相关。然而，BMI 与第 3 个月的母乳胰岛素相关性强于第 1 个月，而与脂联素的关联则弱于第 1 个月。妊娠瘦体重与母乳瘦素呈正相关，产后体重减轻与母乳瘦素呈负相关（$P < 0.001$），而与 BMI 无关，提示孕妇的孕前、孕期和之后的体重状况与人乳成分的个体差异有关。

二、雌激素

母乳中存在雌激素（estrogen）和孕酮（progesterone）及其在生物合成过程中的前体或中间体，这些微量成分对母乳喂养后代的发育具有重要意义，包括在调节能量和物质代谢平衡、生长发育、性别特征发育等方面发挥重要调节作用。

乳汁中含有的雌酮对于婴幼儿生长发育的促进作用已相当明确。动物试验结果显示，雌酮是牛乳中一种具有强力生长诱导作用的激素，主要以脂肪酸酯形式存在；它在牛乳天然浓度下对实验动物即表现出明显的生长促进作用。牛乳中存在的这些成分的生长诱导作用可产生能耗降低效应（代谢效率提高）。雌酮是脂肪组织合成过程中的一种"静脂"信号，小鼠服用后导致体脂减少，减少蛋白质消耗，因此可逆转游离雌酮产生的效应。

三、糖皮质激素

已知糖皮质激素（glucocorticoid）主要影响碳水化合物的代谢，一定程度上也影响蛋白质和脂肪代谢，而且在调节人体脂肪分布中发挥重要作用[58]。母乳中糖皮质激素水平反映了母体血液和唾液中的循环丰度[59~61]，但是如何从循环转运到母乳的机制尚不完全清楚[62]。在生命的第一年，母乳喂养儿的唾液皮质醇水平比婴儿配方食品喂养的婴儿高40%[63]。与母乳中其他生物活性成分不同，糖皮质激素具有多种功能，因此可能将对后代的表型产生显著影响。皮质醇和可的松是肾上腺产生的主要糖皮质激素，反映了乳母的生理和心理的压力[64]；皮质醇在糖异生、脂解和能量代谢中发挥关键作用。有些证据表明，母乳中的糖皮质激素可能影响儿童的心理成熟程度[65,66]。母乳中较高的糖皮质激素水平与婴儿的恐惧气质增加有关，这样的影响在女孩表现得更为明显[67]。

四、甲状腺激素

母乳中甲状腺激素属于下丘脑-垂体-甲状腺轴的重要组成部分，是胎儿大脑发育和出生后正常认知或神经系统发育所必需的。目前认为母乳中的甲状腺素对早产儿的脑发育、生后早期的生存能力及免疫系统等都有一定的影响。母乳喂养可能弥补低甲状腺素血症患儿的甲状腺激素的暂时不足。

第三节 含　量

一、生长发育相关激素

由于人乳中生长发育相关激素的含量较低，而且含量的个体差异也较大，同时对检测仪器和分离手段要求也相对较高，因此开展的相关研究较少。人乳中与生长发育相关激素的含量见表34-2。

□ 表34-2 母乳中与生长发育相关激素的含量

第一作者及发表年份	论文题目	人群和取样地点	样本量	取样时间	分析指标	分析结果	分析方法	备注
Weyermann 等[52]，2007	Adipokines in human milk and risk of overweight in early childhood: a prospective cohort study	产后6周母乳及其婴儿，德国乌尔姆大学妇产科医院	674	6周	母乳脂联素水平	10.9μg/L（中位数）	ELISA	
Martin 等[11]，2006	Adiponectin is present in human milk and is associated with maternal factors	辛辛那提儿童研究人员库志愿者，家中取样	199	各时段混合乳样	脱脂母乳脂联素	17.7(4.2~87.9)μg/L[中位数(P25, P75)]	RIA	脱脂母乳
Ilcol 等[70]，2006	Leptin concentration in breast milk and its relationship to duration of lactation and hormonal status	土耳其产后30天内追踪研究和产后0~180天不同时间点横断面调查	22/37,27,16,37,43	追踪横断面5个时间点	母乳瘦素水平	含量对数：初乳 0.16~7.0μg/L，成熟乳 0.11~4.97μg/L	RIA	
Goelz 等[68]，2009	Effects of different CMV - heat- inactivation-methods on growth factors in human breast milk	早产儿和足月儿的母亲，未说明取样地点	51	5~46天	母乳IGF-I	2.16μg/L（中位数）	RIA	
Weyermann 等[52]，2007	Adipokines in human milk and risk of overweight in early childhood: a prospective cohort study	产后6周妇女及其婴儿，德国乌尔姆大学妇产科医院	674	6周	母乳瘦素水平	174.5ng/L（中位数）	ELISA	
Xiao 等[71]，2002	Epidermal growth factor concentrations in human milk, cow's milk and cow's milk-based infant formulas	早产儿和足月儿母亲，医院取样	57	7天	母乳EGF	28.2nmol/L ± 10.3nmol/L（早产母乳），17.3nmol/L ±9.6nmol/L（足月母乳）	RIA	

1. 脂联素

乳汁中脂联素的浓度显著低于母体血清浓度，健康人体血浆中脂联素浓度为 3～30mg/L，而人乳脂联素水平中值为 10.9μg/L[52]，脱脂人乳脂联素的浓度为 4.2～87.9μg/L[11]。

2. 胰岛素样生长因子-Ⅰ

文献报道的人乳 IGF-Ⅰ 含量为 2.16μg/L[68]。Buyukkayhan 等[69]发现母乳喂养的新生儿血清中 IGF-Ⅰ 浓度高于婴儿配方奶粉喂养的婴儿，表明母乳中含有可被婴儿吸收的活性 IGF-Ⅰ。

3. 瘦素

母乳瘦素水平除与母体血循环中的瘦素水平有关外，还与皮质醇和甲状腺素浓度密切相关[70]；但是人乳瘦素浓度显著低于母体血循环中的瘦素水平。血清瘦素平均浓度为 7.35μg/L，而人乳瘦素水平均值为 174.5ng/L。两种机制可以解释人乳中瘦素的存在，即存在乳腺瘦素的分泌和瘦素的血液—乳汁转运过程。母乳中的瘦素浓度主要用放射免疫法测定，全乳中的瘦素比脱脂乳中的瘦素浓度高 2～66 倍，主要与乳脂肪球膜蛋白有关。不同的分析方法得到的结果可能不同，一般来说脱脂乳很稳定，最适合进行瘦素检测。

4. 表皮生长因子

EGF 水平与哺乳阶段有关，初乳中 EGF 浓度最高，成熟乳中逐渐降低，人乳中的 EGF 浓度约为 5.0～6.7nmol/L[71]。

二、雌激素

成熟乳与初乳中具有雌激素活性的成分主要是 17β-E2、17β-E1 和 17β-E3 三种，三者活性比为 100:10:3。一般认为雌二醇是卵泡正常分泌的激素，为代谢的起始物，雌三醇是雌二醇和雌酮的代谢产物。孕酮作为一种孕激素，又称为黄体酮或妊娠素，母乳中孕酮含量范围为 10～40ng/ml[72]。1979 年 Wolford[29]采用放免法测定了 4 份母乳中的雌激素含量，初乳中雌激素浓度 E1 为 4～5ng/ml、17β-E2 为 0.54～5ng/ml、E3 为 4～5ng/ml，总量是牛初乳含量的 4～5 倍。2016 年曹宇彤等[73]的分析结果显示，初乳中雌激素含量很高，雌酮平均为 3.78ng/ml、雌二醇最高为 7.4ng/ml、雌三醇为 4.05ng/ml。三种雌激素含量均随泌乳期的延长而降低。除 17β-E2 外，E1 及其硫酸酯、17α-E2 均不是由乳腺直接分泌，可认为是各种乳激素、血液、体液与乳腺上皮细胞分泌物之间平衡的结果。文献报告的母乳中雌激素含量汇总于表 34-3。Sapbamrer 等[74]测定的泰国 50 例乳母结果显示，血清和母乳中雌激素和总脂质水平之间存在相同的化模式。虽然血清雌激素与血清总脂质呈正相关（相关系数为 0.403～0.661），然而母乳中雌性激素和总脂质间则无相关性；同期母乳中雌激素平均水平比母体血清中雌激素水平高 8～13.5 倍。

⊡ 表34-3　母乳中游离雌激素含量（ng/ml）/样本数

作者	哺乳阶段	雌酮（E1）	雌二醇（E2）	雌三醇（E3）
曹宇彤等[73]	初乳	3.78/10	7.40/10	4.05/10
	过渡乳	0.63/13	3.28/13	0.31/13
	成熟乳	0.47/21	1.44/21	0.20/21
曹劲松等[75]	初乳（24h）	2.046±0.859[①]	0.159±0.055[①]	1.195±0.423[①]
	初乳（3～5 天）	0.093±0.019	0.039±0.014	0.031±0.006
	初乳（3～5 天）	2.5～4.5[②]	0.01～0.05[②]	0.27～0.70[②]
姚晓芬等[7]	初乳[③]	>3.68	0.013～0.045[④]	0.27～0.71
	成熟乳[③]	—[⑤]	7.9～18.5[②④]	—[⑤]

①为结合型。②总含量。③汇总三篇文献的数据[28]。④为 17β-E2。⑤"—"表示无数据。

三、其他激素

1. 糖皮质激素

Pundir 等[76]分析了参加芬兰队列研究的 656 份母乳样本（婴儿年龄 11.29 周±2.6 周），母乳中糖皮质激素的主要形式可的松含量（ng/ml，平均值±SD）为 9.55±3.44，所有样品均含有皮质醇，含量为 7.39±5.97；而 Toorop 等[77]在荷兰获得的结果显示，母乳中糖皮质激素含量存在明显的昼夜节律变化（diurnal variation）（表34-4）。

最近，Vass 等[25]比较了早产儿（$n=27$）和足月儿（$n=30$）的母乳垂体糖蛋白激素含量，两组间无显著差异（中位数 P25～P75），其中促卵泡激素（mIU/L）为 180（75～315）与 178（136～241）、促黄体激素（mIU/L）为 40（18～103）与 50（31～60）、促甲状腺激素（μIU/L）为 60（38～93）与 50（36～64）。

⊡ 表34-4　不同时间采集的母乳中糖皮质激素含量[①]

采样时间	乳样数	皮质醇/(nmol/L)	可的松/(nmol/L)
02:00～06:00	39	4.5（1.9～10.0）	19.6（11.4～30.0）
6:00～10:00	83	9.6（4.9～15.2）	32.5（22.6～38.9）
10:00～14:00	80	4.0（2.4～5.8）	22.0（16.5～27.1）
14:00～18:00	72	2.1（1.4～3.3）	15.9（10.8～20.4）
18:00～22:00	68	1.1（0.7～1.8）	9.3（5.8～11.9）
22:00～02:00	53	1.0（0.5～1.9）	7.0（4.6～14.8）

① 含量以中位数（P25～P75）表示。

注：引自 Toorop 等[77]，2020。

2. 甲状腺激素

张佩斌和陈荣华[78]采用放射免疫分析法测定了 6 周内母乳中甲状腺激素（T_3 和 T_4）含量的变化，初乳和成熟乳 T_3 含量分别为 0.50～0.61μg/L 和 0.49～0.62μg/L、T_4 含量分别为 2.35～3.85μg/L 和 2.80～3.85μg/L。

第四节　影响因素

迄今有关影响人乳中激素种类和水平的研究有限。虽然多数研究认为，人乳激素水平与婴儿生后早期生长发育甚至远期健康状况密切相关，但是相关激素之间错综复杂的交互影响或作用关系以及整个机体的动态平衡调节，使得对单一激素的研究结果还很难给予恰当解释，而且对人乳中激素水平与早期生长发育及远期健康效应的相关研究还需要考虑到个体遗传与环境的综合作用。因此后续需要开展更多研究以阐明母乳中这些微量成分对婴儿期、儿童和成年期代谢性疾病发生发展的影响。

一、生长发育相关激素

与商品化生产的婴儿配方食品（乳粉）不同，人乳成分是处在动态变化中。不同的乳母在一次喂食过程中其乳汁成分会有所不同，并且其成分可能会根据喂养儿需要发生适应性变化，以满足婴儿成长发育的需求[79]。人乳中的生长发育相关激素的种类较多，每种激素本身的含量变异范围就很大，而且受母体的体质状况、分娩结局、哺乳期等多种复杂因素的影响。

1. 脂联素

影响人乳脂联素水平的因素包括哺乳时长、激素水平、分娩和生产结局及母亲体质状况等。哺乳时长与乳汁中脂联素浓度成反比，随哺乳期延长乳汁中脂联素浓度下降，初乳中脂联素浓度高于成熟乳；追踪研究发现，哺乳 12 个月时母乳脂联素浓度显著低于 3 个月和 6 个月时的浓度[80]。有研究发现人乳脂联素浓度与母体的肥胖（孕后 BMI）呈正相关[11]，这可能与脂联素、催乳素和肥胖之间的关联有关。人乳脂联素受催乳素的反向调节，而催乳素的分泌则受肥胖的抑制，因此人乳脂联素水平与母体脂肪组织（肥胖）呈正相关。Meta 分析确证了先兆子痫妇女的血中和乳汁中含有更高浓度的脂联素[81]。校正产后到乳汁收集间隔时间等混杂因素后，初产、较长的妊娠期和非预定剖宫产等分娩变量与初乳较高的脂联素水平相关。早产儿母乳的脂联素水平低于足月新生儿的[82]。

2. 胰岛素样生长因子-Ⅰ

初乳中 IGF-Ⅰ的浓度最高（显著高于成熟乳），与乳腺细胞最高增殖期和婴儿肠道发育不成熟是一致的。Milsom 等[31]测定了产后 4 天到 9 个月足月产母乳的 IGF 和 IGFBP 水平，结果表明 IGFBP3 产后 4~6 天最高，10~12 天开始明显下降；而 IGF-Ⅰ、IGF-Ⅱ，IGFBP1、IGFBP2 在产后 2 周内的变化很小。到第 1~3 个月间所有的 IGF 成分逐渐下降，出生后第 9 个月达到稳定水平。母乳 IGF-Ⅰ的浓度还受分娩结局的影响，早产妇女乳汁 IGF-Ⅰ的浓度显著高于足月产妇女[83]。Elmlinger 等[84]报道早产儿的母乳中 IGF-Ⅰ、IGFBP3 和 IGFBP2 均高于足月儿母乳。临床试验观察到，口服 IGF-Ⅰ对早产儿有治疗作用，可使其肠道功能得以修复。母乳喂养的早产儿比人工喂养儿常表现出更好的生命结局，部分原因可能是胰岛素样生长因子和其结合蛋白的作用。母乳 IGF-Ⅰ的水平还受某些激素的影响，研究表明用人类生长激素刺激乳汁分泌干预后，可使乳汁 IGF-Ⅰ水平显著增加[85]。母乳中 IGF-Ⅰ浓度的升高还与妊娠糖尿病（GDM）和分娩巨大儿有关[86]。

3. 瘦素

人乳中瘦素水平受哺乳阶段的影响，初乳中瘦素浓度显著高于过渡乳，如土耳其 22 例乳母的追踪结果（平均值±SE）显示，产后 1~3 天初乳（3.35±0.25）、4~14 天过渡乳（2.65±0.21）和早期成熟乳（1.63±0.18）中瘦素含量呈现显著降低趋势[70]；也与分娩结局有关，有研究结果显示早产儿的母乳中瘦素水平低于足月儿的母乳[87]。Dundar 等[88]观察到小于胎龄儿和大于胎龄儿母乳中不同瘦素水平与其胎龄相符。与正常体重的母亲相比，超重和肥胖母亲的乳汁中瘦素浓度显著升高。乳房组织的瘦素产物可能根据婴儿的需要和身体状况受机体的生理性状况调节。研究发现母乳瘦素浓度与母体 BMI 呈正相关，母乳喂养婴儿血清瘦素浓度也与母亲 BMI 呈正相关[44,89]，目前尚存在的问题是母乳来源的瘦素是否提供了母体成分和新生儿生长发育之间关联的纽带，是否由较为肥胖母亲的母乳喂养婴儿接受到的母乳瘦素量也较多，从而影响了其喂养儿的生长发育状况。

Vass 等[90]观察到与未经过巴氏灭菌的样本相比，早产儿的母乳中瘦素水平约是捐赠母乳的 3 倍；并且无论乳汁来源，巴氏灭菌过程显著降低瘦素和胰岛素水平；在早产儿的母亲中，肥胖与母乳瘦素和胰岛素含量的显著升高相关；用巴氏杀菌的捐赠母乳喂哺婴儿显著降低瘦素摄入量，同时增加皮质醇摄入量。

4. 表皮生长因子

人乳 EGF 水平与哺乳时段、出生结局和分娩结局等有关。Oslislo 等[91]研究发现早产适龄儿母乳 EGF 浓度显著高于早产小于胎龄儿，说明母乳对未发育成熟的早产婴儿生长发育的促进机制可能受宫内生长发育迟缓因素干扰。还有研究表明极早产第一个月母乳 EGF 浓度显著高于早产和足月的母乳[92]，早产儿的母乳高浓度 EGF 可能是一种代表母乳加速未成熟婴儿生长发育的补偿机制。

二、雌激素

在芬兰迈向健康发展（STEPS）队列研究中，根据 501 例人乳样品中瘦素、脂联素、胰岛素样生长因子和环甘氨酸脯氨酸(cyclic glycine-proline)的含量，结果显示孕前 BMI、妊娠因素（妊娠体重增加、GDM、多胎、分娩方式和婴儿胎龄）和出生时婴儿特征（性别和出生体重）与生后三个月收集的母乳生物活性（如激素）成分浓度之间的相关性[2]。在 Vass 等[90]关于储存巴氏杀菌（HoP）对激素水平影响的研究中，尽管母乳中有些激素成分受巴氏杀菌的影响，但是孕激素和睾丸激素的含量则不受来源和巴氏灭菌的影响。

三、其他激素

1. 糖皮质激素

乳母的 BMI（孕前）与母乳中的可的松含量有关，孕期正常体重乳母的乳汁中可的松含量（9.82ng/ml）显著高于孕期超重（8.93ng/ml）和低体重（9.33ng/ml）的乳母（P=0.01）。受教育程度在改变母乳糖皮质激素的组成方面也发挥重要作用。与血浆不同，可的松是母乳样品中的主要激素，因为可的松在母体血浆中分泌量不大。

2. 甲状腺激素

成熟乳中含有大量脂质将会干扰 T_3 和 T_4 的测定。母乳中甲状腺激素含量相对稳定，初乳、过渡乳和成熟乳中无显著差异，与乳母血清相比，母乳中含有一定量的 T_3 和 T_4。采用竞争性蛋白结合法测定母乳中甲状腺激素，由于没有特异性抗体，因而不能控制交叉反应，使测定结果偏离。

最后，需要特别指出，在分析影响母乳激素影响因素时，还要考虑乳汁中激素浓度的昼夜节律性变化。一天中激素浓度的变化与喂哺婴儿状况有关，尤其是在解释绝对激素浓度时更需要考虑这一点。哺乳阶段、营养状况或其他内源性母体因素（包括药物治疗或月经周期）等，也可能影响母乳中的激素浓度。外源性因素，如采样和样本处理过程以及储存温度与时间等，也会明显影响乳汁中激素浓度的测定结果[4]。总之，母乳中激素成分可能与营养成分一样，随乳母个体的特征而不同，如胎儿成熟程度、泌乳阶段[5,6]、膳食[7]、社会经济状况[11]以及婴儿的性别等[79,93~95]。

第五节　测定方法

测定母乳中常见的生长发育相关激素、甲状腺素等激素含量的商品试剂盒较为成熟，目前应用也很广泛，主要是基于放射免疫或酶免疫吸附原理制备的试剂盒可供选择。高灵敏度和可靠的 LC-MS/MS 技术可用于人乳中皮质醇和可的松的精确测量。

母乳中雌激素含量测定方法有免疫化学发光（ICMA）、酶联免疫吸附（ELISA）、放射免疫组织分析（RIA）、气相色谱-质谱/质谱（GC-MS/MS）、液相色谱-质谱/质谱（LC-MS/MS）、自动在线固相萃取（SPE）-高效液相色谱（HPLC）、超高效液相色谱-串联质谱（UPLC-MS/MS）等。2016 年曹宇彤等[73]建立了检测人乳中 3 种雌激素的UPLC-MS/MS 方法，优化了样品前处理和色谱-质谱条件。曹劲松和李意[75]利用UPLC-MS/MS 测定了人乳中雌激素含量，人初乳中雌酮+雌三醇含量为 4～5ng/ml，雌二醇为 0.5ng/ml，第 5 天即接近成熟乳的浓度；而相比较的牛初乳中 17α-E2（无活性形式）含量为 17β-E2（活性形式）的 1.3～2.0 倍。Liu 等[96]使用 SPE-HPLC 方法测定了牛乳中的五种激素（雌三醇、醋酸泼尼松、氢化可的松、己二烯雌酚和雌酮）的含量，样品前处理简单，且省时；雌三醇、醋酸泼尼松、氢化可的松、己二烯雌酚和雌酮检出限分别为 0.023μg/ml、0.005μg/ml、0.006μg/ml、0.004μg/ml 和 0.054μg/ml。

第六节　展　　望

由于激素及类激素成分在很低浓度就可显示出很强的生物活性，需要研究低浓度激素摄入对喂养儿健康状况的近期影响和远期效应，尤其是对于那些人工喂养的婴儿，来自婴儿配方乳粉中牛乳含有的激素类成分是否会对婴儿健康造成影响已备受人们关注；通过对人乳激素成分的分析，获得更多数据，为制定婴儿配方食品中激素和类激素成分安全残留限量和检测标准提供科学依据。

目前关于人乳激素成分的研究多为横断面调查，在解释结果时存在横断面调查的局限性。需要进行更多的纵向研究，尤其是在哺乳初期，以阐明母乳激素水平对婴儿期和儿童期生长和营养调节的影响，而且使用更准确的体成分测量将有助于准确评估母乳激素的介导作用。

还需要研究乳母在病理生理状况下，经母乳摄入的激素是否会影响喂养儿的生长发育轨迹。这将使人们能更好地了解生命早期特定的营养和激素暴露所发挥的作用，以便为无法获得母乳的婴儿进行针对性干预，以帮助改善由于乳母病理状况而可能改变的母乳组成。

（柳桢，杨振宇，荫士安）

参考文献

[1] Mazzocchi A，Gianni ML，Morniroli D，et al. Hormones in breast milk and effect on infants' growth：A systematic review. Nutrients，2019，11（8）. doi：10.3390/nu11081845.

[2] Galante L，Lagstrom H，Vickers MH，et al. Sexually dimorphic associations between maternal factors and human milk hormonal concentrations. Nutrients，2020，12（1）. doi：10.3390/nu12010152.

[3] Demmelmair H，Koletzko B. Variation of metabolite and hormone contents in human milk. Clin Perinatol，2017，44（1）：151-164.

[4] Hoeflich A，Kiess W. Hormones in milk-new directions. Best Pract Res Clin Endocrinol Metab，2018，32（1）：1-3.

[5] 柳桢，荫士安，杨晓光，等. 生长发育相关的人乳激素研究进展. 卫生研究，2014，43：332-337.

[6] 胡晓燕，衣明纪. 人乳中部分激素的生理功能研究进展. 中国儿童保健杂志，2010，18：666-668.

[7] 姚晓芬，朱婧，杨月欣. 食品及母乳中雌性激素含量分析. 卫生研究，2011，40：799-801.

[8] Savino F，Liguori SA，Fissore MF，et al. Breast milk hormones and their protective effect on obesity. Int J Pediatr Endocrinol，2009，2009：327505.

[9] Baxter RC，Zaltsman Z，Turtle JR. Immunoreactive somatomedin-C/insulin-like growth factor I and its binding protein in human milk. J Clin Endocrinol Metab，1984，58（6）：955-959.

[10] Lyle RE，Kincaid SC，Bryant JC，et al. Human milk contains detectable levels of immunoreactive leptin. Adv Exp Med Biol，2001，501：87-92.

[11] Martin LJ，Woo JG，Geraghty SR，et al. Adiponectin is present in human milk and is associated with maternal factors. Am J Clin Nutr，2006，83（5）：1106-1111.

[12] Dvorak B. Milk epidermal growth factor and gut protection. J Pediatr，2010，156（2 Suppl）：S31-35.

[13] Aydin S，Ozkan Y，Kumru S. Ghrelin is present in human colostrum, transitional and mature milk. Peptides，2006，27（4）：878-882.

[14] Ilcol YO，Hizli ZB，Eroz E. Resistin is present in human breast milk and it correlates with maternal hormonal status and serum level of C-reactive protein. Clin Chem Lab Med，2008，46（1）：118-124.

[15] Aydin S，Ozkan Y，Erman F，et al. Presence of obestatin in breast milk：relationship among obestatin, ghrelin，and leptin in lactating women. Nutrition，2008，24（7-8）：689-693.

[16] Butte NF，Comuzzie AG，Cai G，et al. Genetic and environmental factors influencing fasting serum adiponectin in Hispanic children. J Clin Endocrinol Metab，2005，90（7）：4170-4176.

[17] Weyermann M，Beermann C，Brenner H，et al. Adiponectin and leptin in maternal serum，cord blood，and breast milk. Clin Chem，2006，52（11）：2095-2102.

[18] Suikkari AM. Insulin-like growth factor（IGF-I）and its low molecular weight binding protein in human milk. Eur J Obstet Gynecol Reprod Biol，1989，30（1）：19-25.

[19] Baxter RC，Martin JL，Beniac VA. High molecular weight insulin-like growth factor binding protein complex. Purification and properties of the acid-labile subunit from human serum. J Biol Chem，1989，264（20）：11843-11848.

[20] Juul A，Holm K，Kastrup KW，et al. Free insulin-like growth factor I serum levels in 1430 healthy children and adults，and its diagnostic value in patients suspected of growth hormone deficiency. J Clin Endocrinol Metab，1997，82（8）：2497-2502.

[21] Sagawa N，Yura S，Itoh H，et al. Possible role of placental leptin in pregnancy：a review. Endocrine，2002，19（1）：65-71.

[22] Casabiell X，Pineiro V，Tome MA，et al. Presence of leptin in colostrum and/or breast milk from lactating mothers：a potential role in the regulation of neonatal food intake. J Clin Endocrinol Metab，1997，82（12）：4270-4273.

[23] Smith-Kirwin SM，O'Connor DM，De Johnston J，et al. Leptin expression in human mammary epithelial cells and breast milk. J Clin Endocrinol Metab，1998，83（5）：1810-1813.

[24] Sahlberg BL，Axelson M. Identification and quantitation of free and conjugated steroids in milk from lactating women. J Steroid Biochem，1986，25（3）：379-391.

[25] Vass RA，Roghair RD，Bell EF，et al. Pituitary glycoprotein hormones in human milk before and after pasteurization or refrigeration. Nutrients，2020，12（3）. doi：10.3390/nu12030687.

[26] Blum JW，Baumrucker CR. Insulin-like growth factors（IGFs），IGF binding proteins，and other endocrine factors in milk：role in the newborn. Adv Exp Med Biol，2008，606：397-422.

[27] Catli G，Olgac Dundar N，Dundar BN. Adipokines in breast milk：an update. J Clin Res Pediatr Endocrinol，2014，6（4）：192-201.

[28] Badillo-Suárez PA，Rodríguez-Cruz M，Nieves-Morales X. Impact of metabolic hormones secreted in human breast milk on nutritional programming in childhood obesity. J Mammary Gland Biol Neoplasia，2017，22：171–191.

[29] Wolford ST，Argoudelis CJ. Measurement of estrogens in cow's milk，human milk，and dairy products. J Dairy Sci，1979，62（9）：1458-1463.

[30] Picó C，Oliver P，Sánchez J，et al. The intake of physiological doses of leptin during lactation in rats prevents obesity in later life. Int J Obes（Lond），2007，31（8）：1199-1209.

[31] Milsom SR，Blum WF，Gunn AJ. Temporal changes in insulin-like growth factors Ⅰ and Ⅱ and in insulin-like growth factor binding proteins 1，2，and 3 in human milk. Horm Res，2008，69（5）：307-311.

[32] Doneray H，Orbak Z，Yildiz L. The relationship between breast milk leptin and neonatal weight gain. Acta Paediatr，2009，98（4）：643-647.

[33] Fields DA，Demerath EW. Relationship of insulin，glucose，leptin，IL-6 and TNF-α in human breast milk with infant growth and body composition. Pediatric Obes，2012，7：304-312.

[34] Donovan SM，Chao JC，Zijlstra RT，et al. Orally administered iodinated recombinant human insulin-like growth factor-Ⅰ（125I-rhIGF-Ⅰ）is poorly absorbed by the newborn piglet. J Pediatr Gastroenterol Nutr，1997，24（2）：174-182.

[35] Harrington EA，Bennett MR，Fanidi A，et al. c-Myc-induced apoptosis in fibroblasts is inhibited by specific cytokines. EMBO J，1994，13（14）：3286-3295.

[36] Prosser CG. Insulin-like growth factors in milk and mammary gland. J Mammary Gland Biol Neoplasia，1996，1（3）：297-306.

[37] Ahima RS，Antwi DA. Brain regulation of appetite and satiety. Endocrinol Metab Clin North Am，2008，37（4）：811-823.

[38] Barrenetxe J，Villaro AC，Guembe L，et al. Distribution of the long leptin receptor isoform in brush border，basolateral membrane，and cytoplasm of enterocytes. Gut，2002，50（6）：797-802.

[39] Singhal A，Farooqi IS，O'Rahilly S，et al. Early nutrition and leptin concentrations in later life. Am J Clin Nutr，2002，75（6）：993-999.

[40] Kon IY, Shilina NM, Gmoshinskaya MV, et al. The study of breast milk IGF-1, leptin, ghrelin and adiponectin levels as possible reasons of high weight gain in breast-fed infants. Ann Nutr Metab, 2014, 65 (4): 317-323.

[41] Gridneva Z, Kugananthan S, Rea A, et al. Human milk adiponectin and leptin and infant body composition over the first 12 months of lactation. Nutrients, 2018, 10 (8). doi: 10.3390/nu10081125.

[42] Savino F, Sardo A, Rossi L, et al. Mother and infant body mass index, breast milk leptin and their serum leptin values. Nutrients, 2016, 8 (6). doi: 10.3390/nu8060383.

[43] Savino F, Costamagna M, Prino A, et al. Leptin levels in breast-fed and formula-fed infants. Acta Paediatr, 2002, 91 (9): 897-902.

[44] Schuster S, Hechler C, Gebauer C, et al. Leptin in maternal serum and breast milk: association with infants' body weight gain in a longitudinal study over 6 months of lactation. Pediatr Res, 2011, 70 (6): 633-637.

[45] Fields DA, George B, Williams M, et al. Associations between human breast milk hormones and adipocytokines and infant growth and body composition in the first 6 months of life. Pediatr Obes, 2017, (Suppl 1): 78-85.

[46] Chan D, Goruk S, Becker AB. Adiponectin, leptin and insulin in breast milk: associations with maternal characteristics and infant body composition in the first year of life. Int J Obes, 2018, 42: 36-43.

[47] Savino F, Petrucci E, Nanni G. Adiponectin: an intriguing hormone for paediatricians. Acta Paediatr, 2008, 97 (6): 701-705.

[48] Oshima K, Nampei A, Matsuda M, et al. Adiponectin increases bone mass by suppressing osteoclast and activating osteoblast. Biochem Biophys Res Commun, 2005, 331 (2): 520-526.

[49] Bjursell M, Ahnmark A, Bohlooly YM, et al. Opposing effects of adiponectin receptors 1 and 2 on energy metabolism. Diabetes, 2007, 56 (3): 583-593.

[50] Kotani Y, Yokota I, Kitamura S, et al. Plasma adiponectin levels in newborns are higher than those in adults and positively correlated with birth weight. Clin Endocrinol (Oxf), 2004, 61 (4): 418-423.

[51] Mantzoros C, Petridou E, Alexe DM, et al. Serum adiponectin concentrations in relation to maternal and perinatal characteristics in newborns. Eur J Endocrinol, 2004, 151 (6): 741-746.

[52] Weyermann M, Brenner H, Rothenbacher D. Adipokines in human milk and risk of overweight in early childhood: a prospective cohort study. Epidemiology, 2007, 18 (6): 722-729.

[53] Grimes J, Schaudies P, Davis D, et al. Effect of short-term fasting/refeeding on epidermal growth factor content in the gastrointestinal tract of suckling rats. Proc Soc Exp Biol Med, 1992, 199 (1): 75-80.

[54] Chang CJ, Chao JC. Effect of human milk and epidermal growth factor on growth of human intestinal Caco-2 cells. J Pediatr Gastroenterol Nutr, 2002, 34 (4): 394-401.

[55] Opleta-Madsen K, Meddings JB, Gall DG. Epidermal growth factor and postnatal development of intestinal transport and membrane structure. Pediatr Res, 1991, 30 (4): 342-350.

[56] Chan D, Becker AB, Moraes TJ, et al. Sex-specific association of human milk hormones and asthma in the CHILD cohort. Pediatr Allergy Immunol, 2020, doi: 10.1111/pai.13219.

[57] Sadr DG, Whitaker KM, Haapala JL, et al. Relationship of maternal weight status before, during, and after pregnancy with breast milk hormone concentrations. Obesity (Silver Spring), 2019, 27 (4): 621-628.

[58] Bose M, Olivan B, Laferrere B. Stress and obesity: the role of the hypothalamic-pituitary-adrenal axis in metabolic disease. Curr Opin Endocrinol Diabetes Obes, 2009, 16 (5): 340-346.

[59] Peckett AJ, Wright DC, Riddell MC. The effects of glucocorticoids on adipose tissue lipid metabolism.

Metabolism，2011，60（11）：1500-1510.

[60] Bernt KM，Walker WA. Human milk as a carrier of biochemical messages. Acta Paediatr Suppl，1999，88（430）：27-41.

[61] Macfarlane DP，Forbes S，Walker BR. Glucocorticoids and fatty acid metabolism in humans：fuelling fat redistribution in the metabolic syndrome. J Endocrinol，2008，197（2）：189-204.

[62] van der Voorn B，de Waard M，van Goudoever JB，et al. Breast-milk cortisol and cortisone concentrations follow the diurnal rhythm of maternal hypothalamus-pituitary-adrenal axis activity. J Nutr, 2016, 146（11）：2174-2179.

[63] Cao Y，Rao SD，Phillips TM，et al. Are breast-fed infants more resilient？ Feeding method and cortisol in infants. J Pediatr，2009，154（3）：452-454.

[64] Sapolsky RM，Romero LM，Munck AU. How do glucocorticoids influence stress responses？ Integrating permissive，suppressive，stimulatory，and preparative actions. Endocr Rev，2000，21（1）：55-89.

[65] Davis EP，Glynn LM，Schetter CD，et al. Prenatal exposure to maternal depression and cortisol influences infant temperament. J Am Acad Child Adolesc Psychiatry，2007，46（6）：737-746.

[66] Hinde K，Skibiel AL，Foster AB，et al. Cortisol in mother's milk across lactation reflects maternal life history and predicts infant temperament. Behav Ecol，2015，26（1）：269-281.

[67] Grey KR，Davis EP，Sandman CA，et al. Human milk cortisol is associated with infant temperament. Psychoneuroendocrinology，2013，38（7）：1178-1185.

[68] Goelz R，Hihn E，Hamprecht K，et al. Effects of different CMV-heat-inactivation-methods on growth factors in human breast milk. Pediatr Res，2009，65（4）：458-461.

[69] Buyukkayhan D，Tanzer F，Erselcan T，et al. Umbilical serum insulin-like growth factor 1（IGF-1）in newborns：effects of gestational age，postnatal age，and nutrition. Int J Vitam Nutr Res，2003，73（5）：343-346.

[70] Ilcol YO，Hizli ZB，Ozkan T. Leptin concentration in breast milk and its relationship to duration of lactation and hormonal status. Int Breastfeed J，2006，1：21.

[71] Xiao X，Xiong A，Chen X，et al. Epidermal growth factor concentrations in human milk，cow's milk and cow's milk-based infant formulas. Chin Med J（Engl），2002，115（3）：451-454.

[72] Choi MH，Kim KR，Hong JK，et al. Determination of non-steroidal estrogens in breast milk, plasma, urine and hair by gas chromatography/mass spectrometry. Rapid Commun Mass Spectrom，2002，16（24）：2221-2228.

[73] 曹宇彤，任皓威，刘宁. 超高效液相色谱-串联质谱分析人乳中的 3 种雌激素. 中国乳品工业，2016，44（9）：52-55.

[74] Sapbamrer R，Prapamontol T，Hock B. Assessment of estrogenic activity and total lipids in maternal biological samples（serum and breast milk）. Ecotoxicol Environ Saf，2010，73（4）：679-684.

[75] 曹劲松，李意. 初乳、常乳及其制品中的雌性激素. 中国乳品工业，2005，33（9）：4-8.

[76] Pundir S，Makela J，Nuora A，et al. Maternal influences on the glucocorticoid concentrations of human milk：The STEPS study. Clin Nutr，2019，38（4）：1913-1920.

[77] Toorop AA，van der Voorn B，Hollanders JJ，et al. Diurnal rhythmicity in breast-milk glucocorticoids，and infant behavior and sleep at age 3 months. Endocrine，2020. doi：10.1007/s12020-020-02273-w.

[78] 张佩斌，陈荣华. 母乳中甲状腺激素含量测定及其意义的初步探讨. 中华儿童保健杂志，1993，1（2）：88-91.

[79] Ballard O，Morrow AL. Human milk composition：nutrients and bioactive factors. Pediatr Clin North Am，2013，7：3154-3162.

[80] Bronsky J，Mitrova K，Karpisek M，et al. Adiponectin，AFABP，and leptin in human breast milk during 12 months of lactation. J Pediatr Gastroenterol Nutr，2011，52（4）：474-477.

[81] Liu Y，Zhu L，Pan Y，et al. Adiponectin levels in circulation and breast milk and mRNA expression in adipose tissue of preeclampsia women. Hypertens Pregnancy，2012，31（1）：40-49.

[82] Savino F，Liguori SA，Lupica MM. Adipokines in breast milk and preterm infants. Early Hum Dev，2010，86 Suppl 1：77-80.

[83] Ozgurtas T，Aydin I，Turan O，et al. Vascular endothelial growth factor，basic fibroblast growth factor，insulin-like growth factor- I and platelet-derived growth factor levels in human milk of mothers with term and preterm neonates. Cytokine，2010，50（2）：192-194.

[84] Elmlinger MW，Hochhaus F，Loui A，et al. Insulin-like growth factors and binding proteins in early milk from mothers of preterm and term infants. Horm Res，2007，68（3）：124-131.

[85] Breier BH，Milsom SR，Blum WF，et al. Insulin-like growth factors and their binding proteins in plasma and milk after growth hormone-stimulated galactopoiesis in normally lactating women. Acta Endocrinol（Copenh），1993，129（5）：427-435.

[86] Mohsen AH，Sallam S，Ramzy MM，et al. Investigating the relationship between insulin-like growth factor-1（IGF-1）in diabetic mother's breast milk and the blood serum of their babies. Electron Physician，2016，8（6）：2546-2550.

[87] Resto M，O'Connor D，Leef K，et al. Leptin levels in preterm human breast milk and infant formula. Pediatr，2001，108（1）：E15.

[88] Dundar NO，Anal O，Dundar B，et al. Longitudinal investigation of the relationship between breast milk leptin levels and growth in breast-fed infants. J Pediatr Endocrinol Metab，2005，18（2）：181-187.

[89] Miralles O，Sánchez J，Palou A，et al. A physiological role of breast milk leptin in body weight control in developing infants. Obesity（Silver Spring），2006，14（8）：1371-1377.

[90] Vass RA，Bell EF，Colaizy TT，et al. Hormone levels in preterm and donor human milk before and after Holder pasteurization. Pediatr Res，2020. doi：10.1038/s41390-020-0789-6.

[91] Oslislo A，Czuba Z，Slawska H，et al. Decreased human milk concentration of epidermal growth factor after preterm delivery of intrauterine growth-restricted newborns. J Pediatr Gastroenterol Nutr，2007，44（4）：464-467.

[92] Dvorak B，Fituch CC，Williams CS，et al. Increased epidermal growth factor levels in human milk of mothers with extremely premature infants. Pediatr Res，2003，54（1）：15-19.

[93] Jiang J，Wu K，Yu Z，et al. Changes in fatty acid composition of human milk over lactation stages and relationship with dietary intake in Chinese women. Food Funct，2016，7（7）：3154-3162.

[94] Nayak U，Kanungo S，Zhang D，et al. Influence of maternal and socioeconomic factors on breast milk fatty acid composition in urban，low-income families. Matern Child Nutr，2017，13：e12423.

[95] Galante L，Milan AM，Reynolds CM，et al. Sex-specific human milk composition：the role of infant sex in determining early life nutrition. Nutrients，2018，10：1194.

[96] Liu K，Kang K，Li N，et al. Simultaneous determination of five hormones in milk by automated online solid-phase extraction coupled to high-performance liquid chromatography. J AOAC Int，2019. doi：10.5740/jaoacint.19-0065.

第三十五章

唾液酸

人乳中含有丰富的唾液酸（sialic acid, SA），唾液酸参与突触的形成及神经信号的传递过程，可能是婴儿神经系统发育的必需营养成分[1~3]。因此唾液酸作为一种人乳寡糖，其分离、纯化、含量测定以及对母乳喂养儿的影响是人乳成分研究的热点之一。

第一节　唾液酸的一般特征

人乳寡糖（HMOs）是天然存在于母乳中的一类由 2~10 个单糖组成的低聚糖，其在母乳中含量非常丰富。唾液酸化人乳寡糖（SHMOs）的种类约占总人乳寡糖的 30%，含量约占总人乳寡糖的 15%。

一、结构特点

人乳寡糖（HMOs）主要由 D-葡萄糖（Glc）、D-半乳糖（Gal）、N-乙酰葡萄糖胺（GlcNAc）、L-岩藻糖（Fuc）和 N-乙酰神经氨酸（唾液酸，Neu5Ac）5 种单糖通过不同组合和连接方式构成，寡糖的骨架链是由 Glc、Gal 和 GlcNAc 构成，而岩藻糖和唾液酸则对骨架链进行不同程度的修饰。

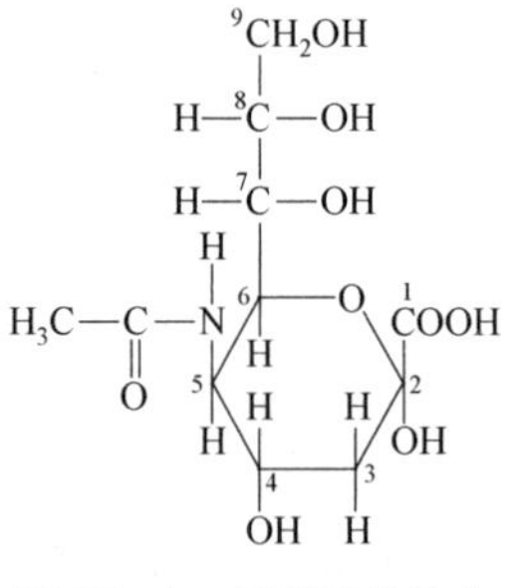

唾液酸是附着在细胞表面和可溶性蛋白上糖链末端的一类含九碳的酸性单糖，是细胞膜上糖蛋白和糖脂的重要组成

图 35-1　唾液酸的结构

1~9 为碳原子序号，引自 Lis-Kuberka and Orczyk-Pawiłowicz[8]

部分，唾液酸的结构（structure of sialic acid）见图 35-1。唾液酸主要以结合糖（通过糖苷键共价连接）出现在 HMOs 和共轭葡聚糖的末端位置，后者是神经节苷脂、糖脂和糖蛋白的寡糖结构，暴露于细胞表面。唾液酸还以游离形式存在于母乳中。作为聚糖的末端糖，唾液酸被认为在黏液的黏度、蛋白质的水解保护、细胞间识别、生殖、感染、免疫和认知发育中发挥重要生物学作用[4,5]。

二、人乳中存在形式

唾液酸是一族衍生物总称，有 50 余种，除少数以游离状态存在外，绝大部分以结合形式存在于糖蛋白、糖脂分子和一些寡糖中。人体中唾液酸主要以 *N*-乙酰神经氨酸形式存在于大脑中，作为神经节苷脂结构的一个组成部分参与突触形成和神经信号传递[6]。唾液酸可由 *α*-2,3- 和 *α*-2,6-糖苷键相连，还可能由 *α*-2,8-糖苷键聚合形成多聚唾液酸（polysialic acid，PolySia）。多聚唾液酸可与中枢神经系统中的神经细胞黏附分子（NCAM）结合，影响细胞转移、神经元生长、再生和突触可塑性，因此可能影响人类的学习记忆能力[7]。

唾液酸在哺乳动物中的两种主要结构为 *N*-乙酰神经氨酸（*N*-acetylneuraminic acid，Neu5Ac，NANA，Sia）和 *N*-羟乙酰神经氨酸（Neu5Gc），而 *N*-羟乙酰神经氨酸在其他哺乳动物中更为常见，人体正常组织中几乎没有 Neu5Gc，人乳中仅含有 Neu5Ac，而且脑和母乳中含量最高，即它是一种人类特异性的母乳单糖（图 35-2）。由于婴幼儿配方奶粉多以牛乳为基料，因此婴幼儿配方奶粉中约含有 5% 的唾液酸为 Neu5Gc[9]。唾液酸最常见的存在形式是 Neu5Ac 和唾液酸乳糖［主要形式是 6′-唾液酸基乳糖（6′-sialyllactose, 6′-SL）和 3′-唾液酸基乳糖（3′-sialyllactose, 3′-SL）］。

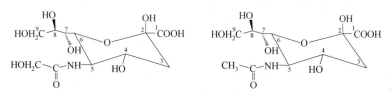

图 35-2 唾液酸的 $^2C_5$ 构象（左，Neu5Gc；右，Neu5Ac，NANA，Sia）

引自 Wang and Brand-Miller，2003[6]

第二节 人乳含量和检测方法

人乳中唾液酸有游离和结合态两种形式，后者通常以低聚糖、糖脂或者糖蛋白的形式存在。人乳中天然存在的 HMOs 结构复杂、种类繁多，不仅各寡糖组分间的含量差异很大，而且普遍存在异构现象，其分离纯化也非常困难，唾液酸化 HMOs 的分离及结构解析难度比中性 HMOs 要大得多。

一、含量及影响因素

人乳含有高浓度唾液酸，范围约为 0.3～1.5g/L[12]，主要以结合态形式存在，以 HMOs 为最主要存在形式，占人乳中总唾液酸含量的 70%～83%。人乳中最主要的唾液酸化低聚糖为 3′-唾液酸乳糖（3′-SL）和 6′-唾液酸乳糖（6′-SL）。人乳中与糖蛋白和糖脂（以神经节苷脂为主）结合的唾液酸分别占人乳总唾液酸含量的 14%～28% 和 0.2%～0.4%[9-11]。Röhrig 等[12]汇总了人乳中存在的总的和游离型唾液酸含量，结果见表 35-1。乔阳等[13]应用荧光高效液相色谱法测定了 102 例健康乳母的乳汁中总唾液酸含量，产后第 30 天、90 天和 150 天的乳汁中总唾液酸浓度分别为（714.3± 64.4）mg/L、（437.2±42.8）mg/L 和（342.8±47.7）mg/L。

人乳中总的和游离型唾液酸含量随泌乳期延长呈下降趋势（表 35-1），即初乳中唾液酸含量最高[9,12,14]。在产后第 1 和第 3 个月，早产儿的母乳中唾液酸含量比足月产儿的母乳含量高 13%～23%，表明唾液酸含量与孕期持续时间有关[9]。该结果与 Wang 等[7]用试剂盒方法（神经氨酸酶检测试剂盒）检测的中国母乳中唾液酸含量是一致的。该检测结果显示，中国足月产乳母的初乳、过渡乳和成熟乳中唾液酸含量分别为 2.2g/L、1.4g/L 和 0.4g/L，而早产儿乳母的初乳、过渡乳和成熟乳中唾液酸含量分别为 2.3g/L、1.6g/L 和 0.4g/L；也有的结果显示，早产儿的过渡乳和成熟乳中唾液酸含量高于足月产儿，并有显著统计学差异。

▣ 表 35-1　汇总的人乳中总的和游离型唾液酸含量①

哺乳期	总唾液酸含量②/(mg/kg)	游离 Neu5Ac 含量/(mg/kg)	游离 Neu5Ac 含量/总 Neu5Ac 含量	总 Neu5Gc 含量/总唾液酸含量	主要文献来源
初乳	1240±229	46	约 3%～4%	nd③	Martin-Sosa 等, 2003[15]; Martin-Sosa 等, 2004[10]; Oriquat 等, 2011[16]; Wang 等, 2001a[9];
过渡乳	881±273	27	约 3%～4%	nd③	
成熟乳	505±251	22	约 2%～4%	nd③	

①引自 Röhrig 等[12]，2017。②总唾液酸=Neu5Ac+Neu5Gc；*N*-Acetyl-*d*-neuraminic acid,*N*-乙酰-*d*-神经氨酸（Neu5Ac）；*N*-glycolyl-*d*-neuraminic acid,*N*-羟乙酰-*d*-神经氨酸（Neu5Gc）。③nd=not detected，表示未检出。

二、测定方法

人乳中唾液酸有游离和结合两种形式，后者通常以低聚糖、糖脂或者糖蛋白形式存在，如 9-*O*-乙酰-*N*-乙酰神经氨酸（9-*O*-acetylated-*N*-acetylneuraminic acid，Neu5,9Ac）、*N*-羟乙酰神经氨酸（*N*-glycolylneuraminic acid，Neu5Gc）、脱氨基神经氨酸

（deaminoneuraminic acid，Kdn）、O-硫酸唾液酸（O-sulfated sialic acid，SiaS）以及 2-唾液酸、低聚唾液酸和多聚唾液酸（diSia/oligoSia/polySia）[17]。

1. 传统方法

最初是采用传统比色法测定唾液酸总量，但是这些早期方法并不能区分结合形式和游离形式的唾液酸，大多需要经过水解步骤，即在显色标记和定量之前需将唾液酸从结合形式转变为游离形式再进行测定，操作相对烦琐、耗时耗力，分析成本高、精密度也较低。也有些研究使用商品试剂盒，采用酶联免疫吸附法测定唾液酸含量[14,18]。

2. 色谱与质谱法

越来越多的研究使用高效阴离子交换色谱脉冲安培检测法、荧光超高效液相色谱法、紫外高效液相色谱法、电喷雾-碰撞诱导解离串联质谱法等测定人乳唾液酸的精细结构序列特征。例如，Rohrer 等[19]将高效阴离子交换色谱脉冲安培检测法（HPAEC-PAD）引入唾液酸含量的测定，该方法已被应用于牛乳唾液酸的分析中[20]；Humrum 和 Rohrer[21]比较了 HPAEC-PAD 和荧光超高效液相色谱（UHPLC）法测定婴儿配方食品中唾液酸（Neu5Ac 和 Neu5Gc）的效果，证明两种方法均可用于测定婴儿配方食品中的唾液酸，总体测定上 HPAEC-PAD 速度快（5min）[22]，而 UHPLC 方法更灵敏，但是两者的测定效果均受样本基质的影响，因此需要考虑分析前的样本前处理过程和制备方式。Martin 等[23]在分析物经离子交换净化和衍生化后，采用选择性更高的 HPLC 结合荧光检测器法测定婴儿配方奶粉中的 Neu5Ac 和 Neu5Gc 含量，但这种方法涉及的分析步骤较多。Sørensen[24]使用高效液相色谱与电喷雾质谱联用方法测定婴儿配方奶粉中唾液酸（N-乙酰神经氨酸和 N-羟乙酰神经氨酸）含量，简化了分析程序，提高了测定结果选择性和准确度。郎银芝等[25]通过优化建立多孔性石墨化碳色谱分离方法，分离制备 8 个 SHMO 单体，利用电喷雾-碰撞诱导解离串联质谱法测定唾液酸的精细结构序列，实现 HMOs 中唾液酸化 SHMOs 的有效分离。

第三节　生理功能

母乳中不易消化的糖类中讨论最广泛的是 HMOs。然而，母乳还含有其他重要的不易消化的双糖，如乳酸-N-二糖和 N-乙酰基-D-乳糖胺以及单糖（如 L-岩藻糖）、N-乙酰基-D-葡萄糖胺（GlcNAc）和唾液酸。很多动物实验和临床喂养试验结果均提示，唾液酸是重要的功能性糖类，唾液酸化人乳寡糖单体（唾液酸化 HMOs 或唾液酸化乳糖）对于改善婴儿生长发育、促进脑发育、维持脑健康和增强免疫等都至关重要。

一、作用机制

唾液酸化人乳糖（SL）可以通过对病原菌的黏附抑制，发挥对黏附位点的置换和竞争等作用，以预防感染、维持肠道正常功能。唾液酸化人乳糖可在肠道内被分解，从而提供神经发育所必需的成分——唾液酸。也有研究结果提示，唾液酸化人乳寡糖（SHMOs）可作为病原体和外源性毒素的特异性识别位点，抑制其向肠道上皮细胞的转移感染。由于 HMOs 上的唾液酸残基同时具有负电荷和亲水特性，具有协助调节细胞间的识别作用，如唾液酸可以作为凝集素配体参与免疫反应的调控。

二、动物实验

许多动物实验结果显示，在大脑发育的关键时期，通过给予外源性唾液酸干预，可以对大脑发育、学习和记忆能力产生远期的不可逆影响。唾液酸及其衍生物对神经细胞有重要影响，表现在能够促进神经元和轴突的生长。当仔猪经静脉注射同位素标记的唾液酸后，可观察到脑中唾液酸含量的升高[26]。Wang 等[27]用添加唾液酸（与酪蛋白结合的）的配方奶粉喂养仔猪，期间采用八臂迷宫试验评价仔猪的学习记忆能力，唾液酸可以显著提高猪仔的学习和记忆能力，同时还影响仔猪大脑中的唾液酸含量。

三、临床试验与横断面调查

临床研究发现，初乳的唾液酸水平与婴儿早期智能发育密切相关，提高乳母唾液酸摄入量有益于婴儿的早期智能发育[2]。与婴儿配方奶粉喂养的婴儿相比，纯母乳喂养的婴儿，其母乳中高水平的唾液酸可增强婴儿肠黏膜表面黏性，对肠黏膜有更强的保护作用[3]。来源于神经节苷脂的唾液酸还是婴儿大脑快速发育所必需的营养成分[1]，而且唾液酸在促进神经元的萌芽和可塑性方面发挥重要作用，是婴儿神经系统发育所必需的重要营养来源，而不含唾液酸的中性人乳寡糖（NHMOs）则无这样的作用；横断面调查结果显示，母乳尤其是初乳唾液酸水平与婴儿早期的智能发育密切相关[18]。

第四节　展　　望

目前，对于唾液酸支持婴儿神经系统发育的作用机制仍还不太清楚。目前的研究结果表明，经膳食补充的唾液酸是生物可利用的，唾液酸可以部分透过血脑屏障进入到大脑中，但是其生物利用率和结合的程度取决于所使用的唾液酸形式，而目前可获得的数据也仅限于动物试验研究[12]。关于唾液酸在人类生命早期的生理功能与作用机制研究以及其营养学作用，期待通过更多高质量的临床试验获得更多的证据支持。

尽管越来越多的研究结果提示，母乳中的唾液酸参与了婴儿的生长发育等多种功能，对于那些不能用母乳喂养的婴儿，给予添加唾液酸的婴儿配方食品可能使其获益。目前的困难是采用传统提取方法生产的 Neu5Ac 和唾液酸乳糖的产量太低，制备过程中可能被过敏原污染，而且还无法跟上快速增长的市场需求。因此，已有研究尝试通过生物工程技术生产 Neu5Ac 和唾液酸乳糖，证明是可行且产量可满足市场需求，而且已有人提出将上述合成的人乳单糖 Neu5Ac 用于（添加到）婴儿配方食品，以更好地模拟人乳中存在的游离糖；同时也有研究结果支持将 Neu5Ac 或其他的人乳单糖作为食品配料，可以安全地用于婴儿配方食品，添加量相当于母乳的含量。然而这样产品的安全性和临床喂养的有效性还有待进行系统评价[28~30]，以获得更多的证据支持。

（李依彤，董彩霞，荫士安）

参考文献

[1] Wang B. Sialic acid is an essential nutrient for brain development and cognition. Annu Rev Nutr，2009，29：177-222.

[2] 邵志莉，吴尤佳，徐美玉. 母乳唾液酸与足月婴儿早期智能发育关系的研究. 南通大学学报（医学版），2014，34（02）：104-107.

[3] Wang B，Miller J，Sun Y，et al. A longitudinal study of salivary sialic acid in preterm infants：Comparison of human milk–fed versus formula-fed infants. J Pediatr，2001，138（6）：914-916.

[4] Chen X，Varki A. Advances in the biology and chemistry of sialic acids. ACS Chem Biol，2010，5：163-176.

[5] Cohen M，Varki A. The sialome-far more than the sum of its parts. OMICS，2010，14：455-464.

[6] Wang B，Brand-Miller J. The role and potential of sialic acid in human nutrition. Eur J Clin Nutr，2003，57（11）：1351-1369.

[7] Wang H，Hua C，Ruan L，et al. Sialic acid and iron content in breastmilk of Chinese lactating women. Indian Pediatr，2017，54（12）：1029-1031.

[8] Lis-Kuberka J，Orczyk-Pawiłowicz M. Sialylated oligosaccharides and glycoconjugates of human milk. The impact on infant and newborn protection，development and well-being. Nutrients，2019，11（2）：306.

[9] Wang B，Brand-Miller J，Mcveagh P，et al. Concentration and distribution of sialic acid in human milk and infant formulas. Am J Clin Nutr，2001，74（4）：5l0-515.

[10] Martín-Sosa S，Martín M，García-Pardo LA，et al. Distribution of sialic acids in the milk of spanish mothers of full term infants during lactation. J Pediatr Gastroenterol Nutr，2004，39（5）：499-503.

[11] Brunngraberm EG，Witting LA，Haberland C，et al. Glycoproteins in Tay-sachs disease：isolation and carbohydrate composition of glycopeptides. Brain Res，1972，38（1）：15l-162.

[12] Röhrig C，Choi S，Baldwin N. The nutritional role of free sialic acid，a human milk monosaccharide，and its application as a functional food ingredient. Crit Rev Food Sci Nutr，2017，57（5）：1017-1038.

[13] 乔阳，王颖，白曾华，等. 不同泌乳期母乳中唾液酸含量的变化. 中国生育健康杂志，2013，24（2）：98-100.

[14] 阮莉莉，华春珍，洪理泉. 不同阶段母乳中唾液酸和铁水平分析. 营养学报，2015，37（1）：84-87.

[15] Martin-Sosa S，Martín MJ，Garcia-Pardo LA，et al. Sialyloligosacchrides in human and bovine milk and in infant formulas：variation with the progression of laction. J Dairy Res，2003，86：52-59.

[16] Oriquat GA，Saleem TH，Abduliah ST，et al. Soluble CD14, sialic acid and L-fucose in breast milk and their role in increasing the immunity of breast-fed infants. Am J Biochem Biotech，2011，7：21-28.

[17] Kitajima K，Varki N，Sato C. Advanced technologies in sialic acid and sialoglycoconjugate analysis. Top Curr Chem，2015，367：75-105.

[18] 徐美玉，邵昊. 母乳唾液酸与足月婴儿早期智能发育关系的研究. 南通大学学报（医学版），2014，34（2）：104-107.

[19] Rohrer JS. Analyzing sialic acids using high-performance anion-exchange chromatography with pulsed amperometric detection. Anal Biochem，2000，283：3-9.

[20] Tang KT，Liang LN，Cai YQ，et al. Determination of sialic acid in milk and products using high performance anion-exchange chromatogra- phy coupled with pulsed amperometric detection. Chin J Anal Chem，2008，36：1535-1538.

[21] Humrum DC，Rohrer JS. Determination of sialic acids in infant formula by chromatographic method：a comparison of high-performance anion-exchange chromatography with pulsed amperometric detection and ultra-high-performance liquid chromatography mentods. J Dairy Res，2012，95（3）：1152-1161.

[22] Hurum DC，Rohrer JS. Five-minute glycoprotein sialic acid determination by high-performance anion exchange chromatography with pulsed amperometric detection. Anal Biochem，2011，419（1）：67-69.

[23] Martin MJ，Vázquez E，Rueda R. Application of a sensitive fluorometric HPLC assay to determine the sialic acid content of infant formulas. Anal Bioanal Chem，2007，387：2943-2949.

[24] Sørensen L. Determination of sialic acids in infant formula by liquid chromatography tandem mass spectrometry. Biomed Chromatogr，2010，24（11）：1208-1212.

[25] 郎银芝，刘世龙，王晨，等. 唾液酸化人乳寡糖的分离及串联质谱结构序列分析. 高等学校化学学报，2018，39（4）：645-652.

[26] Wang B，Downing JA，Petoc P，et al. Metabolic fate of intravenously administered *N*-acetylneuraminic acid-6-14C in newborn piglets. Asia Pac J Clin Nutr，2007，16（1）：110-115.

[27] Wang B，Yu B，Karim M，et al. Dietary sialic acid supplementation improves learning and memory in piglets. Am J Clin Nutr，2007，85（2）：561-569.

[28] Zhang X，Liu Y，Liu L，et al. Microbial production of sialic acid and sialylated human milk oligosaccharides：Advances and perspectives. Biotechnol Adv，2019，37（5）：787-800.

[29] Choi SS，Baldwin N，Wagner VO，et al. Safety evaluation of the human-identical milk monosaccharide sialic acid（*N*-acetyl-*d*-neuraminic acid）in Sprague-Dawley rats. Regul Toxicol Pharmacol，2014，70（2）：482-491.

[30] Choi SS，Lynch BS，Baldwin N，et al. Safety evaluation of the human-identical milk monosaccharide，l-fucose. Regul Toxicol Pharmacol，2015，72（1）：39-48.

第三十六章

人乳中细胞成分

母乳喂养的益处对所有哺乳动物都是一致的。从功能方面讲，可分为母乳的营养作用和生物活性成分，而生物活性成分包括诸多生长因子、免疫因子和多种细胞成分等。母乳富含的细胞成分（如上皮细胞和免疫活性细胞）为婴儿提供主动和被动免疫，促进免疫能力发育和增加对感染性疾病抵抗力，而且有可能保护乳母乳腺防止感染[1,2]；还具有长期健康益处，包括支持神经系统发育、防止青春期和成年期的超重和肥胖以及预防高血压、2 型糖尿病和特应性疾病等[3]。

第一节 种 类

在怀孕、分娩和哺乳期间，乳腺逐步发生重塑，这是由泌乳激素复合物精细调节乳腺干细胞和祖细胞完成的。近期研究结果显示，母乳比以前认为的更不均一（异质性），且含有干细胞（stem cells）[4,5]，母乳也是喂养儿共生菌和益生菌的持续来源。

一、分类

母乳是由多个相组成的一种复杂流体，通过离心可分为水相和由母乳细胞组成的沉淀物。母乳细胞的异质混合物包括白细胞、上皮细胞、干细胞和细菌等。由于白细胞的保护特性和浸润婴儿组织的能力，因此也是母乳细胞成分中研究最广泛的类型之一。母乳中含有多种细胞成分，可以简单分为具有免疫活性的细胞和非免疫细胞以及干/祖人乳细胞。关于人乳中的细胞成分汇总于图 36-1。

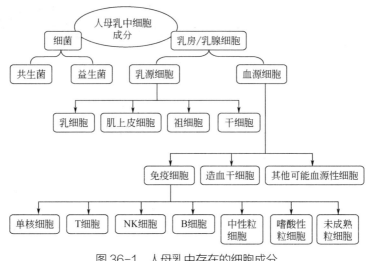

图 36-1　人母乳中存在的细胞成分

二、丰富的微生物菌群

母乳中含有非常丰富的微生物菌群，通过母乳喂养源源不断地向婴儿肠道提供共生菌[6~8]、互利和/或潜在的益生菌（乳酸杆菌、双歧杆菌）[9,10]，目前证据支持母乳中的细菌不是过去认为的样本采集和/或处理期间发生的污染[8,11,12]。详见本书第三十七章人乳中微生物的来源与作用。

三、乳房/乳腺细胞

除了前面提到的母乳中存在丰富的微生物菌群外，还含有很多乳房/乳腺细胞，这些细胞包括来源于乳房的乳源细胞和来源于母体血液的血源细胞。

1. 乳房来源的细胞（breast-derived cells）

包括泌乳细胞、肌上皮细胞、祖细胞和干细胞等，母乳中大量的非免疫细胞为上皮来源的细胞（如成熟的乳腺细胞和肌上皮细胞）。

2. 血液来源的细胞（blood-derived cells）

来自母体血液的细胞，包括具有免疫活性的免疫细胞（单核细胞、T 细胞、NK 细胞和 B 细胞、中性粒细胞、嗜酸性粒细胞和未成熟粒细胞等）、造血干细胞以及其他可能的血源性细胞等。

四、影响因素

乳母之间或每个乳母一天不同时间点的乳汁中成分，尤其是细胞成分及数量并不完全相同，取决于婴儿的成熟程度（早产/低出生体重与足月）、哺乳阶段、乳房的丰满度、婴儿喂养、母亲和婴儿的健康状况以及可能与乳母膳食和环境有关的许多其他因素等，而且还可能与遗传因素有关。还有研究证明，乳脂肪含量与乳汁中的细胞数量密切相关，而且随乳房成熟度发生变化。

第二节　免疫细胞

在 20 世纪 60 年代末，已有研究报道人初乳富含白细胞，也被认为是最丰富的乳汁细胞之一。由于当时使用视觉识别方法，可能导致误识别和高估了母乳中白细胞数量。随着流式细胞仪的出现，可以很好地鉴别和定量母乳中细胞，研究数据显示健康母亲的成熟乳细胞中白细胞数量仅占很少部分（<2%）[13]，而富含多种具有免疫活性的细胞。

一、母体细胞经乳汁的迁移过程

免疫因子由母体转移到婴儿是从宫内（胎儿期）就已开始，并且产后通过母乳喂养使这种转移得以持续[14]；母乳中的白细胞可存活通过婴儿的消化道，然后再经肠道转运进入血液到达组织器官，如淋巴结、脾脏和肝脏[15]。然而，目前关于婴儿免疫系统和消化道发育的了解还甚少。众所周知，来自母体乳汁的白细胞直接通过吞噬作用，产生生物活性成分，帮助新生儿免疫系统发育或改变婴儿消化道的微生态环境等对抗病原体，为喂养儿提供主动免疫[16]。来自母体的免疫活性细胞，通过婴儿消化道再转运到血液（黏膜相关淋巴组织）的途径有多种可能性。已知母乳中的白细胞已被活化、可以移动和互动，它们可以通过体循环被转运到远端组织。有人推测，母乳中富含的 miRNA 也参与了婴儿胃肠道中白细胞的存活过程，发挥免疫保护作用和促进发育的功能[17]。

二、哺乳阶段的变化

母乳白细胞成分的变化主要与泌乳阶段有关。Trend 等[18]使用流式细胞仪鉴别和定量了健康乳母乳汁中白细胞亚群，发现初乳含有约 146000 个细胞/ml，而且其数量到过渡乳（产后 8～12 天）和成熟乳（产后 26～30 天）分别降低到 27500 个细胞/ml 和 23650 个细胞/ml。该研究还证明母乳中含有多种复杂的白细胞亚群。在所鉴别的细胞中，含有的主要白细胞是髓前体细胞（9%～20%）、中性粒细胞（12%～27%）、未成熟粒细胞（8%～17%）和非细胞毒性 T 细胞（6%～7%）。随哺乳期的进展，伴随 CD45[+]白细胞浓度、嗜酸性粒细胞、髓前体细胞和 B 细胞前体数量的降低[19]。与初乳相比，成熟乳中嗜中性粒细胞和未成熟粒细胞的相对丰度显著增加。

三、乳母感染时的乳汁中细胞成分

Hassiotou 等[13]证实，乳母患感染疾病时乳汁中白细胞数量明显升高；当母乳喂养的婴儿发生感染时，其母亲乳汁中白细胞数也明显升高，提示在患儿和其母亲间存在明显的相互作用。母乳中白细胞对感染的这种动态反应提示这是一个严格的调控过程，旨在给喂养婴儿提供额外的免疫支持[9]。然而，尚需要进一步研究以阐明这些反应的免疫学机制及其临床意义。除了乳母的血源性白细胞，初乳中还存在造血干细胞/祖细胞，而且这些细胞来源于母体血液[20]。它们的特性、作用以及由母体血液转运到乳汁的机制需要进一步研究。

第三节　非免疫细胞和干/祖人乳细胞

虽然以前已有人研究过母乳的营养和保护功能，但是迄今对母乳中非免疫细胞（non-immune cells）的特性和作用所知甚少。20 世纪 50 年代的研究结果提示，初乳含有上皮细胞。过去十年，已知母乳中除含有这些细胞群，还含有干细胞和祖细胞（stem/progenitor human breast milk cells）[21,22]。早期有人基于怀孕期间和产后乳腺程序化变化并转变为完全分泌状态的研究，提出乳腺和乳汁中存在干细胞和祖细胞。

人乳中含有异质性细胞群，包括白细胞（乳汁分泌细胞）、肌上皮细胞（来自乳腺导管和腺泡）、乳细胞以及祖细胞和干细胞等。健康乳母乳汁中分离出的体细胞汇总于表 36-1[2]。

▣ 表 36-1　新鲜人乳中体细胞数（健康乳母和婴儿）

体细胞	标志物	占总细胞群百分比/%		参考文献
		初乳（产后1天）	泌乳高峰（产后月）	
白细胞	CD45	13～20	1～2	[15],[54]
肌上皮细胞	CK5, CK14, CK18, CK19, CD49f, SMA	50～90	60～98	[24],[55]
乳细胞	CK18, EPCAM	—	—	—
乳汁干细胞（hBSCs）	CD44，ITGB1/CD29, ATXN1/SCA1	10～15	无数据	[22],[25],[55]
间充质干细胞（MSCs）	CD90, CD105, CD73, VIM	—	—	—

注：引自 Witkowska-Zimny and Kaminska-El-Hassan[2]，2017；"—"表示没有数据。

一、腔和肌上皮细胞

在健康状态下,腔和肌上皮细胞及其前体代表了人乳中大约 98% 的非免疫细胞类型。它们表达了几种膜抗原:CK5、CK14 和 CK18,这些也是乳腺上皮细胞分化的标志物。腔细胞表达上皮细胞黏附分子,而肌上皮细胞则表达平滑肌肌动蛋白和细胞角蛋白 14 (CK14)。肌上皮细胞围绕腺泡构建平滑肌纤维,它们收缩使乳汁从腺泡排出进入乳导管。乳细胞排列于人乳腺的腺泡中,负责乳汁的合成和分泌进入腺泡腔。这些腺泡细胞表达细胞角蛋白 18 (CK18) 以及合成像α-乳清蛋白和β-酪蛋白的乳蛋白。腔和肌上皮细胞类型的乳腺前体表达α6 整合素(CD49f)和细胞角蛋白 5(CK5)。许多研究证明,从新鲜母乳中分离出的上皮细胞是黏附细胞,它们形成各种形态的群落,还可以通过多种体外培养传代来维持[4,23]。Witkowska-Zimny 和 Kaminska-El-Hassan[2]试验也观察到类似的细胞形态。

二、干细胞/祖细胞

有报道母乳来源的细胞亚群中存在巢蛋白(巢蛋白阳性推断为乳腺干细胞)[21]——一种神经外胚层标记物。然而,母乳的异质性群落中巢蛋白阳性细胞频率较低[24]。Cregan 等[21]证明,母乳含具有干细胞/祖细胞特性的细胞。Patki 等[4]发现,母乳来源的干细胞具有分化为神经细胞谱系(neural cell lineages)、脂肪细胞、软骨细胞和骨细胞的能力,并且证明它们与胚胎干细胞和间充质干细胞相似。来自母乳的细胞群落体外暴露于神经原培养基中,可分化为三种神经系:①表达β-微管蛋白作为神经元标记物的神经元,②表达 04 标记物的少突胶质细胞;③表达 GFAP 标记物的星形胶质细胞[23]。乳腺和神经系统两者均具有相同的胚胎起源,因此母乳细胞可能是神经细胞谱系分化的良好来源。很可能这些细胞参与了肠神经系统发育(神经系统的主要部分之一),调控胃肠道系统的功能。非母乳喂养的早产儿,由于缺少母乳来源的干细胞/祖细胞,发生像婴儿腹泻和坏死性小肠结肠炎等疾病的风险显著升高。

三、间充质干细胞/多能干细胞

几项研究结果显示,人乳含有间充质干细胞(MSCs)。2013 年的一项研究从母乳中分离出表达典型 MSC 标志物(像 CD90、CD105 和 CD73)的细胞[4,25]。然而,根据 Kakulas 等[26]的研究,目前还没有可信服的证据支持人乳中含有 MSCs。2012 年 Hassiotou 等[22]首次提出人乳中含有多能干细胞(human breast milk stem cell, hBSCs),该作者证明 hBSC 具有自我更新干细胞的能力,而且三个胚层(外胚层、中胚层和内胚层)具有多向分化潜能。他们证明了典型胚胎干细胞因子的表达:结合八聚体的转录因子 4(OCT4)、性别决定区 Y-盒（SOX2）和同源盒（NANOG）以及胚胎干细胞（ESC）样的群落形态和表型的形成。在体外 hBSCs 可分化成脂肪细胞、软骨细胞、成骨细胞、神经细胞、肝细胞样的细胞和胰岛β细胞，而且也能分化成乳细胞和肌上皮细胞[4]。在悬浮培养物中，人乳腺干细胞可在混悬培养基中以乳球形式富集，但是关于这些细胞的行为/表现所知甚少。hBSCs 可能支持乳房发育成熟为可分泌乳汁器官所必需的乳房重塑，还负责婴儿组织的增殖、发育或表观遗传的调节。基于小鼠模型的研究提供了母乳干细胞迁移和整合到新生子鼠器官的证据，在体内这些细胞可存活并能穿过喂哺小鼠幼崽的胃肠道黏膜，转运进入血液，并进一步进入不同的器官，在那里整合并分化成功能细胞[20]。研究发现母乳存在的上述细胞中至少有一部分来源于乳腺上皮细胞，但在妊娠期和哺乳期激活/活化这些细胞的因素尚不清楚。可能 hBSCs 来源于母体的血液，类似于人乳中也含有 CD34$^+$造血干细胞一样。

四、影响因素

毫无疑问，母乳含有从早期胚胎样干细胞到完全分化的乳腺上皮细胞。然而关于母乳中细胞起源、特性以及影响因素方面的了解甚少，而且母乳中非免疫细胞和干/祖人乳细胞的成分也处于不断变化状态，不同类型细胞的比例可能受许多因素影响，如胎儿的成熟程度（早产与足月产）、哺乳阶段（初乳与成熟乳）、母婴健康状况和婴儿喂养（纯母乳喂养与混合喂养/辅食添加）状况等。

第四节　益　生　菌

人乳并不是一种无菌的液体。直到十年前人们才发现人乳微生物组学的存在。据估计通过纯母乳喂养，婴儿每天摄入约 800ml 母乳的同时，摄入了 $10^7 \sim 10^8$ 的细菌细胞[27]。早期宿主-微生物相互作用评估的研究结果显示，母乳细菌在婴儿肠道早期定植的种类和数量可能影响儿童疾病的发生以及成年期健康状况和对营养相关慢性病的易感性。

人乳中发现的最常见细菌包括葡萄球菌、不动杆菌、链球菌、假单胞菌、乳球菌属、肠球菌属和乳杆菌属等[7]。其中有些细菌，如葡萄球菌、棒状杆菌或丙酸杆菌，可以从皮肤表面分离出来，且常常存在于人乳中。这些细菌可防止某些病原菌（如金黄色葡萄球菌）在宿主体内的定植；而其他细菌，包括加氏乳杆菌、唾液乳杆菌、鼠李糖乳杆菌、植物乳杆菌和发酵乳杆菌，已被欧洲食品安全局（EFSA）认为是益生菌（probiotics），即也被认为是母乳中存在的"友好细菌"（the friendly bacteria in human milk）。使用高通量测序技术对母乳中的细菌群落进行深入分析的结果显示，母乳细菌的多样化要比以前依赖于较窄范围（定量 PCR）或精确（PCR-DGGE）方法不依赖培养研究报告的要高很多。

基于可选择的相关研究，已证明从健康乳母的乳汁中可分离出双歧杆菌和乳酸杆菌：①双歧杆菌属包括长双歧杆菌、短双歧杆菌、乳双歧杆菌、青春双歧杆菌[11,28]；②乳酸杆菌属包括唾液乳杆菌 CECT15713、加氏乳杆菌 CECT15714、植物乳杆菌、发酵乳杆菌 CECT15716、鼠李糖乳杆菌、罗伊乳杆菌、嗜酸乳杆菌[28~32]。

母乳中存在细菌种类和数量的差异可归因于遗传、文化、环境或所研究群体的膳食差异以及哺乳期间母乳微生物组学的变化[27,33]。也有研究结果显示，母乳具有相似的微生物特征，且与妊娠的年龄或分娩方式无关[34]。母乳中的益生菌种类及其功能作用、影响因素等是一个非常活跃的研究新领域。

第五节　人乳细胞成分的作用

母乳，尤其是初乳，含有大量的细胞或细胞成分，因此常常有人将这种液体描述为"白色的血液"，特别适合喂哺婴儿，每天婴儿可经母乳喂养摄入约 10^8 的乳细胞，母乳中的细胞在母乳喂养婴儿的粪便中可以检测到，表明它们在整个婴儿肠道中仍然能保持其功能或活性，而且母乳中存在母源的淋巴样细胞可能对生长发育的新生儿免疫系统产生有益影响。

一、白细胞

母乳中存在的细胞大多数是巨噬细胞，还含有来源于母体循环的 B 淋巴细胞、T 淋巴细胞和多形核细胞[35]。已证明母乳中这些类型的细胞均有被激活的表型，而且 T 淋巴细胞表达的 CD45R0 是与携带记忆反应的细胞亚群有关的抗原。已知进入正常组织的细胞运输过程需要趋化因子或趋化性细胞因子的参与[36]。这些分子与内皮表面结合，使经过它们的细胞被活化，表达黏附分子，与局部内皮结合，并迁移到组织或分泌的液体中。母乳中含有高浓度的趋化因子（包括 IL-8、RANTES 和 MIP 家族），表明这些细胞是专门从母亲循环中被捕获到母乳中[37]。这些趋化因子是在特定内分泌环境（如哺乳）中由乳房上皮细胞产生。

正常母乳中趋化因子浓度和类型与炎症中观察到的趋化因子浓度和类型不同，表明这个捕获过程可能是泌乳的乳腺组织具有的独特功能。因此母乳中的细胞类型谱具有其特征性，而且与循环或炎性浸润的不同就在于存在大量单核细胞和淋巴细胞，所有这些细胞均具有免疫能力。啮齿类动物的幼崽、羔羊和新生狒狒的肠系膜淋巴结和脾脏中均具有活的母体来源的乳细胞似乎支持这样的提法[38]。在正常母乳喂养期间，母乳中的细胞会穿过肠道上皮；人体器官培养实验表明，存在母乳情况下，人乳细胞能够穿过肠道上皮[39]。穿过肠道上皮的过程可能与正常细胞从淋巴到血液或血液到组织的运输过程不同；乳细胞上的趋化因子和黏附分子的上调将允许细胞通过新生儿肠道上皮细胞结合和迁移，使细胞可能相对容易通过肠道基底上皮细胞，因为细胞迁移是肠道细胞运输的正常部分[40]。这些重要证据提示，母乳喂养中伴随母体来源的细胞源源不断进入婴儿的淋巴组织。尽管母乳中含有许多种类细胞的重要性尚待确定，但是人乳中多能干细胞的存在表明，母乳可以作为自体干细胞治疗的干细胞替代来源[4]。

二、干细胞

具有多向分化潜能 hBSC 的发现，提出了许多有关婴儿体内这些细胞的命运及其在再生医学（regenerative medicine）中潜在的应用前景。母乳来源的干细胞具有分化为神经细胞谱系的能力，并且它们与胚胎干细胞和间充质干细胞具有相似性，使其可能成为神经性疾病细胞治疗的良好候选者，且没有任何伦理方面的顾虑。hBSC 可用于母乳供体或具有匹配免疫原性特征的个体自体细胞治疗。母乳干细胞还可用于增进对哺乳期乳房生物学以及泌乳困难病因的研究。

三、miRNA

人乳中富含小的非编码 RNA（miRNA），到目前为止在该领域已鉴定出超过 386 个不同类型 miRNA。与成熟乳相比，初乳中 miRNA 水平及其在人乳中的表达量较低。细胞 miRNA 发挥的功能仍知之甚少，但证据支持以下观点：miRNA 参与了 T 细胞和 B 细胞发育的调节、炎性介质释放、嗜中性粒细胞和单核细胞的增殖以及树突状细胞和巨噬细胞的功能发挥等[41]，而且这些 miRNA 在细胞与细胞之间的交流中发挥至关重要的作用，除调节免疫系统作用外，miRNA 可能还参与了干细胞的功能调控及归宿。

四、益生菌

母乳中的益生菌有助于婴儿建立自己的胃肠道微生态环境，还可以调节喂养儿的免疫功能，增加抵抗肠道致病菌的防御能力。目前临床研究正在评估某些母乳菌株作为潜在益生菌来源的耐受性和有效性。Soto 等[28]的研究结果证实，怀孕或哺乳期间未接受抗生素的妇女，乳酸杆菌和双歧杆菌是其乳汁微生物群中的常见菌群，并且这种细菌菌群的存在可能是健康的未经抗生素改变的人乳微生物组学标志，因此该作者建议在定义母乳标准时还应考虑到这一点。也有些作者提出应该将母乳视为益生菌甚至共生食品（symbiotic food）。例如，Jiménez 等[42]提出母乳可作为哺乳期感染性乳腺炎治疗的抗生素有效替代疗法。母乳微生物菌群影响婴儿的口腔和胃肠道菌群组成，也可影响婴儿皮肤表面的微生物。因此上述情况下使用人乳可能是简单、便宜、安全和无创的治疗方法。

尽管人乳中的单核细胞提供保护作用，但可能存在将传染性疾病从母亲转移到婴儿的风险。RNA 反转录病毒（包括 HIV、HTLV-1 和 HTLV-2）可通过这一途径感染婴儿。已经发现人乳中其他病毒包括巨细胞病毒和人疱疹病毒也可能会传染给婴儿。病毒可能游离存在母乳中，在细胞内也可发现。母乳细胞有可能充当特洛伊木马（Trojan horses），将病毒物质带入新生儿肠道和淋巴组织。然而母乳还含有许多其他可能抑制病毒感染的成分，如乳铁蛋白、抗体（特别是 IgA）和表皮生长因子等可阻止/防止病毒垂直传播。

第六节 展 望

关于母乳中细胞成分，尚需深入研究并阐明其发生机制，包括乳汁合成的调节、乳源和血源细胞迁移到乳汁的过程、非免疫干细胞/祖细胞的功能，以及乳汁微生物组学、体细胞与宏量营养素和/或其他微量营养素/营养成分的相关性等问题。

迄今我们仍然还不了解母乳的微生物组学、宏量营养素和体细胞数及其对健康影响之间的相互关系以及对母乳喂养儿生长发育的影响，期待随着母乳代谢组学研究的深入，将可能揭示这一问题。

我们尚需进一步深入研究母乳中的非免疫干细胞/祖细胞的确切性质与作用，对母乳喂养婴儿的益处，以掌握并探索其潜在的临床（治疗和再生医学）应用前景。

（董彩霞，荫士安）

参考文献

[1] Victora CG，Bahl R，Barros AJ，et al. Breastfeeding in the 21st century：epidemiology，mechanisms，and lifelong effect. Lancet，2016，387（10017）：475-490.

[2] Witkowska-Zimny M，Kaminska-El-Hassan E. Cells of human breast milk. Cell Mol Biol Lett，2017，22：11.

[3] Kramer MS. "Breast is best"：The evidence. Early Hum Dev，2010，86（11）：729-732.

[4] Patki S，Kadam S，Chandra V，et al. Human breast milk is a rich source of multipotent mesenchymal stem cells. Hum Cell，2010，23：35-40.

[5] French R，Tornillo G. Heterogeneity of Mammary Stem Cells. Adv Exp Med Biol，2019，1169：119-140.

[6] Fernandez L，Langa S，Martin V，et al. The human milk microbiota：origin and potential roles in health and disease. Pharmacol Res，2013，69（1）：1-10.

[7] Martín R，Langa S，Reviriego C，et al. Human milk is a source of lactic acid bacteria for the infant gut. J Pediatr，2003，143（6）：754-758.

[8] Collado MC，Delgado S，Maldonado A，et al. Assessment of the bacterial diversity of breast milk of healthy women by quantitative real-time PCR. Lett Appl Microbiol，2009，48（5）：523-528.

[9] Gueimonde M，Laitinen K，Salminen S，et al. Breast milk：a source of bifidobacteria for infant gut development and maturation？Neonatology，2007，92（1）：64-66.

[10] Solís G，de los Reyes-Gavilan CG，Fernández N，et al. Establishment and development of lactic acid bacteria and bifidobacteria microbiota in breast-milk and the infant gut. Anaerobe，2010，16（3）：307-310.

[11] Martín R，Jiménez E，Heilig H，et al. Isolation of bifidobacteria from breast milk and assessment of the bifidobacterial population by PCR-denaturing gradient gel electrophoresis and quantitative real-time PCR. Appl Environ Microbiol，2009，75（4）：965-969.

[12] Hunt KM，Foster JA，Forney LJ，et al. Characterization of the diversity and temporal stability of bacterial communities in human milk. PLoS One，2011，6（6）：e21313.

[13] Hassiotou F，Hepworth AR，Metzger P，et al. Maternal and infant infections stimulate a rapid leukocyte response in breastmilk. Clin Transl Immunology，2013，2（4）：e3.

[14] Zhou L，Yoshimura Y，Huang Y，et al. Two independent pathways of maternal cell transmission to offspring：through placenta during pregnancy and by breast-feeding after birth. Immunology，2000，101（4）：570-580.

[15] Cabinian A，Sinsimer D，Tang M，et al. Transfer of maternal immune cells by breastfeeding：maternal cytotoxic T lymphocytes present in breast milk localize in the peyer's patches of the nursed infant. PloS one，2016：e0156762.

[16] Hanson LA. The mother-offspring dyad and immune system. Acta Paediatr，1992，89（3）：252-258.

[17] Alsaweed M，Lai CT，Hartmann PE，et al. Human milk cells and lipids conserve numerous known and novel miRNAs，some of which are differentially expressed during lactation. PloSOne，2016：1-23. doi：10.1371/journal.pone.0152610.

[18] Trend S，de Jong E，Lloyd ML，et al. Leukocyte populations in human preterm and term breast milk identified by multicolour flow cytometry. PloS One，2015：1-17. doi：10.1371/journal.pone.0135580.

[19] Valverde-Villegas JM，Durand M，Bedin AS，et al. Large stem/progenitor-like cell subsets can also be identified in the CD45（-）and CD45（+/High）populations in early human milk. J Hum Lact，2019：890334419885315.

[20] Indumathi S，Dhanasekaran M，Rajkumar JS，et al. Exploring the stem cell and non-stem cell constituents of human breast milk. Cytotechnology，2013，65（3）：385-393.

[21] Cregan MD，Fan Y，Appelbee A，et al. Identification of nestin-positive putative mammary stem cells in human breastmilk. Cell Tissue Res，2007，329（1）：129-136.

[22] Hassiotou F，Beltran A，Chetwynd E，et al. Breastmilk is a novel source of stem cells with multilineage differention potiential stem cells. Stem Cells（Dayton，Ohio），2012，30（10）：2164-2174.

[23] Hosseini SM，Talaei-Khozani T，Sani M，et al. Differentiation of human breast-milk stem cells to neural stem cells and neurons. Neurol Res Int，2014：807896.

[24] Fan Y，Seng Chong Y，Choolani MA，et al. Unravelling the mystery of stem/progenitor cells in human breast milk. PloS one，2010，5（12）：e14421.

[25] Kaingade PM，Somasundaram I，Nikam AB，et al. Assessment of growth factors secreted by human breastmilk mesenchymal stem cells. Breastfeed Med，2016，11：26-31.

[26] Kakulas F, Geddes D, Hartmann PE. Breastmilk is unlikely to be a source of mesenchymal stem cells. Breastfeed Med, 2016, 11: 150-151.

[27] Boix-Amoros A, Collado MC, Mira A. Relationship between Milk Microbiota, Bacterial Load, Macronutrients, and Human Cells during Lactation. Front Microbiol, 2016, 7: 492.

[28] Soto A, Martín V, Jiménez E, et al. Lactobacilli and bifidobacteria in human breast milk: influence of antibiotherapy and other host and clinical factors. J Pediatr Gastroenterol Nutr, 2014, 59 (1): 78-88.

[29] Langa S, Maldonado-Barragan A, Delgado S, et al. Characterization of *Lactobacillus salivarius* CECT 5713, a strain isolated from human milk: from genotype to phenotype. Appl Microbiol Biotechnol, 2012, 94 (5): 1279-1287.

[30] Olivares M, Díaz-Ropero MP, Martín R, et al. Antimicrobial potential of four *Lactobacillus* strains isolated from breast milk. J Appl Microbiol, 2006, 101: 72-79.

[31] Martin R, Olivares M, Marin ML, et al. Probiotic potential of 3 Lactobacilli strains isolated from breast milk. J Hum Lact, 2005, 21 (1): 8-17.

[32] Heikkilä M, Saris PEJ. Inhibition of *Staphylococcus aureus* by the commensal bacteria of human milk. J Appl Microbiol, 2003, 95: 471-478.

[33] Cabrera-Rubio R, Collado MC, Laitinen K, et al. The human milk microbiome changes over lactation and is shaped by maternal weight and mode of delivery. Am J Clin Nutr, 2012, 96 (3): 544-551.

[34] Urbaniak C, Angelini M, Gloor GB, et al. Human milk microbiota profiles in relation to birthing method, gestation and infant gender. Microbiome, 2016, 4: 1.

[35] Jain N, Mathur NB, Sharma VK, et al. Cellular composition including lymphocyte subsets in preterm and full term human colostrum and milk. Acta Paediatr Scand, 1991, 80 (4): 395-399.

[36] Miller MD, Krangel MS. Biology and biochemistry of the chemokines: a family of chemotactic and inflammatory cytokines. Crit Rev Immunol, 1992, 12 (1-2): 17-46.

[37] Michie CA, Rot A, Fisher C. Do chemokines cause mastitis? Ped Res, 1996, 39: 12A.

[38] Weiler IJ, Hickler W, Sprenger R. Demonstration that milk cells invade the suckling neonatal mouse. Am J Reprod Immunol, 1983, 4 (2): 95-98.

[39] Michie CA, Havey D. Maternal milk lymphocytes engraft the fetal gut. Ped Res, 1995, 37: 129A.

[40] Michie CA. The long term effects of breastfeeding: a role for the cells in breast milk? J Trop Pediatr, 1998, 44 (1): 2-3.

[41] Alsaweed M, Hartmann PE, Geddes DT, et al. MicroRNAs in breastmilk and the lactating breast: potential immunoprotectors and developmental regulators for the infant and the mother. Int J Environ Res Public Health, 2015, 12 (11): 13981-14020.

[42] Jiménez E, Fernández L, Maldonado A, et al. Oral administration of *Lactobacillus* strains isolated from breast milk as an alternative for the treatment of infectious mastitis during lactation. Appl Environ Microbiol, 2008, 74 (15): 4650-4655.

第三十七章

人乳中微生物的来源与作用

随着细菌培养技术和新一代 DNA 测序技术的应用,确认了人乳中存在丰富的微生物,可能在新生儿肠道免疫系统启动和肠道免疫功能发育成熟以及程序化进程中发挥关键作用[1,2],与乳腺炎的发生风险以及乳腺炎的治疗效果密切相关[3,4];人乳中微生物还与乳母的健康状况和喂养儿以后(成年期)发生营养相关慢性病的风险有关[5,6],因此母乳中微生物对母婴健康状况的影响已成为近年来备受关注的热点研究领域。本文系统总结了母乳中存在微生物的科学证据、来源以及对母婴健康状况的影响。

第一节 人乳中是否存在微生物?

传统观点认为,母乳是无菌的;但是近些年的研究表明,母乳富含多种微生物菌群,持续向母乳喂养婴儿肠道供应共生菌、互利和/或潜在的益生菌[2~4]。

一、从母乳中分离/培养出多种细菌

基于传统培养方法和现代分子生物学技术,已经分离鉴定的人乳中微生物主要有葡萄球菌属、链球菌属、肠球菌属、乳酸杆菌属、双歧杆菌属和明串珠菌属等;采用现代分子学技术进一步确定了母乳中存在复杂的微生物菌群。例如,Collado 等[7]采用实时荧光定量 PCR 技术,对西班牙母乳进行了菌群分析,发现母乳中含有不同的细菌属或细菌簇,包括双歧杆菌、乳酸菌、葡萄球菌、拟杆菌、肠球菌、链球菌、梭菌簇Ⅳ和梭菌簇

ⅩⅣa-ⅩⅣb，葡萄球菌、链球菌、双歧杆菌和乳酸菌是母乳中的优势菌群，而且葡萄球菌、链球菌、乳酸菌和双歧杆菌可定植于婴儿的肠道。Muletz‑Wolz等[8]使用16S rRNA测序技术，测定了9种灵长类生物（包含人类）的母乳菌群，获得了与灵长类物种密切相关的含7个分类学单元（OTU）的核心灵长类动物乳菌群。乳菌群在不同的灵长类动物中存在差异，恒河猴、人类和长毛吼猴都有明显不同的乳菌群。

二、母乳中存在的细菌主要来自母体

关于母乳中微生物的研究，早期研究使用基于培养基技术，仅从母乳分离出有限数量的属[7]。后来独立培养技术的发展使人们对母乳中微生物群的组成和多样性有了更全面了解[5]。Schanche等[9]分析了母乳、母亲及婴儿粪便的菌群组成和母婴间微生物菌群的潜在传播模式，母亲与婴儿的粪便间存在重合菌群，而且随年龄增长，菌群重合的范围越来越大。该研究还发现一个与格氏链球菌相似的分类学单元，在母亲和婴儿的菌群中定植最广。

三、母乳是婴儿肠道细菌的主要来源

人乳是母乳喂养婴儿肠道细菌的主要来源[10]，按婴儿每天约摄入800ml母乳计算，每天会摄入 $1\times10^5\sim1\times10^7$ 个细菌[11]；母乳喂养儿生后第一个月经母乳和乳晕皮肤分别摄取（27.7±15.2）%和（10.4±6.0）%的肠道细菌。母乳喂养婴儿肠道菌群的细菌组成与他们各自母亲的乳汁中发现的细菌组成密切相关，进入断奶期后的肠道菌群种类更加丰富[12]。

第二节　人乳中微生物的来源

新鲜的人乳中含有多种活菌、很多游离的细菌DNA印迹（包括双歧杆菌DNA）和低聚糖类。然而，有关人乳中存在的微生物的来源（the sources of microorganism in human milk）一直备受争议，主要集中在传统的"污染学说"和主动迁移理论（进化学说）两个方面。

一、传统假设："污染学说"

传统观念认为母乳本身清洁无菌。母乳之所以含有细菌可能来自母亲皮肤或婴儿口腔内的细菌污染[13]。该假说认为，正常分娩的新生儿出生时已从母体肠道和阴道菌群获得细菌[14]，喂哺过程也可能是污染途径之一，母乳喂哺过程中，乳母的皮肤和新生儿/婴儿口腔内含有的微生物污染了母乳。红外成像技术显示，哺乳过程中，乳腺管中的乳汁发生一定程度回流（吸吮产生的负压），污染了乳头的微生物随吸吮过程（负压）沿乳腺管转移到乳腺，存在婴儿口腔与乳腺的细菌交换，吸吮过程加速了婴儿口腔中微生物逆流进入乳腺管，可能为细菌从婴儿口进入乳腺的交换提供了一个理想途径[15]。即传统假设-"污染学说"（the traditional hypothesis:"a contamination hypothesis"）。

1. 分娩过程

分娩过程被认为是导致母体肠道和阴道中存在的菌群到婴儿肠道的自然"迁移"过程。然而，阴道菌群作为婴儿肠道细菌来源的作用仍不清楚。一项分子流行病学研究证明了阴道乳酸杆菌从母亲到新生儿的迁移过程，出生时有不到四分之一的新生儿获得了母体阴道的乳酸杆菌[16]，而且从婴儿粪便中检出的乳酸杆菌序列轮廓也类似于来自其母乳中的乳酸杆菌，然而粪便中检出的乳酸杆菌却与乳母阴道的乳酸杆菌菌群不相似[14]，提示尽管出生时一些存在于阴道的乳酸杆菌被转移到婴儿，但是它们似乎不能在新生儿肠道内成功定植。

2. 哺乳过程

除了分娩过程产生的母体肠道和阴道菌群到婴儿体内的自然迁移，也有人提出，人乳中发现的细菌菌群起源于母乳喂哺过程的"污染"，即婴儿口腔和乳母皮肤作为细菌"污染"的来源已经被检测到，而且人乳中也检测到成人皮肤中优势菌群葡萄球菌、丙酸杆菌和棒状杆菌[17~19]。通过培养基依赖或不依赖培养基的实验，证明在初乳和人乳中常常可检测到唾液微生物中的主导菌群链球菌[17,20,21]。红外成像技术显示，在哺乳过程中，乳腺导管中的乳汁会发生一定程度回流（婴儿吸吮产生的负压）[22]。这样的回流过程可能为细菌从婴儿口中进入乳腺的交换提供了理想途径。我们对人类婴儿唾液微生物群落的了解甚少，但成年人调查结果显示，链球菌是这种液体中的优势菌种[23,24]，而这种优势在缺牙的婴儿中甚至可能更高。链球菌是初乳和乳样本中最丰富的种属之一[25~27]。基于这样的研究结果，人们可能会支持这样的理论，即婴儿口腔提供细菌给乳腺，同时也说明母乳中细菌可能在婴儿唾液菌群建立中发挥重要作用[5]。

然而，当比较人乳与乳房皮肤表面可检测到的细菌菌群时，观察到从人乳中分离的乳酸杆菌属、肠球菌和双歧杆菌遗传型与从皮肤表面分离的菌群不同，或甚至检不出[17,28,29]。越来越多的证据支持这样理论，即人乳中存在的细菌不仅仅是外环境污染的结果。首先，从母乳中能分离出严格厌氧的双歧杆菌，这使得它很难从婴儿口腔迁移到乳房皮肤[30]。第二，甚至在婴儿出生前就可以从初乳中分离出多种细菌。第三，给乳母口服含有活菌的胶囊，乳汁中可以检测到该种补充的益生菌[3,4]。

二、"主动迁移学说"

近年越来越多的证据支持，人乳含有的微生物主要不是来源于外环境污染，而来源于乳母体内途径，即母亲肠道中的细菌通过内源性途径迁移到乳腺（肠道—乳腺途径），通过哺乳过程进入婴儿体内[16,31,32]，即进化理论：主动迁移学说（the revolutionary hypothesis: "active migration"）。

1. 迁移机制

在妊娠晚期和哺乳期，乳腺内有自己的微生物群。这种细菌群落因个体和哺乳期妇女的健康状况而不同。来自母体肠道的某些细菌可以利用单核细胞迁移到乳腺，然后通过母乳喂养进入婴儿肠道[5]。在母体肠道内细菌通过内源性途径迁移到乳腺的过程中，树突状细胞和巨噬细胞参与了迁移过程[5,33,34]。动物模型结果显示，在肠道细菌经由肠系膜淋巴结到达乳腺的迁移过程中，肠组织中树突状细胞（dendritic cells, DCs）或巨噬细胞发挥了重要作用，它们可能作为细菌从母亲肠道到乳腺的载体[33]。然而，细菌是通过什么机制穿透过肠上皮，避开体内免疫系统迁移到乳腺的机制尚不清楚。已证明 DCs 能够打开肠上皮细胞间的紧密连接，把其树突伸向上皮细胞外，直接从肠腔摄取共生细菌而不损坏上皮屏障的完整性，灌胃给予小鼠的鼠伤寒沙门菌株能够达到脾脏的结果证实了存在这一机制[34]。巨噬细胞也被证明对非侵入性细菌的肠道外传播是必需的。灌胃给予细菌后，证明淋巴结和淋巴滤泡的特异性 M 细胞能够摄取共生细菌，在肠上皮中这种细菌被 DCs 摄取并将其转运到肠系膜淋巴结，在那里这些细菌可存活 10～60h。由于在黏膜类淋巴系统内免疫细胞的循环，一旦肠道细菌进入 DCs 内就能够被迁移到其他位置，如在呼吸道和泌尿生殖道的黏膜、唾液腺和泪腺，而最有意义的迁移是到达哺乳期的乳腺。

2. 支持性证据

近年来，采用组织培养和分子生物学技术，通过动物实验和人群干预试验，获得越来越多的证据支持母体肠道中细菌通过内源性途径迁移到乳腺。

（1）动物实验结果　在小鼠怀孕的最后 2 周，灌胃给予标记的细菌，开始哺乳之后可在仔鼠胃中检出这种标记的细菌，而不是在哺乳之前，说明小鼠妊娠后期和哺乳期就存在细菌从肠道到肠系膜淋巴结（MLN）和乳腺的迁移过程。另一项结果显示，妊娠小鼠的 MLN 中 70%含有细菌，而未怀孕对照组小鼠仅有 10%；出生后 24h 内仅 10%的 MLN 中含有细菌，而在乳腺内已定植的有 80%[33]，提示分娩前受分娩诱导激素的影响，存在于 MLN 的细菌已开始迁移到乳腺。

（2）人群研究结果　在一项母婴配对研究中，通过比较人乳、产妇粪便样品、婴儿粪便和母亲外周血单核细胞中发现的细菌 DNA 印迹，结果是相同的，提示细菌可能是通过血液循环途径被转运。Jiménez 等[3]证明了乳汁中微生物来源的内生路径，口服乳酸杆菌（唾液乳酸杆菌 CECT5713 和格氏乳酸杆菌 CECT5714）胶囊制剂的乳腺炎患者，30 天后 60%的母乳中可分离得到这些乳酸杆菌；Arroyo 等[4]发现 124 例乳腺炎患者口服发酵乳酸杆菌 CECT5716 后，67 例母乳中可检出该菌，而 127 例乳腺炎患者口服唾液乳酸杆菌 CECT5713 的有 68 例母乳中可检出该菌。来自哺乳期妇女的外周血中单核细胞的分析结果显示，其细菌的基因序列大于非哺乳期的妇女[2,33]。综上所述，这些结果提示肠源性细菌或细菌成分能够在单核细胞内被转移到哺乳期的乳腺。

（3）组织培养和分子生物学技术的应用　已获得结果显示，在几乎所有采取的活体乳房组织中均可检出存活的细菌，而在相应的采样环境中没有分离出来这样的细菌菌株[35]；培养基培养的方法已经在假设无菌采集的人乳样品中证实了细菌的存在。

（4）孕期和哺乳期激素的影响　怀孕期间和分娩之后机体发生的生理变化有利于细菌迁移到乳腺，激素水平的变化影响肠道的通透性，也可能有利于细菌被摄取，或为免疫细胞提供合适的条件转运细菌到乳腺；黄体酮具有抑制免疫反应和帮助乳腺管扩张的作用[36]；促性腺激素，如促卵泡激素（FSH）、黄体生成激素（LH）和人绒毛膜促性腺激素（hCG）也可以调节免疫应答。在多种激素的作用下，怀孕期间乳腺得到进一步发育，为产后哺乳做好准备，乳腺的淋巴和血液供应增加以及催产素的释放，引起肌上皮细胞收缩，这有助于来自母体肠道的细菌被不同的免疫细胞摄取并被迁移到乳腺。母亲的皮肤菌群和婴儿口腔微生物可能有助于人乳微生态环境的建立。

三、有待解决的问题

尽管上述的研究结果提示确实存在母体肠道中细菌通过内源性途径迁移到乳腺，但是这种"迁移假说"的如下几方面还有待证明。

1. 细菌与免疫细胞的相互作用

还不十分清楚乳母肠道内的细菌如何与免疫细胞相互作用并被转运到乳腺。最初认为细菌迁移可能发生在 DCs 内，也有的研究结果提示细菌可能是附着到细胞的表面而不是进入里面被转运[33]；更重要的是还不清楚细菌是通过什么样机制躲避被宿主先天免疫细胞吞噬和杀死。推测妊娠与哺乳期多种激素水平的变化可能对体内细菌的迁移发挥重要作用。如已证明孕酮可抑制 Toll 样触发受体的免疫信号，干扰吞噬体成熟的调控，因为这一过程对杀死细菌是必需的[37,38]。而且 DCs 的孕激素治疗可抑制促炎性细胞因子 TNF-α 和 IL-1β 的产生，但是既不影响抗炎细胞因子 IL-10 的产生，也不影响 DC 的吞噬能力[39]。近年有项研究证明，短双歧杆菌菌株 UCC2003 可产生一种胞外多糖（EPS），该种胞外多糖可能具有通过躲避适应性 B 细胞宿主应答保持免疫沉默的能力[40]。然而，某些病原体也可以产生 EPS，因此决定细菌被杀死或继续存活所涉及的机制还有待阐明。

2. 机会窗口期

还需要关注细菌的迁移是否存在一个"机会窗口期"。Donnet-Hughes 等[2]的研究结果显示，分娩后 1 天细菌就可从 MLN 迁移到乳腺。但是，还不清楚迁移开始和结束的时间，以及有哪些因素可能限制或影响这个时期的迁移和迁移程度。

3. 可迁移细菌的选择性

关于母体内迁移过程对细菌的选择性问题，最初人们认为，某些菌株可以被免疫细胞识别并被转运到乳腺，而有些则不能被转运。更有可能的选择是，尽管所有的细菌都能被免疫细胞识别，但是有些菌株有避免被免疫细胞吞噬或杀死的能力。因此还需要研究细菌存活能力或吸附到免疫细胞表面的停留时间与其从母体肠道迁移到乳腺的关系。

第三节　人乳中微生物的作用

近年来，人们除了关注人乳中细菌的起源、种类，更重要的是关注其对母婴健康状况的影响。正常情况下，母乳丰富的菌群中存在的"条件性"致病菌并不会对母婴产生不良影响。最近的人类微生物组计划的一些结果表明，人类某些疾病的发生与发展可能是由于体内微生物生态系统遭到破坏的结果。然而，迄今从生态学角度考虑，关于母乳中微生物菌群对母婴健康状况影响的研究非常少。母乳中微生物群落与人体宿主构成一个复杂的生态系统，而该生态系统的稳态直接影响人体的健康状况与对疾病的易感性，因此研究母乳中微生物的种类、多样性和稳定性具有重要意义[41]。

一、对婴儿的影响

人乳中微生物的种类与含量可能直接影响婴儿的短期和长期健康状况[5]。人乳中存在的微生物被认为是婴儿肠道的一种外来接种物。母乳喂养可调节婴儿的肠道菌群，参与新生儿和婴儿免疫系统的启动和程序化过程以及肠道免疫功能的成熟[2]，降低患感染性疾病的风险，这些可能与母乳中含有的某些益生菌有一定关系。多样化的平衡微生物群落对于适宜的先天性和适应性免疫反应的发展是必需的，故肠道微生物的正常初始化定植过程在调节新生儿适应宫外环境中发挥重要作用。母乳中存在丰富多样的低聚糖，可促进婴儿肠道益生菌（如乳酸杆菌、双歧杆菌）的定植与生长，抑制致病菌的定植与生长。

1. 抑菌作用

从母乳中分离出的部分菌株体外实验显示具有明显抑菌效果。Olivares 等[42]发现四株源自母乳的乳酸杆菌（唾液乳酸杆菌 CECT5713、格氏乳酸杆菌 CECT5714/CECT5715和发酵乳酸杆菌 CECT5716）都能抑制猪霍乱沙门菌和金黄色葡萄球菌黏附到黏蛋白，提高感染这种病原体小鼠存活率，部分菌株能抑制大肠杆菌、李斯特菌和梭状芽孢杆菌的作用。Jara 等[43]研究了自母乳中分离出的乳酸杆菌对 12 种胃肠道病原体的抑制效果（4 株大肠杆菌、4 株志贺菌、3 株肠炎沙门菌和 1 株假单胞菌），有 4 株乳酸杆菌对部分病原菌有抑制作用、2 株乳酸杆菌对这 12 种致病菌有抑制作用。Heikkila 和 Saris[44] 研究母乳中微生物体外抑菌效果时，观察到从母乳中分离得到的所有肠球菌、鼠李糖乳酸杆菌和弯曲乳酸杆菌都可抑制金黄色葡萄球菌生长（引起乳腺感染的菌株）；41% 的唾液链球菌及 23% 的表皮葡萄球菌可抑制金黄色葡萄球菌生长。上述结果说明，从母乳中分离的乳酸杆菌具有较宽的抑菌谱。母乳中某些菌株能产生抑菌物质，如约有 30% 的母乳中含有能产生乳酸链球菌肽的乳酸乳球菌，从母乳中分离出的一株粪肠球菌 C901 被证明能产生肠道菌素 C[45]。

2. 益生作用

母乳来源的细菌可调节未成熟新生儿肠道细菌的定植和发育[7,9,46]。然而，菌株的肠道定植能力以及食用安全是菌株成为益生菌的重要条件。迄今，已证明母乳来源具有益生作用的细菌有唾液乳酸杆菌 CECT5713、格氏乳酸杆菌 CECT5714 和发酵乳酸杆菌 CECT5716[29,47,48]。这些菌株的益生特征除了食用安全，还被证明具有如下作用：肠道定植和产生抑菌物质（抑制致病菌的定植和生长）、免疫调节、抗炎、抗 HIV、改善肠道微生态、减轻肠道炎症反应、治疗感染性乳腺炎、增强流感疫苗效果、降低婴儿胃肠道和上呼吸道感染发病率等[31,47,48]。

某些乳酸菌和双歧杆菌（包括从母乳中分离出来的菌种）的聚糖可能有助于在婴儿肠道中创建特定的"健康"菌群[49]。补充益生菌的临床试验结果显示，添加了母乳来源益生菌（CECT5713）婴儿配方食品喂养的婴儿腹泻发生率和呼吸道感染率明显低于没有补充的对照组[50]；另一项 Gil-Campos 等[51]的研究结果也显示，补充食用益生菌婴儿配方食品（含 CECT5716）喂养的婴儿胃肠道感染发生率显著降低（相当于对照组的 1/3）。体外实验结果显示，这两株乳酸杆菌（CECT5713 和 CECT5716）能激活先天免疫的 NK 细胞，使 CD8$^+$NK 亚群大量表达 CD69，诱导外周单个核细胞产生细胞因子和趋化因子，包含 TNF-α、IL-1β、IL-8、MIP-1α、MIP-1β 和 GM- CSF[52]。

3. 抗感染作用

已证明母乳喂养能显著降低婴儿感染性疾病的发生率和严重程度。母乳喂养的婴儿，可使其暴露于人乳中存在的多样化细菌，这可能是导致母乳喂养和婴儿配方奶粉喂养婴儿粪便微生物差异的重要原因之一。为了实现新生儿黏膜组织的稳态、肠道耐受性的发育需要摄取乳汁来源的抗原和细菌菌群固有的成分。新生儿建立耐受性方面的缺陷与黏膜疾病和慢性炎症的发生发展有关[53]。Heikkila 和 Saris[44]研究证明，人乳中这些细菌可以保护乳母和新生儿防止金黄色葡萄球菌感染[29,44]。Perez-Cano 等[54]的研究结果表明，从人乳中分离出来的两个菌株发酵乳酸杆菌 CECT5716 和唾液乳酸杆菌 CECT5713 能够激活 NK 细胞、CD4$^+$T 细胞、CD8$^+$T 细胞和调节性 T 细胞，这些菌株可影响先天性和获得性免疫，并强烈地诱导广泛的炎性和抗炎性细胞因子和趋化因子。

大量流行病学调查和临床结果显示，母乳喂养的婴儿呼吸道和胃肠道抗感染的能力明显大于人工喂养或混合喂养的婴儿，哮喘和过敏性疾病的发病率也较低，且患病持续时间较短。母乳喂养的这些益处除了与其所含有的抗体和诸多营养与生物活性成分有关外，还与母乳中含有丰富的可抑制致病微生物定植与生长的益生菌有关（如双歧杆菌和乳酸杆菌等）[14,47]。由于新生儿和婴儿的呼吸道和胃肠道对感染性疾病非常易感，如果能从母乳中分离出具有为人类宿主提供健康益处的细菌，可使那些不能用母乳喂养的婴儿获益。不同的临床试验结果证明，当不能进行母乳喂养时，补充益生菌的婴儿配方食品可降低儿童感染性疾病的发生率。例如在 Maldonado 等[55]的研究中，补充人乳中分离的发酵乳酸杆菌 CECT5716 的婴儿配方食品，使喂养儿该种细菌摄入量达到 2×10^8CFU/d，可显著降低婴儿胃肠道和上呼吸道感染的发生率。

总之，通过母乳喂养，可使新生儿和婴儿获得丰富多样的微生物，在新生儿肠道微生物稳态形成的初期发挥关键作用，除了保护母乳喂养儿防止腹泻和呼吸系统疾病，还可能降低成年期发生肥胖的风险[56]。

二、对哺乳妇女健康状况的影响

母乳喂养不仅为婴儿提供最佳的营养，而且对哺乳期妇女也提供多种健康益处。母乳喂养至少 6 个月的妇女，与母乳喂养婴儿不到 6 个月的妇女相比较，可以显著降低以后发生肥胖、糖尿病或乳腺癌的风险[6]。推测人乳中微生物在哺乳期妇女的乳腺健康中发挥重要作用。因为母乳中微生物菌群是人类与微生物协同进化相互适应的产物，而"微生物菌落与宿主"间的生态系统动态平衡则是保持母婴健康的基础。

1. 治疗乳腺炎

以往关于人乳中微生物的研究更多关注潜在致病菌及其对母婴的致病作用，主要是与临床乳腺炎病例相关的研究。乳腺炎是产妇哺乳期常见的疾病，一般认为金黄色葡萄球菌是引起急性乳腺炎的主要病原体，而表皮葡萄球菌则与慢性或亚急性乳腺炎有关[57]。在哺乳期，高达 30%的妇女患急性、亚急性或复发性乳腺炎，被认为是导致母乳喂养过早停止的主要原因之一。

有多项研究结果表明，来自母乳中的微生物大多数有抑制金黄色葡萄球菌的能力，因此口服给予益生菌是治疗乳腺炎的一种有效的抗生素替代疗法[3,4]。例如，唾液乳酸杆菌 CECT5713 和发酵乳酸杆菌 CECT5716 能够通过降低细菌总数和用乳酸杆菌取代引起乳腺炎的致病性葡萄球菌，调节人乳微生物菌群；而且这些益生菌菌株的使用可以预防发生与抗生素治疗有关的副作用，如阴道感染和复发性乳腺炎的发作，然而如果乳母仅服用发酵乳酸杆菌 CECT5716，常常有主诉轻度腹部胀气。Jiménez 等[3]和 Arroyo 等[4]的结果显示，给哺乳期妇女口服唾液乳酸杆菌 CECT5713、格氏乳酸杆菌 CECT5714 和发酵乳酸杆菌 CECT5716 能治疗乳腺炎（treat mastitis），且复发率也远低于用抗生素治疗组。Jiménez 等[3]的研究随机将 20 名患葡萄球菌乳腺炎的乳母分成两组，每天补充乳源性唾液乳酸杆菌 CECT5713 和相同量唾液乳酸杆菌 CECT5713 组与安慰剂对照组，持续 4 周。在第 0 天时，益生菌组和对照组的乳汁中平均葡萄球菌计数均无显著差异，都没有检出乳酸杆菌；到补充第 30 天时，益生菌组平均葡萄球菌计数显著低于对照组（2.96lg CFU/ml 与 4.79lg CFU /ml）。在 10 例服用益生菌组乳母的乳汁样品中，有 6 个样品中分离出唾液乳酸杆菌 CECT5713 和格氏乳酸杆菌 CECT5714；在第 14 天时，服用益生菌组的乳母没有观察到乳腺炎的临床症状，而对照组的乳母，整个研究期间持续存在乳腺炎，提示唾液乳酸杆菌 CECT5713 和格氏乳酸杆菌 CECT5714 似可替代抗生素用于哺乳期乳腺炎的治疗。在 Arroyo 等[4]治疗乳腺炎的研究中，将乳腺炎患者分成三组，即服用 CECT5713 组（$n=124$）、服用 CECT5716 组（$n=127$）和抗生素治疗对照组（$n=101$），在第 0 天时，3 组患者的母乳内葡萄球菌的数量无显著差异，均没有检出乳酸杆菌；到干预 21 天时，补充两株益生菌的试验组患者母乳中葡萄球菌的数量（2.61lgCFU/ml 和 2.33lgCFU/ml）显著低于抗生素治疗的对照组（3.28lgCFU/ml），并且在服用益生菌组的母乳中能分离得到 CECT5713 或 CECT5716，该研究结果证明了益生菌治疗乳腺炎的明显效果，乳腺炎的复发率也远低于抗生素治疗组。上述结果支持用唾液乳酸杆菌和发酵乳酸杆菌可治疗乳腺炎和缩短病程。

某些葡萄球菌菌株（乳腺炎的主要原因）是结合到 2′-岩藻糖基乳糖，因此有可能对乳腺炎的易感性并不仅是由人乳中细菌成分所决定，还与血型和人乳中低聚糖的相应类型有关。根据上述 Jiménez 和 Arroyo 的研究结果，从母乳中分离得到的益生菌株可能被作为具有特殊功能作用的生物治疗剂用于治疗乳腺炎；鉴于母乳中有些微生物还具有抑制 HIV 的能力，因此母乳是否可以作为一个筛选益生菌的重要菌库值得深入研究。

2. 降低发生营养相关慢性疾病的风险

流行病学调查结果提示，分娩后不能用母乳喂哺婴儿或过早停止母乳喂养与其绝经前乳腺癌、卵巢癌、代谢综合征的发生风险增加有关。最近几项研究结果证明，肥胖或超重妇女的乳汁宏基因组学和微生物组学也不同于健康体重的对照组。然而，至今有关母乳喂养、喂养持续时间以及母乳中微生物菌群多样性对乳母健康状况长期影响的研究甚少。

第四节　展　望

健康妇女的乳汁中含有多种微生物，其中某些被证明具有抑菌作用。然而人乳中微生物的种类复杂和功能多样，受培养技术和分析方法的限制，有些尚不十分清楚。因此需要开展更多相关研究。

① 研究人乳中微生物的种群以及变化、来源、体内迁移过程，有助于揭示一个比此前预期具有更多样化的复杂性的微生态系统。由于母乳中微生物存在非随机异质性的分布特征，还需要研究细菌菌群结构、功能及其稳定性。

② 需要研究母体微生物肠道转运/迁移到乳腺的过程和因素，了解人乳中细菌通过什么机制穿透过肠上皮，躲避免疫系统识别被转运到乳腺以及随后定植在乳腺的过程。

③ 研究人乳中微生物对母婴健康的近期与远期影响，包括在新生儿肠道免疫系统启动和程序化中的作用、对妇女乳腺健康状况的影响以及以后罹患营养相关慢性病的风险。

④ 研究影响母乳中微生物菌群的因素，改变乳母膳食（包括补充益生菌和/或低聚糖）是否可以改变人乳中微生物菌群；给孕妇、乳母和/或婴儿补充从母乳中分离出来的益生菌的效果，治疗或辅助治疗乳腺炎的效果等。

（李依彤，董彩霞，荫士安）

参考文献

[1] 荫士安. 母乳与新生儿早期免疫的启动与建立. 中华新生儿科杂志，2017，32（5）：321-324.

[2] Donnet-Hughes A，Perez PF，Dore J，et al. Potential role of the intestinal microbiota of the mother in neonatal immune education. Proc Nutr Soc，2010，69（3）：407-415.

[3] Jiménez E，Fernandez L，Maldonado A，et al. Oral administration of *Lactobacillus* strains isolated from breast milk as an alternative for the treatment of infectious mastitis during lactation. Appl Environ Microbiol，2008，74（15）：4650-4655.

[4] Arroyo R，Martin V，Maldonado A，et al. Treatment of infectious mastitis during lactation：antibiotics versus oral administration of Lactobacilli isolated from breast milk. Clin Infect Dis，2010，50（12）：1551-1558.

[5] Fernandez L，Langa S，Martin V，et al. The human milk microbiota：origin and potential roles in health and disease. Pharmacol Res，2013，69（1）：1-10.

[6] Owen CG，Martin RM，Whincup PH，et al. Does breastfeeding influence risk of type 2 diabetes in later life？A quantitative analysis of published evidence. Am J Clin Nutr，2006，84（5）：1043-1054.

[7] Collado MC，Delgado S，Maldonado A，et al. Assessment of the bacterial diversity of breast milk of healthy women by quantitative real-time PCR. Lett Appl Microbiol，2009，48（5）：523-528.

[8] Muletz‐Wolz C，Kurata N，Himschoot E，et al. Diversity and temporal dynamics of primate milk microbiomes. Am J Primatol，2019，81：10-11.

[9] Schanche M，Avershina E，Dotterud C，et al. High-resolution analyses of overlap in the microbiota between mothers and their children. Curr Microbiol，2015，71（2）：283-290.

[10] Ruiz L，Garcia-Carral C，Rodriguez JM. Unfolding the human milk microbiome landscape in the Omics Era. Front Microbiol，2019，10：1378.

[11] Heikkilä M，Saris PEJ. Inhibition of *Staphylococcus aureus* by the commensal bacteria of human milk. J Appl Microbiol，2003，95：471-478.

[12] Favier CF，Vaughan EE，de Vos WM，et al. Molecular monitoring of succession of bacterial communities in human neonates. Appl Environ Microbiol，2002，68：219-226.

[13] West PA，Hewitt JH，Murphy OM. The influence of methods of collection and storage on the bacteriology of human milk. J Appl Bacteriol，1979，46：269-277.

[14] Martin R，Heilig GH，Zoetendal EG，et al. Diversity of the *Lactobacillus* group in breast milk and vagina of healthy women and potential role in the colonization of the infant gut. J Appl Microbiol，2007，103（6）：2638-2644.

[15] Sanz Y. Gut microbiota and probiotics in maternal and infant health. Am J Clin Nutr，2011，94（6 Suppl）：2000S-2005S.

[16] Matsumiya Y，Kato N，Watanabe K，et al. Molecular epidemiological study of vertical transmission of vaginal *Lactobacillus* species from mothers to newborn infants in Japanese，by arbitrarily primed polymerase chain reaction. J Infect Chemother，2002，8（1）：43-49.

[17] Hunt KM，Foster JA，Forney LJ，et al. Characterization of the diversity and temporal stability of bacterial communities in human milk. PLoS One，2011，6（6）：e21313.

[18] Capone KA，Dowd SE，Stamatas GN，et al. Diversity of the human skin microbiome early in life. J Invest Dermatol，2011，131（10）：2026-2032.

[19] Gao Z，Tseng CH，Pei Z，et al. Molecular analysis of human forearm superficial skin bacterial biota. Proc Natl Acad Sci USA，2007，104（8）：2927-2932.

[20] Cephas KD，Kim J，Mathai RA，et al. Comparative analysis of salivary bacterial microbiome diversity in edentulous infants and their mothers or primary care givers using pyrosequencing. PLoS One，2011，6（8）：e23503.

[21] Nasidze I，Li J，Quinque D，et al. Global diversity in the human salivary microbiome. Genome Res，2009，19（4）：636-643.

[22] Ramsey DT，Kent JC，Owens RA，et al. Ultrasound imaging of milk ejection in the breast of lactating women. Pediatr，2004，113：361-367.

[23] Liu L，Liang T，Zhang Z，et al. Effects of altitude on human oral microbes. AMB Expr，2021，11（1）：41. doi. org/10. 1186/s13568-021-01200-0.

[24] Yang F，Zeng X，Ning K，et al. Saliva microbiomes distinguish caries-active from healthy human populations. ISME J，2012，6：1-10.

[25] Jiménez E，Delgado S，Maldonado A，et al. *Staphylococcus epidermidis*：a differential trait of the fecal microbiota of breast-fed infants. BMC Microbiology，2008，8：143.

[26] Jiménez E，Fernández L，Delgado S，et al. Assessment of the bacterial diversity of human colostrum and screening of staphylococcal and enterococcal populations for potential virulence factors. Res Microbiol，2008，159：595-601.

[27] Hunt KM，Foster JA，Forney LJ，et al. Characterization of the diversity and temporal stability of bacterial communities in human milk. PLoS ONE，2011，6：e21313.

[28] Martín R，Jiménez E，Heilig H，et al. Isolation of bifidobacteria from breast milk and assessment of the bifidobacterial population by PCR-denaturing gradient gel electrophoresis and quantitative real-time PCR. Appl Environ Microbiol，2009，75（4）：965-969.

[29] Martin R，Langa S，Reviriego C，et al. Human milk is a source of lactic acid bacteria for the infant gut.　J Pediatr，2003，143（6）：754-758.

[30] Xiao M，Xu P，Zhao J，et al. Oxidative stress-related responses of *Bifidobacterium longum* subsp. *longum* BBMN68 at the proteomic level after exposure to oxygen. Microbiology，2011，157（Pt 6）：1573-1588.

[31] Martín R，Jiménez E，Olivares M，et al. *Lactobacillus salivarius* CECT 5713，a potential probiotic strain isolated from infant feces and breast milk of a mother-child pair. Int J Food Microbiol, 2006, 112（1）：35-43.

[32] Albesharat R，Ehrmann MA，Korakli M，et al. Phenotypic and genotypic analyses of lactic acid bacteria in local fermented food，breast milk and faeces of mothers and their babies. Syst Appl Microbiol, 2011, 34（2）：148-155.

[33] Perez PF，Dore J，Leclerc M，et al. Bacterial imprinting of the neonatal immune system：lessons from maternal cells？Pediatr，2007，119（3）：e724-732.

[34] Rescigno M，Urbano M，Valzasina B，et al. Dendritic cells express tight junction proteins and penetrate gut epithelial monolayers to sample bacteria. Nat Immunol，2001，2（4）：361-367.

[35] Urbaniak C，Cummins J，Brackstone M，et al. Microbiota of human breast tissue. Appl Environ Microbiol，2014，80（10）：3007-3014.

[36] Yoshinaga K. Review of factors essential for blastocyst implantation for their modulating effects on the maternal immune system. Semin Cell Dev Biol，2008，19（2）：161-169.

[37] Blander JM，Medzhitov R. Regulation of phagosome maturation by signals from toll-like receptors. Science，2004，304（5673）：1014-1018.

[38] Sun Y，Cai J，Ma F，et al. miR-155 mediates suppressive effect of progesterone on TLR3，TLR4-triggered immune response. Immunology letters，2012，146（1-2）：25-30.

[39] Butts CL，Shukair SA，Duncan KM，et al. Progesterone inhibits mature rat dendritic cells in a receptor-mediated fashion. Int Immunol，2007，19（3）：287-296.

[40] Fanning S，Hall LJ，van Sinderen D. Bifidobacterium breve UCC2003 surface exopolysaccharide production is a beneficial trait mediating commensal-host interaction through immune modulation and pathogen protection. Gut microbes，2012，3（5）：420-425.

[41] Lara-Villoslada F，Olivares M，Sierra S，et al. Beneficial effects of probiotic bacteria isolated from breast milk. Br J Nutr，2007，98（Suppl 1）：S96-100.

[42] Olivares M，Diaz-Ropero MP，Martin R，et al. Antimicrobial potential of four *Lactobacillus* strains isolated from breast milk. J Appl Microbiol，2006，101（1）：72-79.

[43] Jara S，Sanchez M，Vera R，et al. The inhibitory activity of *Lactobacillus* spp. isolated from breast milk on gastrointestinal pathogenic bacteria of nosocomial origin. Anaerobe，2011，17（6）：474-477.

[44] Heikkila MP，Saris PE. Inhibition of *Staphylococcus aureus* by the commensal bacteria of human milk. J Appl Microbiol，2003，95（3）：471-478.

[45] Maldonado-Barragan A，Caballero-Guerrero B，Jiménez E，et al. Enterocin C，a class IIb bacteriocin produced by E. faecalis C901，a strain isolated from human colostrum. Int J Food Microbiol，2009，133（1-2）：105-112.

[46] Fallani M，Amarri S，Uusijarvi A，et al. Determinants of the human infant intestinal microbiota after the introduction of first complementary foods in infant samples from five European centres. Microbiology，2011，157（5）：1385-1392.

[47] Lara-Villoslada F，Olivares M，Sierra S，et al. Beneficial effects of probiotic bacteria isolated from breast milk. Br J Nutr，2007，98 Suppl 1：S96-100.

[48] Martin R，Olivares M，Marin ML，et al. Probiotic potential of 3 Lactobacilli strains isolated from breast milk.

J Hum Lact，2005，21（1）：8-17；　quiz 18-21，41.

[49]　Zivkovic AM，German JB，Lebrilla CB，et al. Human milk glycobiome and its impact on the infant gastrointestinal microbiota. Proc Natl Acad Sci USA，2011，108（Suppl 1）：4653-4658.

[50]　Maldonado J，Lara-Villoslada F，Sierra S，et al. Safety and tolerance of the human milk probiotic strain *Lactobacillus salivarius* CECT5713 in 6-month-old children. Nutrition，2010，26（11-12）：1082-1087.

[51]　Gil-Campos M，Lopez MA，Rodriguez-Benitez MV，et al. *Lactobacillus fermentum* CECT 5716 is safe and well tolerated in infants of 1-6 months of age：a randomized controlled trial. Pharmacol Res，2012，65（2）：231-238.

[52]　Perez-Cano FJ，Dong H，Yaqoob P. *In vitro* immunomodulatory activity of *Lactobacillus fermentum* CECT5716 and *Lactobacillus salivarius* CECT5713：two probiotic strains isolated from human breast milk. Immunobiology，2010，215（12）：996-1004.

[53]　Renz H，Brandtzaeg P，Hornef M. The impact of perinatal immune development on mucosal homeostasis and chronic inflammation. Nat Rev Immunol，2012，12（1）：9-23.

[54]　Perez-Cano FJ，Gonzalez-Castro A，Castellote C，et al. Influence of breast milk polyamines on suckling rat immune system maturation. Dev Comp Immunol，2010，34（2）：210-218.

[55]　Maldonado J，Canabate F，Sempere L，et al. Human milk probiotic *Lactobacillus fermentum* CECT5716 reduces the incidence of gastrointestinal and upper respiratory tract infections in infants. J Pediatr Gastroenterol Nutr，2012，54（1）：55-61.

[56]　Gillman MW，Rifas-Shiman SL，Camargo CA，Jr.，et al. Risk of overweight among adolescents who were breastfed as infants. Jama，2001，285（19）：2461-2467.

[57]　Delgado S，Arroyo R，Jiménez E，et al. *Staphylococcus epidermidis* strains isolated from breast milk of women suffering infectious mastitis：potential virulence traits and resistance to antibiotics. BMC microbiology，2009，9：82.

第三十八章

母乳中细菌种类与影响
因素和检测方法

———

近年来已有越来越多的研究报道，婴儿能接受到母乳，不管是全母乳还是混合喂养，对于婴儿肠道菌群的组成与定植以及肠道免疫功能的启动与成熟均非常重要；且母乳喂养与婴儿粪便中高丰度的双歧杆菌的数量显著相关；停止（或过早停止）母乳喂养将导致以厚壁菌门为标志的婴儿肠道微生态的快速成熟[1]。母乳和母乳喂养是与婴儿肠道菌群早期形成关联最密切的因素。本章重点介绍母乳中存在的细菌种类及检测方法等。

第一节　母乳中的细菌种类

由于传统观点认为人乳清洁无菌，使得人乳中细菌成分以及在婴儿肠道成熟与免疫功能建立方面的重要作用长期被忽视。近二十年的研究结果表明，母乳喂养持续不断地为婴儿肠道提供共生菌、互生菌和/或益生菌[2~9]。这些发现也让人乳微生物组学的研究成为近年来研究的热门领域。

一、人乳中存在细菌的发现过程

约 17 年前，Martin 等[2]在健康母亲的乳汁中通过灭菌采样方法，首次发现了人乳中存在乳酸菌（非外源性污染），确认了人乳中存在非致病菌；随后又发现人乳中有超过200 多种不同的微生物（属于 50 种不同菌属）[10]，个体间差异相当大[9,11,12]，并且还受检测技术的影响。

近年已有多篇论文梳理了人乳中存在的细菌及其种类。如 Fitzstevens 等[13]系统综述了 1964～2015 年 6 月发表的用非培养方法检测人乳微生物的文献，其中 11 个研究发现人乳样本中鉴定出链球菌，10 个研究中报道了葡萄球菌；而 6 个研究中证实这两种是人乳中占主导的菌属；12 项研究中有 8 项是采用常用的 rRNA PCR 方法检测，其中 7 个鉴定出了链球菌和葡萄球菌的存在。

Biagi 等[14]检测了母乳、婴儿口腔和肠道的菌群组成，发现三者在菌群组成上有一定的连贯性和一致性，部分菌是共享的。这也佐证了有关婴儿口腔是一个中转站，从母乳接收到细菌并传递到婴儿肠道的观点。

二、细菌数量和种类

人乳是母乳喂养婴儿肠道细菌的主要来源。按照婴儿每天摄入约 800ml 母乳计，母乳喂养儿摄入约十万到一千万的细菌。这也能解释为何母乳喂养婴儿的肠道菌群与其母亲母乳中发现的菌群组成密切相关[15]。母乳也是母乳喂养婴儿共生菌和益生菌的来源，包括葡萄球菌、链球菌、棒状杆菌、乳酸菌和双歧杆菌等，其中[16] 乳酸菌和双歧杆菌是益生菌，它们可定植于婴儿肠道。

Sakwinska 与 Bosco[17]汇总的人乳微生物的检测结果显示，传统依靠培养研究和近期分子检测细菌 DNA 的研究得出相似结论，即人乳中存在的微生物群主要是由共生的葡萄球菌（如表皮葡萄球菌和链球菌）组成。Togo 等[18]梳理了人乳微生物文献，包括 38 个国家/地区的 242 篇论文，涉及一万多名母亲的一万五千多份乳房与母乳微生物采样样本，共发现 820 个微生物物种，主要是变形菌门和厚壁菌门，出现频次降序排列为金黄色葡萄球菌、表皮葡萄球菌、无乳链球菌、痤疮棒状杆菌、粪肠球菌、短双歧杆菌、大肠杆菌、溶血链球菌、格氏乳杆菌、肠道沙门菌。

三、母乳中细菌种类的文献系统综述

LaTuga 等[19]汇总的用培养基和生物学方法发现的母乳中常见细菌如表 38-1 所示。Fernandez 等[15]梳理了文献中报道的采用传统细菌分离或 DNA 检测手段的研究（表 38-2）。基于不同国家/地区调查的母乳检测到的细菌种类总结于表 38-3。

▣ 表 38-1　培养基和生物学方法发现的母乳中常见细菌种类

门	属
厚壁菌门	葡萄球菌属、链球菌属、韦荣球菌属、孪生球菌、肠球菌属、梭菌属、双歧杆菌、乳酸杆菌
放线菌	痤疮丙酸杆菌、放线菌属、棒状杆菌
变形菌门	假单胞菌属、鞘氨醇单胞菌、沙雷菌属、埃希菌属、肠杆菌属、雷尔菌属、慢生根瘤菌
拟杆菌门	普雷沃菌属

注：改编自 LaTuga 等[19]，2014。

表 38-2　传统细菌分离或 DNA 检测发现的母乳中常见的细菌种类

方法	主要的菌种	文献来源
细菌分离	嗜酸乳杆菌、发酵乳杆菌、表皮葡萄球菌、轻型链球菌、唾液链球菌	Gavin 和 Ostovar, 1977[20]
	植物乳杆菌、表皮葡萄球菌、链球菌属	West 等, 1979[21]
	粪肠球菌、发酵乳杆菌、格氏乳杆菌	Martin 等, 2003[2]
	粪肠球菌、卷曲乳杆菌、鼠李糖乳杆菌、乳酸杆菌、肠膜明串珠菌、胶红酵母菌、金黄色葡萄球菌、头葡萄球菌、表皮葡萄球菌、人葡萄球菌、轻型链球菌、口腔链球菌、副血链球菌、口腔链球菌	Heikkila 和 Saris, 2003[3] Beasley 和 Saris, 2004[3,4]
	唾液乳杆菌	Martin 等, 2006[8]
	棒状杆菌属、肠球菌属、乳酸杆菌属、消化链球菌属、葡萄球菌属、链球菌属	Langa 等, 2012[22]
	罗伊乳杆菌	Sinkiewicz 和 Ljunggren, 2008[23]
	表皮葡萄球菌	Jiménez 等, 2008[5] Jiménez 等, 2008[6]
	青春双歧杆菌、双歧杆菌、短双歧杆菌	Martín 等, 2009[9]
	短双歧杆菌、长双歧杆菌、嗜根考克菌、干酪乳杆菌、发酵乳杆菌、格氏乳杆菌、胃泌乳杆菌、植物乳杆菌、罗伊乳杆菌、唾液乳杆菌、阴道乳杆菌、戊糖片球菌、胶红酵母、表皮葡萄球菌、人葡萄球菌、乳酸链球菌、轻型链球菌、副血链球菌、唾液链球菌	Martín 等, 2011[24] Martín 等, 2012[25]
	坚韧肠球菌、粪肠球菌、屎肠球菌、海氏肠球菌、蒙氏肠球菌、动物乳杆菌、短乳杆菌、发酵乳杆菌、格氏乳杆菌、瑞士乳杆菌、口乳杆菌、植物乳杆菌、戊糖片球菌、南极链球菌、解没食子酸链球菌、前庭链球菌	Albesharat 等, 2011[26]
	长双歧杆菌	Makino 等, 2011[27]
DNA 检测	粪肠球菌、屎肠球菌、发酵乳杆菌、格氏乳杆菌、鼠李糖乳杆菌、乳酸乳球菌、嗜柠檬酸明串珠菌、Leuc. fallax、痤疮丙酸杆菌、表皮葡萄球菌、人葡萄球菌、轻型链球菌、副血链球菌、唾液链球菌、食窦魏斯菌、融合魏斯菌	Martín 等, 2007[11] Martín 等，2007[28]
	长双歧杆菌、梭菌属、乳酸杆菌属、葡萄球菌属、链球菌属、青春双歧杆菌、动物双歧杆菌、双歧杆菌、短双歧杆菌、B. catenolatum、长双歧杆菌	Gueimonde 等, 2007[29]
	双歧杆菌属、梭菌属、肠球菌属、乳酸杆菌属、葡萄球菌属、链球菌属	Collado 等, 2009[12]
	青春双歧杆菌、双歧杆菌、短双歧杆菌、长双歧杆菌	Martín 等, 2009[9]
	慢生根瘤菌科、棒状杆菌属、丙酸杆菌属、假单胞菌属、罗氏菌属、沙雷菌、鞘氨醇单胞菌、葡萄球菌属、链球菌属	Hunt 等, 2011[10]

注：改编自 Fernandez 等[15]，2012。

⊡ 表 38-3　不同国家报告的母乳中存在的细菌种类

检测方法	样本数	地点	细菌种类	文献来源
16S rRNA	20	西班牙	乳酸杆菌属、双歧杆菌属、葡萄球菌属、链球菌属、肠球菌属	Solis 等，2010[30]
qPCR	18	芬兰	初乳：魏斯菌属、明串珠菌属、葡萄球菌属、链球菌属、乳酸乳球菌 成熟乳：韦荣球菌属、纤毛菌、普雷沃菌属	Cabrera-Rubio 等，2012[31]
qPCR	32	西班牙	乳酸杆菌属、双歧杆菌属、葡萄球菌属、链球菌属、肠球菌属	Khodayar-Pardo 等，2014[32]
qRTi-PCR	9	希腊	乳酸菌和双歧杆菌	Atsaros 等，2015[33]
16S rRNA	20	美国	厚壁菌门（包括乳杆菌和链球菌）、变形菌门（包括铜绿假单胞菌和鲍曼不动杆菌）、拟杆菌门、放线菌门（包括双歧杆菌）	Hoashi 等，2015[34]
16S rRNA, qPCR	10	西班牙	链球菌属、葡萄球菌属、肠杆菌科、假单胞菌科、明串珠菌科、莫拉菌科、乳杆菌科、草酸杆菌科、Flavobacteriaceae、韦荣球菌科、丛毛单胞菌科、奈瑟菌科、气单胞菌科、丙酸杆菌科	Cabrera-Rubio 等，2016[35]
qRT-PCR、DD-PCR	25	中国	双歧杆菌、乳酸杆菌	Qian 等，2016[36]
16S rRNA	36	意大利	放线菌科、微球菌科、双歧杆菌、普雷沃菌、类芽孢杆菌科、葡萄球菌科、孪生菌目、链球菌科、毛螺菌科、韦荣球菌科、巴斯德菌科	Biagi 等，2017[14]
16S rRNA	16	意大利	罗斯菌属、肠球菌属、链球菌、鲍曼不动杆菌、葡萄球菌、沉积物杆状菌属	Biagi 等，2018[37]
16S rRNA	>50	美国	葡萄球菌属、链球菌属、阴沟肠杆菌/克雷伯菌、盐单胞菌属、罗斯菌属、孪生球菌属	Ramani 等，2018[38]
16S rRNA	393	加拿大	丛毛单胞菌科、肠杆菌科、莫拉菌科、奈瑟菌科、类诺卡菌科、草酸杆菌科、假单胞菌、根瘤菌科、红螺菌、葡萄球菌科、链球菌科、韦荣球菌科	Moossavi 等，2019[39]
16S rRNA	554	南非	拟杆菌属、葡萄球菌、罗斯菌属、棒杆菌属、韦荣球菌、孪生球菌属、鲍曼不动杆菌属、四链球菌、肠杆菌科	Ojo-Okunola 等，2019[40]
DNA 提取，qPCR，16S rRNA	94	巴西	90%以上的样本中均存在：葡萄球菌属、链球菌属、棒状菌属、罗斯菌属、韦荣球菌属、红色杆菌、假单胞菌属、盐单胞菌属、特布尔西菌属、Chelonobacter、不动杆菌、放线菌属、乳酸杆菌；在78%的样本中存在：双歧杆菌属	Padilha 等，2019[41]
DNA 提取，16S rRNA qPCR，	28	美国、菲律宾	按相对丰度从高到低排序：厚壁菌门、变形菌门、放线菌门、拟杆菌门	Muletz-Wolz 等，2019[42]
细菌分离培养，MALDI-TOF-MS 鉴定菌种	5	泰国	只关注了乳酸杆菌：戊糖乳杆菌、植物乳杆菌	Jamyuang 等，2019[43]

第二节　影响母乳中细菌菌群组成的因素

影响母乳细菌菌群组成（the composition of bacterial flora in breast milk）的因素主要有几方面，首先是母亲自身的因素，包括体重（是否肥胖）、过敏史、膳食、免疫状态等；其次是产后因素，包括分娩方式、孕龄、母亲抗生素类药物使用、哺乳期等[19,44]。

一、分娩方式

剖宫产母亲与阴道分娩的母亲的乳汁中菌群组成不同，提示可能并不是手术本身，而是心理压力或激素信号的存在决定了菌群向母乳的传递过程[44]；而且母乳中的细菌并不是污染物，其组成受多因素影响。随后 Cabrera-Rubio 等[35]研究了阴道分娩和剖宫产母亲的乳汁菌群组成，也支持这样的观点[31]。

二、喂养方式和不同泌乳期

母乳中的菌群组成和多样性与喂养方式有关，即母乳喂养与人工喂养对喂养儿肠道菌群的影响不同[44]；将母乳泵出再喂养方式与多个母乳菌群指标相关，包括潜在致病菌的增加和双歧杆菌的降低或缺失等。不同泌乳期的乳汁中菌群也有差异，例如在18 位芬兰乳母中，Cabrera-Rubio 等[31]分析了母乳菌群组成以及可能影响菌群的因素，初乳和成熟乳中的菌群组成不一样，成熟乳中主要存在的细菌为母乳喂养儿口腔中常见的细菌。

三、与人乳低聚糖的关系

Aakko 等[45]在芬兰的研究首次报道，11 个母乳样品中 HMOs 组成影响乳汁中菌群特征，尤其是双歧杆菌；人乳 HMOs 总量与双歧杆菌属和短双歧杆菌呈正相关；岩藻糖基的人乳寡糖与双歧杆菌属和嗜黏蛋白-艾克曼菌呈正相关，而唾液酸基的人乳寡糖与短双歧杆菌显著相关；具有岩藻糖基和唾液酸基的人乳寡糖与金黄色葡萄球菌呈正相关，而不带岩藻糖基或唾液酸基的人乳寡糖与长双歧杆菌显著相关；乳糖-*N*-四糖（LNT）与长双歧杆菌、乳糖-*N*-岩藻糖基五糖Ⅲ（LNFPⅢ）与短双歧杆菌、岩藻糖基-唾液酸基-乳糖-*N*-新六糖（FDSLNH）与金黄色葡萄球菌、乳糖-*N*-岩藻糖基五糖Ⅰ（LNFPⅠ）与嗜黏蛋白-艾克曼菌、乳糖基唾液酸基-*N*-四糖 c（LST c）与短双歧杆菌等呈显著相关。

四、肥胖乳母与其乳汁菌群的关系

肥胖母亲的乳汁中菌群多样性低于正常体重的母亲，而且菌群组成也不同；母亲孕前的 BMI 与母乳中双歧杆菌的丰度有关，孕前 BMI 越高，其乳汁中双歧杆菌的丰度越低[36]；Moossavi 等[44]的研究结果支持母乳的菌群组成和多样性与乳母的 BMI 相关。

五、与生活地域的关系

母乳菌群组成可能与乳母生活环境中的微生物也有一定关系[46]。例如表 38-3 中不同国家报告的母乳中细菌的种类明显不同，有些菌群还存在较大差异，这些差异可能与乳母（甚至孕期）暴露当地环境中微生物的种类有关。

六、其他影响因素

人乳中菌群丰度和组成还受其他多种因素影响，而且还存在上述多种因素联合影响。例如，在 Moossavi 等[39]的对 393 对母婴研究中，观察到产后 3～4 个月的母乳中细菌主要由变形菌门和厚壁菌门组成，二者呈负相关；母乳菌群组成和多样性与母亲 BMI、胎次和分娩方式以及喂养方式和母乳中其他成分等密切相关，还可能与婴儿的性别有关。Gomez-Gallego 等[47]分析了 78 例来自欧洲、非洲和亚洲健康母亲乳汁中的多胺组成与菌群，人乳中多胺浓度显著的地域差异与人乳微生物菌群组成相关，多胺中的腐胺含量与变形菌含量呈正相关，这些差异可能会对哺乳期的婴儿发育产生影响。

第三节　母乳中细菌的检测方法

目前对母乳的菌群研究仍处于初期阶段，早期检测方法是用传统培养基将获取的母乳样品进行培养和分离。由于绝大多数现场采集的新鲜母乳样品无法直接进行体外人工培养，因此在 DNA 测序技术，特别是宏基因组技术成熟之前，人们无法确定人乳中微生物的菌落组成，更谈不上研究菌落的多样性和稳定性。归功于近十年来新一代测序技术的进步，人们对体内微生物群落组成的理解取得显著进展。目前用于鉴别人乳中微生物的常用方法有培养基筛查法和不依赖培养基的方法。

一、传统培养基法与不依赖培养基法的比较

1. 传统的培养基筛选法

传统的培养基筛选法是最常用于母乳微生物分离的方法，优点是可以得到分离的菌

株并进行菌株鉴定和计数，还可对菌株深入研究，但操作复杂、耗时，且该方法的检测结果一定程度上取决于母乳样本的新鲜程度，如果存在交通不便和样品转运不及时，则不能使用这种方法。

2. 不依赖培养基法

不依赖培养基法即分子生物学方法，近年来被用于测定母乳微生物，该方法可使用冷冻保存的母乳样本，可直接分析母乳中微生物 DNA 多样性，从而获得微生物的种类与构成。该方法操作简单快速，但无法分离得到细菌菌株。

上述用于测定母乳中微生物的方法各有优劣。传统培养基筛选可分离得到相应菌株，还可对菌株做进一步研究；分子生物学的方法则快速、简便。因此选择何种方法取决于研究目的。在 2015 年前，使用不基于培养基技术，如聚合酶链式反应（PCR）等检测母乳菌群组成的研究相对较少，近年来 PCR 技术逐渐成为检测母乳菌群的主流技术。

二、分子生物学方法的应用

宏基因组技术的成熟催生了 2008 年前后展开的人类宏基因组研究计划。该计划为微生物菌落生态学的复兴奠定了坚实的技术基础。例如，在 Hunt 等[10]的宏基因组测序研究中，分析了 16 例哺乳期妇女的 47 份乳汁样本，提供了较为全面的母乳中细菌菌群测序数据。目前聚合酶链式反应-变性梯度凝胶电泳/温度梯度凝胶电泳（PCR-DGGE/TGGE）、实时定量 PCR（qRT-PCR）和 454 焦磷酸测序等分子生物学方法已被用于分析人乳中微生物种类与构成。

三、聚合酶链式反应-变性梯度凝胶电泳/温度梯度凝胶电泳

利用 PCR-DGGE/TGGE 分析，根据数据库的比对结果可分析母乳中微生物的种属及其亚种，Martín 等[9]用 PCR-DGGE 分析了母乳中细菌多样性，从 4 个人乳样品中共检出 20 多种细菌，如人葡萄球菌、表皮葡萄球菌、唾液链球菌、轻型链球菌、乳酸乳球菌、植物乳酸杆菌、不动杆菌属等；而采用 qRT-PCR 却只能分析出复杂样品内某一群微生物及数量，如 Martín 等[25]用该方法分析了母乳中总细菌和双歧杆菌的数量，比较了母乳和婴儿粪便细菌组成的差异，Collado 等[12]分析母乳中细菌菌落多样性。由于 454 焦磷酸测序具有高通量、快速、准确和灵敏度高等特点，已被应用于多种微生物种类的分析，如 Hunt 等[10]用该方法首次证明母乳中存在沙雷菌属、罗尔斯通菌属和鞘氨醇单胞菌属。

四、实时定量聚合酶链式反应

由于实时定量聚合酶链式反应（qRT-PCR）需要依赖标准曲线来定量，而且会造成较低丰度 DNA 的定量不精准，Qian 等[36]比较了用数字微滴式（droplet digital）PCR 和 qRT-PCR 检测中国人乳中乳酸菌和双歧杆菌，发现不需要校准曲线的数字微滴式 PCR 的检出限比另一种方法提升了十多倍，而且两种技术检测结果有较好的相关性和一致性。

基因组学、环境基因组、转录组学、蛋白质组学、代谢组学等组学方法用于人乳和乳腺中微生物的研究也在进行中，这些研究结果将有助于更好地了解人乳中存在的微生物种类和多样性。这些不基于培养的高通量分子手段的应用，使得人们得以探究之前并不广为人知的人乳微生物组学。近年来越来越多的研究弃用了传统的培养基方法而采用分子生物学手段，如 16S rRNA 基因测序检测人乳微生物群。随着组学研究的不断深入，未来将会有更多的组学技术被用来研究人乳微生物[15]。

第四节　展　　望

在母乳喂养儿的早期免疫功能的启动和肠道成熟方面，母乳中细菌和组成多样性发挥了重要作用。目前的研究尚存在局限性。人乳微生物研究多数是横断面观察性研究，且基于 16S rRNA 扩增测序，这种方法在测量较低生物量的样品（如乳样）时，易受到试剂污染，且不能鉴别细菌是否存活。建议未来重点研究人乳微生物菌群组成以及与喂养儿健康状况的关系[44]。

① 人乳中细菌的存活率、多样性、活性与功能的鉴定；应用适宜的实验设计和动物模型评估人乳微生物的起源，特别是要区分分泌的母乳以及分泌后已经被婴儿摄入的母乳间微生物组成的差异。

② 不同泌乳期乳汁中细菌菌群丰度和多样性的变化及其影响因素，尤其需要研究哪些可能是决定因素。

③ 母乳中存在的其他微生物成分（如比细菌更可能垂直传播的病毒）以及可能有重要健康意义的真菌及其毒素的含量，以及对喂养儿健康状况的影响。

④ 人乳微生物组成与母亲和婴儿免疫系统交互影响的评价，以及如何影响喂养儿的健康状况。

⑤ 通过系统的实验方法和恰当的试验模型（体内与体外）研究人乳微生物的功能作用。

最后，还需要研究特殊医学状况下的母乳微生物组学及捐赠母乳对早产儿/低出生体重儿肠道菌群和免疫功能的影响。早产儿暴露在一个较大风险的环境中，即生命早期易受严重感染，可能有短期或长期的不良后果，母乳对于他们的健康发挥重要的积极影响。

对于那些无法接受到自己母亲的乳汁或量不能满足需要时，选择捐赠母乳可能也是理想的喂养方式。然而，捐赠母乳对早产儿肠道菌群的影响所知甚少，需要研究母乳中微生物对早产儿的临床喂养是否会产生积极影响。母乳库中的捐赠母乳经过巴氏杀菌处理后存在的灭活益生菌可能具有潜在生理功能；还需要研究和评价人乳微生物组成的健康标准。通过这些深入研究，揭示在生命最初 1000 天母亲/母乳-微生物-婴儿之间的相互作用、人乳微生物群的功能以及对母婴健康状况的近期影响与远期效应。

（王雯丹，董彩霞，荫士安）

参考文献

[1] Stewart CJ，Ajami NJ，O'Brien JL，et al. Temporal development of the gut microbiome in early childhood from the TEDDY study. Nature，2018，562（7728）：583-588.

[2] Martin R，Langa S，Reviriego C，et al. Human milk is a source of lactic acid bacteria for the infant gut. J Pediatr，2003，143（6）：754-758.

[3] Heikkila MP，Saris PE. Inhibition of *Staphylococcus aureus* by the commensal bacteria of human milk. J Appl Microbiol，2003，95（3）：471-478.

[4] Beasley SS，Saris PE. Nisin-producing *Lactococcus lactis* strains isolated from human milk. Appl Environ Microbiol，2004，70（8）：5051-5053.

[5] Jiménez E，Delgado S，Fernandez L，et al. Assessment of the bacterial diversity of human colostrum and screening of staphylococcal and enterococcal populations for potential virulence factors. Res Microbiol，2008，159（9-10）：595-601.

[6] Jiménez E，Delgado S，Maldonado A，et al. Staphylococcus epidermidis：a differential trait of the fecal microbiota of breast-fed infants. BMC Microbiol，2008，8：143.

[7] Martín R，Olivares M，Marin ML，et al. Probiotic potential of 3 lactobacilli strains isolated from breast milk. J Hum Lact，2005，21（1）：8-17.

[8] Martín R，Jiménez E，Olivares M，et al. *Lactobacillus salivarius* CECT 5713，a potential probiotic strain isolated from infant feces and breast milk of a mother-child pair. Int J Food Microbiol，2006，112（1）：35-43.

[9] Martín R，Jiménez E，Heilig H，et al. Isolation of bifidobacteria from breast milk and assessment of the bifidobacterial population by PCR-denaturing gradient gel electrophoresis and quantitative real-time PCR. Appl Environ Microbiol，2009，75（4）：965-969.

[10] Hunt KM，Foster JA，Forney LJ，et al. Characterization of the diversity and temporal stability of bacterial communities in human milk. PLoS One，2011，6（6）：e21313.

[11] Martín R，Heilig GH，Zoetendal EG，et al. Diversity of the *Lactobacillus* group in breast milk and vagina of healthy women and potential role in the colonization of the infant gut. J Appl Microbiol，2007，103（6）：2638-2644.

[12] Collado MC，Delgado S，Maldonado A，et al. Assessment of the bacterial diversity of breast milk of healthy women by quantitative real-time PCR. Lett Appl Microbiol，2009，48（5）：523-528.

[13] Fitzstevens JL，Smith KC，Hagadorn JI，et al. Systematic review of the human milk microbiota. Nutr Clin

Pract，2017，32（3）：354-364.

[14] Biagi E，Quercia S，Aceti A，et al. The Bacterial ecosystem of mother's milk and infant's mouth and gut. Front Microbiol，2017，8：1214.

[15] Fernandez L，Langa S，Martin V，et al. The human milk microbiota：origin and potential roles in health and disease. Pharmacol Res，2013，69（1）：1-10.

[16] Bergmann H，Rodriguez JM，Salminen S，et al. Probiotics in human milk and probiotic supplementation in infant nutrition：a workshop report. Br J Nutr，2014，112（7）：1119-1128.

[17] Sakwinska O，Bosco N. Host microbe interactions in the lactating mammary gland. Front Microbiol，2019，10：1863.

[18] Togo A，Dufour JC，Lagier JC，et al，Million M. Repertoire of human breast and milk microbiota：a systematic review. Future Microbiol，2019，14：623-641.

[19] LaTuga MS，Stuebe A，Seed PC. A review of the source and function of microbiota in breast milk. Semin Reprod Med，2014，32（1）：68-73.

[20] Gavin A，Ostovar K. Microbiological characterization of human milk（1）. J Food Prot，1977，40（9）：614-616.

[21] West PA，Hewitt JH，Murphy OM. Influence of methods of collection and storage on the bacteriology of human milk. J Appl Bacteriol，1979，46（2）：269-277.

[22] Langa S，Maldonado-Barragan A，Delgado S，et al. Characterization of *Lactobacillus salivarius* CECT 5713，a strain isolated from human milk：from genotype to phenotype. Appl Microbiol Biotechnol，2012，94（5）：1279-1287.

[23] Sinkiewicz G，Ljunggren L. Occurrence of *Lactobacillus reuteri* in human breast milk. Microb Ecol Health Dis，2008，20（3）：122-126.

[24] Martín V，Manes-Lazaro R，Rodriguez JM，et al. *Streptococcus lactarius* sp. nov.，isolated from breast milk of healthy women. Int J Syst Evol Microbiol，2011，61（Pt 5）：1048-52.

[25] Martín V，Maldonado-Barragan A，Moles L，et al. Sharing of bacterial strains between breast milk and infant feces. J Hum Lact，2012，28（1）：36-44.

[26] Albesharat R，Ehrmann MA，Korakli M，et al. Phenotypic and genotypic analyses of lactic acid bacteria in local fermented food，breast milk and faeces of mothers and their babies. Syst Appl Microbiol，2011，34（2）：148-155.

[27] Makino H，Kushiro A，Ishikawa E，et al. Transmission of intestinal *Bifidobacterium longum* subsp. *longum* strains from mother to infant，determined by multilocus sequencing typing and amplified fragment length polymorphism. Appl Environ Microbiol，2011，77（19）：6788-6793.

[28] Martín R，Heilig HG，Zoetendal EG，et al. Cultivation-independent assessment of the bacterial diversity of breast milk among healthy women. Res Microbiol，2007，158（1）：31-37.

[29] Gueimonde M，Laitinen K，Salminen S，et al. Breast milk：a source of bifidobacteria for infant gut development and maturation？ Neonatology，2007，92（1）：64-66.

[30] Solis G，de Los Reyes-Gavilan CG，Fernandez N，et al. Establishment and development of lactic acid bacteria and bifidobacteria microbiota in breast-milk and the infant gut. Anaerobe，2010，16（3）：307-310.

[31] Cabrera-Rubio R，Collado MC，Laitinen K，et al. The human milk microbiome changes over lactation and is shaped by maternal weight and mode of delivery. Am J Clin Nutr，2012，96（3）：544-551.

[32] Khodayar-Pardo P，Mira-Pascual L，Collado MC，et al. Impact of lactation stage，gestational age and

mode of delivery on breast milk microbiota. J Perinatol, 2014, 34（8）：599-605.

[33] Atsaros L, Genaris N, Tsakali E, et al. Determination of the probiotic bacterial diversity of breast milk of healthy women by quantitative real-time PCR. International Conference 'Science in Technology' SCinTE, 2015.

[34] Hoashi M, Meche L, Mahal LK, et al. Human milk bacterial and glycosylation patterns differ by delivery mode. Reprod Sci, 2016, 23（7）：902-907.

[35] Cabrera-Rubio R, Mira-Pascual L, Mira A, et al. Impact of mode of delivery on the milk microbiota composition of healthy women. J Dev Orig Health Dis, 2016, 7（1）：54-60.

[36] Qian L, Song H, Cai W. Determination of *Bifidobacterium* and *Lactobacillus* in breast milk of healthy women by digital PCR. Benef Microbes, 2016, 7（4）：559-569.

[37] Biagi E, Aceti A, Quercia S, et al. Microbial community dynamics in mother's milk and infant's mouth and gut in moderately preterm infants. Front Microbiol, 2018, 9：2512.

[38] Ramani S, Stewart CJ, Laucirica DR, et al. Human milk oligosaccharides, milk microbiome and infant gut microbiome modulate neonatal rotavirus infection. Nat Commun, 2018, 9（1）：5010.

[39] Moossavi S, Sepehri S, Robertson B, et al. Composition and Variation of the Human Milk Microbiota Are Influenced by Maternal and Early-Life Factors. Cell Host Microbe, 2019, 25（2）：324-335 e4.

[40] Ojo-Okunola A, Claassen-Weitz S, Mwaikono KS, et al. Influence of socio-economic and psychosocial profiles on the human breast milk bacteriome of south african women. Nutrients, 2019, 11（6）. Epub 2019/06/23.

[41] Padilha M, Danneskiold-Samsoe NB, Brejnrod A, et al. The Human milk microbiota is modulated by maternal diet. Microorganisms, 2019, 7（11）. Epub 2019/11/02.

[42] Muletz-Wolz CR, Kurata NP, Himschoot EA, et al. Diversity and temporal dynamics of primate milk microbiomes. Am J Primatol, 2019, 81（10-11）：e22994.

[43] Jamyuang C, Phoonlapdacha P, Chongviriyaphan N, et al. Characterization and probiotic properties of Lactobacilli from human breast milk. 3 Biotech, 2019, 9（11）：398.

[44] Moossavi S, Azad MB. Origins of human milk microbiota: new evidence and arising questions. Gut Microbes, 2019：1-10.

[45] Aakko J, Kumar H, Rautava S, et al. Human milk oligosaccharide categories define the microbiota composition in human colostrum. Benef Microbes, 2017, 8（4）：563-567.

[46] Weizman Z. Comment on 'Determination of *Bifidobacterium* and *Lactobacillus* in breast milk of healthy women by digital PCR'. Benef Microbes, 2016, 7（5）：621.

[47] Gomez-Gallego C, Kumar H, Garcia-Mantrana I, et al. Breast milk polyamines and microbiota interactions: impact of mode of delivery and geographical location. Ann Nutr Metab, 2017, 70（3）：184-190.

第三十九章

抗菌和杀菌成分

人们很早就认识到母乳和母乳喂养对婴儿的生存、生长发育至关重要；母乳喂养的婴儿发生感染性疾病和非特异性胃肠炎、特应性皮炎的概率以及哮喘的发生率显著低于婴儿配方食品（奶粉）喂养的婴儿[1~3]。越来越多的证据支持母乳这种有益作用归因于天然存在的一系列有抗菌活力和杀菌能力的保护因子[4]（表39-1），包括具有生物活性的蛋白质类、多种抗体、抗菌肽类、激素与类激素成分、酶类与补体成分、细胞成分与细胞因子、糖蛋白和母乳低聚糖等[5,6]。

⊡ 表 39-1　母乳中抗菌成分

分类	成分	功能
蛋白质	酪蛋白	酪蛋白自身具有抗菌活性，对革兰阳性和革兰阴性细菌有明显抑菌作用
	乳铁蛋白	乳铁蛋白本身及其体内降解产物具有广谱抗菌和调节免疫系统功能的作用
	过氧化物酶	可抑制革兰阳性和阴性菌的生长和保护乳腺的功用
	溶菌酶	具有抗菌、抗病毒和消炎作用，与抗生素复合应用能增强抗生素疗效，加强抗感染作用
	免疫球蛋白	母乳中一种天然抗菌成分，分布在母乳喂养儿的黏膜表面，抑制细菌的生长繁殖
抗菌肽	防御素	广谱抗菌，抑菌谱包括革兰阳性及阴性细菌，也抗真菌、包膜病毒等
	LL-37	广谱抑菌，包括大肠杆菌、单增李斯特菌、金黄色葡萄球菌以及对万古霉素耐受的肠球菌
	抗菌肽 f184-211	β-酪蛋白水解后生成的多肽，具有广泛抗菌谱
	β-酪蛋白 197	β-酪蛋白的内源性抗菌肽，对大肠杆菌、金黄色葡萄球菌和小肠结肠炎耶尔森菌具有抗菌活性
	乳铁蛋白降解产物	衍生自乳铁蛋白 N-末端的一种多肽，具有抗革兰阳性和阴性致病菌的活性
细胞成分	免疫活性细胞	对母乳喂养儿免疫系统启动与成熟、抵抗致病菌引起的感染等发挥重要作用
其他	补体成分	与母乳中存在的营养成分、杀菌细胞等协同作用，参与免疫调节、抵抗致病微生物的生长与定植，发挥抗菌、抑菌、杀菌作用

第一节　蛋　白　质

由于过去受检测仪器与方法学制约，人们更多地关注母乳中总蛋白质含量，随着人乳成分分析技术和方法学的进步，已发现人乳中存在很多低分子量低丰度的蛋白质，如免疫球蛋白[尤其是分泌型免疫球蛋白 A（sIgA）]、乳铁蛋白、骨桥蛋白、乳过氧化物酶、溶菌酶以及很多细胞因子等具有抗菌作用，可保护母乳喂养儿抵御呼吸道和肠道感染性疾病[4,7]。

一、酪蛋白

酪蛋白是成熟乳中丰度最高的蛋白质，包括β-酪蛋白和κ-酪蛋白以及少量的αS₁-酪蛋白等（详情见本书第七章蛋白质）。酪蛋白自身具有抗菌活性[7]，动物模型试验结果显示，给感染了革兰阳性和革兰阴性细菌的小鼠皮下注射酪蛋白，出现明显抑菌及抗感染的活性，显著提高感染小鼠存活率；用大肠杆菌（E. coli）感染小鼠 72h 后，酪蛋白处理组存活率为100%，而对照组为 0；用化脓链球菌（S. pyogenes）感染 72h 后，酪蛋白处理组存活率为80%，而对照组为 20%[8]。酪蛋白抗菌作用机制可能是通过急性时相反应方式诱导了小鼠体内局部区域炎症反应，刺激机体产生系统性免疫反应以对抗细菌感染[7,8]。

二、乳铁蛋白

乳铁蛋白是乳汁中一种重要的非血红素铁结合糖蛋白，主要由乳腺上皮细胞表达和分泌。乳铁蛋白不仅参与铁转运，还具有广谱抗菌、抗氧化、抗癌、调节免疫系统等功能（详情参见本书第十四章乳铁蛋白）。在乳铁蛋白的诸多生理功能中，其抗菌活性一直备受关注[5]。乳铁蛋白是宿主天然免疫系统的重要活性成分，在对抗病原体感染中发挥重要作用[9]。例如，乳铁蛋白能抑制很多革兰阳性及革兰阴性病原菌的生长，抑菌谱包括大肠杆菌、流感嗜血杆菌、鼠伤寒沙门菌、志贺菌、单增李斯特菌、病原性链球菌、葡萄球菌以及枯草芽孢杆菌等大多数致病菌[10,11]，而且对白色念珠菌等致病性真菌也有抑制作用[9,10]。然而，乳铁蛋白对乳杆菌和双歧杆菌则不具有抑制作用，而且还能促进这些菌的生长[12]。例如，服用含有重组乳铁蛋白和溶菌酶的口服液可使新生儿急性腹泻持续的时间、腹泻的量以及复发性都有所缓解[13]。

乳铁蛋白的抗菌机制尚不十分清楚，目前比较认可的理论认为乳铁蛋白可能是通过竞争 Fe^{3+} 和其他金属离子而达到对细菌生长的抑制作用[5,6]，因为铁离子对许多微生物的生长是必需的；铁离子不饱和乳铁蛋白可以抑制阪崎肠杆菌的生长，而铁离子饱和的乳铁蛋白却没有这种功能，说明吸附铁离子的特性是乳铁蛋白抑制微生物生长的关键[11]。也有的研究结果提示，乳铁蛋白与微生物的脂多糖膜结合，导致细菌细胞膜破坏，阻碍病原菌的生长[14]；还有研究提示，乳铁蛋白除自身具有抗菌活性外，其一级结构的氨基酸序列中还蕴藏了大量具有抗菌活性的抗菌肽，当乳铁蛋白水解后，这些抗菌肽即被释放出来发挥其抗菌活性。

三、乳过氧化物酶

乳过氧化物酶（lactoperoxidase，LP）是存在于乳汁中的一种血红素蛋白，在哺乳动物的乳腺、唾液腺、泪腺及其分泌物中均可检出，初乳含量尤为丰富。LP 与过氧化氢以及硫氰酸根形成的"乳过氧化物酶体系（LPS）"具有抑菌活性。例如，新鲜母乳没有冷藏条件下，可抑制革兰阳性菌和阴性菌的生长，具有"冷杀菌"的作用[15]。乳中的 LPS 不仅具有抗菌作用，还可预防过氧化氢等过氧化物的积累，避免过氧化物引起的细胞损伤，具有保护乳腺的功用[14,16]。不同来源乳中的 LP 活性不同，豚鼠 LP 的活性最高，达到 22U/ml，人乳 LP 活性（0.67～0.97U/ml）显著低于牛乳（2.3U/ml），据估计 LP 酶活力达到 0.02U/ml 以上才可能发挥抑菌活性[15]。

四、溶菌酶

母乳中除上述乳铁蛋白和 LP 外，乳清中还含有其他具有抗菌活力的蛋白质，其中溶菌酶是早期研究比较多的一种。溶菌酶具有抗菌、抗病毒和消炎作用[14]。它还是人体内的非特异性免疫因子，可提高机体的免疫力，与其他阳离子抗菌肽类天然防御因子有很好的协同作用[17]。详情参见本书第三十一章溶菌酶。

五、免疫球蛋白

母乳中存在的免疫球蛋白作为重要的乳源性免疫因子，也是一种天然抗菌成分。乳中的免疫球蛋白主要包括 IgA（以分泌型 IgA 为主）、IgM 和 IgG。分泌型 IgA 可以分布在母乳喂养儿的黏膜（如消化道、呼吸道和泌尿道）表面，通过其表面的抗原识别区域与细菌或病毒表面的抗原决定簇相结合并发生凝集，抑制细菌的生长繁殖，达到抑菌效果，使婴儿增强抵御病原菌感染的能力，降低发生胃肠道、呼吸道、泌尿道感染的风险。免疫球蛋白详情参见本书第十五章免疫球蛋白。

第二节 抗 菌 肽

母乳中除了具有前面所述的抗菌作用蛋白质外，还含有丰富的、具有抗菌作用的多肽类成分（抗菌肽）。这些肽类可由乳腺细胞直接表达并分泌或由母乳中蛋白质（如β-酪蛋白、乳铁蛋白）在婴儿肠道经酶解释放，它们在母体预防乳腺炎以及新生儿抗感染中发挥重要作用。早期人们认为这些肽类物质在天然免疫中的唯一作用是杀灭入侵的微生物。最新证据显示，母乳中这些肽类成分在喂养儿机体免疫反应中发挥多样复杂的生物学功能[4,8]。

一、已识别的人乳中抗菌肽

目前在人乳中已发现两种类型抗菌肽：防御素（defensins）和组织蛋白酶抑制素（cathelicidins，一种杀菌多肽）[18]。随着研究的不断深入，具有抗菌作用的多肽类成分将会不断被识别，可以预期将会有越来越多的宿主抗菌肽的功能被揭示（参见本书第十三章乳肽部分）。目前在人乳中研究比较清楚的抗菌肽及其生物学功能介绍如下。

1. 防御素

已知母乳中具有抗菌功能的防御素包括：①β-防御素 1（hBD1），母乳含量 0～23g/L；②β-防御素 2（hBD2），母乳含量 8.5～56g/L；③α-防御素 5（hBD5），母乳含量 0～11.8g/L；④α-防御素 6（hBD6）[19~23]。

2. 人组织蛋白酶抑制素（LL-37）

人组织蛋白酶抑制素（LL-37）是人乳中天然存在的抗菌肽，母乳中含量为 0～160.6g/L，被认为在保护宿主防御微生物入侵中发挥重要作用，具有抗菌和抗肿瘤的功能[18,24~27]。

3. 人嗜中性粒细胞衍生的α肽

人嗜中性粒细胞衍生的α肽 ［human neutrophil-derived-α-peptide（hNP1-3）］具有抗菌功能[19,28]，母乳中含量为 5～43.5g/L。

4. 其他来源

β-酪蛋白水解后生成的抗菌肽 f184-211，具有广泛抗菌谱[29]；同样来自β-酪蛋白的内源性抗菌肽（β-casein 197）对大肠杆菌、金黄色葡萄球菌和小肠结肠炎耶尔森菌具有抗菌活性[30]。乳铁蛋白消化后产生的降解产物，即衍生自乳铁蛋白 N-末端的一种多肽具有抗革兰阳性和阴性致病菌的活性[31]。

二、防御素

防御素是一类乳中天然存在的含有 29～45 个氨基酸的多肽，具有广谱抗菌活力，其抑菌谱包括革兰阳性及阴性细菌、分枝杆菌、真菌，同时也抗包膜病毒等[32]。

1. 抗菌机制

防御素类多肽的抑菌、杀菌机制目前还不十分清楚，比较认可的假说是，防御素通过破坏细菌细胞膜或易位到细菌内部影响其作用靶点；细菌表面的一些分子可以作为抗菌肽结合的靶点，诱导直接抑菌、杀菌作用[33]。也有学者认为这些抗菌肽的电荷特性以及其两性特性（同时具有亲水和疏水基团），使得其能通过与细胞膜上脂质双分子层直接相互作用而导致细菌的细胞膜通透性增加，最终破坏膜结构杀死细菌[34]。

关于 hBD1 的作用机制研究相对较多，包括：①影响细菌的黏膜定植以及直接发挥杀死潜在致病菌或抑菌的作用；②hBD1 能够通过对新生儿免疫系统的调节实现间接杀菌；③人乳中的 hBD1 可以诱导树突状细胞及免疫 T 细胞至黏膜表面，促进新生儿呼吸道及消化道中的适应性免疫反应[21]；④hBD1 可与母乳中存在的其他抗菌蛋白质或抗菌成分协同发挥作用。

2. 含量

人乳防御素是富含精氨酸的多肽，约含有 35 个氨基酸，其中包括 6 个半胱氨酸残基的特定空间模式，形成二硫键阵列（1—5、2—4、3—6）。人乳中已鉴定出的防御素类抗菌肽包括不同结构特征的两类肽类成分：α-防御肽和β-防御肽，前者主要在小肠中的吞噬细胞和潘纳斯细胞（Paneth cells）中发现，后者主要在表皮细胞及组织中表达[4]。人乳及乳腺中存在大量（mg/L 水平）防御素类多肽成分[4,19]。在哺乳期，hBD1 的合成及分泌显著增加，这可能与母乳喂养对婴儿的保护作用有关，hBD1 在不同个体来源的人乳中的浓度范围为 0～23mg/L[21,35]。

例如，Wang 等[36]研究了我国汉族人母乳中防御素的种类和含量，共检测了 100 份初乳和 82 份成熟乳样本中 hBD1 和 hBD2 的含量。初乳中 hBD1 和 hBD2 的含量分别为 1.04～12.81mg/L 和 0.31～19.12μg/L，成熟乳中分别为 1.03～31.76μg/L 和 52.65～182.29ng/L，未检出α-防御素。Trend 等[37]收集早产儿母亲第 7 天和第 21 天的母乳，检测 LF、LL-37、hBD1、hBD2 与α-防御素 5（hBD5）的浓度。在第 7 天和第 21 天，含量中位数分别为 hBD1 94μg/L 和 39μg/L、hBD2 10μgL/和 3.4μg/L、hBD5 135ng/L 和 110ng/L。

上述结果表明，母乳中防御素的种类主要是 hBD，其中 hBD1 含量高于 hBD2，并且初乳中防御素含量高于成熟乳，因此初乳在抵抗细菌和真菌的感染中发挥重要作用，其中抗菌肽可能通过直接抑菌、杀菌和天然免疫调节预防和控制细菌感染。

3. 不同亚型防御素的作用

hBD1 和 hBD2 是母乳中防御素的主要存在形式，其他形式还有 hNP1-3、hBD5 和 hBD6，都具有不同程度的抗菌或抑菌作用。

（1）hBD1　hBD1 的含量范围为 0～23g/L。体外试验研究显示，hBD1 对革兰阴性菌有潜在杀菌作用。母乳中的 hBD1 能够以多种方式预防喂养儿消化道及呼吸道的感染。除了对新生儿的益处，hBD1 对母体也有显著保护作用，能够降低乳母患乳腺感染的风险[4]。

（2）hBD2　　最早 hBD2 是以信使 RNA 的形式在乳腺组织中被检出，人乳中 hBD2 浓度范围为 8.5～56g/L[19,20,38]。hBD2 对革兰阴性细菌以及念珠菌具有抑菌活力，当机体发生感染及炎症时，其表达量明显增加[20]。

（3）hNP1-3　　hNP1-3 是一类α-防御素，在母乳中浓度范围为 5～43.5g/L，对大肠杆菌和粪链球菌以及白色念珠菌具有高效抑菌活力[28,39]。

（4）hBD5 和 hBD6　　hBD5 和 hBD6 也属于α-防御素类，人乳中浓度范围为 0～11.8g/L[19]。hBD5 对革兰阳性及阴性菌都表现出广泛的抑菌活力[23]。尽管母乳中 hBD5 和 hBD6 的浓度明显低于 hNP1-3 和 hBD2，但是其在预防新生儿肠道感染中发挥关键作用。hBD5 和 hBD6 含量的不足增加了喂养儿发生坏死性肠炎的风险。

4. 作用剂量

Starner 等[40]报道 hBD1 对大肠杆菌的最低有效浓度为 2.9mg/L；使大肠杆菌、铜绿假单胞菌和白色念珠菌的菌落形成单位数减少 90%，需要 hBD2 浓度分别为 10mg/L、10mg/L 和 25mg/L；使金黄色葡萄球菌菌落形成单位小于 10^2CFU/ml，需要 hBD2 浓度为 100mg/L。Singh 等[41]的研究结果显示，hBD1 使铜绿假单胞菌菌落形成单位数减少 50% 的浓度为 1mg/L。而 hBD2 则对革兰阴性菌和真菌具有潜在杀菌作用，高浓度时也显示对革兰阳性菌具有抑菌作用。hNP1-3 对大肠杆菌和粪链球菌（LD$_{50}$=2.2g/L）以及白色念珠菌（LD$_{50}$≥10g/L）均具有高效抑菌活力[28,39]。

三、组织蛋白酶抑制素

在几乎所有种类脊椎动物体内均发现含有组织蛋白酶抑制素（cathelicidins），它们在动物先天免疫系统中发挥重要作用。组织蛋白酶抑制素是由人体（或其他哺乳动物）上皮细胞所产生的一种多功能阳离子抗菌肽，其 N-端区域包括约 100 个氨基酸残基，即 cathelin 域，C-端为抗菌域，由蛋白酶酶解后释放。迄今人乳中发现的组织蛋白酶抑制素类的防御肽主要是 LL-37，它是由不具活性的 hCAP18 蛋白的 C-端经水解产生[42]，因其含有 37 个氨基酸残基和 N-端前 2 个氨基酸残基为亮氨酸而得名。经水解加工后的 N-端 cathelin 蛋白具有抗菌活力和蛋白酶抑制活力[43]，而 C-端结构域是组织蛋白酶抑制素的主要功能结构域，其长度在不同的组织蛋白酶抑制素成员中差异很大（12～80 个氨基酸）。

1. 作用机制

组织蛋白酶抑制素通过其特殊杀菌机理，具有广谱抗菌活性[44]，可保护皮肤及其他器官组织免受致病菌侵害，且不易产生耐药性。已知组织蛋白酶抑制素不仅对普通革兰阳性菌、革兰阴性菌、真菌以及病毒具有非常强的抗菌特性，而且对许多临床分离耐药菌株同样有效。Dommett 等[45]的研究表明，组织蛋白酶抑制素的 C-端结构域的长度及序列与其抗菌特性有关，该区域的高度变异性是其产生杀菌特性多样化的必要条件。

目前 LL-37 的抗菌作用机制认为主要是 LL-37 阳离子基团以静电作用和细菌上的阴离子磷脂团相互作用，其疏水端随即插入细胞膜形成的孔洞，破坏了细菌细胞膜的完整性，导致细胞膜渗透性改变和细菌死亡，其对革兰阳性菌、阴性菌和真菌产生广谱抗菌活性。Murakami 等[24]的研究结果显示，LL-37 在人乳介质中对细菌具有直接杀菌活力；对 LL-37 活性的进一步研究结果显示，其抑菌活力与人乳介质中的其他抗菌成分（如乳铁蛋白、溶菌酶及免疫球蛋白 A 等）存在协同增效作用[46,47]。

2. 抑菌/杀菌范围

组织蛋白酶抑制素具有广谱抗菌活性。体外实验结果表明，LL-37（正常母乳中浓度范围）具有广谱抑菌活力，包括对大肠杆菌、单增李斯特菌、金黄色葡萄球菌以及对万古霉素耐受性的肠球菌均显示有显著抑菌效果。

3. 母乳中含量

LL-37 存在于中性粒细胞的特异性颗粒中，由口腔、呼吸道、泌尿道和胃肠道等多种组织上皮细胞分泌；通过检测 mRNA 的表达，得知在母乳中亦存在 LL-37[48]。母乳中存在丰富的 LL-37，浓度可达 32μmol/L[24]，但是分泌的乳汁中检测不到其前体成分 CAP18 蛋白和 N-端 cathelin。

4. 作用剂量

Dorschner 等[49]的研究结果提示，抗菌肽 LL-37 对大肠杆菌、铜绿假单胞菌、肠球菌以及金黄色葡萄球菌的 MIC 为 12.5~31.0mg/L；Overhage 等[50]的试验结果显示，LL-37 可以防止大肠杆菌生物膜的形成和破坏已形成的生物膜；石鹏伟等[51]报道的 LL-37 对鲍曼不动杆菌的 MIC 为 64mg/L，当抗菌肽 LL-37 浓度达到 2.5μg/L 即可破坏鲍曼不动杆菌生物膜的结构。Bowdish 等[52]发现 LL-37 的抗菌活性与 NaCl 浓度有关，在低浓度（≤20mmol/L）NaCl 中，LL-37 的 MIC 在 1~30mg/L，而高浓度下其抑菌活性则显著降低或丧失。这可能与高渗微环境下改变了 LL-37 的构象，某种程度上阻止了微生物内容物的外渗有关。

第三节　杀菌细胞

对于母乳喂养的婴儿，每天经乳汁摄入约 10^8 个乳细胞，其中含有丰富的具有免疫活性的免疫细胞，包括单核细胞、T 细胞、NK 细胞和 B 细胞、中性粒细胞、嗜酸性粒细胞和未成熟粒细胞等，同时还存在母源的淋巴样细胞，初乳中尤为丰富。这些杀菌细胞（bactericidal cells）有相当一部分在婴儿肠道中仍保持其生物学功能或活性，对母乳喂养儿免疫系统启动与成熟和抵抗致病菌引起的感染等发挥重要作用。详情参见本书第三十六章人乳中细胞成分。

第四节　其他成分

母乳中存在补体成分（如 C3 和 C4）、很多细胞因子（如趋化因子）和唾液酸等成分，与母乳中存在的营养成分、杀菌细胞以及前面提到的多种抗菌成分等联合或协同作用，参与机体免疫调节、抵抗致病微生物的生长与定植，发挥抗菌、抑菌、杀菌作用（详情参见本书第三十二章补体成分、第三十三章细胞因子和第三十五章唾液酸）。

第五节　展　　望

近年来，母乳中具有抗菌、抑菌和杀菌的功效成分研究日益引起人们的广泛关注。越来越多的证据提示，过去认为主要发挥营养功能的重要成分（如乳蛋白为喂养儿提供优质蛋白质，满足生长发育需要），对喂养儿还具有非常广泛的生理功能，其中抗菌、抑菌和杀菌活力是乳蛋白及其水解产物众多生理活性中的一种，而且多种乳蛋白及其水解的肽类成分具有广谱抗菌活力，因此需要深入研究母乳中这些具有抗菌活性成分的代谢组学，包括含量与变化范围、HMOs 与这些抗菌成分的相互关系、个体差异、影响因素以及对母乳喂养儿的近期健康状况影响和远期健康效应。

（董彩霞，荫士安）

参考文献

[1] Haversen L，Kondori N，Baltzer L，et al. Structure-microbicidal activity relationship of synthetic fragments derived from the antibacterial alpha-helix of human lactoferrin. Antimicrob Agents Chemother，2010，54（1）：418-425.

[2] Chonmaitree T，Trujillo R，Jennings K，et al. Acute otitis media and other complications of viral respiratory infection. Pediatr，2016，137（4）. doi：10.1542/peds.2015-3555.

[3] Victora CG，Rollins NC，Murch S，et al. Breastfeeding in the 21st century – Authors' reply. Lancet，2016，387（10033）：2089-2090.

[4] Lopez-Exposito I，Recio I. Protective effect of milk peptides：antibacterial and antitumor properties. Adv Exp Med Biol，2008，606：271-293.

[5] Farnaud S，Evans RW. Lactoferrin--a multifunctional protein with antimicrobial properties. Mol Immunol，2003，40（7）：395-405.

[6] Orsi N. The antimicrobial activity of lactoferrin：current status and perspectives. Biometals，2004，17（3）：189-196.

[7] Darewicz M，Dziuba B，Minkiewicz P，et al. The preventive potential of milk and colostrum proteins and protein fragments. Food Reviews International，2011，27（4）：357-388.

[8] Noursadeghi M，Bickerstaff MC，Herbert J，et al. Production of granulocyte colony-stimulating factor in the nonspecific acute phase response enhances host resistance to bacterial infection. J Immunol，2002，169（2）：913-919.

[9] Fernandes KE，Carter DA. The Antifungal Activity of Lactoferrin and Its Derived Peptides：Mechanisms of Action and Synergy with Drugs against Fungal Pathogens. Front Microbiol，2017，8：2.

[10] Valenti P，Antonini G. Lactoferrin：an important host defence against microbial and viral attack. Cell Mol Life Sci，2005，62（22）：2576-2587.

[11] Wakabayashi H，Yamauchi K，Takase M. Inhibitory effects of bovine lactoferrin and lactoferricin B on Enterobacter sakazakii. Biocontrol Sci，2008，13（1）：29-32.

[12] Sherman MP，Bennett SH，Hwang FF，et al. Neonatal small bowel epithelia：enhancing anti-bacterial defense with lactoferrin and Lactobacillus GG. Biometals，2004，17（3）：285-289.

[13] Nongonierma AB，FitzGerald RJ. Bioactive properties of milk proteins in humans：A review. Peptides，2015，73：20-34.

[14] Artym J，Zimecki M. Milk-derived proteins and peptides in clinical trials. Postepy Hig Med Dosw（Online），2013，67：800-816.

[15] Kussendrager KD，van Hooijdonk AC. Lactoperoxidase：physico-chemical properties，occurrence，mechanism of action and applications. Br J Nutr，2000，84 Suppl 1：S19-25.

[16] 卢蓉蓉，许时婴，王璋，等. 乳过氧化物酶的分离纯化和酶学性质研究. 食品科学，2006，27（2）：100-104.

[17] Tomita H，Sato S，Matsuda R，et al. Serum lysozyme levels and clinical features of sarcoidosis. Lung，1999，177（3）：161-167.

[18] Yoshio H，Lagercrantz H，Gudmundsson GH，et al. First line of defense in early human life. Semin Perinatol，2004，28（4）：304-311.

[19] Armogida SA，Yannaras NM，Melton AL，et al. Identification and quantification of innate immune system mediators in human breast milk. Allergy Asthma Proc，2004，25（5）：297-304.

[20] Lehrer RI，Ganz T. Defensins of vertebrate animals. Curr Opin Immunol，2002，14（1）：96-102.

[21] Jia HP，Starner T，Ackermann M，et al. Abundant human beta-defensin-1 expression in milk and mammary gland epithelium. J Pediatr，2001，138（1）：109-112.

[22] Yang D，Chertov O，Bykovskaia SN，et al. Beta-defensins：linking innate and adaptive immunity through dendritic and T cell CCR6. Science，1999，286（5439）：525-528.

[23] Porter EM，van Dam E，Valore EV，et al. Broad-spectrum antimicrobial activity of human intestinal defensin 5. Infect Immun，1997，65（6）：2396-2401.

[24] Murakami M，Dorschner RA，Stern LJ，et al. Expression and secretion of cathelicidin antimicrobial peptides

in murine mammary glands and human milk. Pediatr Res, 2005, 57（1）: 10-15.

[25] Okumura K, Itoh A, Isogai E, et al. C-terminal domain of human CAP18 antimicrobial peptide induces apoptosis in oral squamous cell carcinoma SAS-H1 cells. Cancer Lett, 2004, 212（2）: 185-194.

[26] Bals R, Weiner DJ, Moscioni AD, et al. Augmentation of innate host defense by expression of a cathelicidin antimicrobial peptide. Infect Immun, 1999, 67（11）: 6084-6089.

[27] Zanetti M. Cathelicidins, multifunctional peptides of the innate immunity. J Leukoc Biol, 2004, 75（1）: 39-48.

[28] Ganz T, Weiss J. Antimicrobial peptides of phagocytes and epithelia. Semin Hematol, 1997, 34（4）: 343-354.

[29] Nagatomo T, Ohga S, Takada H, et al. Microarray analysis of human milk cells: persistent high expression of osteopontin during the lactation period. Clin Exp Immunol, 2004, 138（1）: 47-53.

[30] Bruun S, Jacobsen LN, Ze X, et al. Osteopontin levels in human milk vary across countries and within lactation period: data from a multicenter study. J Pediatr Gastroenterol Nutr, 2018, 67（2）: 250-256.

[31] Newburg DS, Walker WA. Protection of the neonate by the innate immune system of developing gut and of human milk. Pediatr Res, 2007, 61（1）: 2-8.

[32] Lehrer RI, Lichtenstein AK, Ganz T. Defensins: antimicrobial and cytotoxic peptides of mammalian cells. Annu Rev Immunol, 1993, 11: 105-128.

[33] Wilmes M, Sahl HG. Defensin-based anti-infective strategies. Int J Med Microbiol, 2014, 304（1）: 93-99.

[34] Chen H, Xu Z, Peng L, et al. Recent advances in the research and development of human defensins. Peptides, 2006, 27（4）: 931-940.

[35] Tunzi CR, Harper PA, Bar-Oz B, et al. Beta-defensin expression in human mammary gland epithelia. Pediatr Res, 2000, 48（1）: 30-35.

[36] Wang XF, Cao RM, Li J, et al. Identification of sociodemographic and clinical factors associated with the levels of human beta-defensin-1 and human beta-defensin-2 in the human milk of Han Chinese. Br J Nutr, 2014, 111（5）: 867-874.

[37] Trend S, Strunk T, Hibbert J, et al. Antimicrobial protein and Peptide concentrations and activity in human breast milk consumed by preterm infants at risk of late-onset neonatal sepsis. PLoS One, 2015, 10（2）: e0117038.

[38] Bals R, Wang X, Wu Z, et al. Human beta-defensin 2 is a salt-sensitive peptide antibiotic expressed in human lung. J Clin Invest, 1998, 102（5）: 874-880.

[39] Harder J, Bartels J, Christophers E, et al. A peptide antibiotic from human skin. Nature, 1997, 387（6636）: 861.

[40] Starner TD, Agerberth B, Gudmundsson GH, et al. Expression and activity of beta-defensins and LL-37 in the developing human lung. J Immunol, 2005, 174（3）: 1608-1615.

[41] Singh PK, Jia HP, Wiles K, et al. Production of beta-defensins by human airway epithelia. Proc Natl Acad Sci USA, 1998, 95（25）: 14961-14966.

[42] Gudmundsson GH, Agerberth B, Odeberg J, et al. The Human Gene FALL39 and Processing of the Cathelin Precursor to the Antibacterial Peptide LL‐37 in Granulocytes. Eur J Biochem, 1996, 238（2）: 325-332.

[43] Zaiou M, Nizet V, Gallo RL. Antimicrobial and protease inhibitory functions of the human cathelicidin （hCAP18/LL-37） prosequence. J Invest Dermatol, 2003, 120（5）: 810-816.

[44] Cowland JB, Johnsen AH, Borregaard N. hCAP-18, a cathelin/pro-bactenecin-like protein of human neutrophil specific granules. FEBS Lett, 1995, 368（1）: 173-176.

[45] Dommett R，Zilbauer M，George JT，et al. Innate immune defence in the human gastrointestinal tract. Mol Immunol，2005，42（8）：903-912.

[46] Newburg DS. Innate immunity and human milk. J Nutr，2005，135（5）：1308-1312.

[47] Isaacs CE. Human milk inactivates pathogens individually，additively，and synergistically. J Nutr，2005，135（5）：1286-1288.

[48] Chromek M，Slamova Z，Bergman P，et al. The antimicrobial peptide cathelicidin protects the urinary tract against invasive bacterial infection. Nat Med，2006，12（6）：636-641.

[49] Dorschner RA，Pestonjamasp VK，Tamakuwala S，et al. Cutaneous injury induces the release of cathelicidin anti-microbial peptides active against group A Streptococcus. J Invest Dermatol，2001，117（1）：91-97.

[50] Overhage J，Campisano A，Bains M，et al. Human host defense peptide LL-37 prevents bacterial biofilm formation. Infect Immun，2008，76（9）：4176-4182.

[51] 石鹏伟，高艳彬，卢志阳，等. 抗菌肽 LL-37 对鲍蔓不动杆菌生物膜的抑制作用. 南方医科大学学报，2014，34（3）：426-429.

[52] Bowdish DM，Davidson DJ，Lau YE，et al. Impact of LL-37 on anti-infective immunity. J Leukoc Biol，2005，77（4）：451-459.

当今人们对母乳的关注是多方面的，主要表现在母乳喂养对喂养儿营养与健康状况的影响，因为婴儿期和生命的早期阶段是儿童一生的成长、成熟和整体健康的基础。因此充分了解生后最初数月的最佳生存环境和膳食是至关重要的。由于环境污染物（environmental pollutants）的存在非常普遍，环境中化学污染物对母乳喂养儿营养与健康状况的近期和远期影响也是研究的热点之一。环境中的污染物可通过母乳传递给下一代，即人乳可以提供乳母和乳母喂养婴儿暴露环境中化学污染物的信息。由此也提出需要对我们生存的环境进行综合治理，消除和降低环境污染物，有助于降低母乳中环境污染物的水平，降低对母乳喂养儿的伤害。

近三十年，随着城市化和工业化进程加速以及生产规模不断扩大、生活垃圾和工业废弃物焚烧过程中释放的二噁英类污染物以及POPs、农药、重金属、霉菌毒素等环境污染物长期在母乳中蓄积，环境污染问题显得也越来越严重，人乳中常见的环境污染物总结见下表。近年来开展的人乳中环境污染物成分的长期监测结果可判定婴儿的暴露程度。人乳作为婴儿最好的营养成分来源，在提供给婴儿生长发育所必需的能量和各种营养素的同时，如果母亲暴露于有害的环境污染物（如食物、饮水、空气、土壤等），接触或服用某些药物（如抗生素），吸烟与被动吸烟，人乳也就成为一些污染物（如POPs、霉菌毒素、有毒重金属、药物等）从母体到婴儿的转移介质，可能会影响婴儿的生长发育和健康状况，对新生儿和婴儿的不良影响表现得尤为突出，例如即使母乳中存在低水平POPs就可能与甲状腺素含量的降低有关。因此需要特别关注人乳中的环境污染物，评估健康风险，降低新生儿和婴儿的暴露风险。

（1）持久性有机污染物（persistent organic pollutants, POPs）　POPs包括持久性有机氯化合物、溴系阻燃剂、全氟烷基化合物、高氯酸盐和人工合成香料等，是我国面临的严重环境污染问题之一。由于人母乳样品采集具有无损伤性的优点，被认为是进行POPs环境污染状况监测的最佳基质。持久性有机氯农药污染物主要品种有滴滴涕（DDT）、六六六（HCHs）等。由于其化学性质稳定、难于分解，能造成对环境的严重污染，并持续相当长时间。与人乳中持久性有机氯农药的含量逐渐降低不同，溴系阻燃剂的含量呈递增趋势，而且也是人乳中经常能够检测到的有机卤化物。溴系阻燃剂是全球产量最大、阻燃效率最高的有机阻燃剂之一，包括多溴联苯醚、六溴环十二烷、四溴双酚 A 等。通常自然界天然形成的高氯酸盐的量很低，造成污染的高氯酸盐主要来自工业生产等人为使用环节。在我国的人乳中可以检出高氯酸盐。其他的 POPs 还有全烷基化合物（如全氟辛烷磺酸和全氟辛酸）和合成香料等。合成香料是新型环境污染物，来自中药的药品与个人护理产品，主要有二甲苯麝香和麝香酮，目前仍在使用，我国又是人工合成麝香的生产和销售大国。

人乳中常见的主要环境污染物

污染物	种类	来源	危害	特点
持久性有机污染物	有机氯化合物、二噁英和多氯联苯、溴系阻燃剂、高氯酸盐、全氟烷基化合物和人工合成香料等	空气、水、生物体等受污染，包括农药、工业化学品生产中使用的化合物、城市垃圾或废弃物不完全燃烧与热解产生的副产品等	增加出生低体重风险；损害婴儿神经系统和免疫系统；内分泌干扰作用，危害生殖、肝脏毒性、致癌性；与 T4 竞争甲状腺转运蛋白，与 T3 竞争结合甲状腺激素受体，影响碘吸收利用	半挥发性，可长距离迁移；半衰期长难以降解；高脂溶性，通过食物链浓缩、富集和放大；毒性强
重金属	铅、镉、无机汞和有机汞、其他元素（如砷、铝等）	环境污染的空气、饮水和食品，乳母吸烟或被动吸烟	致癌物，婴儿低体重、行为发育异常，血液学毒性——贫血，神经毒性，肾脏毒性	环境中长期蓄积
霉菌毒素类	黄曲霉毒素	黄曲霉毒素 B_1 污染的食物，如奶类及制品、肉类、玉米油、干果和坚果等	具有急慢性毒性，引起肝损害、肝硬化，诱发肿瘤，生长发育迟缓	体内长期蓄积效应
	赭曲霉毒素 A	赭曲霉毒素 A 污染的食品，如谷类、动物饲料和动物性食品（如猪肾、肝脏）等	引起肾小管和门静脉周围肝细胞坏死，抑制免疫，可能致癌	体内长期蓄积效应
其他污染物	药物残留	乳母服用的药物或某些食品（如乳类制品）中残留的抗生素等	乳汁中残留的痕量抗菌类（如青、链霉素）可引起婴儿过敏反应和导致耐药菌株的产生；镇静药物引发婴儿皮疹和嗜睡等	很低的残留剂量
	尼古丁	乳母吸烟或被动吸烟	降低泌乳量和喂哺婴儿体重	乳汁尼古丁浓度是乳母血浆浓度的 1.5~3 倍
	酒精	乳母饮酒	影响乳汁味道和泌乳量以及婴儿睡眠	酒精吸收迅速
	咖啡因	乳母饮用咖啡	有待确定	3 个月内婴儿不能代谢咖啡因

（2）重金属（heavy metals） 人们对铅、汞、镉等重金属的危害日益重视，工业化

和城市现代化进程加快带来了一系列的污染问题，环境重金属的污染仍然是其中的一个突出点，而且许多因素和参数与母乳中重金属的污染水平有关。人乳中的铅、镉、砷等有害元素是现代社会工业化发展的环境污染产物，而人乳成为一些重金属元素从母体到婴儿的介质。科学研究证明，即使是极微量的重金属也将会对婴儿的生长发育产生长期有害影响。尽管与我国食品中污染物限量标准相比，除有环境污染暴露史外，大多数调查的城市人乳中重金属含量的结果，整体上仍处于可接受范围。但是需要高度关注我国工业污染、污水处理以及生态受到破坏等问题，这些都可能增加乳母暴露污染物的风险，对乳母和子代的健康产生长期不良影响。

（3）霉菌毒素（mycotoxin）　霉菌毒素通常是霉菌的次生剧毒代谢产物，也就是说在细菌的正常生长代谢过程中，霉菌毒素似乎不起任何作用。已知约有150多种化合物，到目前为止最具代表性的是致癌的黄曲霉毒素。其他的霉菌毒素还有具有肾脏毒性的赭曲霉毒素A等。黄曲霉毒素对动物和人体具有急性和慢性毒性，包括引起急性肝损害、肝硬化以及诱发肿瘤和致畸作用等。赭曲霉毒素A是一种具有急性肾脏毒性和致癌特性的真菌毒素，它是一种常见的食品污染物，可能对新生儿的某些疾病发挥致病作用。在人乳中均已检出了这两类霉菌毒素。尽管食物中霉菌毒素的含量很低，但是如果持续摄入即使是微量的霉菌毒素也可导致蓄积在生物体内。真菌毒素以及与它们可能的其他多种毒性作用的协同作用似乎是特别危险的。

（4）人乳中其他污染物（other pollutants）　除了前面提到的人乳中存在的POPs、重金属污染物、霉菌毒素污染之外，乳母个人的生活习惯（如吸烟、饮酒和饮用咖啡等）、用药、膳食习惯等也会影响其乳汁的成分。例如，母亲的吸烟和饮酒行为，除了影响乳汁产量和乳汁成分外，两者还可能对婴儿健康状况产生潜在长期不良影响；用于乳母的许多治疗用药可以被转运进入乳汁，有个别的药物可能对婴儿存在潜在的或不可预期的风险，哺乳期用药宜慎用。

尽管有诸多现场调查和研究结果提示，母乳中可能存在多种环境污染物，尤其是生活在严重污染地区（如进口废弃电器拆解）或金属冶炼厂附近的人群，母乳可能存在受到潜在污染的风险。然而，与婴儿配方食品（奶粉）喂养相比，母乳喂养婴儿仍可能对儿童的身体发育与身心健康产生积极影响，尤其是母乳喂养对儿童心理和认知能力发育的好处是其他任何喂养方式都不能替代的。人工喂养的婴儿存在更大风险，除了婴儿配方食品本身易受致病菌污染外，制备用水、盛奶用器和喂养容器等更易受环境污染物的污染或其本身就是污染物的来源。因此，我们需要高度关注和定期监测人乳中残留化学污染物的水平对婴儿生长发育的长期影响，同时应积极宣传乳母不吸烟和远离吸烟环境（避免被动吸烟），避免摄入来自污染水域的鱼类等食品。

最近，Lakind等通过分析婴儿膳食暴露环境化学物质以及对健康状况影响方面的文献，指出基于现有科学文献，并没有确凿证据支持得出一致性的结论。因此建议还需要展开更深入的研究，以理解婴儿期膳食暴露于环境化学物质（如通过母乳或婴儿配方食品）对其健康状况可能产生的潜在不良影响。

综上所述，在我们提倡母乳喂养的同时，也应关注环境中存在的化学污染物对母乳喂养婴儿健康状况的影响。与其他体液样品成分不同，监测和分析人乳中的化学污染物，可以提供有关乳母和母乳喂养婴儿暴露环境中化学物质的信息。应该建立或完善灵敏的检测方法，监测和评价婴儿通过母乳暴露这些污染物的程度以及变化趋势，并有针对性地控制和降低现代社会工业化环境污染的产物，降低婴儿暴露水平以保护婴儿健康成长。

在本篇中，分章系统总结了人乳中 POPs、重金属污染物、霉菌毒素污染以及其他环境污染物等。

（荫士安）

第四十章

持久性有机污染物

持久性有机污染物（persistent organic pollutants, POPs）包括持久性有机氯化合物污染物、溴系阻燃剂、全氟烷基化合物、高氯酸盐和人工合成香料等，是我国面临的严重环境污染问题之一[1,2]。这类环境污染物具有半挥发性，可长距离迁移；半衰期长，难以降解；高脂溶性，通过食物链被浓缩、富集和放大；以及毒性强等特点，对人类健康和环境生态系统有较大的潜在威胁。由于人乳样品具有易采集且无创伤的优点，母乳已经被国际组织作为进行 POPs 环境污染状况监测的最佳基质。

POPs 的主要来源包括农业上曾广泛使用的多种杀虫剂，如艾氏剂、氯丹、DDT、狄氏剂、异狄氏剂、七氯、六氯代苯（HCB）、灭蚁灵、毒杀芬；工业化学品生产中使用的多氯联苯（PCBs）和六氯苯（HCB）；工业生产过程中的副产品，如城市垃圾或废弃物不完全燃烧与热解过程产生的二噁英和呋喃等，这些有机污染物通过污染空气、饮水和食物进入人体内，并随乳汁分泌进入母乳喂养儿体内；某些海洋食品也可能是人类 POP 暴露的来源[3]。

第一节　持久性有机氯化合物污染物

持久性有机氯化合物污染物（persistent organochlorine compound pollutants，OCPs）是最典型的 POPs，如二噁英类和典型的有机氯农药等。斯德哥尔摩公约列出的优先控制的 12 种 POPs 全部为有机氯化合物。

一、有机氯农药

持久性有机氯农药造成的环境污染是当前我国面临的严重环境问题之一。它不仅严重危害人体健康，而且还可能对经济发展、国家安全产生严重负面影响。持久性有机氯农药污染物主要品种有 DDT 及其同系物、HCH、环戊二烯类及其有关化合物、毒杀芬及相关化合物等。由于其化学性质稳定、难于降解，可对环境造成严重污染，并持续相当长时间。由于母体内的 OCPs 可通过乳汁传递给下一代，因此许多国家开展了人乳中OCPs 的长期监测，评估这些污染物对母婴可能存在的潜在健康风险。整体趋势是发展中国家的人乳中 OCPs 污染水平高于发达国家，说明在一些发展中国家还没有彻底禁用OCPs 或限制OCPs 的使用，结果见表 40-1。

▢ 表 40-1　不同国家和地区的母乳中有机氯农药污染水平（每克脂肪含量）　　单位：ng/g

采样地点	采样年份	样本量/个	滴滴涕	六六六	六氯苯
德国	2006	523	81①	12⑦	23
俄罗斯布里亚特	2004	17	600①	810⑧	100
印度尼西亚	2001～2003	105	1032.5①	15.5⑧	2
丹麦	1997～2001	43	145.3②	19.7⑨	12.3
中国	2007	24 份混样	584.3②	231.8⑨	33.1
韩国首尔	2007～2008	29	320.9③	79.9⑦	17.7
日本仙台	2007～2008	20	260③	190⑦	18
澳大利亚	2002～2003	17 份混样	320.9③	79.9⑦	17.7
挪威	2002～2006	377	53④	5.4⑦	11
伊朗	2006	57	2554⑤	3780⑧	930
美国马萨诸塞	2004	38	64.5⑤	18.9⑧	2.3
突尼斯	2002～2003	87	3863⑥	67⑩	260

①p,p'-滴滴伊、p,p'-滴滴滴、p,p'-滴滴涕合计。②p,p'-滴滴伊、p,p'-滴滴滴、p,p'-滴滴涕、o,p'-滴滴伊、o,p'-滴滴涕、o,p'-滴滴滴合计。③ p,p'-滴滴伊、p,p'-滴滴滴、p,p'-滴滴涕、o,p'-滴滴涕合计。④ p,p'-滴滴伊。⑤ p,p'-滴滴伊、p,p'-滴滴滴、p,p'-滴滴涕、o,p'-滴滴伊合计。⑥ p,p'-滴滴伊、p,p'-滴滴滴、p,p'-滴滴涕、o,p'-滴滴伊、o,p'-滴滴涕合计。⑦β-六六六。⑧α-六六六、β-六六六、γ-六六六合计。⑨β-六六六、γ-六六六合计。⑩α-六六六、β-六六六、γ-六六六、δ-六六六合计。

注：改编自周萍萍等[1]，中华预防医学杂志，2010，44：654-658。

我国 2004 年加入《关于持久性有机污染物的斯德哥尔摩国际公约》，已如期实现POPs 履约目标，2007 年开始监测人乳中POPs 残留水平。根据 2007 年我国总膳食研究12 个省调查点结果[4]，采集初生产产妇的母乳 1237 份，制备混合母乳样品 24 份，母乳中主要的 OCPs 是 DDTs、HCHs 和 HCB，三种农药在母乳每克脂肪中污染水平（ng/g）分别为584.3±362.3、231.8±123.4 和 33.1±11.1。与以往监测数据相比，自 1983 年开始停用以来 DDTs 得到了有效控制，但是监测到福建省有新的 DDT 污染；母乳中 DDTs 污染水平南方高于北方；母乳中 DDTs 污染水平与动物性食品摄入量呈 Pearson 相关。母乳中 HCHs 含量总体上呈下降趋势。许多地区，特别是膳食中 HCHs 污染已消除；动物性食品特别是水产品是人体暴露于 HCHs 的主要来源；我国母乳中 HCHs 污染水平城市高于农村。HCB 是人造的副产物，无论是母乳还是膳食监测的结果都表明 HCB 的污染持续存在。世界范围内，我国母乳中 DDTs、HCHs 和 HCB 的污染程度处于中等水平。0～6 月龄婴儿暴露于 DDTs、HCHs、七氯、艾氏剂/狄氏剂、异狄氏剂、林丹和灭蚁灵的估计平均每日摄入量均低于暂定每日耐受量（provisional tolerable daily intake, PTDI），但个别省 0～6 月龄婴儿 DDTs 和 HCHs 估计每日摄入量接近甚至超过了相应的 PTDI。人乳中持久性有机氯农药的浓度与动物性食品的摄入量呈正相关，尤其是水产品[5]。上述研究进一步支持 DDTs、HCHs 和 HCB 是我国母乳中的主要持久性 OCPs。因此，长期监测我国母乳中持久性 OCPs 的工作非常必要。

二、二噁英和多氯联苯

PCDD/Fs 系指多氯代二苯并-对-二噁英（polychlorinated dibenzo-p-dioxins, 简称 PCDDs）和多氯代二苯并呋喃（polychlorinated dibenzofurans, 简称 PCDFs）；多氯联苯（polychlorinated diphenyls, 简称 PCBs）是由 209 种不同化合物组成。PCDD/Fs 的污染主要来源于化工冶金工业、垃圾焚烧、造纸和杀虫剂的生产等。大气环境中 PCDD/Fs 的污染 90% 来源于城市和工业垃圾焚烧；而 PCBs 的污染来源于广泛应用的绝缘材料、喷漆、无碳打印纸以及农药等的生产过程。环境中 PCDD/Fs 和 PCBs 可通过皮肤、空气吸入、日常膳食暴露进入生物体内，经过代谢转化可使母乳受到污染。许多研究结果提示，二噁英具有致癌性、生物毒性、免疫毒性和内分泌干扰作用等多种慢性毒性。越南的一项调查结果显示，产前暴露于二噁英与男孩脐带血睾丸激素水平的降低有关[6]。

不同国家或地区人乳中 PCDD/Fs、PCBs 和二噁英类化合物总量污染水平见表 40-2。工业化国家的人乳中 PCBs 污染程度远高于非工业化国家。废旧电器材料拆解基地的人乳中 PCBs 总 TEQ（毒性当量）值（59pg/g 脂肪）显著高于对照区（6pg/g 脂肪）和发达国家的水平，导致婴儿每日通过母乳摄入非常高的 PCBs[7]。母乳中多氯代二苯并-对-二噁英与多氯代二苯并呋喃（PCDD/Fs）的含量与乳母年龄、居住当地时间、鱼及鱼制品消费量相关，而与新生儿出生体重和身长以及乳母肉类食品、鸡蛋、奶类制品等的消费量无关[8]。近 10 年来，发达国家通过执行更严格的垃圾焚烧 PCDD/Fs 和 PCBs 排放限量，在降低人乳中 PCDD/Fs 和 PCBs 含量方面取得了显著效果[9~12]。

⊡ 表40-2　不同国家或地区人乳中 PCDD/Fs、PCBs 和二噁英类化合物总量污染水平

作者	采样地点	样本量	采样时间	PCDD/Fs	dl-PCBs	DXNs[⑤]
				(pg WHO-TEQ/g 脂肪)		
Li 等[13]	12 个省	24（1237）	2007[②]	3.1（1.4～5.8）	1.5（0.6～2.9）	4.5（2.1～8.6）
Zhang 等[14]	北京	11（110）	2007[①]	3.7（2.3～4.6）	4.1（1.6～9.8）	7.8（4.3～13.5）
			2007[②]	3.1（1.8～4.3）	3.1（1.4～6.1）	6.3（3.6～9.1）
Shen 等[15]	浙江城区	74	2007[②]	3.90±2.60	2.66±1.43	6.6
	浙江农村		2007[②]	2.27±1.55	1.83±0.93	4.1
邓波等[8]	深圳	60	2007[②]	4.6（2.0～13.1）	4.0（0.2～15.9）	8.6（2.4～29.0）
金一和等[16]	大连	47	2003[①③]	14.7[④]（ND～148.5）	0[④]（ND～17.0）	15.8[④]（ND～158.8）
	沈阳	32	2003[①③]	7.2[④]（ND～48.7）	0[④]（ND～11.3）	7.2[④]（ND～48.7）
Wong 等[17]	中国香港	137	2013[①③]	7.48	3.79	11.27
Hedley 等[18]	中国香港	13（316）	2002～2003[①]	8.5（5.8～10.1）	4.7（3.5～6.6）	12.9（9.0～15.0）
Fang 等[9]	瑞典	30 混样	2003	7.3[①]/6.1[②]	8.1[①]/5.0[②]	15.0[①]/11.0[②]
			2007-1	4.2[①]/3.6[②]	5.2[①]/3.6[②]	9.4[①]/7.2[②]
			2007-2	5.6[①]/4.7[②]	7.6[①]/5.2[②]	13.0[①]/9.9[②]
			2011-1	3.7[①]/3.1[②]	3.8[①]/2.4[②]	7.5[①]/5.5[②]
			2011-2	3.3[①]/2.7[②]	3.3[①]/1.9[②]	6.6[①]/4.6[②]
Mannetje 等[19]	新西兰	39	2007～2010[②]	3.54	1.29	4.83
Schuhmacher 等[20]	西班牙	—	2013[②③]	1.1～12.3	0.7～5.3	—
Schuhmacher 等[21]	西班牙	—	2009[②③]	2.8～11.2	2.8～17.6	—
Rivezzi 等[22]	意大利	94	2007～2008[①]	8.6±2.7（3.8～19.0）	8.0±3.7（2.5～24.0）	—

①按照 WHO1998 年规定的 TEF 计算。②按照 WHO2005 年规定的 TEF 计算。③论文发表日期。④中位数。⑤二噁英类污染物总毒性当量。

注：结果系以平均值（范围）或±SD 表示；在样本量列，括弧前数值为括弧中采集样本量制备的混合样本数量；—表示未报告或未检测。

第二节　溴系阻燃剂

溴系阻燃剂（brominated flame retardants, BFRs）是全球产量最大、阻燃效率最高的有机阻燃剂之一，包括多溴联苯醚（PBDEs）、六溴环十二烷（HBCD）、四溴双酚 A（TBBPA）等，其中 PBDEs 和 TBBPA 占溴系阻燃剂总量的 50%。目前已知 PBDEs 对人体的毒理学效应包括：通过和 T4 竞争甲状腺素转运蛋白、与 T3 竞争结合甲状腺素激素受体干扰

甲状腺的正常生理功能，影响大脑发育，尤其可能影响婴儿的智力发育；同时 PBDEs 还会影响生殖发育，低剂量时具有雌激素的活性，而高剂量时具有抗雌激素的效应[23,24]。

与人乳中持久性有机氯农药的含量逐渐降低不同，溴系阻燃剂的含量呈递增趋势，而且也是人乳中经常能够检测到的有机卤化物[1]，城市或发达地区的人乳中溴系阻燃剂含量通常高于农村或不发达地区[25]，尽管我国人乳含量与大多数发达国家相比，还处于相对较低水平，但是大部分地区的人乳中均可检出 PBDEs，而且通常高于一些不发达的地区[25]；人乳中可检出多种 PBDE 同类物。我国大多数人乳样品中均可检出α-HBCD，含量高于 TBBPA，范围在 325～2776pg/g 脂肪[2]，各地含量差异不大，均低于 3000pg/g 脂肪，未检出β-HBCD。

人乳中 PBDEs 的污染水平与鱼贝类食品、奶类和肉类制品以及产后脂肪消费量有关[26~29]，乳母受教育程度和家庭月工资收入与母乳中 PBDEs 浓度呈正相关[30]；而 TBBPA 和 HBCD 主要与肉类及其制品受到这些化合物的污染有关[31]。

第三节　高氯酸盐

高氯酸根是一种低分子量高度可溶性阴离子，天然存在于环境中，主要分布在钾盐矿床附近和干旱地区。通常自然界天然形成的高氯酸盐（perchlorate）的量很低。

一、来源

目前造成污染的高氯酸盐主要来自工业生产等人为使用环节。例如，航天飞船、卫星发射的火箭和导弹发射所用的燃料中含有有毒的高氯酸盐，这种物质能污染环境，可能对人和生物造成危害。最早在美国的牛乳和母乳中发现较高浓度的高氯酸盐，这是航天燃料污染环境的有力证据。自从 20 世纪四五十年代高氯酸盐在美国大规模生产使用，高氯酸盐对环境的污染问题就已存在，过去由于检测环境介质中高氯酸盐方法的灵敏度较低，不能有效评价环境中存在的微量高氯酸盐，导致其污染问题也没有引起人们关注，而实际上高氯酸盐对水源和食物的污染尤为常见。

二、危害

高氯酸盐分子与碘分子有非常相似的形状，故可能在甲状腺和母乳中与碘竞争机体吸收部位，抑制碘摄取，因此高氯酸盐对人体健康的影响主要表现在抑制甲状腺摄取碘，影响机体对碘的吸收利用，加剧碘缺乏，结果可损害婴儿的甲状腺功能和神经系统发育，对大脑发育产生不可逆损害[1,32,33]。在我国的人乳中可以检出高氯酸盐。

三、检测方法与含量

Wang 等[34]建立了同位素稀释离子色谱/串联质谱（ID-IC-MS/MS）法用于检测母乳中的高氯酸盐，检出限（LOD）为 0.27μg/kg。利用该方法测定 439 份人乳样品，大多数样品中均可检出高氯酸盐，平均值为（7.62±32.7）μg/kg。Song 等[35]开发了液相色谱串联质谱（LC-MS/MS）法检测母乳中高氯酸盐，检出限和定量限分别为 0.06～0.3μg/L 和 0.2～1μg/L，回收率为 81%～117%。Kirk 等[36]使用离子色谱-质谱联用方法，获得母乳高氯酸盐含量（μg/L，n=147）范围、平均值±SD 和中位数分别为 0.5～39.5、5.8±6.2 和 4.0。Kirk 等[37]分析了 36 份母乳样品的高氯酸盐含量并与牛乳含量进行了比较，人乳中含量显著高于牛乳（10.5μg/L 与 2.0μg/L），人乳含量的最大值高达 92μg/L。

第四节　其他持久性有机污染物

人乳中其他持久性有机污染物还有全氟烷基化合物（PFCs），主要是全氟辛烷磺酸（PFOS）和全氟辛烷酸（PFOA）[38]，这两个 PFCs 化合物已经被列入 POPs 公约禁止使用，在经济发达或工业化的国家或地区，人乳中含量较高[39,40]。合成香料也是环境中的 POPs。我国舟山人乳中 PFOS 和 PFOA 污染水平分别为 0.045～0.360μg/L 和 0.047～0.210μg/L[1,41]。2007 年取自我国 12 个省 1237 个母乳样品制备的 24 个混样测定结果显示，PFOS 和 PFOA 的中位数/几何均数分别为 49ng/L/46ng/L（6～137ng/L）和 34.5ng/L/46ng/L（14.15～814ng/L）[38]。乳母经膳食摄入这些污染物是乳汁中的重要来源（＞90%）[42]。

合成香料是新型环境污染物，来自中药的药品与个人护理产品，主要有二甲苯麝香和麝香酮，目前仍在使用。我国是人工合成麝香的生产和销售大国，目前对这些污染物的毒性尚不清楚，而且我国对这些污染物的状况及其危害研究也不多。

（荫士安）

参考文献

[1] 周萍萍，赵云峰，吴永宁，等. 母乳中持久性有机污染物监测研究进展. 中华预防医学杂志，2010，44：654-658.

[2] 李敬光，赵云峰，吴永宁. 我国持久性有机污染物人体负荷研究进展. 环境化学，2011，30：5-19.

[3] Mamontova EA，Tarasova EN，Mamontov AA. PCBs and OCPs in human milk in Eastern Siberia，Russia：

Levels, temporal trends and infant exposure assessment. Chemosphere, 2017, 178: 239-248.

[4] Zhou P, Wu Y, Yin S, et al. National survey of the levels of persistent organochlorine pesticides in the breast milk of mothers in China. Environ Pollut, 2011, 159 (2): 524-531.

[5] Sudaryanto A, Kunisue T, Kajiwara N, et al. Specific accumulation of organochlorines in human breast milk from Indonesia: levels, distribution, accumulation kinetics and infant health risk. Environ Pollut, 2006, 139 (1): 107-117.

[6] Boda H, Nghi TN, Nishijo M, et al. Prenatal dioxin exposure estimated from dioxins in breast milk and sex hormone levels in umbilical cord blood in Vietnamese newborn infants. Sci Total Environ, 2018, 615: 1312-1318.

[7] 徐承敏, 俞苏霞, 蒋世熙, 等. 某固废拆解基地母乳中多氯联苯含量及其婴儿的暴露风险. 卫生研究, 2006, 35: 604-607.

[8] 邓波, 张建清, 张立实, 等. 深圳市 60 份母乳中二噁英负荷水平与影响因素. 中华预防医学杂志, 2010, 44: 224-229.

[9] Fang J, Nyberg E, Bignert A, et al. Temporal trends of polychlorinated dibenzo-p-dioxins and dibenzofurans and dioxin-like polychlorinated biphenyls in mothers' milk from Sweden, 1972-2011. Environ Int, 2013, 60: 224-231.

[10] Focant JF, Frery N, Bidondo ML, et al. Levels of polychlorinated dibenzo-p-dioxins, polychlorinated dibenzofurans and polychlorinated biphenyls in human milk from different regions of France. Sci Total Environ, 2013, 452-453: 155-162.

[11] Ulaszewska MM, Zuccato E, Capri E, et al. The effect of waste combustion on the occurrence of polychlorinated dibenzo-p-dioxins (PCDDs), polychlorinated dibenzofurans (PCDFs) and polychlorinated biphenyls (PCBs) in breast milk in Italy. Chemosphere, 2011, 82 (1): 1-8.

[12] Rawn DFK, Sadler AR, Casey VA, et al. Dioxins/furans and PCBs in Canadian human milk: 2008-2011. Sci Total Environ, 2017, 595: 269-278.

[13] Li J, Zhang L, Wu Y, et al. A national survey of polychlorinated dioxins, furans (PCDD/Fs) and dioxin-like polychlorinated biphenyls (dl-PCBs) in human milk in China. Chemosphere, 2009, 75 (9): 1236-1242.

[14] Zhang L, Liu YP, Li JG, et al. The human body burden of polychlorinated dibenzo-p-dioxins and dibenzofurans and dioxin-like polychlorinated biphenyls in residents' human breast milk from Beijing in 2007. Zhonghua Yu Fang Yi Xue Za Zhi, 2013, 47 (6): 534-537.

[15] Shen H, Ding G, Wu Y, et al. Polychlorinated dibenzo-p-dioxins/furans (PCDD/Fs), polychlorinated biphenyls (PCBs), and polybrominated diphenyl ethers (PBDEs) in breast milk from Zhejiang, China. Environ Int, 2012, 42: 84-90.

[16] 金一和, 陈慧池, 唐慧君, 等. 大连和沈阳市区 79 例母乳中二噁因污染水平调查. 中华预防医学杂志, 2003, 37: 439-441.

[17] Wong TW, Wong AH, Nelson EA, et al. Levels of PCDDs, PCDFs, and dioxin-like PCBs in human milk among Hong Kong mothers. Sci Total Environ, 2013, 463-464: 1230-1238.

[18] Hedley AJ, Wong TW, Hui LL, et al. Breast milk dioxins in Hong Kong and Pearl River Delta. Environ Health Perspect, 2006, 114 (2): 202-208.

[19] Mannetje A, Coakley J, Bridgen P, et al. Current concentrations, temporal trends and determinants of persistent organic pollutants in breast milk of New Zealand women. Sci Total Environ, 2013, 458-460: 399-407.

[20] Schuhmacher M, Kiviranta H, Ruokojarvi P, et al. Levels of PCDD/Fs, PCBs and PBDEs in breast milk of women living in the vicinity of a hazardous waste incinerator: assessment of the temporal trend. Chemosphere, 2013, 93 (8): 1533-1540.

[21] Schuhmacher M, Kiviranta H, Ruokojarvi P, et al. Concentrations of PCDD/Fs, PCBs and PBDEs in breast milk of women from Catalonia, Spain: a follow-up study. Environ Int, 2009, 35 (3): 607-613.

[22] Rivezzi G, Piscitelli P, Scortichini G, et al. A general model of dioxin contamination in breast milk: results from a study on 94 women from the Caserta and Naples areas in Italy. Int J Environ Res Public Health, 2013, 10 (11): 5953-5970.

[23] Meerts IA, Letcher RJ, Hoving S, et al. *In vitro* estrogenicity of polybrominated diphenyl ethers, hydroxylated PDBEs, and polybrominated bisphenol A compounds. Environ Health Perspect, 2001, 109 (4): 399-407.

[24] 朱靖文, 耿存珍, 张丽珠, 等. 溴系阻燃剂的环境毒理学研究进展. 环境科技, 2012, 25: 62-67.

[25] Zhang L, Li J, Zhao Y, et al. A national survey of polybrominated diphenyl ethers (PBDEs) and indicator polychlorinated biphenyls (PCBs) in Chinese mothers' milk. Chemosphere, 2011, 84 (5): 625-633.

[26] Dunn RL, Huwe JK, Carey GB. Biomonitoring polybrominated diphenyl ethers in human milk as a function of environment, dietary intake, and demographics in New Hampshire. Chemosphere, 2010, 80 (10): 1175-1182.

[27] Li J, Yu H, Zhao Y, et al. Levels of polybrominated diphenyl ethers (PBDEs) in breast milk from Beijing, China. Chemosphere, 2008, 73 (2): 182-186.

[28] Wu N, Herrmann T, Paepke O, et al. Human exposure to PBDEs: associations of PBDE body burdens with food consumption and house dust concentrations. Environ Sci Technol, 2007, 41 (5): 1584-1589.

[29] Ohta S, Ishizuka D, Nishimura H, et al. Comparison of polybrominated diphenyl ethers in fish, vegetables, and meats and levels in human milk of nursing women in Japan. Chemosphere, 2002, 46 (5): 689-696.

[30] Cui C, Tian Y, Zhang L, et al. Polybrominated diphenyl ethers exposure in breast milk in Shanghai, China: levels, influencing factors and potential health risk for infants. Sci Total Environ, 2012, 433: 331-335.

[31] Shi ZX, Wu YN, Li JG, et al. Dietary exposure assessment of Chinese adults and nursing infants to tetrabromobisphenol-A and hexabromocyclododecanes: occurrence measurements in foods and human milk. Environ Sci Technol, 2009, 43 (12): 4314-4319.

[32] 陈桂葵, 孟凡静, 骆世明, 等. 高氯酸盐环境行为与生态毒理研究进展. 生态环境, 2008, 17: 2503-2510.

[33] 蔡亚岐, 史亚利, 张萍, 等. 高氯酸盐的环境污染问题. 化学进展, 2006, 18: 1554-1564.

[34] Wang Z, Sparling M, Wang KC, et al. Perchlorate in human milk samples from the maternal-infant research on environmental chemicals study (MIREC). Food Addit Contam Part A Chem Anal Control Expo Risk Assess, 2019, 36 (12): 1837-1846.

[35] Song S, Ruan J, Bai X, et al. One-step sample processing method for the determination of perchlorate in human urine, whole blood and breast milk using liquid chromatography tandem mass spectrometry. Ecotoxicol Environ Saf, 2019, 174: 175-180.

[36] Kirk AB, Dyke JV, Martin CF, et al. Temporal patterns in perchlorate, thiocyanate, and iodide excretion in human milk. Environ Health Perspect, 2007, 115 (2): 182-186.

[37] Kirk AB, Martinelango PK, Tian K, et al. Perchlorate and iodide in dairy and breast milk. Environ Sci Technol, 2005, 39 (7): 2011-2017.

[38] Liu J, Li J, Zhao Y, et al. The occurrence of perfluorinated alkyl compounds in human milk from different

regions of China. Environ Int，2010，36（5）：433-438.

[39] Tao L，Ma J，Kunisue T，et al. Perfluorinated compounds in human breast milk from several Asian countries，and in infant formula and dairy milk from the United States. Environ Sci Technol，2008，42（22）：8597-8602.

[40] Tao L，Kannan K，Wong CM，et al. Perfluorinated compounds in human milk from Massachusetts，U.S.A. Environ Sci Technol，2008，42（8）：3096-3101.

[41] So MK，Yamashita N，Taniyasu S，et al. Health risks in infants associated with exposure to perfluorinated compounds in human breast milk from Zhoushan，China. Environ Sci Technol，2006，40（9）：2924-2929.

[42] Fromme H，Tittlemier SA，Volkel W，et al. Perfluorinated compounds——exposure assessment for the general population in Western countries. Int J Hyg Environ Health，2009，212（3）：239-270.

第四十一章

重金属污染物

———

与大多数发展中国家相似，我国在经济持续高速发展进程中，工业化和城市现代化加速带来了一系列环境污染问题，其中重金属污染是一个尤为突出的问题，人乳中铅、汞、镉等有害元素是现代社会工业化环境污染的产物，而人乳也就成为这些重金属元素从母体迁移到婴儿体内的介质[1,2]，这些污染的重金属除了影响新生儿和婴幼儿的生长发育与认知功能以及母乳中微量营养素的吸收利用外，快速生长发育的婴儿长期暴露于这些重金属（heavy metals）还可能导致神经系统、内分泌系统、造血系统等组织器官发生不可逆损伤。

第一节　铅

目前研究和关注最多的人乳中重金属污染物是铅（lead）污染问题，因为随着工业化发展，工业用铅非常广泛，由此导致的环境污染问题也日趋严重，含铅的废弃物、空气、饮水甚至污染的食物以及彩色印刷的书报等导致人体铅暴露量明显增加，而人乳成为铅从母体迁移到婴儿体内的介质。

一、铅对母乳喂养儿的危害

婴儿最易受到铅伤害，这是由于婴儿胃肠道解剖位置较高，而体内代谢和肾脏排出毒物的能力较差，血脑屏障还没有发育完善，所以生命早期直接暴露铅将会严重影响新生儿、婴幼儿的神经系统和造血系统的发育以及学龄期儿童的认知行为发育。已经有研究结果提示，通过乳汁导致婴儿过量接触铅，将对学龄前期儿童的早期神经行为发育产生不良影响[3]。Li 等[4]的研究结果证实，铅可经过胎盘和乳汁分别转移到胎儿和婴儿，因此可能对胎儿和新生儿造成潜在伤害，报告的 165 例上海医院分娩的没有职业铅接触史乳母的乳汁铅含量为 4.74μg/L、12 例有职业铅接触史乳母的乳汁中铅含量为 52.7μg/L，是没有铅接触史的近 12 倍。已知铅对人体的危害包括血液学毒性、神经毒性和肾脏毒性等。

二、我国人乳铅污染状况

近年来国内人乳中铅以及与母血中铅关系的研究总结于表 41-1，乳汁中铅污染状况（lead pollution status）与乳母的铅暴露状况有关。在全乳铅含量几何均数为 0.006μmol/L 的样品中，铅在乳汁不同组分中的分布分别为乳清 63%、乳脂 28%和酪蛋白 9%，乳清铅含量与乳母的血铅呈正相关（r=0.49，P=0.02）[5]。随哺乳期的延长，乳铅含量逐渐降低，如有报道从初乳的 9.94μg/L（0.048μmol/L）降低到 2.34μg/L（0.011μmol/L）[6]。2007 年深圳市 60 例初顺产妇产后 3 周至 2 个月乳铅含量为 2.13μg/L[7]；孙忠清等[8]报告的 42 例黑龙江乳母的乳铅含量范围为 2.5～5.3μg/kg。在 2009～2010 年南京进行的横断面调查中，170 例乳母的乳铅含量为 40.6μg/L，人乳铅含量比 WHO 推荐可接受铅水平（5μg/L）要高很多[9]，而且有贫血史乳母的乳铅含量显著高于没有贫血史的乳母（41.1μg/L 和 37.9μg/L，P=0.05）[10]。2008 年厦门市和保定市各 200 例产后 3～5 天乳母的乳汁铅中位数分别为 7.98μg/L 和 4.42μg/L，Logistic 分析显示，乳铅含量与孕期食用鸡蛋量（P=0.029）、海鱼食用量（P=0.005）和孕期身高（P=0.016）有关，乳铅含量与乳母的膳食习惯、吸烟和环境污染等因素密切相关[11,12]；生活在冶炼厂周边乳母的乳铅水平显著高于相比较的对照组（0.055μmol/L 和 0.009μmol/L）[13]。

▫ 表41-1　我国不同地区人乳和乳母全血中铅污染水平　　　　　　　　　　　　单位：μmol/L

作者	采样地点	样本量	采样时间	母乳铅	母血铅	乳样
苗红等[27]	上海市	93	2010	0.007（<0.001～0.110）	0.161±0.046	产后 3 天内
闫琦等[28]	北京海淀	60	2008	0.497±0.025	0.024±0.002	产后 42 天
姚辉等[29]	南京市	133	2005	0.242±0.098	0.236±0.096	产后 7 天内
张丹等[30]	厦门市	200	2008	0.040①	0.201①	产后 3～5 天
陈桂霞等[31]	厦门市	105	2002	0.17±0.08	0.54±0.15	0～11 个月
焦亚平等[32]	广州市	500	2008～2009	0.022±0.042	0.106±0.062	产后 7 天内
张丽范等[33]	广东江门	147	2005	0.119±0.055	0.119±0.127	产后 90 天
刘汝河等[34]	广东湛江	56	2003	0.83±0.59	0.73±0.39	产后 3 天内

①中位数。

注：血铅和乳铅含量以平均值±SD 表示，括号中为范围。

三、国外人乳中铅污染水平

近年来，国外报道的人乳铅含量结果如下所述。

Orun 等[14]在土耳其安卡拉的研究结果显示，乳铅中位数为 20.59μg/L，证明曾患过贫血的产后 2 个月乳母乳铅水平显著高于没有贫血史的乳母（21.1μg/L 和 17.9μg/L，$P=0.005$）。Al-Saleh 等[15]报告的沙特阿拉伯的人乳铅含量为 31.67μg/L；伊朗德黑兰的 43 例产后 2 个月乳母的乳铅含量为 23.66μg/L±22.43μg/L[16]；斯洛伐克 158 例健康乳母产后 4 天的乳铅含量为 4.7μg/kg[17]；180 例希腊乳母产后第 3 天初乳铅平均含量为 0.48μg/L±0.60μg/L，第 14 天的乳铅平均含量为 0.15μg/L±0.25μg/L[18]；来自维也纳的 138 份母乳铅含量为 1.63μg/L±1.66μg/L[19]；西班牙马德里 100 例乳母产后第三周的乳铅含量几何均数为 15.56μg/L[11]；Gurbay 等[20]报告的土耳其安卡拉乳母的乳铅水平为 391.4μg/L±269.0μg/L。Ettinger 等[21]报告的墨西哥城 250 例乳母产后 1 个月的乳铅平均含量为 1.5μg/L±1.2μg/L（范围 0.3～8.0μg/L）。巴西南部地区人乳和乳母血铅含量调查结果显示，92 个乳样（产后 15～210 天）中铅的中位数为 3.0μg/L（0.014μmol/L），范围为 1.0μg/L（0.005μmol/L）到 8.0μg/L（0.039μmol/L）；相应的血铅中位数为 27μg/L（0.130μmol/L），范围为 10μg/L（0.048μmol/L）到 55μg/L（0.265μmol/L）[22]；另一项来自巴西的调查结果显示，80 例乳母的初乳中平均铅含量为 6.88μg/L，中位数为 4.65μg/L（0.12～41.5μg/L）[23]；最近来自伊朗哈马丹地区 100 例母乳的铅含量中位数为 41.9μg/L[24]。

四、人乳铅含量的影响因素

乳清中铅含量与乳母的血铅含量呈正相关（$r=0.49$，$P=0.02$）[5]，但是乳铅水平不受乳母营养状态和膳食摄入量的影响。来自印度工业区和非工业区各 25 例乳母的研究结果显示，非工业区的乳样中铅含量（5～25μg/L）显著低于来自工业区的乳样（15～44.5μg/L）[25]。Marques 等[13]在巴西的调查结果显示，生活在锡矿石冶炼厂附近的乳母乳铅水平为 11.3μg/L（范围≤0.96～29.4μg/L），显著高于相对照的农村乳母（1.9μg/L，范围≤0.96～20.0μg/L）；而来自安第斯铅污染环境地区的乳铅水平为 3.73μg/L ±7.3μg/L，范围为 0.049～28.04μg/L[26]。乳铅浓度受乳母吸烟和/或被动吸烟的影响，乳母吸烟和被动吸烟可升高乳铅浓度[17,19]；通常城市乳母的乳铅含量高于农村的乳母，这可能与城市乳母较多地暴露于机动车尾气污染有关[11]。Chien 等[6]比较了乳母服用了传统中草药对产后 1～60 天乳铅含量的影响，72 例初乳样品中铅含量几何均数为 7.68μg/L±8.24μg/L（0.037μmol/L±0.040μmol/L），而服用了传统中草药乳母的乳铅含量为 8.59μg/L±10.95μg/L（0.041μmol/L±0.053μmol/L），显著高于没有服用传统中草药的对照组 6.84μg/L±2.68μg/L（0.033μmol/L±0.013μmol/L）。

第二节　镉

镉（cadmium）是一种能在环境和人体中长期蓄积的有毒有害重金属元素，国际癌症研究署将镉归类为第一类人类致癌物，联合国环境计划署也把镉列为重点研究的环境污染物。乳母接触镉除了职业性接触镉污染的环境外，日常生活中镉的污染来源于加工食品、水、吸烟和/或被动吸烟或污染的尘土等。对于不吸烟者和未有职业性接触者，摄取镉污染的食品是暴露的主要来源。

一、镉对母乳喂养儿的危害

镉在人体内的半衰期长达 15～30 年，主要蓄积在肾脏，镉中毒损害肾脏、骨骼和消化系统。已经证明镉可以经乳汁排出，对于母乳喂养的婴儿，乳汁中的镉也就成了婴儿镉摄入的主要来源，母亲暴露镉可增加早产，可导致低出生体重[33]。产后 2 个月母乳中镉水平与新生儿出生时的头围和体重的 Z 评分呈负相关（$r=-0.257, P=0.041$ 和 $r=-0.251, P=0.026$）[14]；经母乳摄入过多镉组（母乳镉含量 0.57μg/L±0.18μg/L）婴儿的体重显著低于正常对照组（母乳镉含量 0.22μg/L±0.07μg/L），6 月龄婴儿的身长与母乳中镉含量呈显著负相关（$P<0.05$）[35]。Liu 等[10]在我国南京的调查结果提示，170 例产后第二个月的乳母乳汁镉水平与头围 Z 评分呈显著负相关（$r=-0.241, P=0.042$）。

二、我国人乳镉污染状况

2007 年深圳市 60 例初顺产妇产后 3 周至 2 个月乳汁中镉含量均小于 0.005μg/L[7]。在 2009～2010 年南京进行的横断面调查中，170 例乳母的乳汁镉含量为 0.67μg/L；有 31.8% 的人乳镉含量＞1μg/L，主动和被动吸烟乳母的乳汁镉含量中位数显著高于不吸烟的乳母[10]。孙忠清等[8]报告的 42 例黑龙江乳母的乳镉含量范围为 0.02～0.23μg/kg。2008 年厦门市和保定市各 200 例乳母的乳汁镉含量分别为 0.43μg/L 和 0.26μg/L，Logistic 回归分析结果显示乳汁中镉含量与食用海鱼有关（$P=0.001$），乳汁中镉含量还与乳母的膳食习惯、吸烟和环境污染等因素密切相关[11,12]。

三、国外人乳中镉污染水平

在日本，Honda 等[36]对 68 例产后 5～8 天乳母的乳镉含量分析结果显示，几何均数为 0.28μg/L±1.82μg/L，而且与乳母的尿镉排出量呈显著正相关（$r=0.451, P<0.001$）。Al-Saleh 等[15]报告的沙特阿拉伯乳镉含量为 1.73μg/L。斯洛伐克 158 例健康

乳母产后 4 天的乳镉含量为 0.43μg/kg[17]。180 例希腊乳母产后第 3 天初乳镉平均含量为 0.19μg/L±0.15μg/L，第 14 天的乳镉平均含量为 0.14μg/L±0.12μg/L[18]。Garcia-Esquinas 等[11]报告的西班牙马德里 100 例乳母产后第三周的乳镉含量几何均数为 1.31μg/L。Gurbay 等[20]报告的土耳其安卡拉调查的乳母的乳镉平均含量为 4.62μg/L，而 Orun 等[14]报告的乳镉含量为 0.67μg/L。巴西西南部地区 80 例乳母初乳平均镉含量为 2.3μg/L，范围＜0.02～28.1μg/L[37]；Vahidinia 等[24]报告伊朗哈马丹地区 100 例母乳镉含量均低于 1μg/L。

四、人乳镉含量的影响因素

吸烟和被动吸烟是乳汁中镉暴露的重要来源[11]，妊娠期间主动和被动吸烟的乳母乳镉含量中位数显著高于不吸烟者（0.89μg/L 与 0.00μg/L，$P<0.023$）[14]。Radisch 等[38]评价了 15 例不吸烟与 56 例吸烟乳母的血镉和乳镉含量，非吸烟乳母的血镉和乳镉含量中位数（0.54μg/L 和 0.07μg/L）显著低于每天吸烟超过 20 支的乳母（1.54μg/L 和 0.16μg/L），乳镉含量相当于血水平的 1/10；妊娠期间主动吸烟和被动吸烟的乳镉含量中位数显著高于妊娠期间没有吸烟的乳母（0.89μg/L 和 0.00μg/L，$P=0.023$）；没有服用铁和维生素补充剂的乳母乳镉水平非常显著高于服用补充剂的乳母（0.78μg/L 和 0.00μg/L，$P=0.005$）[10,14]。

第三节　汞

因汞（mercury）对土壤、水、大气的污染日益严重，环境汞污染对快速发育期婴幼儿的影响已经是一个世界性的公共卫生问题。母乳是婴儿的理想食物，然而在受到汞污染的地区婴儿暴露汞的风险也增加。

一、汞对母乳喂养儿的危害

汞及其化合物属于剧毒物质，主要蓄积在肝、肾、脑等器官，导致脑和神经系统损伤。汞的毒性在于可直接影响生长发育期间儿童的神经系统发育。通过母乳排出的汞有少量以甲基汞的形式存在，这种形式的汞脂溶性极强，绝大部分可在胃肠道被吸收，而且容易通过大脑屏障，对婴儿大脑有神经毒性；而无机汞在婴儿胃肠道的吸收率仅约7%，而且很少能通过大脑屏障[11]，主要蓄积在肾脏，可造成肾损伤。据 WHO 报告估计，每千名儿童中约有 1.5～17 名儿童的认知功能障碍与食用含汞的鱼有关[39]。

二、我国人乳汞污染状况

张丹等[12]从厦门和保定分别采取 200 例产后 3～5 天的人乳样品，汞含量分别为 2.18μg/L 和 1.92μg/L，Logistic 回归分析结果显示乳汁中汞含量与食用海鱼及蟹类有关 （$P=0.028$ 和 0.047）；另一项厦门调查包括 338 例乳母的结果显示，乳中汞含量几何平均值为 0.61μg/kg [40]。

三、国外人乳中汞污染水平

根据生活在印度尼西亚、坦桑尼亚和津巴布韦金矿区域人群的调查，当地生活居民长期暴露较高剂量的无机汞，46 例有汞暴露经历的乳母乳汁汞含量中位数为 1.87mg/L（9.025μmol/L），有的甚至高达 149mg/L（0.719mmol/L）[41]。Al-Saleh 等[15]报告的沙特阿拉伯母乳汞含量为 3.10μg/L。斯洛伐克 158 例健康乳母产后 4 天的乳汞含量为 0.94μg/kg[17]。来自维也纳的 138 份母乳汞含量为 1.59μg/L±1.21μg/L[19]。西班牙马德里 100 例乳母产后第三周的乳汞含量几何均数为 0.53μg/L[11]；最近伊朗哈马丹地区 100 例母乳的分析结果显示，汞含量中位数为 2.8μg/L[24]。

Gaxiola-Robles 等[42]评价了 108 例墨西哥西北部乳母的乳汞含量，产后 7～10 天的乳汁总汞含量与妊娠次数有关，第一次妊娠的母乳总汞含量低于三次或三次以上的 （1.23μg/L 和 2.96μg/L，$P=0.07$）。da Costa 等[41]研究了母乳中总汞浓度与乳母牙齿修复银汞合金表面积的关系，巴西 23 份母乳样品（产后 7～30 天）总汞平均含量为 0.027μmol/kg （0～0.111μmol/kg），母乳汞含量和乳母牙齿修复银汞合金表面积的 Pearson 相关系数非常显著（$r=0.609$，$P=0.006$），提示含有金属汞的牙齿修复填充材料可能是人体无机汞污染的主要来源[43,44]。

四、人乳汞含量的影响因素

人乳中汞的主要来源是乳母日常膳食，最大的贡献是海产品（如鱼类食品消费量）[44,45]，Gaxiola-Robles 等[42]的研究证明经常吃鱼的乳母乳汁中总汞含量显著高于不吃鱼的乳母（2.48μg/L 和 0.90μg/L，$P=0.02$）；吸烟和/或被动吸烟也会增加汞摄入量，其他的来源包括奶制品、传统草药或偏方等。2008 年厦门市和保定市各 200 例乳母的乳汁测定结果显示，乳汁中汞含量与乳母的膳食习惯、吸烟或被动吸烟以及环境污染等因素密切相关[11,12,42]。

在过去的数十年，汞污染已成为全球关注的重要环境问题之一，促使各国或地区政府重视环境综合治理，根据 Sharma 等[46]的全球和区域人血和母乳中总汞含量的时间趋势及其对健康影响的分析，从 1966 年至 2015 年全血、脐带血和母乳中的总汞含量已显著下降。

第四节　其他重金属

已有多个母乳中其他重金属含量的研究，如砷、锰、铝、镍、钡等[24,47,48]。张丹等[12]报告的厦门和保定地区产后 3～5 天的母乳中锰含量中位数分别为 23.8μg/L 和 27.9μg/L，母乳锰含量与家庭附近有污染工厂、妊娠期间使用口红和豆类食品消费量有关（P=0.027，P=0.050，P=0.035）。2007 年深圳市 60 例初顺产妇产后 3 周至 2 个月的乳汁中砷含量小于 0.005μg/L[7]。已有病例报道，在地方性砷中毒地区，经母亲胎盘与乳汁途径引起婴儿出现严重砷中毒，出生后 3～4 个月时，婴儿皮肤出现明显突出的小白色亮点[49]。Leotsinidis 等[18]测定了 180 例希腊乳母产后第 3 天初乳锰平均含量为 4.79μg/L±3.23μg/L，第 14 天乳锰含量平均为 3.13μg/L±2.00μg/L。Gurbay 等[20]报告的土耳其安卡拉母乳中砷水平为＜7.6μg/L（低于检测限量），镍含量为 43.9μg/L±33.8μg/L。孙忠清等[8]报告的 42 份取自黑龙江的母乳中铝、砷、镍、锰含量范围分别为 63.2～436.3μg/kg、0.92～2.72μg/kg、0.77～209.26μg/kg 和 3.00～16.12μg/kg。

第五节　展　　望

与我国现行食品中污染物限量标准相比，除外有暴露史，大多数调查的城市人乳中重金属含量、评价的重金属水平整体上仍处于可接受范围，也低于 WHO 确定的婴儿每周可耐受摄入量，理论上可以排除母乳喂养婴儿过量暴露环境重金属的风险。

然而，需要研究长期低剂量暴露母乳中污染的环境污染物对喂养儿健康状况的远期影响。研究证明，即使是暴露于极微量的重金属也将会对婴儿的健康产生有害影响，包括血液学毒性、神经毒性和肾脏毒性等[19]，而且乳母膳食习惯影响其乳汁中重金属水平[18]。人乳也被公认为是最合适的生物标志物，因此应该定期监测人乳中重金属的浓度及其动态变化趋势，研究降低儿童暴露这些环境污染物的发展战略。

还需要关注来自严重污染地区（如金属冶炼厂、金矿）的人乳中某些重金属（如铅、镉、汞等）的含量，有些可能超过了可耐受摄入量，而且这种暴露以及危害可能从胚胎期就已开始，需要监测和评价这样的暴露对婴儿以及后期生长发育和认知能力的长期影响。同时更应该关注工业污染、污水处理以及生态环境破坏等可能增加乳母暴露污染物风险，将会对乳母和子代的健康产生长期危害。

（荫士安）

参考文献

[1] Sharma R，Pervez S. Toxic metals status in human blood and breast milk samples in an integrated steel plant environment in Central India. Environ Geochem Health，2005，27（1）：39-45.

[2] Wappelhorst O，Kuhn I，Heidenreich H，et al. Transfer of selected elements from food into human milk. Nutrition，2002，18（4）：316-322.

[3] 姚辉，孙慧谨，白夷，等. 初乳铅与儿童体格和智力发育的关系. 中国优生与遗传杂志，2012，20：131-133.

[4] Li PJ，Sheng YZ，Wang QY，et al. Transfer of lead via placenta and breast milk in human. Biomed Environ Sci，2000，13（2）：85-89.

[5] Anastacio Ada S，da Silveira CL，Miekeley N，et al. Distribution of lead in human milk fractions：relationship with essential minerals and maternal blood lead. Biol Trace Elem Res，2004，102（1-3）：27-37.

[6] Chien LC，Yeh CY，Lee HC，et al. Effect of the mother's consumption of traditional Chinese herbs on estimated infant daily intake of lead from breast milk. Sci Total Environ，2006，354（2-3）：120-126.

[7] 邓波，张慧敏，颜春荣，等. 深圳市母乳中矿物质含量及重金属负荷水平研究. 卫生研究，2009，38：293-295.

[8] 孙忠清，岳兵，杨振宇，等. 微波消解-电感耦合等离子体质谱法测定人乳中24种矿物质含量. 卫生研究，2013，42：504-509.

[9] World Health Organization. Minor and trace elements in human milk. Geneva，Switz：1989.

[10] Liu KS，Hao JH，Xu YQ，et al. Breast milk lead and cadmium levels in suburban areas of Nanjing，China. Chin Med Sci J，2013，28（1）：7-15.

[11] Garcia-Esquinas E，Perez-Gomez B，Fernandez MA，et al. Mercury，lead and cadmium in human milk in relation to diet，lifestyle habits and sociodemographic variables in Madrid（Spain）. Chemosphere，2011，85（2）：268-276.

[12] 张丹，吴美琴，颜崇淮，等. 母乳中重金属等微量元素状况分析. 中国妇幼保健，2011，26：2652-2655.

[13] Marques RC，Moreira Mde F，Bernardi JV，et al. Breast milk lead concentrations of mothers living near tin smelters. Bull Environ Contam Toxicol，2013，91（5）：549-554.

[14] Orun E，Yalcin SS，Aykut O，et al. Breast milk lead and cadmium levels from suburban areas of Ankara. Sci Total Environ，2011，409（13）：2467-2472.

[15] Al-Saleh I，Shinwari N，Mashhour A. Heavy metal concentrations in the breast milk of Saudi women. Biol Trace Elem Res，2003，96（1-3）：21-37.

[16] Soleimani S，Shahverdy MR，Mazhari N，et al. Lead concentration in breast milk of lactating women who were living in Tehran，Iran. Acta Med Iran，2014，52（1）：56-59.

[17] Ursinyova M，Masanova V. Cadmium，lead and mercury in human milk from Slovakia. Food Addit Contam，2005，22（6）：579-589.

[18] Leotsinidis M，Alexopoulos A，Kostopoulou-Farri E. Toxic and essential trace elements in human milk from Greek lactating women：association with dietary habits and other factors. Chemosphere，2005，61（2）：238-247.

[19] Gundacker C，Pietschnig B，Wittmann KJ，et al. Lead and mercury in breast milk. Pediatr，2002，110（5）：873-878.

[20] Gurbay A，Charehsaz M，Eken A，et al. Toxic metals in breast milk samples from Ankara，Turkey：assessment

of lead，cadmium，nickel，and arsenic levels. Biol Trace Elem Res，2012，149（1）：117-122.

[21] Ettinger AS，Tellez-Rojo MM，Amarasiriwardena C，et al. Effect of breast milk lead on infant blood lead levels at 1 month of age. Environ Health Perspect，2004，112（14）：1381-1385.

[22] Koyashiki GA，Paoliello MM，Matsuo T，et al. Lead levels in milk and blood from donors to the breast milk bank in southern Brazil. Environ Res，2010，110（3）：265-271.

[23] Goncalves RM，Goncalves JR，Fornes NS. Relationship between lead levels in colostrum，dietary intake，and socioeconomic characteristics of puerperal women in Goiania，Brazil. Pan Am J Public Health，2011，29（4）：227-233.

[24] Vahidinia A，Samiee F，Faradmal J，et al. Mercury，lead，cadmium，and barium Levels in human breast milk and factors affecting their concentrations in Hamadan，Iran. Biol Trace Elem Res，2019，187（1）：32-40.

[25] Isaac CP，Sivakumar A，Kumar CR. Lead levels in breast milk，blood plasma and intelligence quotient：a health hazard for women and infants. Bull Environ Contam Toxicol，2012，88（2）：145-149.

[26] Counter SA，Buchanan LH，Ortega F，et al. Lead levels in the breast milk of nursing andean mothers living in a lead-contaminated environment. J Toxicol Environ Health A，2014，77（17）：993-1003.

[27] 苗红，程薇薇. 92 例母乳中铅含量调查分析. 西部医学，2012，24：1689-1693.

[28] 闫琦，任捷，闫时. 产妇血、乳汁和尿中铅、镉含量水平 60 例分析. 中国儿童保健杂志，2009，17：451-453.

[29] 姚辉，李悦，石川，等. 南京市 170 例母乳铅与母血、脐血铅含量的相关性分析. 中国优生与遗传杂志，2012，20：60-61.

[30] 张丹，陈桂霞，徐健，等. 母乳中微量元素间及母血中微量元素的相关性研究. 中国儿童保健杂志，2010，18：199-201.

[31] 陈桂霞，曾国章，李健. 婴儿血铅与母亲血铅和乳铅等因素的相光性研究. 中华预防医学杂志，2006，40：189-191.

[32] 焦亚平，符白玲，温秀兰，等. 广东地区 500 例母乳铅与母血、脐血铅含量的相关性分析. 中国妇幼保健，2011，26：820-821.

[33] 张丽范，郭小方，方文，等. 广东江门地区 3 月龄婴儿血铅与乳母血铅及乳铅等因素的相关性研究. 微量元素与健康研究，2008，25：16-19.

[34] 刘汝河，黄宇戈，肖红，等. 母血、脐血、母乳铅、钙水平配对分析. 中国儿童保健杂志，2004，12：201-203.

[35] 顾金龙，赵永成，田丽丽，等. 母乳镉水平对纯母乳喂养婴儿身高和体重的影响. 中国工业医学杂志，2008，21：157-159.

[36] Honda R，Tawara K，Nishijo M，et al. Cadmium exposure and trace elements in human breast milk. Toxicology，2003，186（3）：255-259.

[37] Goncalves RM，Goncalves JR，Fornes NS. Cadmium in human milk：concentration and relation with the lifestyle of women in the puerperium period. Rev Bras Ginecol Obstet，2010，32（7）：340-345.

[38] Radisch B，Luck W，Nau H. Cadmium concentrations in milk and blood of smoking mothers. Toxicol Lett，1987，36（2）：147-152.

[39] World Health. Organization. International Programme on Chemical Safety：Mercury .2017.

[40] 陈桂霞，苏妙玲，王宏，等. 母乳喂养状况及其与婴儿铅汞暴露的关系. 中国儿童保健杂志，2010，18：515-518.

[41] de Costa SL，Malm O，Dorea JG. Breast-milk mercury concentration and amalgam surface in mothers from

Brasilia，Brazil. Biological Trace Element Research，2005，106：145-151.

[42] Gaxiola-Robles R，Zenteno-Savin T，Labrada-Martagon V，et al. Mercury concentration in breast milk of women from northwest Mexico； possible association with diet，tobacco and other maternal factors. Nutr Hosp，2013，28（3）：934-942.

[43] Richardson GM，Wilson R，Allard D，et al. Mercury exposure and risks from dental amalgam in the US population，post-2000. Sci Total Environ，2011，409（20）：4257-4268.

[44] Vieira SM，de Almeida R，Holanda IB，et al. Total and methyl-mercury in hair and milk of mothers living in the city of Porto Velho and in villages along the Rio Madeira，Amazon，Brazil. Int J Hyg Environ Health，2013，216（6）：682-689.

[45] Cunha LR，Costa TH，Caldas ED. Mercury concentration in breast milk and infant exposure assessment during the first 90 days of lactation in a midwestern region of Brazil. Biol Trace Elem Res，2013，151（1）：30-37.

[46] Sharma BM，Sanka O，Kalina J，et al. An overview of worldwide and regional time trends in total mercury levels in human blood and breast milk from 1966 to 2015 and their associations with health effects. Environ Int，2019，125：300-319.

[47] Rebelo FM，Caldas ED. Arsenic，lead，mercury and cadmium：Toxicity，levels in breast milk and the risks for breastfed infants. Environ Res，2016，151：671-688.

[48] Bassil M，Daou F，Hassan H，et al. Lead，cadmium and arsenic in human milk and their socio-demographic and lifestyle determinants in Lebanon. Chemosphere，2018，191：911-921.

[49] 王东胜，王晓飞，李正国. 通过胎盘与母乳引起砷中毒病例报告. 中国地方病学杂志，1995，14：56.

第四十二章

霉菌毒素污染

霉菌毒素（mycotoxins）通常是某些霉菌产生的次生剧毒性低分子量代谢产物[1]，主要是指霉菌在其所污染的食品中产生的有毒代谢产物，通过食品进入人体，引起急性、亚急性或慢性毒性，损害肝脏、肾脏、神经组织、造血组织及皮肤组织等，还可以经乳汁进入喂养儿体内[2]。目前已知约有 150 多种化合物，而其中最具代表性的霉菌毒素是具有致癌性的黄曲霉毒素。其他的霉菌毒素还有具肾脏毒性的赭曲霉毒素 A 等。在人乳中已检出了这两类霉菌毒素。尽管食物中霉菌毒素的量很低，但如果持续摄入即使是微量的霉菌毒素也可导致体内蓄积，而且不同霉菌毒素间有协同作用，其危害比单一毒素的毒性强很多倍。

第一节　黄曲霉毒素

黄曲霉毒素（aflatoxin）是某些真菌产生的有毒代谢产物。已知天然产生的四种黄曲霉毒素是黄曲霉毒素 B_1、黄曲霉毒素 B_2、黄曲霉毒素 G_1 和黄曲霉毒素 G_2，其中黄曲霉毒素 B_1 的毒性最大。由于食品和饲料（谷物、坚果等）中经常可检出黄曲霉毒素污染物（黄曲霉毒素 B_1 和黄曲霉毒素 B_2），因此当动物（如奶牛）摄入黄曲霉毒素 B_1 和黄曲霉毒素 B_2 时，约 1.5%（1%～3%）在肝脏被羟化，经乳汁以黄曲霉毒素 M_1 和黄曲霉毒素 M_2 形式排出，尽管其毒性低于其母体化合物，但是仍具有重要的公共卫生意义，因为人乳中可能存在黄曲霉毒素（黄曲霉毒素 M_1 和黄曲霉毒素 M_2），而且在婴幼儿的膳食构成中占比较大。

一、毒性

已有报道乳母摄入被黄曲霉毒素 B_1 污染的食物（如谷类制品、奶及奶制品、豆类食品、肉类制品、鱼、玉米油、棉籽油、干果和坚果）后，12～24h 即可在乳汁中检测出黄曲霉毒素 M_1。当暴露停止 72h 后，母乳中黄曲霉毒素 M_1 降低到检测限以下[3]。黄曲霉毒素是毒性很强的物质，可引起动物和人体的急性和慢性毒性，包括引起急性肝脏损害、肝硬化，诱发肿瘤和致畸作用；在某些地区出生前后长期暴露黄曲霉毒素可能是导致儿童生长发育延迟的重要原因之一。黄曲霉毒素 B_1、黄曲霉毒素 B_2、黄曲霉毒素 M_1 和黄曲霉毒素 M_2 的化学结构示意见图 42-1。

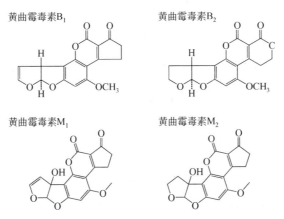

图 42-1　黄曲霉毒素 B_1、黄曲霉毒素 B_2、黄曲霉毒素 M_1 和黄曲霉毒素 M_2 的化学结构示意

二、含量

母乳中黄曲霉毒素的含量呈现明显区域差异，气候湿热地区污染较重，而气候温和地区则污染较轻，不同研究报道的人乳中黄曲霉毒素含量及范围见表 42-1。Omar[4] 测定的 80 例约旦乳母的乳汁黄曲霉毒素 M_1，平均浓度高于欧盟和美国设定的最大可接受限值 25ng/kg，另一项研究估计的新生儿经母乳每天暴露黄曲霉毒素 M_1 的量为 52.7ng[5]。其他研究观察到人乳中黄曲霉毒素 M_1 与乳母的牛乳摄入量呈显著正相关（$P<0.001$），黄曲霉毒素 M_1 与儿童生长发育迟缓有关（$P<0.015$）[6]。多数研究结果表明，非洲地区和亚洲（如阿联酋）母乳中黄曲霉毒素 M_1 的污染较重；相比较欧洲、澳大利亚等地区黄曲霉毒素污染情况则较轻（表 42-1）。根据我国 2011 年对 15 个省母乳中真菌毒素污染状况的调查，母乳中黄曲霉毒素 M_1 呈现明显地域差异，部分省份的母乳样品中仍可检出黄曲霉毒素 B_1 和黄曲霉毒素 M_1，需要关注这样的污染程度对喂养儿健康状况的影响[7]。

⊡ **表 42-1　人乳中黄曲霉毒素含量及其范围**

作者，时间	地点	例数	检出率/%	存在形式	含量
Coulter 等[10]，1984	苏丹	99	13.1	黄曲霉毒素 M_1	19.0ng/L[④]
			11.1	黄曲霉毒素 M_2	12.2ng/L[④]
Saad 等[11]，1995	阿联酋	445	99.5	黄曲霉毒素 M_1	2～3000ng/L
el-Nezami 等[12]，1995	澳大利亚	73	15.1	黄曲霉毒素 M_1	71ng/L[②]（28～1031 ng/L）
	泰国	11	45.4	黄曲霉毒素 M_1	664ng/L[②]（39～1736 ng/L）
Lamplugh 等[13]，1988	加纳阿克拉	264	22.3	黄曲霉毒素 M_1	20～1816ng/L
			7.8	黄曲霉毒素 M_2	16～2075ng/L
Polychronaki 等[9]，2006	埃及	388	36	黄曲霉毒素 M_1	13.5ng/L[②]
Galvano 等[14]，2008	意大利	82	4.9	黄曲霉毒素 M_1	55.4ng/L[④]（<7～140ng/L）
Keskin 等[15]，2009	土耳其	61	13.1	黄曲霉毒素 M_1	5.68ng/L±0.62ng/L[③]（5.10～6.90ng/L）
Gurbay 等[16]，2010	土耳其	75	—[①]	黄曲霉毒素 M_1	60.9～300.0ng/L
			—[①]	黄曲霉毒素 B_1	94.5～4123.8ng/L
Mahdavi 等[6]，2010	伊朗	91	22	黄曲霉毒素 M_1	6.69ng/L ±0.94ng/L[③]
El-Tras 等[5]，2011	埃及	125	—	黄曲霉毒素 M_1	74.41ng/L ±7.07ng/L[③]（<50～100ng/L）
Elzupir 等[17]，2012	苏丹	94	54.3	黄曲霉毒素 M_1	401ng/L ±525ng/L[③]
Adejumo 等[18]，2013	尼日利亚	50	82	黄曲霉毒素 M_1	3.49～35.0ng/L

①未报告检出率。②中位数。③平均值±SD。④平均值。

三、影响因素

　　母乳中黄曲霉毒素含量反映了乳母膳食的污染程度，即食品中黄曲霉毒素污染重的地区，母乳中黄曲霉毒素 M_1 的污染也较重。乳母膳食可能是影响母乳中黄曲霉毒素 M_1 的重要因素，其他的影响因素还有乳母膳食习惯、社会经济状况、人口学资料以及哺乳习惯等[8]。埃及的研究结果提示，失业或没工作、肥胖、玉米油消费量高、家庭儿童数和哺乳早期阶段（<1 个月）都影响人乳中黄曲霉毒素 M_1 的水平[9]。

第二节　赭曲霉毒素 A

　　赭曲霉毒素（ochratoxin）是继黄曲霉毒素后又一个引起广泛关注的霉菌毒素，它是由曲霉属的 7 种曲霉和青霉属的 6 种青霉菌产生的一组重要的、污染食品的真菌毒素，赭曲霉毒素 A 毒性最大、分布最广、产毒量最高、对农产品的污染最重、与人类健康最为密切。该毒素主要污染粮谷类农产品如燕麦、大麦、小麦、玉米、动物饲料和动物性食品等。赭曲霉毒素 A 的化学结构示意见图 42-2。

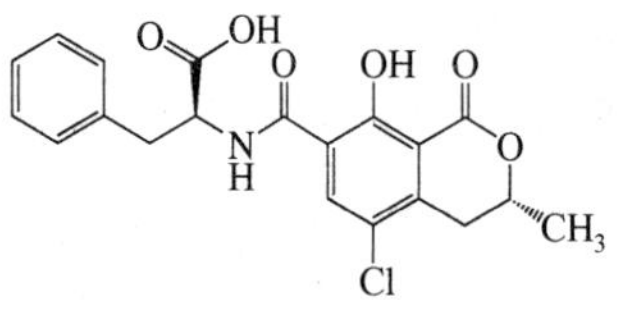

图 42-2　赭曲霉毒素 A 的化学结构示意

引自 Kamali 等[19]，2017

一、毒性

赭曲霉毒素 A 是一种具有急性肾脏毒性和致癌特性的真菌毒素[20]，是常见的食品污染物，可能对新生儿的某些疾病发挥致病作用。该毒素已被国际癌症研究机构归类为可能的人类致癌物（2B 组）[21]。给予实验动物致命剂量后，观察到的主要病理变化是肾小管和门静脉周围肝细胞坏死。赭曲霉毒素 A 具有免疫抑制作用，可能还有致癌作用。赭曲霉毒素 A 是脂溶性的，蓄积在组织中，不容易排出体外。由于婴儿较高的代谢率、较低的体重、排毒能力低以及某些组织和/或器官发育不全，被认为更容易受到霉菌毒素的影响。

二、含量

多种食品中可检出赭曲霉毒素，包括谷物、葡萄干、咖啡、可可、葡萄酒、啤酒、水果和坚果等；该种毒素可由母体经乳汁排出[22]，而且已经在乳母血液和乳汁中检测出赭曲霉毒素 A，母乳样本检出率 58%（范围 10~40ng/L），相应的乳母血中平均含量为167ng/L（范围 90~940ng/L）[23]。来自不同地区的研究表明，母乳中可能含有赭曲霉毒素 A 的浓度不同，不同文献报道的人乳中赭曲霉毒素 A 含量及其范围见表 42-2。Munoz等[24]测定的 90 份德国母乳中赭曲霉毒素 A，29%的样品中含量超过了 3ng/kg 的可耐受每天摄入量（tolerable daily intake, TDI）。Kamali 等[19]在伊朗东南部的研究中，从 2016年 4 月至 2017 年 1 月收集了 84 份母乳样品，所有乳样均检出赭曲霉毒素 A，平均含量±SD 为 1.99ng/ml±1.34ng/ml（范围 0.11~7.34ng/ml），其中 14 份乳样含有高浓度赭曲霉毒素 A（超过 3ng/ml 的检测定量极限）。

☐ 表 42-2　人乳中赭曲霉毒素 A 的含量及其范围

作者，时间	地点	例数	检出率/%	含量
Breitholtz-Emanuelsson 等[23]，1993	瑞典	40	57.5	10~40ng/L
Skaug 等[29]，1998	挪威	115	33.0	10~130ng/L
Skaug 等[26]，2001	挪威	80	21	10~182ng/L
Turconi 等[30]，2004	意大利	198	85.7	6.01ng/L ±8.31ng/L①
Galvano 等[14]，2008	意大利	82	74.3	30.4ng/L（<5~405ng/L）②
Dostal 等[22]，2008	斯洛伐克	76	30.1	2.3ng/L±0.99ng/L（23 例）①
			11.8	60.3ng/L±25.93ng/L（9 例）①
Gurbay 等[31]，2010	土耳其	75	100	620.9~13111.3ng/L
Biasucci[25]，2011	意大利	41	78.9	10ng/L ±15.6ng/L①
Munoz 等[24]，2013	德国	90	>50	24.4ng/L ±21.1ng/L（<10~100ng/L）①
Kamali 等[19]，2017	伊朗	84	100	1990ng/L±1340ng/L（110~7340ng/L）①

①平均值±SD。②平均值。

三、影响因素

乳汁赭曲霉毒素 A 浓度与乳母的膳食习惯有关[14]，与乳母年龄呈负相关[19]；乳汁的赭曲霉毒素 A 与乳母的猪肉、甜饮料、软饮料和种子油消费量呈显著正相关，早餐谷类食品、加工的肉类制品和奶酪也是赭曲霉毒素 A 的重要来源，乳母的血清含量也与血清/乳汁的赭曲霉毒素 A 比值呈正相关[25,26]。

第三节　其他霉菌毒素

除了上文提到的常见的黄曲霉毒素 M₁（AFM₁）和赭曲霉毒素 A（OTA），还有报道母乳中可检出玉米赤霉烯酮（zearalenone，ZEA）和脱氧雪腐镰刀菌烯醇（deoxynivalenol，DON）[2,27]。ZEA 和 DON 均是有毒的真菌次生代谢产物，主要存在于受污染的食物中，与严重的健康问题有关。Memis 和 Yalcın[2]测定的母乳中 ZEA 含量超过 300ng/L 的占59.7%，而 DON 含量超过 10000ng/L 的占 37.7%。Dinleyici 等[27]报告产后 90 天的所有母乳样品中均可检测出 ZEA，中位数为 173.8ng/L（范围 35.7～682ng/L），DON 的中位数为 3924ng/L（范围 400～14997ng/L）。母乳中这些霉菌毒素的含量与孕期和哺乳期的饮食习惯有关，更多是来自被这些霉菌毒素污染的谷物食品[28]。

（荫士安）

参考文献

[1] Alshannaq A, Yu JH. Occurrence, toxicity, and analysis of major mycotoxins in food. Int J Environ Res Public Health, 2017, 14（6）. doi：10.3390/ijerph14060632.

[2] Memis EY, Yalcin SS. Human milk mycotoxin contamination：smoking exposure and breastfeeding problems. J Matern Fetal Neonatal Med, 2019：1-10.

[3] Creppy EE. Update of survey, regulation and toxic effects of mycotoxins in Europe. Toxicol Lett, 2002, 127（1-3）：19-28.

[4] Omar SS. Incidence of aflatoxin M1 in human and animal milk in Jordan. J Toxicol Environ Health A, 2012, 75（22-23）：1404-1409.

[5] El-Tras WF, El-Kady NN, Tayel AA. Infants exposure to aflatoxin M（1）as a novel foodborne zoonosis. Food Chem Toxicol, 2011, 49（11）：2816-2819.

[6] Mahdavi R, Nikniaz L, Arefhosseini SR, et al. Determination of aflatoxin M（1）in breast milk samples in Tabriz-Iran. Matern Child Health J, 2010, 14（1）：141-145.

[7] 邱楠楠，邓春丽，周爽，等. 2011 年中国 15 个省母乳中真菌毒素的污染状况. 卫生研究, 2018, 47（1）：

65-72.

[8] 高秀芬，荫士安，计融. 部分国家母乳中黄曲霉毒素 M_1 的污染状况. 中国食品卫生杂志，2010，22：87-91.

[9] Polychronaki N，Turner P，Mykkanen H，et al. Determinants of aflatoxin M_1 in breast milk in a selected group of Egyptian mothers. Food Addit Contam，2006，23（7）：700-708.

[10] Coulter JB，Lamplugh SM，Suliman GI，et al. Aflatoxins in human breast milk. Ann Trop Paediatr，1984，4（2）：61-66.

[11] Saad AM，Abdelgadir AM，Moss MO. Exposure of infants to aflatoxin M_1 from mothers' breast milk in Abu Dhabi，UAE. Food Addit Contam，1995，12（2）：255-261.

[12] el-Nezami HS，Nicoletti G，Neal GE，et al. Aflatoxin M_1 in human breast milk samples from Victoria，Australia and Thailand. Food Chem Toxicol，1995，33（3）：173-179.

[13] Lamplugh SM，Hendrickse RG，Apeagyei F，et al. Aflatoxins in breast milk，neonatal cord blood，and serum of pregnant women. Br Med J，1988，296（6627）：968.

[14] Galvano F，Pietri A，Bertuzzi T，et al. Maternal dietary habits and mycotoxin occurrence in human mature milk. Mol Nutr Food Res，2008，52（4）：496-501.

[15] Keskin Y，Baskaya R，Karsli S，et al. Detection of aflatoxin M_1 in human breast milk and raw cow's milk in Istanbul，Turkey. J Food Prot，2009，72（4）：885-889.

[16] Gurbay A，Sabuncuoglu SA，Girgin G，et al. Exposure of newborns to aflatoxin M_1 and B_1 from mothers' breast milk in Ankara，Turkey. Food Chem Toxicol，2010，48（1）：314-319.

[17] Elzupir AO，Abas AR，Fadul MH，et al. Aflatoxin M（1）in breast milk of nursing Sudanese mothers. Mycotoxin Res，2012，28（2）：131-134.

[18] Adejumo O，Atanda O，Raiola A，et al. Correlation between aflatoxin M_1 content of breast milk，dietary exposure to aflatoxin B_1 and socioeconomic status of lactating mothers in Ogun State，Nigeria. Food Chem Toxicol，2013，56：171-177.

[19] Kamali A，Mehni S，Kamali M，et al. Detection of ochratoxin A in human breast milk in Jiroft city，south of Iran. Curr Med Mycol，2017，3（3）：1-4.

[20] Mitchell NJ，Chen C，Palumbo JD，et al. A risk assessment of dietary Ochratoxin a in the United States. Food Chem Toxicol，2017，100：265-273.

[21] Pfohl-Leszkowicz A，Manderville RA. Ochratoxin A：An overview on toxicity and carcinogenicity in animals and humans. Mol Nutr Food Res，2007，51（1）：61-99.

[22] Dostal A，Jakusova L，Cajdova J，et al. Results of the first studies of occurence of ochratoxin A in human milk in Slovakia. Bratisl Lek Listy，2008，109（6）：276-278.

[23] Breitholtz-Emanuelsson A，Olsen M，Oskarsson A，et al. Ochratoxin A in cow's milk and in human milk with corresponding human blood samples. J AOAC Int，1993，76（4）：842-846.

[24] Munoz K，Wollin KM，Kalhoff H，et al. Occurrence of the mycotoxin ochratoxin a in breast milk samples from Germany. Gesundheitswesen，2013，75（4）：194-197.

[25] Biasucci G，Calabrese G，Di Giuseppe R，et al. The presence of ochratoxin A in cord serum and in human milk and its correspondence with maternal dietary habits. Eur J Nutr，2011，50（3）：211-218.

[26] Skaug MA，Helland I，Solvoll K，et al. Presence of ochratoxin A in human milk in relation to dietary intake. Food Addit Contam，2001，18（4）：321-327.

[27] Dinleyici M，Aydemir O，Yildirim GK，et al. Human mature milk zearalenone and deoxynivalenol levels in

Turkey. Neuro Endocrinol Lett，2018，39（4）：325-330.

[28] Mousavi Khaneghah A，Fakhri Y，Raeisi S，et al. Prevalence and concentration of ochratoxin A，zearalenone，deoxynivalenol and total aflatoxin in cereal-based products：A systematic review and meta-analysis. Food Chem Toxicol，2018，118：830-848.

[29] Skaug MA，Stormer FC，Saugstad OD. Ochratoxin A：a naturally occurring mycotoxin found in human milk samples from Norway. Acta Paediatr，1998，87（12）：1275-1278.

[30] Turconi G，Guarcello M，Livieri C，et al. Evaluation of xenobiotics in human milk and ingestion by the newborn——an epidemiological survey in Lombardy（Northern Italy）. Eur J Nutr, 2004, 43（4）：191-197.

[31] Gurbay A，Girgin G，Sabuncuoglu SA，et al. Ochratoxin A：is it present in breast milk samples obtained from mothers from Ankara，Turkey？J Appl Toxicol，2010，30（4）：329-333.

第四十三章

其他环境污染物

除了前面提到的人乳中存在的持久性有机污染物、重金属污染物、霉菌毒素污染之外，乳母个人的生活习惯（如吸烟或被动吸烟、饮酒和饮用咖啡等）、用药、不良膳食习惯等也会影响到其所分泌乳汁中有害成分的含量。

第一节　尼古丁、酒精和咖啡因

乳母的吸烟和饮酒行为，除了影响乳汁分泌量和乳汁成分外，两者还可能对婴儿的健康状况产生潜在的长期不良影响。

一、吸烟

已有研究证明，哺乳期的妇女吸烟和/或被动吸烟可降低其泌乳量、缩短母乳喂养持续时间和降低喂哺婴儿的体重，吸烟与母乳脂肪和能量呈显著的负相关（$P=0.026$ 和 $P=0.007$）[1,2]。其作用机制归因于人乳中的尼古丁（nicotine）及其主要代谢产物可替宁（cotinine）的作用[3~5]，可能会影响母乳的抗氧化状态，对婴儿的健康产生不利影响[6]。烟草中有数百种化合物，尼古丁及其代谢产物最常用作为烟草暴露的标识物。人乳中尼古丁浓度（2.0~62.0μg/L）与乳母血清浓度（1.0~28.0μg/L）呈正相关（$r=0.70$），人乳浓度是相同乳母血浆浓度的1.5~3倍，乳汁浓度/血清浓度比值为2.92±1.09；人乳中可替宁浓度也与乳母的血清浓度呈正相关（$r=0.89$），但是母乳的浓度（12~222μg/L）低于相同乳母的血清浓度（16~330μg/L），乳汁浓度/血清浓度比值为 0.78±0.19；血浆和乳汁中的半衰期相似（60～90min）[4,7]。

母体血液中的尼古丁到达母乳中的速度很快，乳汁中尼古丁的浓度与乳母吸烟量或吸入尼古丁的量有关，即吸烟愈多，母乳中所含尼古丁和可替宁的浓度愈高，母乳中含有较高的尼古丁可使母乳喂养儿发生呕吐、腹泻、心率加快、烦躁不安等，而且吸烟还可降低乳汁分泌量。

二、饮酒

乳母饮酒时分泌乳汁中酒精浓度与母体血液中酒精浓度非常相似，对哺乳的影响既存在直接影响也存在间接作用。哺乳期间饮酒可直接抑制射乳反射导致乳汁产量暂时性降低，也可能损害婴儿的免疫功能[8,9]；乳母饮酒还可导致母乳喂养儿感知到酒精的味道和摄入酒精（alcohol）[10]。已证明，即使是乳母短期摄入酒精也会影响到乳汁味道、婴儿的喂养和睡眠行为；而且当酒精摄入量超过 1g/kg 体重时，可显著降低射乳反射[11,12]。乳母短期饮酒可显著且均匀地增加其乳汁气味的感知度，饮酒后 30min 至 1h 这种气味的强度增加达到峰值，随后开始降低，这种气味的改变与乳汁中乙醇（酒精）浓度的变化相平行[12]。

哺乳期间饮酒导致母乳中残留的酒精也会阻碍喂养儿的生长发育，酒精会直接影响到婴儿的饮食和睡眠方式（睡眠障碍）[9]，甚至抑制乳汁分泌导致母乳量下降[13,14]。鉴于妇女哺乳期间饮酒，酒精会通过乳汁进入喂养儿体内产生不良影响，在哺乳期间最好不要饮酒。如果哺乳期间乳母喝了含有酒精的饮料（如啤酒或一杯葡萄酒），至少需要等 2～3h 后再喂奶；如果喝的酒较多，则需要等更长的时间才能哺乳，甚至可长达 24h。

三、咖啡因

咖啡因（caffeine）是一种中枢神经兴奋剂，哺乳期间饮用咖啡的乳母，在其分泌的乳汁和喂哺的婴儿血清中可检出咖啡因，而且 3 个月内婴儿还不能代谢咖啡因，以原型经尿排出[15]；但是以这种方式暴露咖啡因对婴儿的心脏和睡眠时间没有显著影响[16~18]。根据已发表的研究，哺乳期妇女长期饮适量咖啡对新生儿没有明显的不良影响，而且咖啡因不会改变母乳成分[19]，也不会影响 3 个月内婴儿的睡眠状况[18]。

第二节　药　物

乳母的许多治疗用药物可以被转运进入乳汁，但是母乳喂养婴儿通过乳汁所接受到的剂量通常很低，通常对婴儿的健康状况没有明显影响。不过也有个别药物哺乳期间应禁用，因为对婴儿的健康和生长发育可能存在潜在的或不可预期的风险。由于乳母服用的药物涉及范围广，且种类繁多，这里不详述。

一、哺乳期妇女用药问题

由于哺乳期妇女常易患多种不适或疾病，需要服用处方药物进行治疗[20]，此时即使是服用一种安全有保证的药物，乳母常常忧虑是否应继续母乳喂养婴儿而不服用药物或还是进行药物治疗而停止母乳喂养。

已知哺乳期妇女服用的药物可进入乳汁，且随个别药物分子的理化性质而各不相同，乳母血浆中的药物浓度是影响有多少药物转移到乳汁的重要决定因素。扩散取决于浓度梯度，较高的乳母血浆/血清含量就会产生较高的乳汁含量。母乳略呈酸性（pH 值平均值 7.1），相比血浆平均 pH 为 7.4，故药物的酸/碱特性也是很重要的影响因素[21]。大多数用于乳母的处方药可能对泌乳量或婴儿健康/生长发育没有明显影响[13]，一方面可以确保母乳喂养的婴儿防止乳母用药造成的不良影响，另一方面可以对妇女哺乳期间存在的不适或健康状况进行有效的药物治疗。

因此我们不仅仅需要了解乳母服用的药物通过乳汁转移到婴儿的量，更重要的是药物对婴儿和乳母可能存在的潜在毒副作用[22]。尽管有些药物的毒副作用很低，如果长期服用，可能蓄积的药物量相对较低，但由于婴儿肝脏解毒能力、肾脏发育/排泄功能尚不完善以及药物在婴儿体内较长的半衰期，可能会导致出现毒副症状[22,23]。因此需在医生指导下，以个体为基础，评价母乳喂养期间药物使用的风险与益处。

二、乳母用药对喂养婴儿的危害

乳汁中残留的痕量抗菌类（如青霉素、链霉素）可引起婴儿过敏反应和导致耐药菌株的产生；镇静药物（如安定、苯妥英钠等）可引发婴儿皮疹和嗜睡、虚脱、全身瘀斑等；乳母服用大剂量阿司匹林和口服抗凝药时可能损害母乳喂养儿的凝血机制，发生出血倾向；乳母服用抗甲状腺药物（如他巴唑类），乳汁中浓度可为血中浓度的 3 倍以上，最高可达 12 倍之多，使婴儿的甲状腺功能减退，将会严重影响婴幼儿的甲状腺正常发育。

三、精神类药物

乳母服用抗焦虑药、抗抑郁药和抗精神病药对喂养儿的影响不是十分清楚。乳母服用这些药物出现在乳汁中的浓度较低，乳汁与血浆比值为 0.5～1.0[13]。因为这些化合物及其代谢产物的半衰期较长，在母乳喂养的婴儿血浆和组织中（如脑）可能检测出这些化合物。这一点对生后几个月的婴儿是特别重要的，因为他们的肝肾功能尚未发育成熟。哺乳期间，如果需要服用其中任何一种药物，应该告知乳母通过乳汁婴儿会暴露该种药物，影响处在发育中的中枢神经系统神经递质的功能，目前还不可能预测对神经系统发育的长期影响。

四、硅胶乳房植入物和母乳喂养

人们关注的问题是硅胶乳房植入物假体材料可能对喂哺婴儿存在的不良影响。这种关注的提出是基于 11 例乳房植入假体的乳母喂哺儿童出现食道功能障碍的报告[24,25]，但是这一发现还没有得到其他研究的证实，没有证据支持这种硅胶类假体直接对人体组织有毒，也没有其他与硅胶假体植入乳房喂哺婴儿出现临床问题的相关报告[26]，而且牛乳和婴儿配方食品中硅浓度大于人乳[27]。

五、催乳药或凉茶

产后乳汁分泌量不足是影响母乳喂养和持续时间的重要因素。常常医生给予处方药或其他催乳药（galactagogue medicine）或传统民间凉茶（herbal tea）处理这个问题。常用的催乳药有甲氧氯普胺、多潘立酮、氯丙嗪、舒必利、催产素、促甲状腺激素释放激素、安宫黄体酮等；草药和其他天然物质的催乳成分包括葫芦巴、山羊豆、牛奶（祝福蓟）与水飞蓟素、紫花苜蓿、山羊豆菊、啤酒酵母等[28,29]，有些小规模试验结果显示可改善泌乳量，但是试验设计存在诸多局限性[29]。

有相当多的产后妇女使用草药类产品试图增加乳汁分泌量，因为民间传闻有多种草药和药物具有提高泌乳量的作用，但是仍缺乏充足的科学证据[29]。关于使用草药和药物催乳可能存在的不良反应、药效动力学特征和药代动力学影响的证据仍缺少，缺乏临床证据来证明其有效性和安全性，还需要进一步设计良好的临床试验证实催乳药或凉茶的科学性、有效性和安全性[28~31]。

因此，需要研究乳母服用药物经乳汁排出的量、药物动力学以及可能对婴儿的短期和长期的不良影响。这首先是因为母乳是纯母乳喂养婴儿的独一无二的食物，婴儿完全依赖于母乳的营养；人乳中存在的药物或化学品，如果浓度达到一定程度，或如果婴儿相当敏感，就可能存在潜在不良影响，首当其冲的是婴儿脆弱的中枢神经系统。其次，研究乳母服用药物经乳汁的排出是为了获得足够的科学证据，以使乳母能安全和有效地使用药物，因为大多数乳母可能会在产后的第一周服用一种或多种药物[32]。

第三节　硝酸盐、亚硝酸盐和亚硝胺

硝酸盐（nitrates）是人乳中天然存在的成分之一，浓度范围为 1～5mg/L，分娩后 1～3

天、3~7 天和＞7 天的乳汁中硝酸盐浓度（mg/L）分别为 1.9±0.3、5.2±1.0 和 3.1±0.2；相应时间点的亚硝酸盐含量（mg/L）分别为 0.8±0.2、0.01±0.01 和 0.01±0.01[33]。根据 59 名潜在暴露工业污染源排放的氮化合物与 34 名相比较的对照组乳母的乳汁样品分析，硝酸盐和亚硝酸盐（nitrites）的几何均数分别为 2.83mg/L 和 0.46mg/L 与 2.76mg/L 和 0.32mg/L[34]，人乳中亚硝酸盐的含量通常很低，仅在含有细菌的人乳样品中亚硝酸盐可高达 1.2mg/kg。仲胺与亚硝酸盐反应可形成亚硝胺（nitrosamines）。由于亚硝胺类是致癌物质，人奶也检测出了亚硝胺，通常人乳中这些化合物的含量很低，检测也相当困难，需要提高检测方法的灵敏度。如果以 0.4μg/L 为检测限，则绝大多数样品中检测不出亚硝胺。

综上所述，人乳中存在许多种化学污染物。应该建立或完善灵敏的检测方法，监测和评价婴儿通过母乳暴露这些污染物的量以及变化趋势，并有针对性地控制和降低现代社会工业化环境污染的产物，降低婴儿暴露水平以保护婴儿健康成长。同时应该让乳母知晓哺乳期间应禁酒、禁烟，远离吸烟环境（被动吸烟）。

（荫士安）

参考文献

[1] Burianova I，Bronsky J，Pavlikova M，et al. Maternal body mass index，parity and smoking are associated with human milk macronutrient content after preterm delivery. Early Hum Dev，2019，137：104832.

[2] Napierala M，Mazela J，Merritt TA，et al. Tobacco smoking and breastfeeding：Effect on the lactation process，breast milk composition and infant development. A critical review. Environ Res，2016，151：321-338.

[3] Luck W，Nau H. Nicotine and cotinine concentrations in the milk of smoking mothers：influence of cigarette consumption and diurnal variation. Eur J Pediatr，1987，146（1）：21-26.

[4] Schulte-Hobein B，Schwartz-Bickenbach D，Abt S，et al. Cigarette smoke exposure and development of infants throughout the first year of life：influence of passive smoking and nursing on cotinine levels in breast milk and infant's urine. Acta Paediatr，1992，81（6-7）：550-557.

[5] Schwartz-Bickenbach D，Schulte-Hobein B，Abt S，et al. Smoking and passive smoking during pregnancy and early infancy：effects on birth weight，lactation period，and cotinine concentrations in mother's milk and infant's urine. Toxicol Lett，1987，35（1）：73-81.

[6] Napierala M，Merritt TA，Miechowicz I，et al. The effect of maternal tobacco smoking and second-hand tobacco smoke exposure on human milk oxidant-antioxidant status. Environ Res，2019，170：110-121.

[7] Luck W，Nau H. Nicotine and cotinine concentrations in serum and milk of nursing smokers. Br J Clin Pharmacol，1984，18（1）：9-15.

[8] Haastrup MB，Pottegard A，Damkier P. Alcohol and breastfeeding. Basic Clin Pharmacol Toxicol，2014，114（2）：168-173.

[9] Brown RA，Dakkak H，Seabrook JA. Is Breast Best？ Examining the effects of alcohol and cannabis use during lactation. J Neonatal Perinatal Med，2018，11（4）：345-356.

[10] Mennella JA. Infants' suckling responses to the flavor of alcohol in mothers' milk. Alcohol Clin Exp Res, 1997, 21 (4): 581-585.

[11] Cobo E. Effect of different doses of ethanol on the milk-ejecting reflex in lactating women. Am J Obstet Gynecol, 1973, 115 (6): 817-821.

[12] Mennella JA, Beauchamp GK. The transfer of alcohol to human milk. Effects on flavor and the infant's behavior. The N Engl J Med, 1991, 325 (14): 981-985.

[13] American Academy of Pediatrics Committee on Drugs. Transfer of drugs and other chemicals into human milk. Pediatr, 2001, 108: 776-789.

[14] Little RE, Northstone K, Golding J, et al. Alcohol, breastfeeding, and development at 18 months. Pediatr, 2002, 109 (5): e72.

[15] Aldridge A, Aranda JV, Neims AH. Caffeine metabolism in the newborn. Clin Pharmacol Ther, 1979, 25 (4): 447-453.

[16] Ryu JE. Caffeine in human milk and in serum of breast-fed infants. Dev Pharmacol Ther, 1985, 8 (6): 329-337.

[17] Berlin CM, Jr., Denson HM, Daniel CH, et al. Disposition of dietary caffeine in milk, saliva, and plasma of lactating women. Pediatr, 1984, 73 (1): 59-63.

[18] Santos IS, Matijasevich A, Domingues MR. Maternal caffeine consumption and infant nighttime waking: prospective cohort study. Pediatr, 2012, 129 (5): 860-868.

[19] Nehlig A, Debry G. Consequences on the newborn of chronic maternal consumption of coffee during gestation and lactation: a review. J Am Coll Nutr, 1994, 13 (1): 6-21.

[20] Asselin BL, Lawrence RA. Maternal disease as a consideration in lactation management. Clin Perinatol, 1987, 14 (1): 71-87.

[21] Berlin CM, Briggs GG. Drugs and chemicals in human milk. Semin Fetal Neonatal Med, 2005, 10 (2): 149-159.

[22] Schaefer C, Peters P, Miller PK. Drugs during pregnancy and lactation, 2nd Ed. Elsevier: Academy Press, 2007.

[23] Bertino E, Varalda A, Di Nicola P, et al. Drugs and breastfeeding: instructions for use. J Matern Fetal Neonatal Med, 2012, 25 Suppl 4: 78-80.

[24] Levine JJ, Trachtman H, Gold DM, et al. Esophageal dysmotility in children breast-fed by mothers with silicone breast implants. Long-term follow-up and response to treatment. Dig Dis Sci, 1996, 41 (8): 1600-1603.

[25] Levine JJ, Ilowite NT. Sclerodermalike esophageal disease in children breast-fed by mothers with silicone breast implants. JAMA, 1994, 271 (3): 213-216.

[26] Kjoller K, McLaughlin JK, Friis S, et al. Health outcomes in offspring of mothers with breast implants. Pediatr, 1998, 102 (5): 1112-1115.

[27] Semple JL, Lugowski SJ, Baines CJ, et al. Breast milk contamination and silicone implants: preliminary results using silicon as a proxy measurement for silicone. Plast Reconstr Surg, 1998, 102 (2): 528-533.

[28] Zuppa AA, Sindico P, Orchi C, et al. Safety and efficacy of galactogogues: substances that induce, maintain and increase breast milk production. J Pharm Pharm Sci, 2010, 13 (2): 162-174.

[29] Forinash AB, Yancey AM, Barnes KN, et al. The use of galactogogues in the breastfeeding mother. Ann Pharmacother, 2012, 46 (10): 1392-1404.

[30] Zapantis A，Steinberg JG，Schilit L. Use of herbals as galactagogues. Journal of pharmacy practice，2012，25（2）：222-231.

[31] Mortel M，Mehta SD. Systematic review of the efficacy of herbal galactogogues. J Hum Lact，2013，29（2）：154-162.

[32] Matheson I，Kristensen K，Lunde PK. Drug utilization in breast-feeding women. A survey in Oslo. European journal of clinical pharmacology，1990，38（5）：453-459.

[33] Hord NG，Ghannam JS，Garg HK，et al. Nitrate and nitrite content of human，formula，bovine，and soy milks：implications for dietary nitrite and nitrate recommendations. Breastfeed Med，2011，6（6）：393-399.

[34] Paszkowski T，Sikorski R，Kozak A，et al. Contamination of human milk with nitrates and nitrites. Polski tygodnik lekarski，1989，44（46-48）：961-963.

人乳成分一直被作为金标准用于指导婴儿配方食品的研发，纯母乳喂养婴儿通过母乳摄入大多数营养素的量常被用于估计婴儿的营养素适宜摄入量。然而，人乳中含有的大多数成分本身的变异就相当大，包括不同个体间的变异，母乳的营养状态对乳汁成分的影响，相同个体不同哺乳时期的成分变化也非常显著，同一次哺乳的不同阶段的乳汁成分含量差异也很大，再加上样品采集、储存方式以及冻融等过程，都会不同程度地影响最后的分析结果。

因此在设计人乳成分研究时，必须要考虑这些变异的来源以及设计控制的方法，应从课题的设计开始，包括采样地点的选择、受试者和样本量的确定、母乳样品的采集方法与时间、样品分装过程与使用的材料、转运与储存过程、分析的前处理（如均质化）以及选择的分析方法等。

以前方法学和检测仪器一直是制约母乳成分研究的瓶颈。近年来，检测仪器和分析手段取得了重大进展，随着基因组学分析方法的日益完善，可以更深入地了解母乳中的营养成分、功效成分或微量的生物活性成分，这将有助于更全面发现母乳中的有益成分、污染成分，为推广母乳喂养提供科学依据。

① 母乳成分快速检测仪器的推广与应用，方便现场条件下进行母乳成分快速测定，并将测定结果及时反馈给受试者；对于早产儿/极低出生体重儿，可用于临床快速分析母乳中主要营养成分含量和估计母乳营养强化剂的添加量。

② 至今关于人乳物理成分指标研究很少，如母乳渗透压、感官特征、电导率等。已有研究结果显示，乳母膳食影响其乳汁渗透压和感官特征以及喂养儿的接受程度。

③ 母乳样本的采集方法学研究，包括采集过程、分装及储存材料（与母乳的相溶性或可能溶出的成分）、转运和储藏/保存过程以及分析的前处理等。

④ 宏基因组学的实施，推动了人乳代谢组学的研究，包括蛋白质组学、脂质组学、糖组学和微生物组学等研究的不断深入。

⑤ 随着围产医学技术的进展和早产儿喂养科学知识（如母乳强化剂的使用）的完善，早产儿，特别是低出生体重儿的存活率得到明显提高，降低了不良喂养结局。

本篇中介绍了人乳的物理特性及其在婴儿营养中的作用、人乳样品的采集和储存以及人乳成分相关的组学研究等内容。

第六篇

人乳研究方法学

第四十四章

物理特性

————

人乳是一种极其复杂的液体，其由三个物理相的液体组成，即乳化相（emulsion）、胶体分散相（colloidal dispersion）和溶液（solution）。通过低速离心可以将乳液分成脂层和水层，每一部分都有其特征成分。用超速离心可将酪蛋白微胶粒（casein micelles）沉淀，分离出某些其他蛋白质，如人乳中的溶菌酶（lysozyme）、乳铁蛋白（lactoferrin），剩余的上清液是一种纯溶液。全面了解人乳的物理特性，在乳成分研究方面有助于选择正确的乳样采集方法、储存容器和条件以及分析前处理过程等，以获得准确的分析结果。

第一节　感官特征

母乳的感官特征（sensory characteristics）包括特有的气味（smell）、颜色（color）与稠度（consistency）、味道（flavor）、口感（taste）等，适合于喂养新生儿，因此母乳应该是人生的第一口食物。

一、气味

初乳脂肪和挥发性物质含量高，奶腥味重。成熟乳也含有挥发性脂肪酸、烃类及其他挥发性物质，使乳汁有特殊的香味。采取的乳样容易吸收环境中各种气味，因此乳样保存过程中要密闭、避光，避免受外环境气味影响[1]。储存不当的母乳由于脂肪氧化而产生具有特殊酸败味的脂肪氧化物和自由脂肪酸。4℃储存1~3天的乳汁，气味物质的浓度会发生显著变化[2]。

母乳的气味可以降低婴儿的痛感。有研究比较了给婴儿足跟采血前3min至采血后9min之内，闻母乳和闻婴儿配方奶的两组婴儿的痛感指数和唾液皮质醇浓度，闻母乳的婴儿痛感指数显著低于闻婴儿配方奶的婴儿（5.4分和9.0分，$P<0.001$），闻婴儿配方奶婴儿的唾液皮质醇浓度显著高于闻母乳的婴儿（25.3nmol/L和17.7nmol/L，$P<0.001$），说明母乳气味有镇痛效果[3,4]。

母乳可能具有特有的气味，也是新生儿能识别母体和母乳的信号[5,6]。乳汁的气味受母亲膳食影响。乳母摄入气味特殊的食物会影响乳汁的气味。有研究结果显示，母亲饮酒精30min至1h后，乳汁的酒精浓度和气味达峰值，然后逐渐下降；并使婴儿吸吮频次增加但是吃到的乳汁量却减少[7]。乳母摄入大蒜2h后，乳汁中蒜味达最大，婴儿吸吮时间更长，频次也更多[8]。

二、味道

母乳的味道主要包括甜、咸、酸、苦和腥味。初乳咸味和腥味较成熟乳重，成熟乳的苦味和酸味增加[9]。

（1）甜味　成熟乳汁含有丰富的乳糖使其带有甜味，甜度相当于1.53g蔗糖/100ml，前乳和后乳的甜度无显著变化[10]，母乳中碳水化合物含量与甜度呈正相关。

（2）咸味　母乳中含有钠离子和氯离子，使乳汁略带咸味[1]。患乳腺炎时可使乳汁的钠、谷氨酸和鸟苷一磷酸含量增加，乳汁的咸味和腥味升高。这些乳汁味道的改变，可能导致婴儿拒绝吸吮[9]。

（3）腥味　乳汁含有特殊的奶腥味，前乳比较稀薄，腥味较后乳弱，奶腥味与谷氨酸含量呈正相关。

（4）苦味　乳母食用苦味食品（如某些苦涩蔬菜）可能使前乳有苦味，但对后乳没有影响，这也可能使母乳喂养的孩子逐渐学会接受苦涩的蔬菜，因此有助于养成健康的膳食习惯[10]。然而，乳母膳食中含有苦味的食物和饮料如何影响其分泌乳汁的感官特性尚不清楚。

乳汁的味道受母亲膳食中味道物质的影响。酒精、大蒜素、茴香、芹菜、苦菜、甜菜等多种气味物质可以进入到乳汁中[11]。已有的研究结果提示，母亲的膳食越丰富，母乳中含有的芳香类成分就越多；母乳喂养的婴儿不容易发生挑食现象，也更愿意尝试新食物[12]。母乳味道成分影响婴儿的食物选择，哺乳期间，母亲饮用胡萝卜汁，婴儿后期可能会更容易接受含胡萝卜的辅食[13]。

三、颜色、稠度、口感

初乳的颜色呈橙黄色（可能与乳汁脂肪球富含类胡萝卜素有关）、黏稠状，是分娩后最初 7 天内产生的乳汁，过去民间常称其为"血乳"；成熟乳呈乳白色，黏稠度较初乳低。与成熟乳相比，初乳含有更丰富的蛋白质、铁、维生素、抗体等有益于健康的成分，是新生儿最珍贵的食物。成熟的前乳稀薄呈水样，后乳浓郁。

第二节　渗　透　压

有关人乳成分的研究，人们更多关注的是人乳中营养成分或功效成分的含量及其动态变化趋势，而对于人乳渗透压（osmolality or osmotic pressure）及其营养学意义的研究甚少。婴儿时期长期给予高渗透压（$\geq 300mOsm/kgH_2O$）食物，不仅增加肾脏负荷并可能产生不良影响，还会增加婴儿患高钠血症和高氮质血症的风险，被认为与喂养不耐受有关，而且是诱发婴儿坏死性结肠炎的重要危险因素[14,15]。

一、正常值

渗透压是指在一定溶液体积中溶解颗粒总数的测量指标。渗透压是指不能透过半透膜的溶质对水的吸引力，由单位容积内溶质颗粒的数目所决定，单位用 Osm/kg 或 Osm/L 表述。人体的半透膜包括细胞膜和毛细血管壁，细胞膜可以让水自由通过，但钠、钾等小分子晶体不能通过，毛细血管可以让水、钠、钾等通过，而不能让胶体分子自由通过。人体渗透压由晶体渗透压和胶体渗透压构成。其中晶体渗透压由体液中的钠、氯、钾、钙等离子及葡萄糖等小分子晶体物质产生，而胶体渗透压是由蛋白质、脂类等高分子胶体物质产生。晶体渗透压是晶体物质对水的吸引力，是细胞内外水分子移动的动力；而胶体渗透压主要是蛋白质对水的吸引力，是血管内外水分移动的动力。

人乳渗透压与血液渗透压接近，相对较恒定，这是因为正常乳汁中溶解的物质主要是乳糖，且其含量变异相当小。人乳渗透压取决于乳汁中溶解颗体的总数，这一点与冰点和沸点相同，而且乳汁渗透压与冰点成比例。用于测定冰点的仪器可以测定渗透压。血浆渗透压约 300mOsm/kg，母乳渗透压为 260～300mOsm/kg[15]；Sauret 等[16]的研究结果显示，早产儿（妊娠期 29～31 周）的母乳渗透压（mOsm/kg，均值±SD）为298±4，即使新鲜母乳于 4℃保存（或巴氏杀菌处理后）24h 渗透压也没有明显变化（301±6 与 303±10.3）；Yamawaki 等[17]报告的足月儿母乳渗透压为 299±14。通常用肾负荷描述乳制品对肾脏的负担，根据钠、氯、钾和蛋白质含量进行计算，各种乳类的潜在肾负荷分别为：人乳 93mOsm/L、乳基婴儿配方食品 135mOsm/L、豆基婴儿配方食品 165mOsm/L、全脂牛乳 308mOsm/L、脱脂牛乳 326mOsm/L[1]。

二、营养学意义

由于溶质通过肾脏排泄，因此母乳渗透压高会增加新生儿、婴幼儿肾脏排泄负荷。有报道称，食用高渗透压母乳（＞300mOsm/kg）的婴儿，其尿液中肾小球损伤标志物微量白蛋白和尿液视黄醇结合蛋白含量显著高于对照组，证明高渗母乳对婴儿肾脏有损伤[14]。高渗透压食品（如婴儿配方奶粉）含有高浓度溶质颗粒，被认为可能是导致坏死性小肠结肠炎的原因，因为肠内基质的高渗透压可能会减慢胃排空[18]。乳母低盐饮食有助于乳汁维持较低的渗透压，降低婴儿代谢负担。

高渗透压乳制品造成婴儿肾脏负荷增加已得到广泛证实。有研究比较了母乳喂养和牛乳喂养的婴儿尿液渗透压，母乳喂养儿平均尿液渗透压为151mOsm/kg，低渗透压牛乳制品（＜231.79mOsm/kg）喂养儿的平均尿液渗透压为 180mOsm/kg，而高渗透压牛乳制品（＞231.79mOsm/kg）喂养婴儿平均尿液渗透压为286mOsm/kg[19]。另一项研究测定了母乳与牛乳的肾负荷，母乳肾负荷为110mOsm/kg、牛乳肾负荷为170mOsm/kg[5]。上述研究结果提示，牛乳对婴儿肾脏潜在负荷高于人乳。因此，不宜将牛乳直接作为婴幼儿唯一食物，以避免增加肾脏负担。目前工业生产的婴儿配方食品，尽可能将渗透压控制在接近人乳的水平。

三、影响渗透压的因素

许多因素可能会影响母乳渗透压，包括母乳中某些成分含量的影响，如水分、蛋白质、脂肪、碳水化合物、可溶性膳食纤维、维生素和微量元素（如钾和钠等）的含量；其他影响因素还有乳样处理的影响（容器、储存、移液器等）[20]、捐赠母乳的巴氏杀菌[21]、昼夜节律性变化[22]以及暴露环境污染物（如吸烟）等[23,24]。母乳渗透压主要取决于其所含有的电解质（如钠、钾等）和糖分两大类溶质。乳母的膳食钾、铁、叶酸摄入量与渗透压呈正相关，而维生素 B_2、维生素 C、维生素 E、硒、锰摄入量与渗透压呈负相关[14,15]。

第三节　电　导　率

电导率（electrical conductivity，EC）被定义为溶液的电阻测量值，以倒数欧姆（mho）表示，用于评价母乳的总离子含量。对乳汁电导率贡献最大的是钠离子、钾离子和氯离子浓度。

一、正常值

文献报道的人乳电导率为 410×10^{-5} mho·cm^{-1}，变化范围为 150～675mho·cm^{-1}，电

导率测量值的变异范围很大[1]。如在不同哺乳阶段（初乳、过渡乳和成熟乳）和每天不同哺乳时间（早、中、晚）的测量值可能有较大差异，例如，根据 Kermack 和 Miller[25] 的测定结果，62 名乳母哺乳前后段乳的电导率，前乳为 219×10^{-5} mho·cm^{-1}±8.29mho·cm^{-1}，后乳为 231×10^{-5} mho·cm^{-1}±0.07mho·cm^{-1}，前后乳的氯离子含量分别为 75.2mg/100ml±6.13mg/100ml 和 67.7mg/100ml±5.12mg/100ml。早中晚母乳的电导率，表现为采自奶量不足乳母样品的电导率显著高于奶量充足的样品，第 1 个月和 2～5 个月乳样分析的结果相似；奶量充足的情况下，早中晚乳汁的电导率差异不明显，而奶量不足时，早中晚乳汁的电导率差异明显；随哺乳阶段的延长，母乳电导率呈逐渐降低趋势，相应的氯离子浓度也呈逐渐降低趋势；母乳量不足的乳样电导率和氯离子浓度的变异范围较大。

二、营养学意义

因为钠和氯的含量随乳腺炎程度而增加。自 20 世纪 90 年代，牛奶电导率的测量已经被作为乳腺炎的试验性筛查指标[26]。如果奶牛患有乳腺炎（临床或亚临床感染），乳汁中 Na^+ 和 Cl^- 的浓度增加，由于感染导致乳汁的电导率升高，而且电导率与乳腺炎的严重程度呈显著正相关[27,28]。

在人乳成分研究中，可以采取测定乳样中钠离子含量或电导率排除患乳腺炎的乳母。大多数医院的实验室都很容易测定乳汁钠离子含量或电导率，有助于排除偶发性或慢性乳腺炎。如果不能测定钠含量，也可以用电导率测量代替钠浓度。正常人乳电导率为 2.5～3.5mmho/cm，相对应的离子强度为 24～32mmol/L[29]。产后 7 天，任何人乳样品的钠离子浓度超过 20mmol/L 或电导率超过 6mmho/cm，就应考虑存在乳腺炎的可能[30]。

三、影响因素

已有人提出泌乳量对电导率的影响。通常采自乳母奶量充足的乳样电导率显著低于奶量不足的乳样，乳汁中 Na^+、K^+ 和 Cl^- 含量被认为是影响电导率的主要因素[31]。

第四节　母乳的其他物理参数

人乳的其他物理参数（physical parameters）包括冰点与沸点（freezing point and boiling point）、密度（density）、表面张力（surface tension）、分散性（dispersion）和 pH 值以及酸度（pH and acidity）等[1]。然而，目前关于乳汁的这些物理特性的研究主要限于牛奶

或山羊奶，因为这些参数与乳品加工过程以及产品质量有关，而有关人乳这些参数的研究报道甚少。

一、冰点与沸点

由于乳汁中溶解了很多的成分，所以乳汁的冰点低于纯水。测量这个特性已经被用于测定牛奶中是否加了水。与渗透压一样，冰点是稳定的。乳汁冰点的主要贡献是乳糖和氯离子。因为冰点与渗透压成正比，并且取决于所溶解的颗粒数量，这两个指标可以用相同的仪器进行测量。同样由于乳汁中溶解的成分，乳汁的沸点也高于纯水。

目前缺少人乳冰点与沸点的数值，报告的山羊奶和牛奶的冰点分别为−0.582℃和−0.552℃（−0.550～−0.512）；牛奶的沸点为100.17℃[1]。

二、密度

密度是物质单位体积的质量。乳汁中添加水将会降低密度。乳制品行业使用特殊的液体比重计（hydrometer）或乳汁检测仪（lactometer）测定密度和总固体含量。如果测量时的乳样温度不是20℃时，则需要进行校正。乳汁检测仪也可用于测定人乳密度。人乳密度为1.031g/ml，而山羊奶和牛奶分别为1.033（1.031～1.037）g/ml和1.030（1.021～1.037）g/ml[1]。

三、表面张力

表面张力被定义为增加溶液表面积所需要的功，通常以dyn/cm^{2}表示[1]。目前还缺少有关人乳表面张力的研究数据，山羊奶和牛奶的表面张力分别为52dyn/cm^{2}和52.8dyn/cm^2。牛奶或山羊奶表面张力的数据用于乳制品的生产加工，允许表面活性成分的变化和脂肪分解过程中释放脂肪酸，并用于测量牛奶起泡的倾向。表面张力是物质的特性，其大小与温度和界面两相物质的性质有关。

四、分散性

人乳是极其复杂的生物体液，在物理构成上，以水为分散剂，其他各种成分为分散质，分别以不同的状态分散在水中，构成三个物理相，包括：

（1）乳化相　脂肪及脂溶性维生素等脂类物质以脂肪球的形式分散于乳中，脂肪球直径为100～10000nm，脂肪球为脂解酶以及其他黏附成分提供巨大的比表面积（500cm^2/ml）。低速离心可以破坏乳化相，使母乳分离为脂层和水层。

（2）胶体分散相（colloidal dispersion）　蛋白质等大分子物质分散于乳中，微粒直径为 1～100nm。

（3）真溶液　乳中的乳糖、水溶性盐类、水溶性维生素等分子或离子分散于乳中，微粒直径小于 1nm。超速离心使酪蛋白和其他一些蛋白质（如溶菌酶）沉淀，其上清液成为真溶液。

此外，还有少量气体溶于乳中，经搅动后可呈现泡沫状态[1]。刚取出存放的乳汁加温后，轻轻摇匀有助于乳汁不同物理相的离散，使乳汁状态与新鲜乳汁状态近似。

五、pH 值和酸度

母乳 pH 值通常是在体外进行测量，由于 CO_2 释放到环境空气中，测定的结果高于乳腺内的母乳 pH 值。人乳 pH 值约为 7.2，略高于牛奶 6.6，接近人体血液 pH7.35～7.45；而 Yamawaki 等[17]报告的足月儿的母乳 pH 值（平均值±SD）为 6.5±0.3。与新鲜母乳相比，4℃保存 96h、−20℃保存 30 天或−70℃保存 90 天可导致母乳 pH 值显著降低[32]。牛奶的 pH 值是立即测定，而且很少有研究测定人乳的 pH 值。测定牛奶 pH 值的过程需要去除其中溶解的气体。

新鲜的母乳挤出后放置一段时间，pH 呈逐渐降低趋势，如在 4℃冰箱存放 48h 后 pH 值降低至 6.8，4℃放置 72h 后 pH 值降低至 6.6，−20℃存放 30 天后 pH 为 6.8，−70℃存放 90 天后 pH 为 6.6。冷冻可以抑制大部分微生物的生长和繁殖，冷冻条件下的 pH 值降低可能与脂肪分解为游离脂肪酸有关，因为解冻和升温后的样品 pH 值显著降低，而游离脂肪酸含量增加。

因储存不当而导致酸败的乳汁中含有大量的有害微生物，严重威胁婴儿健康。通过测定酸度，可判定母乳新鲜程度。存放温度对母乳保质期有重要影响。新鲜母乳存放在 20℃下，变质速度较快，只能存放 5～6h，在 4℃条件下，可存放 3～5 天，在−18℃下，可存放 4 个月左右。母乳冷冻（−18℃）时间越长，酸度越高。

结束语： 关于牛奶的物理特性已经进行了较全面的评价，这是因为许多这方面的参数是由它们在奶制品产业化方面（如加工和纯度评价等）的重要性所决定的。由于人乳是直接喂哺给新生儿和婴儿，故对其物理参数的研究与了解甚少。

（王杰，荫士安）

参考文献

[1] Neville MC，Jensen RG. The physical properties of human and bovine milks. San Diego：Academic Press，1995.

[2] Kirsch F，Beauchamp J，Buettner A. Time-dependent aroma changes in breast milk after oral intake of a pharmacological preparation containing 1，8-cineole. Clin Nutr，2012，31（5）：682-692.

[3] Nishitani S，Miyamura T，Tagawa M，et al. The calming effect of a maternal breast milk odor on the human

newborn infant. Neurosci Res，2009，63（1）：66-71.

[4] Badiee Z，Asghari M，Mohammadizadeh M. The calming effect of maternal breast milk odor on premature infants. Pediatr Neonatol，2013，54（5）：322-325.

[5] Marlier L，Schaal B. Human newborns prefer human milk：conspecific milk odor is attractive without postnatal exposure. Child Dev，2005，76（1）：155-168.

[6] Loos HM，Reger D，Schaal B. The odour of human milk：Its chemical variability and detection by newborns. Physiol Behav，2019，199：88-99.

[7] Mennella JA，Beauchamp GK. The transfer of alcohol to human milk. Effects on flavor and the infant's behavior. The N Engl J Med，1991，325（14）：981-985.

[8] Mennella JA，Beauchamp GK. Maternal diet alters the sensory qualities of human milk and the nursling's behavior. Pediatr，1991，88（4）：737-744.

[9] Yoshida M，Shinohara H，Sugiyama T，et al. Taste of milk from inflamed breasts of breastfeeding mothers with mastitis evaluated using a tastesensor. Breastfeed Med，2014，9（2）：92-97.

[10] Mastorakou D，Ruark A，Weenen H，et al. Sensory characteristics of human milk：Association between mothers' diet and milk for bitter taste. J Dairy Sci，2019，102（2）：1116-1130.

[11] Forestell CA. Flavor perception and preference development in human infants. Ann Nutr Metab，2017，70（Suppl 3）：17-25.

[12] Galloway AT，Lee Y，Birch LL. Predictors and consequences of food neophobia and pickiness in young girls. J Am Diet Assoc，2003，103（6）：692-698.

[13] Mennella JA，Daniels LM，Reiter AR. Learning to like vegetables during breastfeeding：a randomized clinical trial of lactating mothers and infants. Am J Clin Nutr，2017，106（1）：67-76.

[14] 杜志敏，孟涛，林智. 高渗透压母乳与等渗透压母乳喂养婴儿尿液 mA1b、RBP 的比较. 实用医技杂志，2006，13：211-212.

[15] 王双佳，韦力仁，李永进，等. 乳母膳食营养素摄入量与母乳渗透压的关系研究. 中国食物营养，2012，18：74-78.

[16] Sauret A，Andro-Garcon MC，Chauvel J，et al. Osmolality of a fortified human preterm milk：The effect of fortifier dosage，gestational age，lactation stage，and hospital practices. Arch Pediatr，2018，25（7）：411-415.

[17] Yamawaki N，Yamada M，Kan-no T，et al. Macronutrient，mineral and trace element composition of breast milk from Japanese women. J Trace Elem Med Biol，2005，19（2-3）：171-181.

[18] Pearson F，Johnson MF，Leaf AA. Milk osmolality：does it matter？ Arch Dis Child Fetal Neonatal Ed，2013：98.

[19] 汪宏良，朱志敏. 乳液肾负荷与尿液渗透压的关系探讨. 现代检验医学杂志，2007，22：101.

[20] Tudehope DI. Human milk and the nutritional needs of preterm infants. J Pediatr，2013，162（3 Suppl）：S17-25.

[21] Kreissl A，Zwiauer V，Repa A，et al. Effect of fortifiers and additional protein on the osmolarity of human milk：is it still safe for the premature infant？ J Pediatr Gastroenterol Nutr，2013，57（4）：432-437.

[22] Chung MY. Factors affecting human milk composition. Pediatr Neonatol，2014，55（6）：421-422.

[23] Napierala M，Mazela J，Merritt TA，et al. Tobacco smoking and breastfeeding：Effect on the lactation process，breast milk composition and infant development. A critical review. Environ Res，2016，151：321-338.

[24] Bachour P，Yafawi R，Jaber F，et al. Effects of smoking，mother's age，body mass index，and parity number on lipid，protein，and secretory immunoglobulin A concentrations of human milk. Breastfeed Med，2012，

7（3）：179-188.

[25] Kermack WO，Miller RA. Electrical conductivity and chloride content of women's milk. Part 2. The effect of factors relating to lactation. Arch Dis Child，1951，26（128）：320-324.

[26] Hamann J，Zecconi A. Evalation of the electrical conductivity of milk as a mastitis indicator. Bull 334，editor. Brussels，Belgium，1998.

[27] Kitchen BJ. Review of the progress of dairy science：bovine mastitis：milk compositional changes and related diagnostic tests. J Dairy Res，1981，48（1）：167-188.

[28] Norberg E，Hogeveen H，Korsgaard IR，et al. Electrical conductivity of milk：ability to predict mastitis status. J Dairy Sci，2004，87（4）：1099-1107.

[29] Allen JC，Neville MC. Ionized calcium in human milk determined with a calcium-selective electrode. Clin Chem，1983，29（5）：858-861.

[30] Neville MC，Allen JC，Archer PC，et al. Studies in human lactation：milk volume and nutrient composition during weaning and lactogenesis. Am J Clin Nutr，1991，54（1）：81-92.

[31] Kermack WO，Miller RA. The electrical conductivity and chloride content of women's milk. Part I：Methods and practical application. Arch Dis Child，1951，26（127）：265-269.

[32] Ghoshal B，Lahiri S，Kar K，et al. Changes in biochemical contents of expressed breast milk on refrigerator storage. Indian Pediatr，2012，49（10）：836-837.

第四十五章

人乳样品的采集和储存

本书已经在前面章节就人乳成分研究进行了较全面论述。然而由于每项研究中人乳样品采集、储存和测试方法差别很大，使不同研究结果难以进行比较[1~3]。因此在设计人乳成分研究时，必须考虑这些变异的原因以及控制措施。本章主要介绍获得代表性人乳样品的方法以及储存期间导致乳成分变化的因素和乳样储存建议。

第一节　获得代表性人乳样品的方法

人乳成分随乳母营养状况及膳食脂肪含量的变化而不同，且存在餐后血浆营养素浓度的昼夜间变化，如乳汁中葡萄糖、氨基酸和激素等的浓度反映了乳母血浆水平；如果一侧乳房患了乳腺炎，两个乳房间的乳成分也有差异；随哺乳期延长，乳成分及含量也会有显著差异。为了说明哺乳期间营养素的动态变化，图45-1中以核黄素、烟酸（尼克酸）、锌和铁含量为例说明产后不同月份这些营养素含量的变化趋势。有些营养素含量随哺乳期延长呈现显著下降趋势，如锌和核黄素，而铁和尼克酸下降相对缓慢。

一、获得代表性人乳样品时需要考虑的问题

由于人乳成分在个体间和群体间的差异较大，同时受乳母膳食状况（脂肪尤为突出）、昼夜节律、两侧乳房差异（如存在乳腺炎更为明显）以及哺乳的持续时间等影响；乳母的乳腺炎很常见，也会影响乳汁成分。因此在获得具有人群代表性人乳样品（representative

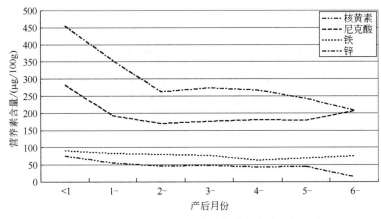

图 45-1　产后不同月份的乳汁中营养素含量的变化

数据引自殷泰安等（1989）[4]

human milk samples）时，必须要全面考虑这些影响因素，加以适当控制。

1. 人乳成分的个体和群体间差异

人乳是一种成分复杂且差异很大的液体，乳汁成分受乳母和婴儿之间相互作用的动态影响，且受乳母生理状态及年龄的影响；在个体间、同一个体不同哺乳时期（初乳、过渡乳、成熟乳）和同一次哺乳前中后乳中的成分变异也很大；而且所有这些均受乳母营养状况的影响，这样的变异持续整个哺乳期。还有些未知因素可能导致人乳成分的变异。

分娩后最初几天的初乳，量少、低脂肪、高蛋白且含有多种特异性免疫因子[5]；随后的过渡乳，泌乳量和脂肪含量逐渐增加[6]；到成熟乳时，泌乳量继续增加[5]。最近 Mock[7]完成的一项研究，发现个体间乳汁成分变异很大，且存在显著的昼夜和纵向变异。该研究结果阐明进行人乳成分研究时，在获得任何可靠的人口数据前必须充分了解人乳汁成分变异来源，要开展昼间和纵向的研究揭示这种变化。如果不能进行一个完整的纵向调查，应考虑收集出生后一个特定时间点的人乳样品，并在后续出版物中明确指出样品的采集时间。

乳母自身的泌乳量和乳汁成分变异很大，即使在一次哺乳期前中后段有些成分的差异也很大。例如，与后段乳相比，前段乳稀薄且脂肪含量低，而后段乳中脂肪含量则高于前乳[8,9]。乳汁的合成速度及成分含量与总乳汁总分泌量有关，也与两次哺乳的间隔时间有关[10]。低体脂乳母通常其乳汁中脂肪含量也较低[11]。

2. 人乳成分的昼夜节律变化

某些人乳成分有明显的昼夜节律变化，特别是脂肪含量。Kent 等[8]关于澳大利亚乳母乳汁脂肪含量的研究发现，白天和傍晚人乳脂肪含量最高，而夜里和早晨脂肪浓度最低；Garza 和 Butte[12]观察到美国乳母的乳汁总能量早晨最低。与之相反，Prentice 等[10]

则发现非洲农村乳母的乳汁脂肪含量上午高于下午。

3. 排除乳腺炎的方法

采集母乳样品时，抽样方案的选择取决于被测成分以及获得乳样人群的特征。因为乳腺炎患病率较高时，可能影响许多乳成分含量，采集乳样时，应排除患乳腺炎的乳母。常用的排除乳腺炎的方法如下：常规测定所有奶样的钠含量。大多数医院的实验室均可进行这种简单的测定。它有助于排除偶发性或慢性乳腺炎。如果不能测定钠含量，可用电导率测量代替钠浓度测定。正常人乳的电导率为 2.5～3.5mmho/cm，相对应的离子强度为 24～32mmol/L[13]。产后 7 天的人乳样钠/离子浓度超过 20mmol/L 或电导率超过 6mmho/cm 以上，应考虑可能存在乳腺炎[14]。

二、人乳样品的采集方法

目前有关人乳成分研究的乳样采集方法（methods for human milk sampling），包括任意时间点的乳样、规定时间点的一侧乳房的全部乳样或部分乳样、24h 泌乳量等。规范人乳样品的采集方法，有助于进行不同地区、不同国家的人乳成分研究结果的比较。

1. 任意时间点少量人乳样品的采集

若需采集少量任意时间点乳样品时，建议采集中段乳样（mid-feeding sampling），即采集开始下奶后 3～5min 的乳汁，获得一个适宜量的代表样本，该采样方法适用于大样本的人群数据研究（如乳母群体的乳汁脂肪含量和营养不良人群的研究）[11]，最常用的采集方法是人工辅助采集，如手挤或使用吸奶器。需要说明的是，采集少量乳样后突然中断泌乳将会使许多乳母感到不舒服。因此，可分别采集前、中、后段的少量乳样，分别测定相关成分，有的研究使用每百克脂肪含量表示某种成分含量。在可能的情况下，理想的方法是用清洁器皿采集一次泌乳的全部乳样，混匀留取分析的样品后，剩余乳样可用勺喂给婴儿。如果采集任何时间点的随意乳样，特别是在刚喂哺婴儿后采集的乳样，其总脂肪含量会受到显著影响，因此不能用于估计婴儿的脂肪摄入量。

2. 规定时间点人乳样品的采集

如进行具有代表性的人乳成分研究，需考虑经费、人力、物力和时间等因素，通常采集规定时间点的人乳样品，如早晨起床后 9～11 点之间，乳母一侧乳房在喂哺婴儿的同时，用吸奶泵同时采集另一侧乳房的乳汁直至完全排空[15]，该方法被认为是可接受的人乳成分研究乳样采集方法。记录哺乳持续时间及采集的乳样重量。如果一次采集的乳样量不足，可待乳母休息半小时后再次采取同侧乳房的乳样，并与前次采集的样品混匀。通常推荐采用统一的电动人乳采集泵采集乳样，其优点为无创伤、无不适感、容易被乳母接受，且采集方法简单，容易操作。一般不建议用人工吸奶器和手挤的方法，该法虽然简单、费用低，但是采集到的乳样少，采集方法难以统一，且操作不当容易伤乳房。

3. 24h 乳样的采集

关于人乳采集方法，目前公认的金标准是采集过去 24h 内乳母分泌的所有乳汁（24-hour milk sampling），是估计每日有多少营养成分从乳母经乳汁输送给婴儿的最有效方法，将这期间内数次采集的样品充分混合均质化后再取样进行分析，以过去 24h 的泌乳量和乳汁中某种成分含量表示。该方法可以较准确估计乳母 24h 泌乳量或婴儿摄乳量，通过测定相关成分含量，即可估计婴儿摄入量和大多数微量营养素适宜摄入量。然而，在规定的 24h 内从同一个体多个场合多次采集乳汁，其可行性和依从性较差，从医学伦理上考虑纯母乳喂养以优先满足婴儿需要出发也难以通过，且这个方法的费用较高，可能干扰婴儿的喂哺和影响乳母的休息，限制了样本采集。

关于采集乳样时使用器械，由于初乳量少，样品采集较为困难，使用手挤法可以采集少量样品（通常几毫升）。对于过渡乳和成熟乳的采集，可用电动吸奶泵从一侧乳房采集到几十毫升到高达 200 多毫升不等，即一侧乳房喂哺婴儿的同时，用一个很好的电动吸奶泵采集另一侧乳房的乳汁，这样可取得理想的下奶效果，采集到相对较多的乳样。用这种方法采集到的乳样，充分混匀取样分装后，剩余的乳样最好再重新喂给婴儿；已有许多研究使用电动吸奶器可获得较大量的人乳样品用于脂类分析。

第二节　储存期间乳成分变化的来源

现场采集人乳样品后，通常很难在短时间内完成所有研究指标的测定，这就需要现场充分混匀后将乳样分装成最小包装，迅速低温冷冻储藏（storage）以降低细菌生长速度和避免乳成分被破坏[16]。依据测定指标选择储存条件，应选择保持所测定成分稳定的最佳方法。最佳的方法是采用液氮速冻后，再放置-80℃长期保存，如果条件不允许也可直接于-80℃保存。分析前必须考虑解冻和加温过程可能会改变人乳成分的完整性以及可能对分析结果产生的影响[17]。

一、乳汁结构

乳汁是一种非常复杂的液体，是由几个"区室"或"相"组成，包括细胞成分和悬浮于液体流动相中的乳脂肪球。离心（离心力<1000g）15～30min，可使新鲜乳样的这几相分开，乳脂肪球浮在表面，细胞组分形成疏松颗粒，这两部分用盐水冲洗、分离后

用于后续分析。

新鲜乳样的脂肪球的膜外涂层可防止聚集成块,离心前乳样中添加 5%蔗糖可促进脂肪球的分离和分层。高速离心（＞10000g）超过 20min,可产生使乳脂肪球膜（MFGM）破裂的剪切力。经处理后,呈饼状固体的乳脂肪球很容易从顶部移除。MFGM 可被破坏,并在细胞沉淀中可发现。然后乳脂肪球可上浮到顶层。为了将核心 TG 与膜周围进行分离,将 10ml 乳样的脂肪球放在冰冷去离子水中搅拌 5min,然后转移到超速离心管中。低温离心（78000g）75min 可使膜沉淀。在溶液表面,乳液形成一种饼块固体,可取出用于分析。

乳样的水相部分并不是一种纯溶液,而是由酪蛋白、钙、磷酸盐与称作"胶束"的结构中含有的少量许多其他成分聚集形成的悬浮液。酪蛋白胶束的半径为 300～500Å（1Å =0.1nm）,含有 94%的蛋白质（主要是酪蛋白）和 6%的胶态磷酸钙。其功能是将大量的钙和磷酸盐从母体转移到婴儿。通过离心（50000g）2h,可以将其与其他的乳成分分离。通过 pH4.0 或更低 pH 温育或用凝乳酶处理,可使酪蛋白沉淀。凝乳酶可以切断某一特点类型的酪蛋白,即κ-酪蛋白,该酪蛋白表面有一个使胶束结构稳定的位点。当高速离心脱脂乳样时,含有多种膜结构和某些脂类的酪蛋白胶束固体颗粒表面形成一个蓬松球团。如果该乳样在去除脂类前经历冷冻过程,可使含有的这种 MFGM 与脂肪球分离。

二、现场快速检测可避免储存造成的结果变异

近年来,已有研究采用红外人乳成分快速分析仪,现场取 2～3ml 新鲜人乳样品测定宏量营养成分,几分钟内即可获得蛋白质、脂肪、乳糖、总固形物和能量的测定结果[18~21],可避免储存过程对测定结果的影响。然而,方法学比较结果提示,与实验室或经典方法相比,乳糖、总固形物和能量的结果是可比的,两种方法的误差在可接受范围（＜10%）;但是对于蛋白质和脂肪含量测定,两种方法相比,虽然相关性很好,但是两种方法的误差值均大于 10%,如 Casadio 等[18]的研究证明,与实验室常规方法测定脂肪和蛋白质的结果相比,人乳成分快速分析仪测定结果分别高出 12.5%和 16.7%,造成这种差异的原因还未得到很好的解释。使用人乳成分快速分析仪测定解冻的乳样时,测定前要进行充分均质化处理才能获得较理想的结果。

三、冷冻和解冻过程的影响

有人提出,人乳样品储存时,为保持其本身特性不发生变化或损失,−80℃冷冻保存为"金标准"。然而,在这样的条件下,长期保存大量的样品,费用相当昂贵,且在大多数现场采样条件下,难以实现。因此有诸多研究比较了不同冷冻温度条件下,长期储存

对乳样中各种成分的影响。

1. 对乳样结构的影响

乳样的冷冻、解冻（freezing and thawing）过程可能以多种方式影响乳汁的结构，主要是细胞破坏和乳脂肪球膜破裂，以至于离心分离样品时，即使在低转速下都可使该液体自由地聚集沉淀。冷冻使乳脂肪球膜的内表面暴露出来，正常情况下该膜是隔离像钙离子和其他乳成分的结合位点，使水相成分重新分布[22]。冷冻可导致对核心乳脂肪具有亲和力的水相成分重新分布，已经证明人乳脂蛋白脂酶对冷冻尤其敏感[23]。冷冻和解冻过程对水相中的大多数营养素影响不大，特别是如果在冷冻前移除脂质部分效果会更好。但是，储存的乳样需要避免反复的冻融过程。

需要强调的是，长期冷冻保存的乳样，解冻后需用适合于人乳的均质仪充分均质化，如果均质化不完全（如采用振荡混匀、超声混匀等）可导致测定结果出现重大偏移和重复性差。

2. 对乳样中宏量营养素含量的影响

近年已有多项研究比较了不同储存条件对人乳中宏量营养素含量的影响[20,24~28]。Lev等[20]比较了早产儿的乳母乳汁在-80℃冻存8~83天（平均43.8天）对脂肪、碳水化合物和能量的影响。与新鲜乳样相比，冷冻保存乳样的能量和碳水化合物含量均显著降低（脂肪，3.72g/100ml±1.17g/100ml 和 3.36g/100ml±1.19g/100ml；能量，64.93kcal/100ml±12.97kcal/100ml 和 56.63kcal/100ml±16.82kcal/100ml），碳水化合物含量的降低与冻存时间显著相关，而冻存对蛋白质含量无显著影响（1.14g/100ml±0.36g/100ml 和 l.15g/100ml±0.37g/100ml）。Garcia-Lara 等[25]研究了-20℃长期冻存对乳样中宏量营养素和能量的影响，冻存180天可导致脂肪、乳糖和能量分别降低2.8%、1.7%和2.2%。Chang等[27]发现-20℃冻存2天的人乳样品，脂肪含量降低0.27~0.30g/100ml（P=0.02），最高达9%；Abranches 等[26]也观察到冷冻乳汁样品的脂肪含量显著降低；同等温度储存条件下，Garcia-Lara 等[28]观察到冷冻保存90天的乳样脂肪和总能量均显著降低，而总氮和乳糖含量变化则较小；Vazquez-Roman 等[29]观察到冷冻（-20℃）过程导致脂肪含量显著降低，基线人乳和3个月后乳样的脂肪含量分别为31.9g/L 和 28.6g/L，提示冷冻过程并不能破坏脂肪酶，但是确实破坏了乳脂肪球。丢失的脂肪可能与吸附到容器壁、部分脂肪被分解或脂质过氧化有关。长期冷冻保存的乳样，由于冷冻可打破乳脂肪球与水相部分的乳悬液，使脂质部分吸附到容器壁上，在取样测定前用均质仪充分均质可降低这种损失[28]。Nessel 等[30]的文献综述中得出的结果显示，4℃避光储存母乳24h后，可导致脂肪酸含量增加；巴氏杀菌前置于-20℃储存可防止游离脂肪含量增加和总脂肪含量降低；而在-70℃的储存是安全的。

3. 对乳样中生物活性因子的影响

人乳是含有复杂免疫活性化合物的混合物，具有提供特异性和非特异性防御细菌和病毒等致病微生物感染的功能。Ramirez-Santana 等[31]研究了冷藏（4℃）和冷冻（-20℃和-80℃）储存人初乳对其中生物活性因子稳定性的影响，包括 IgA、上皮细胞生长因子、转化生长因子 TGF-β1 和-β2、促炎性细胞因子（IL-6、IL-8、IL-10）、肿瘤坏死因子-α和 IFN-RⅠ。结果显示，初乳储存于 4℃持续 48h 或在-20℃和-80℃存至少 6 个月，其免疫活性没有明显降低。但是将初乳储存在-80℃12 个月，可导致 IgA、IL-8 和 TGF-β1含量降低，如储存在-20℃和-80℃，初乳的 IgA 分别比最初值降低了 41%和 36%。Miller和 McConnell[32]研究了室温保存对滤纸采集人乳免疫球蛋白稳定性的影响，室温存放尽管免疫球蛋白水平降低很小但差异显著，每天降低约 1μg/ml（$P=0.005$）。Rollo 等[33]研究了储存乳样乳铁蛋白的稳定性，冷藏保存乳样 5 天，乳铁蛋白含量稳定；-20～-18℃冷冻保存 3 个月的乳样，乳铁蛋白含量降低 37%，到 6 个月时含量下降 46%。

4. 对乳样抗氧化能力的影响

长期冷冻保存人乳样品对抗氧化能力和氧化状态的影响一直是人们关注的问题。Bertino 等[34]研究了长期冷藏保存人乳对总抗氧化能力的影响，比较了早产儿的母乳冷藏24h、48h、72h 和 96h 对总抗氧化能力的影响，结果证明至少冷藏保存 96h 对乳样的总抗氧化能力无明显影响，而 Paduraru 等[35]的研究结果显示，与新鲜乳样的总抗氧化能力相比，冷藏 72h 后仅轻微降低，冷冻 1 周后显著降低，到 12 周时降低超过 50%。Sari[36]等比较了新鲜乳样与冷冻保存样品的总抗氧化能力，与用新鲜乳样测定的结果相比，储存在-80℃两个月的过渡乳和成熟乳的抗氧化能力均显著降低（$P<0.001$ 和 $P=0.028$），而初乳的抗氧化能力无明显变化，提示-80℃冷冻储存乳样 2 个月对测定抗氧化能力也非最佳条件。而 Akdag 等[37]使用早产儿的母乳获得与此相反的结果，与新鲜初乳相比，冷冻在-80℃储存三个月乳样的总抗氧化能力和总氧化状态没有显著变化。使用冻干人乳样品的研究结果提示，在 4℃或 40℃保存三个月，维生素 C 和总维生素 C 的含量显著降低，而只有 40℃保存可导致总抗氧化能力降低。

5. 对乳样杀菌活性的影响

乳汁中含有多种细菌，储存过程对杀菌活性的影响在很大程度上还是未知的。现场采集的新鲜人乳样品需要迅速降温冷藏，以降低细菌生长速度以及防止乳成分被细菌破坏[16]，由于在室温条件下，乳汁中的细菌将会消耗糖并繁殖加速，导致人为增加了"蛋白质"含量而降低了糖含量。

人乳本身具有杀菌活性，可保护新生儿防御感染。体外试验证明，所有新鲜人乳样品具有抗大肠杆菌和铜绿假单胞菌的活性[38]，冷藏（4～6℃）48h 人乳的抗菌活性仍保持稳定，但超过 72h 时则显著降低；-20℃保存人乳 6 周不会显著影响母乳细菌数量和质量[39]，保存 3 个月时仍可维持其最初杀菌活性的三分之二，但冷冻人乳样品的 MFGM 吸附悬浮细菌的能力逐渐丧失。因此乳样储存超过 48h 或长期保存乳样，需低温冷冻保存。然而，

Schwab 等[40]比较了新鲜母乳与储存母乳的微生物特征，观察到厌氧冷藏不会显著改变细菌总数，母乳低聚糖也保持稳定；厌氧冷藏母乳最长达 6 天仍可保持母乳质量。Takci 等[38]研究了-20℃和-80℃冷冻保存对人乳杀菌活性的影响，-20℃保存 1 个月对人乳的杀菌活性没有显著改变，储存 3 个月时人乳抗大肠杆菌的杀菌活性显著降低（$P<0.017$），而在-80℃则无明显变化，因此为了长期保持人乳的杀菌活性，最好将其储存在-80℃。

6. 提取方法的影响

在乳腺中，乳汁中 CO_2 浓度与血浆中 5% 的 CO_2 浓度相当。用吸奶泵吸取乳汁时，就产生了不同 CO_2 量条件下的真空吸取。当乳样含有相当高的碳酸氢盐时，这将是一个更加严重的问题，将会导致约为 7.3±0.07 的 pH 值和二氧化碳分压低于 20mmHg（1mmHg=133.322Pa）（2.5%）。当乳样 CO_2 浓度相当于血浆 CO_2 浓度的 5% 时，平均 pH 值为 7.18±0.06，pH 值显著降低（$P<001$）。pH 值的这种变化对乳汁中许多离子种类的平衡有潜在影响。如果所研究母乳成分对 pH 值的微小变化有潜在敏感性，这种乳样应储存于用 5% CO_2 平衡的环境中。而对牛奶的影响就很小，因为牛奶的碳酸氢盐浓度较低，而且 pH 值接近 6.0。

第三节　研究用乳样的储存建议

采集的人乳样品，大多数情况下不能立即进行分析，通常需要分装后冷藏或冷冻保存。长期的冷冻或数天的冷藏过程均会不同程度导致乳汁物理结构发生改变，因此分析测试前样品的前处理过程将会影响检测结果。

一、储存容器的选择

选择储存人乳样品的容器既不能吸附所研究的乳成分，也不能从容器材料本身溶出额外的成分，特别是可能影响待测物的成分。关于不同储存容器（storage container）对人乳中营养成分、生物活性因子、抗氧化能力和杀菌活性的影响所知甚少。已有研究结果显示，由于白细胞、脂溶性营养成分等容易附着于玻璃瓶壁上，因此塑料瓶更适合于保存新鲜母乳；然而母乳中的维生素又容易黏附于塑料容器的壁上。

Chang 等[27]研究了不同容器储存人乳样品对宏量营养成分的影响，结果显示-20℃冷冻保存 2 天，不同容器保存的乳样总能量虽然不变，但是脂肪含量均显著降低（降低 8.2%～9.4%），而蛋白质和碳水化合物浓度均有所升高，提示塑料容器和玻璃容器对母乳中所检测营养成分的保存效果相似。已有研究提示，用聚乙烯袋储存人乳，由于脂肪可吸附到储存袋的内表面导致脂肪含量降低。人乳中一些脂溶性营养素也具有吸附到玻璃和聚丙烯容器表面的类似倾向。关于无菌耐热玻璃奶瓶和聚乙烯袋短期冷藏保存人乳样品对杀菌活性的影响，在4℃冷藏保存24h和48h，聚乙烯袋中人乳杀菌活性（抗大肠杆菌 ATCC 25922）显著低于无菌耐热玻璃奶瓶中的人乳（$P<0.05$）。因此根据研究需要测定的指标，选择合适的容器保存母乳样品就显得尤为重要。对于那些含量极低的微量元素、维生素和其他物质，应选用经酸处理过的玻璃器皿和无色素添加的塑料容器用于收集、储存和样品分析[14]。

二、乳样的处理

人乳样品的采集、分装、储存或分析，均应选择在干净的环境中进行。在现场条件下，应尽快将采集到的乳样放入4℃冰箱、冰浴或冰壶中避光保存，以延缓细菌生长，然后再分装成最小包装冷冻保存于-80℃冰箱中直到分析；在条件许可的情况下，可将分装的样品用液氮快速冷冻后，再转移到-80℃冰箱长期保存；若现场无-80℃的冰箱，也可以暂时存放于-30～-20℃的冰箱中。如果蛋白酶抑制剂和/或叠氮化钠不干扰预期的成分分析，也可以添加这些试剂。据报告，存放在4℃冰箱，大多数乳成分可稳定数天，但是必须要事先确定哪些乳成分是稳定的，以及冷冻过的乳样是否适合测定细胞成分。如果乳样在这样条件下长期存放，分离的脂类可能难以重新再均匀分布。如果需要长期储存乳样，应分装成方便于后续分析的最小包装，储存于-80～-70℃。如果没有-80～-70℃冰箱，冷冻于-20℃没有自动除霜功能的冰柜中也可以保存数月，因为自动除霜冰柜的温度循环会引起样品冰结构的变化，这可能会破坏许多乳成分。

结束语： 人乳样品的采集和储存，至今尚无适用于所有乳成分分析的通用储存方法。本章概括了乳成分变异的可能因素和乳样储存期间成分变化的因素等。在采集母乳样品前，需评估所要研究乳成分在一次哺乳的前中后期、两侧乳房间、昼夜以及纵向的变异，然后制定采集代表性样品的采样方案。同样，必须通过比较新鲜样品与不同温度冷冻保存样品间所研究成分的变化规律，验证储存方法的可靠性。在采集人乳样品过程中，也要考虑乳母焦虑或情绪波动对泌乳量的影响，喂哺婴儿的同时用电动吸奶泵采集对侧乳房的乳汁，可降低这种影响。在一般情况下，为排除乳腺炎，最好分析每个乳样的钠浓度，同时一定要充分了解自己的研究以及获得的乳成分数据局限性。

（董彩霞，荫士安）

参考文献

[1] 王文广，殷泰安，李丽祥，等. 北京市城乡乳母的营养状况、乳成分、乳量及婴儿生长发育关系的研究

Ⅰ.乳母营养状况、乳量及乳中营养素含量的调查. 营养学报，1987，9：338-341.

[2] Bauer J，Gerss J. Longitudinal analysis of macronutrients and minerals in human milk produced by mothers of preterm infants. Clin Nutr，2011，30（2）：215-220.

[3] Nommsen LA，Lovelady CA，Heinig MJ，et al. Determinants of energy，protein，lipid，and lactose concentrations in human milk during the first 12 mo of lactation：the DARLING Study. Am J Clin Nutr，1991，53（2）：457-465.

[4] 殷泰安，刘冬生，李丽祥，等. 北京市城乡乳母的营养状况、乳成分、乳量及婴儿生长发育关系的研究Ⅴ. 母乳中维生素及无机元素的含量. 营养学报，1989，11：233-239.

[5] Ogra PL，Rassin DK，Garofalo RP. Human milk. Philadelphia，PA：Elsevier Saunders，2006.

[6] Martin MA，Sela DA. Infant gut microbiota：developmental influences and health outcomes. New York：Springer，2012.

[7] Mock DM，Mock NI，Dankle JA. Secretory patterns of biotin in human milk. J Nutr，1992，122（3）：546-552.

[8] Kent JC，Mitoulas LR，Cregan MD，et al. Volume and frequency of breastfeedings and fat content of breast milk throughout the day. Pediatr，2006，117（3）：e387-395.

[9] Daly SE，Owens RA，Hartmann PE. The short-term synthesis and infant-regulated removal of milk in lactating women. Exp Physiol，1993，78（2）：209-220.

[10] Prentice A，Prentice AM，Whitehead RG. Breast-milk fat concentrations of rural African women. 1. Short-term variations within individuals. Br J Nutr，1981，45（3）：483-494.

[11] Allen JC，Keller RP，Archer P，et al. Studies in human lactation：milk composition and daily secretion rates of macronutrients in the first year of lactation. Am J Clin Nutr，1991，54（1）：69-80.

[12] Garza C，Butte NF. Energy concentration of human milk estimated from 24-h pools and various abbreviated sampling schemes. J Pediatr Gastroenterol Nutr，1986，5（6）：943-948.

[13] Allen JC，Neville MC. Ionized calcium in human milk determined with a calcium-selective electrode. Clin Chem，1983，29（5）：858-861.

[14] Neville MC，Allen JC，Archer PC，et al. Studies in human lactation：milk volume and nutrient composition during weaning and lactogenesis. Am J Clin Nutr，1991，54（1）：81-92.

[15] Geraghty SR，Davidson BS，Warner BB，et al. The development of a research human milk bank. J Hum Lact，2005，21（1）：59-66.

[16] Neville M. The structure of milk：implications for sampling and storage. C. Sampling and storage of human milk. San Diego：Academic Press，1995.

[17] Handa D，Ahrabi AF，Codipilly CN，et al. Do thawing and warming affect the integrity of human milk？ J Perinato，2014，34（11）：863-866.

[18] Casadio YS，Williams TM，Lai CT，et al. Evaluation of a mid-infrared analyzer for the determination of the macronutrient composition of human milk. J Hum Lact，2010，26（4）：376-383.

[19] Smilowitz JT，Gho DS，Mirmiran M，et al. Rapid measurement of human milk macronutrients in the neonatal intensive care unit：accuracy and precision of fourier transform mid-infrared spectroscopy. J Hum Lact，2014，30（2）：180-189.

[20] Lev HM，Ovental A，Mandel D，et al. Major losses of fat，carbohydrates and energy content of preterm human milk frozen at -80 degrees C. J Perinato，2014，34（5）：396-398.

[21] Fusch G，Rochow N，Choi A，et al. Rapid measurement of macronutrients in breast milk：How reliable are infrared milk analyzers？ Clin Nutr，2014. doi：10.1016/j.clnu.2014.05.005.

[22] Neville MC，Keller RP，Casey C，et al. Calcium partitioning in human and bovine milk. J Dairy Sci，1994，77（7）：1964-1975.

[23] Neville MC，Waxman LJ，Jensen D，et al. Lipoprotein lipase in human milk：compartmentalization and effect of fasting，insulin，and glucose. J Lipid Res，1991，32（2）：251-257.

[24] Vieira AA，Soares FV，Pimenta HP，et al. Analysis of the influence of pasteurization，freezing/thawing，and offer processes on human milk's macronutrient concentrations. Early Hum Dev，2011，87（8）：577-580.

[25] Garcia-Lara NR，Vieco DE，De la Cruz-Bertolo J，et al. Effect of holder pasteurization and frozen storage on macronutrients and energy content of breast milk. J Pediatr Gastroenterol Nutr，2013，57（3）：377-382.

[26] Abranches AD，Soares FV，Junior SC，et al. Freezing and thawing effects on fat，protein，and lactose levels of human natural milk administered by gavage and continuous infusion. J Pediatr（Rio J），2014. Epub 2014/04/03.

[27] Chang YC，Chen CH，Lin MC. The macronutrients in human milk change after storage in various containers. Pediatr Neonatol，2012，53（3）：205-209.

[28] Garcia-Lara NR，Escuder-Vieco D，Garcia-Algar O，et al. Effect of freezing time on macronutrients and energy content of breast milk. Breastfeed Med，2012，7：295-301.

[29] Vazquez-Roman S，Alonso-Diaz C，Garcia-Lara NR，et al. Effect of freezing on the "creamatocrit" measurement of the lipid content of human donor milk. Anales de pediatria，2014，81（3）：185-188.

[30] Nessel I，Khashu M，Dyall SC. The effects of storage conditions on long-chain polyunsaturated fatty acids，lipid mediators，and antioxidants in donor human milk - A review. Prostaglandins Leukot Essent Fatty Acids，2019，149：8-17.

[31] Ramirez-Santana C，Perez-Cano FJ，Audi C，et al. Effects of cooling and freezing storage on the stability of bioactive factors in human colostrum. J Dairy Sci，2012，95（5）：2319-2325.

[32] Miller EM，McConnell DS. The stability of immunoglobulin a in human milk and saliva stored on filter paper at ambient temperature. Am J Hum Biol，2011，23（6）：823-825.

[33] Rollo DE，Radmacher PG，Turcu RM，et al. Stability of lactoferrin in stored human milk. J Perinatol，2014，34（4）：284-286.

[34] Bertino E，Giribaldi M，Baro C，et al. Effect of prolonged refrigeration on the lipid profile，lipase activity，and oxidative status of human milk. J Pediatr Gastroenterol Nutr，2013，56（4）：390-396.

[35] Paduraru L，Dimitriu DC，Avasiloaiei AL，et al. Total antioxidant status in fresh and stored human milk from mothers of term and preterm neonates. Pediatr Neonatol，2018，59（6）：600-605.

[36] Sari FN，Akdag A，Dizdar EA，et al. Antioxidant capacity of fresh and stored breast milk：is −80 degrees C optimal temperature for freeze storage？ J Matern Fetal Neonatal Med，2012，25（6）：777-782.

[37] Akdag A，Nur Sari F，Dizdar EA，et al. Storage at −80 degrees C preserves the antioxidant capacity of preterm human milk. J Clin Lab Anal，2014. Epub 2014/03/22.

[38] Takci S，Gulmez D，Yigit S，et al. Effects of freezing on the bactericidal activity of human milk. J Pediatr Gastroenterol Nutr，2012，55（2）：146-149.

[39] Marín ML，Arroyo R，Jiménez E，et al. Cold storage of human milk：effect on its bacterial composition. J Pediatr Gastroenterol Nutr，2009，49（3）：343-348.

[40] Schwab C，Voney E，Ramirez Garcia A，et al. Characterization of the Cultivable Microbiota in Fresh and Stored Mature Human Breast Milk. Front Microbiol，2019，10：2666.

第四十六章

人乳代谢组学研究

众所周知，母乳是唯一能够满足新生儿对营养的需求、实现细胞正常生长所需要的营养，并通过提供重要的功能性因子满足新生儿生长发育的所有需求的食物。哺乳期间母乳成分一直处在动态变化中，尤其是产后第一个月，母乳成分经历了从初乳到过渡乳再到成熟乳的渐变过程，但是这种独特的食物与新生儿之间的复杂关系还远未弄清楚。母乳是一种复杂的液体，除了含有蛋白质、碳水化合物、脂质、维生素和矿物质等经典营养素，还含有多种生物活性成分。代谢组学在母乳成分与喂养儿关系中的应用，为研究乳母营养、母乳成分与婴儿健康之间的复杂关系提供了可行的方法。通过与婴儿配方奶粉的比较，母乳代谢组的特征可以帮助了解营养素如何影响新生儿的代谢，可根据其营养需求进行针对性干预[1~3]。

第一节 基本概念

代谢组学通常系指以定量方式测量代谢组。代谢组是复杂的生物体中基因表达最终产物低分子量代谢物的集合体。代谢组学作为系统生物学的重要组成部分，旨在通过分析细胞、生物体液（如血液、尿液、乳汁等）及组织的代谢特征来探究相关的机制，可以将代谢物与表型直接关联，被认为是非常有前途的组学工具[4,5]。

一、代谢组学

代谢组学（metabonomics/metabolomics）可以被定义为分析代谢物的科学，即对生物体内所有代谢物进行定性和定量分析（包括代谢物的种类、数量及其变化规律）的一门新学科，作为具有足够多样性的集合体将代谢物映射到代谢的途径上，并且使用足够准确的定量方法估计通过这些途径的代谢物流量[6]。目前已将光谱学或光谱技术应用于代谢组学的研究，如为监测宿主、微生物及其协同代谢的代谢产物，分析了包括尿液、血浆和/或母乳、粪便或活组织检查在内的各种生物基质。

代谢组学以定量方式测量代谢物、研究复杂生物样品（如生物液体、组织和器官）中基因表达终产物的全系列低分子量代谢物[7]。这是个相对全新的研究领域，可在细胞水平上预测食物摄入量、寻找疾病和药物毒性的生物标记物等。代谢组学最初应用于植物科学和毒理学，近年来已有若干研究应用代谢组学研究现代食品科学[8]、营养学和营养相关慢性病。

1. 食品科学领域

通过引入功能强大的代谢组学平台分析食品，可使人们迅速增加对食品分子的理解，这些领域旨在评估是什么赋予某些食品独特的风味、质地、香气、颜色和营养特性。例如食品化学成分分析、食物产品质量/真实性评价、食品消费监测、食品干预或具有挑战性膳食研究中的生理监测[8,9]。

2. 营养学研究

代谢组学将成为营养[10]和健康状况以及慢性病（如高血压、癌症、氧化应激、心血管疾病、肥胖与糖尿病等）研究中的重要工具，也可应用于营养干预研究中营养素使用的监测与营养状况评估等[10,11]。

3. 营养相关慢性病

代谢组学可反映生物体的生理、进化和病理状态，因此代谢组学可以对营养相关慢性病的细胞状态以及与环境影响因素（特别是生理条件、药物治疗、营养、生活方式等）之间的关系进行全面评估。

4. 相关机制研究

代谢组学可直接反映细胞的生理状态、细胞变化与表型间的关联，研究内容包括生物体内源性代谢物及其与内在或外在因素的相互作用，以及寻找代谢物与生理功能变化或疾病状态/发生、发展以及预防的相对关系。与传统研究方法相比，代谢组学是结合生物信息学工具的多组学方法的应用，能够更好地确定表型。例如，传统方法仅限于粗略评估生长发育参数和观察临床疾病；而代谢组学则具有通过对生物液体（如血清、尿液或乳汁）中的小分子代谢产物进行相对无创性评估，可评价发育中新生儿的整体代谢状况。

二、代谢组

代谢组（metabolome）系基因组表达的最终产物，是诸多参与生物体新陈代谢、维持生物体正常生长和发育功能的内源性小分子化合物的集合。代谢组学的研究通常先引入一定的外源性刺激，然后采集受试对象的相关标本，用分析手段检测其中代谢物的种类、含量、状态及其变化，建立代谢组数据或与现有的数据库进行比对，分析外源性刺激和代谢组的关联性。

三、人乳代谢组学

人乳代谢组学可以被定义为研究人乳成分和来源及其这些成分在母乳喂养儿体内代谢过程和对喂养儿影响的科学。人乳含有化学结构和浓度各异的代谢产物，这些代谢产物是从高丰度到低丰度、从极性到非极性的化合物。人乳的这种复杂性质决定了难以对其进行分析，尤其是对全部代谢物进行定性和定量的代谢组学研究[12]。人乳代谢组学分析涉及对低分子量（＜1kDa）的内源性和外源性代谢物（如脂质、氨基酸和有机酸、低聚糖等）的系统研究，这些代谢物代表了遗传和环境影响相互作用的细胞功能[9,13,14]。因此人乳代谢组学分析被认为是研究母乳营养质量的最有希望的工具[15]。人乳代谢组学研究与乳母表型、膳食、疾病和生活方式有关的生化变异，将有助于识别正常和异常的生化变化以及制定促进婴儿健康成长的喂养方式与发展战略。

四、人乳代谢组学研究内容

目前人乳代谢组学的研究重点集中于常量营养素的变化规律[1,16,17]，对于微量营养成分的关注度和研究还很少。母乳常量营养素代谢组学研究内容举例见表 46-1。

▫ 表 46-1　母乳中常量营养素代谢组学研究相关内容举例

营养素	研究内容	特征性变化
蛋白质与氨基酸	蛋白质不同组分与氨基酸含量变化和影响因素	（1）不同泌乳阶段和同次哺乳前后乳差异巨大； （2）足月儿母乳中丙氨酸、谷氨酸、谷氨酰胺、组氨酸和缬氨酸含量随哺乳时间延长升高； （3）早产儿母乳中 BCAAs[①]随哺乳时间延长含量升高
糖类	糖组分变化	（1）母乳中糖组分（如寡糖类）差异与母体的表型有关； （2）母乳中低聚糖组分随哺乳期延长逐渐降低； （3）早产儿母乳中总低聚糖和唾液酸含量高于足月儿的母乳； （4）母乳中乳糖含量变异小、稳定
脂肪与脂肪酸	脂肪酸含量的变化和影响因素	（1）甘油三酯是母乳中含量最高的脂质；其他含量较多的脂肪酸包括棕榈酸、油酸、亚油酸和α-亚麻酸； （2）母乳中脂肪酸受地域和年龄因素影响更大； （3）母乳中棕榈酸主要集中在甘油三酯的 2 位，油酸主要集中在甘油三酯的 1 位和 3 位

① BCAAs，即支链氨基酸。

1. 母乳成分与新生儿

母乳代谢组（主要研究常量营养素）可根据新生儿的需要而发生变化，如母乳中蛋白质、脂质和寡糖等含量与泌乳阶段密切相关（正相关、负相关或相关性不明显）。初乳、过渡乳和成熟乳的代谢组学发生变化，而且足月儿与早产儿的母乳成分具有不同的代谢特征。

2. 胎儿成熟度

有研究探讨了早产儿母乳成分与足月儿母乳成分之间的差异。早产儿乳汁中多种营养素含量与足月儿母乳相比有明显差异，且有 69 种差异代谢物，包括 23 种氨基酸、15 种糖、11 种与能量有关的代谢物、10 种脂肪酸、3 种核苷酸、2 种维生素和 5 种与细菌相关的代谢物[1,16]。

3. 多种组学之间的相互关系

母乳代谢组学研究可反映母乳蛋白质与氨基酸组学、脂质与脂肪酸组学、糖（母乳寡糖）组学、核苷与核苷酸组学以及微生物组学等相互之间的影响以及对母乳喂养儿生长发育的影响。

4. 影响母乳代谢组的因素

影响母乳代谢组的因素包括遗传因素、胎龄（胎儿成熟程度）、分娩方式（正常分娩与剖宫产）、哺乳期（初乳、过渡乳和成熟乳）或接触外源性/外环境物质（环境中持久性污染物）发生的变化等。

五、人乳代谢组学研究举例

质谱（MS）和质子（^{1}H）核磁共振（NMR）光谱技术已用于并推动了人乳代谢组学研究，将有助于深入了解母乳成分及其在母乳喂养儿体内的代谢过程和对生长发育的影响。近年来已报告的人乳代谢组学研究举例如下。

1. 认知功能的影响

母乳氨基酸、脂肪酸组分与喂养儿生长发育（大脑、免疫功能、学习认知以及体格发育）的关系[1,18,19]及其影响因素研究。

2. 免疫功能的影响

糖类（更多研究关注 HMOs 组分）以及对喂养儿肠道免疫功能发育成熟、免疫调节和抵抗疾病的关系，如母亲表型和膳食对 HMOs 浓度及其代谢组的影响[2,20]。

3. 母乳喂养与人工喂养方式的比较

母乳喂养与婴儿配方食品喂养的代谢组学研究，如母乳喂养的早产儿和喂予婴儿配方奶的代谢谱比较[21]、人乳和婴儿配方奶的代谢组分比较[22]。

4. 其他相关研究

其他研究包括母乳代谢组的国家间差异——乳腺生理学和乳母生活方式指标[23]，胎龄（早产儿与低出生体重儿）和哺乳阶段对母乳代谢组的影响[16]，疾病状态对母乳代谢组学的影响（如妊娠糖尿病改变人初乳、过渡乳和成熟乳的代谢组）[3,24]。

第二节　人乳中的代谢产物

2012 年，Marincola 等[21]首次进行了人乳代谢组学研究。该项研究中作者测试了代谢组学方法作为一种快速且信息丰富的筛查工具，用于调查出生后第一个月内低出生体重早产儿母乳成分的潜力。为了比较，同时分析了一些市售婴儿配方食品（奶粉）。研究的关注点集中于分别采用 ^{1}H NMR 光谱和气相色谱-质谱（GC-MS）技术，分析母乳中水溶性部分和脂肪酸部分。将主成分分析（PCA）应用于母乳样品中极性提取物的 NMR 谱图，证明早产儿的母乳成分与婴儿配方食品（奶粉）样品的代谢谱存在明显差异，前者特征有较高的乳糖浓度，而后者是较高浓度的麦芽糖。通过 FA 色谱图（脂肪酸色谱图）的 PCA 分析，观察到这两者的油酸和亚油酸含量有显著差异。

一、人乳代谢组学研究

迄今对人乳代谢组进行的研究相对较少。相关的人乳代谢组学研究见表 46-2[3]，如早产儿的母乳与婴儿配方食品的代谢谱比较、乳母表型对低母乳寡糖或母乳成分的影响以及母乳代谢组的国家间差异等。

▷ **表 46-2　人乳代谢组学（HBM）研究**

研究目的	研究人群	样本类型	分析平台	最易变代谢产物⑥	幅度变化的方向	第一作者，年
早产儿母乳和婴儿配方奶的代谢谱比较	分娩早产儿的母亲（n=28）	水溶性和脂溶性萃取物①	^{1}H NMR，GC-MS	乳糖	↑HMB⑥	Marincola，2012[21]
	分娩足月儿的母亲（n=1）			麦芽糖	↓HMB⑥	
	给予常见婴儿配方食品的早产儿（n=13）			油酸，亚油酸	↓HMB⑥	
乳母表型对母乳中 HMO 浓度的影响	分娩足月婴儿的母亲（n=20）	水溶性萃取物①	^{1}H NMR	3-FL，LNDFHⅡ及衍生物	↑Le 阳性非 Se⑦	Praticò，2014[2]

研究目的	研究人群	样本类型	分析平台	最易变代谢产物⑤	幅度变化的方向	第一作者,年
乳母亲表型和膳食对母乳代谢组的影响	分娩足月儿的母亲(n=52)	水溶性萃取物②	¹H NMR	2′-FL, LDFT 岩藻糖, 3-FL, LNFP Ⅱ , LNFP Ⅲ , LNT, 3′-SL, 6′-SL	↑Se ↑非 Se	Smilowitz, 2013[20]
开发适用于GC-MS和LC-MS的单相萃取法,确定最初 4 个月 HBM 特征及产后第 1 个月 HBM 组成特征差异	分娩足月儿的母亲(n=52)	有机萃取物③	LC-MS, GC-MS	亚油酸,油酸,LPE,葡萄糖酸,羟基己二酸,MG, DG, TG,溶血脂,磷脂,α-生育酚,胆固醇,CE,岩藻糖,呋喃糖,D-葡糖胺酸	↑产后超过 26 天⑧ ↓产后超过 26 天⑧	Villasenor, 2014[25]
化疗对母乳微生物菌群和代谢组的影响	进行霍奇金淋巴瘤化疗的乳母(n=1)	乙醇萃取物④	GC-MS	DHA, PUFA, 肌醇	↓化疗 2~16 周	Urbaniak, 2014[26],
	健康乳母(n=8)			阿拉伯糖,苏糖醇,癸酸,肉豆蔻酸,单棕榈酸,丁醛	↑化疗 2~16 周⑨	
人乳和婴儿配方奶的代谢组分比较	产后 23~41 周的乳母(n=20)	水溶性萃取物①	¹H NMR	乳糖	↑HMB⑥	Longini, 2014[22]
	推荐不同体重新生儿的婴儿配方食品			1-磷酸半乳糖和麦芽糖	↓HMB⑥	
母乳代谢组的国家间差异:乳腺生理学和乳母生活方式指标	来自 5 个国家和地区(澳大利亚、日本、美国、挪威和南非)产后 1 个月的母乳样本(n=109)	水溶性萃取物⑩	¹H NMR	岩藻糖,葡萄糖,乳糖;丙氨酸,谷氨酰胺,谷氨酸,异亮氨酸,亮氨酸,缬氨酸;胆碱及其代谢物;能量代谢物等	人乳代谢物浓度差异可解释诸如乳腺炎和/或乳腺功能受损等问题	Gay, 2018[23]

①萃取溶液:氯仿/甲醇混合液。② 通过截留分子量 3000 滤器从乳汁中分离的样品。③ 萃取溶液:甲醇混合液/甲基叔丁基醚混合物。④ 萃取溶液:甲醇。⑤ 缩写词:CE,胆固醇酯;DAG,甘油二酯;DHA,二十二碳六烯酸;2′-FL, 2′-岩藻糖基乳糖;3-FL, 3-岩藻糖基乳糖;LNDFH,乳糖-N-五糖;LDFT,二岩藻糖基乳糖;LNFP,乳糖-N-五糖; LNT,乳糖-N-四糖; LPE,溶血磷脂酰乙醇胺;MG,甘油单酸酯;PUFA,多不饱和脂肪酸;3′-SL, 3′-唾液酸基乳糖;6′-SL, 6′-唾液酸基乳糖;TAG,甘油三酯;Se,分泌型(secretor);Le, Lewis。⑥ 相对于婴儿配方奶的差异。⑦ 相对于 Le 阳性 Se 的差异。⑧ 相对于产后前 7 天的差异。⑨ 相对于产后 0 周的差异。⑩ 使用 Amicon Ultra 0.5ml 3kDa 截止旋转过滤器。

注:改编自 Marincola 等[3],2015。

二、LC-MS 和 GC-MS 技术的应用

已被证明,人乳代谢组学是揭示母乳中宏量营养成分与微量营养成分在母乳喂养儿

体内代谢归宿非常有价值的工具，LC-MS 和 GC-MS 技术的应用也较为普遍。

1. 产后一个月内母乳代谢组学

Villasenor 等[25]研究了产后一个月内母乳代谢组组成随时间变化的规律。通过对足月婴儿的母乳样品进行单相提取，采用气相色谱-质谱（GC-MS）和液相色谱-质谱（LC-MS）技术分析提取物。结果显示，第 1 周和第 4 周之间有明显代谢差异。LC-MS 数据显示，产后 26 天后采集的样品中有几种代谢物浓度升高，如亚油酸、棕榈油酸、油酸、羟基己二酸以及单、二和三甘油酯。不同的是，在此期间浓度下降的代谢物包括溶血磷脂和磷脂、α-生育酚、胆固醇和胆固醇酯。GC-MS 数据分析结果表明，与产后 7 天内收集的样品相比，第 4 周收集的样品中油酸、棕榈油酸、亚油酸和葡萄糖酸的浓度升高，而同期包括岩藻糖、呋喃糖异构体、呋喃糖异构体和胆固醇代谢物的浓度则降低。

2. 疾病状态下的母乳代谢组学

在 Urbaniak 等[26]的最新论文中，提出了代谢组学在母乳成分研究中的原始应用，研究化疗对正在接受霍奇金淋巴瘤治疗的哺乳期妇女乳汁代谢组学的影响。通过 GC-MS 分析 4 个月内收集的成熟母乳样本，并与 8 名健康哺乳期妇女的母乳进行比较。从化疗的第 2 周开始，母乳代谢谱发生了显著变化。特别是在这项研究中检测到的 226 种代谢物中，发现有 12 种在化疗的起始（第 0 周）与化疗期间（第 2 至 16 周）有显著差异。在此期间降低的代谢物是 DHA、肌醇和一种未知的多不饱和脂肪酸。所不同的是，化学疗法期间阿拉伯糖、苏糖醇、癸酸、肉豆蔻酸、1-单棕榈酸和丁醛的水平较高。

三、^{1}H NMR 光谱的应用

在近 20 年，核磁共振（NMR）技术与 GC-MS 或 LC-MS 均越来越多地用于人乳代谢组学研究。由于 NMR 技术应用过程中具有样品易于制备、结果重现性好以及无损等特点，使其成为长期或大规模临床代谢组学研究的首选平台。

1. 乳母表型特征与母乳代谢组学

Pratico 等[2]和 Smilowitz 等[20]采用 ^{1}H NMR 研究了乳母表型特征与 HMOs 的代谢组学。两项研究结果证明代谢组学是揭示不同寡糖谱的有价值工具。Pratico 等[2]分析了 20 份足月儿母乳样品中的极性萃取物。通过 NMR 谱图之间的比较，证明了岩藻糖基化寡糖共振（fucosylated oligosaccharide resonances）的三种特定模式，被认为是基于 HMOs 的三种可能母体表型：Se⁺/Le⁺、Se⁻/Le⁺和 Se⁺/Le⁻。使用多变量和单变量分析评估 Se⁺/Le⁺和 Se⁻/Le⁺母体表型的母乳代谢谱差异，与文献证明的结果完全相似，即与 Se⁺/Le⁺表型组相比，Se⁻/Le⁺表型组母乳中 1,3-岩藻糖基化低聚糖（fucosylated oligosaccharides）、乳糖-N-二岩藻糖基元糖Ⅱ（lacto-N-difuco-hexaoseⅡ，LNDFHⅡ）及其衍生物明显较高。

2. 影响母乳代谢组的因素

Smilowitz 等[20]探索了母乳代谢组谱图与母体表型、年龄、血压、体育锻炼和膳食的关系。采集了产后 90 天 52 份母乳样品，使用 ^1H NMR 技术定量分析了 65 种代谢物的浓度。变化最大的代谢产物是 HMOs，其在两个主要类别（分泌型和非分泌型）中发挥重要作用。就单个糖而言，个体间差异很大；而总寡糖浓度的个体差异很小。其他健康参数方面未观察到显著改变。

3. 胎儿成熟程度对母乳代谢组的影响

Sundekilde 等[16]使用 ^1H NMR 技术研究了胎龄（早产儿与低出生体重儿）和哺乳阶段对母乳代谢组的影响。代谢产物分析结果显示，与成熟母乳相比，足月儿的初乳中缬氨酸、亮氨酸、甜菜碱和肌酐水平较高，而成熟乳中谷氨酸、辛酸和癸酸盐的水平较高；早产儿的初乳中寡糖、柠檬酸盐和肌酐水平较高，而辛酸、癸酸盐、缬氨酸、亮氨酸、谷氨酸和泛酸含量随产后时间延长而升高。早产儿和足月儿母乳之间的差异表现在肉碱、辛酸、癸酸盐、泛酸盐、尿素、乳糖、低聚糖、柠檬酸盐、磷酸胆碱、胆碱和甲酸盐含量方面。这些研究结果表明，产后 5～7 周内早产儿的母乳代谢组发生的变化类似于足月儿的母乳，与早产时的妊娠时间无关。

4. 与婴儿配方食品成分的比较

Longini 等[22]比较了母乳成分和婴儿配方奶；分析了早产儿和足月儿的母乳样品（分娩后一周内）的水溶性提取物；使用 PCA 比较了母乳样品和婴儿配方奶样品的 ^1H NMR 谱。结果表明，早产儿配方奶非常类似于早产儿的母乳；极低体重早产儿（胎龄 23～25 周）的母乳显示出与早产儿（胎龄 ≥29 周）的代谢谱（组分）不同，到出生后 30 周左右趋于相似；早产儿（29～34 周）的母乳在哺乳期的最初三周内显示出时间变化，随着接近足月龄，该乳汁这种差异逐渐接近于零。

第三节　基于 NMR 与 MS 的代谢组学

MS 和 NMR 技术是分析人乳成分非常有用的方法，可以探测这类食物基质中存在的化合物范围的概况[27,28]。如果与多变量化学计量学方法相结合，NMR 和 MS 技术代表了最有希望的工具，可用于人乳代谢指纹识别以及阐述与典型表型（如乳母表型、健康和膳食）相关的代谢组的变化。

目前应用于代谢组学研究的技术包括色谱-质谱联用（气相色谱-质谱联用、高效液相色谱-质谱联用、LC-QTOF-MS/GC-Q-MS、超高效液相串联色谱四极杆飞行时间质谱）与核磁共振（NMR）技术等，相比较 GC-MS 能提供更多的信息[29]，可用于识别和定量各种代谢物，具有相对较高的灵敏度和重现性；使用 LC-QTOF-MS 和 GC-Q-MS 可确定极性和液状代谢产物的代谢成分的表征[25]。GC-MS 已被广泛用于代谢组学研究，如脑脊液代谢组、血液代谢组和人乳代谢组。质谱与 NMR 用于人乳代谢组学研究的特点比较[30~33]见表 46-3。

▫ 表 46-3　MS 与 NMR 用于人乳代谢组学研究的特点比较

MS		NMR	
优点	缺点	优点	缺点
仪器费用适中	破坏性（样品）	非破坏性（样品）	仪器非常昂贵
仪器占地面积小	仪器脆弱	仪器坚固	仪器占地面积大
不需要冷冻剂	仪器停机频繁	仪器停机最少	需要冷冻剂
维护成本适中	中等重现性	极好重现性	维护成本高
大型光谱数据库	样品前处理复杂	样品前处理简单	小型光谱数据库
软件资源很多	需要与色谱联用	不需要色谱联用	软件资源很少
灵敏度高（nmol/L）	通常需要衍生化	无须衍生化或色谱分离	灵敏度不高（μmol/L）
代谢覆盖范围广	光谱不好预测	光谱可预测	适度的代谢覆盖范围
	允许部分结构测定	允许精确结构测定	
	不定量，不易操作	定量，易操作	
	工作流程难以自动化	工作流程易于自动化	

注：改编自 Wishart[31]，2019。

总之，NMR 技术的样品制备相对简便，具有较好的实验重现性及其对分析样品无损特性、出色的仪器稳定性和自动化程度高等，使其成为长期或大规模临床代谢组学研究的首选技术平台[30]。

然而，与 MS 相比，NMR 的不足也制约了该技术的推广使用，如相对敏感度低（MS 检测灵敏度比 NMR 高约 100 倍）、仪器占地面积大（通常需要 $10～20m^2$，而 MS 需要约 $2m^2$）、费用昂贵，而且维修/保养成本高等。因此越来越多的研究使用 MS。使用 NMR 研究代谢组学还面临着数据采集和数据处理的局限性，即数据库和应用软件的使用受限。大多数基于 MS 的技术都是二维的，而且样品采集与 NMR 的速度一样，甚至更快；目前使用 NMR 获得的光谱库涵盖的代谢物不到 800 种，而基于 LC-MS/GC-MS 光谱库涵盖代谢物达 10000～20000 种或更多；同时 NMR 研究代谢组学还面临试剂盒成本高，且目前无简便易行的解决办法，而基于 MS 的代谢组学相关的试剂盒已经出现。

第四节　影响母乳代谢组学的因素

许多研究显示，多种因素影响母乳代谢组的变异性，如母体因素包括遗传、乳母年龄、膳食、生活方式、表型、哺乳阶段以及疾病状态等都影响母乳成分[23,24,34]。

一、胎龄和哺乳期

早产被认为对健康状况可产生长期不良影响，有人提出代谢组学技术的导入可能有助于更好地理解这些影响[35]。已知早产儿的母乳成分与足月儿的母乳成分不同，即早产儿的母乳中总蛋白质、脂肪、碳水化合物和能量水平较高。也有调查结果显示两组母乳的蛋白质组也存在差异。目前大多数研究集中于早产儿和足月儿母乳中的常量营养素，而未考虑微量营养素。尽管以往研究结果表明，母乳喂养对早产婴儿具有许多健康益处。然而仅用母乳喂养并不能够满足早产儿的高营养素密度要求，其结果可能导致体重增加不足和营养缺乏。

母乳代谢组学用于临床研究[3]，可确定使早产儿获得最佳营养和追赶生长的婴儿乳汁代谢组。因此研究哺乳期乳母的乳汁代谢组可提供更多用于指导临床低出生体重儿喂养的信息。已知胎儿成熟度和哺乳阶段影响母乳蛋白质、脂质和乳糖含量。然而，目前仍缺乏有关整个泌乳期早产儿和足月儿母乳中代谢组变化方面的系统研究结果。Sundekilde 等[16]通过核磁共振（NMR）技术，测定早产儿（胎龄<37 周，$n=15$）和足月儿（$n=30$）的母乳代谢组（持续到产后 14 周），分析胎龄和哺乳期对母乳代谢组的影响，观察到初乳、过渡乳和成熟乳中几种母乳代谢物浓度（如岩藻糖基化寡糖以及寡糖成分）明显不同；足月儿与早产儿母乳的初乳和成熟乳中多种营养成分也明显不同，提示胎儿成熟度与母乳代谢组学的变化有关[21,22]。

二、不同地域的人乳 NMR 代谢组及其与乳菌群的关系

虽然不同地域人乳中的某些成分相对稳定，但一些成分（如多不饱和脂肪酸）会随乳母的膳食而变化[36,37]，然而其他一些成分（如多胺[38]、低聚糖[39]和母乳中细菌[36,40]）因多种因素而有所不同。也有报道，分娩方式影响母乳成分，在不同国家影响方式和程度不同[36,38]。

Gómez-Gallego 等[34]使用 NMR 技术比较了不同区域（中国北京、南非开普敦、芬兰西南地区、西班牙巴伦西亚）不同分娩方式（阴道分娩或剖宫产），对 79 例母乳代谢组学特征的影响，并分析了与乳菌群的潜在相互关系。从分娩 1 个月的母乳中识别出 68 种代谢物，涉及氨基酸及其衍生物（23 种）、能量代谢物（7 种）、脂肪酸及其相关代谢

物（10 种）、糖及其衍生物（18 种）以及神经递质、生长因子和第二信使、维生素和核苷等。其中最丰富的代谢物是乳糖，其次是脂类，LDL 和 VLDL 的含量最高，HMOs 和氨基酸次之。不同分娩方式影响乳代谢产物分布，剖宫产对人乳代谢产物的影响存在区域差异。没有发现乳糖和肌醇水平与地理位置和分娩方式有关，表明乳腺中存在严格调控机制[20]。产后第 30 天的乳样分析显示，不同地区尿素水平的差异可能反映了受哺乳初期产后天数以及如乳制品、肉类食品摄入量或身体活动等外部因素的影响，乳腺的调节能力也有所不同。不同区域尿素成分的差异也可能反映不同区域婴儿肠道菌群组成的变化[36,41,42]。母乳中脂肪含量的变异最大，受一天中不同时间、两次哺乳间隔、一次哺乳期间的采样点、泌乳阶段、乳母体重以及两侧乳房的差异等影响；乳母膳食或遗传因素可部分解释母乳中 LDL 和 VLDL 的差异[43]。

不同国家母乳中糖和低聚糖含量存在显著差异。3-岩藻糖基乳糖（3-fucosyllactose, 3-FL）、乳糖-N-五糖Ⅲ（LNFPⅢ）、乳糖-N-五糖Ⅰ（LNFPⅠ）和 2'-岩藻糖基乳糖（2'-FL）水平存在显著区域差异。瑞典母乳中 3-岩藻糖基乳糖（3-FL）含量比冈比亚农村地区的母乳高四倍，而二唾液酸基乳糖-N-四糖（disialyllacto-N-tetraose）含量则较低[39]。根据该项研究，剖宫产人群人乳代谢组学的特征性地理变化可能涉及低聚糖保护活性的差异。

总之，种族、膳食、环境和生活方式可部分解释 NMR 代谢组学的特征及其差异。膳食影响人类血、尿、组织和粪便上清液代谢组学的特征，可能对人乳的影响也是如此；母乳中存在的复杂细菌菌群与营养成分和代谢组分的变化有关[36,38]。例如，通过核磁共振技术，在产后一个月母乳样品中检测到 68 种代谢产物，其中碳水化合物、氨基酸、短链脂肪酸和其他代谢物的浓度反映了外部环境（即地理位置）和内部环境（如分娩方式）对代谢物组分的影响；各地健康乳母的乳汁代谢物也不同。母乳中代谢物的变化与乳汁中菌群组分有关，表明母乳成分之间存在复杂的相互关联。气候、生活方式、环境暴露、昼夜节律变化（diurnal variation）、种族、特定人群的变异和遗传均会不同程度影响代谢物的组分。

三、疾病状态对人乳代谢组的影响

妊娠期糖尿病（GDM）是一种常见的妊娠并发症。GDM 可增加发生不良妊娠结局的风险。因此 GDM 是否会影响泌乳期间母乳成分变化引起人们普遍关注。Wen 等[24]采用 GC-MS 技术测定了母乳中的代谢物，比较了重庆市患妊娠糖尿病（100 例）与正常妊娠妇女（100 例）的初乳、过渡乳和成熟乳的代谢组。从母乳样品中共识别了 187 种代谢物，包括 4 种烷烃、17 种氨基酸衍生物、21 种氨基酸、22 种饱和脂肪酸、29 种不饱和脂肪酸、8 种 TCA 循环中间体、3 种辅因子或维生素、3 种酮酸及其衍生物、1 种糖酵解中间体、43 种有机酸和 36 种有机化合物。

（1）在妊娠糖尿病组与对照组中均观察到，初乳、过渡乳和成熟乳中代谢产物不同。

在正常妊娠中，识别出 59 种（糖尿病组 58 种）代谢物是导致初乳、过渡乳和成熟乳代谢组学间差异的原因。与过渡乳和成熟乳相比，初乳中多数氨基酸及其衍生物数量增加，包括所有必需氨基酸；与过渡乳相比，初乳中 7 种饱和脂肪酸中有 6 种含量显著降低；初乳和过渡乳中己酸水平相当，而成熟乳中己酸水平升高；13 种不同的不饱和脂肪酸中，初乳中 9 种脂肪酸含量均较低，而初乳中 3-甲基-2-氧代戊酸、丁二酸、乙基甲酯、4-甲基-2-氧杂戊酸、5-氰基-4-甲氧基氨基-7-苯基-庚-6-烯酸、甲酯、(E,S)-2-己酸含量高于过渡乳和成熟乳。成熟乳中肉豆蔻酸、油酸、顺式庚酸和 5-氰基-4-甲氧基氨基-7-苯基-庚-6-烯酸低于过渡乳，而 3-羟基癸酸、(E,S)-2-己酸含量高于过渡乳；与过渡乳和成熟乳相比，初乳中两种 TCA 循环中间体、2-氧代戊二酸和异柠檬酸的含量也较高，而柠檬酸和苹果酸的含量较低。在一类辅助因子和维生素中，成熟乳中烟酸水平略低，而过渡乳和成熟乳中 NADP/NADPH 含量略高于初乳。

（2）GDM 改变母乳代谢组。GDM 组过渡乳中硬脂酸、十五烷酸、9-十七烷酸和花生酸的含量显著低于 GDM 初乳组，而这些脂肪酸在正常组的初乳和过渡乳间无显著差异；而且正常妊娠组初乳与过渡乳的 (Z,Z)-9,12-十八碳二烯酸、2-羟基-1-（羟甲基）乙酯和谷氨酰胺存在显著差异，而 GDM 组则没有明显差异。

（3）GDM 组中母乳大多数代谢物均降低。GDM 组初乳中 1 种烷烃、1 种氨基酸及其衍生物、甲酯和 4 种有机酸含量显著低于正常对照组；GDM 组过渡乳中 2 种氨基酸及其衍生物、甲酯、2 种有机酸（羟基苯甲酸、丙二酸）和 1 个不饱和脂肪酸（9-庚二烯酸）等代谢物的含量降低，而 1 个氨基酸（天冬酰胺）和 1 个 TCA 循环中间体（苹果酸）升高，这两组中有 21 种代谢物存在显著差异。与正常对照组相比，GDM 组中代谢产物，包括 1 个烷烃、1 个氨基酸、3 个氨基酸及其衍生物、6 种有机酸、1 种饱和脂肪酸、4 种不饱和脂肪酸显著降低；而 GDM 组中的 4 种代谢产物显著增加，包括 1 种烷烃、1 种氨基酸（半胱氨酸）、1 个饱和脂肪酸和 1 个 TCA 循环中间体（苹果酸）。健康乳母的乳汁成分与 GDM 乳母的非常相似。从初乳到成熟乳，大多数母乳成分差异很小。GDM 组母乳中许多游离脂肪酸含量也显著低于对照组。

（4）哺乳期第一个月，母乳的代谢状况是动态变化的。初乳中含有较高水平的氨基酸，而成熟乳中含有较高的饱和脂肪酸和不饱和脂肪酸，这些对正常妊娠组和 GDM 组生后第一个月新生儿的发育是非常重要的。GDM 组母乳代谢组发生变化，尤其是初乳，这可能对子代的长期健康产生不利影响。

第五节　展　　望

迄今，有关人乳代谢组学的研究探讨了代谢组与乳母膳食、生活方式、疾病和表型之间的关系，从整体来看人乳代谢组学研究仍处于早期阶段。但这些研究证明了 MS 与 NMR 技术应用于人乳代谢组学研究具有很大潜能，可以增进人们对母乳成分异质性的了解。

一、推动建立人乳代谢组学数据库

随着人乳相关代谢组学研究的不断深入和数据积累，应进一步推动建立人乳代谢组学数据库，该数据库应包含在特定条件下准确测量的代谢物浓度，可用于相关机制研究、指导母乳喂养、制定孕产妇和乳母的营养改善性干预措施/政策等。

二、开发多技术分析平台联合应用技术

以往关于人乳代谢组的研究主要应用 MS 或 NMR 技术分析牛乳和人乳[3,21,22]。近期一项应用 MS 和 NMR 联合技术的分析平台鉴定了人乳中 710 种代谢物[44]，重视和开发联合技术平台有助于推动人乳代谢组学研究。

三、研究人乳代谢组的变化趋势

最近的一项研究结果显示，在哺乳期第一个月，某些母乳代谢物之间存在细微差异[1]，说明人类母乳成分存在其独特性。即使是同一女性哺乳期不同阶段，母乳成分构成也存在差异。人乳成分的动力学变化旨在满足母乳喂养儿的营养需求和调节免疫功能。因此，尚需设计良好的试验系统追踪和评价母乳成分的个体变异和哺乳阶段的变化以及影响因素。

四、人乳代谢组研究成果的应用

人乳代谢组学的研究以及数据库的建立与完善[3,18]，将可用于分析外环境中有毒/有害物质进入乳汁并影响其组成的机制；评估单一营养素如何影响母乳喂养儿的代谢调节/免疫功能以及营养素与有害成分的相互作用。这些数据可为修订婴幼儿喂养指南和食品安全国家标准有关于婴幼儿配方食品系列标准提供了科学依据，同时有助于解决那些不能用母乳喂养婴儿的代用品的品质提升，改善这些婴幼儿的营养与健康状况；人乳代谢组学在新生儿医学中的应用无疑为研究婴儿营养与健康之间的复杂关系提供了一种非常有前途的方法。

（董彩霞，荫士安）

参考文献

[1] Spevacek AR，Smilowitz JT，Chin EL，et al. Infant maturity at birth reveals minor differences in the maternal milk metabolome in the first month of lactation. J Nutr，2015，145（8）：1698-1708.

[2] Praticò G，Capuani G，Tomassini A，et al. Exploring human breast milk composition by NMR-based metabolomics. Nat Prod Res，2014，28（2）：95-101.

[3] Marincola FC，Dessi A，Corbu S，et al. Clinical impact of human breast milk metabolomics. Clin Chim Acta，2015，451（Pt A）：103-106.

[4] 付力立，江婧，淘金忠，等. 基于代谢组学的乳汁中代谢物研究进展. 动物营养学报，2019，31（9）：4000-4007.

[5] Foroutan A，Goldansaz SA，Lipfert M，et al. Protocols for NMR Analysis in Livestock Metabolomics. Methods Mol Biol，2019，1996：311-324.

[6] Slupsky CM. Metabolomics in human milk research. Nestle Nutr Inst Workshop Ser，2019，90：179-190.

[7] Oliver SG，Winson MK，Kell DB，et al. Systematic functional analysis of the yeast genome. Trends Biotechnol，1998，16（9）：373-378.

[8] Cevallos-Cevallos JM，Reyes-De-Corcuera JI，Etxeberria E，et al. Metabolomic analysis in food science：a review. Trends Food Sci Techno，2009，20（11）：557-566.

[9] Onuh JO，Aluko RE. Metabolomics as a tool to study the mechanism of action of bioactive protein hydrolysates and peptides：A review of current literature. Trends Food Sci Techno，2019，91：625-633.

[10] Rezzi S，Ramadan Z，Fay LB，et al. Nutritional metabonomics：applications and perspectives. J Proteome Res，2007，6（2）：513-525.

[11] Dessi A，Marincola FC，Pattumelli MG，et al. Investigation of the（1）H-NMR based urine metabolomic profiles of IUGR，LGA and AGA newborns on the first day of life. J Matern Fetal Neonatal Med，2014，27 Suppl 2：13-19.

[12] Dorota G，Jacek N，Agata KW，et al. State of the art in sample preparation for human breast milk metabolomics - merits and limitations. Trends Analyt Chem，2019，114：1-10.

[13] Patti GJ，Yanes O，Siuzdak G. Innovation：Metabolomics：the apogee of the omics trilogy. Nat Rev Mol Cell Biol，2012，13（4）：263-269.

[14] Huynh J，Xiong G，Bentley-Lewis R. A systematic review of metabolite profiling in gestational diabetes mellitus. Diabetologia，2014，57（12）：2453-2464.

[15] Sundekilde UK，Frederiksen PD，Clausen MR，et al. Relationship between the metabolite profile and technological properties of bovine milk from two dairy breeds elucidated by NMR-based metabolomics. J Agric Food Chem，2011，59（13）：7360-7367.

[16] Sundekilde UK，Downey E，O'Mahony JA，et al. The Effect of gestational and lactational age on the human milk metabolome. Nutrients，2016，8（5）. doi：10.3390/nu8050304.

[17] Wu J，Domellof M，Zivkovic AM，et al. NMR-based metabolite profiling of human milk：A pilot study of methods for investigating compositional changes during lactation. Biochem Biophys Res Commun，2016，469（3）：626-632.

[18] Ballard O，Morrow AL. Human milk composition：nutrients and bioactive factors. Pediatr Clin North Am，2013，7：3154-3162.

[19] Sinanoglou VJ, Cavouras D, Boutsikou T, et al. Factors affecting human colostrum fatty acid profile: A case study. PLoS One, 2017, 12 (4): e0175817.

[20] Smilowitz JT, O'Sullivan A, Barile D, et al. The human milk metabolome reveals diverse oligosaccharide profiles. J Nutr, 2013, 143 (11): 1709-1718.

[21] Marincola FC, Noto A, Caboni P, et al. A metabolomic study of preterm human and formula milk by high resolution NMR and GC/MS analysis: preliminary results. J Matern Fetal Neonatal Med, 2012, 25 (Suppl 5): 62-67.

[22] Longini M, Tataranno ML, Proietti F, et al. A metabolomic study of preterm and term human and formula milk by proton MRS analysis: preliminary results. J Matern Fetal Neonatal Med, 2014, 27 Suppl 2: 27-33.

[23] Gay MCL, Koleva PT, Slupsky CM, et al. Worldwide variation in human milk metabolome: indicators of breast physiology and maternal lifestyle? Nutrients, 2018, 10 (9). doi: 10.3390/nu10091151.

[24] Wen L, Wu Y, Yang Y, et al. Gestational diabetes mellitus changes the metabolomes of human colostrum, transition milk and mature milk. Med Sci Monit, 2019, 25: 6128-6152.

[25] Villasenor A, Garcia-Perez I, Garcia A, et al. Breast milk metabolome characterization in a single-phase extraction, multiplatform analytical approach. Anal Chem, 2014, 86 (16): 8245-8252.

[26] Urbaniak C, McMillan A, Angelini M, et al. Effect of chemotherapy on the microbiota and metabolome of human milk, a case report. Microbiome, 2014, 2: 24.

[27] Dettmer K, Aronov PA, Hammock BD. Mass spectrometry-based metabolomics. Mass Spectrom Rev, 2007, 26 (1): 51-78.

[28] Laghi L, Picone G, Capozzi F. Nuclear magnetic resonance for foodomics beyond food analysis. Trends Analyt Chem, 2014, 59: 93-102.

[29] Wishart DS. Computational strategies for metabolite identification in metabolomics. Bioanalysis, 2009, 1 (9): 1579-1596.

[30] Emwas AH, Roy R, McKay RT, et al. NMR spectroscopy for metabolomics research. Metabolites, 2019, 9 (7). doi: 10.3390/metabo9070123.

[31] Wishart DS. NMR metabolomics: A look ahead. J Magn Reson, 2019, 306: 155-161.

[32] Dorothea M, Liang L. Applying quantitative metabolomics based on chemical isotope labeling LC-MS for detecting potential milk adulterant in human milk. Anal Chim Acta, 2018, 1001: 78-85.

[33] Li M, Kang S, Zheng Y, et al. Comparative metabolomics analysis of donkey colostrum and mature milk using ultra-high-performance liquid tandem chromatography quadrupole time-of-flight mass spectrometry. J Dairy Sci, 2020, 103 (1): 992-1001.

[34] Gomez-Gallego C, Morales JM, Monleon D, et al. Human breast milk NMR metabolomic profile across specific geographical locations and its association with the milk microbiota. Nutrients, 2018, 10 (10).

[35] Dessi A, Ottonello G, Fanos V. Physiopathology of intrauterine growth retardation: from classic data to metabolomics. J Matern Fetal Neonatal Med, 2012, 25 (Suppl 5): 13-18.

[36] Kumar H, du Toit E, Kulkarni A, et al. distinct patterns in human milk microbiota and fatty acid profiles across specific geographic locations. Front Microbiol, 2016, 7: 1619.

[37] Yuhas R, Pramuk K, Lien EL. Human milk fatty acid composition from nine countries varies most in DHA. Lipids, 2006, 41 (9): 851-858.

[38] Gomez-Gallego C, Kumar H, Garcia-Mantrana I, et al. Breast milk polyamines and microbiota interactions: Impact of mode of delivery and geographical location. Ann Nutr Metab, 2017, 70 (3): 184-190.

[39] McGuire MK，Meehan CL，McGuire MA，et al. What's normal？ Oligosaccharide concentrations and profiles in milk produced by healthy women vary geographically. Am J Clin Nutr，2017，105（5）：1086-1100.

[40] Li SW，Watanabe K，Hsu CC，et al. Bacterial composition and diversity in breast milk samples from mothers living in taiwan and mainland china. Front Microbiol，2017，8：965.

[41] Kuang YS，Li SH，Guo Y，et al. Composition of gut microbiota in infants in China and global comparison. Sci Rep，2016，6：36666.

[42] Fallani M，Young D，Scott J，et al. Intestinal microbiota of 6-week-old infants across Europe：geographic influence beyond delivery mode，breast-feeding，and antibiotics. J Pediatr Gastroenterol Nutr，2010，51（1）：77-84.

[43] Garcia-Rios A，Perez-Martinez P，Mata P，et al. Polymorphism at the TRIB1 gene modulates plasma lipid levels：insight from the Spanish familial hypercholesterolemia cohort study. Nutr Metab Cardiovasc Dis，2011，21（12）：957-963.

[44] Andreas NJ，Hyde MJ，Gomez-Romero M，et al. Multiplatform characterization of dynamic changes in breast milk during lactation. Electrophoresis，2015，36（18）：2269-2285.

第四十七章

人乳蛋白质组学研究

人乳是新生儿和婴儿最理想的天然食物，除含有婴幼儿生长发育所必需的各种营养成分，还含有丰富的生物活性成分，在增强喂养儿抵抗感染性疾病的能力、促进组织器官发育和体格生长、启动和建立自身免疫系统和发育成熟以及大脑发育、提高学习认知能力和社会行为等方面发挥重要作用[1,2]。其中人乳蛋白质及其组分（蛋白质组）是影响喂养儿生长发育的重要因素，并且母乳中大多数蛋白质及其组分有其特殊的营养特性，对婴儿免疫功能的启动、抗炎、抗菌以及肠道微生态环境的构建等发挥重要作用[3~7]。

第一节 蛋白质组学概念

为适应婴幼儿不同年龄阶段生长发育的需要，人乳成分（营养成分和生物活性成分）随泌乳期发生相应变化。这些变化对于婴幼儿健康生长可能发挥了协同促进作用，进而影响婴幼儿的生长发育和免疫系统的成熟，包括固有免疫和适应性免疫，以及建立良好的肠道微生态环境。

一、蛋白质组学基本概念

1994 年首次提出的蛋白质组学（proteomics）概念是以蛋白质组为研究对象，是研究细胞、组织和器官的蛋白质组成及其变化规律的科学。目前人们提到的蛋白质组学通常有两个层面的含义。首先是传统意义上，这个概念将对基因产物的大规模分析局限于蛋白质本身。其次也是含义更广的概念，是把蛋白质的研究与基因产物的分析相结合，如 mRNA、基因组学的分析等。无论如何界定，蛋白质组学的目标没有变，即通过综合的生物学视角研究细胞中所有的蛋白质及其组分，从而获得宏观层面的认知，而不是分开单独看待每一组分。

二、广义蛋白质组学

广义的蛋白质组学（generalized proteomics）往往包括了各个不同的研究领域，例如蛋白质与蛋白质间的相互作用、蛋白质的修饰、蛋白质的表达水平、蛋白质的功能等。由于从基因层面上，很多生物信息是无法获取的，如决定细胞表型的是蛋白质而不是基因；而在医学和临床上，仅靠研究基因组，并不能解释清楚疾病的机理、细胞或机体组织的衰老以及环境的影响等问题。对致力于利用蛋白质组学进行药物筛选、作用机理与疾病靶点研究的生物化学研究者来说，只有通过研究蛋白质并且对于蛋白质的修饰进行定义，才能发现药物作用靶点[8]。

三、人乳蛋白质组学

人乳蛋白质组学研究与蛋白质相关的领域，例如母乳中蛋白质与蛋白质间的相互作用、蛋白质的修饰、蛋白质的功能、多肽来源与种类以及糖蛋白和脂蛋白等对母乳喂养儿发育的近期影响与远期效应。人乳蛋白质组不仅由高度糖基化的蛋白质组成，还包括来源于乳腺蛋白质产生的内源性肽、酶/蛋白酶、激素与类激素成分、糖蛋白等[9]。

四、研究内容

人乳蛋白质组学是对于人乳蛋白质的种类和相对含量的分析研究，研究对象包括人乳中存在的各种蛋白质及其组分、酶类、糖蛋白和内源肽等；研究这些成分（如成百上千种不同蛋白质）在喂养儿的营养素吸收、转运、分布和利用以及促进生长、免疫防御、肠道功能成熟和认知发育等方面发挥的重要作用以及机制等[9]。例如，Liao 等[10,11]采用 LC-MS 分析了人乳乳清和酪蛋白胶束的蛋白质组学。在初乳或乳汁的乳清部分识别了 115 个低分子量蛋白质，其中 38 个以前没有报道过，并且分析了 12 个月内蛋白质变化模式的差异；从酪蛋白胶束中识别了 82 个蛋白质，其中 18 个在乳清部分不存在，与酪蛋白胶束有关的 32 个蛋白质以前没有鉴别出。

第二节 检测方法、种类和影响因素

随着蛋白质组学研究技术的发展及其在人乳研究中的应用，对人乳蛋白质的研究重点也由传统宏量营养素（如通过凯氏定氮计算蛋白质含量）的研究进入微量营养成分（蛋白质组分及其体内代谢途径）的研究。

一、检测方法

目前蛋白质组学研究中常用的检测方法是：先筛选人乳中乳蛋白的某一特征多肽，并以同位素标记特征多肽作为内标物，然后采用液相色谱-质谱联用（LC-MS/MS）法进行测定[12]；也可以通过免疫亲和色谱技术，制备相应的蛋白质或多肽的单克隆抗体，利用 MALDI-TOF-MS（基质辅助激光解吸电离飞行时间质谱，matrix-assisted laser desorption/ionization time of flight mass spectrometry）测定的方法[13]；采用聚丙烯酰胺凝胶电泳（SDS-PAGE）分离得到不同的蛋白质，用胰蛋白酶消化后采用液质联用（LC-MS/MS）分析肽段的方法[14]，也可以采用纳米级液质联用（nanoLC-MS/MS）[15]；采用蛋白质芯片阵列分析，用质谱辅助进行纯化，再用液质联用（LC-MS/MS）对于选定的靶向分子进行微测序等方法[16]，获得的数据经软件处理（数据库搜索）后，最终通过基因本体分析确定蛋白质及其不同的组分。

二、种类

Elwakiel 等[17]分析了中国和荷兰收集的人乳乳清蛋白质组学。实验用二喹啉甲酸（BCA）半定量法测得母乳中乳清类蛋白含量约 12～25g/L，其中免疫活性蛋白、转运蛋白和酶类是含量最高的几大类蛋白质。从不同时间点收集的中国和荷兰人乳中分别检测到 469 种和 200 种蛋白质，在两国母乳共有的 166 种蛋白质中，约 22%的蛋白质（37 种）在泌乳期的最初含量或变化趋势有差异，并且蛋白酶抑制剂和免疫活性蛋白有较强的相关性，且在人乳中的含量不同，并与这些蛋白质可能在消化过程中发挥作用，可能控制蛋白质在婴儿肠道中的分解。

van Herwijnen 等[14]进行了人乳外泌体的分离以及蛋白质组学研究。新鲜人乳样品经离心后去除奶油层和细胞，将不含细胞和脂肪的乳上清液经−80℃储存后，于不同离心条件下三次离心，每一次去除细胞碎片和奶油层，最终将获得的上清液再次过夜离心，分离出人乳外泌体以及高密度的复合物。将人乳外泌体和高密度复合物经过聚丙烯酰胺凝胶电泳（SDS-PAGE）分离得到不同的蛋白质，将胶段剪切后用胰蛋白酶消化，采用液质联用（LC-MS/MS）分析肽段，用 Mascot 进行数据库搜索，最终通过基因本体分析确定蛋白质。

用类似的方法，Aslebagh 等[15]从母乳库中取 10 例人乳样本进行蛋白质组学分析，通过蛋白质表达是否被调控来评估患乳腺癌的风险。首先用 Bradford 方法测定蛋白质含量，用 SDS-PAGE 分离蛋白质。剪切染色后的凝胶段，然后在胶段内用胰蛋白酶进行消化。样品经过清洗、处理、消化过夜后，再提取出多肽，用 Zip-Tip 反相色谱法除去污染物，被溶解后用纳米级液质联用分析多肽。数据经软件处理后，通过数据库检索并做基因本体分析。

人乳蛋白质组学的测定还常被应用于临床，用以鉴定疾病或特殊人群中，因为受到病症或特殊生理状态的影响，导致乳汁中分泌的特征蛋白质组成的差异。如 Atanassov 等[16]认为肥胖母亲的乳汁蛋白质组学与正常体重母乳的蛋白质组学有差异。该研究收集了 26 个肥胖母亲（而且其新生儿出生 1 个月后增重延缓）的乳汁，以及 26 个正常体重母亲的乳汁。将去除脂质的乳样用表面增强的激光解吸/电离技术通过 CM10 和 Q10 蛋白质芯片阵列分析后，用质谱辅助进行纯化，再用液质联用（LC-MS/MS）对于选定的靶向分子进行微测序。最终确定了 15 个标志性的蛋白质，在肥胖与正常母亲的母乳中的表达水平体现了显著差异，其中 7 个在肥胖组表达过高、8 个在正常组表达过高。

Chen 等[18]检测了妊娠期甲状腺功能减退的 8 名乳母的初乳中乳清蛋白组学，并与正常乳母初乳中乳清蛋白组学进行比较。该研究用高分辨率液质联用方法（LC-MS/MS）检测出 1055 种蛋白质。通过 TMT 标记（多肽体外标记）定量法确定了在妊娠期甲状腺功能减退乳母组和正常乳母组表达不同的 44 种蛋白质。其中 15 种在甲状腺功能减退组显著增高，29 种显著降低；妊娠期甲状腺功能减退的母乳中有较少的代谢类蛋白质和细胞结构蛋白质，而免疫相关的蛋白质含量则升高。

三、影响因素

已知母乳成分受多种因素影响，例如乳母年龄、新生儿成熟程度、乳母膳食、健康状态以及哺乳期等[19,20]。这些因素不同程度地影响母乳中蛋白质及其组分的含量和比例，例如已知母乳中的蛋白质组分及其每种蛋白质含量随不同哺乳期而发生变化[10,19,21]。总体来说，随泌乳期延长，母乳蛋白质含量降低，且乳清蛋白与酪蛋白的比例也发生变化。Zhang 等[22]收集了中国不同地区不同民族的人乳，有来自云南、甘肃、新疆、内蒙古等地的汉族、白族、维吾尔族、藏族、蒙古族的母乳，发现人乳中不同生理功能的蛋白质分布，以及不同功能蛋白质的相对含量总体上基本类似。母乳中相对含量较高的五种乳清类蛋白质，包括乳铁蛋白、乳清白蛋白、胆盐激活的脂肪酶、多聚免疫球蛋白受体、巨噬细胞甘露糖受体-1，在不同地域和民族的母乳中差别不大。检测发现的 693 种蛋白质中，有 34 种具有地域和民族差异。由此可见，为婴儿提供基本营养和保护作用的母乳蛋白质在不同地域和民族之间是类似的，但某种蛋白质或其亚型存在显著差异。

第三节　乳脂肪球膜与外泌体

人乳中含有几种多功能的大分子成分，其中 MFGM（母乳中负责包裹甘油三酯形成脂肪球的一类蛋白质）和酪蛋白胶束主要为新生儿提供营养，而乳清则含有刺激新生儿免疫系统和肠道发育的成分。虽然已在母乳中发现外泌体，但其主要生理功能和组成尚待阐明。外泌体是细胞为了细胞间通信而释放的微小囊体，其中含有脂质、核酸和蛋白质等成分。由于从人乳中分离外泌体较困难，因此有关人乳外泌体蛋白质组学的研究还很欠缺。van Herwijnen 等[14]使用液质联用（LC-MS/MS）分析了 7 个捐献母乳样本外泌体蛋白质组成，发现了 1963 种不同的蛋白质，包括外泌体相关蛋白［如 CD9、膜联蛋白（annexin）A5 以及脂筏蛋白（flotillin）-1］等，而不同捐献者间的蛋白质种类有较大重合性。研究者也将外泌体蛋白质与其他蛋白质组学结果进行比较，基于 38 个已发表的蛋白质组学研究汇总数据得到了总的母乳蛋白质组学，含有 2698 个独特的蛋白质。该研究发现的 633 个来自外泌体的蛋白质未曾在之前人乳研究中报道过。这些新的外泌体蛋白质包括可调节细胞生长和调控炎症信号通路的蛋白质，说明人乳外泌体可促进新生儿肠道与免疫系统的发育。

MFGM 蛋白质通常对于加工过程很敏感。为研究 MFGM 的热稳定性，Ma 等[23]将 5 例人乳与牛乳和山羊乳进行了比较，将样品经巴氏杀菌后测定蛋白质组学。首先用激光扫描共聚焦显微镜测定了 MFGM 的大小与微结构；再用 SDS-PAGE 测定了巴氏杀菌处理前后人乳、牛乳和山羊乳的蛋白质组成与含量变化，将蛋白质消化后，用非标定量技术对蛋白质组学进行鉴定。结果显示，巴氏杀菌并未影响这三种乳汁中乳脂肪球的大小和分布。在人乳、牛乳和山羊乳的 MFGM 中，分别检测出 1104 种、632 种和 137 种蛋白质。加热后显著受影响的蛋白质主要与脂质合成与分泌以及免疫应答有关。这些蛋白质的变化在人乳、牛乳和山羊乳间也有差异。人乳和山羊乳 MFGM 蛋白质比牛乳的 MFGM 蛋白质对热更敏感。

Yang 等[24]采集了 60 例健康母亲的初乳和成熟乳，并对其中 MFGM 蛋白质进行蛋白质组学分析，并与牛乳 MFGM 的蛋白质组学进行比较。样品经消化后，通过 iTRAQ 标记（一种多肽体外标记技术），并用强阳离子交换色谱进行分离，再用液质联用测定和数据库检索。人乳和牛乳中共检出 411 种蛋白质，其中有 232 种蛋白质的表达存在差异。差异蛋白质涉及的生理过程包括应激反应、定位以及免疫等。

第四节 多肽组学

人乳是一个复杂的体系，含有多种蛋白质和蛋白酶，为婴儿提供具有生物活性的肽段物质。母乳中含有的肽具有抗炎和抑制微生物的作用，并具有调控肠道的功能。Campanhon 等[25]测定了 12 名未成年乳母的成熟乳蛋白质组学和肽组学（peptidomics）。用电泳法与 nanoLC-Q-TOF-MS/MS 方法结合，用生物信息学技术进行数据分析，研究了脱乳脂后不同泌乳期人乳的蛋白质组学。该研究首先用 Lowry 方法测定总蛋白含量，接着用 SDS-PAGE 分离消化后蛋白质的各组分，将胰蛋白酶消化后的多肽进行了纯化和浓缩。最终用纳升液相电喷雾四级杆飞行时间质谱（nano-LC-ESI-Q/TOF MS/MS），分析消化后肽段以及母乳中含有的游离肽段。测得 424 种蛋白质，其中 137 种在不同泌乳阶段都存在。大部分未成年人乳肽段并不是乳中的主要蛋白质。通过相关研究发现母乳中的肽与新生儿免疫系统有关。

Gan 等[26]用液质联用（LC-MS/MS）测定了人乳中天然存在的游离肽以及不同 pH 下蛋白质水解后的肽段。用高分辨率精确的轨道质谱测定不同 pH 下孵育前后人乳中天然存在的游离肽。该研究首先调节各组样品 pH 并进行孵育，为测定母乳样品中天然存在的游离肽添加了蛋白酶抑制剂；设置了 pH2、pH4 和 pH5 受试组，分别添加了适量盐酸，而且设置了未添加盐酸的 pH7 组，将样品经过孵育、添加酸碱中和后离心，去掉脂肪和细胞，加入三氯乙酸（TCA）沉降蛋白质，离心后用 C_{18} 固态提取多肽，之后用液质联用测定多肽组成，通过数据库检索鉴别肽段。发现了 5000 多种肽，比较分析后发现 74 种肽在不同 pH 下能稳定存在，而 8 种肽仅适合于婴儿胃肠道的 pH 值（即 pH4 或 5）。乳蛋白的水解，包括 β-酪蛋白、多聚免疫球蛋白受体、α-乳白蛋白等都与 pH 值相关。

第五节 展　　望

蛋白质组学技术在人乳蛋白质及相关疾病领域的应用研究取得了一些进展，但由于人乳成分复杂、个体间变异大、相关可参考信息有限等，使得人乳蛋白质组学（蛋白质及其组分和代谢途径）、人乳糖蛋白质组学、内源肽以及对母乳喂养儿生长发育和免疫功能等影响的研究尚处在初期阶段，母乳中还有很多具有生物活性的蛋白质组分亟待分离、鉴定。

由于已发表的各研究使用的分析方法，包括样品前处理过程等并不完全相同，而且目前关于蛋白质组学的检测仍无公认的分析方法，同时考虑到影响母乳蛋白质组学的其他多方面因素，导致各个研究之间研究结果的可比性仍需探讨。目前从人乳中或牛乳中，将单独的某个蛋白质和/或其不同的组分分离出来并研究其生理活性仍然是极其困难的，往往分离得到的是多种蛋白质的混合物，而且人乳中存在的大多数蛋白质不同组分含量极低。因此还需要开发和完善人乳蛋白质组学检测和数据处理方法，尤其对于那些低丰度的蛋白质组分的鉴别与定量是今后的重点研究方向。

同时还需要推进对于不同蛋白质各组分各自生理功能的探索，尤其对于一些特殊状况的婴幼儿，如早产儿、低出生体重儿或蛋白质过敏儿等，母乳中哪些蛋白质可能对于其生长发育与健康成长发挥怎样的作用，以及与这些特殊状况发生发展的关系等也值得深入探讨。

已知人乳蛋白质组呈现动态变化，从初乳到成熟乳的整个泌乳期都会随时间发生明显变化，因此需要研究母乳蛋白质组的变化与喂养儿健康状况之间的关系，以及乳母疾病（特别是乳腺炎）状况引起母乳蛋白质组可能发生的变化等[27]，这些研究结果将对改善生命最初 1000 天的营养与健康状况具有重要意义。

（王雯丹，董彩霞，荫士安）

参考文献

[1] Walker A. Breast milk as the gold standard for protective nutrients. J Pediatr，2010，156：S3-S7.

[2] Turfkruyer M，& Verhasselt V. Breast milk and its impact on maturation of the neonatal immune system. Curr Opin Infect Dis，2015，28：199-206.

[3] Lonnerdal B. Nutritional and physiologic significance of alphalactalbumin in infants. Am J Clin Nutr，2003，61：295-305.

[4] Nongonierma AB，FitzGerald RJ. The scientific evidence for the role of milk protein-derived bioactive peptides in humans：A Review. J Funct Foods，2015，17：640-656.

[5] Shah NP. Effects of milk-derived bioactives：an overview. Br J Nutr，2000，84：S3-S10.

[6] Lönnerdal B. Bioactive proteins in human milk：mechanisms of action. J Pediatr，2010，156：S26-S30.

[7] Lönnerdal B. Bioactive proteins in human milk：health，nutrition，and implications for infant formulas. J Pediatr，2016，173（1）：S4-S9.

[8] Graves PR，Haystead TA. Molecular biologist's guide to proteomics. Microbiol Mol Biol Rev，2002，66（1）：39-63.

[9] Zhu J，Dingess KA. The functional power of the human milk proteome. Nutrients，2019，11（8）. doi：10.3390/nu11081834.

[10] Liao Y，Alvarado R，Phinney B，et al. Proteomic characterization of human milk whey proteins during a twelve-month lactation period. J Proteome Res，2011，10：1746-1754.

[11] Liao Y，Alvarado R，Phinney B，et al. Proteomic characterization of specific minor proteins in the human

milk casein fraction. J Proteome Res，2011，10（12）：5409-5415.

[12] 陈启，赖世云，张京顺. 利用超高效液相色谱串联三重四级杆质谱定量检测人乳中的 α-乳白蛋白. 食品安全质量检测学报，2014，5（7）.

[13] 王静，王利红，高艳，等. 母乳蛋白质组学研究. 中国乳品工业，2009，37（1）：4-9.

[14] van Herwijnen MJ，Zonneveld MI，Goerdayal S，et al. Comprehensive proteomic analysis of human milk-derived extracellular vesicles unveils a novel functional proteome distinct from other milk components. Mol Cell Proteomics，2016，15（11）：3412-3423.

[15] Aslebagh R，Channaveerappa D，Arcaro KF，et al. Proteomics analysis of human breast milk to assess breast cancer risk. Electrophoresis，2018，39（4）：653-665.

[16] Atanassov C，Viallemonteil E，Lucas C，et al. Proteomic pattern of breast milk discriminates obese mothers with infants of delayed weight gain from normal-weight mothers with infants of normal weight gain. FEBS Open Bio，2019，9（4）：736-742.

[17] Elwakiel M，Boeren S，Hageman JA，et al. Variability of serum proteins in Chinese and Dutch human milk during lactation. Nutrients，2019，11（3）. doi：10.3390/nu11030499.

[18] Chen L，Wang J，Jiang P，et al. Alteration of the colostrum whey proteome in mothers with gestational hypothyroidism. PLoS One，2018，13（10）：e0205987.

[19] Field CJ. The immunological components of human milk and their effect on immune development in infants. J Nutr，2005，135（1）：1-4.

[20] Hila M，Neamtu B，Neamtu M. The role of the bioactive factors in breast milk on the immune system of the infant. Acta Med Transilvanica，2014，19：290-294.

[21] Gao X，McMahon RJ，Woo JG，et al. Temporal changes in milk proteomes reveal developing milk functions. J Proteome Res，2012，11：3897-3907.

[22] Zhang L，Ma Y，Yang Z，et al. Geography and ethnicity related variation in the Chinese human milk serum proteome. Food Funct，2019，10（12）：7818-7827.

[23] Ma Y，Zhang L，Wu Y，et al. Changes in milk fat globule membrane proteome after pasteurization in human，bovine and caprine species. Food Chem，2019，279：209-215.

[24] Yang M，Cong M，Peng X，et al. Quantitative proteomic analysis of milk fat globule membrane（MFGM）proteins in human and bovine colostrum and mature milk samples through iTRAQ labeling. Food Funct，2016，7（5）：2438-2450.

[25] Campanhon IB，da Silva MRS，de Magalhaes MTQ，et al. Protective factors in mature human milk：a look into the proteome and peptidome of adolescent mothers' breast milk. Br J Nutr，2019，122（12）：1377-1385.

[26] Gan J，Robinson RC，Wang J，et al. Peptidomic profiling of human milk with LC-MS/MS reveals pH-specific proteolysis of milk proteins. Food Chem，2019，274：766-774.

[27] Roncada P，Stipetic LH，Bonizzi L，et al. Proteomics as a tool to explore human milk in health and disease. J Proteomics，2013，88：47-57.

第四十八章

人乳脂质组学研究

脂质主要指甘油三酯、磷脂和胆固醇及其酯，是人体的主要营养成分之一。脂质因其种类和化学结构不同，其所起的生物学作用也不同，如提供能量和储存能量、构成生物膜、提供必需脂肪酸、促进脂溶性维生素的吸收以及对机体的保护作用等。人乳脂质不仅是婴幼儿主要的营养素之一，提供婴幼儿所需的亚油酸、亚麻酸等必需脂肪酸，而且是主要的供能物质，提供总能量的 40%～55%[1]；并且还是婴幼儿维持正常生理功能和合成某些活性成分的重要成分。母乳脂质组学（lipidomics）的研究在于揭示母乳中存在的各种脂质及其组分对喂养儿和在生命活动中发挥的重要作用。

第一节　基本概念

目前已知乳脂含有数千种组分，就脂质组成而言可能是自然界中最复杂的物质之一。随着分析工具特别是高分辨率质谱仪的快速发展，过去二十年来在乳脂质种类的鉴定和定量方面取得了重大进展。脂质组学则是进展最快的例证之一。人乳脂质组学（human milk lipidomics）概念最早由 Han 等[2]于 2003 年提出。脂质组学是代谢组学的一个重要分支，是研究脂质代谢、细胞信号等问题的一个重要手段。脂质组学的研究机理是从系统生物学水平研究生物体内的所有脂质分子，进而推测其他与脂质作用的生物分子的变化，以揭示脂质在各种生命活动中发挥的重要作用以及作用机理[3]。

一、脂质组学的研究目标

脂质组学研究目标（lipidomics research goals）主要包括三个方面：①确定生命体中所有脂质分子的种类及其化学结构；②全面了解各种脂质的生理功能及其代谢调控机理和变化规律；③了解脂质在膜结构组成、基因表达、细胞信号转导等生理活动以及脂质在与其他生物大分子、细胞与细胞、细胞与病原体、细胞乃至生命体与环境变化等相互作用的复杂关系中的重要作用，进而揭示生命体或细胞的脂质组代谢及其调控的变化规律，为解释生命现象及控制营养相关慢性病的发生提供解决方案[4]。

二、脂质组学研究重点

脂质组学研究的内容主要分为侧重点不同的三个方面：①分析鉴定脂质及其代谢物，通过改进脂质样品制备方法和发展新的分析鉴定技术，实现脂质及其代谢物快速而精确的分析和鉴定；②脂质生理功能及其代谢调控机理，利用脂质组学技术联合基因组学和蛋白质组学等技术，进行脂质功能与代谢调控研究并形成系统；③脂质代谢途径及网络，以脂质及其代谢物分析鉴定和脂质功能与代谢调控方面的工作为基础，整合代谢组学、蛋白质组学和基因组学的研究结果，从而建立、完善和绘制不同条件下的脂质代谢途径及网络[5]。

三、人乳脂质组学

人乳脂质组学是研究母乳中含有的所有脂质分子的特性、含量、代谢途径以及对喂养儿生长发育与健康状况影响的一门新兴学科。其研究的内容包括脂质及其代谢物的分析鉴定、脂质功能和代谢调控、脂质代谢网络及途径等。人乳脂质组学研究是对人乳中所有的脂质进行全面系统的分析，主要是通过改进人乳脂质样品提取、分离方法和发展新的分析鉴定技术，特别是注重人乳脂质样品制备技术与先进仪器设备如质谱仪的联合应用，实现脂质的快速、高通量的分析鉴定，深入研究人乳的脂质组成和对婴儿的生理作用。

第二节　脂质组学技术

脂质组学技术（techniques of lipidomics）主要包括脂质的提取、分离、分析鉴定以及相应的生物信息学技术。脂质组学的发展对分析技术提出了更高的要求；同时分析技术的进步也给脂质组学的深入研究创造了条件。脂质组学的研究要着力解决三个方面的问题[4]：

①如何将脂质从样品中尽可能多地提取出来；②如何将提取到的脂质进行精确的定性和定量分析；③如何综合利用生物信息学的手段建立满足脂质组学研究所需要的数据库。

一、脂质的提取方法和分离技术

对于脂质的提取，主要是液液萃取（LLE）和固相萃取（SPE）两种方法。

1. 液液萃取法

提取脂质最经典的液液萃取方法是 Folch 法[6]。Bligh-Dyer（BD）法[7]是改良的 Folch 法，即在氯仿、甲醇混合液中加入水或乙酸等缓冲剂，使得极性脂和非极性脂能更好地分离，BD 法尤其适用于细胞悬液和组织匀浆中脂类的提取。另一种液液萃取方法是采用正己烷:异丙醇（体积比，3:2）作为提取溶剂[8]，与 Folch 法相比，此种方法毒性更小，但由于提取效率不高未被广泛应用。2012 年，Lofgren 等[9]用丁醇和甲醇来提取血浆中总脂，该法能够在 1h 内完成 96 个样本中的脂质提取，并能很好地分离甘油三酯（TAG）、甘油二酯（DAG）、磷脂（PL）、神经酰胺（Cer）等。2013 年，Chen 等[10]用甲基叔丁基醚单一溶剂同时提取脂质及脂质代谢物，甲基叔丁基醚有超强的选择性，基质中的不溶物可以离心除去。近年来，无创检测技术日益成熟，2016 年，Jia 等[11]用甲醇提取出皮肤角质层中的 483 种鞘脂，而其中 193 种是潜在的区分不同年龄的标志物。然而，对于排泄物中脂质的提取，由于提取步骤烦琐、低丰度脂质不易获取等局限，还在进一步开发中[12]。此外，近年来还出现了一些提取速度快、效率高的新方法，如超声辅助液液萃取[13,14]、超临界流体萃取[15]等，也开始应用于脂质提取。

2. 固相萃取法

固相萃取能很好地分离纯化和富集含量较低的脂质。边娟等[16]采用 TiO_2/SiO_2 复合填料的固相萃取柱，快速高效地去除中性脂、游离脂肪酸，特异性地吸附磷脂。Wei 等[17]采用磁性纳米 Fe_3O_4 萃取材料，通过对其表面改性后，建立了基于新型磁固相萃取技术的痕量游离脂肪酸快速富集纯化及分析方法。吴琳等[18]将氧化镁复合弗罗里硅土填充的 Florisil 固相萃取柱对经 Sn-1,3 专一性脂肪酶水解的藻油、微生物油脂、植物油、鱼油和海豹油的产物进行分离富集。用氨丙基修饰的 SPE 柱，实现了磷脂酰胆碱（PC）、磷脂酰乙醇胺（PE）、磷脂酰丝氨酸（PS）和磷脂酰肌醇（PI）四类磷脂的分离[19]。Wang 等[20]采用氨丙基的硅胶基质 SPE 柱成功对大鼠肝脏脂质中的 PE 进行了纯化和富集。利用具有氧化锆涂层的 Hybrid SPE 萃取柱中的氧化锆与磷脂的磷酸根基团之间的路易斯酸碱作用，已成功地应用于生物样本中磷脂的纯化和富集[21]。Jia 等[22]采用硅胶固相萃取柱从海参中分离出脑苷脂（一种鞘糖脂），结合色谱质谱技术鉴定出 89 种脑苷脂，并分析了饱和脂肪酸和不饱和脂肪酸的比例及羟基脂肪酸的含量。

二、脂质的定性和定量测定技术

生物质谱技术是目前脂质组学研究的核心工具，主要分为直接进样质谱技术、色谱及色谱-质谱联用技术。色谱-质谱联用技术策略是利用不同的脂质提取方法分别提取不同种类的脂质，如脂肪酸类、甘油磷脂类、固醇类等，或根据不同脂质种类的极性差异，利用正相色谱在种类水平上将生物样本的脂质分为不同组分，如磷脂酰胆碱类（PC）、磷脂酰乙醇胺类（PE）、鞘磷脂类（SM）以及磷脂酰肌醇（PI）等。然后利用反相色谱将组分中的脂质分子进一步分离，进而利用质谱进行定性、定量分析。"鸟枪法（shotgun）"技术策略通常采用直接进样，不需要经过色谱分离，直接对脂质提取物进行分析鉴定。其原理主要是离子源内分离，即根据脂质分子在不同 pH 值条件下带电倾向的差异，通过调整样品 pH 值，改变脂质分子的离子化倾向，并结合电喷雾离子化（ESI）正、负离子检测模式的切换，达到离子化过程中分开检测不同脂质分子的目的，最后利用串联质谱技术进行分析鉴定和定量。

1. 直接进样质谱技术

直接进样质谱技术包括鸟枪法和基质辅助激光解吸电离质谱（MALDI-MS）。鸟枪脂质组学最早在 2003 年提出，该方法是根据脂质分子极性基团在不同 pH 下带电倾向不同，结合 ESI 源的正负离子切换模式，达到分离目的，分离后再进行定性定量分析[6]。鸟枪法结合化学衍生的方法不仅检测灵敏度明显提高，并能根据"轻/重"标记实现相对定量和绝对定量[23]。Wang 等[20]采用丙酮及氘代丙酮标记脑磷脂，结合质谱双中性丢失扫描对食用不同脂质膳食的大鼠肝脏组织中 45 种 PE 进行了定性和相对定量分析。Wang 等[24]用三甲基硅重氮甲烷将磷脂酰肌醇衍生后，能准确地分析小鼠脑部组织中磷脂酰肌醇分子中磷酸基的位置和脂肪酸链结构。Liu 等[25]采用 N,N-二乙基乙二胺为衍生试剂，成功地对游离脂肪酸进行了衍生，提高了游离脂肪酸离子化效率，结合主成分分析，能区分不同工艺来源的冷榨菜籽油，并能够有效监控菜籽油中游离脂肪酸的含量变化。基质辅助激光解吸电离质谱源常与飞行时间质谱联用，进行脂质分析与质谱成像研究。Jackson 等[26]利用银纳米材料修饰的 MALDI 基质，对小鼠心脏中的脂质进行成像分析，在正离子模式下鉴定出 29 种脂类，在负离子模式下鉴定出 24 种脂类。

虽然直接进样质谱具有分析速度快的优势，但在分析基质复杂的生物样本（如人乳和婴儿配方食品）时，会产生明显的基质效应，已知婴儿配方食品基质可能干扰分析结果。

2. 色谱及色谱-质谱联用技术

结合色谱分离优势与质谱鉴定优势，能够有效降低其他组分（基质）可能对目标化合物产生的基质效应，同时复杂体系经色谱分离后进入质谱检测器，能提高质谱扫描数据的可靠性。

气相色谱（GC）常用于脂肪酸等小分子量脂质的组成分析[27]。高温气相色谱固定相的出现，使得气相色谱分析高沸点化合物成为可能，但高温对不饱和脂肪酸含量相对较高的脂质具有破坏作用，因此不适合分析含有长链多不饱和脂肪酸的脂质。GC 还能有效分离脂肪酸同分异构体和不饱和脂肪酸双键的顺反结构，将不同极性气相色谱串联的全二维气相色谱法，是分析长链多不饱和脂肪酸的有效方法[28]。

HPLC 封闭的环境能有效避免脂类降解，几乎所有类别的脂质分子均可通过 HPLC 实现分离[29]。正相色谱（NPLC）根据脂质头部基团极性的不同实现分离，适用于强极性脂类的分离，但由于流动相的强挥发性和强极性易引起保留时间的漂移，与质谱串联时不能很好地兼容，并会降低电喷雾电离源的雾化效率[30]。

银离子色谱（Ag$^+$-HPLC）作为一种特殊的正相色谱，基于银离子与甘油三酯（TAG）中不饱和脂肪酸双键之间形成的弱 π 络合吸附作用，将双键数和双键位置不同的 TAG 分离。正相色谱常与反相色谱（RPLC）以互补的分离方式存在，RPLC 常用于分离含同一类头部极性基团而脂肪酰基链不同的脂质分子，适用于弱极性和中等极性脂质的分离，具有高选择性和分离重现性好等优势，是应用最多的脂质分离手段。但其对强极性脂质保留和选择性差，不利于极性脂的分析。使用 RPLC 分析 TAG 时，TAG 的保留时间与 TAG 的当量碳数（ECN）相关，保留强度与 ECN 值成正比，相同 ECN 值的 TAG 不能在 RPLC 中实现很好的分离，且 RPLC 对于 TAG 的位置异构体选择性差[31]。Christinat 等[32]用 RPLC-MS 成功分析了人血浆中的中长链游离脂肪酸、直链脂肪酸及含支链的异构体，并能分离 n-3 和 n-6 不饱和脂肪酸的双键位置异构体。

近年来，亲水作用色谱被用于脂质分离。亲水作用色谱（HILIC）[33]使用的流动相与 RPLC 的流动相系统相似，但 HILIC 的分离顺序与 NPLC 相似，且克服了 NPLC 法保留时间漂移的缺陷，重现性良好，并提高了色谱与质谱的兼容性。Zhu 等[34]利用 HILIC 二醇柱成功分离了血浆中的七大类磷脂。二维液相色谱能有效减少复杂生物样本中低丰度代谢物的未检出现象，并能有效区分同分异构体和同位素峰，分辨率和峰容量较一维色谱都有了很大改善，已广泛应用于脂质组学研究中[35]。二维液相色谱联用有离线和在线两种模式，离线模式[23]可单独对每一维的色谱条件进行优化。在线模式[29,36,37]自动化程度高、重现性好、耗时短，但是由于分离时间短会使分辨率有所降低，且要兼顾色谱之间的兼容性。魏芳等[38]采用同时具有疏水相互作用和 π 络合作用的混合模式色谱柱构建了在线/离线单柱二维液相色谱高效分离系统，解决了传统二维液相色谱在线联用设备成本高及存在溶剂不兼容的问题。其中，在线单柱二维液相色谱系统采用混合梯度溶剂进行分离，一次进样即可完成 TAG 的快速分离鉴定，有效提高 TAG 检测通量 5～10 倍；离线单柱二维液相色谱系统具有更高的峰容量和检测灵敏度，有效提高检测灵敏度 10～20 倍，解决了甘油三酯类复杂化合物检测通量低、灵敏度低的技术瓶颈。

三、脂质组生物信息学分析

脂质组学研究的发展，脂质及其代谢物标准品的设计和合成，脂质组信息和数据的协调分析，基因组学、蛋白质组学和脂质组学研究结果的整合，脂质代谢途径及其相关网络构建等均离不开相应的生物信息学技术系统。

质谱上获得的原始数据需要经过脂质鉴定、面积归一化及定量，才能统计分析并最终获得样品脂质组学信息。目前已有许多脂质组学的数据库被用于脂质组学研究。通过这些数据库能够查询脂质的结构、质谱信息、分类等。近年来，一些基于质谱数据分析的脂质组学分析软件被不断开发，并且具有数据输入、谱图过滤、峰值检测、色谱排列、标准化、可视化、多元统计分析和数据输出等功能。其中，美国 2003 年启动了"脂质代谢物和代谢途径研究策略（LIPID MAPS）"项目，推出了 LIPID MAPS 数据库，并将脂质划分为脂肪酸类、甘油酯类、甘油磷脂类、鞘脂类、胆固醇类、孕烯醇酮脂类、糖脂类和多聚乙烯类等 8 大类进行研究和分析。日本的脂质数据库项目最早起始于 1989 年，主要目标是建立一个公开的、免费的脂质数据库（Lipid Bank），其中包含脂肪酸、甘油酯、鞘脂、固醇、维生素等 6000 余种天然脂质的命名、分子结构、光谱学信息和文献信息等。其他的研究机构也纷纷推出了自己的研究成果。随着脂质组学的迅速发展，脂质组学数据库和软件的功能也将越来越完善。表 48-1 中列出了常见的用于脂质组学的数据库和数据处理软件。

▣ **表 48-1　常用脂质组学数据库和数据处理软件**

名称	国家	内容	网址
LIPID MAPS	美国	4 万多种生物相关的脂质结构、部分质谱信息及代谢通路信息以及与脂类相关的 8500 余种基因和蛋白质信息	http://www.lipidmaps.org/
Lipid Bank	日本	脂类分子结构、光谱信息、质谱信息	http://www.lipidbank.jp/
Lipid Library	英国	脂质性质、结构信息及生物学功能	https://lipidlibrary.aocs.org/
KEGG	日本	脂肪酸的合成和降解、胆固醇和磷脂的代谢途径	https://www.genome.jp/
LSMAD	中国	脂质质谱数据库	https://lipid.zju.cn/
Cyberlipid center	法国	脂质性质、结构信息及分析方法	https://www.cyberlipid.org/
SOFA	德国	植物油及其脂质组成的信息	http://sofa.bfel.de
HMDB	美国	超过 40000 个内源性代谢物以及与之相关的超过 5000 个蛋白质的液相色谱-质谱数据库，可超链接到其他数据库，可供搜索化合物结构和代谢路径相关信息	http://www.hmdb.ca/

第三节　乳脂质组学研究内容

人乳脂质组学研究是对人乳中所有的脂质进行全面系统分析，主要是通过改进人乳脂质样品的提取、分离方法和发展新的分析鉴定技术，特别是注重人乳脂质样品的制备技术与先进仪器设备如质谱联用，实现脂质的快速、高通量分析鉴定。然后在脂质组成基础上进行信息学分析，以了解乳母的膳食、健康状况，并预测或评估对婴儿营养状况与生长发育的影响。

一、乳脂质组成

脂质是一类不溶于水而能被乙醚、氯仿、苯等非极性有机溶剂抽提出的化合物。人乳中含有 3%～5% 的脂质，其中 98% 以上是甘油三酯（TAG）；还含有约 0.8% 磷脂（PL）和 0.5% 胆固醇[39]，而极性脂质（如甘油磷脂和鞘脂）的含量很低（占乳脂 0.5%～1%）。

1. 脂质提取方法

人乳脂质的提取方法主要分为碱提取法、酸水解法和氯仿-甲醇法。

（1）碱提取法　碱水解是在人乳样品中加入一定量的氨水，将乳脂肪球膜（MFGM）破坏，再用乙醚和石油醚提取乳样的碱水解液。反复多次提取，收集乙醚和石油醚提取液，通过旋转蒸发仪或氮吹仪除去溶剂，得到人乳脂质提取物。该法是测定乳及乳制品的常用方法。但该方法步骤烦琐，脂肪酸研究中已很少采用。

（2）酸水解法　酸水解法是在乳样中加入硫酸溶液破坏脂肪球上的蛋白质脂肪球膜和乳胶性质，使包裹在脂肪球里的脂肪游离出来，然后离心分离脂质和非脂质成分。由于脂质的密度小就会漂浮在上层，收集上层成分得到脂质提取物。由于没有使用有机溶剂提取，该法的脂质提取仍不够彻底，主要用于估测样品中的脂质含量。

（3）氯仿-甲醇法　该提取方法是利用脂质在有机溶剂中的高溶解性提取脂质。先在乳样中加入一定比例提取液，使脂质充分溶解在有机溶剂中，再将有机溶剂蒸发或氮吹去除，得到脂质提取物。1957 年，Folch[6]首次提出用氯仿-甲醇提取液提取脂质的方法，Bligh 和 Dyer[7]等在 Folch 的基础上进行了改进。目前，氯仿-甲醇法是脂质提取应用最多的方法，并得到不断改进。

张振[40]分别用氨水-乙醇法、氯仿-甲醇法和氯仿-甲醇-超声法提取母乳中的脂质，发现氯仿-甲醇-超声法是人乳脂质提取的最理想方法，提取得率显著高于其他两种方法，能够最大限度地提取人乳脂质。因为乳中的脂质是以脂肪球的形式存在，利用氨水法不能快速破坏脂肪球膜，脂质分离慢；而采用超声辅助处理，可以产生强大的能量，这种能量不断地作用于人 MFGM 和乳中固形物，使得脂肪球膜破裂，进而脂质快速游离出来并溶于氯仿-甲醇提取液中。

2. 人乳脂质组成的特点

人乳脂质与牛乳脂质整体上含量并无太大差异，其组成如表 48-2 所示。但人乳中多不饱和脂肪酸，特别是亚油酸的含量较为丰富，还含有较多的卵磷脂和脑磷脂等，对婴儿大脑的发育至关重要；而且各种脂肪酸之间存在很大差异。例如，人乳中 $C_4 \sim C_{10}$ 的含量很少，$C_{16} \sim C_{18}$ 的含量很多，主要是棕榈酸、硬脂酸、油酸和亚油酸等；而牛乳中 $C_4 \sim C_{10}$ 的脂肪酸含量较多，这是因为牛的反刍胃中所含纤维和淀粉等被细菌分解而生成的挥发性脂肪酸所致。人乳中含有较多的不饱和脂肪酸，而牛乳中不饱和脂肪酸的含量比人乳中低很多，这可能是由于反刍胃中微生物的作用，使不饱和脂肪酸发生了加成反应。人乳的甘油三酯 sn-2 主要是 C16:0，而牛乳的 C16:0 主要在甘油三酯的 sn-1 和 sn-3 位上。牛乳中含有较多的短链饱和脂肪酸、较少的 C18:1，多不饱和脂肪酸含量低，而人乳中除了含有较多的 C18:1，还含有较多的多不饱和脂肪酸，如二十二碳六烯酸（DHA）等。

⊡ 表 48-2　人乳与牛乳脂质组成[①]　　　　　　　　　　　　　　　　　　　　　:%

脂质名称	人乳	牛乳
甘油三酯	>98	>98
甘油二酯	痕量	0.3
甘油一酯	痕量	0.03
游离脂肪酸	痕量	0.1
磷脂	0.8～1.0	0.8
固醇	0.3～0.5	0.3
固醇酯	痕量	痕量

① 引自张振[40], 2014。

二、乳脂肪酸组成

根据脂肪酸的碳链长度不同可将其分为短链脂肪酸（SCFA）、中链脂肪酸（MCFA）和长链脂肪酸（LCFA）；根据饱和度的不同可分为饱和脂肪酸（SFA）、单不饱和脂肪酸（MUFA）和多不饱和脂肪酸（PUFA）。在多不饱和脂肪酸中，根据第一个双键距离甲基端数目的不同主要分为 n-3 系（α-亚麻酸、EPA、DHA 等）和 n-6 系（亚油酸、γ-亚麻酸和花生四烯酸等）；根据几何异构体的不同可分为顺式脂肪酸和反式脂肪酸，双键两侧的两个 H 原子位于碳链的同侧为顺式、位于异侧为反式脂肪酸。乳脂肪酸一般不能单独存在，大部分以甘油三酯形式存在，分析乳中脂肪酸时，需要将脂肪酸从乳中提取分离出来。国内外对脂肪酸的分析方法有很多，如常见的薄层色谱法、气相色谱法、高效液相色谱法、质谱法以及最近几年发展起来的傅里叶红外光谱法和核磁共振法等。这些分析方法适用范围不同，且各有优缺点。气相色谱是目前脂肪酸分析中最主要的方法，能够对大部分脂肪酸进行定性定量分析，也是分析乳中脂肪酸组成的最常用方法[41]。

张振[40]用 GC-MS 分析了中国人初乳、过渡乳和成熟乳脂肪酸含量的动态变化。初乳中总脂质含量较低，第 3 天的初乳仅含 2.3g/100ml，到过渡乳和成熟乳后明显增加，这与 Ehrenkranz 等的结果相似[42]。人乳脂质的这个特点可能是为了适应新生儿的生理需要，因为新生儿对脂质的消化吸收能力较差，随年龄增长，新生儿对脂质的消化吸收能力逐渐增强，人乳脂质含量也逐渐增加。从初乳、过渡乳到成熟乳各脂肪酸的百分含量随泌乳期的延长而发生变化。例如，SFA 在初乳中的百分含量最低，到过渡乳和成熟乳逐渐增加；然而 DHA 和花生四烯酸（AA）等 PUFA 在初乳中含量最高，之后含量逐渐降低。新生儿在出生时体内缺乏脂肪酸碳链延长酶和去饱和酶，使得 LA 和 ALA 衍生成 AA 和 DHA 的能力较低，因此自身合成 LCPUFA 较少，而初乳能够提供较多的 DHA 和 AA 等 PUFA；随泌乳期的延长，新生儿体内的脂肪酸碳链延长酶和去饱和酶的活性逐渐成熟，自身合成 DHA 和 AA 的能力日渐增加，故在过渡乳和成熟乳中的 DHA 和 AA 含量逐渐降低。

不同国家和地区由于遗传、膳食和个体之间的差异，人乳中脂肪酸组成也有一定差别。如中国人乳甘油酯中亚油酸（LA）和 α-亚麻酸（ALA）含量明显高于国外报道的结果[43,44]，这可能与中国人食用植物性油脂较多有关。根据膳食调查数据，中国居民膳食的大豆油、玉米油和菜籽油等植物性油脂较多，这些植物油脂中 LA 的含量很高，因此，在中国人乳中检测出的 LA 含量也较高。有研究提示，中国人乳中 DHA 含量显著高于欧美等国家的人乳 DHA 含量，但低于日本和马来西亚等国家[45]，这可能与欧美等国家食用动物性食物较多，而日本人与马来西亚人食用含 DHA 丰富的鱼类等海产品较多有关。

杨帆等[46]用 GC 法分析了人乳与牛乳中的脂肪酸组成，如表 48-3 所示。人乳和牛乳中都含较高的中链脂肪酸，但其他脂肪酸组成有较大差别。人乳饱和脂肪酸含量明显低于牛乳，其中人乳中 C14:0、C16:0 和 C18:0 这几种主要的饱和脂肪酸含量都显著低于牛乳。而人乳中单不饱和脂肪酸及多不饱和脂肪酸含量普遍显著高于牛乳，特别是多不饱和脂肪酸；而且牛乳中 α-亚麻酸与亚油酸含量也显著低于母乳，牛乳中二十二碳六烯酸与二十碳五烯酸含量极低。张妞等[47]的研究表明，牛羊乳中共轭亚油酸占总脂肪的 0.5%~1.5%，反式脂肪酸（主要为 11t-18:1）占总脂肪的 1%~3%。而人乳中共轭亚油酸约占总脂肪的 0.2%~0.3%，反式脂肪酸主要为 11t-18:1 和 9t-18:1，约占总脂肪的 1.0%~2.0%，与膳食的组成有关[48]。

表 48-3　人乳与牛乳中脂肪酸组成比较[①]　　　　　　　　　　　　　　　　　　: %

脂肪酸	人乳	牛乳
C4:0	ND[②]	1.85±1.01
C6:0	ND[②]	1.54±0.86
C8:0	0.16±0.04	0.96±0.53
C10:0	1.23±0.31	3.11±0.87
C11:0	ND[②]	0.32±0.15
C12:1	4.73±1.51	3.36±1.01
C13:0	ND[②]	0.15±0.11
C14:0	3.39±1.19	11.27±2.73
C15:0	0.09±0.03	1.12±0.28
C16:0	20.11±1.96	30.11±8.32
C17:0	0.25±0.10	0.72±0.23
C18:0	5.07±0.75	13.61±4.57
C20:0	0.16±0.03	0.15±0.09
C21:0	ND[②]	0.51±0.26
C22:0	ND[②]	0.02±0.01
C23:0	0.14±0.09	0.07±0.05
C24:0	ND[②]	0.002±0.002
C14:1	0.05±0.01	0.93±0.27
C15:1	0.14±0.08	ND[②]
C16:1	1.69±0.62	1.37±0.25
C17:1	0.12±0.02	0.20±0.12
C18:1n-9t	0.02±0.02	0.60±0.39
C18:1n-9c	33.41±7.13	25.16±3.71
C20:1	0.37±0.06	0.05±0.04
C18:1n-7t	ND[②]	0.07±0.05
C18:1n-7c	25.31±3.94	2.53±0.38
C20:3	0.38±0.05	0.06±0.04
C20:4	0.31±0.06	0.12±0.07
α-C18:1	2.13±0.58	0.22±0.09
C20:5	0.03±0.01	ND[②]
C22:6	0.31±0.09	ND[②]
饱和脂肪酸	35.21±4.36	68.89±10.18
单不饱和脂肪酸	36.15±7.17	28.25±4.36
多不饱和脂肪酸	29.09±4.67	2.89±0.54

① 引自杨帆等[46]，卫生研究，2017。②ND 表示未检出。

三、乳甘油三酯组成

母乳中甘油三酯的种类复杂，而且存在大量同分异构体，目前对其进行分离鉴定仍较困难，主要的测定方法有气相色谱法、液相色谱法、超高效液相色谱法等。

Breckenridge 等[49]曾尝试采用气液色谱（GLC）配备 FID 检测器测定动物乳中甘油三酯的组成，其出峰顺序是按照酰基碳原子数（CN）从小到大出峰的，根据分离结果得到 CN 值来鉴定甘油三酯。结果显示加拿大人乳中主要的甘油三酯类型为 C_{52}（39.0%）、C_{50}（17.6%）、C_{54}（16.4%）、C_{48}（9.0%）和 C_{46}（5.5%），酰基碳原子数最高为 C_{60}、最小为 C_{38}，但是其中具体的结构和含量还不清楚。Pons 等[50]用高效液相色谱-蒸发光散射检测器（HPLC-ELSD）分析了 47 例西班牙不同哺乳期人乳样品中的脂肪甘油三酯组成，共分离出 30 种甘油三酯，发现其中 OPO 和 OPL 的含量较高。在分析过程中，使用连接质谱检测器（MS）可提高检测结果的灵敏度、稳定性和重现性。在没有标准品的条件下，通过对特征碎片离子的分析得到分子结构，实现在没有标准品的情况下进行准确分析，且不同分子量的共流出物也能得到定性[51]。质谱与色谱联用的方式，已逐渐成为分离鉴定人乳脂肪甘油三酯成分的最有效手段。

Haddad 等[52]采用 NARP-HPLC（无水反相高效液相色谱）对 8 例意大利人乳样品中脂肪甘油三酯进行分离，并用 NARP-HPLC-MS（ESI 源）对甘油三酯进行鉴定，他们鉴定出 98 种甘油三酯。Zou 等[53]用 NARP-HPLC-ELSD 分析了丹麦不同哺乳期的样本，分离出 25 种甘油三酯组分，并用 Ag^+-HPLC 成功鉴定了 OPO/POO 与 PPO/POP。涂安琪[54]用 SFC-QTOF-MS 建立了植物油甘油三酯的分析方法，并经过调整用于人乳、牛乳和羊乳脂肪中甘油三酯的分析；在对人乳脂肪甘油三酯的分析中，分离出 64 个甘油三酯色谱峰，鉴定了绝大多数色谱峰中的甘油三酯。

人乳中脂肪酸的种类繁多，组成甘油三酯的成分也十分复杂，并且不同国家、地区和不同哺乳期的母乳中的甘油三酯种类和含量也都不同。涂安琪[54]测定了来自北京、湖北和四川地区 54 例人乳脂样品中的甘油三酯，其含量最高的为 OPL（5.84%～10.09%），其余含量超过 1%的甘油三酯为 OPO、LPL、OLL、OSL、OPLa、LPLa、OLO、OPP、LPP、SPL、SPO、LSL、OPM、OML、OLaL、LPM、OLaO、OOO、OMO、OMLa、LLaL、OCaL、SPLa。夏袁[55]采用反相蒸发光液相色谱和超高效合相色谱配备四极杆飞行时间串联质谱法，得到无锡地区 103 例人乳中 25 种甘油三酯含量，其中 OPL 含量最高，占甘油三酯的 25%左右；OPO 仅次于 OPL，含量约 16%。除了 OPL 和 OPO 之外，人乳脂肪中含量相对较高的甘油三酯为 OLL、PLL、MOL、POLa、PPO，平均含量大于 5%，其中过渡乳脂肪中 OLL 和 MOL 的含量显著高于初乳，而 PLL、POLa 和 PPO 则呈相反规律，初乳脂肪含量明显高于过渡乳脂肪。

人乳脂肪中含有的 OPO、OPL 等结构脂，不仅有利于改善婴儿的钙质吸收、降低经粪便丢失的钙质、软化粪便、减少婴儿便秘和有利排便，还有助于脂肪的吸收利用和促进婴儿骨骼发育。中国母乳甘油三酯研究结果显示[55]，OPL 是含量最高的结构脂，这与国外相关的报道不同，如 Chiofalo 等[56]的结果显示母乳中 OPO 含量最高，这种差异可能与中国居民经膳食摄取较多的亚油酸型的植物油有关。Zou 等[53]在 45 例丹麦母乳中分离并鉴定了 22 种甘油三酯，其中含量较高的甘油三酯是 OPO（21.52%）、OPL（16.93%）、OPLa+MMO（10.39%）、PPL（7.15%）和 MLaO+POCa（6.65%）。Kim 等[57]测定了美国母乳中甘油三酯的组成，利用高离析液相色谱法分离甘油三酯，以 ESI-MS 对甘油三酯进行鉴定，共鉴别出 21 种甘油三酯，含量最高的甘油三酯是 PPO（11.00mg/L）、OPL（10.14mg/L）、OPO（9.87mg/L）、SPL（9.87mg/L）和 SPO（6.66mg/L）。

涂安琪[58]建立了超临界流体色谱-四极杆飞行时间质谱（SFC-QTOF-MS）联用技术，用于快速分离及识别牛乳与羊乳中复杂的甘油酯成分，共分离并识别了 55 种甘油三酯和 16 种甘油二酯。结果表明，牛乳脂与羊乳脂有相似的甘油三酯组成系列，但是甘油三酯相对含量差异较大，羊乳中不饱和脂肪酸构成的甘油三酯含量更高。其他哺乳动物乳脂甘油三酯组成与人乳有一定差别，奶牛、水牛以及山羊乳脂肪中含有大量中短碳链脂肪酸，因此由中短碳链脂肪酸组成的甘油三酯的含量相对较高[59,60]，而 OPO 等长碳链脂肪酸组成的甘油三酯含量较低，同人乳甘油三酯组成特点有较大不同。高希西[61]采用液质法测定了荷斯坦牛乳、娟姗牛乳、牛乳、羊乳和人乳的甘油三酯组成，观察到五种乳中含量大于 5% 的甘油三酯大多具有一个特点：两边长中间短，即 sn-2 位上为短链脂肪酸（C4:0、C6:0、C8:0），sn-1,3 位上为中长链脂肪酸（C14:0、C16:0），这一类甘油三酯在人乳中并未检测到；而人乳中三种主要的甘油三酯由 C16:0、C18:1 和 C18:2 组成，这三种甘油三酯在其余动物乳中未检测到或含量较低（如表 48-4 所示）。表 48-5 列出了人乳中含量最高的 10 种甘油三酯，即 OPO、OPL、POP、LaPO、SPO、PLP、OOO、LPL、OLO 和 OMO，这十种甘油三酯的总含量约占总甘油三酯的 60%。人乳中含量最高的这 10 种甘油三酯在其他动物乳中含量较低甚至未检出，说明人乳脂肪与其他动物乳脂肪在甘油三酯组成方面存在很大差异。表 48-4 和表 48-5 反映了不同乳中主要的 TAG 及人乳中含量最高的 10 种 TAG 及其含量。

⊡ 表 48-4　不同乳中主要的 TAG 及其含量①　　　　　　　　　　　　　　　　　　　　　：%

乳源	主要的 TAG（>5%）②	合计
荷斯坦牛乳	16:0/4:0/16:0（13.74）、16:0/6:0/16:0（8.59）、14:0/4:0/16:0（5.50）	27.83
娟姗牛乳	16:0/4:0/16:0（17.56）、6:0/6:0/16:0（11.91）、4:0/18:0/16:0（6.94）、16:0/8:0/16:0（5.19）	41.60
牦牛乳	16:0/6:0/16:0（13.22）、14:0/4:0/16:0（7.31）、16:0/8:0/16:0（6.93）	27.46
羊乳	12:0/8:0/16:0（14.34）、16:0/4:0/16:0（14.09）	28.43
人乳	18:1/16:0/18:1（14.83）、18:1/16:0/18:2（9.44）、16:0/18:1/16:0（7.53）	31.80

① 引自高希西[61]，2016。②表中所述含量为物质的量百分比（%）。

TAG	英文缩写	荷斯坦牛乳	娟姗牛乳	牦牛乳	羊乳	人乳
18:1/16:0/18:1	OPO	2.18	1.12	0.95	0.66	14.83
18:1/6:0/18:2	OPL	0.18	0.07	0.13	0.04	9.44
16:0/18:1/16:0	POP					7.53
12:0/16:0/18:1	LaPO					4.88
18:0/16:0/18:1	SPO	3.30	4.48	1.62		4.68
16:0/18:2/16:0	PLP				0.24	3.91
18:1/18:1/18:1	OOO	0.53	0.15	0.26		3.81
18:2/16:0/18:2	LPL					3.46
18:1/18:2/18:1	OLO					3.44
18:1/14:0/18:1	OMO	0.92	0.39	0.44	0.25	3.24
合计		7.11	6.21	3.41	1.20	59.22

① 引自高希西[61]，2016。②表中所述含量为物质的量百分比（%）。

四、乳磷脂

磷脂约占人乳中总脂质的 0.5%～1.0%，是除了甘油三酯之外的人乳脂质中的重要组分之一。其中约 60%～65% 的磷脂位于乳脂质球膜上，余下 35%～40% 则在水相中与溶液中的蛋白质或膜片段相连[62,63]。附着于乳脂质球膜上的磷脂不仅可以保持脂质在人乳中的稳定性，而且在细胞信号转导和婴儿智力发育方面也发挥重要作用。借助脂质组学分析方法，对人乳磷脂进行定性和定量分析，对于中国人乳脂质的研究具有重要意义。

高效液相色谱联用蒸发光散射检测器（HPLC-ELSD）常用于人乳磷脂的定性和定量分析[64]，但其仅能定性和定量磷脂的大类，很难触及磷脂子类的分析。使用液相色谱分析时，也有人运用荷电气溶胶检测器检测分析乳中的磷脂[65]，该方法与蒸发光散射检测器类似，只能检测到磷脂的大类，不能获得其分子结构信息，说明液相色谱对磷脂的分析仍有局限性。

液质联用技术是目前研究乳脂中磷脂组成较为先进的技术，大多应用于牛乳及其他乳制品的研究中，Paola 等[66]运用亲水相互作用液相色谱联用飞行时间质谱的方式，定性分析了牛乳和驴乳中的磷脂成分，鉴定出来包括磷脂酰乙醇胺（PE）、磷脂酰胆碱（PC）、鞘磷脂（SM）、磷脂酰丝氨酸（PS）、磷脂酰肌醇（PI）和溶血性磷脂酰胆碱（LPC）等在内的共计 22 种磷脂（包括甘油磷脂和鞘磷脂）。Liu 等[67]运用液质联用（LC-MS）的手段定性分析了牛乳中的 56 种磷脂，其中涉及磷脂酰丝氨酸 8 种、鞘磷脂 17 种、磷脂酰乙醇胺 7 种、磷脂酰胆碱 13 种、磷脂酰肌醇 6 种、溶血性磷脂酰胆碱 5 种，还检测出乳糖苷神经酰胺（LacCer）10 种、半乳糖苷神经酰胺（GluCer）4 种。

目前，液质联用技术应用于人乳磷脂的研究主要集中在鞘磷脂方面。例如，Nina[68]

通过亲水相互作用液相色谱结合电喷雾电离串联质谱法（HILIC-HPLC-ESI-MS/MS），定量分析了 20 份人乳样品中的鞘磷脂（SM）以及脂肪酸组成。结果显示，人乳中 SM 总量为 3.87~9.07mg/100g，其中鞘氨醇碱是主要的鞘氨醇碱基，人乳中占鞘氨醇碱基的 83.6%，其次是 4,8-鞘氨醇（d18:2）（占 7.2%）和 4-羟基鞘氨醇（t18:0）（占 5.7%）。主要的 SM 种类包括鞘氨醇和棕榈酸（14.9%）、硬脂酸（12.7%）、二十二烷酸（16.2%）和十四烯酸（15.0%）。而且还有研究发现，人乳 SM 的脂肪酸组成与人乳中总脂肪酸不同，并且脂肪酸在不同的鞘氨醇碱基之间分布也不一致。在何扬波[4]的研究中，采用超高效液相三重四极杆色谱质谱联用（UPLC-Triple-TOF-MS/MS）和气相色谱-氢火焰离子化检测器法（GC-FID）较全面分析了中国汉族人乳磷脂的种类与结构，该研究总计检出磷脂 62 种，略低于牛乳中检测出的磷脂种类总数[69]。其中，PE 的种类比牛乳更丰富，而其他种类磷脂则低于牛乳。采用内标法进行相对定量的分析结果显示，人乳中的各类磷脂相对含量分别为PC38.12%、PE26.97%、SM29.54%、PS4.43%和PI0.94%，Hundrieser[70]等的研究结果与之基本一致。但也有研究发现，人乳中 PI 含量可达到 4.6%~11.7%[63,71]，该结果可能与泌乳期的动态变化有关。与牛乳相比，人乳中的 PC 和 PS 的相对含量更高，而 PE 的相对含量更低[69]。表 48-6 列出了一些通过脂质组学检测到的人乳和牛乳中的磷脂组成。

▷ 表 48-6　人乳和牛乳中磷脂种类与相对含量的比较

磷脂种类	人乳[4]①		牛乳[69]②	
	种类	相对含量/%	种类	相对含量/%
磷脂酰胆碱（PC）	19	38.12	22	7.98
磷脂酰乙醇胺（PE）	25	26.97	17	56.60
磷脂酰丝氨酸（PS）	4	4.43	10	1.70
磷脂酰肌醇（PI）	5	0.94	7	1.33
鞘磷脂（SM）	9	29.54	12	32.39
总计	62	100.00	68	100.0

① 引自何扬波[4]，2016，硕士论文。②引自曹雪等[69]，2019。

五、乳胆固醇

胆固醇又称胆甾醇，是动物组织中类固醇激素、胆汁酸、维生素 D 的前体。通常可以采用高效液相色谱法、气相色谱法、比色法、超高效液相色谱法等方法测定胆固醇含量。如现行食品中胆固醇测定通常根据食品安全国家标准 GB 5009.128—2016，其中第一法和第二法分别为气相色谱法和液相色谱法，这两种方法均适用于测定乳及乳制品等各类动物性食品中的胆固醇。卓成飞等[72]对国标中皂化条件进行优化，得到了更适合测定母乳胆固醇的方法。曹宇彤[73]根据 AOAC 法对人乳中胆固醇皂化方法进行了优化，降低了分析所用母乳样本量。关于乳品中胆固醇的提取方法，主要在于优化样品的皂化条件以提高胆固醇的提取效率。虽然气相色谱法和液相色谱法是测定胆固醇的主要方法，但是随着质谱技术的发展，色谱-质谱联用技术也逐渐用于胆固醇含量的测定。

曹宇彤[73]测定了东北地区母乳中胆固醇含量，随泌乳期的延长，胆固醇含量逐渐下降，成熟乳胆固醇含量基本稳定，初乳、过渡乳和成熟乳的胆固醇含量分别为 187.7～218.1mg/L（202.8mg/L±3.7mg/L）、145.0～184.8mg/L（171.2mg/L±3.2mg/L）和 103.7～142.0mg/L（124.0mg/L±3.1mg/L）。Boersma[74]分析的母乳中胆固醇含量结果也呈相似趋势，如初乳、过渡乳和成熟乳分别为 360mg/L±120mg/L、197mg/L±70mg/L 和 190mg/L±81mg/L。但是 Boersma 的研究结果偏差过大，可能与检测方法不同有关。国外早期文献报道 2～16 周母乳总胆固醇含量范围为 9.7～11.0mg/100ml[75]，低于中国东北地区母乳的含量。不同人乳胆固醇含量的差异可能与泌乳期、个体差异、种族（遗传）、地区、膳食、采样方式和检测方法等因素有关。随哺乳期延长，人乳胆固醇含量从初乳中的 11.0mg/100g 下降到成熟乳中的 9.4mg/100g[72]。牛乳胆固醇含量高于成熟的人乳，但是冲调后的婴儿配方奶粉与成熟母乳中的胆固醇含量基本接近。

第四节 展 望

人乳脂质组学作为一门新兴学科还面临诸多挑战，包括人乳中脂质的定性与定量方法学研究、体内代谢过程、功能特性、生物学意义以及影响因素等。

① 尽管关于脂质组学研究的方法学方面的研究已有很多报道，但是关于母乳中各脂质组分的测定方法尚无统一可靠的方法，包括样本制备方法、测试方法和条件，而且不同的研究使用不同的脂质制备和测定方法得到的结果也有很大差异，故也导致对结果解释的不同。

② 由于获取代表性母乳样本的取样困难，故需要进一步提高母乳脂质组学研究方法的检测限、灵敏度和准确度，以及降低取样量。

③ 母乳中不同脂质在喂养儿体内代谢途径及功能作用的研究甚少，这方面的工作还有待开展。如短链和中链脂肪酸对婴儿供能及健康的意义，ARA 和 DHA 对神经系统发育及生长发育的影响，不同结构甘油三酯如 OPO、OPL、LPL 的吸收及功能的差异，不同磷脂和胆固醇对生长发育的影响等。

④ 乳脂质的生物学意义的解读。脂质组学技术是对乳脂质测定的飞跃，可以同时测定出原来难以分辨的脂质构型，这些脂质对乳母反映什么生物学意义；是否反映乳母的健康状态、膳食组成、基因表型特点、民族遗传差异，是否能够预示喂养儿的发育、基因表型、肠道健康等，都值得深入探索。

⑤ 母乳中的脂质不同与乳母膳食密切相关，乳母膳食如何通过影响母乳脂质进而影

响喂养儿生长发育还有待于深入研究。

通过开展上述研究，将有助于我们更好地探索母乳中脂质的组成、含量和比例等对喂养儿神经系统的成熟、学习认知功能、生长发育及健康的影响，同时也更有助于优化婴儿配方奶粉的组分配方，以促进人工喂养儿的健康成长。

（邓泽元，李静）

参考文献

[1] Marín MC, Sanjurjo A, Rodrigo MA, et al. Long-chain polyunsaturated fatty acids in breast milk in La Plata, Argentina: Relationship with maternal nutritional status. Prostaglandins Leukot Essent Fatty Acids, 2005, 73 (5): 355-360.

[2] Han XL. Global analyses of cellular lipidomes directly from crude extracts of biological samples by ESI mass spectrometry: a bridge to lipidomics. The J Lipid Res, 2003, 44 (6): 1071-1079.

[3] Wenk MR. The emerging field of lipidomics. Nat Rev Drug Discov, 2005, 4 (7): 594-610.

[4] 何扬波. 不同泌乳期中国汉族人乳磷脂组学及脂肪酸分析. 哈尔滨：东北农业大学, 2016.

[5] 蔡潭溪, 刘平生, 杨福全, 等. 脂质组学研究进展. 生物化学与生物物理进展, 2010, 37 (2): 121-128.

[6] Folch J, Lees M, Stanley GHS. A simple method for the isolation and purification of total lipids from animal tissue J Biol Chem, 1957, 226 (1): 497-509.

[7] Bligh EG, Dyer WJ. A rapid method of total lipid extraction and purification. Can J Biochem Physiol, 1959, 37 (8): 911-917.

[8] Hara A, Radin NS. Lipid extraction of tissues with a lowtoxicity solvent. Anal Biochem, 1978, 90 (1): 420-426.

[9] Lofgren L, Stahlman M, Forsberg GB, et al. The Bume method: a novel automated chloroform-free 96-well total lipid extraction method for blood plasma. J Lipid Res, 2012, 53 (8): 1690-1700.

[10] Chen S, Hoene M, Li J, et al. Simultaneous extraction of metabolome and lipidome with methyl tert-butyl ether from a single small tissue sample for ultra-high performance liquid chromatography/mass spectrometry. J Chromatogr A, 2013, 1298 (13): 9-16.

[11] Jia ZX, Zhang JL, Shen CP, et al. Profile and quantification of human stratum corneum ceramides by normal-phase liquid chromatography coupled with dynamic multiple reaction monitoring of mass spectrometry: development of targeted lipidomic. Anal Bioanal Chem, 2016, 408 (24): 6623-6636.

[12] Gregory KE, Bird SS, Gross VS, et al. Method development for fecal lipidomics profiling. Anal Chem, 2013, 85 (2): 1114-1123.

[13] Orozco-Solano M, Ruiz-Jiménez J, Castro LD. Ultrasoundassisted extraction and derivatization of sterols and fatty alcohols from olive leaves and drupes prior to determination by gas chromatography-tandem mass spectrometry. J Chromatogr A, 2010, 1217 (8): 1227-1235.

[14] Liu SL, Dong XY, Wei F, et al. Ultrasonic pretreatment in lipase-catalyzed synthesis of structured lipids with high 1, 3-dioleoyl-2-palmitoylglycerol content. Ultrason Sonochem, 2015, (23): 100-108.

[15] 刘坤. 湿基南极磷虾中磷虾油的超临界 CO_2 萃取工艺研究. 青岛：中国海洋大学, 2014.

[16] 边娟. TiO₂/SiO₂复合固相萃取填料的研究及其在血清磷脂组学中的应用. 上海：上海交通大学，2014.

[17] Wei F，Zhao Q，Lu X，et al. Rapid magnetic solid-phase extraction based on monodisperse magnetic single-crystal ferrite nanoparticles for the determination of free fatty acid content in edible oils. J Agric Food Chem，2013，61（1）：76.

[18] 吴琳，刘四磊，魏芳，等. Florisil 固相萃取法联用气相色谱测定油脂中 sn-2 位脂肪酸. 中国油料作物学报，2015，37（2）：227-233.

[19] Pérez-Palacios T，Jorge Ruiz J，Teresa Antequera T. Improvement of a solid phase extraction method for separation of animal muscle phospholipid classes. Food Chem，2007，102（3）：875-879.

[20] Wang X，Fang Wei F，Xu J，et al. Profiling and relative quantification of phosphatidylethanolamine based on acetone stable isotope derivatization. Anal Chim Acta，2016，902：142-153.

[21] Pucci V，Palma SD，Alfieri A，et al. A novel strategy for reducing phospholipids-based matrix effect in LC-ESI-MS bioanalysis by means of HybridSPE. J Pharm Biomed Anal，2009，50（5）：867-871.

[22] Jia ZX，Li S，Cong P，et al. High throughput analysis of cerebrosides from the sea cucumber pearsonothria graeffei by liquid chromatography-quadrupole-time-of-flight mass spectrometry. J Oleo Sci，2015，64（1）：51-60.

[23] Cífková E，Holcapek M，Lísa M. Nontargeted lipidomic characterization of porcine organs using hydrophilic interaction liquid chromatography and off-Line two-dimensional liquid chromatography-electrospray ionization mass spectrometry. Lipids，2013，48（9）：915-928.

[24] Wang C，Palavicini JP，Miao W，et al. Comprehensive and quantitative analysis of polyphosphoinositide species by shotgun lipidomics revealed their alterations in db/db mouse brain. Anal Chem，2016，88（24）：12137-12144.

[25] Liu M，Wei F，Guo P，et al. Free fatty acids profiling in cold-pressed rapeseed oil pretreated by microwave. Oil Crop Scientific，2017，2（2）：71-83.

[26] Jackson SN，Kathrine B，Ludovic M，et al. Imaging of lipids in rat heart by MALDIMS with silver nanoparticles. Anal Bioanal Chem，2014，406（5）：1377-1386.

[27] 刘亚东，宋秋，支潇，等. 马奶和成熟母乳甘油三酯中脂肪酸组成及分布. 食品工业科技，2012，33（18）：171-173.

[28] Michaeljubeli R，Bleton J，Baillet-Guffroy A，et al. High-temperature gas chromatography-mass spectrometry for skin surface lipids profiling. J Lipid Res，2011，52（1）：143-151.

[29] Giera M，Ioan-Facsinay A，Toes R，et al. Lipid and lipid mediator profiling of human synovial fluid in rheumatoid arthritis patients by means of LC-MS/MS. Biochim Biophys Acta，2012，182（11）：1415-1424.

[30] Mangos TJ，Jones KC，Foglia TA. Normal-phase high performance liquid chromatographic separation and characterization of short- and long-chain triacylglycerols. Chromatographia，1999，49（7-8）：363-368.

[31] Buchgraber M，Ulberth F，Emons H，et al. Triacylglycerol profiling by using chromatographic techniques. Eur J Lipid Sci Technol，2004，106（9）：621-648.

[32] Christinat N，Morin-Rivron D，Masoodi M. A high-throughput quantitative lipidomics analysis of non-esterified fatty acids in human plasma. J Proteome Res，2016，15（7）：2228-2235.

[33] 李瑞萍，袁琴，黄应平. 硅胶色谱柱的亲水作用保留机理及其影响因素. 色谱，2014，32（7）：675-681.

[34] Zhu C，Dane A，Spijksma G，et al. An efficient hydrophilic interaction liquid chromatography separation of 7 phospholipid classes based on a diol column. J Chromatogr A，2012，1220（1）：26-34.

[35] Cajka T，Fiehn O. Comprehensive analysis of lipids in biological systems by liquid chromatography-mass

spectrometry. Trends Analyt Chem, 2014, 61: 192-206.

[36] Sommer U, Herscovitz H, Welty FK, et al. LC-MS-based method for the qualitative and quantitative analysis of complex lipid mixtures. J Lipid Res, 2006, 47 (4): 804-814.

[37] Hu J, Wei F, Dong XY, et al. Characterization and quantification of triacylglycerols in peanut oil by off-line comprehensive two-dimensional liquid chromatography coupled with atmospheric pressure chemical ionization mass spectrometry. J Sep Sci, 2013, 36 (2): 288-300.

[38] 魏芳, 胡娜, 董绪燕, 等. inventor 一种食用油中甘油三酯的单柱二维液相色谱-质谱分析方法及其应用, CN103743851A[P]. 2014.

[39] Jensen RG. Lipids in human milk. Lipids, 1999, 34 (12): 1243-1271.

[40] 张振. GC-MS 研究不同泌乳期中国人乳脂肪酸组成. 哈尔滨: 东北农业大学, 2014.

[41] 方景泉, 迟涛, 王菁华, 等. 食品中脂肪酸分析方法的研究进展. 中国乳品工业, 2018, 46 (09): 38-43.

[42] Ehrenkranz RA, Ackeman BA, Nelli CM. Total lipid content and fatty acid composition of preterm human milk. J Pediatr Gastroenterol Nutr, 1984, 3 (5): 755-758.

[43] Bitman J, Wood DL, Hamosh M, et al. Comparison of the lipid composition of breast milk from mothers of term and preterm infants. Am J Clin Nutr, 1983, 38 (2): 300-312.

[44] Luukkainen P, Salo MK, Nikkari T. Changes in the fatty acid composition of preterm and term human milk from l week to 6 months of lactation. J Pediatr Gastroenterol Nutr, 1994, 18 (3): 355-360.

[45] Kneebone GM, Kneebone R, Gibson RA. Fatty acid composition of breast milk from three racial groups from Penang, Malaysia. Am J Clin Nutr, 1985, 41 (4): 765-769.

[46] 杨帆, 吴娟, 郑颖. 人乳、牛乳和配方奶粉中脂肪酸组成随泌乳期及婴幼儿不同阶段的变化. 卫生研究, 2017, 46 (4): 579-584.

[47] 张妞, 范亚苇, 于化泓, 等. Ag+-SPE / GC 测定食物中 trans16:1, trans18:1, trans18:2 和共轭亚油酸的含量. 中国食品学报, 2020; 20.

[48] Li J, Fan Y, Zhang Z, et al. Evaluating the trans fatty acid, CLA, PUFA and erucic acid diversity in human milk from five regions in China. Lipids, 2009, 44 (3): 257-271.

[49] Breckenridge WC, Kuksis A. Breckenridge WC, et al. Molecular weight distributions of milk fat triglycerides from seven species. J Lipid Res, 1967, 8 (5): 473-478.

[50] Pons SM, Bargalló AC, Folgoso CC, et al. Triacylglycerol composition in colostrum, transitional and mature human milk. Eur J Clin Nutr, 2000, 54 (12): 878-882.

[51] Nagai T, Gotoh N, Mizobe H, et al. Rapid separation of triacylglycerol positional isomers binding two saturated Fatty acids using octacocyl silylation column. J Oleo Sci, 2011, 60 (7): 345-350.

[52] Haddad I, Mozzon M, Strabbioli R, et al. A comparative study of the composition of triacylglycerol molecular species in equine and human milks. Dairy Science & Technology, 2012, 92 (1): 37-56.

[53] Zou X, Huang J, Jin Q, et al. Lipase-catalyzed synthesis of human milk fat substitutes from palm stearin in a continuous packed bed reactor. J Am Oil Chem Soc, 2012, 89 (8): 1463-1472.

[54] 涂安琪. 甘油酯成分测定在食用油真伪鉴别及乳品分析中的应用. 北京: 北京化工大学, 2016.

[55] 夏袁. 人乳脂化学组成及其影响因素的研究. 无锡: 江南大学, 2015.

[56] Chiofalo B, Dugo P, Bonaccorsi IL, et al. Comparison of major lipid components in human and donkey milk: new perspectives for a hypoallergenic diet in humans. Immunopharmacol Immunotoxicol, 2011, 33 (4): 633-644.

[57] Kim KM, Park TS, Shim SM. Optimization and validation of HRLC-MS method to identify and quantify

triacylglycerol molecular species in human milk. Anal Methods，2015，7（10）：4362-4370.

[58] 涂安琪，杜振霞. 超临界流体色谱-四极杆飞行时间质谱快速分析牛奶与羊奶中的甘油三酯组分. 质谱学报，2017，38（02）：217-226.

[59] Blasi F，Montesano D，de Angelis M，et al. Results of stereospecific analysis of triacylglycerol fraction from donkey，cow，ewe，goat and buffalo milk. J Food Compost Anal，2007，21（1）：1-7.

[60] Ruiz-Sala P，Hierro MTG，Martínez-Castro I，et al. Triglyceride composition of ewe，cow，and goat milk fat. J Am Oil Chem Soc，1996，73（3）：283-293.

[61] 高希西. 乳脂肪甘油三酯分析及黄油分馏物组成与物化特性研究. 沈阳：沈阳农业大学，2016.

[62] Huang TC，Kuksis A. A comparative study of the lipids of globule membrane and fat core and of the milk serum of cow. Lipids，1967，2（6）：453-460.

[63] Patton S，Keenan TW. The relationship of milk phospholipids to membranes of the secretory cell. Lipids，1971，6（1）：58-61.

[64] Francesca G，Cristina CH，Brigitte F，et al. Quantification of phospholipids classes in human milk. Lipids，2013，48（10）：1051-1058.

[65] Grzegorz K，Micek P，Czestaw W. A new liquid chromatography method with charge aerosol detector（CAD）for the determination of phospholipid classes. Application to milk phospholipids. Talanta，2013，105：28-33.

[66] Paola D，Francesco C，Filomena C，et al. Determination of phospholipids in milk samples by means of hydrophilic interaction liquid chromatography coupled to evaporative light scattering and mass spectrometry detection. J Chromatogr A，2011，1218（37）：6476-6482.

[67] Liu Z，Moate P，Cocks B，et al. Comprehensive polar lipid identification and quantification in milk by liquid chromatography-mass spectrometry. J Chromatogr B Analyt Technol Biomed Life Sci，2015，978-979：95-102.

[68] Nina B，Claudia S，Nana B，et al. Structural profiling and quantification of sphingomyelin in human breast milk by HPLC-MS/MS. J Agric Food Chem，2011，59（11）：6018-6024.

[69] 曹雪，任皓威，王筱迪，等. 基于 UPLC-Triple-TOF-MS/MS 对巴氏杀菌乳中磷脂成分的分析. 食品科学，2019：1-17.

[70] Hundrieser K，Clark RK. A method for separation and quantification of phospholipid classes in human milk. J Dairy Sci. 1988；71（1）：61-7.

[71] Harzer G，Haug M，Dieterich I，et al. Changing patterns of human milk lipids in the course of the lactation and during the day. Am J Clin Nutr，1983，37（4）：612-621.

[72] 卓成飞，胡盛本，邓泽元. 液态乳中胆固醇、7-脱氢胆固醇及 25-羟基胆固醇的同步测定方法. 中国食品学报，2019，19（04）：226-234.

[73] 曹宇彤. 不同泌乳期中国汉族人乳类固醇组学分析. 哈尔滨：东北农业大学，2016.

[74] Boersma ER，Offringa PJ，Muskiet FAJ，et al. Vitamin E，lipid fractions，and fatty acid composition of colostrum，transitional milk，and mature milk：an international comparative study. Am J Clin Nutr，1991，53（5）：1197-1204.

[75] Clark RM，Ferris AM，Fey M，et al. Changes in the lipids of human milk from 2 to 16 weeks postpartum. J Pediatr Gastroenterol Nutr，1982，1（3）：311-315.

第四十九章

人乳糖组学研究

糖类成分与蛋白质、脂类和核酸一样，是细胞的重要组成成分，它们不但是细胞的主要能量来源，而且在细胞的生物合成和细胞生命活动的调控中扮演重要角色。20 世纪末，伴随基因组学和蛋白质组学研究取得突破性进展，糖组学（glycomics）研究逐渐成为生命科学中又一新的前沿课题。

聚糖、DNA、蛋白质和脂质是细胞的四个主要成分。聚糖是最丰富多样的天然生物聚合物，通常由在细胞分泌途径（内质网和高尔基体）内新生蛋白质和脂质中添加的糖类成分组成。由于糖单体结构和糖之间结合的变化程度很大以及聚糖附着位点的变化，糖组复杂性超过蛋白质组的几个数量级，包含庞大生物信息[1]，因此糖组学研究已成为继核酸、蛋白质之后探索生命奥秘的第三个里程碑。

第一节　基本概念

糖类成分根据分子大小可分为单糖、寡糖、多糖和复合糖，大分子糖链可单独存在，但是在生物体内主要以糖复合物的形式存在，如糖蛋白、蛋白聚糖和糖脂。最新出现的糖生物学、糖技术和糖组学已经阐明了碳水化合物在生物识别系统中的重要作用，例如，以糖复合物（糖脂、糖蛋白和蛋白聚糖）形式存在细胞表面的碳水化合物在细胞间通信、细胞增殖和分化、肿瘤转移、炎症反应或病毒感染中发挥关键作用。特别是作为细胞表面碳水化合物链末端残基存在的岩藻糖基和唾液酸参与了信号识别以及对配体、抗体、酶和微生物的附着。岩藻糖基化和唾液酸化的母乳低聚糖（human milk oligosaccharides,

HMOs）对婴儿肠道具有重要的益生和免疫调节作用，而且由岩藻糖基转移酶催化的高核心岩藻糖基化是人乳糖蛋白的基本特征[2]。

一、聚糖

聚糖（glycans）或碳水化合物糖链是糖（寡糖和多糖）的共价组装体，以游离形式或与蛋白质或脂质以共价复合物的形式存在，在不同生物体以及不同组织、器官和细胞中显示出多种多样的聚糖结构。人乳富含聚糖，主要是乳糖和寡糖，分别占母乳的6.8%和1%[3]。人乳中聚糖的其他来源包括单糖、黏蛋白、糖胺聚糖、糖蛋白、糖肽和糖脂。最初将含2～10个糖苷键聚合而成的化合物称为低聚糖。现在可以通过其特定的结构特征给予更恰当的定义。根据是否存在唾液酸可以区别HMOs的两个主要家族，酸性HMOs含有唾液酸，而中性HMOs则没有[4]。

1. 聚糖的作用

蛋白质-糖类是基因信息传递的延续和放大。人们已经认同聚糖是继核酸和蛋白质之后的第三类生物信息分子，也被认为是"DNA—mRNA—蛋白质"信息流的延续。因为丰富多样的聚糖存在于一切生命体的所有细胞中，与各种生命现象密切相关；基于存在价键连接及分支的异构体，使聚糖具有潜在的结构多样性，其复杂程度远高于核酸或蛋白质；而且充分的结构多样性是任何信息分子所必需的，可使细胞表面的聚糖发挥靶密码的功能，用于辨别进出细胞的信息和物质；聚糖具有重要的生物功能，如在细胞内可修饰蛋白质和脂类的结构，调控它们的功能，在细胞外环境参与免疫应答和免疫识别、感染和某些疾病等过程中的细胞识别，以及在细胞间通信等生物过程中发挥核心作用[5]。聚糖也是人乳中存在的一类生物活性分子。聚糖在人乳中非常丰富，以游离HMOs或与蛋白质或脂质结合（约70%的人乳蛋白被糖基化）的形式存在，可保护新生儿防止致病菌侵袭、促进婴儿肠道良好微生态环境的发育、调节肠道免疫系统发育等[6,7]。HMOs具有显著的结构多样性和复杂性，在人乳池中已确定了数百种低聚糖的结构[8]。

2. 聚糖的多样化

聚糖的特点表现在聚糖合成没有模板指导，聚糖广泛分布在细胞中。细胞中组成聚糖的常见单糖包括甘露糖、唾液酸、半乳糖和N-乙酰葡萄糖胺等十几种，就是这些为数不多的单糖组分，在多种酶作用下，由不同的单糖数、分支结构以及糖苷键组成天文数字般的糖链结构，如同一个数据库，包含庞大的生物信息[1]。目前大多数研究的聚糖是从蛋白质分离出来的。聚糖包括糖蛋白、糖脂、蛋白聚糖。

① 糖基化是蛋白质和脂质的常见修饰，涉及非模板化的动态变化，且过程复杂[9]。

糖蛋白通常有 N-糖基化、O-糖基化、C-甘露糖糖基化和磷脂酰肌醇锚蛋白 4 种类型。动物糖蛋白的糖基化主要发生在肽链上的天冬酰胺、丝氨酸、苏氨酸、羟赖氨酸、羟脯氨酸的残基上。糖蛋白的糖链可以是直链或支链，糖基数目一般为 1～15 个。生物体内糖链的结构模式有一定规律性，其中 N-糖基化有三甘露糖核心结构，根据其他糖与之连接的情况可分为高甘露糖型、复杂型和混合型三类。

② 糖脂则是通过糖的还原末端以糖苷键与脂类连接起来的化合物，通常包括 4 类，分别为分子中含有鞘氨醇或甘油酯的鞘糖脂、由磷酸多萜醇或类固醇衍生的糖脂。

③ 蛋白聚糖是以糖胺聚糖为主通过共价键与若干肽链连接的化合物。

二、糖复合物

细胞中含有糖链的多是糖复合物（glycoconjugates），这些复合物在细胞生命活动中具有重要的生物学功能，而糖链则是它们发挥功能作用的关键结构。三大类分子（称为糖复合物）：糖蛋白、糖脂和蛋白聚糖含有糖链（sugar chains）。

① 糖蛋白是含有一种或多种共价结合糖的蛋白质。

② 糖脂是含有一种或多种共价结合糖的脂质。

③ 蛋白聚糖是与特定蛋白质连接的糖胺聚糖的复合物。

④ 糖胺聚糖是由重复二糖单元组成的聚合物，它们以前被称为黏多糖，包括硫酸软骨素、硫酸皮肤素、肝素、硫酸乙酰肝素、透明质酸和硫酸角质素。

三、糖组

糖组（glycome）研究是为了了解一个生物体、一个器官或特定组织、某个细胞或细胞器在某一时期、某一空间环境或某一特定条件下所具有的整套糖链（聚糖）。人体的糖组可分为糖蛋白糖组、蛋白聚糖糖组和糖脂糖组[10]；如果研究各组分的结构和功能，则分别称为结构糖组和功能糖组。糖链具有比核酸和肽链更大的潜在信息编码容量，6 种不同的氨基酸理论上可以形成 105 种不同的结构，而 6 种不同的单糖则可形成 1012 种不同的结构。因此需要研究什么情况下会产生这样一套糖组，生物体是怎样产生这样一套糖组，这套糖组有什么功能，这些功能又是怎样得以完成，糖组学研究正是为了回答这些问题。

糖组描述了由碳水化合物链或聚糖组成的糖复合物的完整库，这些糖链或聚糖以共价键与脂质或蛋白质分子连接。糖复合物是通过糖基化过程形成的，它们的聚糖序列、它们之间的连接及其长度可以不同。糖复合物的合成是一个动态过程，取决于酶、糖前体和细胞器结构的局部环境以及所涉及的细胞类型和细胞信号。与基因组和蛋白质组相比，糖组具有以下特点和重要性：

① 所有机体的所有细胞都被丰富的糖链所覆盖，这种构成反映了细胞不同的种类和状态；

② 自然界糖的种类较多，但是寡糖的组成糖种类仅有十几种，常见的只有葡萄糖（Glu）、乙酰葡糖胺（GlcNAc）、甘露糖（Man）、半乳糖（Gal）、乙酰半乳糖胺（GalNAc）、木糖（Xyl）、阿拉伯糖（Ara）等；

③ 聚糖如此高的复杂性取决于多变的键连接方式和分支方式，这些特点是其他大生物分子所没有的。

四、糖组学

糖组代表生物体/组织/细胞/蛋白质的完整聚糖谱，而糖组学则是要系统研究糖组，包括聚糖组（糖蛋白组、蛋白聚糖组和糖脂组）的分离与纯化、糖链组（糖蛋白糖链组、蛋白聚糖糖链组和糖脂糖链组）的分离、糖链的结构解析和定量以及糖链的性质和功能。目前多数糖组学研究主要针对糖蛋白，涉及单个个体的全部糖蛋白结构分析，确定编码糖蛋白的基因和蛋白质糖基化的机制。糖组学需要解决基因信息，什么样的基因编码糖蛋白；糖基化的位点信息，可能糖基化位点中实际被糖基化的位点；聚糖结构信息、功能信息；糖基化的功能等，以回答某个生物体在某种情况下为什么会产生这样一套糖组，在这种情况下生物体是怎样产生这样的一套糖组，这套糖组具有什么样的功能，而这种功能是怎样得以完成的。

糖组学是对生物体或细胞内糖链组成及其功能研究的一门新兴学科，研究糖链的表达、调控和生物学功能，也是基因组学的延伸，主要研究对象为聚糖，致力于定义聚糖在生物系统中的结构和功能。糖组惊人的复杂性使我们面临了许多挑战，质谱分析的进展以及遗传和细胞生物学研究的扩展正在试图解决这些问题。

糖组和糖组学是两个不同的概念。糖组是了解一个生物体在某种情况下所具有的全部聚糖种类，而糖组学是对糖组（聚糖）的综合分析以及聚糖与蛋白质和脂质间的相互作用和功能的全面研究。糖组学与基因组学、转录组学、蛋白质组学以及微生物组学等同时出现，且密不可分。糖组学也可以看作是基因组学和蛋白质组学的延续（从基因型到表型）。

五、人乳糖组学

人乳糖组学系研究人乳中糖链组成及其功能的一门新兴学科，包括乳腺内的表达、泌乳量和乳汁成分分泌量的调控以及其生物学功能。研究的内容包括糖与糖之间、糖与蛋白质之间、糖与脂类之间、糖与核酸之间的联系和相互作用等。目前研究最多的是HMOs，HMOs是婴儿健康成长的重要营养成分。母乳中寡糖约有 200 多种，可定量分析的约 30 多种。HMOs 也可以与脂质或蛋白质结合的形式存在。与人乳中蛋白质结合的 N-和 O-链聚糖可以代表复杂碳水化合物的部分。人乳蛋白质上的糖链按连接方式可分成 3 种：N-糖基化、O-糖基化和糖基磷脂酰肌醇（glycosylphosphatidylinositol, GPI）锚。根据与糖链的连接方式不同，蛋白质主要有 N-连接和 O-连接两种糖基化形式。N-糖基化常以 β-N-GlcNAc-Asn 为连接起点，与肽链的氨基酸序列有关，这种序列被称为天冬酰胺顺序子；Asn-X-Ser 或 Asn-X-Thr，X 代表除脯氨酸以外的氨基酸。N-糖基化是指糖链与肽链上天冬氨酸残基共价连接，形成一种糖基化修饰类型，其与蛋白质的合成密切相关。体液中的蛋白质多发生 N-糖基化修饰。O-糖基化存在多种形式，但是都由一种或几种单糖与含羟基的氨基酸相连接，没有共同的核心结构，在 O-GalNAc 连接糖链中存在 4 种核心结构，即 Galβ3（GlcNAcβ6）GalNAcαSer/Thr（核心 1）、Galβ3GalNAcαSer/Thr（核心 2）、GlcNAcβ3GalNAcαSer/Thr（核心 3）、GlcNAcβ6（GlcNAcβ3）GalNAcαSer/Thr（核心 4）。O-糖基化的组成比 N-糖链更为多变，主要存在于黏液蛋白、免疫球蛋白的分子上。

人乳糖链结构信息包括糖链的单糖组成、构型、糖苷键的连接位置和糖残基的序列分析等内容；糖蛋白糖链的结构分析包括糖蛋白的提取分离、糖链释放和糖链结构鉴定等多个步骤。

六、糖组学与其他组学

仅研究糖组并不能了解糖组各组分如何产生以及它们的生物学意义，因此进行糖组学研究时，还需要考虑糖链产生和糖链作用的对象，即考虑同一生物体（细胞）中糖酶（糖基化转移酶、糖苷酶和磺基转移酶）和糖结合蛋白及与其相关基因在不同情况下的表达与调控，需要将糖组学研究与有关基因组学和蛋白质组学的研究内容结合起来。糖组学研究内容涉及解析糖蛋白和糖脂上的糖组，了解哪些糖类基因（糖基化转移酶、糖苷酶和磺基转移酶基因）编码糖链，如何调控糖链的合成以及糖基化通路，鉴定蛋白质在糖基化位点及每个位点上的糖链结构，研究与这些糖链相互作用的聚糖结合蛋白，分析糖类基因、糖蛋白糖链和与糖结合蛋白相互作用的关联性，以及建立和完善糖组学生物信息数据库。

第二节　人乳糖蛋白及其在疾病预防中的作用

超过 70% 的母乳中蛋白质是被糖基化的。人乳糖蛋白是母乳的主要成分，而且这些糖蛋白的大小、结构和丰度各不相同。由于母乳中的糖蛋白不易在胃中消化，因此能够达到肠道发挥免疫活性和抗病作用，包括抑制细菌生长和杀菌作用、阻碍病毒渗透和吸收等。

人乳糖蛋白可以从脱脂乳（由 60%清蛋白和 40%酪蛋白组成）和 MFGM 中检测到。乳清部分的糖蛋白（占总人乳蛋白质的质量分数）包括α-乳清蛋白（约 17%）、乳铁蛋白（约 17%）、sIgA（约 11%）、血清白蛋白（约 6%）、溶菌酶（约 5%）以及其他免疫球蛋白，如 IgG（<1.0%）和 IgM（<1.0%）。κ-酪蛋白是酪蛋白的主要糖基化形式，占总酪蛋白的约 25%和总蛋白质的约 9%。人乳 MFGM（乳脂球膜）中蛋白质占总蛋白质的比例小于 5%[11]。母乳的抗病作用至少部分归因于人乳糖蛋白部分，包括 sIgA、κ-酪蛋白、乳铁蛋白和来自 MFGM 的蛋白质。

一、分泌型免疫球蛋白 A

糖蛋白 sIgA 是人乳中的主要抗体部分，其作用是通过中和细菌、病毒和毒素，在保护人体许多脆弱上皮细胞中发挥重要作用。除了免疫特性，人乳 sIgA 通过修饰 sIgA 蛋白骨架的聚糖部分，为母乳喂养婴儿提供抗病原活性的第二种形式。在 sIgA 上有两个已知的 N-糖基化位点在 Asn-263 和 Asn-459，这些位点携带大量带有末端 N-乙酰神经氨酸（唾液酸，Neu5Ac）的复杂聚糖。N-乙酰葡糖胺（GlcNAc）和甘露糖（Man）残基已知会形成病原体的潜在结合表位[12]。

大量体外研究结果显示，多种 sIgA 聚糖能与可能威胁新生儿健康的病原体结合。来自人初乳的 sIgA 与大肠杆菌最常见的黏附细胞器（即 I 型菌毛）的甘露糖特异性凝集素结合，从而阻止了大肠杆菌对 HT-29（人类结肠上皮癌）细胞的附着。人初乳 sIgA 还可抑制胃病原体幽门螺杆菌与从人胃上皮组织分离的胃肠道黏膜细胞的结合。在这种情况下，sIgA 的抑制作用是基于细菌与免疫球蛋白上含岩藻糖聚糖表位的竞争性结合而产生的。采用酶法去除末端岩藻糖残基可降低 sIgA 对结合的抑制作用[13]。相似地，sIgA 还可抑制艰难梭菌毒素 A（一种严重的抗生素相关性腹泻的病原）与肠道刷状缘膜的结合，而 sIgA 的去糖基化则可降低它与毒素的结合能力[14]。

上述体外结果显示，不同病原体用来与上皮细胞表面结合的聚糖表位具有多样性，这种现象可以被 sIgA 糖蛋白上同等范围的聚糖诱饵所抵消。然而，检查体内人乳 sIgA 的保护价值则要复杂得多。Cruz 等[15]的病例研究提供了一个案例，即母乳 sIgA 抗体在保护儿童免受大肠杆菌产生的热不稳定毒素影响方面的价值。感染了可产生毒素的大肠杆菌的婴儿中，那些母乳中含有较高水平 sIgA 的婴儿无症状，而接受较低 sIgA 母乳的婴儿则患上肠胃炎。

二、乳铁蛋白

人乳乳铁蛋白是一种分子量为 80kDa 的糖蛋白，在两个主要的糖基化位点（Asn-138 和 Asn-479）上含有高度唾液酸化和岩藻糖基化的聚糖，而在 Asn-624 上也出现有限的糖基化。乳铁蛋白具有杀菌活性，部分归因于糖蛋白与铁结合的能力，这限制了微生物生长所必需微量元素铁的可利用性[16]；人乳乳铁蛋白的聚糖部分在抑制病原体黏附方面也可能发挥作用。例如，已证明牛乳乳铁蛋白上的唾液酸残基可有效结合 Ca^{2+}，该离子似乎可以稳定细菌外膜上的 LPS，人乳乳铁蛋白的唾液酸部分非常可能也以类似方式发挥作用[17]；采用酶法去除乳铁蛋白末端的岩藻糖残基，导致鼠伤寒沙门菌黏附力显著增强，提示岩藻糖残基参与了乳铁蛋白对该特定细菌菌株的结合抑制。人乳糖蛋白及其在疾病预防中的作用（如抗菌、抗病毒）还可参见本书第十四章乳铁蛋白。

Barboza 等[18]的工作揭示，在整个泌乳期乳铁蛋白的糖基化发生了巨大变化。初乳中的乳铁蛋白显示高水平的糖基化，此后哺乳的前两周总糖基化作用降低，相对应地是从初乳到成熟乳的转变。然而，在之后的整个哺乳期发生了岩藻糖基化的增加，对应于岩藻糖基转移酶基因的表达增加（通过 RNA 序列确定）。以前有人曾报道整个哺乳期人乳糖蛋白糖基化的变化[19]，然而，这种变化对抗病原体活性的相应影响仍然是有待深入研究的领域。

三、κ-酪蛋白

尽管β-酪蛋白是人乳中酪蛋白的最丰富形式（占总酪蛋白的约 75%），然而它不含已知的糖基化位点；而κ-酪蛋白（占总酪蛋白的约 25%）在其分子 C 末端有七个 O-糖基化位点。κ-酪蛋白和β-酪蛋白共同形成了胶束，含有儿童生长发育所必需的氨基酸和矿物质。然而，糖基化的κ-酪蛋白可能是抗菌活性的主要贡献者。κ-酪蛋白一旦进入肠道就会被蛋白酶裂解，形成不溶性肽对κ-酪蛋白和可溶性亲水性酪蛋白糖巨肽。

κ-酪蛋白预防婴儿肠道感染的保护性价值是多方面的。一方面，κ-酪蛋白，特别是酪蛋白糖巨肽可促进婴儿肠道中有益菌群的生长与定植，包括婴儿双歧杆菌和乳双歧杆菌，从而降低致病菌的定植；κ-酪蛋白可抑制病原体黏附到婴儿的肠道和呼吸道上皮细胞表面。例如，κ-酪蛋白可抑制氟异硫氰酸酯标记的幽门螺杆菌黏附到人胃黏膜以及肺炎链球菌和流感嗜血杆菌黏附到人呼吸道上皮细胞，这种作用可能是通过模仿病原体结合位点的κ-酪蛋白上 GlcNAc β-3Gal 部分实现的。在κ-酪蛋白存在情况下，还可以阻止口腔病原体变形链球菌与唾液包被的羟磷灰石的结合，这种相互作用依赖于人乳糖蛋白上存在的唾液酸残基[20]。

四、乳脂肪球膜蛋白

人乳中许多 MFGM 蛋白是糖基化的形式，因此在膜的外表面存在多种多样的聚糖结合位点，可以充当病原体的诱饵并阻止其黏附到上皮细胞表面。可为病原体提供诱饵受体的人 MFGM 糖蛋白包括黏蛋白、胆盐刺激脂酶和乳黏附素。

1. 黏蛋白

黏蛋白（mucins）是大分子量糖蛋白，其分子量范围约为 200～2000kDa。黏蛋白是细胞外基质的主要成分，参与多种功能，包括保护上皮细胞免受病原体感染、调节细胞信号转导和转录等。黏蛋白保护人体许多上皮表面防止致病菌黏附，包括胃肠道和呼吸道[21]。

黏蛋白以两种形式存在，即分泌型黏蛋白和与膜结合的黏蛋白。MFGM 的黏蛋白则属于后一种形式，并且组成了膜结合区域，包含一个短的细胞质片段和高度广泛的 O-糖基化外部，它是一种 MFGM 黏蛋白的聚糖链，MFGM 黏蛋白的聚糖链被认为是诱饵，从口腔到最终消化道任何地方均可降低病原体附着到婴儿身体的上皮细胞。有证据表明，母乳喂养婴儿粪便中的黏蛋白可抵抗消化，这符合黏蛋白主要是去除病原体而非营养的重要功能。

在人 MFGM 中，已识别另外两种关键的黏蛋白，即黏蛋白 1（MUC1）和黏蛋白 4（MUC4），其中黏蛋白 1 是主要的，特别是其聚糖部分在病原体黏附中发挥的作用[22]。体外试验结果显示，来自人 MFGM 的 MUC1 和 MUC4 可抑制肠炎鼠伤寒沙门菌（SL1344）侵入人肠上皮细胞[23]。该研究中使用了两种上皮细胞系，一种源自人结肠直肠腺癌（Caco-2），另一种源自正常人胚胎小肠（FHs74Int）。就形态、黏膜和酪氨酸激酶依赖的对人乳的反应而言，正常人胚胎小肠（FHs74Int）细胞被认为比成年人癌症模型可以提供不成熟婴儿肠道的更好代表性。结果显示，细胞系之间几乎没有差异，MUC1 和 MUC4 在 150μg/ml（人乳中典型水平）浓度显著抑制 Caco-2 和 FHs74Int 细胞的侵入，而且 MUC1 的抑制作用强于 MUC4。已有试验证据支持人乳黏蛋白预防病毒性胃肠道感染的潜能。例如，唾液酸化人乳黏蛋白抑制轮状病毒在组织培养基中的复制，预防小鼠模型的轮状病毒胃肠炎；黏蛋白的去糖基化导致抗病毒活性丧失。含有分泌型和路易斯表征的黏蛋白也可阻断重组诺如病毒样颗粒与唾液的黏附[24]。

2. 胆盐刺激脂酶

胆盐刺激脂酶（bile salt-stimulated lipase, BSSL）是乳汁中发现的有助于脂肪消化的主要酶，是由胰腺分泌的无活性酶，经肠道胆盐激活。新生儿和小婴儿仅分泌少量胰脂肪酶，因此母乳中 BSSL 有助于改善喂养儿的消化功能，直到其消化系统发育成熟。人乳 BSSL 是一种高度糖基化的蛋白质，具有类似黏蛋白 C 端区域含有 10 个潜在 O-连接糖基化位点，用含有岩藻糖、半乳糖、氨基葡萄糖、半乳糖胺和唾液酸的碳水化合物大量以 1:3:2:1:0.3 的物质的量比修饰[25]。已经证明 BSSL 的糖基化取决于母亲的血型表型和整个泌乳过程[26]。与哺乳后期相比，产后最初一个月的总糖基化更高，其中有大量的唾液酸残基。在整个泌乳期，包括路易斯 X 表位在内的岩藻糖基化结构的数目也增加。

母乳的许多潜在的抗病原特性也被归因于其中含有的 BSSL[27]。在一项早期研究中，发现了人乳中 BSSL 可杀死蓝氏贾第鞭毛虫。人乳 BSSL 在贾第鞭毛虫滋养体中引起肿胀和溶解。后来，具有分泌型血表型（具有功能性 FUT2 基因，可产生 α-1,2 含 α-岩藻糖的聚糖）妇女的乳汁中 BSSL 可抑制重组诺如病毒样颗粒黏附在唾液或合成的 H1 型寡糖上，表明连接有 α-1,2-岩藻糖的残基可充当诱饵受体并阻止诺如病毒与胃肠道细胞的结合[28]。还有人发现，BSSL 可抑制口腔病原体变形链球菌与唾液和唾液凝集素（gp340 糖蛋白）包被的羟基磷灰石结合[29]。

3. 乳黏附素

乳黏附素（lactadherin）是 MFGM 中与黏蛋白相关的唾液酸化糖蛋白，含 5 个 N-连接糖基化位点。乳黏附素为婴儿提供的抗病原特性主要与预防轮状病毒感染有关。Yolken 等[30]的研究结果揭示，一种黏蛋白相关的分子量为 46kDa 的糖蛋白（后来被称为乳黏附素）可抑制 MA-104 细胞（非洲绿猴肾）的轮状病毒感染，而且这种现象已在组织培养和小鼠试验中得到复制。唾液酸化学水解后，乳黏附素与轮状病毒的结合能力明显降低，提示唾液酸决定簇在其中的作用。几年后，一项人类病例研究结果支持乳黏附素预防轮状病毒感染的作用[31]。在 200 名来自墨西哥城的婴儿中，监测了轮状病毒感染发生率和相关症状，比较了母乳中乳黏附素含量。在受感染的婴儿中，那些用含有高含量乳黏附素母乳喂养的婴儿无症状，而用含有低含量乳黏附素母乳喂养的婴儿出现了严重腹泻[32]。

第三节　具有抗病原特性的乳糖脂

人乳中的乳糖脂（milk glycolipids）主要是含唾液酸的糖鞘脂类，被称为神经节苷脂，仅与 MFGM 有关。它们是由一个 18 碳鞘氨醇碱基和一个酰胺连接的酰基组成，形成一种聚糖附着的神经酰胺[32]。该分子的神经酰胺部分是疏水的，嵌入 MFGM 的脂质双层中，而聚糖链则暴露在外面。这种排列减少了构成上皮细胞膜部分病原体可以附着的糖脂。因此类似于人乳糖蛋白，MFGM 中的神经节苷脂是天然诱饵，可以防止病原体附着到婴儿的上皮细胞上，从而防止感染。人乳糖脂抑制病原体和/或其毒素黏附到人上皮细胞的试验结果见表 49-1。

一、人乳中神经节苷脂含量与存在形式

人初乳和成熟乳均含有神经节苷脂，浓度范围从 (9.51 ± 1.16) mgLBSA（脂质结合唾液酸，lipid bound sialic acid）/L 到 (9.07 ± 1.15) mg LBSA/L[33]。人初乳中的主要神经节苷脂是 GD3（Neu5Ac α2-8 Neu5Ac α2-3 Gal β1-4 Glc β1-1 神经酰胺），占总脂质结合

唾液酸的 65%[34]，而成熟乳中神经节苷脂主要是 GM3（Neu5Ac α2-3 Gal β1-4 Glc β1-1 神经酰胺），占总神经节苷脂含量的 74%，GD3 占约 25%[35]。成熟母乳中含有少量糖脂成分，包括神经节苷脂 GM2［GalNAcβ1-4（Neu5Ac α2-3）Galβ1-4Glc β1-1 神经酰胺，占约 2%］和 GM1［Galβ1-3GalNAcβ1-4（Neu5Ac α2-3）Galβ1-4Glcβ1-1 神经酰胺，占约 0.1%］，以及中性糖脂 Gb3（Galα1-4Galβ1-4 神经酰胺，占约 2%）。

⊡ 表 49-1　人乳糖脂抑制病原体和/或其毒素黏附到人上皮细胞的试验证据[①]

乳糖脂（结合表位）	作用靶向	实验证据	文献来源
GM1	ETEC	抑制与 Caco-2 细胞结合，抑制率 80%	Idota 等[36]
GM1	LT，霍乱弧菌霍乱毒素	抑制 LT 与 ELISA 板的结合，并且体外可降低霍乱毒素对兔肠袢的作用	Laegreid 等[37] Otnaess 等[38]
GM1，GM2	VacA	Lyso-GM1 和 Lyso-GM2 中和 AZ-521 细胞的空泡活性	Wada 等[39]
GM2	人 RSV	抑制 RSV 吸收进入细胞 HEp-2	Porteilli 等[40]
GM3	ETEC	抑制与 Caco-2 细胞的结合，抑制率 69%	Idota 等[36]
GM1，GM2，GM3，Neu5Ac	空肠弯曲杆菌，单增李斯特菌，肠炎沙门菌，宋内志贺菌，幽门螺杆菌	抑制与 Caco-2 细胞的结合	Salcedo 等[41]
GD3	ETEC	抑制与 Caco-2 细胞的结合，抑制率 16%	Idota 等[36]
Gb3	痢疾志贺菌毒素	固相结合试验中与志贺毒素结合	Newburg 等[42]
NeusAcα2-3Gal，NeusAcα2-6Gal	EV71	抑制 DLD-1 细胞的感染	Yang 等[43]
硫酸化糖脂-硫化神经酰胺，硫化乳糖基	HIV gp120	在培养的人结肠和阴道上皮细胞中，可抑制这些细胞与重组 HIV 表面糖蛋白 gp120 结合	Newburg 等[42]

①命名基于 Svennerholm，1963；改编自 Peterson 等[44]，2013。ETEC，产肠毒素大肠杆菌；Caco-2，人上皮结肠直肠腺癌；LT，大肠杆菌不耐热肠毒素；VacA，幽门螺杆菌空泡毒素；RSV，呼吸道合胞病毒；AZ-521，人上皮性胃癌；HEp-2，人类上皮喉癌；DLD-1，人上皮结肠直肠腺癌；EV71，肠道病毒 71。

二、对胃肠道病原体黏附的影响

已有多项研究调查了人乳神经节苷脂对胃肠道病原体黏附的影响。GM1 可有效地抑制产肠毒素大肠杆菌对 Caco-2（人上皮结肠直肠腺癌）细胞的黏附（抑制率 80%），其次是 GM3（抑制率 69%）和 GD3（抑制率 16%）[36,45]。GD3 可抑制肠致病性大肠杆菌与 Caco-2 细胞的结合，然而值得注意的是，GD3 末端的 Neu5Ac α2-8Neu5Ac 二糖也是 S 菌毛大肠杆菌优先结合的位点[46]。近来的一项研究结果显示，GM1、GM3、GD3 和游离唾液酸（Neu5Ac）也能够抑制腹泻病原体空肠弯曲杆菌、幽门螺杆菌、单增李斯特菌、伤寒沙门菌和志贺菌黏附到 Caco-2 细胞[41]。特别是 Neu5Ac 显示了对这种结合的最大抑制作用，其次是 GD3、GM1 和 GM3。

三、对致病菌产生毒素的影响

人乳神经节苷脂还可以结合致病菌产生的毒素，从而防止在定植和腹泻病发生之前毒素诱导的细胞膜降解。例如，人乳的 GM1 可抑制大肠杆菌热不稳定肠毒素与抗体包被的酶联免疫吸附测定板的体外结合，并且在兔肠的体内试验中可降低霍乱毒素的作用[37]。同样，中性人乳脂糖球蛋白神经酰胺（Gb3）可与痢疾志贺菌和肠出血性大肠杆菌的志贺毒素结合，这些毒素是威胁生命的溶血性尿毒症综合征的重要毒力因子[42]。在另一项研究中，多种牛神经节苷脂（GM1、GM2、GM3、GD1a 和 GD）可中和 AZ-521 细胞（人上皮性胃癌）中幽门螺杆菌空泡毒素的活性[39]。使用 Lyso-GM1 和 Lyso-GM2（不含脂肪酸链的神经节苷脂）也以剂量依赖性方式表现出中和毒素的作用，提示脂肪酸部分不是相互作用的重要因素，而是这些糖脂的寡糖类成分。由此预期，神经节苷脂的聚糖取代基的人乳当量对这些细菌具有类似的抑制作用。最近的一项更详细的研究结果表明，志贺毒素是与糖脂结合。在天然系统中，糖脂并非孤立存在，而是有其他膜结合和游离因子（包括磷脂和胆固醇）的存在。

四、对病毒活性的影响

人乳中的糖脂似乎也具有抑制病毒与细胞结合的活性。在细胞培养基中，GM2 显示出抗人 RSV 的活性。这种活性被认为是 GM2 与 RSV 结合的结果，该种方式可抑制病毒吸附到 HEp-2（人类上皮喉癌）细胞，而不是由于 GM2 诱导的 RSV 脂质包膜的破坏。同样，具有 Neu5Acα2-3Gal 和 Neu5Acα2-6Gal 部分的唾液酸化人乳糖脂可预防 DLD-1（人上皮结直肠腺癌）细胞的肠道病毒 71（EV71）的感染[43]。肠病毒可引起婴儿手足口病，在许多亚洲国家常可引起致命性脑炎。与游离的 HMOs 和糖蛋白相比，关于人乳糖脂的抗病原特性方面的数据很少。可以预期，人乳中等价糖脂类的聚糖可能是有益的诱饵，可以有效地诱骗病原体，以防止这些病原体黏附到人体的受体部位。需要注意的是，与人乳糖脂相比，非乳糖脂的鞘氨醇和脂肪酸部分的长度、羟基化程度和饱和度可能有所不同，反过来可能会影响所附着聚糖的表现。

第四节　人乳寡糖在抵抗疾病中的作用

人乳含有多种类型的低聚糖和糖复合物，目前有关母乳的研究一般可分成对糖蛋白、糖脂和游离寡糖的分别研究。功能上母乳糖组和游离寡糖比较类似，迄今对 HMOs 的研究最多。

人乳寡糖又称为 HMOs。母乳中含有 5～15g/L 的 HMOs，还含有少量的中性低聚糖和酸性低聚糖，而牛乳中低聚糖含量甚微。HMOs 基本不能被婴儿肠黏膜消化，因此其糖的成分不能作为宏量营养素。HMOs 是一组在母乳中含量非常丰富，由超过 150 种不同寡糖组成的糖复合物，HMOs 具有极性高、缺少发色团、矩阵复杂、品种多、异构体多、结构复杂等特点。大部分研究聚焦在 HMOs 通过多种或者间接的方式调控婴儿肠道菌群，还有抗黏附抗菌剂、调节肠上皮细胞、免疫调节剂以及大脑发育营养素等作用。

一、人乳寡糖

长期以来，全球健康组织已经就母乳喂养对新生儿的短期和长期健康具有深远的积极影响这一点达成共识，并被广泛接受。即使在最恶劣情况下，母亲自身的营养状况不佳，母乳仍能为喂养儿提供对生长发育至关重要的营养成分和生物活性成分。新生儿的宿主防御机制可分为非特异性（先天）和特异性（后天）的[32]。非特异性机制无须事先接触微生物或其抗原的情况下即可有效。而 HMOs 属于非特异性反应的一部分[47~49]，可发挥免疫调节作用，包括 HMOs 可抑制许多病毒和细菌病原体的生长和定植、抵御肠道病原微生物的感染、维持肠道微生态的平衡，同时还具有营养肠黏膜和调节免疫细胞之间的相互作用等重要功能[48,49]。HMOs 在人乳中含量很高（≥4g/L），可分为普通低聚糖和功能性低聚糖，HMOs 的组成和功能与乳母的 Lewis 血型和分泌型、非分泌型等生理参数有关。

二、人乳糖组对共生菌的影响

分娩后不久，随着许多来自母乳的细菌在新生儿肠道中的定植，新生儿肠道微生物组开始发育。通过母乳喂养，可持续不断为喂养儿提供微生物。尽管已知有多种因素可不同程度影响新生儿和婴儿的肠道菌群[50]，然而人乳中 HMOs 仍被公认为是母乳喂养儿肠道良好微生态环境建立的主要驱动力。母乳中 HMOs 仅约 1%能被吸收进入循环系统，大部分到达远端肠道，在那里它们被共生细菌代谢。随着肠道氧气水平的降低，厌氧细菌，例如双歧杆菌和拟杆菌菌群逐渐建立。

HMOs 被认为是能够丰富母乳喂养儿肠道菌群的特定生长因子。母乳喂养婴儿的肠道微生物菌群富含双歧杆菌和拟杆菌，已知某些拟杆菌通过黏蛋白利用途径消耗长链 HMOs，而许多双歧杆菌属细菌则消耗短链 HMOs[51]。从这一数据可以推断出长链 HMOs 充当黏蛋白的模仿物，促进共生菌（如拟杆菌）的生长，这些共生菌可代谢这些分子。但是较短链的 HMOs 在结构上与 O-连接黏蛋白型聚糖和糖蛋白不同，这些分子可被某些特定种类双歧杆菌专门使用，它们不会代谢黏蛋白。总之，HMOs 既可选择能代谢 HMOs 的双歧杆菌属细菌，又可选择可代谢黏蛋白的拟杆菌，HMOs 促进共生细菌生长的相关内容汇总于表 49-2。

共生菌	作用	参考文献
双歧杆菌，长双歧杆菌	母乳喂养婴儿粪便中发现的主要菌种	DiBartolomeo 和 Claud[52]
	其生长是通过利用 HMOs 作为唯一碳源	
	代谢人乳中发现的"小"的低聚糖	
短双歧杆菌，青春双歧杆菌	与成人肠道菌群相关的主要菌株	DiBartolomeo 和 Claud[52]
	在 HMOs 上无法有效生长	
脆弱拟杆菌，多形类杆菌	HMOs 在脆弱拟杆菌、多形类杆菌的使用伴随黏蛋白降解途径的上调	Marcobal 等[53,54]
卵形芽孢杆菌，固醇芽孢杆菌	存在 HMOs 情况下，这两种菌没有显示生长	Marcobal 等[53,54]
植物乳杆菌，嗜酸乳杆菌	不消化复杂的 HMOs	Schwab 和 Ganzle[55]，和 Ganzle 和 Follador[56]
	代谢中性 HMOs，发酵乳糖、葡萄糖、N-乙酰氨基葡萄糖和岩藻糖	
罗伊乳杆菌，发酵乳杆菌，嗜热链球菌	不能代谢 HMOs	Schwab 和 Ganzle[55]，和 Ganzle 和 Follador[56]

注：改编自 Craft 和 Townsend[57]，2017。

三、HMOs 介导的对致病菌的防御作用

与人工喂养方式相比，母乳喂养可降低喂养儿的腹泻、呼吸道感染、尿路感染、耳部感染、坏死性小肠结肠炎的发病率[58]。与这些研究结果相吻合的是，母乳喂养的新生儿肠道传染性致病菌定植也相对较低。母乳喂养的这些保护特性中许多可归因于母乳中存在的 HMOs 成分。例如 Li 等[59]的试验结果显示，补充 HMOs 可缩短轮状病毒感染的持续时间。轮状病毒是引起婴儿腹泻的主要原因之一。然而，大多数婴儿配方奶粉是基于牛乳，其所含有的低聚糖成分可忽略不计，而且牛乳低聚糖的结构不如 HMOs 复杂，缺乏多样化。因此使用婴儿配方奶粉喂养的婴儿无法获得母乳 HMOs 的保护作用。

广义上讲，HMOs 促进的保护作用可以分为两类。首先是由于共生细菌对 HMOs 的选择性代谢而产生的保护作用。共生菌（如双歧杆菌）能很好地利用大多数 HMOs，大多数有害菌几乎不能利用 HMOs，而且像双歧杆菌这类细菌利用 HMOs 产生的酸性环境和其代谢产物还能抑制有害菌的生长。在 Miller 实验室的一项研究中，发现测试的 10 种肠杆菌科菌株不能在 HMOs 2'-岩藻糖基乳糖（2'-FL）、6-唾液酸基乳糖（6'-SL）和乳糖-N-新四糖（LNnT）上生长，其中包括数种大肠杆菌菌株和一种痢疾志贺菌。但是其中有些菌株能够在低聚半乳糖（GOS）以及单糖和双糖 HMOs 成分中生长[60]。由于这种选择性代谢结果，共生菌可以生长并战胜有害病原体；而且 HMOs 的代谢会产生短链脂肪酸（SCFA）。SCFA 又可降低肠道 pH 值，这进一步阻碍了许多病原菌的生长。第二种保护机制则是与病原体更直接的相互作用，HMOs 通过充当病原体或诸如毒素的病原性毒力剂的可溶性诱饵受体发挥抗黏附抗菌剂作用。通过使 HMOs 与各种细胞表面聚糖受体相似，使病原体与 HMOs 结合而不是与细胞表面聚糖结合，从而阻止病原体与上皮细胞的结合，这通常是感染的第一步。这些结构上的相似性使 HMOs 成为诸如病毒 HBGA（组织血型抗原）的天然诱饵[61]。Newburg 实验室对空肠弯曲杆菌也获得类似发现，其中 α-1,2-岩藻糖基化的 HMOs 能够抑

制对宿主的黏附[62]。针对多种细菌病原体HMOs提供的增强保护作用见表49-3。

▣ 表49-3　HMOs促进对致病菌的抑制作用

细菌菌种	作用	HMOs	文献来源
鲍曼不动杆菌	抑制生长	汇总的HMOs	Craft和Townsend[57]
空肠弯曲菌	抑制上皮细胞黏附	2'-FL	Yu等[63]
	抑制炎症信号	其他2-岩藻糖基化低聚糖	Ruiz-Palacios等[62]
	降低弯曲杆菌引起的腹泻		Morrow等[64]
白色念珠菌	抑制上皮细胞黏附	汇总的HMOs	Gonia等[65]
	干扰菌丝形态发生		
艰难梭菌	与外毒素A(TcdA)和B(TcdB)结合，防止毒素与细胞受体相互作用	岩藻糖基化的单体HMOs（如LNFPⅠ，LNFPⅢ）	Nguyen等[66]
		酸性单体HMOs（如LST b和c，LNT，LNnH）	
粪肠球菌	与非HMO处理相比，减少万古霉素耐药的粪肠球菌定植的效果更快	岩藻糖基化HMO的混合物	Champion等[67]
大肠杆菌	用于干扰UPEC引起细胞损伤的细胞内信号	酸性和中性HMOs混合物	El-Hawiet等[68]，Lin等[69]，Coppa等[70]
	抑制UPEC黏附于上皮细胞	中性和酸性单体HMOs（如2'-FL，6'-SL，LNFPⅠ和Ⅱ）	Cravioto等[71]
	与不耐热肠毒素1结合		Coppa等[72]
流感嗜血杆菌	抑制上皮细胞黏附	乳汁中大分子量组分	Andersson等[73]
幽门螺杆菌	抑制上皮细胞黏附	酸性HMOs（如3'-SL和6'-SL）	Simon等[74]
铜绿假单胞菌	抑制与上皮细胞的黏附	2'-FL和3-FL	Weichert等[75]
	减少与肺细胞的黏附	3'-SL和6'-SL	
非乳链球菌	抑菌和抗生物膜（机制未确定）	中性单体HMOs（如LNT和LNFPⅠ），汇总HMO	Ackerman等[76]，Lin等[77]
肺炎链球菌	对上皮细胞黏附的抑制作用	低和高分子量乳汁组分单体HMOs（如LNT）	Andersson等[73]
痢疾志贺菌	与志贺毒素Stx2和Stx1B5结合	酸性和中性单体HMOs（如2'-FL，6'-SL，LNDFHⅠ，LNFPⅢ）	El-Hawiet等[68]
沙门菌	抑制上皮细胞黏附	酸性和中性低分子量HMOs（如3-FL和6'-SL）	Coppa等[70]
金黄色葡萄球菌	促进生长而无HMO代谢；作为增长刺激剂	汇总HMOs	Hunt等[78]
	抑制生物膜		
诺如病毒	抑制与HBGA结合	唾液酸化HMOs（如3'-SL和6'-SL）	Schroten等[79]，Koromyslova[61]
轮状病毒	抑制与上皮细胞黏附		Hester等[80]

注：1.改编自Craft和Townsend[57]，2017。HBGA，组织血型抗原（histo-blood group antigen）。2.UPEC，尿路致病性大肠杆菌。

第五节 糖复合物益生潜力以及产品的研发

尽管早在 100 多年前，人们就已认识到母乳影响着婴儿的肠道菌群组成，然而至今关于抗菌特性和作用方式仍知之甚少，关于 HMOs 的抗菌活性和对菌群的作用方式仍有待确定。HMOs 研究的最终目标将涉及合成可口服的 HMOs 作为新一代抗菌剂或膳食补充剂。

一、人乳糖复合物的益生潜力

已知母乳喂养有助于婴儿肠道有益微生物的发育，包括双歧杆菌和乳酸杆菌。这些"友好"细菌可帮助营养素的消化以及阻止致病菌的附着和定植，为婴儿预防疾病、降低过敏风险提供保护作用[81]。母乳喂养之所以可促进婴儿有益肠道菌群的稳态发育，其中丰富的 HMOs 发挥了重要作用。HMOs 可作为这些有益菌（如双歧杆菌）的食物来源（作用底物），而且人乳中 2′-岩藻糖基乳糖、乳糖-N-新四糖等 HMOs 也是人乳中第三大成分。最近研究揭示了微生物利用来自人乳糖蛋白的聚糖作为碳源的能力。细菌产生的胞外糖苷酶可切割蛋白质上的聚糖链，可能会产生游离的聚糖，已发现这些游离聚糖对 HMOs 抑制病原体黏附发挥重要作用。例如，双歧杆菌可以通过分泌内-α-N-乙酰氨基半乳糖苷酶（仅限于去除 Gal-GalNAc）和 1,2-α-L-岩藻糖苷酶来利用黏蛋白 O-连接的聚糖，并可以通过一种内-β-N-乙酰氨基葡萄糖苷酶裂解乳铁蛋白和免疫球蛋白的 N-聚糖[82]。

二、牛乳糖复合物

人乳是新生儿最好的食物来源，而牛乳来源的婴儿配方食品则是那些不能用母乳喂养儿的代用品。因为人乳中的聚糖结构是以游离低聚糖或糖复合物组分存在，也被认为是人乳的独有特征。越来越多的研究开始关注牛乳是否含有相似聚糖结构和具有相似的抗致病菌作用。与人乳相比，牛乳游离低聚糖含量的多样性更少[牛乳低聚糖（bovine milk oligosaccharides,BMOs）约 40 种，而 HMOs 超过 200 种]，唾液酸化聚糖含量更高（BMOs 约 70%与 HMOs 10%～20%），更少的岩藻糖基化聚糖（BMOs 约 1%,而 HMOs 为 50%～80%，取决于乳母血型）[83]。此外，BMOs 含有 N-羟甲基神经氨酸（占酸性 BMOs 总量的约 7%），而人乳中则没有。HMOs 具有显著的抗致病特性，但是 BMOs 对病原体的保护价值知之甚少；BMOs 浓度（0.09～1.2g/L）明显低于 HMOs（6～23g/L）[84,85]。牛乳中糖复合物以较高的丰度存在，并且其聚糖结构和它们可能影响的抗病特性已引起人们高度关注。

可以采用液相色谱串联质谱测定人乳和牛乳 MFGMs 中的 *N*-连接和 *O*-连接的低聚糖[84,86]。牛乳中存在单和双唾液酸化的核心 1 型低聚糖（Galβ1-3GalNAcol）形式 *O*-连接的寡糖，而人乳则具有更复杂的核心 2 型寡糖［Galβ1-3（GlcNAcβ1-6）GalNAcol］，并且在 C3 分支上唾液酸化，C6 分支扩展为分支和未分支的 *N*-乙酰基乳糖胺单元上的血型 H 和 Lewis 型抗原决定簇。因此，母乳糖蛋白末端岩藻糖残基的存在是定义人乳的特征，而不是牛乳。Nwosu 等[86]也分析了来自人乳和牛乳乳清糖蛋白的 *N*-糖基化。尽管人乳和牛乳的甘露糖型结构的百分比分布相对较低，且相似（约 6% 与约 10%），但乳清糖蛋白的中性和唾液酸化复合物/氢化物 *N*-聚糖结构存在显著差异。同样，人乳乳清蛋白含有的岩藻糖基化结构（约 75%）多于牛乳（约 31%），而牛乳乳清蛋白含有的唾液酸化结构（约 68%）则多于人乳（约 57%），并且还含有少量的 *N*-甘氨酰神经氨酸（NeuGc，<1%）。

上述研究结果提示，人乳和牛乳中的糖蛋白可能会因附着聚糖的浓度和类型的变化提供不同程度的针对人病原体的保护作用，这些聚糖可能是以病原体黏附位点的模拟物发挥作用。因此，认为牛乳糖复合物已经更具体地进化为保护小牛免受牛病原体的感染，而不是保护人类婴儿免受人类病原体的侵害也是合理的。迄今为止，很少有人研究直接比较人和牛的糖复合物对人类婴儿的保护特性。在一个实例中，与不含这种抗原的纯化牛乳κ-酪蛋白相比，人乳κ-酪蛋白上含有 Le 血型抗原的末端岩藻糖可更好地抑制幽门螺杆菌附着到健康成年人的胃组织，该研究阐明了牛乳中岩藻糖缺乏的可能含义[87]。然而，取决于受体的结构，牛乳中唾液酸结构的增加可以更好地清除黏附于这些表位的其他病原体。例如，来自牛乳的大分子量黏蛋白样的成分能够通过唾液酸残基抑制幽门螺杆菌的血细胞凝集[88]；并且来自牛κ-酪蛋白的含唾液酸的 GMP 可抑制肠炎沙门菌和肠出血性大肠杆菌附着到 Caco-2 细胞，牛 MUC1 可抑制大肠杆菌和鼠伤寒沙门菌结合到 Caco-2 细胞[89]。在另一项学龄前儿童的临床试验中，调查了每天服用 100mg 牛乳铁蛋白并监测持续 3 个月期间的轮状病毒肠胃炎的发生率。虽然对照组和受试者之间轮状病毒感染的发生率相等，但是在服用牛乳铁蛋白组儿童中呕吐和腹泻的频率及持续时间都有显著改善。

人乳和牛乳中含有相似的神经节苷脂，然而牛乳中总神经节苷脂的浓度［（3.98±0.25）mg LBSA/L］比人乳中［（9.07±1.15）mg LBSA/L］要低得多；牛乳中 GD3 占主导地位，而人乳中 GM3 是主要的神经节苷脂[33]。迄今为止，牛乳糖脂的抗菌特性很少被研究。在一项研究中，比较了牛乳与人乳来源的神经节苷脂对肠致病性大肠杆菌与 Caco-2 细胞结合的抑制活性，结果显示人乳神经节苷脂可抑制这种结合，而牛乳的神经节苷脂则没有，说明占主导地位的牛神经节苷脂 GD3 对这种病原体没有生物活性。与之相比较，产肠毒素的大肠杆菌可与牛乳中的 GM3 和 GD3 结合并抑制细菌的血凝作用[90]。

三、糖复合物研究的未来

随着聚糖分析方法不断发展以及与病原体相互作用研究的深入，人乳糖复合物对感染的保护作用值得深入研究。最新研究涉及使用旨在更真实地遏制婴儿/病原体相互作用的实验模型，例如使用源自胎儿肠道细胞而不是成年人的细胞系[23]，并研究体内也存在的其他成分（例如胆固醇和其他糖复合物）的作用模型。糖复合物、寡糖和人乳中其他因素的混合作用对分析的挑战更大，发生相互作用的条件要求也面临更大挑战。

质谱分析和聚糖微阵列技术的进步，以及聚糖结构分析技术的日益成熟，为更详细地评估对相互作用至关重要的聚糖部分铺平了道路。此外，显微镜技术的进步促进了病原体附着设备的研究。已知在整个泌乳期，乳糖复合物发生了糖基化变化[18,22]，这使得如何保护母乳喂养的婴儿防止病原体附着仍然是未来需要解决的一个问题。

人乳中修饰大分子的寡糖结构（岩藻糖基化寡糖和糖蛋白）与牛乳不同，而且非常适合抑制人类病原体的结合。今后进一步研究这种差异可能会有所裨益；而且开发模仿天然人乳中存在保护因子的糖复合物补充剂已成为可能，在全球范围内抗生素耐药性发生率不断升高的背景下，针对婴儿和更广泛的人群预防疾病的更为天然的机制将是需要优先考虑的课题。

第六节　糖组学方法学研究

糖不是基因的直接产物，而是在糖基转移酶催化下由多步形成糖苷键的特异反应合成的，这些反应因各种因素影响不是总能被完成，而且常常会有几种转移酶同时竞争同一个糖受体，因此合成的是非均一的多糖混合物，导致聚糖结构的多样性和复杂性。因此糖组学研究的技术关键是糖组的分离和富集以及糖结构的分析。对于糖链结构的解析，生物质谱、核磁共振、色谱技术、凝集素芯片等技术是重要的手段。下面简单介绍目前用于糖组学研究的技术。

一、糖捕捉法

在糖组学研究中，糖捕捉法（glyco-catch）已被用于糖蛋白的系统分析，通过与蛋白质组数据库结合使用，可系统鉴定可能的糖蛋白和糖基化位点，也称为经典凝集素亲和色谱"糖捕获"方法。植物凝集素是一种非免疫来源、无酶活性且能与聚糖特异性结合的蛋白质，它像探针一样可捕获到混合物中的聚糖，为目标细胞、组织或机体的糖组学研究提供第一手资料。

具体测定方法包括：①分离糖蛋白；②消化蛋白质；③糖肽分离；④糖肽的分析和纯化；⑤测定；⑥数据处理等。之后还可以继续使用不同的凝集素柱进行第二次和第三次循环，捕集其他类型的糖肽，研究某个细胞和机体较全面的糖组学。需要指出的是，使用质谱技术分析糖组学，虽然可以获得糖链的精确结构，但是该方法对仪器和分析技术要求非常高，而且操作人员要有丰富的分析经验。

二、微阵列技术

微阵列技术（microarray）系指在固相基质表面构建微型生物化学分析系统，以实现对生物分子的准确、快速、高通量检测，即糖芯片。该技术集成了成千上万密集排列的探针分子，能够在短时间内分析大量的生物样品，快速准确获取样品中的多重信息，其检测效率比传统检测手段提高了成百上千倍。糖微阵列技术广泛用于糖结合蛋白的糖组分析，以对生物个体产生的全部蛋白聚糖结构进行系统鉴定与表征。该项技术是生物芯片的一种，将带有氨基的各种聚糖共价连接在用化学反应活性成分包被表面的玻璃芯片上，一块芯片可排列 200 种以上的不同糖结构，几乎覆盖了全部末端糖的主要类型，因为糖蛋白通常只能识别糖链中的最后几个末端糖残基，推测天然存在的末端序列约有 500 种，这种技术已成功地用于糖结合蛋白的筛选和表征方面。

微阵列技术因其具有高通量、微型化和可进行自动化操作等特点，已在糖组学研究中发挥了一定作用。然而，目前可用于微阵列的糖数量仍十分有限（还不到估计的构成人聚糖的 10%），而且检测灵敏度还有待提高，以及存在样品标记过程相对较复杂、背景信号影响等技术难点，限制了该技术的推广应用。可喜的是鸟枪糖组学（shotgun glycomics）已被开发成为一种高通量技术，采用微量方法从天然来源样本中分离聚糖，可用于研究人乳的 HMOs 或聚糖[91]。

三、化学选择糖印迹技术

基于蛋白聚糖中的寡糖从糖配体上释放出来后形成醛基糖或酮基糖，由于这些糖在碱性溶液中能够优先且非常容易地与苯肼发生反应，形成稳定的苯腙衍生物，而且此反应过程不需要催化剂或还原剂，反应条件温和，因此，即使有大量肽或氨基酸存在时，带有苯肼类似物功能基的试剂也优先与糖反应。基于这种化学优先选择的原则建立的糖组学研究方法即为化学选择糖印迹技术，可采用 MALDI-TOF 质谱或 MALDI-TOF/TOF 双质谱进行分析。

四、双消化并串联柱法

双消化并串联柱法也可用于分离糖肽，该方法快速灵敏。该方法的基本程序为使用序列特异性内切蛋白酶对 SDS-PAGE 分离后的糖蛋白进行凝胶内水解后，取少量蛋白质水解物进行质谱分析，根据肽谱图或部分序列信息进行蛋白质的鉴定；将剩余的蛋白酶水解液中的大部分多肽裂解为小分子肽（<5 个氨基酸），然后通过 Poros R2（一种色谱树脂）微柱吸附水解物中的非糖基化肽，而糖肽则由于聚糖的亲水特性不被吸附，将柱上的非糖基化肽用洗脱剂洗脱后进行质谱分析测序，将不被吸附的糖肽部分再通过石墨粉微柱，洗去低分子量杂质后，即可用 30%乙腈-0.2%甲酸将糖肽洗脱下来，用质谱或双质谱测定分子量、氨基酸序列和部分聚糖结构。

第七节　糖组学面临的挑战

与基因组学和蛋白质组学相比，在研究聚糖结构与功能关系方面，糖组学的发展面临着寻求开发分析仪器和生化工具等的独特挑战。在化学结构和信息密度方面，聚糖比 DNA 和蛋白质更多样化。由于迄今可用于糖组研究的方法相对较少，致使糖组学研究还处于起步阶段。阻碍糖组学快速发展的主要问题是糖链本身结构的复杂性以及研究技术与检测仪器的限制。

一、聚糖和聚糖结合蛋白的多样性研究

聚糖以简单和复杂的结构形式存在于成千上万的糖复合物中。长期以来，调节聚糖表达的因素及其分子和功能作用一直是一个极具挑战性的难题；对聚糖类型和聚糖氨基酸键数量的了解仍在不断增加，糖蛋白、糖脂、糖胺聚糖和糖基磷脂酰肌醇（GPI）锚定的糖蛋白中聚糖的"核心结构"性质研究随着基因组学、蛋白质组学和质谱工具的发展，其进展速度惊人。蛋白质-聚糖相互作用的数量可能接近蛋白质-蛋白质和蛋白质-核酸相互作用的数量，而目前糖组学的进展尚不足以估计蛋白质-聚糖相互作用的数量。尽管该领域面临巨大挑战，但取得重大突破也仅仅是个时间问题。

二、糖蛋白的分离与检测技术

聚糖广泛分布在细胞中，所以从细胞或组织中分离得到的聚糖是各种结构聚糖的混合物；而且聚糖与蛋白质之间的相互作用是通过两者之间多价和强度不同的亲和力完成的。糖组学研究的首要问题是分离糖蛋白，植物凝集素色谱分离虽然可捕获不同的糖蛋白，但是还没有一种植物凝集素能吸附所有类型的糖蛋白。使用当前技术识别糖蛋白的基因效率较低、糖链的结构分析和共价键的确定也较困难，而且目前糖组学的研究方法

几乎是静态的，而生物体糖基化过程是动态的，因此需要发展动态化的研究方法与技术。

蛋白质糖基化修饰是广泛存在于自然界的最重要的蛋白质翻译后修饰之一，超过半数的蛋白质在翻译后修饰过程中出现糖基化现象。然而，在蛋白质糖基化修饰的研究中，缺乏高效灵敏的糖组学分析技术，目前仍然面临可同时检测糖蛋白的氨基酸序列、糖基化位点和糖链结构的重要挑战。

三、糖链结构的测定

由于蛋白质上的糖链无论是连接方式、结构还是功能方面均复杂多样，通过糖链的分析，将有助于揭示蛋白质如何发挥各种生物学功能以及在自我识别微生物感染和免疫系统中糖链的作用[9]。然而，目前还没有一种技术可以快速、大量测定细胞中所有的糖链结构，现有的技术对糖蛋白的识别效率仍较低，对于较短的糖肽序列（<6 个氨基酸）尚无法从基因组数据库中确定目的基因；虽然较长的糖肽（>20 个氨基酸）可借鉴目的基因，但是数据库中有关糖基化位点的信息非常有限。近年来高精度质谱开始用于鉴定糖结构，但是糖链的结构分析和共价键的确定仍然是一种低通量的工作，制约了糖信息的获得。因此深入了解人乳聚糖的功能以及聚糖结构和构象的复杂性，代表了糖组学的挑战和前景，这已成为公认的需要重点研究聚糖科学的领域，就像基因组学和蛋白质组学分别专注于核酸和蛋白质一样。

四、HMOs 的抗菌活性及作用方式

HMOs 通过什么方式以及如何选择让共生菌生长，同时抑制多种致病菌/病原体的生长；如何识别对 HMOs 敏感的病原体，使用 HMOs 作为膳食补充剂的可行性（营养学的合理性与必要性、使用的安全性）等问题都有待研究。HMOs 可用于治疗当前的感染或预防感染，例如，可以将 HMOs 抗菌混合物提供给患传染性疾病高风险的儿童。然而，制约 HMOs 糖生物学领域研究的最大障碍是 HMOs 的有限可利用性，从乳品工业的乳制品中提取 HMOs 的资源十分有限，难以工业化生产，而采用生物工程生产 HMOs 的安全性和有效性仍有待系统评估。

五、糖组学研究方法学的创新

糖组学是后基因组学的一个重要领域，许多生物信息都体现在丰富多样的糖复合物的形式，应用基因组-蛋白质组-糖组的概念来全面解释复杂生命的系统是完全必要的。与蛋白质和核酸不同，糖链不是经模板复制，而是由形式多样的各种酶催化合成，其合成过程受酶基因表达的调控，还受酶活性的影响。即使在同种分子的同一糖基化位点的糖链结构也有差异，这可归因于多基因-多蛋白-多聚糖的关系，因此不能采用类似于 PCR

的方式作为均一产物对聚糖进行扩增，也不能直接用自动序列仪测序。目前人类和动物糖组中发现的聚糖微阵列缺乏完整的结构表述，因此缺少许多潜在重要的聚糖和聚糖决定簇，并且蛋白质与聚糖微阵列的结合不足可能只是表明相关聚糖配体的缺失。随着样品分离技术和相关仪器的发展，需要开发快速准确的糖组鉴定技术与方法。

尽管人乳糖组学研究还存在诸多挑战，但随着对聚糖结构及其直接和间接功能了解的不断深入，通过跨多生物学学科的研究，未来的前景是光明的；质谱分析和其他测序方法的技术进步，聚糖合成、生物信息学以及对聚糖在发育、健康和疾病方面的生物学作用的日益了解，也为糖组学深入的未来带来了希望，最终有可能将聚糖与核酸、蛋白质和脂质联系在一起，将聚糖的位置指定为生命所必需的大分子中的支柱。

（毕烨，董彩霞，王晖，荫士安）

参考文献

[1] Raman R，Raguram S，Venkataraman G，et al. Glycomics：an integrated systems approach to structure-function relationships of glycans. Nat Methods，2005，2（11）：817-824.

[2] Li M，Bai Y，Zhou J，et al. Core fucosylation of maternal milk N-glycan evokes B cell activation by selectively promoting the l-fucose metabolism of gut *Bifidobacterium* spp. and *Lactobacillus* spp. mBio，2019，10（2）：e00128-19.

[3] Boehm G，Stahl B，Jelinek J，et al. Prebiotic carbohydrates in human milk and formulas. Acta Paediatr Suppl，2005，94（449）：18-21.

[4] Newburg DS，Grave G. Recent advances in human milk glycobiology. Pediatr Res，2014，75（5）：675-679.

[5] Rillahan CD，Paulson JC. Glycan microarrays for decoding the glycome. Annu Rev Biochem，2011，80：797-823.

[6] Kirmiz N，Robinson RC，Shah IM，et al. Milk glycans and their interaction with the infant-gut microbiota. Annu Rev Food Sci Technol，2018，9：429-450.

[7] Xiao L，van De Worp WR，Stassen R，et al. Human milk oligosaccharides promote immune tolerance via direct interactions with human dendritic cells. Eur J Immunol，2019，49（7）：1001-1014.

[8] Ayechu-Muruzabal V，van Stigt AH，Mank M，et al. Diversity of human milk oligosaccharides and effects on early life immune development. Front Pediatr，2018，6：239.

[9] Reily C，Stewart TJ，Renfrow MB，et al. Glycosylation in health and disease. Nat Rev Nephrol，2019，15（6）：346-366.

[10] 曾菊，程肖蕊，周文霞，等. 糖组学研究技术进展. 中国药理学与毒理学杂志，2014，28（6）：923-931.

[11] Cavaletto M，Giuffrida MG，Conti A. Milk fat globule membrane components——a proteomic approach. Adv Exp Med Biol，2008，606：129-141.

[12] Arnold JN，Wormald MR，Sim RB，et al. The impact of glycosylation on the biological function and structure of human immunoglobulins. Annu Rev Immunol，2007，25：21-50.

[13] Falk P，Roth KA，Boren T，et al. An *in vitro* adherence assay reveals that *Helicobacter pylori* exhibits cell

lineage-specific tropism in the human gastric epithelium. Proc Natl Acad Sci USA, 1993, 90（5）: 2035-2039.

[14] Dallas SD, Rolfe RD. Binding of clostridium difficile toxin A to human milk secretory component. J Med Microbiol, 1998, 47（10）: 879-888.

[15] Cruz J R, Gil L, Cano, F. et al. Breast milk anti-Escherichia coli heat-labile toxin IgA antibodies protect against toxin-induced infantile diarrhea. Acta Paediatr Scand, 1988, 77（5）: 658-662.

[16] Baker EN, Baker HM. Molecular structure, binding properties and dynamics of lactoferrin. Cell Mol Life Sci, 2005, 62（22）: 2531-2539.

[17] Rossi P, Giansanti F, Boffi A, et al. Ca^{2+} binding to bovine lactoferrin enhances protein stability and influences the release of bacterial lipopolysaccharide. Biochem Cell Biol, 2002, 80（1）: 41-48.

[18] Barboza M, Pinzon J, Wickramasinghe S, et al. Glycosylation of human milk lactoferrin exhibits dynamic changes during early lactation enhancing its role in pathogenic bacteria-host interactions. Mol Cell Proteomics, 2012, 11（6）: M111 015248.

[19] Froehlich JW, Dodds ED, Barboza M, et al. Glycoprotein expression in human milk during lactation. J Agric Food Chem, 2010, 58（10）: 6440-6448.

[20] Vacca-Smith AM, Van Wuyckhuyse BC, Tabak LA, et al. The effect of milk and casein proteins on the adherence of *Streptococcus mutans* to saliva-coated hydroxyapatite. Arch Oral Biol, 1994, 39（12）: 1063-1069.

[21] Hattrup CL, Gendler SJ. Structure and function of the cell surface（tethered）mucins. Annu Rev Physiol, 2008, 70: 431-457.

[22] Wilson NL, Robinson LJ, Donnet A, et al. Glycoproteomics of milk: differences in sugar epitopes on human and bovine milk fat globule membranes. J Proteome Res, 2008, 7（9）: 3687-3696.

[23] Liu B, Yu Z, Chen C, et al. Human milk mucin 1 and mucin 4 inhibit Salmonella enterica serovar Typhimurium invasion of human intestinal epithelial cells *in vitro*. J Nutr, 2012, 142（8）: 1504-1509.

[24] Jiang X, Huang P, Zhong W, et al. Human milk contains elements that block binding of noroviruses to human histo-blood group antigens in saliva. J Infect Dis, 2004, 190（10）: 1850-1859.

[25] Wang CS, Dashti A, Jackson KW, et al. Isolation and characterization of human milk bile salt-activated lipase C-tail fragment. Biochemistry, 1995, 34（33）: 10639-10644.

[26] Wang M, Zhao Z, Zhao A, et al. Neutral human milk oligosaccharides are associated with multiple fixed and modifiable maternal and infant characteristics. Nutrients, 2020, 12（3）. doi: 10.3390/nu12030826.

[27] Gillin FD, Reiner DS, Wang CS. Killing of *Giardia lamblia* trophozoites by normal human milk. J Cell Biochem, 1983, 23（1-4）: 47-56.

[28] Ruvoen-Clouet N, Mas E, Marionneau S, et al. Bile-salt-stimulated lipase and mucins from milk of 'secretor' mothers inhibit the binding of Norwalk virus capsids to their carbohydrate ligands. Biochem J, 2006, 393（Pt 3）: 627-634.

[29] Danielsson Niemi L, Hernell O, Johansson I. Human milk compounds inhibiting adhesion of mutans streptococci to host ligand-coated hydroxyapatite *in vitro*. Caries Res, 2009, 43（3）: 171-178.

[30] Yolken RH, Peterson JA, Vonderfecht SL, et al. Human milk mucin inhibits rotavirus replication and prevents experimental gastroenteritis. J Clin Invest, 1992, 90（5）: 1984-1991.

[31] Newburg DS, Peterson JA, Ruiz-Palacios GM, et al. Role of human-milk lactadherin in protection against symptomatic rotavirus infection. Lancet, 1998, 351（9110）: 1160-1164.

[32] Newburg DS. Oligosaccharides and glycoconjugates in human milk：their role in host defense. J Mammary Gland Biol Neoplasia，1996，1（3）：271-283.

[33] Bode L，Beermann C，Mank M，et al. human and bovine milk gangliosides differ in their fatty acid composition. J Nutr，2004，134（11）：3016-3020.

[34] Takamizawa K，Iwamori M，Mutai M，et al. Selective changes in gangliosides of human milk during lactation：a molecular indicator for the period of lactation. Biochim Biophys Acta，1986，879（1）：73-77.

[35] Laegreid A，Otnaess AB，Fuglesang J. Human and bovine milk：comparison of ganglioside composition and enterotoxin-inhibitory activity. Pediatr Res，1986，20（5）：416-421.

[36] Idota T，Kawakami H. Inhibitory effects of milk gangliosides on the adhesion of *Escherichia coli* to human intestinal carcinoma cells. Biosci Biotechnol Biochem，1995，59（1）：69-72.

[37] Laegreid A，Kolsto Otnaess AB. Trace amounts of ganglioside GM1 in human milk inhibit enterotoxins from *Vibrio cholerae* and *Escherichia coli*. Life Sci，1987，40（1）：55-62.

[38] Otnaess AB，Laegreid A，Ertresvag K. Inhibition of enterotoxin from *Escherichia coli* and *Vibrio cholerae* by gangliosides from human milk. Infect Immun，1983，40（2）：563-569.

[39] Wada A，Hasegawa M，Wong PF，et al. Direct binding of gangliosides to *Helicobacter pylori* vacuolating cytotoxin（VacA）neutralizes its toxin activity. Glycobiology，2010，20（6）：668-678.

[40] Portelli J，Gordon A，May JT. Effect of compounds with antibacterial activities in human milk on respiratory syncytial virus and cytomegalovirus *in vitro*. J Med Microbiol，1998，47（11）：1015-1018.

[41] Salcedo J，Barbera R，Matencio E，et al. Gangliosides and sialic acid effects upon newborn pathogenic bacteria adhesion：an *in vitro* study. Food Chem，2013，136（2）：726-734.

[42] Newburg DS，Chaturvedi P. Neutral glycolipids of human and bovine milk. Lipids，1992，27（11）：923-927.

[43] Yang B，Chuang H，Yang KD. Sialylated glycans as receptor and inhibitor of enterovirus 71 infection to DLD-1 intestinal cells. Virol J，2009，6：141.

[44] Peterson R，Cheah WY，Grinyer J，et al. Glycoconjugates in human milk：protecting infants from disease. Glycobiology，2013，23（12）：1425-1438.

[45] Facinelli B，Marini E，Magi G，et al. Breast milk oligosaccharides：effects of 2'-fucosyllactose and 6'-sialyllactose on the adhesion of *Escherichia coli* and *Salmonella fyris* to Caco-2 cells. J Matern Fetal Neonatal Med，2019，32（17）：2950-2952.

[46] Hanisch FG，Hacker J，Schroten H. Specificity of S fimbriae on recombinant *Escherichia coli*：preferential binding to gangliosides expressing NeuGc alpha（2-3）Gal and NeuAc alpha（2-8）NeuAc. Infect Immun，1993，61（5）：2108-2115.

[47] Newburg DS，Morelli L. Human milk and infant intestinal mucosal glycans guide succession of the neonatal intestinal microbiota. Pediatr Res，2015，77（1-2）：115-120.

[48] Musilova S，Rada V，Vlkova E，et al. Beneficial effects of human milk oligosaccharides on gut microbiota. Benef Microbes，2014，5（3）：273-283.

[49] Liu B，Newburg DS. Human milk glycoproteins protect infants against human pathogens. Breastfeed Med，2013，8（4）：354-362.

[50] Praveen P，Jordan F，Priami C，et al. The role of breast-feeding in infant immune system：a systems perspective on the intestinal microbiome. Microbiome，2015，3：41.

[51] LoCascio RG，Ninonuevo MR，Freeman SL，et al. Glycoprofiling of bifidobacterial consumption of human milk oligosaccharides demonstrates strain specific，preferential consumption of small chain glycans secreted

in early human lactation. J Agric Food Chem，2007，55（22）：8914-8919.

[52]　DiBartolomeo ME，Claud E. The developing microbiome of the preterm infant. Clin Ther，2016，38（4）：733-739.

[53]　Marcobal A，Barboza M，Sonnenburg ED，et al. Bacteroides in the infant gut consume milk oligosaccharides via mucus-utilization pathways. Cell Host & Microbe，2011，10（5）：507-514.

[54]　Marcobal A，Barboza M，Froehlich JW，et al. Consumption of human milk oligosaccharides by gut-related microbes. J Agric Food Chem，2010，58（9）：5334-5340.

[55]　Schwab C，Ganzle M. Lactic acid bacteria fermentation of human milk oligosaccharide components，human milk oligosaccharides and galactooligosaccharides. FEMS Microbiol Lett，2011，315（2）：141-148.

[56]　Ganzle MG，Follador R. Metabolism of oligosaccharides and starch in lactobacilli：a review. Front Microbiol，2012，3：340.

[57]　Craft KM，Townsend SD. The human milk glycome as a defense against infectious diseases：rationale，challenges，and opportunities. ACS Infect Dis，2018，4：77-83.

[58]　Bartick M，Stuebe A，Shealy KR，et al. Closing the quality gap：promoting evidence-based breastfeeding care in the hospital. Pediatr，2009，124（4）：e793-802.

[59]　Li M，Monaco MH，Wang M，et al. Human milk oligosaccharides shorten rotavirus-induced diarrhea and modulate piglet mucosal immunity and colonic microbiota. ISME J，2014，8（8）：1609-1620.

[60]　Hoeflinger JL，Davis SR，Chow J，et al. *In vitro* impact of human milk oligosaccharides on Enterobacteriaceae growth. J Agric Food Chem，2015，63（12）：3295-3302.

[61]　Koromyslova A，Tripathi S，Morozov V，et al. Human norovirus inhibition by a human milk oligosaccharide. Virology，2017，508：81-89.

[62]　Ruiz-Palacios GM，Cervantes LE，Ramos P，et al. *Campylobacter jejuni* binds intestinal H（O）antigen （Fuc alpha 1，2Gal beta 1，4GlcNAc），and fucosyloligosaccharides of human milk inhibit its binding and infection. J Biol Chem，2003，278（16）：14112-14120.

[63]　Yu ZT，Nanthakumar NN，Newburg DS. The human milk oligosaccharide 2'-fucosyllactose quenches campylobacter jejuni-induced inflammation in human epithelial cells HEp-2 and HT-29 and in mouse intestinal mucosa. J Nutr，2016，146（10）：1980-1990.

[64]　Morrow AL，Ruiz-Palacios GM，Altaye M，et al. Human milk oligosaccharides are associated with protection against diarrhea in breast-fed infants. J Pediatr，2004，145（3）：297-303.

[65]　Gonia S，Tuepker M，Heisel T，et al. Human milk oligosaccharides inhibit candida albicans invasion of human premature intestinal epithelial cells. J Nutr，2015，145（9）：1992-1998.

[66]　Nguyen TT，Kim JW，Park JS，et al. Identification of oligosaccharides in human milk bound onto the toxin A carbohydrate binding site of clostridium difficile. J Microbiol Biotechnol，2016，26（4）：659-665.

[67]　Champion E，McConnell B，Dekany G（inventors）. Mixtures of human milk oligosaccharides for treatment of bacterial infections 2016. Patent WO2016063262A1.

[68]　El-Hawiet A，Kitova EN，Klassen JS. Recognition of human milk oligosaccharides by bacterial exotoxins. Glycobiology，2015，25（8）：845-854.

[69]　Lin AE，Autran CA，Espanola SD，et al. Human milk oligosaccharides protect bladder epithelial cells against uropathogenic *Escherichia coli* invasion and cytotoxicity. J Infect Dis，2014，209（3）：389-398.

[70]　Coppa GV，Zampini L，Galeazzi T，et al. Human milk oligosaccharides inhibit the adhesion to Caco-2 cells of diarrheal pathogens：*Escherichia coli*，*Vibrio cholerae*，and *Salmonella fyris*. Pediatr Res，2006，59（3）：

377-382.

[71] Cravioto A，Tello A，Villafan H，et al. Inhibition of localized adhesion of enteropathogenic *Escherichia coli* to HEp-2 cells by immunoglobulin and oligosaccharide fractions of human colostrum and breast milk. J Infect Dis，1991，163（6）：1247-1255.

[72] Coppa GV，Gabrielli O，Giorgi P，et al. Preliminary study of breastfeeding and bacterial adhesion to uroepithelial cells. Lancet，1990，335（8689）：569-571.

[73] Andersson B，Porras O，Hanson LA，et al. Inhibition of attachment of *Streptococcus pneumoniae* and *Haemophilus influenzae* by human milk and receptor oligosaccharides. J Infect Dis，1986，153（2）：232-237.

[74] Simon PM，Goode PL，Mobasseri A，et al. Inhibition of *Helicobacter pylori* binding to gastrointestinal epithelial cells by sialic acid-containing oligosaccharides 750−757. Infect Immun，1997，65（2）：750-757.

[75] Weichert S，Jennewein S，Hufner E，et al. Bioengineered 2′-fucosyllactose and 3-fucosyllactose inhibit the adhesion of *Pseudomonas aeruginosa* and enteric pathogens to human intestinal and respiratory cell lines. Nutr Res，2013，33（10）：831-838.

[76] Ackerman DL，Doster RS，Weitkamp JH，et al. Human milk oligosaccharides exhibit antimicrobial and antibiofilm properties against group b *Streptococcus*. ACS Infect Dis，2017，3（8）：595-605.

[77] Lin AE，Autran CA，Szyszka A，et al. Human milk oligosaccharides inhibit growth of group B *Streptococcus*. J Biol Chem，2017，292：11243.

[78] Hunt KM，Preuss J，Nissan C，et al. Human milk oligosaccharides promote the growth of staphylococci. Appl Environ Microbiol，2012，78（14）：4763-4770.

[79] Schroten H，Hanisch FG，Hansman GS. Human norovirus interactions with histo-blood group antigens and human milk oligosaccharides. J Virol，2016，90（13）：5855-5859.

[80] Hester SN，Chen X，Li M，et al. Human milk oligosaccharides inhibit rotavirus infectivity *in vitro* and in acutely infected piglets. Br J Nutr，2013，110（7）：1233-1242.

[81] Cukrowska B，Bierla JB，Zakrzewska M，et al. The relationship between the infant gut microbiota and allergy. The role of *Bifidobacterium breve* and prebiotic oligosaccharides in the activation of anti-allergic mechanisms in early life. Nutrients，2020，12(4). doi：10.3390/nu12040946.

[82] Garrido D，Nwosu C，Ruiz-Moyano S，et. al. Endo-β-N-acetylglucosaminidases from infant gut-associated bifidobacteria release complex N-glycans from human milk glycoproteins. Mol Cell Proteomics，2012，11（9）：775-785.

[83] Tonon KM，de Morais MB，Vilhena Abrãoo ACF，et al. Maternal and infant factors associated with human milk oligosaccharides concentrations according to secretor and lewis phenotypes. Nutrients，2019，11（6）. doi：10.3390/nu11061358.

[84] Barile D，Marotta M，Chu C，et al. Neutral and acidic oligosaccharides in Holstein-Friesian colostrum during the first 3 days of lactation measured by high performance liquid chromatography on a microfluidic chip and time-of-flight mass spectrometry. J Dairy Sci，2010，93（9）：3940-3949.

[85] Nakamura T，Kawase H，Kimura K，et al. Concentrations of sialyloligosaccharides in bovine colostrum and milk during the prepartum and early lactation. J Dairy Sci，2003，86（4）：1315-1320.

[86] Nwosu CC，Aldredge DL，Lee H，et al. Comparison of the human and bovine milk N-glycome via high-performance microfluidic chip liquid chromatography and tandem mass spectrometry. J Proteome Res，2012，11（5）：2912-2924.

[87] Stromqvist M，Falk P，Bergstrom S，et al. Human milk kappa-casein and inhibition of *Helicobacter pylori*

adhesion to human gastric mucosa. J Pediatr Gastroenterol Nutr，1995，21（3）：288-296.

[88] Hirmo S，Kelm S，Iwersen M，et al. Inhibition of *Helicobacter pylori* sialic acid-specific haemagglutination by human gastrointestinal mucins and milk glycoproteins. FEMS Immunol Med Microbiol，1998，20（4）：275-281.

[89] Parker P，Sando L，Pearson R，et al. Bovine Muc1 inhibits binding of enteric bacteria to Caco-2 cells. Glycoconj J，2010，27（1）：89-97.

[90] Sánchez-Juanes F，Alonso JM，Zancada L，et al. Glycosphingolipids from bovine milk and milk fat globule membranes：a comparative study. Adhesion to enterotoxigenic *Escherichia coli* strains. Biol Chem，2009，390（1）：31-40.

[91] Smith DF，Cummings RD，Song X. History and future of shotgun glycomics. Biochem Soc Trans，2019，47（1）：1-11.

第五十章

人乳微生物组学研究

母乳喂养对婴儿健康和免疫功能启动以及程序化非常重要，不仅影响婴儿免疫系统发育，还是维持肠道功能和免疫稳态的必要条件[1,2]。母乳喂养可显著降低婴儿患坏死性小肠结肠炎、腹泻、过敏性疾病、炎症性肠病、糖尿病和肥胖等疾病的风险[3]。母乳中含有自体微生物菌群（母体微生物组），可能对母体的乳腺健康和婴儿细菌肠道定植、病原体的防御、免疫系统的成熟以及营养素消化等均具有重要意义[4]；而且婴儿肠道微生物逐步定植过程还会影响其物质代谢，这可能会对以后健康的程序化产生持久影响[5,6]。

第一节　基本概念

一、微生物组学

大多数微生物生活在一个复杂的称为微生物群（microbiota）的群落中，由细菌、古细菌和真菌组成，也包括病毒和噬菌体。微生物组学（microbiomics）是在特定环境或生态系统中所有微生物及其遗传信息的组合，探寻微生物与微生物、微生物与宿主以及微生物与环境之间的相互关系。微生物组学是揭示微生物多样性与人和生态稳定性之间关系的新兴学科。

二、人乳微生物组学

人乳中存在的细菌构成了人乳微生物组。人乳微生物组学（human breast milk miocrobiomics）系采用现代分子生物学技术研究人乳中存在的微生物种类、数量和影响因素，以及母乳喂养对喂养儿免疫功能的启动、肠道免疫功能发育成熟的有益作用及对营养与健康状况的近期影响和远期效应。

"人乳是母乳喂养婴儿肠道细菌的主要来源[7~9]"，母乳喂养儿出生后第一个月经母乳和乳晕皮肤分别摄取 27.7%（±15.2%）和 10.4%（±6.0%）的肠道细菌[10]。母体微生物组是影响喂养儿健康和肠道微生态的重要决定因素[11,12]，为其提供特定信号指导免疫系统发育，是婴儿微生物组发育不可缺少的重要条件[5,13,14]。

在一份汇总 44 项研究的综述中，涵盖 2655 例妇女的 3105 份母乳样本[15]，其中有几项报告母乳的细菌多样性高于婴儿或其母亲的粪便；每项研究可检测到每种细菌分类标准的最大数量为 58 个门、133 个类别、263 个目、596 个科、590 属、1300 种细菌和 3563 个可操作分类单元。母乳可检出真菌、古细菌和病毒 DNA 等，最常见的细菌是葡萄球菌、乳酸链球菌、假单胞菌、双歧杆菌、棒状杆菌、肠球菌、不动杆菌、罗思菌属、角质杆菌、韦永菌和拟杆菌。母乳中微生物群落是受多种因素影响的复杂微生物组。

三、人乳中微生物的多样性

母乳具有独特的微生物生态系统，且母乳菌群与任何黏膜或粪便样中的菌群均不相关，母乳菌群不是任何其他特定人类样本的亚种[16]。母乳微生物多样性（microbial diversity in human milk）研究结果显示[8,16~19]，母乳中常见的菌群是葡萄球菌属和链球菌属，其次是特定的乳酸菌。使用焦磷酸测序对母乳微生物组进行的首次研究证明，母乳细菌群落很复杂；人乳中不同菌种的数量和丰度个体间差异很大；每个个体的母乳样品中存在 9 个共同核心的菌群，包括链球菌、葡萄球菌、黏质沙雷菌、假单胞菌、棒状杆菌、拉氏菌、丙酸杆菌、鞘氨醇单胞菌属以及根瘤菌科[20]。研究结果的不同可归因于不同的采样方法、分析处理规程以及 DNA 提取方法，具有较高细菌覆盖率特定引物的选择和测序平台等，提示将来需要建立更标准化的方法[17,20,21]。最近一项健康母乳（n=10）的宏基因组和微生物组的研究中[22]，通过与患有乳腺炎的妇女比较，健康核心微生物组包括葡萄球菌、链球菌、类杆菌、费氏杆菌、瘤球菌、乳杆菌和丙酸杆菌属菌种以及真菌和与原生动物及病毒相关的序列，而患乳腺炎乳母的乳汁菌群主要是金黄色葡萄球菌。

四、人乳微生物组学研究目的

由于受检测设备和分析技术的制约，以往难以开展人乳微生物组学的研究，目前已具备深入开展这方面研究的条件。

（1）采用的技术　目前可以采用 16S 和宏基因组测序、高通量培养、基因芯片、荧光原位杂交等技术开展人乳微生物组学研究。

（2）研究的内容　采用宏转录组、宏蛋白组、宏代谢组、基因芯片、同位素标记、单细胞测序等手段研究人乳中微生物的来源、种类和数量以及影响因素。

（3）技术路线　通过上述多组学与环境因子关联数据挖掘，以及移植试验（如无菌鼠验证肠道菌群的功能）等手段解决关键问题。随着上述分析技术的日趋成熟，人乳微生物组学的特点以及对母婴健康状况的影响将逐渐被揭示。

第二节　母乳与婴儿配方食品喂养对婴儿肠道微生物组的影响

母乳及母乳中的微生物是产后启动新生儿肠道免疫功能和驱动新生儿肠道微生物定植的一个重要纽带[8,23,24]，双歧杆菌和葡萄球菌属的特定肠道微生物经过母乳转运给婴儿[25~27]，为喂养儿提供一种天然保护，改善婴儿肠道微生物菌群发育，提高婴儿以后对外环境的适应能力，降低发生腹泻和营养不良的风险。

一、母乳喂养与婴儿配方食品喂养婴儿的肠道细菌菌群构成

已有多项研究结果显示，母乳喂养婴儿和婴儿配方食品（奶粉）喂养婴儿肠道细菌菌群不同，而且活性也有明显差异[3,28~31]。这可能影响婴儿对非传染性疾病的易感性，例如婴儿期和/或成人时期的变态反应性疾病和/或肥胖等。纯母乳喂养婴儿肠道菌群多样性低于婴儿配方食品喂养的婴儿，而双歧杆菌（和更多不同种类的双歧杆菌）、葡萄球菌和链球菌的相对丰度较高，而婴儿配方食品（奶粉）喂养婴儿的拟杆菌、梭状芽孢杆菌、肠杆菌、肠球菌和拉克斯藻的相对丰度较高[7]。

人乳菌群构成以及母乳喂养和婴儿配方食品（奶粉）喂养婴儿微生物组的比较如图50-1 所示。采用婴儿配方食品（奶粉）喂养的婴儿，其肠道菌群与母乳喂养儿明显不同，而且受其生存环境中微生态的影响，容易导致喂养儿发生肠道微生态环境失衡、菌群失调，患感染性和过敏性疾病的风险以及死亡率均明显增加[32~35]。

二、微生物代谢组学的比较

Tannock 等[37]比较了山羊乳基婴儿配方食品、牛乳基婴儿配方食品或母乳喂养澳大利亚婴儿的粪便菌群组成。每组各 30 例婴儿，在婴儿 2 月龄时采集粪便样品，采用 16S rRNA 基因序列焦磷酸测序技术分析粪便中总菌群序列，观察到母乳喂养婴儿的粪便代表性菌群组成与婴儿配方食品（牛乳或山羊乳基）喂养的婴儿显著不同，结果见表 50-1，提示母乳喂养婴儿的粪便中双歧杆菌的丰度超过总菌群的 10%，这与双歧杆菌科的最高总丰度有关。然而当双歧杆菌科的丰度较低时，毛螺菌科的丰度较高。

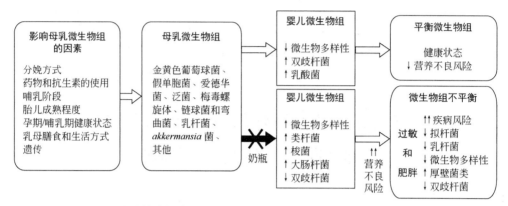

图 50-1　人乳菌群组成以及母乳喂养和婴儿配方食品喂养微生物组的比较

改编自 Gomez-Gallego 等[36]，2016

▣ 表50-1　来自13个最具代表性细菌家族16S rRNA 基因序列平均丰度比较（平均值/%±SEM，*n*=30）

细菌家族	母乳喂养	山羊乳基婴儿配方食品	牛乳基婴儿配方食品
双歧杆菌科，Bifidobacteriaceae[①②]	61.36±6.28	46.19±5.86	40.99±5.16
唇形科，Lachnopiraceae[①②]	4.22±2.65	12.53±2.85	22.11±4.52
丹参科，Erysipelotrichaceae[①②]	0.21±0.15	13.63±2.9	7.99±2.34
肠杆菌科，Enterobacteriaceae	8.22±2.40	5.12±1.33	4.42±1.14
红蝽杆菌科，Coriobacteriaceae	6.10±2.67	5.38±1.76	4.59±2.20
链球菌科，Streptococcaceae[①]	4.12±2.81	4.49±2.01	4.04±1.46
梭菌科，Clostridiaceae[①]	2.67±1.33	1.69±0.73	6.23±2.80
肠球菌科，Enterococcaceae[①②]	0.88±0.38	4.99±1.04	3.80±0.83
拟杆菌科，Bacteroidaceae[①②]	4.93±1.99	0.35±0.31	0.03±0.02
乳杆菌科，Lactobacillaceae[①②]	1.75±0.69	0.89±0.77	0.07±0.03
韦荣球菌科，Veillonellaceae	1.59±0.81	0.42±0.16	0.26±0.12
肽链球菌科，Peptostreptococcaceae[①②]	0.19±0.10	0.65±0.21	0.94±0.56
芸香科，Ruminacoccaceae	0.35±0.24	0.08±0.04	0.64±0.42

①母乳喂养与牛乳基婴儿配方食品比较，$P<0.05$。②母乳喂养与山羊乳基婴儿配方食品比较，$P<0.05$。

注：改编自 Tannock 等[37]，2013。

Madan 等[31]比较了不同分娩方式及喂养方式的 6 周龄婴儿肠道微生物组。102 例婴儿中，70 例自然分娩、32 例剖宫产；生后 6 周龄时，70 例母乳喂养、26 例混合喂养、6 例完全婴儿配方食品喂养。采用 16S rRNA 基因序列焦磷酸测序技术，分析了不同分娩方式与喂养方式婴儿粪便中 10 个最丰富细菌菌属的相对丰度。结果发现 6 周龄婴儿的肠道微生物组与分娩方式和喂养方式有关，且混合喂养婴儿的肠道微生物组趋势类似婴儿配方食品喂养的婴儿，结果见表 50-2。

表 50-2　不同分娩方式与喂养方式下婴儿粪便中识别的 10 个最丰富细菌属相对丰度　：%

菌种 Genus	总计 $n=102$	自然分娩 $n=70$	剖宫产 $n=32$	完全母乳喂养 $n=70$	混合喂养 $n=26$	配方食品喂养 $n=6$
类杆菌，Bacteroides	26.4	34.6	20.7	27.9	22.1	28.8
双歧杆菌，Bifidobacterium	22.5	23.3	17.4	25.5	16.8	11.4
链球菌，Streptococcus	13.8	12.1	14	11.7	18.7	16.9
丁酸梭菌，Clostridium	7.9	5.1	8.8	6.8	11.9	2.4
肠球菌，Enterococcus	5.7	4.3	8.7	4.8	6.1	14.6
布劳特菌，Blautia	3.6	2.7	5.5	1.8	7.1	9.4
韦荣球菌，Veillonella	3.4	3.6	4.6	3.5	3.2	2.9
乳杆菌，Lactobacillus	3	2.5	4.2	3.4	2.8	0
金黄色葡萄球菌，Staphylococcus	2.6	1.6	3.4	3.3	1.2	0.1
动球菌，Planococcus	2	1.4	2.9	1.5	3.3	2.6
其他菌种，Other genera	0.1	8.8	9.8	9.8	6.8	10.9

注：改编自 Madan 等[31]，2016。

目前已有多项研究结果证明，与完全纯母乳喂养的婴儿相比，婴儿配方食品喂养或过早导入辅食，显著增加喂养儿以后发生肥胖的风险，而且也有研究结果证实完全纯母乳喂养与婴儿配方食品喂养婴儿的肠道微生物组存在显著差异[28,29~31,37]。然而，未来还需要设计更完善的临床双盲随机对照试验，以确定婴儿肠道微生物组的差异对婴儿健康状况的近期与长期影响。

第三节　影响母乳微生物组的潜在因素

乳母的微生物环境影响其喂养儿的免疫发育，从而影响婴儿生命初期和晚期的健康状况以及对某些疾病的易感性。因此乳母微生物组被认为是影响儿童健康的重要决定因素[11,12,15]。特定的围生期因素可能影响出生结局，因为这些因素也会改变母乳喂养儿微生物组的发育。遗传因素、分娩方式、哺乳阶段、喂养方式、过量使用抗生素、膳食不均衡、卫生洁癖（不必要的严格卫生）以及持续的压力/应激都会影响母体微生物组[15,38,39]。微生物菌群组成的变化和紊乱或微生物多样性或丰富度的降低被认为是疾病的重要危险因素[6,40,41]。上述影响母体微生物组的因素均会不同程度影响母乳的微生物菌群组成。

一、分娩方式与喂养方式

分娩方式（自然分娩与剖宫产）影响人乳微生物菌群成分。正常分娩的产妇初乳及其以后的乳汁中显示微生物菌群多样性和较高比例的双歧杆菌和乳酸杆菌属，而多项研究结果显示剖宫产的产妇乳汁中的情况则相反[16,18,42]，尽管也有研究没有观察到这样的微生物组分差别[43]。

在 Moossavi 和 Azad[44]的研究中，观察到母乳喂养方式（直接哺乳与用泵抽吸母乳后用奶瓶喂哺）与母乳微生物群组成显著相关，这可能反映了用泵抽吸增加了外暴露，而直接哺乳则可减少外暴露。

二、早产与低出生体重

母乳中微生物成分也受胎龄（胎儿发育成熟程度）的影响，即足月儿与早产儿的母乳中微生物组存在显著差异。在足月分娩的母乳样品中，初乳中肠球菌的数量较少，而双歧杆菌属的数量较多[42]。

三、哺乳阶段

一天的不同时间、不同哺乳阶段都会不同程度影响母乳成分，而且个体间差异较大。初乳样品中微生物多样性高于成熟母乳。哺乳期已被认为是影响母乳微生物的重要因素之一[16,20]。最初，微生物群主要是魏氏菌、白带菌、葡萄球菌、链球菌和乳球菌，之后的母乳中微生物群含有较多的韦永菌、细小杆菌、乳杆菌、链球菌属，双歧杆菌和肠球菌属等菌群的水平增加[16]。

四、抗生素的使用

同样明显的是，围生期使用抗生素或其他药物也会影响母体的微生物菌群，包括影响乳酸杆菌、双歧杆菌和葡萄球菌的含量，降低乳样中双歧杆菌、葡萄球菌以及真细菌属的丰度等[45]。

五、乳母的健康状况

母乳微生物组成分的变化与乳母的生理状态、膳食习惯与营养状况以及疾病状况（如肥胖、患乳糜泻、人类免疫缺陷病毒阳性）有关[16,46~48]。乳母肥胖，其乳汁中双歧杆菌属和细胞因子水平会发生变化，葡萄球菌属、瘦素和促炎性脂肪酸水平会相应升高[46,49~51]，微生物多样性相应降低[16]。患乳糜泻的乳母其乳汁中细胞因子、杆菌属和双歧杆菌属的水平降低[47]。与 HIV 阴性乳母的乳汁相比，来自非洲 HIV 阳性乳母的乳汁显示有较高的微生物多样性和含有较高的乳酸杆菌属[48]。

六、生存地理环境

地理位置（环境中微生物组）会不同程度影响母乳中微生物构成，而且个体间差异较大[48]。例如，人乳微生物组分析结果显示，一般情况下母乳中存在葡萄球菌和链球菌属以及乳酸菌菌株[16,19,23,24]，但是它们的相对数量和其他细菌的存在可能取决于生存的地理位置[21,22]。类似地，可能所有调节乳母皮肤、口腔、阴道和肠道微生物菌群的因素都可能潜在调节人乳微生物组。然而，这需要来自不同国家或地区具有代表性母乳样本的研究。

七、乳母的膳食与营养状况

乳母的膳食习惯很可能调节肠道微生物组和影响母乳的营养成分，使母乳微生物组发生变化，但关于乳母膳食对乳汁微生物影响的有关研究较少。曾有报道，当地食品和其他发酵食品与母婴肠道微生物及母乳中存在的细菌具有共同的微生物特征[52]。近年来通过动物模型试验已证明，长链多不饱和脂肪酸可调节生命早期肠道微生物组的成分；乳母膳食影响母乳的微生物群落，尤其是怀孕期间的膳食影响肠道微生物群的形成。孕期补充益生菌和益生元可能影响母乳微生物组。

据近年的一项报告，65%的母乳样本含有非营养性甜味剂（如糖精、三氯蔗糖和乙酰磺胺酸钾）[53]。上述数据提示，乳母膳食可能调节母乳中的生物活性化合物和微生物。因此需进一步研究乳母膳食中营养素与母乳微生物组的相互作用，以及对婴儿健康状况的影响。

第四节　调节人乳微生物组的潜在意义

已知人乳中存在的主要细菌是链球菌、葡萄球菌、黏质沙雷菌、假单胞菌、棒状杆菌、罗尔斯通菌和丙酸杆菌属。膳食可能是改变肠道菌群的强有力工具。

一、防止微生物群组成失衡

动物模型试验已观察到微生物群组成失衡与某些疾病的易感风险增加有关。如日本的一项以猕猴为模型的研究结果显示[54]，孕期高脂肪膳食影响其子代微生物组成成分及活性、代谢与健康状况。因此，破译母乳微生物菌群对喂养儿特定肠道细菌的贡献并促进营养和生活方式的改善，将有可能开辟降低与微生物组成变化有关疾病风险的新的研究领域。

二、影响婴儿肠道益生菌定植

一项安慰剂对照研究结果表明，怀孕和母乳喂养期间摄入益生菌可调节婴儿双歧杆菌定植，也可以调节母乳微生物组[55]。近期，已有学者提出围生期补充益生菌影响母乳中微生物组成，包括双歧杆菌和乳杆菌属菌，同时影响其他生物活性化合物（如人乳寡糖和乳铁蛋白）的含量。

三、益生菌的预防作用

已经证明特定的益生菌菌株可有效预防和治疗生命早期的感染性疾病，且可降低高危人群中婴儿患湿疹的风险。研究发现，使用益生菌补充剂可影响阴道分娩妇女的乳汁菌群组成，而在剖宫产分娩妇女的乳样中未发现差异，提示益生菌特异性依赖于分娩方式的调节。在生命早期1500天内使用特定益生菌研讨会的报告中，专家同意健康的围生期生活方式可降低生命后期感染和罹患自身免疫性疾病的风险[56]；在乳母膳食中或婴儿配方食品中添加益生菌调整微生物菌群，有可能成为改善婴幼儿健康的重要干预措施[15]。

第五节　展　　望

新技术和新检测仪器的出现增加了我们对母乳微生物群组成的了解，人乳微生物组学的研究已经引起人们普遍关注，而且也成为今后的重点研究方向。由于该学科尚处在早期阶段，还有巨大的发展空间。

一、母乳微生物组对喂养儿免疫功能的影响

随着人乳微生物组学相关研究数据的不断积累和分析手段的进步，将使我们有可能从非常复杂的人乳微生物菌群构成及变异中，了解母乳及母乳喂养对母乳喂养儿的影响，如新生儿免疫功能的启动、肠道发育和抵抗感染性疾病的能力等。

二、母乳微生物组对喂养儿的远期健康效应

微生物组成成分的改变已被视为生活方式疾病发生发展的危险因素。因此开展设计良好的追踪研究，观察母乳喂养及母乳微生物组对喂养儿可能产生的远期健康效应（成年期营养相关慢性病发展轨迹和易感性），以探索不同种类的母乳细菌及其活力对喂养儿健康状况的影响。

三、母乳微生物的来源及影响因素

仍需进一步研究确定母乳中微生物的起源，例如来自母亲皮肤/衣服、吸吮期间婴儿的口腔负压以及从母亲肠道到乳腺的迁移等。为进一步了解母乳微生物组，需深入研究不同地理区域、遗传背景、环境、营养与膳食情况下的母乳微生物组，以充分了解微生物组在促进婴儿健康方面潜能的发挥。

四、改善母乳微生物组的新实践

已有研究结果显示，一些围生期因素影响微生物通过母乳从母亲向婴儿的转移。因此孕中晚期和/或泌乳期可能为设计新的膳食改善或营养干预母乳微生物组提供新的证据，为调节母乳微生物菌群提供了营养干预工具，不仅促进母乳喂养，同时还可能降低患非传染性疾病的风险。

据报道，65%的母乳样品中存在非营养性甜味剂（如糖精、三氯蔗糖和乙酰磺胺酸钾）[53]。这些数据提示，乳母膳食可调节母乳中生物活性化合物和微生物。因此需要进一步研究乳母膳食中营养成分与母乳微生物组的相互作用、添加人工合成成分对母乳微生物组以及对婴儿健康状况的影响。

五、方法学研究

尽管目前许多人乳微生物研究采用分子生物学技术，然而该技术的应用也有其局限性。例如，由于细胞壁组成、DNA 提取方法可能会导致高估或低估细菌计数的微生物16S 基因拷贝数量，因此无法准确分析母乳微生物的生存能力以及准确估计总细菌数。也有报告受提取试剂盒和试剂中存在 DNA 的污染等因素的影响[17]。影响研究母乳微生物群组成的其他潜在因素包括采样方法、DNA 提取方法、测序平台、16S 细菌基因区域研究和 16S 数据库以及使用的生物信息学渠道等，因此尚需标准化的步骤和验证方法。同时高通量方法的分析成本依然偏高，应研究开发新的检测技术，以提高分析的效率和准确性，降低分析成本，推动人乳微生物组学研究。

（董彩霞，王晖，荫士安）

参考文献

[1] Aaltonen J，Ojala T，Laitinen K，et al. Impact of maternal diet during pregnancy and breastfeeding on infant metabolic programming：a prospective randomized controlled study. Eur J Clin Nutr，2011，65（1）：10-19.

[2] Turfkruyer M，Verhasselt V. Breast milk and its impact on maturation of the neonatal immune system. Curr Opin Infect Dis，2015，28：199-206.

[3] Valles Y，Artacho A，Pascual-Garcia A，et al. Microbial succession in the gut：directional trends of taxonomic and functional change in a birth cohort of Spanish infants. PLoS Genet，2014，10（6）：e1004406.

[4] Sakwinska O，Bosco N. Host microbe interactions in the lactating mammary gland. Front Microbiol，2019，10：1863.

[5] Hooper LV，Littman DR，Macpherson AJ. Interactions between the microbiota and the immune system. Science，2012，336（6086）：1268-1273.

[6] Rodriguez JM，Murphy K，Stanton C，et al. The composition of the gut microbiota throughout life，with an emphasis on early life. Microb Ecol Health Dis，2015，26：26050.

[7] Zimmermann P，Curtis N. Factors influencing the intestinal microbiome during the first year of life. Pediatr Infect Dis J，2018，37（12）：e315-e335.

[8] Fernandez L，Langa S，Martin V，et al. The human milk microbiota：origin and potential roles in health and disease. Pharmacol Res，2013，69（1）：1-10.

[9] Jeurink PV，van Bergenhenegouwen J，Jiménez E，et al. Human milk：a source of more life than we imagine. Benef Microbes，2013，4（1）：17-30.

[10] Pannaraj PS，Li F，Cerini C，et al. Association between breast milk bacterial communities and establishment and development of the infant gut microbiome. JAMA Pediatr，2017，171（7）：647-654.

[11] Dunlop AL，Mulle JG，Ferranti EP，et al. Maternal microbiome and pregnancy outcomes that impact infant health：A review. Adv Neonatal Care，2015，15（6）：377-385.

[12] Gomez de Aguero M，Ganal-Vonarburg SC，et al. The maternal microbiota drives early postnatal innate immune development. Science，2016，351（6279）：1296-1302.

[13] Bendiks M，Kopp MV. The relationship between advances in understanding the microbiome and the maturing hygiene hypothesis. Curr Allergy Asthma Rep，2013，13（5）：487-494.

[14] Ferretti P，Pasolli E，Tett A，et al. Mother-to-infant microbial transmission from different body sites shapes the developing infant gut microbiome. Cell Host Microbe，2018，24（1）：133-145.

[15] Zimmermann P，Curtis N. Breast milk microbiota：A complex microbiome with miltiple impacts and conditioning factors. J Infect，2020. doi：10.1016/j.jinf.2020.01.023.

[16] Cabrera-Rubio R，Collado MC，Laitinen K，et al. The human milk microbiome changes over lactation and is shaped by maternal weight and mode of delivery. Am J Clin Nutr，2012，96（3）：544-551.

[17] McGuire MK，McGuire MA. Human milk：mother nature's prototypical probiotic food？ Adv Nutr，2015，6（1）：112-123.

[18] Cabrera-Rubio R，Mira-Pascual L，Mira A，et al. Impact of mode of delivery on the milk microbiota composition of healthy women. J Dev Orig Health Dis，2016，7（1）：54-60.

[19] Jost T，Lacroix C，Braegger C，et al. Assessment of bacterial diversity in breast milk using culture-dependent and culture-independent approaches. Br J Nutr，2013，110（7）：1253-1262.

[20] Hunt KM，Foster JA，Forney LJ，et al. Characterization of the diversity and temporal stability of bacterial communities in human milk. PLoS ONE，2011；6：e21313.

[21] Sim K，Cox MJ，Wopereis H，et al. Improved detection of bifidobacteria with optimised 16S rRNA-gene based pyrosequencing. PLoS One，2012，7（3）：e32543.

[22] Jimenez E，de Andres J，Manrique M，et al. Metagenomic analysis of milk of healthy and mastitis-suffering women. J Hum Lact，2015，31（3）：406-415.

[23] Jost T，Lacroix C，Braegger CP，et al. Vertical mother-neonate transfer of maternal gut bacteria via breastfeeding. Environ Microbiol，2014，16（9）：2891-2904.

[24] Martín R，Langa S，Reviriego C，et al. Human milk is a source of lactic acid bacteria for the infant gut. J Pediatr，2003，143（6）：754-758.

[25] Makino H，Kushiro A，Ishikawa E，et al. Mother-to-infant transmission of intestinal bifidobacterial strains has an impact on the early development of vaginally delivered infant's microbiota. PLoS One，2013，8（11）：e78331.

[26] Makino H，Martin R，Ishikawa E，et al. Multilocus sequence typing of bifidobacterial strains from infant's faeces and human milk：are bifidobacteria being sustainably shared during breastfeeding？Benef Microbes，2015，6（4）：563-572.

[27] Benito D，Lozano C，Jiménez E，et al. Characterization of *Staphylococcus aureus* strains isolated from faeces of healthy neonates and potential mother-to-infant microbial transmission through breastfeeding. FEMS Microbiol Ecol，2015，91（3）.

[28] Roger LC，Costabile A，Holland DT，et al. Examination of faecal *Bifidobacterium* populations in breast- and formula-fed infants during the first 18 months of life. Microbiology，2010，156（Pt 11）：3329-3341.

[29] Azad MB，Konya T，Maughan H，et al. Gut microbiota of healthy Canadian infants：profiles by mode of delivery and infant diet at 4 months. CMAJ，2013，185（5）：385-394.

[30] O'Sullivan A，Farver M，Smilowitz JT. The influence of early infant-feeding practices on the intestinal microbiome and body composition in infants. Nutr Metab Insights，2015，8（Suppl 1）：1-9.

[31] Madan JC，Hoen AG，Lundgren SN，et al. Association of cesarean delivery and formula supplementation with the intestinal microbiome of 6-week-old infants. JAMA Pediatr，2016，170（3）：212-219.

[32] Tromp I，Kiefte-de Jong J，Raat H，et al. Breastfeeding and the risk of respiratory tract infections after infancy：The Generation R Study. PLoS One，2017，12（2）：e0172763.

[33] Munblit D，Verhasselt V. Allergy prevention by breastfeeding：possible mechanisms and evidence from human cohorts. Curr Opin Allergy Clin Immunol，2016，16（5）：427-433.

[34] Lamberti LM，Zakarija-Grkovic I，Fischer Walker CL，et al. Breastfeeding for reducing the risk of pneumonia morbidity and mortality in children under two：a systematic literature review and meta-analysis. BMC Public Health，2013，13 Suppl 3：S18.

[35] Lamberti LM，Fischer Walker CL，Noiman A，et al. Breastfeeding and the risk for diarrhea morbidity and mortality. BMC Public Health，2011，11 Suppl 3：S15.

[36] Gomez-Gallego C，Garcia-Mantrana I，Salminen S，et al. The human milk microbiome and factors influencing its composition and activity. Semin Fetal Neonatal Med，2016，21（6）：400-405.

[37] Tannock GW，Lawley B，Munro K，et al. Comparison of the compositions of the stool microbiotas of infants fed goat milk formula，cow milk-based formula，or breast milk. Appl Environ Microbiol，2013，79（9）：3040-3048.

[38] Moossavi S，Sepehri S，Robertson B，et al. Composition and variation of the human milk microbiota are influenced by maternal and early-life factors. Cell Host Microbe，2019，25（2）：324-335.

[39] Padilha M，Danneskiold-Samsoe NB，Brejnrod A，et al. The Human milk microbiota is modulated by maternal diet. Microorganisms，2019，7（11）. doi：10.3390/microorganisms7110502.

[40] Marchesi JR，Adams DH，Fava F，et al. The gut microbiota and host health：a new clinical frontier. Gut，2016，65（2）：330-339.

[41] Derrien M，Alvarez AS，de Vos WM. The gut microbiota in the first decade of life. Trends Microbiol，2019，27（12）：997-1010.

[42] Hoashi M，Meche L，Mahal LK，et al. Human milk bacterial and glycosylation patterns differ by delivery mode. Reprod Sci，2016，23（7）：902-907.

[43] Urbaniak C，Angelini M，Gloor GB，et al. Human milk microbiota profiles in relation to birthing method，gestation and infant gender. Microbiome，2016，4：1.

[44] Moossavi S，Azad MB. Origins of human milk microbiota：new evidence and arising questions. Gut Microbes，2019：1-10.

[45] Urbaniak C，Cummins J，Brackstone M，et al. Microbiota of human breast tissue. Appl Environ Microbiol，2014，80（10）：3007-3014.

[46] Collado MC，Laitinen K，Salminen S，et al. Maternal weight and excessive weight gain during pregnancy modify the immunomodulatory potential of breast milk. Pediatr Res，2012，72（1）：77-85.

[47] Olivares M，Albrecht S，De Palma G，et al. Human milk composition differs in healthy mothers and mothers with celiac disease. Eur J Nutr，2015，54（1）：119-128.

[48] Gonzalez R，Maldonado A，Martin V，et al. Breast milk and gut microbiota in African mothers and infants from an area of high HIV prevalence. PLoS One，2013，8（11）：e80299.

[49] Patoula P，Matthan N，Sen S. Effects of maternal obesity on breastmilk composition and infant growth. FASEB J，2014，28（1）：247.

[50] Andreas NJ，Kampmann B，Mehring Le-Doare K. Human breast milk：A review on its composition and bioactivity. Early Hum Dev，2015，91（11）：629-635.

[51] Panagos PG，Vishwanathan R，Penfield-Cyr A，et al. Breastmilk from obese mothers has pro-inflammatory properties and decreased neuroprotective factors. J Perinatol，2016，36（4）：284-290.

[52] Albesharat R，Ehrmann MA，Korakli M，et al. Phenotypic and genotypic analyses of lactic acid bacteria in local fermented food，breast milk and faeces of mothers and their babies. Syst Appl Microbiol，2011，34（2）：148-155.

[53] Sylvetsky AC，Gardner AL，Bauman V，et al. Nonnutritive sweeteners in breast milk. J Toxicol Environ Health A，2015，78（16）：1029-1032.

[54] Ma J，Prince AL，Bader D，et al. High-fat maternal diet during pregnancy persistently alters the offspring microbiome in a primate model. Nat Commun，2014，5：3889.

[55] Gueimonde M，Sakata S，Kalliomaki M，et al. Effect of maternal consumption of lactobacillus GG on transfer and establishment of fecal bifidobacterial microbiota in neonates. J Pediatr Gastroenterol Nutr，2006，42（2）：166-170.

[56] Reid G，Kumar H，Khan AI，et al. The case in favour of probiotics before，during and after pregnancy：insights from the first 1，500 days. Benef Microbes，2016，7（3）：353-362.

第五十一章

早产儿母乳中能量和宏量营养素

早产儿（neonates）约占新生儿总数的 11.1%，据 WHO 的统计，全球每年出生约 1500 万早产儿。早产儿定义为任何胎龄<37 周的新生儿，多数早产儿的出生体重<2500g。对于早产儿而言，获得充足和均衡的营养是保证其生命质量的重要物质基础，因此如何在早产儿对营养需求的迫切性及对营养供给的耐受性之间找到切入点，是当今研究的热点。

随着围产医学的迅速发展，早产儿特别是低出生体重儿的存活率明显提高。关于早产儿的研究结果证明，与给予早产儿配方食品相比，母乳喂养（同时添加母乳强化剂）可以提供适宜营养[1~3]，降低感染和严重的坏死性小肠结肠炎（necrotizing enterocolitis，NEC）、支气管肺发育不良和视网膜病变的发生率[4~8]，改善神经系统发育结局[9~11]。但是单纯用母乳喂养早产儿，可能由于蛋白质和某些微量营养成分摄入量不足，会影响早产儿发育，降低线性生长[12]。国外早期通过分析早产儿母乳中能量和营养素含量以及与足月儿母乳的差异，用母乳强化剂补充母乳喂养早产儿可能存在的营养不足，可保证适宜营养供给和避免过度喂养造成的伤害，有助于改善早产儿的母乳喂养结局[12,13]。

第一节　人乳和人乳喂养对早产婴儿的好处

母乳喂养足月儿可提供适宜营养，对胃肠道、免疫、发育和心理均是有益的，这些可能对婴儿的生长发育与健康状况产生长期的有益影响。母乳提供营养素和能量以及许多可以促进生长发育、在生命早期保护婴儿和预防成年期疾病的物质。

母乳的这些有益作用可能也适用于早产儿，然而这方面可利用的信息有限。由于整体上早产儿的发育没有完全成熟，肠道易受伤害和/或患 NEC。早产儿存在肠蠕动能力低、黏蛋白屏障降低，而肠道通透性增强、肠道菌群异常、高度免疫反应性肠黏膜和微血管张力失衡等问题[9]，因此保证早产儿合理营养尤为重要。

一、对胃肠道的影响

母乳为新生儿和婴儿正处在发育的胃肠道提供许多益处。人乳可以促进胃迅速排空，改善肠蠕动，增加排便次数。喂予早产婴儿母乳可使新生儿更迅速耐受全肠内喂养，比那些婴儿配方食品喂养的早产儿需要较少的肠外营养。早产儿的舌和胰脂肪酶活性较低，胆汁池较少，因此吸收脂肪的能力降低，与足月婴儿相比更容易发生脂肪痢。用母乳喂养早产儿可增加脂肪吸收，因为母乳中含有许多酶类，包括可增加肠脂解作用的脂肪酶；人乳中含有多种激素、多肽、多种氨基酸、核苷酸、生长因子、促炎性细胞因子抑制物等，这些成分可增加肠屏障的成熟、保护婴儿预防对外来蛋白的过敏。

二、对感染性疾病和 NEC 的影响

与喂予婴儿配方食品的早产儿相比，喂予母乳可降低早产儿迟发型败血症、尿道感染、腹泻和上呼吸道感染的发病率[14]。母乳喂养重要的是还可以降低婴儿期粪便致病菌的数量。与喂予足月婴儿配方食品的早产儿相比，喂予母乳可降低早产儿 NEC、腹泻和尿道感染的发生率[15]；可显著降低低出生体重儿的系统性或局部感染发生率。

三、对神经系统发育的影响

分类为极低出生体重的婴儿比正常出生体重婴儿有较差的认知功能和学习表现。有几项研究结果指出，喂予母乳对低出生体重儿的神经发育结局有正面影响。在一项包括 300 名婴儿（出生体重<1850g）的前瞻性非随机研究中，比较了接受捐赠母乳喂养与婴儿配方食品喂养组间 7.5～8 岁时的智商得分。在校正社会和教育因素后，接受捐赠母乳组的 IQ 得分高出 8.3 分，并且接受捐赠母乳与 IQ 得分间存在剂量关系。通过 3 个低出生体重婴儿的 Meta 分析，母乳喂养婴儿的 IQ 得分显著高于婴儿配方食品喂养的婴儿[16]。

四、其他的好处

母乳喂养直到 4 岁对预防过敏性疾病具有保护作用，不过仅仅是对于那些处于高风险的过敏性疾病[17]。与喂予早产儿配方食品相比，喂予母乳可降低早产儿视网膜病变的发生率和严重程度[18]。大量研究数据显示，早产儿的母乳成分与足月儿的母乳成分不同，其营养价值和生物学功能可能更适合于早产儿。

然而，由于早产儿整个身体的组织与器官的发育还不成熟，非常脆弱，易受外界不良环境的影响。对早产儿的营养需求，不仅仅要考虑所有必需的和条件性必需营养素缺乏引起的健康问题，还要考虑这些营养素过多可能对机体带来的健康风险以及过度喂养对以后特别是成年期营养相关慢性疾病易感性的影响。

第二节　蛋白质和氨基酸

母乳中含有容易被婴儿机体吸收利用的蛋白质、多肽类异构体和游离氨基酸的混合物，可满足出生后最初 6 个月内婴儿的全部营养需要。

一、蛋白质

与其他动物的乳汁相比，人乳蛋白质含量相对较低，仅有 9～12g/L，其中 70%是乳清蛋白、30%是酪蛋白[19]。人乳中乳清蛋白主要是α-乳清蛋白，易于被早产婴儿消化吸收利用，有促进胃排空作用。人乳清蛋白还含有乳铁蛋白、溶菌酶、分泌型 IgA、骨桥蛋白和乳脂肪球膜蛋白等，这些都影响早产婴儿的宿主抵抗力。

近年来，不同作者报告的早产儿和足月儿的母乳中蛋白质含量结果汇总于表 51-1。

▢ 表 51-1　人乳中蛋白质含量　　　　　　　　　　　　　　　　　　　　单位：g/L

作者	早产儿			足月儿			发表年份
	含量	孕周	产后天数	含量	孕周	产后天数	
Léké 等[21]	12.6±4.6[①]	32～36	26～28	12.3±10.3[①]	37～41	26～28	2017
何必子等[22]	22.2±4.9[①] 14.0±2.8[①]	25～36	3～7 30～42	20.7±3.4[①] 13.3±2.3[①]	37～41	3～7 30～42	2014
Hsu 等[23]	16.8±4.6[①] 9.2±2.7[①]	29±2.4	第 1 周 第 4 周	15.7±3.2[①] 9.2±1.2[①]	38±0.9	第 1 周 第 4 周	2014
Gidrewicz 等[24]	22（3～41） 15（8～23） 14（6～22） 10（6～14）	<37[②]	1～7 8～14 15～28 64～84	18（4～32） 13（8～18） 12（8～16） 9（6～12）	37～42[②]	1～7 8～14 15～28 64～84	2014
Bauer 等[25]	23±5 21±3 19±3	<28 28～31 32～33	8 个月内 8 个月内 8 个月内	16±4	足月	8 个月内	2011
米延和张馨丹[26]	21±5 14±2	32～37	3～7 30～42	17±2 12±2	38～41	3～7 30～42	2007
Schanler 等[27]	15±1	?	22～30	12±1.5	?	≥30	2005

①采用中红外母乳分析仪测定（瑞典 Miris AB 公司）。②根据包括 26 项早产儿（843 例乳母）和 30 项足月儿（2299 例乳母）的 Meta 分析结果。
注：? 表示没有明确说明。

表 51-2　人乳中游离氨基酸（必需氨基酸）含量

单位：μmol/L

氨基酸	Pamblanco等①, 1989[31]				Atkinson等②, 1980[32]				翁梅倩等①, 1999[33]				第八章表8-2足月儿均值		
	早产（26~32周）		足月（>36周）		早产（26~33周）		足月（38~40周）		早产（34.2周±2.0周）		足月（39.8周±1.1周）		初乳	过渡乳	成熟乳
	3~4天	28~29天	3~4天	28~29天	3~14天	15~29天	3~14天	15~29天	3天	21天	3天	21天	1~7天	8~14天	≥15天
赖氨酸	18±7	13±5	91±35	28±11	130±17	102±28	114±27	47±6	75±43	19±8	83±56	15±8	123	31	24
苏氨酸	20±7	22±8	21±8	51±18	104±11	83±2	83±8	78±8	32±20	44±29	42±28	32±18	52	51	46
亮氨酸	19±4	11±2	49±11	16±4	83±16	53±3	56±12	29±2	31±11	22±11	27±15	19±4	75	23	17
异亮氨酸	10±1	4±1	21±4	5±1	32±7	22±1	22±4	12±1	—	—	—	—	40	13	6
缬氨酸	31±11	26±9	28±11	18±6	77±11	69±5	57±13	43±1	40±20	33±18	32±19	30±11	68	36	85
组氨酸	8±2	18±5	8±2	20±5	23±3	12±1	18±0	16±1	16±8	23±9	17±10	20±6	20	20	18
蛋氨酸	—	—	—	—	31±6	31±6	27±4	13±1	—	—	—	—	36	10	7
苯丙氨酸	10±2	6±1	12±2	9±9	—	—	—	—	14±9	13±7	14±6	12±3	21	10	9
色氨酸	—	—	—	—	—	—	—	—	—	—	—	—	19	13	11

① 结果系平均值±标准差。　② 结果系平均值±标准误。

注："—"表示没有数据。

表51-3 人乳中游离氨基酸（条件性必需和非必需氨基酸）含量

单位：μmol/L

氨基酸	Pamblanco 等[①], 1989[31]				Atkinson 等[②], 1980[32]				翁梅倩 等[①], 1999[33]				第八章表8-2 足月儿均值		
	早产（26~32周）		足月（>36周）		早产（26~33周）		足月（38~40周）		早产（34.2周±2.0周）		足月（39.8周±1.1周）		初乳	过渡乳	成熟乳
	3~4天	28~29天	3~4天	28~29天	3~14天	15~29天	3~14天	15~29天	3天	21天	3天	21天	1~7天	8~14天	≥15天
牛磺酸	208±49	173±40	192±54	228±59	409±32	327±31	359±41	383±15	276±86	230±84	356±122	176±96	433	399	292
谷氨酸	357±90	699±172	161±42	609±152	956±112	1506±175	875±67	1029±106	262±176[③]	518±235[③]	298±166[③]	625±246[③]	333	682	787
谷氨酰胺	5±1	59±14	12±4	120±29	—	—	—	—	—	—	—	—	298[③]	611[③]	625[③]
精氨酸	—	—	—	—	74±19	27±2	47±12	16±1	45±31	105±8	38±20	5±3	72	22	14
丙氨酸	20±8	54±20	29±12	27±11	181±22	272±25	164±16	168±15	68±35	127±65	83±35	133±56	72	132	98
丝氨酸	16±5	22±7	34±11	42±13	51±9	65±4	66±10	55±6	70±49	119±65	72±49	147±78	74	79	65
天冬氨酸	19±8	23±7	20±8	27±11	42±2	42±8	43±7	27±3	48±28	45±25	57±23	43±29	61	41	25
脯氨酸	—	—	—	—	94±18	58±6	58±14	38±3	35±19	26±14	34±21	10±4	106	89	66
甘氨酸	22±8	41±15	21±8	38±14	71±6	111±6	51±5	73±5	404±27	50±28	36±17	47±28	43	43	45
酪氨酸	8±3	8±3	18±6	11±4	—	—	—	—	21±14	12±8	17±9	8±4	28	16	12
半胱氨酸	—	—	—	—	—	—	—	—	8±5	15±6	9±5	10±7	15	15	17
胱氨酸	—	—	—	—	24±2	29±8	27±2	31±1	—	—	—	—	12	27	24

注：① 结果系平均值±标准差。 ② 结果系平均值±标准误。 ③ 谷氨酸+谷氨酰胺。
注："—"表示没有数据。

早产儿的母乳中蛋白质含量高于足月儿，尤其是初乳中的蛋白质含量，说明早产儿生后最初数天可能需要更多蛋白质以获得追赶生长[20]；早产儿的母乳中蛋白质含量与胎儿成熟程度呈负相关。

二、游离氨基酸含量

1. 游离必需氨基酸含量

不同研究获得的早产儿和足月儿的母乳中游离氨基酸（free amino acids,FAA）（必需氨基酸）的含量见表51-2。二者之间的差异较大，可能反映了乳汁采样方法/过程的差异和使用测定方法学的不同。表51-2中还列出了本书第八章采用不同测定方法获得的不同哺乳期足月儿母乳中必需氨基酸含量的平均值。

2. 游离的条件性必需和非必需氨基酸

不同研究报告的人乳中FAA含量汇总于表51-3。表51-3中还列出了本书第八章采用不同测定方法获得的不同哺乳期足月儿母乳中条件性必需和非必需氨基酸含量的平均值，以牛磺酸和谷氨酸+谷氨酰胺的含量为最高。

蛋白质除了作为喂养儿所有细胞的关键结构成分，还通过其作为酶、激素和转运蛋白等参与诸多关键的生理与代谢过程。然而，关于早产儿最佳的蛋白质营养与氨基酸需要量仍有待确定，还需要进一步研究补充母乳中某些生物活性蛋白和特定氨基酸对早产儿的健康益处[28]。

第三节　脂肪与脂肪酸

母乳喂养的婴儿，母乳中含有的脂类可满足早产婴儿约50%的能量需求。人乳中的脂肪成分在每次哺乳期间都会发生明显变化，如后乳比前乳中含有较高的乳脂（lipids）和能量[29]，因此比前乳或常规母乳能更好地促进体重增长。

一、总脂肪含量

不同研究报告的早产儿和足月儿母乳中脂肪含量结果汇总于表51-4。总趋势是，在相同哺乳期，早产儿母乳中脂肪含量显著高于足月儿的母乳[22~25,30]；早产儿和足月儿的母乳中脂肪含量均随哺乳期的延长逐渐升高[24,30]。在一侧乳房哺乳期间，对侧乳房可能出现"滴奶"现象。20世纪80年代这种"滴奶"被回收用于喂养早产儿，之后人们认识到"滴奶"中脂肪和能量含量均较低，类似于前段奶中含量。

作者	早产儿			足月儿			发表年份
	含量	孕周	产后天数	含量	孕周	产后天数	
Léké 等[21]	34.8±8.7①	32～36	26～28	34.8±15.7①	37～41	26～28	2017
何必子等[22]	24±13①	25～36	3～7	22±11①	37～41	3～7	2014
	34±10①	25～36	30～42	32±13①	37～41	30～42	
Hsu 等[23]	26.5±7.2①	29±2.4	第1周	27.6±6.0①	38±0.9	第1周	2014
	40.0±9.5①	29±2.4	第4周	33.5±10.9①	38±0.9	第4周	
Gidrewicz 等[24]	22±9	<37②	1～3	18±7	37～42②	1～3	2014
	30±12		4～7	26±8		4～7	
	35±11		8～14	30±9		8～14	
	35±10		15～28	34±8		15～28	
	37±15		64～84	34±9		64～84	
Bauer 等[25]	44±9	<28	8个月内	41±7	足月	8个月内	2011
	44±8	28～31	8个月内				
	48±10	32～33	8个月内				
米延和张馨丹[26]	28±13	32～37	3～7	26±6	38～41	3～7	2007
	38±15		30～42	30±11		30～42	
Schanler 等[27]	36±4	?	22～30	34±4	?	≥30	2005
Anderson 等[30]	30.0±2.3③	26～33	3～5	18.5±3.5③	38～40	3～5	1981
	41.4±2.6③		8～11	29.0±2.3③		8～11	
	43.3±2.4③		15～18	30.6±2.1③		15～18	

①采用中红外母乳分析仪测定（瑞典 Miris AB 公司）。②根据包括 26 项早产儿（843 例乳母）和 30 项足月儿（2299 例乳母）的 Meta 分析结果。③结果系平均值±标准误。

注：？表示无明确说明。

二、脂肪酸含量

近年来，人们越来越关注母乳脂类中含有的长链多不饱和脂肪酸和神经节苷脂的种类和含量与早产儿和小于胎龄儿生长发育的关系，尤其对于神经系统发育的影响。分娩早产儿和小于胎龄儿的母亲，为满足婴儿的营养需求，有能力调整母乳分泌的成分，增加乳汁中脂肪酸含量，尤其是中链脂肪酸（medium-chain fatty acids,MCFA）。与婴儿配方食品相比，母乳中甘油三酯分子上的脂肪酸成分和胆盐刺激脂酶的存在使低出生体重婴儿能够吸收更多的脂肪。Bobinski 等[34]分析了波兰足月儿、早产儿和小于胎龄儿的母乳中脂肪酸组成，三组的过渡乳和成熟乳中主要脂肪酸（14 碳、16 碳和 18 碳）成分相对稳定，构成和含量相似，而且过渡乳间没有显著差异；早产儿和小于胎龄儿的母乳中 C_{10}（癸酸，capc acid）和 C_{12}（月桂酸，lauric acid）含量显著高于足月儿的母乳，而 C20:1（二十碳烯酸，gadoleic acid）的含量则相反；低出生体重组成熟母乳中 n-3 长链多不饱和脂肪酸（C20:5n-3、C22:5n-3 和 C22:6n-3）均低于足月儿的母乳，这些脂肪酸对早产儿的发育非常重要[35]。尽管早产儿的母乳中总脂肪含量仅比足月儿的母乳略高些，但是富含 MCFA，易于早产儿消化吸收。提供现成的长链多不饱和脂肪酸（polyunsaturated fatty acids, PUFA），为早产儿和小于胎龄儿提供增加的能量需求。然而可能缺乏 n-3 长链多不饱和脂肪酸（C20:5n-3、C22:5n-3 和 C22:6n-3），已有越来越多的证据支持给早产儿补充这些 PUFA（如 DHA）可能是有益的[36]。

人乳中脂肪酸浓度变化很大，而且影响因素很多。有多项研究分析并比较了早产儿与足月儿的母乳中脂肪酸含量的差异，观察到二者存在高度的异质性。Floris 等[37]汇总的母乳脂肪酸组分含量数据显示，特定的脂肪酸类别在哺乳过程中呈现不同的波动模式。因此还需要深入研究早产儿母乳中的脂肪酸含量以及波动对喂养儿生长发育的影响。

第四节 碳水化合物

人乳中的碳水化合物（carbohydrates）包括乳糖、低聚糖和少量单糖，其中乳糖是人乳的主要碳水化合物（约 90%）。低出生体重儿可吸收母乳中的乳糖超过 90%。肠道中未被吸收的乳糖可提高矿物质的吸收，支持肠道益生菌群的定植生长，软化大便。

一、总碳水化合物含量

不同研究报告的早产儿和足月儿的母乳中碳水化合物含量结果汇总于表 51-5。总的趋势是，在相同哺乳期，多数研究结果显示早产儿母乳中碳水化合物含量与足月儿的母乳差异不明显；早产儿和足月儿的母乳中碳水化合物含量均随哺乳期的延长呈现逐渐升高趋势[24,30]。

▣ 表 51-5 人乳中碳水化合物含量　　　　　　　　　　　　　　　　　　　　　单位：g/L

作者	早产儿			足月儿			发表年份
	含量	孕周	产后天数	含量	孕周	产后天数	
Léké 等[21]	73.6±4.7[①]	32~36	26~28	73.6±6.3[①]	37~41	26~28	2017
何必子等[22]	64±9[①]	25~36	3~7	63±5[①]	37~41	3~7	2014
	67±4[①]	25~36	30~42	68±3[①]	37~41	30~42	
Hsu 等[23]	63.6±4.7[①]	29±2.4	第 1 周	66.4±3.7[①]	38±0.9	第 1 周	2014
	67.9±3.9[①]		第 4 周	69.7±4.5[①]		第 4 周	
Gidrewicz 等[24]	51±7	<37[②]	1~3	56±6	37~42[②]	1~3	2014
	63±11		4~7	60±10		4~7	
	57±8		8~14	62±6		8~14	
	60±5		15~28	67±7		15~28	
	68±3		64~84	67±7		64~84	

作者	早产儿			足月儿			发表年份
	含量	孕周	产后天数	含量	孕周	产后天数	
Bauer 等[25]	76±6	<28	8 个月内	62±9	足月	8 个月内	2011
	75±6	28～31	8 个月内				
	75±5	32～33	8 个月内				
Schanler 等[27]	67±4	?	22～30	67±5	?	≥30	2005
Anderson 等[30]	50.4±1.2③	26～33	3～5	51.4±2.2③	38～40	3～5	1981
	56.3±0.5③		8～11	59.8±2.3③		8～11	
	59.7±1.0③		26～29	65.1±2.3③		26～29	

①采用中红外母乳分析仪测定（瑞典 Miris AB 公司）。②根据包括 26 项早产儿（843 例乳母）和 30 项足月儿（2299 例乳母）的 Meta 分析结果。③为乳糖含量。

注：？表示没有说明。

二、低聚糖

人乳中约 10%～15%的碳水化合物是低聚糖类，这些成分进入胃肠道，作为益生元促进益生细菌（如双歧杆菌）生长。低聚糖可防止细菌吸附到宿主黏膜，具有预防极低出生体重儿系统性感染和 NEC 的作用[38]。例如在 Armanian 等[39]的随机对照试验（randomized controlled trial，RCT）中，与没有补充低聚糖的早产儿（30.4 周±2.5 周）对照组相比，给早产儿补充低聚糖（短链半乳糖低聚糖/长链果糖低聚糖混合物），补充剂量由开始的 0.5g/(kg·d)逐渐增加到 1.5g/(kg·d)，显著降低疑似 NEC 的发病率（OR=0.49，95CI 0.29～0.84，P=0.009），显著缩短住院时间（平均 16 天与 25 天，P=0.004），极低出生体重儿可以充分耐受益生元的补充；以低聚糖含量低的母乳喂养婴儿发生 NEC 的风险明显增加[40]。早产儿的母乳中低聚糖含量高于足月儿的母乳，而且初乳和过渡乳中的含量差异非常显著（4～7 天，21g/L±4g/L 与 19g/L±4g/L，P<0.001；7～14 天，21g/L±5g/L 与 19g/L±4g/L，P=0.004）[24]。

第五节　能　　量

母乳提供的能量（energy）个体间的变异较大，即使是在一次哺乳期间，前、中和后段乳汁中供能成分（碳水化合物、脂肪和蛋白质）的变化也非常明显，如前乳中脂肪含量显著低于后乳，结果影响能量摄入量。不同研究报告的早产儿和足月儿母乳中总能量结果汇总于表 51-6。总的趋势是，在相同哺乳期，多数研究结果显示早产儿母乳中总能量与足月儿的母乳差异不明显；早产儿和足月儿的母乳中脂肪含量均随哺乳期的延长呈逐渐升高趋势，即成熟乳高于初乳。

▣ 表 51-6　人乳中能量含量　　　　　　　　　　　　　　　　　　　　　　单位：kcal/mL

作者	早产儿			足月儿			发表年份
	含量	孕周	产后天数	含量	孕周	产后天数	
Léké 等[21]	76.5±8.2[①]	32～36	26～28	76.6±13.6[①]	37～41	26～28	2017
何必子 等[22]	55±9[①]	25～36	3～7	55±10[①]	37～41	3～7	2014
	68±8[①]	25～36	30～42	62±12[①]	37～41	30～42	
Hsu 等[23]	59.5±6.0[①]	29±2.4	第1周	60.5±4.6[①]	38±0.9	第1周	2014
	68.6±8.3[①]	29±2.4	第4周	63.6±8.0[①]	38±0.9	第4周	
Gidrewicz 等[24]	65±13	<37[②]	4～7	68±10	37～42[②]	4～7	2014
	70±14		8～14	—		—	
	68±8		15～28	70±9		15～28	
	66±14		64～84	68±9		64～84	
Bauer 等[25]	77.8±8.4	<28	8个月内				2011
	77.6±5.9	28～31	8个月内	67.7±3.9	足月	8个月内	
	76.7±6.5	32～33	8个月内				
Schanler 等[27]	69±5	?	22～30	64±8	?	≥30	2005
Anderson 等[30]	58±2[③]	26～33	3～5	48±3[③]	38～40	3～5	1981
	71±2[③]		8～11	59±2[③]		8～11	

①采用中红外母乳分析仪测定（瑞典 Miris AB 公司）。②根据包括 26 项早产儿（843 例乳母）和 30 项足月儿（2299 例乳母）的 Meta 分析结果。③为乳糖含量，结果系平均值±标准误。

注：1. ? 表示无明确说明。2. 1cal=4.1840J。

第六节　展　　望

早产儿对于营养物质的需求与足月儿不同，通过科学喂养不仅仅可使其达到或接近足月儿相同的体重增长速度，而且理想的营养目标是使早产儿获得与同孕周胎儿相似的体质结构。早产儿的营养治疗目标应满足生长发育的需要，促进个体组织器官的成熟，预防营养缺乏或过剩，保证神经系统的发育，关注对远期健康结局的影响。

一、微量营养素

早产儿的母乳中矿物质（如钾、镁、钙、铜、铁、锌等）含量通常高于足月儿[25,41]，需要研究这些矿物质的吸收利用率以及相互作用对早产儿生长发育的影响。关于早产儿的母乳中脂溶性维生素：初乳中维生素 A 显著低于足月儿的母乳（研究一，0.792μmol/L±0.106μmol/L 与 1.113μmol/L±0.088μmol/L；研究二，1.38μmol/L±0.67μmol/L 与 1.87μmol/L±0.81μmol/L）[42,43]，维生素 D 含量也低于足月儿的母乳（0.14μg/L±0.02μg/L

与 0.23μg/L±0.03μg/L）[44]，提示及时对早产儿进行营养干预的必要性；而初乳（第 3 天）和成熟乳（第 36 天）中维生素 E 含量则高于足月儿的母乳（初乳中位数为 14.5mg α-TE/L 与 2.9mg α-TE/L）。早产可能影响母乳中水溶性维生素含量，与足月儿的母乳相比，早产儿的母乳中含有较高的维生素 C、泛酸和维生素 B_{12}，而硫胺素和维生素 B_6 含量则较低[45,46]，需要研究改善早产儿这些水溶性维生素的营养状况以及可能产生的有益影响。

二、其他微量生物活性成分

已发现人乳中含有很多的微量营养成分或活性成分，对婴儿早期发育，尤其是对早产儿还不成熟的免疫系统发育、抵抗感染性疾病和提高机体对外界的耐受性或适应性发挥重要作用，然而这方面关注早产儿的研究甚少。例如，母乳中核苷酸与核苷作为条件性必需营养素在早产儿生长发育和免疫调节中的作用；人乳中存在的诸多生物活性成分，如多种酶类（如溶菌酶）、免疫球蛋白、乳铁蛋白、补体、骨桥蛋白、乳脂肪球膜蛋白、母乳寡糖、细胞因子等在促进早产儿肠道益生菌定植与生长、抑制致病菌生长和调节免疫功能方面的作用；母乳中生长发育相关激素或激素类物质在调节早产儿生长发育与能量平衡中的作用。已发现人乳中存在丰富的微生物，应关注早产儿的母乳中存在的微生物种类以及对喂养儿生长发育的近期和远期影响。

（荫士安，赵学军）

参考文献

[1] Radmacher PG，Adamkin DH. Fortification of human milk for preterm infants. Semin Fetal Neonatal Med，2017，22（1）：30-35.

[2] Adamkin DH，Radmacher PG. Fortification of human milk in very low birth weight infants（VLBW ＜1500g birth weight）. Clin Perinatol，2014，41（2）：405-421.

[3] Sauret A，Andro-Garcon MC，Chauvel J，et al. Osmolality of a fortified human preterm milk：The effect of fortifier dosage，gestational age，lactation stage，and hospital practices. Arch Pediatr, 2018, 25（7）：411-415.

[4] Hy lander MA，Strobino DM，Pezzullo JC，et al. Association of human milk feedings with a reduction in retinopathy of prematurity among very low birthweight infants. J Perinatol，2001，21（6）：356-362.

[5] Maayan-Metzger A，Avivi S，Schushan-Eisen I，et al. Human milk versus formula feeding among preterm infants：short-term outcomes. Am J Perinatol，2012，29（2）：121-126.

[6] Schanler RJ，Lau C，Hurst NM，et al. Randomized trial of donor human milk versus preterm formula as substitutes for mothers' own milk in the feeding of extremely premature infants. Pediatrics，2005，116（2）：400-406.

[7] Spiegler J，Preuss M，Gebauer C，et al. Does breastmilk influence the development of bronchopulmonary dysplasia？ J Pediatr，2016，169：76-80 e4.

[8]   Taylor SN. Solely human milk diets for preterm infants. Semin Perinatol，2019，43（7）：151158.

[9]   Patel AL，Kim JH. Human milk and necrotizing enterocolitis. Semin Pediatr Surg，2018，27（1）：34-38.

[10]   Meinzen-Derr J，Poindexter B，Wrage L，et al. Role of human milk in extremely low birth weight infants'
       risk of necrotizing enterocolitis or death. J Perinatol，2009，29（1）：57-62.

[11]   Johnson TJ，Patel AL，Bigger HR，et al. Cost savings of human milk as a strategy to reduce the incidence of
       necrotizing enterocolitis in very low birth weight infants. Neonatology，2015，107（4）：271-276.

[12]   Tudehope DI. Human milk and the nutritional needs of preterm infants. J Pediatr，2013，162（3 Suppl）：
       S17-25.

[13]   Embleton ND. Optimal protein and energy intakes in preterm infants. Early Hum Dev，2007，83（12）：
       831-837.

[14]   Narayanan I，Prakash K，Bala S，et al. Partial supplementation with expressed breast-milk for prevention of
       infection in low-birth-weight infants. Lancet，1980，2（8194）：561-563.

[15]   Contreras-Lemus J，Flores-Huerta S，Cisneros-Silva I，et al. Morbidity reduction in preterm newborns fed
       with milk of their own mothers. Bol Med Hosp Infant Mex，1992，49（10）：671-677.

[16]   Anderson JW，Johnstone BM，Remley DT. Breast-feeding and cognitive development：a meta-analysis. Am
       J Clin Nutr，1999，70（4）：525-535.

[17]   Lucas A，Brooke OG，Morley R，et al. Early diet of preterm infants and development of allergic or atopic
       disease：randomised prospective study. BMJ，1990，300（6728）：837-840.

[18]   Okamoto T，Shirai M，Kokubo M，et al. Human milk reduces the risk of retinal detachment in extremely
       low-birthweight infants. Pediatr Int，2007，49（6）：894-897.

[19]   Lönnerdal BA. Chapter 5 Nitrogeneous components A. Human milk proteins. London：Academic Press，Inc.；
       1995.

[20]   Hay WW，Thureen P. Protein for preterm infants：how much is needed？ How much is enough？ How
       much is too much？ Pediatr Neonatol，2010，51（4）：198-207.

[21]   Léké A，Grognet S，Deforceville M，et al. Macronutrient composition in human milk from mothers of
       preterm and term neonates is highly variable during the lactation period. Clinical Nutrition Experimental，
       2019，26：59-72.

[22]   何必子，孙秀静，全美盈，等. 早产母乳营养成分的分析. 中国当代儿科杂志，2014，16：679-683.

[23]   Hsu YC，Chen CH，Lin MC，et al. Changes in preterm breast milk nutrient content in the first month. Pediatr
       Neonatol，2014，55（6）：449-454.

[24]   Gidrewicz DA，Fenton TR. A systematic review and meta-analysis of the nutrient content of preterm and
       term breast milk. BMC Pediatr，2014，14：216.

[25]   Bauer J，Gerss J. Longitudinal analysis of macronutrients and minerals in human milk produced by mothers
       of preterm infants. Clin Nutr，2011，30（2）：215-220.

[26]   米延，张馨丹. 哈尔滨地区早产儿母乳营养素含量的调查研究. 中国新生儿科杂志，2007，22：337-339.

[27]   Schanler RJ，Atkinson SA. Human milk. Cincinnati：Digital Educatioal Publishing Inc.，2005.

[28]   Embleton ND，van den Akker CHP. Protein intakes to optimize outcomes for preterm infants. Semin
       Perinatol，2019，43（7）：151154.

[29]   Valentine CJ，Hurst NM，Schanler RJ. Hindmilk improves weight gain in low-birth-weight infants fed human
       milk. J Pediatr Gastroenterol Nutr，1994，18（4）：474-477.

[30]   Anderson GH，Atkinson SA，Bryan MH. Energy and macronutrient content of human milk during early

lactation from mothers giving birth prematurely and at term. Am J Clin Nutr, 1981, 34 (2): 258-265.

[31] Pamblanco M, Portoles M, Paredes C, et al. Free amino acids in preterm and term milk from mothers delivering appropriate- or small-for-gestational-age infants. Am J Clin Nutr, 1989, 50 (4): 778-781.

[32] Atkinson SA, Anderson GH, Bryan MH. Human milk: comparison of the nitrogen composition in milk from mothers of premature and full-term infants. Am J Clin Nutr, 1980, 33 (4): 811-815.

[33] 翁梅倩, 田小琳, 吴圣楣. 足月儿和早产儿母乳中游离和构成蛋白质的氨基酸含量动态比较. 上海医学, 1999, 22: 217-222.

[34] Bobinski R, Mikulska M, Mojska H, et al. Comparison of the fatty acid composition of transitional and mature milk of mothers who delivered healthy full-term babies, preterm babies and full-term small for gestational age infants. Eur J Clin Nutr, 2013, 67 (9): 966-971.

[35] Lapillonne A, Groh-Wargo S, Gonzalez CH, et al. Lipid needs of preterm infants: updated recommendations. J Pediatr, 2013, 162 (3 Suppl): S37-47.

[36] Smithers LG, Markrides M, Gibson RA. Human milk fatty acids from lactating mothers of preterm infants: a study revealing wide intra- and inter-individual variation. Prostaglandins Leukot Essent Fatty Acids, 2010, 83 (1): 9-13.

[37] Floris LM, Stahl B, Abrahamse-Berkeveld M, et al. Human milk fatty acid profile across lactational stages after term and preterm delivery: A pooled data analysis. Prostaglandins Leukot Essent Fatty Acids, 2019: 102023.

[38] Schanler RJ. Human milk for preterm infants: nutritional and immune factors. Semin Perinatol, 1989, 13 (2): 69-77.

[39] Armanian AM, Sadeghnia A, Hoseinzadeh M, et al. The effect of neutral oligosaccharides on reducing the incidence of necrotizing enterocolitis in preterm infants: A randomized clinical trial. Int J Prev Med, 2014, 5 (11): 1387-1395.

[40] Van Niekerk E, Autran CA, Nel DG, et al. Human milk oligosaccharides differ between HIV-infected and HIV-uninfected mothers and are related to necrotizing enterocolitis incidence in their preterm very-low-birth-weight infants. J Nutr, 2014, 144 (8): 1227-1233.

[41] Underwood MA. Human milk for the premature infant. Pediatr Clin North Am, 2013, 60 (1): 189-207.

[42] 戴定威, 唐泽媛. 早产儿母乳主要成分和矿物质动态分析. 华西医科大学学报, 1991, 22: 332-336.

[43] Dimenstein R, Dantas JC, Medeiros AC, et al. Influence of gestational age and parity on the concentration of retinol in human colostrums. Arch Latinoam Nutr, 2010, 60 (3): 235-239.

[44] Souza G, Dolinsky M, Matos A, et al. Vitamin A concentration in human milk and its relationship with liver reserve formation and compliance with the recommended daily intake of vitamin A in pre-term and term infants in exclusive breastfeeding. Arch Gynecol Obstet, 2015, 291 (2): 319-325.

[45] Ford JE, Zechalko A, Murphy J, et al. Comparison of the B vitamin composition of milk from mothers of preterm and term babies. Arch Dis Child, 1983, 58 (5): 367-372.

[46] Udipi SA, Kirksey A, West K, et al. Vitamin B_6, vitamin C and folacin levels in milk from mothers of term and preterm infants during the neonatal period. Am J Clin Nutr, 1985, 42 (3): 522-530.

第五十二章
人乳成分快速分析仪的应用

WHO 建议，婴儿应在出生后最初六个月内以纯母乳喂养，并且在六个月至两岁或更长时间内继续母乳喂养的同时及时合理地添加辅助食品[1,2]。母乳中的宏量营养素（蛋白质、脂肪和碳水化合物）是估算婴儿和哺乳期妇女这些营养素需求量的通用基础数据。

以往母乳中宏量营养素含量的测定是采用经典的传统方法，测定周期较长，不能很快获得测定结果，制约了现场或临床应用。近年已开发出多种人乳成分快速分析仪。最早是由瑞典 Miris 公司开发的人乳成分快速分析仪，其原理是采用中红外透射光谱法，同时开展了一些前期的比较性研究，并与传统化分析方法进行了比较[3~7]。该方法是一种光谱技术，适用于分析碳水化合物、脂肪和蛋白质，可进一步用于计算人乳中的能量和总固形物。最近用于人乳成分快速分析的仪器取得了快速发展，且种类逐渐增多，产品声称的可测定项目也逐渐增加。

第一节　人乳成分快速分析仪

人乳成分快速分析仪（quick analyzer for human milk compositions）的开发初衷主要是用于早产儿母乳的强化（母乳强化剂添加量的设计），而且似乎对早产儿取得适宜的生长发育至关重要。然而，虽然 Miris 类的人乳分析仪（HMA）可方便独特地测定母乳中多种宏量营养素和固形物，但是其测量结果仍不能与传统经典方法完全媲美，而且还需要基于与传统方法比较并进行适当校正以避免系统误差[7,8]。

一、常见的人乳成分快速分析仪

目前市场上人乳成分快速分析仪主要有中红外人乳成分分析仪、超声母乳成分分析仪、脉冲母乳成分分析仪等。这些仪器主要是基于测定牛乳成分基础上开发出来的，可用于人乳中主要成分的快速检测。这些商品化仪器大多数都是声称其能快速测定母乳中的数种营养成分，是在快速测定牛乳主要营养素（碳水化合物、蛋白质、脂肪）、能量和固形物基础上发展起来的一种简单、快速的方法。初期开发这种仪器被用于检测牛乳掺假或用于评价收购新牛乳的质量，通常使用的样品量较多，如 Foss 红外牛乳成分分析仪单次测定需要≥20ml 乳样，不适合于测定人乳成分。

二、原理

人乳成分快速分析仪主要工作原理是基于中红外透射光谱、超声、脉冲等，在特定波长或脉冲处检测到透射的红外波长或信号。该方法适用于分析碳水化合物、脂肪和蛋白质，可进一步用于计算人乳中的总能量和总固形物等。通常这样的仪器可测定的指标为 5～10 项不等。最开始用于临床儿科保健，医生根据快速分析仪测定的早产儿/低出生体重儿的母乳中能量和营养素的含量,基于该体重和月龄段婴儿的能量和营养素需要量,计算需要添加母乳强化剂的量。

第二节　人乳成分快速分析仪测定结果与传统方法的比较

已有若干研究比较了人乳成分快速分析仪（Miris）与传统经典方法的测定结果，所获得结果并不完全一致[4~8]。在报告的这样的研究中,大多数使用的是人乳分析仪(human milk analyser, HMA，瑞典 Miris 公司开发），而且测定的是冷冻母乳样品。在不同实验室针对这些冷冻样品的不同的均质化方法，如涡旋或超声均质化，以及持续时间不同和样本量大小等，均可能会影响比较结果[4]。因此比较性研究应有一定的样本量，而且应与传统经典测定方法进行比较。Zhu 等[7]通过使用电动泵采集乳母一侧乳房全部乳汁，系统比较了采用 Miris 母乳成分分析仪与参考方法（经典国标方法）测定母乳中宏量营养素含量，比较结果见表 52-1。

一、相关性分析

使用 HMA 测得的蛋白质、脂肪和总固体含量与参考方法测得的含量显著相关系数分别为 0.88、0.93 和 0.78，$P<0.001$，而两种方法测定的乳糖含量无显著相关（$r= 0.10$，$P=0.30$，$n=100$）。

⊡ 表 52-1　母乳成分分析仪与参考方法测定母乳中宏量营养素含量的比较　　　单位：g/100ml

营养素	n	化学法	HMA	差值②	相关系数	差值③/%
蛋白质	99	1.2±0.3	1.0±0.4	0.16①	0.88①	13
脂肪	89	3.2±1.4	3.7±1.5	−0.45①	0.93①	14
乳糖	100	6.7±0.4	6.6±0.4	0.05	0.10	1
总固形物	37	12.3±1.4	12.2±1.7	0.09	0.78①	1

①$P<0.0001$。②两种方法测定结果的绝对相差数值。③两种方法测定误差的百分数。
注：1.引自 Zhu 等[7]，2017。2.含量单位 g/100ml，以平均值±SD 表示。

二、蛋白质含量

使用参考方法（微量凯氏定氮法）测得的母乳样本平均蛋白质含量显著高于 HMA 方法（1.2g/100ml 与 1.0g/100ml，$P<0.001$），使用 HMA 方法获得的母乳蛋白质水平低约 13%。这可能是因为母乳的总氮中 15%～24% 为非蛋白质氮，似乎可以导致其中的一些差异[9,10]；已有多项比较性研究获得类似结果，即采用 HMA 方法将低估母乳蛋白质含量[4,5]，然而也有研究报告使用 HMA 高估了蛋白质水平 0.2g/100ml[6]。造成这些研究之间的差异可能是由于使用了不同的蛋白质定量方法[4~6]。

三、脂肪含量

使用参考方法测定的母乳样本平均脂肪含量显著低于 HMA 方法测定的结果，平均脂肪含量分别为 3.2g/100ml 与 3.7g/100ml，$P<0.001$。HMA 测得的脂肪含量高约 14%，这与 Casadio 等[3]报告的结果相似。然而，也有比较性研究结果显示没有显著差异[4]，这可能与选择的参考方法有关（如不同的前处理、脂肪酸的提取和酯化过程不同）。

四、乳糖含量

两种方法测定的乳糖含量平均值相差 0.05g/100ml（$P>0.05$），两方法间的差异约为参考值的 1%。相关分析结果显示，这两种方法测定的结果无相关性，当这两种方法测定的乳糖范围在 5.5～7.5g/100ml 时，在低乳糖浓度高效阴离子交换色谱（HPAEC）测量值小于 HMA，在高乳糖浓度 HPAEC 测量值大于 HMA，这与之前的报告结果相似[4,5]。这样的差异可能与人乳中存在高浓度低聚糖有关,因为HMA可能无法区分游离乳糖与寡糖中的乳糖[4]。

五、总固形物

两种方法测定的母乳中总固体含量无差异（12.3g/100ml 与 12.2g/100ml，$P>0.05$）；母乳中总固形物浓度在 9.6～15.5g/100ml 范围内。

总之，基于参考方法（传统经典方法）获得的结果，通过校准母乳成分分析仪现场测定的结果（基于表 52-1 中的数据），包括蛋白质和脂肪，两种方法获得的结果具有可比性，使 HMA 现场测定结果的准确度和精密度在可以被接受的范围内。

第三节　人乳成分快速分析仪的合理应用

人乳是一种复杂且高度可变的液体，在婴儿营养、健康和生长发育中发挥重要作用。母乳（包括成分和体积）的动态变化（不同个体和同一个体内均存在）与喂养儿的生长发育相适应。因此越来越多的研究关注母乳营养成分组成及变化趋势对喂养儿的影响，其中母乳成分分析常常是营养研究范围和深度的制约因素。人乳成分快速分析仪的合理应用可在某种程度上解决一些限制和瓶颈。

一、适用范围

目前比较成熟的人乳成分快速分析仪适用于测定母乳中宏量营养素（蛋白质、脂肪和碳水化合物）含量，并由此数据计算能量和总固形物。尽管还有些仪器适用范围扩展到可测定母乳中某些矿物元素等更多成分，然而其测定结果的专一性、准确性和检出限量还有待进行科学评估。声称可测定的种类越多，则需要验证的问题越多。

人乳成分快速分析仪尤其适合营养学家开展现场新鲜母乳样品的宏量营养成分研究、临床新生儿/儿科医生快速评估早产儿/低出生体重儿的母乳中宏量营养素和能量，制订这些特殊医学状况婴儿的喂养计划。

二、临床应用

对于早产儿/低出生体重儿的喂养（尤其是极低出生体重儿），通常是在母乳喂养基础上，添加适量母乳强化剂，以满足这些婴儿的能量和营养需求。人乳成分快速分析仪可帮助临床医生及时了解这些婴儿的母乳中宏量营养素和可提供的能量，判断需要添加母乳强化剂的量，并根据喂养期间母乳中这些宏量营养成分和能量的变化，适时调整母乳强化剂的添加量[3~6]。

三、现场调查

人乳成分快速分析仪可以快速获得母乳中宏量营养素和能量的结果，注入母乳样品后约 1min 内即可获得分析结果[11,12]，尤其适用于现场调查。无须复杂的实验室设施和器皿，同时还可以避免实验室中冷冻和融化母乳样品的过程以及可快速进行测定是其主要优点，只需要少量母乳（每个单次测量需要 2～3ml），可同时测定碳水化合物、脂肪和蛋白质含量。

四、需要注意的问题

1. 不能用于评价母乳质量的优劣

需要特别强调指出，人乳成分快速分析不宜作为儿科门诊的常规测定项目，也不可以用一次或几次测定的健康乳母乳汁中某种营养素含量评价其乳汁营养状况的优与劣，因为母乳中能量和营养素的含量一直处在动态变化中，波动很大、影响因素很多，而且目前国际上还没有公认的母乳中营养成分标准或正常值。

2. 测定时应使用新鲜母乳

目前这些快速人乳成分分析仪需要使用新鲜母乳样品现场测定，还仅限于母乳中宏量营养素含量和某些物理参数的测定，即使一次单样测定使用 2～3ml 母乳，耗费的母乳量仍然很多，通常不适合测定初乳样品。选择新鲜母乳样本现场测定，可获得较好的可重复结果，经过适当校正的数值与传统参考方法具有可比性[7]。

3. 冷藏和冷冻母乳样品的测定

新鲜的母乳样品是人乳成分分析仪测定的最理想样品。对于那些冷藏和冷冻的母乳样品，会出现脂肪贴壁和蛋白质沉淀，冻融和均质化过程将会直接影响测定结果，而且对用红外测量原理的影响更大。目前常见的均质化方法（如涡旋和超声均质化，持续时间不同）难以避免测定值偏低（蛋白质含量尤为突出），使用专用的母乳均质化仪器可使母乳达到充分均质化，降低上述影响[4,5]。

总之，在母乳成分现场分析工作中，可以使用 HMA 分析新鲜母乳中宏量营养素（脂肪、蛋白质和碳水化合物）以及计算能量和总固形物的含量。然而，由于个别情况下某个仪器可能存在的系统误差（出厂设置问题），建议使用前（尤其是科研项目）应与参考方法进行比较，必要时可使用确定的转换系数进行校正，以提高使用 HMA 测量脂肪和蛋白质含量的准确性；现场使用过程中，需要经常对检测仪器进行校准[8]。

（杨振宇，荫士安）

参考文献

[1] World Health Organization. The Optimal Duration of Exclusive Breastfeeding. Report of an Expert Consultation. Geneva, Switzerland, 2001.

[2] World Health Organization & UNICEF. Global strategy for infant and young child feeding. Geneva, Switzerland, 2003.

[3] Casadio YS, Williams TM, Lai CT, et al. Evaluation of a mid-infrared analyzer for the determination of the macronutrient composition of human milk. J Hum Lact, 2010, 26 (4): 376-383.

[4] Fusch G, Rochow N, Choi A, et al. Rapid measurement of macronutrients in breast milk: How reliable are infrared milk analyzers? Clin Nutr, 2015, 34 (3): 465-476.

[5] Silvestre D, Fraga M, Gormaz M, et al. Comparison of mid-infrared transmission spectroscopy with biochemical methods for the determination of macronutrients in human milk. Matern Child Nutr, 2014, 10 (3): 373-382.

[6] Menjo A, Mizuno K, Murase M, et al. Bedside analysis of human milk for adjustable nutrition strategy. Acta Paediatr, 2009, 98 (2): 380-384.

[7] Zhu M, Yang Z, Ren Y, et al. Comparison of macronutrient contents in human milk measured using mid-infrared human milk analyser in a field study vs chemical reference methods. Materm Child Nutr, 2017, 13 (1): 1-9.

[8] Billard H, Simon L, Desnots E, et al. Calibration Adjustment of the Mid-infrared Analyzer for an Accurate Determination of the Macronutrient Composition of Human Milk. J Hum Lact, 2016, 32 (3): NP19-27.

[9] Dupont C. Protein requirements during the first year of life. Am J Clin Nutr, 2003, 77 (6): 1544S-9S.

[10] Choi A, Fusch G, Rochow N, et al. Establishment of micromethods for macronutrient contents analysis in breast milk. Matern Child Nutr, 2015, 11 (4): 761-772.

[11] Chang YC, Chen CH, Lin MC. The macronutrients in human milk change after storage in various containers. Pediatr Neonatol, 2012, 53 (3): 205-209.

[12] Miller EM, Aiello MO, Fujita M, et al. Field and laboratory methods in human milk research. Am J Hum Biol, 2013, 25 (1): 1-11.

附录一

母乳成分附表

附表1 母乳成分及分析方法

营养成分	存在形式	常用分析方法
蛋白质	总蛋白质（粗蛋白）	凯氏定氮法
	游离和水解氨基酸	氨基酸分析仪
	α-乳清蛋白，乳铁蛋白，β-、$α_{s1}$-、$α_{s2}$-、κ-酪蛋白，β-酪蛋白衍生物，溶菌酶，人血清白蛋白，骨桥蛋白，免疫球蛋白（IgA、IgG、IgM），泌乳素，牛磺酸等	LC-MS/MS、UPLC-MS/MS、FT-ICP-MS、HPLC/ FT-ICP-MS
	补体成分	免疫电泳、ELISA 等
脂类	总脂肪	常规分析方法
	饱和、不饱和脂肪酸	GC
	二维脂肪酸（OPO）	GC、GC-MS、HPLC
	磷脂	HPLC/ELSD、薄层色谱
	神经节苷脂	LC-MS/MS
	胆固醇	GC、FTIR、光谱法
糖类	总碳水化合物	HPLC、HPAEC-MS、GC
	乳糖	Miris、HPLC、薄层色谱
	单糖	LC-MS/MS、GC-MS
	低聚半乳糖[①]、低聚果糖、其他微量低聚糖类	离子色谱法、HPLC、HPAEC-RED、GC
	乳糖、葡萄糖、半乳糖、游离和结合形式唾液酸	HPLC 或离子色谱法

营养成分	存在形式	常用分析方法
核苷和核苷酸	核苷和核苷酸、潜在可利用核苷	纸色谱、薄层色谱、HPLC、毛细管电泳、ICP-MS
脂溶性维生素	维生素 A 和类胡萝卜素、维生素 D、维生素 E、维生素 K	HPLC、HPLC-MS/MS、LC-MS/MS、LC-APCI-MS、HPLC-FLD
水溶性维生素	维生素 B_1、维生素 B_2、烟酸、泛酸、维生素 B_6（吡哆醇、吡哆胺、吡哆醛）、胆碱、左旋肉碱	微生物法、化学法、化学发光、放免法、HPLC、UPLC-MS/MS、LC-MS/MS
矿物质	常量元素与微量元素	原子吸收、ICP-MS
细胞成分	趋化因子、CSF、TNF、TGF、IFN、IL、miRNA 等	商品试剂盒、ELISA、RIA
激素和类激素	生长发育相关激素（脂联素、IGF-1、瘦素和表皮生长因子）、雌激素、甲状腺素	UPLC-MS/MS、GC-MS/MS、LC-MS/MS
微生物	共生菌、互利/或潜在益生菌等	传统培养基培养方法、PCR-DGGE/TGGE、qRT-PCR

①母乳低聚糖包括 3-岩藻糖基乳糖（3-FL）、乳糖-N-四糖（LNT）、乳糖-N-新四糖（LNnT）、乳糖-N-岩藻五糖Ⅰ（LNFPⅠ）、乳糖-N-岩藻五糖Ⅲ（LNFPⅢ）、乳糖-N-二岩藻糖基-六糖Ⅰ（LNDFHⅠ）、2′-岩藻糖基乳糖（2′-FL）、乳糖二岩藻四糖（LDFT）、乳糖-N-二岩藻糖基-六糖Ⅱ（LNDFHⅡ）等。

附表2　哺乳期人乳蛋白质含量和功能

种类	总量	初乳	过渡乳	成熟乳	功能
总蛋白/（mg/100ml）	203～1752	360～1690	203～1752	362～1632	
总酪蛋白/（mg/100ml）	19～591	42～507	87～591	19～743	
清蛋白/酪蛋白比值		90:10	72:28	60:40	
乳清蛋白					
α-乳清蛋白/（mg/100ml）	275～372	300～560	420	275～372	乳糖合成
乳铁蛋白/（mg/100ml）	97～291	291	180	97	抗菌、肠道发育
骨桥蛋白/（mg/100ml）	6～149	149	NA	6～22	细胞黏附
sIgA/（mg/100ml）	22～545	545	150	22～130	适应性免疫
IgG/（mg/100ml）	2～7	NA	5	2～7	适应性免疫
IgM/（mg/100ml）	1～3	NA	12	1～3	适应性免疫
溶菌酶/（mg/100ml）	3～110	32	30	3～110	抗菌
α1-抗胰蛋白酶/（mg/100ml）	2～5	NA	NA	2～5	蛋白酶抑制剂
血清白蛋白/（mg/100ml）	35～69	35	62	37～69	转运
乳过氧化物酶/（μg/100ml）	70	NA	NA	70	抗菌

続表

种类	总量	初乳	过渡乳	成熟乳	功能
结合咕啉/（μg/100ml）	70～700	NA	NA	70～700	维生素 B_{12} 转运
补体 C3/（mg/100ml）	11～12	NA	NA	12	先天免疫
补体 C4/（mg/100ml）	5	NA	NA	5	先天免疫
补体因子 B/（mg/100ml）	2	NA	NA	NA	先天免疫
酪蛋白					
β-酪蛋白/（mg/100ml）	4～442	4～364		6～414	钙转运
$α_{s1}$-酪蛋白/（mg/100ml）	4～168	12～58		9～110	钙转运
κ-酪蛋白/（mg/100ml）	10～172	25～150		10～172	钙转运
MFGM 蛋白					
黏蛋白/（mg/100ml）	13～294	NA	13～250	35～294	生长促进因子
乳黏附素/（mg/100ml）	3～33	NA	4～33	3～13	细胞黏附
嗜乳脂蛋白亚族 1/（μg/100ml）	500～10000*	NA	800～8200*	500～10000*	调节免疫反应
胆盐激活脂酶/（μg/100ml）	10～20	NA	NA	NA	脂质消化
酶类					
总蛋白酶活性（以酪氨酸计）/[μmol/(1000ml·min)]	0.76～1.38+	1.38+	NA	0.76+	
凝血酶/（ng/100ml）	7100**	NA	NA	7100**	凝固
纤溶酶/（ng/100ml）	14600**	NA	NA	14600**	蛋白质水解
弹性蛋白酶/（ng/100ml）	200**	NA	NA	200**	蛋白质水解
激素类多肽					
总内源肽/（mg/100 ml）	1～2	NA	NA	NA	
生长素释放肽/（ng/100ml）	7～16**	6～9**	7～10**	13～16**	食欲刺激因子
瘦素/（ng/100ml）	16～194**	16～700**	20～84**	165～194**	能量调节因子
表皮生长因子/（ng/100ml）	4～5**	NA	NA	4～5**	刺激镁重吸收
胰岛素样生长因子-1/（μg/100ml）	6～12*	NA	NA	6～12*	调节胰岛素和促进生长
脂联素/（ng/100ml）	420～8790**	NA	661～2156**	420～8790**	葡萄糖和脂肪调节因子
甲状旁腺素/（pmol/L）	1029～5480‡	1029‡	5840‡	NA	表皮发育

注：1.改编自 Zhu 和 Dinggess，Nutrients, 2019, 11:1834。

2.*表示单位为μg/100ml；**表示单位为ng/100ml；+表示单位为μmol/(1000ml·min)；‡表示甲状腺素相关蛋白单位为pmol/L，仅报告了参考值的平均值。

附表3　成熟母乳中脂肪酸的含量及组成

成分	含量/%[①]	备注
甘油酯	3.0～4.5g/dl	
甘油三酯	98.7	乳脂肪球内部的主要成分
甘油二酯	0.01	
单甘酯	0	
游离脂肪酸	0.08	
胆固醇	10～15mg/dl	
磷脂类	15～25mg/dl	MFGM 的主要成分
鞘磷脂	37	
卵磷脂	28	
磷脂酰丝氨酸	9	
磷脂酰肌醇	6	
磷脂酰乙醇胺	19	

①占脂类百分比，可参见本书第十六章脂类。

附表4　我国不同地区不同哺乳期母乳中链脂肪酸含量
（占总脂肪酸百分比，M±SD, %）

地域	泌乳期	C6:0	C8:0	C10:0	C11:0	C12:0
呼和浩特	C	—	0.07±0.05	1.20±0.15	—	4.33±2.08
	T	—	0.11±0.04	1.25±0.27	—	4.38±2.13
	M	—	0.10±0.05	1.51±0.60	—	4.19±2.32
河南洛阳	C	0.02±0.01	0.14±0.10	0.89±0.32	0.03±0.01	4.09±2.50
	T	0.06±0.02	0.40±0.12	1.95±0.73	0.03±0.01	6.61±2.02
	M	0.10±0.14	0.47±0.17	1.80±0.59	0.03±0.02	5.82±1.80
杭州	C	—	—	0.45±0.17	—	2.44±0.22
	T	—	—	0.94±0.27	—	4.42±0.59
	M	—	—	0.85±0.02	—	3.75±0.32
北京	C	—	—	0.30±0.27	—	1.88±0.58
	T	—	—	0.46±0.16	—	2.90±0.13
	M	—	—	0.52±0.05	—	2.97±0.98
兰州	C	—	—	0.55±0.37	—	3.06±0.90
	T	—	—	1.27±0.41	—	5.21±0.12
	M	—	—	0.96±0.08	—	4.24±0.70
无锡	C	0.03±0.02	0.55±0.01	0.56±0.35	0.12±0.12	2.84±1.40
	T	0.04±0.01	0.57±0.04	1.57±0.64	0.14±0.10	6.26±2.61
	M	0.03±0.01	1.52±0.03	1.56±0.66	0.11±0.07	6.54±2.52

地域	泌乳期	C6:0	C8:0	C10:0	C11:0	C12:0
北京	C	0.262±0.14	0.550±0.35	0.838±0.6	—	2.966±1.68
	M	0.173±0.07	0.279±0.14	1.458±0.29	—	4.857±1.51
无锡	C	0.04±0.02	0.15±0.11	0.60±0.33	0.13±0.10	3.01±1.44
	T	0.04±0.02	0.19±0.05	1.47±0.29	0.13±0.05	6.09±1.11
	M	0.06±0.00	0.20±0.05	1.35±0.50	0.14±0.06	5.49±1.32
北方农村	M	0.07±0.02	0.21±0.07	1.39±0.46	—	4.71±1.06
无锡	M	0.05±0.01	0.16±0.03	1.20±0.07	未检出	5.59±0.05
台湾	0～7 天	—	0.08±0.02	0.63±0.18	—	3.45±0.72
	22～45 天	—	0.12±0.05	1.08±0.19	—	3.27±0.68
	46～65 天	—	0.12±0.05	1.02±0.17	—	3.71±0.70
	66～297 天	—	0.13±0.04	1.00±0.18	—	4.03±0.91
河北涞水	4～17 天	0.03±0.02	0.12±0.07	0.84±0.56	—	3.55±1.95
	21～55 天	0.06±0.02	0.19±0.07	1.19±0..59	—	3.27±1.63
	62～119 天	0.08±0.03	0.20±0.08	1.29±0.49	—	4.44±1.79
	121～159 天	0.09±0.03	0.17±0.07	1.11±0.52	—	3.64±1.89

注:"—"为未检测,含量(质量)<0.01%总脂肪酸为未检出;C,初乳(colostrum);T,过渡乳(transitional);M,成熟乳(mature)。可参见本书第十七章中链脂肪酸。

附表5　我国不同地区母乳中各种脂肪酸的含量（占总脂肪酸的百分比，%）

脂肪酸	上海城区	上海郊区	舟山1	上海	舟山2	江苏句容	山东日照	河北徐水	内蒙古	江苏	广西
C8:0	—	—	—	0.187	—	0.15	0.06	0.19	ND	0.004	0.001
C10:0	—	—	—	1.384	—	1.53	1.01	1.93	0.573	0.424	0.221
C12:0	—	—	—	5.365	—	5.3	5.62	7.14	5.082	3.604	2.752
C14:0	—	—	—	4.563	—	3.54	4.60	4.48	5.279	3.982	3.431
C16:0	—	—	—	17.62	—	19.62	20.61	20.95	18.517	19.933	22.451
C18:0	—	—	—	4.105	—	5.16	5.25	4.95	5.917	5.919	6.218
C20:0	—	—	—	0.241	—	0.14	0.17	0.14	0.623	0.487	0.390
C14:1	—	—	—	0.14	—	0.05	0.04	0.06	0.064	0.035	0.062
C16:1	—	—	—	2.037	—	2.00	1.67	2.04	1.812	1.566	2.566
C18:1 (n-9)	—	—	—	34.35	—	34.07	29.31	26.32	27.741	29.743	34.532
C18:2 (n-6)	27.3	20.18	19.75	26.21	20.0	16.34	20.80	20.82	19.810	23.00	16.822
C18:3 (n-6)	2.55	2.6	2.49	—	2.5	0.12	0.07	0.14	0.118	0.147	0.099

脂肪酸	上海城区	上海郊区	舟山	上海	舟山2	江苏句容	山东日照	河北徐水	内蒙古	江苏	广西
C20:2 (n-6)	—	—	—	—	—	0.54	0.64	0.57	0.424	0.433	0.448
C20:3 (n-6)	—	—	—	—	—	0.39	0.46	0.54	0.508	0.540	0.395
C20:4 (n-6)	0.6	0.61	0.57	0.71	0.56	0.72	0.63	0.63	0.722	0.509	0.570
C18:3 (n-3)	—	—	—	2.70	—	1.48	1.12	0.90	4.663	2.264	1.144
C22:6 (n-3)	0.42	0.42	0.68	0.41	0.67	0.41	0.47	0.24	0.299	0.394	0.261

注：—，没有报告数据；可参见本书第十六章脂类。

附表6 人乳和牛乳中磷脂种类与相对含量

磷脂种类	人乳[①]		牛乳[②]	
	种类	相对含量/%	种类	相对含量/%
磷脂酰胆碱（PC）	19	38.12	22	7.98
磷脂酰乙醇胺（PE）	25	26.97	17	56.60
磷脂酰丝氨酸（PS）	4	4.43	10	1.70
磷脂酰肌醇（PI）	5	0.94	7	1.33
鞘磷脂（SM）	9	29.54	12	32.39
总计	62	100.00	68	100.0

①改编自何扬波，2016，硕士论文。②引自曹雪等，2019。

注：可参见本书第四十八章人乳脂质组学。

附表7 人乳中乳糖测定方法及含量

单位：g/L

作者	测定方法	初乳	过渡乳	成熟乳
Lauber, Mitoulas, Nommsen	化学法	—[①]	—[①]	70.68±4.47
Lönnerdal 等，张兰成等	自动分析仪	68.42±2.66	71.30±2.39	76.60±3.73
Maas 等	酶法	—[①]	55.42±6.33	59.11±4.56
Gopal 等	HPLC 法	55	—[①]	68
Thurl 等	比色法	—[①]	56.90	—[①]
范丽等	酶法和 HPLC 法	—[①]	66.47±3.91	—[①]
侯艳梅	乳成分分析仪	—[①]	52.95±3.28	—[①]
蔡明明	离子色谱法	—[①]	—[①]	66.1（54.0～73.7）

① "—"表示没有数据。可参见本书第十八章碳水化合物。

附表8 报道的人乳中 HMOs 含量范围

单位：g/L

人乳寡糖	含量	人乳寡糖	含量
2'-FL	0.011~3.99	LDFT	0.037~0.74
3-FL	0.05~1.94	MFLNH Ⅰ	0.11
LNnT	0.058~1.01	FLNH	0.01~0.10
LNT	0.27~2.92	DFLNH	0~0.39
3'-SL	0.041~0.71	DSLNH	0.05~0.23
6'-SL	0.028~0.96	LNnO	0.009~0.34
DFL	0.11~0.42	A-tetra	0.12~0.56
LNFP Ⅰ	0.027~2.84	LNnDFH	0.01~0.12
LNFP Ⅱ	0~1.81	LNnFP Ⅴ	0.049μg/g
LNFP Ⅲ	0.02~0.44	F-LNH Ⅰ	0.2
LNFP Ⅳ	0.01~0.02	F-LNH Ⅱ	0.27
LNFP Ⅴ	0~0.20	DF-LNH Ⅰ	0.31
LNFP Ⅵ	0.01	DF-LNH Ⅱ	2.31
LNDFH Ⅰ	0.034~2.10	DF-LNnH	0.54
LNDFH Ⅱ	0.008~0.36	TF-LNH	2.84
LNH	0.04~0.16	F-LSTa	0.02
LNnH	0~0.18	F-LSTb	0.08
LST a	0~1.37	FS-LNH	0.12
LST b	0.03~0.98	FS-LNnH Ⅰ	0.29
LST c	0.008~1.18	FDS-LNH Ⅱ	0.12
DSLNT	0.035~4.44		

注：可参见本书第十九章低聚糖。

附表9 母乳中必需矿物质含量及主要功能或功能形式

名称	单位	主要功能或功能形式	报告含量范围[1]
钠	mg/kg	参与调节细胞膜通透性、维持正常渗透压和酸碱平衡	78.9~126.8
钾	mg/kg	参与调节细胞膜通透性、维持正常渗透压和酸碱平衡	416.6~513.8
镁	mg/kg	构成骨骼和牙齿成分、多种酶激活剂	24.5~29.7
钙	mg/kg	构成骨骼和牙齿成分、维持神经和肌肉的兴奋性	214.3~286.5
磷	mg/kg	与钙构成骨骼和牙齿成分	119.7~173.7
铁	μg/kg	构成血红蛋白、肌红蛋白和细胞色素组成成分	227.6~506.2
锌	μg/kg	参与多种激素、维生素、蛋白质和酶的组成	1199~2906
碘	μg/kg	合成甲状腺素的必需成分	83.1~358.0[2]
铜	μg/kg	参与铜蓝蛋白组成、维持正常造血功能和维持中枢神经系统完整性	207.1~444.5
硒	μg/kg	GSH-Px 必需组成部分，调节甲状腺素水平	9.14~14.40
钴	μg/kg	维生素 B_{12} 的重要组成部分	0.14~0.42

①结果系以 P25~P75 表示。②数据引自杜聪等，2018。

注：可参见本书第二十章矿物质。

附表 10 母乳中有害金属元素危害性及含量范围

名称	单位	危害性	报告含量范围[①]
铅	μg/L	血液毒性、神经毒性、肾脏毒性，影响婴幼儿认知发育	工业区 15～44.5 非工业区 5～25 4.4～91.1[②]
镉	μg/L	损害肾脏、骨骼和消化系统	<0.005～28.1 0.08～0.19[②]
汞	mg/L	为剧毒物质，主要损害脑、神经系统	0～149（环境暴露）
铝	μg/kg	扰乱中枢神经系统、引起消化系统功能紊乱	108.2～222.0[②]
砷	μg/kg	低浓度发生溶血现象，高浓度引起骨骼、组织器官病变	1.09～1.75[②]
锰	μg/L	过量暴露可引起神经系统症状，影响记忆力，胃肠道功能紊乱	4.81～11.57[②]

① 可参照本书第四十一章重金属污染物。②结果系以 P25～P75 表示。

注：参见本书第二十章矿物质。

附表 11 母乳中脂溶性维生素存在形式和含量范围

名称	单位	主要存在形式	报告含量范围[①]
维生素 A	μmol/L	主要是视黄醇棕榈酸酯和视黄醇硬脂酸酯；少量视黄酸、视黄醛及酯类	0.18～4.26，初乳＞成熟乳；其中视黄醇酯比例约 60%
类胡萝卜素	μmol/L	β-胡萝卜素、叶黄素、α-胡萝卜素、玉米黄素、番茄红素等	β-胡萝卜素 0.02～0.22，α-胡萝卜素 0.004～0.05，叶黄素+玉米黄素 0.02～0.15，番茄红素 0.02～0.05
维生素 D	μmol/L	维生素 D_3、维生素 D_2 及其羟基化衍生物	维生素 D_3 和维生素 $D_2$0.06～1.47；羟基化衍生物 0.13～0.32
维生素 E	mg/L	α-生育酚，少量β-生育酚、γ-生育酚和δ-生育酚	α-生育酚 0.66～22，β-生育酚 0.19～1.29，γ-生育酚 0.11～1.39，δ-生育酚 0～0.56
维生素 K	μg/L	主要是维生素 K_1（叶绿醌），其次是维生素 K_2	0.5～15.7

① 结果系汇总不同检测方法和不同人群的测定结果，显示较大方法学和人群间的差异。

注：可参考本书中母乳中脂溶性维生素部分（第二十二章～第二十五章）。

附表 12 母乳中水溶性维生素存在形式和含量范围

名称	单位	主要存在形式	报告含量范围[①]
维生素 B_1	mg/L	硫胺素盐酸盐、游离硫胺素、硫胺三磷酸	范围 0.002～47.4，三者比例约 60%/约 30%/少量
维生素 B_2	mg/L	FAD、游离核黄素、其他黄素衍生物	范围 0～845，三者比例 60%/30%/少量

名称	单位	主要存在形式	报告含量范围[①]
叶酸	mg/L	N^5-甲基四氢叶酸	0.001～56
维生素 B_6	mg/L	吡哆醇、吡哆醛、吡哆胺及其磷酸盐	0.006～0.692，其中吡哆醇约占75%
烟酸	mg/L	NAD、NADP	0.002～16.8
维生素 B_{12}	μg/L	甲基钴胺素、5'-脱氧腺苷钴胺素	0.02～2.63
生物素	μg/L	生物素及代谢产物双降生物素和生物素亚砜	0.02～12.0
胆碱	mmol/L	游离胆碱、磷酸胆碱、甘油磷酸胆碱等	1011～1529
肉碱	μmol/L	游离肉碱、脂酰肉碱	17～148，两者比例为80%/20%
维生素 C	mg/L	抗坏血酸、脱氢抗坏血酸	0.11～95

① 结果系汇总不同检测方法和不同人群的测定结果，显示较大方法学和人群间的差异。

注：可参见本书第二十六章水溶性维生素。

附表 13　不同哺乳阶段母乳中细胞因子含量

细胞因子种类	初乳		过渡乳		成熟乳		年份
	含量	时间/d	含量	时间/d	含量	时间/d	
IL-1α/(ng/L)	38.4±7.4[①]	3	21.7±12.5[①]	10			2002
IL-1β/(ng/L)	5.0～266.0[②]	<48h	—	8～14	5.0	30	2005[③]
	17±4[①]	2～6	23±10[①]		10±2[①]	22～28	1999[③]
sIL-2R/(U/ml)	50.0～256.0[②]	<48h	—		50.0[②]	30	2005[③]
IL-6/(ng/L)	978.8±86.8[①]	1～10	162.9±29.7[①]	10～30	86.9±2.5[①]	30～180	2001
	31.8～528.0[①]	1～10			5.0～9.0[②]	30	2005[③]
	51±17[①]	2～6	75±31[①]	8～14	13±4[①]	22～28	1999[③]
	—		12.1±25.3[①]	14	3.4±7.4[①]	120	2002～2005
IL-8/(ng/L)	585.7±30.7[①]	1～10	308.1±35.5[①]	10～30	200.3±25.0[①]	30～180	2001
	1079～14300[②]	<48h	—		65～236[②]	30	2005[③]
	—		111.5±190.8	14	74.2±112.9	120	2002～2005
IL-10/(ng/L)	44.0±5.3[①]	1～10	28.6±1.8[①]	10～30	35.8±3.0[①]	30～180	2001
sTNF-RⅠ/(μg/L)	17.7±1.6[①]	1～10	8.1±0.8[①]	10～30	9.5±1.3[①]	30～180	2001
TNF-α/(ng/L)	402.8±29.6[①]	1～10	135.5±8.3[①]	10～30	178.3±14.4[①]	30～180	2001
	14.0～253.0[②]	<48h	—		4.0～13.3[②]	30	2005[③]
	151±65[①]	2～6	47±16[①]	8～14	42±18[①]	22～28	1999[③]
	—		4.3±3.1[①]	14	2.9±2.5[①]	120	2002～2005

细胞因子种类	初乳		过渡乳		成熟乳		年份
	含量	时间/d	含量	时间/d	含量	时间/d	
TGF-β1/(ng/L)	67～186[2] 391±54[1]	开始哺乳 2～6	— 297±18[1]	8～14	17～114[2] 272±20[1]	90 22～28	1999[3]
TGF-β2/(ng/L)	1376～5394[2] 3048±339[1]	开始哺乳 2～6	— 3141±444[1]	8～14	592～2697[2] 1902±238[1]	90 22～28	1999[3] 1999[3]
VEGF/(μg/L)	616～893[2] 778～944[2][4]	3 3	352～508[2] 501～748[2][4]	7 7	250～358[2] 346～518[2][4]	28 28	2010[3] 2010[3]
PDGF/(ng/L)	5.37～37.4[2] 0.0～34.9[2][4]	3 3	0.0～38.4[2] 0.0～0.2[2][4]	7 7	0.0～34.2[2] 0.0～20.7[2][4]	28 28	2010[3] 2010[3]

① 平均值±标准误。②为最低至最高的范围值。③发表时间。④早产儿。

注：—表示未检测。可参见本书第三十三章细胞因子。

附表14　人乳中抗菌肽的种类与含量

种类		含量	作用
防御素	β-防御素 1（hBD1） β-防御素 2（hBD2） α-防御素 5/6（hBD5/6）	0～23g/L 8.5～56g/L 0～11.8g/L	对革兰阴性菌具有潜在杀菌作用 对革兰阴性菌及念珠菌具有抑菌活力 hBD5 对革兰阳性及阴性菌具有广泛抑菌活性
组织蛋白酶抑制素	cathelicidins（LL-37）	0～160.6g/L	具有抗菌和抗肿瘤功能
嗜中性粒细胞衍生的α肽	hNP1-3[1]	5～43.5g/L	具有抗菌功能，对大肠杆菌和粪链球菌及白色念珠菌具有高效抑菌活力
β-酪蛋白水解产物	抗菌肽（f184-211） β-酪蛋白 197	—[2] —[2]	具有广泛抗菌谱 对大肠杆菌、金黄色葡萄球菌和小肠结肠炎耶尔森菌具有抗菌活性
乳铁蛋白水解产物	N-末端多肽	—[2]	抗革兰阳性和阴性致病菌的活性

① hNP1-3,人嗜中性粒细胞衍生的α肽（human neutrophil-derived-α-peptide）。②"—"表示无数据。

注：可参见本书第三十九章抗菌和杀菌成分。

附表15　母乳中存在的生长发育相关激素

激素	发现年份	受体	肠中受体检测	母乳中发现年份	母乳含量检测方法
瘦素	1994	Ob 受体	人体	1997	RIA、ELISA
脂联素	1995	Adipo-R$_1$ Adipo-R$_2$	人体	2006	RIA、ELISA
生长激素释放肽	1999	生长激素促分泌素受体-1a	人体	2006	RIA
IGF-I	1950	IR，IGF-IR，IGF-HR，胰岛素受体相关的受体 IR-IGF-IR	人体	1984	RIA
抵抗素	2001	未知	未知	2008	ELISA
肥胖抑制素	2005	GPR39	小鼠	2008	RIA

注：可参见本书第三十四章激素与类激素成分。

附表16　母乳中与生长发育相关激素的含量

激素	人群和取样地点	样本量	取样时间	含量
脂联素	产后6周乳母及婴儿，德国乌尔姆大学妇产科医院	674	6周	10.9μg/L（中位数）
脱脂母乳脂联素	辛辛那提儿童研究人乳库志愿者，家中取样	199	各时段混合乳样	17.7（4.2～87.9）μg/L[中位数（P25，P75）]
瘦素	土耳其产后30天内追踪研究和产后0～180天不同时间点横断面调查	22	追踪/横断面	含量对数[①]初乳0.16～7.0μg/L、成熟乳0.11～4.97μg/L
瘦素	产后6周妇女及其婴儿，德国乌尔姆大学妇产科医院	674	6周	174.5ng/L（中位数）
IGF- I	早产儿和足月儿的母亲，未说明取样地点	51	5～46天	2.16μg/L（中位数）
EGF	早产儿和足月儿母亲，医院取样	57	7天	早产儿：28.2nmol/L±10.3nmol/L 足月儿：17.3nmol/L±9.6nmol/L

① 数据经过对数转换呈正态分布，表格中数值用对数表示。

注：可参见本书第三十四章激素与类激素成分。

附表17　单位母乳样本中游离雌激素含量

单位：ng/ml

作者	哺乳阶段	雌酮（E1）	雌二醇（E2）	雌三醇（E3）
曹宇彤等	初乳	3.78/10	7.40/10	4.05/10
	过渡乳	0.63/13	3.28/13	0.31/13
	成熟乳	0.47/21	1.44/21	0.20/21
曹劲松等	初乳（24h）	2.046±0.859[①]	0.159±0.055[①]	1.195±0.423[①]
	初乳（3～5天）	0.093±0.019	0.039±0.014	0.031±0.006
	初乳（3～5天）	2.5～4.5[②]	0.01～0.05[②]	0.27～0.70[②]
姚晓芬等	初乳[③]	>3.68	0.013～0.045[④]	0.27～0.71
	成熟乳[③]	—[⑤]	7.9～18.5[②④]	—[⑤]

①为结合型。②总含量。③汇总三项研究的数据。④为17β-E2。⑤"—"表示无数据。

注：可参见本书第三十四章激素与类激素成分。

附表18　母乳的物理参数

指标	单位	内容	说明
气味	—	初乳腥味重，成熟乳有特殊香味	受乳母膳食影响，需要测定气味的样品，保存过程中要密闭、避光，避免受外环境气味影响
味道	—	初乳咸味和腥味较成熟乳重，成熟乳苦味和酸味增加	受乳母膳食影响，酒精、大蒜素、茴香、芹菜、苦菜、甜菜等多种气味物质可以进入乳汁

指标	单位	内容	说明
颜色、稠度、口感	—	初乳呈橙黄色、黏稠状；成熟乳呈白色或乳白色，前乳稀薄，后乳浓郁	初乳过去民间常称其为"血乳"，含有更丰富的蛋白质、铁、维生素、抗体等
渗透压	mOsm/kg	260～300	由于溶质通过肾脏排泄，渗透压高会增加喂养儿肾脏排泄负荷；许多因素影响母乳渗透压
电导率	mho·cm^{-1}	410×10^{-5}	钠离子、钾离子和氯离子浓度对母乳电导率贡献最大；测定母乳电导率可排除乳腺炎
冰点	℃	−0.582（山羊奶） −0.552（牛奶）	无母乳数据报告
沸点	℃	100.17（牛奶）	无母乳数据报告
密度	g/ml	1.031	测量的乳样温度不是20℃时，需要校正
表面张力	dyn/cm^2	52（山羊奶） 52.8（牛奶）	无母乳数据报告
pH	—	7.2	体外测量母乳 pH 时，由于 CO_2 释放到空气中，测定结果高于乳腺内母乳 pH 值

注：可参见本书第四十四章物理特性。

附录二

常用缩略语

缩略语	英文全称	中文译名
AA	arachidonic acid	二十碳四烯酸、花生四烯酸
APO	apolactoferrin	脱辅基（脱铁）乳铁蛋白
BBSL	bile salt-stimulated lipase	胆汁刺激脂肪酶
BDNF	brain-derived neurotrophin factor	脑源性神经营养因子
BFRs	brominated flame retardants	溴系阻燃剂
BMC	beta-casomorphin	β-酪蛋白吗啡
CCP	colloidal calcium phosphate	胶体磷酸钙
CE	capillary electrophoresis	毛细管电泳
CH50	total complement hemolytic activity	总补体溶血活性
CL	cardiolipin	心磷脂
CPPs	casein phosphopeptides	酪蛋白磷酸肽
CREB	cyclic adenosine monophosphate response element-binding protein	环单磷酸腺苷反应元件结合蛋白
DDTs	dichlorodiphenyltrichloroethane	滴滴涕
DHA	docosahexaenoic acid	二十二碳六烯酸
EC	conductivity	电导率
ECC	early childhood caries	婴幼儿龋
EGF	epidermal growth factor	表皮生长因子
EFA	essential fatty acids	必需脂肪酸
ELISA	enzyme linked immunosorbent assay	酶联免疫吸附法
EPA	Eicosapentaenoic acid	二十碳五烯酸
FAA	free amino acids	游离氨基酸

FAD	flavin adenine dinucleotide	黄素腺嘌呤二核苷酸
FBP	folate-binding protein	叶酸结合蛋白
GC	gas chromatography	气相色谱
GDM	gestational diabetes	妊娠期糖尿病
GSH-Px	glutathione peroxidase	谷胱甘肽过氧化物酶
HMA	human milk composition analyzers	人乳成分分析仪
HBCD	hexabromocyclododecane	六溴环十二烷
HCB	hexachlorobezene	六氯苯
HCHs	hexachlorocyclohexanes	六六六
HGF	hepatocyte growth factor	肝细胞生长因子
HMFGM	human milk fat globule membrane	人乳脂肪球膜
HMO	human milk oligosaccharides	人乳低聚糖
HPAEC	high performance anion exchange chromatography	高效阴离子交换色谱
HPLC	High Performance Liquid Chromatography	高效液相色谱
HPTLC	High Performance Thin Layer Chromatography	高效薄层色谱
ICP-MS	inductively coupled plasma mass spectrometry	电感耦合等离子体质谱
IDA	iron deficiency anemia	缺铁性贫血
IFN	interferons	干扰素
IgA	immunoglobulin A	免疫球蛋白A
IgE	Immunoglobulin E	免疫球蛋白E
IGF-1	insulin-like growth factor-1	胰岛素样生长因子-1
IgG	Immunoglobulin G	免疫球蛋白G
IL	interleukin	白细胞介素
LBSA	lipid bound sialic acid	脂质结合唾液酸
LC	liquid chromatography	液相色谱仪
LCFA	long-chain fatty acids	长链脂肪酸
LCPUFA	long-chain poly-unsaturated fatty acids	长链多不饱和脂肪酸
LF	lactoferrin	乳铁蛋白
LH	luteinizing hormone	黄体生成素
LP	lactoperoxidase	乳过氧化物酶
LPS	lipopotysaccharide	脂多糖
MCP	monocyte chemotactic protein	单核细胞趋化蛋白
MCFA	medium-chain fatty acid	中链脂肪酸
MFG	milk fat globule	乳脂肪球
MFGM	milk fat globule membrane	乳脂肪球膜
miRNA	microribonucleic acid	微小核糖核酸
MS	mass spectrometry	质谱仪
MSCs	mesenchymal stem cells	间充质干细胞
MUFA	mono-unsaturated fatty acids	单不饱和脂肪酸

NEC	necrotizing enterocolitis	坏死性小肠结肠炎
NGF	nerve growth factor	神经生长因子
NHMOs	neutral human milk oligosaccharides	中性人乳寡糖
NMR	nuclear magnetic resonance spectroscopy	核磁共振波谱
NPN	non-protein nitrogen	非蛋白氮
OCPs	persistent organochlorine compound pollutants	持久性有机氯污染物
OPL	1-oleic acid-2-palmitic acid-3-linoleic acid triglyceride	1-油酸-2-棕榈酸-3-亚油酸甘油三酯
OPN	osteopontin	骨桥蛋白
OPO	1,3-dioleic acid-2-palmitate triglyceride	1,3 二油酸-2-棕榈酸甘油三酯
PBDEs	polybrominated diphenyl ethers	多溴联苯醚
PC	phosphatidylcholine	磷脂酰胆碱
PCA	principal component analysis	主成分分析
PCBs	polychlorinated diphenyls	多氯联苯
PCDDFs	polychlorinated dibenzofurans	多氯二苯并呋喃
PCDDs	polychlorinated dibenzo-p-dioxins	多氯二苯并-对-二噁英
PE	phosphatidylethanolamine	磷脂酰乙醇胺
PFOA	perfluorooctanoic acid	全氟辛烷酸
PFOS	perfluorooctane sulfonic acid	全氟辛烷磺酸
PI	phosphatidylinositol	磷脂酰肌醇
POPs	persistent organic pollutants	持久性有机污染物
PS	phosphatidylserine	磷脂酰丝氨酸
PUFA	polyunsaturated fatty acids	多不饱和脂肪酸
RCT	randomized controlled trial	随机对照试验
RIA	radioimmu noassy	放射免疫法
SA	sialic acid	唾液酸
SCFA	short –chain fatty acids	短链脂肪酸
SDS-PAGE	polyacrylamide gel electrophoresis	聚丙烯酰胺凝胶电泳
SFA	saturated fatty acids	饱和脂肪酸
SHMOs	sialylated human milk oligosaccharides	唾液酸化人乳寡糖
sIgA	secretory immunoglobulin A	分泌型免疫球蛋白 A
SL	sialylactose	唾液酸化乳糖
SM	sphingomyelin	鞘磷脂
SOD	superoxide dismutase	超氧化物歧化酶
TAA	total amino acid	总氨基酸
TBBPA	tetrabromobisphenol A	四溴双酚 A
TC	total cholesterol	总胆固醇
TLC	thin layerchromatography	薄层色谱法
TDI	tolerable daily intake	可耐受每天摄入量
TG	triglyceride	甘油三酯

TGF	transforming growth factor	转移生长因子
TMP	thiamine monophosphate	单磷酸硫胺素
TNF	tumor necrosis factor	肿瘤坏死因子
TPAN	total potentially available nucleosides	总的潜在可用核苷
UNICEF	United Nations International Children's Emergency Fund	联合国儿童基金会
UPLC	ultra performance liquid chromatography	超高效液相色谱
WHA	World Health Assembly	世界卫生大会
WHO	World Health Organization	世界卫生组织

中文索引

英文索引

deoxynivalenol 526

deoxyribonucleic 356

development during lactation 31

development during pregnancy 31

diarrhea 63

diffusion tensor imaging 246

digestive system infectious diseases 63

disialyllacto-*N*-tetraose 568

dispersion 542

diurnal variation 104, 209, 223, 233, 291, 332, 436, 568

docosahexaenoic acid 1, 203

doexyadenosine 356

doexycytidine 356

doexyguanosine 356

doexythymidine 356

dopamine 40

doppler ultrasound human milk flowmeter 83

drinking alcohol 91

droplet digital 484

ductus lactiferi 34

eczema 64

emulsion 538

ejection reflex 41

electrical conductivity 541

embryogenesis 31

endogenous antimicrobial peptide 141

endogenous peptide 163, 166

energy 647

environmental pollutants 499

epidermal growth 409

epidermal growth factor 103, 409, 428, 431

ergocalciferol 298, 300

erythropoietin 409

essential amino acids 122

essential fatty acids 203

estradiol 428

estriol 428

estrogen 32, 35, 39, 432

estrone 428

exosomes 375

extraction of milk 83

eye infection 52

fat-soluble vitamins 4, 255

fibronectin 372

flammatory protein 409

flavor 538

flavin adenine dinucleotide 4

folate-binding protein 103

folic acid 326, 339

follicle stimulating hormone, 32

food allergy 52

Food intolerance 52

free amino acids 3, 121, 644

free nucleotides 361

freezing and thawing 552

freezing point 542

fucosylated oligosaccharides 564

fucosyllactose 568

functions of miRNA 381

galactagogue medicine 532

galactopoiesis 30, 35

galactosyltransferase 133

gastrointestinal hormones 35

generalized proteomics 575

gestational age at delivery 89

ghrelin 432

glucocorticoid 433

glutathine peroxidase 5, 270

glycans 602

lactose 229, 231

lactotransferrin 177

lauric acid 214

L-carnitine 347

lead 512

lead pollution status 513

lecithin 327

leptin 428

let-down reflex 38

lipid raft 155

lipidomics 582

lipidomics research gools 583

lipids 201, 642

lipopolysaccharide 412

liquid chromatography-ultraviolet 119

lobi glandulate mammariae 34

lobi mammae 34

long-chain fatty acid 202, 213

long-chain poly-unsaturated fatty acids 203

lutein 289

lycopene 289

lysozyme 110, 372, 392, 538

macro mineral elements 256

macro-elements 257

macronutrients 3, 97

macrophage 409

macrophage colony stimulating factor 409

macrophages 372

magnesium 256

mammals 12

mammary gland 13

mammary ridges 32

mammogenesis 34, 35

maternal nutritional status 74

mature milk 3

medium-chain fatty acid 213, 202, 645

medium-chain triglycerides 215

menaquinone-4 322

menaquinone-7 322

menaquinones 318

menatetrenone 318

mercury 516

meta-analysis 64

metabolome 559

metabolomics 558

metabonomics 558

methods for determining complement content 402

methods for human milk sampling 549

methylcobalamin 327, 340

micelles 106

microarray 618

microbial diversity in human milk 628

microbiomics 627

microbiota 627

micronutrients 255

micro-ribonucleic acid 409

mid-feeding sampling 549

milk excretion reflex 41

milk fat globule 153

milk fat globule membrane 100, 153, 213

milk glycolipids 609

milk lines 32

milk production reflex 41

milk velocity 83

minerals 5, 256

modulation of milk excretion 36

mongomary gland 31

monocyte-chemoattractant protein 409

monosaccharides 229

mono-unsaturated fatty acids 202

polychlorinated dibenzofurans 505

polychlorinated dibenzo-p-dioxins 505

polychlorinated diphenyls 505

polysialic acid 447

poly-unsaturated fatty acids 202

potassium 256

probiotics 458

profiles of fatly acids 202

progesterone 32, 35, 39, 432

prolactin 35, 40

prolactin reflex 38

prostaglandins 372

proteomics 574

provisional tolerable daily intake 505

provitamin A 285

pubertal development 31

pyridoxal 326

pyridoxin 326

pyridoxamin 326

quick analyzer for human milk compositions 652

radial immunodiffusion 184

randomized controlled trial 647

recombinant human lactoferrin 179

recombinant human lysozyme 393

regulation of breast development 33

representative human milk samples 548

respiratory systerm infections 63

retinoic acid 285

retinoids 285

retinol 285

retinyl esters 285

riboflavin 326

ribonucleic acid 356

rickets 68

rooting reflex 31

saturated fatty acids 202

secretor 248

secretory IgA 372

secretory immunoglobulin A 191

selenium 260, 270, 274

sensory characteristics 538

serum albumin 100

short-chain fatty acid 202, 213

shotgun glycomics 618

shotgun lipidomics 222

sialic acid 446

sialyllactose 447, 450

sinus lactikeme 34

smell 538

smoking ciggrette 91

sodium 256

solution 538

sphingomyelin 207, 327

stable isotope dilution technique 84

stable isotope^{2}H$_2$O method 84

stage of breast development 31

stage of milk ejection 37

stage of milk secretion 37

stem cells 453

stem/progenitor 456

steptoccus mutans 68

storage 550

storage container 554

structure of sialic acid 447

sucking and swallowing milk 37

sugar chains 603

surface tension 542

susceptibility to diseases 63

symbiotic food 460

taste 538

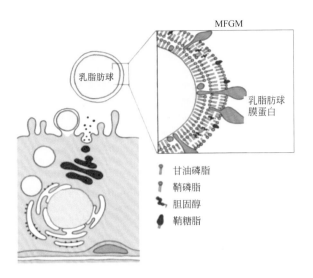

MFGM

乳脂肪球

乳脂肪球
膜蛋白

▮ 甘油磷脂
▮ 鞘磷脂
🔸 胆固醇
🔶 鞘糖脂

图12-1 乳脂肪球膜的形成过程示意（引自Hernell等[6]，2016）

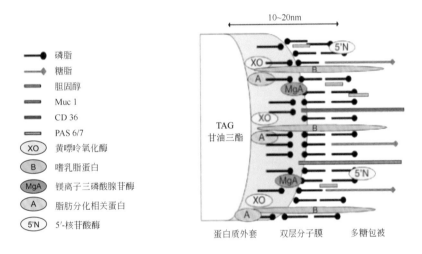

━● 磷脂
━◆ 糖脂
▱ 胆固醇
▱ Muc 1
▱ CD 36
▱ PAS 6/7
(XO) 黄嘌呤氧化酶
(B) 嗜乳脂蛋白
(MgA) 镁离子三磷酸腺苷酶
(A) 脂肪分化相关蛋白
(5'N) 5'-核苷酸酶

10~20nm

TAG
甘油三酯

蛋白质外套　双层分子膜　多糖包被

图12-2 乳脂肪球膜的组成示意（引自Caroline等[7]，2010）

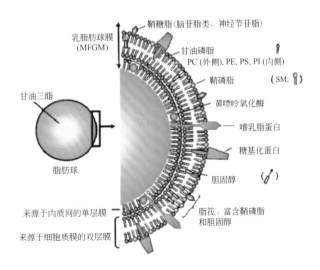

乳脂肪球膜
(MFGM)

甘油三酯

脂肪球

来源于内质网的单层膜

来源于细胞质膜的双层膜

鞘糖脂(脑苷脂类，神经节苷脂)

甘油磷脂
PC (外侧), PE, PS, PI (内侧)

鞘磷脂　　(SM;)

黄嘌呤氧化酶

嗜乳脂蛋白

糖基化蛋白

胆固醇

脂筏：富含鞘磷脂
和胆固醇

图12-3 乳脂肪球膜组成（脂阀域）示意（引自Lopez等[9]，2008）